国外电子与通信教材系列

半导体制造技术导论

（第二版）

Introduction to Semiconductor Manufacturing Technology

Second Edition

［美］ Hong Xiao（萧宏） 著

杨银堂 段宝兴 译

電子工業出版社
Publishing House of Electronics Industry
北京 · BEIJING

内 容 简 介

本书共包括15章：第1章概述了半导体制造工艺；第2章介绍了基本的半导体工艺技术；第3章介绍了半导体器件、集成电路芯片，以及早期的制造工艺技术；第4章描述了晶体结构、单晶硅晶圆生长，以及硅外延技术；第5章讨论了半导体工艺中的加热过程；第6章详细介绍了光学光刻工艺；第7章讨论了半导体制造过程中使用的等离子体理论；第8章讨论了离子注入工艺；第9章详细介绍了刻蚀工艺；第10章介绍了基本的化学气相沉积（CVD）和电介质薄膜沉积工艺，以及多孔低k电介质沉积、气隙的应用、原子层沉积（ALD）工艺过程；第11章介绍了金属化工艺；第12章讨论了化学机械研磨（CMP）工艺；第13章介绍了工艺整合；第14章介绍了先进的CMOS、DRAM和NAND闪存工艺流程；第15章总结了本书和半导体工业未来的发展。

本书适合作为高等院校微电子技术专业的教材，也可作为从事半导体制造与研究人员的参考书及公司培训员工的标准教材。

图书在版编目（CIP）数据

半导体制造技术导论：第2版/（美）萧宏著；杨银堂，段宝兴译. —北京：电子工业出版社，2013.1
国外电子与通信教材系列
ISBN 978-7-121-18850-3

I. ①半… II. ①萧… ②杨… ③段… III. ①半导体工艺-高等学校-教材 IV. ①TN305

中国版本图书馆CIP数据核字（2012）第257615号

策划编辑：马　岚
责任编辑：周宏敏
印　　刷：三河市鑫金马印装有限公司
装　　订：三河市鑫金马印装有限公司
出版发行：电子工业出版社
　　　　　北京市海淀区万寿路173信箱　邮编　100036
开　　本：787×1092　1/16　印张：30　字数：826千字
版　　次：2013年1月第1版（原著第2版）
印　　次：2022年7月第9次印刷
定　　价：69.00元

凡所购买电子工业出版社图书有缺损问题，请向购买书店调换。若书店售缺，请与本社发行部联系，联系及邮购电话：（010）88254888，88258888。

质量投诉请发邮件至zlts@phei.com.cn，盗版侵权举报请发邮件至dbqq@phei.com.cn。

本书咨询联系方式：classic-series-info@phei.com.cn。

此书献给

父母　萧先赐，周宏廷

妻子　黄　柳

儿子　萧嘉瑞，萧凯瑞

译 者 序

半导体科学与技术引发了现代科技许多领域革命性的变革和进步，是计算机、通信和网络技术的基础和核心，已经成为与国民经济发展、社会进步及国家安全密切相关的重要科学技术，成为一个国家科学技术的“基石”。半导体科技与人们的日常生活息息相关，大大提高了人们的生活质量。以半导体科学与技术为基础发展起来的集成电路技术综合了电子、信息、材料、物理、化学和数学等各门学科的精髓，发展速度非常惊人，促使信息、通信和计算机领域发生着巨大变革。集成电路制造技术是人类改造微观世界能力的体现，是衡量一个国家科技实力的标志之一。

作为1977年我国恢复高考制度后培养的第一批半导体科技专业人员，译者一直从事半导体材料、器件和工艺方面的教学科研工作，深感培养半导体高级专业人才是振兴国家信息产业和国防工业的关键。由于半导体工艺技术发展速度很快，我国关键技术相对落后，所以翻译引进国外优秀著作，对于培养具有国际竞争力的优秀人才具有重要意义。

本书作者萧宏博士，在先进半导体工艺技术方面有很深的造诣，长期在美国大学讲授半导体工艺技术课程。与传统半导体工艺相关书籍相比，本书具有两大显著特点：第一是避免了很深的理论和数学推导，用简单易懂的方式将集成电路制造技术的奥秘说得十分清楚；第二是内容涵盖了先进半导体工艺最新的技术资料，包括22纳米节点关键工艺技术。本书将半导体工艺分为四类：添加工艺、移除工艺、热处理工艺和图形化工艺，知识充实，视角新颖。所以本书不仅适合于从事半导体设计和制造方面的工程师、科技人员和学生，也适用于想学习了解半导体制造方面的其他专业人员。

本书由西安电子科技大学段宝兴教授和杨银堂教授翻译，并由段宝兴教授和原著作者萧宏博士对全书做了统一审校。

西安电子科技大学宽禁带半导体材料与器件教育部重点实验室部分老师对本书的翻译给予了大力帮助，包括李跃进教授、柴常春教授、朱樟明教授、刘毅教授、董刚教授、贾护军和杨晓晰老师等，译者对他们表示感谢。另外，感谢天津大学谢生老师对本书第二版译文的细节问题提出了宝贵建议。

从本书的翻译到最后完稿付梓，电子工业出版社给予了很多支持和帮助。本书第二版繁体版由台湾全华图书股份有限公司出版，书中技术用语和表达方式略有不同。

由于译者水平有限，加之时间紧迫，不妥或错误之处在所难免，请读者指正。

译 者 简 介

杨银堂

1962 年生，男，河北邯郸市人，博士，教授，博士生导师，毕业于西安电子科技大学半导体专业。曾先后担任该校微电子研究所所长、技术物理学院副院长、微电子学院院长、发展规划处处长兼“211 工程”办公室主任，校长助理，兼任总装备部军用电子元器件专家组副组长，曾获国家自然科学基金杰出青年基金、教育部跨世纪优秀人才，全国模范教师和中国青年科技奖，入选国家“百千万人才工程”。先后在国际国内重要期刊上发表论文 200 余篇，出版专著 4 部。

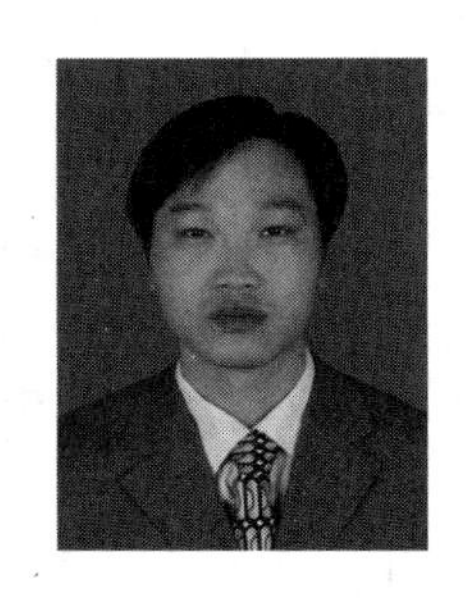

段宝兴

1977 年生，男，陕西省大荔县人，博士，教授，博士生导师，分别于 2000 年和 2004 年获哈尔滨理工大学材料物理与化学专业学士和硕士学位，2007 年获电子科技大学微电子学与固体电子学博士学位。主要从事硅基功率器件与集成、宽带隙半导体功率器件和 45 nm 后 CMOS 关键技术研究。首次在国际上提出的优化功率器件新技术 REBULF 已成功应用于横向高压功率器件设计；与合作者提出的 SOI 高压器件介质场增强 ENDILF 技术，成功解决了高压器件纵向耐压受限问题；首次在国际上提出了完全 3D RESURF 及异质结功率半导体概念。先后在国际国内重要期刊上发表论文 50 余篇，其中 30 余篇次被 SCI、EI 检索。担任国际重要学术期刊 *IEEE Electron Device Letters*, *Solid-State Electronics*, *Transactions on Electron Devices*, *IEEE Transactions on Power Electronics* 和 *IETE Technical Review* 等的审稿人。

前　言

当 2001 年出版此书第一版时，先进 IC 技术的节点为 130 纳米左右。第一版出版后不久，我参加了一个国际集成电路技术研讨会，此时的集成电路制造技术节点为 90 纳米。本田公司前首席执行官吉野裕行做了一个主题演讲，他谈到本田在 2000 年推出了阿西莫机器人。当时，阿西莫可以理解一些简单的单词，并执行一些缓慢行走，以及用一些简单语言给出的口头指示。吉野裕行设想类似的阿西莫机器人在未来应该能够跑步、向前和向后行走，并可以上下楼梯。它不仅可以理解对方讲话的含义，而且也可以领会讲话者的心情。它不仅能识别人，而且也能够通过人的面部表情理解人类的情感。为了达到这些要求，IC 发展领域的 90 纳米技术是完全不够的，他认为，将需要 22 纳米技术的集成电路芯片。

10 年以后，先进 IC 技术的节点已经达到 22 纳米。2011 年本田公司推出了一个全新的阿西莫机器人，它可以跑步、跳舞并使用手语。虽然之前的阿西莫机器人是一个“自动机械装置”，需要一个操作员操作，然而新的阿西莫机器人是一个“自主机器”。这意味着它具有可以通过感应环境自己做出决定和行动的能力。它可以通过观察和预测其他人调整自己的移动方向进行智能行走，并在一群人中行走而不会发生碰撞。它有能力识别很多人的声音，它的图像传感器具有面部识别能力。虽然新的阿西莫机器人已经得到了巨大改善，但是仍然距离识别情感和情绪的功能很远。要做到这一点，可能需要 10 纳米技术节点的 IC 芯片。

本书第一版出版已经过了将近 10 年。在这些年里，半导体工业和制造技术经历了很多变化。虽然英特尔公司在北美仍然保持领先的 IC 制造技术，但是 IC 制造中心已转移到东亚地区，如中国台湾、韩国和中国大陆。在欧洲、日本和北美的 IC 制造晶圆厂正在以惊人的速度减少。

当 IC 技术节点继续缩小时，最大的挑战仍然是图形化技术。如同本书第一版的预测，浸没式光刻技术和多图形化技术延长了光学光刻技术的应用，并进一步推迟了下一代光刻技术的进程。

本书第 1 章简要回顾了半导体工业的发展历史，概述了半导体制造工艺。第 2 章介绍了基本的半导体工艺，包括测试和成品的封装、净化室、半导体晶圆厂，以及集成电路芯片。第 3 章简要介绍了半导体器件、集成电路芯片，以及早期的制造工艺技术。第 4 章描述了晶体结构、单晶硅晶圆生长，以及硅外延技术。如应变硅、锗硅、选择性外延生长的发展都安排在本章。第 5 章讨论了加热过程，包括氧化、扩散、热处理、合金化和再流动过程，以及快速热处理工艺（RTP）和传统的高温炉加热过程。第 6 章详细介绍了光学光刻工艺，包括新的技术，如浸没式光刻和多图形化技术，以及替代光刻技术、极紫外线光刻技术、纳米压印和电子束直写技术。第 7 章讨论了半导体制造过程中使用的等离子体基本理论，本章还介绍了等离子体应用，直流偏压和等离子体工艺的关系。第 8 章讨论了离子注入工艺。第 9 章详细介绍了刻蚀工艺，包括湿法刻蚀和干法刻蚀、反应离子刻蚀（RIE）、化学和物理刻蚀。第 10 章介绍了基本的化学气相沉积（CVD）和电介质薄膜沉积工艺，以及多孔低 k 电介质沉积、气隙的应用、原子层沉积(ALD)工艺过程。第 11 章介绍了金属化工艺，包括化学气相沉积(CVD)、物理气相沉积(PVD)和电化学电镀(ECP)工艺。该章还描述了铜金属化工艺，以及金属-氧化物半导体(MOS)晶体管的高 k 和金属栅工艺的发展。第 12 章讨论了化学机械抛光(CMP)工艺。第 13 章讨论了工艺整合。第 14 章介绍了 CMOS 的工艺流程。第 15 章介绍了三维集成电路的制造技术及工艺流程。第 16 章总结了本书和半导体制造技术未来的发展。

本书第二版内容的整理得到了很多人的帮助。黄柳(Lucy)撰写了第 15 章的部分内容，萧嘉瑞(Jarry Xiao)帮我校对了几章，我的同事们提供了很多有用的建议。另外，我谨向 Paul MacDonald、Pierre Lefebvre 和 Alan Liang 致以深深的感谢。

目　　录

第1章　导　　论

本章要求

1. 列出发明第一个晶体管的三位科学家的名字
2. 认识共同分享集成电路专利的两位科学家
3. 说明分立式元器件与集成电路芯片的区别
4. 描述摩尔定律
5. 说明器件图形尺寸和晶圆尺寸在集成电路晶粒制造上的效应
6. 描述半导体制造技术的节点

集成电路(Integrated Circuit，IC)技术并不是像许多飞碟迷所说，是从坠毁的外星人太空船上通过逆向工程技术产生的结果，而是很多专业的科学家、工程师和技术人员经过六十余年的革新、创造和辛勤工作，才将集成电路技术发展到今天的水平。

集成电路技术已经戏剧性地改变了我们的生活。20世纪60年代，集成电路芯片在日常生活中还微不足道，但以后这项技术在复杂性和实用性上却有了长足进步。发达国家的一般家庭至少有上百个、甚至上千个集成电路芯片，所以集成电路芯片开启了人类历史最重要的科技革命，或许比其他时期的创新意义更大。集成电路技术是计算机技术的基础，同时也促进了相关科技的发展，如软件业和网络业，几乎信息时代的每个产物都源于集成电路技术。

汽车、电视、录像机和DVD、数码相机、智能手机、家电和游戏机等，集成电路的应用不断在增长，上述各种集成电路的应用将会越来越多。许多专业的书籍介绍了集成电路芯片的应用。

在可以预见的未来，由于集成电路技术的进步，可以制造出很多人性化的机器人，用于为残疾人或老年人服务。它可以强大到足以举起它的主人，并把他轻轻放下。它可以做家务、谈话、讲故事、唱歌、玩象棋或纸牌游戏，还可以网上冲浪等。它可以存储成千上万的高清晰三维(3D)电影，满足主人点播的所有项目。它的语音识别系统不仅可以了解人类讲话的内容，也懂得情感，并可以选择最合适的答复语调和速度。它的高分辨率视觉传感器不仅能认识主人的面孔，而且也能明白主人的面部表情和身体语言，从而执行正确的动作。与人类皮肤类似的合成皮肤底下的传感器可以让机器人做出反应。它将非常有耐心，一遍又一遍地做同样的事情而永远不会感到厌倦，一次又一次地听同样的故事而不会生气。

如果需要，机器人可以升级到具有更高分辨率的图像传感器，更亮、更加丰富多彩的视频投影仪，更大的存储器，从而可以处理更多的事情，例如讲笑话、玩魔术、组织各种信息和完成更多功能。

当处理三维图形和人工智能时，计算机的功率和存储空间将很大，足以满足更强大的微处理器和内存芯片的需求。

1.1 集成电路发展历史

1.1.1 世界上第一个晶体管

半导体时代开始于1947年的圣诞节前夕。AT&T贝尔(Bell)实验室的两位科学家John Bardeen(约翰·巴定，1908年5月23日—1991年1月30日)和Walter Brattain(华特·布莱登，1902年2月10日—1987年10月13日)展示了一个由锗(第一代半导体材料)制成的固态电子元器件。两位科学家观察到，当电流信号施加到锗晶体的接触点时，输出的功率将大于输入的功率，这项研究成果于1948年公布。这就是世界上第一个点接触型晶体管(见图1.1)。单词"transistor"是由"transfer"和"resistor"两个单词组合而成的。

约翰·巴定和华特·布莱登两位科学家的领导——William Shockley(威廉·肖克莱，1910年2月13日—1989年8月12日)也不甘置身于这项重要的发明之外，决定做出自己的贡献。肖克莱在圣诞节期间认真工作并推导出了这种双载流子晶体管的工作原理，并在1949年发表了晶体管理论，同时也预测了另一种更容易量产的晶体管的出现，这就是面接触双极晶体管(Bipolar Junctions Transistor)。威廉·肖克莱、约翰·巴定和华特·布莱登这三人因为晶体管的发明而分享了1956年的诺贝尔物理学奖。图1.2为发明第一个晶体管的三位科学家。

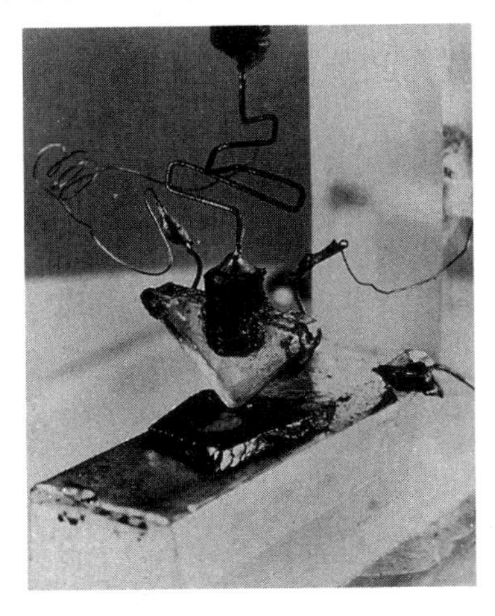

图1.1 贝尔实验室制造的世界上第一个晶体管(AT&T许可重印)

图1.2 三位发明者：威廉·肖克莱(正前面)、约翰·巴定(左后方)和华特·布莱登(右后方)(来源：http://www.wired.com/thisdayintech/tag/bell-labs/)

由于军事和民用对电子元器件的大量需求，半导体产业在20世纪50年代得以快速发展。基于尺寸小、耗电量低、工作温度低和反应速度快等优点，以锗为原料的晶体管很快取代了多数电子产品中的真空管。高纯度单晶半导体材料的生产技术出现以后，加速了晶体管的生产。第一个单晶锗于20世纪50年代出现，第一个单晶硅在1952年问世。整个20世纪50年代期间，半导体工业发明了分立元器件并用于制造录音机、计算机和其他民用和军用产品。所谓的分立元器件就是一种电子元器件，如电阻器、电容器、二极管和三极管，分立元器件现在仍广泛应用在电子产品上，技术人员可以很容易地在许多先进电子系统的印制电路板(PCB)上发现这种分立元器件。

华特·布莱登在发明了第一个晶体管后去了其他实验室工作，他在贝尔实验室进行表面态的研究并兼管理工作，直到1967年退休。

约翰·巴定离开贝尔实验室后成为美国伊利诺伊大学厄本纳-香槟分校教授，于1951年开展超导研究工作。1957年，他与其合作者Leon Cooper和John Robert Schrieffer提出了一种超导理论，后来被称为BCS理论（姓氏的缩写）。由于BCS理论，他们分享了1972年的诺贝尔物理学奖。他成为第一位两次赢得诺贝尔物理学奖的人。

1956年，威廉·肖克莱离开位于新泽西的贝尔实验室回到他的加州老家，在旧金山湾区南方的山谷开创了肖克莱半导体实验室。在贝尔曼仪器公司的财政支持下，肖克莱的实验室将本来种满杏树的山谷转变成世界高科技中心的鼻祖，即今日众所周知的硅谷。肖克莱吸引了许多有才华的科学家和工程师，如罗伯特·诺伊斯（Robert Noyce）和戈登·摩尔（Gordon Moore）到他的实验室工作。

虽然肖克莱的半导体实验室产生了许多杰出的研究成果，但由于领导人的个性和管理因素，使肖克莱半导体实验室始终没有成为成功的企业。罗伯特·诺伊斯、戈登·摩尔和其他人于1957年离开了肖克莱半导体实验室，另外成立了由仙童摄影器材公司（Fairchild Camera Instruments）资助的仙童半导体公司（Fairchild Semiconductor）。这些物理学家成功地追寻并实现了肖克莱的最初目标，即在硅衬底上制造晶体管。

威廉·肖克莱也在1963年离开了半导体工业，专任斯坦福大学电机工程系的教授，他后来因为鼓吹关于“人类智慧属于遗传”的学说而备受争议，因此被许多人视为种族偏见主义者。

1.1.2　世界上第一个集成电路芯片

1957年，在一个为了庆祝贝尔实验室发明晶体管十周年的会议上，杰克·克毕（Jack Kilby）注意到大多数的分立元器件，如电阻器、电容器、二极管和晶体管都可以由硅半导体材料制成，所以有可能将这些分立元器件做在同一块半导体衬底上，再将它们连接在一起组成一个完整电路，这样便可以制造出更小的电路以降低产品的成本。1958年，杰克·克毕加入德州仪器公司（Texas Instruments，TI）。作为一位新进员工，克毕没有假期，因此当他的同事都在享受暑假时，克毕独自在R&D实验室里，将他的集成电路构想付诸实践，等他的同事休假回来时，他便提出他的构想并展示出成果。由于硅晶片不易获取，克毕只能利用手边能找到的资源，也就是一片上面还带有一个晶体管的锗条，他利用这个锗条制成三个电阻器，并加入一个电容器，利用细白金线连接晶体管、电容器和锗条上的三个电阻器，杰克·克毕制造出了世界上第一个集成电路（见图1.3）。在德州仪器公司，集成电路被称为“条”而非“芯片”，原因就在于杰克·克毕的第一个集成电路的外形是由锗条做成的。

图1.3　由杰克·克毕制造的第一个集成电路晶片（德州仪器公司提供）

同时，在仙童半导体公司工作的罗伯特·诺伊斯也正致力于“低成本、高产量”产品的开发，不同于克毕的集成电路芯片是用真正的金属线连接不同元器件，诺伊斯的芯片是利用刻蚀沉积在晶圆表面的铝薄膜所形成的铝线连接各个不同的元器件。由硅材料取代锗，同时应用他的同事珍·贺妮(Jean Horni)开发的平坦化技术，诺伊斯制作出了面接触式晶体管，这个晶体管充分利用了硅材料和它的天然氧化层——二氧化硅的优点，在高温氧化炉中，硅晶圆表面很容易生长出高稳定性的二氧化硅层，作为电隔离和扩散阻挡层。

仙童半导体公司于1961年制作出第一批可用于商业化的集成电路，这些集成电路仅由四个晶体管组成，每个售价为150美元，然而这样的价格要比购买四个晶体管，并将它们连接在同一个电路板上所形成的相同电路贵得多。美国太空总署是这种新型集成电路芯片的主要客户，因为火箭科学家和工程师们宁愿付出较高的成本而减轻太空火箭的重量。

图1.4为仙童半导体公司罗伯特·诺伊斯1960年制造出的第一个硅集成电路芯片，这个集成电路芯片由一个2/5英寸(约10 mm)的硅晶圆制成。诺伊斯的芯片使用了现代集成电路芯片的基本制造技术，同时也成为所有后继集成电路的原型。

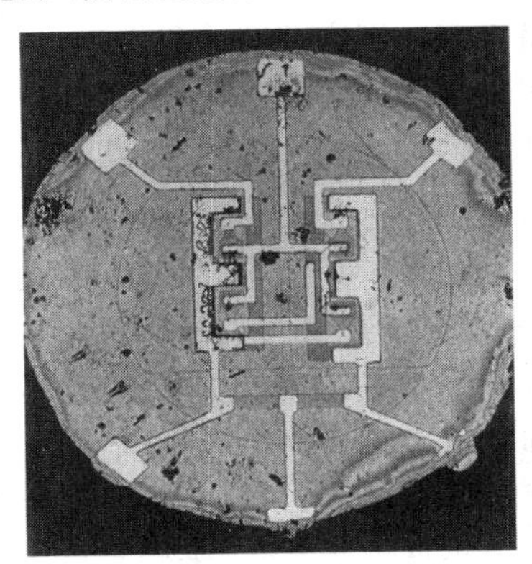

图1.4 仙童半导体公司在硅晶圆上制造的第一个集成电路芯片(仙童半导体公司提供)

经过多年的专利权纠纷之后，德州仪器公司和仙童半导体公司终于同意交叉授权彼此的技术，杰克·克毕和罗伯特·诺伊斯共同分享发明集成电路的专利。

杰克·克毕继续在德州仪器公司工作，并在1983年正式退休。由于发明了集成电路，2000被授予诺贝尔物理学奖。图1.5是杰克·克毕的照片。

罗伯特·诺伊斯离开仙童半导体公司后，和安德鲁·葛洛夫及哥登·摩尔1968年共同成立英特尔(Intel)公司。诺伊斯在1988年成为德州奥斯丁Sematech的执行总裁，这是一个半导体制造的国际联合组织。图1.6是罗伯特·诺伊斯的照片。

Courtesy Texas Instruments

图1.5 杰克·克毕(1923年11月8日—2005年6月20日)(来源:http://media.aol.hk/drupal/files/images/200811/25/kilby_jack2.jpg)

图1.6 罗伯特·诺伊斯(1927年12月12日—1990年6月3日)(来源:http://download.intel.com/museum/research/arc_collect/history_docs/pix/noyce1.jpg)

1.1.3　摩尔定律

集成电路工业于 20 世纪 60 年代快速发展。1964 年，哥登·摩尔，即英特尔公司的创始人之一，注意到计算机芯片上的元器件数目几乎每 12 个月就增加一倍，但价格却没有改变。于是他预测这种趋势在未来也不会改变，这种预测随即成为半导体工业界众所周知的摩尔定律。令人惊讶的是，过去四十多年一再证明摩尔定律的正确性，只有 1975 年稍做调整(摩尔将 12 个月改为 18 个月)。图 1.7 显示了 1965 年摩尔的预言，图 1.8 为最新的摩尔定律微处理器发展趋势。

表 1.1 列出了半导体工业中使用的集成电路芯片集成水平。

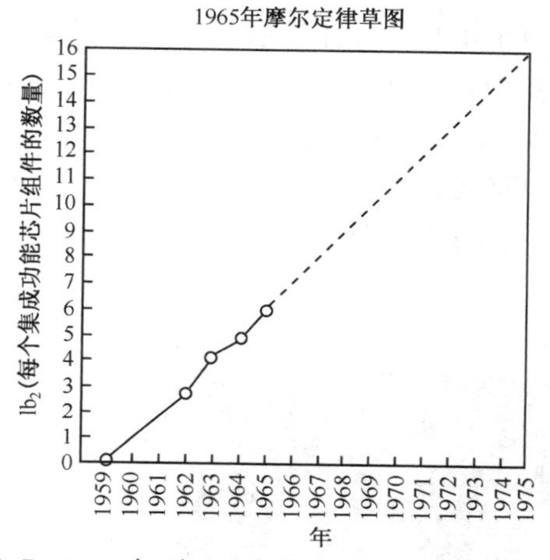

图 1.7　1965 年哥登·摩尔的预测(来源：http://www.intel.com/technology/mooreslaw/)

表 1.1　集成电路芯片集成水平

集成水平	缩写词	一个芯片上的元器件数量
小型集成电路	SSI	2 ~ 50
中型集成电路	MSI	50 ~ 5000
大型集成电路	LSI	5000 ~ 100 000
超大型集成电路	VLSI	100 000 ~ 10 000 000
巨型集成电路	ULSI	>10 000 000

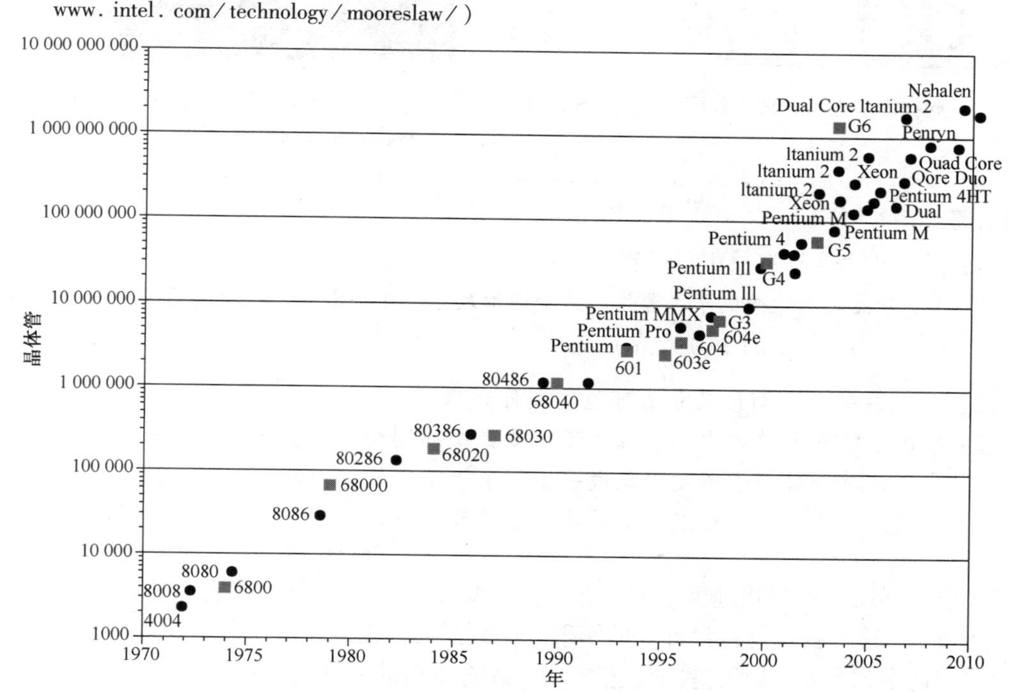

图 1.8　微处理器的摩尔定律发展趋势(来源：http://www.is.umk.pl/~duch/Wyklady/komput/w03/Moores_Law.jpg)

1.1.4　图形尺寸和晶圆尺寸

2000年之前，半导体工业中的图形尺寸通常以微米(μm)计算，相当于1 m的10^{-6}。人的头发直径约为50～100 μm。2000年之后，半导体工业发展到了纳米(nm)尺度，1 nm相当于10^{-9} m。不到五十年的发展时间，集成电路的最小图形尺寸已经大幅缩小，由20世纪60年代的50 μm发展到2010年的32 nm。通过缩短最小图形尺寸，科学家和技术人员能制作出更小的元器件。这使每片晶圆可以产出更多的芯片，或者用同样的晶粒尺寸制作出性能更强的芯片。这两种结果都将帮助集成电路制造者在生产集成电路芯片的同时获得更大的利益，这是集成电路技术发展中最重要的原动力。

当技术节点从32 nm缩小到22 nm时，同样大小的芯片也相对缩小了$(22/32)^2$～0.473倍。如果芯片和晶圆都是正方形，这就表示潜在的芯片数目几乎可以增加一倍(但由于硅晶圆是圆形的，边缘效应只能使芯片数目增加约50%)。同理，如果再将图形尺寸进一步缩小到16 nm，相对于32 nm制造技术，芯片数目几乎可达4倍(见图1.9)。

图1.10显示了已知最小的MOS晶体管，有效栅长为0.004 μm，或4 nm。由NEC在2003年国际电子器件会议(IEDM)上发表。

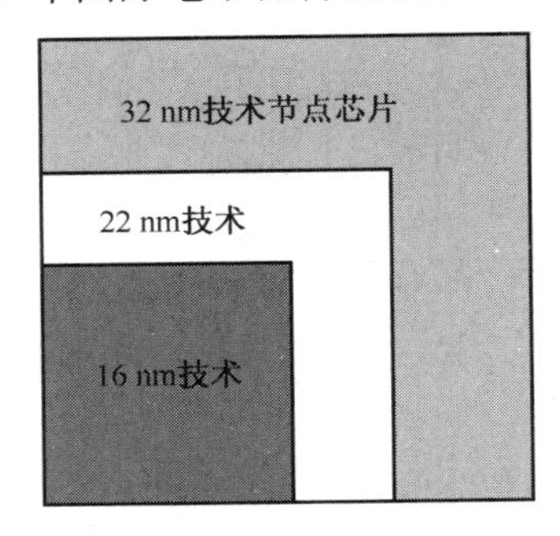

图1.9　不同技术节点的相对芯片尺寸

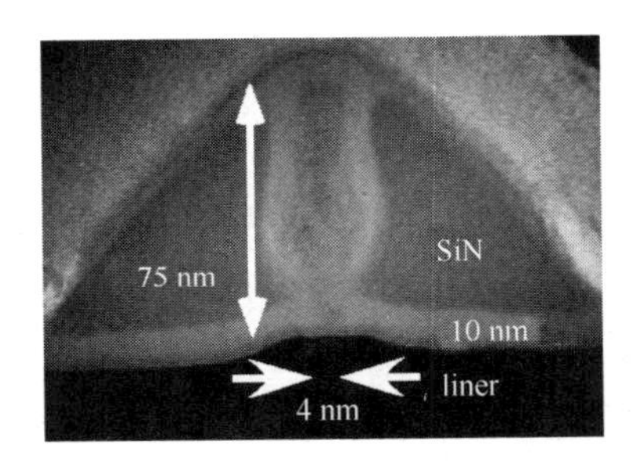

图1.10　世界上最小的MOS晶体管(来源：Hitoshi Wakabayashi, et al., Proceeding of IEDM, 20-7, 2003. © IEEE)

自问自答

问：图形尺寸是否有最小极限？

答：有，硅晶圆上的微电子元器件的最小图形尺寸不能小于两个硅原子的间距，即5.43 Å。(1 Å = 0.1 nm = 1×10^{-10} m)。

问：IC芯片的最小图形尺寸有可能达到什么程度？

答：集成电路发展过程中已经预言了很多最小的图形尺寸，作者不排除以下的预言能实现。单一硅原子不足以构成一个微电子元器件。因此，如果需要10个硅晶格原子构成最小图形，IC芯片的最小图形尺寸则可以小到50 Å或5 nm。

当最小图形尺寸达到物理极限前，仍需要克服许多技术方面的挑战。最值得注意的是图形化制造技术，这种技术是将设计好的图形转印到晶圆表面，以构成集成电路元器件，这也是集成电路制造中最基本、最关键的工艺之一。目前使用的光学光刻技术将被另外的光刻技术取代，如极紫外线(EUV)光刻、纳米压印(NIL)或电子束直写技术(EBDW)，直到最小图形尺寸达到最终的物理极限为止。这些内容将在第6章详细讨论。

当最小图形尺寸不断缩小时，晶圆的尺寸却持续增大。晶圆尺寸已由20世纪60年代的10 mm(约2/5英寸)增大到目前的300 mm(约12英寸)。由于晶圆尺寸的增大，使单一晶圆上可以放置更多的芯片。从200 mm到300 mm，晶圆的面积增加了$(3/2)^2 = 2.25$倍，这表示在每个300 mm晶圆上的芯片数目可以增加一倍多。图1.11说明了150 mm、200 mm、300 mm和450 mm晶圆的相对晶圆尺寸比例。

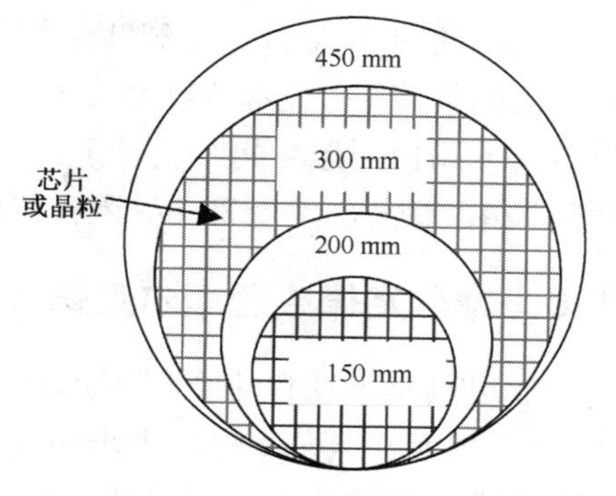

图1.11 相对晶圆尺寸显示

自问自答

问：晶圆最大尺寸可以达到多少？

答：没有人能给出这个问题的确切答案。平板显示器制造设备已经开始处理尺寸为2850 mm×3050 mm的第十代玻璃衬底，机械处理直径为1000 mm (1 m)的硅晶圆没有任何大的问题。然而，晶圆的尺寸受许多因素的限制，如单晶的提拉、晶圆切片技术、工艺设备的发展，最重要的是集成电路技术的需要。因为研究和发展大晶圆需要大量的初始成本投入，并不是每个集成电路制造商开始就热心于此。现在用于集成电路中的最大晶圆为300 mm，而且正成为先进集成电路工艺生产的主流。目前最大的晶圆已经达到450 mm，原计划从2012年开始用于集成电路生产。然而，大多数半导体制造商和设备制造商缺乏足够的热心将大量资金投入450 mm工艺方面，所以450 mm技术能够进入集成电路工业的时间被推迟到2023年之后。如果450 mm晶圆技术最终进入了集成电路生产，则将是最大的晶圆。

1.1.5 集成电路发展节点

技术节点(如45 nm、40 nm、32 nm、28 nm、22 nm、20 nm等)不能作为器件的最小特征尺寸。技术节点被定义为密集图形的半间距，图1.12所示为图形特征尺寸与图形间距和半间距的关系。虽然可以相对容易地降低特征尺寸，如调整光刻胶可以显著降低关键尺寸(CD)的光刻胶图形，如图1.12(b)所示，但并不容易减少图形间距。为了减小图形间距，需要提升图形化技术，包括光刻和刻蚀工艺。

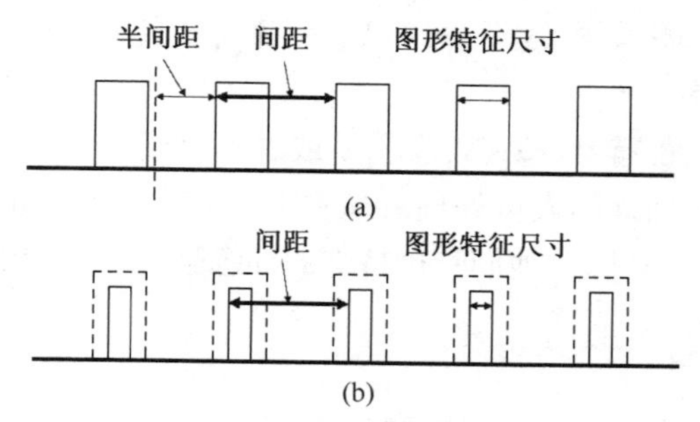

图1.12 图形特征尺寸与图形间距和半间距的关系。(a) 初始光刻胶图形；(b) 修正后的光刻胶图形。虽然通过修正后的工艺使特征尺寸减小，但图形间距不变

对于不同的IC器件，技术节点和图形间距的关系不同。例如，对于NAND闪存器件，没有栅极之间的接触，技术节点定义为栅极图形的半间距。因此，一个20 nm的NAND闪存芯片具有20 nm栅极图形半间距。对于具有栅极接触的逻辑集成电路器件，技术节点通常是栅极间距的1/4。例如，一个20 nm逻辑器件通常具有80 nm的栅极间距。

1.1.6 摩尔定律或超摩尔定律

集成电路自发明以来已得到迅速发展，之前集成电路制造技术的发展符合摩尔定律(见图1.8)。然而，半导体技术进步的实际推动力并不是所谓的“摩尔定律”，而是“超摩尔定律(利润)”。通过缩小特征尺寸，可以在同一个晶圆上制造更多的芯片，或将更多的元器件制造在同一个芯片上。通过减小器件的特征长度，可以提高器件工作速度、降低功耗并提高器件的性能。因此，通过利用新的技术降低器件最小特征尺寸可以减少制造成本，提高利润，增加企业的竞争力。当研发的成本通过缩小特征尺寸调整时，IC制造商有很大的兴趣投资大量资金发展新技术，并促使器件特征尺寸继续减小。五十多年来，IC技术在摩尔定律推动下应用得很好。然而，当IC技术节点达到纳米尺度时，简单地缩小最小特征尺寸并不能使器件性能进一步提高，这是由于栅介质的漏电，解决这个问题需要高k介质栅和多层金属技术。在纳米技术时代，研究和发展所需的设计成本成倍增加。对于45 nm技术，已经有一些公司不能单独负担起15亿美元的研发费用。当器件特征尺寸缩小到32 nm/28 nm、22 nm/20 nm、14 nm或更小节点时，只有很少的IC制造商能完全负担起研发费用。在可以预见的将来，摩尔定律将变成历史，IC制造技术的发展将通过新摩尔定律(或超摩尔定律)引导。半导体产业将成为一个如汽车行业一样成熟的行业，技术将以一个较为适度的速度继续发展。

1.2 集成电路发展回顾

集成电路制造是一种非常复杂的技术，包含材料生长、晶圆制造、电路设计、无尘室技术、制造设备、测量工具、晶圆处理、晶粒测试、芯片封装和最后的芯片测试。

1.2.1 材料制备

半导体的生产需要用原材料制造晶圆。在晶圆制造过程中，如化学气相沉积(CVD)、刻蚀、物理气相沉积(PVD)和化学机械研磨(CMP)，都需要使用超高纯度以及极低粒子密度的气体，以确保生产的成品率。

许多半导体制造的原料都有毒、易燃、易爆，或者具有腐蚀性，有些还是很强的氧化剂。这些化学药品必须由受过专业训练的人员处理。基本常规要求工作人员不应该打开气体或者液体管路，也不可以更换气体钢瓶，除非他们受过特殊的训练且十分熟知处理的化学药品属性。

1.2.2 半导体工艺设备

半导体的制造工艺需要高度专业化的工具，如外延硅沉积反应炉、化学气相沉积和刻蚀工具、离子注入机、高温炉和快速加热(RTP)设备、金属沉积反应炉、化学机械研磨工具以及光刻技术工具等。诸如此类的工具既精密又复杂，而且十分昂贵，使用人员必须接受过特殊训练，并能适当解决设备出现的问题。由于造价很高，且以平方英尺计价的无尘室的使用成本也很高，所以半导体制造商总是尽量维持每天24小时以及每周7天不间断生产，只有在遇到预防性的维护或设备出了故障时才停工。如何减少停机时间以提升生产力和增加产量，是一个非常重要的课题，受过良好训练且经验丰富的工程师和技术人员在这个过程中扮演了决定性的角色。

20世纪70年代之前，大多数集成电路制造商都使用自己的制造工具，如今产业界大多数的制造工具都来自专门的半导体设备公司。这些公司不但制造精密的设备，而且通过工艺测试对设备进行专门调试。虽然能够同时处理多片晶圆的批量系统广泛使用，但单一晶圆和多反应室的制造工具也一样越来越多样化。具有多重处理功能的配套工具也能改善制造的产量和成品率。另一种趋势是将制造反应室或制造处理站垂直架设，以减小工具所占的地板面积并节省无尘室空间。特别是对于先进的集成电路制造厂，无尘室空间成本十分高昂。将度量衡工具配套在生产设备上，使其具有临场测试和即时制造控制的功能，将是设备发展的另一个趋势。

1.2.3 测量和测试工具

半导体生产的每一个工艺过程都需要使用专门的工具来测量、监视、维护及控制整个过程。有些工具用来测量薄膜的特性，如厚度、均匀性、应力、反射系数、折射率和薄片电阻。有些工具用来测量元器件的特性，如电流-电压曲线、电容-电压曲线和击穿电压曲线等。光学及电子显微镜也广泛应用于检查图形、侧面图和对准程度。某些度量衡也采用红外线及X光辐射测量来分析化学成分和浓度。

保持测试和测量工具正常工作非常重要，以避免数据的解读错误和因不必要的工具故障而导致停机。因此，操作人员必须熟知这些工具如何操作，怎样校准，以尽量缩短不必要的停机时间。

半导体制造的发展对度量衡工具的改进提出了最大的挑战，过程的检测和控制需要更快速、更精确的测量方法，如超薄薄膜(小于10 Å)尺寸的测量、非破坏性的图形和侧面图的测量以及即时、临场的测量等。

为了维持和提高产能，缺陷检测和监测技术也在迅速发展。光学检测系统使用光子捕获测量晶圆和图形空白处的物理缺陷。电子束检测系统使用电子捕获微小的物理缺陷和电缺陷，如器件的开路或短路。通常需要有能力捕获技术节点一半大小的缺陷，以控制缺陷密度并保持成品率。例如，对于14 nm技术节点，捕获7 nm缺陷的能力显得十分必要。

1.2.4 晶圆生产

晶圆制造从普通的石英砂开始，首先利用碳和石英砂在高温状态下反应生成天然硅或纯度为98%的冶金级硅(MGS)。接着将冶金级硅磨成粉状，与氯化氢反应生成液态三氯硅烷($SiHCl_3$，TCS)，它的纯度高达99.999 999 9%(9个9)。然后再将TCS与氢在高温状态下反应，沉积出高纯度的多晶硅或电子级硅材料(EGS)。将电子级硅材料放入旋转石英坩埚内加热到1415℃熔化，然后慢慢将一个旋转籽晶推进熔融的硅中，再慢慢将其提拉出来，最后产生出超纯净的单晶硅晶棒。单晶硅晶圆就是将圆形晶棒锯成片状形成的。接着将晶圆粗磨、洗净、刻蚀、抛光、打上编号，最后运送到集成电路芯片制造厂。许多晶圆制造厂甚至为集成电路制造厂在晶圆表面沉积一层单晶硅薄膜，这层薄膜称为外延硅。晶圆的生产制造和外延硅的沉积将在第4章详细介绍。

1.2.5　电路设计

杰克·克毕用5个分立元器件设计出第一个集成电路时，用手绘方式画出了电路图(见图1.13)。

在22 nm技术节点，364百万位(MB)静态随机存储器(SRAM)包含了超过2.9亿个晶体管。64 GB的NAND闪存芯片，其中有超过64亿的组件，也已经用19 nm技术制造出来。对于这些芯片的设计，没有功能强大的计算机设计工具的帮助，是不可能做到的。即使采用计算机设计工具，对于一个复杂的集成电路(如高端的微处理器芯片)也需要几十位甚至百余位工程师和设计师几个月的时间来设计、测试和布局。

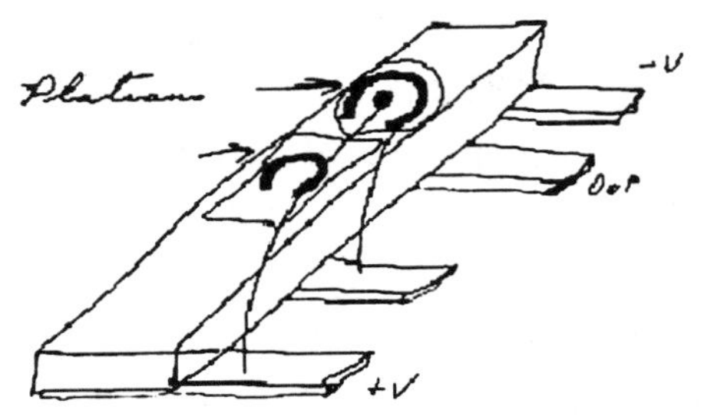

图1.13　杰克·克毕1958年9月12日绘制的第一个IC原始草图(来源：德州仪器公司)

设计时的主要考虑因素包括：芯片功能、晶粒尺寸(芯片制造的成本)、设计时间(集成电路设计所需时间和规划的成本)和可测试性(测试和时间规划的成本)。集成电路设计总是在这些因素中评估取舍，以获取最佳的功能和利润。图1.14(a)显示了互补型金属-氧化物-半导体(CMOS)反相器电路。图1.14(b)是一个CMOS反相器的版图布局。这种布局的优点是可以使N型MOS(NMOS)和P型MOS(PMOS)置于同一平面，如图1.14(c)所示。

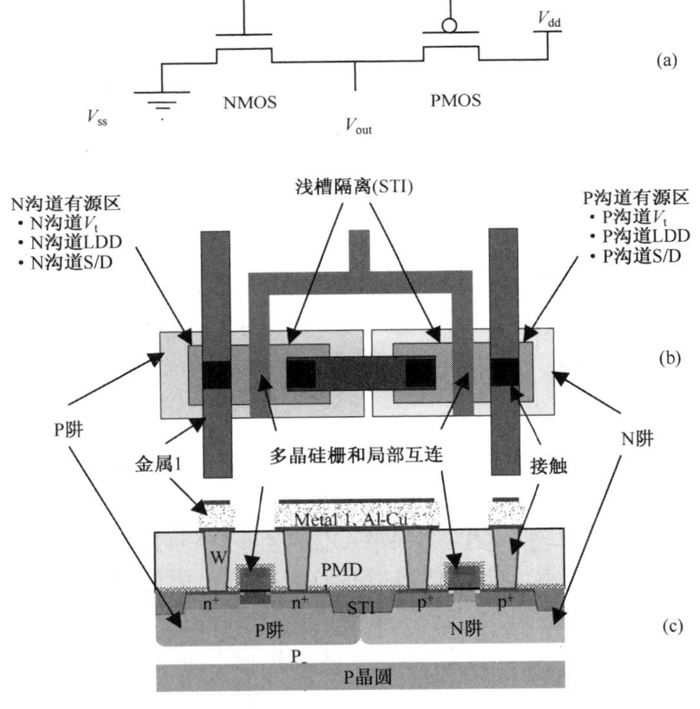

图1.14　(a) CMOS反相器电路；(b) 版图；(c) 芯片截面图

对于实际的集成电路设计，CMOS 反相器布局通常更紧凑(见图 1.15)。它基本上是在图 1.14(b)基础上将 PMOS 旋转 180°放在 NMOS 上方，从而使 NMOS 和 PMOS 的公用栅缩短并拉直。与图 1.14(b)所示的 U 形栅相比，这种布局的优点显而易见。当然，这种布局将使得 NMOS 和 PMOS 不在一个截面上。

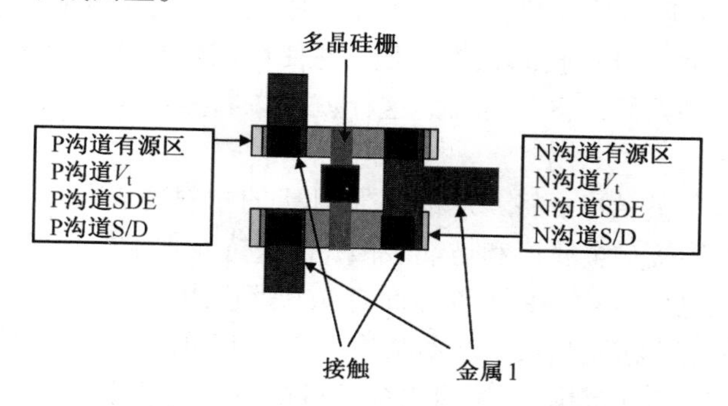

图 1.15 实际的 CMOS 反相器版图

集成电路设计包含结构设计、逻辑设计及晶体管级的设计。结构设计决定了应用作业系统和系统分割模组；逻辑设计是将逻辑单元，如加法器、栅极数、反相器和存储器放置于每个模组中并执行子程序。晶体管级设计是将个别的晶体管放置在每个逻辑元器件中，二进制指令(0 和 1)用于测试逻辑单元的电路设计。

测试过程中将设计错误消除后便可将设计的布局图精确地印在一片镀铬的玻璃板上，制造出光刻版或倍缩光刻版。光刻制造中，光刻版/倍缩光刻版通过曝光过程使光刻胶产生光化学反应，可将设计图形暂时转印到半导体晶圆表面所覆盖的光刻胶上。由于大多数集成电路芯片是互补型 MOS(CMOS)，而且反相器是最简易的互补型 MOS 晶体管电路，所以本书借用 CMOS 反相器分析集成电路的设计及制造过程(见图 1.14)。

20 世纪 80 年代以前，大多数半导体公司都自行设计、生产及测试集成电路芯片。这些传统的半导体公司称为集成设备制造商(IDM)。进入 90 年代之后，集成电路产业中产生了两种半导体公司。一种为“晶圆代工”公司，其拥有晶圆制造工厂但没有自己的设计部门。他们接受其他公司的订单，制造光刻版/倍缩光刻版，或从客户手中取得光刻版/倍缩光刻版，为客户处理晶圆及芯片制造；另一类为“无晶圆厂”的半导体公司，这种公司只有自己的设计小组和测试中心，接受以电子产业为主的客户订单，并根据客户的需求设计芯片，然后与晶圆代工公司签约并依照他们的设计生产晶圆。有些设计公司用自己的测试工具测试芯片制造厂生产的芯片。有些无晶圆厂公司甚至只专注芯片的设计而将芯片的测试工作外包出去。芯片最后将运回无晶圆厂的公司，测试后才将产品送交原来的客户。

集成电路的设计对集成电路的制造有直接影响。比如，当一个芯片被设计成在某一区域内布满了金属连线，而在另一区域却只有很少的或没有金属连线时，就可能造成刻蚀过程中的“负载”效应，以及化学机械研磨过程中的“碟化”效应。产品工程师、设计小组及制造小组必须密切配合，以避免或解决这类问题。

当集成电路技术发展到纳米技术时代时，由于晶圆上的图形比曝光的光波长小，光学邻近修正(OPC)和相关的工艺技术显得十分重要。提供电子设计自动化(EDA)软件的设计公司与晶圆厂联系更加紧密，以确保他们的产品可以帮助设计师设计出具有高可制造性的集成电路芯片，并在硅工艺线上实现高产量。

1.2.6 光刻版的制造

当集成电路设计完成后，电子设计自动化(EDA)软件产生的布局图被转印到覆盖铬金属薄膜的石英玻璃片上，并通过计算机控制的激光将版图投射在光刻胶涂敷的铬玻璃表面。光子通过光化学反应改变曝光光刻胶的化学性质，并使用碱性显影剂将其溶解。图形刻蚀工艺将铬金属从光刻胶显影剂溶解的区域除掉，这样就可以将集成电路版图的图像转印到石英玻璃的铬金属层上。

为了保持光刻版表面的洁净，将一片称为"朦膜"的塑料薄膜片覆盖在接近铬玻璃表面的位置，这样可以避免直接接触金属层和玻璃表面，以保持光刻版的干净。更重要的是，这样可以确保落在光刻版上的粒子不会在晶圆表面造成缺陷。图1.16(a)为光刻版的基本结构。图1.16(b)显示了衰减相位移光刻版的基本结构。图1.17所示为互补型MOS晶体管(CMOS)反相器中的集成电路布局和光刻版之间的关系。可以看出，制造一个CMOS反相器至少需要10张光刻版。

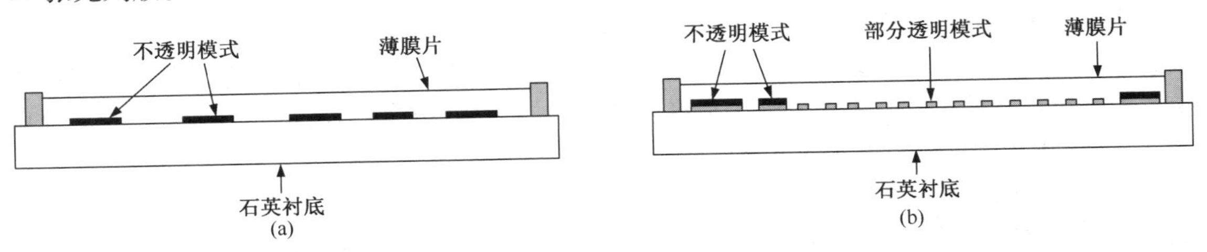

图1.16 (a)双面光刻版；(b)衰减相位移光刻版

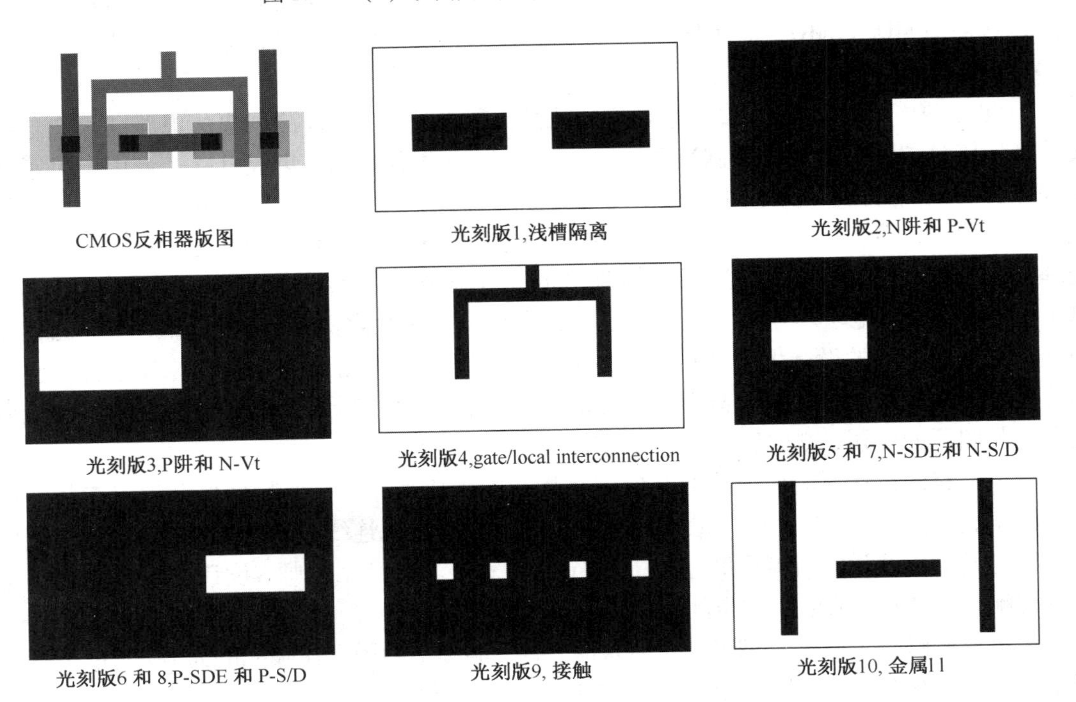

图1.17 CMOS反相器双面光刻版及版图

计算机控制的电子束也可以使光刻胶曝光，达到图形转印的目的。由于高能电子束的波长比紫外线短，所以电子束有较高的解析度，可以在铬膜玻璃上产生更精细的图像。随着器件特征尺寸的不断缩小，越来越多的光刻版必须使用电子束直写技术。

一般而言，当铬膜玻璃上的图像能覆盖整个晶圆时，称为光刻版(mask)。光刻版通常以1∶1的比例将图形转印到晶圆表面，投影、接近式曝光和接触式曝光等曝光系统都使用光刻版，光刻版的最高解析度约为1.5 μm。

当铬膜玻璃上的图形只能覆盖晶圆的部分区域时，称为倍缩光刻版。倍缩光刻版上的图形和图形尺寸均比投射在晶圆表面上的图形大，通常以4∶1(4×)的比例缩小。使用倍缩光刻版的曝光系统必须曝光许多次才能覆盖整个晶圆。这个过程称为步骤重复，这种对准/曝光系统称为步进式光刻机。先进的半导体厂商在光刻工艺中都使用光刻式步进机曝光，使用带有倍缩光刻式步进机的最大优点是具有更高的解析度。图1.18为光刻版和倍缩光刻版的示意图。在集成电路制造中，通常将倍缩光刻版称为“掩膜版”。因此，图1.18(b)可以称为掩膜版和倍缩光刻版，而图1.18(a)只能称为光刻版。

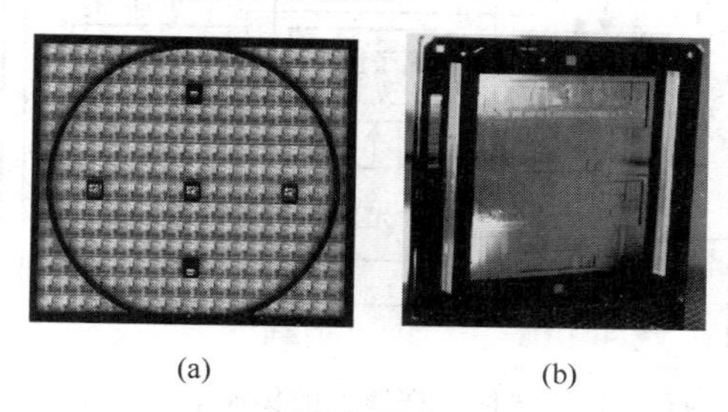

(a) (b)

图1.18 (a) 光刻版；(b) 倍缩光刻版(来源：SGS汤普森)

由于倍缩光刻版上的任何缺陷图形投影到晶圆表面后都将缩小，所以即使在倍缩光刻版上有一些微粒，光刻版步进机都可以大大减小在晶圆上产生致命缺陷的机会。在相邻的线性图形上，通过使用相移掩膜技术产生破坏性干涉，可以增强亚微米图形的曝光解析度。这部分内容将在第6章讨论。

制造最简单的MOS晶体管至少需要5道光刻。先进的集成电路芯片甚至需要超过30道光刻/倍缩光刻工艺。

1.2.7 晶圆制造

第一个IC设计人员利用EDA辅助工具进行了电路设计。光刻版制造厂使用设计师提供的版图文件，将设计的图形转印到覆盖有铬玻璃的光刻胶上，这个过程使用激光或电子束直写的方式，然后刻蚀铬玻璃形成光刻版。制成的版图将送至集成电路工艺线的光刻间。晶圆制造提供不同类型的晶圆，这些晶圆具有不同的晶向、不同的掺杂类型、不同的掺杂浓度，以及有或没有外延层，这是根据集成电路晶圆厂的要求设计的。材料制造商根据集成电路制造的需要制造了多种超纯材料。

一旦晶圆被送至工艺线，通常将进行激光刻划、清洗并热生长一层薄二氧化硅。在所谓的晶体管制造前端(FEOL)晶圆处理过程中，晶圆将经过多次光刻，其中大部分需要不同的离子注入形成阱区、源/漏扩展结、多晶硅栅掺杂源/漏结。前端光刻工艺只包括两个图形化刻蚀过程，一个是形成浅沟槽隔离，另一个是形成栅电极。

在后端(BEOL)工艺过程中，所有的光刻工艺通过刻蚀工艺进行。在铜金属化过程中，金属层的数目决定了需要多次重复双镶嵌工艺：介质化学气相沉积、光刻、介质刻蚀、去光刻胶和清洗、光刻、电介质刻蚀、去光刻胶和清洗、金属层沉积、金属退火和化学机械研磨。所有的金属层形成后，化学气相沉积氧化硅和氮化硅作为钝化层，最后的光刻工艺定义出焊线或凸形焊点。

最后进行芯片测试、晶粒分离、分类、封装并送给客户。

集成电路厂商需要经过数百道制造步骤和数周时间才能在晶圆表面做出微小的电子元器件和电路。晶圆处理过程包括：湿法清洗、氧化、光刻、离子注入、快速热退火、刻蚀、去光刻胶、化学气相沉积、物理气相沉积和化学机械研磨等。图 1.19 显示了一个先进半导体生产线上的集成电路芯片工艺流程。

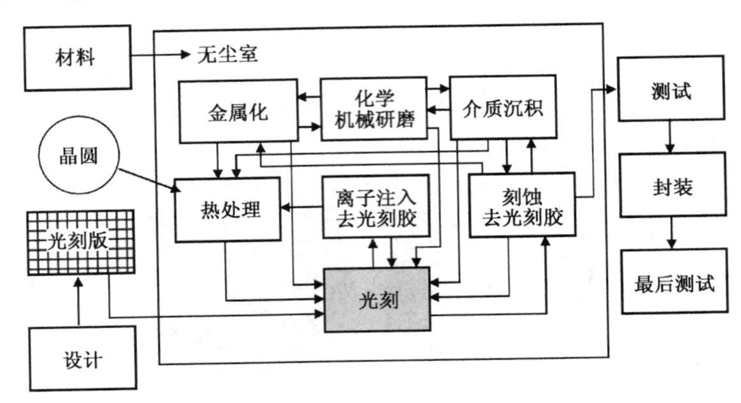

图 1.19 先进半导体生产线上的集成电路芯片工艺流程

这些工艺将在后续章节中详细讨论，讨论中主要利用化学和物理的知识而很少涉及数学分析。

后续的章节中，将通过基本的数学、化学和物理知识对晶圆厂的这些制造技术进行详细探讨。

1.3 小结

1. 第一个晶体管由威廉·肖克莱、约翰·巴定和华特·布莱登发明；
2. 杰克·克毕和罗伯特·诺伊斯共同发明了集成电路；
3. 分立元器件是单一的电子元器件，如电阻、电容、二极管和晶体管。集成电路芯片是在同一块衬底上设计形成的功能电路，包含许多电子元器件；
4. 摩尔定律预测芯片上的元器件数目每 12 ~ 18 个月增长一倍，但价格不变；
5. 当缩小图形尺寸时，芯片尺寸会相对缩小，这使得每个晶圆上可容纳更多的芯片。又由于晶圆尺寸的增加，每片晶圆能生产出更多的芯片。这两种方式可以使得集成电路芯片制造商获得更多利润。

1.4 参考文献

[1] J. Bardeen and W. H. Brattain, *The Transistor, A Semiconductor Triode*, Physics Review, Vol. 74, pp. 435 (1948)

[2] W. Shockley, *The Theory of p-n Junctions in Semiconductor and p-n Junction Transistors*, Bell Cyst. Tech. J., Vol. 28, pp. 435 (1949)

[3] Jack S. Kilby, *Miniaturized electronic circuit*, US patent #3, 138, 743, filed February 6, 1959, granted June 23, 1964.

[4] Robert N. Noyce, *Semiconductor device-and-lead structure*, US patent # 2, 981, 877, filed July 30, 1959, granted April 25, 1961.

[5] *ULSI Technologies*, C. Y. Chang and S. M. Sze, McGraw-Hill companies, New York, 1996.

[6] *Principles of CMOS VLSI Design*, second edition, Neil H. E. Weste and Kamran Eshraghian, Addison-Weslay Publishing Company, Reading, Massachusetts, 1993.

[7] Gordon E. Moore, *Cramming more components onto integrated circuits*, Electronics Magazine, Vol. 38, pp. 4, (1965). ftp://download. intel. com/museum/Moores_Law/Articles-Press_Releases/Gordon_Moore_1965_Article. pdf

[8] Michael Riordan and Lillian Hoddeson, *Crystal Fire*, W. W. Norton & Company, New York, 1997.

1.5 习题

1. 第一个晶体管在什么时间制造而成？
2. 分立式元器件与集成电路有什么不同？
3. 集成电路由哪些科学家发明？
4. 仙童半导体公司的第一个集成电路芯片和德州仪器公司推出的第一个芯片之间的主要区别是什么？哪一个更接近现代化的集成电路芯片？
5. 第一个集成电路有几个组成部分？你能从图 1.13 中找出它们吗？
6. 光刻版和倍缩光刻版的区别是什么？在高解析度的光刻技术中，步进机需要配备哪种类型的光刻版？

第 2 章　集成电路工艺介绍

本章要求

1. 成品率的概念
2. 成品率的重要性
3. 描述一个无尘室的基本结构
4. 说明无尘室协议规范的重要性
5. 列出集成电路工艺中的 4 种基本工艺
6. 列出至少 6 种集成电路生产车间内的工艺区名称
7. 列出集成电路生产车间内共用的设施系统
8. 说明芯片封装的目的和意义
9. 比较陶瓷封装和塑料封装
10. 描述标准的引线接合工艺与覆晶键合工艺
11. 列出封装工艺的温度需求
12. 描述感生故障测试的目的

本章将介绍半导体制造的基本过程，包括无尘室运行的基础、污染控制、成品率、制造区域、设备区域、测试和封装过程。

2.1　集成电路工艺简介

集成电路制造是一个复杂且耗时的过程。首先要利用电子设计自动化(EDA)软件开始电路设计，接着将集成电路设计的版图转印到石英玻璃上的铬膜层，形成光刻版或倍缩光刻版；在另一个领域，由石英砂提炼出的初级硅经过纯化后拉成单晶硅棒，然后切片制成晶圆。晶圆经过边缘化和表面处理，再与光刻版/倍缩光刻版一起送到半导体制造厂，制成集成电路芯片(见图 2.1)。

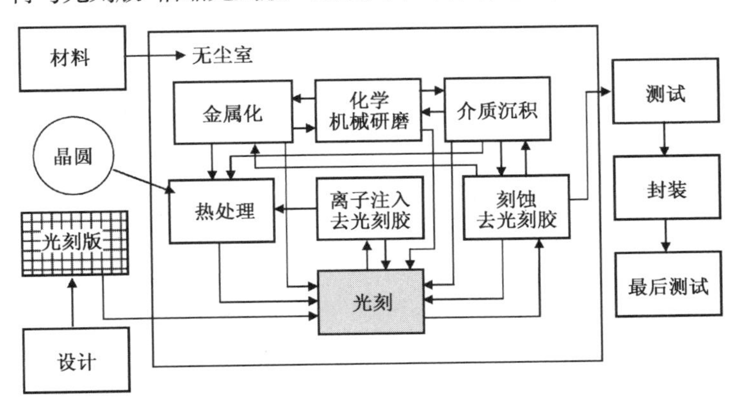

图 2.1　集成电路制造工艺流程图

晶圆将一直放在粒子大小和数量都被控制在很低程度的无尘室内。即使在无尘室，晶圆大部分时间也存储在专门设计的容器中，以最大限度地减少可能的污染。对于200 mm或更小的晶圆，许多工厂都使用开放式载体箱存放晶圆，将晶圆放置在垂直方向的插槽中。一些先进的200 mm晶圆厂使用的容器称为标准机械式接口箱，或称为SMIF盒，对于300 mm的晶圆，使用的容器称为前开式晶圆夹，或称为FOUP。

2.2　集成电路的成品率

成品率是影响IC制造最重要的因素之一，它决定了一间生产工厂是赚钱还是赔钱。决定成品率的因素有很多，包括环境、材料、设备、员工和制造过程。集成电路制造厂内的成品率工程师负责提升成品率。

2.2.1　成品率的定义

集成电路芯片的生产过程包括以下三种不同的成品率。

晶圆成品率：完成所有制造步骤后，完好晶圆的数目与制作集成电路芯片所使用的晶圆总数的比值。

$$Y_{W} = \frac{\text{完好晶圆的数目}}{\text{晶圆总数}}$$

晶粒成品率：完成所有制造步骤所得的完好晶圆上的完好晶粒的数目与晶圆上的晶粒总数的比值。

$$Y_{D} = \frac{\text{完好晶粒的数目}}{\text{晶圆上的晶粒总数}}$$

封装成品率：完成所有封装过程后的完好芯片的数目与封装的芯片的总数的比值。

$$Y_{C} = \frac{\text{完好芯片的数目}}{\text{芯片总数}}$$

晶圆成品率主要取决于晶圆的制造和处理，人为处理的疏忽、机器失常和错误调整都会损坏易碎的硅晶圆。错误的制造，如对准错误的光刻加上随后的刻蚀或离子注入、错误的掺杂浓度、薄膜沉积过程中极差的薄膜厚度均匀性或晶圆上的过量粒子等，都会损毁晶圆。与晶粒成品率有关的因素包括粒子污染、工艺维护、整个制造步骤和与设计相关的工艺窗口等。封装成品率与晶粒测试以及最后的芯片测试间的金属线接合质量及规格有关。

集成电路制造厂的整体成品率Y_{T}是三个方程式相乘的结果，整体成品率是一个非常重要的因素，可以决定一间生产工厂是否赢利。

$$Y_{T} = Y_{W} \times Y_{D} \times Y_{C} \tag{2.1}$$

2.2.2　成品率和利润

集成电路成品率的定义是指完好的芯片数目与最初的芯片总数之比。用一个简单的例子就可以说明为什么成品率对一个半导体生产公司十分重要。

例如，一片300 mm具有外延层的晶圆价格随市场的供需有所变动。晶圆送出去测试和封装之前，根据电路的要求，晶圆先经过数百道制造过程处理。每一道流程都会增加一些成本，通常每道流程在每片晶圆上大约增加1美元。现在假设一片具有外延层的晶圆成本为200美元，完成整个集成电路工艺需要500道流程，所以每片处理过后的晶圆总成本大约为200美元（晶圆成本）+500美元（工艺成本）=700美元。假如在500道流程中的晶圆成品率为100%

(没有晶圆废片)。假设每个完好的晶片测试和封装费用为10美元，而且所有封装后的芯片都通过了最后的测试(100%封装成品率)。如果每片晶圆可制造出100颗芯片，每颗芯片售价35美元，那么每片晶圆必须制造出35颗完好的芯片或达到7%的晶粒成品率，才能让生产商达到损益平衡，这可以表达为：

700美元+35(完好的晶粒数目)×10美元(测试/封装成本)=1050美元=35(完好的芯片数目)×30美元(售价)

如果晶粒成品率可以增加到50%，且晶圆成品率和封装成品率两者都保持在100%，则每片晶圆的总成本将为700美元+250×10美元(测试/封装成本)=3200美元，而每片晶圆的芯片售价将为250×30美元=7500美元。每片晶圆的利润就是(7500－3200)美元=4300美元。所以，如果一个晶圆制造厂每个月处理10 000片晶圆且保持100%的晶圆成品率，50%的晶粒成品率，以及100%的封装成品率，就可以每月产生43 000 000美元的利润。

一个月43 000 000美元的确具有吸引力，但是一个300 mm晶圆厂的成本要超过30亿美元，即使千余员工每周7天，每天24小时不停地工作，月产10 000片晶圆且平均成品率为50%，可能仍不足以产生足够的现金流来支付全部的开销！因此提升成品率和增加产量对集成电路厂商极其重要。

自问自答

问：对于IC制造厂，如果晶粒的成品率为90%，晶圆和封装成品率为100%，产量为每月20 000片，问每个月的总利润是多少？(这是本书最难的数学题目)

答：20 000×[500×90%×30.00美元(每片晶圆的收入)－(700美元+500×90%×10.00美元)(每片晶圆的成本)]=166 000 000.00美元/月。

可以看出，成品率和产量越多，利润也就越高。当然晶圆成品率和封装成品率一般达不到100%。

先进的集成电路芯片生产需要经过约500道工艺流程，为了达到合理的高整体成品率，每道工艺的成品率都必须尽量达到100%。

自问自答

问：如果每道集成电路工艺的晶粒成品率为99%，完成整个集成电路芯片需要500道工艺，问整个集成电路芯片的晶粒成品率是多少？

答：$0.99^{500}=0.0066=0.66\%$。

对于先进的集成电路生产，大多数工艺过程都必须非常接近完美才能保证高的整体成品率，提高成品率是一个永无止境的工作。通常在一个新工艺或新产品刚开始，或引进了一组新的工具时，整体成品率都不会很高。但随着生产的进行，降低成品率因素被发现并及时纠正后，成品率就会不断提升并达到稳定。新产品、新工艺或工具每隔几个月甚至几周就会被引进，因此提升成品率就成了半导体生产车间一个永远的过程。图2.2显示了集成电路生产的一个典型成品率曲线。

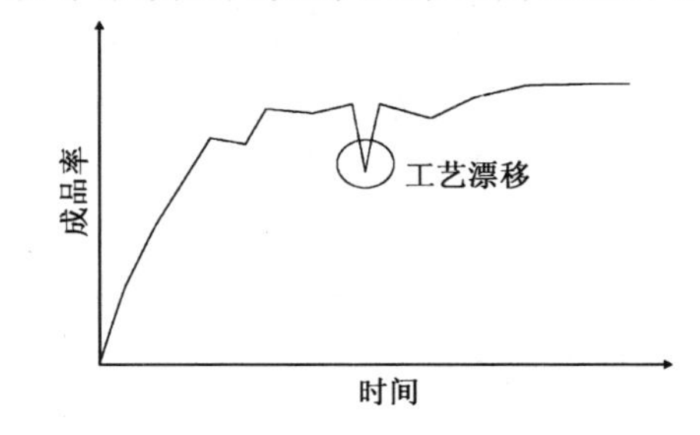

图2.2 集成电路生产的一个典型成品率曲线

2.2.3 缺陷和成品率

式(2.2)说明了整体成品率与致命性缺陷密度、芯片尺寸以及工艺流程的关系。

$$Y \propto \frac{1}{(1+DA)^n} \tag{2.2}$$

式中，Y为整体成品率，D为致命性缺陷密度，A为芯片面积，而n则代表制造步骤。由式(2.2)可以看出，如果要达到100%的成品率，那么每道工艺步骤的致命性缺陷密度必须为零。对于同样的缺陷密度和芯片尺寸，工艺的步骤越多，成品率就越低。同时可以看出，在相同的缺陷密度条件下，芯片尺寸越大，成品率也越低(见图2.3)。

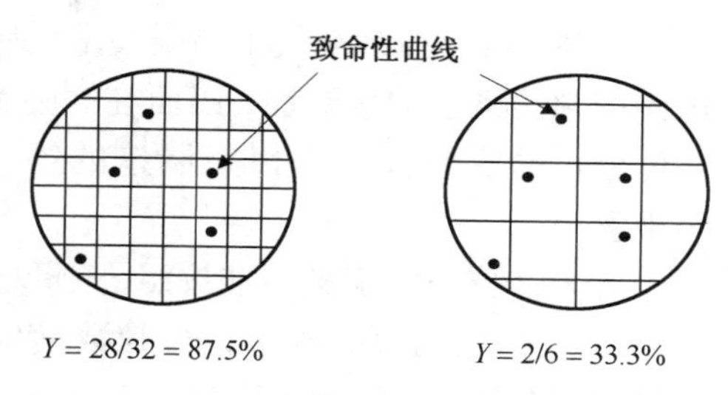

图2.3　晶粒尺寸与晶粒成品率的关系

式(2.2)假设每道工艺步骤的缺陷密度一样，这显然太过简单，可是却能对缺陷与成品率之间的关系提供一个简单的说明。参考文献[1]给出了更详细的模型。

某些晶圆产品设计了附加的测试晶粒，在晶圆处理过程中，将晶体管和测试电路做在一起，如图2.4(a)所示。由于技术的进步和图形尺寸的缩小，测试结构(如元器件和电路)可以做在晶粒间的切割道上，以节省硅晶圆的面积，如图2.4(b)所示。全部晶圆处理过程的测试都在这些结构上进行，以确保成品率，如果测试的结果确认大多数元器件和电路与设计要求不符，晶圆制造就会停止，整批的晶圆就可能全部报废，直到找出解决问题的方法并将问题解决了才能恢复生产。

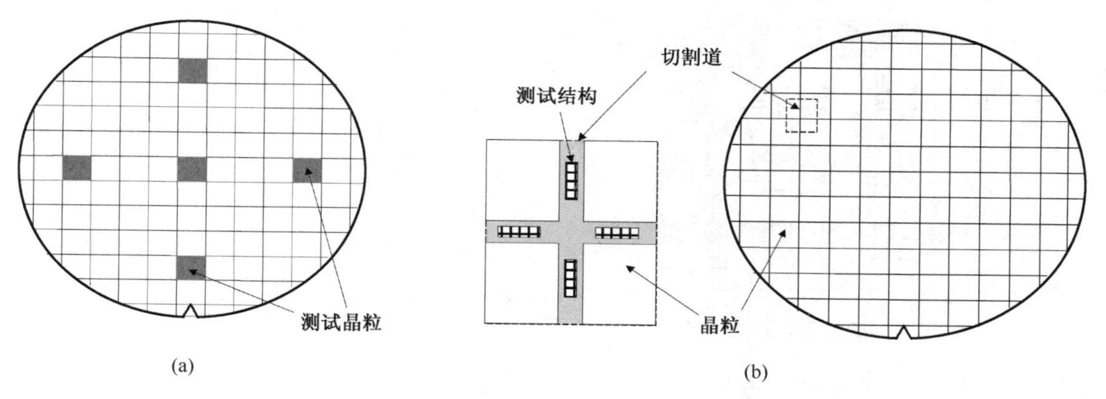

图2.4　(a)带有测试晶粒的晶圆；(b)测试结构在切割道上

2.3 无尘室技术

集成电路工艺间成本很高的原因之一就是需要一个无尘室。由于微小粒子能引起微电子元器件和电路缺陷，因此半导体芯片必须在无尘室中制造。随着图形尺寸的缩小，杀手微粒(影响元器件特性的关键微粒)的尺寸也随着缩小，所以越小的图形尺寸就需要纯净度越高的无尘室。

由于微粒对成品率造成极大影响，所以集成电路制造商投入相当多的努力改善无尘室的环境并减少微粒的数目。无尘室的衣柜、衣服和穿着无尘衣的程序都有助于提高无尘室的质量，严格的无尘室规则对于隔离污染物及防止成品率降低很有帮助。

2.3.1 无尘室

无尘室是一间人造环境，室内的粒子数目比一般环境中少得多。最初的无尘室为医院手术房而建，可以控制空气中易引发术后感染的细菌污染。半导体工业发展后不久，工程师便认识到控制污染物的重要性，因而在制造晶体管和集成电路时都采用了无尘室技术。由仙童半导体公司的罗伯特·诺伊斯制造的第一只硅集成电路芯片(见图 1.4)显示有许多的粒子污染物。

无尘室分类的定义标准按照公制和英制组合。一座定义为第 10 级的无尘室是指在每立方英尺中，直径大于 0.5 μm 的微粒数量少于 10 个。第 1 级的无尘室则必须达到每立方英尺中，直径大于 0.5 μm 的微粒数量少于 1 个。能制造最小图形尺寸为 0.25 μm 的集成电路芯片生产工厂，需要第 1 级的无尘室才能获得高成品率。相比之下，在一个干净的房屋里，每立方英尺中直径大于 0.5 μm 的微粒数量就超过了 500 000 个。图 2.5 说明了在不同等级的无尘室里每立方英尺空气中的微粒数量。

等级最高的无尘室是 M-1，只适用公制单位。根据联邦标准 209E，M-1 级无尘室中，每立方公尺内直径大于 0.5 μm 的微粒数目必须少于 10 个，或者每立方英尺内直径大于 0.5 μm 的微粒数目必须少于 0.28 个。表 2.1 为无尘室分级的定义。

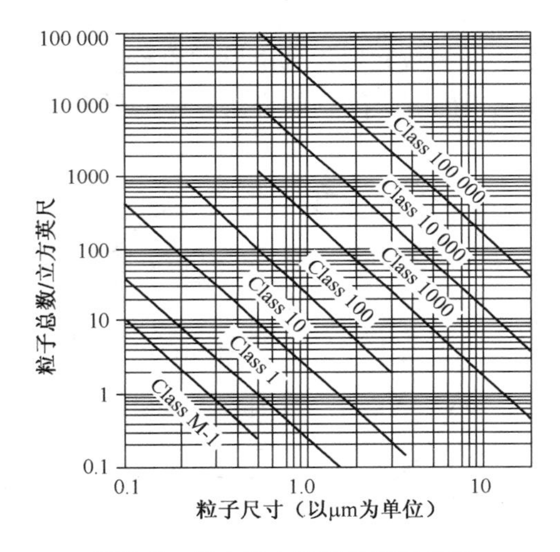

图 2.5　无尘室内空气的粒子总数

表 2.1　根据 209E 标准制定的空气微粒洁净度等级表

等　级	粒子总数/立方英尺				
	0.1 μm	0.2 μm	0.3 μm	0.5 μm	5 μm
M-1	9.8	2.12	0.865	0.28	
1	35	7.5	3	1	
10	350	75	30	10	
100		750	300	100	
1000				1000	7
10 000				10 000	70

2.3.2 污染物控制和成品率

晶圆上的微粒将造成缺陷并明显降低成品率。表 2.2 显示了污染物的影响，可以看出，如果每个晶圆上出现一个颗粒，就会使一间 4 英寸晶圆制造厂的年度损失超过 130 万美元(20 世纪 80 年代早期)。虽然这个数据有些早，但却能显示出粒子污染对集成电路制造厂的晶粒成品率和利润的影响。

对于不同的工艺过程，微粒将造成许多不同的缺陷。比如，粒子如果掉落在光刻版或倍缩光刻版的空白区域，将会在光刻工艺中的负光刻胶上产生细孔，或在正光刻胶上留下残余物。刻蚀技术中，这些细孔和残余物就会转移到晶圆表面引起缺陷。由于集成电路生产中多次使用光刻版/倍缩光刻版，因此光刻版上的粒子污染物会严重降低芯片成品率。光刻版/倍缩光刻版必须放在最干净的环境中，以避免粒子污染。图 2.6 显示了光刻版粒子污染在曝光工艺中造成的影响，然而通过图 2.6 可以看出，落在光刻版黑色部分的粒子不会影响曝光过程。

表 2.2　无尘室的粒子数目与利润的关系

月产晶圆量	10 000	10 000
生产成品率	0.85	0.85
晶圆直径(mm)	100	100
边缘去除(mm)	4	4
粒子数目	20	19
每月固定成本(百万美元)	0.53	0.53
晶圆变动成本(美元)	76.11	76.11
晶圆总成本(美元)	129.00	129.00
光刻数目	7	7
缺陷密度（cm^2）	0.30	0.29
晶粒尺寸（cm^2）	0.5	0.05
随机成品率	0.37	0.39
系统成品率	0.70	0.70
晶粒成品率	0.26	0.27
每片晶圆的晶粒数	113	113
良好晶粒数	30	31
晶粒成本(美元)	4.35	4.15
封装成本(美元)	1.00	1.00
老化测试成本(美元)	0.50	0.50
测试成品率	0.90	0.90
IC 成本(美元)	6.50	6.28
IC 售价(美元)	12.00	12.00
售价/成本比	1.85	1.91
晶圆售价(美元)	320.32	335.37
年销售值(百万美元)	32.67	34.21
年生产成本(百万美元)	17.70	17.91
年毛利(百万美元)	14.98	16.30
年获利值(百万美元)		1 321 943

粒子污染在不同的工艺中也会引起其他问题，例如金属线的断裂，或相邻金属线间的短路。离子注入过程中，微粒将会挡住注入的离子并造成不完整的界面，这些都会影响元器件的性能(见图 2.7)。

当无尘室的微粒尺寸小到只有集成电路技术节点的一半大小时，如对于22 nm技术，11 nm大小的微粒就可能成为杀手微粒。如果一个微粒落在重要区域，则也有可能成为杀手微粒。当图形尺寸缩小时，对应的杀手微粒尺寸也同样变小，大小不同的微粒影响也不同，因此不同等级的无尘室就需要不同的设计和协议规范。比如，高压空气枪能处理大的颗粒(直径大于1 μm)，但却无法处理较小的微粒，所以高压空气枪可以在以前 4 英寸(100 mm)晶圆制造厂内广泛使用，但在先进的 300 mm 晶圆制造厂内却无法应用。空气枪能除去晶圆表面上的大微粒，但也会在表面增加更多的小微粒。当图形尺寸大于几微米时，这些小微粒不会造成问题，但是当图形尺寸缩小到亚微米时，就将造成许多很难解决的问题。

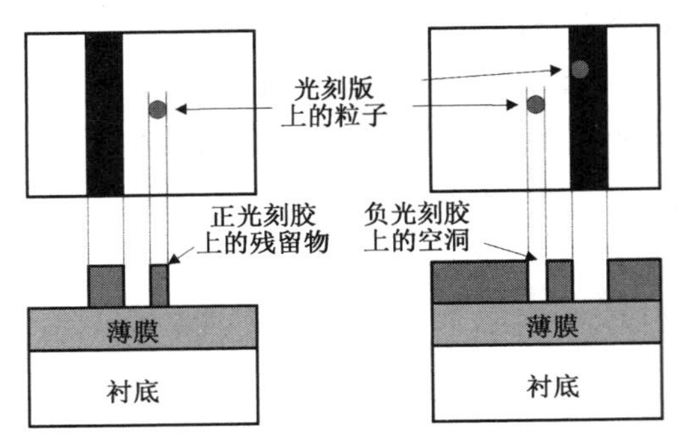

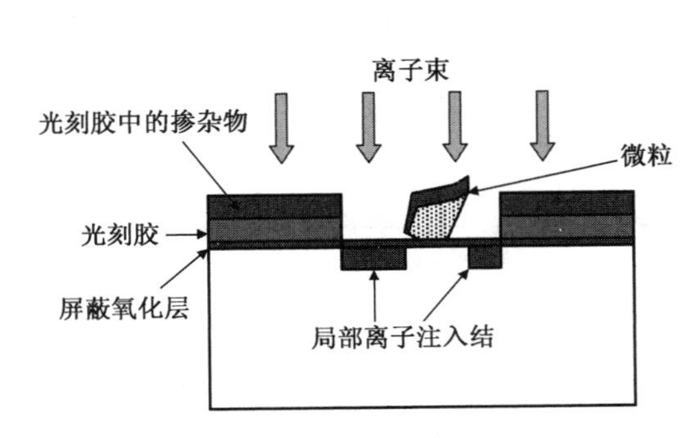

图2.6　无尘室光刻版上的粒子对工艺的影响

图2.7　无尘室粒子对离子注入工艺的影响

2.3.3　无尘室的基本结构

一座300 mm晶圆的先进无尘室的基本结构如图2.8所示。无尘室的地板通常是很高的孔状框型地板，以便空气能够从天花板垂直流动到制造和设备区的底部区域，当气流回送到无尘室时，将通过微粒空气过滤器除去气流所带的大部分微粒。为了降低成本，只有晶圆的制造区域才被设计成拥有最高级的无尘室，设备区在等级较低的无尘室，大部分辅助设备不会放在无尘室内，被放置在无尘室的下面。晶圆被放置在一个密封的FOUP内，而且只暴露在工艺或计量设备的气流下。

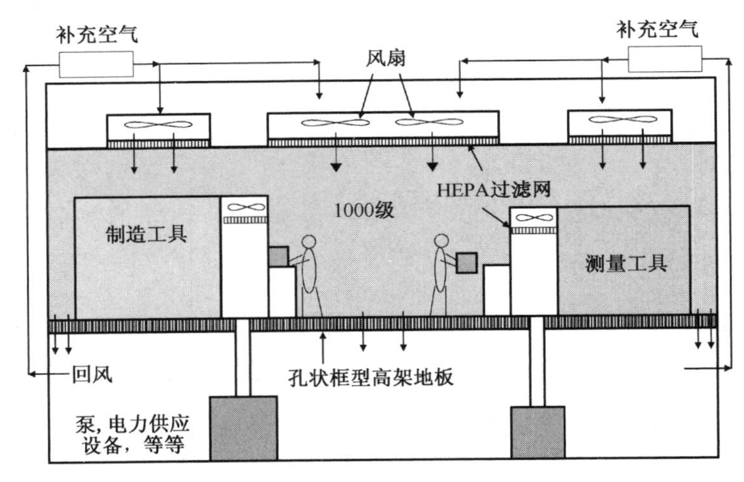

图2.8　先进无尘室的基本结构

对于图2.9所示的一般集成电路工艺，晶圆被放置在一个开放式的盒子里。因为晶圆在进行工艺加工或测试之前暴露在开放式盒子的气流下，所以也被设置成高等级区域。对于0.13 μm的工艺技术，需要等级为1或更高的无尘室。一般而言，设备区只要1000级的无尘室就可以了，这在设计和维护上都能省下大笔费用。然而随着IC特征尺寸的缩小，在这种等级的无尘室内提高工艺水平已经不符合成本效益需求了。因此，图2.8所示的无尘室就成为300 mm晶圆厂的主要结构。

为了达到比100级还要高的洁净度，维持线性直线气流、避免空气扰动非常重要。空气扰流会将墙壁、天花板、桌子和工具表面上的微粒带入空气中，而且使得微粒不容易静止。但通过线性气流后，空气中的微粒就能很快被气流带走。等级 100 为线性气流和扰动气流的分界线，也是无尘室成本中的一个重点。使用扰动气流可以达到低于 100 级的洁净度，其成本比线性气流低。

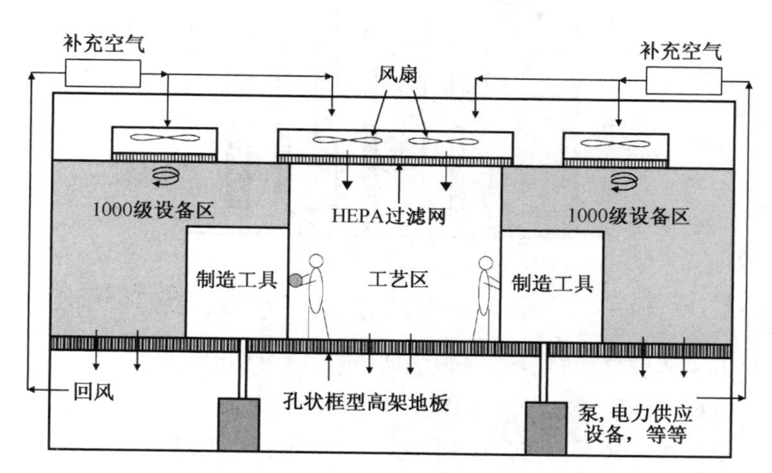

图 2.9　一般集成电路工艺的无尘室结构

无尘室内的气压一直维持在比非无尘室区域高的状态，以避免开门时空气流入而带进微粒。同样的原理也用于无尘室内的不同等级区域。较高等级区域的气压比较低等级区域的高。由于温度、气流速度和湿度变化都会对表面微粒形成扰动，所以无尘室内的所有空气状态都必须严格控制。

2.3.4　无尘室的无尘衣穿着程序

严格管理无尘室并减小因污染而造成的成品率损失，是非常重要的。人体会散发出许多微粒，而且也是钠元素的主要来源，钠会造成移动离子污染，因此无尘室内的工作人员必须穿着特别设计的服装。以前操作人员是主要的污染来源，所以有些工厂甚至限制无尘室中的工作人员数目以控制污染。无尘室服装的改良和严格的无尘室穿衣程序已大幅降低了无尘室中工作人员造成的污染。正确穿着无尘衣和脱无尘衣的程序都是无尘室规定的重要部分。

虽然不同的公司，甚至同一个公司的不同工厂都有不同的无尘衣穿着程序，但是其目的是一致的，就是要防止微粒和其他污染物经由人体带进无尘室。

有些生产工厂甚至要求员工在进入无尘衣室前就要先戴上亚麻手套。这些手套通常由不易吸附微粒的合成纤维制成，它们能够避免穿戴者手上的钠和微粒污染无尘室的无尘衣(也可使外层乳胶手套的穿戴较为舒适)。

鞋底带有大量的微粒，员工穿上鞋套前，许多生产工厂会要求他们先用鞋刷将鞋上的尘土除掉，将没有鞋套的鞋子放在长椅区的入口端，而将有鞋套的鞋子放在长椅的另一端，以避免将大量的微粒带入无尘衣室内，这一点非常重要。图 2.10 显示了无尘室的更衣区域。

当进入无尘室时，必须戴上头套。留有胡须的男性员工需要戴上口罩。人的头发将因为摩擦而带正电荷，这些正电荷将吸引带负电荷的微粒。在适当的压力、湿度和温度条件下能够中和这些微粒使其不受头发的吸引，结果头发上不带电荷的微粒就会更容易落入空气中造成污染。由于发套可防止这些微粒的散落，因此进入无尘衣室中的第一件事就是戴上发套。

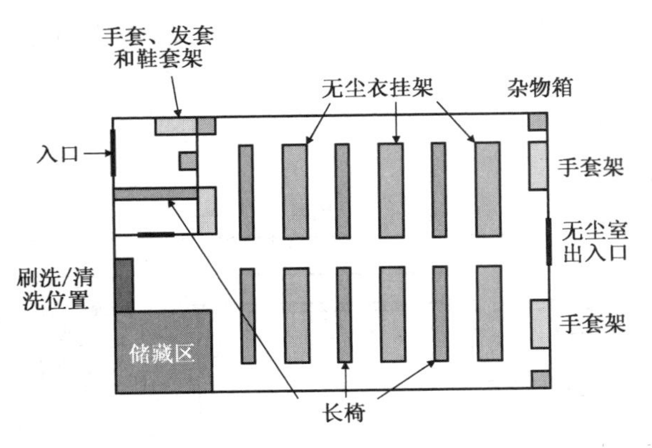

图 2.10　无尘室更衣区示意图

一般来说，接下来要穿戴的是具有口罩的头套，它能够进一步遮住头发和脸部，并防止呼吸、咳嗽时产生的微粒和其他污染源。工作人员先将徽章、呼叫器、手表或无线对讲机卸下来，才能穿着无尘衣，使这些器材不被密封在衣服里。无尘室内绝对禁止将拉链拉下的动作，因为这会释放出原本密封在衣服内的微粒。穿上服装并戴上头套后，工作人员再穿上高过小腿的长靴，将鞋内的微粒完全密封住。由于集成电路生产工厂处理晶圆时会使用腐蚀性的化学药品，而且有些制造工具的可移动部分会对眼睛造成伤害，因此安全眼镜是必备的。最后，工作人员在亚麻手套外面再套上一层乳胶手套，以避免粒子和移动离子的污染，这些手套能对腐蚀性化学药品的伤害提供保护。在某些工艺中，例如化学气相沉积(CVD)反应室和离子束注入室的清洗过程，必须戴上两层乳胶手套才能有效保护并抵抗如氢氟酸等腐蚀性的材料。在某些化学工艺中，一定要穿戴整套的防酸设施。进入无尘室前，所有人员都应在镜子前检查以确保没有露出任何头发和衣服。

一般生产工厂要求人员在进入无尘室前先经过空气淋浴，让高压气流将无尘衣的表面微粒吹走。为了达到最好的效果，工作人员在高压气流吹送时应该举起双臂并缓慢转动身体。有些生产工厂就免去了这些过程，但有些工厂却要求工作人员做两次空气淋浴，然后员工才能进入无尘室。

脱去无尘衣的程序几乎是穿着无尘衣程序的反动作。工作人员首先脱下长靴，然后是无尘衣和头套，并且通常将它们挂在衣架上以供下次使用。无尘室的服装通常交给专业清洗店每周清洗。有些生产工厂使用一次性的无尘服装，这些服装在用过后就丢掉。一旦出了更衣室，工作人员便将头套和乳胶手套脱下丢弃，鞋套通常是最后脱下，有些生产工厂会回收亚麻手套。

2.3.5　无尘室协议规范

与穿着无尘衣的程序一样，每个公司，甚至同一公司的不同工厂的无尘室协议规范都不相同，但是其目标是一致的：就是要避免造成微粒在空气中传播并防止污染物接触到晶圆。

一旦进入无尘室，操作人员就必须以平稳的步伐行走，跑步或跳跃都可能扰动地板、墙壁和天花板表面上的微粒。无尘室中只有极少的椅子，因为当有人坐下或起身时都会造成椅子表面上的微粒脱离。无尘室内椅子较少，也不准有人坐在桌子上或倚靠着墙壁。一般的纸张会带有细小的纤维碎片，因此室内只能使用无尘室专用的纸张。对于第 1 级或高于第 1 级的无尘室，不允许使用纸张，所有的资料都会以电子文档的形式保存在笔记本电脑中。

移动离子污染是集成电路生产中的另一个问题，如少量的钠会造成 MOS 晶体管故障并影响集成电路的可靠性，所以必须严格控制钠离子污染。处理晶圆的工作人员必须与晶圆本身完全隔离。由于人如果缺少盐（氯化钠，NaCl）将无法生存，所以操作员将造成钠离子污染。如果操作人员的手套接触到皮肤，就必须立刻换上一双新的手套或将新的手套直接套在脏的手套上。同样，如果工作人员咳嗽时用手掩口，他们就应立刻更换乳胶手套，因为从口腔喷出的高压气流可能会使唾液穿透口罩，按照严格要求，工作人员在咳嗽前就应该先离开制造区，在无尘室中严禁饮食。

无尘室的工作人员不允许使用化妆品、香水、古龙水或乳液，因为这些东西会释放出微粒造成污染。技术人员不能戴隐形眼镜，因为生产工厂中的微量氯气可能会与隐形眼镜产生化学反应而伤害眼镜。无尘室和邻近的建筑都是禁烟区，吸烟的无尘室员工被鼓励戒烟，因为即使操作人员抽完了香烟，还是有可能释放出先前吸入的微粒。

自问自答

问：当完成了工艺设备的定期维护后，技术人员会敲一下工艺区的墙壁，告知设备区的另一名技术员可以准备启动机器了，这是否违反了无尘室协议规范？

答：是的。因为在墙壁上敲打会扰动附着在墙壁和天花板表面的微粒。工艺车间里的同事之间应该利用无线电话沟通。有些工艺间备有终端机，即使工艺区的终端机关闭，完成工艺设备维护后仍可以在设备区内启动系统。

2.4　集成电路工艺间基本结构

制造集成电路芯片的制造区称为集成电路工艺间，集成电路工艺间的组成包括办公室、辅助区、储藏室、设备区、晶圆制造区，有些制造商具有自己的芯片测试和封装区。办公区、辅助区和制造材料的储藏室不在无尘室内，而晶圆制造、设备和芯片测试及封装只能在无尘室中进行。晶圆必须放置在制造区域，因为该区的无尘室等级最高。大部分的制造设备都安装在等级较低的无尘室，有时也称为“灰区”，灰区和高级无尘室紧密相连，所以可让晶圆转移到该区进行处理。芯片测试和封装通常在等级更低的无尘室中进行，因为这些制造涉及较大的图形尺寸，对粒子污染不是很敏感。

2.4.1　晶圆的制造区

在集成电路生产工艺间内，进行晶圆制造的无尘室总是具有最高等级，因此未完成所有制造之前，不允许晶圆离开这个区域。当晶圆经过最后一道钝化层工艺时，最后的光刻工艺与氮化物/氧化物刻蚀工艺将接合垫片或凸状连接座打开并将光刻胶剥除，此时便将晶圆送到测试和包装区，完成芯片制造。制造半导体需要许多工艺过程，可以分成4个基本操作：添加工艺、移除工艺、图形化工艺和加热工艺。掺杂、薄膜生长和沉积属于添加工艺；刻蚀、清洗和抛光属于移除工艺；光刻技术是图形化工艺；而热处理、合金化和再流动步骤都属于加热工艺。图2.11说明了集成电路的工艺流程。

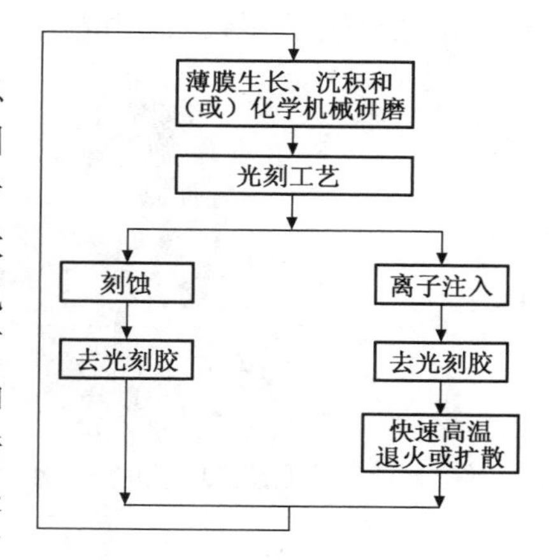

图2.11　集成电路工艺流程图

晶圆制造区通常分隔成几个制造区间(见图2.12),包含湿法区、扩散区、光学区、刻蚀区、注入区、薄膜区及化学机械研磨区。工艺工程师、工艺技术人员和生产作业员主要在这些工艺区内工作。设备制造商雇用的工艺调试工程师在架设设备及排除机器故障时,也主要在这个工作区域。

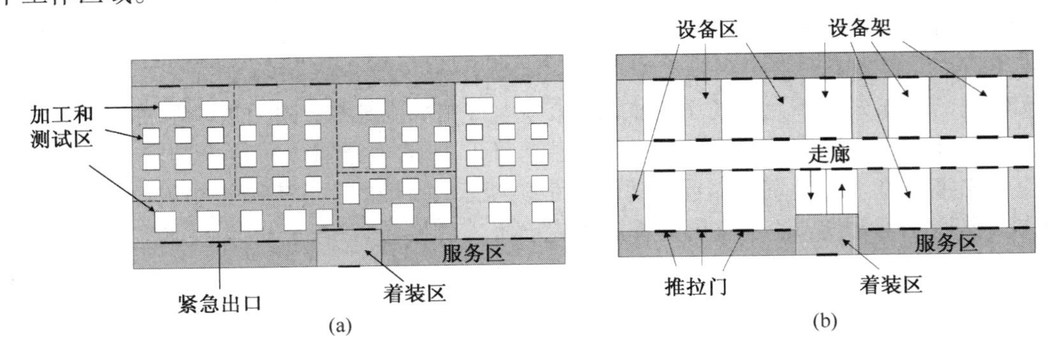

图2.12 半导体生产工厂平面图。(a)迷你型结构;(b)传统结构

2.4.1.1 湿法工艺区

湿法工艺区是进行湿式工艺的区域。去光刻胶、湿法刻蚀和湿法化学清洗是湿法工艺区内最普遍的工艺。这里经常用到具有腐蚀性的化学药品和很强的氧化剂,如氢氟酸(HF)、盐酸(HCl)、硫酸(H_2SO_4)、硝酸(HNO_3)、磷酸(H_3PO_4)和过氧化氢(H_2O_2)。湿法工艺后将使用大量高纯度去离子水清洗晶圆。由于在湿法工艺区使用的多数酸类具有腐蚀性,硝酸和过氧化氢是很强的氧化剂,因此在湿式区域附近一定会有冲洗区和洗眼器,以防意外接触到溢出的化学药品。

湿法工艺属于移除工艺,一般需要3道工艺过程:预处理、清洗和甩干(见图2.13)。湿法工艺工具是典型的批量处理设备,能够一次处理一个或多个装有25片晶圆的盒子。机械手从装载位置将装有晶圆的盒子拿起后浸入处理液中。经过所需的处理时间后,机械手再将盒子取出放入清洗槽中,用去离子水将晶圆表面的化学药品洗除。接着将盒子放到甩干机内,利用高速旋转将晶圆盒甩干。最后将盒子放回装载位置以便将晶圆卸下。某些湿法制造机能一次处理数盒晶圆。根据工艺所用的化学药品,有时还必须将晶圆从盒中取出,放在一个石英或塑胶的晶舟中进行湿式工艺和清洗。

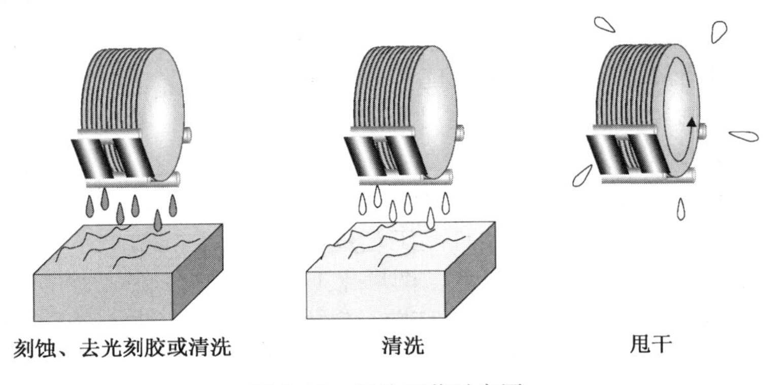

图2.13 湿法工艺示意图

为了减少化学品的使用，单个晶圆的湿法工艺工具也得到了发展。加工晶圆一个接一个，所以在晶圆表面只消耗少量的化学品，从而在湿法工艺中使用的化学量较批处理系统可以显著降低。

没有设置湿法工艺区的生产工厂将湿法化学柜放在氧化和低压化学气相沉积（LPCVD）工具旁边，因为进行这些工艺之前必须先清洗晶圆。

2.4.1.2　扩散区

扩散区是进行加热工艺的区域，这些工艺包括添加工艺，如氧化、低压化学气相沉积和扩散掺杂；或者是加热工艺，如离子注入退火处理、掺杂物扩散、合金热处理，或电介质再流动过程。氧化、低压化学气相沉积和扩散掺杂工艺以及加热工艺都在扩散区的高温炉中进行。有些生产工厂在扩散区也有外延反应器。20 世纪 70 年代中期发明离子注入技术之前，在高温炉中进行氧化和扩散掺杂是生产集成电路过程中最常使用的工艺。虽然在先进的集成电路工艺中现在已经很少使用扩散掺杂，但“扩散区”这个名称一直沿用至今。

高温炉属于批量扩散工具，能同时处理 100 多片晶圆。图 2.14 为垂直式（直立式）和水平式高温炉示意图。由于直立式占地面积小且有很好的污染控制能力，所以先进的200 mm和300 mm晶圆集成电路生产工厂均使用直立式高温炉取代水平式高温炉；而水平式高温炉仍在一些小晶圆尺寸的集成电路工艺线上使用。大多数300 mm晶圆厂也采用单片晶圆反应室工具进行高温多晶硅、氮化硅化学气相沉积，以及金属硅化合物热处理工艺。

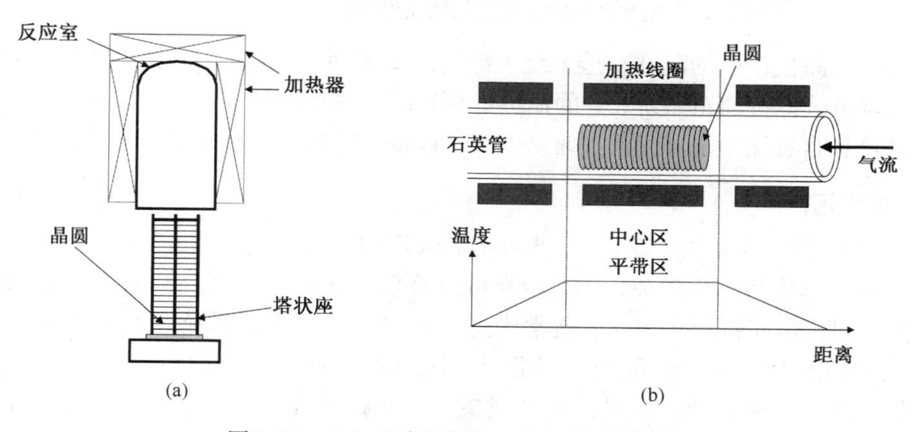

图 2.14　（a）垂直扩散炉；（b）水平扩散炉

扩散区经常使用的气体有氧气（O_2）、氮气（N_2）、无水的氯化氢（HCl）、氢气（H_2）、硅烷（SiH_4）、二氯硅烷（SiH_2Cl_2，DSC）、三氯硅烷（$SiHCl_3$，TSC）、三氢化磷（PH_3）、氢化硼（B_2H_6）和阿摩尼亚（NH_3）。氮气是一种安全气体；氧气是一种氧化剂，氧气在某种条件下与其他易燃、易爆的材料混合时，可能会引起火灾或爆炸。无水的氯化氢具有腐蚀性；氢气易燃和易爆；硅烷会自燃（自动起火）、易爆，且有毒；二氯硅烷和三氯硅烷都具有易燃性，而阿摩尼亚具有腐蚀性。三氢化磷和氢化硼都是剧毒、易燃和易爆的。几乎所有使用在集成电路生产中的工具都用氮气作为吹除净化气体。氧气和无水氯化氢用在干氧氧化工艺中，而湿氧氧化工艺则用氢气和氧气完成。硅烷、二氯硅烷或三氯硅烷作为多晶硅沉积中的硅原材料，而且也用于与阿摩尼亚沉积氮化硅。三氢化磷和氢化硼在多晶硅沉积中作为掺杂气体。

2.4.1.3 光学区

光刻技术是制造集成电路的最重要技术之一，能将光刻版或倍缩光刻版上的设计图形转移到暂时覆盖在晶圆表面的光刻胶层上。光学区内有集成型的晶圆轨道机、步进机系统，它可以执行底漆层和光刻胶涂敷、烘烤、校准和曝光，以及光刻胶显影过程等工艺流程。步进机将晶圆表面的光刻胶图形化，利用紫外线或深紫外线照射光刻胶引起光化学反应，也是先进的集成电路生产中最昂贵的工具，一台先进的 193 nm 扫描仪售价高达 4000 万美元。光学区内也有一些测量工具，如测量光刻胶厚度和均匀度的反射系数光谱仪，查看叠盖情形以及关键尺寸或测量图形线宽的光学显微镜和扫描式电子显微镜。图 2.15 是一个集成式晶圆轨道机-步进机系统示意图，也称为集成电路生产中的光学小区间。

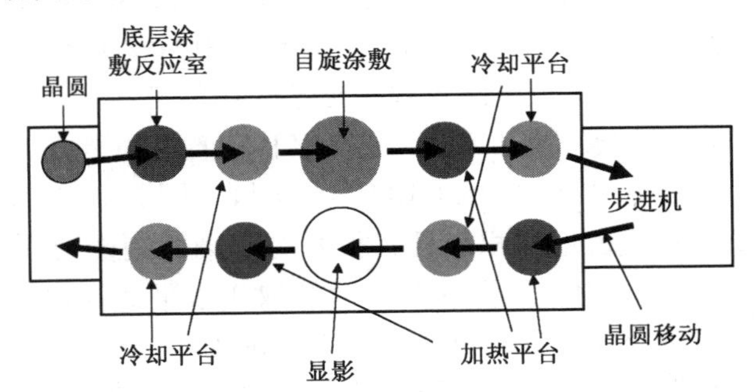

图 2.15 光学区内的集成式晶圆轨道机-步进机系统示意图

先进集成电路生产中的晶圆轨道系统可能与图 2.15 所示不同。许多工程师喜欢使用占地面积较小的堆叠式晶圆轨道系统，它的加热平板和冷却平板叠放在一起而不放置在同一平面。有些系统甚至将自旋涂敷机和显影机堆叠起来，以进一步减少面积和节省宝贵的无尘室空间。

2.4.1.4 刻蚀区

当光刻胶形成图形并通过检验后，便可将晶圆送到注入区或刻蚀区。在刻蚀区内，按照光刻胶所定义的图形进行晶圆刻蚀，这个步骤可以将设计图形转移到晶圆表面。刻蚀是一种移除工艺，可使用化学或物理步骤，或通常为这两种过程的组合，选择性地移除晶圆表面的材料。由于湿式刻蚀无法刻蚀小于 3 μm 的图形，因此先进的集成电路生产多使用干法刻蚀或等离子体刻蚀。等离子体刻蚀机一般由真空反应室、射频系统、晶圆传送机和气体输送系统组成。许多刻蚀系统都有临场剥除反应室，能够在晶圆暴露于空气之前将光刻胶剥除。图 2.16 显示了同时具有刻蚀和光刻胶剥除反应室的配套工具。

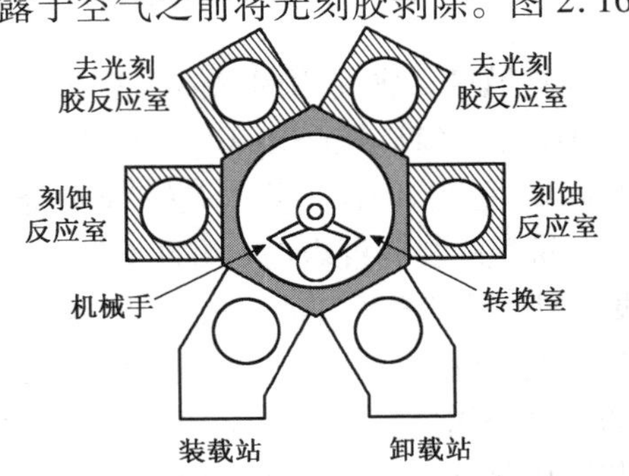

图 2.16 具有刻蚀和去光刻胶反应室的配套工具示意图

半导体制造过程中通常使用如下 4 种刻蚀工艺。

1. 电介质刻蚀。通过刻蚀硅氧化物和氮化物薄膜形成接触窗、接合垫片区，或形成硅刻蚀时的硬遮蔽；
2. 硅刻蚀。用于刻蚀单晶硅形成浅沟槽隔离(STI)或电容器的深沟槽；
3. 多晶刻蚀。通过刻蚀多晶硅或金属硅化合物，与多晶硅堆叠薄膜形成栅和局部连线；
4. 金属刻蚀。刻蚀出架状的金属作为长距离连线。

由于大多数集成电路工艺线使用铜互连，所以金属刻蚀工艺现在使用得较少。

每个刻蚀过程都有不同的需求和不同的反应室设计，并使用不同的化学气体。电介质刻蚀经常使用的气体包括氟碳化合物气体，如 CF_4、C_2F_6、C_3F_8、CHF_3，以及氩气。刻蚀单晶硅普遍使用溴化氢，而多晶硅和金属刻蚀则使用氯气。氟碳气体虽然很稳定，但会造成全球温室效应。溴化氢具有腐蚀性，而氯气是一种氧化剂且有毒。

2.4.1.5　离子注入区

除了刻蚀区外，注入区是晶圆经过光刻工艺后进行操作的工艺区间，离子注入机和快速加热退火(RTA)系统都在这个区域。离子注入是在半导体衬底中加入掺杂物从而改变电导率的一种添过程；快速加热退火是一种加热过程，可以在高温下不需要通过移除或增加晶圆表面的材料而修复晶格结构的损伤。离子注入机通常是半导体生产中最大也是最重的制造工具，然而它也有许多安全上的隐患，如高电压(高达 100 kV)、强磁场(可能影响心律调节器)，以及产生强烈 X 光辐射的高能离子束。离子注入过程也使用有毒、易燃和易爆气体，如三氢化砷(ASH_3)、三氢化磷和有毒的固态材料，如硼(B)、磷(P)、锑(Sb)，以及具有腐蚀性的气体三氟化硼(BF_3)。

注入区中不同类型的注入机可以执行不同的工艺过程，如 CMOS 工艺中形成阱区时需要高能量、低电流的注入机，金属-氧化物-半导体场效应晶体管的源极和漏极的形成需要低能量、高电流的注入机。其他应用需要中等电流、中等能量的注入机。离子注入机的优点之一是它的磁性分析仪能筛选高纯度离子束，因此能够使用不同的化学试剂进行不同的工艺过程，而且不会造成交叉污染。

注入区中经常使用的测量工具包括四点探针、热波系统和光学测量系统(OMS)。

2.4.1.6　薄膜区

薄膜区是沉积电介质或金属层的区域。电介质和金属薄膜沉积(作为连线使用)是主要的工艺过程之一。某些生产工厂将这两个区域分成电介质区和金属化区，以取代薄膜区域。很显然，薄膜沉积是一种添加工艺。化学气相沉积常用于电介质薄膜沉积。由于电介质层作为多层连线应用时需要低的生长温度，所以广泛使用等离子体增强型化学气相沉积(PECVD)。以臭氧(O_3)–四乙氧基硅烷[TEOS，tetra-ethyl-oxy-silane，$Si(OC_2H_5)_4$]为材料的化学气相沉积过程具有很好的空隙填充能力，广泛用于沉积硅玻璃。电介质沉积在薄膜区也采用氩气(Ar)溅镀刻蚀填充空隙。图 2.17 说明了包含 PECVD、O_3-TEOS 以及氩气溅镀反应室的配套工具。

2000 年左右，用于连接多个集成电路芯片以及上百万个晶体管的金属为铝铜合金(Al-Cu)、钨(W)、钛(Ti)及氮化钛(TiN)。集成电路制造已经开始从传统的连线方式转变成铜连线方式，铜(Cu)与钽(Ta)或氮化钽(TaN)阻挡层用来作为集成电路芯片的连线。由于铜的电阻系数较低且电迁移抵抗能力高，可以提升集成电路的速度和可靠性，因此在 0.18 μm 技术节点后，铜将取代铝铜合金。在 DRAM 和闪存存储器的金属互连方面，铜也正在取代铝铜合金。

金属化过程中，物理气相沉积工具(以溅镀沉积工具为主)可沉积出铝铜合金、钛及氮化钛，而化学气相沉积工具广泛用于沉积钨金属。物理气相沉积工具也可用于沉积钽或氮化钽阻挡层以及铜的籽晶层(或称为垫底层)，电化学电镀沉积(EPD)工具用来沉积大量的铜薄膜。物理气相沉积一般在非常高真空度的真空反应室中进行，以除去反应室中的湿气，使金属氧化降到最低。图 2.18 显示了具有可以进行铝铜合金、钛和氮化钛薄膜沉积的物理气相沉积反应室配套工具。

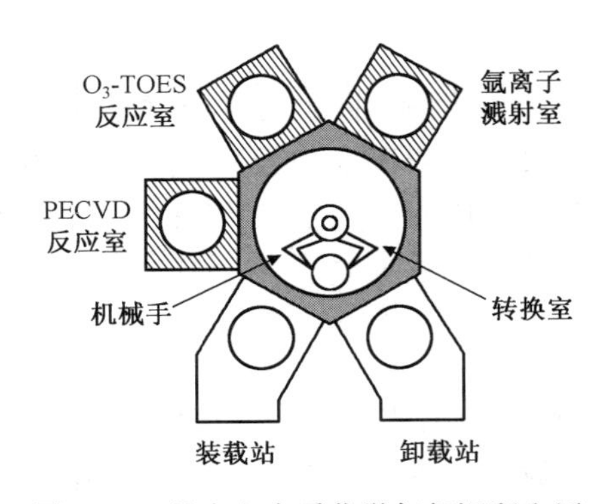

图 2.17　具有电介质化学气相沉积和回刻蚀反应室的配套工具示意图

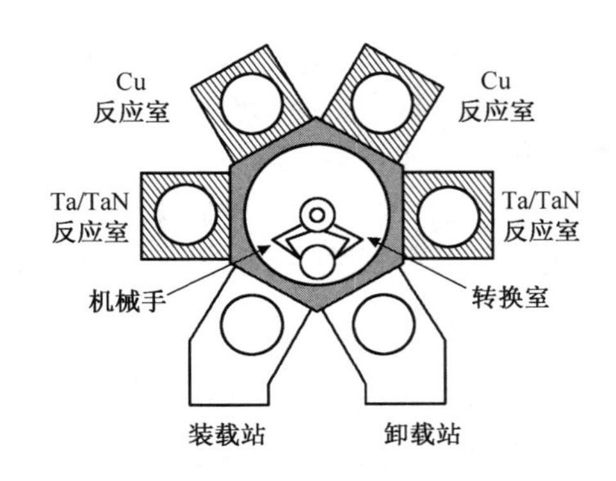

图 2.18　具有铝铜合金、钛及氮化钛物理气相沉积反应室的配套工具示意图

薄膜区中经常使用的测量工具包括光反射系数光谱仪、椭圆光谱仪、棱镜耦合器、应力测量计、电介质薄膜测量的激光散射粒子分布图工具、四点探针、反射仪、轮廓测量器，以及监控金属薄膜厚度的声学工具。

二氧化硅沉积中通常使用四乙氧基硅烷(TEOS)作为硅的原材料，而氮化硅 PECVD 使用硅烷(SiH_4)。氧气、臭氧和一氧化二氮气体是常用的氧气来源，氮气和阿摩尼亚是最常使用的氮气来源。电介质 CVD 清洗反应室普遍使用三氟化氮(NF_3)或氟碳气体之一的 CF_4、C_2F_6 或C_3F_8，以及氧气或一氧化二氮。硅烷是自燃、易爆的有毒气体；TEOS 具有可燃性；O_3和 NF_3 是很强的氧化剂；N_2O 会造成麻木，氟碳气体是造成全球温室效应的气体之一。

金属 PVD 只用氩气和氮气，两者都是安全气体。钨 CVD 过程使用了六氟化钨(WF_6)、硅烷(SiH_4)和氢气(H_2)。WF_6具有腐蚀性，和水(H_2O)反应将产生氢氟酸(HF)。

2.4.1.7　化学机械研磨(CMP)区

化学机械研磨是一种移除工艺过程。该工艺组合了机械研磨和湿式化学反应，将材料从晶圆表面剥除，广泛使用化学机械研磨的工艺包含二氧化硅 CMP、钨金属 CMP，以及最新的铜金属 CMP。化学机械研磨后的清洗对确保这些工艺的成品率非常重要，所以有些 CMP 工具配套了湿式清洗工作站，组成所谓的干进(Dry-in)与干出(Dry-out)CMP 系统。图 2.19 说明了干进/干出多研磨头 CMP 系统。

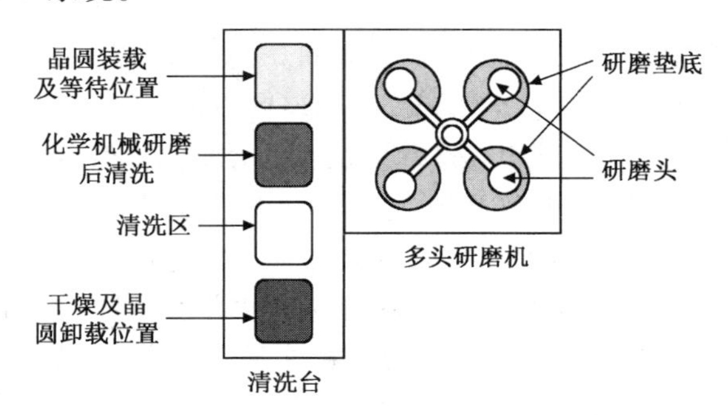

图 2.19　干进/干出多研磨头 CMP 系统示意图

细微的粒子在 CMP 过程中相当于研磨料，在 CMP 工艺中具有重要的作用，如硅玻璃 CMP 研磨浆中的二氧化硅或二氧化铈，以及金属 CMP 研磨浆中的氧化铝。

2.4.2　设备区

大多数制造工具都被放置在所谓的“灰区”，如离子注入机、等离子体刻蚀机、化学气相沉积反应器，以及物理气相沉积和化学机械研磨工具等。灰区是空气中含有较多粒子数的无尘室(等级较低的无尘室)，典型的粒子数等级为 1000。将制造工具放置在等级较低的无尘室可以大大降低生产区及灰区的维护成本。图 2.20 说明了典型半导体生产中的工艺区与设备区间的位置关系。设备区不但是设备工程师与技术员的主要工作区，同时也是工具制造商的调试人员装设、启动及维修制造工具的区域。

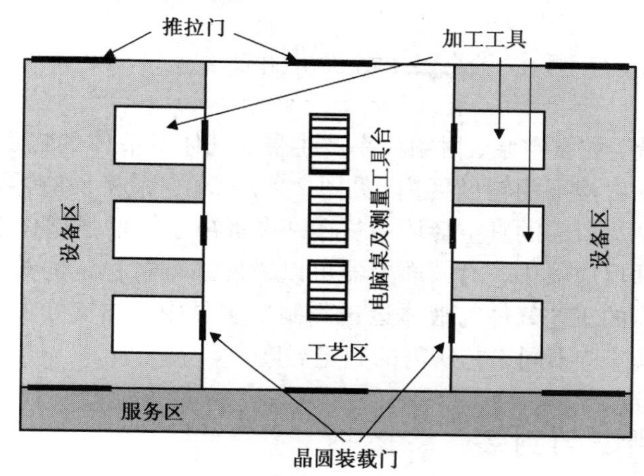

图 2.20　工艺区与设备区

对于图 2.12(a)所示的迷你型无尘室，工艺区和设备区在一起。整个无尘室占据一个大的空间。

2.4.3　辅助区

制造工具与测量仪器都存放在辅助区，该区坐落在无尘室之外，甚至在不同的无尘室外。晶圆生产中需要气体、水、电力和支持制造设备的子系统。辅助设备工程师、技术员与供应商的设备调试人员通常都在该区作业。只有安装和调试设备时，这些人员才会在无尘室工作。

生产中用到的气体包括超高纯气体、纯度较低的吹除净化气体，如氮气和用于驱动制造工具气动系统的干燥空气。清洁的空气要持续送入无尘室以维持室内的压强。IC 生产过程中将会消耗大量气体，特别是用于吹洗反应器与气体输送管的氮气，而高纯氮气也应用于 IC 制造过程中。许多半导体生产都需要有自己的氮气工厂，以便从大气中通过冷凝及蒸发压缩空气过程制造和纯化氮气，大多数工艺过程使用的气体都存储在高压钢瓶内并放在特殊设计的气柜中，放置气柜的小房间全用厚的混凝土建造，而房门仅能朝外开启，万一气体外泄或发生气爆，这种设计可以防止生产工厂受到重大损失。

IC 生产过程需要大量的水。在湿式清洗和湿式刻蚀之后就需要用高纯度的去离子水冲洗芯片。去离子水也被用来冷却系统，IC 生产需要有自己的厂房来生产足够的去离子水，以供晶圆制造所用。而子系统与其他辅助设备，如空调系统，也要用大量的自来水进行冷却。IC 生产需要强大的空调系统维持固定的温度，这样才能确保生产的成品率并保证员工能舒适地在工艺线上操作。

电源保护器与配电系统也放置在辅助区内，一座IC工厂所消耗的电能非常大。高温扩散炉可能消耗高达28.8 kW(480 V×60 A)的电能。高温扩散炉永远保持在启动状态，除了必要的定期维护，只有出现问题时高温扩散炉才会停止运作，而一座IC工厂通常拥有超过50座以上的高温扩散炉。

自问自答

问：假如一座IC生产工厂有50台高温扩散炉，每台高温扩散炉的平均耗电为20 kW，为了维持这50台高温扩散炉的正常工作，如果每千瓦小时的电费是10美分，请计算一年的电费是多少？

答：$20 \times 50 \times 24 \times 365 \times 0.1$ 美元 = 876 000.00 美元

许多设备的子系统，如真空泵、射频功率产生器、气体及液体的输送系统和热交换器等，都设置在工艺区与设备区楼下的辅助区内(见图2.8)。真空泵将反应器内的空气抽出，确保反应器能维持在工艺制造所需的真空环境中。在许多等离子体增强型化学气相沉积(PECVD)反应器和等离子体刻蚀反应器中，射频产生器可以激发并维持稳定的等离子体源。气体与液体输送系统可以将所需的工艺气体与液体运送到制造工具中。热交换机可将冷水或热水供应到各个制造系统中，以维持不同工艺所需的固定温度。

2.5 集成电路测试与封装

有些工厂会在厂内自动测试和封装芯片后完成晶圆的制造过程，有些会将晶圆送到专门的封装工厂。操作员必须利用光学显微镜，通过手动方式将测试仪器上的细微探针小心地接触到晶圆的每一颗晶粒连接垫片(大约 $100 \times 100\ \mu m^2$)，所以晶粒测试是一个劳动量很大的过程。为了节省成本，有些IC制造商将测试与封装工厂放在工资成本较低的国家。因为IC测试设备自动化技术的发展，再加上工资成本占整个IC生产总成本的百分比也在持续缩减，所以这种情况或许会改变。

2.5.1 晶粒测试

制造商若能及时发现问题，就可以进一步降低生产成本。所以在IC制造中，应尽可能及时发现不良晶粒。首先，设计人员必须确保没有设计方面的缺陷，才将版图送交光刻版公司去制作光刻版或倍缩光刻版。检查过程不会对半导体生产工厂产生任何费用。然后在晶圆的处理过程中，光刻版和倍缩光刻版也要小心检查及持续监测。

在整个制造过程中，为了确保某些关键步骤的成品率并找出任何影响成品率的工艺偏移，必须随机抽检晶圆上特殊设计的测试元器件和测试电路。当在晶圆阶段找到一颗不良芯片时，制造商只需花费每颗0.10美元；而在封装阶段检查出一颗不合格芯片的成本约为1美元。但是，如果在电路板上使用了不良芯片，代价就会增加到每颗1~10美元。同样的故障若发生在电子系统中，费用则急增到每颗10~100美元以上。如果在最终的客户端才发现问题，费用将达每颗100美元以上。20世纪90年代初，某些失效的微处理器曾导致个人电脑在特定运算区域产生错误，有一家制造商为此付出了数百万美元的代价置换所有不良的微处理器。

高级无尘室完成了所有的工艺过程后，晶圆就被转送到级数为1000的低阶无尘室进行晶粒测试，之后晶圆会再被移送到等级为 10 000 的更低阶无尘室进行芯片封装。通过使用特殊设计工具，可以测试晶圆上的每一颗晶粒，这种特殊工具上的微小探针能接触芯片的接合垫片或凸块。可以利用测试程序查证每一颗 IC 芯片是否符合设计要求，不合格的晶粒将用墨水在上面打上记号（见图 2.21）。晶粒被分离后，这些做了记号的晶粒不会被封装。由于墨水会造成污染而且必须补充，所以先进的测试分类工具会将不良晶粒的资料直接存储在随机附装的电脑中，而不需要在坏的晶粒上印上记号。

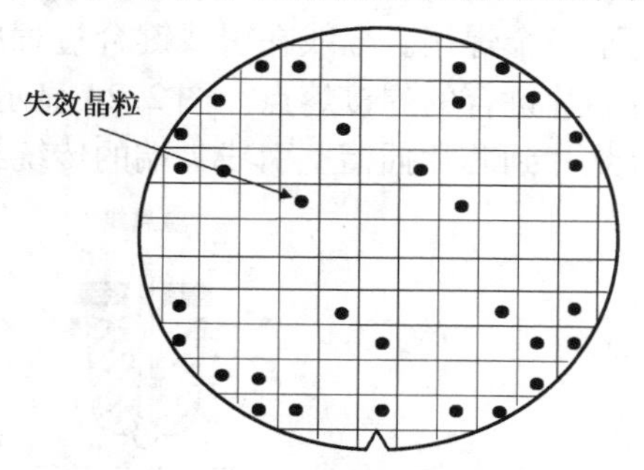

图 2.21 通过测试的晶圆示意图

2.5.2 芯片的封装

芯片封装有四个主要目的：对 IC 芯片提供物理性保护；提供一个阻挡层以抵抗化学杂质和湿气；确保 IC 芯片通过坚固的引脚与电路连接；消除芯片工作时产生的热量。芯片封装主要考虑制造成本、温度和包装材料。包装材料需要考虑热导率、热膨胀系数和杨氏弹性模量。

晶圆经过测试后，通常在表面上覆盖一层保护层，背面利用机械研磨减少厚度。减薄的过程可以去除晶圆背面的覆盖膜，并可以改善金属膜与硅基片的接触。芯片的厚度由 600 ~ 775 μm减薄到 250 ~ 350 μm，可以确保安装在脚架框的沟槽内。有些芯片必须减薄到 100 μm 才能用于智能卡。其他的减薄过程（如湿式刻蚀和等离子体刻蚀等）都可以用于减薄晶圆。晶圆被减薄后通常用金在晶圆背面覆盖一层薄金属层。溅镀或蒸镀工艺用于进行金的金属化过程。

移除晶圆表面的保护层后，晶圆的背面将使用如聚酯薄膜等具有黏性与弹性的胶带将晶圆固定在实心框上。晶粒分离过程中，晶圆一直用胶带固定。在固定的冷却液流下，钻石锯刀以极高的速度（每分钟 2 万转）沿着切割线将个别的晶粒从晶圆上分离。先进的芯片制造已不再使用早期的技术（如切割及机械式截断法），因为这些技术会造成晶粒的剥落及碎裂。

在晶粒筛选过程中，只挑选出良好的芯片并将不良芯片（标示记号者）留下。符合要求的晶粒放置在封装槽内，封装槽通常是热和电的良导体。金属或覆金属陶瓷一般作为晶粒的附着材料。晶粒附着是一种加热过程，在这个过程中覆金属晶粒背面与基片之间的焊接剂会遇热熔化，当焊接剂冷却凝固后，就会将覆金属晶粒与基片的表面接合在一起。晶粒附着过程中的温度受限于多数 IC 晶粒内所用的铝合金细线。由于铝和硅的共晶特性，所以铝合金无法承受超过 550℃ 以上的温度。当铝金属化之后，热处理温度不能超过 450℃。现在 IC 工业通常使用一种由加热所产生的金-硅共晶，因为金和硅的混合物会使合金的熔点降低。以重量计算，97.15% 的金与 2.85% 的硅形成的混合物将在 363℃ 熔化。图 2.22 为晶粒附着的基本结构。

芯片被附着在引线架上之后，焊接机用细金属线将芯片上的键合垫片与引线架上的引线尖端连接起来。传统的引线键合工艺过程如图 2.23所示。

引线键合工艺流程中，氢气火焰首先会在焊接头内的金属线前端形成一个熔融球，接着焊接头会先将熔融金属球压在连接垫的表面，

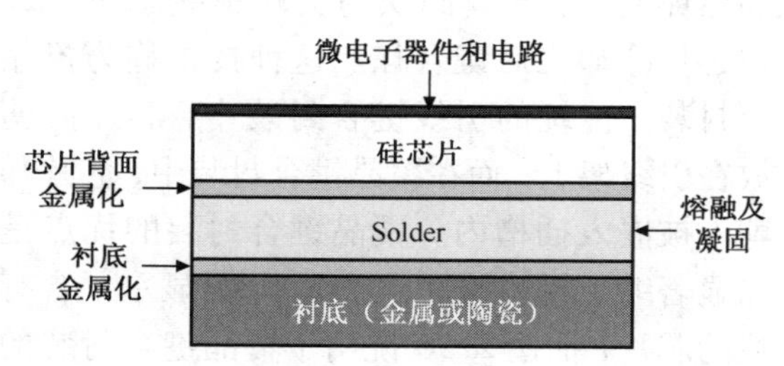

图 2.22 晶片键合结构

与金属线焊接。然后焊接头回缩并将金属线弯到引线尖端上，利用加热与施压的方式，使金属线与引线尖端完成焊接。当焊接头移开时，线夹随即关闭并利用强大的伸展应力切断金属线。被切断的金属线前端在短时间内又因表面张力而形成另一个熔融金属球，焊接头已准备好进行下一个焊接。金线在引线键合过程中最常使用。很重要的一点是，引线键合的温度不能超过芯片键合的焊接熔点。图 2.24 显示了附着键合垫片的芯片，并显示了连接 IC 芯片上的黏合垫片到芯片插槽上引线尖端的传统封装技术。

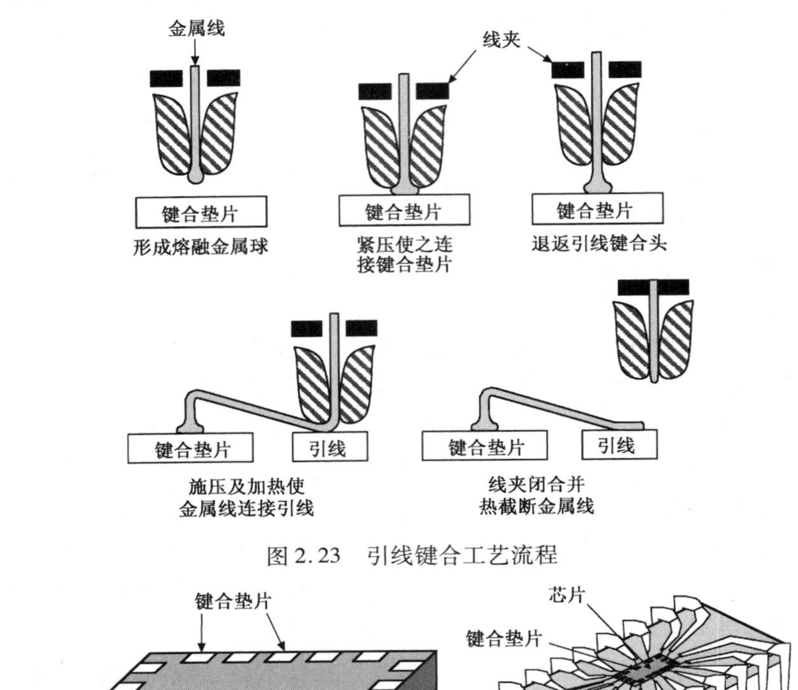

图 2.23 引线键合工艺流程

图 2.24 具有键合垫片的集成电路芯片(左图)；引线键合芯片键合示意图(右图)

IC 制造中已经发展了其他封装技术，覆晶键合技术已经广泛用于 IC 制造。这种封装技术在刻蚀钝化保护电介质层之后，在 IC 芯片表面形成金属凸块而非键合垫片。晶粒分离后，芯片会以正面朝下的方式置入插槽，此时芯片表面上的金属凸块将精确对准插槽内的金属引线。加热环境下，金属凸块与尖端引线融在一起并在芯片冷却之后键合住。这种技术称为覆晶键合封装。传统的引线键合封装中，芯片面朝上放在引线架上；而在覆晶键合封装中，芯片却面朝下被嵌入插槽内。覆晶键合封装的优点是可以显著缩小封装的尺寸。图 2.25 显示了含有凸块的芯片，而图 2.26 说明了覆晶键合封装的工艺步骤。

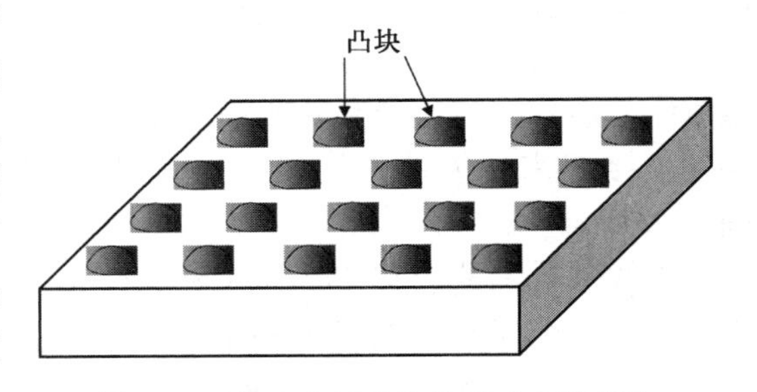

图 2.25 具有金属凸块的集成电路芯片

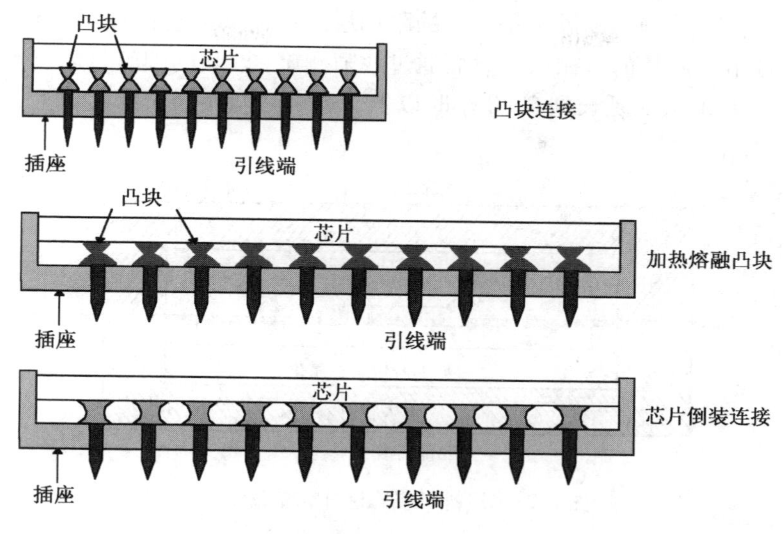

图 2.26　覆晶封装技术

当 IC 芯片通过引线键合或凸块接合连接到芯片插槽内的引线尖端时，芯片和引线架就准备进行密封。预封检验可以排除机械操作、晶粒附着、引线键合或凸块键合时热处理过程产生的损坏芯片。陶瓷封装及塑胶封装是两种主要的芯片封装工艺。对于移动离子和湿气杂质，陶瓷是一种很好的阻挡材料，具有较高的热稳定性和传导性，以及较低的热膨胀系数。但是陶瓷封装比塑胶封装昂贵且笨重，因此如果要降低封装成本，则一般使用塑胶封装。例如，多数存储芯片及逻辑芯片都使用塑胶封装。有些集成电路芯片工作过程中会产生热量，需要采用陶瓷封装，特别是计算机微处理器或 CPU。以前的集成电路产业将陶瓷封装作为标准的封装形式，但现在更多芯片采用塑胶封装。

陶瓷封装通常使用金属焊接剂将陶瓷护盖层和引线架键合封住。封合过程中，先将陶瓷护盖层加热，然后再压在引线架上，当热量熔化在陶瓷护盖层和引线架表面的金属时，就会使两者焊接在一起。图 2.27 为集成电路芯片陶瓷封装技术的截面图。

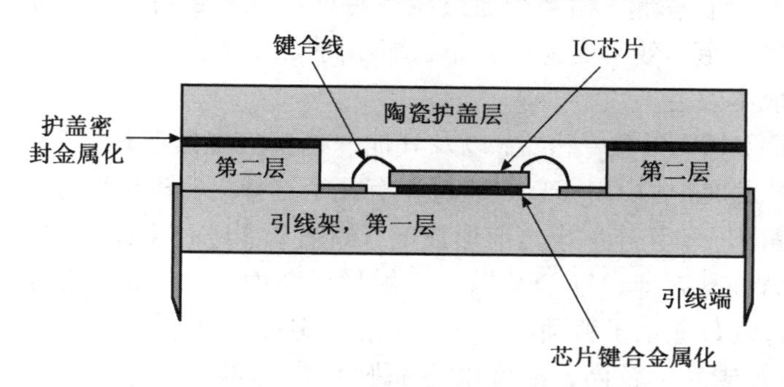

图 2.27　集成电路芯片的陶瓷封装技术的截面图

塑胶封装技术采取铸型技术，利用塑胶将集成电路芯片和引线架密封。引线键合工艺后，将引线架放置在封装工具的上层与下层之间。将加热的版框闭合就可以在芯片与引线架之间形成一个空腔。熔化的塑胶流入空腔并经过冷却及凝固后，就能将芯片密封住。图 2.28 为集成电路芯片塑胶封装技术的铸型系统。

对于湿气及钠移动离子，塑胶不是良好的阻挡层。这类杂质会穿过塑胶封口影响IC的性能，甚至影响集成电路芯片的可靠性。然而通过故障测试，改良的塑胶封装技术能成功地将塑胶封装集成电路晶片的寿命延长到5000小时以上。这个时间相当于十年以上，对于大多数电子产品应用而言已经足够了。

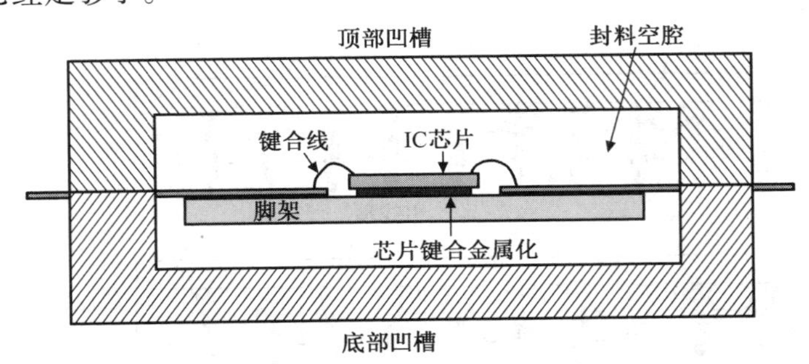

图2.28 塑料封装的封料空腔截面图

2.5.3 最终测试

芯片封装之后将被送去进行最终测试：在一个不利的环境中强迫不稳定的芯片失效。在测试阶段，旋转机内的高速度可以机械地使不牢固的金属焊线与键合垫片脱离。高温热应力可以加速电子元器件产生故障。芯片最后被放置在特殊的架子上，并在正常状态下运转数天，这个过程称为老化测试。某些微处理器芯片在预设的频率下无法工作，但却能在较低频率下正常工作，所以作为低价位的低速处理器芯片出售。成功通过老化测试的芯片就可以出售给客户。主要的客户以电子产业为主，合格的芯片将被用于电子系统的电路板上。

2.5.4 3D封装技术

未来的3D封装技术可以使IC制造商将多个芯片堆叠在彼此的顶部，封装成产品。通过堆叠两个芯片将其组合在一起，相当于通过减少特征尺寸将器件密度提高了两倍。通过将四个或八个芯片堆叠在一起，效果更为显著。当缩小特征尺寸使成本暴涨时，3D封装变得更有吸引力，也更符合成本效益。

3D封装已用于CMOS图像传感器，以及其他一些集成电路芯片。硅通孔(TSV)技术可以帮助实现3D封装。发展中的TSV 3D封装过程有几个选择(见图2.29)，其中TSV技术是在晶体管形成后的IC晶圆厂和互连形成之前形成的，如图2.29(a)至图2.29(e)所示。晶圆送到封装车间后，晶圆背面被减薄，与TSV插头接触形成背面凸块。减薄后的晶圆厚度取决于硅通孔的孔深。图2.29(f)显示了背面的凸块，这是为3D封装做准备的。

如果晶圆的晶粒成品率较高，则可以将晶圆与晶圆堆叠，这种对准晶圆堆叠方式可以使顶级晶圆背面凸块准确地与前端晶圆下方的焊盘接触。通过加热过程将焊料熔融形成电气连接并将两片晶圆键合在一起，如图2.29(g)所示。如果晶圆的晶粒成品率不是很高，晶粒与良好芯片的堆叠更具成本效益。在这种情况下，良好的晶粒排成一排，以便能准确地接触前端焊盘上符合要求的晶粒。加热过程熔融焊料凸点，形成电气连接，从而将两个晶粒焊接到一起。

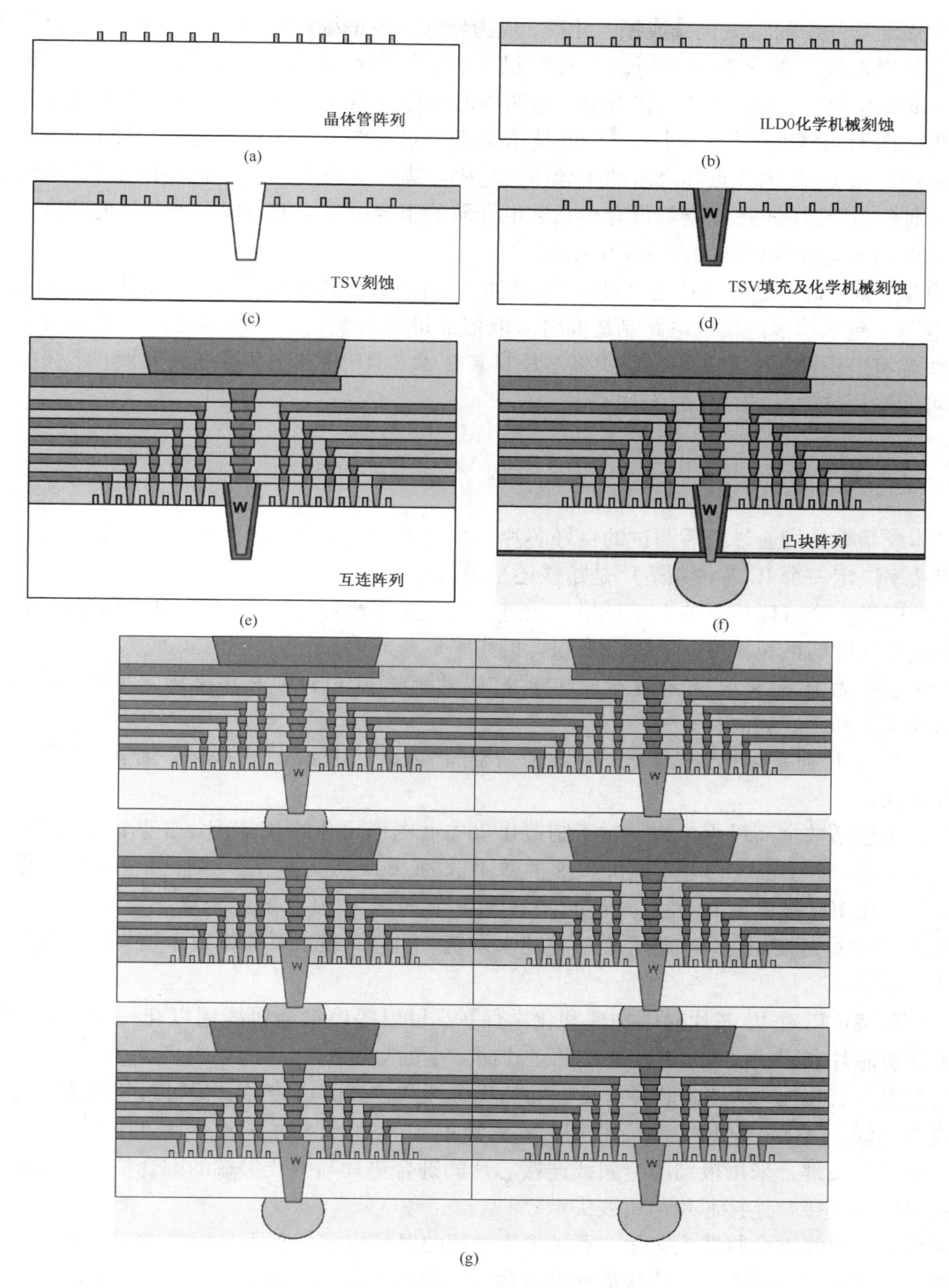

图 2.29 3D 封装工艺流程

2.6 集成电路未来发展趋势

未来，集成电路制造所使用的各种材料也将显著改变。高介电系数的电介质（高 k 电介质）及低介电系数的电介质将取代目前集成电路芯片中常用的二氧化硅绝缘层。高 k 电介质将取代常规元器件中的二氧化硅或氮氧化硅，成为新的栅极绝缘材料；90 nm技术节点之后，低k电介质材料取代二氧化硅成为新的互连绝缘材料，并在存储器方面取代二氧化硅。铜将在0.18 μm技术节点之后，逐渐取代微电子电路中的铝合金连线而被普遍使用。浸入式光刻技术可以提高图形的精度，广泛应用于45 nm技术节点。双重图形技术可以进一步提高图形密度，已经应用在32 nm技术节点和之后的半导体工艺中。集成电路生产将大量采用化学机械研磨工艺，特别是铜金属化过程，铜与低介电系数电介质的组合可以增加集成电路芯片的速度。这将使集成电路制造的各种辅助设备发生改变。

更快、更精确、更可靠及完全自动化的集成电路测试工具将被发展，以应对未来更复杂的集成电路。越来越多的集成电路制造商将采取覆晶键合封装技术。由多芯片封装而衍生的多层引线架将广泛使用，尤其是叠合式多芯片封装技术。3D 封装技术将继续发展，不久的将来很有可能采用硅通孔(TSV)的 3D 封装。

2.7 小结

1. 整体成品率是指通过最后测试的良好芯片总数与生产的所有晶圆上的晶粒总数的比值；
2. 成品率决定一个 IC 芯片制造厂是赔钱还是赚钱；
3. 无尘室是一个可以控制的人工环境。通过空气过滤器及对气流、气压、温度和湿度的控制，能将空气中的微粒浓度一直保持在很低的水平；
4. 严格遵守无尘室协议规范很重要，这样可以降低空气中的微粒和污染物，否则会影响芯片的成品率和工厂利润；
5. 一座 IC 工厂通常包括：光学区、扩散区、离子注入区、刻蚀区、薄膜区、化学机械研磨区和湿法区；
6. 工艺区包括数个高级无尘室。对于制造 0.25 μm 图形尺寸的 IC 芯片，工艺区需要等级为 1 的无尘室；而设备区只需要造价和维护费用低的 1000 级无尘室。线性气流可以帮助无尘室达到比 100 级更高的等级。扰动气流只能用在等级为 1000 的无尘室；
7. IC 生产中普遍使用气体传输系统、超纯水系统、配电系统、泵和排放系统，以及射频功率产生系统；
8. 芯片封装可以对 IC 芯片提供物理和化学保护，可以提供细金属线用以在一个坚固的底座上连接芯片和引线尖端，并传导芯片工作时产生的热量；
9. 与塑料封装相比，陶瓷封装具有良好的热稳定性和较高的热传导。塑料封装的主要优点是成本较低，现在多数 IC 芯片都采用塑料封装；
10. 标准的引线键合采用极细的金属线连接芯片的键合垫片与引线尖端的键合垫片。覆晶键合技术以凸块接合连接芯片与引线尖端；
11. 在标准的引线键合封装工艺里，密封芯片过程的温度应该低到不足以影响引线键合及芯片附着。引线键合的温度不应该影响芯片附着，而芯片附着的温度受限于铝的熔点；
12. 最后测试阶段，已经封装的芯片需要经过各种不利环境的测试。例如，高温、高加速度、高湿度等，使得不可靠的芯片送交客户前可以被提前发现；
13. 3D 封装技术已经用于 CMOS 图像传感器。发展如 TSV 这类技术可以帮助更多的集成电路产品在将来采用 3D 封装技术。

2.8 参考文献

[1] C. Y. Chang and S. M. Sze, *ULSI Technologies*, McGraw-Hill companies, New York, 1996.

[2] S. M. Sze, *VLSI Technology*, second edition, McGraw-Hill, Inc. , New York, 1988.

[3] S. Wolf and R. N. Tauber, *Silicon Processing for the VLSI Era*, *Vol.* 1, *Process Technology*, Second Edition, Lattice Press, Sunset Beach, California, 2000.

[4] Ruth Carranza, *Silicon Run II* (video tape), Ruth Carranza Productions, 1993.

2.9 习题

1. 等级为 1000 的无尘室中每立方英尺内大于 0.5 μm 的粒子数目是多少?
2. 钠是一种移动离子，少量的钠离子可以损害微电子元器件。请问钠的主要来源是什么?
3. 利用式(2.2)说明晶粒成品率、缺陷密度、晶粒面积和工艺数目的关系。
4. 图 2.21 的晶圆成品率是指什么?（所有的晶粒不包括晶圆边缘拐角处的晶粒，这些晶粒作为不完全晶粒处理）
5. 为什么等级为 1 的无尘室需要线性气流?
6. 列出光刻区的两种工艺设备。
7. 列出光刻区的两种测量设备。
8. 为什么一个微米级环境处在 1000 级无尘室而不是 1 级无尘室?
9. 至少列出扩散反应室的两个工艺过程。
10. 化学气相沉积(CVD)和物理气相沉积(PVD)是________工艺?
    (a)添加　(b) 移除　(c)图形化　(d) 加热
11. 光刻是________工艺?
    (a)添加　(b) 移除　(c)图形化　(d) 加热
12. 退火是________工艺?
    (a)添加　(b) 移除　(c)图形化　(d) 加热
13. 化学机械研磨(CMP)是________工艺?
    (a)添加　(b) 移除　(c)图形化　(d) 加热
14. 氮气在集成电路工艺中可以用于吹洗气体和工艺气体，请问在这两种应用中是否需要相同的纯度?
15. 为什么不能在不合格的晶粒上使用墨水打记号?
16. 说明芯片封装的主要目的。
17. 说明芯片接合工艺与引线键合工艺。
18. 陶瓷封装与塑料封装相比有什么优缺点?
19. 故障最终测试的目的是什么?
20. 多芯片封装的优点是什么?
21. 说明倒装工艺。
22. 说明覆晶键合封装技术。

第 3 章　半导体基础

本章要求

1. 从元素周期表上至少可以认出两种半导体材料
2. 列出 N 型和 P 型掺杂杂质
3. 说明一个二极管和一个 MOS 晶体管及其工作原理
4. 列出半导体工业所制造的 3 种芯片
5. 至少列出 4 种在芯片制造中必需的基本工艺

本章将针对半导体的基本概念、半导体基本元器件，以及半导体工艺等进行探讨。

3.1　半导体基本概念

半导体材料的导电性介于导体如金属（铜、铝及钨等）和绝缘体（如橡胶、塑料与干木头）之间。最常用的半导体材料是硅（Si）及锗（Ge），两者都位于元素周期表中的第ⅣA 族（见图 3.1）。有些化合物，如砷化镓（GaAs）、碳化硅（SiC）、锗硅（SiGe）同样也是半导体材料。半导体最重要的性质之一就是能通过一种称为掺杂的工艺过程，有目的地加入某种杂质并应用电场控制导电。

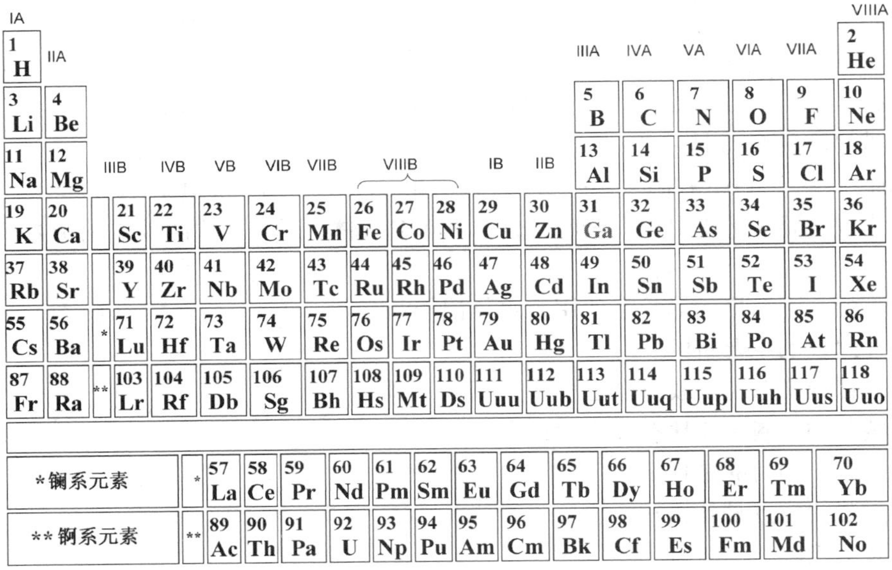

IA	IIA		IIIB	IVB	VB	VIB	VIIB	VIIIB	VIIIB	VIIIB	IB	IIB	IIIA	IVA	VA	VIA	VIIA	VIIIA
1 H																		2 He
3 Li	4 Be												5 B	6 C	7 N	8 O	9 F	10 Ne
11 Na	12 Mg												13 Al	14 Si	15 P	16 S	17 Cl	18 Ar
19 K	20 Ca		21 Sc	22 Ti	23 V	24 Cr	25 Mn	26 Fe	27 Co	28 Ni	29 Cu	30 Zn	31 Ga	32 Ge	33 As	34 Se	35 Br	36 Kr
37 Rb	38 Sr		39 Y	40 Zr	41 Nb	42 Mo	43 Tc	44 Ru	45 Rh	46 Pd	47 Ag	48 Cd	49 In	50 Sn	51 Sb	52 Te	53 I	54 Xe
55 Cs	56 Ba	*	71 Lu	72 Hf	73 Ta	74 W	75 Re	76 Os	77 Ir	78 Pt	79 Au	80 Hg	81 Tl	82 Pb	83 Bi	84 Po	85 At	86 Rn
87 Fr	88 Ra	**	103 Lr	104 Rf	105 Db	106 Sg	107 Bh	108 Hs	109 Mt	110 Ds	111 Uuu	112 Uub	113 Uut	114 Uuq	115 Uup	116 Uuh	117 Uus	118 Uuo

*镧系元素	*	57 La	58 Ce	59 Pr	60 Nd	61 Pm	62 Sm	63 Eu	64 Gd	65 Tb	66 Dy	67 Ho	68 Er	69 Tm	70 Yb
**锕系元素	**	89 Ac	90 Th	91 Pa	92 U	93 Np	94 Pu	95 Am	96 Cm	97 Bk	98 Cf	99 Es	100 Fm	101 Md	102 No

图 3.1　元素周期表

3.1.1　能带间隙

半导体和绝缘体或导体之间的基本差异在于所谓的禁带宽度。所有的物质都是由原子构成的，而每一种原子都有自己的轨道结构，如图3.2(a)所示。由于电子在三维空间壳层上围绕原子核运动，所以称电子轨道为壳层，图3.2(a)中的轨道是这些壳层的截面图。最外一层称为价电壳层，电子在价电壳层中无法传导电流。当一个电子脱离原子核的束缚离开壳层后，就成为自由电子并能传导电流。

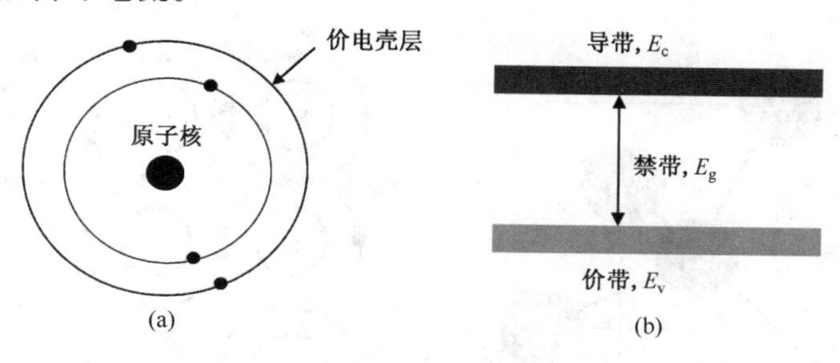

图3.2　(a) 单原子轨道结构图；(b) 能带图

当许多原子结合在一起形成固态材料时，它们的轨道将会相互重叠形成所谓的能带，如图3.2(b)所示。导带中的电子能够相对自由地在固态材料中运动，并且当电场加在该固体上时，这些电子就可以传导电流。价带(Valence Band)中的电子因为受原子核束缚而无法自由移动，因此这些电子无法传导电流。由于价带的能级较低，所以电子主要停留在价带中。

电阻表示材料抵抗电流的能力，良导体有很低的电阻，而好的绝缘体有很高的电阻系数。电阻通常以 μΩ · cm 为单位。室温时，铝的电阻系数为2.7 μΩ · cm，钠的为4.7 μΩ · cm，纯硅的约为10^{11} μΩ · cm，而二氧化硅的则大于10^{18} μΩ · cm(见图3.3)。

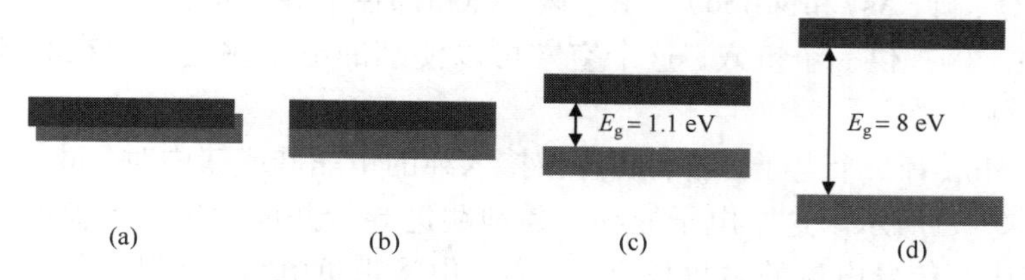

图3.3　能带图。(a) 铝；(b) 钠；(c) 硅；(d) 二氧化硅

大部分金属的导带和价带都相互重叠或仅有一个极小的禁带宽度，室温下(300 K，约为0.0259 eV)，具有热能的电子能够跳过这个禁带。1 电子伏特(eV)是指电子通过电压为1 V 的两点所获得的能量。因此导带有大量的电子，这就是为什么金属是良导体的原因。玻璃和塑料之类的电介质，由于能带间隙大到无法让电子从价带跳过，因此在导带中只有极少的电子传导电流。

半导体的禁带宽度大小介于导体和绝缘体之间。硅的禁带宽度为1.10 eV、锗的为0.67 eV、砷化镓的为1.40 eV。虽然多数电子都停留在价带，但总有部分热电子会跳到导带中传导电流，这可以通过玻尔兹曼分布解释，这部分内容将在第7章介绍。对于本征硅而言，室温时导带中的电子密度为$1.5\times10^{10}/cm^3$，价带中的电子密度为每立方厘米10^{13}个电子($10^{13}/cm^3$)，这说明当绝大多数电子停留在价带时，只有十兆分之一的电子在导带。因此，半导体在室温能传导电流，而绝缘材料不能，但半导体的导电特性没有导体好。

3.1.2 晶体结构

元素周期表的第ⅣA栏中，最常用于半导体材料的元素是硅和锗，其最外层轨道均有4个电子。在单晶结构中，每个原子都和另外4个原子相连，并且彼此共用一对电子(见图3.4)。由于大多数集成电路芯片都使用硅衬底制造而成，因此本书的内容以硅工艺为主，并且通过硅材料说明掺杂工艺。

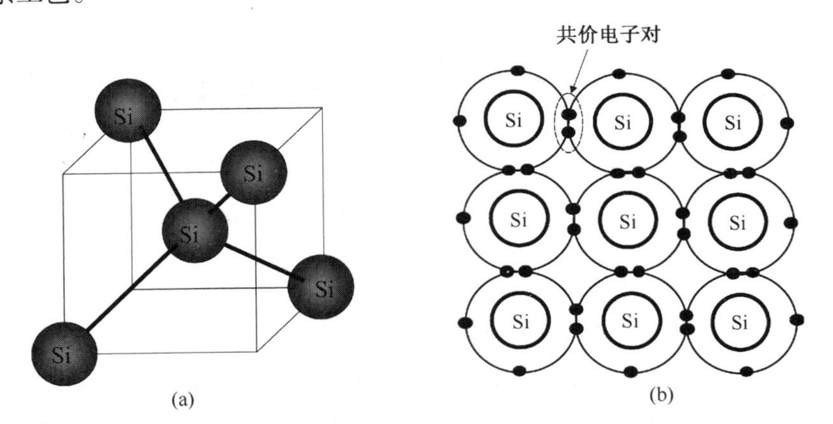

图3.4 (a)硅正四面体单晶结构；(b)二维结构

3.1.3 掺杂半导体

可以通过在纯硅单晶半导体材料中添加掺杂物来改变材料的电导率。掺杂物有两种，一种是来自元素周期表第ⅢA栏的P型元素，如硼(B)，另一种是来自元素周期表第VA栏的N型元素，如磷(P)、砷(As)和锑(Sb)。由于磷、砷和锑在半导体材料中能提供一个电子，因此它们也称为施主。硼提供一个空穴，这个空穴可以使别的电子跳进来而在其他位置形成另一个空穴，因此又称为受主。

磷和砷的最外层有5个电子，当磷和砷被掺入纯的单晶硅或锗中时，最外层留下一个多余的电子，如图3.5(a)所示。这个电子能够容易地跳进导带并成为传导电流的自由电子。这种情况下，电子就成为传导电流的多数载流子，因为电子带负电荷，所以这种半导体就称为N型半导体。磷、砷和锑为N型杂质。越多的N型掺杂原子进入半导体衬底时，就代表它们提供了更多的自由电子导电，半导体的导电性也就越好。

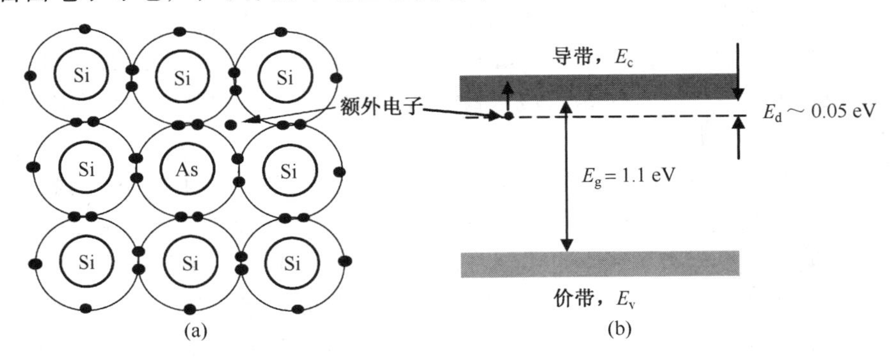

图3.5 (a)N型(砷)掺杂硅；(b)包含施主能级的能带结构

如图3.6(a)所示，当硼被掺入纯的单晶硅或锗中时，最外层的轨道产生中空的圆点，即所谓的空穴。从图3.6(c)至图3.6(e)可以看出，价带的电子能够容易地跳到受主能级上，并在价带中形成空穴。在电场作用下，价带中其他的电子会移动并跳入这些空位中，并在原位产生新的空穴以使其他的电子再跳入。后续的空穴移动就如同正电荷运动一样产生电流。空穴移动时就如同正电荷一样，因此以空穴为多数载流子的半导体就称为P型半导体。在集成电路产业中，硼是主要的P型杂质。

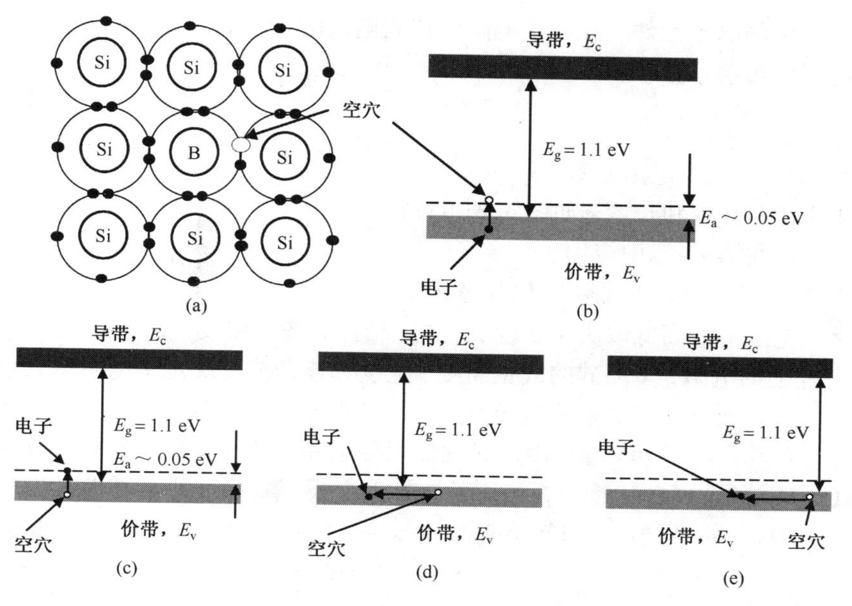

图3.6 (a) P型(硼)掺杂硅；(b) 包含受主能级的能带结构；(c) ~ (e) 空穴移动示意图

3.1.4 掺杂物浓度和电阻率

图3.7显示了硅电阻率和掺杂浓度之间的关系。掺杂浓度越高，电阻率就越低。这是因为在硅中的掺杂原子越多，就能提供更多的载流子（电子或空穴，由掺杂类型决定）。

图3.7同时也说明了掺磷的硅(N型)电阻率要比掺硼的硅(P型)的电阻率低，这是因为电子在导带中的移动速度要比空穴在价带中的移动速度快得多。

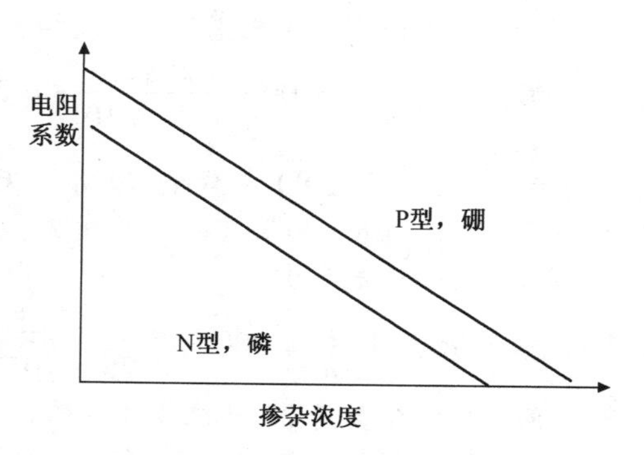

图3.7 硅掺杂浓度和电阻率的关系

3.1.5 半导体材料概要

半导体的电导率介于导体和绝缘体之间。

半导体的电导率可由掺杂浓度控制：掺杂浓度越高，半导体的电阻系数就越低。

空穴是P型半导体中的多数载流子，硼是P型掺杂杂质。

N型半导体中的多数载流子是电子，磷、砷和锑是N型掺杂。

当温度和掺杂浓度相同时，因为电子的迁移率比空穴的迁移率高，所以N型半导体的电阻系数比P型半导体的低。

3.2 半导体基本元器件

IC 芯片的基本元器件包括电阻、电容、二极管、双极型晶体管，以及金属-氧化物-半导体场效应晶体管。

3.2.1 电阻

电阻是最简单的电子元件。在电子电路中代表电阻的符号如图 3.8 所示。

电阻的电阻值可表示如下：

$$R = \rho \frac{l}{wh} \tag{3.1}$$

其中，R 代表电阻，ρ 代表电阻系数，w、h 和 l 分别表示导体的宽度、高度和长度，如图 3.8(b)所示，这个等式也将在第 11 章中应用。

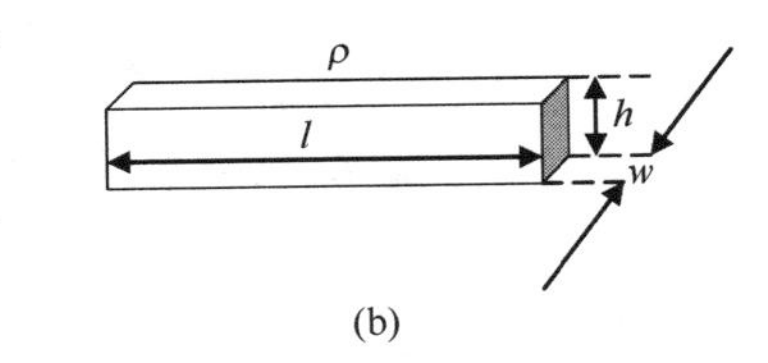

图 3.8 (a) 电阻符号；(b) 电阻基本结构图

以前的半导体工艺中，使用图形化和掺杂后的硅制作电阻，电阻值的高低取决于长度、线宽、结深和掺杂浓度。现在一般都使用多晶硅制作集成电路芯片上的电阻，多晶硅的线宽高度、宽度和掺杂浓度决定了电阻值大小。

当元器件的尺寸缩小时，电阻值就会增加。维持低电阻值相当重要，高的电阻值将会影响电路的速度、增加功率消耗和热量，因此必须使用导电和导热性很好的材料，如电阻系数可低到 13 ~ 50 μΩ · cm 的金属硅化物。在先进的互补型金属-氧化物-半导体芯片中，制造商一般使用多晶硅-金属硅化物叠加层，即使用所谓的多晶金属硅化物作为栅极和局部连线。

自问自答

问：许多设计者使用多晶硅制作栅极和局部连线。多晶硅的电阻系数由杂质浓度决定，这个浓度可以相当高，约为 10^{22} cm^{-3}，即 ρ 约为 200 μΩ · cm。假设多晶硅的栅极和局部连线宽度、高度和长度分别为 1 μm、1 μm 和 100 μm，电阻值是多少？

答：$R = \rho \frac{l}{wh} = 200 \times \frac{100 \times 10^{-4}}{10^{-4} \times 10^{-4}} = 2 \times 10^{8}\ \mu\Omega = 200\ \Omega$ (注：1 μm = 10^{-6} m = 10^{-4} cm)

问：从 20 世纪 80 年代到 90 年代后期，最小图形尺寸(栅极宽度)从 1 μm 缩小到 0.25 μm。如果多晶硅的线宽、高度和长度分别为 0.25 μm、0.25 μm 和 25 μm，电阻值是多少？

答：$R = \rho \frac{l}{wh} = 200 \times \frac{25 \times 10^{-4}}{0.25 \times 10^{-4} \times 0.25 \times 10^{-4}} = 8 \times 10^{8}\ \mu\Omega = 800\ \Omega$

问：铝铜合金是 21 世纪集成电路工业最常使用作为金属连线的材料。当铝铜合金的电阻系数 ρ 约为 3.2 μΩ · cm 时，如果金属线宽、高度和长度分别为 1 μm、1 μm 和 100 μm，则电阻值是多少？

答：$R = \rho \frac{l}{wh} = 3.2 \times \frac{100 \times 10^{-4}}{10^{-4} \times 10^{-4}} = 3.2 \times 10^{6}\ \mu\Omega = 3.2\ \Omega$

问：铜金属从 20 世纪 90 年代后期就用于半导体金属连线。铜的电阻系数 ρ = 1.7 μΩ · cm，比铝铜合金低得多。如果几何尺寸与上题相同，求电阻值。

答：R = 1.7 Ω。

用铜作为金属连线可以减小将近一半的电阻值，进而使元器件速度增加，电能损耗和产生的热量减小。

3.2.2　电容

电容是集成电路芯片中最重要的元件之一，对存储芯片尤其重要。电容在电子电路中的符号和结构如图 3.9 所示。

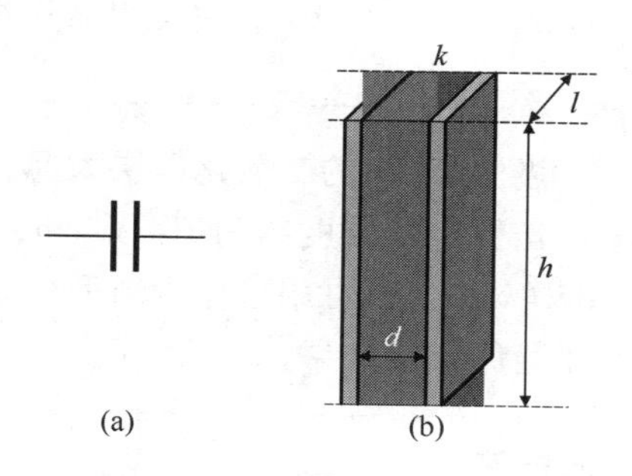

图 3.9　(a) 电容符号；(b) 电容的基本结构图

电容对于存储电荷和维持记忆的动态随机存储器(DRAM)芯片十分重要。当两个导电面板被一个电介质分隔开时，就构成了电容，而电容的电容值可以表示成

$$C = k\varepsilon_0 \frac{hl}{d} \tag{3.2}$$

其中，C 为电容的电容值，h 和 l 分别为导电面板的高度和长度，d 为两个平行导电面板之间的距离。式(3.2)中的 $\varepsilon_0 = 8.85 \times 10^{-12}$ F/m，这是真空中的绝对电容率，k 为两片平行导电面板之间的介电常数(大多数情况使用 ε 作为介电常数，但本书为了与工业指标一致，使用 k 代表介电常数)。

集成电路芯片中的电容导体部分主要由多晶硅制成。既可以采用二氧化硅和氮化硅电介质材料，也可以采用高介电常数电介质材料，如二氧化钛(TiO_2)、二氧化铪(HfO_2)和氧化铝(Al_2O_3)等。使用高介电常数电介质的目的是为了在缩小电容尺寸的同时维持同样的电容值。电容器能够制成平板式、堆叠式及深沟槽式(见图 3.10)。堆叠式和深沟槽式广泛用于 DRAM 制造中。

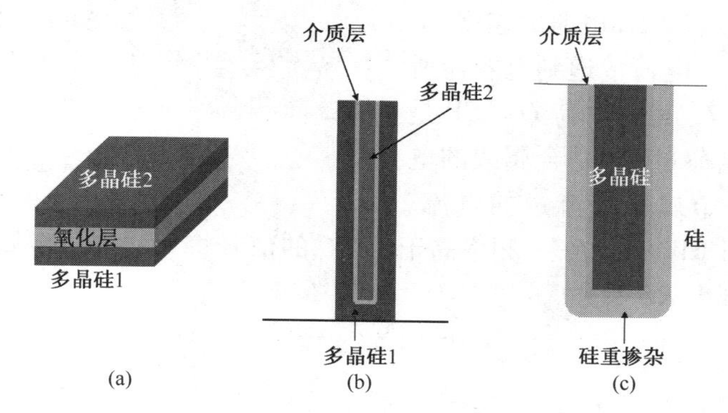

图 3.10　电容基本结构。(a) 平板式；(b) 堆叠式；(c) 深沟槽式

自问自答

问：计算图 3.9(b) 中的电容值，其中 $h = l = 10\ \mu m$。假设两个极板之间的介质层为二氧化硅，$k = 3.9$，$d = 1000$ Å。

答：

$$C = k\varepsilon_0 \frac{hl}{d} = 3.9 \times 8.85 \times 10^{-12} \times \frac{10 \times 10^{-6} \times 10 \times 10^{-6}}{1000 \times 10^{-10}}$$

$$= 3.45 \times 10^{-14}\text{F} = 34.5\ \text{fF}$$

问：通过减小两个极板之间的距离 d，可以在缩小电容尺寸 h 和 l 后保持相同的电容值。当 $h = l = 1\ \mu m$ 时，要维持与上题相同的电容值，求 d 值。

答：$$d = k\varepsilon_0 \frac{hl}{C} = 3.9 \times 8.85 \times 10^{-12} \times \frac{10^{-6} \times 10^{-6}}{3.45 \times 10^{-14}} = 10^{-9}\ \text{m} = 10\ \text{Å}$$

厚度为 10 Å 的二氧化硅层太薄，甚至在 1 V 饱和电压下都无法正常工作，这是因为二氧化硅的击穿电场强度约为 10^7 V/cm，相当于 0.1 V/Å。因此，高 k 介质材料，如 HfO_2（$k \sim 25$）或 ZrO_2（$k \sim 25$）可用来作为新型介质材料，这是为了在缩小电容尺寸的同时保持定量的电容值，并避免介质击穿。

自问自答

问 3.7：计算上题中的电容器所需的介电常数 k，其中 $d = 100$ Å。

答：$$k = \frac{Cd}{\varepsilon_0 hl} = \frac{3.45 \times 10^{-14} \times 100 \times 10^{-10}}{8.85 \times 10^{-12} \times 10^{-6} \times 10^{-6}} = 39$$

集成电路芯片上的金属连线之间（见图 3.11）将形成寄生电容。目前集成电路的速度主要受限于 RC 时间延迟，也是电子将寄生电容充满电荷所需的时间，这是由寄生电容和金属导线的电阻形成的。采用低介电常数电介质材料和良好的导电金属（铜），就能够减少 RC 时间延迟，增加电路的速度。

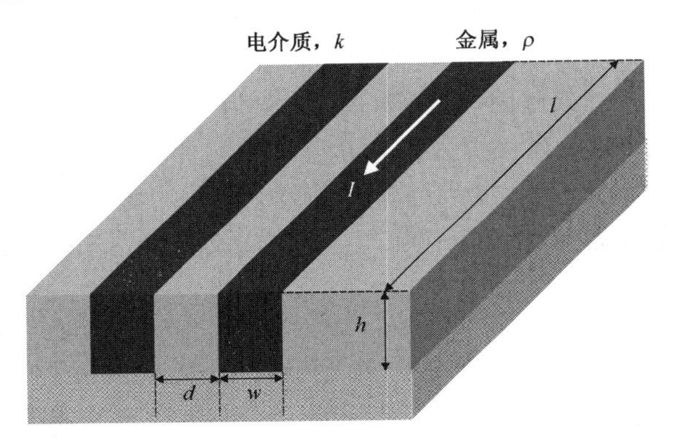

图 3.11 金属连线示意图

一阶近似条件下，电荷传递到电容器所需的时间约为 $t = Q/I$，其中电荷 $Q = CV$ 是将电容充满所需的电荷量，V 是金属线的电压差，而 $I = V/R$ 是金属导线流过的电流。因此延迟时间 $t = CV/(V/R) = RC$。频率高于 $1/RC$ 的信号将无法通过金属连线。为了提高元器件的速度就必须减少 RC 参数。

自问自答

问：大多数集成电路芯片都使用铝铜合金连线。电阻率 $\rho = 3.2\ \mu\Omega \cdot$ cm，金属线的几何尺寸为：宽 w，高 h，长 l，线间距 d 分别为 1 μm、1 μm、1 cm 和 1 μm，金属线间填充的电介质为介电常数为 $k = 4.0$ 的化学气相沉积（CVD）硅氧化物，计算 RC 时间延迟。

答：$$RC = \rho \frac{l}{wh} k\varepsilon_0 \frac{hl}{d} = \rho k \varepsilon_0 \frac{l^2}{wd}$$

$$= 3.2 \times 10^{-8} \times 4.0 \times 8.85 \times 10^{-12} \times \frac{0.01^2}{10^{-6} \times 10^{-6}} = 1.133 \times 10^{-10}\ \text{s}$$

具有这种连线的集成电路芯片无法在频率高于 $1/RC=8.85$ MHz 的情况下操作。为了增加电路速度，必须通过改变连线的形状或使用新的导电材料和电介质来减少 RC 时间延迟。缩小长度 l 是一种方法，这必须将元器件缩小。另一种方法是增加宽度 w 和厚度 d，这表示要有更多层金属连线。也可以同时减少电阻系数 ρ 和介电常数 ε，即使用传导金属(例如铜)取代铝铜合金，以及使用低介电常数的电介质材料取代一般的硅酸盐玻璃。

3.2.3　二极管

不同于电阻和电容特性，二极管是一个非线性器件，电流对电压的变化关系不是线性关系。图3.12为二极管的符号和一个PN结二极管。

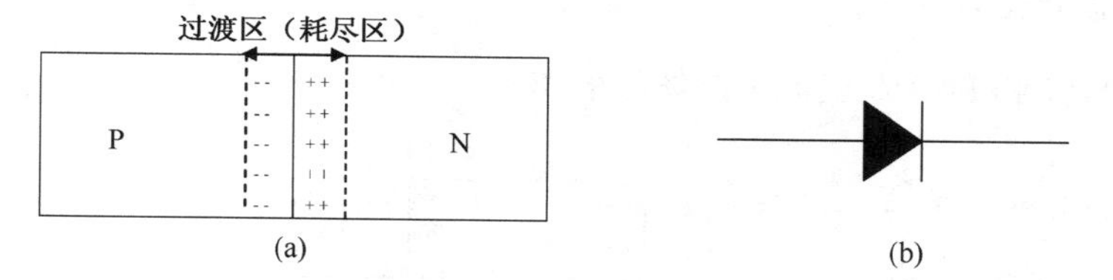

图3.12　(a) PN结二极管基本结构图；(b) 二极管符号图

当电压为正向偏置时，二极管将通过单一方向的电流，但如果所加的电压是反向偏压，电流就无法通过。如图3.13所示，当使用的电压 V_1 高于 V_2 时，就为正向偏压，此时电流通过极小电阻，朝符号所标的方向通过二极管。当 V_1 低于 V_2 时，为所谓的反向偏压，此时的电阻很高，几乎没有电流通过。这种原理与轮胎的气阀类似。当为轮胎打气时，气筒的气压 P_1 高于轮胎内的气压 P_2，较高的气压能打开轮胎的气阀让空气进入。不用气筒时，轮胎内的气压 P_2 就高于大气压力 P_1，使轮胎气阀关闭，从而将空气留在胎内(见图3.13)。

当P型和N型半导体相接在一起时就形成了PN结二极管(见图3.14)。P型区域的空穴将扩散到N型区域，N型区域的电子会扩散到P型区域。这种电荷分离过程将产生静电力，使少数载流子停止扩散。这种由少数载流子控制的区域称为过渡区（或称为耗尽区）。

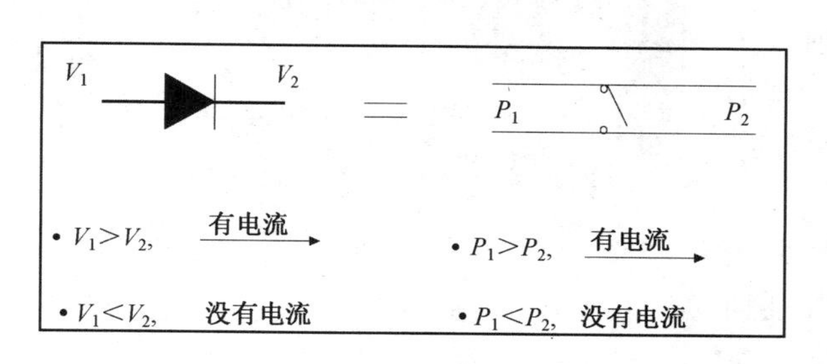

图3.13　二极管导电原理图及一个单向气阀

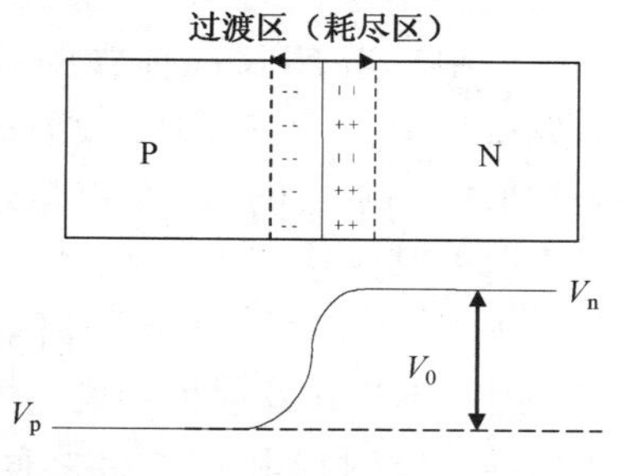

图3.14　PN二极管及内建电势

耗尽区两端的电压差可表示为

$$V_0=\frac{kT}{q}\ln\frac{N_aN_d}{n_i^2} \tag{3.3}$$

其中，k 是玻尔兹曼常数，T 是温度，q 是电荷，N_a 是受主(P型掺杂)浓度，N_d 是施主(N型掺杂)浓度，而 n_i 是本征载流子浓度。

对于室温下的硅，$kT/q=0.0259$ V，$n_i=1.5\times10^{10}\ \text{cm}^{-3}$，如果 $N_a=N_d=10^{16}\ \text{cm}^{-3}$，可算出 V_0 约为0.7 V。由式(3.3)可以看出 V_0 对于掺杂浓度并不敏感，因此通常需要大约0.7 V的

正向电压才能使电流通过 PN 结。同理，双载流子晶体管需要 0.7 V的电压才能启动。

图 3.15 说明了二极管的电流-电压曲线。可以看出，当二极管在正向偏压且大于零时(特别是 $V>0.7$ V)，通过二极管的电流 I 仅有很小的电阻且呈指数形式随 V 增加。但当二极管处于反向偏压时，只有极低的电流通过，即使电压持续增加，这个电流也几乎为固定电流 I_0，这种情况的电阻非常大。如果二极管的反向偏压太大，就可能使二极管击穿，这时不再保持特有的电流-电压曲线(PN 结击穿特性)。

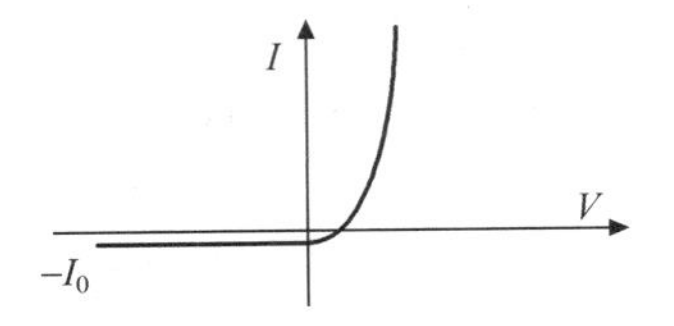

图 3.15 二极管 I-V 曲线

3.2.4 双载流子晶体管

图 3.16 为 NPN 和 PNP 双载流子晶体管的符号和基本结构。

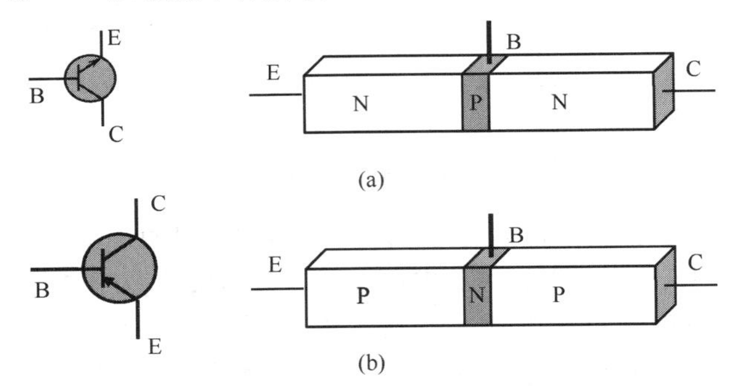

图 3.16 双载流子晶体管的符号和基本结构。(a) NPN；(b) PNP

贝尔实验室制造出的第一个晶体管是点接触式双载流子晶体管，现在集成电路芯片上的晶体管大多是平面式结晶体管(见图 3.17)。

双载流子晶体管可以当开关使用，因为它的发射极和集电极之间的电流由基极和发射极偏压控制。当 NPN 晶体管的基极和射极为正向偏压且 $V_{BE}>0.7$ V时，发射极的电子能够克服发射极和基极的 NP 结电位进入基极，再渡过很薄的基区达到集电极。

当 $V_{BE}=0$ V 时，没有任何电子从发射极出来，因此不论在发射极和集电极之间加任何偏置电压，发射极和集电极之间都不会产生电流。

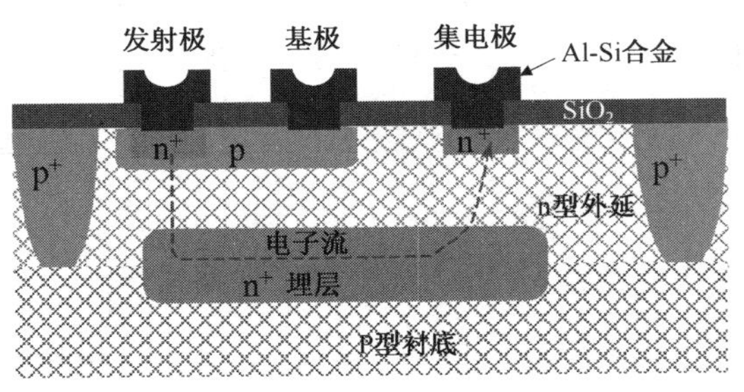

图 3.17 平面 NPN 双载流子晶体管截面图

大量使用双载流子晶体管是因为它能够放大电子信号。一般情况下，发射极和集电极之间的电流值应该等于 β 乘以进入基极的电流，或为 $I_{ec}=\beta I_b$。此处的 β 是放大系数，通常为 30 ~ 100。

图 3.18 是一个侧壁基极接触式 NPN 双载流子晶体管的截面图。双载流子晶体管主要用于高速器件、模拟电路和高功率元器件中。

从 20 世纪 50 年代 ~ 80 年代，双载流子晶体管和以双载流子晶体管为基础的集成电路芯片是半导体产业的主流。20 世纪 80 年代之后，由于对逻辑电路特别是 DRAM 的需求，以 MOS

晶体管为基础的集成电路芯片快速发展，并且超越了以双载流子为基础的集成电路芯片。现在半导体产业的主流是以互补型金属-氧化物-半导体(CMOS)晶体管为基础的集成电路芯片。

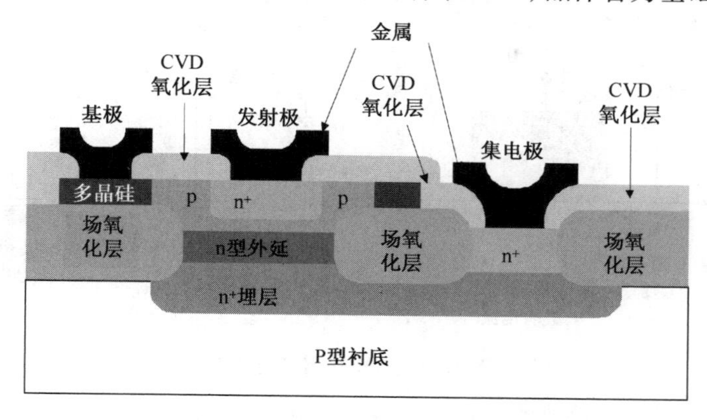

图 3.18　侧壁基极接触式 NPN 双载流子晶体管

3.2.5　MOSFET

MOSFET 代表金属-氧化物-半导体场效应晶体管。NMOS 和 PMOS 的符号如图 3.19 所示。

图 3.20 表示了 NMOS 的结构，包含栅极、硅衬底，以及夹在两者之间的二氧化硅薄层。对于 NMOS，衬底为 P 型衬底，源极和漏极以 N 型掺杂物作为重掺杂(这也就是为何将其标为 n^+)。源极和漏极对称，一般而言，接地的一边称为源极，加偏压的一边称为漏极。

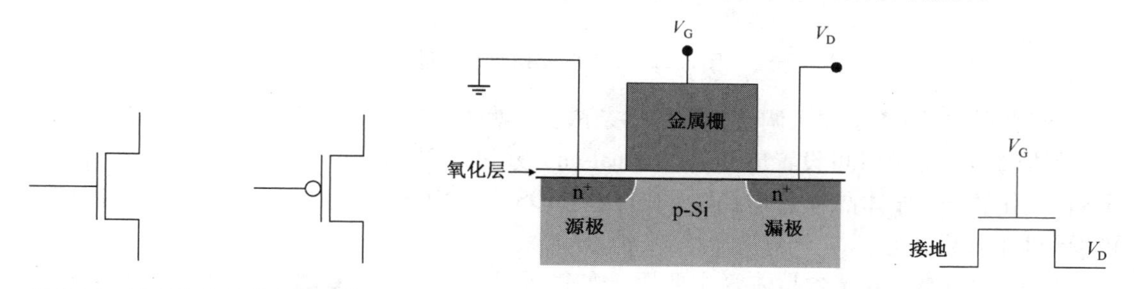

图 3.19　NMOS 及 PMOS 符号图

图 3.20　NMOS 晶体管基本结构

当栅极没有加偏压时，无论在源极和漏极之间加任何偏压，都不会有电流从源极流到漏极，反之亦然。当栅极加正向偏压时，金属栅极靠近氧化物的一侧将产生正电荷。栅极的二氧化硅层如同一个电容器，靠近氧化物一侧的金属面的正电荷会排斥二氧化硅另一侧硅衬底表面的正电荷(多数载流子为空穴)，而把负电荷(少数载流子为电子)吸引到硅衬底表面。当栅极电压大于临界电压时，即 $V_G > V_T > 0$，在二氧化硅另一侧的硅衬底表面将聚集足够的电子形成通道，且能让电子通过这个通道从源极流到漏极，这就是为什么 NMOS 也称为 N 沟道 MOSFET，或 NMOSFET，图 3.21 说明了这个过程。通过控制栅极电压产生的电场，就能影响半导体器件的导电率，并且能将 MOS 晶体管开启或关闭，这就是将其称为场效应晶体管(FET)的原因。

对于 PMOS，衬底是 N 型半导体，源极/漏极重掺杂了 P 型杂质。使用负栅偏压在靠近氧化物一侧的金属面上产生负电荷(电子)，同时排斥硅衬底表面的电子(衬底的主要载流子)并吸引空穴(少数载流子)位于硅衬底的表面，在栅底下形成一条空穴通道。源极和漏极的空穴能够流过这个通道，在源极和漏极之间传导电流(见图3.22)。当为正向偏压时，PMOS晶体管就会关闭。

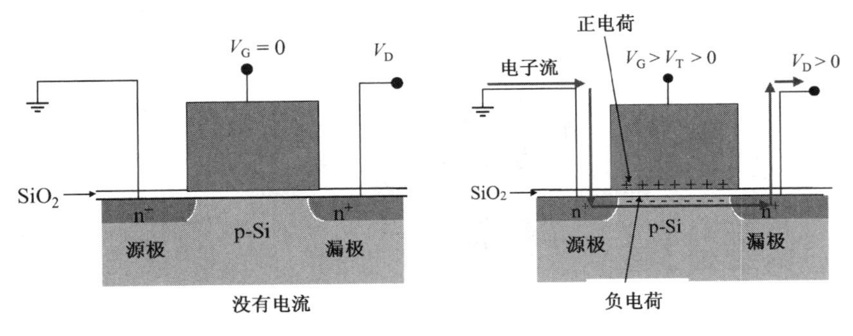

图3.21 NMOS开关过程

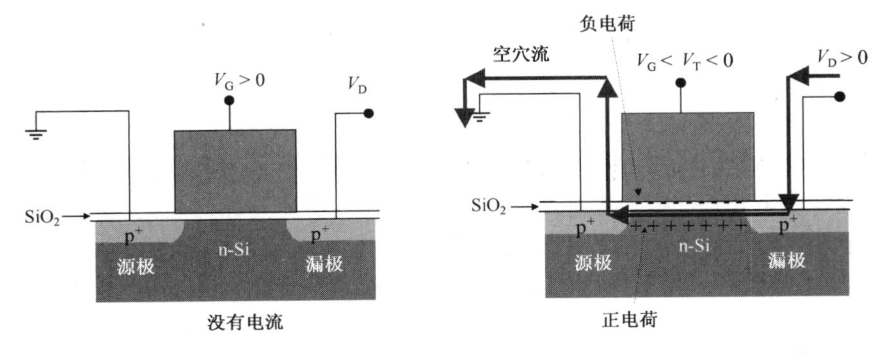

图3.22 PMOS结构及开关过程

通过利用栅下离子注入调整衬底的掺杂浓度，就能调整阈值电压(V_T)，因此金属-氧化物-半导体(MOS)晶体管可设置成开启(Normal-on)或关闭(Normal-off)两种状态。如果在互补型金属-氧化物-半导体晶体管电路中同时用NMOS和PMOS，则通常NMOS处于关闭状态而PMOS处于开启状态。

金属-氧化物-半导体晶体管主要用于如微处理器和记忆芯片的逻辑电路。图3.23显示了一个用Intel公司32 nm技术制成的MOS晶体管电子显微镜照片。

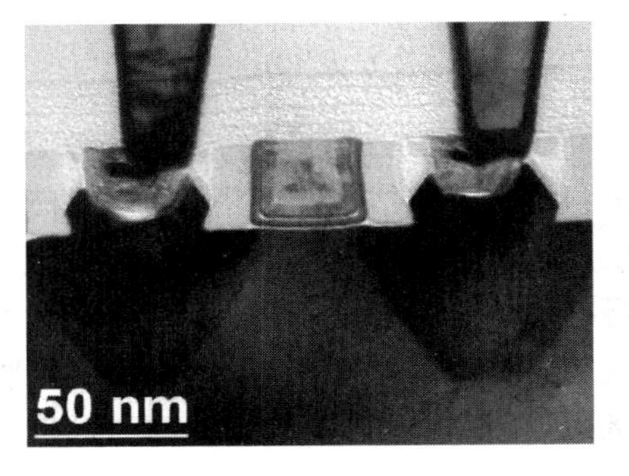

图3.23 具有32 nm技术的MOS晶体管电子显微镜照片

场效应晶体管的概念在1925年首次提出，贝尔实验室的科学家制作场效应晶体管时，无意中在一片多晶锗上做出了第一个点接触式双载流子晶体管。单晶半导体材料的缺乏阻碍了早期发展场效应晶体管，然而1950年发明的单晶锗和1952年发明的单晶硅改变了这种状况。最后，贝尔实验室由M. M.(约翰)和阿塔拉(Atalla)领导的团队在1960年制作出第一个实用金属-氧化物-半导体场效应晶体管，从此金属-氧化物-场效应晶体管的技术快速发展。从20世纪80年代，以金属-氧化物-半导体为基础的集成电路芯片成为半导体产业的主流，而且这样的主导性还在继续。由于大部分集成电路芯片以金属-氧化物-半导体为基础，所以本书主要着重介绍MOSFET集成电路工艺过程。

大多数化合物半导体以砷化镓(GaAs)为基础，主要用于制造高频及高速电子仪器，应用于通信、军事及科学研究。化合物半导体的其他重要应用是发光二极管(LED)，几乎每种电子产品都用 LED 作为指示器和交通信号灯。由于高效率的光发射和长寿命，可以用白光 LED 发光，以取代灯泡和照明用荧光。

3.3　集成电路芯片

不同种类的集成电路芯片可分成三大类：存储器、微处理器和专用集成电路(ASIC)。

3.3.1　存储器

存储器芯片利用存储和释放电荷的方式“记忆”数字信息，广泛用于计算机和其他电子产品中。存储器芯片是芯片制造中的最大部分，主要包括动态随机存储器(DRAM)和闪存(NAND)。

动态随机存储器　DRAM 是动态随机存储器的缩写。称之为“随机存储”的原因是，DRAM 芯片中的每个存储单位均可任意执行读取或写入功能，然而某些循序存储器元件只能依照特定顺序读取或写入数据。举例来说，硬盘和光盘使用的是随机存储方式，而录音带则使用循序存储方式。

DRAM 是最常使用的存储器芯片，特别是应用在计算机内部的资料存储方面。当购买个人电脑时，一个重要的考虑因素就是其中有多少存储单元，也就是 DRAM 芯片存储资料的容量。DRAM 的基本存储单位由一个金属-氧化物-半导体晶体管和一个电容器构成(见图 3.24)。

金属-氧化物-半导体晶体管如同一个开关，能让电子进入并存储在电容器内维持记忆，电容器必须周期性地通过电源 V_{dd} 补充电容器所损失的电子，这也是称之为动态 RAM 或 DRAM 的原因。当电能从 DRAM 上移走时，数据也就消失了。用计算机编辑文件时，在没有按下“存储”指令将资料永久存入硬盘或软盘之前，所有输入的文字、图表和符号都被暂时存储在 DRAM 的主存储器中。经常性地存储所编辑的资料很重要，特别在编辑冗长的文件时，否则数小时的工作成果就可能因突然断电而损失殆尽。

计算机应用方面需要更多存储容量和更快速的存储器芯片，是集成电路产业技术发展的最重要原动力之一。

静态随机存储器　SRAM 是静态随机存储器的缩写，它用钳位晶体管保持指令或记忆资料。SRAM 由 6 个元器件组成，可以是 4 个晶体管和 2 个电阻器，也可以是 6 个晶体管(见图 3.25)。由于不需要为电容器再充电存储资料，因此 SRAM 存储资料的速度比 DRAM 快得多。然而，要以相同的工艺技术得到相同的存储器容量，SRAM 芯片比 DRAM 要大而且更昂贵。SRAM 主要作为计算机的存储器存储最常用的指令，而 DRAM 用来存储较不常用的指令和资料。

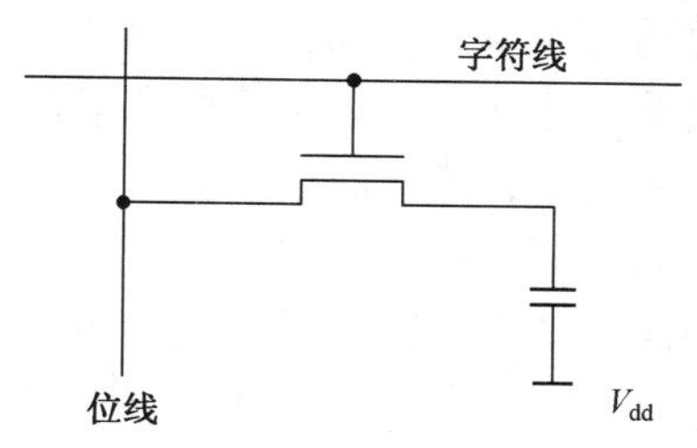

图 3.24　DRAM 存储单元的基本电路结构

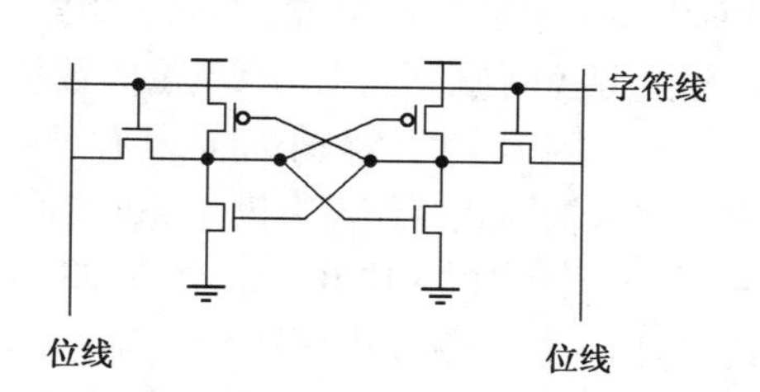

图 3.25　具有 6 个晶体管的 SRAM 基本电路结构

现在，大多数集成电路公司已经将 SRAM 集成到集成电路芯片中。一般用 SRAM 阵列芯片，集成了 SRAM 的器件的芯片密度最高，许多公司使用 SRAM 作为提高技术和产品质量的途径。

EPROM、EEPROM 和闪存　DRAM 和 SRAM 都需要电能供应以保持资料，若失去了电能则记忆也就消失了，因此它们又称挥发性存储器。EPROM 是可擦除式只读存储器(Erasable Programmable Read-only Memory)的缩写，而 EEPROM 是可电擦除只读存储器(Electric-erasable Programmable Read-only Memory)的缩写。EPROM 和 EEPROM 均为非挥发性存储器，主要用于无电能供应时永久存储资料和指令。

EPROM 的结构和 N 型金属-氧化物-半导体晶体管类似(见图 3.26)，最基本的差异在于它有一个悬浮栅极，能够永久存储数字资料。当控制栅的偏压为 $V_G > V_T > 0$ 时，电子就会被吸引到硅/栅氧化物界面，并在悬浮栅下形成一个 N 型通道，电子从源极经过通道到达漏极，传导电流。虽然大多数的电子都会穿越通道，但有部分电子却以电子隧穿效应方式穿过很薄的栅极氧化层，注入到悬浮栅极中，这就是所谓的热电子效应。由于电子不能逸出，因此当电子进入悬浮栅极后就会在栅极内存在数年。所以无论有无电能供应，电子都能保存住。图 3.27(a)表明了存储器的读写过程。

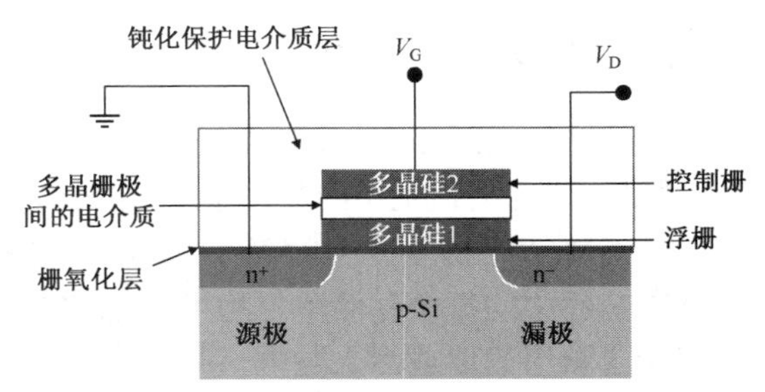

图 3.26　EPROM 结构单元截面图

如果要清除 EPROM 中的数据，则必须用紫外线照射钝化保护电介质层。紫外线将会激活悬浮栅极内的电子，使它们穿过多晶栅极间的电介质后流入接地的控制栅端，如图 3.27(b)所示。

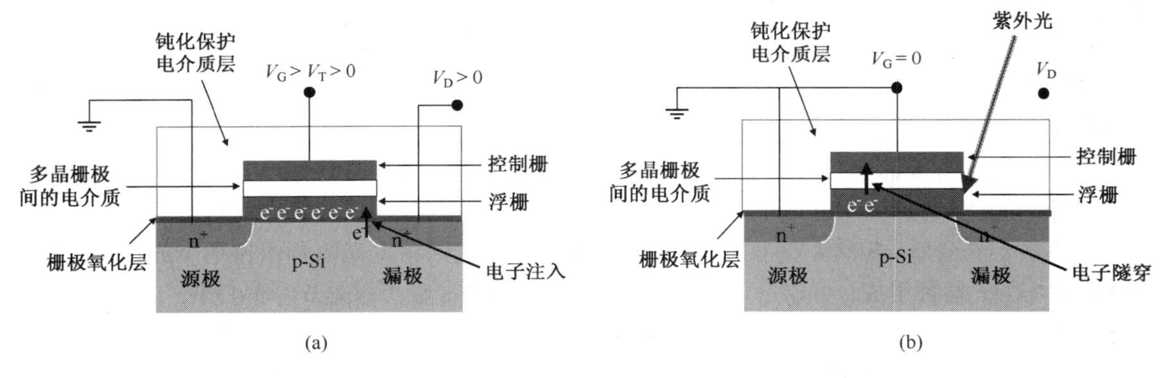

图 3.27　(a) EPROM 写入过程；(b) 删除过程

EPROM(又称快闪式存储器)不同于用紫外线清除芯片数据，它是以电方式控制栅偏压，使电子从浮栅隧穿控制栅极，以清除单位的数据。快闪式存储器广泛应用于数字相机和笔记本电脑的存储卡中。因为它的体积小而且没有可移动零件，因此未来极有可能取代计算机中存储资料的硬盘。嵌入快闪式存储器有助于完成系统芯片的功能，将整个计算机建立在一个芯片上。

闪存是一个特定的 EEPROM。图 3.28(a)显示了一个 64 位的 NAND 闪存电路。WL 代表字线，其中有 64 位，编号从 0 到 63。SG 代表选择性栅极，是 NMOS 晶体管。SG0 的 NMOS 选择第一个字符(源代码行)，SG1 是选择位线的 NMOS。图 3.28(b)是 32 位 NAND 闪存横截面。64 位 NAND 已在先进的 NAND 闪存晶圆厂以 19 nm 技术大规模生产。

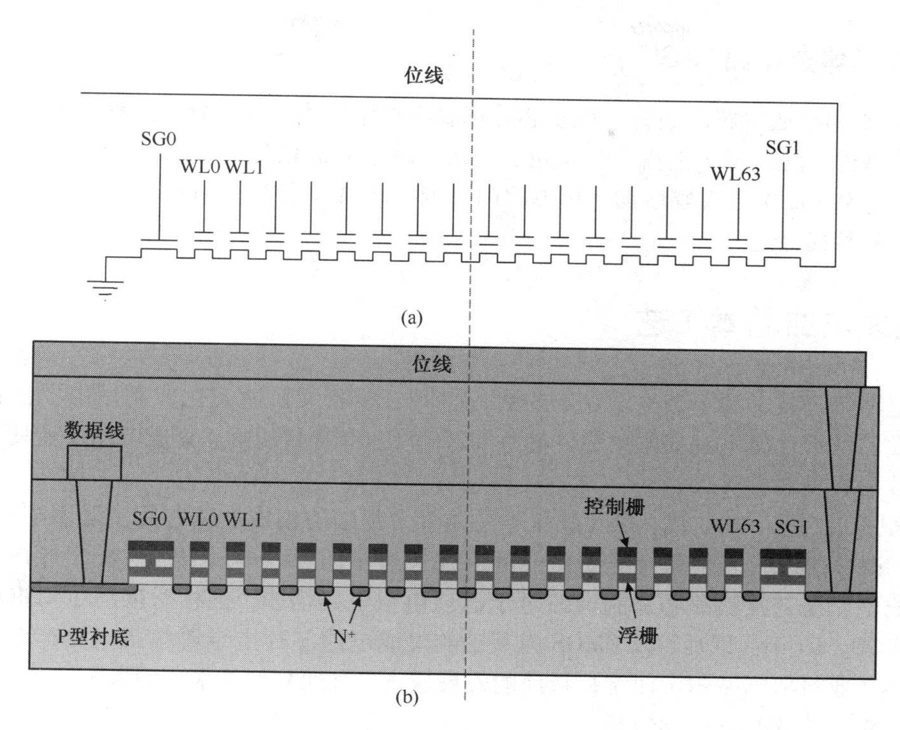

图 3.28　(a) 64 位 NAND 闪存电路; (b) 横截面图

NAND 闪存已广泛用于 USB 闪存驱动器，固态磁盘(SSD)，以及手机、数码相机、数码摄像机和其他移动设备的内存卡。固态磁盘存储速度更快、更可靠，而且比硬盘驱动器(HDD)消耗的功率小。例如，一个 256 GB，2.5 英寸笔记本的固态磁盘所消耗，功率是容量为 250 GB 的面积相同的硬盘驱动器所消耗功率的 20%。固态硬盘已应用于高端移动电子产品，如笔记本电脑，以取代高容量数据存储硬盘。硬盘驱动器的主要优势在于价格，这是消费电子产品最重要的因素之一。对于相同的价格，一般人通常可以买一个比固态磁盘存储容量大 10 倍的硬盘驱动器存储器。随着集成电路特征尺寸的缩小，每字节闪存器的成本可以降低到硬盘驱动器水平。然而，当特征尺寸不断缩小时，器件的待机漏电流会增加，并且封装于一个固态磁盘的更多小尺寸器件的功耗会迅速增加。如果闪存可以解决漏电引起的功耗问题，它就能取代大部分计算机和其他数码电子产品，尤其是移动设备中用于数据存储的硬盘！否则，它只能作为一个集成了固态磁盘和硬盘驱动器的混合磁盘驱动器。

3.3.2　微处理器

微处理器又称为中央处理单元(CPU)，通常由控制系统和算术逻辑单元(ALU)两大部分组成。较先进的微处理器也有内建式存储单元。中央处理单元相当于计算机和其他控制系统的核心。

有两种微处理器结构被广泛使用：完全指令集计算机(CISC)和精简指令集计算机(RISC)。

图形处理单元(GPU)是一个特殊的高速浮点计算图形处理器。它能使主 CPU 计算密集的三维图形，并广泛应用于嵌入式系统、个人电脑、移动电话和游戏机。

3.3.3 专用集成电路(ASIC)

ASIC 是专用集成电路的缩写。许多芯片都属于这个类别，包括数字信号处理(DSP)芯片、功率半导体器件，以及用于电视、收音机、网络、汽车和通信上的芯片。随着特征尺寸的缩小，设计和掩膜版成本会大幅增加。可编程门阵列(FPGA)可以让用户在芯片上配置系统，成为有吸引力的替代品之一。

3.4 集成电路基本工艺

集成电路工艺技术源于杰克·克毕的锗"晶棒"，接着又快速演化成利用由罗伯特·诺伊斯首先开发的平坦化技术制成的单晶硅芯片。20 世纪 60 年代以后，集成电路产业便依循摩尔定律呈指数形式发展。

20 世纪 60 年代~80 年代，以双载流子晶体管为基础的集成电路芯片主导着半导体产业。电子手表、计算机以及其他数字电子产品的需求快速驱动着以金属-氧化物-半导体晶体管为基础的集成电路工艺发展和芯片制造。对于低耗电量电路需求，也相对推动了 CMOS 集成电路芯片的发展。80 年代以后，以 CMOS 为基础的集成电路芯片主导着集成电路产业。许多人预言半导体产业将依循摩尔定律维持目前的发展速度，直到光刻技术达到极限为止。

集成电路工艺的基本过程包括：

- 添加工艺
- 移除工艺
- 热处理工艺
- 图形化工艺

所谓的添加工艺是将原子添加(掺杂)到晶圆内，或者在晶圆表面添加一层物质(薄膜生长或沉积)。离子注入和扩散工艺用于将掺杂物加入半导体衬底中。在氧化和氮化工艺中，氧气及氮气被输入并与硅产生化学反应，生成二氧化硅和氮化硅。化学气相沉积(CVD)、物理气相沉积(PVD)、自旋涂敷或电化学电镀法(ECP)处理，可在半导体上产生一层电介质或金属薄膜沉积。

所谓的移除工艺是用化学或物理方法，或两者并用，以去除晶圆上的物质。晶圆清洗是用化学溶液清洗晶圆表面的污染物和微粒，因此是一种移除工艺；图形化刻蚀和整面全区刻蚀也属于移除工艺。使用机械和化学共用的研磨方法，达到使晶圆表面平坦化的化学机械研磨(CMP)也同样属于这个范畴。

加热或热处理工艺中，将晶圆加热到特定温度，以达到物理和化学反应的要求。加热工艺中极少或甚至没有任何物质添加到晶圆或从晶圆上移除，这些工艺包括注入后热处理(高温超过 1000℃)、金属化热处理(低温低于 450℃)、合金化以及加热再流动工艺等。传统型(炉管)工艺和快速加热处理(RTP)是半导体制造经常使用的两种加热技术。加热过程有时临场进行，其中氧化反应和高温沉淀在高温炉内进行，而氧化物或薄膜的热处理在 RTP 反应室内进行。

图形化工艺过程将使用添加、移除和加热技术。图形化工艺能将光刻版/倍缩光刻版上的电路设计布局图转印到晶圆表面的光刻胶上。图形化工艺是集成电路制造中最常使用的工艺步骤，因此也极为重要。集成电路芯片制造中，大多数的生产工厂都使用光学光刻技术进行图形转移。当最小图形尺寸缩得太小而不能使用光刻技术时，未来也许会采用超紫外光(EUV)光刻、纳米压印(NIL)和电子束直写(EBDW)技术。

本节的其余部分将简要说明集成电路制造中的基本步骤。由于大多数集成电路芯片都以金属-氧化物-半导体场效应晶体管为主，所以本书将着重讨论金属-氧化物-半导体晶体管，特别是 CMOS 工艺。

3.4.1　双载流子晶体管制造过程

以双载流子晶体管为基础的集成电路芯片的主要制造过程包括：深埋层掺杂、外延硅生长、隔离掺杂、互连以及钝化保护。

以硅材料为主的双载流子晶体管通常使用 P 型晶圆制造 NPN 晶体管，基本的制造过程源于 20 世纪 70 年代中期的技术(通过离子注入进行掺杂工艺)，这个制造过程以 P 型掺杂晶圆开始，包括 7 道光刻工艺。形成深埋层，用于减小串联集电极的电阻并改善元器件的速度。制造步骤包含晶圆清洗、氧化、光刻、离子注入、去光刻胶、二氧化硅刻蚀以及再次晶圆清洗。外延硅生长是一个高温化学气相沉积(CVD)过程。外延生长时，离子注入的深埋层将被退火且稍微扩散一些，如图 3.29(a)和图 3.29(b)所示。在生长一个薄氧化层后，再重复使用光刻技术和离子注入，定义隔离区以及晶体管的发射极、基极和集电极，如图 3.29(c)和图 3.29(d)所示，然后再剥除屏蔽氧化层并生长一层厚 SiO_2 层。通过光刻技术和氧化物刻蚀定义接触窗。光刻胶去除后，再沉积一个铝合金金属层，填满接触窗并覆盖住整个晶圆表面。接下来的光刻技术和金属刻蚀则形成金属连线并与图 3.29(e)所示的晶体管形成接触点。光刻胶去除后，沉积 CVD 二氧化硅层，保护晶体管和金属导线，如图 3.29(f)所示。最后的工艺过程分别是光刻技术、键合垫区刻蚀以及去光刻胶。

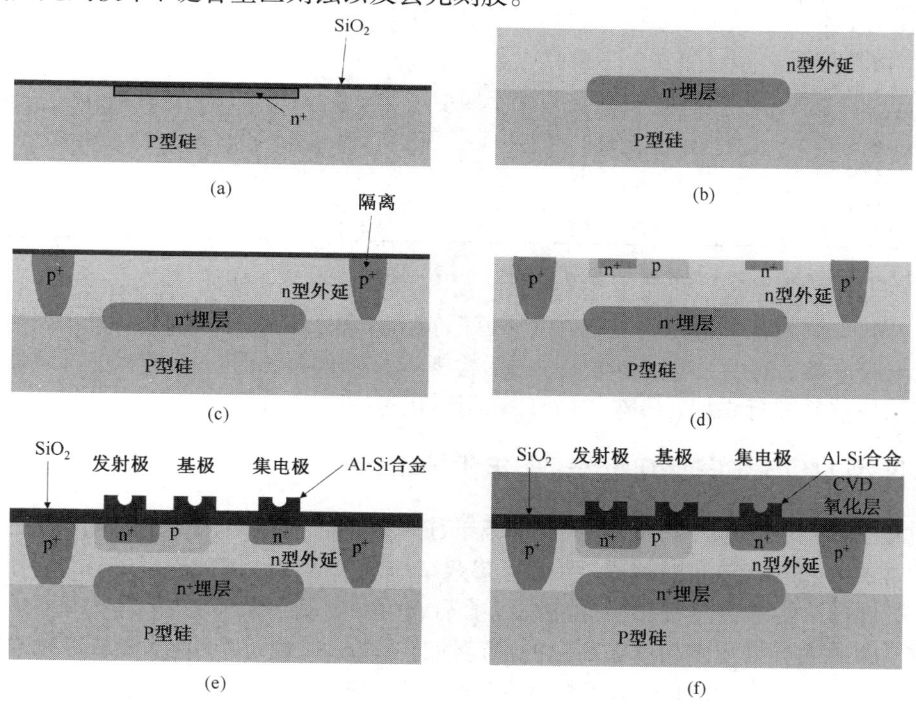

图 3.29　双载流子晶体管工艺

对于先进的工艺技术，如电介质沟槽填充隔离、深集电极、选择性外延生长以及自对准发射极-基极等，都已被发展且应用于以双载流子晶体管为基础的集成电路芯片制造中。由于本书主要讨论 MOSFET 工艺，所以不详细说明这些工艺过程。

双载流子晶体管集成电路主要应用于模拟电路，如电视、录像机、感应器和功率半导体器件，也可以和互补型金属-氧化物-半导体晶体管(CMOS)组合成 BiCMOS 集成电路，应用于微处理器和无线通信。

3.4.2 P 型 MOS 工艺(20 世纪 60 年代技术)

早期的集成电路产业中，大多数生产工厂都制造以双载流子晶体管为基础的集成电路芯片。由于技术方面的限制，当时使用 P 沟道金属-氧化物-半导体场效晶体管或 PMOS，制造以 MOSFET 为主的集成电路芯片。对于相同的设计(相同的栅材料、几何结构、衬底和源极/漏极掺杂浓度)，N 型金属-氧化物-半导体晶体管的速度明显比 PMOS 的快，这是因为电子的迁移率比空穴快 2 ~3 倍。然而在没有离子注入技术时，无法突破 NMOS 工艺上的困难。当使用扩散技术进行硅掺杂时，制造 PMOS 比制造 NMOS 简单。

20 世纪 60 年代，使用 PMOS 技术的制造流程如表 3.1 和图 3.30 所示。隔离方面使用整面全区氧化层，源极/漏极掺杂使用硼扩散，栅极和互连线以铝硅合金为材料。铝中添加大约 1% 的硅，可使硅在铝中达到饱和溶解度，以防止因硅溶解所造成的铝界面尖突现象。最小图形尺寸约为 20 μm。

表 3.1 PMOS 工艺流程(20 世纪 60 年代)

工艺步骤	类型	工艺步骤	类型
晶圆清洗	(R)	刻蚀氧化层	(R)
场区氧化	(A)	去光刻胶	(R)
光刻 1. (源/漏)	(P)	铝沉积	(A)
刻蚀氧化层	(R)	**光刻 4.** (金属)	(P)
去光刻胶清洗	(R)	刻蚀铝	(R)
S/D 扩散 (B)/氧化反应	(A)	去光刻胶	(R)
光刻 2. (栅)	(P)	金属退火	(H)
刻蚀氧化层	(R)	CVD 氧化层	(A)
去光刻胶/清洗	(R)	**光刻 5.** (键合垫片)	(P)
栅极氧化	(A)	刻蚀氧化层	(R)
光刻 3. (接触孔)	(P)	测试与封装	

关键词：A 表示添加，H 表示热处理，P 表示图形化，R 表示移除。

整个 PMOS 工艺有 5 道光刻过程，每一道都属于光刻工艺，包括晶圆清洗、预烤、底漆层涂敷和光刻胶涂敷、前烘、对准和曝光、图形检视以及后烘等。通过工艺流程可以看出，集成电路工艺总是重复进行添加、移除、热处理和图形化过程。

3.4.3 N 型 MOS 工艺(20 世纪 70 年代技术)

20 世纪 70 年代中期，当开始大量使用离子注入技术后，集成电路制造技术产生了明显变化。由于离子注入具有独立控制掺杂浓度、掺杂结深及非等向性掺杂轮廓的优势，使离子注入过程取代了硅掺杂的扩散过程。多晶硅取代了铝成为栅材料和局部连线。采用离子注入具有非等向性轮廓的优点以及多晶硅在高温的稳定性，可以形成自对准源极/漏极，此时的最小图形尺寸约为 7.5 μm。图 3.31 显示了自对准源极/漏极的注入过程，这种技术在先进的金属-氧化物-半导体场效应晶体管集成电路芯片制造中仍在使用。

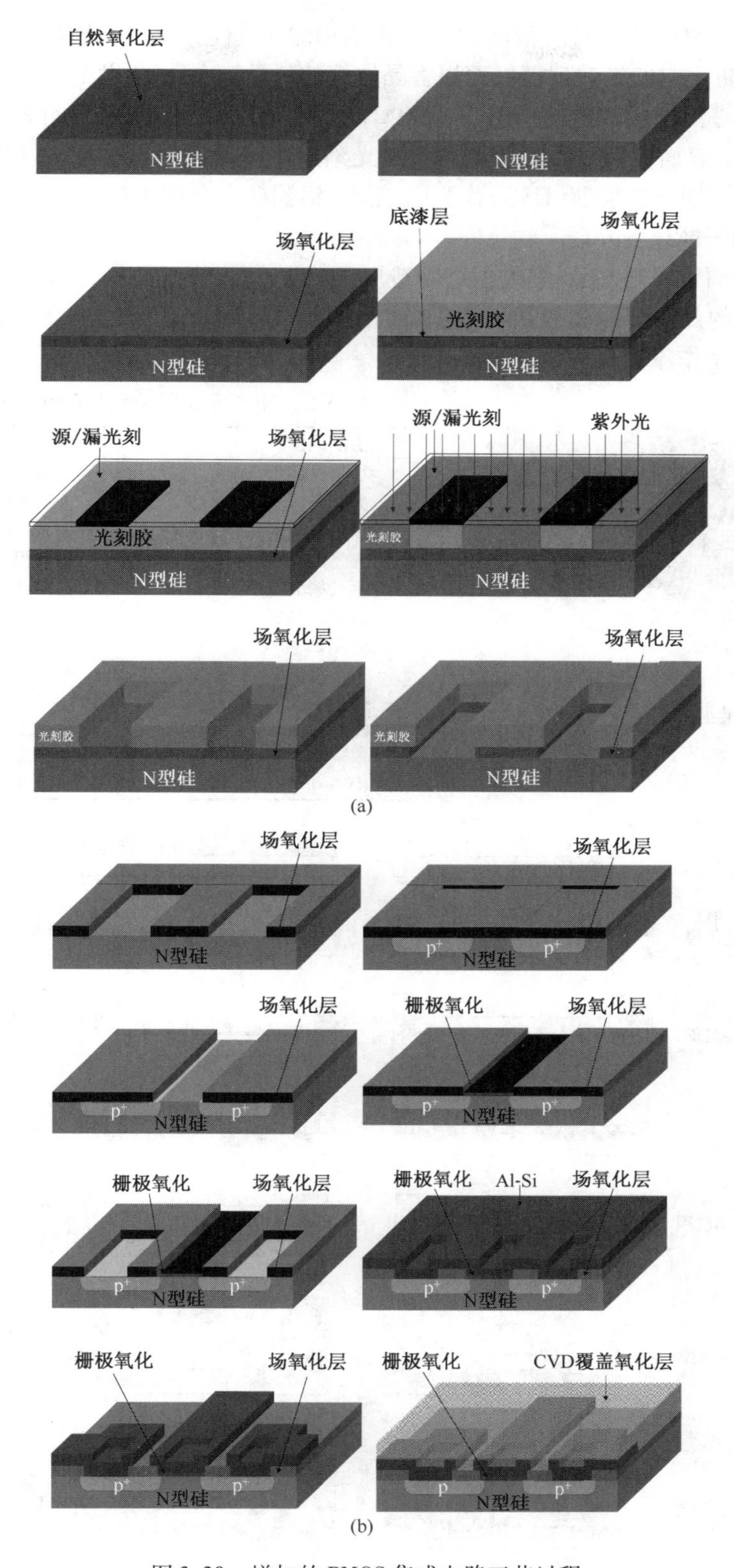

图 3.30 增加的 PMOS 集成电路工艺过程

掺磷硅玻璃(PSG)是金属沉积前的电介质层(PMD)材料。掺磷硅玻璃能俘获移动离子,例如钠离子,以防止它们扩散到栅极而损害晶体管的特性,这是20世纪60年代晚期集成电路技术的一大突破。由于掺磷硅玻璃能在1100℃高温下流动,所以能使电介质表面变得平滑和平坦,平坦化后的表面有助于后续的金属化和光刻技术。源极/漏极(S/D)和掺磷硅玻璃之间用了一层很薄的未掺杂硅玻璃(USG)作为阻挡层,铝铜硅合金用于长距离连线,化学气相沉积(CVD)氮化物用于钝化电介质。

20世纪70年代中期以后,集成电路制造厂开始生产以N型晶体管为主的集成电路芯片,这是由于在相同的几何结构和掺杂物浓度下,NMOS比PMOS工作频率高。表3.2和图3.32显示了NMOS的制作流程。

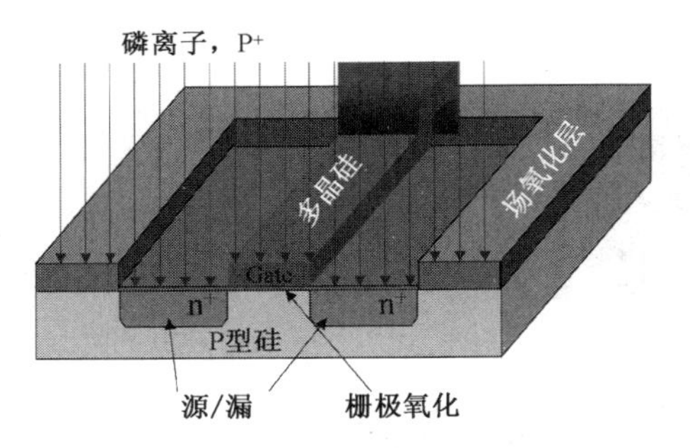

图3.31　自对准源/漏离子注入工艺

表3.2　NMOS工艺流程(20世纪70年代中期)

清洗晶圆	PSG再流动
场氧化层生长	**光刻**3.接触孔
光刻1.有源区	刻蚀PSG/USG
刻蚀氧化层	去光刻胶/清洗
去光刻胶/清洗	铝沉积
生长栅氧化层	**光刻**4.金属
沉积多晶硅	刻蚀铝
光刻2.栅极	去光刻胶
刻蚀多晶硅	金属退火
去光刻胶/清洗	CVD氧化层
S/D和多晶硅离子注入	**光刻**5.键合垫片
退火和多晶硅再氧化	刻蚀氧化层
CVD生长USG/PSG	测试与封装

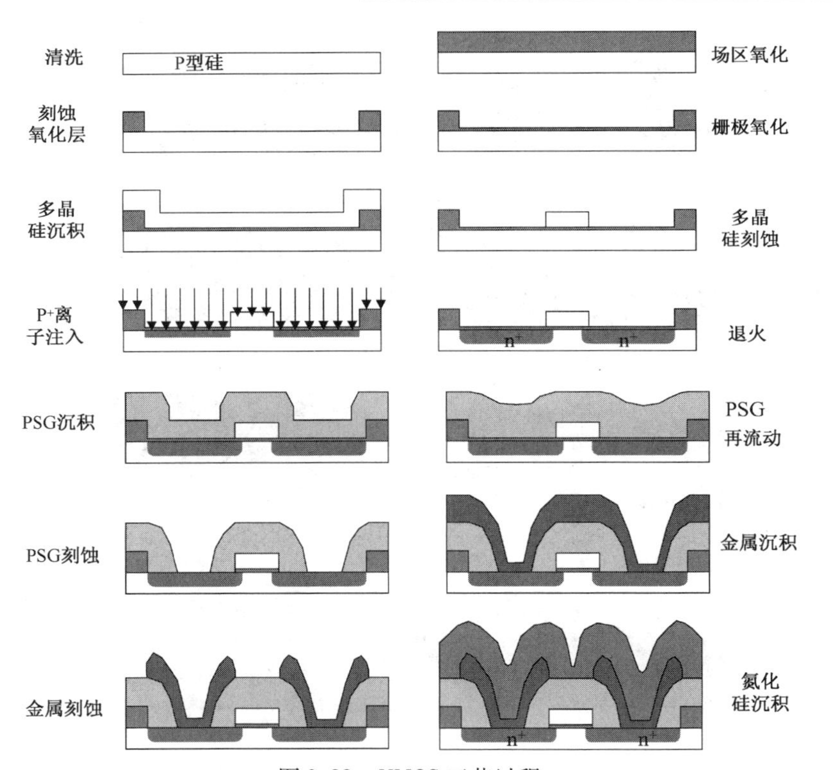

图3.32　NMOS工艺过程

3.5　互补型金属-氧化物晶体管

电子表和个人电脑从 20 世纪 70 年代开始迅速发展，发光二极管(LED)用于作为显示器。由于发光二极管会消耗大量的电能，使电池寿命缩短，因此集成电路产业界积极寻找能应用于电子表和计算机的替代品。液晶显示器(LCD)在 20 世纪 80 年代早期问世后就因为耗电量低于 LED，快速取代了发光二极管应用于集成电路产业。

降低计算机和电子表电路的耗电量是发展以 CMOS 为基础的一大动力。CMOS 可用于逻辑和存储芯片上，它们已成为集成电路市场的主流。

3.5.1　CMOS 电路

图 3.33(a)显示了一个 CMOS 反相器电路。从图中可以看出它由两个晶体管组成，一个为 NMOS，另一个为 PMOS。当输入为高电压或逻辑 1 时，NMOS 就会被开启而 PMOS 会被关闭。因为输出电压为接地电压 V_{ss}，所以输出电压 V_{out} 为低电压或逻辑 0。反之，当输入为低电压或逻辑 0 时，NMOS 就会被关闭而 PMOS 被开启。输出电压为高电压 V_{dd}，所以输出电压 V_{out} 为高电压或逻辑 1。由于 CMOS 会反转输入信号，所以称为反相器。这个设计是逻辑电路中使用的基本逻辑单元之一。表 3.3 为反相器的数字逻辑列表。

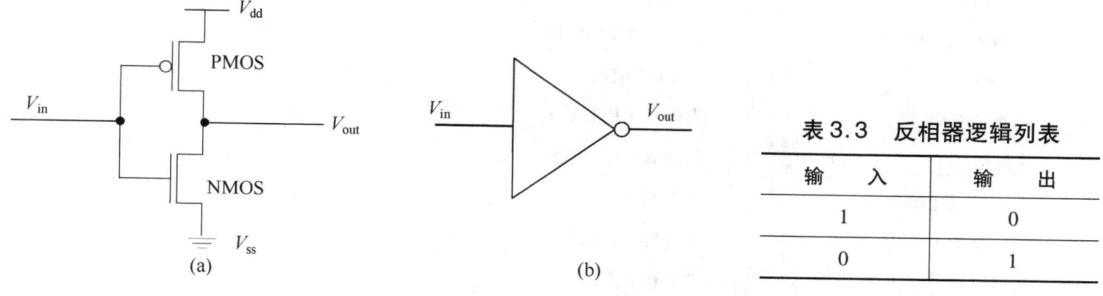

表 3.3　反相器逻辑列表

输　入	输　出
1	0
0	1

图 3.33　(a) CMOS 反相器的电路图；(b) CMOS 逻辑符号

由图 3.33(a)可以看出，当 NMOS 开启时，PMOS 就会关闭，反之亦然，这就是该电路被称为互补型金属-氧化物-半导体晶体管(CMOS)的原因。对于 CMOS，它在高偏压 V_{dd} 和接地 V_{ss} 之间总是断路状态。理想状态下，V_{dd} 和 V_{ss} 之间并没有电流流动，所以 CMOS 的耗电量很低。CMOS 反相器的主要电能损耗由高频开关转换时的漏电流形成。CMOS 优于 NMOS 之处还包括有较高的抗干扰能力、芯片温度低、使用温度范围广和较少的定时复杂性。

将 CMOS 和双载流子技术结合形成的 BiCMOS 集成电路在 20 世纪 90 年代迅速发展，CMOS 电路用于逻辑部分，双载流子晶体管可增加元器件的输入/输出速度。由于 BiCMOS 已经不再是主流产品，并且当集成电路的应用电压降到 1 V 以下时就会失去应用性，所以本书将不对这种工艺做详细探讨。

3.5.2　CMOS 工艺(20 世纪 80 年代技术)

CMOS 工艺是从 NMOS 发展而来的。CMOS 技术比 NMOS 技术至少多 3 道光刻步骤，第一道为 N 型阱区形成，第二道为 PMOS 源极/漏极注入，第三道为 NMOS 源极/漏极注入。

表3.4和图3.34显示了20世纪80年代的CMOS工艺过程，晶体管之间的隔离用硅局部氧化(LOCOS)取代整面全区覆盖式氧化。硼磷硅玻璃(BPSG)用于作为金属沉积前的电介质层(PMD)或中间隔离层(ILD0)，以降低所需的再流动温度。尺寸的缩减使大多数图形化刻蚀采用等离子体刻蚀(干法刻蚀)取代湿法刻蚀，单层金属线已不足以将集成电路芯片上所有的元器件按照所需的电导率连接，所以必须使用第二金属层。20世纪80年代~90年代，金属线之间的介质沉积和平坦化是一大技术挑战，即金属层间电介质层(Inter Metal Dielectric，IMD)。20世纪80年代，最小的图形尺寸从3 μm缩小到0.8 μm。

表3.4 CMOS工艺流程(20世纪80年代)

清洗晶圆	去光刻胶/清洗	USG沉积
垫底氧化层	多晶硅退火/氧化	回刻蚀
氮化硅沉积	**光刻** 4.（P沟道S/D）	USG沉积
光刻 1.（LOCOS）	硼离子注入	**光刻** 8.金属间接触孔
刻蚀氮化硅	去光刻胶	刻蚀IMD
阈值电压V_T注入（硼）	**光刻** 5.（N沟道S/D）	去光刻胶
去光刻胶/清洗	磷离子注入	金属沉积前清洗
场区氧化	去光刻胶/清洗	溅射铝合金
去氮化硅	沉积USG（阻挡层）	**光刻** 9.金属2
光刻 2.（N阱）	沉积BPSG（PMD）	金属刻蚀
N阱离子注入	BPSG再流动	去光刻胶
去光刻胶/清洗	**光刻** 6.（接触孔）	金属退火
N阱扩散	刻蚀氧化层	CVD氧化/氮化硅
去垫底氧化层	去光刻胶	**光刻** 10.（键合垫片）
清洗晶圆	金属沉积前清洗	刻蚀氮化硅/氧化硅
栅极氧化	溅射铝合金	去光刻胶
多晶硅沉积	**光刻** 7.（金属1）	测试与封装
多晶硅掺杂离子注入	金属刻蚀	最后测试
光刻 3.（栅极）	去光刻胶/清洗	
多晶硅刻蚀	金属退火	

CMOS的基本工艺步骤包括晶圆预处理、阱区形成、隔离区形成、晶体管制造、导线连接和钝化作用。晶圆预处理包含外延硅沉积、晶圆清洗、对准记号刻蚀。阱区形成为NMOS和PMOS晶体管定义出器件区。阱区形成按技术发展程度的不同分为单一阱区、自对准双阱区(也称为单一光刻双阱区)和双光刻双阱区。隔离技术以建立电气隔离区的方式隔绝邻近的晶体管。20世纪80年代，硅局部氧化取代了整面全区覆盖式氧化，成为隔离技术的主流。晶体管制造则涉及了栅极氧化层的生长、多晶硅沉积、光刻技术、多晶硅刻蚀、离子注入以及加热处理，这些都是集成电路工艺中最重要的工艺步骤。导线连接技术结合了沉积、光刻和刻蚀技术定义金属线，以便连接建造在硅表面上的数百万个晶体管。最后通过钝化电介质的沉积、光刻和刻蚀技术，将集成电路芯片密封起来与外界隔离，只保留键合垫区的开口以供测试和焊接用。

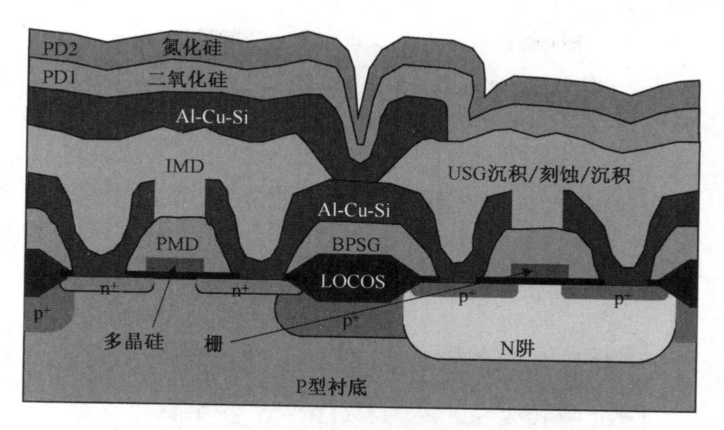

图 3.34　具有两层金属的 CMOS 截面图

3.5.3　CMOS 工艺(20 世纪 90 年代技术)

从 20 世纪 90 年代开始，集成电路芯片的图形尺寸持续地从 0.8 μm 缩减到 0.18 μm 以下，同时集成电路制造业也采用了一些新的技术。当图形尺寸小于 0.35 μm 时，隔离区形成就采用浅沟槽隔离(STI)取代硅的局部氧化技术。金属硅化物广泛用于形成栅极和局部连线，钨被广泛用做不同金属层之间的金属连线，即所谓的栓塞(“Plug”)。越来越多的生产线使用化学机械研磨(CMP)技术，以形成 STI、钨栓塞和平坦化的层间电介质(ILD)。高密度等离子体刻蚀和化学气相沉积(CVD)更受欢迎，铜金属化已开始在生产线上崭露头角。图 3.35 为具有4 个铝铜合金的金属互连层 CMOS 集成电路横截面。图 3.36 显示了具有 4 层铜金属互连和 1 个铝铜合金焊盘层的 CMOS 集成电路横截面。

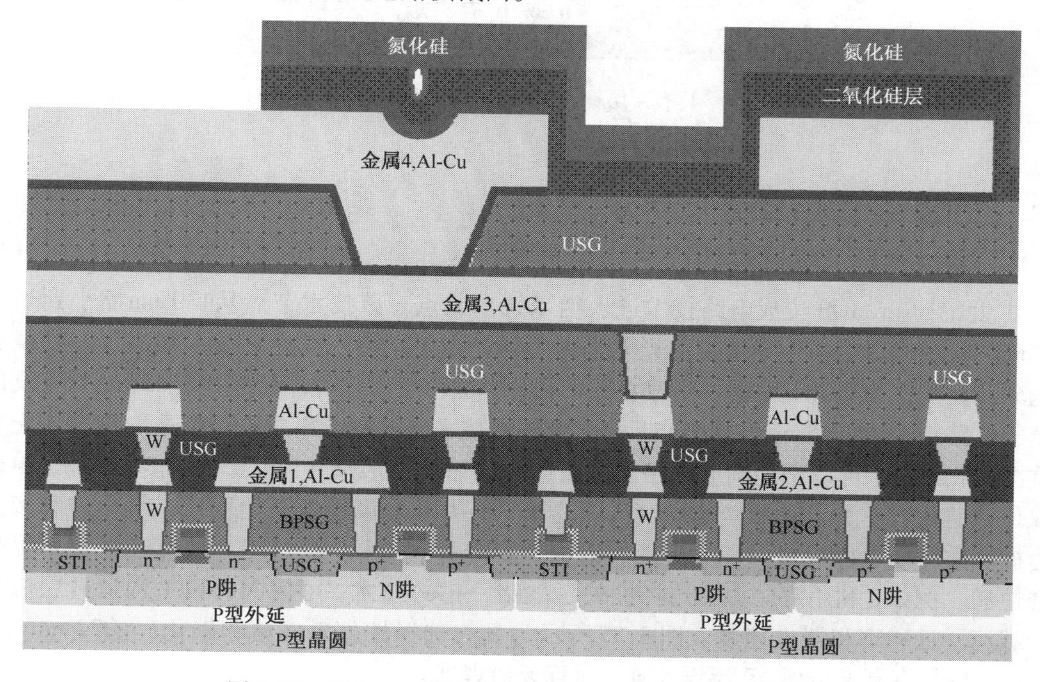

图 3.35　具有 4 层铝铜合金层的 CMOS 集成电路横截面

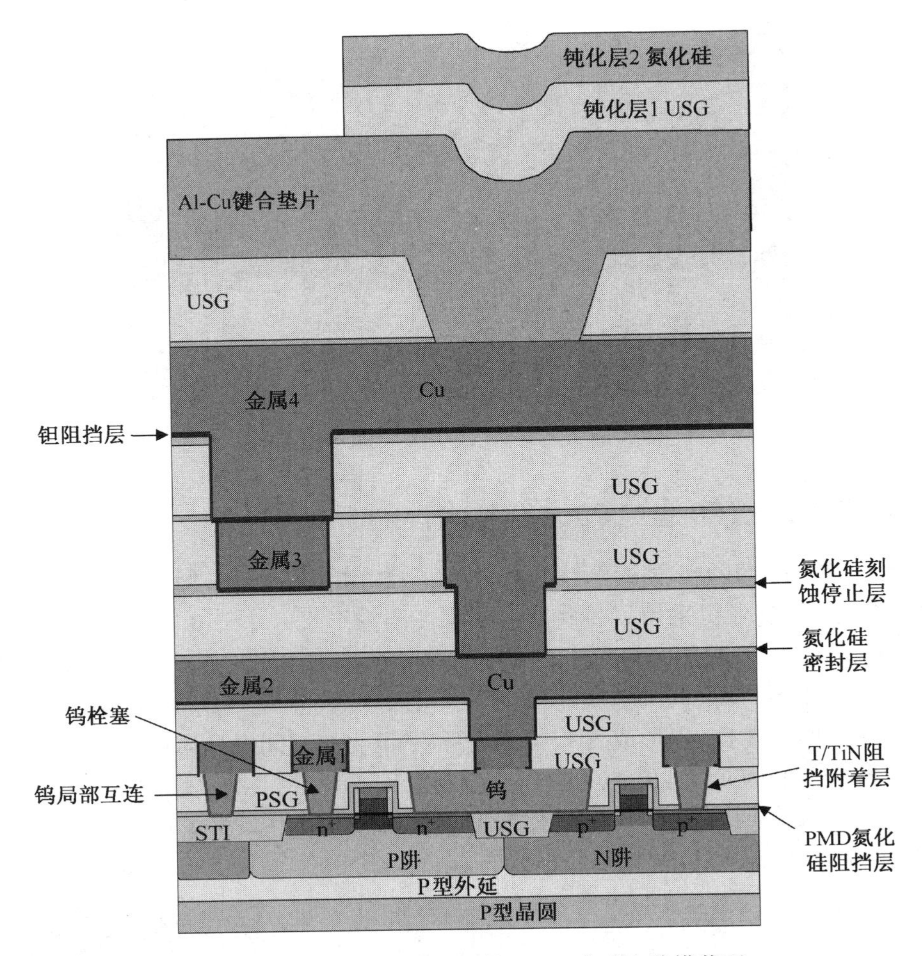

图 3.36　具有 4 层铜金属层的 CMOS 集成电路横截面

3.6　2000 年后半导体工艺发展趋势

21 世纪初，CMOS 集成电路技术进入纳米技术节点。该技术节点从130 nm缩小到32 nm。193 nm波长的光成为占主导地位的光学光刻用曝光光源。浸入式光刻技术利用水在物镜和晶圆光刻胶之间作为媒介，以进一步改善图形精度，这种技术已经广泛使用在45 nm节点及以后的集成电路制造中。45 nm技术节点后，双重图形技术已被用于集成电路制造。浸入式光刻和双重图形相结合，可以帮助集成电路制造商进一步缩小图形尺寸。从65 nm节点开始，镍硅化物取代钴硅化物作为自对准硅化物材料的选择。高 k 和金属栅极开始取代二氧化硅和多晶硅作为栅介质和栅电极材料。广泛应用的诸如应变硅衬底工程，通过提高载流子迁移率提高器件的性能。例如，利用双应力和选择性外延硅锗(SiGe)技术，可使 MOSFET 沟道硅层应变后增加载流子迁移率和器件速度。图 3.37所示为具有选择性外延硅锗和碳化硅的32 nm CMOS 截面图，栅具有高 k 金属，9 层铜互连，而且无铅焊球。

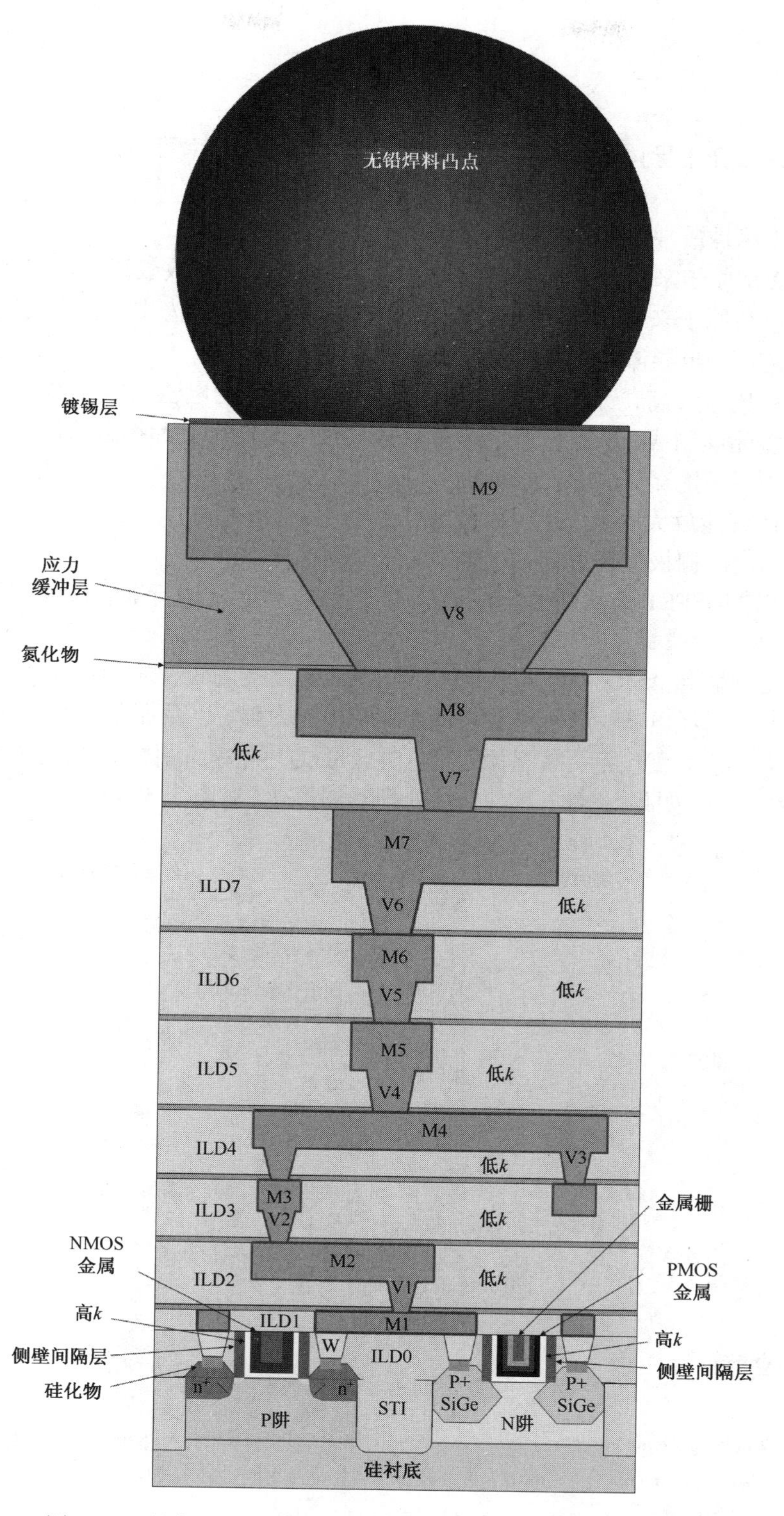

图3.37　具有选择性外延硅锗和碳化硅的32 nm CMOS集成电路截面图，栅极具有高k金属栅，9层铜，低k层，无铅焊球

3.7 小结

1. 半导体是电导率介于导体和绝缘体之间的材料，它们的电导率可以通过掺杂浓度和外加电压控制；
2. 硅、锗和砷化镓是最常使用的半导体材料；
3. P型半导体掺杂原子来自元素周期表第ⅢA栏，以硼为主，多数载流子是空穴；
4. N型半导体掺杂原子来自元素周期表第VA栏，以磷、砷和锑为主，多数载流子是电子；
5. 掺杂物浓度越高，半导体电阻系数就越低；
6. 电子的迁移率比空穴高，所以当掺杂浓度相同时，N型硅的电阻系数比P型硅的更低；
7. 电阻主要由多晶硅制成，电阻值取决于多晶硅导线的几何尺寸和掺杂浓度；
8. 电容在DRAM中用于存储电荷和资料；
9. 双载流子晶体管能放大电流，也可以作为开关使用；
10. MOSFET因不同的栅极偏压开启或关断；
11. 1980年起，以MOSFET为基础的集成电路芯片主导着半导体行业，市场占有率仍然持续增加；
12. 存储器、微处理器和ASIC芯片是半导体产业中最常制造的3种芯片；
13. CMOS的优点包括耗电低、产生热量较低、抗干扰能力强，以及简单的时钟序列；
14. CMOS的基本工艺流程包括：晶圆预处理、阱区形成、隔离、晶体管制造、连线和钝化；
15. 基本的半导体工艺包括：添加、移除、热处理和图形化(见图3.38)。

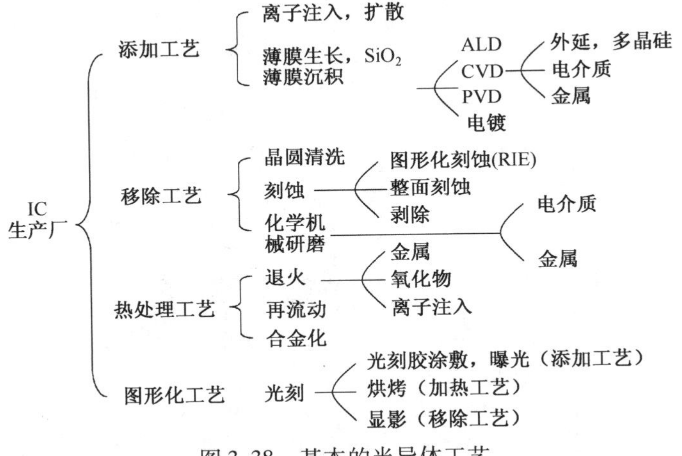

图3.38 基本的半导体工艺

3.8 参考文献

[1] S. M. Sze, *Physics of Semiconductor Devices*, Second edition, John Wiley & Sons, New York, NY, 1981.

[2] Gary Stix, *Toward "Point One"*, Scientific American, February 1995, page 30.

[3] David Manners, *50 Not Out*, Electronics Weekly, Dec. 17, 1997.

[4] P. J. Zdebel, Current Status of High Performance Silicon Bipolar Technology, *14 th Annual IEEE GaAs IC Symp. Tech. Digest*, 15 (1992).

[5] P. Packan, et al., *High Performance 32nm Logic Technology Featuring 2nd Generation High-k + Metal Gate Transistors*, *IEDM Tech. Dig.*, p. 659, (2009).

3.9 习题

1. 什么是半导体？请列出最常使用的3种半导体材料。
2. P型半导体的多数载流子是什么？P型掺杂物是哪种材料？
3. 列出3种可以作为N型掺杂物的材料。N代表什么？
4. 半导体电阻率如何随掺杂物浓度改变？
5. 当掺杂浓度相同时，掺磷的硅和掺硼的硅，哪一种的电导率更高？
6. 什么材料最常用做集成电路芯片的电阻？决定电阻阻值的因素是什么？
7. 哪种集成电路芯片需要很多电容？为什么？
8. 列出两种存储芯片。
9. 说明如何开启和关断NMOS晶体管。
10. 列出四种集成电路工艺。离子注入和快速加热退火代表哪种工艺流程？光刻和刻蚀代表哪种工艺？
11. 制作一个可以正常工作的PMOS最少需要几道光刻工艺？制造双载流子晶体管最少需要几道光刻工艺？
12. 20世纪70年代中期，集成电路产业的最大技术突破是什么？
13. 为什么现在仍在使用自对准源/漏极工艺？
14. 为什么CMOS电路广泛应用于半导体芯片上？
15. 列出CMOS芯片的基本工艺流程。
16. 先进的集成电路芯片为什么使用多层金属连线？

第4章　晶圆制造

本章要求

1. 说明硅为什么比其他半导体材料更普遍使用，至少给出两个原因
2. 列出单晶硅最常使用的两种晶向
3. 列出从沙子到硅材料的基本工艺流程
4. 说明 CZ 法和悬浮区熔法
5. 解释说明生长外延硅的目的
6. 说明外延硅沉积的工艺流程
7. 给出两种制造 SOI 晶圆的方法
8. 说明应变硅的优点
9. 描述选择性外延工艺及在应变硅技术中的应用

4.1　简介

单晶硅晶圆是集成电路制造中最常使用的半导体晶圆材料，本章将介绍为什么大多数半导体制造会选择使用硅晶圆，以及硅晶圆的制造过程。

所有的材料都由原子组成。根据原子在固体材料内部的排列方式，有 3 种不同的材料结构：非晶态、多晶态和单晶态。非晶态结构中，原子的排列没有重复；多晶结构的原子排列有一些重复模式，就是所谓的晶粒（Grain）；单晶结构中，所有原子都以重复方式排列。图 4.1 是这 3 种结构的截面图。

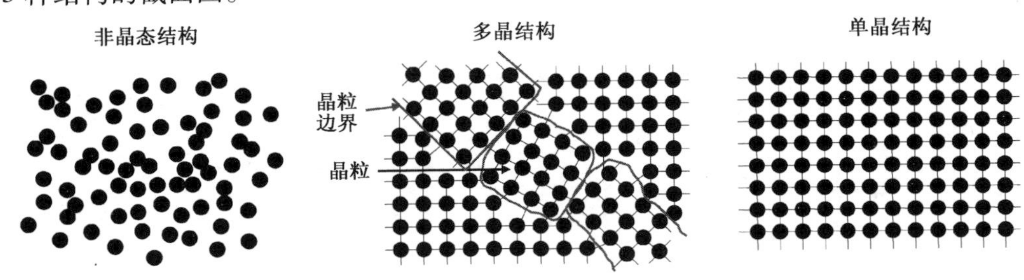

图 4.1　固体材料的 3 种不同结构

自然界中的大部分固体材料不是非晶态结构就是多晶结构的，只有极少的固体是单晶材料，如宝石、石英（单晶二氧化硅）、红宝石和蓝宝石（含有不同杂质的单晶氧化铝），以及钻石（单晶碳）。

半导体发展中的第一个晶体管用多晶锗制成。然而，为了制造一个微型晶体管，需要单晶态半导体衬底，因为从晶粒边界散射的电子会严重影响 PN 结的特性。非晶硅可用于制造太阳能电池，能够将太阳的光能直接转变成电能。

4.2　为什么使用硅材料

早期的半导体工业中，锗是用于制造晶体管和二极管等电子元器件的主要半导体材料。杰克·克毕制造的第一个集成电路是在一片单晶锗衬底上的，然而从20世纪60年代起，硅材料就快速取代锗成为了集成电路工业的主流。

地壳中约有26%的成分是硅元素，硅是地球上最丰富的元素之一，含量仅次于氧。并不需要去找一座矿场获取硅元素，在许多地方可以找到大量以二氧化硅为主要成分的石英砂。随着硅单晶技术的发展，单晶硅晶圆的价格也逐渐下降，并且变得比单晶锗晶圆或其他单晶半导体材料的价格还要低。

硅晶圆的另一个主要优点是能够在热氧化过程中生长一层二氧化硅。二氧化硅是一种硬且稳定的电介质，然而二氧化锗很难形成，高温时(高于800℃)也不稳定，并且最不可接受的是它的水溶性。1947年，贝尔实验室的一位技术人员在阳极处理后的清洗过程中，误用水将阳极氧化生长的二氧化锗从锗样品表面冲洗掉，这个错误使巴定和布莱登制造了第一个点接触式双载流子晶体管，否则可能还会按照原来的计划制造金属-氧化物-半导体晶体管。

与锗材料相比，硅材料具有较大的能隙，所以能承受较高的工作温度和较大的杂质掺杂范围，硅的临界击穿电场比锗高。对于磷或硼等掺杂物，二氧化硅可以作为掺杂遮蔽层，因为大部分掺杂物在二氧化硅中的扩散速度比在硅中更慢。对于金属-绝缘层-半导体(Metal-Insulator-Semiconductor，MIS)晶体管，SiO_2-Si的界面在金属-氧化物-半导体(MOS)中有很好的电学特性。有关硅元素的参数列于表4.1。

表4.1　硅元素的参数列表

名　称	硅	名　称	硅
符号	Si	硬度	6.5
原子序数	14	电阻率	100 000 μΩ·cm
原子量	28.0855	反射率	28%
发现者	Jöns Jacob Berzelius	熔点	1414℃
发现地	瑞典	沸点	2900℃
发现年代	1824年	热传导系数	150 $W/(m^{-1} \cdot K^{-1})$
名称来源	来自拉丁字“Silicis”，意思为燧石	线性热膨胀系数	$2.6 \times 10^{-6} K^{-1}$
单晶硅的键长	2.352 Å	刻蚀材料（湿法）	HNO_4和HF，KOH，等等
固体密度	2.33 g/cm^3	刻蚀材料（干法）	HBr，Cl_2，NF_3，等等
摩尔体积	12.06 cm^3	CVD原材料	SiH_4，SiH_2Cl_2，$SiHCl_3$，$SiCl_4$
音速	2200 m/s		

4.3　晶体结构与缺陷

4.3.1　晶体的晶向

图4.2显示了单晶硅的基本晶体晶胞，是所谓的闪锌矿结构单晶元胞，这种结构中的每个硅原子都与邻近的四个硅原子结合成化学键，单晶碳钻石也是这种晶体结构。

晶体的晶向通过米勒指数定义，晶向表示的方向平面在x轴、y轴和z轴的交叉部分。图4.3说明了立方结构晶体的<100>晶向平面和<111>晶向平面。注意，<100>平面是图4.3(a)所示的正方形平面，而<111>平面是图4.3(b)所示的三角形平面。

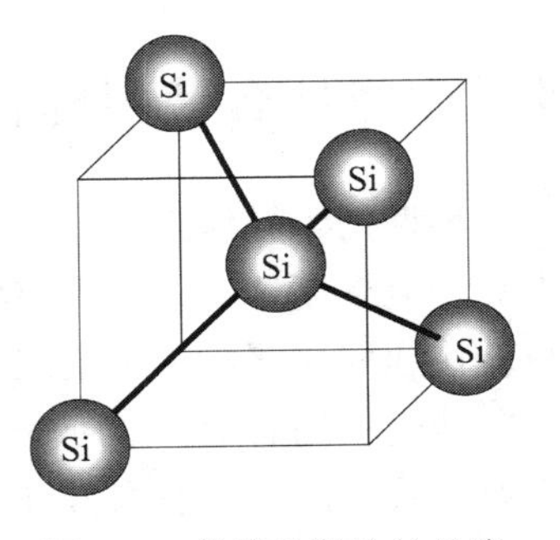

图4.2 单晶硅结构的晶胞

对于集成电路芯片制造，<100>和<111>晶向是单晶圆最常使用的方向。<100>晶向的晶圆常用于制作金属-氧化物-半导体集成电路，<111>晶向的晶圆常用于制造双载流子晶体管和集成电路芯片，因为<111>晶向的原子面密度较高，所以比较适合高功率器件。图4.4显示了<100>和<111>晶向平面的晶格结构。当一个<100>晶圆裂开时，碎片通常呈现90°的直角状。如果<111>晶圆裂开，则碎片通常呈现60°的三角状。

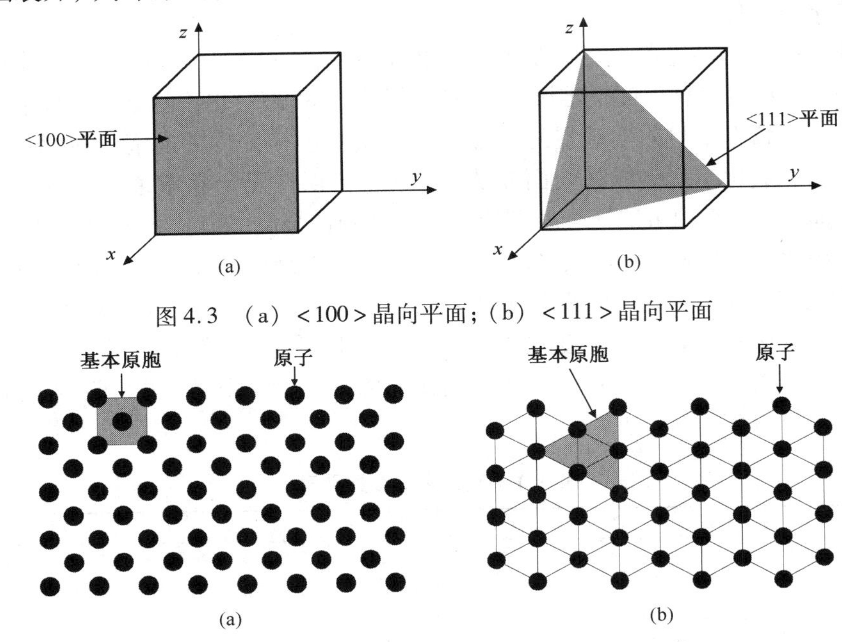

图4.3 (a) <100>晶向平面；(b) <111>晶向平面

图4.4 <100>和<111>晶向平面的晶格结构

晶体的方向可以通过许多方法确定，视觉识别法通过区分形貌确定，例如刻蚀斑坑和生长小晶面，或者可以使用X光衍射确定。单晶硅可以用湿法刻蚀，如果在其表面出现缺陷，则因该处的刻蚀速率较高而产生刻蚀斑坑。对于<100>晶圆，当用氢氧化钾(KOH)溶液进行选择性刻蚀时，由于<100>平面上的刻蚀速度比<111>平面上的快，刻蚀斑坑看起来就像有四个边的倒金字塔形状。对于<111>晶圆，刻蚀斑坑是一个四面体或有三个边的倒金字塔形状(见图4.5)。

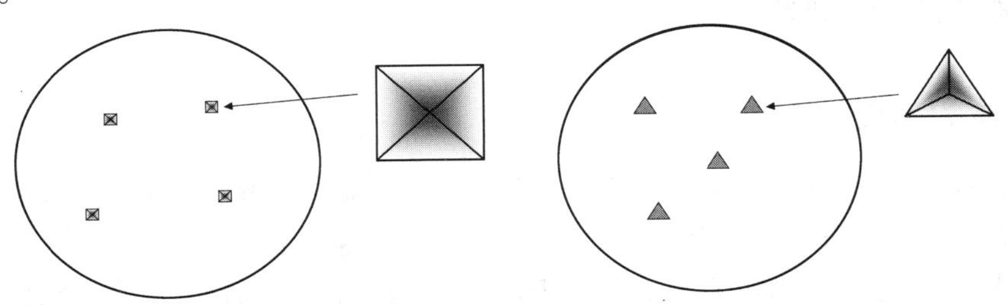
图4.5 (a) <100> 晶圆上的刻蚀斑；(b) <111>晶圆上的刻蚀斑

4.3.2　晶体的缺陷

在硅晶体和晶圆的生长及后续工艺过程中，将会出现许多晶体缺陷，最简单的点缺陷是一个空位，也称肖特基缺陷，即在其中的晶格内少了一个原子(见图 4.6)。空位将影响掺杂工艺，因为掺杂在单晶硅中的扩散速率是空位数的函数。

当一个额外原子占据在正常的晶格位置之间时，就会形成间隙缺陷。如果一个间隙缺陷和一个空位在邻近位置，这一对缺陷便称为弗伦克尔缺陷(见图 4.6)。

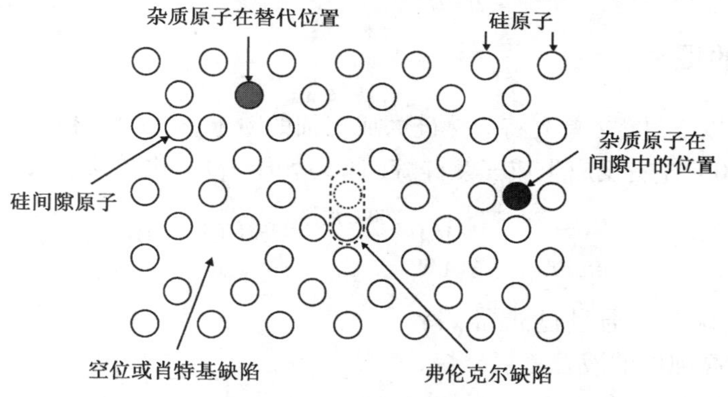

图 4.6　硅晶体缺陷

位错是晶格的几何缺陷，这可能由晶体提拉的工艺过程引起。晶圆制造过程中，位错与过度的机械应力有关，例如不均匀的加热或冷却过程、掺杂物扩散到晶格内部、薄膜沉积或由镊子引起的外部力。图 4.7 显示了两个位错缺陷的例子。

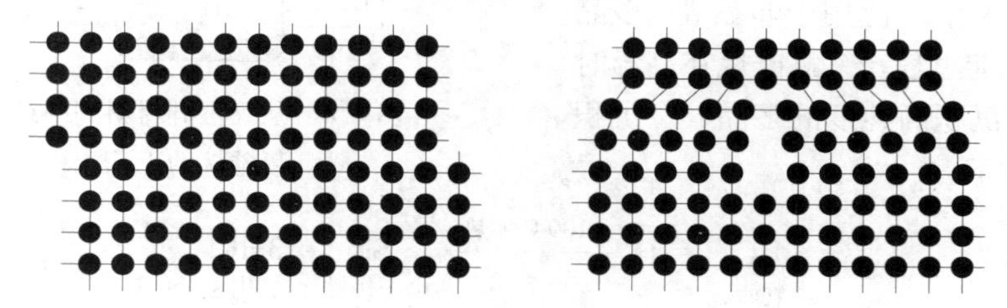

图 4.7　硅晶体的位错示意图

晶圆表面上的缺陷和位错密度必须非常低，因为晶体管和其他微电子元器件都制作在这个面上。硅表面缺陷会造成电子散射，从而导致电阻增加并影响元器件的性能，晶圆表面上的缺陷会降低集成电路芯片的成品率。

每一个缺陷都有一些硅的悬浮键，这些悬浮键会束缚杂质原子，使其无法移动。晶圆背面的缺陷是刻意制造用于捕获晶圆内部的污染粒子的，以防止这些会移动的杂质影响微电子元器件的正常工作。

4.4　晶圆生产技术

4.4.1　天然的硅材料

一般石英砂的主要成分是二氧化硅，高温时二氧化硅能与碳发生反应。碳将取代硅形成硅和一氧化碳或二氧化碳。因为硅氧之间的化学键很强，所以二氧化硅非常稳定，因此用碳进行还原需要非常高的温度。将纯的石英砂和碳放入高温炉中，反应中所有的碳并不需要有很高的纯度，因此煤、焦炭甚至木屑都可以使用。高温时，碳开始与二氧化硅反应生成一氧化碳。这个过程将产生纯度为98%～99%的多晶硅，也称为天然硅或冶金级硅(MGS)。形成冶金级硅的化学反应式表示如下：

$$\underset{\text{石英砂}}{SiO_2} + \underset{\text{煤}}{2C} \xrightarrow{\text{加热}} \underset{\text{冶金级硅}}{Si} + \underset{\text{一氧化碳}}{2CO}$$

天然硅的杂质浓度很高，必须再经过提纯才能用于半导体元器件的制造。

4.4.2 硅材料的提纯

硅的提纯包括以下过程：首先将天然硅磨成很细的粉末，然后将硅粉放进反应炉内与氯化氢(HCl)气体在300℃左右反应生成三氯硅烷(TCS，$SiHCl_3$)。化学反应式表示如下：

$$\underset{\text{冶金级硅}}{Si} + \underset{\text{氯化氢}}{3HCl} \xrightarrow{300^\circ C\text{加热}} \underset{\text{三氯硅烷}}{SiHCl_3} + \underset{\text{氢}}{H_2}$$

此时的三氯硅烷蒸气通过过滤器、冷凝器和纯化器形成高纯度的液态三氯硅烷，纯度高于99.999 999 9%(九个9)，即每十亿个硅原子中的杂质少于一个。图4.8为高纯度三氯硅烷的形成过程示意图。

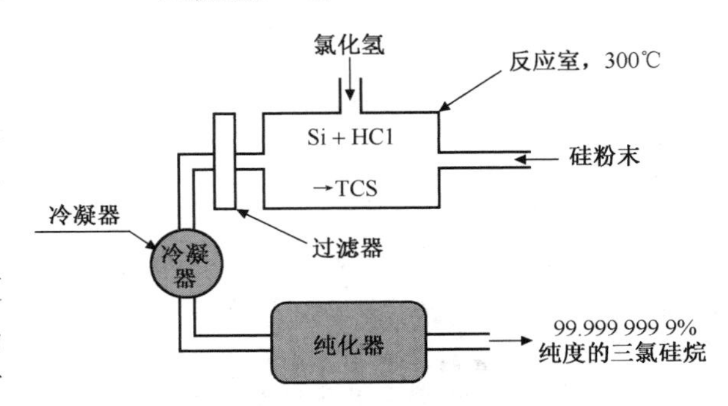

图4.8 从天然硅材料到高纯度三氯硅烷的工艺流程示意图

高纯度三氯硅烷是硅薄膜沉积时最常使用的硅原材料之一，广泛用于非晶硅、多晶硅和外延硅的沉淀过程。三氯硅烷在高温时可以和氢反应，沉积高纯度的多晶硅。沉积的反应式表示如下：

$$\underset{\text{三氯硅烷}}{SiHCl_3} + \underset{\text{氢}}{H_2} \xrightarrow{1100^\circ C\text{加热}} \underset{\text{电子级硅}}{Si} + \underset{\text{氯化氢}}{3HCl}$$

高纯度多晶硅称为电子级硅材料(EGS)。图4.9说明了沉积过程，图4.10显示了高纯度电子级硅材料的实际照片。这种电子级硅可以拉成单晶硅棒并制成集成电路用晶圆。

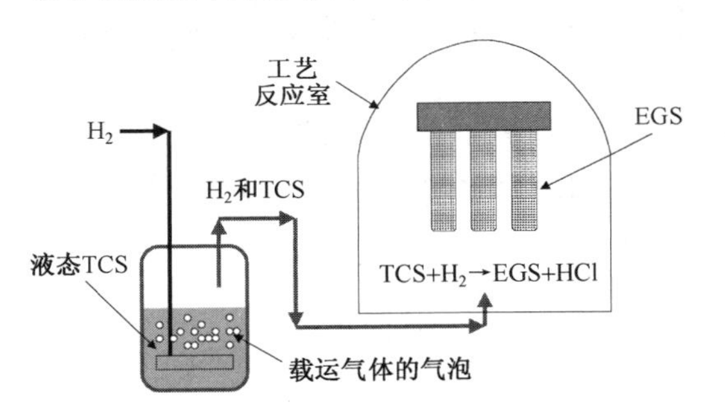

图4.9 电子级硅材料沉积

图4.10 电子级硅材料照片(来源：MEMC电子材料公司提供)

4.4.3　晶体的提拉工艺

为了制造单晶硅棒，需要通过高温过程将电子级硅和一个单晶硅籽晶一起熔化，这种熔融的硅接着就按照与籽晶相同的晶体结构凝固。半导体工业中有两种常用方法产生单晶硅，即查克洛斯基法（CZochralski method，CZ）和悬浮区熔法（Floating Zone method，FZ）。

CZ 法是晶圆制造的常用方法，因为它比悬浮区熔法有较多优点，只有 CZ 法能够做出直径大于 200 mm 的晶圆，它的价格相当低，因为它能够使用晶体碎片和多晶硅，并且能够将掺杂物通过与硅一起熔化及凝固而生长出高掺杂的单晶硅。

查克洛斯基法

大多数集成电路制程中使用的硅晶圆都使用 CZ 法（见图 4.11）。图 4.11 所示的工艺过程是在充满氩气的密封反应室内进行的，以控制污染。

在 CZ 法中，使用射频或电阻加热线圈，置于慢速转动的石英坩埚内的高纯度电子级硅材料在1415℃时熔化，这个温度刚好超出硅的熔点温度（1414℃）。电阻式加热器由于成本和保养费用低且具有高效率，所以经常采用。将一个安装在慢速转动夹具上的单晶硅籽晶棒逐渐降低到熔融的硅中，接着籽晶体的表面就浸在熔融的硅中并开始熔化，籽晶晶体的温度被精确控制在刚好略低于硅的熔点（过度冷却）。当系统达到热稳定时，籽晶晶体就被缓慢拉出并同时把熔融的硅拉出来，使其沿籽晶晶体的方向凝固。晶棒是一整条单晶硅，在超过 48 小时的提拉过程后形成，籽晶晶体的旋转和熔化可以改善整个晶棒掺杂物的均匀性。某些情况下（对于 40 ~ 100 Ω · cm的 N 型晶圆和100 ~ 200 Ω · cm的 P 型晶圆），使用磁场可以进一步提高掺杂物的径向均匀性。图 4.12说明了用 CZ 法提拉单晶硅晶棒的晶体提拉过程。

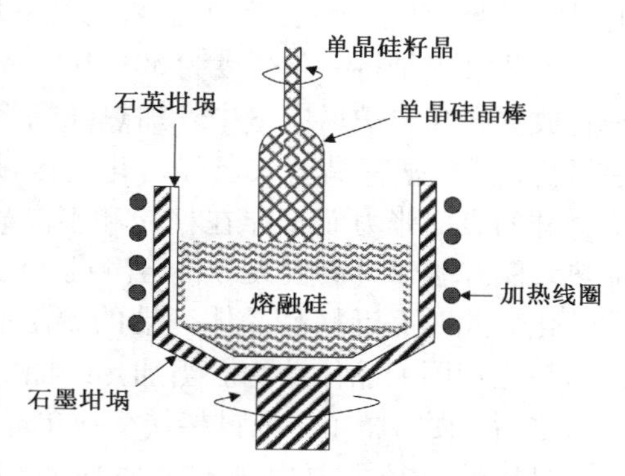

图 4.11　晶体 CZ 提拉方法示意图

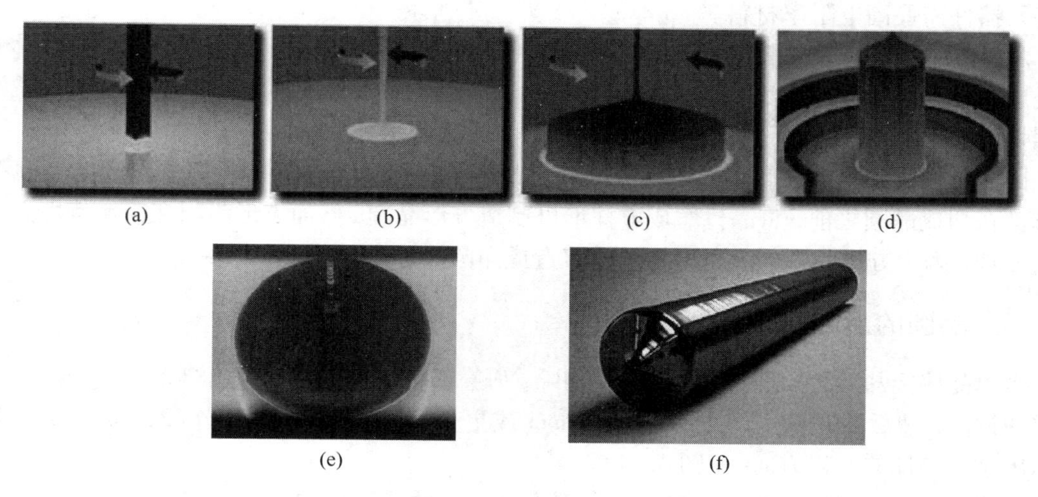

图 4.12　单晶硅晶棒及 CZ 法提拉工艺流程

在 CZ 法中，晶体的直径能够通过温度和提拉的速率控制，自动化直径控制系统用于控制晶体直径的温度和提拉速率。ADC 系统使用红外线感应器监测晶体与熔融硅界面的明亮辐射环，如图 4.12 (c)所示，并根据反馈的信息控制提拉速率。如果光环在感应器范围之内，就通过增加提拉速率减小晶体的直径；如果光环在感应器的范围之外，就通过降低提拉速率增大晶体的直径。如图 4.12 (f)所示，由控制直径信号的工艺形成了单晶硅晶棒侧面的沟槽。

由 CZ 法提拉的单晶硅晶棒总是有微量的氧和碳杂质，这是由坩埚本身的材料引起的。一般情况下，由 CZ 法生长的硅晶体含氧浓度在 $1.0\times10^{16}/cm^3 \sim 1.5\times10^{18}/cm^3$ 之间。碳的含量从 $2.0\times10^{16}/cm^3$ 变化到 $1.0\times10^{17}/cm^3$。硅中的氧浓度和碳浓度是晶体生长的周围压力、提拉和旋转速率，以及晶体直径与晶体长度比的函数。

悬浮区熔法

悬浮区熔法是制造单晶晶棒的另一种实际方法。图 4.13 说明了采用悬浮区熔法生长晶体的过程。与 CZ 法相同，整个工艺过程在充满氩气的密封反应室内进行。

工艺过程是将一条长度为 50 ~ 100 cm 的多晶硅晶棒垂直放置在高温炉反应室中。加热线圈将多晶硅棒的低端熔化，然后把籽晶熔入已经熔化的区域。熔体将通过熔融硅的表面张力而悬浮在籽晶和多晶硅棒之间，然后加热线圈并缓慢升高温度，将熔融硅上方部分的多晶硅棒熔化。此时靠近籽晶晶体一端的熔融硅开始凝固，形成与籽晶相同的晶体结构。当加热线圈扫过整个多晶硅晶棒之后，便将整个多晶硅棒转变成单晶硅晶棒。

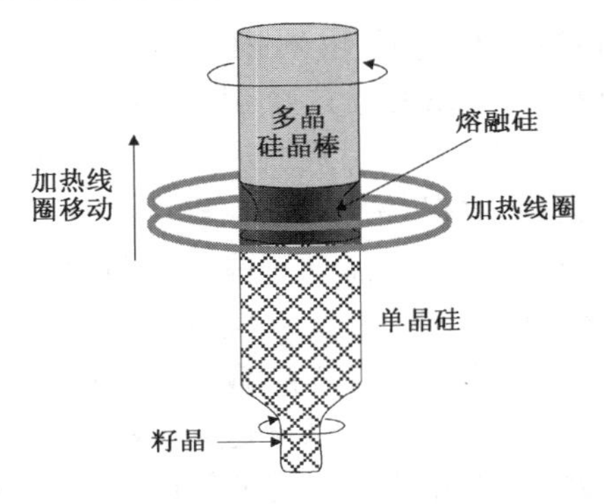

图 4.13 悬浮区熔法形成单晶硅示意图

晶棒的直径主要由顶部和底部的相对旋转速率控制。使用悬浮区熔法制造的最大晶圆直径为 150 mm (6 英寸)。CZ 法为量产 300 mm(12 英寸)晶圆的标准。

悬浮区熔法并不使用坩埚，所以主要的优点是熔化物污染较低，特别是氧和碳的含量低，所以能够获得纯度很高的硅。悬浮区熔法主要用于制造分离式功率元器件所需的晶圆，因为这些元器件需要高电阻率材料。

悬浮区熔法有两个主要缺点，其一是熔体与晶体的界面很复杂，很难得到无位错晶体；其二是成本很高，需要高纯度多晶硅棒作为原材料。然而在 CZ 法中，任何一种高纯度硅(如晶圆锯切的粉末、晶棒末端的切块和同类的材料)都可以作为原材料。

因为可通过凝固正在转动的熔融硅形成晶棒，所以单晶硅的晶棒和切片而成的晶圆都是圆形。在切成晶圆之前，将晶棒磨成方柱形可制造方形晶圆，然而方形晶圆在机械特性方面比较难处理，因为方形晶圆的边角区极易破碎造成晶圆破片。

4.4.4 晶圆的形成

当单晶棒冷却后，机器将两边的末端切除，研磨晶棒的侧面并去除由自动化直径控制过程形成的槽沟，然后在晶棒上磨出平边(150 mm 或更小)，或磨出缺口部分(200 mm 或更大)，标示出这个晶体的晶格方向(见图 4.14)。

接着准备将晶棒切片形成晶圆。当内部直径覆盖钻石薄层的锯刀快速转动时，晶圆便从向外移动的晶棒上被切割下来，冷却剂持续加在晶棒和锯刀上，以控制因锯切过程产生的大量热能。晶圆尽可能被锯薄，但是也必须具有一定的厚度，以承受晶圆加工过程中的机械处理。直径越大的晶圆需要越大的厚度，不同尺寸晶圆所需的厚度列于表4.2中。

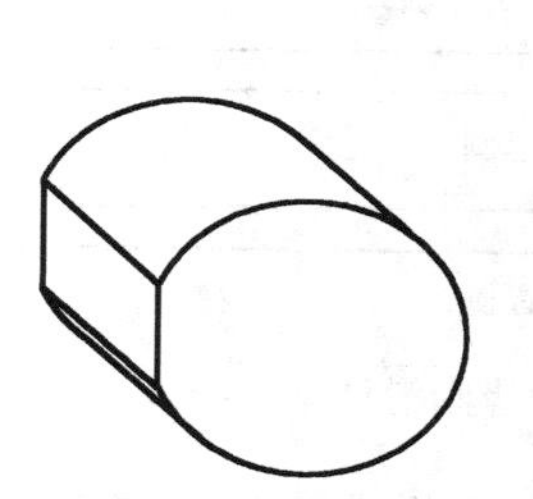

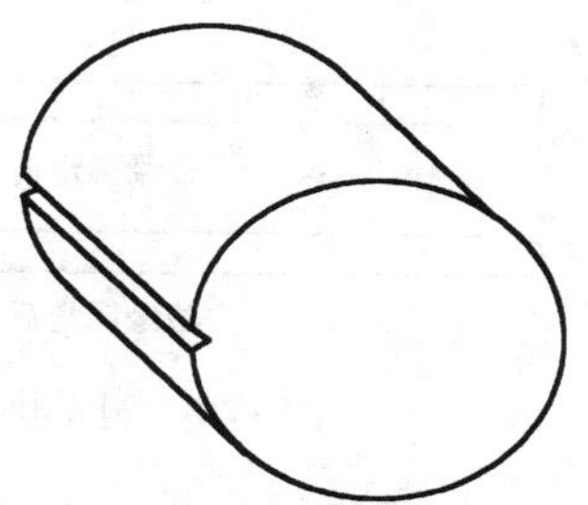

图4.14　经过切除、侧面研磨后的单晶棒

表4.2　不同尺寸晶圆的晶圆厚度

晶圆尺寸（mm）	厚度(μm)	面积（cm^2）	重量（g）
50.8（2 in）	279	20.26	1.32
76.2（3 in）	381	45.61	4.05
100	525	78.65	9.67
125	625	112.72	17.87
150	675	176.72	27.82
200	725	314.16	52.98
300	775	706.21	127.62
450	925 ±25 *	1590.43	342.77

* 2008年10月设定的标准。

锯切过程中，约有1/3的单晶棒将变成锯屑，但是这些锯屑在CZ法的坩埚内可以重新作为原始硅材料利用。锯切的步骤如图4.15所示。

锯切过程中，锯刀的刀身必须保持不动，因为刀身的任何振动都会刮伤晶圆表面并增加后续的刻痕和研磨困难。拉回刀身也必须严格控制，以防止折回时对晶圆的损害。

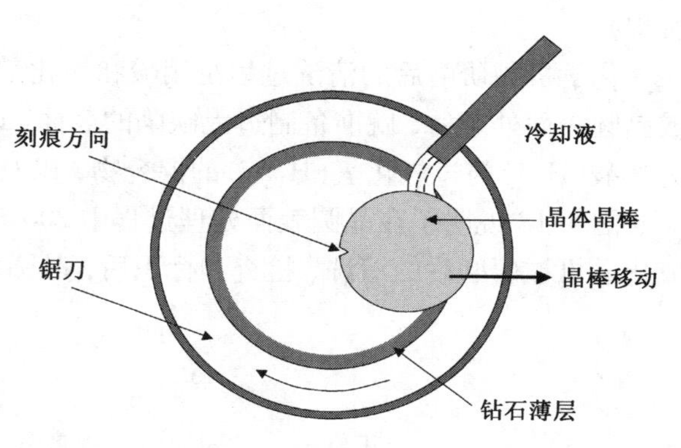

图4.15　晶圆切片过程

4.4.5　晶圆的完成

当单晶棒锯切完成后，利用机械方式将晶圆边缘磨光，并将切片过程中造成的锋利边缘磨圆，圆滑的边缘可以避免晶圆制造过程中的机械处理时形成缺口或碎裂。图4.16为边缘磨圆过程示意图。

接着，晶圆使用传统的研磨料进行粗磨抛光，除去大部分由晶圆切片造成的表面损伤，并同时形成平坦的表面，以满足光刻技术的需要。这种机械的双面研磨过程在加压下完成，所用的研磨浆为悬浮有极细氧化铝微粒的甘油，研磨过程能够使晶圆表面的平坦度保持在2 μm之内。研磨过程中，会将一个直径为200 mm的晶圆两侧移除掉大约50 μm的硅。

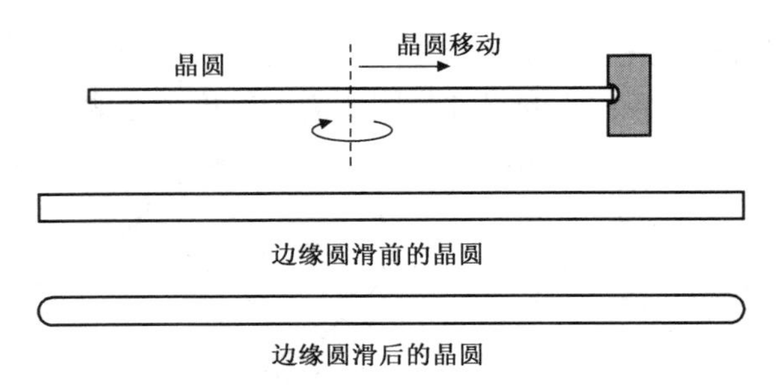

图 4.16　硅晶圆边缘圆滑处理

然后用湿法刻蚀去除锯切过程、边缘磨圆和研磨中造成的粒子和损伤。因为锯切损伤可能会深入到硅晶圆 10 μm 深的位置，所以湿法刻蚀需要从晶圆两侧移除大约 10 μm 的硅。常用的刻蚀剂为硝酸(HNO_3)、氢氟酸(HF)以及醋酸(CH_3COOH)组成的混合物。硝酸将硅氧化后在晶圆表面形成二氧化硅，氢氟酸再将二氧化硅熔解去除，醋酸可以辅助控制刻蚀反应的速率。刻蚀可进一步使晶圆表面变得平滑，因为含量较高的硝酸溶液具有等向性刻蚀特性。常用的混合液由硝酸(水中浓度为79%)、氢氟酸(水中浓度为49%)和纯醋酸按照4∶1∶3 的比例组成。化学反应式表示如下：

$$3Si + 4HNO_3 + 6HF \rightarrow 3H_2SiF_6 + 4NO + 8H_2O$$

图 4.17 所示为化学机械研磨过程。化学机械研磨过程中，晶圆被固定于旋转固定器并压在旋转研磨垫上，晶圆和研磨垫之间为研磨浆和水。胶状的研磨浆由直径 100 Å 左右的细小二氧化硅粒子悬浮在氢氧化钠溶液中组成。利用晶圆和研磨垫间的摩擦产生的热量，就能使氢氧化钠将硅表面氧化(化学过程)，然后这些二氧化硅粒子就将二氧化硅从表面磨掉了(机械过程)。

化学机械研磨后的清洗过程是用酸和氧化剂混合物去除有机和无机的污染物及粒子。完成晶圆表面处理后，就准备制造无缺陷的表面，以满足集成电路的需要。一般所用的清洗溶液为盐酸(HCl)与过氧化氢(H_2O_2)的混合物，以及硫酸(H_2SO_4)与过氧化氢的混合物。

图 4.18 说明了在晶圆表面处理过程中 200 mm 晶圆表面的粗糙度和晶圆厚度的关系。完成化学机械研磨后的清洗、检查和标识后，晶圆就准备送给客户作为半导体芯片用材料。

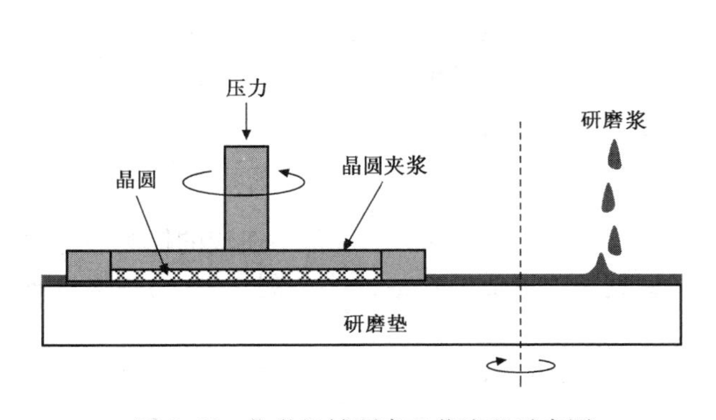

图 4.17　化学机械研磨工艺流程示意图

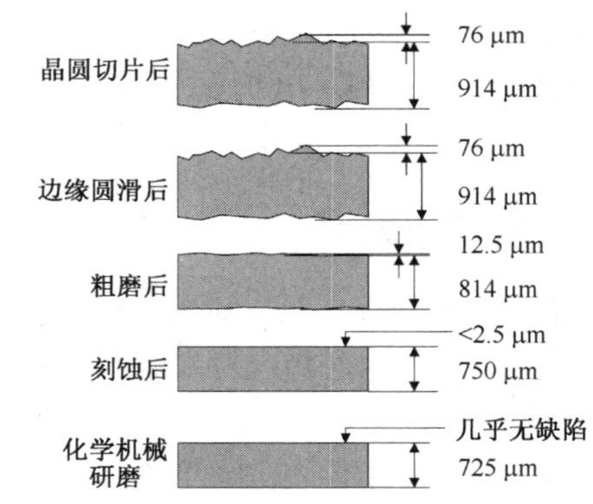

图 4.18　晶圆厚度与表面粗糙度变化示意图

制造商在晶圆背面刻意制造缺陷和位错是为了俘获重金属、可移动离子、氧、碳和其他污染物。背面的缺陷可以通过氩离子注入、多晶硅沉积和大量掺杂磷形成。集成电路制造过程中，晶圆背面总会沉积 CVD 二氧化硅和氮化硅层，以防止加热时产生外扩散。

因为所有的晶体管和电路都制作在晶圆的一侧，所以大部分晶圆只需要抛光一面，未抛光的另一面在晶圆制造过程中作为接触面。某些工艺过程，如用傅里叶转换红外线光谱(Fourier Transform InfRared，FTIR)测量薄膜的湿气吸收，就需要双面抛光的晶圆，否则来自晶圆粗糙背面的红外线散射将中断测量信号并导致无效的测量结果。

4.5 外延硅生长技术

外延(epitaxy)这个词源自两个希腊词汇，epi 的意思是在某物之上，而 taxis 的意思是安排好的、有秩序的。外延硅沉积技术是在单晶衬底上生长一层薄的单晶层。不同于 CZ 法和悬浮区熔法的晶体生长过程，外延层生长的温度比硅的熔点温度低。

早期的外延硅生长主要满足双载流子晶体管的高集电极击穿电压的需要。外延层能够在低阻衬底上形成一个高电阻层，这样可以提高双载流子晶体管的性能。外延层也可以增强动态随机存储器(DRAM)和互补型金属-氧化物-半导体晶体管集成电路的性能。使用外延硅有两个优点：一是双载流子晶体管需要外延层在硅的深部形成重掺杂深埋层，这个工艺过程无法通过离子注入或扩散等技术完成；另一个优点是外延层能够提供与衬底晶圆不同的物理特性，例如将 P 型外延层生长在 N 型晶圆上，可以使设计者有更多的自由度设计微电子元器件和电路。外延层一般不含氧和碳，这在 CZ 法生长的硅晶圆中无法达到，因为石英坩埚内的少量氧原子及石墨内的碳原子在 CZ 晶体提拉过程中将扩散进入熔融硅中，最后会滞留在硅晶体内。

双载流子晶体管通常需要一个外延层形成深埋层。对于低速互补型金属-氧化物-半导体晶体管和动态随机存储器芯片，通常避免使用外延层。相对于其他工艺过程，每片晶圆的每道工艺只需 1 美元，外延生长每片晶圆大约需要 20 ~ 100 美元，所以外延工艺是集成电路制造中最昂贵的工艺过程之一。对于高性能集成电路芯片，必须使用外延层，因为由 CZ 法产生的硅晶圆内的氧杂质会降低载流子的寿命，进而降低元器件的速度。图 4.19 说明了硅外延层在双载流子及 CMOS 集成电路芯片中的应用。

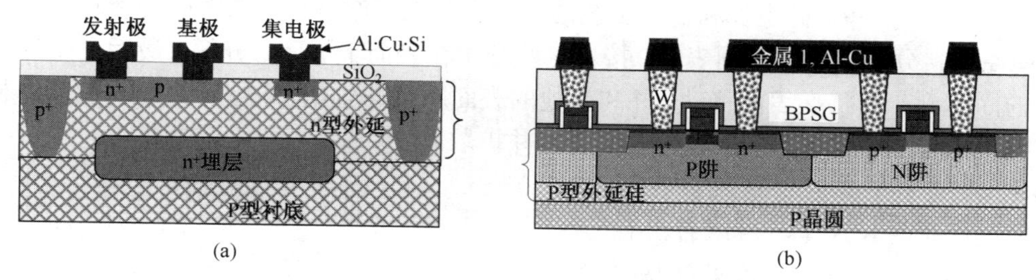

图 4.19 硅外延层在(a) 双载流子器件及(b) CMOS 集成电路芯片中的应用

通常是晶圆制造商将硅外延层沉积在晶圆上，而不是集成电路制造商，这就是为什么要在这一章介绍外延工艺的原因。

有两种方法可以在硅晶圆上生长硅外延层：CVD 外延工艺过程和分子束外延工艺(MBE)。

4.5.1 气相外延

约 1000℃ 的高温化学气相沉积硅外延硅生长是半导体工业中生长单晶硅的常用方法。常用的硅原材料气体是硅烷(SiH_4)、二氯硅烷(DCS, SiH_2Cl_2)和三氯硅烷(TCS, $SiHCl_3$),外延硅生长过程的化学反应式表示如下:

$$\underset{\text{硅烷}}{SiH_4} \xrightarrow{1000℃\text{加热}} \underset{\text{外延硅}}{Si} + \underset{\text{氢}}{2H_2}$$

$$\underset{\text{二氯硅烷}}{SiH_2Cl_2} \xrightarrow{1100℃\text{加热}} \underset{\text{外延硅}}{Si} + \underset{\text{氯化氢}}{2HCl}$$

$$\underset{\text{三氯硅烷}}{SiHCl_3} + \underset{\text{氢}}{H_2} \xrightarrow{1100℃\text{加热}} \underset{\text{外延硅}}{Si} + \underset{\text{氯化氢}}{3HCl}$$

外延硅可以使用气相掺杂,如砷化氢(AsH_3)、三氢化磷(PH_3)和氢化硼(B_2H_6),与硅原材料气体在反应室内生长薄膜时掺入。高温情况下,这些掺杂的氢化物受热分解,释放出砷、磷、硼进入外延硅薄膜中。这个工艺过程可以进行外延层的临场掺杂。临场掺杂的化学反应式表示如下:

$$AsH_3 \xrightarrow{\text{约}1000℃\text{加热}} As + 3/2H_2$$

$$PH_3 \xrightarrow{\text{约}1000℃\text{加热}} P + 3/2H_2$$

$$B_2H_6 \xrightarrow{\text{约}1000℃\text{加热}} 2B + 3H_2$$

以上3种氢化物掺杂源气体都有剧毒、易燃和易爆性。外延层生长时,衬底内的掺杂物会因高温的驱动扩散到外延层中。如果薄膜生长的速度比掺杂物扩散的速度慢,则整个外延层将被衬底的掺杂物掺杂。这种"自掺杂效应"要尽量避免,因为自掺杂将影响外延层中的掺杂物浓度。为了避免自掺杂效应,外延层的沉积速率一定要高于外延层中掺杂物的扩散速率,所以外延薄膜的掺杂物浓度就由沉积过程中的气相掺杂物决定,高的掺杂温度能满足这种需求。

4.5.2 外延层的生长过程

图4.20是一个外延硅生长和掺杂工艺的过程。首先将原材料如二氯硅烷和砷化氢引入反应室,使原材料分子扩散到晶圆表面,接着这些分子在表面上吸附、分解,最后产生反应。附着原子的固体副产品将在表面移动,并和其他的表面原子产生化学键,形成与衬底晶体相同的晶格结构,挥发性的副产品将从高温表面脱附并扩散出去。

图4.21显示了硅原材料气体在不同温度时的外延生长速率。可以看出有两个沉积区间,一个是生长速率对温度很敏感的低温区间,另一个是生长速率对温度不敏感的高温区间。第一个区间称为表面反应控制区,第二个区间称为质量传输控制区。第10章将对这些内容进行详细讨论。

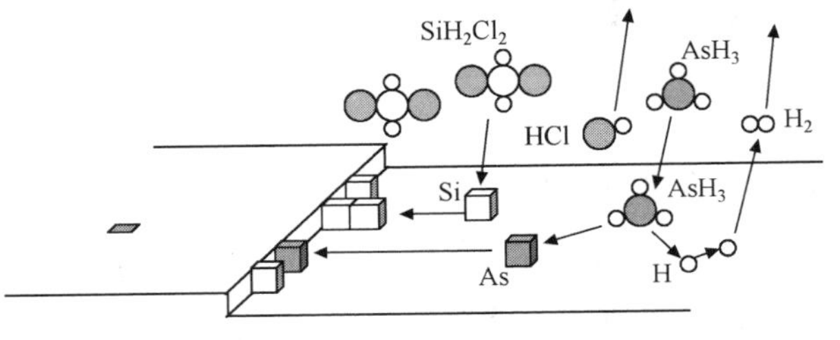

图4.20 硅外延层的生长及掺杂工艺示意图

当温度低于900℃时,硅烷处于表面反应控制区。而温度高于900℃时就转移到质量传输控制区。

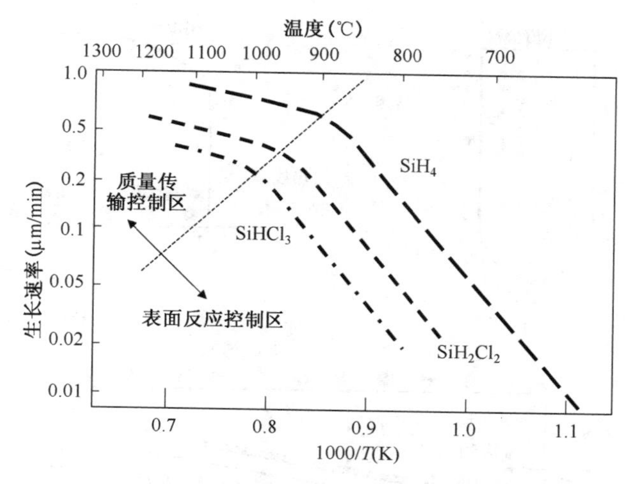

图4.21 外延硅薄膜的生长速率与温度的关系(来源:根据 F. C. Everstyn, *Phillips Research Reports*, Vol. 29, 1974重绘)

自问自答

问:假如温度升高到1300℃,硅烷工艺的生长速率将如何变化?

答:硅烷是高反应性气体。当温度超过1200℃时,将开始气相反应(气相成核),这样将会降低外延硅的生长速率并产生大量粒子。这个温度区间必须避免。二氯硅烷和三氯硅烷的反应性比硅烷低,需要较高的反应温度并可以在较高温度下进行沉积。

在较低温度(550℃ ~650℃)和较低压力的反应室内,以硅烷为基础的反应可以在单晶硅晶圆表面沉积多晶硅。因为在低温时,附着原子的表面移动率较低,多成核位置就会在表面形成,这样可以形成晶体晶粒并生长出多晶态硅层。甚至在更低温时(低于550℃),以硅烷为基础的反应可以沉积出非晶硅,因为由硅烷(SiH_4)、SiH_3、SiH_2以及SiH热分解产生的自由基的表面移动率很低。

4.5.3 硅外延生长的硬件设备

有两种外延系统:批量型外延系统和单一晶圆系统。批量型外延系统可以一次加工多片晶圆,拥有较高的产能。有3种不同的批量反应室广泛使用在半导体工业中:桶状式反应器、垂直式反应器和水平式反应器(见图4.22)。

这三种反应器各有优缺点,桶状式反应器有很好的均匀性,但是当温度超过1200℃时需要大量预防措施维护,使得这种反应器在温度超过1200℃后变得不稳定。

水平式反应器比较简单且成本较低,然而要确保晶圆对晶圆的均匀性却有困难,因为难以在整个晶圆承载架上控制工艺参数。平板式垂直反应器有较好的均匀性,但却有难以克服的机械复杂性。所有的批量系统在大晶圆上都会产生问题,特别是在300 mm晶圆内的均匀性和晶圆对晶圆的均匀性方面,因此在20世纪90年代引入的单晶圆外延反应器比较受欢迎。图4.23所示为单晶圆外延反应器示意图。

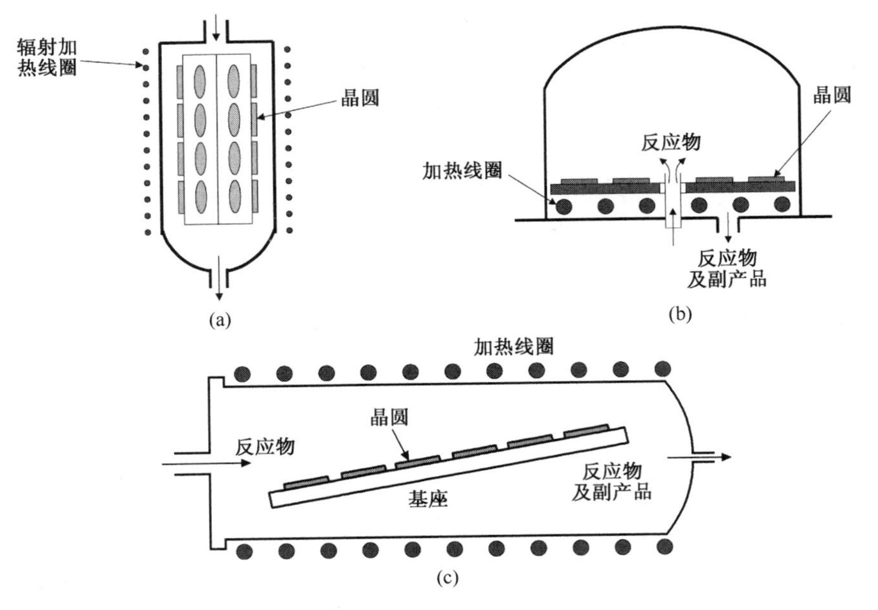

图 4.22　三种能够批量生产的硅外延反应器。(a) 桶状式；(b) 垂直式；(c) 水平式

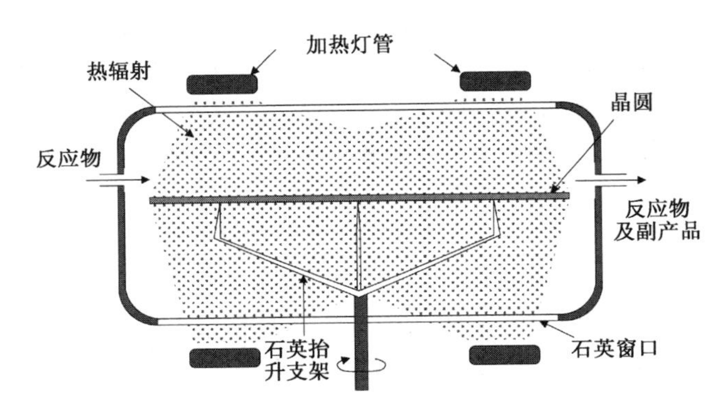

图 4.23　单晶圆外延反应器系统

与批量系统相比，单晶圆外延反应器通常有较高的外延层生长速率和较高的可靠性、可重复性，能够在大气压力和低压下沉积高质量、低成本的薄膜。

4.5.4　外延生长工艺

三种批量反应器的外延工艺都是类似的，且需要好几道工艺步骤。首先晶圆被装载到反应室的承载架上，然后关上反应室并用氢气将反应室中的空气排出。氢气冲洗完后就将温度升至 1150℃ ~1200℃，然后将氯化氢气体输入反应室中大约 3 分钟，用于清洁反应室表面并刻蚀晶圆表面，去除原生氧化层、微粒和表面缺陷。这样就能将可移动离子的数量减到最低，特别是钠的污染。其次可以将反应室温度调整到工艺所需的温度。温度稳定后，硅的原材料气体和掺杂物原材料气体被输入反应器，以每分钟 0.2 ~4 μm 的速率生长外延硅层，生长速率主要由工艺过程中的压力、气体流量和温度决定。外延薄膜生长完成后，就停止输送反应气体并将加热器的电源关闭。然后，再次将氢气输入反应室，以冲洗残存的工艺气体。当温度降低时，就用氮气冲洗反应室直到温度降到室温为止，然后反应室可以准备打开进行卸载和再装载。整个工艺大约需要1小时，同时一次大约可以处理10～28片晶圆，这个和晶圆的尺寸及反应室的类型有关。

单一晶圆系统与这个过程类似，不同之处在于单一晶圆系统的反应器并不需要降到室温就可以装载与卸载晶圆。由于热容量很低且只有一片晶圆，所以单一晶圆外延系统用加热灯管阵列加热，使晶圆温度快速上升。当外延层沉积完成后，搬运机器人将晶圆从沉积反应室中移出，再送到冷却反应室，最后放入晶圆塑料盒内。

自问自答

问：氮气是半导体各种工艺设备中最常用于吹除空气的气体，为什么外延工艺利用氢气而不是氮气作为主要的吹除气体？

答：氮气不但稳定而且充足，大气中约有78%的氮气含量，从成本考虑，氮气被用于吹除净化反应室及气体管路。然而当温度高于1000℃时，氮气不再是惰性气体，它会与硅反应生成氮化硅，这将影响外延硅的沉积工艺，所以使用氢气吹除净化外延反应室，这样可以使氢与晶圆表面的污染物形成气态氢化物，清洗晶圆。表4.3为氢元素的主要参数。

表4.3 氢元素的参数列表

名　称	氢	名　称	氢
符号	H	音速	1270 m/s
原子序数	1	折射系数	1.000 132
原子量	1.007 94	熔点	－258.99℃
发现者	Henry Cavendish	沸点	－252.72℃
发现地	英国	热传导系数	0.1805 W/(m^{-1}·K^{-1})
发现年代	1766年	IC工艺方面的主要应用	外延层沉积，湿法氧化，金属沉积前清洗和钨CVD
名称来源	来自希腊字“hydro”和“genes”，意思为“水”和“发电机”	主要来源	H_2
摩尔体积	11.42 cm^3		

资料来源：http://www.webelements.com/webelements/elements/text/heat/H.html

几种可能的缺陷显示在图4.24中。衬底位错会引起外延层位错，并在晶圆表面暴露出一个条片状或微粒状污染物，而且在外延层中会引起成核和堆积缺陷。外延生长过程中，薄膜内的堆积缺陷会从晶圆表面传播到外延薄膜内，造成堆积缺陷处产生粒子污染。

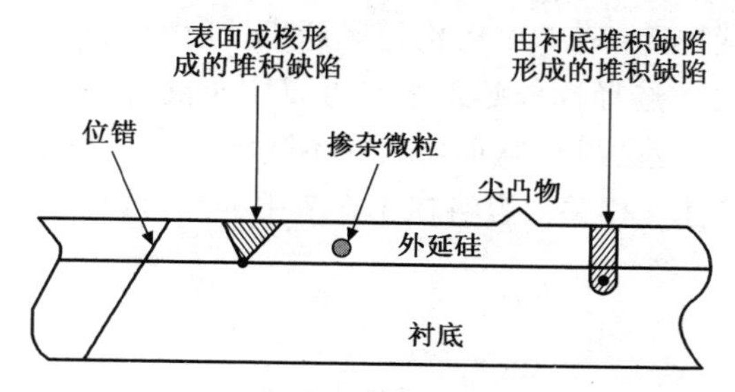

图4.24 硅外延层中不同的缺陷

4.5.5 外延工艺的发展趋势

随着集成电路元器件几何尺寸的缩小和性能的提高，需要更高质量、无缺陷和最小厚度的外延层。传统的外延层生长需要高的温度，这样会引起自动掺杂效应且限制了最小的外延层厚度。通过降低外延生长温度，在外延层与衬底之间可获得突变型的过渡区，因此低温外延生长技术被广泛关注。降低外延生长温度的一种方法是降低工艺过程中的压力，目前减压的外延生长是在 40 ~100 Torr(托)压力下操作的，所需的工艺温度约为 1000℃。当工艺压力进一步降低到 0.01 ~0.02 Torr 时，操作的温度可以降低到 750℃ ~800℃。

超高真空的化学气相沉积法(UHV-CVD)在 10^{-6} ~ 10^{-9} Torr 压力及 550℃ ~650℃ 低温下进行外延生长，已经被研究且发展了很长时间。对于未来的集成电路制造，低温外延技术可能最有前途。然而，常压化学气相沉积(APCVD)的外延技术和分子束外延(MBE)技术也可以用于未来的低温外延工艺。

UHV-CVD 的外延工艺过程的另一个可能的应用是采用 SiH_4 和 GeH_4 在硅衬底上生长锗硅(SiGe)外延层。锗硅有更高的电子迁移率，因此可以制造更快速的互补型金属-氧化物-半导体集成电路。碳化硅和硅-锗-碳外延工艺也正在研究中，而且可能应用于未来的集成电路制造。

4.5.6 选择性外延

选择性外延是另一个可能的发展方向，二氧化硅(SiO_2)用于作为外延的遮蔽层，因此外延层只会在有硅暴露出的区域生长，这样可以增加元器件封装的密度和减小寄生电容。图 4.25 说明了选择性外延的工艺流程。

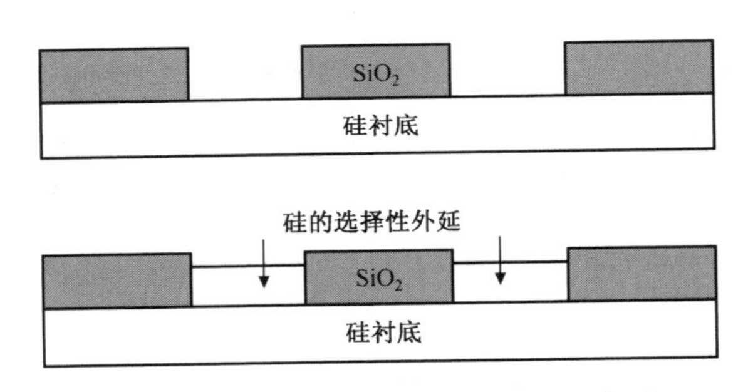

图 4.25 硅的选择性外延工艺流程示意图

图 4.25 所示的选择性外延工艺已被广泛用于在 PMOS 源极和漏极(S/D)区沉积锗硅，这可以在 PMOS 沟道区产生单轴压应变，以增加空穴迁移率，改善 PMOS 驱动电流和速度。也可以在 NMOS 漏极区沉积碳化硅，在 NMOS 沟道区产生拉应变，从而可以提高电子的迁移率，改善 NMOS 驱动电流和速度。选择性外延工艺也可以用于混合晶向技术，这种技术可以将两个不同晶向的硅生长在同一个晶圆上，从而可以在不同的晶向上制作 NMOS 和 PMOS，以最大化地提高各自的迁移率和特性。相关内容将在 4.6 节中详细讨论。

4.6 衬底工程

随着硅集成电路技术的发展，许多方法用以提高 MOSFET 器件性能，包括绝缘体上硅(SOI)技术、应变硅技术、绝缘体上应变硅(SSOI)技术等。在集成电路制造过程中，越来越多的制造商使用局域衬底工程，如混合晶向技术(HOT)、线性应变、选择性外延硅锗，以及选择性外延碳化硅。

4.6.1 绝缘体上硅技术

绝缘体上硅(Silicon-on-Insulator，SOI)材料可以使半导体器件设计者将器件和周围的部分完全隔离，从而减少了相互之间的干扰和漏电，提高了器件的速度和性能。SOI晶圆的形成有两种方法：一种是使用重氧离子注入和高温退火；另一种是使用氢离子注入和晶圆键合。

图4.26所示为使用第一种方法形成的SOI材料，这种方法是通过注氧隔离(SIMOX)实现的。首先，高能量和高流量的离子注入机(高达10^{18}离子/cm^2)将氧离子注入硅衬底，形成富含氧气的硅层。高温(约1400℃)退火使硅和氧原子之间发生化学反应，形成埋层二氧化硅层，而表面硅也恢复成单晶结构。顶层硅的厚度由氧的注入能量决定，而埋氧层的厚度由注入氧的原子数量决定。

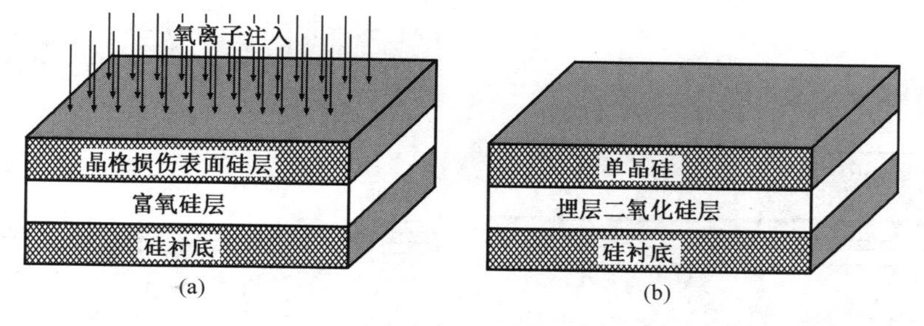

图4.26 (a)通过注氧技术形成SOI晶圆；(b)高温退火后的SOI材料

另一种方法是键合SOI技术，这种方法使用氢离子注入和晶圆键合。第一步是进行晶圆A清洗并根据埋氧层厚度的需要生长一定厚度的二氧化硅层；然后晶圆A被注入氢，形成一个富含氢的薄层，如图4.27(a)和图4.27(b)所示，富氢层深度由埋氧层的顶部硅厚度决定。接着晶圆A翻转并和晶圆B键合，如图4.27(c)所示。在热处理过程中，晶圆A表面的二氧化硅与晶圆B表面发生化学键合，然后晶圆A中的氢使得晶圆A分裂，如图4.27(d)和图4.27(e)所示。经过化学机械研磨和晶圆清洗后，就形成了SOI晶圆，如图4.27(f)所示。

对剥离下来的晶圆A进行抛光、清洗并重新成为晶圆A或晶圆B。键合SOI的主要优势在于成本。由于分裂硅片所需的氢用量比形成埋氧层所需的氧用量低，所以键合SOI比注氧隔离SOI产量更高。应用于集成电路制造的大多数SOI晶圆都使用键合SOI技术形成。

4.6.2 混合晶向技术

通过使用图4.27所示<110>方向的晶圆A和<100>方向的晶圆B，可以形成混合晶向(HOT)SOI晶圆材料，如图4.28(a)所示。使用图4.25所示的选择性外延生长技术，可以在一个晶圆上实现<110>和<100>混合晶向材料，如图4.28(c)所示。图4.28(d)显示的CMOS器件中，PMOS使用了<110>衬底，而NMOS使用了<100>衬底。

由于空穴迁移率在<110>晶向上比在<100>晶向上更高，使用混合晶向技术实现的CMOS集成电路，可以获得比单一<100>晶向更快的速度和更大的电流驱动。考虑成本因素，这种技术需要SOI晶圆并增加了光刻工艺。如果应变硅等其他技术能以较低的成本实现相同的器件性能，那么混合晶向技术成为主流CMOS技术将面临很大的挑战。

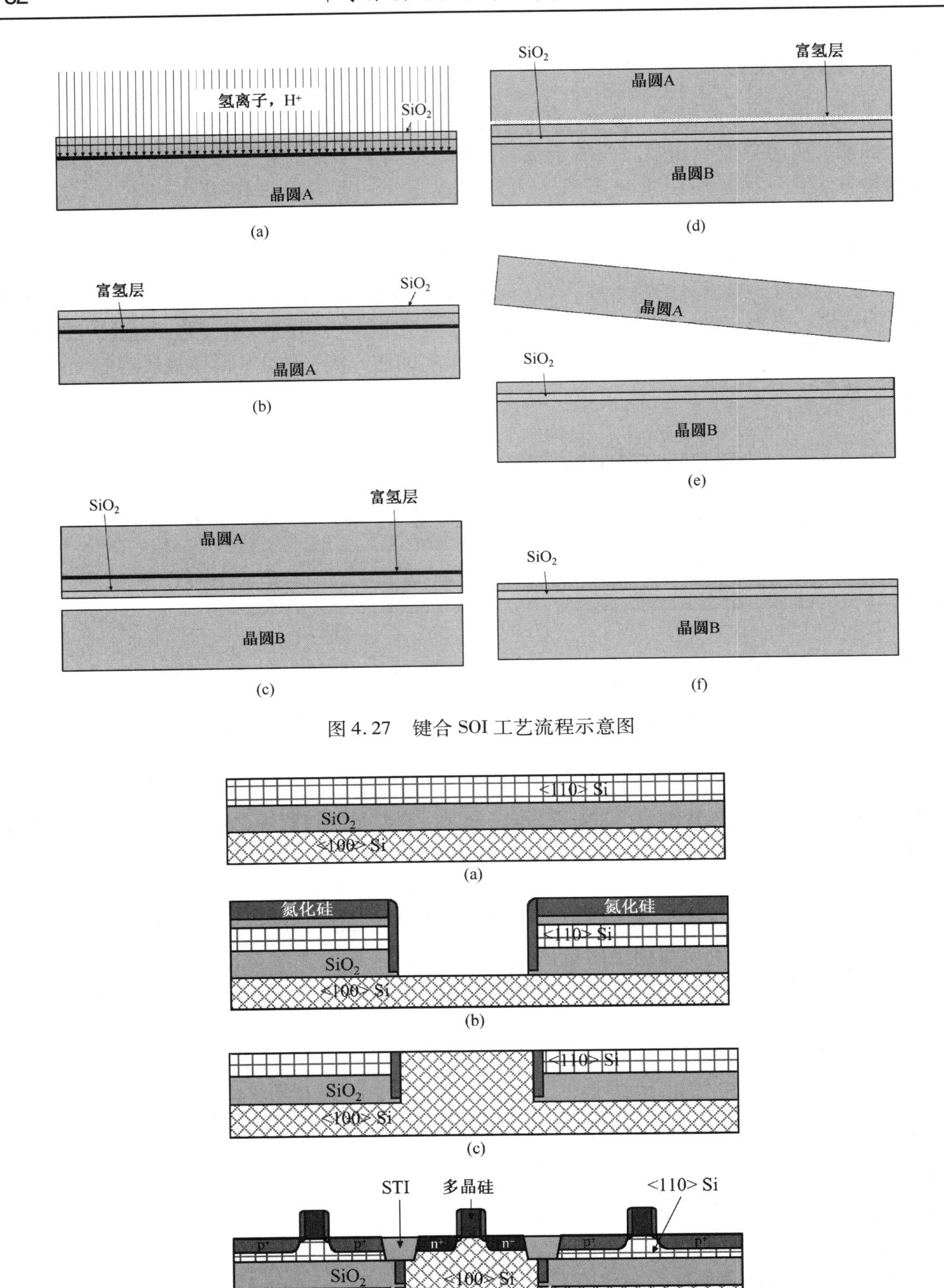

图 4.27　键合 SOI 工艺流程示意图

图 4.28　混合晶向技术示意图

4.6.3 应变硅技术

通过向单晶硅施加应力，硅的晶格原子将会被拉长或压缩，从而不同于其通常的原子间距离，这就是所谓的应变。应变硅的载流子迁移率会明显提高。应变硅可以通过在硅表面上生长锗硅(SiGe)材料实现。随着锗浓度增加的梯度变化，锗硅可以生长在硅表面而没有大的晶格失配。当弛豫的硅锗层沉积后，外延生长一层硅层，这层硅的晶格结构与下方的锗硅层相同，这样就形成了应变硅层(见图4.29)。

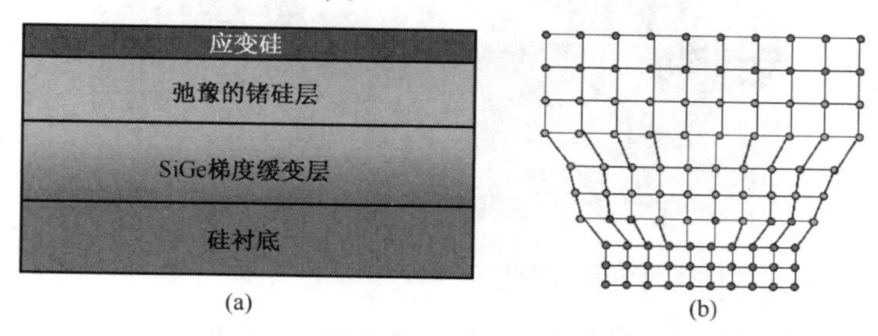

图4.29 (a)应变硅；(b)应变硅晶格结构

4.6.4 绝缘体上应变硅技术

使用图4.29(a)所示的应变硅晶圆作为键合用晶圆A，可以形成绝缘体上应变硅(Strained Silicon on Insulator, SSOI)。这种材料具有应变硅的高的载流子迁移率，以及SOI的高的器件封装密度(见图4.30)。

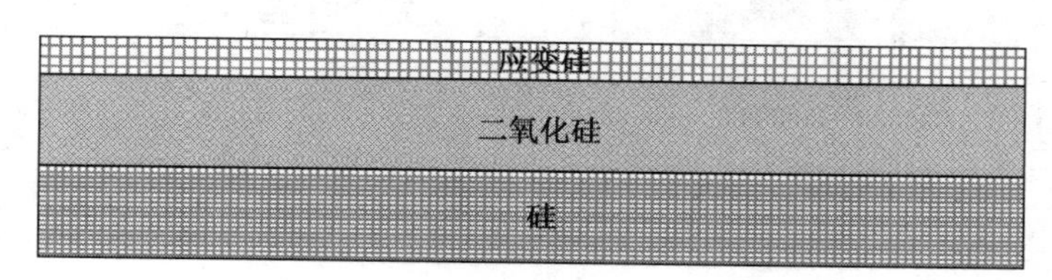

图4.30 绝缘体上应变硅示意图

利用应变硅和绝缘体上应变硅技术，通过顶层的硅应变可以制造微电子和纳米电子器件(见4.6.3节)。然而，科学家和工程师们发现，通过使用现有的工艺技术，可以在硅片上形成局域应变。这是因为只有MOSFET的栅氧化层下方的沟道区需要应变，没有必要使整个硅片表面应变。PMOS和NMOS沟道需要不同类型的应变，PMOS需要压应变以提高空穴迁移率，而NMOS则需要拉应变以提高电子迁移率，单一的应变硅晶圆不能同时满足这两个方面的需要。

4.6.5 集成电路技术中的应变硅

当器件特征尺寸缩小到纳米技术节点时，集成电路制造技术开始在MOSFET器件中使用应变硅。双应力层在PMOS和NMOS器件上分别实现压应变和拉应变，以提高P沟道的空穴迁移率和N沟道的电子迁移率。

由于应力层直接在栅电极而不是在沟道区产生应力，所以沟道区上的应变效果有限。当器件特征尺寸进一步缩小时，研究者发现可以用选择性外延锗硅在 PMOS 沟道形成高的压应变。图 4.31 显示了一种具有混合应力的 CMOS 技术，其中 PMOS 沟道的压应变通过选择性外延锗硅形成，而 NMOS 沟道的拉应变通过应力层获得。

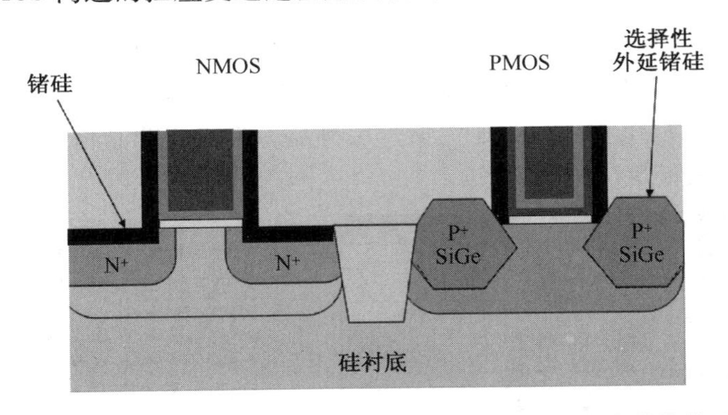

图 4.31 具有选择性外延锗硅 PMOS 和应力层 NMOS 的 CMOS 器件截面示意图

图 4.32 显示了具有高 k 金属栅的先进 22 nm CMOS 截面图，其中在 PMOS 的源极/漏极的选择性外延锗硅形成了对 P 沟道的压应变，而在 NMOS 的源极的/漏极的选择性外延碳化硅形成了对沟道的拉应变。

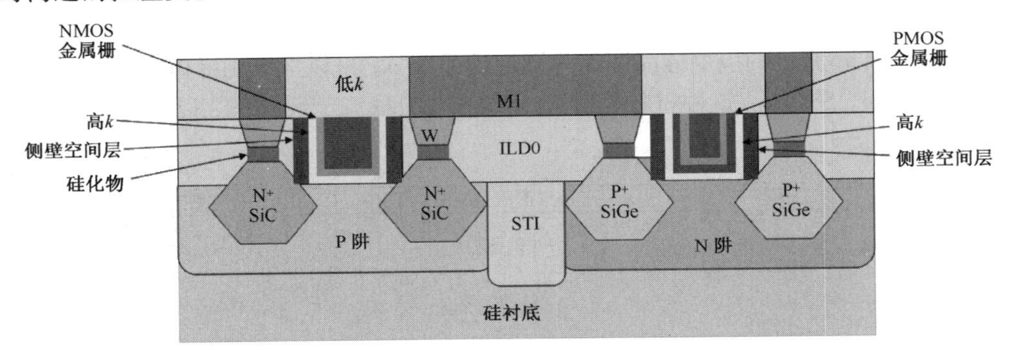

图 4.32 具有选择性外延硅锗的 PMOS 和选择性外延碳化硅的 NMOS 形成的 CMOS 器件截面图

4.7 小结

1. 硅是一种不昂贵的半导体材料，而且很容易氧化生长二氧化硅。二氧化硅是一种坚固且稳定的介质材料。
2. 最常使用的硅晶体晶向是 <100> 和 <111> 方向。
3. 晶圆的制造过程是，先将沙子(二氧化硅)变成冶金级硅，将冶金级硅转变成三氯硅烷(TCS)，将三氯硅烷再转变成电子级硅材料(EGS)，最后将电子级硅材料转变成单晶硅晶棒，然后再把晶棒变成晶圆。
4. CZ 法和悬浮区熔法都可以用于制作晶圆，但 CZ 法比较常用。
5. CZ 法比较便宜而且可以制作较大尺寸的晶圆。
6. 悬浮区熔法可以制作纯度较高的晶圆。

7. 外延硅用于双载流子器件，而且可以改善 CMOS 和 DRAM 的性能。
8. 集成电路工业使用高温 CVD 工艺制造外延硅。
9. 大多数 SOI 晶圆用键合 SOI 技术制造。
10. 混合晶向技术使用 SOI 晶圆和选择性外延生长，可以使集成电路制造商在 <110> 衬底上形成 PMOS，在 <100> 衬底上形成 NMOS，从而可以提高 CMOS 集成电路芯片的性能。
11. 纳米级技术节点普遍将应变硅技术用于集成电路器件。

4.8 参考文献

[1] S. M. Sze, *VLSI Technology*, second edition, McGraw-Hill Companies, Inc. New York, 1988.

[2] C. Y. Chang and S. M. Sze, *ULSI Technologies*, McGraw-Hill companies, New York, 1996.

[3] Lita Shon-Roy, Allan Wiesnoski, and Robert Zorich, *Advanced Semiconductor Fabrication Handbook*, ISBN: 1-877750-70-0, Integrated Circuit Engineering Corporation, 17350 N. Hartford Dr., Scottsdale, AZ 85255.

[4] F. C. Eversteyn, *Chemical – Reaction Engineering in the Semiconductor Industry*, Philips Research Reports, Vol. 29, P. 45, 1974.

[5] M. S. Bawa, E. F. Petro and H. M. Grimes, *Fracture Strength of Large Diameter Silicon Wafers*, Semiconductor International, P. 115, Nov. 1995.

[6] M. Yang, M. Ieong, L. Shi, K. Chan, V. Chan, A. Chou, E. Gusev, K. Jenkins, D. Boyd, Y. Ninomiya, D. Pendleton, Y. Surpris, D. Heenan, J. Ott, K. Guarini, C. D'Emic, M. Cobb, P. Mooney, B. To, N. Rovedo, J. Benedict, R. Mo and H. Ng, *High Performance CMOS Fabricated on Hybrid Substrate With Different Crystal Orientations*, IEDM Tech. Dig., pp. xxx, (2003).

4.9 习题

1. 为什么集成电路芯片制造需要用单晶硅材料？
2. 在一个立方体上画出 <100> 和 <111> 晶向平面。
3. 在集成电路工业中，硅晶圆比其他半导体晶圆普遍使用的原因是什么？
4. 哪种化学药品用于将冶金级硅（MGS）纯化成电子级硅材料（EGS）？说明其安全性与危险性。
5. CZ 法提拉单晶的工艺流程是什么？为什么 CZ 法提拉的晶圆比悬浮区熔法提拉的单晶有较高的氧浓度？
6. 说明外延工艺的目的。
7. 什么是自掺杂效应？如何避免？
8. 列出 3 种外延硅的原材料。
9. 列出常用的 3 种外延硅掺杂物，并说明掺杂气体的安全性。
10. 单晶硅外延反应器优于批量外延系统的优点是什么？
11. 键合 SOI 技术需要哪种离子注入？SIMOX SOI 晶圆需要哪种离子注入？
12. 解释为什么大多数集成电路制造商使用局部应变技术代替应变硅技术制造 MOSFET？
13. 大多数集成电路制造商将具有局部应变的体硅晶圆用于先进集成电路芯片制造，而且使用混合定位技术，请解释原因。

第 5 章　加 热 工 艺

本章要求

1. 至少列出 3 种重要的加热工艺
2. 说明直立式和水平式炉管的基本系统，并列出直立式炉管的优点
3. 说明氧化工艺流程
4. 说明氧化前清洗的重要性
5. 比较干法氧化和湿法氧化工艺及应用的区别
6. 说明扩散工艺流程
7. 解释为什么用离子注入工艺取代扩散技术对硅进行掺杂
8. 说明至少 3 种高温沉积工艺
9. 解释离子注入后退火的重要性
10. 说明快速加热工艺的优点

硅衬底材料优于其他半导体材料的一个方面在于硅有能力承受高温过程。硅芯片的制造过程涉及 700℃ ~1200℃ 高温工艺，如扩散、氧化、沉积及退火处理。本章内容包括标准的高温炉加热和快速加热工艺（RTP）。

5.1　简介

硅的天然氧化物二氧化硅是一种非常稳定且坚固的电介质材料，并容易通过高温过程形成，这是硅成为集成电路产业主要半导体材料的重要原因之一。集成电路的制造过程通常由氧化工艺开始，这个过程需要生长一层二氧化硅，以保护硅的表面，图 5.1 的集成电路流程中，硅晶圆将经过多次高温炉和快速加热处理过程，图 5.1 说明了集成电路制造过程。

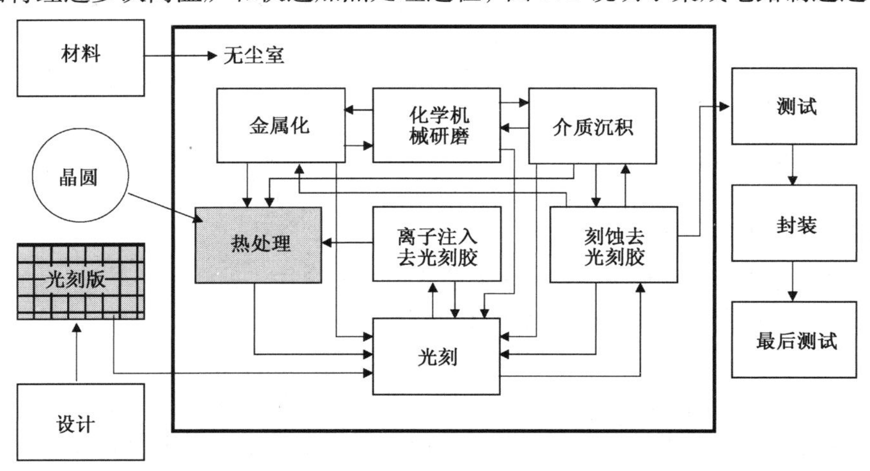

图 5.1　集成电路生产工艺流程

5.2 加热工艺的硬件设备

5.2.1 简介

加热过程在高温炉中进行，高温炉一般称为扩散炉（Diffusion Furnace，DF），这是因为高温炉在早期的半导体工业中广泛应用于扩散掺杂。高温炉分为水平式和直立式两种，由石英管和加热组件在系统内的位置决定。高温炉必须具有稳定性、均匀性、精确的温度控制、低微粒污染、高生产率和可靠性，以及低成本。

高温炉一般包含5个基本组件：控制系统、工艺炉管、气体输送系统、气体排放系统和装载系统。应用在低压化学气相沉积工艺中的高温炉需要多加一个真空系统。图5.2为水平式高温炉示意图。

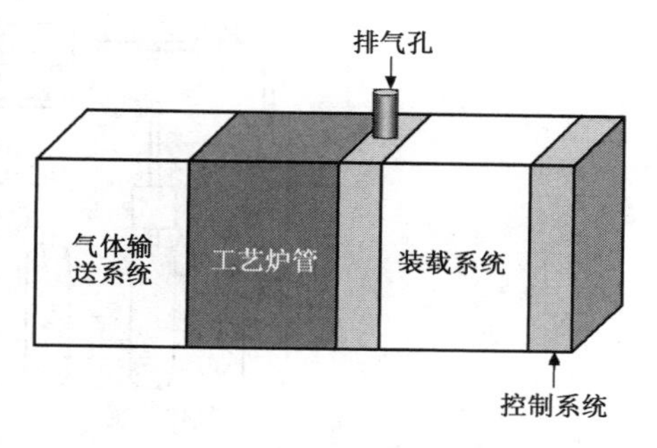

图5.2 水平式高温炉示意图

直立式炉管有许多优于水平式炉管的方面，如占地面积小、微粒污染较低、能处理大量晶圆、均匀性好且维修成本低。将炉管和晶圆装载系统垂直放置也可以节省空间。制造工具有较小的占地面积很重要，因为先进生产工艺间中的高级无尘室空间相当昂贵。当晶圆直立堆叠放置时，大的微粒只会落在最上面的晶圆表面。先进半导体生产一般都使用直立式炉管。

高温炉加热的大部分零件由熔融石英制成，如晶圆载舟、晶舟承载架和晶圆塔座。石英就是单晶二氧化硅，在高温时非常稳定，缺点是易碎并带有金属杂质。由于石英不能阻挡钠离子，因此少量的钠离子可能会穿过炉管污染晶圆上的元器件。当温度高于1200℃时，表层剥离碎片将造成微粒污染。

碳化硅是另一种高温炉使用的材料。与石英相比，碳化硅有较强的热稳定性及较好的移动离子隔绝能力，缺点是比较重而且昂贵。当元器件尺寸进一步缩小时，高温炉将用更多的碳化硅组件满足工艺的需要。

5.2.2 控制系统

控制系统由一部计算机连接几个微控制器组成。每个微控制器再连接一个控制系统界面来控制工艺程序，如晶圆装载及晶圆卸载、每个工艺过程处理的时间、工艺温度和升温速率、工艺气体的流量和气体排出等。同时，控制系统也负责收集和分析工艺资料，制定工艺程序，追踪批量号码。图5.3为高温炉控制系统的功能图。

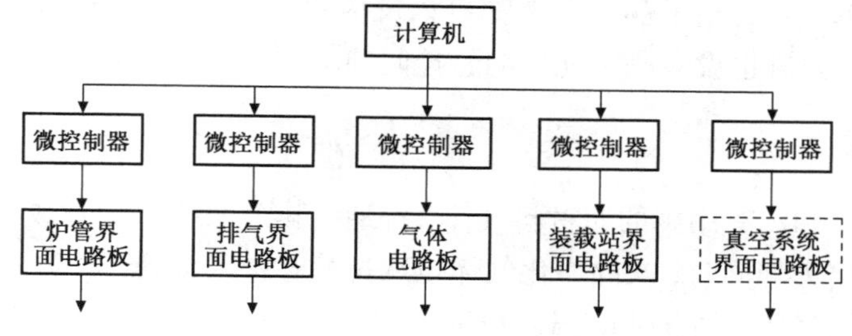

图5.3 高温炉控制系统的功能图

5.2.3 气体输送系统

气体输送系统负责处理工艺气体并将气体输送到所需的炉管中。气体控制面板由调压器、控制阀、质量流量控制器和过滤器组成。它将工艺气体和吹除净化气体分配到所需的炉管中。工艺气体通常存储在远端气柜的高压(超过 100 psi)钢瓶内,工艺气体通过节流阀调整后送到气体控制面板时的压力只有几十 psi,因为气压太高就不能直接使用在工艺中。调压器及控制阀将监控气体的压力和输送时的气压,气体的流量由质量流量控制器精确控制,它将调整内部的控制阀,使测量出的流量和设置的流量值相等。气体控制面板中的过滤器可以防止微粒流入炉管,所以有助于降低微粒污染。图 5.4 为气体输送系统示意图。

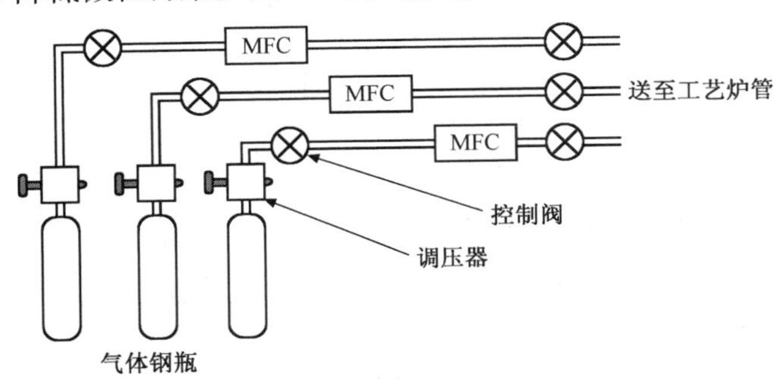

图 5.4　气体输送系统示意图。MFC 代表气体流量控制器(Mass Flow Controller)

5.2.4 装载系统

装载站是晶圆装载、卸载和暂时贮存的区域,它将晶圆从晶圆盒移到石英承载架上的石英晶舟内,然后再通过微控制器操控的装载机制,轻轻地将石英承载架推送到炉管中。经过加热工艺后,再慢慢地将石英承载架从炉管中拉出。

水平式高温炉的装载系统使用数种石英承载架,带有轮子的石英承载架已不再使用,因为这种晶舟承载架和石英管直接接触会产生粒子。后来发展的软着陆式晶舟承载架被推到炉管的合适位置时就缓慢着陆在石英炉管上。由于晶舟承载架和石英管的管壁在承载架升起和降落时直接接触,所以软着陆式晶舟承载架还是会因为摩擦而造成微粒污染。为了避免直接接触,目前大多数系统都使用悬挂或悬臂式晶舟承载架,使晶舟承载架进出炉管时不会与石英表面有任何直接接触,从而将粒子污染减至最低。然而,晶圆装载会影响晶舟承载架的悬挂方式。

对于直立式高温炉,机械手会先将晶圆从晶圆盒中移到塔架上,接着通过微控制器操控的举起机制将塔架升起,直到整个晶圆塔架都进入反应室。这样可以避免晶圆的支托架与石英反应室的管壁接触,而且也没有晶圆托架的悬挂问题。

5.2.5 排放系统

工艺中的副产品和没有用到的原材料气体,都通过排放系统从炉管或反应室中排放出去。废气从炉管中排放出去的同时,吹除净化气体也从排放管进入炉管,以防止废气回流。如果炉管内含有自燃或易燃气体,如硅烷(SiH_4)和氢(H_2),就需要再加上一个称为燃烧箱的反应室。在燃烧箱里,废气将在氧气中燃烧,变成无害且不具反应性的氧化物。过滤器会移除燃烧过程中产生的粒子，例如燃烧硅树脂后产生的二氧化硅。接着再通过洗涤器用水或水溶液吸收大部分有毒气体和腐蚀性气体，最后将废气排放到大气中。

5.2.6 炉管

炉管是晶圆进行高温加热过程的区域，由石英炉管、反应室和数个加热器组成。与反应室管壁接触的热电偶将监测反应室内的温度。每个加热器都由独立的高压电源提供电能，而每个加热器的功率由热电偶根据从面板和微控制器所反馈的信息进行控制。当到达设定的温度时，加热器变得很稳定。炉管中央的平坦区温度被精确控制在1000℃上下0.5℃范围。图5.5是水平式和直立式高温炉示意图。

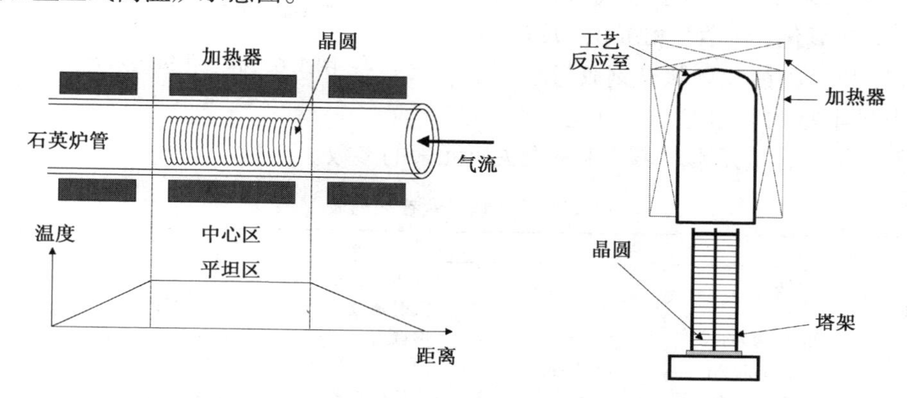

图5.5 水平式高温炉与直立式高温炉示意图

在水平式高温炉中，晶圆通常被放置在石英晶舟上，而晶舟放在一个碳化硅制成的晶舟承载架上。载有晶圆晶舟的承载架被缓慢推进石英炉管中，并将晶圆放到炉管的温度平坦区进行加热过程。加热后的晶圆必须被缓慢地从炉管内拉出，避免温度突变产生极大的热应力而导致晶圆弯曲。

在直立式高温炉中，晶圆面朝上放置在一个由石英或碳化硅制成的塔架上，然后塔架会被缓慢上举到石英反应室中进行加热，完成后需要缓慢地将塔架降下来，以避免晶圆弯曲。

快速加热退火系统包括类似的过程，然而这些系统却很不相同，相关内容将在5.7节中详细讨论。

5.3 氧化工艺

氧化是最重要的加热过程之一，是一种添加工艺，将氧气加入到硅晶圆后，在晶圆表面形成二氧化硅。

硅很容易和氧发生反应，因此自然界中的硅大多以二氧化硅形态存在，如石英砂。硅很快和氧气发生反应，在硅表面形成二氧化硅，化学反应式表示如下：

$$Si + O_2 \rightarrow SiO_2$$

二氧化硅是一种致密物质且能覆盖整个硅表面。如果要继续硅的氧化过程，氧分子就必须扩散穿过氧化层，这样才能和下层的硅原子产生化学反应。生长厚的二氧化硅层会使氧气的扩散遇到阻碍而使氧化过程变得缓慢。当裸露的硅晶圆接触到大气时，几乎立刻就和空气中的氧或湿气产生化学反应，生成一层约为10～20 Å 的二氧化硅，这就是所谓的原生氧化层，室温时这层很薄的二氧化硅可以阻止硅的继续氧化。图5.6说明了氧化过程。

氧化过程中的氧是气体，硅来自固态衬底，因此当生长二氧化硅时，就会消耗衬底上的硅，这层薄膜将朝向硅衬底内生长(见图5.6)。氧气普遍用于形成氧化物的工艺中，如热氧化、化学气相沉积、反应式溅镀沉积，以及刻蚀和剥除光刻胶过程。氧是地壳中最丰富的元素之一，也是大气中仅次于氮的第二含量元素。表5.1是有关氧元素的参数。

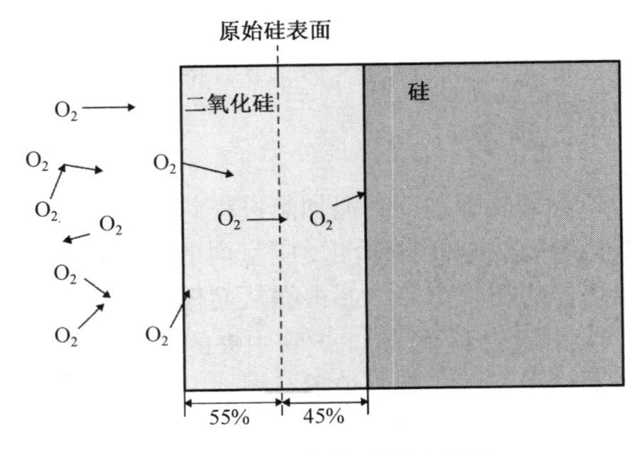

图5.6 硅氧化过程示意图

表5.1 氧元素参数列表

名 称	氧	名 称	氧
符号	O	音速	317.5 m/s
原子序数	8	折射系数	1.000 271
原子量	15.9994	熔点	54.8 K = -218.35℃
发现者	Joseph Priestley, Carl Scheele	沸点	90.2 K = -182.95℃
发现地	英国，瑞典	热传导系数	0.026 58 $W/(m^{-1} \cdot K^{-1})$
发现时间	1774年	应用	热氧化，CVD 氧化物，反应式溅射和去光刻胶
名称来源	希腊字母"oxy genes"代表"酸"(sharp)和"forming"(acid former)	主要来源	O_2, N_2O, O_3
摩尔体积	17.36 cm^3		

资料来源：http://www.webelements.com/

高温时的热能使氧分子移动得更快，且使氧分子扩散穿过已经形成的氧化层，与硅产生化学反应，生成更厚的二氧化硅。温度越高，氧分子移动得就越快，氧化薄膜生长的速度也就越快。高温生长的氧化薄膜质量比低温生长的薄膜高，所以为了获得高质量的氧化薄膜及较快的生长速率，氧化过程必须在石英炉中的高温环境下进行。氧化是一种很慢的过程，甚至在温度超过1000℃的高温炉中都要花费数小时才能生长出厚度约为5000 Å的氧化层。因此氧化工艺通常是批量过程，可同时处理100～200片的晶圆以获得合理的产量。

5.3.1 氧化工艺的应用

硅的氧化工艺是整个集成电路制造过程的基本工艺之一。二氧化硅有许多应用，其中之一是作为扩散遮蔽层。大多数半导体生产中使用的掺杂原子(如硼和磷)在二氧化硅中的扩散速率远低于在单晶硅中的扩散速率。利用在遮蔽氧化层上刻蚀窗口，可以在指定区域进行掺杂扩散工艺。如图5.7所示，遮蔽氧化层的厚度约为5000 Å。

离子注入工艺通常使用屏蔽氧化层，阻挡光刻胶以避免硅片受污染，也可以在离子进入单晶硅之前先将离子散射，以减小通道效应。屏蔽氧化层的厚度约为100～200 Å。图5.8显示了屏蔽氧化层在离子注入方面的应用。

高温生长的二氧化硅在硅的局部氧化(LOCOS)和浅沟槽隔离(Shallow Trench Isolation, STI)

形成时作为氮化硅的衬垫层。如果没有二氧化硅垫层作为应力缓冲，LPCVD 氮化硅层高达 10^{10} dyn/cm^2（达因/平方厘米）的张力就会导致硅晶圆产生裂缝甚至破裂。衬垫层的厚度约为150 Å。

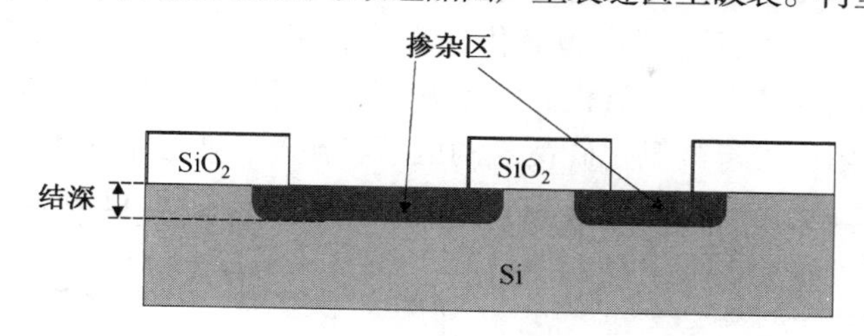

图 5.7　扩散遮蔽氧化层

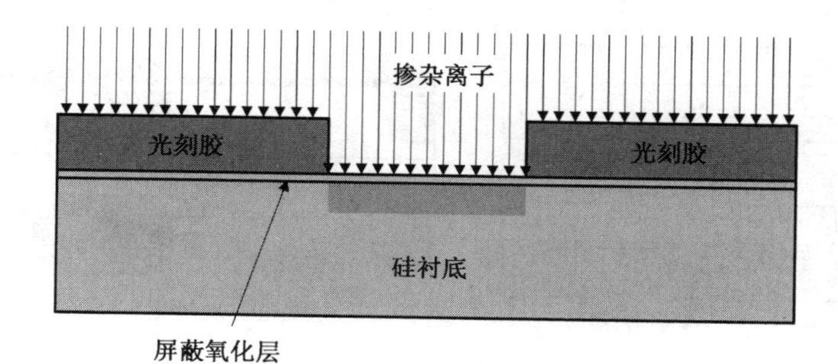

图 5.8　离子注入屏蔽氧化层

进行浅沟槽填充工艺之前，二氧化硅可以用来作为阻挡层，以防止硅片受到污染。浅沟槽填充是一种电介质化学气相沉积过程，使用未掺杂硅玻璃（Undoped Silicate Glass，USG）的沉积来填充浅沟槽，以隔离相邻晶体管的电性能。由于化学气相沉积总是带有少量杂质，所以必须有一层致密的热生长二氧化硅阻挡层，以阻挡可能的污染物。图 5.9 显示了浅沟槽隔离工艺中的衬垫氧化层和阻挡氧化层。

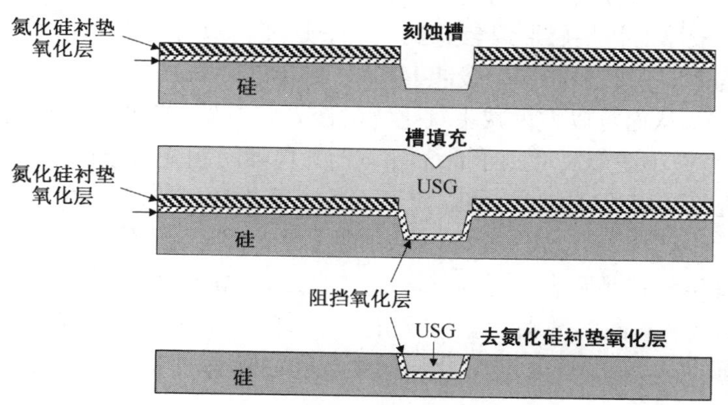

图 5.9　浅沟槽隔离工艺中的衬垫氧化层和阻挡氧化层

热生长的二氧化硅最重要的应用之一是形成绝缘体，使集成电路芯片上相邻晶体管之间电气隔离。整面全区覆盖式氧化和局部氧化是隔离相邻元器件并防止它们相互干扰所用的两种技术。整面全区覆盖式氧化层是最简单的隔离工艺，早期的半导体生产普遍使用这种技术。热生长一层 5000 ~ 10 000Å 的二氧化硅，通过光刻技术使其图形化，再用氢氟酸刻蚀氧化层，接着将器件区打开，之后就可以开始晶体管的制造过程了（见图 5.10）。

硅的局部氧化的隔离效果比整面全区覆盖式氧化的效果更好。硅的局部氧化工艺使用一层很薄的二氧化硅层(200 ~500 Å)作为衬垫层，以缓冲 LPCVD 氮化硅的强张力。经过氮化硅刻蚀、光刻胶剥除和晶圆清洗后，没有被氮化硅覆盖的区域再生长出一层厚度为 3000 ~5000 Å 的氧化层。氮化硅的阻挡效果比二氧化硅的更好，由于氧分子无法穿过氮化硅层，所以氮化硅层下的硅并不会被氧化。而未被氮化硅覆盖的区域，氧分子就会不断扩散穿过二氧化硅层，与底层的硅形成更厚的二氧化硅。硅的局部氧化的形成过程如图 5.11 所示。

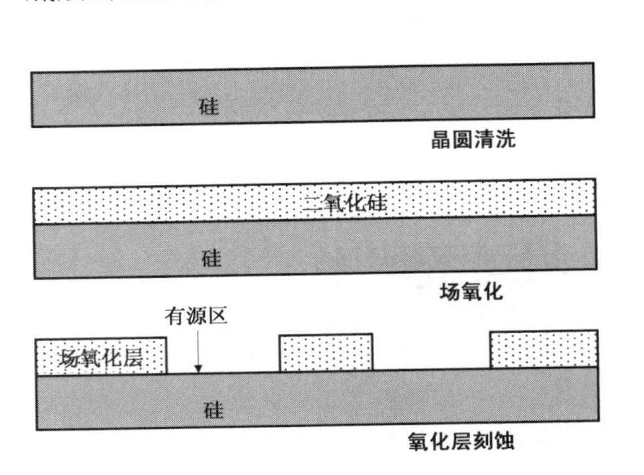

图 5.10　整面全区覆盖式氧化工艺

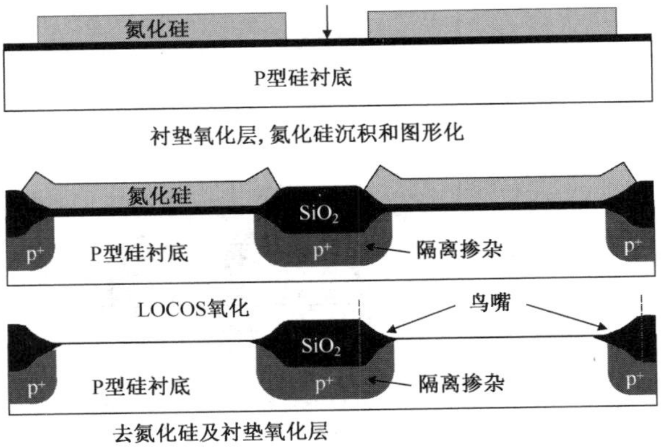

图 5.11　硅的局部氧化工艺

由于氧在二氧化硅中的扩散是一种等向性过程，所以氧也会碰到侧边的硅。这使得硅的局部氧化工艺有两个缺点：一个缺点是靠近刻蚀氧化窗口的氮化硅层底生长有氧化物，这就是所谓的鸟嘴(Bird's Beak)(见图 5.11)。鸟嘴占据了晶图表面的很多面积，是应尽量避免出现的情况。另一个缺点是由于氧化物的生长特点而形成氧化层对硅有一个表面台阶，这将引起表面平坦化问题(见图 5.6)。

人们已经采用了许多方法抑制鸟嘴效应，其中最普遍的是多晶硅缓冲层(Poly Buffered LOCOS，PBL)工艺。较厚的衬垫层形成较长的鸟嘴，这使得氧分子扩散的路径变得较宽。通过使用一层厚度约为 500 Å 的多晶硅来缓冲 LPCVD 氮化硅的高张力，衬垫氧化层的厚度能够从 500 Å 降低到 100 Å，从而可以大大减小氧化物的侵入。但是，硅的局部氧化层两侧总有 0.1 ~0.2 μm 的鸟嘴。当最小图形尺寸小于 0.35 μm 时，鸟嘴问题变得很严重，于是发展出了浅沟槽隔离工艺，以避免鸟嘴效应，浅沟槽隔离形成的表面也比较平坦。20 世纪 90 年代中期，当元器件图形尺寸缩小到 0.35 μm 以下时，浅沟槽隔离技术逐渐取代了硅的局部氧化隔离技术。

牺牲氧化层是生长在晶圆表面元器件区域上的二氧化硅薄膜(低于1000 Å)。牺牲氧化层生成之后，将立刻被氢氟酸溶剂剥除。一般情况下，栅氧化工艺之前都将先生长一层牺牲氧化层，以移除硅表面的损伤和缺陷。该氧化层的生成和移除有利于产生零缺陷的硅表面，并获得高质量的栅氧化层。

以 MOS 为主的集成电路芯片，其最薄也最重要的二氧化硅层是栅氧化层。由于元器件尺寸不断缩小，栅氧化层从 20 世纪 60 年代大于 1000 Å 的厚度降低到 2000 年复杂芯片上的 15 Å 左右，而且集成电路芯片的工作电压从 12 V 降低到 1.2 V。栅氧化层的质量对于元器件能否正常工作非常重要，栅氧化层中的任何缺陷、杂质或微粒污染物都可能影响元器件的性能，并显著降低芯片的成品率。图 5.12 说明了牺牲氧化层和栅氧化层的形成过程，表 5.2 列出了集成电路生产中应用热生长的二氧化硅情况。

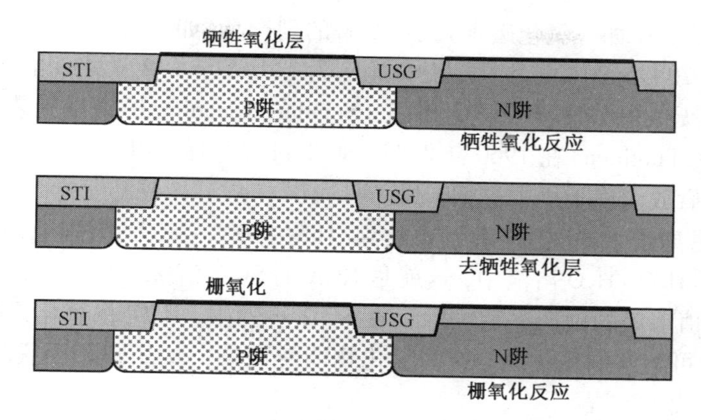

图 5.12 牺牲氧化及栅氧化工艺

表 5.2 氧化层应用列表

氧化层名称	厚 度	应 用	应用时间
原生氧化层	15 ~ 20 Å	天然	—
屏蔽氧化层	约 200 Å	离子注入	20 世纪 70 年代中期至今
遮蔽氧化层	约 5000 Å	扩散	20 世纪 60 ~ 70 年代中期
场区和局部氧化层	3000 ~ 5000 Å	隔离	20 世纪 60 ~ 90 年代
垫氧化层	100 ~ 200 Å	氮化硅应力缓冲层	20 世纪 60 年代至今
牺牲氧化层	小于 1000 Å	消除缺陷	20 世纪 70 年代至今
栅氧化层	15 ~ 120 Å	栅介质层	20 世纪 60 年代至今
阻挡氧化层	100 ~ 200 Å	浅沟槽隔离	20 世纪 80 年代至今

5.3.2 氧化前的清洗工艺

热生长的二氧化硅是一种不稳定的非晶态物质，而且分子容易交叉结合形成结晶结构，这也是二氧化硅在自然界中以石英和石英砂形式存在的原因。由于非晶态的二氧化硅在室温下需要数百万年才能结晶，因此非晶态的二氧化硅在集成电路芯片使用期内将保持非常稳定的状态。然而，生长二氧化硅时所需的 1000℃ 高温将急剧加速结晶化过程。如果硅表面留有残余污染物，这些缺陷和粒子就将成为结晶过程的成核点，从而使二氧化硅变成如同冬天玻璃上形成的冰晶雪花般的多晶态结构。由于二氧化硅的结晶化不均匀，结晶边界容易使杂质和湿气通过，所以氧化之前必须尽量将粒子、有机和无机污染物、原生氧化层和表面缺陷移除，以避免结晶化。图 5.13 为二氧化硅生长在粗糙硅表面上的结晶结构。

图 5.13 粗糙表面上的氧化层结构（来源：Integrated Circuit Engineering公司）

湿式清洗是先进半导体生产中最常使用的清洗方法，如 H_2SO_4:H_2O_2:H_2O 或 NH_4OH:H_2O_2:H_2O 等强氧化剂溶液都能去除微粒和有机污染物。当晶圆浸入这些溶液时，微粒和有机污染物将会氧化而生成气态(如一氧化碳等)或可溶解的副产品(如水)。大多数集成电路制造公司都广泛使用温度为70℃ ~80℃范围内,混合比例为1:1:5至1:2:7之间的$NH_4OH:H_2O_2:H_2O$溶液。这就是美国无线电公司(RCA)的SC-1 (Standard Cleaning 1)清洗工艺,由该公司的克恩(Kern)和布欧狄南(Puotinen)在1960年发明,SC-1过程之后,用去离子水(DI Water)在浸水槽中冲洗晶圆,然后放入旋干机中进行干燥。

经过SC-1及去离子水冲洗后,晶圆再放到温度在70℃ ~80℃范围内,混合比为1:1:6至1:2:8之间的$HCl:H_2O_2:H_2O$溶液中,这就是RCA的SC-2清洗步骤,这个过程能将污染物转变成可溶于低PH值溶液的副产品后去除。在SC-2步骤中,H_2O_2将氧化无机污染物,HCl将与氧化物反应生成可溶解的氯化物,这些氯化物能使污染物从晶圆表面脱附出来,SC-2之后是去离子水冲洗和旋干过程。

硅表面的原生氧化层因为质量不能满足集成电路生产的要求而必须剥除,尤其对于要求很高的栅氧化层。一般使用氢氟酸溶液溶解原生二氧化硅。这个过程通常在湿式工作台中用$HF:H_2O$溶液进行,或在氢氟酸蒸气刻蚀机中使用氢氟酸蒸气和二氧化硅反应之后,再将副产品蒸发。剥除原生氧化硅之后,一些氟原子和硅原子在硅表面上结合,将形成硅氟键。

5.3.3 氧化生长速率

当氧气和硅开始反应时,将生成一层二氧化硅并将硅原子和氧分子隔开。氧化物刚开始生长且氧化层很薄(小于500 Å)时,多数氧分子在氧化层中只经过较少次碰撞就可以穿过氧化层和下面的硅材料发生反应,形成二氧化硅薄膜,这种情况称为线性生长区。在这个区间内,氧化层的厚度随时间线性增长。当氧化层生长很厚时,氧分子穿过氧化层将和其他原子发生多次碰撞,并且必须扩散穿过已经生成的氧化层才能与硅接触反应,生成二氧化硅,这种情况称为扩散限制区,此时的氧化生长速率比线性生长区里的慢。图5.14说明了这两种区间的氧化情况。

图5.14方程式中的A和B是两个与氧化生长速率有关的系数,这两个系数受氧化温度、氧气来源(O_2或H_2O)、硅晶体的晶向、掺杂类型和浓度、压力等因素影响。

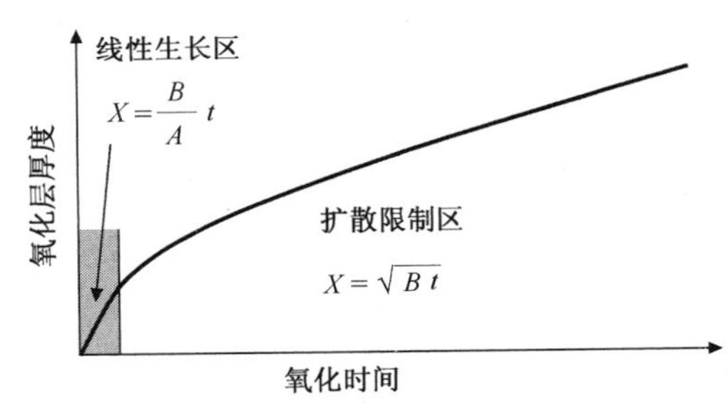

图5.14 两种氧化速率说明图

氧化速率对温度很敏感,这是因为氧在二氧化硅中的扩散速率与温度呈指数关系,即$D \propto \exp(-E_a/kT)$,其中D是扩散系数,E_a是活化能,$k=2.38\times10^{-23}$J/K为玻尔兹曼常数,T是温度。温度的显著增加使B、B/A和氧化速率大幅增加。

氧化速率也与氧的来源有关。使用氧气的干氧氧化(Dry Oxidation)过程的速率比使用H_2O的湿氧氧化过程(Wet Oxidation)的速率低。这是由于氧分子的扩散速率低于H_2O在高温下分解氢氧化物的扩散速率。图5.15和图5.16说明了干氧氧化和湿氧氧化过程中的氧化速率。

从图5.15和图5.16中可以看出,湿氧氧化的速率比干氧氧化快得多。如<100>硅在

1000℃时的湿氧氧化层的厚度在20 h之后约为2.2 μm，而干氧氧化层的厚度只有0.34 μm。因此湿氧氧化工艺比较适合于生长厚的氧化层，如遮蔽氧化层和场区氧化层。

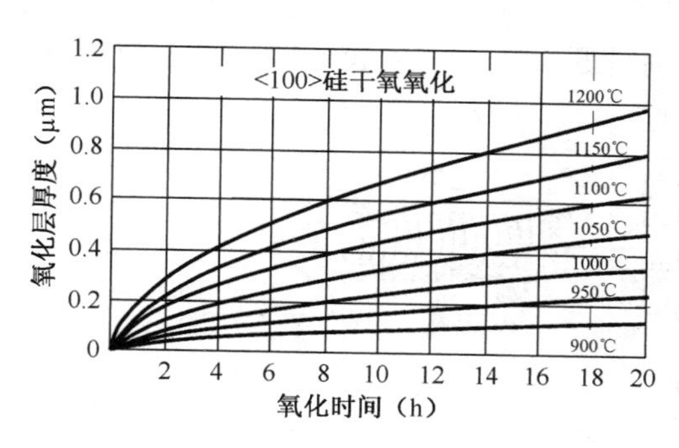

图5.15 <100>晶向的硅的干氧氧化层生长

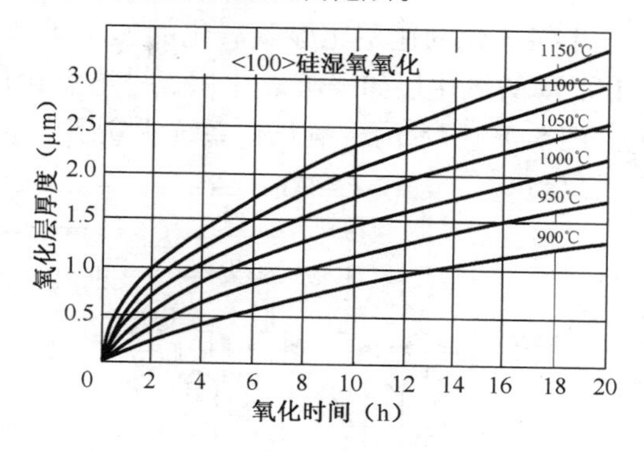

图5.16 <100>晶向的硅的湿氧氧化层生长

氧化速率也与单晶硅的晶向有关。一般而言，<111>晶向的硅氧化速率高于<100>方向，这是因为<111>晶向的硅表面的原子密度高于<100>表面的密度，因此<111>的硅可以提供较多的原子和氧发生反应，生成较厚的二氧化硅层。比较图5.17的<111>晶向的硅的湿氧氧化速率与图5.16的<100>晶向的硅的湿氧氧化速率，可以看出<111>晶向的硅的氧化速率比<100>晶向的高。

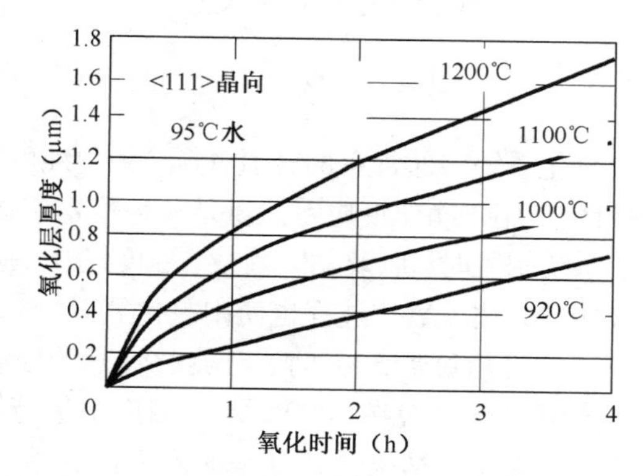

图5.17 <111>晶向的硅的湿氧氧化层生长

氧化速率同时也与掺杂物类型及浓度有关。重掺杂硅的氧化速率比低掺杂硅的更快。氧化过程中，硅中的硼原子倾向于被吸到二氧化硅内部，造成硅与二氧化硅界面的硅侧产生硼浓度的匮乏。N型掺杂物如磷、砷和锑有相反的效应。当氧化物向硅生长时，将驱使N型掺杂物更深入硅中，如同一部铲雪机将雪堆高一样，N型掺杂物在硅和二氧化硅界面的硅侧的浓度远高于原始浓度，图5.18说明了N型掺杂的堆积效应和P型掺杂的匮乏效应。

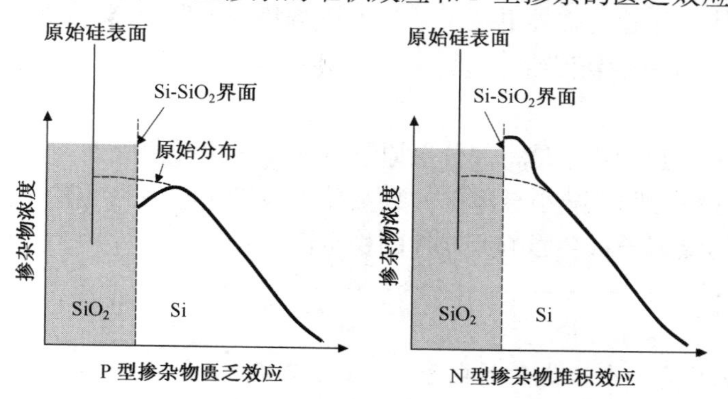

图5.18 氧化引起的掺杂物匮乏效应和堆积效应

氧化速率也与添加的气体有关。例如，一般在栅氧化工艺中，为了抑制移动离子而添加氯化氢。氯化氢的存在使氧化速率提高10%左右。

5.3.4 干氧氧化工艺

干氧氧化的速率比湿氧氧化的速率更低，但是氧化薄膜的质量比湿氧氧化的质量更高。所以，薄的氧化层如屏蔽氧化层、衬垫氧化层，特别是栅氧化层的生长一般采用干氧氧化工艺。图5.19所示为干氧氧化系统示意图。

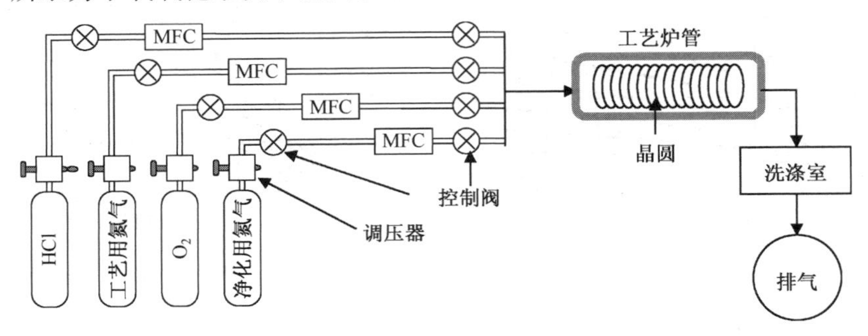

图5.19 干氧氧化系统示意图

氧化系统中通常有两种氮气源，一种纯度较高，应用于氧化反应中；另一种纯度较低(费用也较低)，用于净化反应室。氮是一种稳定气体，因此在氧化过程中，氮气总是作为钝化气体应用于系统闲置时，以及晶圆装载、温度提升、温度稳定和晶圆卸载过程。干氧氧化使用高纯度的氧气使硅氧化。氧化过程也使用氯化氢减少氧化物中的移动离子，并将界面电荷降到最低。

当温度超过1150℃时，石英炉管开始下垂，因此氧化过程不能在这样高的温度下操作太久。干氧氧化一般在1000℃左右温度下进行。通常采用氯化氢捕捉移动的金属离子，特别是钠离子，反应的结果使移动金属离子成为不可移动的氯化合物。由于少量的钠会导致MOS晶体管故障并影响集成电路芯片的性能和可靠性，因此添加氯化氢非常重要。

当单晶硅表面生长二氧化硅时，硅和二氧化硅的界面将会发生剧烈改变。由于晶体结构不能完全匹配，所以界面处总会有一些悬浮键存在(见图5.20)。这些悬浮键将产生所谓的界面电荷，界面电荷会强烈影响集成电路芯片的性能和可靠性。这是因为操作集成电路芯片时，氢或某些原子将扩散到硅和二氧化硅界面，并附着在悬浮键上，从而改变了界面电荷的数量和金属-氧化物-半导体晶体管的临界电压 V_T，进而影响集成电路元器件的性能。虽然在硅-二氧化硅($Si\text{-}SiO_2$)界面总有一些悬浮键，但为了获得高稳定和高可靠性的元器件，尽量减少悬浮键数量非常重要。

将氯化氢加入氧化反应中，是将部分氯原子融入二氧化硅薄膜并与硅在硅-二氧化硅界面相互连结在一起，这将有助于减小悬浮键的数量并改善集成电路的可靠性。但是，如果氯化氢浓度过高，则多余的氯离子将会影响元器件的稳定性。

自问自答

问：氟元素也具有一个未成对的电子，并且能与硅-二氧化硅界面上的悬浮键结合。但为什么半导体氧化工艺中不使用氢氟酸(HF)来利用氟元素降低界面电荷呢?

答：因为氢氟酸会侵蚀二氧化硅层和石英炉管，所以在加热工艺中不使用氢氟酸。然而 BF_2 离子注入后，如果在硅衬底中掺入少量的氟元素，则有助于降低界面电荷。

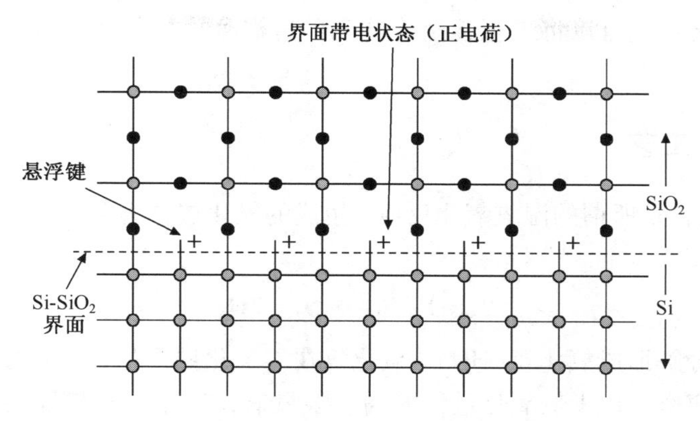

图5.20 悬浮键引起的界面带电状态

栅氧化层生长的一个典型干式氧化工艺顺序如下所示：

- 闲置状态下，通入吹除净化氮气
- 闲置状态下，通入工艺所需氮气
- 工艺氮气气流下，将晶舟推入炉管
- 工艺氮气气流下，升高温度
- 工艺氮气气流下，稳定温度
- 关闭氮气，通入氧化用氧气和氯化氢
- 关闭氧气，开始通入氮气，进行氧化物退火
- 工艺氮气气流下，开始降温
- 工艺氮气气流下，将晶舟拉出
- 闲置状态下，通入吹除净化氮气
- 对下一批晶舟重复上述过程
- 闲置状态下，通入净化氮气

系统闲置时，高温炉通常保持在高温状态，如850℃，这样就不需要花费太多时间而将温度升高到工艺所需的温度。当系统闲置一段时间时，要用氮气吹除净化气体。晶圆载入前，氮气就开始通入炉管内，使炉管内部充满高纯度的氮气。为了避免因为温度剧变产生热应力而造成晶圆弯曲，需要几分钟时间将石英或碳化硅晶圆载舟缓慢推入炉管中。当晶圆载舟放置在炉管中的平带区域时，温度开始急速升高，升温速率约为每分钟10℃。由于高热容量的限制，炉管系统的温度不能升得太快。如果升温速率过快，温度就可能超过或低于设定温度而造成温度波动。当炉管达到工艺所需的温度（一般为1000℃）后，如果存在温度波动，就需要通入几分钟氮气，以稳定温度，减弱波动，使炉管维持在设置温度的稳定状态。

当系统准备进行氧化反应时，打开氧气和无水氯化氢气流并关掉氮气气流，使氧气和硅发生反应，在硅晶圆表面形成一层二氧化硅薄膜。当氧化层的厚度达到要求时，关掉氧气和氯化氢并重新注入氮气。此时晶圆在高温中停留一段时间，进行氧化层退火，这个过程能够提高二氧化硅的质量，使二氧化硅更致密，并可以减少界面电荷，提高击穿电压。薄的栅氧化层（厚度约为50 Å）可以在大约700℃低温炉管中生长，这样就不会因为氧化时间太短而难以控制氧化过程。氧化层薄膜形成之后，再放入一个超过1000℃的氮气环境中退火，以提高氧化层的

质量。氧化层退火之后就可以将炉管逐渐冷却到闲置温度，并在稳定的氮气中缓慢地将晶圆载舟从炉管中拉出。

5.3.5 湿氧氧化工艺

用 H_2O 取代 O_2 就是所谓的湿氧氧化反应，生成的氧化层称为蒸气氧化层。其化学反应式表示如下：

$$2H_2O + Si \rightarrow SiO_2 + 2H_2$$

H_2O 在高温下分解形成氧化氢(HO)，氧化氢在二氧化硅中的扩散速度比氧的快，所以湿氧氧化过程的氧化速率远比干氧氧化过程的高。湿氧氧化用于生长较厚的氧化层如遮蔽氧化层、整面全区覆盖氧化层和硅的局部氧化氧化层。表 5.3 说明了在 1000℃时生长1000 Å氧化层薄膜所需的时间差。

表 5.3　干氧和湿氧氧化工艺的比较

工　艺	温　度	薄 膜 厚 度	氧 化 时 间
干氧氧化	1000℃	1000 Å	约 2 h
湿氧氧化	1000℃	1000 Å	约 12 min

有好几种系统用于将水蒸气送入高温炉的炉管内。煮沸式系统在超过 100℃ 的高温下将水蒸发，并经过加热的气体管道将水蒸气送入炉管中。气泡式系统先使氮气气泡经过超纯水，再将水蒸气带入炉管中。图 5.21 为煮沸式系统和气泡式系统示意图。

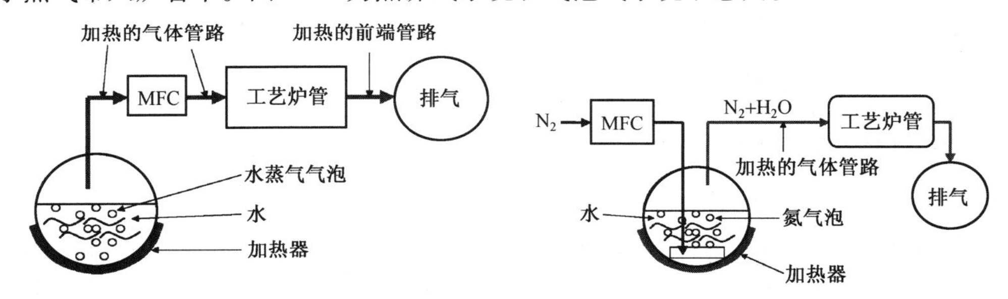

图 5.21　煮沸式系统和气泡式系统示意图

冲洗式系统先将很小的超纯水水滴滴在热石英板上，使水滴蒸发，接着氧气气流将水蒸气带入炉管中。图 5.22 说明了冲洗式系统的工作情况。

煮沸式系统、气泡式系统和冲洗式系统的最大问题在于无法准确控制水蒸气气流的流量。最常使用的湿氧氧化系统是所谓的氢氧燃烧湿氧氧化系统。这个系统会在炉管的入口处燃烧 H_2 气体，所以水蒸气由 H_2 和 O_2 化学反应形成，即

$$2H_2 + O_2 \rightarrow 2H_2O$$

这样可以略去处理液体和气体的过程，又可以准确控制气流的流量，但条件是必须使用易燃易爆的氢气。图 5.23 为氢氧燃烧蒸气系统的说明图。

图 5.24 显示了使用氢氧燃烧蒸气的湿氧氧化系统。在排放系统中还必须使用燃烧箱，使任何排放气体进入大气前能将残余的氢气烧光。

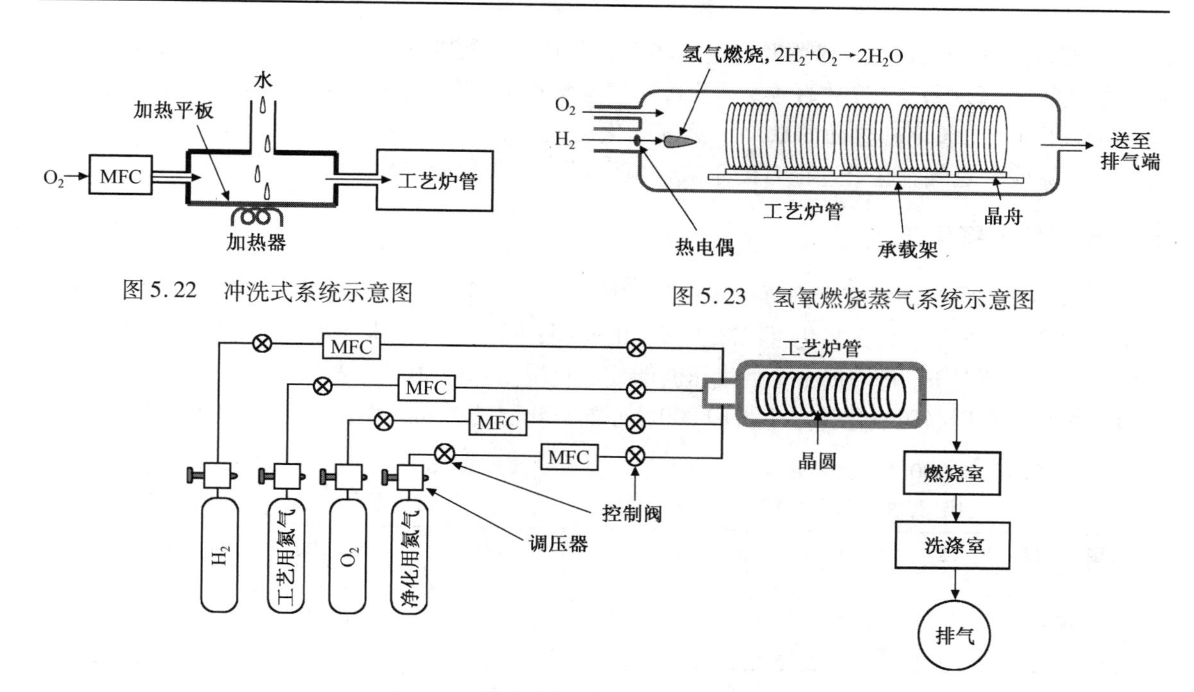

图5.22 冲洗式系统示意图

图5.23 氢氧燃烧蒸气系统示意图

图5.24 燃烧蒸气的湿氧氧化系统示意图

氢的自燃温度约为400℃。在氧气环境中，当温度达到工艺所需的温度时，进入炉管的氢气就自动和氧反应生成水蒸气。在氢氧燃烧蒸气氧化过程中，H_2和O_2的流量比非常重要。一般而言，H_2:O_2的流量比应稍低于2:1才能保证氢氧反应过程中有足够的氧气将氢气完全氧化。否则，氢气累积在炉管内可能造成爆炸。典型的H_2:O_2比为1.8:1到1.9:1之间。

氢氧燃烧湿氧氧化工艺过程如下所示：

- 系统闲置状态下，通入吹除净化氮气
- 系统闲置状态下，通入工艺氮气
- 通入工艺氮气和大量氧气
- 通入工艺氮气和氧气，将晶圆载舟推入炉管
- 通入工艺氮气和氧气，开始升高温度
- 通入工艺氮气和氧气，稳定炉管温度
- 通入大量氧气并关掉氮气
- 稳定氧气气流
- 打开氢气气流并点燃，稳定氢气气流
- 利用氧气和氢气进行蒸气氧化反应
- 关闭氢气，继续通入氧气气流
- 关闭氧气，开始通入工艺氮气
- 继续通入工艺氮气，开始降温
- 通入工艺氮气，将晶圆载舟拉出
- 系统闲置状态下，通入工艺氮气
- 对下一批晶舟重复上述过程
- 系统闲置状态下，通入吹除净化氮气

在推入晶圆、温度升高和温度稳定的各个过程中，加入氧气有助于在晶圆表面先生长一层高质量的干氧氧化薄层(仅数百埃)，干氧氧化薄层作为质量较差的蒸气氧化层的阻挡层，将有助于减少硅-二氧化硅界面的缺陷。蒸气氧化反应之后就可以关闭氢气，将氧气继续通入炉管中，清除残余氢气，这个过程有助于减少氢气融入蒸气氧化物中。

5.3.6 高压氧化工艺

压力的增加将提高反应室内氧或水蒸气的密度和在二氧化硅中的扩散速率，进而增加氧化速率。同样的温度下，高压氧化可以减少氧化的时间；同样的时间内，高压氧化则可以降低氧化的温度。一般情况下，每增加一个大气压就能使氧化温度降低30℃。表5.4 和表5.5 显示了在湿氧氧化过程中利用高压氧化技术生长10 000 Å厚的氧化层的时间减小和温度降低的情况。

表5.4 10 000 Å 厚的氧化层的湿氧氧化时间比较

温 度	压 力	时 间
1000℃	1 个大气压①	5 h
	5 个大气压	1 h
	25 个大气压	12 min

表5.5 5 小时内生长 10 000 Å 厚的氧化层的湿氧氧化时间比较

时 间	压 力	温 度
5 h	1 个大气压	1000℃
	10 个大气压	700℃

高压氧化必须使用特殊的硬件条件，图 5.25 是高压氧化系统的说明图。由于硬件条件的复杂性和安全因素，先进半导体生产中并不常使用高压氧化技术。

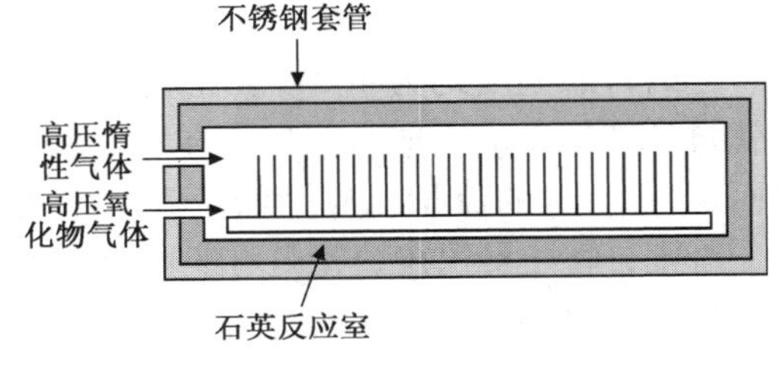

图 5.25 高压氧化系统示意图

5.3.7 氧化层测量技术

监测氧化层的技术就是测量氧化层的厚度和均匀性。椭圆光谱仪一般用于测量电介质薄膜的折射率和厚度。当光束从薄膜表面反射时，它的极化状态将会改变(见图 5.26)。通过测量极化状态的变化，就可以获得有关薄膜反射系数和厚度的信息。由于测量的椭圆数值是厚度的周期函数，所以必须使用一个薄膜厚度的估计值。因为已知二氧化硅对波长为633 nm光线(红色氦氖激光)的折射系数为 1.46，因此椭圆光谱仪也可以用来测量氧化层薄膜的厚度。

氧化层生长完成之后，晶圆的表面颜色会随之改变。颜色与薄膜厚度、折射系数和入射光的角度有关。如图 5.27 所示，因为光线 2 进入氧化薄膜经过了较长的距离，所以从氧化层表面的反射光(光线 1)和从硅-二氧化硅界面的反射光(光线 2)将频率相同但相位不同。这两种反射光相互干涉并在不同波长形成建设性和破坏性干涉，这是因为折射系数是波长的函数。增强性的干涉频率决定了晶圆的颜色。

$$\Delta\Phi = 2tn(\lambda)/\cos\theta = 2N\pi$$

其中，t 是薄膜厚度，$n(\lambda)$ 是薄膜折射系数，θ 为入射角度，而 N 是一个整数。当相位移 $\Delta\Phi$ 大于2π时，色彩模式将会重复。表 5.6 为二氧化硅厚度的颜色对照表。

① 1 个大气压 = 101.325 kPa。——编者注

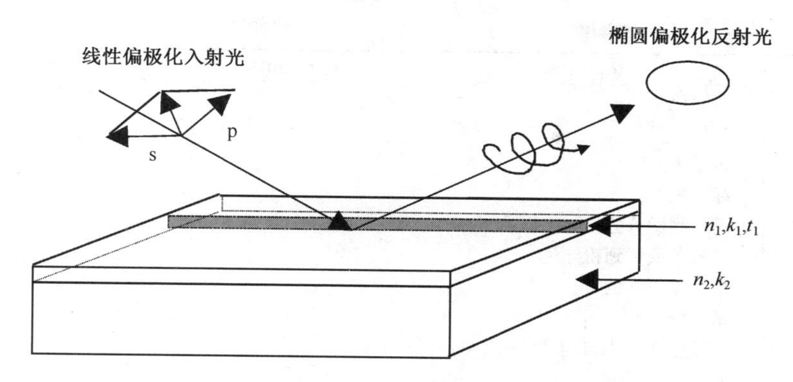

图5.26 椭圆光谱仪系统

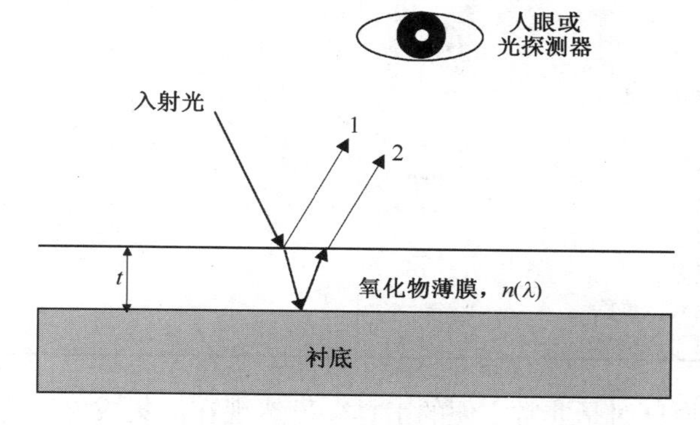

图5.27 反射光及相位差

表5.6 二氧化硅颜色对照表

厚度(Å)	颜色	厚度(μm)	颜色
500	黄褐色	1.0	康乃馨粉红色
700	褐色	1.02	紫红色
1000	深紫色到红紫色	1.05	红紫色
1200	宝石蓝色	1.06	紫色
1500	浅蓝色到铁蓝色	1.07	蓝紫色
1700	浅黄绿色	1.10	绿色
2000	淡金色或淡黄金色	1.11	黄绿色
2200	带有浅黄橙色的金色	1.12	绿色
2500	橘色到瓜绿色	1.18	紫色
2700	红紫色	1.19	红紫色
3000	蓝色到紫蓝色	1.21	紫红色
3100	蓝色	1.24	康乃馨粉红到橙红色
3200	蓝色到蓝绿色	1.25	橘色
3400	浅绿色	1.28	微黄色
3500	绿色到黄绿色	1.32	天蓝色到绿蓝色
3600	黄绿色	1.40	橘色
3700	绿黄色	1.45	紫色
3900	黄色	1.46	蓝紫色
4100	浅橘色	1.50	蓝色
4200	康乃馨粉红色	1.54	暗黄绿色
4400	紫红色		
4600	红紫色		
4700	紫色		
4800	蓝紫色		
4900	蓝色		

(续表)

厚度(Å)	颜　色	厚度(μm)	颜　色
5000	蓝绿色		
5200	绿色		
5400	黄绿色		
5600	绿黄色		
5700	黄色到微黄色		
5800	浅橘色或黄到粉红色		
6000	康乃馨粉红色		
6300	紫红色		
6800	浅绿色(介于紫红与蓝绿色之间)		
7200	蓝绿色到绿色		
7700	微黄色		
8000	橘色		
8200	橙红色		
8500	暗浅红紫色		
8600	紫色		
8700	蓝紫色		
8900	蓝色		
9200	蓝绿色		
9500	暗黄绿色		
9700	黄色到微黄色		
9900	橘色		

表5.6在测量薄膜厚度时是非常方便的工具。虽然现在的集成电路生产都不再使用表5.6，但该表仍用于快速估计氧化层厚度及查看有无明显的非均匀性。

如果将具有一层较厚氧化层的晶圆放入氢氟酸溶液中，氢氟酸将会刻蚀二氧化硅。将晶圆缓慢拉出后，氧化层将会因刻蚀的时间不同而厚度不同，晶圆的颜色也不同。这样可以制作出色彩呈周期性改变的晶圆，即所谓的彩虹晶圆。

要准确测量二氧化硅的厚度，就必须使用光反射光谱仪，它能够测量不同波长的光被反射后的强度，再通过光的波长和反射强度之间的关系将薄膜的厚度计算出来。

对于栅氧化层，击穿电压和固定电荷的测量非常重要。通过在氧化层上沉积一层图形化的导电层，就可以形成所谓的金属-氧化物-半导体电容，通过这个电容就可以测量出击穿电压和固定电荷。当施加了偏压后，通过金属-氧化物-半导体电容与电压的关系，即 *C-V* 曲线，就可以获得硅-二氧化硅界面的固定电荷分布。如果增加偏压直到二氧化硅击穿为止，就能够测量出击穿电压的数值。结合250℃的高温测试，可以通过热应力加速元器件发生故障的时间，从而可以预测元器件的寿命。图5.28为 *C-V* 测量系统示意图。

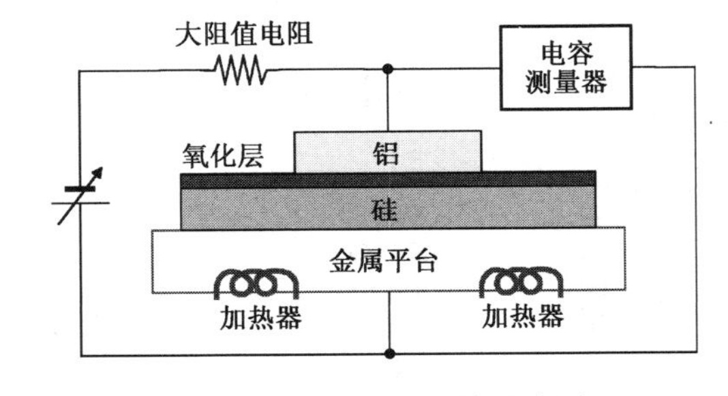

图5.28　*C-V* 测量系统示意图

5.3.8　氧化工艺的发展趋势

当图形尺寸逐渐缩小时，浅沟槽隔离逐渐取代硅的局部氧化隔离成为隔离相邻晶体管的绝缘隔离技术，这样就再也不需要生长一层厚的氧化层了。氧化工艺的主流是生长薄的氧化层，如衬垫氧化层、屏蔽氧化层、阻挡氧化层和栅氧化层。未来的炉管应用中将会更多地使用干氧氧化工艺，湿氧氧化用于生产工艺的控制和发展所需的测试晶圆。

随着栅氧化层厚度的持续缩小，快速加热氧化(Rapid Thermal Oxidation，RTO)工艺很可能取代炉管工艺。快速加热工艺(Rapid Thermal Process，RTP)在高温时有较好的温度控制和晶圆对晶圆的均匀性。快速加热氧化系统可加入一个氢氟酸蒸气刻蚀器，进行临场原生氧化层剥除、栅氧化过程和栅氧化层的退火。氮化栅氧化层可以增加栅介质薄膜的介电常数，并有助于降低有效氧化层厚度(EOT)，同时保持栅氧化层较厚的物理厚度，以防止电击穿。氮化过程可以使用环境气体，即一氧化氮(NO)进行热退火，它还可以实现在氮气环境中采用氮等离子体退火。这种整合工艺的好处之一是晶圆表面在氧化过程之前不必暴露在大气中。

5.4　扩散工艺

早期的集成电路生产普遍使用扩散掺杂半导体，由于最常用的硅掺杂工具是高温石英炉，所以“扩散炉”这个名词沿用至今。同样，高温炉在集成电路生产中的位置就称为扩散区间，然而先进的集成电路生产中实际已很少使用扩散掺杂工艺。

扩散是一种物理过程，通过分子热运动使物质由浓度高区移向浓度低区。扩散可以发生在任何地方及任何时间。香水在空气中的扩散是一个例子，糖、盐和墨水在液体中的扩散，以及浸在水中的木材或接触油类的固体等都是扩散过程。

早期的集成电路生产普遍使用扩散掺杂工艺。利用高温在硅表面掺杂高浓度的掺杂物后，掺杂物就会扩散到硅衬底中，从而改变半导体的导电率，图 5.29 说明了硅扩散掺杂过程。结深定义为扩散的掺杂浓度等于衬底浓度时的深度，图 5.30 说明了结深的定义。

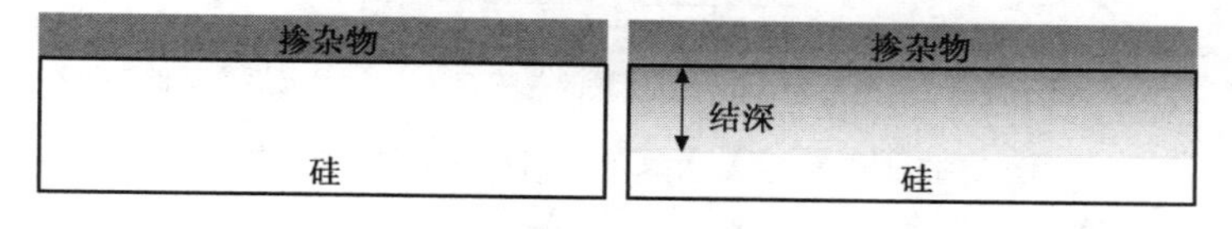

图 5.29　硅扩散掺杂工艺

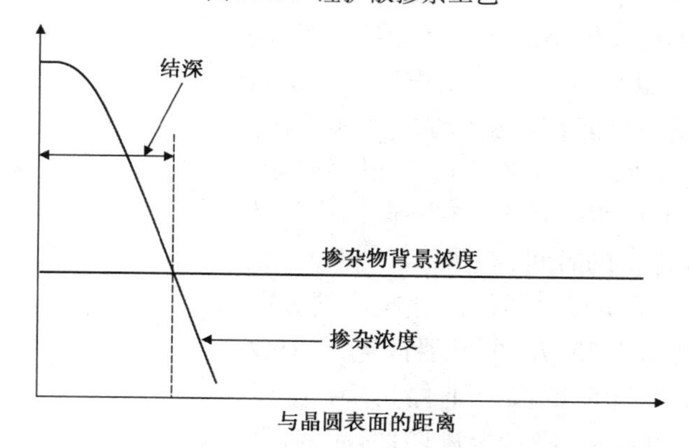

图 5.30　扩散掺杂结深的定义

由于固体的扩散速率和温度呈指数关系 $D \propto \exp(-E_a/kT)$，因此高温环境可以显著加速扩散速率。在这个关系表示式中，E_a是活化能，k 是玻尔兹曼常数，T 是温度。

对于硼和磷等元素，大多数和半导体制造有关的掺杂物在二氧化硅中的活化能高于在单晶硅中的活化能，所以它们在二氧化硅中的扩散速率远低于在硅中的扩散速率，因此二氧化硅能够作为扩散遮蔽层，以便在硅表面特定区域掺杂(见图5.31)。

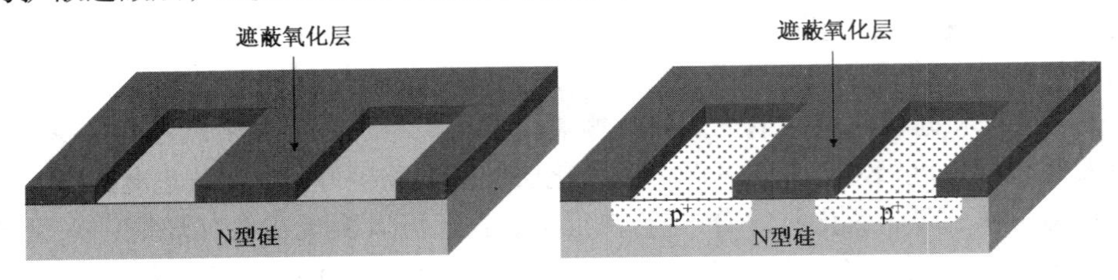

图5.31 图形化扩散掺杂工艺

与离子注入掺杂工艺相比，扩散掺杂工艺有几个缺点，如扩散掺杂不能独立控制掺杂物浓度和结深。由于扩散是一种等向过程，因此掺杂物总会扩散到遮蔽氧化层下部区域(见图5.31)。当图形尺寸缩小时，扩散掺杂将造成相邻界面处短路。所以，当离子注入工艺在20世纪70年代中期引入半导体制造过程以后，就快速取代了扩散掺杂过程成为硅掺杂的主要技术。

集成电路产业中有一项与扩散工艺有关的重要过程，这就是所谓的热积存。自对准源极/漏极注入之后，除了栅极的大小之外还会形成重掺杂的源极和漏极(见图5.32)。源极/漏极注入之后的任何高温过程，都可能造成源极/漏极的掺杂物扩散，从而增加源极/漏极的结深。如果结深增加得太大，就可能对元器件的功能造成影响。源极/漏极注入形成之后，晶圆在加热工艺中所花费的时间和温度的乘积称为热积存。

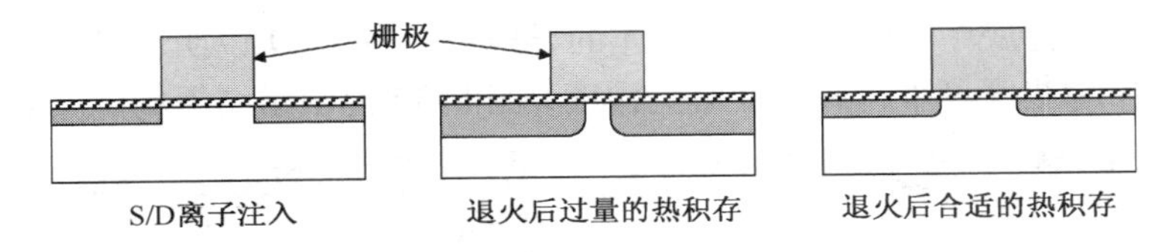

图5.32 离子注入加热工艺后的S/D扩散示意图

热积存取决于栅极的尺寸，也就是集成电路芯片的最小图形尺寸。栅极长度较小的元器件能使源极/漏极扩散的空间小，因此也只有较小的热积存。由于最小图形尺寸的缩小，晶圆只能在高温(超过1000℃)过程中停留很短的时间，所以需要紧凑的热积存控制。图5.33显示了不同图形尺寸的元器件在不同温度下的热积存(某温度下所能停留的时间)。图5.33假设掺杂物的表面浓度为10^{20}原子/cm^3。图形尺寸越小的元器件，热积存也越小，例如0.25 μm的元器件经过源极/漏极注入之后只能在1000℃的温度下停留24 s，而2 μm的元器件能停留1000 s。降低温度能使热积存明显增加，例如经过源极/漏极注入后的0.25 μm的元器件能够在900℃的温度下停留200 s，而当温度为800℃时，则能够停留3000 s。

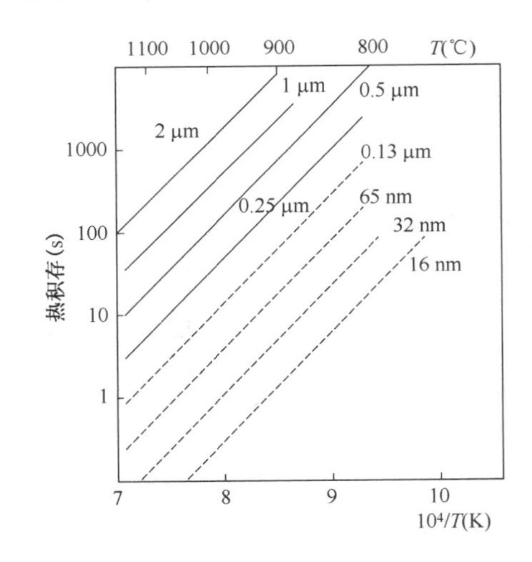

图5.33 不同图形尺寸的元器件在特定温度下能利用的热积存时间[4]

5.4.1 沉积和驱入过程

一般扩散掺杂工艺的顺序为先进行预沉积，然后为驱入过程。1050℃时首先在晶圆表面沉积一层掺杂氧化层，如B_2O_3或P_2O_5。接着再用热氧化工艺消耗掉残余的掺杂物气体，并且在硅晶圆上生长一层二氧化硅层覆盖掺杂物，避免掺杂物的向外扩散。预沉积及覆盖层氧化反应中最常用的硼和磷原材料为二硼烷（B_2H_6）和三氯氧化磷（Phosphorus Oxychloride，即$POCl_3$，一般称为POCL），它们的化学反应式表示如下：

硼：　　预沉积：　$B_2H_6 + 2O_2 \rightarrow B_2O_3 + 3H_2O$

覆盖层氧化反应：　$2B_2O_3 + 3Si \rightarrow 3SiO_2 + 4B$　　$2H_2O + Si \rightarrow SiO_2 + 2H_2$

磷：　　预沉积：　$4POCl_3 + 3O_2 \rightarrow 2P_2O_5 + 6Cl_2$

覆盖层氧化反应：　$2P_2O_5 + 5Si \rightarrow 5SiO_2 + 4P$

二硼烷（B_2H_6）是一种有毒气体，闻起来带有烧焦的巧克力甜味。如果吸入或被皮肤吸收，就会有致命危险。二硼烷可燃，自燃温度为56℃；当空气中的二硼烷浓度高于0.8%时，会产生爆炸。$POCL_3$的蒸气除了引起皮肤、眼睛及肺部不适外，甚至会造成头晕、头痛、失去胃口、恶心及损害肺部。其他常用的N型掺杂化学物为三氢化砷（AsH_3）和三氢化磷（PH_3），这两者都有毒、易燃且易爆。它们在预沉积和氧化过程中的反应都与二硼烷（B_2H_6）类似。

图5.34所示为硼的预沉积和覆盖氧化过程使用的高温炉扩散系统。为了避免交叉污染，每个炉管仅适用一种掺杂物。

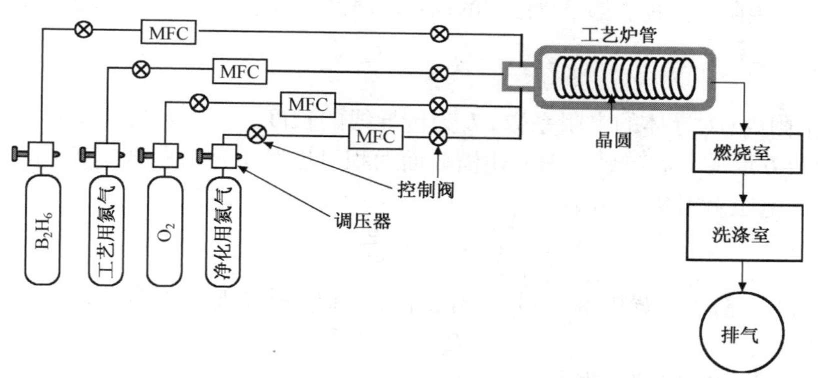

图5.34　硼掺杂工艺高温扩散炉系统示意图

接着，在氧气环境下将高温扩散炉的温度升高到1200℃，提供足够的热能，使掺杂物快速扩散到硅衬底。驱入时间由所需的结深决定，可以通过已有的理论推算出每种掺杂物所需的驱入时间。图5.35显示了扩散掺杂工艺中的预沉积、覆盖氧化过程和驱入过程。

扩散工艺无法单独控制掺杂物的浓度和结深，这是因为两者都与温度密切相关。扩散是一种等向性过程，所以掺杂物原子都将扩散到遮蔽氧化层的边缘下方。但是，离子注入对掺杂物的浓度和分布能很好地控制，所以先进集成电路生产中几乎所有的半导体掺杂过程都使用离子注入技术完成。扩散技术在先进集成电路制造中的主要应用是在阱区注入退火过程中将掺杂物驱入。

20世纪90年代晚期，研发部门为了形成超浅结深（Ultra-Shallow Junction，USJ）而使扩散技术再次流行，首先利用化学气相沉积技术将含有高浓度硼的硼硅玻璃（BSG）沉积在晶圆表面，接着利用快速加热工艺(RTP)再将硼从硼硅玻璃中驱出并扩散到硅中形成浅结。图5.36显示了超浅结形成时的预沉积、扩散和剥除过程。

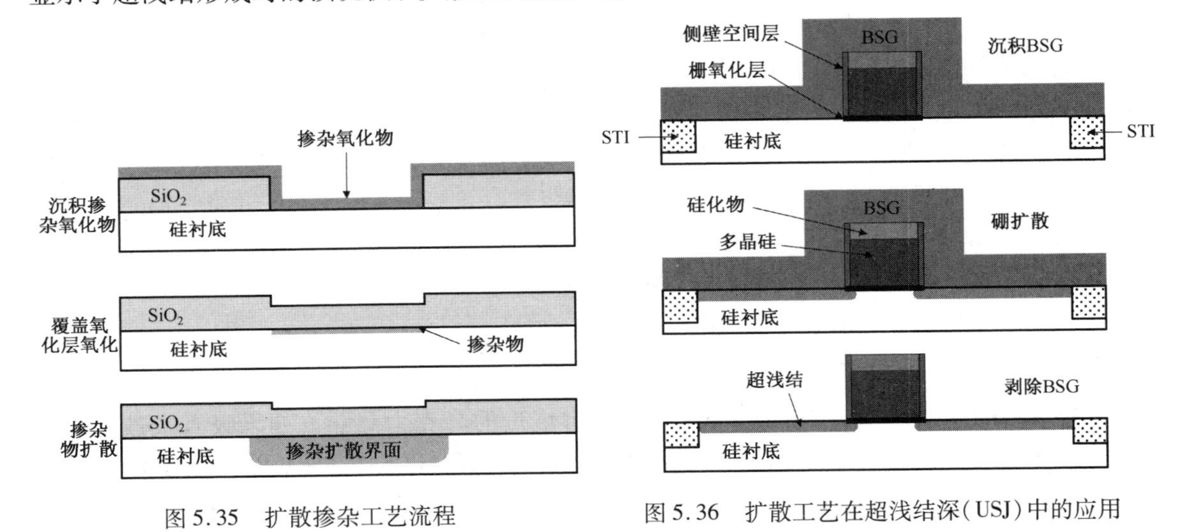

图5.35 扩散掺杂工艺流程

图5.36 扩散工艺在超浅结深(USJ)中的应用

5.4.2 掺杂工艺中的测量

监测掺杂过程时最常使用的测量工具是四点探针。由于硅的电阻系数和掺杂物的浓度有关，所以测量硅表面薄片电阻就能提供掺杂物浓度的信息。薄片电阻是一个定义的参数，可以表示为

$$R = \rho \frac{L}{A}$$

其中，R代表电阻，ρ为导体的电阻系数，L为传导线的长度，而A为该导线横截面的面积。如果导线是一个长方形的条状导线，则上述横截面面积可以简单地改写成宽度(W)和厚度(t)的乘积。而导线的电阻就可以表示为

$$R = \rho \frac{L}{Wt}$$

对于方形薄片，由于长宽相等，可以相互抵消，所以一个方形导线的薄片电阻可以表示为

$$R_s = \rho / t$$

其中，掺杂硅的电阻率ρ主要由掺杂物的浓度决定，而厚度t主要由掺杂物的结深决定。由已知离子的能量、种类和衬底材料则可估算出结深，所以测量薄片电阻就能获得有关掺杂物浓度的信息。

图5.37的四点探针法是最常使用的测量薄片电阻的工具，只要在其中两个探针之间加上一定的电流，同时测量另外两个探针之间的电压差，便可以计算出薄片电阻。一般情况下，探针之间的距离为$S_1 = S_2 = S_3 = 1$ mm，如果将电流I加在P_1和P_4之间(见图5.37)，则薄片电阻$R_S = 4.53\ V/I$，V为P_2和P_3之间的电压。如果电流加在P_1和P_3之间，则$R_S = 5.75\ V/I$，而V为P_2和P_4之间的电压。这两个等式是在薄膜面积无限大的假设下推导的，在晶圆上进行薄膜测量时这个假设不成

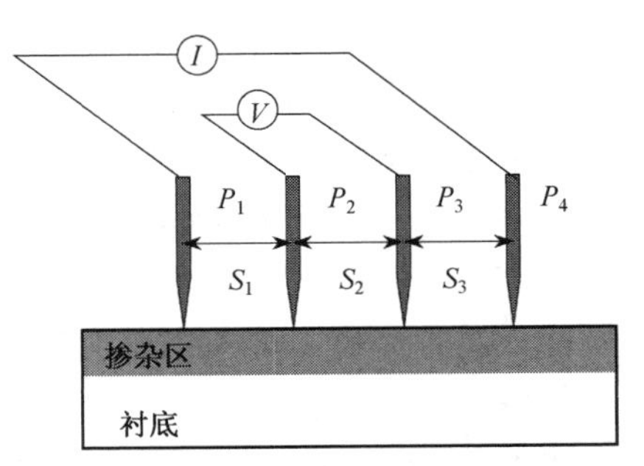

图5.37 四点探针测量法示意图

立。先进的工具都进行四次测量，依序进行上述两种测量组合，并改变每组的电流方向以减少边缘效应，便可获得正确的测量结果。

由于四点探针和晶圆直接接触将在晶圆表面造成缺陷，所以这种方法只能用于测量测试晶圆，进行工艺改进、鉴定和控制。进行测量时必须有足够的力使探针穿过厚度为10～20 Å的薄原生氧化层，这样才能接触到硅衬底以形成良好接触。

5.5　退火过程

退火是一种加热过程，这个过程是将晶圆加热产生所需的物理或化学变化，并在晶圆表面增加或移除少量的物质。

5.5.1　离子注入后退火

离子注入过程中，高能掺杂物离子将对靠近晶圆表面的硅晶体结构造成破坏。为了满足元器件性能的要求，必须利用退火工艺将晶格的损伤修复，使其恢复单晶结构并激活掺杂物。当掺杂物原子在单晶晶格位置时，才能有效地提供电子或空穴作为传导电流的主要载流子。高温工艺中，原子利用热能快速移动，并停留在自由能最低的单晶晶格位置，这样就修复了单晶的结构。图5.38(a)示意了离子注入后造成的晶体损伤，图5.38(b)示意了退火后晶体复原和掺杂物激活的情况。

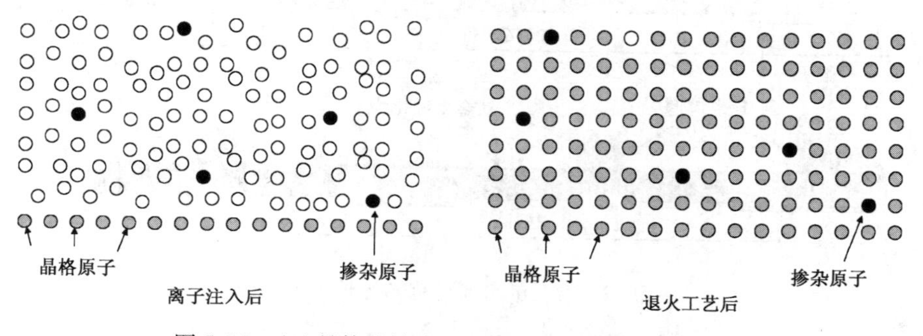

图5.38　(a)晶体的缺陷；(b)退火后的晶体复原结构

20世纪90年代之前，高温炉广泛用于进行注入后的退火处理。高温炉退火是批量处理，通常在充满氮气和氧气环境下，850℃～1000℃的高温范围内进行30 min。使用少量的氧气有助于防止暴露的硅晶圆表面形成氮化硅。高温炉闲置状态时仍维持在650℃～850℃的高温，所以晶圆必须缓慢推进或拉出高温炉，以避免晶圆弯曲。由于缓慢进出的原因，晶舟承载架或塔架两端的晶圆有不同的退火时间，从而可能造成晶圆对晶圆的不均匀。

高温炉退火的另一个问题是热积存效应和退火过程中的掺杂物扩散问题。高温炉退火过程需要相当长的时间，而且将引起过多掺杂物扩散，这是尺寸较小的晶体管所不能容许的。所以，先进的集成电路生产多使用快速加热退火(RTA)过程进行注入后退火处理。快速加热退火系统能在大约10 s的极短时间内将晶圆温度由室温提高到1100℃。快速加热工艺能精确控制晶圆的温度和晶圆内的温度均匀性，当温度约为1100℃时，能在约10 s内恢复单晶结构且只引起少量的掺杂物扩散。RTA工艺也有较好的晶圆对晶圆的温度均匀性控制，因此只在某些非关键性的注入后退火过程中才继续使用高温炉集成电路工艺，如阱区注入退火和驱入过程。

5.5.2 合金化热处理

合金化热处理是利用热能使不同原子彼此结合成化学键而形成金属合金的一种加热工艺，半导体制造过程中已经使用了很多合金工艺，自对准金属硅化物工艺过程中一般形成钛金属硅化合物(见图5.39)。

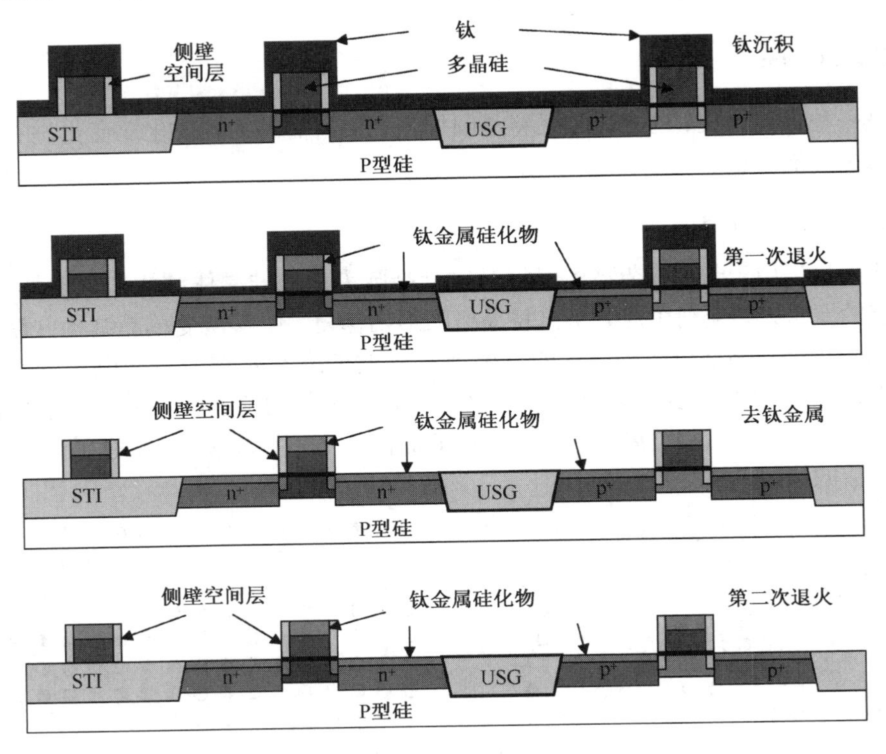

图5.39 自对准金属硅化物生长工艺流程

第一次退火在较低温度(约650℃)和氮气环境下进行，形成晶粒较小而电阻系数较高的C-49钛金属硅化物。第二次退火是较高温度(超过750℃)的工艺过程，并将电阻系数较高的C-49 $TiSi_2$转变成电阻系数较低的C-54 $TiSi_2$。虽然有可能只用一次高于750℃的退火处理直接形成C-54 $TiSi_2$，但可能造成源极/漏极与栅的短路。这是因为高温下硅在钛金属内的快速扩散将导致钛金属硅化物桥接电介质侧壁(称为硅压入效应)。

钴硅化物的形成过程和钛金属硅化物类似。第一次退火是在450℃形成CoSi，第二次退火是在700℃形成$CoSi_2$。如果使用快速加热工艺，就可以在700℃~750℃直接一次形成$CoSi_2$。$CoSi_2$已经在0.25 μm~90 nm工艺技术中广泛使用。

65 nm节点之后，已经将镍硅化物作为硅化物材料用于高速逻辑集成电路中。NiSi可以在约450℃的较低温度下形成，从而减少了热积存。

高温炉和快速加热工艺系统都用于钛金属硅化物和钴金属硅化物的合金工艺中，然而快速加热工艺有较好的热积存控制和晶圆对晶圆的均匀性。高温炉已在400℃和充满氮与氢气的环境下用于形成铝硅合金，这样的低温可以防止硅铝交互扩散而造成所谓的结面尖凸现象(见图5.40)。

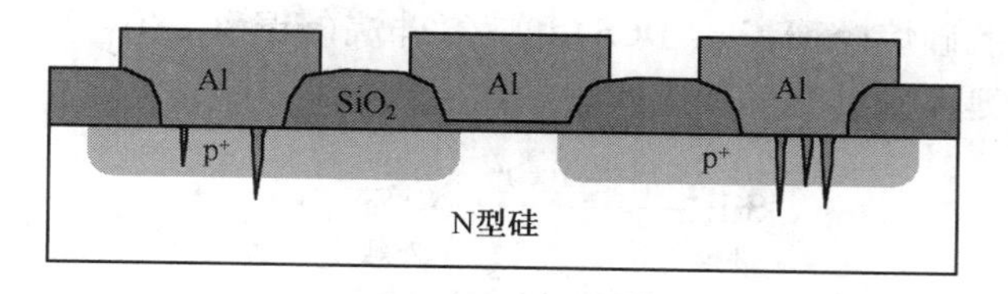

图 5.40 结面尖凸现象

5.5.3 再流动过程

当温度超过硅玻璃的玻璃化温度(Glass-transition Temperature, T_g)时，玻璃就会软化并开始流动，这种特性被广泛应用于玻璃产业中，将玻璃塑造成各种形式的玻璃制品。这个方法也应用在晶圆制造中，使硅玻璃表面在称为再流动的高温中变得更平滑。1100℃时，掺磷的硅玻璃(PSG)将会软化并开始流动。软化后的 PSG 沿着表面张力流动，使电介质表面更加圆滑平坦，从而可以改善光刻工艺的解析度，并使后续的金属化更加顺利。图 5.41 显示了 PSG 沉积和再流动的情况。

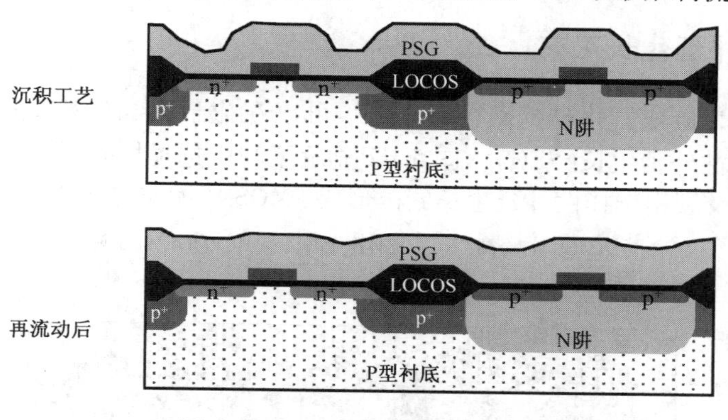

图 5.41 PSG 沉积和再流动工艺

随着最小图形尺寸的不断缩小，热积存也更加紧凑。硼磷硅玻璃(BPSG)可将再流动温度降低到 900℃左右，从而显著减少了热积存。一般而言，再流动工艺需要在充满氮气的高温炉环境中进行约 30 min(从推进晶圆载舟及温度上升到设定温度并达到稳定为止)。

当最小图形尺寸缩小到 0.25 μm 以下时，再流动工艺已无法满足高光刻解析度对表面平坦化的要求，太过紧凑的热积存也限制了再流动的应用，所以化学机械研磨(CMP)技术取代了再流动技术，应用在电介质的表面平坦化技术上。

5.6 高温化学气相沉积

化学气相沉积是一种添加工艺，将在晶圆表面沉积一层薄膜层。高温化学气相沉积过程包括外延硅沉积、选择性外延工艺、多晶硅沉积和低压化学气相氮化硅沉积。

5.6.1 外延硅沉积

外延硅是一种单晶硅层，通过高温过程沉积于单晶硅晶圆的表面。双载流子晶体管、双载流子互补型金属-氧化物-半导体晶体管(BiCMOS)集成电路芯片，以及高速先进金属-氧化物-半导体(CMOS)晶体管集成电路芯片均需要使用外延硅层。

硅烷(SiH_4)、二氯硅烷(SiH_2Cl_2, DCS)和三氯硅烷($SiHCl_3$, TCS)是硅外延生长中最常使用的3种气体。硅外延生长的化学反应式表示如下:

$$\underset{\text{硅烷}}{SiH_4} \xrightarrow{\text{加热(1000℃)}} \underset{\text{外延硅}}{Si} + \underset{\text{氢}}{H_2}$$

$$\underset{\text{二氯硅烷}}{SiH_2Cl_2} \xrightarrow{\text{加热(1100℃)}} \underset{\text{外延硅}}{Si} + \underset{\text{氯化氢}}{2HCl}$$

$$\underset{\text{三氯硅烷}}{SiHCl_3} + \underset{\text{氢}}{H_2} \xrightarrow{\text{加热(1100℃)}} \underset{\text{外延硅}}{Si} + \underset{\text{氯化氢}}{3HCl}$$

通过将掺杂气体如三氢化砷(AsH_3)、三氢化磷(PH_3)和二硼烷(B_2H_6)与硅的来源气体注入反应室，就能在薄膜生长过程的同时对外延硅掺杂，这三种掺杂气体都是有毒、可燃及易爆性气体。整面全区外延硅的沉积通常在集成电路生产之外的晶圆制造厂中完成。外延工艺曾在第4章中讨论过。

5.6.2 选择性外延生长工艺

通过图形化氧化硅或氮化硅掩蔽薄膜生长，可以在掩蔽膜和硅暴露的位置生长外延层。这个过程称为选择性外延生长(SEG)。图5.42显示了利用选择性外延生长碳化硅形成NMOS拉伸应变沟道，以及利用选择性外延生长锗硅形成PMOS压缩应变沟道。

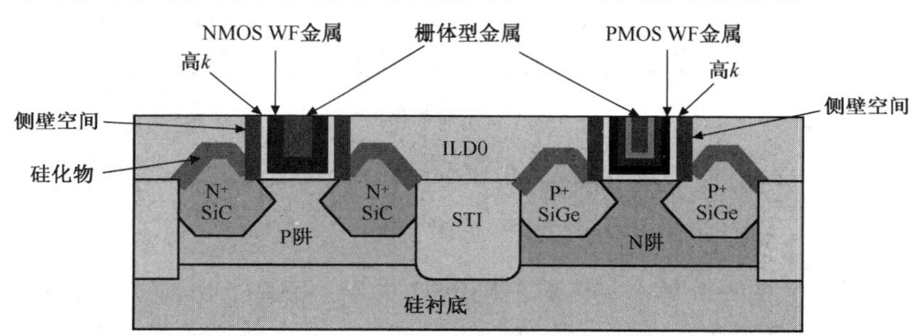

图5.42 先进CMOS工艺中选择性外延生长的应用

5.6.3 多晶硅沉积

自从20世纪70年代中期离子注入被引入集成电路生产中作为硅掺杂工艺后，多晶硅就作为栅极材料使用，同时也广泛用于DRAM芯片的电容器电极。图5.43显示了多晶硅在先进DRAM芯片上的应用。

硅化物叠在第一层多晶硅(Poly 1)上形成栅电极和局部连线，第二层多晶硅(Poly 2)形成源极/漏极和单元连线之间的接触栓塞。硅化物叠在第三层多晶硅(Poly 3)上形成单元连线，第四层多晶硅(Poly 4)和第五层多晶硅(Poly 5)则形成存储电容器的两个电极，中间所夹的是高介电系数的电介质。为了维持所需的电容值，可以通过使用高介电常数的电介质来减少电容的尺寸。

多晶硅沉积是一种低压化学气相沉积(LPCVD)，一般在真空系统的炉管中进行(见图5.44)。

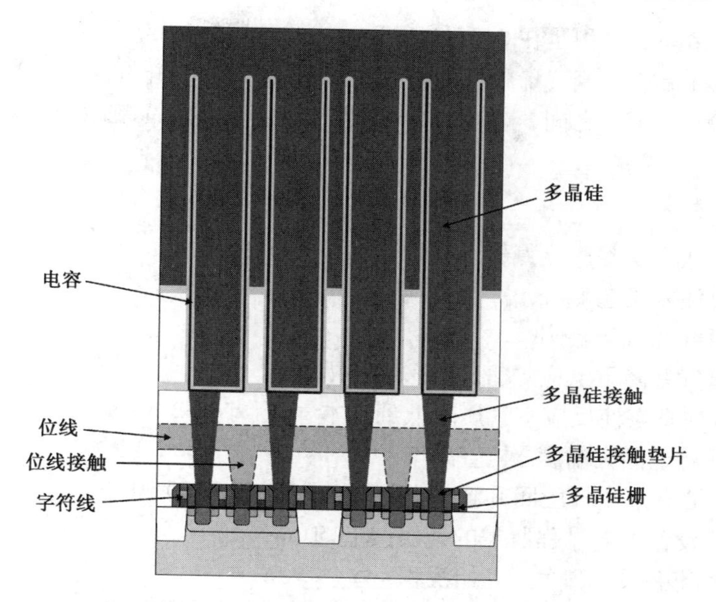

图5.43　多晶硅在DRAM芯片中的应用

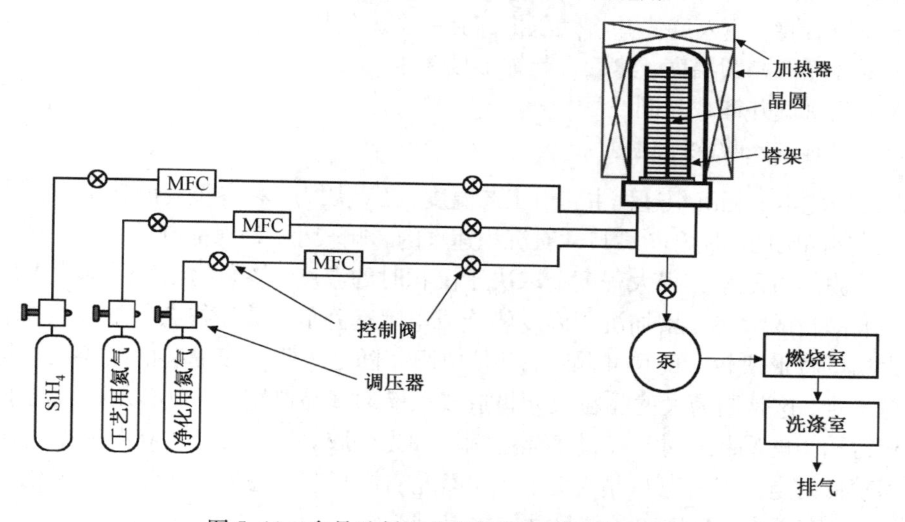

图5.44　多晶硅低压化学气相沉积系统示意图

多晶硅沉积一般采用硅烷(SiH_4)化学反应。高温条件下硅烷将分解并在加热表面形成硅沉积，该化学反应式可表示如下：

$$SiH_4 \rightarrow Si + 2H_2$$

多晶硅也可以使用二氯硅烷(SiH_2Cl_2，DCS)的化学反应形成沉积。高温状态下二氯硅烷将和氢反应并在加热表面形成硅沉积，二氯硅烷过程需要的沉积温度比硅烷过程所需的高。二氯硅烷的化学反应式表示如下：

$$SiH_2Cl_2 + H_2 \rightarrow Si + 2HCl$$

通过在反应室内(即炉管中)将三氢化砷(AH_3)、三氢化磷(PH_3)或二硼烷(B_2H_6)的掺杂气体直接输入硅烷或二氯硅烷的硅材料气体中，就可以进行临场低压化学气相沉积的多晶硅掺杂过程。

一般情况下，多晶硅沉积是在0.2~1.0 Torr的低压条件及600℃~650℃之间的沉积温度下进行的，使用纯硅烷或以氮气稀释后的纯度为20%~30%的硅烷。这两种沉积过程的沉积速率都在100~200 Å/min之间，主要由沉积时的温度决定。晶圆内的薄膜厚度不均匀性低于4%。

多晶硅沉积过程如下：

- 系统闲置时注入吹除净化氮气
- 系统闲置时注入工艺氮气
- 注入工艺氮气并载入晶圆
- 注入工艺氮气并降下反应炉管(钟形玻璃罩)
- 关掉氮气，抽真空使反应室气压降低到基本气压(小于2 mTorr)
- 注入氮气并稳定晶圆温度，检查漏气
- 关掉氮气，抽真空使气压回升到基本气压(小于2 mTorr)
- 注入氮气并设置工艺过程所需的气压(约250 mTorr)
- 开启SiH_4气流并关掉氮气，开始沉积
- 关掉硅烷气流并打开栅极活塞，抽真空使气压回升到基本气压
- 关闭栅极活塞，注入氮气并将气压提高到一个大气压
- 注入氮气降低晶圆温度，然后升起钟形玻璃罩
- 注入工艺氮气并卸载晶圆
- 系统闲置时注入吹除净化氮气

多晶硅低压化学气相沉积过程主要由工艺温度、工艺压力、稀释过程的硅烷分压及掺杂物的浓度决定。虽然晶圆的间距和负载尺寸对沉积速率的影响较小，但对晶圆的均匀性相当重要。

多晶硅薄膜的电阻率在很大程度上取决于沉积时的温度、掺杂物浓度及退火温度，而退火温度又会影响晶粒的大小。增加沉积温度将造成电阻率降低，提高掺杂物浓度会降低电阻率，较高的退火温度将形成较大的尺寸晶粒，并使电阻率随之下降。多晶硅的晶粒尺寸越大，其刻蚀工艺就越困难，这是因为大的晶粒尺寸将造成粗糙的多晶侧壁，所以必须在低温下进行多晶硅沉积以获得较小的晶粒尺寸，经过多晶硅刻蚀和光刻胶剥除，再经过高温退火，形成较大的晶粒尺寸和较低的电阻率。某些情况是在450℃左右沉积非晶态硅后再进行图形化、刻蚀及退火，最后形成具有更大、更均匀晶粒尺寸的多晶硅。

单晶圆系统也能进行多晶硅沉积。这种沉积方法的好处之一在于能够临场进行多晶硅和钨硅化物沉积。DRAM芯片中通常使用由多晶硅-钨硅化物形成的叠合型薄膜作为栅极、局部连线及单元连线。临场多晶硅/硅化物沉积过程可以节省钨硅化物沉积之前，去除多晶硅层上的表面氧化层过程和表面清洗步骤，这些步骤都是传统的高温炉多晶硅沉积和化学气相沉积钨硅化物工艺所必需的。使用多晶硅-钨硅化物整合系统可以使产量明显增加。如图4.23所示，单晶圆的多晶硅沉积反应室与单晶圆外延硅沉积反应室类似。图5.45所示是一个整合了多晶硅和钨硅化物的沉积系统，又称为多晶硅化物系统。

在多晶硅化物整合系统中，晶圆从装载系统中载入，然后利用机械手将晶圆从转换室送入多晶硅反应室。多晶硅沉积之后，再将晶圆由多晶硅反应室取出，转送到钨硅化物(WSi_x)室进行沉积($W\text{-}Si_x$)($2<x<3$)，这个过程经过处于真空状态的转换室。当多晶硅化物沉积完成后，机械手将再次取出晶圆送到冷却室。冷却室内的氮气将晶圆的热量带走，最后机械手将晶

圆放在装载系统中的塑胶晶圆盒内准备卸载。

对于先进的DRAM芯片，多晶硅、硅化钨、钨氮化物和钨（多晶硅/WSi_x/WN/W）堆积形成常用的栅/数据线；钨氮化物、钨（WN/W）堆积用于位线。最先进的DRAM芯片采用埋数据线（BWL）技术，它采用TiN/W堆积连接阵列晶体管的栅极和数据线；多晶硅/WSi_x/WN/W置于位线和外围晶体管的栅电极。图5.45所示的配套系统可用于沉积多晶硅/WSi_x/WN/W，由4个反应室一次进行淀积过程。

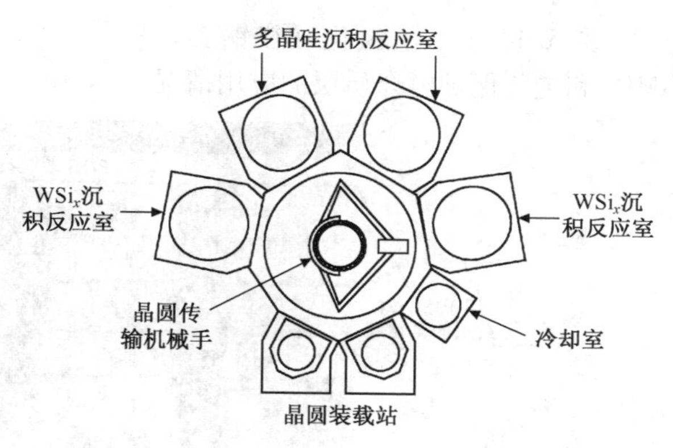

图5.45　具有多重反应室的多晶硅化物系统示意图

单晶圆的多晶硅沉积主要在10～200 Torr的低压下采用硅烷化学反应进行，沉积时的温度为550℃～750℃，沉积速率可高达2000 Å/min。干式清洁系统中通常使用氯化氢移除沉积在反应室内壁上的多晶硅薄膜，这将有助于减少微粒物的产生。

5.6.4　氮化硅沉积

氮化硅是一种致密的材料，在集成电路芯片上广泛用于扩散阻挡层。硅局部氧化形成过程中，用氮化硅作为阻挡氧气扩散的遮蔽层（见图5.11）。因为氮化硅的研磨速率比未掺杂的硅玻璃低，因此浅沟槽隔离形成中，氮化硅也作为化学机械研磨（CMP）的停止层（见图5.9）。

氮化硅也可以用于形成侧壁空间层、氧化物侧壁空间层的刻蚀停止层或空间层。一般情况下，在金属沉积前的电介质层（PMD）掺磷硅玻璃或硼磷玻璃沉积过程中，将首先沉积氮化硅层作为掺杂物的扩散阻挡层，从而可以防止硼或磷穿过超薄栅氧化层进入硅衬底，从而造成元器件损伤。氮化硅阻挡层也可以作为自对准工艺的刻蚀停止层（见图5.46）。

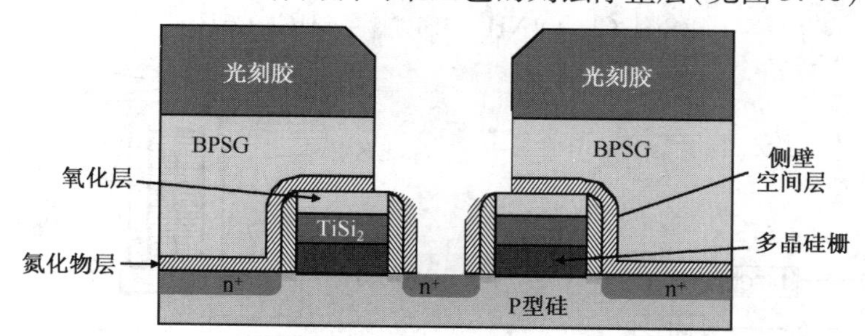

图5.46　氮化硅侧壁空间层及自对准刻蚀停止层

这些氮化物可以通过低压化学气相沉积工艺形成。对于扩散阻挡层氮化物，先进的集成电路芯片制造考虑热积存问题，使用等离子体增强化学气相沉积（PECVD），因其反应时需要的温度明显低于低压化学气相沉积。一些先进的CMOS集成电路芯片使用氮化物，对PMOS和NMOS沟道形成应变。对于双轴应变技术，采用PECVD氮化物的压应力形成PMOS沟道压缩应变，利用LPVCD的拉应力形成NMOS沟道拉伸应变。

铜金属化过程中，氮化硅薄层通常作为金属层间电介质层（IMD）的密封层和刻蚀停止层。而厚的氮化硅则用于作为集成电路芯片的钝化保护电介质层（Passivation Dielectric,

PD)。图5.47显示了氮化硅在铜芯片中作为金属沉积前的电介质层、金属层间电介质层(IMD)和钝化保护电介质层的应用情况。

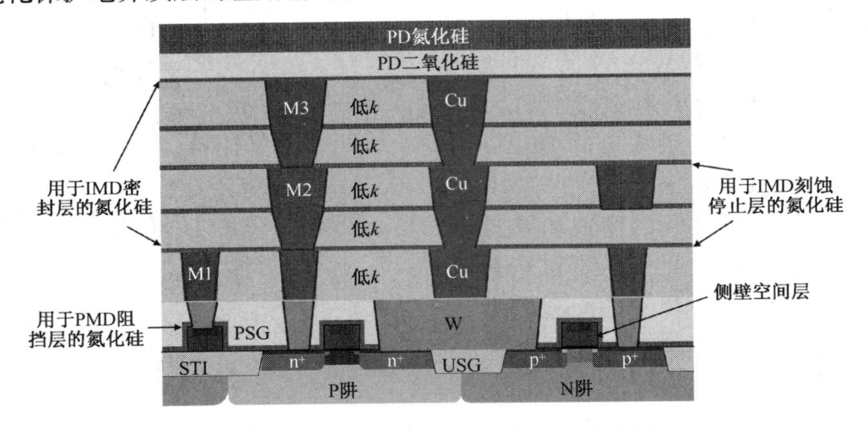

图5.47　氮化硅在集成电路芯片上的应用

第一次铝合金金属层沉积完成后，晶圆就不能在超过450℃的温度下进行任何工艺操作，所以大多数金属层间电介质层和钝化保护电介质层的氮化硅的沉积过程，都在400℃左右的温度下通过等离子体增强化学气相沉积进行薄膜生长。该工艺可以在相对较低的温度下获得高的沉积速率，这是由于等离子体产生的自由基将在很大程度上增加化学反应速率(见第10章)。

与PECVD生长的氮化硅相比，LPCVD生长的氮化硅薄膜具有好的质量及较少的含氢量，因此LPCVD工艺被广泛用于沉积局部氧化的氮化硅、浅沟槽隔离氮化硅、空间层氮化硅，以及金属沉积前的电介质层(PMD)氮化硅的阻挡层。此外，氮化硅LPCVD工艺不容易产生等离子体所引起的元器件损坏问题，这一点在PECVD工艺中无法避免。LPCVD工艺通常会使用带有真空系统的高温炉(见图5.48)。利用二氯硅烷(SiH_2Cl_2)和氨气(NH_3)在700℃～800℃的温度下发生化学反应，便可以形成氮化硅沉积。化学反应式表示如下：

$$3SiH_2Cl_2 + 4NH_3 \rightarrow Si_3N_4 + 6HCl + 6H_2$$

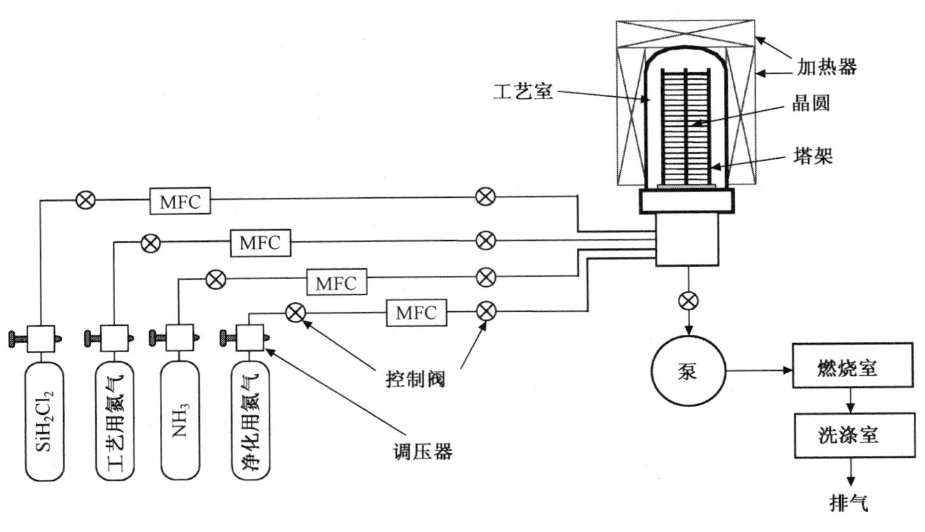

图5.48　氮化硅LPCVD系统示意图

利用硅烷(SiH_4)和氨气(NH_3)在900℃左右产生化学反应也可以形成氮化硅沉积，化学反应式可以表示如下：

$$3SiH_4 + 4NH_3 \rightarrow Si_3N_4 + 12H_2$$

其工艺过程如下所示：

- 载入晶圆
- 保持稳定的氮气气流和反应室温度，升高晶圆塔架
- 关闭氮气，抽真空，将反应室气压降低到基本气压
- 重新注入氮气，以稳定晶圆温度
- 关闭氮气并将气压降到基本气压
- 注入氮气和氨气，以提升并稳定气压
- 关闭氮气并打开二氯硅烷，以进行氮化硅沉积
- 关闭所有的气流，将反应室气压降到基本气压
- 重新将氮气注入反应室，将压力提高到一个大气压
- 氮气气流下，降低晶圆塔架并卸载晶圆

氮化硅 LPCVD 工艺流程如图 5.49 所示。

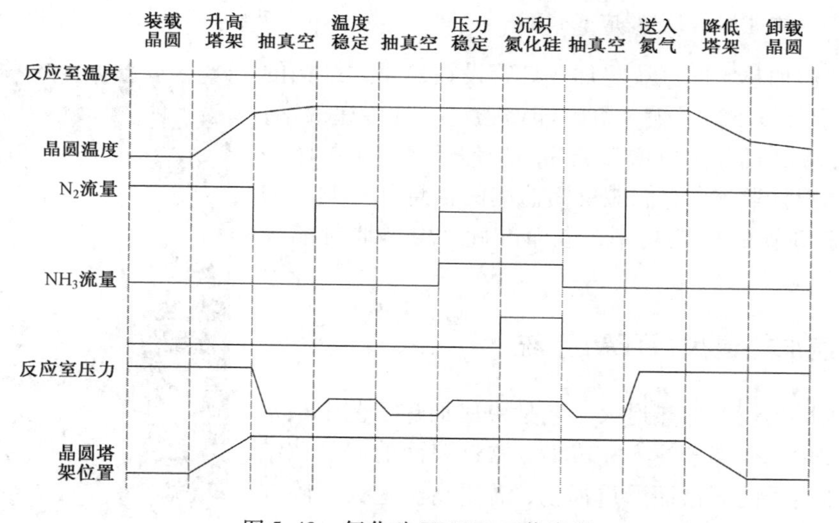

图5.49 氮化硅 LPCVD 工艺流程

以二氯硅烷(DCS)为主的氮化硅 LPCVD 过程可能形成的副产品之一就是固体氯化氨(NH_4Cl)，它将造成微粒污染，损伤真空泵。研究结果表明，最有可能取代它的材料就是二三丁基氨硅烷(Bis (tertiary-butylamino) Silane，$SiH_2[NH(C_4H_9)]_2$)，又称 BTBAS，它是一种沸点为164℃的液体。在550℃～600℃之间，这种液体将会和氨气反应，形成均匀的氮化硅薄膜沉积，这种薄膜具有高的质量和好的阶梯覆盖，而且不会造成氯化铵污染。

5.7 快速加热工艺(RTP)系统

高温炉是一种批量工具，一次能处理数百片晶圆。由于热容量很大，所以反应炉管或反应室的温度只能缓慢升高或降低。快速加热工艺是一种单晶圆工艺，能够以75℃/s～200℃/s 的

速率升温。离子注入退火、硅化物退火和超薄二氧化硅层生长都使用快速加热工艺系统。

快速加热工艺系统一般都具有一个石英反应室和许多石英件，加热的元件是一个钨卤素灯，能利用红外线(IR)辐射产生密集的热量，晶圆的温度可以由红外线高温计准确测量。图5.50是快速加热工艺系统的一种类型。

在快速加热工艺系统中，上、下两边的灯相互垂直放置，以使红外线辐射能够均匀加热晶圆。晶圆温度由高温计监测后，再通过钨卤素灯管反馈控制。图5.51显示了快速加热工艺系统中的灯管排列情况。

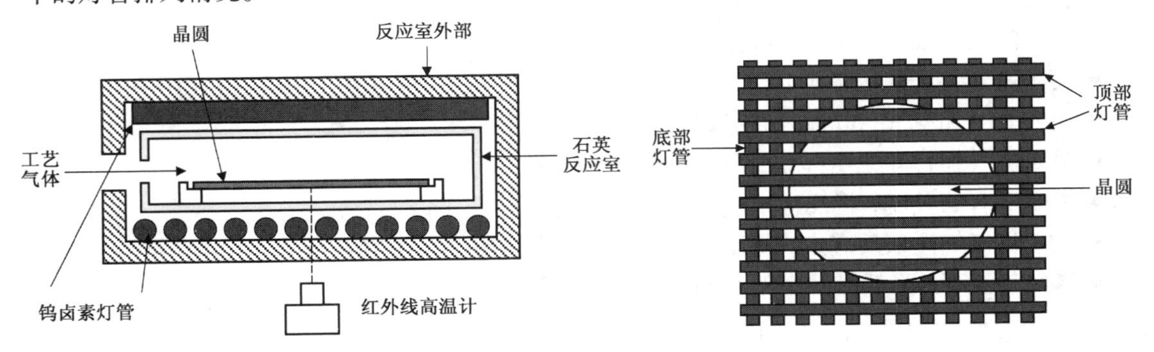

图5.50 快速加热工艺反应室示意图

图5.51 快速加热工艺反应室内的加热灯管阵列

另一种快速加热工艺系统将加热灯管设在蜂巢式结构的镀金灯室中(见图5.52)。镀金灯室能增强功率的传递效率，加热过程中不断转动晶圆以增强加热的均匀性。整个晶圆的温度由数个高温计监测，它们能反馈监测的信息并控制各加热区的钨卤素灯管的加热功率，进而准确、均匀地对晶圆加热。

图5.52 具有蜂巢式加热源结构的快速加热工艺系统

5.7.1 快速加热退火(RTA)系统

离子注入后的快速加热退火工艺是快速加热工艺中最常使用的一种技术。当离子注入完成后，靠近表面的硅晶体结构会受到高能离子的轰击而严重损伤，需要高温退火消除损伤，以恢复单晶结构并激活掺杂离子。高温退火过程中，掺杂物原子在热能的驱动下快速扩散。但在加热退火过程中，实现低掺杂物原子的扩散非常重要，因为当元器件尺寸缩小到深亚微米时，掺杂物原子可以扩散的空间很小，所以精确控制热积存非常重要。

非晶硅结构中，掺杂物原子的热运动受限较小，但是单晶格中的掺杂物原子却严重受化学键能的限制，所以非晶硅中的掺杂物原子比单晶硅中的掺杂物原子扩散得快。当温度较低时，掺杂物原子的扩散速度比硅原子的退火过程快；然而在高温时(超过1000℃)，退火过程更快些，这是因为退火的活化能(约5 eV)高于扩散的活化能3~4 eV。由于高温炉需要花费较长的时间且退火温度相对低些，所以无法降低掺杂物的扩散。对于较小的元器件，掺杂物原子的扩散问题变得无法容忍(见图5.53)。但是，一些非关键性的离子注入过程(如阱区注入)仍可以使用高温炉退火，大部分离子注入退火过程必须使用快速加热退火技术。

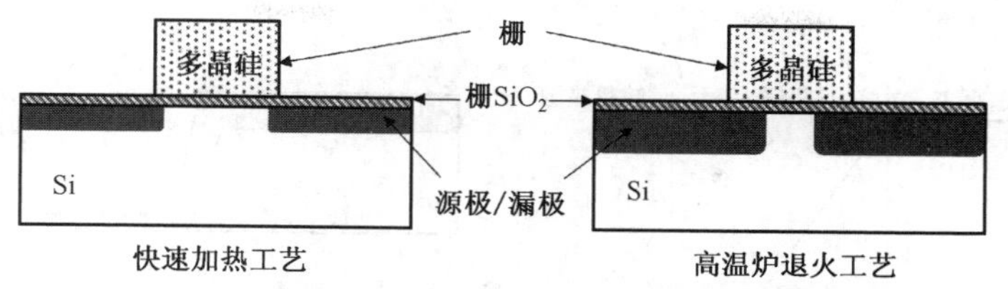

图 5.53　快速加热工艺和高温炉退火工艺的掺杂物扩散

快速加热工艺系统能够快速使晶圆温度上升或下降。一般情况下，快速加热工艺系统只需要不到 10 s 的时间就能使晶圆达到所需的退火温度，即 1000℃ ~ 1150℃之间。退火过程需要 10 s 左右的时间，接着关掉加热灯管并注入氮冷却气体，晶圆将被快速冷却。温度上升得越快，掺杂物原子的扩散就越少。当元器件的关键尺寸小于 0.1 μm 时，升温速率可能必须高达 250℃/s，才能在低掺杂物扩散的同时获得所需的退火要求。

离子注入后的快速加热退火过程如下：

- 晶圆进入
- 温度急升，温度趋稳
- 退火
- 晶圆冷却
- 晶圆退出

此时的温度上升速率为 75℃/s ~ 150℃/s，而退火温度约为 1100℃。在充满氮气和固定气流的环境下，整个工艺过程只需要不到 2 min 的时间就能完成。图 5.54 显示了快速加热退火系统在离子注入后退火过程中的温度变化。

自问自答

问：如果没有将快速加热退火工艺中的高温计校准好，可能造成什么后果？

答：如果高温计没有校准好，就可能导致无法正确测量晶圆的温度，稳定后的工艺温度就不是设定的温度。如果温度太低，杂质激活和损伤修复将不安全，使薄片电阻较高；如果温度太高，极端条件下可能导致晶圆融化。因此，定期校准高温计是预防性维护中重要的一部分。

其他快速加热工艺退火过程包括合金退火，特别是钛金属硅化合物和钴硅化物工艺，这些工艺过程通常在 700℃和充满氮气的环境下进行，硅快速加热退火通常在 400℃ ~450℃进行，大约需要 1 min 时间退火并形成硅化物。

快速加热工艺技术也用于热氮化反应过程，此过程中氨气将与钛金属反应，并在表面形成氮化钛，作为阻挡层及铝金属化的附着层。化学反应式表示如下：

$$NH_3 + Ti \rightarrow TiN + 3/2H_2$$

当钛金属沉积完成后，快速加热退火反应室的温度在氮气环境中迅速升高，达到稳定时将晶圆送入反应室，接着关闭氮气并打开氨气，当氮化反应过程结束后就立刻关闭氨气并再次打开氮气。接着机械手会将晶圆从反应室中取出并送入冷却室，最后晶圆被放置在一个塑料晶圆盒中，这个过程的温度约为 650℃。图 5.55 说明了钛的氮化反应的过程。

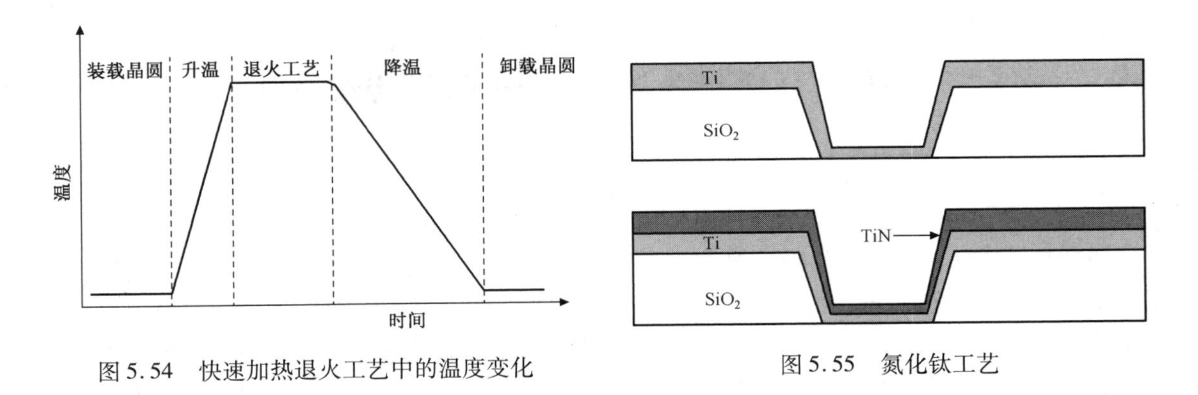

图 5.54 快速加热退火工艺中的温度变化

图 5.55 氮化钛工艺

5.7.2 快速加热氧化(RTO)

随着晶体管关键尺寸的缩小，栅氧化层的厚度也变得很薄。最薄的栅氧化层只有 15 Å，而且由于栅极漏电流越来越大，这个厚度已经不能再减小。当这样薄的栅氧化层使用多晶圆批量系统如氧化炉时，很难精确控制氧化层的厚度和晶圆对晶圆的均匀性。使用单晶圆快速加热工艺系统生长高质量超薄氧化层有许多优点。由于快速加热工艺系统能精确控制整片晶圆的温度均匀性，因此快速加热氧化系统能生长薄且均匀的氧化层。对于单晶圆系统，快速加热氧化过程的晶圆对晶圆均匀性的控制比高温炉工艺的更好，尤其对于超薄氧化层；另一个优点是快速加热氧化反应室的主机平台可以和氢氟酸蒸气刻蚀反应器整合在一起。当氢氟酸蒸气刻蚀移除了硅晶圆表面的原生氧化层后，就可以将晶圆经过高真空转移室送入 RTO/RTA 反应室。由于晶圆不会暴露在大气和湿气中，因此硅表面就不再有氧化的可能性，接着就可以将晶圆送到快速加热氧化反应室进行氯化氢清洗、氧化和退火处理。

图 5.56 为快速加热氧化工艺的流程图。将晶圆载入反应室后就可以打开加热灯管，分两步提升温度：首先以较大的升温速率将温度升高到 800℃左右，接着再以较低的速率获得所需的氧化温度，如 1150℃。这种两步升温的过程缩短升高温度所需的时间，因为第二步使用较低的速率升温达到氧化工艺所需的温度，就能缩短稳定温度所需的时间。当温度稳定后，将氧气注入反应室，使氧和硅反应后在硅晶圆表面生成二氧化硅。无水性氯化氢也可以用在氧化过程中，以减少移动离子的污染和降低界面电荷。氧化层生成之后，便将 O_2 和氯化氢气流关闭并注入氮气，然后将晶圆温度升高到 1100℃左右，对氧化层进行退火，这个过程可以改善氧化薄膜的质量并进一步降低界面电荷。包含一氧化氮(NO)的热氮化可以在此退火过程中形成。如果需要等离子氮化，则晶圆需要被送到另一个反应室，然后经过退火工艺。退火过程结束后，就将加热灯管关掉，晶圆开始冷却，转移室内的机械手会将炽热的晶圆送到冷却室，最后再将晶圆放入晶圆盒内。栅介质已经开始从常用的二氧化硅(k = 3.9)发展为硅氧氮化合物(SiON)，最后发展为使用具有高介电常数的介质层，从而使得可以使用较厚的栅极介电层，以防止栅极漏电流和栅电介质击穿。原子层沉积(ALD)方法常用于形成高 k 电介质，快速加热退火热处理工艺用来提高薄膜的质量，并减少界面态电荷。

由于快速加热氧化热处理具有更好的工艺控制，尤其是晶圆到晶圆的均匀性控制，所以已被广泛用于栅氧化工艺。除湿式氧化外，最先进的集成电路芯片的氧化过程都在快速加热氧化工艺室内进行，这是由于其具有更好的热积存控制。

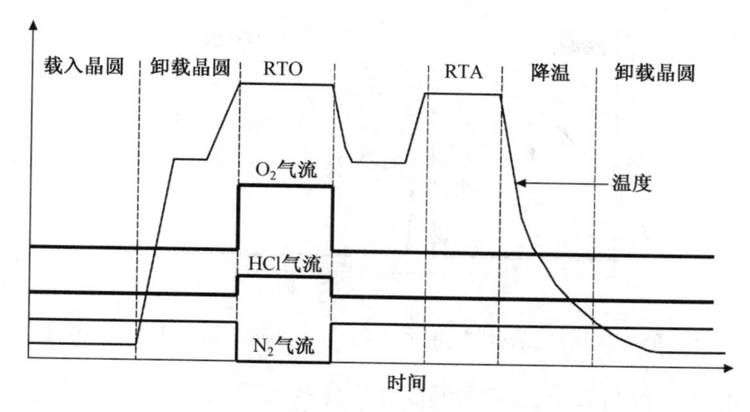

图5.56 快速加热氧化工艺流程示意图

5.7.3 快速加热化学气相沉积

快速加热化学气相沉积(RTCVD)过程是在一个单晶圆、冷壁式的反应室中进行的加热化学气相沉积工艺，具有快速改变温度并精确控制温度的能力(见图5.57)。由于是单晶圆系统，所以必须有足够高的沉积速率，使薄膜沉积过程在1~2 min内完成，这样才能达到每小时生产30~60片晶圆的生产能力。

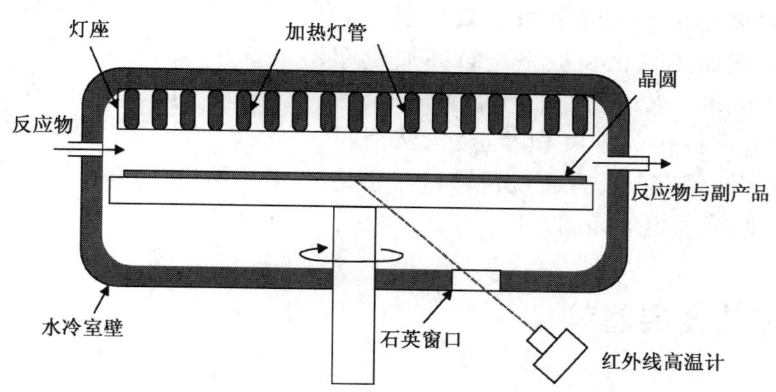

图5.57 快速加热化学气相沉积反应室示意图

图5.58显示了快速加热化学气相沉积过程和低压化学气相沉积(LPCVD)过程的温度变化。与高温炉低压化学气相沉积过程相比，快速加热化学气相沉积过程在热积存和晶圆对晶圆的均匀性上有好的控制能力。由于元器件尺寸不断缩小，前端工艺所形成的沉积薄膜厚度也随之减小，一般在100~2000 Å之间。随着沉积速率从100 Å/min到1000 Å/min，单晶圆快速加热化学气相沉积工艺在前端的薄膜沉积中很受欢迎。

快速加热化学气相沉积过程可以用来沉积多晶硅、氮化硅和二氧化硅。例如，在浅沟槽隔离工艺中使用化学气相沉积氧化硅填充沟槽。高温下可以利用四乙氧基硅烷(TEOS)或$Si(OC_2H_5)_4$沉积高质量薄膜和高间隙填充能力的未掺杂硅玻璃(USG)。

为了达到更好的工艺控制和更高的产量，临场检测技术变得更加重要。精确的温度测量是快速加热工艺成功的关键(即在1000℃上下2℃温度范围内)。临场厚度测量在氧化反应和快速加热化学气相沉积终端点检测过程中是必要的。

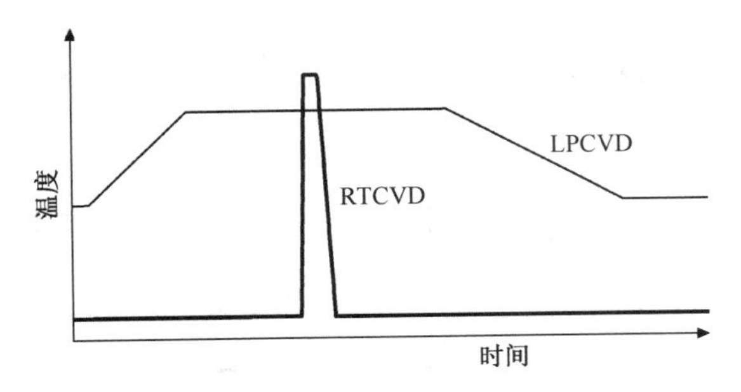

图 5.58 快速加热化学气相沉积和低压化学气相沉积温度示意图

配套工具由主机平台和数个反应室组成，并且能将不同的工艺过程整合在一个系统中。因为工艺之间的间歇时间减少，所以配套工具能增加产量；由于晶圆的转动在真空环境中进行，所以降低了受污染的概率而利于获得较高的成品率。图 5.59 显示了一个包含完整栅氧化、多晶硅沉积和多晶硅退火过程的配套系统。首先从装载系统中载入晶圆，然后关闭装载系统阀门并对装载系统抽真空，当压力降到与转换室的压力相同时打开细长的阀门。转换室中的机械手将晶圆送到氢氟酸蒸气刻蚀室后，开始清洗并移除硅晶圆表面的原生氧化层。去除了原生氧化层之后就将晶圆送到快速加热氧化反应室进行高质量超薄栅氧化层的生长和退火工艺，完成后将晶圆转送到 RTCVD 反应室进行多晶硅沉积和退火，然后再将晶圆送到冷却/储藏室，最后通过转移机械手将晶圆取出并送到卸载系统的晶圆盒内。

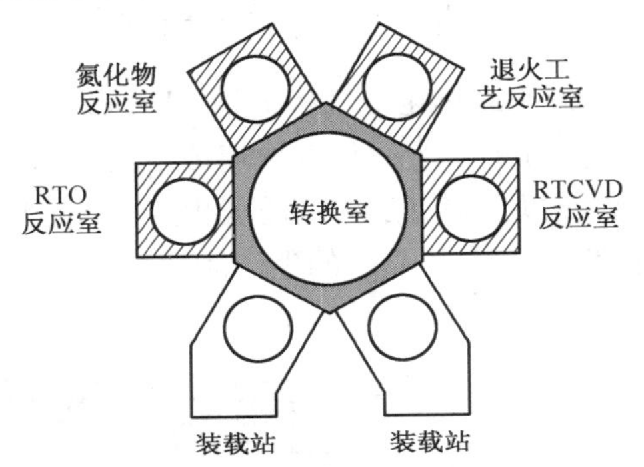

图 5.59 栅氧化层/多晶硅工艺配套工具示意图

5.8 加热工艺发展趋势

未来将着重于快速加热工艺在临场监测和配套工具方面的发展应用，但是高温炉仍将继续用于非关键性的加热工艺过程中。

快速加热处理过程包括快速加热退火(RTA)、快速加热氧化(RTO)及快速加热化学气相沉积(RTCVD)。快速加热退火工艺具有数种不同的类型，包括离子注入后的退火(超过 1000℃)、合金退火(大约 700℃)、电介质退火(700℃ ~1000℃)以及金属退火(低于 500℃)。

随着器件特征尺寸的缩小，结面深度变得很浅(小于 200 Å)，这使得离子注入后退火非常具有挑战性。离子注入退火恢复损伤需要高温，但热积存要求退火时间在很小的范围内。尖峰退火、激光退火和冲洗技术被发展，以满足超浅结的要求。

尖峰退火是一个高峰时间很短的快速加热退火过程，通常远小于 1 s。它采用高的峰值温度，以最大限度地激活掺杂物，并快速升降温度以尽量减少杂质扩散。图 5.60 说明了温度变化的尖峰退火过程。从温度曲线很容易看到为什么这个过程被称为“尖峰退火”。图 5.61(a)所示为模拟标准 1025℃时的 0.13 μm 的 PMOS 掺杂分布和 15 s 快速加热退火；图 5.61(b)是同一结构在 1113℃时的尖峰退火结果。可以看到，尖峰退火大大降低了杂质扩散。在纳米技术节点，这种技术变得更加重要，因为这时所需的结面深度变得更小，在退火过程中应尽量减少杂质扩散。

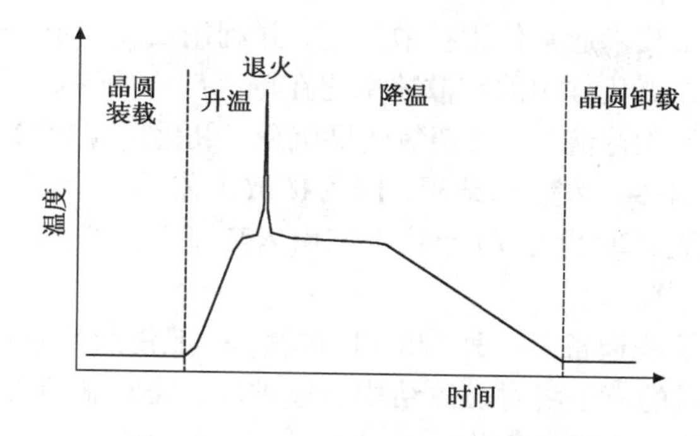

图 5.60 尖峰退火工艺的温度变化

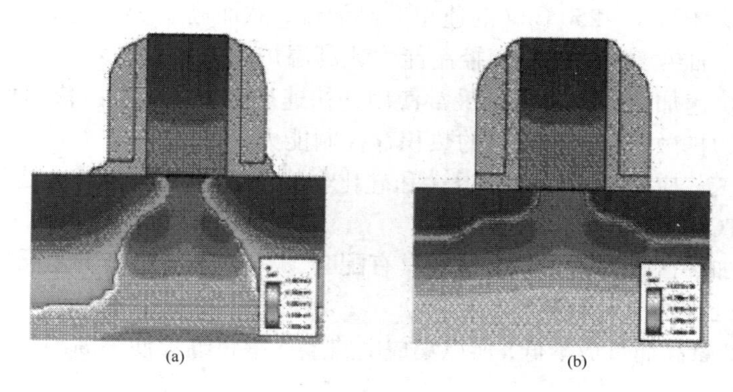

图 5.61 (a) 0.13 μm PMOS 在 1025℃时的 15 s 快速加热退火模拟结果；(b) 在 1113℃时的尖峰退火模拟结果(来源：E. Josse, et al., Proc. of ESSDERC, 2002)

激光退火系统采用激光光源的能量，将晶圆表面快速加热到临界熔点温度。由于硅的高导热性，硅片表面可以在约 0.1 ns 之内快速降温冷却。激光退火系统可以在离子注入后以最小的杂质扩散激活掺杂物离子，这种技术已被用于后45 nm工艺技术节点。激光退火系统可用于尖峰退火系统，以实现更优的结果。

另一种方法是低温微波退火，利用微波只加热受损区域，而整个晶圆保持在低温环境中，从而达到激活掺杂杂质的目的。

其他退火技术,如冲洗退火也在发展中，用于在超薄结中实现杂质激活时，使扩散达到最小。

5.9 小结

1. 加热工艺是一种高温工艺过程，可以在晶圆表面添加一层薄膜(氧化、沉积和掺杂)，或改变晶圆材料的化学状态(合金)或物理状态(退火、扩散和再流动)。
2. 氧化、退火和沉积是 3 种重要的加热工艺。
3. 在氧化工艺中，氧气或水蒸气与硅反应形成二氧化硅。
4. 氧化工艺前的硅表面清洗十分重要，因为如果硅表面受到污染，就会在成核位置形成二氧化硅多晶层。

5. 干氧氧化比湿氧氧化的速度低，但氧化层质量高。较厚的氧化层，如场氧化通常使用湿氧氧化工艺，大多数薄膜氧化层采用干氧氧化工艺。
6. 集成电路工业中的掺杂技术通常使用扩散工艺，并利用二氧化硅作为扩散阻挡层，这是因为大多数掺杂原子在二氧化硅中的扩散速率比在单晶硅中的慢。
7. 扩散工艺一般包括 3 种工艺流程：掺杂氧化层沉积、氧化反应和掺杂物扩散。
8. 扩散工艺不能单独控制掺杂浓度和结深，因为扩散工艺是一个等向性过程，所以掺杂原子将会向阻挡层下面扩散。20 世纪 70 年代中期引入离子注入技术之后，扩散工艺就逐渐被取代了。
9. 多晶硅和前端氮化硅沉积通常是一种 LPCVD 过程，一般使用带有真空系统的高温炉。
10. 离子注入后，具有能量的离子将对晶体结构造成破坏，因此晶圆必须经过离子注入后退火处理，以恢复单晶结构和激活掺杂物。
11. 快速加热工艺以 50℃/s ~ 250℃/s 的速率升高温度，然而高温炉工艺的速率只有 5℃/min ~ 10℃/min。快速加热工艺的热积存控制能力比高温炉工艺的更好。
12. 离子注入后的快速加热退火过程是最常使用的快速加热工艺，不但快速而且能够减少掺杂在退火过程中的扩散，并具有极佳的热积存控制能力。
13. 其他快速加热工艺应用包括电介质退火和硅化合物合金快速加热退火处理，以及快速加热氧化工艺和 RTCVD 工艺。
14. 配备多重可控加热区、临场工艺监控和具有配套工具的快速加热工艺反应室，是将来集成电路生产中热处理的 3 种重要发展趋势。
15. 由于高温炉的产量高而且成本低，所以集成电路生产中将继续使用高温炉进行非关键性的加热过程。
16. 为了满足器件特征尺寸的继续缩小，发展了纳秒级退火技术，包括尖峰退火、激光退火和低温微波退火等。

5.10 参考文献

[1] Lita Shon-Roy, Allan Wiesnoski, and Robert Zorich, *Advanced Semiconductor Fabrication Handbook*, ISBN: 1-877750-70-0, Integrated Circuit Engineering Corporation, 17350 N. Hartford Dr., Scottsdale, AZ 85255.

[2] C. Y. Chang and S. M. Sze, *ULSI Technologies*, McGraw-Hill companies, New York, 1996.

[3] David G. Baldwin, Michael E. Williams and Patrick L. Murphy, *Chemical Safety Handbook for the Semiconductor/Electronics Industry*, second edition, OME Press, Beverly, Massachusetts, 1996.

[4] SEMATECH, *Furnace Processes and Related Topics*, *Participant Guide*, 1994.

[5] Rahul Sharangpani, R. P. S. Thakur, Nitin Shah, and S. P. Tay, *Steam-based RTP for Advanced Processes*, Solid State Technology, Vol. 41, No. 10, pp. 91, 1998.

[6] David G. Baldwin, Michael E. Williams and Patrick L. Murphy, *Chemical Safety Handbook for the Semiconductor/Electronics Industry*, second edition, OME Press, Beverly, Massachusetts, 1996.

[7] R. K. Laxman, A. K. Hochberg, D. A. Roberts, F. D. W. Kaminsky, VMIC 1998, pp. 568.

[8] Alesander E. Braun, *Thermal Processing Options*, *Focus and Specialize*, Semiconductor International, Vol. 22, No. 5, pp. 56, 1999.

[9] R. B. Fair, *Challenges in Manufacturing Submicron, Ultra – Large Scale Integrated Circuits*, Proceedings of the IEEE, Vol. 78, pp. 1687, 1990.

[10] E. Josse, F. Arnaud, F., Wacquant, D., Lenoble, O., Menut, E., Robilliart, *Spike anneal optimization for digital and analog high performance 0.13μm CMOS platform*, proceedings of the European Solid-State Device Research Conference, 2002.

[11] J. M. Kowalski, J. E. Kowalski, B. Lojek, *Microwave Annealing for low Temperature Activation of As in Si*, 15th IEEE Int. Conf. on Adv. Thermal Processing of Semiconductors-RTP2007, Catania, Italy, pp. 51-56. 2007.

5.11 习题

1. 列出至少3种加热工艺。
2. 说明一种加热工艺过程。为什么在硅局部氧化形成时，氧化薄膜会向硅衬底内生长？
3. 整面全区氧化一般使用哪种氧化工艺？为什么？
4. 氢氧燃烧湿法氧化工艺与其他湿法氧化工艺相比有什么优缺点？
5. 为什么氢氧燃烧湿法氧化工艺中的H_2:O_2注入比例要略小于2:1？
6. 列出栅极氧化工艺中所使用的全部气体，并说明每种气体的作用。
7. 当温度增加时，氧化层的生长速率如何变化？压力增加对氧化层生长速率会产生什么效应？
8. 集成电路芯片制造过程中会使用垫底氧化层、阻挡氧化层、栅氧化层、屏蔽氧化层和全区氧化层，说明哪种氧化层最薄？哪种氧化层最厚？
9. 虽然扩散掺杂工艺中可能不使用高温炉，但是为什么仍称高温炉为“扩散炉”？
10. 直立式炉管与水平式炉管比较有什么优点？
11. 列出扩散掺杂处理的3个过程。
12. 为什么二氧化硅能作为扩散遮蔽层？
13. 结深指的是什么？
14. 说明钛金属硅化物工艺流程。
15. 为什么晶体经过离子注入工艺后要高温退火？使用快速加热退火(RTA)工艺进行退火处理有什么优点？
16. 说明PSG再流动工艺，USG可以再流动吗？为什么？
17. 列出可用于P型掺杂多晶硅低压化学气相沉积工艺中的气体。
18. 在低压化学气相沉积氮化物工艺沉积过程中，为什么所使用的氮源材料是氨气而不是氮气？
19. 快速加热工艺(RTP)系统和高温炉的升温速率分别能达到多少？为什么高温炉的升温速率达不到与RTP系统一样高的程度？
20. 与RTP系统比较，高温炉系统有什么优点？
21. 尖峰退火和快速热退火工艺的区别是什么？
22. 促使纳秒级退火工艺技术发展的因素是什么？

第6章 光刻工艺

本章要求

1. 列出光刻胶的四大组成成分
2. 说明正负光刻胶的区别
3. 列出光刻工艺流程
4. 说明4种对准和曝光系统
5. 说明集成电路工艺中最常使用的对准和曝光系统
6. 说明晶圆在晶圆轨道机-步进机配套系统中的移动方向
7. 说明分辨率与景深、波长和数值孔径的关系
8. 至少列出3种下一代的光刻技术

6.1 简介

光刻技术是图形化工艺中将设计好的图形从光刻版或倍缩光刻版转印到晶圆表面的光刻胶上所使用的技术。光刻技术最先应用于印刷工业，并长期用于制造印刷电路板。半导体产业在20世纪50年代开始采用光刻技术制造晶体管和集成电路。由于元器件和电路设计都是利用刻蚀和离子注入将定义在光刻胶上的图形转移到晶圆表面的，晶圆表面上的光刻胶图形由光刻技术决定，因此光刻是集成电路生产中最重要的工艺技术。

如图6.1所示，光刻技术是集成电路制造的核心。从裸片晶圆到键合垫片的刻蚀和去光刻胶为止，即使最简单的MOS集成电路芯片也需要5道光刻工艺，先进的集成电路芯片可能需要30道光刻工艺步骤。集成电路制造非常耗时，即使一天24小时无间断地工作，也需要6~8周时间才能将裸片晶圆制造成芯片晶圆，其中的光刻工艺技术就耗费了整个晶圆制造时间的40%~50%。

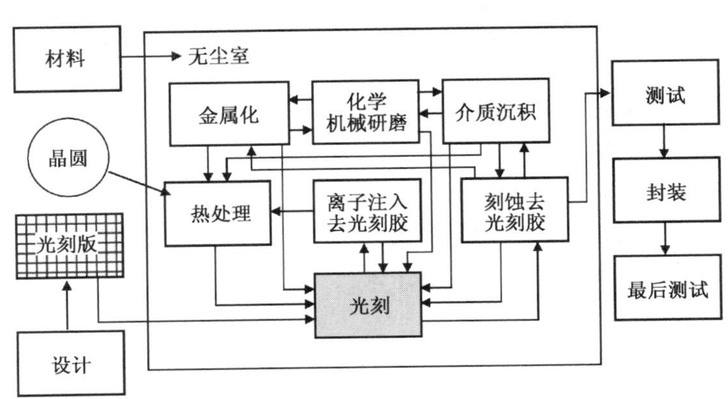

图6.1 集成电路制造工艺流程图

光刻技术的基本要求是高的分辨率、高的感光度、精确的对准及低的缺陷密度。集成电路制造技术的发展水平通过晶圆的最小图形尺寸衡量，2010 年的最小图形尺寸为25 nm（见图 6.2）。最小图形尺寸越小，在一个晶圆上能制成的芯片也就越多。2010 年的25 nm技术受限于光刻技术的分辨率。通过提高分辨率，最小图形尺寸就能进一步缩小。光刻胶必须对曝光的光源十分敏感。光刻胶的感光度越高，曝光时间就越短，从而产量就越高。但如果感光度过高则可能会对光刻胶的其他特性（包括分辨率）造成影响，因此必须在分辨率和感光度之间折中选择。先进的集成电路芯片需要 30 多道图形化过程，而且每一道工艺都必须和前一道工艺精确对准才能成功转移图形。由于对准时的最大误差范围是关键尺寸的 10% ~20%，所以只允许有极小的对准失误，对于25 nm技术，对准失误必须控制在 2.5 ~5.0 nm 范围内，所以先进的光刻技术需要有自动对准系统，每个工艺细节都必须准确控制，因此非常具有挑战性。比如，在 300 mm 晶圆上，1℃的温差就会造成晶圆直径产生 0.75 μm 的尺寸差异，这是因为硅会以 2.5×10^{-6}/℃的速率膨胀或收缩（温度更低时为收缩）。这个阶段产生的缺陷将经过后续的刻蚀或离子注入技术转移到元器件和电路上，进而影响产品的成品率和可靠性，因此光刻技术必须将缺陷密度降到最低。

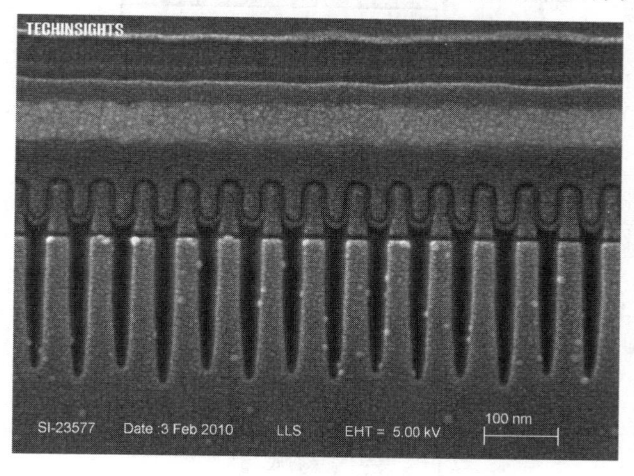

图 6.2　IMFT 25 nm 存储器阵列的 SEM 截面图

（来源：http://www.semiconductorblog.com/wp-content/uploads/2010/03/IMFT25nmWLSEM.jpg）

光刻技术可以分为 3 个主要工艺流程：光刻胶涂敷、对准和曝光，以及光刻胶显影。

首先在晶圆表面涂上一层感光薄膜，即所谓的光刻胶（PR），这层光刻胶经过光刻版或倍缩光刻版的紫外线曝光，光刻版上的明区或暗区根据集成电路设计通过绘图机形成。穿过明区的紫外线使曝光的光刻胶化学成分因光化学反应发生变化。先进半导体生产中通常使用正光刻胶，曝光区会在显影剂里溶解，而未曝光的光刻胶则留在晶圆表面，这相当于复制了光刻版/倍缩光刻版的暗区图形。

6.2　光刻胶

光刻胶是一种临时涂敷在晶圆表面上的感光材料，可将光刻版或倍缩光刻版上的光学图形转印到晶圆表面。与底片的感光材料类似，能将摄影机镜头所对准的光学影像转移到塑胶底片上。与底片感光层的不同之处在于光刻胶对可见光不敏感，对光的色彩或灰度也不灵敏。

由于光刻胶只对紫外线感光而对可见光不感光，所以光刻技术并不需要类似于冲洗底片的暗室。而且光刻胶对黄光不感光，因此所有的半导体工艺间都使用黄光照明光刻区域，这就是所谓的黄光区。

有两种光刻胶：正光刻胶(简称正胶)和负光刻胶(简称负胶)。对于负胶，曝光的部分会因为光化学反应而变成交联状及高分子薄膜，显影后变硬并留在晶圆表面，未曝光的部分会被显影剂溶解。正胶的主要成分是酚醛树脂，曝光前就已经是交联状的聚合物。经过曝光之后，曝光区域的交联状聚合物会因为光溶解作用而断裂变软，最后被显影剂溶解，而未曝光的部分则保留在晶圆表面。

图6.3说明了正负不同的光刻胶与它们的图形转移过程。正胶的图像和光刻版或倍缩光刻版上的图像相同，负胶的图像则刚好相反，照相底片通常都是负片。负片经过显影后所获得的影像是照相时的相反影像，必须用负光学相纸再次曝光和显影后才能印出正常的影像。正片价格较高，正片显影后的影像就是拍照时所见的影像。正片通常用于幻灯片。

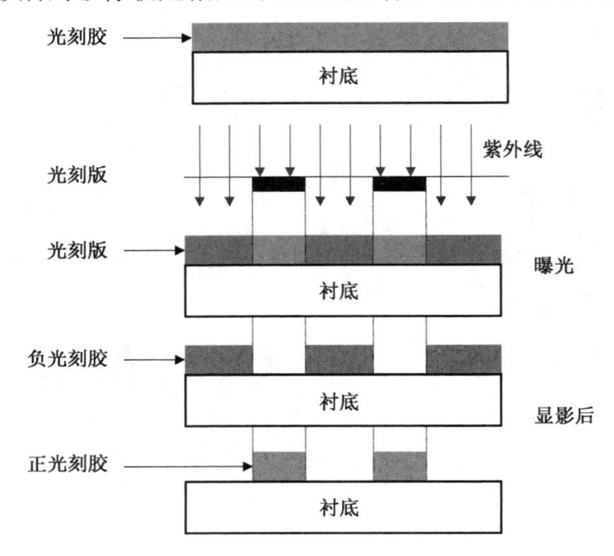

图6.3 正负不同光刻胶的图形转移工艺过程

大部分先进的半导体制造都使用正胶，这是因为正胶能达到纳米图形尺寸所要求的高分辨率。光刻胶的基本成分包括4类：聚合物、感光剂、溶剂和添加剂。

聚合物是附着在晶圆表面上的有机固态材料，作为图形化转移过程中的遮蔽层，聚合物能承受刻蚀和离子注入过程。聚合物由有机复合物组成，复合物是具有复杂链状和环状结构的碳氢分子(C_xH_y)。最常使用的正胶聚合物是酚甲醛或酚醛树脂，而最普遍的负胶聚合物是聚异戊二烯橡胶。

感光剂是一种感光性很强的有机化合物，能控制并调整光刻胶在曝光过程中的光化学反应。正胶的感光剂是一种溶解抑制剂，会交联在树脂中。曝光过程中的光将分解感光剂并破坏交联结构，并使曝光树脂溶解在液态显影剂中。负胶的感光剂是一种含有N_3团的有机分子。感光剂暴露在紫外线中会释放出N_2气体，形成有助于交联橡胶分子的自由基。这种交联结构的连锁反应使曝光区域的光刻胶聚合，并使光刻胶具有较大的连结强度和较高的化学抵抗力。

溶剂是溶解聚合物和感光剂的一种液体，能使聚合物及感光剂悬浮在液态的光刻胶中。溶剂使光刻胶很容易在晶圆表面形成0.5～3.0 μm厚的薄膜。与油漆类似，溶剂通过稀释光刻胶并利用旋转的方式形成薄膜层。自旋涂敷过程之前，光刻胶中约75%的成分是溶剂。正胶通常使用醋酸盐类的溶剂，负胶通常使用二甲苯。

添加剂可以控制并调整光刻胶在曝光时的光化学反应，达到最佳的光刻分辨率。对于正胶和负胶，染料是一种常用的添加剂。

负胶的显影剂主要是二甲苯，它能溶解未曝光的光刻胶，有些显影溶剂被曝光的交联光刻胶吸收，造成光刻胶"膨胀"，从而使图形扭曲，并使分辨率只能达到光刻胶厚度的2～3倍。20世纪80年代以前，最小图形尺寸大于3 μm，半导体产业普遍使用负胶。由于负胶的分辨率较差，所以先进的半导体生产都已不再使用负胶。正胶不会吸收显影溶剂，所以能获得较高的分辨率，因此现在的半导体工艺广泛使用正胶。图6.4说明了正、负光刻胶的分辨率。

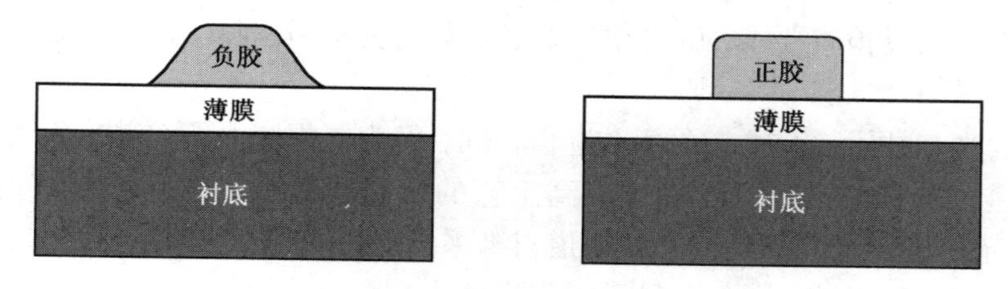

图6.4 负胶和正胶示意图

自问自答

问：正胶比负胶能获得更高的分辨率，为什么20世纪80年代之前不使用正胶？

答：因为正胶比负胶价格高，因此制造商为了节约成本在20世纪80年代前一直使用负胶。直到最小图形尺寸缩小到3 μm以下时，不得不更换为使用正胶。光刻胶是光刻工艺中最重要的材料，除非绝对必要，否则工程师一般不愿意更换光刻胶。

将极小的器件尺寸图形化时必须使用波长较短的光线曝光。光刻技术使用深紫外线(DUV，248 nm或193 nm)工艺时，所用的光刻胶不同于使用水银G线(G-line，436 nm)和I线(I-line，365 nm)工艺时所需的光刻胶，这是由于深紫外线光源(通常是准分子激光)的强度远低于水银灯的强度。因此，对于深紫外线光刻技术，在0.25 μm和更小的图形化应用时，发展了化学增强式光刻胶。这种光刻技术使用催化作用增强光刻胶的有效感光度。当光刻胶受到深紫外线光照射时，光刻胶就生成光酸。曝光后烘烤(PEB)技术会将晶圆加热，在催化反应中，热将驱使光酸扩散并增强感光度(见图6.5)。

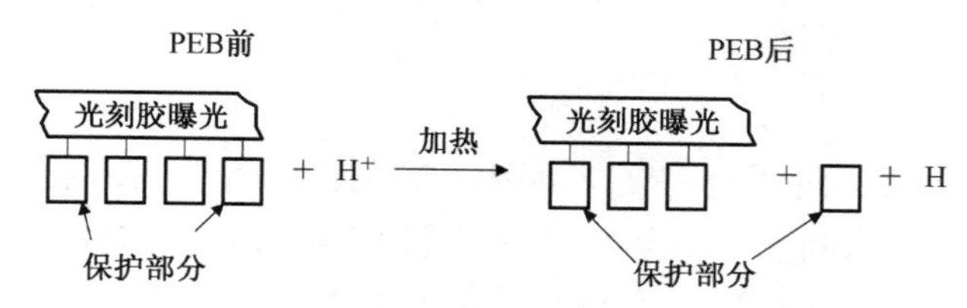

图6.5 化学增强式光刻胶

为了获得完整的图形化转移，光刻胶的分辨率要高、抗刻蚀能力要强、附着力要好。高分辨率是获得完整图形化转移的关键。但是，如果光刻胶没有好的抗刻蚀能力和附着力，很可能使后续的刻蚀或离子注入无法符合工艺的要求。通常情况下，光刻胶薄膜越薄，分辨率就越高。但光刻胶薄膜越薄，抗刻蚀和离子注入的能力也就越低。所以总是在这两个对立的条件中选择平衡。

光刻胶的自由度包括光刻胶对不同旋转速率、烘烤温度及曝光量的容许度。工艺的自由度越大，也就越稳定。这是工程师选择光刻胶时需要考虑的重要因素之一。

6.3 光刻工艺

光刻工艺包括3个主要过程：光刻胶涂敷、曝光和显影。为了获得高分辨率，光刻技术也会用到烘烤和冷却。对于旧式纯手动技术，整个光刻技术流程需要8道工序：晶圆清洗、预烘烤和底漆层涂敷、光刻胶自旋涂敷、前烘、对准、曝光、曝光后烘烤，以及显影、后烘和图形检测。如果晶圆没有通过检查要求，就必须先跳过后烘将光刻胶去除，再重复之前的流程直到通过检查。

对于先进的光刻技术，上述3个基本过程相同，但为了提高光刻分辨率，增加了一些其他过程。晶圆轨道对准整合系统广泛用于提高工艺的成品率和产量。由于所有的涂敷光刻胶、烘烤/冷却、曝光和显影过程都是在晶圆轨道对准系统中进行的，所以后烘后才进行图形检查。图6.6为光刻工艺的流程图，图6.7显示了先进的光刻技术在晶圆表面上的工艺流程。

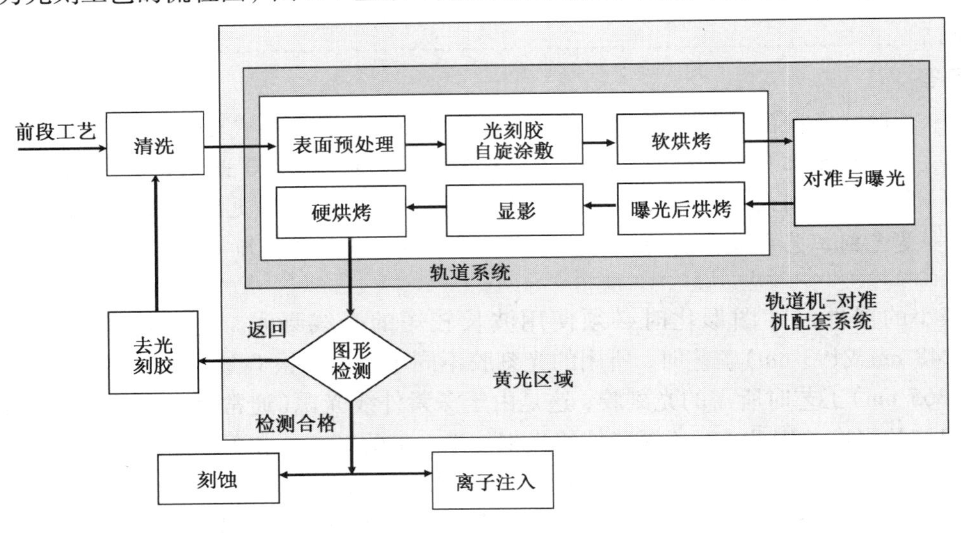

图6.6 光刻工艺流程图

6.3.1 晶圆清洗

晶圆在光刻之前已经通过了一些工艺流程，如刻蚀、离子注入和热处理、氧化、CVD、PVD和化学机械研磨等。晶圆上可能会有一些有机污染物(来自光刻胶、刻蚀的副产品、细菌或操作人员的皮屑)和无机污染物，如存储容器上的粒子和残余物、不适当的晶圆处理，以及环境中的材料(如灰尘和移动离子)。进行光刻之前必须先清洗晶圆，除去这些污染物。即使晶圆上没有污染物，这样的清洗也可以帮助光刻胶在晶圆表面上有较好的附着力。

化学清洗是清洗晶圆的一种标准方法，使用溶剂和酸液分别清除有机和无机污染残留物。清洗后通常接着进行超纯水(DI Water)洗涤和甩干过程(见图6.8)。

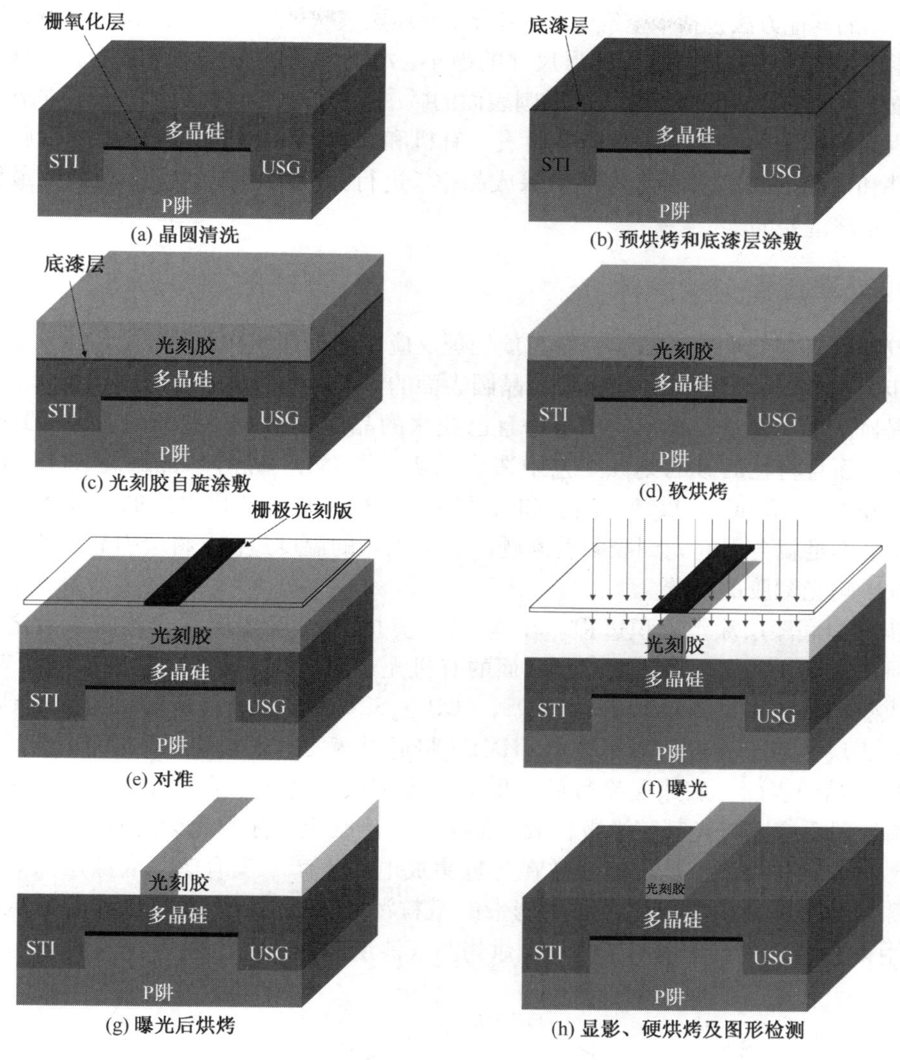

图6.7 光刻工艺示意图

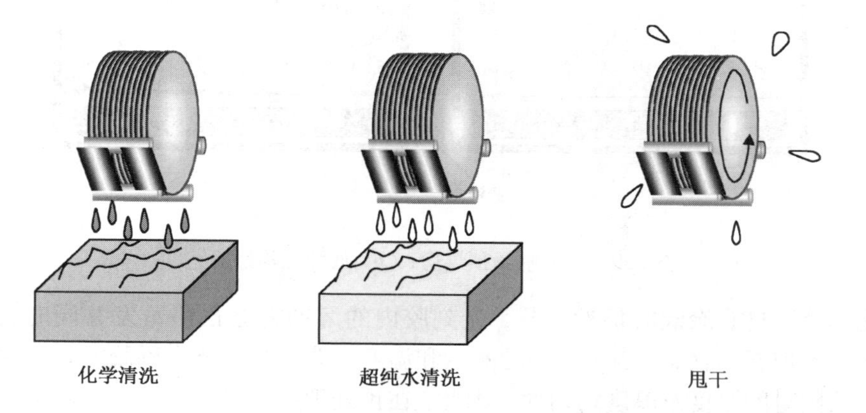

图6.8 晶圆清洗工艺流程示意图

之前使用的其他方法包括干空气或氮气吹干、高压蒸气吹干、氧等离子体灰化和机械擦拭，有些工厂可能还使用这些方法。随着图形尺寸的缩小，污染粒子的尺寸也在缩小。这些方法对于去除较大粒子可能有用，但却无法去除晶圆表面的微小粒子，甚至还可能增加更多的污染粒子。

晶圆表面的粒子会在光刻胶上造成针孔，有机和无机污染物都可能造成光刻胶附着问题以及元器件和电路的缺陷。因此为了确保成品率，进行光刻之前先将污染物减到最低或完全去除，这是非常重要的。

6.3.2 预处理过程

光刻胶预处理包括两个阶段，一般在预处理反应室的封闭室内进行。

第一步是加热过程，可以去除吸附在晶圆表面的湿气，称为脱水烘烤或预烘烤。为了使光刻胶能在晶圆表面上附着，必须使用干净且已脱水的晶圆表面。较差的附着会导致光刻胶的图形化失效，而且将在后续的刻蚀工艺中造成底切。大部分情况下，晶圆将在 150℃ ~200℃ 的热平板上烘烤 1 ~2 min。烘烤的温度和时间对工艺很关键。如果烘烤的温度太低或时间太短，表面脱水不足就会引起光刻胶附着问题。如果烘烤的温度过高，将会引起底漆层分解而形成污染，且影响光刻胶的附着。

第二步称为底漆层涂敷沉积过程。在这个工艺过程中，底漆层在光刻胶涂敷之前就已经涂敷在晶圆的表面上，这层薄膜使晶圆表面的有机光刻胶，无机硅或硅化物表面附着力增强。六甲基二戊烷(Hexamethyldisilazane，HMDS，$(CH_3)_3SiNHSi(CH_3)_3$)是集成电路光刻技术中最常使用的底漆层。对于先进的光刻技术，HMDS 将通过蒸发进入预处理反应室，然后在预烘烤过程中沉积于晶圆表面。底漆层涂敷后立即涂上光刻胶以防止水合作用。因此，在晶圆轨道系统中，预处理反应室与光刻胶涂敷机放在同一条生产线上。涂敷光刻胶时，底漆层也可用临场自旋涂敷的工艺进行，但是自旋涂敷在先进集成电路生产中没有蒸气底漆层涂敷普及。因为蒸气底漆层涂敷能减少液态化学品所携带的微粒污染表面，所以蒸气底漆层涂敷比自旋底漆层涂敷用得普遍。图 6.9 说明了临场预烘烤与底漆层涂敷工艺过程。

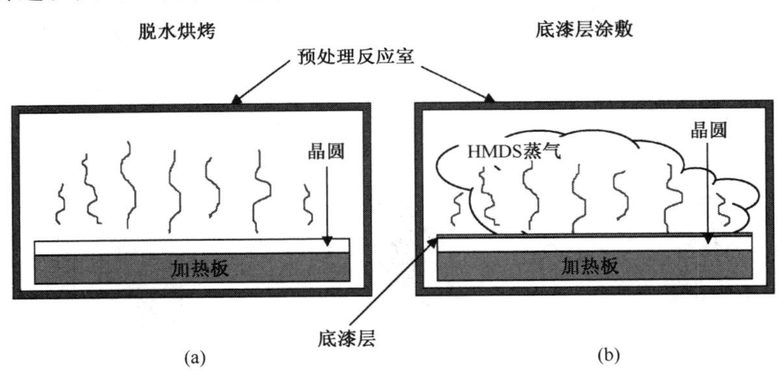

图 6.9 (a) 临场预烘烤；(b) 底漆层涂敷工艺

如果光刻胶在自旋涂敷时仍然很热，光刻胶内的溶剂将会很快蒸发并同时将晶圆冷却。这将造成非常不理想的状态，因为溶剂的减少和温度的改变将影响光刻胶的黏滞性，也会影响光刻胶自旋涂敷时的厚度及厚度均匀性。因此，在预处理过程之后，晶圆在涂敷光刻胶之前就必须先冷却到室温。通常将晶圆放在同一个晶圆轨道系统的冷却平板上降温，这个冷却平板是一个水冷式的热交换器。

6.3.3 光刻胶涂敷

光刻胶涂敷是一个沉积过程，在这个过程中，薄的光刻胶层将被涂在晶圆表面。晶圆放置在具有真空吸盘的转轴上，吸盘在高速旋转时可以吸住晶圆。液态光刻胶铺在晶圆表面，晶圆旋转时形成的离心力将液体散布到整个晶圆表面。当光刻胶内的溶剂蒸发后，晶圆就被一层光刻胶薄膜覆盖。光刻胶的厚度和黏滞性与晶圆的自旋转速有关，图6.10说明了这一点。自旋转速越高，光刻胶就越薄，且厚度的均匀性也就越好。光刻胶厚度与自旋转速的平方根成反比。因为光刻胶有高的黏滞性和极大的表面张力，所以为了获得均匀的光刻胶自旋涂敷，需要高的自旋转速。当自旋转速固定时，黏滞性越高则光刻胶薄膜也就越厚。光刻胶的黏滞性可以用光刻胶溶液的固体含量进行控制。光刻技术中的典型光刻胶厚度为3000～30 000 Å。

光刻胶可用静态方法或动态方法输送。对于静态输送，光刻胶被输配到静止晶圆并散布到晶圆的部分表面。当光刻胶涂敷到某一直径范围时，晶圆就以自旋转速高达7000转/分钟(r/min)的速度快速旋转，最后将光刻胶均匀散布到整个晶圆表面。光刻胶的厚度与光刻胶的黏滞性、表面张力、干燥性、自旋转速、加速度及自旋时间有关。光刻胶的厚度与厚度均匀性对加速度比较敏感。

对于动态输配，当晶圆以500转/分钟的速度低速自旋转动时，光刻胶施加于晶圆的中心位置。当光刻胶输送完后，晶圆就被加速到7000转/分钟的旋转速度，将光刻胶均匀散布到整个晶圆表面。动态方法使用的光刻胶较少，而静态输配法可以获得较好的光刻胶涂敷均匀性。图6.11显示了一个动态输配自旋涂敷过程中自旋转速的改变情况。

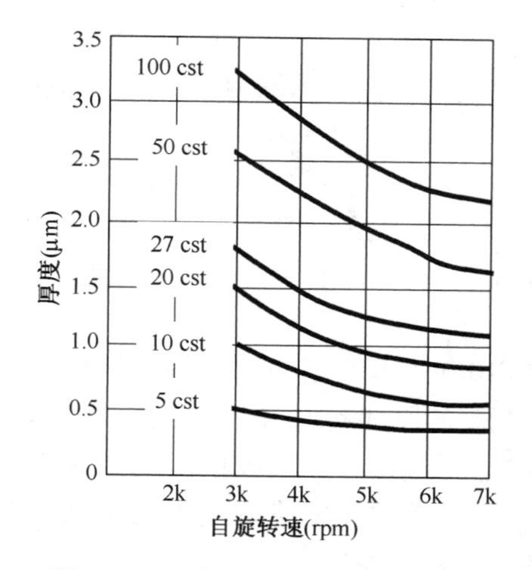

图6.10 光刻胶厚度和自旋转速在不同黏滞系数时的关系

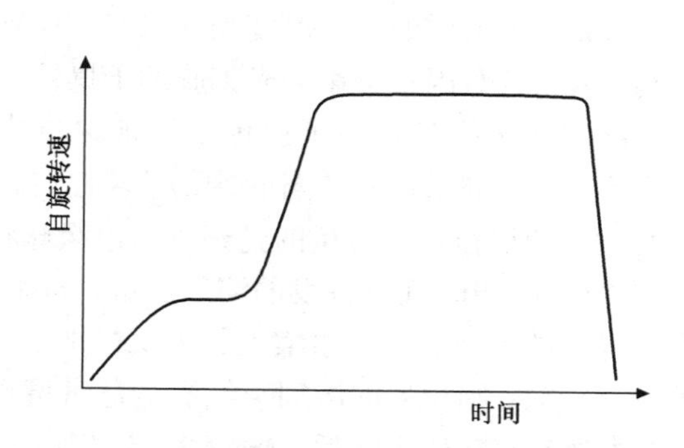

图6.11 自旋涂敷工艺中的自旋转速变化关系

自旋涂敷过程中，光刻胶内的溶剂将快速蒸发并改变光刻胶的黏滞性。因此，在光刻胶施加于晶圆表面之后，就要尽可能快速地将自旋转速提高，以减少因为溶剂蒸发而造成的光刻胶黏滞性的改变。光刻胶涂敷之前会首先在晶圆表面自旋涂敷一层溶剂薄层，以改善光刻胶的附着力与均匀性。

图6.12说明了光刻胶自旋涂敷过程。光刻胶回收是为了防止由于输配器喷嘴末端溶剂挥发形成光刻胶小滴。如果没有回收过程，那么干燥的光刻胶小滴将在下一次光刻胶涂敷过程中在光刻胶薄膜内产生缺陷。

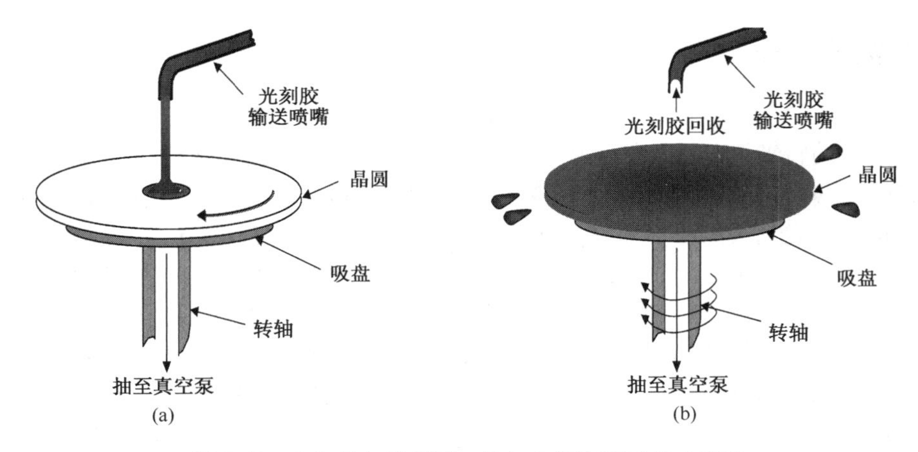

图 6.12 (a) 添加光刻胶;(b) 自旋涂敷工艺示意图

光刻胶涂敷前也可以使用自旋涂敷进行底漆层 HMDS 沉积。首先，在低速自旋转时将液态 HMDS 施加到晶圆表面涂敷晶圆，然后将自旋转速快速升高到 3000 ~ 6000 转/分钟，用 20 ~ 30 s 时间干燥 HMDS。对于光刻胶涂敷，底漆层自旋涂敷的优点是一种临场过程，所以在光刻胶涂敷前能够有效避免晶圆表面的再次水合。然而，现在一般都使用蒸气的底漆层涂敷，因为这种方法的底漆层使用 HMDS 量较少(HMDS 是非常昂贵的材料)、有较好的涂敷均匀性并具有较少的微粒状污染，而且光刻胶能够被湿的 HMDS 溶解(这与液体的使用有关)。

图 6.13 是光刻胶自旋涂敷设备示意图。光刻胶从套有水管的管路送入输配喷嘴，水套管中的水来自一个维持光刻胶常温的热交换器，因为光刻胶黏滞性与温度有关。自旋转速与转速升高都被精确控制；涂敷设备内的气流温度和气流速率也被精确控制，因为这些因素会影响光刻胶的干燥性。使用氮气冷却或水冷却是为了避免中心加热造成晶圆温度不均匀，如果没有适当的冷却，转轴在高速自旋时就会变得很热。过量的光刻胶与边缘球状物移除(EBR)技术所用的溶液将收集在设备的底部，然后排出，而且挥发的溶剂也从排气端排除。光刻胶的厚度和均匀性也与排放气体的温度和气体的流速有关。事实上，在没有排放气流时也能达到最佳的光刻胶厚度均匀性。然而若没有排放，则积累的溶剂蒸气雾会危害健康与安全。增加排放速率将造成边缘光刻胶变厚，因为光刻胶在边缘附近干燥较快，这将增加光刻胶的黏滞性和厚度。

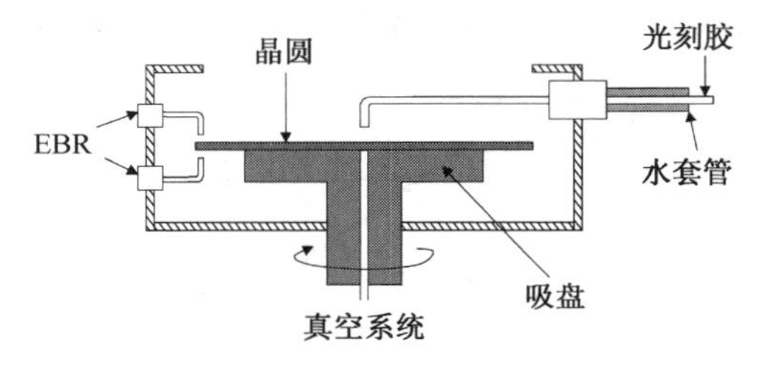

图 6.13 光刻胶自旋涂敷设备示意图

当光刻胶自旋涂敷后，靠近边缘的晶圆两侧将被光刻胶覆盖，因此必须采用边缘球状物移除技术，以避免光刻胶在边缘堆积。因为在后续的刻蚀或离子注入过程中，机械手手指或晶圆夹钳，可能会撕裂晶圆边缘的光刻胶堆积物，造成微粒状物质污染。厚的边缘小珠在晶圆边缘区曝光过程中将引起聚焦问题。化学与光学方法都可以用于去除边缘的小珠。

光刻胶涂敷之后，通常在自旋涂敷设备上进行化学式边缘球状物移除。在这个过程中，当晶圆转动时，就会将溶剂注射到晶圆边缘的两侧，它们将溶解边缘区的光刻胶并将其冲走(见图 6.14)。图 6.14(a)所示为光刻胶自旋涂敷之后，光刻胶覆盖了靠近边缘的晶圆两侧；图 6.14(b)所示为通过化学式边缘球状物移除法除去边缘光刻胶后的示意图。

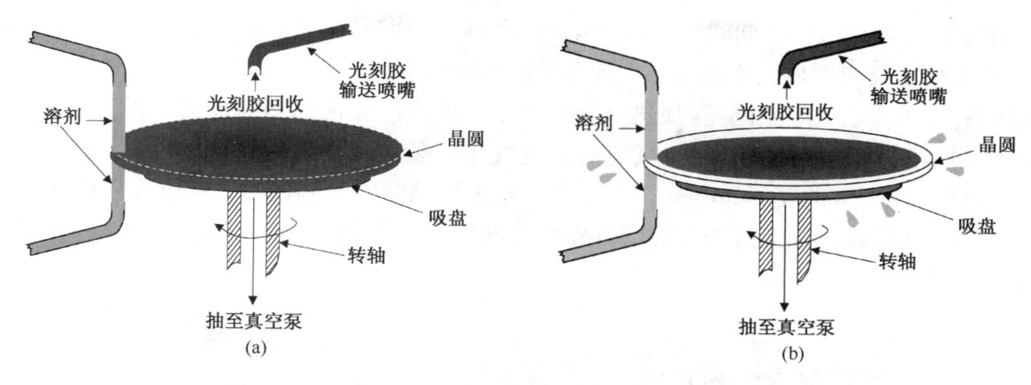

图6.14 化学式边缘球状物移除

曝光之后，晶圆被显影之前，通常在晶圆轨道系统的光学 EBR 站上进行光学式边缘球状物移除。使用一个如发光二极管(LED)的光源，在晶圆转动时将晶圆边缘的顶部曝光。可以同时根据下一个工艺工具的夹钳动作移动晶圆中心。某些刻蚀工艺过程中，曝光的光刻胶将在显影过程中移除，以确保晶圆在夹钳期间不会有微粒物污染。图6.15(a)和图6.15(b)说明了光学式边缘球状物移除。

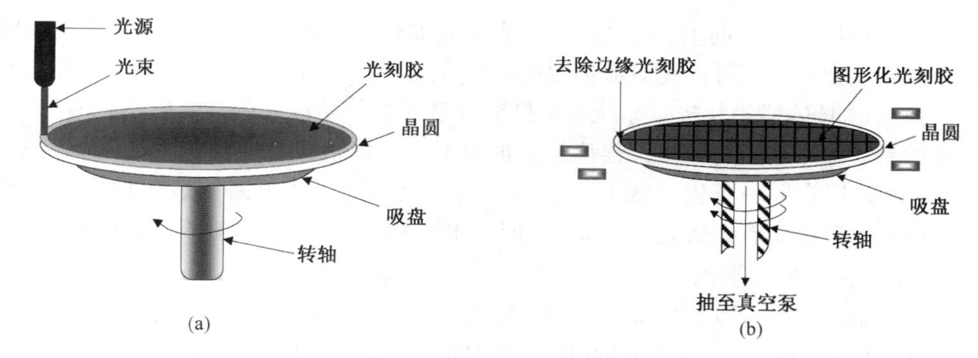

图6.15 光学式边缘球状物移除。(a) 边缘曝光；(b) 显影后示意图

其他的光刻胶涂敷方法，如移动的手臂输配器和滚筒涂敷，仍在一些不太先进的集成电路生产过程中使用。

6.3.4 前烘

光刻胶涂敷后，晶圆再次被加热，以驱除光刻胶内部的大量溶剂，并将光刻胶从液态转变成固态。前烘也可以增强光刻胶在晶圆表面的附着力，某些工厂将这种工艺称为预曝光烘烤(或前烘)。前烘后，光刻胶厚度大约收缩10% ~20%，而光刻胶也将含有5% ~20%的残余溶剂。

前烘的温度和时间取决于光刻胶的类型(正或负光刻胶)，并根据特定的工艺改变。光刻胶的刻蚀有最佳的烘烤时间与温度。如果光刻胶烘烤不足，那么无论是烘烤温度太低还是烘烤时间太短，光刻胶在后续的工艺过程中都可能因附着力不足而从晶圆表面剥落。这也将影响图形化的分辨率，第一个原因是由于光刻胶内过多的溶剂造成曝光不灵敏；第二个原因是因为光刻胶微小的振动，烘烤不足引起的硬化不足，以及果冻状光刻胶在晶圆上可能产生的微小振动，将在光刻胶上产生模糊不清的图像(如同晃动相机时所拍的照片)。前烘过程中的过度烘烤会引起光刻胶过早聚合且曝光不灵敏。对于在深紫外线光刻技术中所用的化学增强型光刻胶，在曝光后烘烤(PEB)期间，光刻胶内的一些残余溶剂对酸的扩散与增强是必要的。烘烤过度会造成化学反应的催化作用不足，从而使影像显影不足。

前烘有几种方法：对流恒温(加热)烤箱、红外线烤箱、微波烤箱与加热平板(见图6.16)。对流恒温(加热)烤箱使用加热过的氮气的对流气体，将晶圆加热到所需的温度，温度范围为90℃～120℃，时间大约需要30 min。红外线烤箱烘烤晶圆的时间较短，但也可以将晶圆从底部加热，因为红外线可以穿过光刻胶层首先将晶圆加热，然后再加热光刻胶。微波烤箱是另外一种烘烤方法。

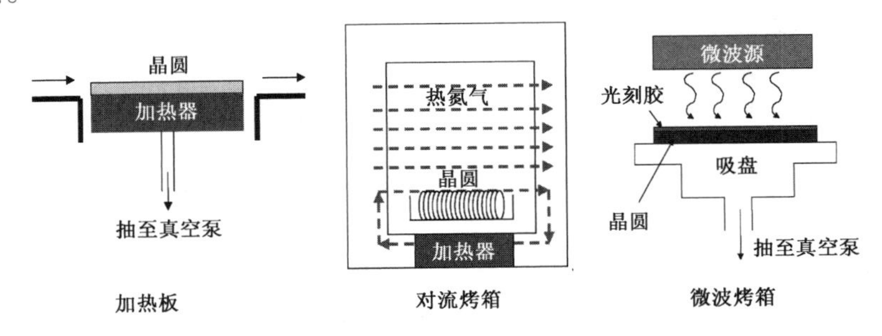

图6.16　光刻胶的不同前烘方法示意图

加热平板也可以从底部向上，将晶圆上的光刻胶加热及干燥，因为它通过平板与晶圆间的热传导先将晶圆加热，因此可避免对流恒温(加热)烤箱烘烤工艺造成的光刻胶表面硬外壳问题。而对流恒温(加热)烤箱是批量系统，加热平板是一个单晶圆系统，可在晶圆内均匀加热，而且更重要的是，每片晶圆的结果都很稳定。加热平板可以很容易地整合在晶圆轨道系统中，使涂敷、烘烤和显影在同一条生产线上。虽然一些等级低的集成电路制造中仍使用其他加热方法，但加热平板仍是所有烘烤技术中最常使用的方法。几乎所有先进集成电路制造中的光学-晶圆轨道系统都有加热平板。

前烘之后，晶圆被放在冷却平板上冷却到室温。在对准和曝光过程中，晶圆的温度必须保持不变，因为热膨胀会使300 mm的硅晶圆在1℃的温差下产生0.75 μm的尺寸差距。

6.3.5　对准与曝光

对准与曝光是光刻技术中最关键的工艺过程。这个工艺技术决定能否成功地将光刻版或倍缩光刻版上的集成电路设计图形转移到晶圆表面的光刻胶上。

曝光过程和照相机照相过程类似：光刻版或倍缩光刻版上的图形化影像曝光过程在晶圆的光刻胶上进行，与影像曝光在相机内的底片上进行一样。集成电路的光学曝光系统分辨率比照相机的高得多，这就是为什么集成电路的光学曝光工具(光刻版对准机或步进机)比最精密的照相机还贵得多的原因。除了要求分辨率外，精确的对准也非常重要。先进的集成电路芯片超过30道光刻工艺，而每道光刻版或倍缩光刻版需要精确对准预先设计的对位标记，否则将无法成功地将设计图形转移到晶圆表面上，其他的必要条件还包括高的可重复性、高的生产率及低成本。

接触式与接近式投影机

早期的半导体工业中，接触式与接近式投影机都被广泛应用于对准与曝光工艺，接触式是最早也是最简单的投影机工具。接触式投影工艺中，光刻版与晶圆上的光刻胶直接接触，紫外线从光刻版的透明区域穿过并将下面的光刻胶曝光。接触式投影可以获得非常好的分辨率。然而，由于光刻版与晶圆有不同的曲率，晶圆上只有少数几个点与光刻版直接接触，在晶圆表面上的大部分区域，光刻版与光刻胶之间都有1～2 μm的空气间隙。尽管如此，接触式投影机的最高分辨率仍在亚微米范围。

对于每一个接触式投影的对准及曝光，光刻版与光刻胶之间的接触和分离将在晶圆及光刻版表面产生微粒。微粒会快速地在光刻版表面上积累，并通过微粒物质的污染和微粒影像的转移在晶圆上形成缺陷。光刻版的寿命因微粒污染严重缩短。为了解决这个问题，工程师采用了另外一种方法，即将光刻版放置在距离光刻胶10～20 μm的位置，这就是所谓的接近式曝光。因为没有直接接触，所以微粒污染物就相对减少了，而且光刻版的寿命比接触式的长得多。因为较大的间隙将造成较大的光学折射，所以造成最差的分辨率。接近式曝光可以获得的最高分辨率约为2 μm。无论是接触式还是接近式曝光，都已不再用于超大规模集成电路(VLSI)和甚大规模集成电路(ULSI)的芯片制造。图6.17说明了接触式曝光与接近式曝光技术。

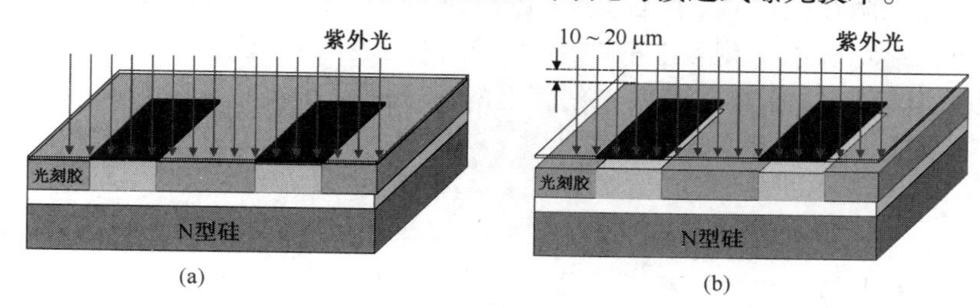

图6.17　(a)接触式曝光；(b)接近式曝光

投影式曝光机

为了进一步提高曝光的分辨率并同时保持较低的微粒污染，人们开发了投影式曝光系统并已经广泛应用于VLSI半导体生产(见图6.18)。

投影式系统的操作如同投影机，光刻版如同透明的投影片，而影像以1∶1的比例重新聚焦在晶圆表面上。比较之下，一架投影机会将透明投影片上的影像以大约1∶10的比例重新聚焦在银幕上。在投影式曝光系统内，光刻版与晶圆被隔开，这样就可以消除光刻版与晶圆接触产生微粒污染的可能性。利用透镜和镜面的光学性质，投影式曝光系统的最小图形尺寸可以达到1 μm左右，所以投影式曝光系统已经广泛应用于VLSI元器件的制造。

最常使用的投影式系统是扫描投影式曝光系统(见图6.19)，该系统利用狭缝阻挡光线，减少光的散射，并且可以改进曝光的分辨率。光线通过透镜聚焦在光刻版上，并将投影式的透镜作为狭缝，让光线重新聚焦在晶圆表面上。光刻版与晶圆同步移动，使紫外线扫描整个光刻版，从而使整个晶圆的光刻胶曝光。

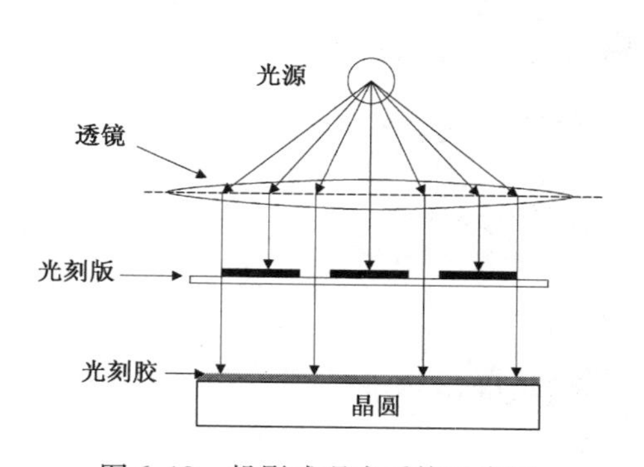

图6.18　投影式曝光系统示意图

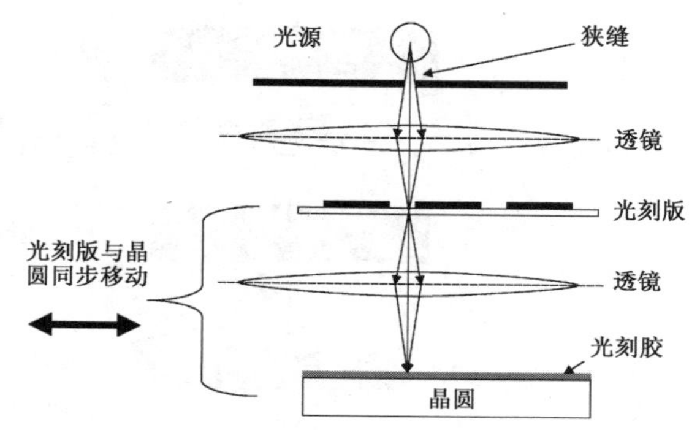

图6.19　扫描投影式曝光系统示意图

6.3.5.1　步进机

当图形尺寸继续缩小并接近亚微米时，投影式系统将不再满足分辨率的要求。针对 VLSI 和 ULSI 的芯片制造，步进系统得到了发展。

投影式系统中，图像按照1∶1 的比例从光刻版转移到晶圆表面，晶圆的图形转移过程只需一次曝光。通过把光刻版上的图像以 4∶1 或 10∶1 的比例缩小且重新聚焦在晶圆表面上，图形转移的分辨率将会改进。然而这种曝光系统必须重新设计，因为制造一个尺寸比晶圆直径大 5～10 倍的光刻版和高精准度的光学系统并不实际可行。若对整个晶圆进行一次性的曝光，则一个 200 mm 的晶圆就需要 800～2000 mm 的光学系统，并且也很难找到一个很强的紫外线光源曝光。设计的图形由一片铬玻璃制成，称为倍缩光刻版，用来仅对晶圆的部分区域进行曝光。比较而言，光刻版在投射式、接触式与接近式曝光机中对整个晶圆曝光。因为步进机通过倍缩光刻版缩小影像，所以光刻版上的图形尺寸比晶圆表面的图形尺寸大得多。例如，晶圆上的最小图形尺寸为25 nm，那么在倍缩光刻版上的最小图形尺寸就是100 nm，缩小比例为 4∶1。这比制造一个 1∶1 比例的光学光刻版还容易。

自问自答

问：为什么 4∶1 的缩小比例在半导体工业中比 10∶1 更普遍使用？

答：选择 4∶1 还是 10∶1，要考虑分辨率与产量之间的折中关系。显然，10∶1 的图像缩小会比 4∶1 有更好的光学分辨率，然而它的光刻版曝光面积只有 4∶1 光刻版的 16%，这表示总的曝光时间将是 4∶1 的 6.25 倍。切记，面积的改变是尺寸改变的二次方，即 $A \propto d^2$。

因为步进机在一次曝光中只能曝光晶圆的一小部分区域，所以需要重复曝光许多次，直到整个晶圆都被曝光为止。图 6.20 所示为步进机系统的基本结构与曝光过程的两个曝光步骤。步进机系统比其他光学曝光系统更复杂。比如，步进机的每个曝光过程都需要对准，而且每个晶圆需要 20～100 次的曝光才能覆盖整个晶圆，这取决于制造工艺和产品的规格。比较而言，投影式和接触式/接近式曝光机对每个晶圆只需对准一次。对于亚微米的光刻技术，对准的容错空间非常小。为了满足一定的生产量，每一个对准与曝光过程只允许占用 1～2 s 的时间，因此步进机系统需要一个自动的对准系统。图 6.21 说明了一个基本的步进机系统。

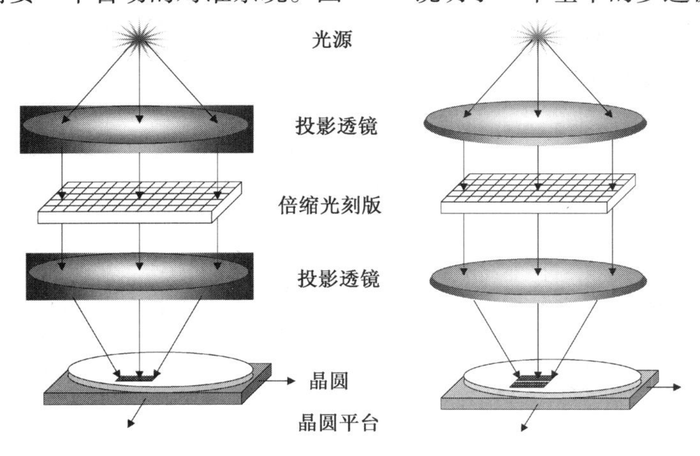

图 6.20　步进式曝光系统

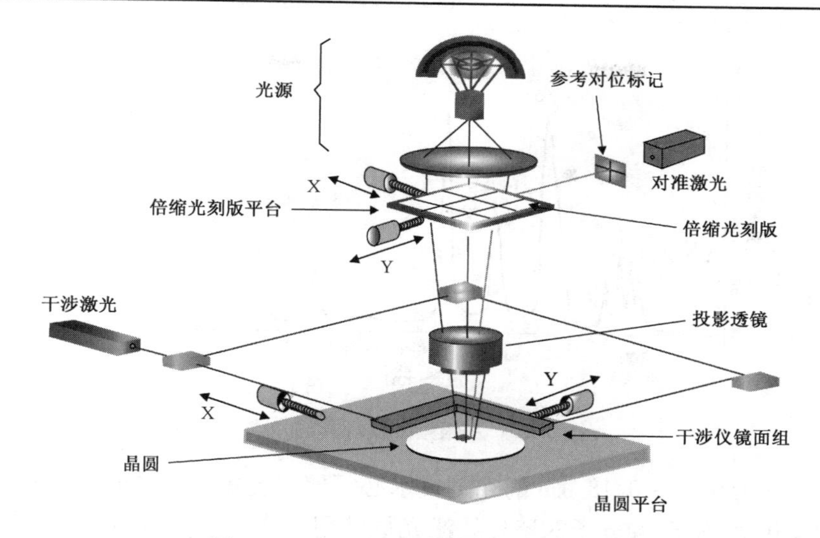

图6.21 步进式对准及曝光系统示意图

晶圆完成光刻胶涂敷与前烘之后，就被送入步进机并放在晶圆平台上。计算机控制的倍缩光刻版和透镜系统，将晶圆与以前的对位标记进行第一次对准。对于每一种工艺的第一次光刻，对准过程利用晶圆上的刻痕或平边部分完成，它们设计用来指示晶圆的晶体方向并作为对位标记。步进机通常使用自动激光干涉仪定位系统进行光学式调整和对准。

为了进一步改进图像转移的分辨率，工程师将扫描投影式曝光机和步进机技术结合，发展出步进扫描系统，这种系统目前被广泛用于深亚微米集成电路的制造。

因为对光学、机械和电子系统的高精密度要求，步进机在半导体生产中通常是最昂贵的单机制造工具。例如，对于300 mm的晶圆，193 nm扫描式曝光系统售价高达3000万～4000万美元。许多应用于亚微米半导体制造的光刻胶，当前烘完成时就必须尽快曝光，否则曝光的分辨率就可能因为光刻胶内的感光剂产生衰退而受到影响。因此在大部分生产中，步进机与晶圆轨道系统内的涂敷机和显影机整合成一体。

曝光光源

光学光刻技术的曝光过程与相机底片的曝光类似。一张在阳光下拍摄的照片比一张在烛光下拍摄的照片需要较少的曝光时间，而且也能获得较高的分辨率。因此高强度的光源有利于获得高分辨率和高生产量。用来使光刻胶曝光的紫外线光源的波长是光学光刻技术中关键的因素。因为光刻胶只对紫外线部分的波长敏感，通常根据光刻胶的感光度和芯片关键图形尺寸选择曝光的波长，波长越短，图形化的分辨率就越高。当图形尺寸缩小时，缩短曝光的波长就能满足图形化分辨率的要求。有两种光源被广泛使用在光刻技术中：水银灯管和准分子激光。曝光的光源必须稳定、可靠、可调整，且波长短、强度高、寿命长。

如果图形尺寸大于2 μm，频率较宽的（多重波长）水银灯管就可以作为接触式/接近式和投影式曝光机的光源。当图形尺寸缩小时，必须用单一波长的光源才能达到分辨率的要求。20世纪80年代与90年代，在亚微米光学光刻技术中，高压水银灯管曾经是投影式系统和步进机最常使用的紫外线光源。水银紫外线灯管的光谱波长如图6.22所示。G光线（G-line）与I光线（I-line）最常用于0.5 μm图形和0.35 μm图形的光学曝光，这些系统仍然用于先进集成电路制造的后端工艺，其分辨率能满足要求。

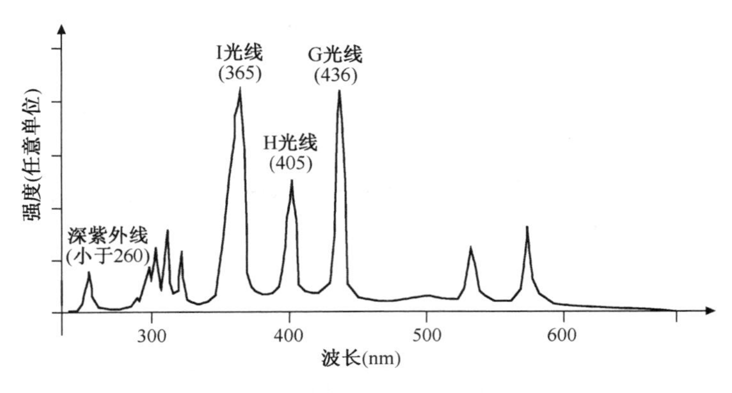

图 6.22　水银紫外线灯管的光谱

最小图形尺寸为 0.25 ~ 0.18 μm 的光刻技术必须使用更短波长的光源。对于步进机，波长为248 nm的氟化氪(KrF)准分子深紫外线激光最常用来作为 0.25 μm 曝光技术的光源，它能图形化小至 0.13 μm 的图形。使用波长为193 nm的氟化氩(ArF)准分子激光步进机，可以在集成电路生产中用于图形化 0.18 ~ 22 nm 的图形。由于 193 nm 浸入式曝光技术的发展，157 nm的氟(F_2)准分子激光的研发已经无疾而终。最常使用的半导体光刻曝光光源列于表 6.1 中。

表 6.1　用于光刻技术的各种光源

	名　称	波长(nm)	应用的图形尺寸(nm)
水银灯	G 光线	436	500
	H 光线	405	
	I 光线	365	350 ~ 250
准分子激光	XeF	351	
	XeCl	308	
	KrF(DUV)	248	250 ~ 130
	ArF	193	180 ~ 22
氟离子激光	F_2	157	更小
激光产生的等离子体(LPP)或放电产生的等离子体	极紫外线	13.5	14 或更小

曝光控制

曝光取决于光的强度和曝光时间。全部的曝光光流量是强度与曝光时间的乘积，这与照相机的曝光类似。

光的强度主要由灯管或激光器的电功率控制。增大电功率，就能增加光的输出强度，然而这样可能会影响灯管或激光器的可靠性和寿命。

光刻版对准机对晶圆的曝光将随着光刻胶和光刻版的不同有所差异，所以操作人员必须能够精准地调整光的强度。当光刻版对准机执行相同的工艺流程时，光的强度可能会变化，从而造成图形化问题。经常校正光的强度对于维持一个稳定的光学光刻过程非常必要。照明物的强度 I 通常用光感测器以 mW/cm^2 为单位测量。总曝光量是光的强度与曝光时间的乘积(测量单位为 mJ/cm^2)。

自问自答

问：如果倍缩光刻版还在步进机的倍缩光刻版平台上，工程师就执行照明与光强度校对工作，将会导致什么后果？

答：因为倍缩光刻版会阻挡来自照明设备的光线，所以在晶圆平台上的光传感器会接收到比没有倍缩光刻版时更少的光子，从而读到一个比原来强度低的值。要把光线校对到所需的水平，则所使用的电功率就要增加，而且光的强度也要比原来所需的数值高些。曝光工艺过程中，校对错误的照片会使光刻胶过度曝光，如同过度曝光的底片一样，会造成很差的分辨率。对于正光刻胶，过度曝光会导致关键尺寸损失。有时找到这个问题的来源比较困难，一般通过重新校对解决这个问题。

6.3.6 曝光后烘烤

当曝光的光线从光刻胶与衬底的界面反射时，会与入射的曝光光线产生干涉，并通过不同深度的相长干涉及破坏性干涉产生驻波效应。图6.23显示了驻波的波形。

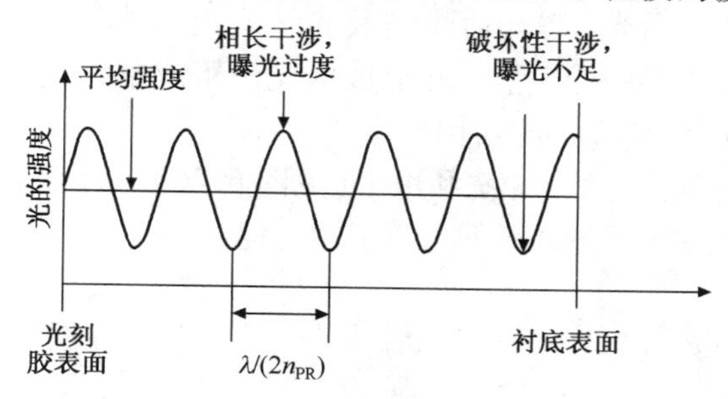

图6.23 驻波效应形成的光强变化

驻波效应将在光刻胶层的曝光过度及曝光不足区域形成条纹状结构（见图6.24）。两个波峰之间的距离等于曝光光线的波长（λ）除以2与光刻胶的折射率的乘积（即$2n_{PR}$）。

当图形尺寸较大时，驻波效应不是主要问题。当最小图形尺寸缩小时，有几种方法可以降低反射所引起的驻波效应。在光刻胶内加染料可以减小反射强度。在晶圆表面沉积金属薄膜与电介质层作为抗反射镀膜层（ARC）可以减少晶圆表面的反射。可以采用一种有机的抗反射镀膜层，在光刻胶旋转涂敷之前使用光刻胶自旋涂敷机，将这种镀膜层涂敷到晶圆表面。在曝光和显影之前通过曝光后烘烤（PEB）过程可以降低驻波效应（见图6.25）。

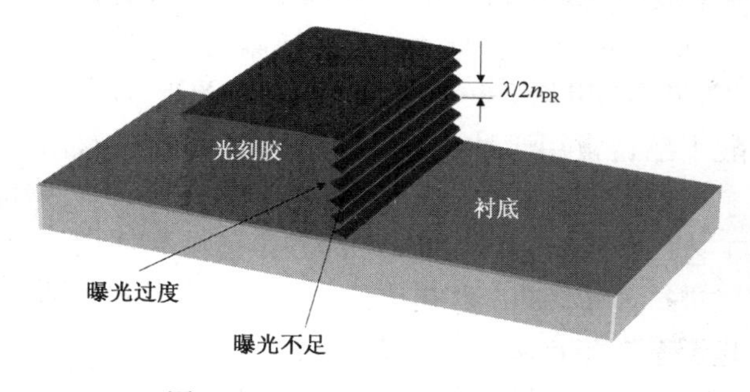

图6.24 驻波在光刻胶上的效应

图6.25 曝光后烘烤对驻波效应的缓解

光刻胶有一种称为玻璃型过渡的特性。当温度高于玻璃转化温度(T_g)时，光刻胶分子变得容易移动，温度高于 T_g的烘烤会提供热能，使光刻胶分子产生热运动。这种热运动将过度曝光与曝光不足的分子重新排列，以达到平均及平滑驻波效应，同时可以提高光学光刻技术的分辨率。

对于深紫外线激光过程中所用的化学增强型光刻胶，曝光后烘烤提供了酸扩散与增强时所需的热量。曝光后烘烤工艺之后，由于酸的增强作用而产生了显著的化学变化，所以曝光区域的图像将会呈现在光刻胶上。

曝光后的烘烤通常需要在一个温度介于 110℃ ~130℃之间的加热平板上烘烤约 1 min。对于相同的光刻胶，曝光后烘烤通常需要比前烘更高的烘烤温度。如果曝光后烘烤不足，就不能完全消除驻波图形，这将影响分辨率。另一方面，过度烘烤会造成光刻胶的聚合作用，并影响显影过程，进而导致图形转移失败。曝光后烘烤完成之后，晶圆将被放在一个冷却平板上冷却到室温。

6.3.7 显影工艺

光刻胶涂敷的晶圆通过曝光、曝光后烘烤及光学式边缘球状物移除(EBR)之后，将被送去显影。显影能够去除不需要的光刻胶，并形成由光刻版或倍缩光刻版所定义的图形。对于常用的正胶，曝光的部分会溶解在显影剂中。

显影工艺包括 3 个过程：显影、冲洗和甩干(见图 6.26)。冲洗过程会稀释显影剂并阻止过度的显影，甩干过程使晶圆预备进行下一道工艺流程。

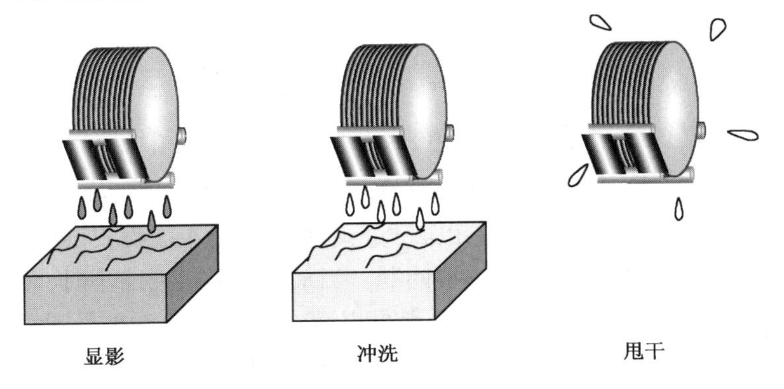

图 6.26 显影工艺的 3 个过程

正胶通常使用弱碱物质作为显影剂。碱性的水溶液如 NaOH 和 KOH 都可以使用，然而这样会引入不需要的钠、钾等可移动离子，这些离子会造成元器件损伤，因此大部分半导体生产中使用非离子性的碱性溶液进行正胶的显影，最常使用的是氢氧化四甲基氨——TMAH($(CH_3)_4NOH$)。

负光刻胶最常使用的显影剂是二甲苯，乙酸丁酯通常用于冲洗。乙醇和三氯乙烯以及斯图达特溶剂的混合液也可用于冲洗负光刻胶。

显影工艺是一种在水槽内进行的批量浸泡工艺(见图 6.26)。目前大部分工艺线都使用显影剂自旋机。使用自旋机的优点是能以临场方式进行显影、冲洗和甩干过程，并且可以和晶圆轨道系统的涂敷机及烘烤机整合成一体。自旋显影系统与自旋涂敷机类似。

图 6.27 是一个自旋显影系统。显影是一个化学过程，对温度非常敏感，因此光刻胶和晶圆的温度在制造时需要保持不变。显影期间的高温将促使化学反应速率提高，但是这将导致

光刻胶的过度显影，并且造成关键尺寸的损失。较低的温度会造成化学反应速率降低，导致光刻胶显影不足，并造成关键尺寸的增加或显影不完全。这两种情况都会影响光学光刻技术的分辨率(见图6.28)。

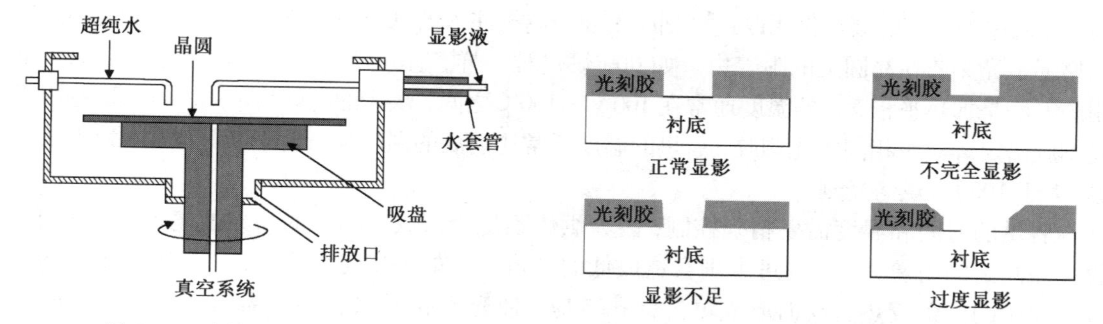

图6.27　自旋显影系统示意图

图6.28　不同显影过程形成的光刻胶轮廓

首先将显影剂喷洒在晶圆表面，然后利用自旋离心力将显影剂散布在整个晶圆。显影之后，在晶圆上喷洒超纯水进行冲洗，最后将超纯水关闭并将自旋转速增大以干燥晶圆(见图6.29)。

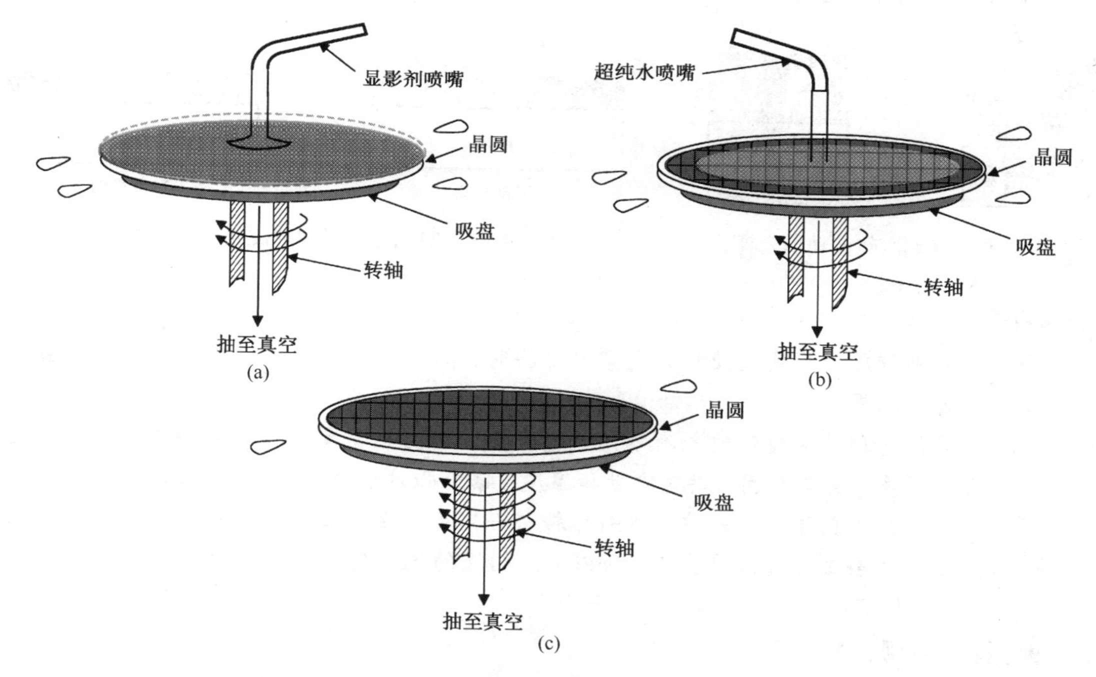

图6.29　显影剂自旋喷洒、超纯水冲洗及甩干工艺流程

另一种方法称为泥浆式显影，该过程与喷洒显影类似，都使用相同的自旋系统，但首先将定量的显影剂喷洒在静止不动的晶圆表面，而不是采用自旋喷洒的方式。显影剂由于表面张力将形成泥浆状，并覆盖整个晶圆。主要的显影过程结束之后，当晶圆开始自旋时，更多的显影剂将被喷洒在晶圆上，以溶解光刻胶，然后晶圆在高自旋转速下进行冲洗和干燥。

显影过程中，曝光的光刻胶与未曝光的光刻胶都会溶解在显影剂中，二者之间的选择性必须足够高，以获得良好的分辨率。对于显影过程，温度的控制(包括显影剂温度和晶圆温度)非常重要。不同的光刻胶使用不同的显影剂，而且显影温度也不同。

6.3.8　后烘工艺

显影之后，晶圆将通过一个后烘过程。后烘会除去光刻胶内的残余溶剂、增加光刻胶的强度，并通过进一步的聚合作用改进光刻胶刻蚀与离子注入的抵抗力，同时由于进一步的加热脱水而增强了光刻胶在晶圆上的附着力。如同前烘过程一样，有几种方法可以用于进行后烘。最常用的方法是加热平板，它的温度通常在100℃ ~130℃之间，烘烤的时间为1 ~2 min，这些因素由光刻胶决定。对于相同的光刻胶，后烘的温度通常比前烘的温度高。对于某些应用，紫外线用高温(大于100℃)烘烤光刻胶。

后烘的时间和温度需要精确控制，因为烘烤不足会造成光刻胶的高刻蚀速率，并影响光刻胶在晶圆上的附着力，烘烤过度则会造成低的分辨率。如果烘烤温度太低，则因为不足的热聚合及较少的光刻胶热流动而形成填充针孔效应，使光刻胶无法达到所需的强度。烘烤的温度要比光刻胶的过渡温度稍微高些，这样光刻胶才能一点点流动并填满针孔，使边缘更加平滑(见图6.30)。高温同样也可以帮助光刻胶进一步脱水并增强附着力。

假如光刻胶过度烘烤(无论是温度太高还是烘烤时间太长)，光刻胶可能会流动太大而影响光刻技术的分辨率(见图6.31)。

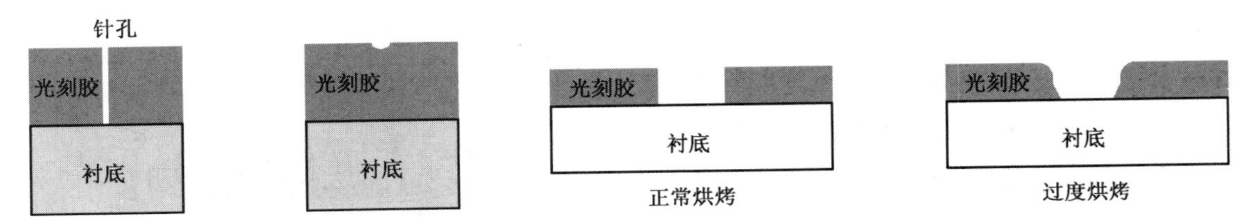

图6.30　利用光刻胶热流动填充针孔

图6.31　过度烘烤造成光刻胶流动

自问自答

问：当光刻胶已经用完或使用太久需要更换时，如果工程师取用了错误的光刻胶会导致什么结果?

答：不同的光刻胶对特定波长有不同的感光度，同时也需要不同的自旋转速、自旋速度升高率、自旋时间、烘烤次数和温度、曝光强度和时间，以及显影剂等。所以，如果使用了错误的光刻胶，则图形转移一定会失败。由于晶圆必须重新处理，而光刻胶线条必须被清洗去除，所以使用错误的光刻胶会严重影响生产量。

6.3.9　图形检测

对于集成电路生产线，大量的晶圆需要同时处理，以获得最高的产量。因此，最关键的问题是尽可能快地查找出工艺设备的故障原因或晶圆的缺陷，然后将其他晶圆从有问题的设备中分离出来，以避免进一步的损失。

当光刻胶图形化后，晶圆要经过测试和检测工艺，以确保光刻胶图形化参数，如重叠、关键尺寸和缺陷密度等处于工艺容许的范围内。如果这些参数超出了工艺容许的范围，则光刻胶需要被剥除，而晶圆被重新送回，即整个工艺过程要重新进行一次。在刻蚀和离子注入过程之前必须认真测试晶圆，因为光刻胶上的图形只是暂时的，刻蚀或离子注入后就成为永久性的。如果错误的图形已经被刻蚀或离子注入，想要重新处理晶圆就已不可能了。假如发生这种情况，晶圆只能被丢弃。

先进的CMOS集成电路芯片需要30多道光刻工艺，每一次光刻都要进行重叠检测，以确保每次光刻版都精确对准。图6.32显示了多种没有精确对准的情况，包括插出、插入、倍缩光刻版旋转、晶圆旋转、X方向及Y方向的错位。如果对准误差超出了工艺容许的范围，则器件制造就会失败。比如，与金属焊盘的接触误差过大，接触电阻将会很高，从而使集成电路芯片失效。

重叠检测通常使用光学测量来设计对位标记。图6.33所示的盒形对位标记是在集成电路制造中使用的重叠模式之一。X和Y方向的重叠移位可以通过下式计算：

$$\Delta X = X_1 - X_2, \Delta Y = Y_1 - Y_2$$

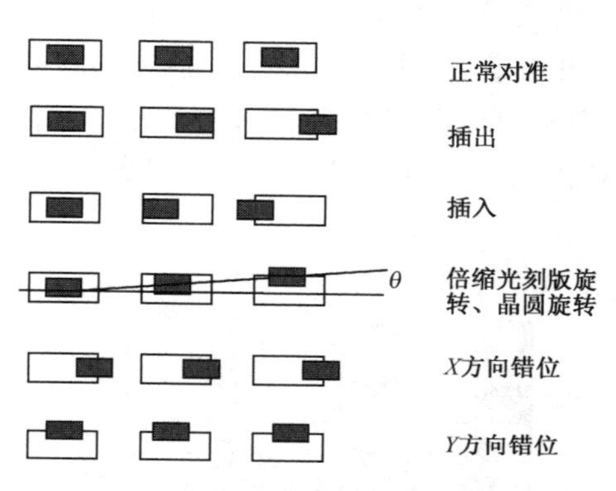

图6.32　对准失误情况示例

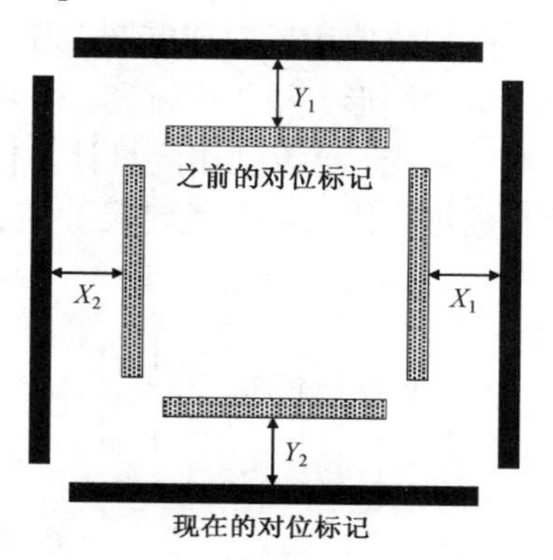

图6.33　盒形对位标记示意图

最近人们发展了光栅对光栅对位标记(见图6.34)，用于纳米技术节点集成电路制造的散射重叠检测。散射是一种技术，使用偏振光的频谱改变测量图形特性，详细内容将在本章后面介绍。

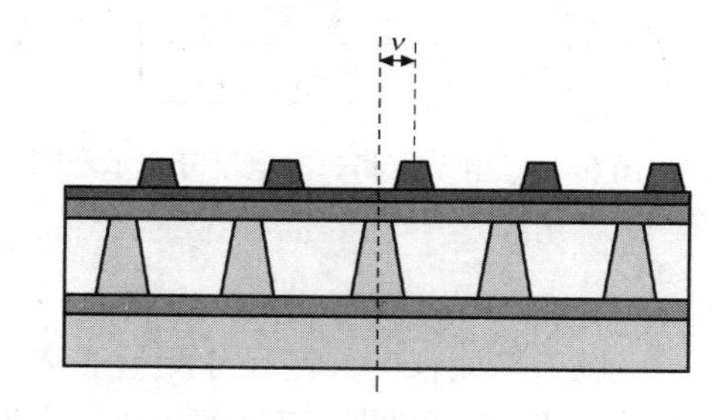

图6.34　散射重叠检测中的光栅对光栅对位标记(来源：Berta Dinu, et al., Proc. of SPIE Vol. 6922, 69222S, (2008))

随着半导体工艺技术节点的发展，图形测试方面的重叠检测也许不再满足光刻工艺成品率控制的需求。需要图形刻蚀后使用SEM测量系统在真正的器件上进行重叠检测。

对于关键尺寸(CD)的测量，通常使用两个系统，一个是称为CD-SEM的扫描式电子显微镜测量系统，另一个是所谓的散射光学系统。

检测过程可以决定光刻技术是否在光刻胶上产生了一个可用的图形，通常使用显微镜(光学或电子式)或自动检测系统测试。光学显微镜用于较大尺寸图形的检测，然而亚微米图形需要用扫描式电子显微镜(SEM)进行检测。

自问自答

问：为什么光学显微镜无法分辨0.25 μm大小的图形尺寸？

答：因为0.25 μm(2500 Å)的特征尺寸小于可见光的波长，可见光的范围为3900 Å(紫光)到7500 Å(红光)。

1924年，在一篇名为*Recherches sur la Théorie des Quanta*(量子理论研究)的博士论文中，法

国物理学家德布罗意提出一个新的想法，即电子的波粒二象性：电子是一个微小的粒子，也是一种波，这与光非常相似，因为光既是电磁波，也是一种光粒子。这个观点很快就得到了发现光的波粒二象性的爱因斯坦的赞同。1927 年，晶格的电子衍射实验证实了粒子波的二象性。1929 年，德布罗意成为诺贝尔物理学奖的最年轻得主。这种物质粒子波称为德布罗意物质波。德布罗意物质波的电子波长由电子的动量决定，而且与能量有关。电子的能量越高，波长就越短，所以高能量的电子束可以用来检测非常小的图形。当电子束与物质碰撞时，会激发二次电子。通过将这些二次电子发射的检测信号形成图像，就可以观察到微小图形的影像。尖锐的边缘，如图形的边角，有较高的二次电子产生率，能在图片上引起高强度的检测信号和清晰的图像(见图 6.35)。

散射检测仪使用反射或椭圆偏振光信号测量透明或不透明薄膜的图形/空间阵列。入射光入射到测量的图形，并与反射光、衍射光和折射光相互作用(见图 6.36)。通过包含相位和强度的图形反射光，可以利用测量计算模型测量出图形的薄膜堆积、轮廓和关键尺寸。因为它从一组测量数据得出出平均关键尺寸值，所以散射检测仪测量的关键尺寸具有很高的可重复性。

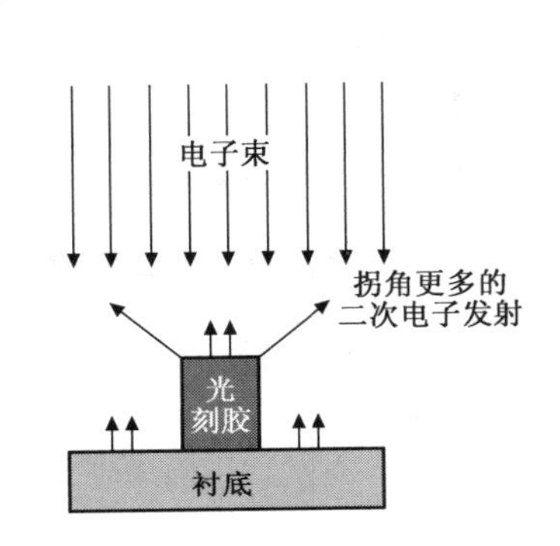

图 6.35 电子束和二次电子分布示意图

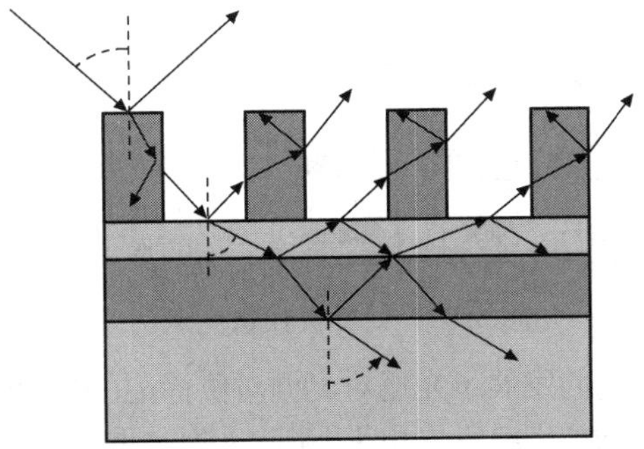

图 6.36 反射光、衍射光和折射光的相互作用示意图。基于相互作用的散射测量可以提供薄膜堆积、图形化关键尺寸和轮廓的信息(来源：Andrew H. Shih)

散射检测仪的关键尺寸测量通常用于测试结构上的线条，这些线条是密集和隔离的阵列，如图 6.37(a)和图 6.37(b)所示。通常的 CD-SEM 测量是测试结构上的所谓关键尺寸线条，如图 6.37(c)所示。测试结构的关键尺寸值通常与真正器件的关键尺寸值十分接近。当特征尺寸不断缩小时，对于制造设计(DFM)方面有更多的要求，所以 CD-SEM 广泛应用于计量工具，这种应用直接测量特殊器件的关键尺寸值。散射检测仪的测量速度更快，可重复性高，而且对光刻胶的损伤少。另一方面，CD-SEM 能显示测试结构的图像，可以让工程师看到正在发生问题的区域。CD-SEM 可以很容易地测量二维结构的孤立图形，而散射检测仪却无法测量。因此，散射检测仪和 CD-SEM 结合用于先进芯片制造方面。

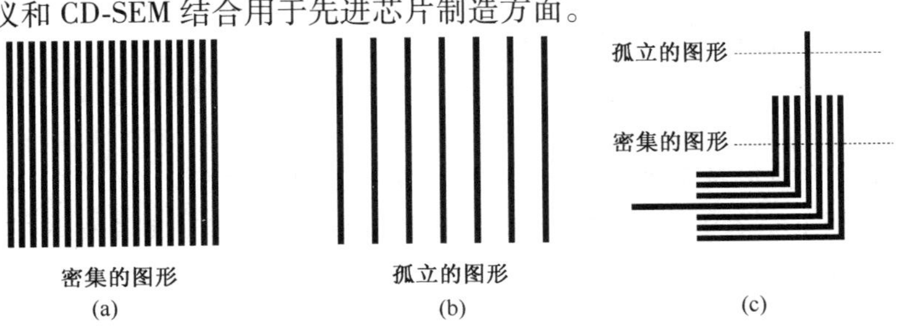

图 6.37 (a)和(b) 散射测量结构；(c) CD-SEM 测量

先进集成电路制造中，关键尺寸的损失或线宽的损失会使大部分光学光刻工艺必须重新进行。对于多晶硅 CMOS 栅关键尺寸，通常允许低于 10% 的关键尺寸误差。图 6.38 所示为关键尺寸的横截面和俯视图。虽然光刻工艺允许发现误差时去光刻胶并返工，然而返工的晶圆越多，产量的成品率就越低，这将严重影响工艺线的利润。

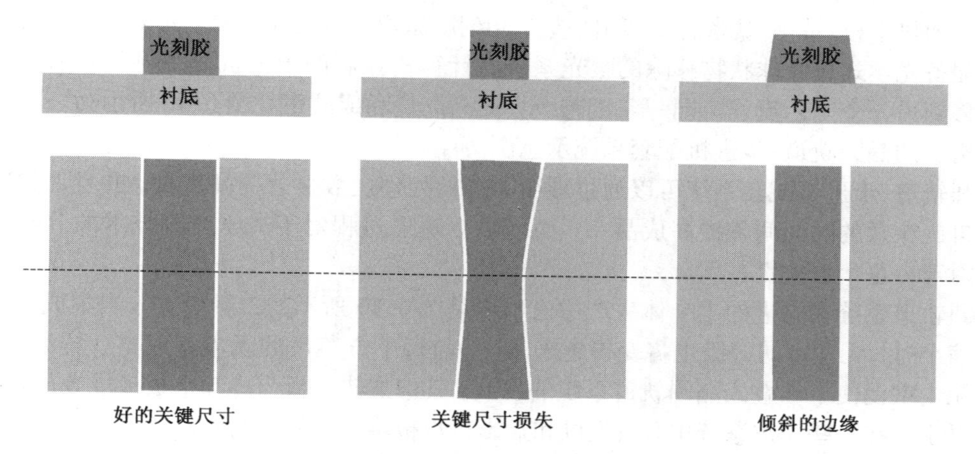

图 6.38 关键尺寸问题示意图

一般情况下，明视场光学检测系统用于光刻胶显影后的缺陷检测。明视场检测系统将高强度的短波入射光入射到晶圆表面，并收集图像传感器的反射光，形成晶圆上的图形影像。通过与同一位置的不同晶粒上的图像比较，可以通过传感器显示图像上每个像素之间的差异，检测微小的缺陷，这就是所谓晶粒对晶粒(D2D)的检测。对于如存储器单元阵列的重复模式芯片，可以通过比较重复单元的图像而检测出缺陷，这就是所谓的单元对单元(C2C)的检测，或阵列模式的检测。其他检测缺陷的方法是通过数据库比较检查图像完成设计，通常称为晶粒到数据库(D2DB)的检测。图 6.39 所示为一个明视场缺陷检测系统。

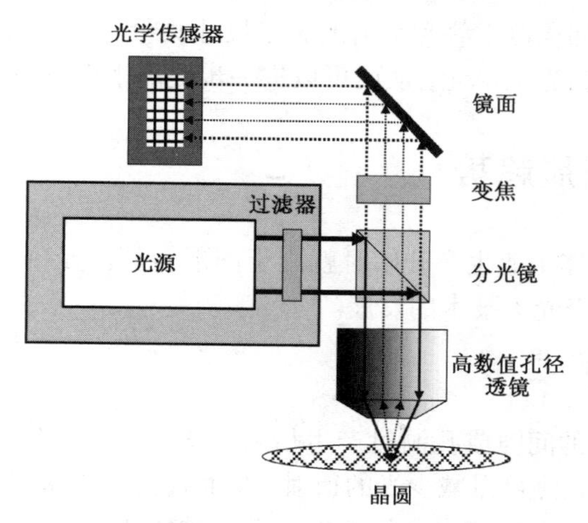

图 6.39 明视场缺陷检测系统示意图(来源：Hyung-Seop Kim, et al., Proc. of SPIE, 2010)

如果晶圆通过了检测过程，就将从光学区域(光学光刻区间)转移进入下一道工艺流程，即刻蚀或离子注入过程。

6.3.10　晶圆轨道-步进机配套系统

所有先进的半导体生产在光刻技术过程中都使用晶圆轨道机与步进机的配套系统。一个晶圆轨道系统具有晶圆装载/卸载平台、脱水烘烤与 HMDS 蒸气底漆层涂敷预处理反应室、各种烘烤的加热平板、晶圆烘烤后冷却用平板、光刻胶涂敷的自旋涂敷机、光刻胶显影机。某些系统也配备光学式边缘球状物移除的曝光系统。计算机控制的中央机械手将晶圆从一个工艺流程转移到另一个工艺流程。同一条工艺线会提高产量和成品率。图 6.40 所示为一个具有晶圆运动指示的晶圆轨道-步进机配套系统示意图。

晶圆轨道-步进机配套系统可以通过减少晶圆的处理次数显著提高产量，并且通过减少底漆层与自旋涂敷的时间间隔提高成品率，而前烘与曝光过程对于光学光刻技术的分辨率与光刻胶的附着力也十分关键。

晶圆轨道系统在先进的半导体生产中已不再是图 6.40 所示的二维模式。当集成电路的图形尺寸缩小时，无尘室的等级也将变得越来越高(与每平方英尺的无尘室成本一样)。越来越昂贵的无尘室促使了堆叠式晶圆轨道系统的发展，其中加热平板与冷却平板被堆叠放置，使系统变得更小。在一些先进系统中，涂敷机和显影机也被堆叠放置(见图 6.41)。

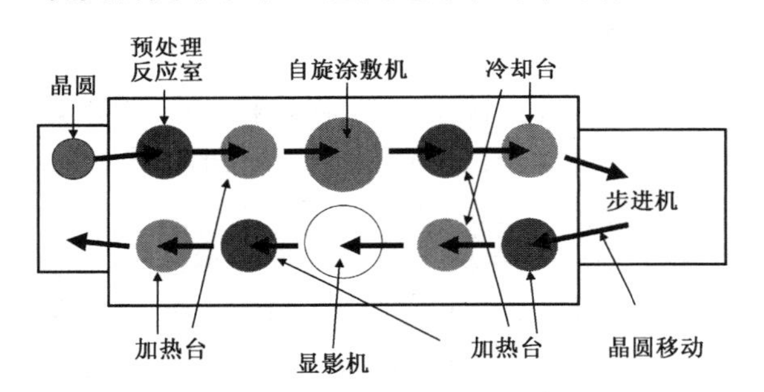

图 6.40　晶圆轨道-步进机配套系统示意图

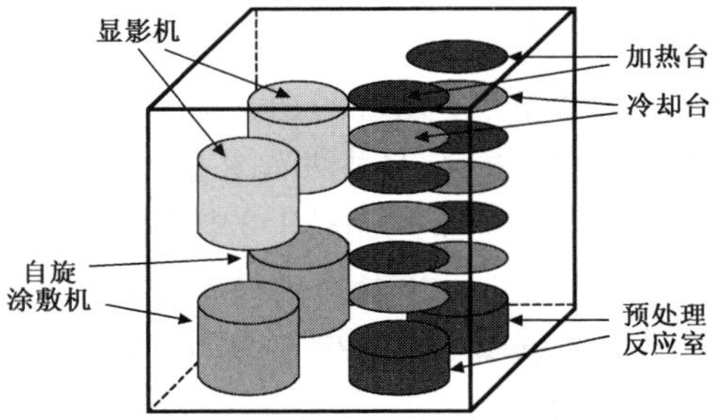

图 6.41　堆叠式晶圆轨道机示意图

一些图形检测工具，如检测重叠和散射的关键尺寸测量工具，也可以与晶圆轨道-步进机配套系统整合在一起，称为光刻单元，从而可以进一步提高生产效率。

6.4　光刻技术的发展趋势

光学光刻系统在半导体工业生产开始时就用于图形转移。光刻技术在不久的将来会有很大的改变，本节将讨论未来光刻技术的发展。

6.4.1　分辨率与景深

当光波通过光刻版上的间隙或孔洞时产生衍射，投射获得的图像没有光刻版上的图形清晰，使用透镜将衍射的光聚焦可以减少光的衍射，从而提高分辨率(见图 6.42)。

光学系统能达到的最小分辨率由光的波长和系统的数值孔径(Numerical Aperture，NA)决定。分辨率可以表示为

$$R = \frac{k_1 \lambda}{\mathrm{NA}} \tag{6.4.1}$$

其中，k_1表示系统常数，λ 是光的波长，$\mathrm{NA} = 2r_o/D$ 是数值孔径，表示透镜聚集折射光的能力。

D 是光刻版或倍缩光刻版与透镜之间的距离，而 $2r_o$ 表示透镜的直径。从式(6.4.1)可以看出，较大直径的透镜能获得较高的分辨率，正如具有较大镜头的相机可以获得比较清晰的影像。然而，一个拥有大透镜的光学系统比较昂贵(正如较大镜头的相机和单反相机比小型相机更贵)。制造一个直径很大的高精密透镜也存在技术方面的限制。

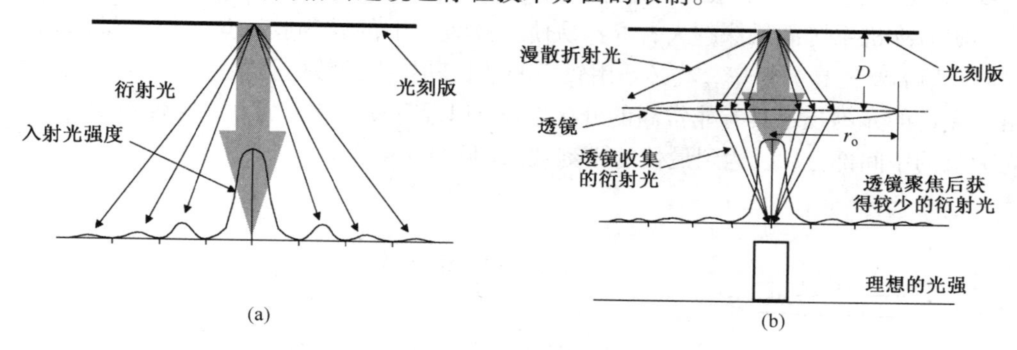

图6.42　光的衍射。(a) 没有透镜；(b) 有透镜

从式(6.4.1)可以看出，使用较短波长曝光可以提高分辨率，这就是为什么曝光光源的波长在光刻技术中越来越短的原因(见图6.43)。然而曝光波长有一个极限，当波长缩短到某一数值时，光将从紫外线范围变到 X 光(见图6.44)。对于 X 光，大部分的光学方程式不再有效，包括式(6.4.1)。

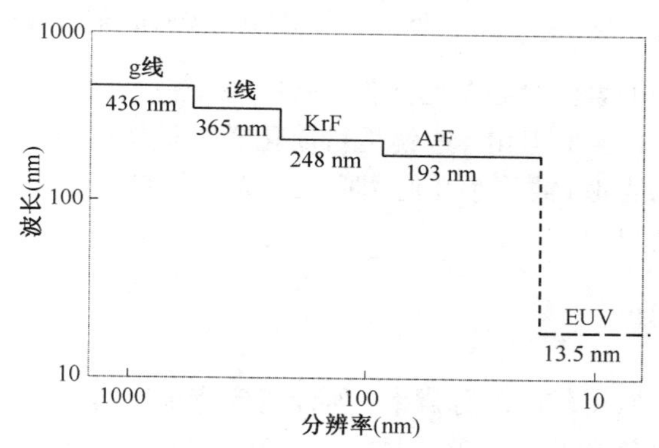

图6.43　光波长与分辨率的关系

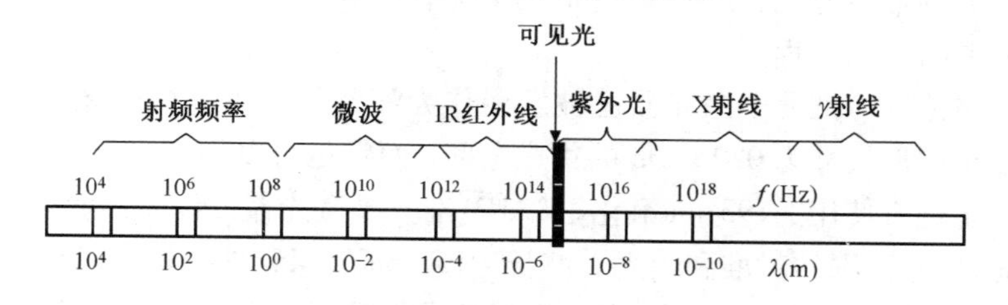

图6.44　电磁波的波长和频率

光学系统的另一个重要特性是景深(Depth of Focus, DOF)。景深是一个范围，光将在景深范围内聚焦于透镜焦距上，投射影像在景深范围内可以获得高的分辨率。景深可以表示为

$$\mathrm{DOF} = \frac{k_2 \lambda}{2(\mathrm{NA})^2} \tag{6.4.2}$$

从式(6.4.2)可以看出，较小数值孔径(NA)的光学系统具有较大的景深。这就是为什么傻瓜相机的镜头都非常小的原因，使用这种相机拍照时不需要调整焦距，因为景深很大，所以几乎所有的东西都在焦距内。然而这种相机拍不出非常清晰的图像，因为小镜头的分辨率不高。图6.45说明了一个光学系统的景深。

光刻版对准机系统的景深越大，越容易使晶圆表面上的光刻胶对焦。但是景深和分辨率不能同时兼顾：要提高分辨率，就必须用较短的波长和较大的数值孔径，然而这会减小景深。

由于先进的光刻技术具有非常高的分辨率，所以景深就变得非常小，这就必须使焦距中心放在光刻胶的中间部分，以达到最佳的光刻效果(见图6.46)。

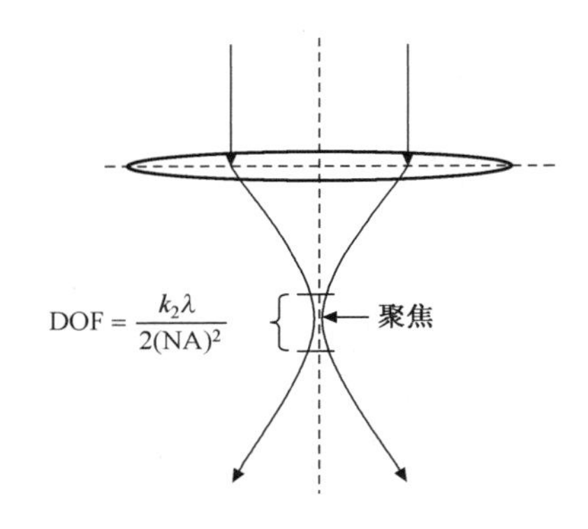

图6.45 光学系统景深示意图

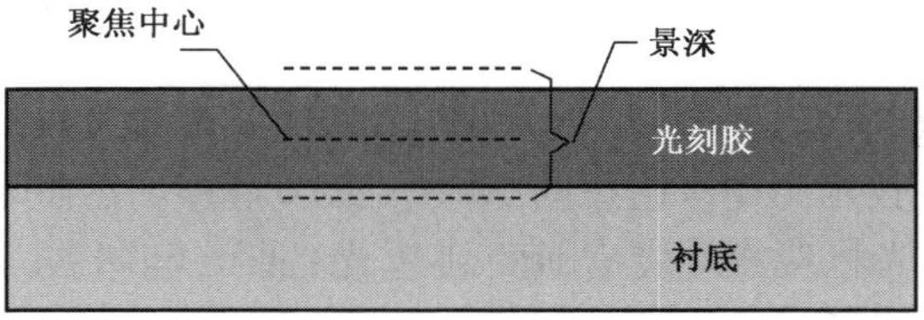

聚焦中心
景深
光刻胶
衬底

图6.46 光线聚焦到光刻胶薄膜的中点可以使分辨率达到最高

因为光学光刻过程中的景深是必备的条件，所以对于一个图形尺寸小于0.25 μm的图形化过程，晶圆的表面需要高度平坦化，这就是目前化学机械研磨(CMP)工艺在半导体生产中大量使用的原因。对于1/4 μm或更小几何图形尺寸光刻技术的分辨率，只有这种技术才能达到所要求的表面平坦化效果。

6.4.2 I线和深紫外线

因为较短的波长可以获得较高的分辨率，所以需要将稳定的、高强度的短波长光源应用于曝光系统中。高压水银灯管和准分子激光器广泛作为步进机的光源。

水银灯管有多种辐射光线，其中365 nm的I线最常用于步进机曝光系统，以实现0.35 μm图形尺寸的集成电路工艺过程。

248 nm氟化氪(KrF)准分子激光器已被发展作为深紫外线步进机的光源，这种深紫外线步进机可用于最小图形尺寸为0.25 μm的集成电路，而且也可以用于0.18 μm和0.13 μm集成电路的制造。步进机使用的193 nm氟化氩(ArF)准分子激光器已经是商业化的产品，其主要针对65~130 nm尺寸范围的对准和曝光。波长为157 nm的深紫外线氟(F_2)激光器光学光刻工具已经有所研发。然而，由于193 nm浸入式光刻技术的发展，157 nm扫描仪的发展被迫终止，这种技术提高了45 nm技术节点氟化氩系统的分辨率。结合双重图形或多图形化技术，氟化氩系统可以将集成电路技术发展到22 nm节点。如极紫外线(EUV)、纳米压印(NIL)和电子束直写(EBDW)的下一代光刻技术(NGL)，可应用于22 nm或16 nm技术节点。然而，这些光刻技术不能很快取代光学光刻。

由于设计的光刻胶只针对特定波长的光感光，所以波长不同时所使用的光刻胶也不同。

电介质抗反射涂敷也与曝光的波长有关，不同的波长需要不同的电介质沉积技术作为电介质抗反射镀膜层(ARC)，或者需要不同的自旋涂敷工艺用于底部防反射涂层(BARC)。

由于光学曝光系统分辨率的限制，20世纪80年代早已有人预测光学光刻技术将在十年之内被另一种光刻技术取代。然而在光刻技术领域工作的科学家及工程师却通过不断提高分辨率，突破限制，延长了光学光刻技术的寿命(见图6.47)。

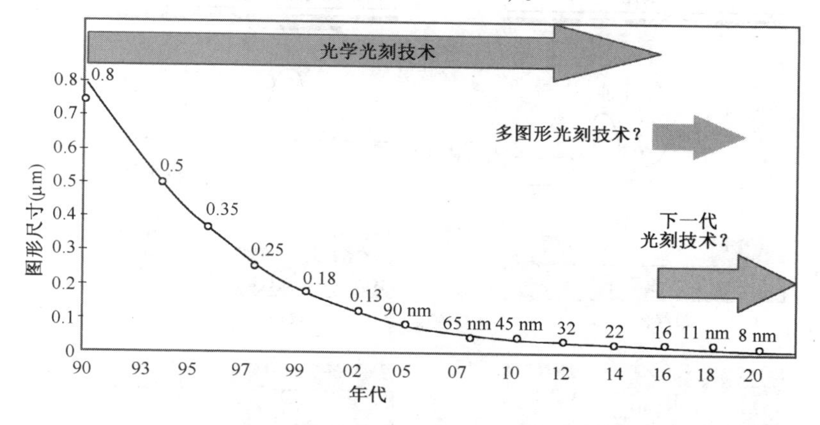

图6.47　图形尺寸与光刻技术的发展

由于如相位移掩膜、光学邻近校正、离轴光照、浸入式光刻和双重图形光刻技术的发展，工程师们可以使用193 nm光刻系统图形化22 nm技术节点的器件。随着多图形光刻技术的发展，可以进一步图形化更小尺寸的器件，并使下一代光刻技术(NGL)的应用推迟。

6.4.3　分辨率增强技术

为了提高光刻技术的分辨率，提高分辨率的多种技术被开发出来，并使光学光刻的应用可以扩展到22 nm的集成电路芯片制造。本节将简要介绍提高光刻分辨率的重要技术，如相位移掩膜(PSM)、光学邻近校正(OPC)和离轴光照。

相位移掩膜

根据式(6.4.1)，可以通过降低系统常数k_1提高光刻技术的分辨率。减少常数k_1的方法之一就是使用所谓的相位移掩膜(PSM)。

将一个独立且很小的图形转移到光刻胶上并不困难，但是当许多小的图形被紧密排列在一起时就很有挑战性，因为光的折射和干涉将使这些图形扭曲变形。为了解决这个问题，引进了相位移掩膜技术。相位移掩膜上的电介质层在光刻版上开口部分(明亮区，透明区)以间隔的方式形成相位移图形(见图6.48)。虽然这种相位移掩膜并不真正用在集成电路制造中，但仍可用于解释相位移掩膜的工作原理。

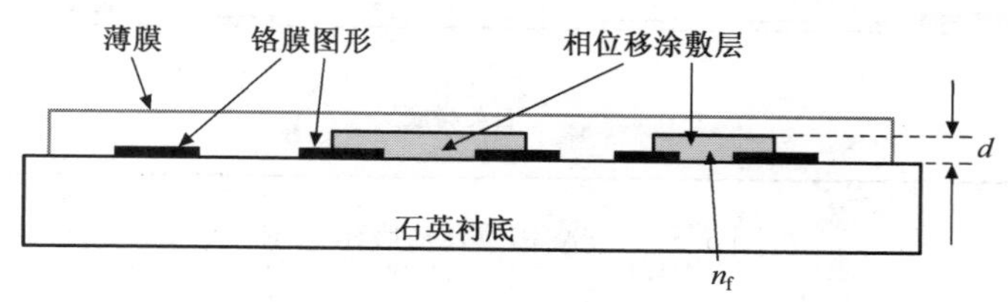

图6.48　相位移掩膜

电介质层的厚度与介电常数必须精确控制，如 $d(n_f - 1) = \lambda/2$，其中 d 是电介质的厚度，n_f 是电介质的折射率，而 λ 是曝光光线的波长。通过无相位移涂敷开口部分的光线与通过有相位移涂敷开口部分的光线将产生破坏性干涉，相反的相位移就会在高密度排列区形成非常清晰的图像(见图 6.49)。

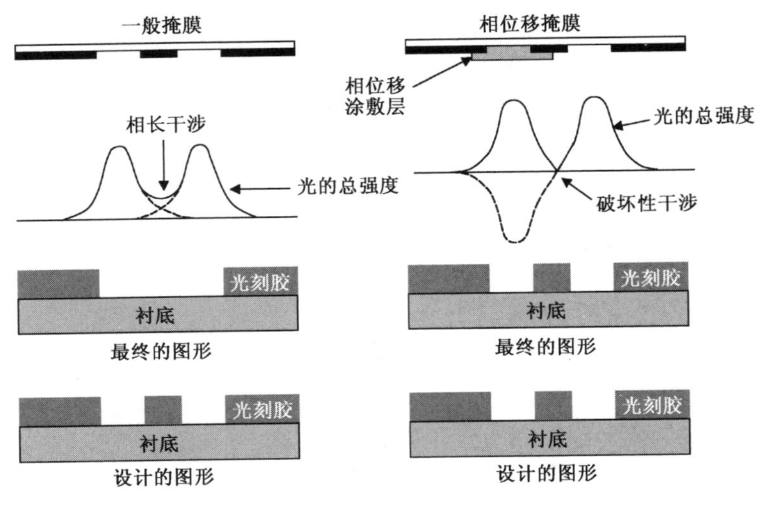

图 6.49 (a) 一般掩膜；(b) 相位移掩膜光刻工艺技术

通过刻蚀石英衬底，而不是添加相位移电介质，可以形成交替孔径相位移掩膜(AAPSM)(见图 6.50)。刻蚀的深度必须根据 $d = \lambda/[2(n-1)]$ 精确控制，d 是刻蚀的深度，λ 是曝光光线的波长，而 n 是石英衬底的折射率。171.4 nm深度刻蚀需要193 nm波长曝光，而且对于193 nm的光，石英折射率为 1.563。

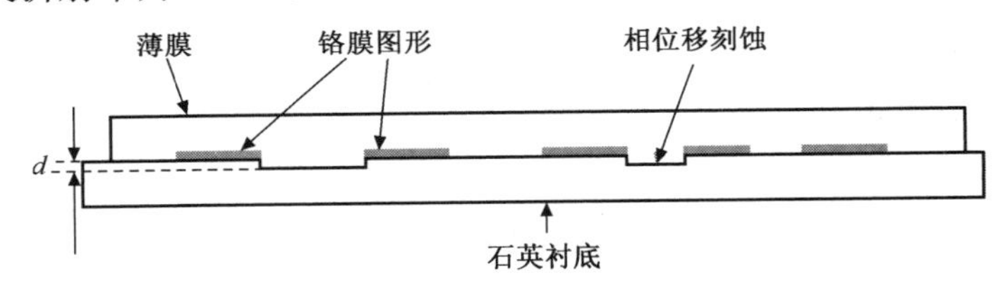

图 6.50 通过刻蚀石英衬底形成的 AAPSM

另一种应用于 IC 纳米节点技术的相位移掩膜是衰减相位移掩膜(AttPSM)。这种技术通过图形化部分石英衬底上的透明薄膜形成(见图 6.51)。

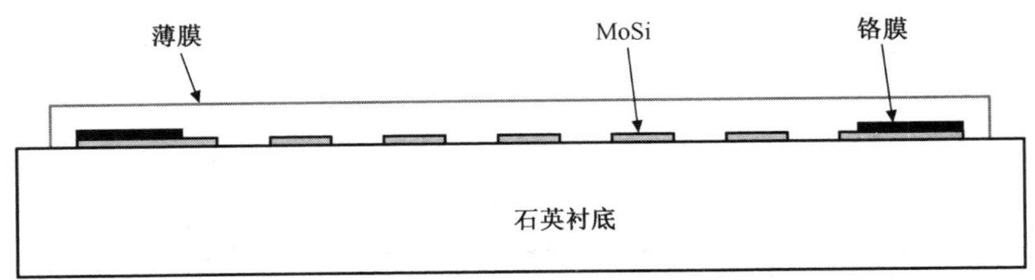

图 6.51 衰减相位移掩膜示意图

具有 6% ~20% 透光率的硅化钼(MoSi)通常可以用于相位移掩膜。通过控制硅化钼薄膜的厚度，使得最小量的光通过波长为193 nm的氟化氩准分子激光器时发生 180°相位移。由于光的破坏性干涉，覆盖有硅化钼的曝光强度比光刻胶曝光强度低，而没有硅化钼的曝光强度比光刻胶曝光强度高。这样就能曝光比波长小的高分辨率图形(见图6.52)。

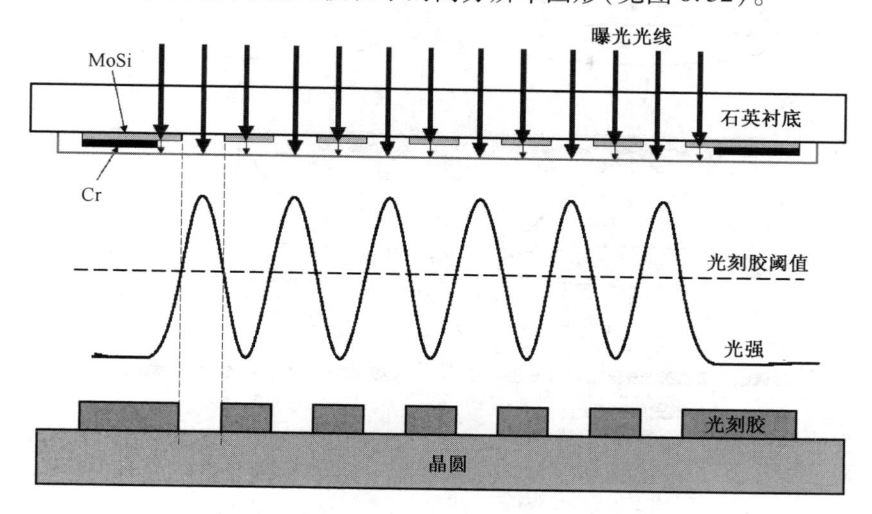

图6.52 AttSPM光刻胶图形化示意图

光学邻近校正

当特征尺寸大于曝光波长时，除了光的衍射造成的一些边角效应外，转移到晶圆上的图形几乎和光刻版的图形相同。当图形特征尺寸小于光波长时，光的衍射效应变得很严重，转移到晶圆上的图形不再和光刻版的图形相同，如图6.53(b)所示。因此，为了将设计的图形转移到晶圆上，微型化功能被添加到光刻版上，以补偿光的衍射效应。这些附加功能称为光学邻近校正(OPC)。

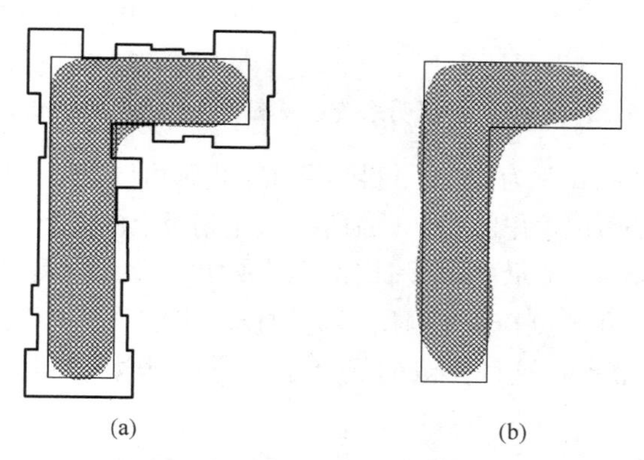

图6.53 光学光刻图形。(a) 有光学邻近校正；(b) 无光学邻近校正

离轴光照

通过使用光圈将入射光线以一定角度入射到光学系统的透镜上，可以收集光刻版上光栅的一阶衍射，有效地降低式(6.4.1)中的 k_1 因子，这样可以提高光刻分辨率。图6.54(a)显示了一个轴式照明系统，图6.54(b)显示了离轴照明系统，也称为单极照明，因为入射光来源于光圈的单孔。

偶极照明系统采用具有对称角的两个不同的照明装置，从两极收集零阶和一阶衍射光并成像，与单极照明系统相比，光强获得平衡。图6.55(a)和图6.55(b)分别显示了偶极照明系统示意图和偶极照明孔装置。同样，设计者也可以使用四极光学光刻照明光源。

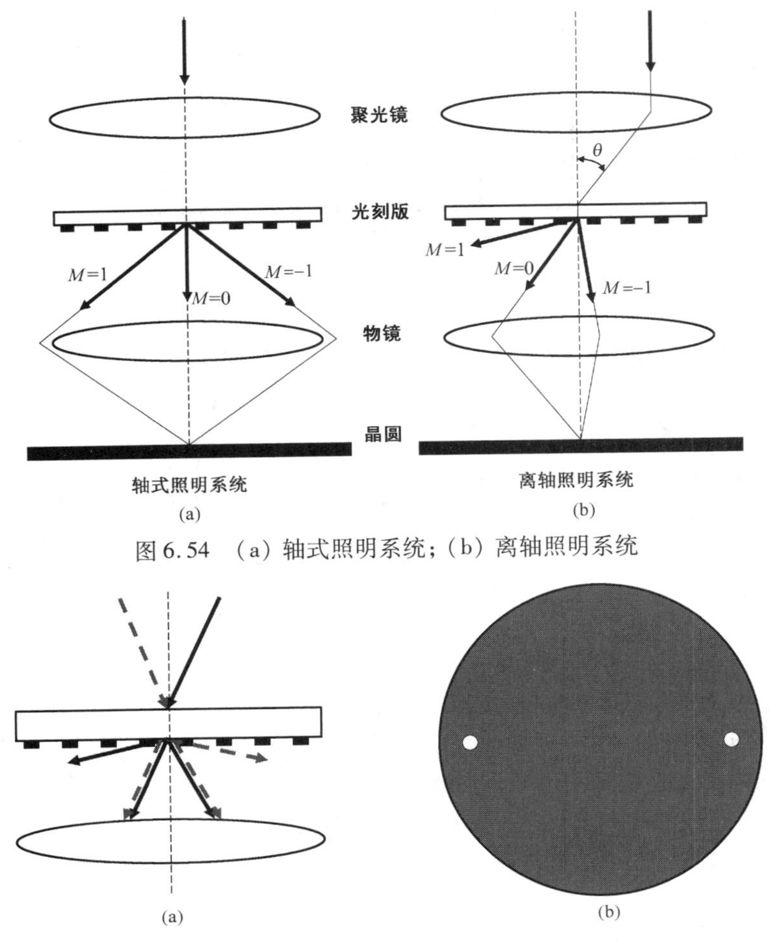

图 6.54 （a）轴式照明系统；（b）离轴照明系统

图 6.55 （a）偶极照明系统示意图；（b）偶极照明孔装置

通过优化光圈和光刻图形(称为 SMO)，科学家和工程师可以进一步拓宽光学光刻技术的应用。图 6.56 显示了 SMO 实例，可以看出图 6.56(b)所示的光刻版上的图形完全不同于图 6.56(d)所示的晶圆上的图形，图 6.56(c)所示的源设计比偶极或四极设计更复杂。因为需要通过巨大的计算量来优化源图形设计和光刻掩膜版，所以这种技术也称为计算光刻。结合浸入式技术，计算光刻可用于22 nm技术节点。这种方法的优点之一是光刻版仍然是二元式的，这比相位移掩膜更容易制造。

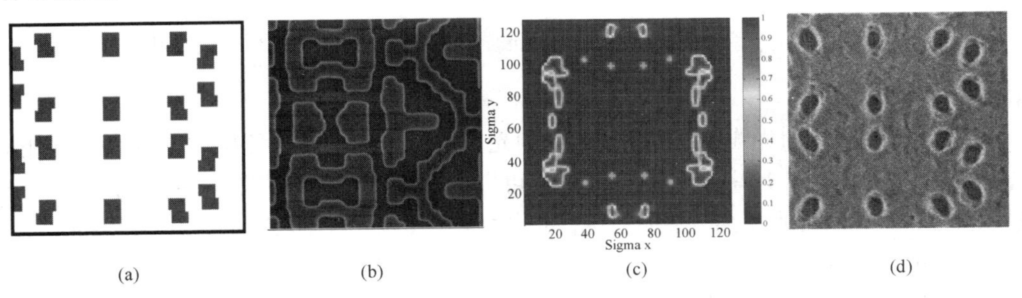

图 6.56 接触式光刻的光源光刻版优化。(a) 版图设计；(b) 光刻版；(c) 光源设计；(d) 晶圆上的光刻胶图形(来源：Kafai Lai, et al., Proc. of SPIE, Vol. 7274, pp. 72740A-1, 2009)

6.4.4 浸入式光刻技术

通过在显微镜的物镜和样品之间的空隙中浸入水或油，设计者可以提高显微镜的图像分辨率。这种技术可以应用于光刻工艺，通过在物镜与晶圆表面之间的空隙中填充去离子水，可以显著提高光刻分辨率。浸入式光刻技术的分辨率可以表示为

$$R = \frac{k_1 \lambda}{n_{\text{fluid}} \text{NA}} \tag{6.3}$$

上式与式(6.1)之间唯一的区别是 n_{fluid}，它表示物镜和晶圆之间液体的折射率。当填充物是空气时，折射率近似为1，式(6.3)变成式(6.1)。从式(6.3)可以看出，通过在物镜和193 nm扫描晶圆之间填充去离子水($n_{\text{fluid}}=1.46$，对于193 nm)，在光学系统没有改变的条件下，可以提高一个技术节点的分辨率。浸入系统的景深为

$$\text{DOF}_{\text{immersion}} = \frac{1-\sqrt{1-(\lambda/p)^2}}{n_{\text{fluid}}-\sqrt{n_{\text{fluid}}^2-(\lambda/p)^2}} \frac{k_2 \lambda}{2\,(\text{NA})^2} \tag{6.4}$$

其中，λ 是曝光光线的波长，p 是掩膜图形的间距。可以看出，当 $n_{\text{fluid}}=1$ 时，式(6.4)成为式(6.2)。

浸入系统的景深改善因子 $\eta = \text{DOF}_{\text{immersion}}/\text{DOF}$，$\eta$ 大于 n_{fluid}，这意味着当在物镜和晶圆之间填充液体时，景深将增加。当应用去离子水时，对于193 nm浸入式大间距光刻图形，景深改善因子至少增加到1.46。对于小间距光刻图形，景深改善因子 η 提高得更多(见图6.57)。由于使用填充液体增加了景深，可以增加数值孔径并进一步提高分辨率，同时保持景深在合理的范围内。高数值孔径的193 nm浸入式光刻技术广泛应用于22～45 nm 范围技术节点的集成电路生产。从图6.58可以看出，在浸入式光刻系统中，水仅仅填充在物镜和晶圆表面之间。

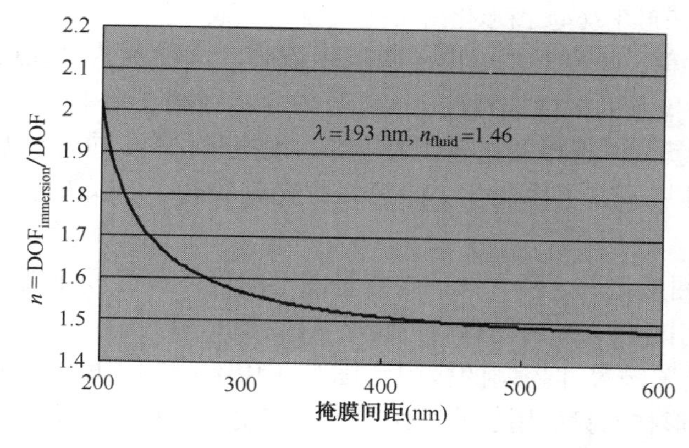

图6.57 浸入系统的景深改善因子与光刻线/空间间距关系曲线

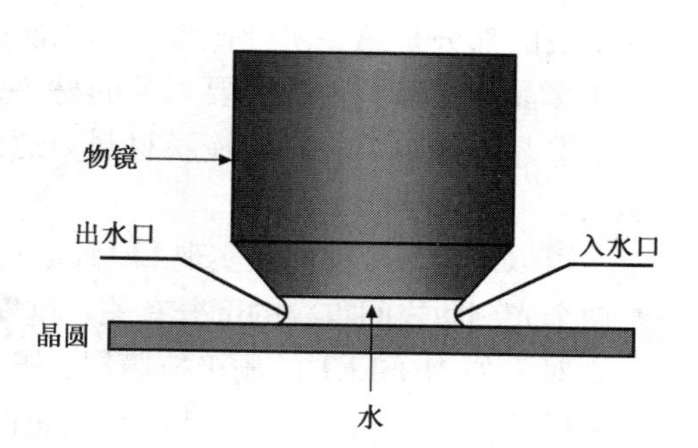

图6.58 浸入式光刻系统示意图

6.4.5 双重、三重和多重图形化技术

通过多重图形化一个掩膜层，可以提高图形化的分辨率，这是因为这种方法有效地降低了式(6.1)中的 k_1 因子。如果使用相同的光刻系统，则有效的 k_1 因子将降低为 k_1/N，N 是图形化次数，对于双重图形化，$k_{1,\text{eff}}=k_1/2$。双重图形化技术(DPT)已经用于集成电路芯片制造的45 nm，以及32 nm和22 nm技术节点。可以通过多次图形化，如三次(三重图形化)或四次，进

一步减小有效的 k_1 并转移更细的线条。如果下一代光刻技术(如极紫外线光刻技术)还不成熟，则 16 nm 及以后的技术节点将会使用多重光刻图形化技术。

双重图形化可以有许多方法实现，如光刻-固化-光刻-刻蚀(LFLE)，光刻-刻蚀-光刻-刻蚀(LELE)，以及自对准双重图形化(SADP)。

LFLE 对集成电路芯片制造商非常有吸引力，因为用它可以获得最低的成本。通过固化第一次光刻显影后的光刻胶，并采用第二层光刻胶曝光，可以用光学光刻系统使间距密度翻倍。图 6.59 显示了 LFLE 工艺过程。第一次光刻胶固化可以使用化学过程，这种方法减小了光刻胶在显影剂中的溶解度，使得当显影第二次光刻胶时，图形不会溶于光刻胶。人们也在研究应用离子注入技术实现第一次光刻胶图形的固化。

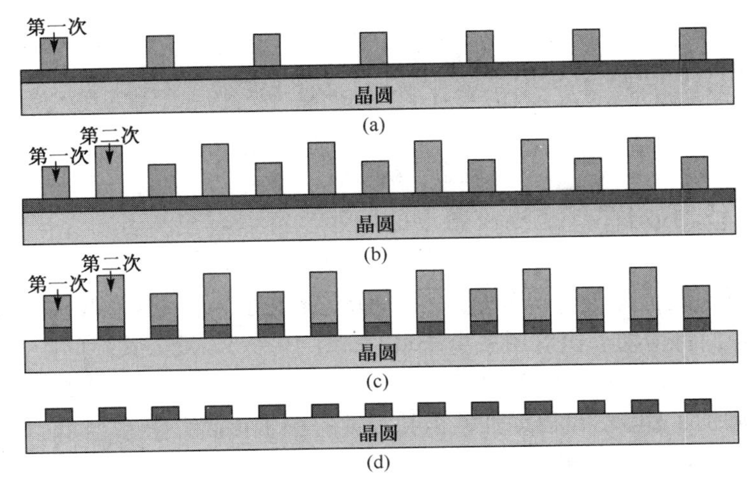

图 6.59　LFLE 工艺流程示意图。(a) 第一次光刻胶图形化及图形固化；(b) 第二次光刻胶图形化；(c) 图形化刻蚀；(d) 去光刻胶

图 6.60 显示了 LELE(或 LE^2)工艺过程，这种工艺应用了两层硬掩膜。这种工艺过程最具挑战的部分是第一次硬掩膜对第二次硬掩膜的刻蚀选择性，这部分内容将在第 9 章中讨论。如果多晶硅是晶圆表面需要刻蚀的材料，就可以选择氧化硅作为第二次硬掩膜材料，同时将无定形非晶碳作为第一次硬掩膜材料。通过氧等离子体灰化去除第二次光刻胶时，可以去除非晶碳。

可以使用一个硬掩膜实现 LELE 双重图形化。这种方法的缺点是图形的最终关键尺寸直接与两个光刻版之间重叠的部分有关。重叠引起的误差将转移给关键尺寸(见图 6.61)。

对于如 MOSFET 的栅极掩膜层，栅极关键尺寸控制的极限范围为 ±10%，然而重叠间距控制的范围为 20%。因此，LELE 双重图形技术只能用于非关键层尺寸控制，非关键层尺寸控制的范围约为 20%。

间距自对准双重图形化(SADP)技术是小于 22 nm 尺寸器件最有前途的半导体工艺技术，尤其对于 NAND 快闪存储器制造。图 6.62 和图 6.63 分别显示了 SADP 横截面和俯视示意图。第一次掩膜定义了光刻胶的图形，通过低温氧化 CVD 和回刻蚀形成间距，并第一次刻蚀硬掩膜。第二次光刻掩膜图形化后，硬掩膜被刻蚀并去除光刻胶；然后，通过第三次刻蚀形成设计的器件图形。可以看出，通过控制低温氧化 CVD 薄膜的厚度，可以精确控制图形关键尺寸，并利用透明的薄膜计量系统形成间隔。

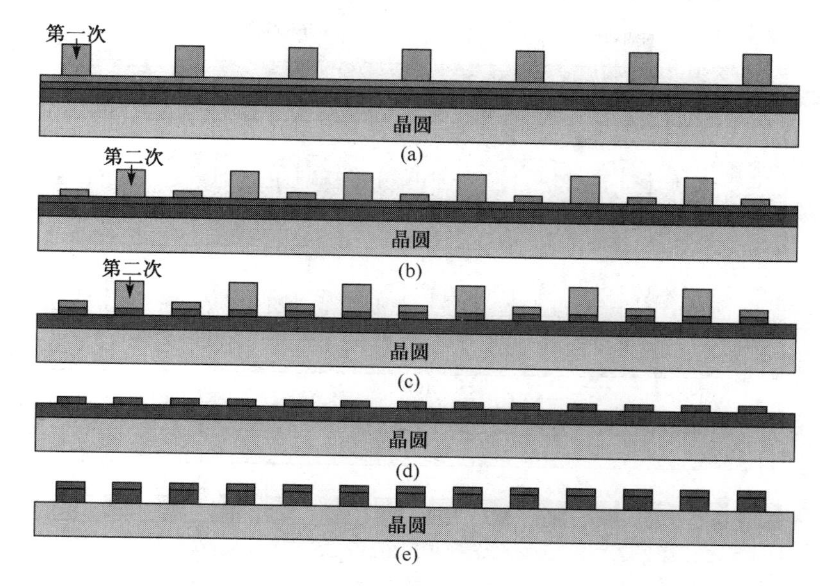

图6.60 LELE工艺流程示意图。(a) 第一次光刻；(b) 刻蚀第一次硬掩膜后的第二次光刻；(c) 刻蚀第二次硬掩膜层；(d) 去除第二次光刻胶和第一次硬掩膜；(e) 刻蚀晶圆上的图形

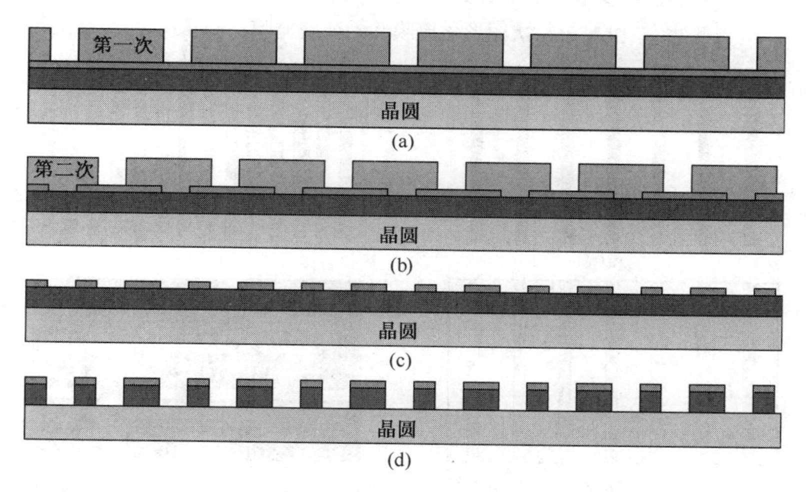

图6.61 只有一个硬掩膜的LELE工艺流程示意图，值得注意的是，第一次硬掩膜和第二次硬掩膜重叠误差引起最终图形关键尺寸的变化

因为间距自对准双重图形化比其他双重图形化需要更多的工艺步骤，如氧化CVD和侧壁氧化层刻蚀，所以该方法费用较高。但它也有许多优点，比如准确的图形关键尺寸和空间关键尺寸控制、对二次掩膜重叠要求低、线边缘粗糙度(LER)低等，所以间距自对准双重图形化对一些集成电路制造商非常有吸引力，特别是对于NAND快闪存储器制造商。这是因为NAND闪存具有很多密集的线间隔图形，这对关键尺寸有严格的要求。

虽然光学光刻技术有极限，但是图形化并没有达到极限。然而，可以使用多重图形化(如四重图形化)实现更小的特征尺寸。半导体工艺师甚至可以用极紫外线(见6.4.6节)或纳米压印(见6.4.7节)技术形成双重图形，以进一步降低特征尺寸。

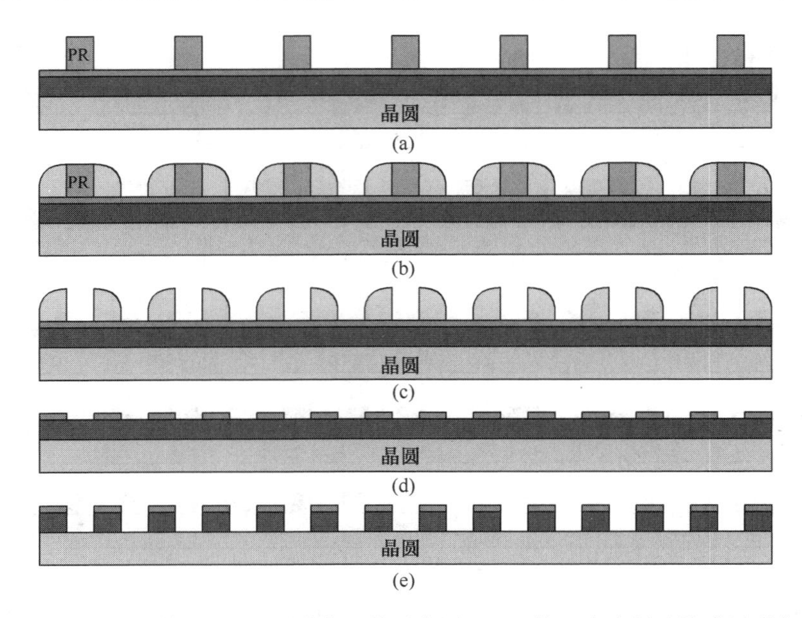

图 6.62　间距自对准双重图形化工艺示意图。(a) 第一次光刻胶掩膜图形化；(b)低温氧化CVD和侧壁刻蚀；(c)去光刻胶；(d) 刻蚀硬掩膜，去除侧壁氧化层，第二次图形化掩膜并刻蚀硬掩膜；(e) 最后的图形化刻蚀

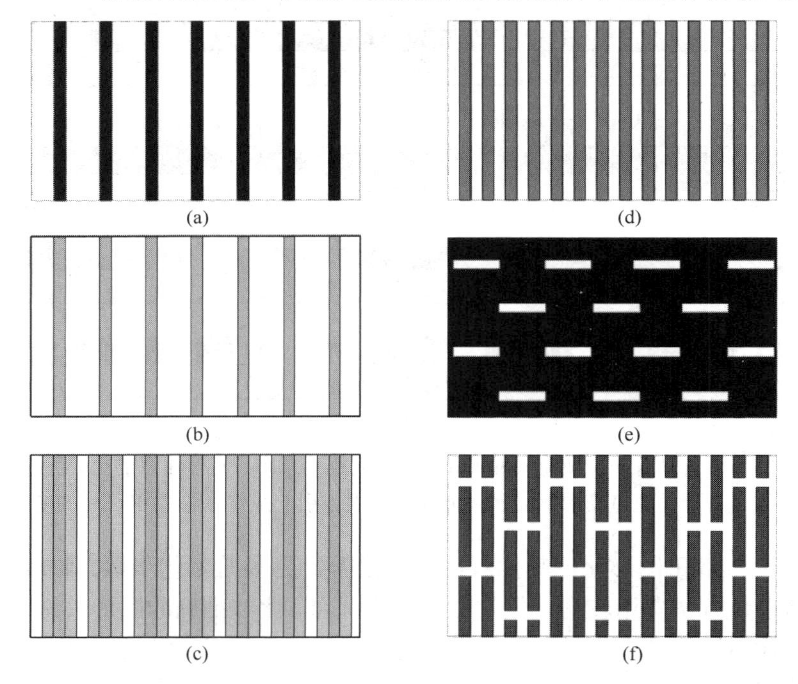

图 6.63　间距自对准双重图形化工艺俯视图。(a) 第一次掩膜；(b) 第一次光刻胶掩膜图形化；(c) 形成低温侧壁氧化层；(d) 刻蚀硬掩膜并去除侧壁氧化层；(e) 第二次掩膜；(f) 刻蚀硬掩膜和最后的图形

6.4.6　极紫外线光刻技术

图形化 22 nm 技术节点的下一代光刻技术(NGL)是具有 13.5 nm 波长的极紫外线(EUV)

光刻技术。波长介于1～50 nm之间的电磁辐射在紫外线和X射线之间的重叠区域，称为极紫外线、真空紫外线和软X射线。极紫外线光刻技术称为软X射线投影光刻，并命名为EUV光刻技术，这是为了避免与20世纪90年代后期的X射线光刻技术相混淆。

EUV光刻技术的基本思路是通过大幅降低波长(λ)并适度降低数值孔径(NA)，达到提高光刻分辨率的目的，从而使大规模生产能运行在所谓DOF＞100 nm的“合适区”。例如，当式(6.4.1)和式(6.4.2)中的$k_1 = 0.25$，$k_2 = 1.0$，$\lambda = 13.5$ nm，NA＝0.25时，可以看出，分辨率R = 13.5 nm，并且DOF＝108 nm。

由于短波有较强的吸收，没有材料可用于制作EUV光刻用镜头，所以EUV技术必须是一个基于镜像的系统。高强度极紫外线光源已用于预生产系统(小于10片/小时)，应用于完整生产系统(约120片/小时)的更高强度光源已经被开发。图6.64显示了极紫外线曝光系统。

图6.64　极紫外线曝光系统示意图(来源:Carl Zeiss)

为了有效地反射极紫外线，需要在衬底上覆盖多层硅化钼薄膜。图6.65显示了使用石英衬底的极紫外线掩膜。背面金属涂层是为了连接静电夹具，这种夹具系统在半导体制造中比较受欢迎，因为机械夹具容易产生颗粒。需要约40层硅化钼薄膜沉积在石英衬底上，以形成13.5 nm波长EUV的光反射层。当入射角约为6°时，可以获得70%的反射率。吸收层通常是掺硼氮化钽(TaBN)，缓冲层可以是具有硅覆盖层或钌(Ru)的氮化铬(CrN)。缓冲层用于保护多层薄膜在图形化过程中不被污染。抗反光涂层(ARC)通常是沉积在阻挡层TaBN上的掺硼杂钽氮氧化物(TaBON)。抗反光涂层可以减少阻挡区的光反射，并提高在深紫外波长检测条件下多层区的一致性，从而提高缺陷检测的灵敏度。电子束检测和光化(13.5 nm波长)检测不需要抗反光涂层。

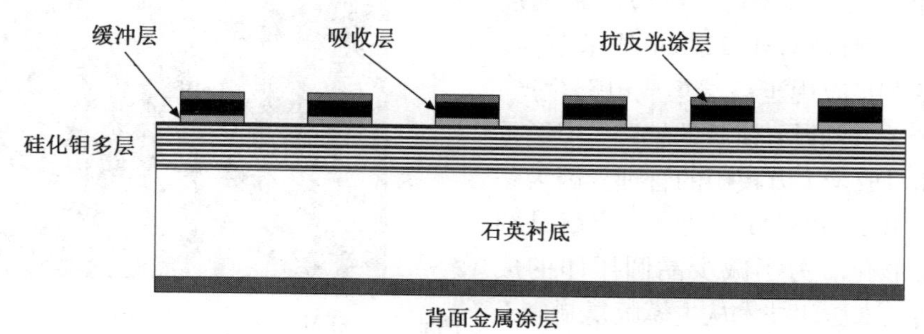

图6.65　极紫外线掩膜示意图

理想情况下，可以用13.5 nm波长的极紫外线来检测极紫外线掩膜，这就是所谓的光化检测。理论上，光化检测可以获得表面缺陷和相缺陷引起的所有转印缺陷，这些缺陷被埋在或位于多层薄膜的下面。由于光化极紫外线掩膜检测方法仍处于发展阶段，所以光学光刻版检测和电子束光刻版检测可用于极紫外线光刻技术的开发和实验。由于极紫外线掩膜技术不能捕获下面的相缺陷，所以极紫外线光刻技术很可能首先用于对相缺陷不敏感的IC产品掩膜层，如 NAND 闪存位线接触和 CMOS 栓塞接触层。因为 90% 以上，甚至超过 99% 的区域被吸收层覆盖，被埋的相缺陷影响器件性能的可能性很小。对于如 NAND 闪存芯片，设计的余量可以承受一定的缺陷而不影响成品率。

6.4.7 纳米压印

压印技术广泛用于生产硬币，以及音乐光盘、视频光盘和软件光盘。压印光刻技术用于纳米集成电路是在 1996 年提出的，这种光刻技术称为纳米压印(NIL)。图 6.66 显示了 NIL 图形化工艺过程。首先，在晶圆表面涂敷抗蚀剂，如图 6.66(a)所示，然后将模版压在抗蚀剂上，如图 6.66(b)所示，最后通过加热或紫外线将抗蚀剂硬化，如图 6.66(c)所示。抗蚀剂硬化后，石英模版或模具从晶圆表面移开，如图 6.66(d)所示，然后将 NIL 形成的抗蚀剂图形利用刻蚀工艺转印到晶圆表面的薄膜上，如图 6.66(e)所示。

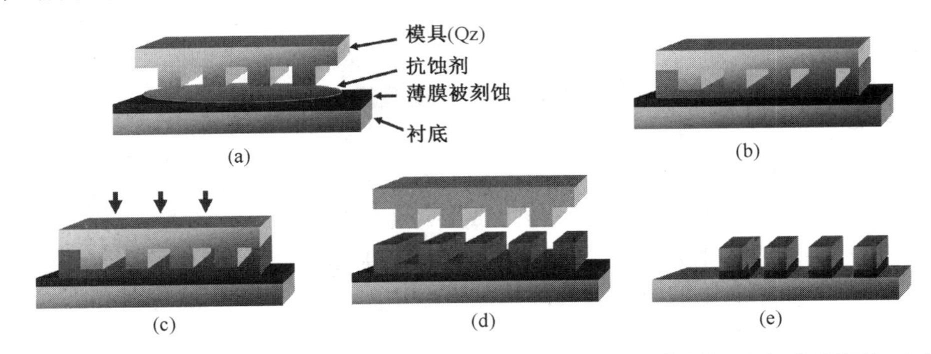

图 6.66 NIL 图形化工艺示意图。(a) 抗蚀剂涂敷；(b) 压印；(c) 抗蚀剂硬化；(d) 移开模版；(e) 图形刻蚀

图 6.67 显示了通过 NIL 工艺形成的图形化示意图。线的关键尺寸只有 11 nm，而且线边缘粗糙度(LER)非常低。

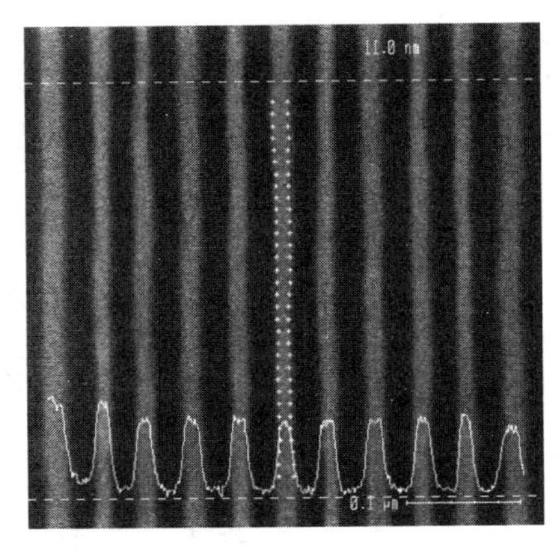

图 6.67 SEM 图像显示了利用纳米压印技术形成的 11 nm图形线(来源：M. Malloy and L. C. Litt, Proc. of SPIE, Vol. 7637, pp. 763706-12010)

NIL 的优点是分辨率高、线边缘粗糙度低和成本低，特别是对于 22 nm 技术节点。然而，为了将 NIL 应用于高端集成电路生产，需要解决几个关键问题：模版的缺陷、图形重叠、成品率和对成千上万模版的管理。因为一个模版只能应用约 10 000 次压印，也就是约 100 个晶圆图形化。为了减少晶圆压印的成本，需要利用纳米压印技术从主模版复制成千上万的模版。

NIL 也可以用于图形硬盘驱动器(HDD)的模版。当硬盘存储量增加时，存储单元的尺寸被减小，几乎达到了无图形磁盘存储单元的极限。为了进一步减小存储单元的尺寸并提高存储密度，需要小于25 nm间距的图形单元。因为只有一层 HDD 介质，所以没有重叠问题，模版的管理工作显然比多层图形集成电路简单。

6.4.8 X 光光刻技术

当波长比5 nm短时，电磁波就变成了X光。X光的波长比紫外线短得多，因此可以使光学光刻技术获得更高的分辨率。X光光刻技术从1972年被提出后一直在研究和发展中。

因为没有任何材料可以折射X光，而且只有在非常小的角度(约为1°)才能被反射，所以X光光刻技术使用直接影印工艺过程才能完成(见图6.68)。这与接近式曝光类似，X光通过掩膜版的透明部分后，在晶圆表面的光刻胶上曝光。因为波长很短，所以衍射效应几乎可以忽略，分辨率与光刻版上的图形的分辨率很接近。

X光光刻有许多缺点。例如，紫外光可以通过镜面折射和透镜聚焦，但X光不能，所以曝光系统需要重新设计。对于常用的4:1扫描系统，光刻版上的特征尺寸比晶圆表面上的大4倍。因此，为了图形化晶圆表面上25 nm的特征尺寸，光刻版上的特征尺寸应为100 nm。由于需要小于100 nm的铬阻挡紫外线辐射，所以图形的比例小于光学光刻版的1:1。由于X光不能集中，光刻版和晶圆的特征尺寸必须按照1:1的比例。为了图形化晶圆表面上25 nm的特征尺寸，光刻版的特征尺寸也必须是25 nm。X光掩膜需要一层超过100 nm厚度的金阻挡90%的X光，图形比例大于4:1，这使得X光掩膜比光学掩膜困难得多。图6.69所示为光掩膜和X光掩膜的比较。

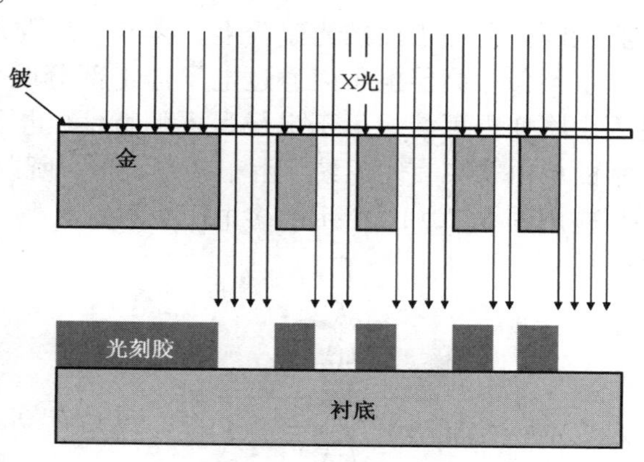

图6.68 X光光刻技术示意图

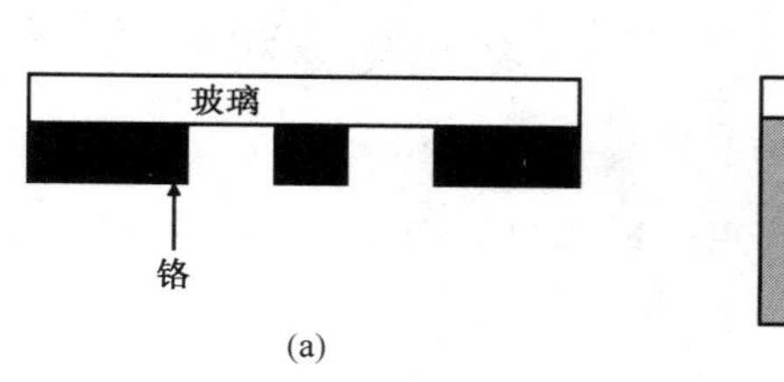

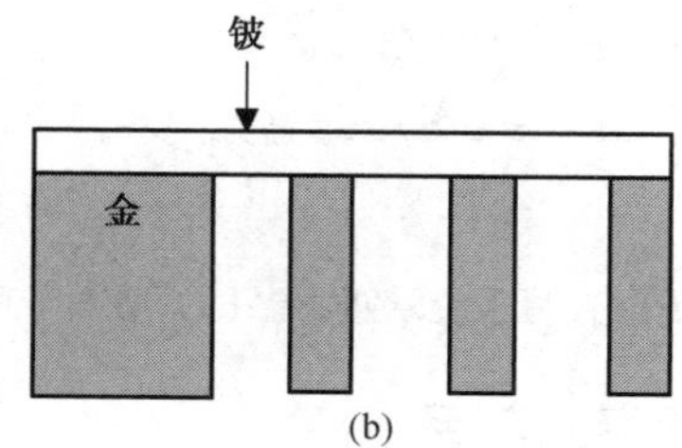

图6.69 (a)光掩膜与(b)X光掩膜的比较

自问自答

问：如果掩膜版需要将10 nm半间距图形转移到晶圆上，那么X光刻版的图形比例应该是多少？

答：这个比例是100 nm:10 nm，即10:1。

当图形的维度缩小到10 nm时，X光掩膜的图形比例将进一步增加，这将很难制造。另外，X光光刻需要单一波长的X光源，如同步辐射源，这种设备占用很大的面积并非常昂贵。所以，X光光刻不再被视为下一代有希望的光刻技术。

6.4.9 电子束光刻系统

电子是一个非常微小的粒子，同时也是一种波，波长取决于电子的动量，也与电子的能量有关。电子的波长与电子能量的平方根成反比，电子的能量越高，则电子的波长就越短。能量高达10～100 keV的电子束波长比紫外线波长还要短，因此电子束光刻技术比光学光刻技术有较高的空间分辨率和较宽的工艺范围。电子束光刻技术已经广泛应用于光刻版制造，这是光刻版制造过程中最耗时和最昂贵的工艺过程之一。

电子束直写(EBDW)光刻系统使用精细扫描电子束，将计算机数据库中存储的设计图形直接写到衬底表面的光刻胶上，这与一台激光打印机将计算机中的文字或图像打印到一张纸上类似。高能电子束通过电子撞击部分改变了光刻胶的溶解度。对于正光刻胶，显影过程中将变得可溶。由于串行写入的特性，电子束直写系统的产量较低。对于图6.70(a)所示的单电子束直写系统，由于产量太低，所以在大规模半导体集成电路芯片制造过程中，必须应用图6.70(b)所示的多电子束系统。

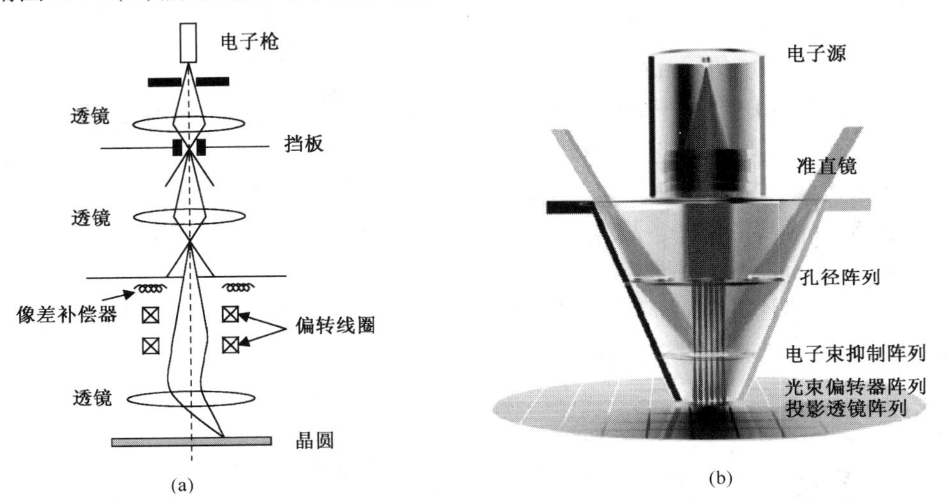

图6.70 电子束直写系统示意图。(a) 单电子束；(b) 多电子束(来源：Mapper Lithography, B. V.)

6.4.10 离子束光刻系统

与电子束光刻技术类似，离子束光刻系统也可以达到比光学光刻技术更高的分辨率。离子束也可以用于直写以及投影式光刻胶曝光。离子束光刻系统的优点是可以直接作为离子注入及进行离子束溅射图形刻蚀，这样可以节省工艺步骤。然而，离子束光刻系统的生产效率非常低，因为离子束写入具有一种连续性的写入性质，所以不可能用于大量生产。离子束工艺的一个应用是作为光刻版/倍缩光刻版的修补，也可以作为集成电路芯片的缺陷检测及修补。

6.5 安全性

安全性是所有半导体生产中最重要的问题。对于光刻技术，安全性主要与化学、机械及电学方面有关。

光学光刻技术使用很多化学药品，其中有一些具有易燃易爆性，而有一些则具有腐蚀和毒性。这些化学药品通常用于湿式清洗。硫酸(H_2SO_4)有腐蚀性，直接接触会引起皮肤灼伤，即使稀释的溶液也会引起皮肤疹。过氧化氢(H_2O_2)是很强的氧化剂，直接接触会引起皮肤和眼睛发炎及灼伤。二甲苯是负光刻胶使用的一种溶剂与显影剂，易燃且燃点只有27.3℃(大约是室温)，而且在空气中的浓度为1% ~7%时就具有爆炸性。重复接触二甲苯会引起皮肤发炎。二甲苯蒸气具有特殊的芳香气味，与飞机黏着剂的气味一样；暴露在二甲苯中时会引起眼睛、鼻子和喉咙发炎，吸入该气体会引起头疼、晕眩、失去食欲及疲劳。HMDS最常用来作为增加光刻胶在晶圆表面附着力的底漆层，易燃且燃点为6.7℃，在空气中的浓度为0.8% ~16%时就具有爆炸性，HMDS会强烈地与水、酒精和矿物质酸反应，释放出氨水。氢氧化四甲基氨(TMAH)广泛用来作为正光刻胶的显影剂，有毒也具有腐蚀性，吞下或与皮肤直接接触则可能致命；与TMAH的灰尘或雾气接触会引起眼睛、皮肤、鼻子和喉咙发炎，吸入高浓度的TMAH将导致死亡。

水银灯管广泛用于I线(365 nm)紫外光源。水银(Hg)是液态的，在室温下也会蒸发。水银蒸气有剧毒，暴露在其中会引起咳嗽、疼痛、头疼、睡眠困难、丧失食欲及肺和肾脏功能失调。氯(Cl_2)与氟(F_2)都用在准分子激光器中作为深紫外线和极紫外线(EUV)光源，两种气体都具有毒性，皆呈现浅绿色，具有强烈的刺激性气味，吸入高浓度的这种气体将导致死亡。

紫外线可以供给束缚电子以能量，使其从化学键上断裂，所以紫外线可以打断原子与分子之间的化学键。由于有机分子具有长链性质，所以有机分子比较容易被较强的紫外线破坏，这就是紫外线在食物加工中用来杀菌的原因。直视光刻工具的紫外线光源会造成眼睛细胞受损，因此必须使用紫外线护目镜。

所有可动的元件都具有机械方面的危险性，特别是机械手和狭缝气阀。高压的水银灯管必须小心处理。更换灯管时需要戴上手套，因为任何留在灯管表面的指纹都会引起不均匀的玻璃加热，从而使玻璃龟裂并引起爆炸。

水银灯管和激光器都使用高压电力供电。在操作这些设备之前，必须确保关闭电力供应，且静电充电器接地。当操作人员仍在处理这些设备时，该设备必须锁上以防止启动高压电力供应。

6.6 小结

1. 光学光刻技术是一种图形化工艺，它使用紫外线将光刻版或倍缩光刻版上设计的图形转移到暂时涂敷在晶圆表面的光刻胶上。
2. 正光刻胶被紫外线曝光后会变成可溶性的；负光刻胶会因为聚合物交联作用而成为不可溶性的。正光刻胶因为有较高的分辨率而较常使用。
3. 光刻胶由聚合物、感光剂、溶剂和添加剂组成。
4. 基本的光学光刻工艺流程为：晶圆清洗、预烘烤和HMDS底漆层涂敷、光刻胶自旋涂敷、前烘、对准与曝光、曝光后烘烤、去除光学边缘小珠、显影、后烘和图形检测。
5. 晶圆清洗可以减少污染并改善光刻胶的附着力。
6. 预烘烤可以去除晶圆表面的水气，HMDS底漆层薄膜可以帮助光刻胶黏附在晶圆表面。
7. 对流恒温烤箱、红外线烤箱、微波烤箱和加热平板可以用于烘烤工艺。加热平板在先进的半导体工厂中最常使用。

8. 自旋涂敷是最常使用的光刻胶涂敷工艺。
9. 光刻胶厚度和均匀性与自旋转速、自旋转速增加方式、光刻胶温度、晶圆温度、空气流速度和气体温度有关。
10. 前烘会将光刻胶内的大部分溶剂去除并使其变成固体。
11. 前烘工艺中的过度烘烤会使光刻胶聚合，并影响曝光感光度。
12. 前烘工艺中的烘烤不足会因过量的溶剂而造成模糊不清的图像，并在刻蚀或离子注入工艺中造成光刻胶剥离。
13. 接触式曝光机、接近式曝光机、投影式曝光机和步进机用于曝光系统的对准。步进机的分辨率最高，所以在先进半导体工艺中最常使用。
14. 由于光刻胶分子受热移动，所以曝光后烘烤可以缓解驻波效应。
15. 显影剂在显影工艺中会溶解曝光的正光刻胶。显影工艺对温度非常敏感。
16. 后烘会将残余的溶剂从光刻胶中去除，改善刻蚀和离子注入的抵抗力，以及光刻胶的附着力。烘烤不足会使光刻胶在刻蚀工艺过程中损失，过度烘烤会引起光刻胶流动并影响分辨率。
17. 烘烤、涂敷和显影工艺过程通常与晶圆轨道系统配套进行，该系统与步进机整合在一起。
18. 较短的波长有较高的光刻分辨率，先进集成电路制造中通常使用波长为 193 nm 的氟化氩(ArF)。
19. 结合浸入式光刻和双重或多重图形化技术，将光学光刻发展应用于 22 nm 技术节点，而且可以扩展到16 nm节点或更小。虽然光学光刻技术有极限，但图形化没有极限。
20. 极紫外线(EUV)光刻技术、电子束直写(EBDW)光刻技术和纳米压印(NIL)技术是下一代光刻技术的候选。
21. 极紫外线光刻技术可以在将来关键图形化工艺中取代光学光刻技术，最有可能首先用于 22 nm NAND 存储器的接触层图形化。

6.7 参考文献

[1] S. M. Sze, *VLSI Technology*, second edition, McGraw-Hill Companies, Inc. New York, 1988.

[2] Berta Dinu, Stefan Fuch, Uwe Kramer, Michael Kubis, Anat Marchelli, Alessandra Navarra, Christian Sparka, and Amir Widmann, *Overlay control using scatterometry based metrology (SCOL™) in production environment*, Proc. of SPIE Vol. 6922, 69222S-1, (2008).

[3] Ron Bowman, George Fry, James Griffin, Dick Potter and Richard Skinner, Practical VLSI Fabrication for the 90s, Integrated Circuit Engineering Corporation, 1990.

[4] Peter van Zant, *Microchip Fabrication, a Practical Guide to Semiconductor Processes*, third edition, McGraw-Hill Companies, Inc. New York, 1997.

[5] M. D. Levenson, N. S. Viswanathan, and R. A. Simpson, *Improving Resolution in Photolithography with a Phase-Shifting Mask*, IEEE Trans. Electron Devices, vol. ED-29, 12, pp. 1812-1846, 1982.

[6] David G. Baldwin, Michael E. Williams and Patrick L. Murphy, *Chemical Safety Handbook for the Semiconductor/Electronics Industry*, second edition, OME Press, Beverly, Massachusetts, 1996.

[7] James A. McClay and Angela S. L. McIntyre, 157 nm Optical Lithography: The Accomplishments And The Chal-

lenges, *Solid State Technology*, Vol. 42, No. 6, pp. 57, 1999.

[8] *SCALPEL: A Projection Electron-Beam Approach to Sub-Optical Lithography*, http://www.bell-labs.com/project/SCALPEL/

[9] Andrew H. Shih, *Scatterometry-based critical dimension and profile metrology*, http://www.eetasia.com/ART_8800271012_480200_TA_7589d612.HTM accessed on 05/25/2010.

[10] B. J. Lin, *The k_3 Coefficient in Nonparaxial l/NA Scaling Equations for Resolution, Depth of Focus, and Immersion Lithography*, Journal of Microlithography, Microfabrication, and Microsystems, Vol. 1, No. 1, pp. 7-12, April 2002.

[11] Kafai Lai, Alan E. Rosenbluth, Saeed Bagheri, John Hoffnagle, Kehan Tian, David Melville, Jaione Tirapu-Azpiroz, Moutaz Fakhry, Young Kim, Scott Halle, Greg McIntyre, Alfred Wagner, Geoffrey Burr, Martin Burkhardt, Daniel Corliss, Emily Gallagher, Tom Faure, Michael Hibbs, Donis Flagello, Joerg Zimmermann, Bernhard Kneer, Frank Rohmund, Frank Hartung, Christoph Hennerkes, Manfred Maul, Robert Kazinczi, Andre Engelen, Rene Carpaij, Remco Groenendijk, Joost Hageman, *Experimental Result and Simulation Analysis for the use of Pixelated Illumination from Source Mask Optimization for 22 nm Logic Lithography Process*, Proc. of SPIE, Vol. 7274, pp. 72740A-1, 2009.

[12] T. H. P. Chang, D. P. Kern, and L. P. Muray, *Arrayed miniature electron beam columns for high throughput sub-100 nm lithography*, J. Vac. Sci. Technol., Vol. B 10(6), pp. 2743-2748, 1992.

6.8 习题

1. 什么是光刻技术?
2. 正、负光刻胶有什么区别?
3. 列出光刻胶的4种成分，并解释说明各自的作用。
4. 列出光刻工艺流程。
5. 为什么晶圆在光刻胶涂敷之前需要清洗?
6. 预烘烤和底漆涂敷的目的是什么?
7. 列出底漆涂敷的两种方法。哪种是先进集成电路工艺中使用的？为什么?
8. 哪些因素会影响光刻胶自旋涂敷的厚度和均匀性?
9. 前烘的目的是什么？列出烘烤过度和不足的后果。
10. 列出4种曝光技术，并说明哪种分辨率最高。
11. 控制曝光工艺的因素是什么?
12. 解释曝光后烘烤的目的，在此过程中，烘烤过度与不足分别将产生什么问题?
13. 列出显影工艺的3个过程。
14. 解释后烘的目的。光刻胶后烘过度和不足分别将产生什么问题?
15. 光刻工艺后需要哪两种工艺?
16. 为什么晶圆进入下一道工艺之前需要参数测量和缺陷检测?
17. 解释为什么需要高强度和短波长光源?
18. 为什么在小于1/4 μm集成电路制造过程中需要化学机械研磨工艺?
19. 解释浸入式光刻技术怎样提高光刻分辨率。
20. 双图形化工艺工程师的观点：“光学光刻技术已经到了极限，半导体不能再图形化了。”你同意他的观点吗？为什么?
21. 列出至少两种在未来可能取代光学光刻技术的半导体光刻技术。
22. 以你的观点，NGL最有可能的替代技术是什么?

第7章　等离子体工艺

本章要求

1. 解释等离子体
2. 列出等离子体的3种主要成分
3. 列出等离子体中的三种重要碰撞及其重要性
4. 说明化学气相沉积和刻蚀工艺中使用等离子体的好处
5. 说明等离子体增强型化学气相沉积和等离子体刻蚀工艺的主要区别
6. 列出并说明至少两种高密度等离子体系统
7. 说明平均自由程及其与压力的关系
8. 解释说明磁场在等离子体中的效应
9. 说明离子轰击及其与等离子体之间的关系

7.1　简介

等离子体工艺广泛应用于半导体制造中。比如，集成电路制造中的所有图形化刻蚀均为等离子体刻蚀或干法刻蚀，等离子体增强型化学气相沉积（PECVD）和高密度等离子体化学气相沉积（HDP-CVD）广泛用于电介质沉积。离子注入使用等离子体源制造晶圆掺杂所需的离子，并提供电子中和晶圆表面上的正电荷。物理气相沉积（PVD）利用离子轰击金属靶表面，使金属溅镀沉积于晶圆表面。遥控等离子体系统广泛应用于清洁机台的反应室、薄膜去除及薄膜沉积工艺中。

7.2　等离子体基本概念

半导体工业中，等离子体被广泛定义为具有等量正电荷和负电荷的离子气体。等离子体的简单表述就是具有等量带电性与中性粒子的气体，等离子体就是由这些粒子组成的。参考文献[1～3]列出了等离子体更详细的信息。

7.2.1　等离子体的成分

等离子体由中性原子或分子、负电子和正电子组成，电子浓度大约与离子浓度相等，即 $n_e = n_i$。

电子浓度和所有气体浓度的比例称为离化率：

$$离化率 = n_e/(n_e + n_n)$$

其中，n_e为电子浓度，n_i为离子浓度，n_n为中性原子或分子浓度。离化率主要取决于电子能量，但是由于不同气体所需的离子能量不同，所以也与气体的种类有关。太阳是一个充满等离子体的大球。在太阳的边缘，由于温度相对较低(约6000℃)，离化率也就低，满足$n_e \ll n_n$。但在太阳中心，由于温度相当高(10 000 000℃)，因此几乎所有气体分子都被离子化。满足$n_n \ll n_e$的情况，离化率几乎为100%。

半导体制造使用的等离子体的离化率通常很低，比如带有两个平行板电极的等离子体增强型化学气相沉积反应室所产生的离化率约为百万分之一到千万分之一，或小于0.0001%。带有两个平行板电极的等离子体刻蚀反应室，离化率稍高一些，为0.01%左右。甚至对于感应式耦合等离子体(Inductively Coupled Plasma，ICP)和电子回旋共振(Electron Cyclotron Resonance，ECR)这两种最普遍的高密度等离子体源，离化率仍很低，约为1%～5%。具有接近100%离化率的高密度等离子体源仍在研发阶段，而且并未应用于集成电路制造中。

等离子体反应器的离化率主要由电子能量决定，而电子能量则由施加的功率控制。离化率也与压力、电极之间的距离、制造中使用的气体种类及等离子体反应器的设计有关。

7.2.2　等离子体的产生

必须借助外界能量才能产生等离子体，半导体制造中有几种产生等离子体的方式。离子注入机使用的离子源和等离子体系统通常使用直流电位偏压热灯丝系统。多数物理气相沉积系统都使用直流电力供应产生等离子体。半导体制造中最普遍的等离子体源是射频等离子体源。

多数等离子体增强型化学气相沉积和等离子体刻蚀反应室中，在真空室中两个平行板电极之间加上射频电压，产生等离子体(见图7.1)。这两个平行电极就如同电容器中的电极，所以也称为电容耦合型等离子体源。

当两个电极通过射频高电压时，它们之间就产生一个交流电场。如果射频功率足够高，自由电子受到交流电场的影响被加速，直到获得足够的能量，并且反应室中的原子或分子碰撞产生一个离子和另一个自由电子。由于离子化碰撞是一连串的反应，因此整个反应室就迅速充满了等量的电子和离子，也就是充满了等离子体。

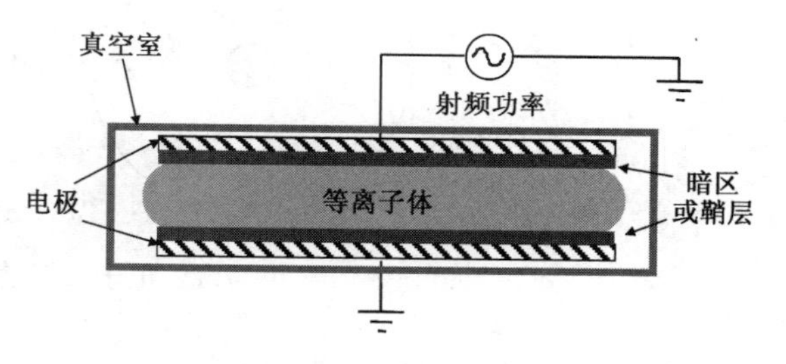

图7.1　电容耦合型等离子体源示意图

等离子体中，有些电子和离子通过与电极和反应室的室壁发生碰撞，并利用电子和离子之间的再结合碰撞，最后持续损失或被消耗掉。当利用离子化碰撞产生电子的速率和电子损失的速率相等时，这个等离子体即处于稳定状态。

其他等离子体包括直流等离子体源、感应式耦合等离子体、电子回旋共振及微波遥控等离子体源。

自问自答

问：如果等离子体工艺反应室没有第一个电子，就无法开始产生等离子体。那么，第一个电子是从哪里及如何产生的？

答：可能由宇宙射线产生，也有可能经过加热(产生热电子)或自然放射性衰变产生。

7.3 等离子体中的碰撞

等离子体中有两种碰撞：弹性碰撞和非弹性碰撞。弹性碰撞经常发生，但由于弹性碰撞过程中，碰撞分子之间没有能量交换，因此并不重要。许多非弹性碰撞同时发生在等离子体中：电子和中性分子、中性分子和离子、离子和离子、电子和离子等之间的碰撞。任何碰撞在等离子体中都有可能发生，不同的碰撞有不同的发生概率，所以每种类型的重要性也不相同。对于用在半导体工艺中的等离子体，有 3 种碰撞最重要：离子化碰撞，激发-松弛碰撞，分解碰撞。

7.3.1 离子化碰撞

当电子与原子或分子碰撞时，会将部分能量传递到受原子核或分子核束缚的轨道上。如果轨道电子获得的能量足以脱离核的束缚，就会变成自由电子(见图 7.2)。这个过程称为电子碰撞离化。离子化碰撞可表示为

$$e^- + A \rightarrow A^+ + 2e^-$$

其中，e^-代表电子，A 代表中性原子或分子，A^+代表正离子。离子化是非常重要的，因为它将产生并维持等离子体。

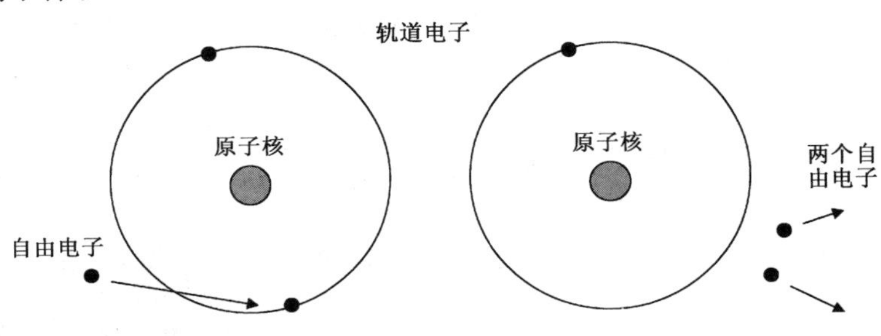

图 7.2 电子碰撞前后的离子化碰撞

7.3.2 激发-松弛碰撞

有时轨道电子无法从碰撞过程中获得足够能量以逃脱原子核的束缚。然而，如果碰撞能够传递足够的能量，使轨道电子跳跃到能量更高的轨道层(见图 7.3)，则这个过程称为激发，可以表达为

$$e^- + A \rightarrow A^* + e^-$$

其中，A^*是激发状态下的 A，表示它有一个电子在能量较高的轨道层。

激发状态不稳定且短暂，处于激发态轨道的电子不能在能量较高的轨道层中停留太久，将落回到最低的能级或基态，这个过程称为松弛。激发原子或分子将迅速松弛到原来的基态，并且以光子的形式把从电子碰撞过程中获得的多余能量释放出来，这就是发光。

$$A^* \rightarrow A + h\nu\text{(光子)}$$

其中，$h\nu$ 是光子能量，h 是普朗克常数，而 ν 为决定等离子体发光颜色的发光频率。不同原子或分子有不同的轨道结构和能级，因此发光频率也不同，这说明了为什么不同气体在等离子体

中会呈现出各种不同的颜色。氧气发出的光呈灰蓝色，氮气为粉红色，氖气为红色，而氟气为橘红色。

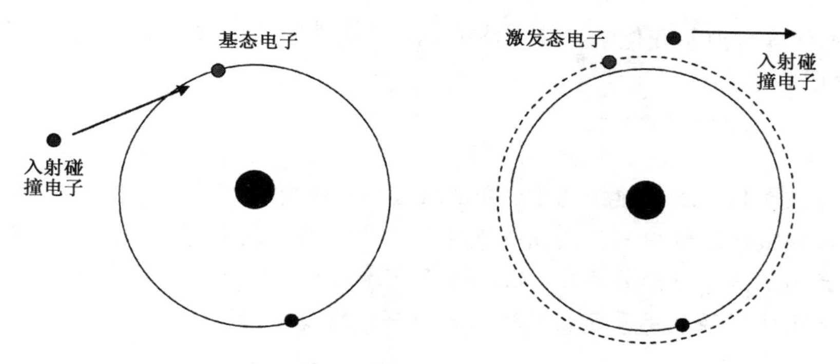

图 7.3　激发碰撞前后的示意图

图 7.3 和图 7.4 说明了激发-松弛过程。半导体制造中广泛应用监测等离子体的发光变化决定刻蚀和化学气相沉积反应室清洁过程的终点。第 9 章和第 10 章将对这些内容予以详细讨论。

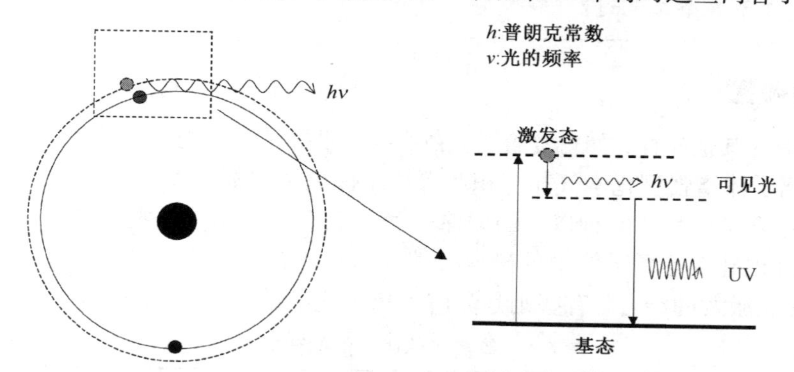

图 7.4　松弛过程示意图

7.3.3　分解碰撞

当电子和分子碰撞时，如果因碰撞传递到分子的能量比分子的化学键能量高，就能够打破化学键而产生自由基。分解碰撞可以表示如下：

$$e^- + AB \rightarrow A + B + e^-$$

其中，AB 是分子，而 A 和 B 是由分解碰撞产生的自由基，自由基至少带有一个不成对的电子，因此并不稳定。自由基在化学上非常活跃，能夺取其他原子或分子的电子而形成稳定的分子。自由基能增强刻蚀和化学气相沉积反应室的化学反应。图 7.5 说明了分解碰撞过程。

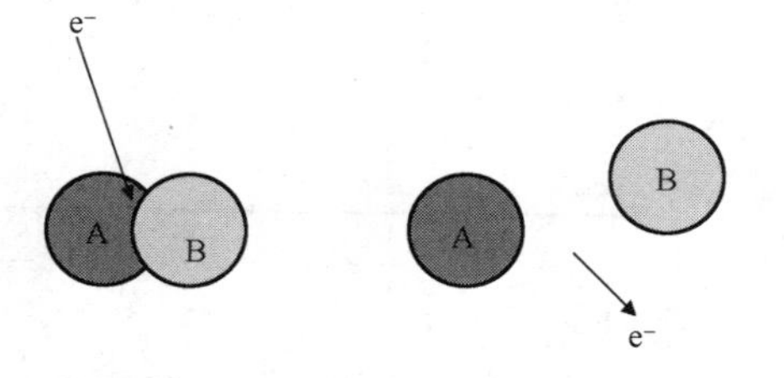

图 7.5　分解碰撞示意图

比如，在氧化物刻蚀和化学气相沉积反应室清洁过程中：

$$e^- + CF_4 \rightarrow CF_3 + F + e^-$$

或在等离子体增强型化学气相沉积氧化物的过程中，使用硅源材料硅烷（SiH_4）和氧源材料（NO_2）产生自由基：

$$e^- + SiH_4 \rightarrow SiH_2 + 2H + e^-$$

$$e^- + NO_2 \rightarrow N_2 + O + e^-$$

F、SiH_2和O等自由基在化学上非常活泼，这也就是为什么等离子体能增强化学气相沉积和刻蚀的化学反应。

自问自答

问：为什么在铝和铜溅镀工艺中，分解碰撞不重要?

答：铝和铜溅镀过程中只使用惰性气体氩气。与其他气体不同的是，惰性气体以原子形式而不是分子形式存在，因此在氩气等离子体中并不会产生分解碰撞。

问：等离子体增强型化学气相沉积工艺中有分解碰撞吗?

答：有。在氮化钛(TaN)沉积工艺中，将用到氩气和氮气。在等离子体中，氮气将会被分解而产生自由基N，自由基N继续和钛反应，生成钛靶表面的氮化钛，氩离子会将氮化钛分子从钛靶表面溅射出来，使其沉积在晶圆表面。氮化钛的沉积过程类似于这个工艺过程。

7.3.4 其他碰撞

等离子体中的其他碰撞，如再复合、电荷交换、投掷角度散射，以及中性分子对中性分子碰撞等，在等离子体增强型化学气相沉积和等离子体刻蚀中都不重要。

有些碰撞结合了两种或两种以上的碰撞过程。表7.1显示了一些可能发生在等离子体增强型化学气相沉积硅烷等离子体中的碰撞形式。可以看出，表7.1中所有的碰撞都是分解碰撞(有些是分解和激发的结合，有些则是分解和离子化的结合)。

表7.1 等离子体中可能的碰撞过程

碰 撞	副 产 品	所需的能量(eV)
$e^- + SiH_4$	$SiH_2 + H_2 + e^-$	2.2
	$SiH_3 + H + e^-$	4.0
	$Si + 2H_2 + e^-$	4.2
	$SiH + H_2 + H + e^-$	5.7
	$SiH_2^* + 2H + e^-$	8.9
	$Si^* + 2H_2 + e^-$	9.5
	$SiH_2^+ + H_2 + 2e^-$	11.9
	$SiH_3^+ + H + 2e^-$	12.32
	$Si^+ + 2H_2 + 2e^-$	13.6
	$SiH^+ + H_2 + H + 2e^-$	15.3

自问自答

问：表7.1中哪种碰撞最有可能发生？为什么?

答：需要最小能量的碰撞是最有可能发生的碰撞。对于电子，获得较低能量比获得较高能量容易得多。当电场强度、压力和温度都一样时，一个电子只要加速小段距离就可以获得足够的能量(2.2 eV)，产生第一次碰撞。对于表7.1中最后的反应(15.3 eV)，电子需要加速很长的距离而且不发生碰撞才能获得所需的能量，这种情况的概率很小。

7.4 等离子体参数

主要的等离子体参数包括平均自由程(Mean Free Path，MFP)、热速度、磁场中的带电粒子和玻尔兹曼分布。

7.4.1 平均自由程

平均自由程的定义是粒子和粒子碰撞前能够移动的平均距离。MFP(或λ)可表达成以下方程式：

$$\lambda = \frac{1}{\sqrt{2}n\sigma} \tag{7.1}$$

其中，n 是粒子密度，σ 是碰撞截面。高粒子密度将造成较多的碰撞，使平均自由程缩短。大粒子和其他粒子发生碰撞的概率大，因此平均自由程也较短。从上述方程中，可以看出平均自由程主要取决于反应室的压力，因为压力决定粒子的密度。由于不同气体分子有不同尺寸或截面，因此反应室中的气体也会影响平均自由程。

例 7.1　如果一个分子的直径为 3 Å，密度为 $3.5\times10^{16}\ \mathrm{cm}^{-3}$(1 Torr 或1 mmHg条件下的理想气体密度)，请计算这个分子的平均自由程。

解

$$\lambda = 1/(\sqrt{2}\times3.5\times10^{16}\times\pi\times(3\times10^{-8}/2)^2) = 0.029\ \mathrm{cm}$$

由图 7.6 可以看出，(a)当气体密度较高时平均自由程较短；(b)当气体密度较低时，平均自由程较长。大粒子的截面积较大，扫过的空间也就较大。与一般或较小的离子相比，大粒子有更大概率与其他粒子发生碰撞，使其具有较短的平均自由程。改变压力会改变粒子密度，因此会影响平均自由程：

$$\lambda \propto \frac{1}{p}$$

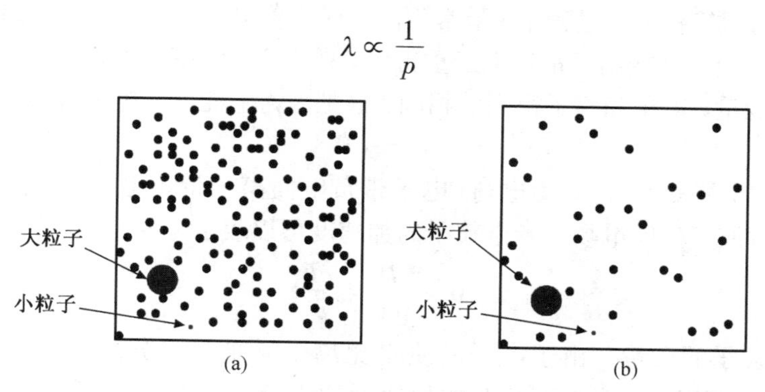

图 7.6　(a) 具有较短平均自由程的高压情况；(b) 具有较长平均自由程的低压情况

当压力降低时，平均自由程就会增加；而当压力减小时，粒子密度就会降低，因此碰撞的频率就会降低。空气中的气体分子的平均自由程约为

$$\mathrm{MFP(cm)} \approx 50/p(\mathrm{mTorr})$$

由于电子的尺寸较小，因此平均自由程是其尺寸的两倍：

$$\lambda_e(\mathrm{cm}) \approx 100/p(\mathrm{mTorr})$$

等离子体增强型化学气相沉积通常在 1 ~ 10 Torr 真空下进行，因此在等离子体增强型化学气相沉积反应室中，电子的平均自由程λ_e为0.01～0.1 cm。刻蚀过程中的压力较低，为3～300 mTorr，所以在刻蚀反应室中，电子的平均自由程λ_e在0.33～33 cm之间变化。

平均自由程是等离子体的重要参数，能通过反应室的压力控制，而且平均自由程也影响工艺结果，特别是在刻蚀过程中，平均自由程会有显著影响。当等离子体反应室的压力改变时，平均自由程也发生了变化。同时离子的轰击能量和离子的方向也受反应室压力的影响，这样会改变刻蚀中的刻蚀速率和刻蚀轮廓，以及等离子体增强型化学气相沉积中的薄膜应力。等离子体的聚集态也会因电子的平均自由程改变而不同。当压力较高时，等离子体比较集中在电极附近；但是当压力较低时，等离子体则分布在反应室的各处。压力会影响等离子体的均匀性，并改变整个晶圆的刻蚀速率或沉积速率。

自问自答

问：为什么需要真空反应室产生稳定的等离子体？

答：在一个标准大气压下(760 Torr 或 760 mmHg)，电子的平均自由程很短。除非在强大的电场条件下，否则要使电子获得足够的能量而使气体离化相当困难。然而当电场很强时，等离子体将形成弧光放电，这并不是稳定的辉光放电，所以需要在真空室环境下产生稳定的等离子体。

7.4.2　热速度

等离子体中的电子、离子和中性分子因为受外界电能和热运动作用而不断移动。由于电子最轻、最小，因此比离子和中性分子更容易吸收外界能量。在等离子体中，电子总是比离子和中性分子移动得快。

如果将电子的质量和最轻的氢离子相比，则质量比为1∶1836。在等离子体增强型化学气相沉积、刻蚀和物理气相沉积过程中，最常用的离子是氧离子、氩离子、氯离子和氟离子，它们都比氢离子重。因此这些离子都比电子重得多，两者至少相差10 000倍。然而通过电能提供给等离子体的能量，电子和离子得到的相同，这是因为电能只与电荷和电场有关：

$$F = qE$$

其中，F是带电粒子所受的力，q为电荷(电子带负电而离子带正电)，E为外界提供的电场，如射频、直流或微波产生的电场。带电粒子的加速度可以表示为

$$a = \frac{F}{m} = \frac{qE}{m}$$

其中，m是带电粒子的质量。由于电子的质量比离子质量的万分之一还小，因此它们的加速度比离子快1万倍以上，正如摩托车的加速度比卡车快。如果摩托车上装的是卡车的强力引擎，它的加速度就会非常快，或如果卡车上装的是摩托车引擎，它的慢速度就会造成严重的交通阻塞。

大多数刻蚀和化学气相沉积等离子体源都使用射频功率。射频功率能产生一个交流电场，并能快速改变方向。电子在射频电场正周期中快速加速并开始碰撞，如离化、激发及分解，并在负周期中重复这些过程。由于离子太重，无法立即对这个交流电场做出反应，所以大部分射频能量都被反应快且重量轻的电子吸收。这个过程如同摩托车与大卡车同时在公路上开，每一个交叉路口都有停车标志，摩托车的启动和停止都很快，而大卡车启动慢，停下来也慢。因

此可以看出，在这种公路上，摩托车的平均速度比大卡车快得多。

低频功率时，离子所获得的能量比在高频功率获得的能量稍高。低频使离子有较多的反应时间，所以能把离子加速到具有较高的能量，也因此能够在离子轰击中提供更多的能量。

无论是哪种情况，等离子体中的电子的温度总是比离子或中性分子的温度高，热速率可以表示为

$$v = (kT/m)^{1/2} \tag{7.2}$$

其中，$k = 1.38 \times 10^{-23}$ J/°K是玻尔兹曼常数，T 为温度，m 是粒子质量。对于射频功率在两个平行电极内所产生的等离子体或电容耦合型等离子体，电子的温度 T_e 约为2 eV。这里的电子伏特(1 eV)相当于11 594 K或 11 321℃。电子的热速度可以计算为

$$v_e \approx 4.19 \times 10^7 T_e^{1/2} \approx 5.93 \times 10^7 \mathrm{cm/s} = 1.33 \times 10^7 \mathrm{mph}(\text{温度 } T \text{ 以 eV 为单位})$$

电子在等离子体中的移动速度比航天飞机的移动速度还快。氩离子的温度 $T_{Ar} \approx 0.05$ eV，氩离子(Ar^+)的加热速度 $v_i = 3.46 \times 10^4$cm/s = 774 mph。离子的移动速度大约和飞机相同，但比电子的移动速度慢得多。

7.4.3　磁场中的带电粒子

在磁场中，带电粒子所受的磁场力相当于：

$$F = qv \times B \tag{7.3}$$

其中，q 是粒子的电荷，v 是粒子的速度，B 是磁场线密度或磁场强度。由于磁场力总是和粒子速度相互垂直，所以带电粒子的运动将沿着磁场线呈螺旋状，这种运动称为螺旋运动(见图 7.7)。

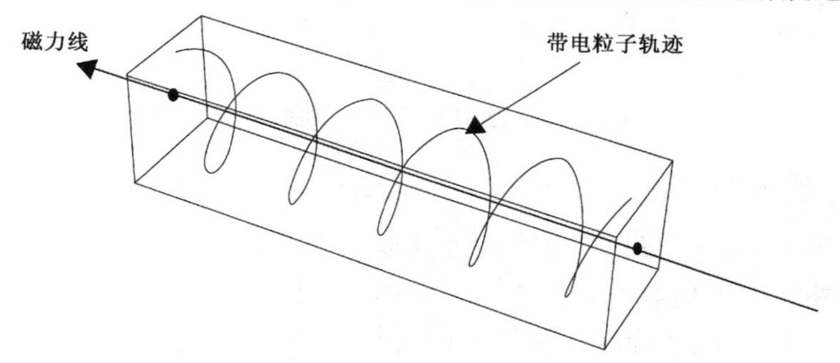

图 7.7　带电粒子在磁场中的螺旋运动

带电粒子在磁场中的螺旋运动是等离子体的一个重要特征，在半导体工艺中有许多应用。电容耦合型等离子体刻蚀反应室都带有磁场线圈，通过产生磁场而形成电子的螺旋运动，这有助于在低压下产生并维持高密度的等离子体。电子回旋共振(Electron Cyclotron Resonance，ECR)是最普遍的高密度等离子体源之一，它使用了磁场和微波功率源。当微波频率和电子的回旋频率相等时，微波就与电子产生共振，并且在相当低的压力下产生高密度等离子体。

离子注入机是另一种使用磁场的工艺机台。对于离子注入机内的分析仪，磁场线圈直流产生的强磁场能够使高能离子轨道发生弯曲。由于电荷/质量(q/m)比不同，离子在磁场中的轨道也不同，因此它们将从磁场中的不同位置发射出来。这样可以精确选择所需要的离子，并舍弃不需要的离子。

带电粒子环绕磁场线的频率称为螺旋转动频率，即 Ω，可表示为

$$\Omega = \frac{qB}{m} \tag{7.4}$$

对于具有固定电荷和特定质量的带电粒子，可以发现其螺旋转动频率主要取决于磁场强度 B。电子的螺旋转动频率是 Ω_e(MHz) =2.8B(高斯)。

回旋的半径称为螺旋转动半径(Gyroradius, ρ)，可表示如下：

$$\rho = v_{\perp} / \Omega$$

其中，$v_{\perp}$是与磁力线垂直的粒子速度。对于一个电子，螺旋转动半径 ρ_e(cm) = 2.38 $T_e^{1/2}/B$，其中 T_e是以电子伏特(eV)为单位的电子温度，B 的单位是高斯。离子螺旋转动半径可表示为：ρ_i(cm) =102$(AT_i)^{1/2}/ZB$，其中 A 是离子的重量，Z 是离子所带的离化电荷数，这两个数值均为整数。离子的质量 $m_{ion} = Am_p$，其中 m_p是质子的质量，相当于 1.67×10^{-27} g。离子的电荷 $q = Ze$，其中电子的电量 $e = 1.6 \times 10^{-19}$ C。

例 7.2 在氩溅镀反应室中，如果电子的温度为 $T_e \approx 2$ eV，氩离子的温度为 $T_i \approx 0.05$ eV，磁场强度 B 为100 G，氩离子的 $A=40$，$Z=1$ 时，请求出电子和离子的螺旋半径是多少？

解

电子的螺旋半径为

$$\rho_e = 2.38 \times 2^{1/2}/100 = 0.034 \text{ cm}$$

氩离子的螺旋半径为

$$\rho_i = 102 \times (40 \times 0.05)^{1/2}/100 = 1.44 \text{ cm}$$

例 7.3 如果离子注入设备中的分析仪磁场 $B=2000$ G，氩离子能量为 $E_{Ar} = 200$ keV，请求出螺旋半径。

解

$$\rho_i = 102 \times (40 \times 200\,000)^{1/2}/2000 = 144 \text{ cm}$$

7.4.4 玻尔兹曼分布

热平衡等离子体中，电子和离子的能量服从玻尔兹曼分布(见图 7.8)。电容耦合型等离子体源的平均电子能量为 2 ~3 eV。等离子体中离子能量主要取决于反应室的温度，是 200℃ ~400℃ 或 0.04 ~0.06 eV。

从图 7.8 中可以看出，大多数电子的能量平均值为 2 ~3 eV，很少有电子具有离化所需的大约 15 eV能量。这说明了为什么平行板等离子体源的离化速率很低。

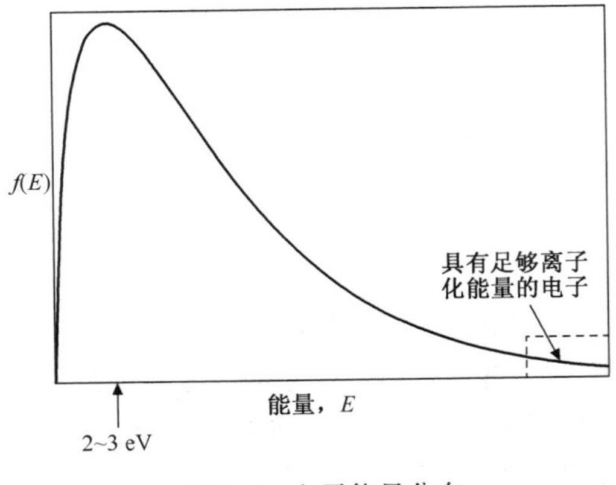

图 7.8 电子能量分布

自问自答

问：如果等离子体源中的电子温度为 1 keV(约为 11 600 000℃，相当于太阳核心温度)，请问这个等离子体的离化率是多少？

答：约为 100%。

7.5　离子轰击

由于电子的移动速度比离子快得多，所以当等离子体产生后，任何接近等离子体的东西（包括反应室墙壁和电极）都会带负电。带负电的电极排斥带负电的电子而吸引带正电的离子，因此电极附近的离子比电子多。

由正电荷与负电荷的差值在电极附近形成的电场称为鞘层电位（见图7.9）。由于该区的电子较少，所以也较少发生激发-松弛碰撞，该区内的发光不如大量等离子体那样强烈。可以在电极附近观察到一个黑暗区域。鞘层电位将离子加速向电极移动，并造成离子轰击。将一片晶圆放在电极上方，就可以利用鞘层电位形成的离子加速使晶圆表面受到轰击。

离子轰击是等离子体的一个重要特征。任何接近等离子体的材料都会受到离子轰击，这将影响刻蚀的速率、选择性和轮廓，并且影响沉积速率和沉积薄膜应力。

离子轰击有两个参数：离子的能量和离子的流量。离子能量和外部的功率供给、反应室压力、电极间的间距及工艺过程所使用的气体有关。离子流量和等离子体的密度有关，也取决于外部的功率供给、反应室压力、电极间的间距及反应室的气体。

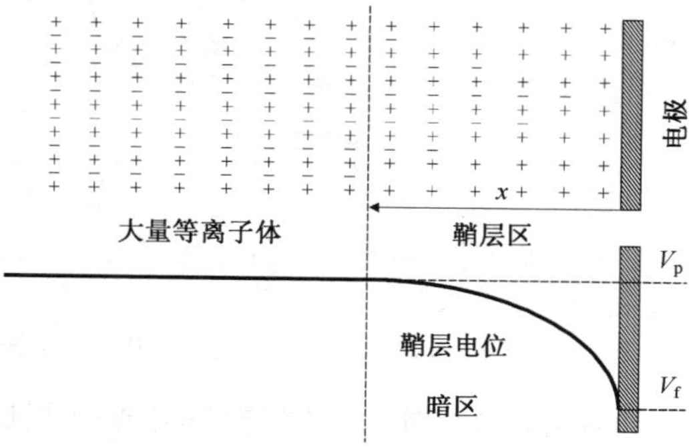

图7.9　等离子体表面的鞘层电位

射频等离子体系统中，射频频率会影响离子的能量。例如在13.56 MHz高频下，电子将吸收多数能量而离子保持“冷冻静止”。频率较低（如350 kHz）时，虽然大多数能量仍由电子吸收，但在变化缓慢的交流电场中，离子却有机会从射频功率中获得能量。如果用以前所讲的两种车辆进行比较，这种情况就如同增加每个停车标志之间的距离（从只有一个路口的距离改为1 km的距离）。这样，虽然摩托车能够快速启动或停止并在平均速度上占优势，但因为这种“道路”可使卡车达到高速并将速度维持一段时间，因此卡车的平均速度也会大幅增加。

自问自答

问：为什么13.56 MHz是射频系统中最常使用的频率？

答：因为各国政府必须遵守国际条约管制射频频段的使用，避免不同应用之间的相互干扰。如果射频干扰了空中的交通控制无线电信号，就有可能造成严重的后果。工业制造中分配给医药和科学研究的射频是13.56 MHz。这个频率的射频发生器已经应用于商业用途，经济效益比其他如2 MHz、1.8 MHz等频率要高得多。

7.6　直流偏压

在射频系统中，射频电极的电位如同等离子体电位一样变化很快。由于电子的移动速度远远快于离子，并且任何接近等离子体的东西都会带负电，所以等离子体的电位永远高于附近的其他东西。

如图7.10中的等离子体电位曲线(实线)所示，当射频电位(虚线)在正周期内时，等离子体的电位高于射频电极的电位。当射频电位变成负周期时，等离子体电位并未向负方向移动。等离子体电位必须维持比接地电位高的状态。当射频电位再返回到正周期时，等离子体电位也提高，因此等离子体电位在整个循环周期内都比接地电位高(见图7.10)。这样，大量等离子体与电极之间将保持一个直流电位差值，这种差值称为直流偏压。离子轰击的能量取决于直流偏压。等离子体增强型化学气相沉积反应室中，平行板电极之间的直流偏压为10~20 V。直流偏压主要取决于射频能量，同时也与反应室压力及工艺过程中的气体类型有关。

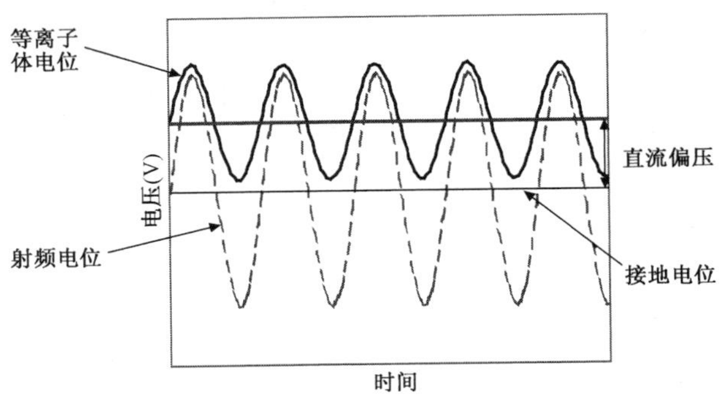

图7.10　直流偏压与射频功率的关系

当射频能量增加时，射频电位的振幅也增加，等离子体电位和直流偏压也会增加(见图7.11)。

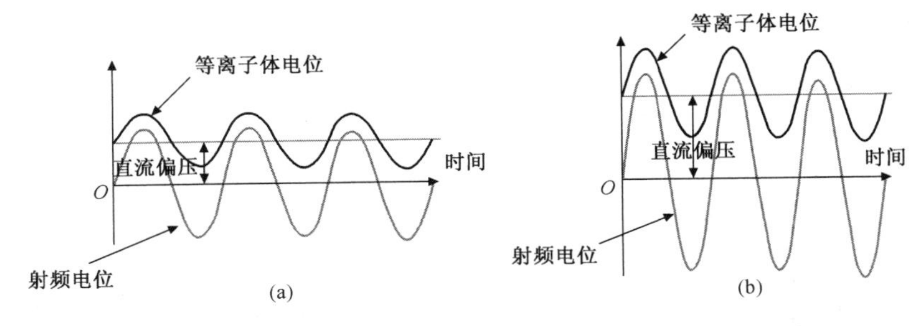

图7.11　直流偏压情况。(a)低射频功率；(b)高射频功率

等离子体电位取决于射频功率、压力及电极间的间距。对于两个电极面积相同的对称系统(见图7.12)，电极的直流偏压为10~20 V。大多数等离子体增强型化学气相沉积系统都是这种结构。

由于射频功率影响等离子体的密度，因此电容耦合型(平行板)等离子体源无法独立控制离子的能量和离子的流量。

图7.13所示为非对称电极等离子体源中的电压情况，这两个电极具有不同的面积。电流的连续性将产生所谓的自偏压，即在较小的电极上形成的负偏压。鞘层电压取决于两个电极面积的比例(见图7.14)。理想状态下(鞘层区无碰撞发生)电压和电极区域的关系为

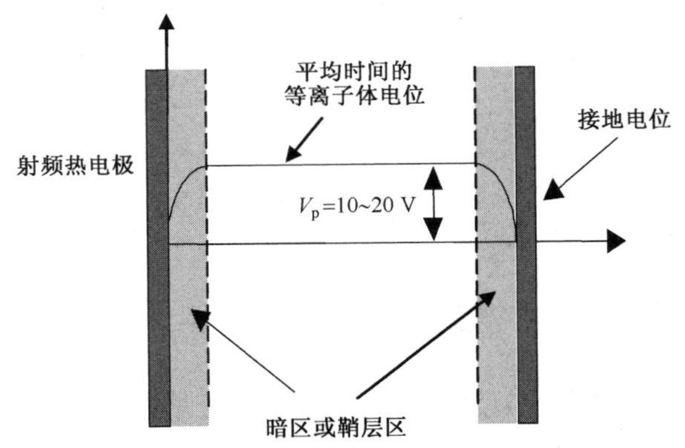

图7.12　具有对称电极的射频等离子体电位

$$\frac{V_1}{V_2}=\left(\frac{A_2}{A_1}\right)^4 \tag{7.5}$$

其中，V_1是直流偏压，也就是大量等离子体与射频电极之间的电位差。V_2是等离子体电位(等离子体接地)。自偏压等于 V_1-V_2(从射频端到接地的电压)。电极越小，鞘层电压越大，也就能产生较高能量的离子轰击。

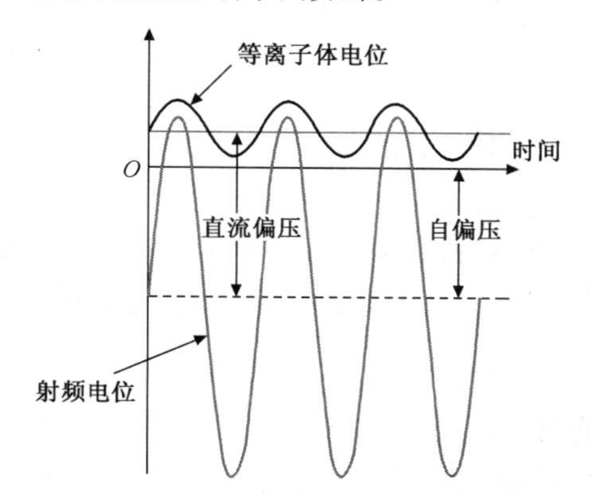

图7.13　非对称电极射频系统直流电位

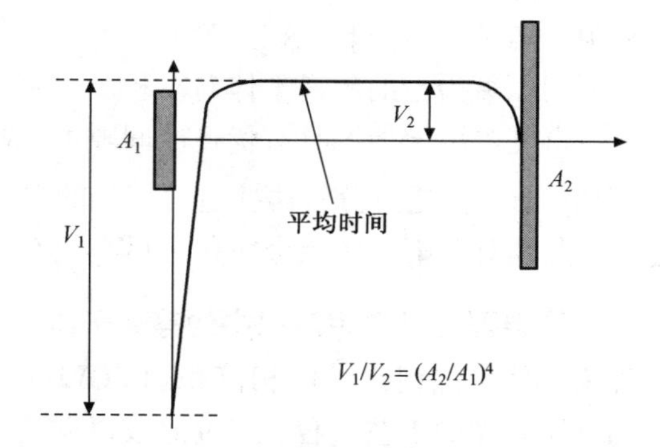

图7.14　非对称电极系统等离子体电位

大多数刻蚀反应室都使用非对称电极，并将晶圆放在较小的射频电极上，使得在整个射频周期内获得较高能量的离子轰击。刻蚀需要较多的离子轰击，较小电极上的自偏压能增加离子轰击的能量。对于对称平行电极的射频系统，两个电极遭受的离子轰击能量基本相同。但对于需要大量离子轰击的工艺过程，如等离子体刻蚀，不但会产生粒子污染，也会缩短反应室内零件的寿命。

自问自答

问：如果电极的面积为1:3，那么直流偏压和自偏压之间的差值是多少？

答：直流偏压为 V_1，自偏压为 V_1-V_2。因此，差值为

$$[V_1-(V_1-V_2)]/V_1=V_2/V_1=(A_1/A_2)^4=(1/3)^4=1/81=1.23\%$$

这里的直流偏压 V_1 明显大于等离子体电位 V_2，而且与自偏压非常接近。许多人测量了射频热电极与接地电极之间的电位差，并称之为“直流偏压”。实际上这就是自偏压，由于两者的数值很接近，因此可以忽略难以测量的等离子体电位 V_2。因此离子碰撞的能量取决于直流偏压。

问：是否可以在等离子体中插入金属探针，测量等离子体电位 V_2？

答：可以。但是当探针靠近等离子体时，会受到电子快速运动的影响而带负电，并在表面和等离子体之间形成鞘层电位。因此，测量结果由鞘层电位的理论模型决定，然而这个理论模型至今没有被完善。

7.7　等离子体工艺优点

等离子体对半导体技术的作用有以下几点：离子轰击对溅镀沉积、刻蚀和化学气相沉积薄膜应力控制非常重要；通过电子离化分子产生的自由基，将大大提高化学气相沉积和刻蚀工艺

的化学反应速率；等离子体中受激发-松弛机制而产生的辉光，能够表明等离子体刻蚀和等离子体反应室清洁过程中的光学终点。

7.7.1 化学气相沉积工艺中的等离子体

化学气相沉积工艺中使用等离子体的主要优点如下所示：

- 较低温度下获得高沉积速率
- 利用离子轰击控制沉积薄膜的应力
- 利用以氟为主的等离子体对沉积反应室进行干式清洗
- 高密度等离子体源具有优良的间隙填充能力

等离子体中，通过分解碰撞过程产生的自由基能有效提高化学反应速率，从而显著增加沉积速率，尤其对于第一次铝金属化之后必须在较低温度下进行金属连线的工艺更是如此。

等离子体增强型化学气相沉积中的等离子体

等离子体增强型化学气相沉积（PECVD）工艺是第一次铝金属化之后的金属层间电介质（IMD）沉积必需的工艺过程，通过比较以硅烷为主的硅氧化物的等离子体增强型化学气相沉积和低压化学气相沉积过程，可以明显看出等离子体增强型化学气相沉积在低温时（低于450℃）的优点。

硅烷氧化物 PECVD 中，某些分解碰撞如下所示：

$$e^- + SiH_4 \rightarrow SiH_2 + 2H + e^-$$

$$e^- + N_2O \rightarrow N_2 + O + e^-$$

SiH_2和 O 都是带有不成对电子的自由基，因此非常容易起反应。加热晶圆的表面上会迅速反应生成二氧化硅，即

$$SiH_2 + 2O \rightarrow SiO_2 + \text{其他挥发性副产品}$$

硅烷氧化物低压化学气相沉积使用了 SiH_4和 O_2。当 SiH_4靠近加热的晶圆表面时，会因受热而分解成 SiH_2。然后 SiH_2再以化学吸附方式附着在晶圆表面并与氧发生反应，在晶圆表面上形成二氧化硅。

$$SiH_4 \rightarrow SiH_2 + H_2$$

$$SiH_2 + O_2 \rightarrow SiO_2 + \text{其他挥发性副产品}$$

沉积金属层间电介质层的化学气相沉积必须在低温下（低于400℃）进行，因为铝导线无法承受高温，所以如果没有等离子体工艺，化学气相沉积的化学反应速率就会变得很低，使得低温下的沉积速率也变得很低。因此，低温低压化学气相沉积必须在批量系统下进行才能达到合理的产量。表7.2 是 PECVD 和 LPCVD 在400℃时进行金属层间电介质层硅烷氧化物沉积的对照表。

应力控制

薄膜应力是由于两种不同材料的不匹配在两种材料界面产生的一种力。等离子体增强型化学气相沉积中的离子轰击可用来控制化学气相沉积薄膜的应力。对于电介质薄膜（特别是氧化硅薄膜），压缩应力是比较有益的。硅加热时的膨胀率比氧化硅的更快。如果薄膜应力在室温下是压缩应力，则晶圆在下一个工艺过程中的加热会使衬底膨胀得更快，用以解除氧化硅

薄膜间的压缩应力。如果氧化硅薄膜在室温下具有张力，加热时的张力就会变得更强。高强度的张力会引起薄膜断裂，极端情况下甚至造成晶圆破裂。

表7.2　硅烷PECVD和LPCVD二氧化硅工艺的对比

工艺名称	LPCVD (150 mm)	PECVD (150 mm)
化学反应	$SiH_4 + O_2 \rightarrow SiO_2 + \cdots$	$SiH_4 + N_2O \rightarrow SiO_2 + \cdots$
工艺参数	$p = 3$ Torr，$T = 400$℃	$p = 3$ Torr，$T = 400$℃，射频功率为180 W
沉积速率	100 ~ 200 Å/min	≥ 8000 Å/min
工艺设备	批量系统	单一晶圆系统
晶圆与晶圆均匀性	难控制	易控制

离子轰击通过碰撞分子使薄膜致密，从而会使薄膜应力变得更加收缩。增加射频功率能提升离子轰击的能量和流量，因而造成PECVD薄膜应力更加收缩。PECVD的优点之一在于射频系统的功率能独立控制其薄膜应力，而且不会对其他沉积特性造成影响，例如沉积速率和薄膜均匀性。本书第10章将给出详细讨论。

反应室净化

化学气相沉积过程中，不仅在晶圆表面出现沉积，工艺室的零件和反应室的墙壁上也都会有沉积。零件上所沉积的薄膜必须定期清除，以维持稳定的工艺条件，避免造成晶圆的粒子污染。大多数化学气相沉积反应室都使用以氟为主的化学反应气体进行清洁。

硅氧化物化学气相沉积反应室中的等离子体清洁中，通常会使用碳氟化合物气体，如CF_4、C_2F_6和C_3F_8。这些气体在等离子体中分解并释放氟自由基。其化学反应式表示如下：

$$e^- + CF_4 \rightarrow CF_3 + F + e^-$$

$$e^- + C_2F_6 \rightarrow C_2F_5 + F + e^-$$

氟原子是最容易发生反应的自由基之一，它会迅速和硅氧化物形成气态化合物SiF_4，并很容易从反应室中抽出：

$$F + SiO_2 \rightarrow SiF_4 + O + \text{其他挥发性副产品}$$

钨的化学气相沉积反应室一般使用SF_6和NF_3作为氟元素的来源。氟自由基会和钨产生反应，形成具有挥发性的六氟化钨(WF_6)，通过真空泵能将WF_6从反应室内抽除。

等离子体反应室的清洁步骤能够通过监测氟元素在等离子体中的发光特性而自动终止，以避免引起反应室过度净化。第10章将对这些内容予以详细讨论。

间隙填充

当金属线之间的间隙缩小到宽度为0.25 μm而深宽比为4:1时，大部分化学气相沉积技术无法做到无空洞的间隙填充。能够填充这样一个狭窄间隙却又不会造成空洞的方法就是高密度等离子体化学气相沉积(HDP-CVD)(见图7.15)，其工艺将在第10章描述。

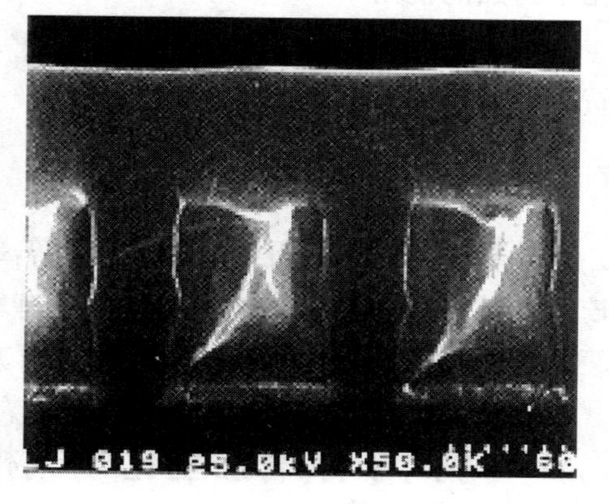

图7.15　高密度等离子体化学气相沉积的二氧化硅(填充了宽度为0.25 μm、深宽比为4:1的金属间隙)(来源：Applied Materials公司)

7.7.2　等离子体刻蚀

与湿法刻蚀相比，等离子体刻蚀的优点除了非等向性刻蚀轮廓、自动终点监测和化学品消耗量较低之外，也具有合理的高刻蚀速率、好的选择性，以及好的刻蚀均匀性。

刻蚀轮廓的控制

等离子体刻蚀广泛应用于半导体制造之前，大部分晶圆厂都使用湿法化学刻蚀完成图形化转移。然而湿法刻蚀是一种等向性过程(每一个方向都以同一速率刻蚀)。当图形尺寸小于3 μm时，就会因为等向刻蚀形成底切而限制湿法刻蚀的应用。

等离子体工艺过程中，离子会不断轰击晶圆表面。利用离子轰击，无论是晶格损伤机制或侧壁保护膜机制，等离子体刻蚀都能形成非等向性的刻蚀轮廓。通过降低刻蚀过程的压力，就能增加离子的平均自由程，进而减少离子碰撞以获得更好的轮廓控制。

刻蚀速率和刻蚀选择性

等离子体中的离子轰击有助于打断表面原子间的化学键，这些原子将暴露于等离子体所产生的自由基中。这种物理和化学结合的处理大大提高了刻蚀的化学反应速率。刻蚀速率和刻蚀选择性由工艺的需求决定。由于离子轰击和自由基在刻蚀中都起着重要作用，而且射频功率可以控制离子轰击和自由基，所以射频功率就成为控制刻蚀速率的重要参数。增加射频功率可以显著提高刻蚀速率，第9章将对这些内容进行详细讨论，此举也影响着刻蚀的选择性。

刻蚀终点监测

如果没有等离子体，就必须用时间或操作员的目测决定刻蚀终点。等离子体工艺过程中，当刻蚀穿过表面的待刻蚀材料并开始刻蚀底层(终点)材料时，等离子体的化学成分因刻蚀副产品的改变而有所改变，这可以通过发光颜色的变化来体现。通过光学感测器监测发光颜色的变化，刻蚀终点的位置能够被自动处理。集成电路生产的等离子体工艺过程中，这是一种很有用的工具。

化学药品的使用

与湿法刻蚀比较，等离子体刻蚀较少使用化学试剂，因此也减少了化学药品的成本和处理费用。

7.7.3　溅镀沉积

与金属薄膜蒸镀沉积方法相比，等离子体溅镀沉积产生的薄膜具有较高质量、较少杂质和较好的导电性。等离子体溅镀沉积具有较好的均匀性、工艺控制和工艺兼容性等优点。用溅镀沉积的方式沉积金属合金薄膜比蒸镀方式容易得多。

7.8　等离子体增强型化学气相沉积与等离子体刻蚀反应器

7.8.1　工艺的差异性

化学气相沉积工艺过程是将材料添加到衬底的表面，而刻蚀却是将材料从衬底表面移除，因此刻蚀要在较低压力下进行。低压和高抽气速率有助于增加离子轰击并从刻蚀反应室移除刻蚀副产品。等离子体增强型化学气相沉积通常在1~10 Torr的高压下操作(刻蚀过程的压力为30~300 mTorr)。

7.8.2 化学气相沉积反应室设计

等离子体增强型化学气相沉积在晶圆表面上沉积薄膜，并使用离子轰击协助控制薄膜的应力。对于等离子体增强型化学气相沉积反应室，射频电极(又称面板、喷头等)的面积和放置晶圆的接地电极面积基本相同，因此有较小的自偏压。离子轰击的能量在10~20 eV之间，主要由射频功率大小决定。图7.16是等离子体增强型化学气相沉积反应室的示意图。

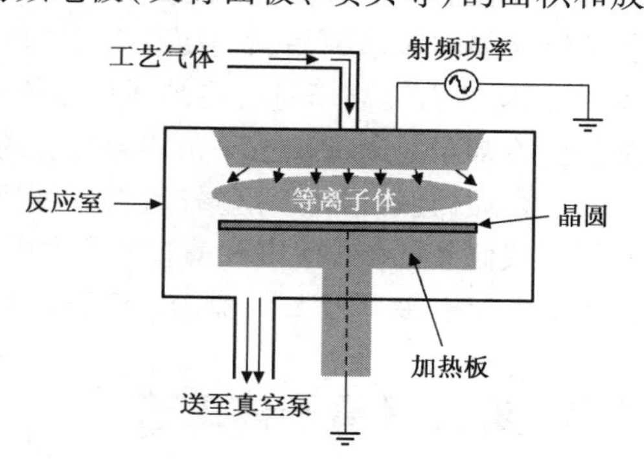

图7.16 等离子体增强型化学气相沉积反应室示意图

7.8.3 刻蚀反应室的设计

如果刻蚀系统具有相同的射频电极和接地电极，则两个电极将获得基本相等的离子轰击。刻蚀过程主要依靠离子轰击移除晶圆表面的材料，离子轰击除了能移除衬底表面的材料外，更重要的是能打断化学键，使被刻蚀材料的表面分子更容易与刻蚀剂自由基发生反应。晶圆上增加离子轰击的最简单方法就是增加射频功率。这样会增加离子轰击的能量和流量，但是也会增加另一个电极的离子轰击，并因为粒子污染而缩短电极的使用寿命。

通过将射频电极面积(夹盘或阴极)设计成比接地电极面积(反应室盖子)更小，结合自偏压的优点，就可以使晶圆端的等离子体电位比反应室盖子端的电位高得多(见图7.17)。所以晶圆端就成为高能离子轰击最剧烈的地方，而反应室盖子的离子轰击较少。晶圆端的离子轰击能量在200~1000 eV之间，反应室盖子端约为10~20 eV，这主要由射频功率决定。离子轰击的能量也与反应室的压力、电极间隔、气体及所加的磁场有关。

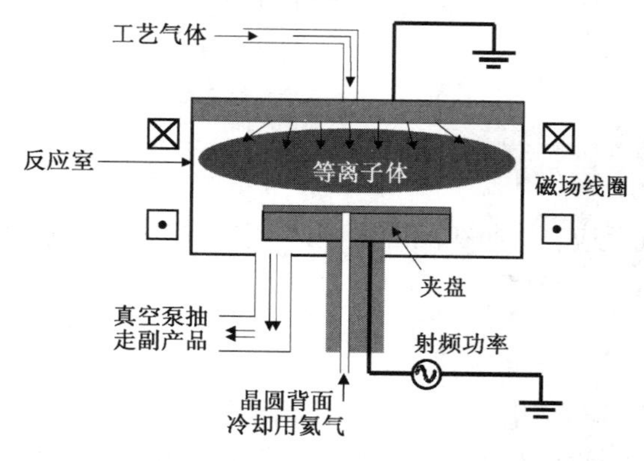

图7.17 等离子刻蚀反应室示意图

等离子体刻蚀反应室所需的压力比等离子体增强型化学气相沉积反应室低得多。低压时电子的平均自由程很长。如果平均自由程与电极间隔或反应室的尺寸相同(约为10 cm)，则电子损失之前(通过击中电极或反应室的室壁而损失)将不会与气体分子发生碰撞。由于产生或维持等离子体必须有离子化的碰撞，所以当压力很低时就很难产生等离子体。

磁场使电子以螺旋方式移动。这种螺旋路径强迫电子必须移动较长的距离才会撞击电极或器壁，进而增加了电子与分子之间产生离子化碰撞的机会。磁场能在较低的压力下(小于100 mTorr)产生并维持等离子体。增加磁场能有效增加等离子体的密度，尤其在低压状态下。由于磁场将增加电极表面附近的电子密度，因此增强磁场也能降低直流偏压。

剧烈的离子轰击将产生大量的热能，如果晶圆没有适当冷却，晶圆的温度就会很高。进行图形化刻蚀之前，晶圆被涂上一层薄的光刻胶作为图形化掩膜。如果晶圆的温度超过150℃，光刻胶就会产生网状结构。所以进行图形化刻蚀的反应室必须有冷却系统，以避免光刻胶受热而产生网状结构。由于化学刻蚀速率对晶圆的温度很敏感，所以有些整面全区刻蚀的反应室(如旋涂硅玻璃回刻蚀反应室)也需要晶圆冷却系统调节晶圆的温度并控制刻蚀速率。因为刻蚀必须在低压下进行，然而低压不利于热能转移，所以通常将加压的氦气注入晶圆的背面，将热能从晶圆转移到晶圆的冷却台上(也称夹盘、阴极等)。这时需要夹环或静电夹盘(E 夹盘)，以防止背面高压氦气将晶圆从冷却台上吹走。氦有仅次于氢的高热传导率，因此在晶圆和晶圆冷却台之间提供了一条传导热能的路径。

电介质薄膜经常使用氩气溅射刻蚀反应室进行某些处理，例如在间隙填充前首先在间隙边缘形成倾斜的侧壁，以及薄膜表面的平坦化。由于溅射刻蚀速率对晶圆的温度不敏感，所以并不需要带有夹环或E 夹盘的氦气背面冷却系统。

7.9 遥控等离子体工艺

有些工艺过程只需要自由基增强化学反应，并且避免离子轰击引发等离子体诱生损伤。遥控等离子体系统就是为了达到这个需求产生的。

图7.18 显示了一个遥控等离子体系统。等离子体在遥控室中利用微波或射频功率产生，等离子体中产生的自由基再流入反应室，用于刻蚀或沉积。

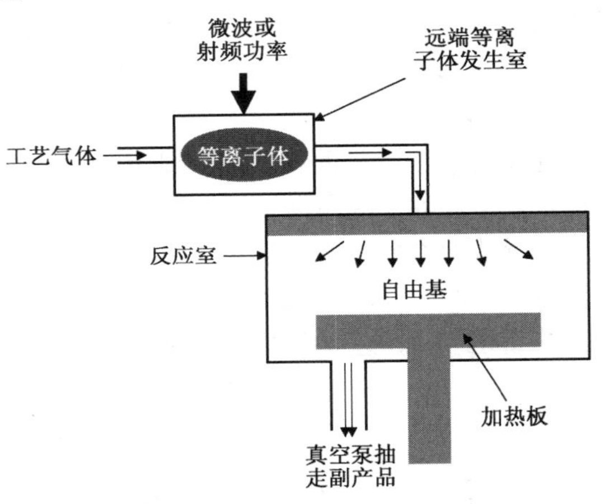

图7.18 遥控等离子体系统示意图

7.9.1 去光刻胶

遥控等离子体去光刻胶利用 O_2 和 H_2O 在刻蚀后立即将光刻胶除去。如图7.19 所示，遥控等离子体去光刻胶系统可以轻易整合到刻蚀系统中。晶圆将停留在相同的主平台内，依序执行临场刻蚀/去光刻胶过程。晶圆接触到大气之前必须先将光刻胶和残余的刻蚀剂剥除，否则这些残留的刻蚀剂将与空气中的湿气反应，从而在晶圆表面产生腐蚀。因此，临场去光刻胶能够增加产量并提高产品的成品率。

7.9.2 遥控等离子体刻蚀

有些刻蚀并不需要非等向性刻蚀，例如硅的局部氧化(LOCOS)和浅沟槽隔离(STI)中的氮化物剥除、酒杯状接触窗孔和其他工艺等，因此这些工艺也不会用到离子轰击。遥控等离子体刻蚀系统属于干式化学刻蚀系统，在这些应用上与湿法刻蚀相互竞争。以前的集成电路生产曾倾向于用干式刻蚀取代所有的湿法刻蚀，但却从来没有实现。事实上，由于先进的集成电路芯片生产工艺中广泛使用化学机械研磨，所以实现这一点几乎是完全不可能的。

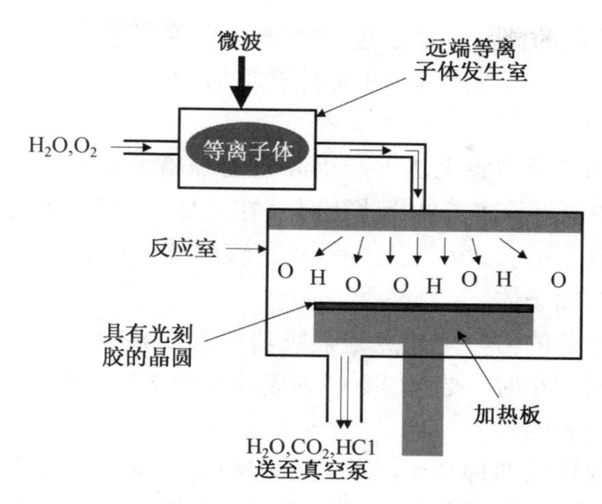

图 7.19　遥控等离子体去光刻胶系统示意图

7.9.3　遥控等离子体清洁

由于反应室中的等离子体总会产生自由基和离子轰击，而离子轰击将损坏室内的零件，进而增加生产成本。另一个问题是，用来清除化学气相沉积反应室的碳氟气体，如 CF_4、C_2F_6 及 C_3F_8，会造成全球温室效应和臭氧消耗，所以一般会限制这些气体的使用。遥控等离子体清洁就是为了解决这些问题。

遥控等离子体源利用微波功率在反应室上方的小空腔中产生稳定而密度高的等离子体。由等离子体产生的自由基将流入反应室内，并与沉积在反应室壁上的薄膜发生反应，以净化反应室(见图 7.20)。

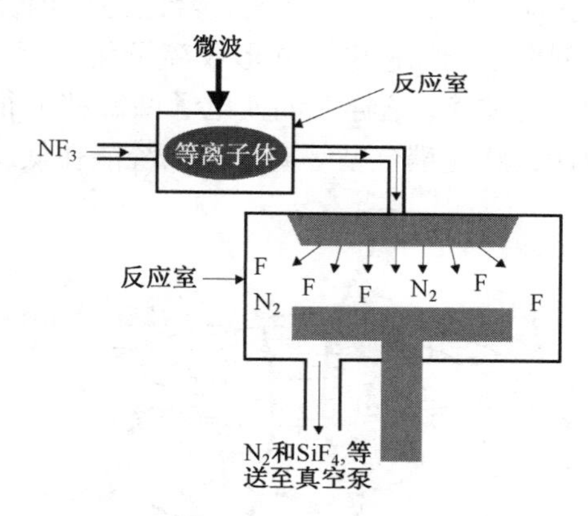

图 7.20　遥控等离子体清洗示意图

遥控等离子体清洁最常使用的气体为 NF_3。微波等离子体中超过 99% 的 NF_3 会分解。相比而言，射频等离子体中分解的四氟化碳(CF_4)低于 10%。使用 NF_3 微波遥控等离子体清洁可以将半导体工业释放的温室气体碳氟化物减少 50% 以上，并在很大程度上延长设备的寿命。

7.9.4　遥控等离子体化学气相沉积(RPCVD)

许多研究和发展都致力于将遥控等离子体化学气相沉积(RPCVD)应用到沉积外延硅和外延锗硅技术中，包括沉积二氧化硅、硅氮氧化物与氮化硅、栅电介质材料。与快速加热工艺整合后，RPCVD 可能用于沉积深亚微米元器件中的高介电常数电介质，如 TiO_2 和 Ta_2O_5。由于热积存的限制，将排除使用 LPCVD 氮化物，而等离子体引发的损伤会限制 PECVD 氮化物的应用，特别是对于大尺寸晶圆，所以 RPCVD 也可用于 0.13 μm 元器件的金属沉积前的介质氮化物阻挡层沉积。

7.10　高密度等离子体工艺

对于刻蚀和化学气相沉积这两种工艺，需要一种能在低压状态下(约几毫托)产生高密度等离子体的等离子体源。对于刻蚀过程，低压能使离子的平均自由程增加，并减少离子的散射碰撞，从而增加对刻蚀轮廓的控制。高密度等离子体也将提供更多的自由基，以增加刻蚀速率。对于化学气相沉积而言，高密度等离子体能在临场、同步沉积-回刻蚀-沉积时达到很好的间隙填充能力。

传统的电容耦合型等离子体源无法生产出高密度等离子体。事实上，当反应室的压力只有几毫托时，要在磁场中产生等离子体相当困难。在几毫托的低压状态下，电子的平均自由程和电极的间距大约相同甚至更长，因此无法形成足够的离子化碰撞。所以在极低的压力下用不同的原理制造高密度等离子体。

电容耦合型等离子体源的另一个缺点是射频功率直接影响离子流量和能量，因此无法独立控制。当图形尺寸不断缩小时，要获得更好的刻蚀和化学气相沉积工艺控制，必须使等离子体源能独立控制离子流量和能量。

半导体产业中最常使用的两种高密度等离子体源是感应耦合型等离子体源(ICP)和电子回旋共振(ECR)等离子体源。这两种等离子体源都能在仅有几毫托的压力下产生独立控制离子流量及轰击能量的高密度等离子体。

7.10.1 感应耦合型等离子体源(ICP)

感应耦合型等离子体源的机制与变压器的类似，所以又称变压器耦合等离子体源(TCP)。在图7.21(b)中，感应线圈的作用和变压器的初级线圈的一样。当射频电流通过线圈时产生一个交流磁场，这个交流磁场经过感应耦合产生随时间变化的电场，如图7.21(a)所示。感应耦合型电场能加速电子并形成离子化碰撞。由于感应电场的方向是回旋型的，所以电子将沿回旋方向加速，这样就能使电子回旋移动很长距离而不会撞到反应室墙壁或电极。这也说明了为什么感应耦合型等离子体系统能在低压状态下(几毫托)制造高密度等离子体。

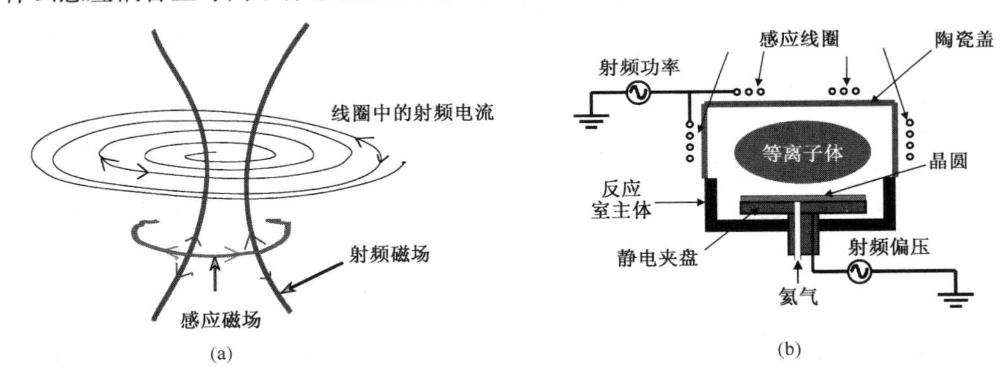

图7.21 (a)感应耦合原理示意图；(b)感应耦合型等离子体反应室

感应耦合型等离子体的设计在半导体工业中相当普遍，这种系统包括电介质高密度等离子体(HDP)化学气相沉积系统；硅、金属和电介质高密度等离子体刻蚀系统；原生氧化物溅镀清洁系统；离子化金属等离子体物理气相沉积系统。

在感应耦合型等离子体反应室中加入射频偏压系统，就可以产生自偏压并控制离子的轰击能量。由于在高密度等离子体中的离子轰击会产生大量的热能，因此必须有一个背面氦气冷却系统和静电夹盘，以控制晶圆的温度。图7.21(b)显示了一个感应耦合型等离子体反应室腔。在感应耦合型等离子体系统中，由等离子体密度决定的离子束流通过射频功率源控制，而离子轰击能量由偏压射频功率控制。

7.10.2　电子回旋共振(ECR)

带电粒子在磁场中将形成回旋转动，而转动的频率称为螺旋转动频率或回旋频率，它由磁场的强度决定。由式(7.4)可以得出，电子螺旋转动频率为

$$\Omega_e(\text{MHz}) = 2.8B\ (\text{高斯})$$

在磁场中，当所用的微波频率等于电子的螺旋转动频率，即 $\omega_{MW} = \Omega_e$ 时，电子就会发生回旋共振。电子将通过微波使能量增加，进而电子和原子或分子产生碰撞，而离子化碰撞将产生更多的电子，这些电子也会和微波形成共振以获得能量，且通过离子化碰撞产生更多的电子。由于电子将沿磁场线进行螺旋转动，如图 7.22(a)所示，因此即使平均自由程比反应室的距离长，也一定会先与气体分子产生多次碰撞后才会与反应室墙壁或电极碰撞。这就是电子回旋共振系统能在低压状态下产生高密度等离子体的原因。

电子回旋共振系统和感应耦合型等离子体系统类似，都具有射频偏压系统控制离子的轰击能量，并具有静电夹盘和背面氦气冷却系统，以控制晶圆的温度，如图 7.22(b)所示。离子轰击的流量主要由微波功率控制。电子回旋共振系统的优点之一在于通过改变磁场线圈中的电流就能调整共振的位置，所以可以通过调整磁场线圈的电流来控制等离子体的位置，提高工艺的均匀性。

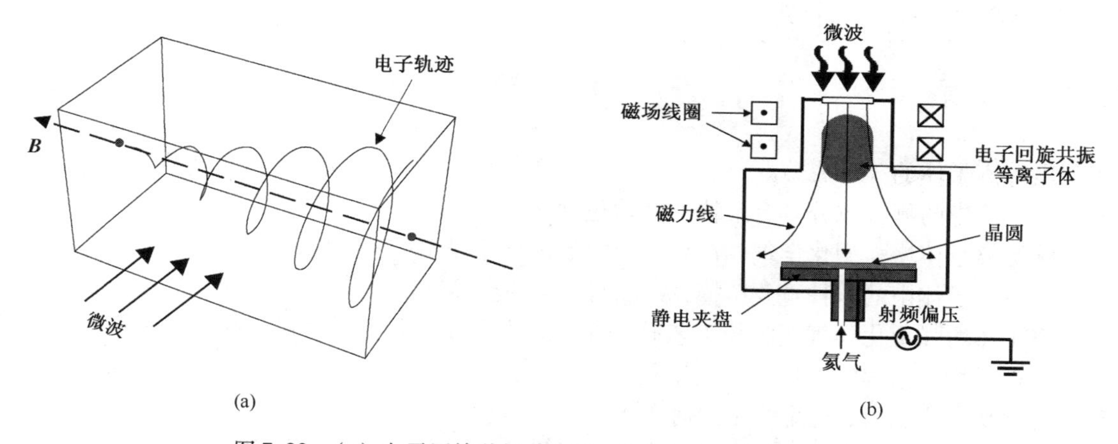

图 7.22　(a) 电子回旋共振原理图；(b) 电子回旋共振反应室

7.11　小结

1. 等离子体由离子、电子和中性分子组成。
2. 等离子体中的 3 种主要的碰撞为离子化、激发-松弛和分解碰撞。
3. 平均自由程是指粒子与其他粒子碰撞前所能移动的平均距离，平均自由程与压力成反比。
4. 分解碰撞中产生的自由基能够增强化学气相沉积、刻蚀和干法清洗工艺的化学反应。
5. 等离子体电位必须高于电极的电位，高电位的等离子体才能产生离子轰击。
6. 在电容耦合型等离子体系统中，增加射频功率可以增加离子轰击的能量和流量。
7. 低频功率将使离子有更多的能量，说明有更剧烈的离子轰击。

8. 刻蚀工艺比等离子体增强型化学气相沉积工艺需要更多的离子轰击，刻蚀反应室通常使用磁场增加低压条件下的等离子体密度。
9. 电容耦合型等离子体源不能产生高密度等离子体。
10. 刻蚀和化学气相沉积工艺需要低压条件下的高密度等离子体。
11. 感应耦合型等离子体源(ICP)和电子回旋共振(ECR)等离子体源是最常使用的两种高密度等离子体源。
12. 感应耦合型等离子体源和电子回旋共振等离子体源都可以单独控制离子轰击的流量和能量。

7.12 参考文献

[1] Brian Chapman, *Glow Discharge Process*, John Wiley & Sons, Inc., New York, NY, 1980.
[2] Francis F. Chen, *Introduction to Plasma Physics and Controlled Fusion*, *Volume 1*: *Plasma Physics*, Second Edition, Plenum Press, New York, NY, 1984.
[3] Michael A. Lieberman and Allan J. Lichtenberg, *Principles of Plasma Discharges and Materials Processing*, John Wiley & Sons, Inc., New York, NY, 1994.
[4] S. Dushman, *Scientific Foundations of Vacuum Technique*, J. M. Lafferty, ed., John Wiley and Sons, New York, NY, 1962.

7.13 习题

1. 列出等离子体的 3 种成分。
2. 等离子体中的哪种成分具有最快的移动速度?
3. 传统等离子体增强型化学气相沉积反应室的离化率是 100% 吗?
4. 列出等离子体中的 3 种重要碰撞，并说明它们的重要性。
5. 等离子体增强型化学气相沉积工艺通过什么方法在较低温度下达到高的沉积速率?
6. 什么是平均自由程? 与压力的关系是什么?
7. 当射频功率增加时，直流偏压如何变化?
8. 说明等离子体轰击在刻蚀、等离子体增强型化学气相沉积和溅射物理气相沉积工艺中的重要性。
9. 等离子体刻蚀反应室和等离子体增强型化学气相沉积工艺反应室的主要区别是什么?
10. 刻蚀反应室中通常将晶圆放在哪个电极上? 为什么?
11. 为什么刻蚀反应室需要一个背面冷却系统和静电夹盘?
12. 静电夹盘与夹环相比其优点是什么?
13. 当等离子体刻蚀系统的刻蚀速率出现问题时，为什么首先要检查射频功率系统?
14. 为什么电容耦合型等离子体源不能产生高密度等离子体?
15. 列出两种最常用的高密度等离子体系统。

第8章　离子注入工艺

本章要求

1. 至少列举出3种最常用于集成电路芯片制造的掺杂物
2. 从一个CMOS芯片横截面说明至少3种掺杂区
3. 了解离子注入技术与扩散技术相比的优点
4. 指出一台离子注入设备的主要部件
5. 解释通道效应，并至少列举出两种降低通道效应的方法
6. 说明离子射程与离子种类和离子能量的关系
7. 说明为什么离子注入后需要退火工艺
8. 列出与离子注入技术有关的安全问题

8.1　简介

半导体材料最重要的特性之一是导电率可以通过掺杂物控制。集成电路制造过程中，半导体材料(如硅、锗或Ⅲ-Ⅴ族化合物砷化镓)不是通过N型掺杂物就是利用P型掺杂物进行掺杂的。一般通过两种方法进行半导体掺杂：扩散和离子注入。20世纪70年代之前，一般应用扩散技术进行掺杂；目前的掺杂过程主要通过离子注入实现。

离子注入是一种添加工艺，利用高能量带电离子束注入的形式，将掺杂物原子强行掺入半导体中。这是半导体工业中的主要掺杂方法，在集成电路制造中一般用于各种不同的掺杂过程。图8.1显示了集成电路制造过程中的离子注入工艺与其他工艺的关系。

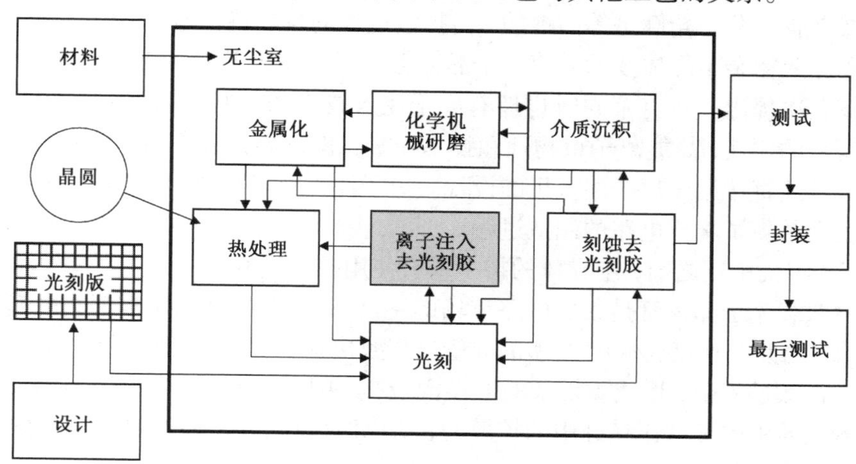

图8.1　集成电路制造工艺流程

8.1.1 离子注入技术发展史

纯的单晶硅具有很高的电阻率，越纯的晶体，电阻率就越高。晶体的导电率可以通过掺入掺杂物而改变，例如硼(B)、磷(P)、砷(As)或锑(Sb)。硼是一种P型掺杂物，只有三个电子在最外层的轨道(价电子壳层)上。当硼原子取代单晶硅晶格内的硅原子时，将会提供一个空穴。空穴可以携带电流，作用如同一个正电荷。磷、砷和锑原子有5个电子在价电子壳层上，所以它们能在单晶硅内提供一个电子传导电流。因为电子带有一个负电荷，所以P、As或Sb称为N型掺杂物，具有这些掺杂物的半导体称为N型半导体。

20世纪70年代中期之前，掺杂是在高温炉中通过扩散过程完成的。无论高温炉是否作为扩散或其他用途(如氧化或热退火)，放置高温炉的区域都称为扩散区，高温炉称为扩散炉。目前先进的集成电路生产中只有少数的扩散掺杂过程，而高温炉主要用在氧化和热退火工艺中。然而集成电路生产中的高温炉区域仍称为扩散区，高温炉仍称为扩散炉。

扩散过程一般需要以下几个过程。通常，在预沉积过程中将氧化掺杂物薄层沉积在晶圆表面，然后用一次氧化步骤将氧化掺杂物掺入生长的二氧化硅中，并且在靠近硅与二氧化硅界面的硅衬底表面形成高浓度的掺杂物区。高温离子掺杂过程是将掺杂物原子扩散进入硅衬底，达到设计要求的深度。所有这三道工序(预沉积、氧化和掺杂物高温驱入)都是高温过程，通常在高温炉中进行。当掺杂物扩散后，氧化层就用湿法刻蚀去除。图8.2说明了扩散的掺杂过程。

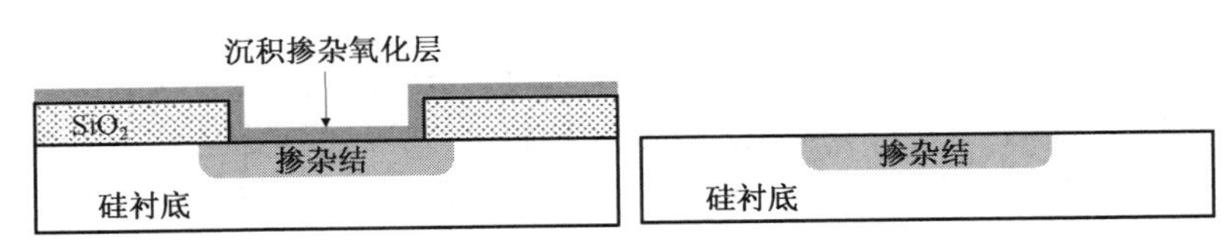

图8.2 扩散工艺示意图

加热扩散的物理原理众所皆知，工艺工具相当简单且不昂贵，然而扩散过程有一些主要的限制。例如，掺杂物浓度和结深无法独立控制，因为这两项都与扩散温度密切相关。另一个主要的缺点是掺杂物的分布轮廓是等向性的，由扩散过程的自然特性造成。

使用离子注入掺杂半导体技术由第一个晶体管的三个发明者之一威廉·肖克莱于1954年在贝尔实验室首次提出。肖克莱同时也拥有离子注入技术的专利(美国专利2787564)。受第一颗原子弹研究的驱使，高能离子束物理和技术在第二次世界大战期间开始发展，加速器与同位素分离技术已经直接用于离子注入机的设计。离子注入技术在20世纪70年代中期使用后，已在很大程度上革新了集成电路的制造过程。

20世纪70年代中期之前，半导体的掺杂一直使用扩散过程，这个工艺过程需要二氧化硅遮蔽层。这时双载流子晶体管是集成电路市场的主流。当MOS开始发展时，由速度较慢的P型晶体管制成，而并非速度较快的N型晶体管。P型掺杂物硼比N型掺杂物磷或砷在单晶硅中的扩散快。扩散过程中，形成重掺杂的P型源极/漏极比形成重掺杂的N型源极/漏极容易。因为硼在二氧化硅中的扩散比在硅中的扩散慢，所以源极/漏极是通过以二氧化硅为遮蔽层的硼扩散形成的。

对于PMOS，用二氧化硅作为掩蔽层，通过硼离子扩散形成源极/漏极，这是因为硼在二氧化硅中的扩散速率远小于在硅中的扩散速率。源极/漏极扩散之后，栅极区域被刻蚀并清洗干净后生长较薄的栅氧化层，接着形成金属栅极。如果栅光刻版没有与源极/漏极对准（见图8.3），则晶体管将无法正常工作。加大栅极可以确保栅极覆盖住源极/漏极。当图形尺寸缩小时，栅极对准的问题已经引起了很大的挑战。

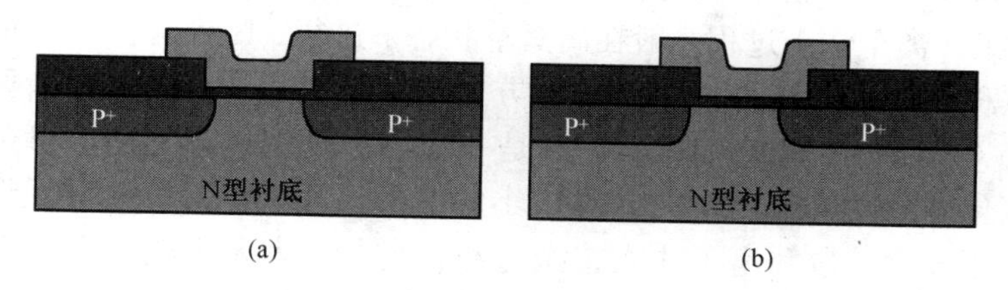

图8.3 栅极和源极/漏极对准工艺。(a)正常对准；(b)对准失误

通过离子注入技术，使用所谓的自对准源极/漏极过程已经解决了栅极对准的问题。在这种情况下，栅极氧化层生长后就沉积多晶硅，然后进行图形化和刻蚀。去光刻胶后，具有高电流的离子注入用于形成源极和漏极。因为多晶硅栅极和氧化层将阻挡住离子，所以源极和漏极就可以一直和多晶硅栅极对准（见图8.4）。

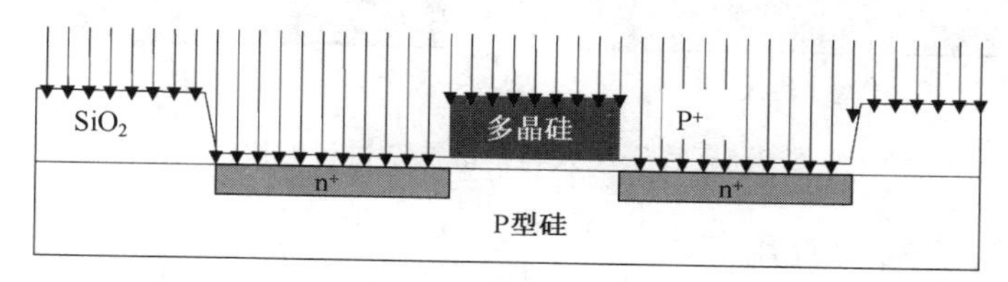

图8.4 源极/漏极自对准工艺

使用离子注入技术形成重掺杂的N型结并不困难，所以N型晶体管在离子注入技术发明后很快取代了速度较慢的P型晶体管。离子注入之后，高能量的掺杂物离子轰击将破坏衬底的单晶结构。修复晶体的损伤及激活掺杂物需要高温（高于1000℃）热退火工艺，因为热处理的温度很高并将导致铝金属熔化，所以需要另一种导体作为栅极材料。多晶硅与多晶硅-硅化物（称为多晶金属-硅化物）已经是成熟的栅极材料。然而晶体管仍被称为MOS，没有人将其称为POS（多晶硅-氧化物-半导体）。

8.1.2 离子注入技术的优点

离子注入过程提供了比扩散过程更好的掺杂工艺控制（见表8.1）。例如，掺杂物浓度和结深在扩散过程中无法独立控制，因为浓度和结深都与扩散的温度和时间有关。离子注入可以独立控制掺杂浓度和结深，掺杂物浓度可以通过离子束电流和注入的时间组合控制，结深通过离子的能量控制。离子注入过程可以在很广的掺杂物浓度范围内（10^{11} ~ 10^{17}原子/cm^2）进行。扩散是一个高温过程，需要用二氧化硅作为遮蔽层。扩散过程之前，必须先生长一层厚的氧化层作为扩散遮蔽层，然后再通过图形化及刻蚀定义出需要扩散的区域。离子注入是一个室温过程，厚的光刻胶层就可以阻挡高能量掺杂物离子。离子注入可以使用光刻胶作为图形化遮蔽层，而不需要生长及刻蚀二氧化硅，形成如扩散掺杂所

表8.1 离子注入与扩散工艺比较

扩散	离子注入
高温，硬遮蔽层	低温，光刻胶作为遮蔽层
等向性掺杂轮廓	非等向性掺杂轮廓
不能独立控制掺杂浓度和结深	可以独立控制掺杂浓度和结深
批量工艺	批量及单晶圆工艺

需的硬遮蔽层。当然，离子注入机的晶圆夹具必须具有一个冷却系统，以带走由带电离子产生的热量，避免高温下光刻胶产生网状结构。

注入机的质谱仪将准确选择注入过程所需的离子种类，并产生很纯的离子束，所以离子注入具有很低的污染。离子注入过程一般在高真空状态下进行，真空是一个干净环境，是非等向性的集成电路过程。掺杂物离子主要以垂直方向注入硅衬底中，而且掺杂区域非常接近光刻胶遮蔽层所定义的区域。相对而言，扩散是一个等向性的工艺过程，掺杂物可以通常横向扩散达到二氧化硅的硬遮蔽层下方。对于小的图形尺寸，使用扩散过程形成掺杂物界面很困难。图 8.5 比较了扩散和离子注入掺杂过程的差异，表 8.1 概述了掺杂过程中离子注入优于扩散工艺的方面。

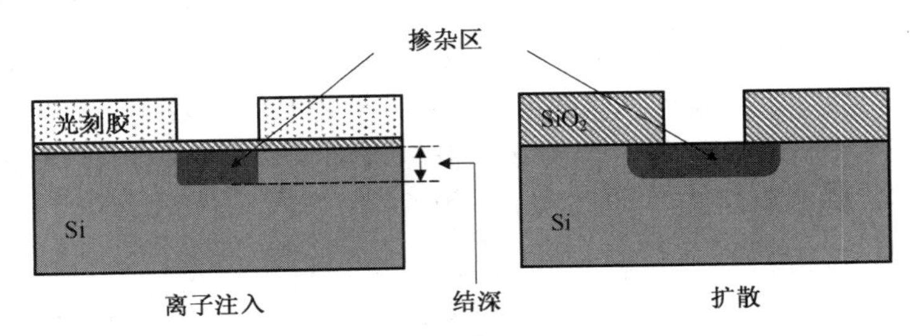

图 8.5 离子注入与扩散掺杂过程的比较

8.1.3 离子注入技术的应用

离子注入主要应用于半导体材料掺杂。硅晶圆需要通过掺杂改变指定区域的导电率，例如互补型金属-氧化物-半导体(CMOS)集成电路的阱区和源极/漏极。对于双载流子集成电路，掺杂界面用于形成深埋层、发射极、集电极和基极。

其他离子注入技术的应用是预先非晶态注入和深埋层注入。使用硅或锗的预先非晶态注入可以在衬底的表面形成一层非晶态。在后续的掺杂物离子注入过程中，非晶态层可以使结深和分布轮廓更容易控制。锗是一种比较重的原子，损伤效应比较小，所以在应用中比较常用。深埋层注入可以将大量的氧离子注入硅衬底中，形成电子元器件应用的绝缘体上硅(SOI)。氧离子被注入硅晶圆后，接着通过退火在薄的单晶硅层下形成二氧化硅深埋层。使用这种衬底所制造的集成电路芯片，与传统的晶体管相比具有较高的抗干扰性、抗辐照性和系统的高可靠性，因为这种衬底材料能完全隔离相邻晶体管。

在先进的 CMOS 集成电路芯片中，N 型晶体管的多晶硅栅是重掺杂的 N 型材料，P 型晶体管的多晶硅栅是重掺杂的 P 型材料。多晶硅结构上的金属硅化合物将多晶硅栅的 PN 结短路，形成局部连线。氮可以注入 N 型掺杂多晶硅中形成阻挡层，防止 P 型掺杂物硼扩散进入 N 型掺杂多晶硅中，因为硼的扩散将引起元器件的性能失效。表 8.2 概括了离子注入的应用，有关磷、砷、锑、硼与锗元素的相关参数列于表 8.3 ~ 表 8.7 中。

表 8.2 离子注入技术的应用

应用	掺杂	非晶化材料	埋氧层	多晶硅阻挡层
离子	N 型：P，As，Sb P 型：B	Si 或 Ge	O	N

表 8.3　磷元素参数列表

名　称	磷
原子符号	P
原子序数	15
原子量	30.973 762
发现者	Hennig Brand
发现地	德国
发现时间	1669 年
名称来源	希腊字母"phosphoros"，代表"带光者"(金星的古代名称)
固态密度	1.823 g/cm^3
摩尔体积	17.02 cm^3
音速	不存在
电阻系数	10 μΩ · cm
折射率	1.001 212
反射率	不存在
熔点	44.3℃
沸点	277℃
热传导系数	0.236 W/(m^{-1} · K^{-1})
热膨胀系数	不存在
应用	N 型掺杂物扩散、离子注入、外延生长和多晶硅沉积，化学气相沉积硅玻璃(PSG 和 BPSG)
主要来源	P(红色)，PH_3，$POCl_3$

资料来源：http://www.webelements.com/webelements/elements/text/key/P.html

表 8.4　砷元素参数列表

名　称	砷
原子符号	As
原子序数	33
原子量	74.9216
发现者	不详
发现地	不详
发现时间	远古时代已经发现
名称来源	源自希腊字母"arsenikon"，代表"黄色的"
固态密度	5.727 g/cm^3
摩尔体积	12.95 cm^3
音速	不存在
电阻系数	30.03 μΩ · cm
折射率	1.001 552
反射率	N/A
熔点	614℃
沸点	817℃
热传导系数	50.2 W/(m^{-1} · K^{-1})
线性热膨胀系数	N/A
应用	N 型掺杂物、扩散、离子注入、外延生长和多晶硅沉积
主要来源	As，AsH_3

资料来源：http://www-tech.mit.edu/Chemicool/elements/arsenic.html

表 8.5　锑元素参数列表

名　称	锑
原子符号	Sb
原子序数	51
原子量	121.760
发现者	不详
发现地	不详
发现时间	远古时代已经发现
名称来源	源自希腊字母"anti + monos"，代表"不孤单"(符号 Sb 来自拉丁字"stibium")
固态密度	6.697 g/cm^3
摩尔体积	18.19 cm^3
音速	3420 m/s
电阻系数	40 μΩ · cm
折射率	1.001 212
反射率	55%
熔点	630.78℃
沸点	1587℃
热传导系数	24 W/(m^{-1} · K^{-1})
线性热膨胀系数	11×10^{-6} K^{-1}
应用	离子注入 N 型掺杂物
主要来源	Sb

资料来源：http://www.webelements.com/webelements/elements/text/key/Sb.html

表 8.6　硼元素参数列表

名　称	硼
原子符号	B
原子序数	5
原子量	10.811
发现者	Sir Humphrey Davy，Joseph-Louis Gay-Lussac，Louis Jaques Thénard
发现地	英国，法国
发现时间	1808 年
名称来源	源自阿拉伯字母"buraq"和波斯字"burah"
固态密度	2.460 g/cm^3
摩尔体积	4.39 cm^3
音速	16 200 m/s
电阻系数	$>10^{12}$ μΩ · cm
折射率	N/A
反射率	N/A
熔点	2076℃
沸点	3927℃
热传导系数	27 W/(m^{-1} · K^{-1})
线性热膨胀系数	6×10^{-6} K^{-1}
应用	P 型掺杂物扩散、离子注入、外延生长和多晶硅沉积，化学气相沉积硅玻璃(BPSG)掺杂物
主要来源	B，B_2H_6，BF_3

资料来源：http://www.webelements.com/webelements/elements/text/key/B.html

表 8.7 锗元素参数列表

名　称	锗	名　称	锗
原子符号	Ge	电阻系数	约 50 000 μΩ · cm
原子序数	32	折射率	N/A
原子量	72.61	反射率	N/A
发现者	Clemens Winkler	熔点	938.25℃
发现地	德国	沸点	2819.85℃
发现时间	1886 年	热传导系数	60 W/(m^{-1} · K^{-1})
名称来源	源于拉丁字母"Germania"，代表"Germany"	线性热膨胀系数	6×10^{-6} K^{-1}
固态密度	5.323 g/cm^3	应用	Ge 和 GeSi 以及半导体衬底，非晶硅注入用 Ge 离子源
摩尔体积	13.63 cm^3	主要来源	Ge，GeH_4
音速	5400 m/s		

资料来源：http://www.webelements.com/webelements/elements/text/key/Ge.html

8.2 离子注入技术简介

8.2.1 阻滞过程

当离子轰击进入硅衬底后，与晶格原子碰撞将逐渐失去能量，最后停留在硅衬底内。有两种阻滞过程，一种是注入的离子与晶格原子的原子核发生碰撞，经过这种碰撞将引起明显的散射并将能量转移给晶格原子，这种过程称为原子核阻滞。在这种"硬"碰撞过程中，晶格原子可以获得足够的能量而从晶格束缚能中脱离出来，这将引起晶体结构的混乱和损伤。另一种阻滞过程为入射离子与晶格电子产生碰撞。在电子碰撞过程中，入射离子的路径几乎不变，能量转换非常小，而且晶体结构的损伤也可以忽略。这种"软"碰撞称为电子阻滞。总阻滞力，即离子在衬底内移动单位距离时的能量损失，可以表示为

$$S_{\text{total}} = S_n + S_e$$

其中，S_n为原子核阻滞力；S_e为电子阻滞力。图 8.6 说明了阻滞过程，图 8.7 则显示了阻滞力与离子速率的关系。

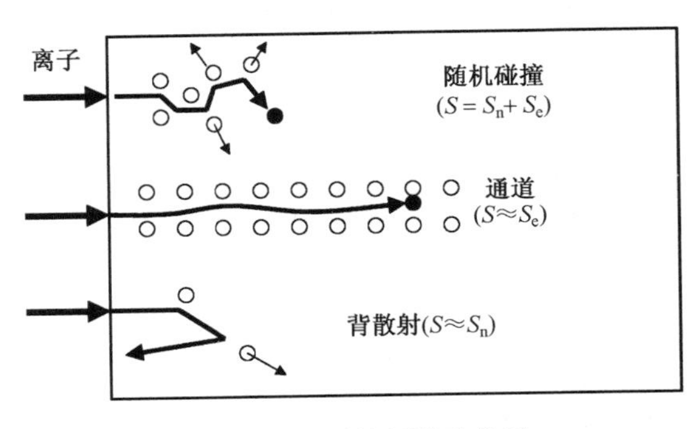

图 8.6　不同的阻滞示意图

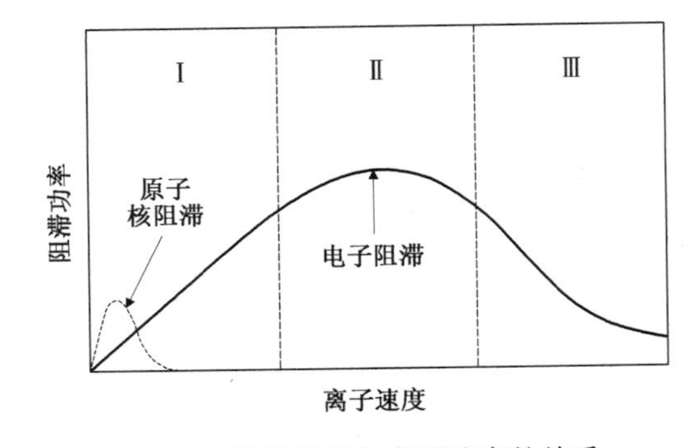

图 8.7　阻滞机理与离子速率的关系

离子注入过程的离子能量范围从极浅结(Ultra-Shallow Junction，USJ)的 0.1 keV 低能量到阱区注入的 1MeV 高能量，这个能量范围如图 8.7 中的 I 区域所示。从图的最左边可以看出，对于低能量与高原子序数的离子注入过程，主要的阻滞过程为原子核阻滞。对于高能量、低原子序数的离子注入，电子阻滞过程比较重要。

8.2.2　离子投影射程

带能量的离子穿过标靶后逐渐通过与衬底原子碰撞失去能量，并最后停留在衬底中。图 8.8显示了离子在衬底内的轨迹和离子的投影射程。

一般情况下，离子的能量越高，就越能深入衬底。然而，即使具有相同的注入能量，所有离子也无法在衬底内刚好停留在相同的深度，因为每个离子与不同的原子产生撞击。离子的投影射程通常都有一个分布区域(见图 8.9)。

具有较高能量的离子束可以穿透到衬底较深的位置，所以有较长的离子投影射程。因为较小的离子有较小的碰撞截面，所以较小的离子可以进入衬底和遮蔽层材料较深的位置。图 8.10说明了硅衬底内的硼、磷、砷和锑离子在不同离子能量等级时的投影射程。

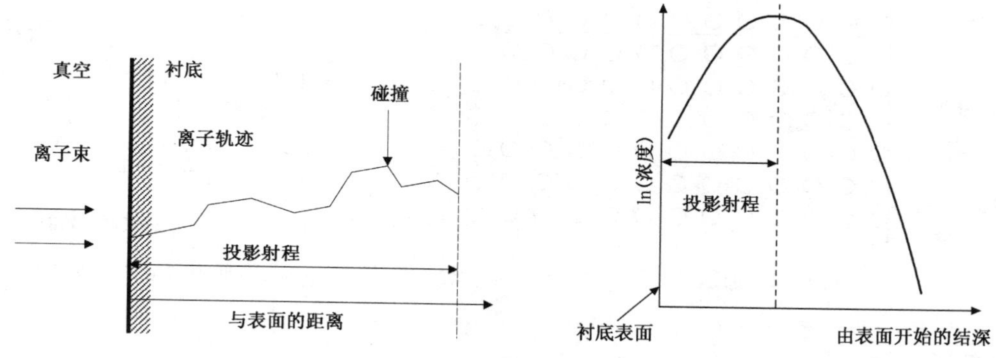

图 8.8　离子的轨迹和投影射程

图 8.9　投影离子的分布区域

离子的投影射程是离子注入技术的一个重要参数，因为它可以表明某一种掺杂物结深所需的离子能量，也能决定离子注入过程中所需的注入阻挡层厚度。图 8.11 显示了不同的阻挡层材料对 200 keV 掺杂离子所需的厚度。可以看出，当离子能量为 200 keV 时，硼离子需要最厚的遮蔽层。这是因为硼具有最低的原子序数、最小的原子尺寸和最大的离子投影射程，所以具有比任何其他掺杂离子更深的注入停留位置。对于低原子序数的原子，例如硼，高能量时的主要阻滞过程是电子阻滞，原子核阻滞是高原子序数掺杂物原子的主要阻滞过程。同样，有最高原子序数的掺杂离子锑，具有最高的阻滞力和最短的投影射程，因此需要最薄的遮蔽层材料。

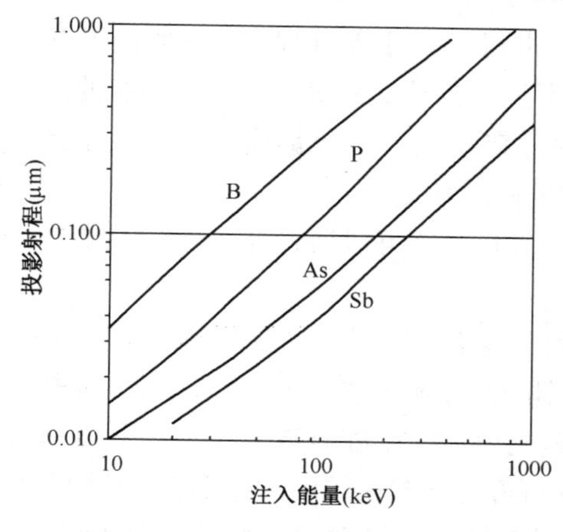

图 8.10　硅中掺杂离子的投影射程

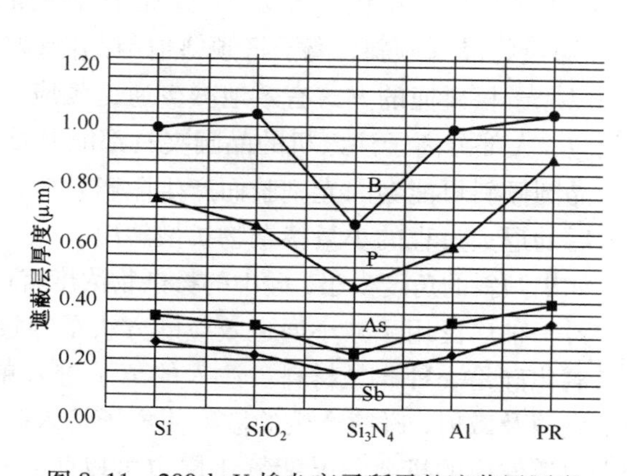

图 8.11　200 keV 掺杂离子所需的遮蔽层厚度

8.2.3 通道效应

离子在非晶态材料内的投影射程通常遵循高斯分布，即所谓的常态分布。单晶硅中的晶格原子整齐排列，而且在特定的角度具有很多通道。如果一个离子以正确的注入角度进入通道，只需具有很少的能量就能行进很长的距离(见图 8.12)。这个效应称为通道效应。

通道效应将使离子穿透到单晶硅衬底深处，并在一般掺杂物分布曲线上出现“尾状”。如图 8.13 所示，这部分并不是想要的掺杂物分布轮廓，因为它将影响元器件的性能。有几种方法可以减小通道效应。

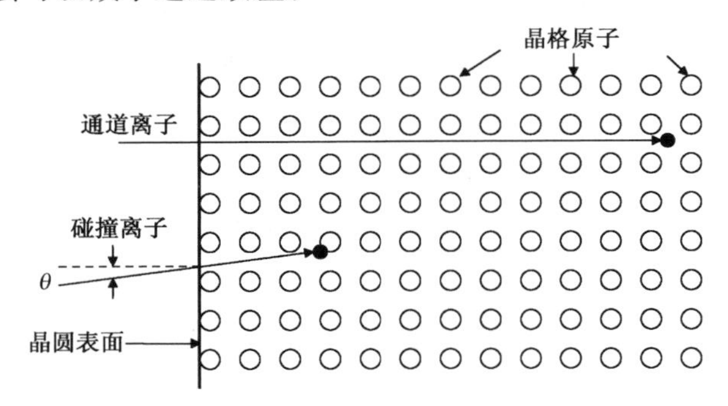

图 8.12 通道效应

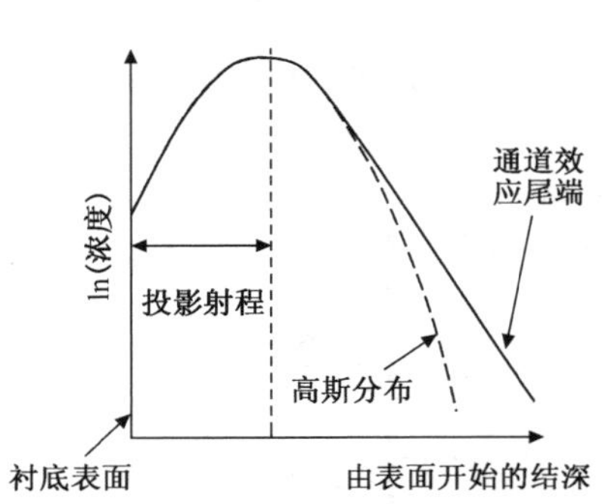

图 8.13 具有通道效应的掺杂物分布

自问自答

问：通道效应可以使一个非常低能量的离子穿透到单晶硅的深处。为什么不可以应用这个效应，使用不太高的离子能量形成很深的掺杂结？

答：如果所有的离子束都能垂直注入进入衬底，通道效应也许能够真正以非常低的能量应用于形成深结。然而，离子却因为相同电荷的库仑力而相互排斥，所以离子束无法完美平行地停留在同一位置。这表示很多的离子会以一个很小的倾斜角与晶圆表面碰撞，进入衬底后立刻与晶格原子开始产生原子核碰撞。这将会导致一些离子沿着通道深入衬底，而其他很多离子则被阻滞后形成高斯分布。

将通道效应最小化的方法之一是在倾斜的晶圆上进行离子注入过程，通常倾斜的角度为 7℃。通过将晶圆倾斜，离子将倾斜地与晶圆碰撞而不进入通道(见图 8.12)。入射的离子会立刻以原子核碰撞的方式有效地减少通道效应。大部分离子注入过程都使用这种技术减少通道效应，大部分离子注入机的晶圆夹具都能调整晶圆的倾斜角度。

晶圆倾斜可能会因光刻胶而产生阴影效应(见图 8.14)，这可以通过注入时的晶圆转动与注入后的退火过程的小量掺杂物扩散解决。

如果倾斜的角度太小，硅中的掺杂物浓度就可能因为通道效应形成双峰分布(见图 8.15)。

另一种广泛用于减小通道效应的方法是穿过一层屏蔽二氧化硅薄膜进行注入。加热生长的二氧化硅是一种非晶材料。注入的离子进入单晶硅之前，将穿过屏蔽层与其中的硅氧原子产生碰撞及散射，碰撞产生的散射使离子挤入硅晶体的角度分布在较广的范围内，从而减少了产生通道效应的机会。屏蔽氧化层也可以防止硅衬底与光刻胶接触引起污染。某些情况下，屏蔽氧化层和晶圆倾斜的方法都用于减小离子注入过程中的通道效应。

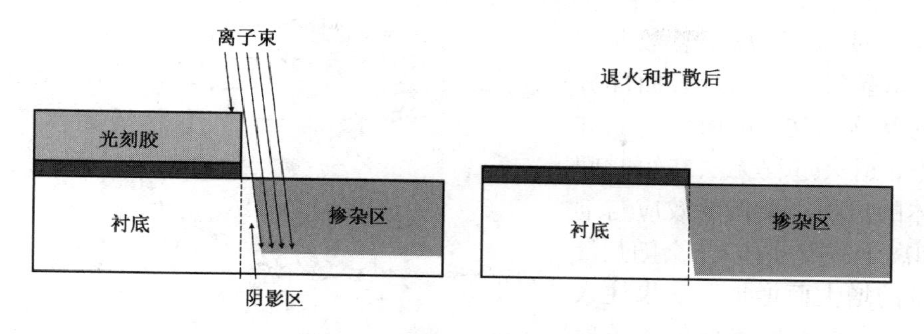

图 8.14　阴影效应及扩散处理

屏蔽层的问题在于某些原子可以从高能离子中获得足够的能量并注入到硅中，称为回弹效应。对于二氧化硅屏蔽层，回弹的氧原子可以注入到硅衬底，在靠近硅和二氧化硅界面附近的硅衬底内形成高氧浓度区，从而将引入深捕获能级而降低了载流子的迁移率。因此在某些注入过程中，无法采用屏蔽氧化层。某些情况下需要利用注入后氧化作用和牺牲氧化层，剥除高含氧的硅薄层。在氧化过程中，注入所引起的晶体损伤可以退火消除，二氧化硅层会生长进入硅衬底消耗高氧区。氧化物剥除可以移去表面的缺陷和高氧浓度层。然而对于浅结(USJ)离子注入工艺，这项技术是不可行的，因为氧化作用会引起过多的掺杂物扩散并从衬底上消耗掉硅浅结。

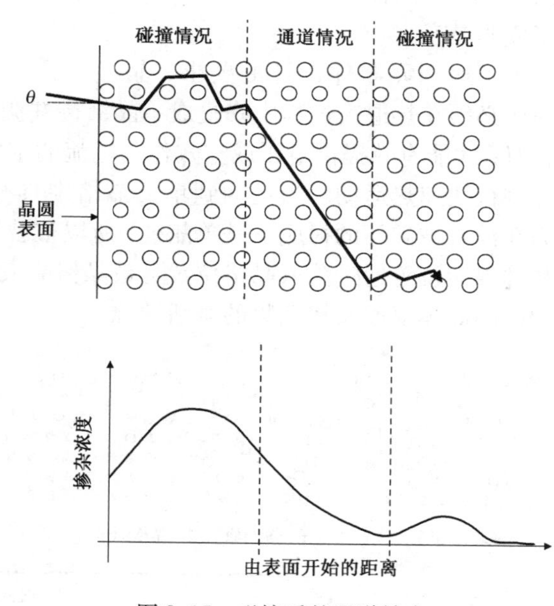

图 8.15　碰撞后的通道效应

高电流的硅或锗离子注入将严重破坏单晶体的晶格结构，并在晶圆表面附近产生非晶态层。硅或锗的非晶态注入过程可以完全消除通道效应，因为在非晶态衬底中，掺杂物界面的分布轮廓由离子注入形成，一般遵循高斯分布，这是可以预测、重复和控制的。这种预先非晶态注入的方式增加了额外的离子注入步骤，使生产成本增加。当特征尺寸不断缩小时，热退火的热积存也减少了。对于纳米节点技术，可能没有足够的热积存通过退火恢复预非晶注入引起的晶体损伤，残留的缺陷可能导致结的漏电。

8.2.4　损伤与热退火

离子注入过程中，离子因为与晶格原子碰撞逐渐失去能量，同时会将能量转移给碰撞原子。这些转移的能量会使碰撞原子从晶格的束缚能中释放出来，通常的束缚能为 25 eV 左右。这些自由原子在衬底内运行时会与其他的晶格原子产生碰撞，并通过转移足够的能量将碰撞原子从晶格碰离出来。这些过程将持续进行，直到没有任何一个自由原子有足够的能量把其他的晶格原子释放出来为止。高能量的离子可以使数千晶格原子的位置偏离。高能量的注入离子所产生的损伤如图 8.16 所示。

由单一离子造成的损伤可以在室温下通过衬底内原子的热运动很快自我退火而消除。然而在离子注入过程中，离子总数非常大，以至于单晶衬底中靠近表面部分造成大量的晶格损伤，进而使单晶硅变成非晶态，退火过程无法在短时间内修复晶体的损伤。损伤的效应与剂量、能量和离子的质量有关，会随剂量与离子能量的增大而增加。如果注入的剂量过高，靠近衬底表面的离子射程内，衬底的晶体结构会完全被破坏而变成非晶态。

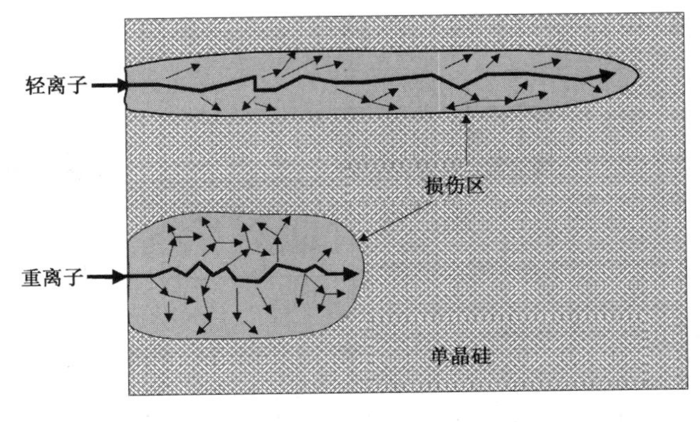

图 8.16 单一离子造成的损伤

为了达到元器件设计的要求，晶格损伤必须在热退火过程中修复成单晶结构并激活掺杂物。只有当掺杂物原子在单晶体晶格位置时，才能有效提供电子或空穴作为电流的主要载体。高温过程中，原子能从热能中获得能量并进行快速热运动。当运动到单晶晶格中具有最低自由能的位置时，就将停留在此位置。因为在没有被破坏的衬底下是单晶硅，所以被破坏的非晶态层中的硅与掺杂物原子，将在靠近单晶硅界面位置通过落入晶格位置且被晶格能束缚后重建单晶结构。图 8.17 说明了在热退火过程中的晶体复原及掺杂物的激活情况。

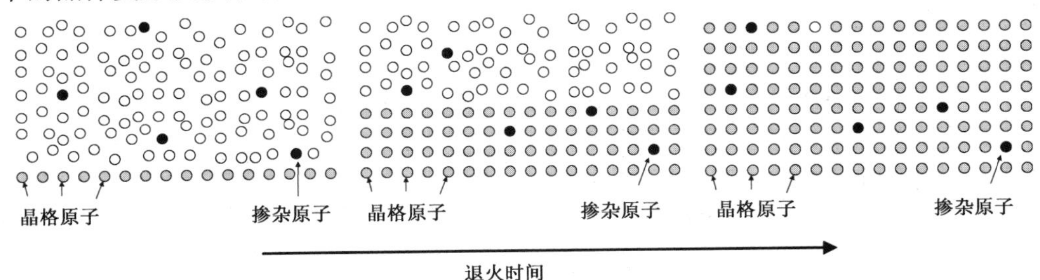

图 8.17 离子注入后退火形成的晶格变化

高温过程中，单晶体的热退火、掺杂物原子的激活和掺杂物原子的扩散将同时发生。当集成电路的图形尺寸缩小到深亚微米时，将只有极小的空间使掺杂物原子扩散，因此必须在加热退火过程中将掺杂物的扩散减到最小。掺杂物原子在非晶硅中具有不受限制的自由热移动，比在单晶体晶格中的扩散快，这是因为单晶体晶格的束缚能将严重限制掺杂物原子的运动。当温度较低时，扩散过程将快于退火过程；而当温度较高时，例如高于 1000℃，退火过程比扩散过程快，这是因为退火的激活能(约 5 eV)比扩散的激活能(3 ~4 eV)高。

高温炉广泛用于进行注入后的热退火。高温炉的退火处理是一个批量过程，在 850℃ 至 1000℃ 情况下，通常约 30 min 能处理 100 片晶圆。因为高温炉的热退火过程需要较长的时间，所以掺杂物原子的扩散十分严重，这对于小图形尺寸的元器件而言无法接受，只有在一些非关键性的大图形尺寸注入过程中，例如阱区注入过程，高温炉才应用于注入后的热退火及掺杂物的驱入。对于较关键的掺杂步骤，例如源极/漏极注入后的热退火，将造成过多的掺杂物扩散而对亚微米微电子晶体管造成无法接受的性能损伤。

快速加热过程(RTP)是将注入造成的损伤通过退火消除的一种工艺过程，同时也能使掺杂物的扩散减小到符合缩小集成电路元器件的条件。RTP 是一个升温速率可达 250℃/s 的单晶圆系统，并在 1100℃左右有很好的温度均匀性控制能力。对于 RTP 系统，快速加热退火（RTA）过程可以在 1150℃时操作，在这个温度下，离子注入引起的损伤可以在 20 s 内被退火消除。RTA 系统大约每分钟处理一片晶圆，这个过程包括晶圆升温、退火、晶圆冷却和晶圆被送出。图 8.18比较了高温炉与 RTP 热退火过程。

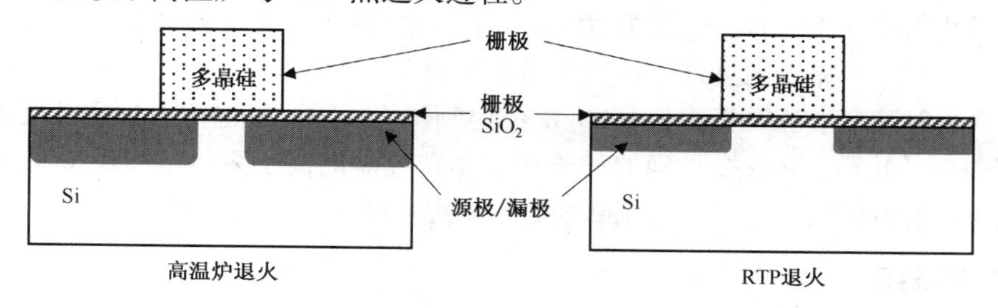

图 8.18　高温炉与 RTP 热退火工艺中的掺杂物扩散

自问自答

问：为什么高温炉的温度无法像 RTP 系统一样快速上升并冷却？

答：高温炉需要较高的电能才能快速加温。由于温度可能会过高或过低，所以实现没有大的温度波动且又要快速地改变温度很困难。

因为升温速率很慢，通常小于 10℃/min，将需要较长的时间从闲置温度（Idle Temperature，介于 650℃到 850℃之间）加速到炉管所需的热退火温度（如 1000℃）。甚至在升温过程中，部分损伤就已经被退火消除。晶圆必须用很慢的速度装载进高温炉并从炉体卸载，以防止晶圆因瞬间温度改变引起的热应力而变形扭曲。由于高温炉在闲置期间仍维持高温，所以晶圆装载器两侧的晶圆会因为慢的推进和拉出而有不同的热退火时间，这将造成晶圆对晶圆的不均匀性。

RTA 系统通常在 10 s 内就可以将晶圆的温度从室温升到 1100℃，并精确控制晶圆温度和晶圆内的温度均匀性。大约 1100℃时，单晶体的晶格可以在 10 s 内恢复，并呈现极小的掺杂物扩散。RTA 过程比高温炉热退火过程有较好的晶圆对晶圆均匀性。

随着器件的特征尺寸进一步缩小，即使 RTA 工艺的温度变化速度也不能满足实现掺杂离子的激活，并同时保持扩散在可容忍的范围。其他退火技术，如尖峰退火、激光退火等已被开发并应用于集成电路制造中。

8.3　离子注入技术硬件设备

离子注入机是一个非常庞大的设备，可能是半导体生产中最大的设备。离子注入机包含了几个子系统：气体系统、电机系统、真空系统、控制系统和最重要的射线系统（见图 8.19）。

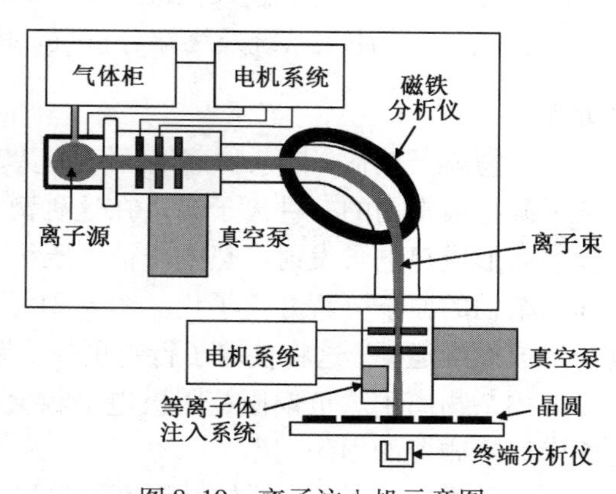

图 8.19　离子注入机示意图

8.3.1　气体系统

离子注入机使用很多危险的气体和蒸气产生掺杂物离子。易燃性和有毒性气体如三氢化砷和三氢化磷，腐蚀性气体如三氟化硼，由固态材料而形成的有害蒸气如硼和磷。为了降低这些危险气体渗漏到生产中的风险，特别设计了气柜并封在离子注入机的内部来专门存储这些接近离子源的化学药品。

8.3.2 电机系统

高压直流电源用于加速离子，约为200 kV的直流电源供应系统被装配在注入机内。为了通过离子源产生离子，需要用热灯丝或射频等离子体源。热灯丝需要大电流和几百伏的供电系统，然而一个射频离子源需要约为1000 W的射频供应。需要高电流通过质谱仪磁铁产生强大的磁场弯曲离子轨道，并选择正确的离子产生非常纯净的离子束。电力供应系统需要校正而且必须精确，电力供应的电压与电流必须非常稳定并确保工艺成品率。

8.3.3 真空系统

整个射线必须在高真空状态下减少带电离子和中性气体分子沿离子轨迹发生碰撞的概率。碰撞将引起离子的散射和损失，并且将从离子与中性原子间的电荷交换过程中产生不需要的离子注入，这会造成射线污染。离子束的压力应该降低到使离子的平均自由程比离子源到晶圆表面的轨迹长度还要长。结合了冷冻泵、涡轮泵和干式泵的装置将被使用在射线系统中以达到10^{-7} Torr的高真空。

因为离子注入过程中将使用危险气体，所以注入机的真空排放系统必须与其他排放系统隔离开。当排放气体释放到空气中之前，需要经过燃烧箱和洗涤器。在燃烧箱中，易燃性和爆炸性的气体将会在高温火焰中被氧气中和。在洗涤器中，腐蚀性气体和燃烧的灰尘将被冲洗掉。

8.3.4 控制系统

为了达到设计要求，离子注入过程需要精确控制离子束的能量、电流和离子的种类。注入机也需要控制机械部分，例如装载与卸载晶圆的机器手臂，并控制晶圆的移动使整个晶圆获得均匀注入。节流阀根据压力设置维持系统的压力。

中央控制系统通常是一个中央处理(CPU)电路系统。不同的控制系统将收集注入机内各系统的信号并送到CPU电路板系统中，CPU电路板将处理资料并通过控制电路板将指令传送到注入机内的各系统中。

8.3.5 射线系统

离子射线系统是离子注入机最重要的部分，它包含了离子源、萃取电极、质谱仪、后段加速系统、等离子体注入系统及终端分析仪。图8.20说明了离子注入机的射线系统。

离子源

掺杂物离子包括：掺杂物蒸气；气态掺杂化学合成物原子；分子的游离放电产生物。热灯丝离子源是最常用的一种离子源。在这种离子源中，灯丝电能供应系统加热钨丝并在炽热的灯丝表面形成热电子发射。热电子被电压很高的电弧电力供应系统加速后将掺杂物气体的分子和掺杂物的原子分解并离子化。图8.21显示了一个热灯丝离子源。离子源内的磁场将强迫电子形成螺旋运动，这将使电子行走更长的距离，并增加电子与掺杂物分子碰撞的概率而产生更多的掺杂物离子。负偏压抗阴极电极板会将电子从附近的区域排斥，减少了电子沿磁场线与侧壁产生碰撞的损失问题。

其他种类的离子源，例如射频离子源和微波离子源，也应用于离子注入的制造过程中。射频离子源使用电感耦合型射频离化掺杂物离子。微波离子源使用电子回旋共振产生等离子体及离子化掺杂物离子。图 8.22 显示了射频离子源与微波离子源的示意图。

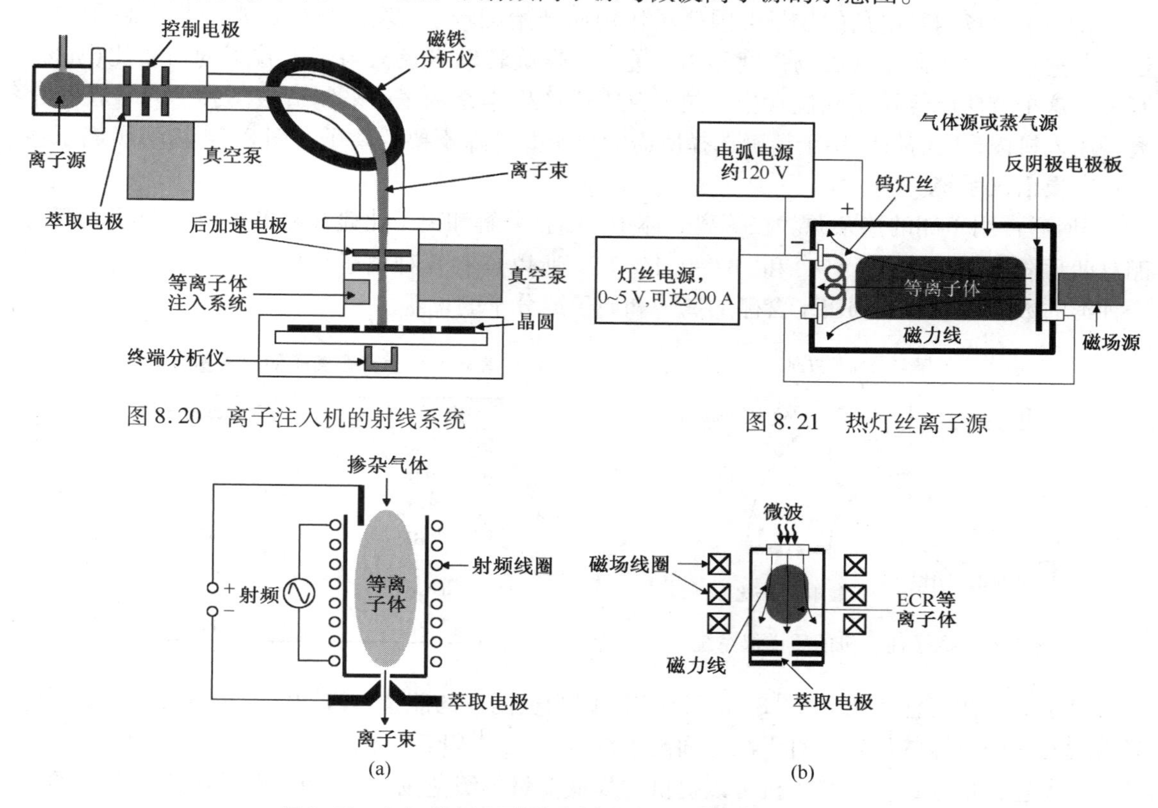

图 8.20　离子注入机的射线系统

图 8.21　热灯丝离子源

图 8.22　(a) 射频离子源示意图；(b) 微波离子源示意图

萃取系统

使用负偏压的萃取电极将离子从离子源内的等离子体中抽出，并将其加速到大约 50 keV 的能量。离子必须有足够的能量才能通过质谱仪磁场选择出正确的离子。图 8.23 显示了萃取系统。当掺杂物离子加速并射向萃取电极时，一些离子会通过夹缝并继续沿着射线行进；一些离子会碰撞到萃取电极的表面产生 X 光并激发出二次电子。一个电位比萃取电极低很多(最多10 kV)的抑制电极将会用于防止二次电子被加速返回离子源造成损坏。所有的电极都带有一个狭窄的狭缝，这个狭缝使离子萃取出来作为准直式离子流并形成所需的离子束。

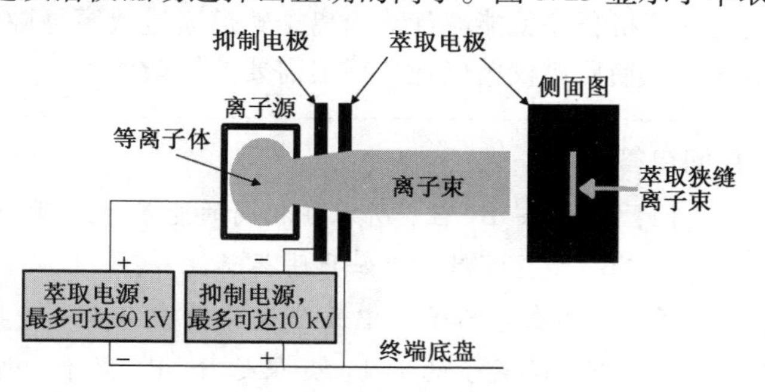

图 8.23　离子束萃取系统示意图

萃取后的离子束能量由离子源与萃取电极之间的电位差决定。萃取电极电位与终端架的电位相同，而且有时称为系统的接地电位。系统接地与实际接地(注入机覆盖盘)的电位差可高达 -50 kV，所以如果没有通过电弧放电而直接接触就可能造成致命的电击。

质谱仪

在一个磁场内带电荷的粒子会因磁场作用而开始旋转，磁场的方向通常与带电粒子的行进方向垂直。对于固定的磁场强度和离子能量，螺旋转动半径只与带电粒子的荷质比(m/q)有关。这个方法已经用于同位素分离技术从^{238}U产生丰富的^{235}U来制造核子弹。几乎在每个离子注入机内，质谱仪都用于精确选择所需的离子并排除不要的离子。图8.24说明了离子注入机的质谱仪系统。

BF_3通常用于硼的掺杂源。在等离子体中，结合分解和离子化碰撞将产生许多离子。因为硼有两种同位素(^{10}B(19.9%)和^{11}B(80.1%))，所以具有几种离子化状态，从而更增加了离子种类的数目。表8.8列出了含硼的离子和原子或分子的重量。

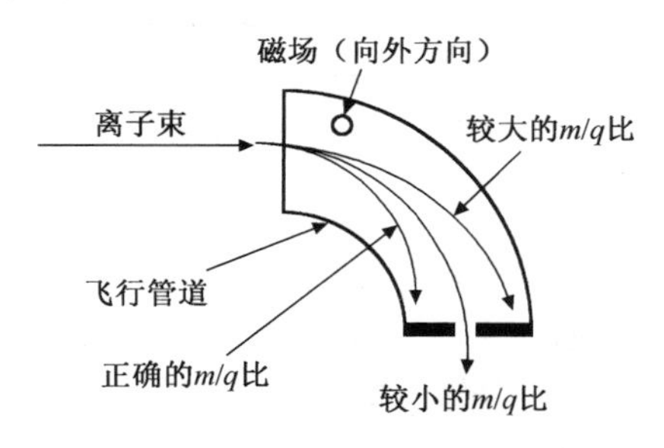

图8.24 离子注入机的质谱仪系统

表8.8 含有硼离子的原子量或分子量

离子	原子量或分子量
^{10}B	10
^{11}B	11
^{10}BF	29
^{11}BF	30
F_2	38
$^{10}BF_2$	48
$^{11}BF_2$	49

对于P型阱区注入工艺，$^{11}B^+$最常使用，因为在同样的能量等级$^{11}B^+$的重量较轻，所以可穿入到硅衬底较深的位置。对于浅界面离子注入工艺，$^{11}BF_2^+$离子最常使用，因为$^{11}BF_2^+$离子的尺寸较大且重量较重。在注入机可以提供的最低能量等级范围内，$^{11}BF_2^+$离子在这些含硼的离子中具有最短的离子射程，可以形成最浅的P型界面，将少量的氟整合进入硅衬底可以在硅与二氧化硅界面处与硅的悬浮键结合，从而可以减少界面态电荷并改善元器件的性能。

当离子进入质谱仪之前，它们的能量取决于离子源和萃取电极之间的电位差，一般情况这个值设置在50 kV左右。萃取的单电荷离子能量为50 keV。已知离子的m/q值和离子的能量，通过计算机程序就能够计算出离子轨道通过狭窄缝隙时所需的磁场强度。调整磁铁线圈内的电流可以使质谱仪精确地选择出需要的掺杂离子。

自问自答

问：$^{10}B^+$比$^{11}B^+$轻，所以在相同的能量时，$^{10}B^+$比$^{11}B^+$穿透得更深。为什么不选择用$^{10}B^+$实现深结，例如P阱离子注入?

答：因为在等离子体中五个硼原子中只有一个^{10}B，而其他都是^{11}B，$^{10}B^+$离子浓度只有$^{11}B^+$离子的1/4。如果选择$^{10}B^+$离子，则离子束的电流大约只有$^{11}B^+$离子束电流的1/4。为了达到相同的掺杂浓度，将需要消耗比$^{11}B^+$离子束多4倍的时间注入$^{10}B^+$离子束，这样将影响生产的产量。

问：在等离子体中，磷蒸气可以被离子化并形成不同的离子。P^+和P_2^{++}是其中的两种，质谱仪可以将这两种分开吗?

答：如果 P^+ 和 P_2^{++} 离子具有相同的能量，则质谱仪无法将它们分开，因为它们具有相同的 m/q 比，所以也具有相同的离子轨道。当 P^+ 和 P_2^{++} 注入衬底时，P_2^{++} 无法如 P^+ 一样深入衬底，因为它的离子较大、较重，所以离子射程较短。这将造成所谓的能量污染，形成不必要的掺杂浓度分布，并影响元器件性能。经过萃取电位的前端加速过程后，大部分的 P_2^{++} 离子会具有 P^+ 离子两倍的能量，因为它们具有双倍的电荷。对于相同的 m/q 比，能量较高的离子具有较大的旋转半径，因此将会碰撞到质谱仪飞行管的外壁。它们的轨道与较大 m/q 比的轨道相似(见图 8.24)。

后段加速

当质谱仪选择了所需的离子后，离子将进入后段加速区域，射束电流与最后的离子能量被控制在该区内，离子束电流利用可调整的叶片控制，而离子能量则由后段加速电极的电位控制。离子束的聚焦和射线形状被界定孔径及电极控制。图 8.25 显示了射束电流控制及后段加速装置。

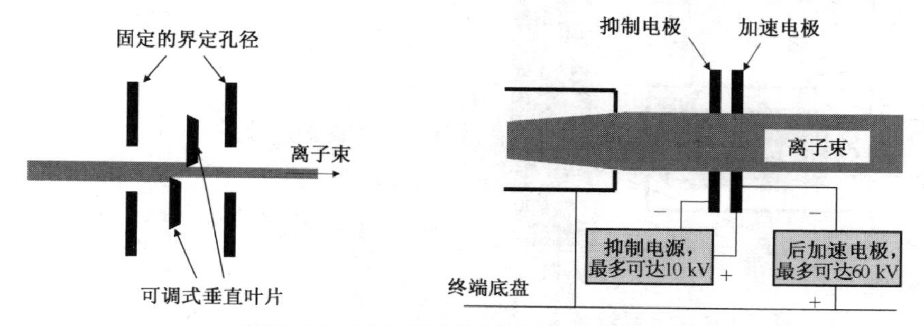

图 8.25　射束电流控制及后段加速装置

对于主要用于阱区与深埋层注入过程的高能离子注入机，需要将数个高压加速电极沿着射线方向串联在一起，这样可以将离子加速到几百万电子伏(MeV)的能量等级。应用在超浅型结(USJ)注入的离子注入机，特别是用于 P 型硼的注入，后段加速电极以反向方式连接，这样离子束才会在经过该电极时被减速而不是被加速，产生能量低于 0.1 keV 左右的纯净离子束。

某些注入机后段加速之后，将用一个电极将离子束弯曲一个小角度，例如 10°，从而有助于摆脱高能量的中性粒子。当离子的轨迹弯曲并向晶圆移动时，中性粒子保持直线运动(见图 8.26)。有些注入系统将离子弯曲两次，并形成“S”形轨迹，这样可以获得纯度更高的离子源。

电荷中性化系统

当离子注入进入硅衬底时，会将正电荷带入晶圆表面。如果正电荷一直积累，就可能造成晶圆的带电效应。带正电荷的晶圆表面将倾向于排斥正离子，这样将引起所谓的射线放大和不均匀的离子注入，并导致整个晶圆上的掺杂物分布不均匀(见图 8.27)。

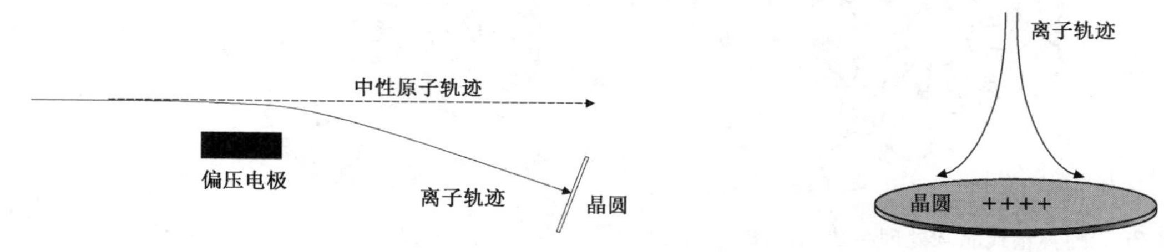

图 8.26　离子束轨迹弯曲示意图

图 8.27　晶圆电荷效应形成的非均匀离子注入

当表面电荷浓度过高时，电荷产生的电场可能高到足以使薄的栅氧化层击穿，从而将严重影响集成电路芯片的成品率。当积累的正电荷增加到某一程度时，会以电弧的形式放电，电弧的火花将在晶圆表面上造成缺陷。

为了处理晶圆带电问题，需要使用大量带负电荷的电子中和晶圆表面的正离子。有几种方法可以使晶圆中性化：等离子体注入系统、电子枪和电子淋浴器都可以提供电子中和正离子，将晶圆的带电效应降到最低。图 8.28 显示了一个等离子体注入系统。

在等离子体注入系统中，热电子从热的钨丝表面发射出来并通过直流电源加速。这些热电子将在反应室中与中性原子碰撞产生带有电子与离子的等离子体。等离子体中的电子会被吸入离子束中与离子一起流向晶圆表面，形成的等离子体将中和晶圆并将晶圆的带电效应降到最低。

图 8.29 说明了一个电子枪系统。热电子由热灯丝产生并以高能量加速到电子靶上。电子与靶碰撞后产生大量二次电子，这些二次电子由靶的表面通过撞击离开表面后与离子束一起流向晶圆中和晶圆表面的正离子。

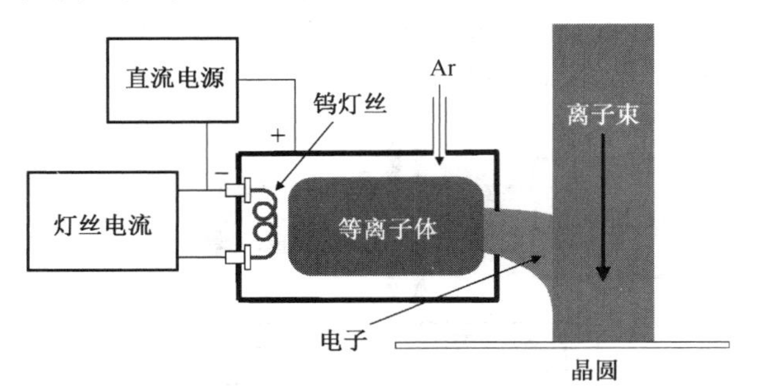

图 8.28 等离子体注入系统

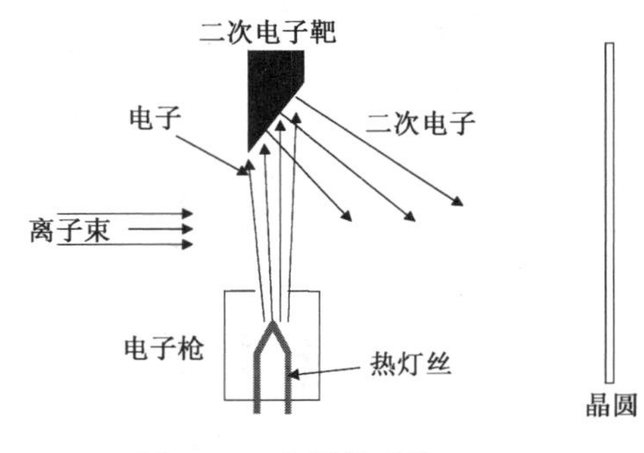

图 8.29 电子枪系统

晶圆处理器

晶圆处理器最重要的作用是在整个晶圆表面形成均匀的离子注入。离子束的直径大约为 25 mm(约 1 in)。通常需要移动离子束或移动晶圆，而且有些注入机中两者都需要移动，通过移动使离子束均匀扫描整个晶圆，晶圆直径可以是 300 mm 的大尺寸。

对于旋转轮系统，旋转轮能高速自旋。当晶圆通过离子束时，离子会以离子束的弧形带状形式注入到晶圆的部分区域。转轮的中心会前后摆动，从而可以使离子束均匀地扫描到旋转轮的每个晶圆部分。图 8.30 说明了一个旋转晶圆的支撑系统。

旋转圆盘与旋转轮类似，不同之处在于旋转圆盘不是摆动整个圆盘，而是用扫描离子束的方式在整个晶圆表面获得均匀的离子注入。图 8.31 说明了旋转圆盘系统。

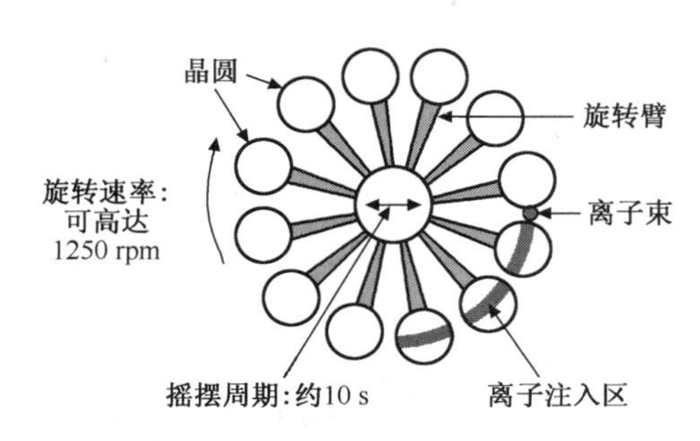

图 8.30 旋转轮式晶圆处理系统示意图

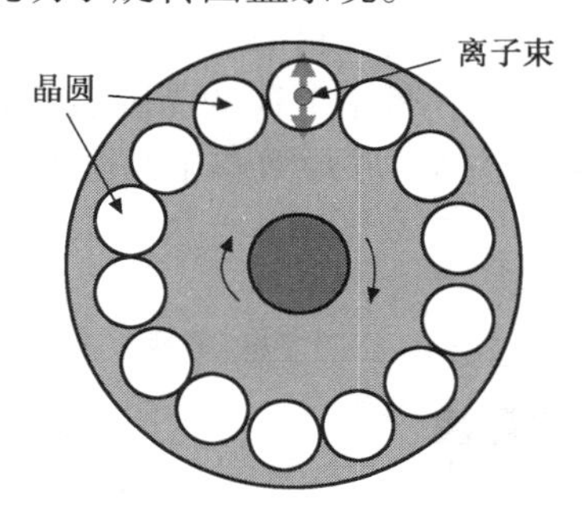

图 8.31 旋转盘式晶圆处理系统示意图

另一种离子注入机晶圆处理系统如图8.32(a)所示，它结合了离子束的扫描与晶圆的运动。当晶圆通过步进马达在y方向上移动时，改变扫描电极间所施加的偏压就可使离子束在x轴上来回扫描。整个晶圆可以利用这种方式均匀进行离子注入。这种扫描技术可以用在单晶圆的注入系统中。

有些单晶圆注入工艺，不使用x方向的扫描光束带系统，而是使用宽带或丝带束，并同时向上或向下移动晶圆实现均匀的离子注入，如图8.32(b)所示。其他一些系统在y方向使用宽带束，并在x方向和晶圆一起摆动得到统一的离子注入。在先进的纳米集成电路制造中，单晶圆离子注入系统已成为主流，如超浅结源/漏形成，其中包括源漏扩展注入和源极/漏极离子注入工艺过程。

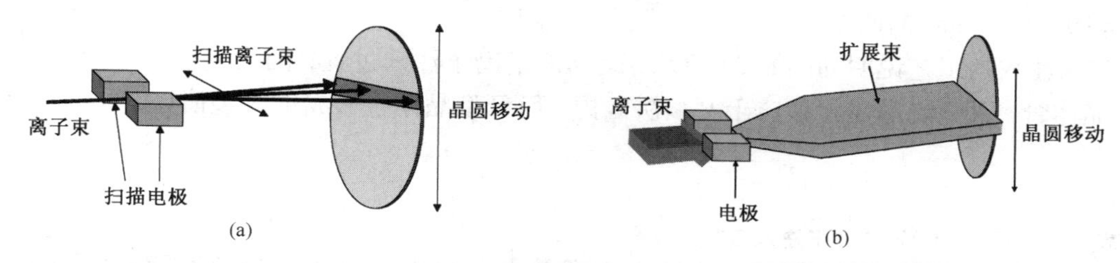

图8.32 单个晶圆离子注入系统示意图。(a)扫描离子束；(b)扩展束

晶圆夹具必须带有冷却系统以带走由高能离子轰击产生的热量，并控制晶圆的温度；否则晶圆温度可能太高而造成光刻胶的网状组织化。通常晶圆的夹具是水冷式的，而温度被控制在100℃以下。

射线阻挡器

射线阻挡器位于射线的尾端，通常需要一个射线阻挡器或终点站吸收离子束能量。同时射线阻挡器也可以充当射束电流、射束能量和射束形状测量的离子束检测器。水冷式金属平板用于带走高能离子轰击所产生的热量，并阻挡标靶表面因带电离子快速停止而产生的X光辐射。

图8.33说明了一个射线阻挡器。离子束阻挡器的底部有一个离子检测器列阵，可以用来测量离子的能量与能量光谱、射束的电流和射束形状。离子束中有很多电子，这些电子主要来源于电荷中性化系统，例如电子注入系统、电子枪或其他可产生大量电子的电子源。如果这些电子进入射线阻挡器并碰撞到法拉第检测器时，就会减小电流的读数值，影响射束电流测量结果的准确性。因为电子的螺旋转动半径较小，所以利用永久磁铁产生磁场防止电子进入射束阻挡器中。磁场也可以防止石墨表面发射的二次电子进入后段加速电极中造成损坏。

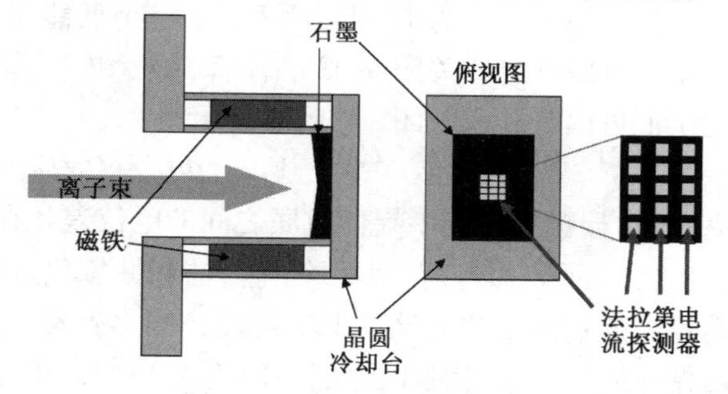

图8.33 射线阻挡器示意图

8.4 离子注入工艺过程

离子注入过程有3个主要问题：掺杂物形态，由离子的种类决定；晶体管的结深，由离子的能量决定；离子的浓度，由离子电流与注入的时间决定。

8.4.1 离子注入在元器件中的应用

集成电路芯片制造过程中，在硅晶圆表面上制造几百万个微小的、具有功能性的晶体管时将涉及很多离子注入过程。因为对掺杂物浓度与结深有不同的要求，这些注入的离子能量与离子束电流也十分不同。在先进半导体生产中，可采用不同种类的注入机以满足这些条件。

表8.9列出了应用于32 nm CMOS芯片中的低能量、高电流离子注入技术。右列的符号和数字为掺杂同位素或分子(离子能量单位为keV，剂量为离子/cm^2)。例如，PMOS管SD注入的B11/0.4/1E15表示使用11(^{11}B)离子，能量为0.4 keV，剂量为1×10^{15}离子/cm^2。NMOS管的SDE As2_150/2/5E14表示使用原子量为150离子的气体砷(As_2)，或能量为2 keV、剂量为5×10^{14}离子/cm^2的两个^{75}As。

阱区注入的工艺说明如图8.34所示，是高能量离子注入过程，因为它需要形成阱区建立MOS晶体管。NMOS晶体管形成于P型阱区内，而P型晶体管形成于N型阱区。

表8.9 32 nm CMOS离子注入工艺

离子注入工艺	工艺条件
PMOS源/漏扩展	B11/0.4/1E15
PMOS源/漏	B11/2/3E15
NMOS源/漏扩展	As2_150/2/5E14
NMOS源/漏	P31/4/3.5E15

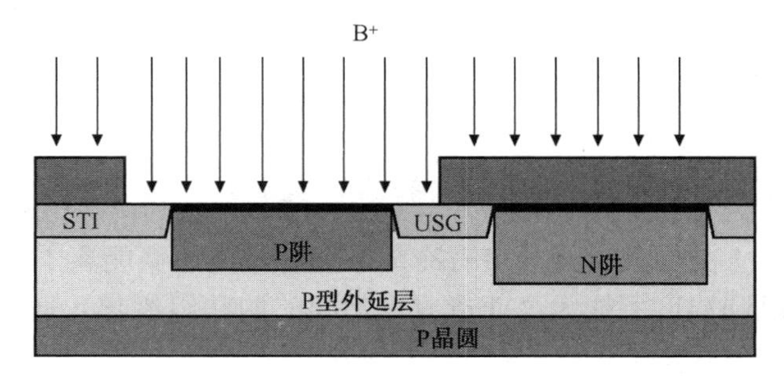

图8.34 阱区离子注入工艺

为了防止结串通的离子注入技术称为中度阱区注入，用来抑制结击穿效应，因为结击穿将造成晶体管崩溃。大角度倾斜(Large-Angle Tilt，LAT，通常为35°~45°)注入或大倾角注入用来抑制集成电路芯片的结击穿问题。

临界注入也称为V_T调整注入，是一个低能量、低剂量的注入过程。临界注入决定了一定电压下可以开启或关闭MOS晶体管，这个电压称为阈值电压(V_T)。阈值决定MOSFET在什么电压下可以打开或关闭，它可以表示为：

$$V_T = \Phi_{ms} - Q_i/C_{ox} - Q_d/C_{ox} + 2\Phi_f \quad (8.1)$$

Φ_{ms}表示栅极材料和半导体衬底之间的电位差。在多晶硅栅情况下，它由多晶硅的掺杂浓度控制。Q_i表示表面电荷，由预氧化清洁和栅氧化过程所决定；$Q_d = -2(k_{Si}eN_c\Phi_j)^{1/2}$表示耗尽电荷量。通过离子注入调节$V_T$，可以控制多数载流子浓度$N_C$。$C_{ox}=K_{ox}/t_{ox}$是单位的栅极电容，由栅介质材料$k_{ox}$及栅极介电层厚度$t_{ox}$决定。$\Phi_f$是衬底的费米电势。阈值电压是MOSFET最重要的参数之一，而且V_T离子注入调制是离子注入最关键的工艺之一。

例如，一些旧的电子元器件需要12 V的直流供电电压，而大部分的电子电路需要5 V或3.3 V即可工作，大部分先进集成电路芯片在1.0 V就可以工作。低功耗集成电路芯片的工作电压甚至低于0.4 V。这些操作电压必须比临界电压高才能确保晶体管开启或关闭，然而它们却不能高于使栅极氧化层击穿。图8.35显示了CMOS集成电路芯片的阈值电压调整注入，阈值电压调整注入通常使用与阱区注入相同的注入机，都是在低能量注入工艺中进行的(见图8.35)。

多晶硅需要离子重掺杂以降低电阻系数，这可以通过在沉积过程中使用临场掺杂方式将硅的反应气体和掺杂物气体一同引入CVD 反应器中，或者利用高电流多晶硅掺杂离子注入实现。对于先进的互补型CMOS 芯片，注入掺杂普遍使用，因为注入掺杂可以分别掺杂 P 型晶体管的多晶态栅极和 N 型多晶态栅极。一般情况下，P 型晶体管的多晶硅栅是 P 型重掺杂，而 N 型晶体管的多晶硅栅是 N 型重掺杂，这样可以使元器件有很好的性能控制。这些形成局部连线的多晶硅导线也将产生 PN 结界面，而这个 PN 结位于 CMOS 电路的相邻 PMOSFET 栅极与 NMOSFET 栅极的交汇处。PN 结必须在后续的金属硅化物过程中，通过在多晶硅导线上方形成金属硅化物加以短路，否则将在相邻栅极之间形成非常高的电阻。

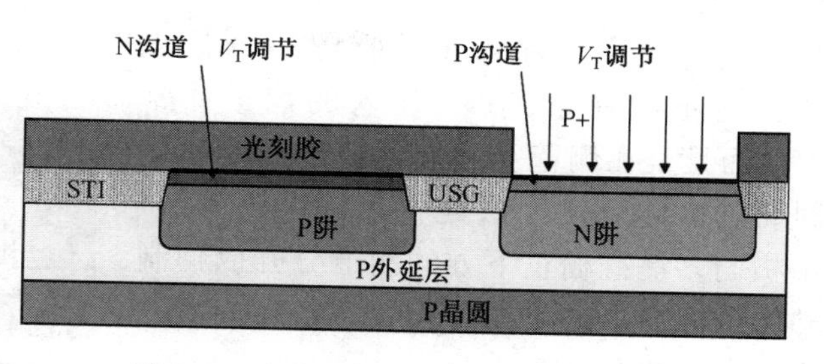

图 8.35 调整阈值电压的离子注入工艺

一般情况下，多晶硅离子注入需要两个光刻版，一个用于 NMOS，另一个用于 PMOS。为了降低生产成本，多晶硅补偿反掺杂技术已经发展并在 IC 生产中应用。在没有光刻版的条件下，它首先采用离子注入将整个晶圆掺杂成重 N 型，然后图形化晶圆通过光刻工艺显示出PMOS 并掺杂成 P 型多晶硅层。P 型掺杂浓度非常高，通过杂质补偿将多晶硅从 N 型反转成 P 型。由于等离子掺杂系统可以实现高掺杂浓度，所以已开发用于实现这种工艺。图 8.36 所示为重 P 型(硼掺杂)多晶硅反转工艺。

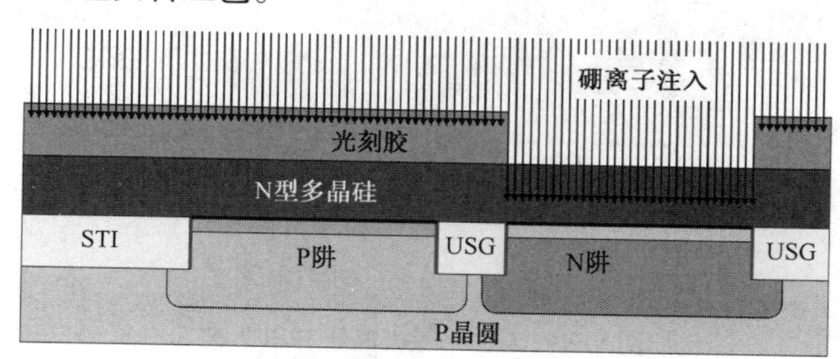

图 8.36 多晶硅硼离子注入工艺

当晶体管尺寸缩小时，多晶硅内掺杂物的扩散效应可能会影响器件的性能。抑制掺杂物扩散很重要，特别是防止 P 型金属-氧化物-半导体多晶硅栅中的硼原子扩散到 N 型多晶硅栅中，否则可能会改变晶体管的特性，因此引进了扩散阻挡离子注入，而且高剂量的氮注入多晶硅后将捕捉硼原子并防止它们扩散形成很深的结。

低掺杂漏极(LDD)是一个低能量、低电流的离子注入过程。亚微米场效晶体管中，需要用 LDD 抑制热电子效应，热电子将导致元器件性能损坏且影响芯片的可靠性。所谓的热电子效应或热载流子效应，是电子从漏极到栅极以遂穿方式通过超薄栅氧化层，这是因为电子受源极/漏极偏压引起垂直电场加速。由于离子注入浓度随着器件特征尺寸的减小而增加，对于亚 0.25 μm 元器件，注入的剂量已经很高，所以已经不能称其为“轻掺杂”，这种注入已经被称为源极/漏极延伸离子注入(SDE)，从而为高浓度的源极/漏极掺杂提供了一个扩散缓冲层。SDE 具有集成电路制造中最浅的结深，需要低能离子注入形成。图 8.37说明了 CMOS 集成电路芯片制造中的 SDE 工艺形成过程。

源极/漏极注入是一个高电流、低能量的离子注入过程，可能是集成电路芯片制造过程中最后一个离子注入步骤。与 LDD 注入最大的不同在于，SDE 注入的剂量非常高，而且是在侧壁空间层形成之后才开始进行的。侧壁空间层是将重掺杂的源极/漏极与多晶硅栅正下方的沟道分开以抑制热电子效应。图 8.38 说明了源极/漏极的离子注入过程。

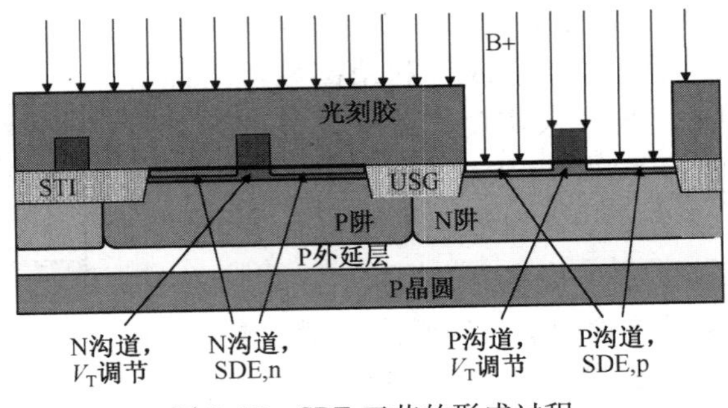

图 8.37 SDE 工艺的形成过程

源极/漏极注入使用高电流离子束重掺杂硅芯片。源极/漏极注入后将在光刻胶覆盖层内形成高浓度的掺杂物原子层，从而导致干法光刻胶去除工艺困难，因为光刻胶是一种包含氢与碳的聚合物，所以氧自由基可以氧化去光刻胶。然而大部分的掺杂氧化物，例如五氧化二磷(P_2O_5)与三氧化二硼(B_2O_3)都是固体而非气体。这些固体比较容易停留在晶圆表面造成残余物缺陷，通常称为浮渣。干法剥除之后通常需要湿法工艺去除这些残余物，这个过程称为除浮渣。很多的半导体生产中，源极/漏极注入用的遮蔽光刻胶将通过使用一种很强的氧化剂溶液剥除，例如 H_2O_2。

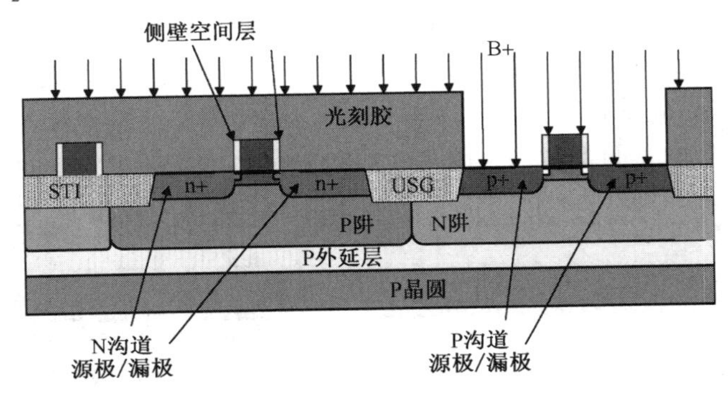

图 8.38 源极/漏极离子注入工艺

若使用 LOCOS 隔离技术，生长厚场氧化层之前，离子注入一般用来形成 P 型掺杂隔离区，这个工艺过程称为隔离离子注入或通道阻绝注入。此举可以形成围绕器件工作区的保护环，从而辅助形成相邻晶体管的电气隔离。

对于 CMOS 工艺，几乎每种离子注入过程都需要两次，一次是形成 P 型 MOS 场效应管，另一次是形成 N 型 MOS 场效应管。最先进的互补型 CMOS 晶体管集成电路芯片需要用约 20 道离子注入过程制造所需的微小晶体管。对于双载流子和双载流子互补型 CMOS 晶体管集成电路芯片，离子注入广泛用于深埋层掺杂、绝缘形成以及基极、发射极和集电极的形成。

在 DRAM 生产中，离子注入技术被应用于减少多晶硅和硅衬底之间的接触电阻，这种工艺是利用高流量的 P 型离子将接触孔的硅或多晶硅进行重掺杂。图 8.39 所示为离子注入技术在 MOSFET 单元阵列之间和连接方面的应用。

因为离子注入工艺直接与微电子元器件性能有关，所以需要具有器件物理背景才能对离子注入过程有更深的了解。强烈推荐读者学习 Streetman and Banerjee 编写的 *Solid State Electronic Devices*[6] 和 Sze 编写的 *Physics of Semiconductor Devices*, 2ed[7]。

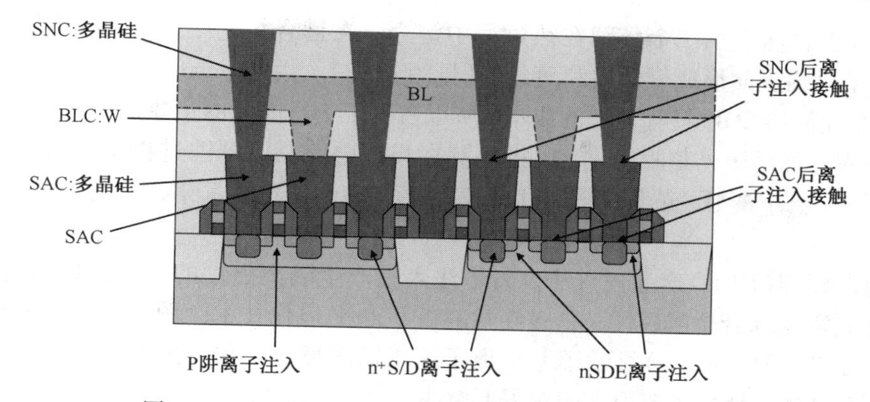

图8.39 离子注入在DRAM单元阵列和连接方面的应用

8.4.2 离子注入技术的其他应用

当器件尺寸继续缩小时，由自然背景的α粒子衰变引起的“软误差”问题将变得越来越严重，特别对于存储类芯片。每一个α粒子将在硅衬底中产生超过100万个电子–空穴对，所以存储芯片电容器的电容或晶体管必须足够大，以避免存储资料在α衰变发生时被浪涌电子覆写，这些浪涌电子来自α衰变粒子产生的电子–空穴对。图8.40显示了通过α粒子产生电子–空穴对的过程。

当器件的尺寸缩小时，电容将呈线性减小。解决这个问题的一个方法是采用绝缘体上硅(SOI)衬底，图8.41所示为制作在绝缘体上硅衬底上的互补型CMOS电路。

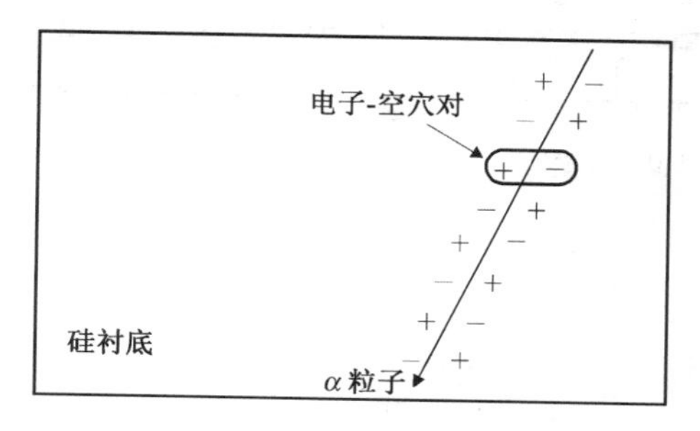

图8.40 α粒子引起的电子–空穴对

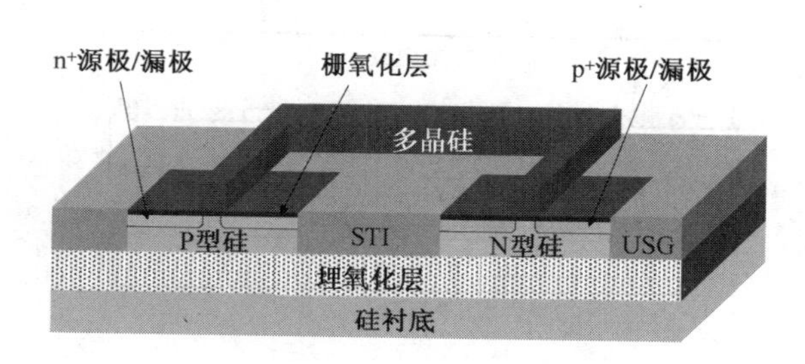

图8.41 SOI衬底上的MOSFET示意图

从图8.41可以看出，每一个晶体管都形成于自己的硅衬底区域，完全与相邻的晶体管及硅衬底隔绝，因此完全消除了交叉干扰、闭锁及软误差的可能性。以绝缘体上硅层结构为衬底的集成电路芯片，可以在一般集成电路芯片无法运作的极端条件下工作，例如高辐射环境。绝缘体上硅集成电路芯片可以应用于太空用电子仪器，因为高流量的宇宙辐射会使一般的硅集成电路芯片无法正常工作。

为了制造绝缘体上硅衬底，方法之一就是使用高能量、高电流的离子注入(高达10^{18}离子/cm^2)将氧离子注入到硅衬底形成富含氧的硅层。高温的加热退火过程可以引起硅与氧原子的化学反应，从而形成二氧化硅深埋层，同时使表面附近的硅松弛并恢复成单晶结构。这个工艺过程称为注氧技术，简称SIMOX(见图4.26)。

另一种制作绝缘体上硅晶圆的技术涉及高电流离子注入，这就是所谓的Smart Cut™(由Soitec公司命名)技术。这种技术需要氢离子注入到表面生长有氧化层的第一个晶圆内部产生富氢层，这个晶圆将和第二个晶圆在热过程中键合。在键合工艺中，富氢层将第一个晶圆裂开，在第二个晶圆表面形成氧化层和薄硅层(见图4.27)。由于Smart Cut™技术制造的SOI晶圆(尤其是厚埋氧层SOI)具有更低的成本，所以占据了SOI晶圆的主要市场。

离子注入也被用于光刻胶硬化，以提高其在集成电路晶圆刻蚀过程中的阻挡作用。离子注入还用于在光刻/凝固/光刻/刻蚀(LFLE)双图形化工艺技术中，作为凝固的方法之一(见图6.59)。

在硬盘驱动器(HDD)产业发展中，离子注入是产生隔离磁性的图形化磁盘的方法之一，另一种方法则需要综合金属腐蚀、非磁性材料沉积和平坦化技术。图8.42(a)显示了基于刻蚀的图形化工艺，图8.42(b)显示了基于离子注入的图形化过程。虽然离子注入过程比刻蚀过程有较低的成本，然而仍有很多问题需要解决。

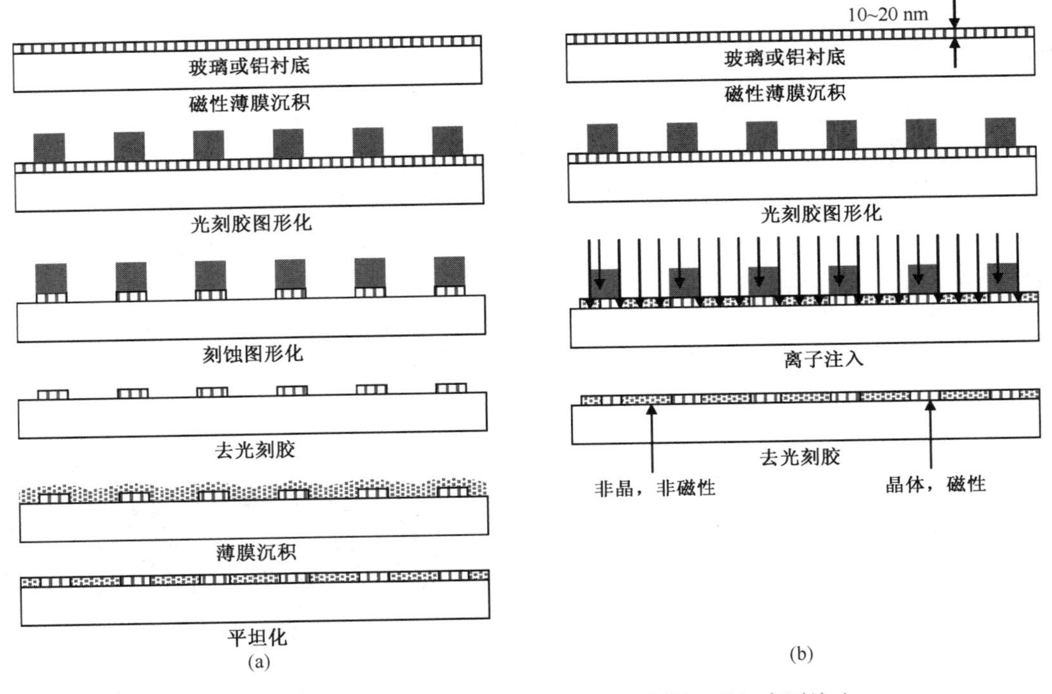

图8.42 图形介质工艺流程示意图。(a) 刻蚀；(b) 离子注入

离子注入的另一个可能的应用是极紫外线(EUV)光刻版制造。研究发现，离子注入可以使得多层薄膜反射退化。通过使用离子注入的退化方法(而不用TaBN吸收方法)可以避免TaBN吸收的阴影效应，这个效应是在极紫外线光刻中由于极紫外线光刻版的反射作用形成的。如果在大规模集成电路制造中使用极紫外线光刻技术，技术节点可能要到10 nm或以下，这意味着在光刻版上两个吸收层之间的间隙只有40 nm或更小，吸收层造成的阴影效应会非常显著，用离子注入制造的极紫外线光刻版可能会更有吸引力一些。图8.43显示了这两种极紫外光刻版。

离子注入也可以用于制造太阳能电池板。通过使用硬光刻版，可以在指定的区域注入掺杂而不需要光刻工艺，从而可以节省太阳能电池单元的制造成本，并有助于降低太阳能电池板的价格。

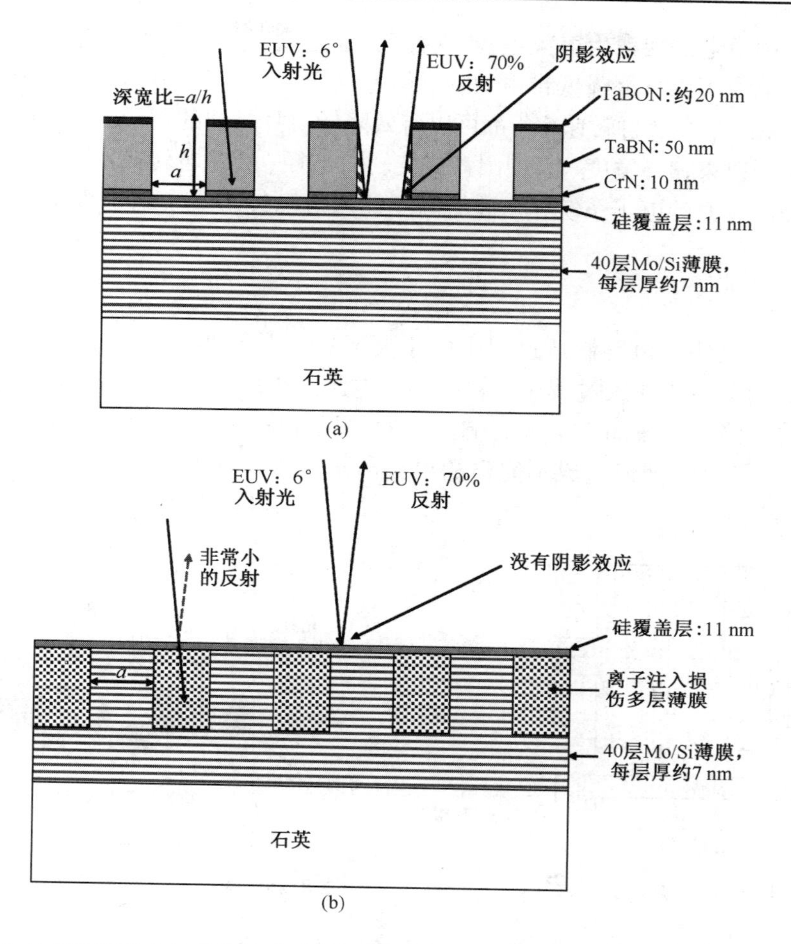

图 8.43　(a) 具有阴影效应的吸收模式极紫外线光刻版；(b) 没有阴影效应的离子注入模式光刻版

8.4.3　离子注入的基本问题

离子注入过程有许多挑战，如带电效应、污染物控制及工艺的整合。

晶圆带电

晶圆带电将导致栅氧化层击穿。二氧化硅电介质的临界电场强度大钧为 10 MV/cm。理论上，当表面电荷为 2.2×10^{13} 离子/cm^2 且完全没有电子泄漏时，氧化层内部的电场可能高到足以使 100 Å 厚的栅氧化层击穿。由于量子效应，电子可以隧穿通过很薄的电介质层，所以只要栅电压低于击穿电压(对于 100 Å 为 10 V)，当剂量高达 6.2×10^{18} 离子/cm^2 时 100 Å 的氧化层仍正常工作。

当晶体管的几何尺寸逐渐缩小时，栅氧化层的厚度变得越来越薄。对于关键尺寸为 65 nm 技术的元器件，栅氧化层可以薄到 12 ~ 15 Å，这时需要更好的电荷中性化技术消除表面电荷对氧化层击穿的影响。晶圆带电可以通过几种不同的技术监测：一种带有电容器、可擦除、可编程的只读存储器(EPROM)以及晶体管结构的测试晶圆。这些结构可以制作在带电测试晶圆上。在离子注入机内，临场电荷感应器应用在晶圆旁边，监测晶圆表面的带电状态。图 8.44 所示为天线式电容器带电的测试结构。多晶硅衬垫区的面积和薄氧化层区的面积之比称为天线比例，可以高达 100 000∶1。天线比越大，越容易使薄栅氧化层击穿。

主要影响晶圆带电的因素为射束电流、射束扫描宽度、圆盘或旋转轮的半径以及自转速率。减少离子束电流可以显著降低带电效应，但是这样将减少晶圆的产量。增加射束扫描宽度、圆盘或旋转轮的半径及自转速率，都可以有效降低每片晶圆的剂量，从而也减少了带电效应。通过使用大型射束扫描宽度、大型圆盘或旋转轮半径、高速自转速率，并且将电子同离子束一起注入到晶圆表面的电子系统，先进的离子注入机已经解决了纳米级集成电路芯片的带电问题。

粒子污染物

粒子污染一直是集成电路制造过程中的主要问题。晶圆表面上的大粒子将会阻挡离子束，特别是在低能量离子注入过程中，例如阈值电压、SDE 及 S/D 注入，将造成掺杂物界面不完整，对集成电路芯片成品率造成影响。当器件尺寸缩小时，污染粒子的尺寸也将减小。图 8.45 说明了污染粒子如何造成不完整的界面离子注入，对于入射的粒子束，污染粒子将覆盖衬底的部分区域。

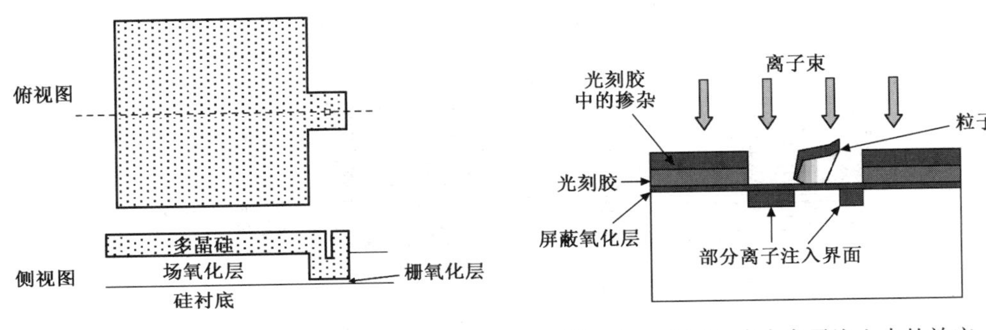

图 8.44　天线式电容器　　　　图 8.45　粒子污染在离子注入中的效应

对于许多仍在使用旋转轮的离子注入设备，大颗粒粒子可能掉落在晶圆表面，这如同一个高速导弹与建筑物的墙壁碰撞。在先进集成电路芯片制造中，晶圆必须经过 15 ~ 20 道离子注入过程，粒子导致成品率损失的效应是累计性的，所以必须降低污染粒子在每一道离子注入过程中的增加量。

利用激光扫描整个晶圆表面，并使用光感测器收集、转换以及放大由粒子引起的散射信号，就可以检测到晶圆表面的粒子。一般情况下，最小尺寸粒子的数量和位置将在离子注入前及注入后被测量出来。粒子总数的差称为新增粒子。新增粒子的位置也将被记录，所以它提供一个有效的工具以判断粒子的来源。

粒子能经由磨损的移动零件机械地引入到半导体制造中，移动零件包括气阀和密封、夹钳与装载机器手臂。粒子也会通过工艺过程引入，例如砷、磷和锑的蒸气将沿着射线再凝结，而且残渣在真空泵抽真空过程中也会落到晶圆表面。高能离子溅射也是主要的粒子来源，从射线和阻挡器所溅射的铝和碳也可能是新增粒子的来源。当晶圆破碎时，硅晶圆本身就可能引入粒子。光刻胶薄膜为易碎性物质，光刻技术中，不适当的边缘球状物去除法(EBR)会将光刻胶残留在晶圆边缘。在晶圆的移除和处理过程中，机械手和晶圆夹具的夹钳将破坏边缘的光刻胶，使其剥落而产生污染粒子。

离子注入机的改进和维护都有助于离子注入过程中降低新增粒子。利用统计的方法可以识别大部分的污染源并改善工艺控制。

元素污染

元素污染由掺杂物与其他元素的共同离子注入造成。带电荷的钼离子$^{94}Mo^{++}$与氟化硼离子$^{11}BF_2^+$有相同的荷质比(AMU/e = 49)，无法通过质谱仪将二者分开，所以$^{94}Mo^{++}$可以随着$^{11}BF_2^+$的离子注入到硅晶圆造成重金属污染，因此离子源不能使用含钼的标准不锈钢，通常使用如石墨和钽等材料。

如果有极小的气孔裂缝，氮气可以进入离子源反应室内，$^{28}N_2^+$离子与用在预先非晶态注入的硅离子$^{28}Si^+$有相同的荷质比。同样，离子源反应室的放气过程也可能释放出一氧化碳。当一氧化碳离子化时，也有相同的荷质比：AMU/e = 28。

某些离子具有非常接近的荷质比，质谱仪的解析度不能将其分开。例如，$^{75}As^+$离子在锗非晶态注入中将污染$^{74}Ge^+$或$^{76}Ge^+$离子，$^{30}BF^+$离子也将污染$^{31}P^+$离子的注入过程。

其他的元素污染由射线管与晶圆夹具材料的溅射引起。例如，铝和碳将导致这些离子注入进入晶圆中。铝和碳在硅衬底中会引起元器件的性能退化。

8.4.4　离子注入工艺评估

掺杂物的种类、结深与掺杂物浓度是离子注入工艺的最重要因素。掺杂物种类可以通过离子注入机的质谱仪决定，掺杂物浓度由离子束电流与注入时间的乘积决定。四点探针是离子注入监测中最常使用的测量工具，可以测量硅表面的薄片电阻。离子注入过程中，薄片电阻R_s由$R_s = \rho/t$定义。电阻系数ρ主要由掺杂物浓度决定，厚度t主要由掺杂结深决定，结深由掺杂物离子的能量决定。薄片电阻的测量可以提供有关掺杂物浓度的信息，因为结深可以由已知的离子能量、离子种类和衬底材料估计。

二次离子质谱仪

通过使用一个主要的重离子束轰击样品表面并收集不同时间溅射的二次离子质谱，可测量掺杂种类、掺杂浓度和掺杂浓度的深度剖面。SIMS 是一个标准的离子注入测量方法，因为它可以测量并评估所有离子注入过程中的关键因素。但是，它是破坏性的，溅射的光斑尺寸大，速度慢。SIMS 被广泛应用于实验室和早期离子工艺发展时期。这种方法不能用于临场检测系统。图 8.46(a)说明了 SIMS 的工作过程，结深可以通过溅射时间计算。图 8.46(b)显示了1 keV^{11}B 离子注入在硅片上的 SIMS 测量结果。

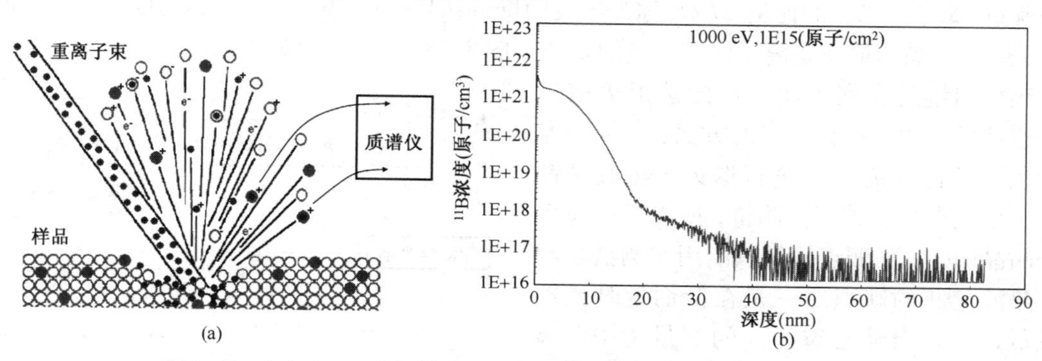

图 8.46　(a) SIMS 示意图；(b) 1 keV^{11}B 离子注入的 SIMS 测量结果

四点探针法

图5.37所示的四点探针是最常用于测量薄片电阻的工具。通过在两个探针之间施加定量的电流并测量另外两个探针之间的电压差，薄片电阻便能被计算出来。四点探针测量通常在热退火过程后进行，因为热退火能修复损坏的晶体结构并激活掺杂物。由于四点探针直接与晶圆表面接触，所以这种测量方法主要用在测试晶圆上进行工艺过程的发展、验证以及控制。在测量过程中，必须使用足够的力使探针与硅表面接触，这样探针才能穿透10～20 Å的原生氧化层与硅衬底真实接触。图8.47说明了一个离子注入退火后的晶圆利用四点探针法测量的例子。

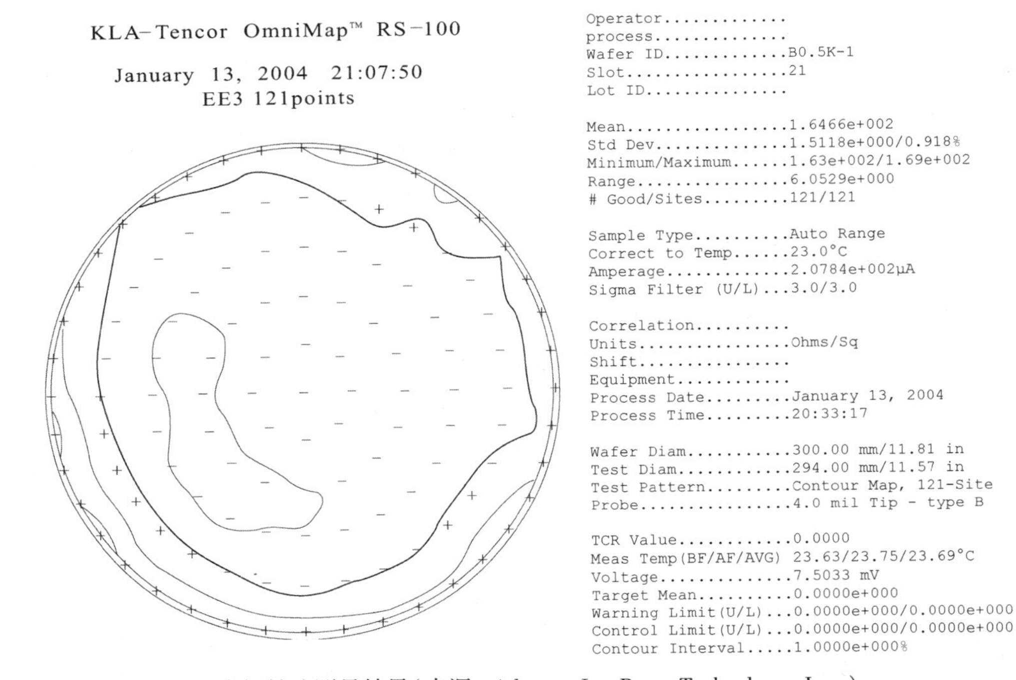

图8.47 四点探针法测量结果(来源：Advance Ion Beam Technology, Inc.)

热波法

另一个常使用的工艺监测过程是热波探针系统。热波系统中，氩激光在晶圆表面上产生热脉冲，而He-Ne探针激光将在同一点测量由加热激光造成的直流反射系数(R)和反射系数的调制量(ΔR)。二者的比例$\Delta R/R$称为热波(Thermal Wave, TW)信号。热波信号与晶体的损伤有关，因为晶体损伤是离子注入剂量的函数。图8.48所示为热波法系统示意图。

热波测量是在离子注入后的热退火前进行。这是优于四点探针技术的方面，因为四点探针在测量之前需要先进行退火。热波探针的另一个优点是非破坏性测量，所以可以应用在产品晶圆上，而四点探针只能用在测试晶圆上。热波量测的缺点之一是在低剂量时灵敏度较低，例如当砷与磷注入的剂量为10^{12}离子/cm^2时，10%的剂量变化只能引起热波信号2%的改变。另一个缺点为热波信号对时间的

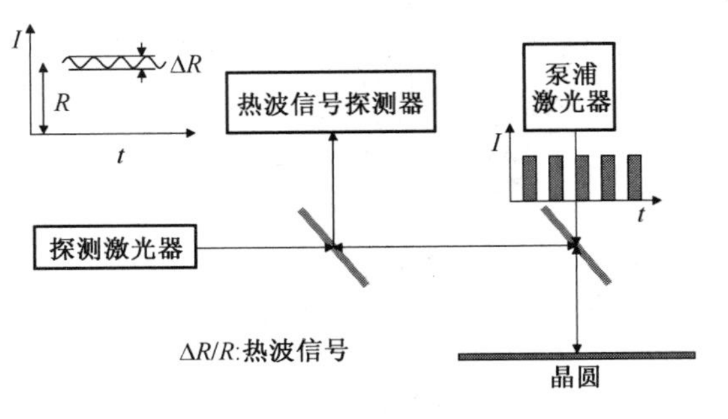

图8.48 热波法系统示意图

漂移，这由室温退火或周围环境退火引起，所以热波测量需要在离子注入后尽快进行。由激光束在测量期间引起的晶圆加热也会加速损伤松弛，这个松弛效应也会改变衬底的反射系数。测量过程将干扰被测数值，因此热波测量缺乏较高的测量准确性。许多因素将影响热波测量，例如离子束电流、离子束能量、晶圆图形及屏蔽氧化层的厚度。热波主要的优点是可以测量产品晶圆，其他的测量则无法做到。热波测量提供给工艺工程师一个有用的工具，通过离子注入后立刻测量产品晶圆进行工艺控制，从而可以避免其他工艺监测所需的长时间。

光电 R_S 测量

光电 R_S测量采用脉冲激光照明半导体衬底并产生电子-空穴对。电子-空穴对扩散到传感器的电极，从而可以检测到由载流子扩散所引起的电压变化。扩散速率与薄膜电阻有关，测得的电压比 V_1/V_2与 R_S几乎呈线性关系。图 8.49 给出了激光脉冲和载流子扩散过程，它可以利用光电系统测量第一片电阻和第二片电阻的电压比。

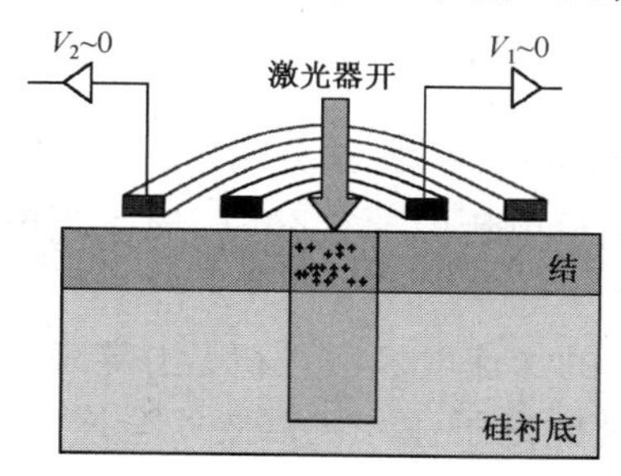

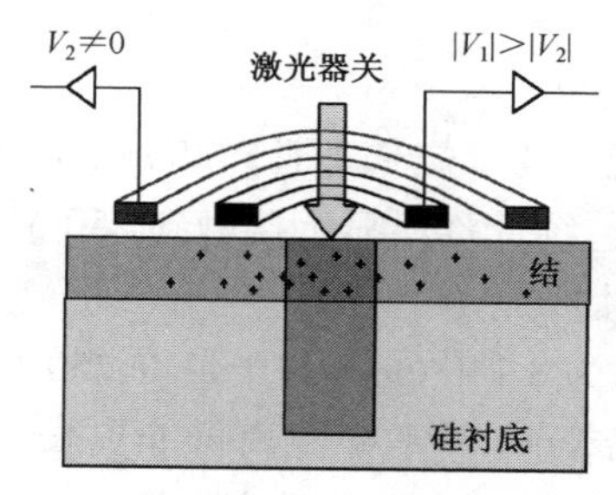

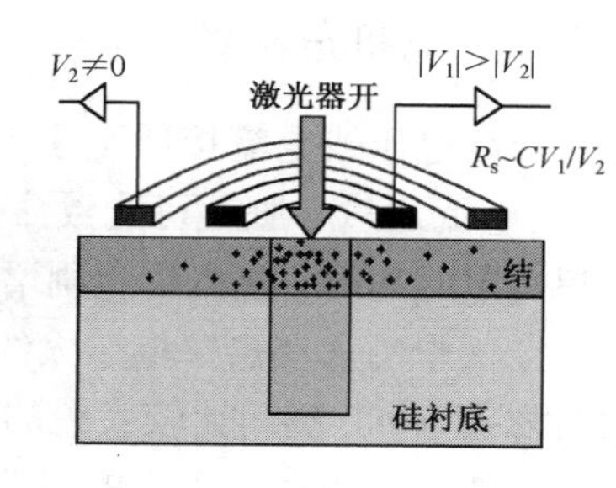

图 8.49　光电测量系统示意图

8.5　安全性

所有的离子注入都使用有害的固体及气体，这些气体是有毒、易燃、易爆的或具有腐蚀性。高电压（通常高达 250 000 V）用于工艺过程。

8.5.1　化学危险源

固体及气体的掺杂物被用于离子注入工艺中。锑、砷和磷都是常用的固体原材料，而三氢化砷、三氢化磷与三氟化硼是常用的气体源材料。

锑（Sb）是一种易碎、银白色的有毒金属元素，用于 N 型掺杂物注入过程。直接与固体锑接触将导致皮肤和眼睛发炎。锑粉末有剧毒，直接接触将导致皮肤、眼睛与肺部发炎，也会损害心脏、肝脏以及肾脏。

砷（As）是有毒物质，直接与固体砷接触会导致皮肤与眼睛发炎，也会导致皮肤变色。砷粉末有剧毒，直接接触将导致皮肤与肺部发炎，也会损害鼻子与肝脏，还有引起肺癌与皮肤癌的危险。

红磷（P）是注入工艺中最常使用的固体（N 型掺杂物）材料之一，具有易燃性，可以通过摩擦起火。直接与红磷接触将导致皮肤、眼睛与肺部发炎。

三氢化砷（AsH_3）通常作为砷的来源气体，是半导体工业中毒性最强的气体之一。只需 0.5 ~4 ppm 的 AsH_3就可能感觉到如蒜头一样的味道；3 ppm 的剂量就能立刻危害生命及健康（Immediate Danger to Life and Health，IDLH）。暴露在低浓度 AsH_3时，将引起鼻子与眼睛发炎，甚至只要暴露在 500 ppm 下几分钟就会致命。三氢化砷也具有易燃性，当空气中的浓度达到 4% ~10% 时就变成爆炸性气体。

三氢化磷(PH_3)通常是磷的来源气体，具有易燃性，而且在空气中的浓度高于1.6%时就会变成爆炸性气体。三氢化磷是具有鱼腥味的有毒气体，只需0.01～5.00 ppm就可以被察觉。IDLH界限是50 ppm。暴露在低浓度PH_3时将引起眼睛、鼻子与肺部发炎。暴露在10 ppm会引起头疼、呼吸困难、咳嗽、胸痛、缺乏食欲、胃痛、呕吐和腹泻。

三氟化硼(BF_3)通常作为硼的来源气体，具有腐蚀性，与水接触会形成氢氟酸。暴露在BF_3中将引起严重的皮肤、眼睛、鼻子、喉咙与肺部发炎，也可引起肺积水。

$B_{10}H_{14}$是形成超浅结离子注入的材料之一，是一种在室温下具有低蒸气压的固体。$B_{10}H_{14}$有毒并可以通过皮肤吸收而影响中枢神经系统。美国职业安全及健康管理局(OSHA)允许暴露$B_{10}H_{14}$的极限值(PEL)为0.05 ppm(0.3 mg/m^3)。

$B_{18}H_{22}$和硼烷($C_2B_{10}H_{12}$或CBH)是另外两个通过离子注入形成硼超浅结USJ的掺杂材料，它们都是室温下具有非常低的蒸气压的固体材料。

8.5.2 电机危险源

与高电压或电流接触会引起电击、烧伤、肌肉和神经损伤、心脏麻痹以及死亡。大约1 mA的电流通过心脏就可能致命。统计资料显示接触到250 V交流电压的死亡率为3%。当电压超过10 kV时，此概率急剧增加。

空气中的火花击穿电压大约为8 kV/cm。对于带有250 kV的加速电极注入机，击穿距离大约为31 cm。然而比较尖锐的部分，其击穿距离可能更长，因此离子注入机需要安全连锁，以防止加速电压在注入机的屏蔽保护不完备时升高电压。

因为高压将产生大量的静电电荷，如果没有完全放电，接触时将被电击，所以在进入注入机工作前需要用接地棒将所有的零件放电。

离子注入机是一个完全隔绝的系统，通常大到足以让人可以藏身其内而不引起他人的注意。进入这个系统之前，重要的是要有一个伙伴一起工作并在系统上挂上告示板确保他人知道有人在机器内工作，这样在有人工作时才不会启动设备并升高电压。当进入注入机时，要随身携带钥匙，以防他人将门锁住并启动系统。

8.5.3 辐射危险源

当高能离子束撞击晶圆、狭缝、射束阻挡器或其他任何沿射束线的物品时，离子损失的能量将以X光辐射的形式发射出来。使用需要安全的连锁，以防止系统的墙板和门还没有关上，并且还没有完全屏蔽保护，设备就启动了。

离子与沿射线的中性原子发生碰撞时，产生的电子和从固体表面因二次电子发射产生的电子都被加速电极加速。使用抑制电极防止这些电子被加速到高能量而背向轰击离子源和其他的射线部分，从而可以防止引起X光辐射和零件损坏。

8.5.4 机械危险源

旋转轮与旋转圆盘的转速可以高达1250 rpm。全速旋转时，晶圆的速率可以高达90 m/s(约220 mph)。在发生功能故障的情况下，这些系统将释放出大量的能量并造成大规模损害。持续监视旋转轮或圆盘的振动强度，确保它们在故障发生前就能停止。当旋转电机和扫描电机运行时，任何动作都可能导致切断手指或手臂。

8.6　离子注入技术发展趋势

当器件的最小图形尺寸持续缩小时，MOSFET 沟道结深和源极/漏极结深将变得越来越浅。超浅结($x_j \leqslant 0.05\ \mu m$)的形成引起了离子注入技术的一大挑战，特别是 P 型超浅结，因为 P 型结需要从低到高的电流且要求能量很低(低到 0.2 keV)的纯净硼离子束才能形成。超浅结的要求条件是低的薄片电阻和低的接触电阻、浅结，以及与金属硅化合物的兼容性，并且要求 USG 与金属化合物接触时具有低的二极管泄漏电流和对栅极通道分布轮廓的最小影响，还要求与多晶硅，高 k/金属栅极的兼容性。其他的条件要求低成本、好的晶圆内均匀性及晶圆对晶圆的均匀性、低的新增粒子数和可靠的晶体管与接触窗。

除了发展高电流单晶硅离子注入设备和超低能量(0.1 keV)高纯度离子源外，科学家和工程师们还在研究实现超浅结的其他方法，分子离子注入就是其中之一。在常规离子注入中，三氟化硼常用于形成 P 型超浅结的注入，不是 B，因为 BF^{2+} 离子大且重。$B_{10}H_{14}$、$B_{18}H_{22}$ 和硼烷($C_2B_{10}H_{12}$ 或 CBH)是研究中的大分子。使用大分子形成超浅结有几个好处。实现 0.1 keV 高纯能量离子束非常具有挑战性，因为工程师需要将离子束加速到约 5 keV，为磁质谱分析仪有效地隔离所需的离子种类，并通过 4.9 keV 使离子束减速。加速和减速的电源电压要求非常准确和稳定，以获得统一的能量。由于大分子明显更大且更重，它们需要比 BF^{2+} 或 B^+ 离子更高的能量形成统一的结深。很容易使离子束实现 1 keV 甚至更高的统一能量，而要实现 0.1 keV 离子束的统一能量比较困难。包括许多硼原子的大分子，比如，CBH 有 10 个硼原子，可以在相同的电子束电流下达到比 BF^{2+} 或 B^+ 离子高 10 倍的产量。大分子离子注入也引起了更严重的晶格损伤，从而减少了隧道效应和更好的结面控制。

等离子体浸置型离子注入(PIII)或等离子体掺杂(PLAD)系统已经被开发应用于低能量、高剂量的场合，如超浅结和深沟槽应用。通常用等离子体源功率产生高密度等离子体电离掺杂气体，而偏置电源加速离子到晶圆表面(见图 8.50)。最常用的 PLAD 掺杂气体为 B_2H_6，用于硼掺杂。等离子体源功率可以是射频或微波系统。它可以用非常高的剂量掺杂晶圆，即使在最高的电子束电流下，剂量也可以很高。离子注入需要长的注入时间，所以不能满足产量的要求。PLAD 不能选择离子种类并精确控制离子的流量或剂量，因此，PLAD 的主要应用是高剂量、非关键层离子注入，已被广泛应用于 DRAM 芯片的多晶硅补偿掺杂，也可以用于 DRAM 器件阵列的接触注入。

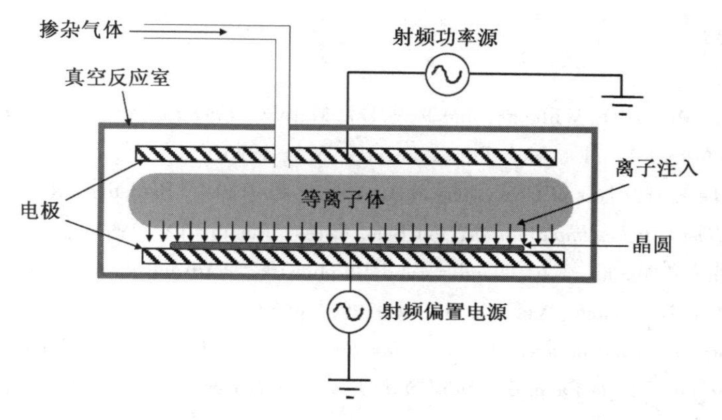

图 8.50　等离子体浸置型(PIII)或等离子体掺杂(PLAD)系统示意图

在等离子体浸置型系统中，掺杂离子将轰击晶圆并被注入到衬底内。掺杂离子流通量主要受微波功率控制，离子的能量主要由偏压的射频功率决定。通过磁铁的电流将影响共振的位置，因此可以用于控制等离子体的位置，从而便可以控制掺杂的均匀性。

等离子体浸置型注入技术是一种低能量过程，离子能量一般小于 1 keV，所以对于亚 0.1 μm器件的应用，PIII 可以用于形成超浅结。与标准离子注入技术相比，等离子体浸置系统的缺点是无法选择特殊的离子种类，其他的缺点为离子流量受等离子体位置和反应室压力的影响，而且离子能量分布范围很广，不是离子注入机的尖峰狭窄型分布，所以等离子体浸置型注入系统很难精确控制掺杂物的浓度和结深。

8.7 小结

1. 集成电路制造中常用的掺杂物为：硼作为 P 型掺杂物；磷、砷和锑用做 N 型掺杂物。
2. CMOS 工艺需要多道离子注入工艺，如阱区注入、阈值电压调节、LDD 或 SDE 离子注入、多晶硅掺杂注入和源极/漏极注入，用于形成 PMOS 和 NMOS。
3. 除了以上列举出的常用离子注入外，DRAM 芯片工艺有接触形成离子注入。
4. 离子注入工艺能独立地精确控制掺杂界面的深度和浓度。离子注入工艺是一个非等向性过程，可以用于亚微米工艺。
5. 一台离子注入设备包括：气体输送系统、电机系统、真空系统、控制系统和射束线系统。
6. 射束线系统包括：离子源、萃取电极、质谱仪、后段加速装置、电荷中性化系统、晶圆处理机和射束阻挡器。
7. 非正常的深结是由长距离离子射程造成的，这是因为离子刚好在单晶体的晶格通道内运行，所以称为通道效应。倾斜晶圆和屏蔽氧化层是减小通道效应最常用的两种方法。
8. 对于相同种类的离子，离子能量越高，射程就越远；而当离子能量相同时，离子越轻，射程就越远。
9. 离子注入工艺将造成晶格结构的损伤，注入后退火工艺用于恢复晶圆的单晶结构并激活掺杂物。
10. 离子注入工艺使用了很多种危险性的固体和气体，大部分都是有毒、易燃、易爆或具有腐蚀性的。除此之外，其他危险源是高电压 X 光辐射和移动的机械零部件。

8.8 参考文献

[1] David G. Baldwin, Michael E. Williams, and Patrick L. Murphy, *Chemical Safety Handbook for the Semiconductor/Electronics Industry*, 2d ed., OME Press, Beverly, MA, 1996.
[2] S. A. Cruz, "On the Energy Loss of Heavy Ions in Amorphous Materials", Radiation Effects, Vol. 88, 1986, p. 159.
[3] M. I. Current, *Basics of Ion Implantation*, Ion Beam Press, Austin, TX, 1997.
[4] Terry Roming, Jim McManus, Karl Olander, and Ralph Kirk, "Advanced in Ion Implanter Productivity and Safety", Solid State Technology, Vol. 39, No. 12, 1996, p. 69.
[5] W. Shockley, *Forming Semiconductor Devices by Ion Bombardment*, U. S. Patent 2787564.
[6] Ben G. Streetman and Sanjay Banerjee, *Solid State Electronic Devices*, Prentice Hall, Upper Saddle River, HJ, 1999.
[7] S. M. Sze, *Physics of Semiconductor Devices*, 2d ed., John Wiley & Sons, Inc., New York, 1981.

[8] S. M. Sze, *VLSI Technology*, 2d ed., McGraw-Hill Companies, Inc., New York, 1988.
[9] J. F. Ziegler, *Ion Implantation-Science and Technology*, Ion Implantation Technology Co., Yorktown, NY, 1996.

8.9 习题

1. 列出掺杂工艺中离子注入比扩散技术的优点。
2. 列出至少三道 CMOS 集成电路制造中的工艺流程。
3. 哪一道离子注入工艺是 DRAM 生产中所特有的？使用这一道离子注入的目的是什么？
4. 离子注入技术对集成电路工艺的主要改变是什么？
5. 两种离子阻滞的机理是什么？
6. 掺杂工艺中最重要的是掺杂浓度和结深，离子注入工艺中哪些因素控制这两个参数？
7. 当两种离子以相同的能量和入射角注入到单晶硅中时，它们在硅中将停留在相同的深度吗？为什么？
8. 说明离子投影射程、离子能量和离子种类的关系。
9. 说明为什么离子注入后需要热退火处理？
10. 说明快速加热退火工艺比高温炉退火的优点。
11. 为什么离子注入需要尖峰退火和激光退火？
12. 为什么离子注入过程中，离子注入设备的射束线需要工作在高真空状态？
13. 集成电路制造中使用的最毒气体是什么？如何辨别？它是 P 型掺杂还是 N 型掺杂？
14. 为什么一台离子注入设备需要高电压供电？
15. 在进入离子注入设备前，为什么工作人员必须用接地线接触工具零部件？
16. 解释为什么在射束管湿法清洗时需要戴双层手套？
17. 为什么离子注入工艺过程中晶圆需要倾斜？
18. 说明阱区注入和源极/漏极离子注入的能量及电流条件，并解释之。
19. 如果质谱仪磁铁的直流电流不正确，可能会出现什么问题？
20. 比较四点探针和热波测量的优缺点。
21. 离子注入和等离子体浸置型离子注入的主要区别是什么？
22. 除了半导体工业外，其他什么工艺可以使用离子注入技术？

第9章 刻蚀工艺

本章要求

1. 列举出集成电路芯片制造过程中的至少3种必须刻蚀的材料
2. 从CMOS芯片横截面说明至少3种刻蚀工艺
3. 说明湿法和干法刻蚀，以及它们的区别
4. 说明等离子体刻蚀工艺流程
5. 指出最常使用的刻蚀剂，以及它们的安全使用问题

9.1 刻蚀工艺简介

刻蚀是移除晶圆表面材料，达到集成电路设计要求的一种工艺过程。刻蚀有两种：一种为图形化刻蚀，这种刻蚀能将指定区域的材料去除，如将光刻胶或光刻版上的图形转移到衬底薄膜上；另一种是整面全区刻蚀，即去除整个表面薄膜达到所需的工艺要求。本章将讨论这两种刻蚀技术，并强调图形化的刻蚀过程。图9.1显示了一个MOSFET栅图形化刻蚀的工艺流程。首先是图9.1(a)所示的光刻工艺，即将栅光刻版上的图形显示到晶圆表面多晶硅薄膜的光刻胶上；然后利用刻蚀工艺将图形转移到光刻胶下面的多晶硅上，如图9.1(b)所示；最后利用湿法、干法或两种技术的结合将光刻胶去除以完成栅的图形化，如图9.1(c)所示。

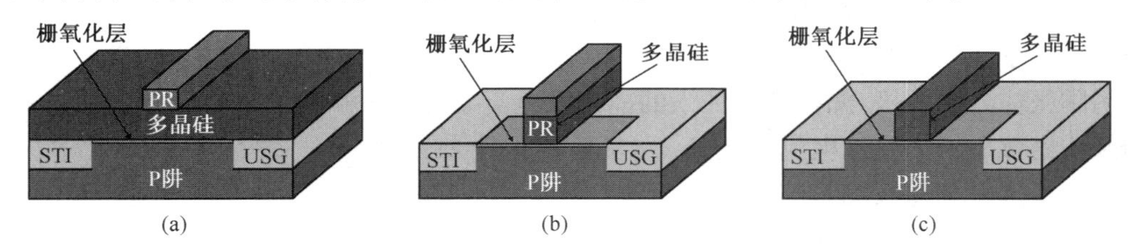

图9.1 多晶硅栅刻蚀工艺流程。(a) 光刻；(b) 刻蚀多晶硅；(c) 去光刻胶

光刻技术和湿法刻蚀在印刷工业已经使用，也可用做印刷电路板。半导体产业从20世纪50年代开始采用这两种技术制作晶体管和集成电路。通过光刻工艺将光刻版的图形转移到晶圆表面的光刻胶上后，再经过刻蚀或离子注入透过光刻胶上的图形就可将器件或电路转移到晶圆上。图9.2显示了集成电路制造中的图形化刻蚀工艺。

20世纪80年代前主要使用湿法刻蚀，利用化学溶液将未被光刻胶覆盖的材料溶解达到移转图形的目的。80年代之后，当最小图形尺寸缩小到3 μm以下时，湿法刻蚀就逐渐被干法(等离子体刻蚀)取代。这是由于湿法刻蚀为等向性刻蚀轮廓，会造成光刻胶的底切效应及关键尺寸(CD)损失(见图9.3)。

先进半导体制造中，几乎所有的图形化刻蚀都利用等离子体刻蚀技术，然而薄膜剥除和薄膜质量控制仍使用湿法刻蚀。图9.4所示为CMOS集成电路芯片的铝金属化工艺，说明了一些刻蚀工艺的位置。

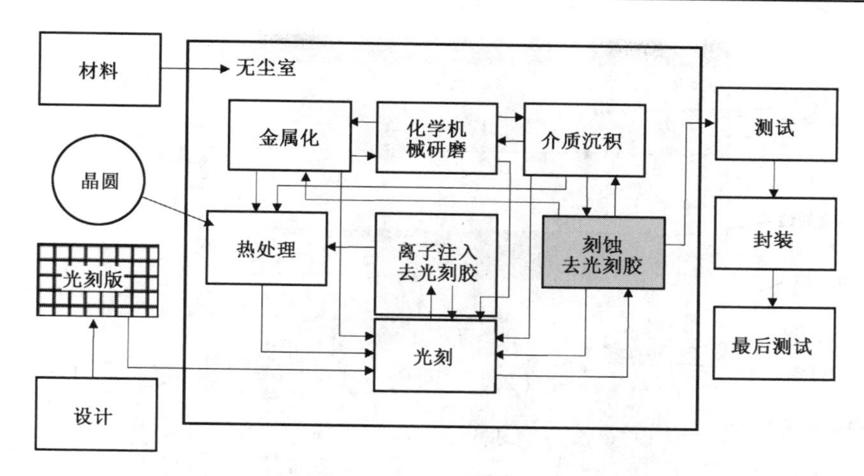

图 9.2 先进的集成电路工艺流程

集成电路芯片工艺过程包含许多刻蚀过程，如图形化和整面全区刻蚀；单晶硅刻蚀用于形成浅沟槽隔离(Shallow Trench Isolation，STI)；多晶硅刻蚀用于界定栅和局部连线。氧化物刻蚀界定接触窗和金属层间接触窗孔；金属刻蚀形成金属连线。同时也有整面全区刻蚀，氧化层 CMP 停止在氮化硅层后的氮化硅剥除工艺(没有显示在图 9.4 工艺中)；电介质的非等向性回刻蚀形成侧壁空间层；钛金属硅化合物形成合金之后的钛剥除(没有包括在图 9.4 中)。

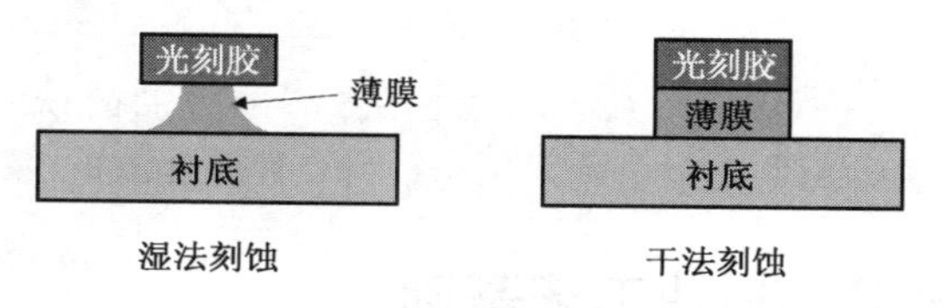

图 9.3 湿法与干法刻蚀轮廓

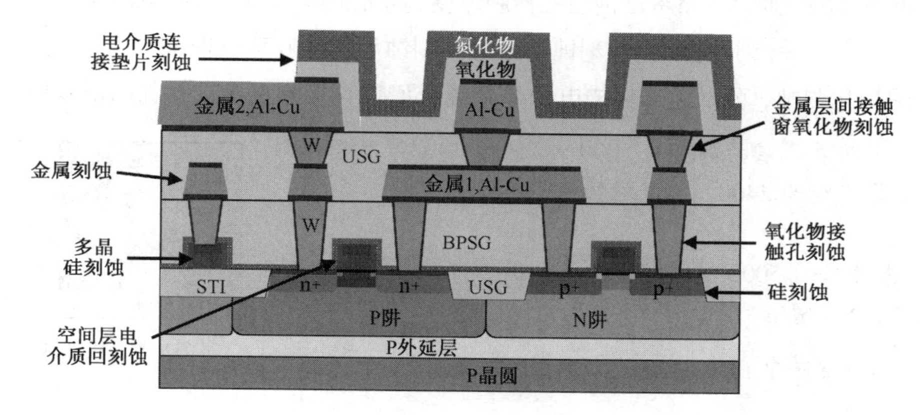

图 9.4 具有多晶硅栅和铝金属化 CMOS 集成电路芯片的刻蚀工艺

图 9.5 显示了一种先进 CMOS 集成电路的截面图，其中包括选择性外延源/漏极、高 k 最后栅和金属栅(HKMG)、铜/低 k 互连。先进 CMOS 集成电路需要等离子体刻蚀单晶硅形成浅沟槽隔离，湿法刻蚀单晶硅形成选择性外延源/漏极。干法刻蚀用于形成多晶硅虚栅，湿法刻蚀用于去除多晶硅虚栅，为金属栅提供空间。使用铜/低 k 连线的先进 CMOS 集成电路用的是电介质沟槽刻蚀工艺，而不是金属刻蚀工艺。

本章包含刻蚀的基础原理：湿法和干法刻蚀、化学刻蚀、物理刻蚀和反应离子刻蚀，以及硅、多晶硅、电介质和金属刻蚀工艺。最后讨论刻蚀工艺的发展趋势。

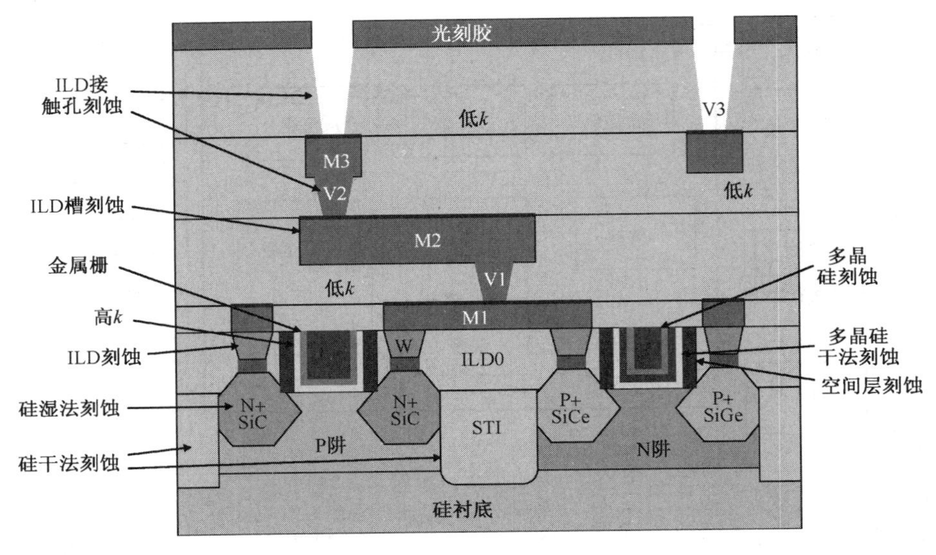

图 9.5 一种先进的 CMOS IC 截面图，其中包括选择性外延源极/漏极、高 k、金属栅和铜互连

9.2 刻蚀工艺基础

9.2.1 刻蚀速率

刻蚀速率是测量刻蚀物质被移除的速率。由于刻蚀速率直接影响刻蚀的产量，因此刻蚀速率是一个重要参数。通过测量刻蚀前后的薄膜厚度，将差值除以刻蚀时间就能计算出刻蚀速率：

$$刻蚀速率 = (刻蚀前厚度 - 刻蚀后厚度)/刻蚀时间$$

对于图形化刻蚀，可以通过扫描电子显微镜(SEM)直接测量出被移除的薄膜厚度。

例 9.1 如果热氧化层的厚度为 5000 Å，经过 30 s 等离子体刻蚀后，厚度变为 2400 Å，求刻蚀速率。

解

刻蚀速率 = (5000 Å − 2400 Å)/0.5 min = 2600 Å/0.5 min = 5200 Å/min

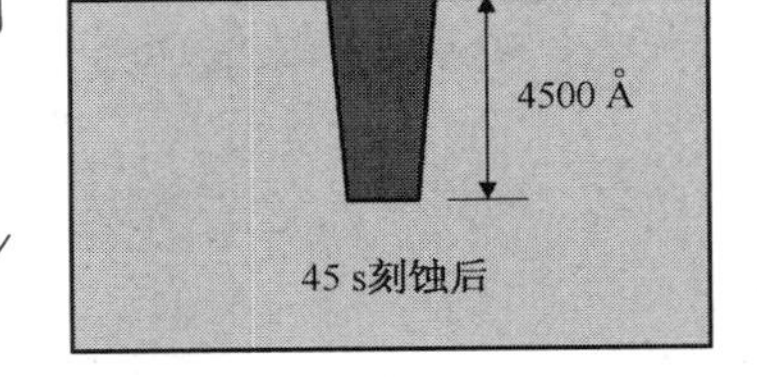

图 9.6 接触孔示意图

例 9.2 图 9.6 显示了 BPSG 接触窗口的刻蚀轮廓，求刻蚀速率。

解

刻蚀速率 = 4500 Å/(45/60) min = 4500 Å/0.75 min = 6000 Å/min

9.2.2 刻蚀的均匀性

刻蚀过程重要的一点是要求整个晶圆必须有一个均匀的刻蚀速率，或好的晶圆内(Within Wafer, WIW)均匀性，以及高的重复性，好的晶圆对晶圆均匀性。通常均匀性由测量刻蚀前后晶圆的特定点厚度，并计算这些点的刻蚀速率得出。若它们是 x_1, x_2, x_3, …, x_N，其中 N 表示数据点的总数，所测量的平均值为：

$$\bar{x} = \frac{x_1 + x_2 + x_3 + \cdots + x_N}{N}$$

标准的测量偏差为：

$$\sigma = \sqrt{\frac{(x_1 - \bar{x})^2 + (x_2 - \bar{x})^2 + (x_3 - \bar{x})^2 + \cdots + (x_N - \bar{x})^2}{N - 1}}$$

标准偏差不均匀性（百分比）为：

$$\mathrm{NU}(\%) = \left(\frac{\sigma}{\bar{x}}\right) \times 100$$

最大值减去最小值的非均匀性为：

$$\mathrm{NU_M} = \frac{(x_{\max} - x_{\min})}{(2\bar{x})} \times 100$$

例 9.3 利用五点测量法计算 $\mathrm{NU_M}$（见右图）：

刻蚀前：3500 Å，3510 Å，3499 Å，3501 Å，3493 Å

刻蚀 60 s 后：1500 Å，1455 Å，1524 Å，1451 Å，1563 Å

解

刻蚀速率为：2000 Å/min，2055 Å/min，1975 Å/min，2055 Å/min 和 1930 Å/min。

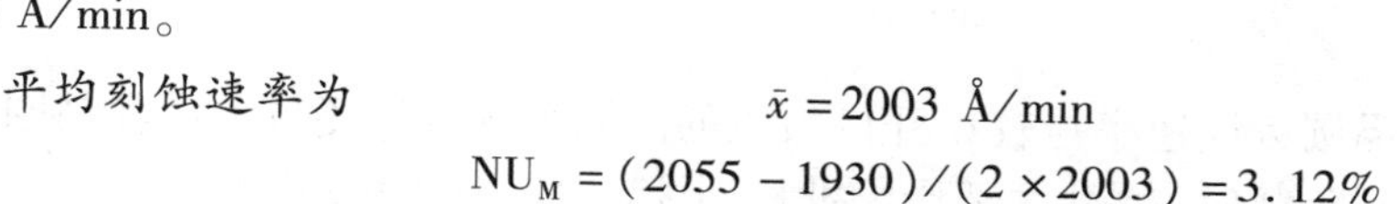

平均刻蚀速率为 $\bar{x} = 2003$ Å/min

$$\mathrm{NU_M} = (2055 - 1930)/(2 \times 2003) = 3.12\%$$

当与代理商或客户交易时，均匀性的定义很重要，因为不同的定义将产生不同的结果。

9.2.3 刻蚀选择性

图形化刻蚀通常包含 3 种材料：光刻胶、被刻蚀的薄膜及衬底。刻蚀过程中，这 3 种材料都会受刻蚀剂的化学反应或等离子体刻蚀中离子轰击的影响。不同材料之间的刻蚀速率差就是所谓的选择性。

选择性是指不同材料之间的刻蚀速率比率，特别是对于要被刻蚀的材料和不被刻蚀的材料。

$$S = \frac{\mathrm{ER_1}}{\mathrm{ER_2}}$$

比如，当刻蚀栅电极时（见图 9.3），光刻胶作为刻蚀屏蔽层而多晶硅是被刻蚀的材料。由于等离子体刻蚀难免会刻蚀到光刻胶，所以必须有足够高的多晶硅对光刻胶的选择性以避免刻蚀完成前损失过多的光刻胶（PR）。多晶硅下方是厚度为 15 ~ 100 Å 的超薄栅氧化层。这个工艺过程中，多晶硅对氧化物的选择性必须非常高，才能避免多晶硅过刻蚀中穿透栅氧化层。

9.2.4 刻蚀轮廓

刻蚀的最重要特征之一就是刻蚀轮廓，它将影响沉积工艺。图 9.7 显示了不同的刻蚀轮廓。一般利用扫描式电子显微镜观察刻蚀轮廓。

垂直轮廓是最理想的刻蚀图形，因为它能将光刻胶上的图形转移到下面的薄膜而不造成任何关键尺寸损失。许多情况下，尤其是接触窗和金属层间接触窗孔刻蚀，使用非等向性且略微倾斜的轮廓较好，这样刻蚀窗口的张角较大，使后续的钨化学气相沉积能够容易填充而不留空隙。单纯的化学刻蚀具有等向性轮廓，在光刻胶下产生底切效应并造成关键尺寸损失。底切轮廓是由于反应离子刻蚀（RIE）过程中过多的刻蚀气体分子或过多的离子散射到侧壁上造成的，反应离子刻蚀结合了物理和化学刻蚀。轮廓底切效应很容易造成后续的沉积过程并在填补空隙或空洞时产生间隙。另外，“I”字形轮廓的形成是因为夹心式薄膜的中间层使用了错误的刻蚀化学试剂形成的。

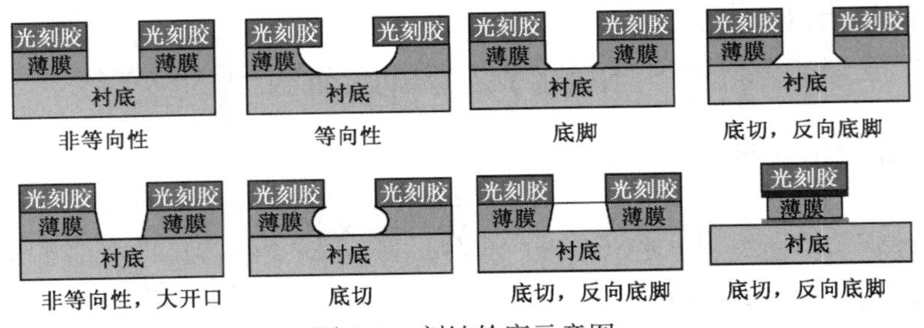

图 9.7 刻蚀轮廓示意图

9.2.5 负载效应

等离子体图形化刻蚀过程中，刻蚀图形将影响刻蚀速率和刻蚀轮廓，称为负载效应。负载效应有两种：宏观负载效应和微观负载效应。

宏观负载效应

具有较大开口面积的晶圆刻蚀速率与较小开口面积的晶圆刻蚀速率不同，这种晶圆对晶圆的刻蚀速率差异就是宏观负载效应，这主要影响批量刻蚀，但对单片晶圆影响不大。

微观负载效应

对于接触窗和金属层间接触窗孔的刻蚀，较小窗孔的刻蚀速率比大窗孔慢。这就是微观负载效应，如图 9.8(a)所示。产生该效应的原因是刻蚀等离子体气体难以穿过较小的窗孔，而且刻蚀的副产品也难以扩散出去。

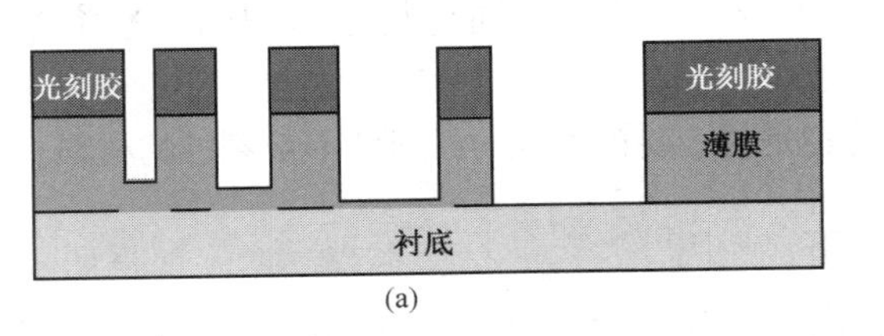

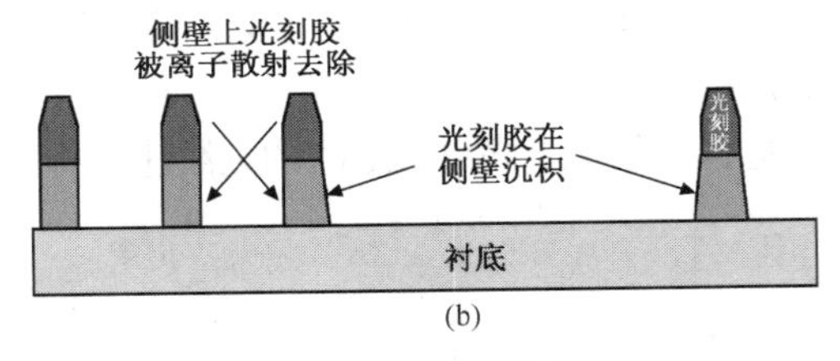

图 9.8 (a) 微观负载效应；(b) 微观负载效应刻蚀轮廓

减少工艺压力可以降低微观负载效应。当压力较低时，平均自由程较长，刻蚀气体较易穿过微小的窗孔而接触到要被刻蚀的薄膜，从而比较容易从微小的窗孔中把刻蚀副产品去除。

由于光刻胶会溅镀沉积在侧壁上，所以图形隔离区域的刻蚀轮廓比密集区域宽，这是由于隔离图形区域缺少由邻近图形散射离子造成的侧壁离子轰击。图 9.8(b)说明了微观负载效应轮廓。

9.2.6 过刻蚀效应

当刻蚀薄膜时(包括多晶硅、电介质以及金属刻蚀)，晶圆内的刻蚀速率和薄膜厚度并不完全均匀。因此当大部分薄膜被刻蚀移除后，留下的少部分薄膜必须移除。移除剩余薄膜的过程称为过刻蚀，过刻蚀前的过程称为主刻蚀。

在过刻蚀中，被刻蚀薄膜和衬底材料之间的选择性要足够高才能避免损失过多的衬底材料。在主刻蚀中，如果主刻蚀与过刻蚀使用不同的刻蚀条件，则能够改善过刻蚀中被刻薄膜和衬底材料之间的选择性，等离子体刻蚀中的光学终点侦测器可以自动停止主刻蚀而引发过刻蚀，这是因为当主刻蚀中的刻蚀剂开始刻蚀衬底薄膜时，等离子体中的成分就会发生变化。如在多晶硅栅刻蚀中(见图9.1)，主刻蚀不需要考虑二氧化硅的选择性。当某些区域的多晶硅被刻蚀时，氯等离子体开始刻蚀二氧化硅，氧的辐射信号强度就会增强，从而发出一个停止主刻蚀而切换到过刻蚀的信号。

图9.9说明了主刻蚀和过刻蚀过程。Δd 是非均匀厚度造成的薄膜厚度变化。$\Delta d'$ 是衬底厚度损失的最大值。如果在图形区域的刻蚀速率均匀，则在过刻蚀中薄膜对衬底所需的最小选择性就为：$S > \Delta d/\Delta d'$。

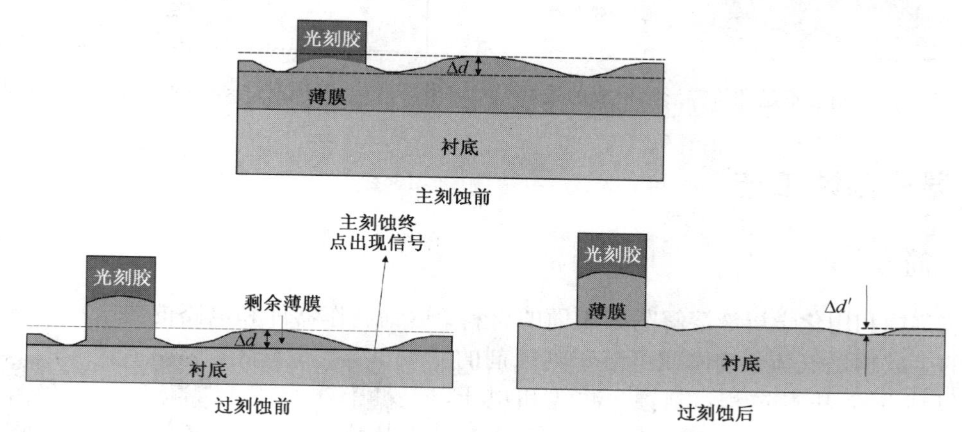

图9.9 主刻蚀和过刻蚀轮廓

例9.4 对于一个IC芯片，多晶硅的厚度为3000 Å，薄膜的非均匀性为1.5%。多晶硅的刻蚀速率为5000 Å/min，晶圆内刻蚀速率的非均匀性为5%。如果只允许损失5 Å(t_{ox}约40 Å)的栅氧化层，问在过刻蚀工艺中，多晶硅对氧化物的选择性最小值是多少？

解

考虑最坏的情况：如果薄膜最薄处(3000 - 3000 × 1.5% = 2955 Å)的刻蚀速率最高(5000 + 5000 × 5% = 5250 Å/min)，而薄膜最厚处(3000 + 3000 × 1.5% = 3045 Å)的刻蚀速率最低(5000 - 5000 × 5% = 4750 Å/min)，这两者的刻蚀时间差(3045/4750 - 2955/5250 = 0.0782 min)就是过刻蚀时间。由于过刻蚀中损失的氧化层厚度必须小于5 Å，所以氧化物刻蚀速率最高为5/0.0782 = 64 Å/min，多晶硅对氧化物的选择性最小值为5000/64 = 78.2。

9.2.7 刻蚀残余物

刻蚀完成后有时会在侧壁或晶圆表面留下多余的残渣，这些多余残渣称为残余物。残余物可能是由于晶圆表面复杂形貌引起的不完全过刻蚀，图9.10显示了由于薄膜不完全过刻蚀而形成的梯形残留物。对于多晶硅刻蚀工艺，这种残留物是杀手缺陷，因为这可以引起多晶硅线条的短路。

完全的过刻蚀可以移除侧壁上大部分残余物。足够的离子轰击可以清除表面残余物，适当的化学刻蚀也可以剔除非挥发性的刻蚀副产品，例如在金属刻蚀中产生的氯化铜(见图9.11)。有机残余物可以利用氧等离子体清洁，这个过程也可用于去光刻胶。湿法化学清洁能够去除无机残余物。

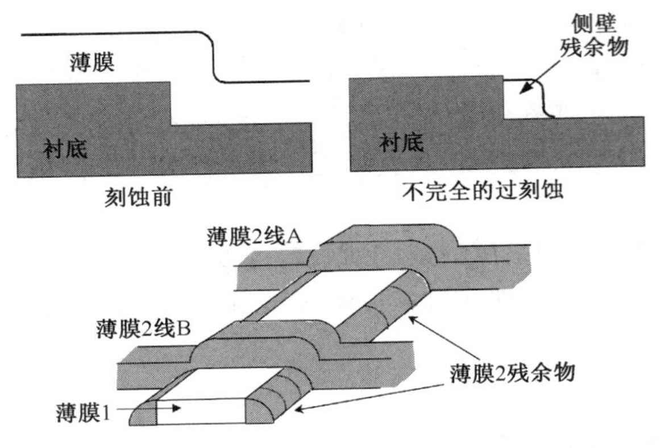

图9.10 由于刻蚀不足和阶梯形状形成的残留

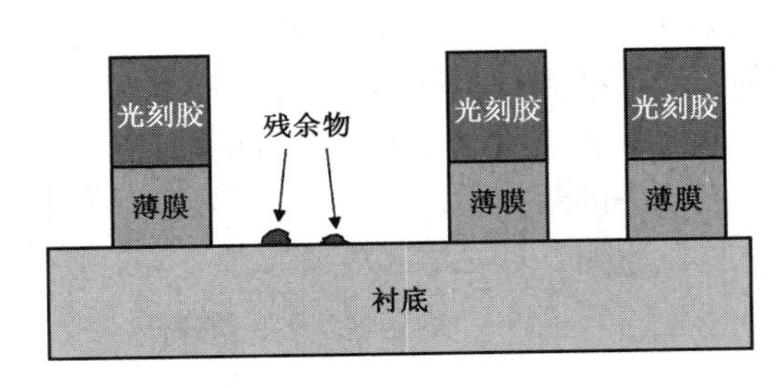

图9.11 非挥发性刻蚀副产品形成的表面残余物

9.3 湿法刻蚀工艺

9.3.1 简介

湿法刻蚀利用化学溶液溶解晶圆表面的材料，达到制作器件和电路的要求。湿法刻蚀化学反应的生成物是气体、液体或可溶于刻蚀剂的固体。包括3个基本过程：刻蚀、冲洗和甩干(见图9.12)。

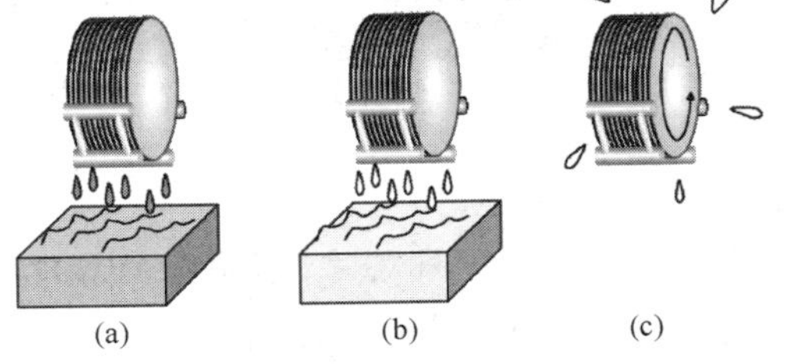

图9.12 湿法刻蚀工艺流程。(a)刻蚀；(b)冲洗；(c)甩干

20世纪80年代以前，当图形尺寸大于3 μm时，湿法刻蚀广泛用于半导体生产的图形化过程。湿法刻蚀具有非常好的选择性和高刻蚀速率，这根据刻蚀剂的温度和厚度而定。比如，氢氟酸刻蚀二氧化硅的速度很快，但如果单独使用却很难刻蚀硅。因此在使用氢氟酸刻蚀硅晶圆上的二氧化硅层时，硅衬底就能获得很高的选择性。相对于干法刻蚀，湿法刻蚀的设备便宜很多，因为它不需要真空、射频和气体输送等系统。然而当图形尺寸缩小到3 μm以下时，由于湿法刻蚀为等向性刻蚀轮廓(见图9.13)，因此继续使用湿法刻蚀作为图形化刻蚀就变得非常困难，利用湿法刻蚀处理图形尺寸小于3 μm的密集图形是不可能的。由于等离子体刻蚀具有非等向性刻蚀轮廓，80年代以后的图形化刻蚀中，等离子体刻蚀就逐渐取代了湿法刻蚀。湿法刻蚀因高选择性被用于剥除晶圆表面的整面全区薄膜。

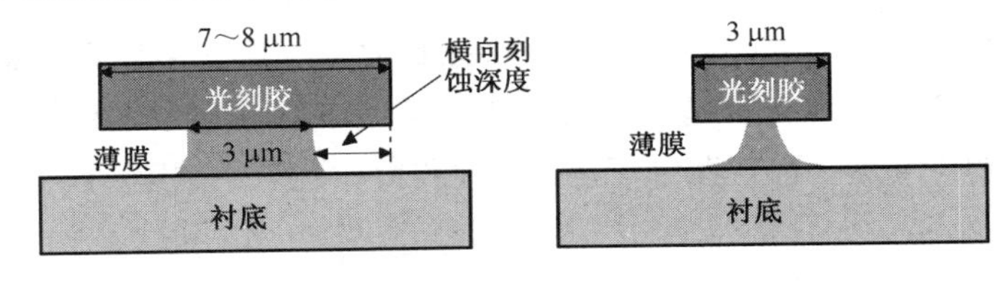

图9.13 湿法刻蚀轮廓示意图

半导体工艺师一直努力消除半导体制造中的所有湿法工艺，但当先进的集成电路制造普遍采用化学机械研磨和电化学沉积法时，消除所有的湿法工艺就变得很困难。湿法刻蚀具有

高选择性，集成电路生产中仍普遍采用这种技术剥除薄膜。可以利用薄膜的湿法刻蚀速率鉴定薄膜的质量。湿法刻蚀的另一个重要应用是剥除测试晶圆上的薄膜，这些测试晶圆作为工艺设备的鉴定也能重复使用。

9.3.2　氧化物湿法刻蚀

二氧化硅的湿法刻蚀通常使用氢氟酸。因为1:1的氢氟酸（H_2O中含49%的HF）在室温下刻蚀氧化物速度过快，所以很难用1:1的氢氟酸控制氧化物的刻蚀。一般用水或缓冲溶剂如氟化铵（NH_4F）进一步稀释氢氟酸，以降低氧化物的刻蚀速率，从而控制刻蚀速率和均匀性。氧化物湿法刻蚀中所用的溶液通常是6:1稀释的氢氟酸缓冲溶剂，或10:1和100:1的比例稀释后的氢氟酸水溶液。

氧化物湿法刻蚀的化学反应

$$SiO_2 + 6HF \rightarrow H_2SiF_6 + 2H_2O$$

H_2SiF_6可溶于水，所以氢氟酸溶液能刻蚀二氧化硅，这就是为什么氢氟酸不能放在玻璃容器内，而且氢氟酸在实验中不能用玻璃烧杯或玻璃试管盛放。

一些集成电路制造中仍使用氢氟酸氧化物湿法刻蚀和等离子体氧化物刻蚀“酒杯状”接触窗孔，以易于铝物理气相沉积的填充（见图9.14）。

最先进的半导体制造中，每天仍进行6:1的缓冲二氧化硅刻蚀（BOE）和100:1的氢氟酸刻蚀。如果监测化学气相沉积氧化层的质量，可以通过比较化学气相沉积生成的二氧化硅湿法刻蚀速率和热氧化法生成的二氧化硅湿法刻蚀速率，这就是所谓的湿法刻蚀速率比（Wet Etch Rate Ratio，WERR）。热氧化之前，10:1的氢氟酸可用于预先剥除硅晶圆表面上的原生氧化层。

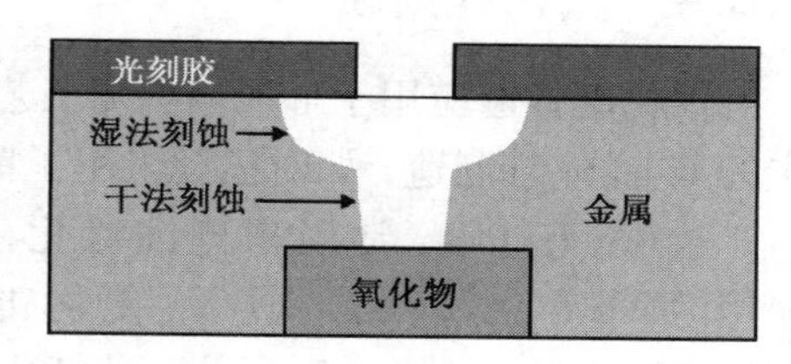

图9.14　“酒杯状”接触窗孔

氢氟酸具有腐蚀性，和皮肤或眼睛接触时无法及时发现，经过24小时后，当氢氟酸开始侵入骨头时才会感觉到严重的刺痛。氢氟酸和骨头中的钙反应生成氟化钙，两者最后会中和。因此治疗氢氟酸伤害可以注入含钙的溶液来防止或减少骨质的损失。一般的安全常识是：把生产厂房内所有的透明液体都当成氢氟酸处理，绝对不要认为任何液体都是水。如果感觉直接接触到了氢氟酸则应尽快彻底清洗、告知管理人员并寻求医疗协助。

9.3.3　硅刻蚀

单晶硅刻蚀用来形成相邻晶体管间的绝缘区，多晶硅刻蚀用于形成栅极和局部连线。

硝酸（HNO_3）和氢氟酸的混合液能为单晶和多晶硅进行等向性刻蚀。这个复杂的化学反应过程为：首先，硝酸使表面的硅氧化形成二氧化硅薄层，这样可以阻止氧化过程。然后氢氟酸和二氧化硅反应将二氧化硅溶解并暴露出下面的硅。硅接着又被硝酸氧化，然后氧化物又被氢氟酸刻蚀掉，这样的过程不断重复。其化学反应式可表示如下：

$$Si + 2HNO_3 + 6HF \rightarrow H_2SiF_6 + 2HNO_2 + 2H_2O$$

氢氧化钾（KOH）、异丙醇（C_3H_8O）和水的混合物能选择性地向不同方向刻蚀单晶硅。如果在80～82℃时将23.4wt%的KOH、13.3wt%的C_3H_8O和63.3wt%的H_2O混合在一起，则沿<100>晶面的刻蚀速率比沿<111>晶面的高100倍左右。图9.15中的V形沟槽就是通过这种非等向性单晶硅过程进行湿法刻蚀得到的。

硝酸具有强腐蚀性，当浓度高于40%时产生氧化。若与皮肤和眼睛直接接触，会导致严重的烧伤并在皮肤上留下亮黄色斑点。硝酸气体具有强烈的气味，只要少量就能造成喉咙不适。如果吸入高浓度的硝酸气体会造成哽咽、咳嗽和胸口疼痛。更严重的会导致呼吸困难、皮肤呈现蓝色，甚至因为肺积水在24小时内死亡。

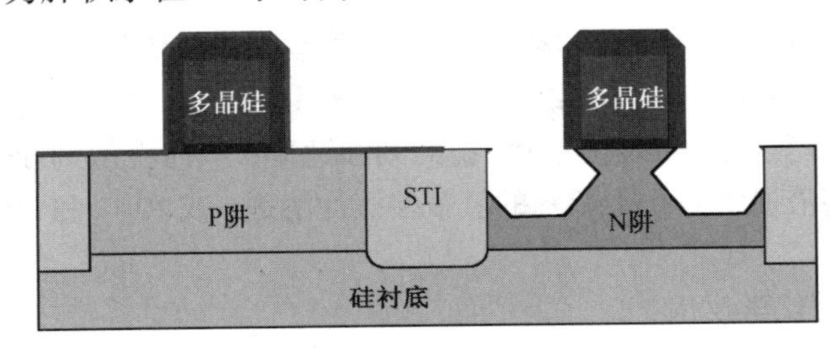

图9.15 各向异性氢氧化钾硅刻蚀形成选择性外延SiGe PMOS源/漏

氢氧化钾具有腐蚀性，可能会造成严重烧伤。通过摄入或吸入与皮肤接触有害。如果与眼睛接触，可能会导致严重的眼损伤。

9.3.4 氮化硅刻蚀

氮化硅普遍应用于形成隔离的工艺中。图9.16显示了20世纪70年以双载流子晶体管为主的IC晶体管制造，那时已经采用了单晶硅和氮化硅刻蚀的隔离工艺。

磷酸(H_3PO_4)常用来刻蚀氮化硅。使用180℃和91.5%的H_3PO_4，氮化硅的刻蚀速率大约为100 Å/min。这种氮化硅刻蚀对热生长的二氧化硅(大于10:1)和硅(大于33:1)的选择性非常好。如果将H_3PO_4的浓度提高到94.5%而温度升高到200℃，氮化硅刻蚀速率就会增加到200 Å/min。此时对二氧化硅的选择性会降低到5:1左右，对硅的选择性减少到20:1左右。

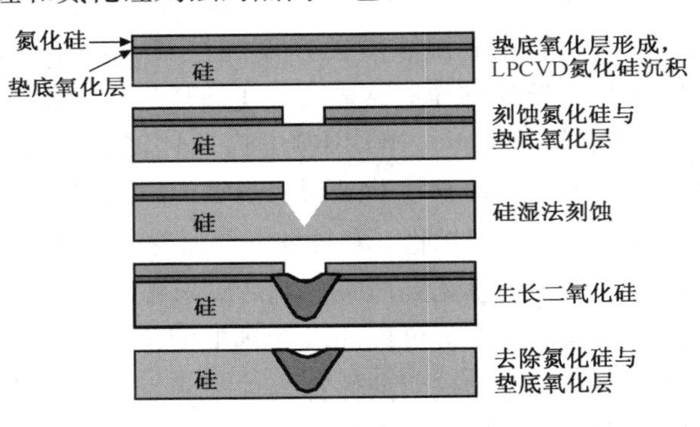

图9.16 绝缘氧化硅隔离工艺流程

自问自答

问：氢氟酸可以用于刻蚀氮化硅。然而在形成隔离工艺中(见图9.16)，图形化氮化硅刻蚀和氮化硅去除均不使用氢氟酸，为什么？

答：氢氟酸刻蚀氮化硅的速率比刻蚀二氧化硅的速率慢很多，所以使用氢氟酸刻蚀氮化硅，将造成垫底氧化层损失过多和严重的底切效应。如果使用氢氟酸去除氮化硅，将会在移除氮化层之前很快地刻蚀掉垫底氧化层和绝缘氧化层，所以不能使用氢氟酸图形化刻蚀氮化硅。

氮化硅刻蚀的化学反应式可表示如下：

$$Si_3N_4 + 4H_3PO_4 \rightarrow Si_3(PO_4)_4 + 4NH_3$$

磷酸硅($Si_3(PO_4)_4$)和氨气(NH_3)这两种副产品都可以溶于水。LOCOS工艺的场区氧化层生成后(或USG研磨和STI退火处理后)，这个技术至今仍在隔离形成工艺中被采用以去除氮化硅。

磷酸是一种无味液体，具有强烈的腐蚀性，若直接接触皮肤和眼睛将造成严重的灼伤。少量的磷酸气体就能造成眼睛、鼻子和咽喉不适。高浓度时，将导致咳嗽和皮肤、眼睛、肺的灼伤。长期接触会腐蚀牙齿。

9.3.5 金属刻蚀

铝刻蚀可以使用多种不同的酸，其中最普遍的混合液是以磷酸(H_3PO_4，80%)、醋酸(CH_3COOH，5%)、硝酸(HNO_3，5%)和水(H_2O，10%)所组成的混合物。45℃时，纯铝的刻蚀速率大约为3000 Å/min。铝刻蚀的机制和硅刻蚀类似：HNO_3使铝氧化并形成铝的氧化物，而H_3PO_4会溶解Al_2O_3，氧化和氧化物溶解这两个过程同时进行。

先进集成电路生产中，铝图形化的刻蚀不再使用湿法过程，湿法过程只用来测试物理气相沉积铝薄膜的质量，但有一些小公司和大学实验室仍使用这种工艺。

先进半导体制造中最普遍使用的金属湿法刻蚀是在镍金属硅化物形成后的镍剥除(见图9.17)。一般使用双氧水(H_2O_2)和硫酸(H_2SO_4)形成1:1混合液选择性刻蚀掉镍金属，这样可以使二氧化硅和硅化镍保持完整。这种刻蚀过程和其他金属湿法刻蚀类似。当H_2O_2氧化金属镍形成NiO时，H_2SO_4与NiO_2反应形成可溶解的$NiSO_4$。

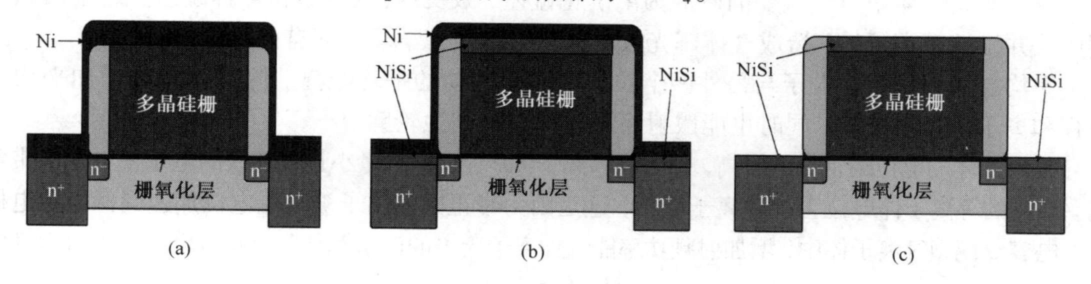

图9.17 自准硅化物工艺流程。(a)镍沉积；(b)镍硅化物退火；(c)镍湿法剥除

醋酸(CH_3COOH；浓度为4%～10%的水溶液，也就是醋)是一种腐蚀性和易燃液体，具有强烈的醋味。直接接触醋酸会引起化学灼伤。高浓度的醋酸气体会导致咳嗽、胸痛、反胃和呕吐。过氧化氢(H_2O_2)是一种氧化剂，直接接触会造成皮肤和眼睛的刺激和灼伤。高浓度H_2O_2气体会造成鼻子和咽喉严重不适。H_2O_2很不稳定且在储藏时会自行分解。硫酸(H_2SO_4)具有腐蚀性，直接接触会造成皮肤灼伤，即使是稀释后的硫酸也会引起皮肤疹。高浓度的硫酸气体会造成皮肤、眼睛和肺的严重化学灼伤。

9.4 等离子体(干法)刻蚀工艺

9.4.1 等离子体刻蚀简介

干法刻蚀工艺使用气态化学刻蚀剂与材料产生反应来刻蚀材料并形成可以从衬底上移除的挥发性副产品。等离子体产生促进化学反应的自由基，这些自由基能显著增加化学反应的速率并加强化学刻蚀。等离子体同时也会造成晶圆表面的离子轰击，离子轰击不但能物理地从表面移除材料，而且能破坏表面原子的化学键，并显著提高刻蚀的化学反应速率。这也是为什么一般干法刻蚀都是等离子体刻蚀的缘故。

20 世纪 80 年代后，当图形尺寸小于 3 μm 时，等离子体刻蚀逐渐取代湿法刻蚀成为所有图形化刻蚀的技术。湿法刻蚀的等向性刻蚀轮廓无法达到小的几何图形需求。由于离子轰击会伴随等离子体的存在，所以等离子体刻蚀是一个非等向性刻蚀过程，它的横向刻蚀深度和关键尺寸损失远比湿法刻蚀小。表 9.1 是湿法和干法刻蚀对照表。

表 9.1 湿法和干法刻蚀对照表

	湿法刻蚀	干法刻蚀
横向刻蚀长度	小于 3 μm 的工艺条件不可接受	很小
刻蚀轮廓	等向性	可控，从非等向性到等向性
刻蚀速率	高	可接受，可控
选择性	高	可接受，可控
设备费用	低	高
产量	高(批量)	可接受，可控
化学药品使用量	高	低

9.4.2 等离子体刻蚀基本概念

等离子体为一种带有等量正电荷和负电荷的离子化气体，由离子、电子和中性的原子或分子组成。等离子体中三个重要的碰撞为离子化碰撞、激发-松弛碰撞和分解碰撞。这些碰撞分别产生并维持等离子体，造成气体辉光放电并产生增强化学反应的自由基。

平均自由程是一个粒子与另外一个粒子碰撞前移动的平均距离。降低压力将增加平均自由程和离子的轰击能量，同时也能散射而形成垂直的刻蚀轮廓。

等离子体的电位通常比电极高，因为当等离子体产生时，质量小且移动快的电子使得电极带负电。较高的等离子体电位会产生离子轰击，这是因为带正电的离子被鞘层电位加速到低电位电极上。电容双耦型等离子体中，增加射频功率能增加离子轰击的流量和能量，同时也能增加自由基的浓度。

由于刻蚀是一种移除过程，因此必须在较低压力下进行。长平均自由程有助于离子轰击和副产品的移除。某些刻蚀反应室也使用磁场线圈产生磁场以增加低压下(小于 100 mTorr)的等离子体密度。作为一种移除工艺，等离子体刻蚀比 PECVD 需要更多的离子轰击。因此在一般的刻蚀中，晶圆都被放置在较小面积的电极上利用自偏压获得更强的离子轰击。

低压下维持高密度等离子体是刻蚀和化学气相沉积工艺过程的需要，然而一般使用的电容耦合型等离子体源无法产生高密度等离子体。感应耦合型等离子体(ICP)与电子回旋共振(ECR)等离子体源已被开发并应用在集成电路制造中。经过使用分开的偏压射频系统，感应耦合型等离子体和电子回旋共振系统能独立控制流量和离子轰击能量。

9.4.3 纯化学刻蚀、纯物理刻蚀及反应离子刻蚀

刻蚀有三种：纯化学刻蚀、纯物理刻蚀，以及介于两者之间的反应离子刻蚀(Reactive Ion Etch，RIE)。

纯化学刻蚀包括湿法刻蚀和遥控等离子体光刻胶去除。纯化学刻蚀中没有物理轰击，由化学反应移除物质。纯化学刻蚀的速率根据工艺需要可以很高也可以很低。纯化学刻蚀一定会有

等向性刻蚀轮廓，因此当图形尺寸小于3 μm时，就无法使用纯化学刻蚀进行薄膜图形化技术。由于纯化学刻蚀具有很好的刻蚀选择性，所以纯化学刻蚀通常用在剥除工艺上。例如，去光刻胶、去氮化硅、垫基氧化层、屏蔽氧化层和牺牲氧化层等。遥控等离子体(RP)刻蚀是在远端反应室中利用等离子体产生自由基，再将自由基送入反应室和晶圆产生反应，因此属于纯化学刻蚀。

氩轰击属于纯物理刻蚀，广泛使用在电介质溅射回刻削平开口部分，以利于后续的空隙填充。氩轰击也用于金属物理气相沉积前的清洗过程，用于移除氧化物以减少接触电阻。氩是一种惰性气体，制造中不会产生化学反应。材料受氩离子轰击后从表面脱离，如用一只锤子把材料从表面敲击移除一样。纯物理刻蚀的速率一般很低，主要取决于离子轰击的流量和能量。因为离子会轰击并移除任何与衬底接触的材料，所以纯物理刻蚀的选择性很低。等离子体刻蚀中，离子轰击的方向通常和晶圆表面互相垂直。所以纯物理刻蚀主要是朝垂直方向刻蚀，它是一种非等向性刻蚀过程。

反应离子刻蚀(RIE)的名称可能是有些误导。这种类型的刻蚀工艺的正确名称应为离子辅助刻蚀，因为在此刻蚀工艺中的离子不一定有化学反应。例如在许多情况下氩离子被用来增加离子轰击。而作为一种惰性原子，氩离子是没有化学反应的。大多数刻蚀工艺中的化学活性物是中性的自由基。在半导体刻蚀加工等离子体中，中性的自由基的浓度比离子浓度高得多。这是因为电离活化能明显高于解离的活化能，而浓度与活化能指数相关。然而，RIE这个词在半导体业界已被用了很长时间，可能没有人会改变它。图9.18显示离子辅助刻蚀的原理与早期实验的结果。

首先将XeF_2气体单独由闭锁阀门注入。XeF_2是一种不稳定的气体。氙是一种惰性气体，所以不会与其他原子形成化学键。干法化学刻蚀中通常用于输送氟自由基。当XeF_2接触到已加热的单晶硅时，就会分解并释放出两个氟自由基。因为氟自由基只有一个不成对的电子，所以能从其他原子获得一个电子，在化学上很容易起反应。氟会与样品表面的硅反应形成易挥发性的四氟化硅(SiF_4)。图9.18中的测量结果表明了这种纯化学刻蚀的刻蚀速率很低。

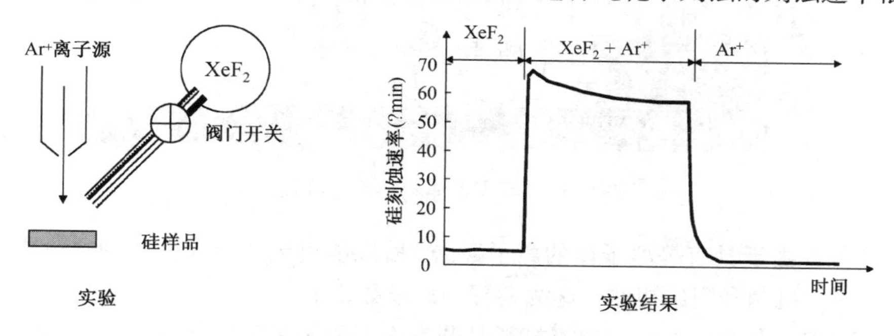

图9.18　离子辅助刻蚀实验及结果[1]

接着开启氩离子枪。结合了物理的离子束轰击和氟自由基的化学刻蚀，硅的刻蚀速率明显增加。当关闭阀门停止输送XeF_2气流后，硅就单独由氩离子溅射刻蚀。这是一种纯物理刻蚀，刻蚀速率比使用XeF_2气流的纯化学刻蚀还要慢。

从图9.18中可以看出结合使用XeF_2气流和氩离子轰击的刻蚀速率最高，明显高于这两种工艺单独使用时的刻蚀速率总和。原因在于氩离子轰击会打断表面硅原子的化学键形成悬浮键。表面上带有悬浮键的硅原子比没有断裂的硅原子更易于和氟自由基形成四氟化硅。由于离子轰击以垂直方向为主，因此垂直方向的刻蚀速率比水平方向高，所以RIE具有非等向性刻蚀轮廓。

先进的半导体制造中，几乎所有的图形化刻蚀都是 RIE 过程。RIE 的刻蚀速率和刻蚀选择性可以控制，刻蚀轮廓是非等向性且可控的，表 9.2 给出了这三种刻蚀工艺的比较。

表 9.2　三种不同刻蚀工艺的比较

	纯化学刻蚀	RIE	纯物理刻蚀
应用	湿法刻蚀，剥除，光刻胶刻蚀	等离子体图形化刻蚀	氩轰击
刻蚀速率	可以从高到低	高，可控	低
选择性	非常好	可以接受，可控	很差
刻蚀轮廓	等向性	非等向性，可控	非等向性
工艺终点	计时或目测	光学测定	计时

9.4.4　刻蚀工艺原理

等离子体刻蚀中，首先将刻蚀气体注入真空反应室。当压力稳定后再利用射频产生辉光放电等离子体。部分刻蚀剂受高速电子撞击后将分解产生自由基，接着自由基扩散到边界层下的晶圆表面并被表面吸附。在离子轰击作用下，自由基很快和表面的原子或分子发生反应而形成气态的副产品。从晶圆表面脱附而出的易挥发性副产品扩散穿过边界层进入对流气流中，并从反应室中排出。整个等离子体刻蚀过程如图 9.19 所示。

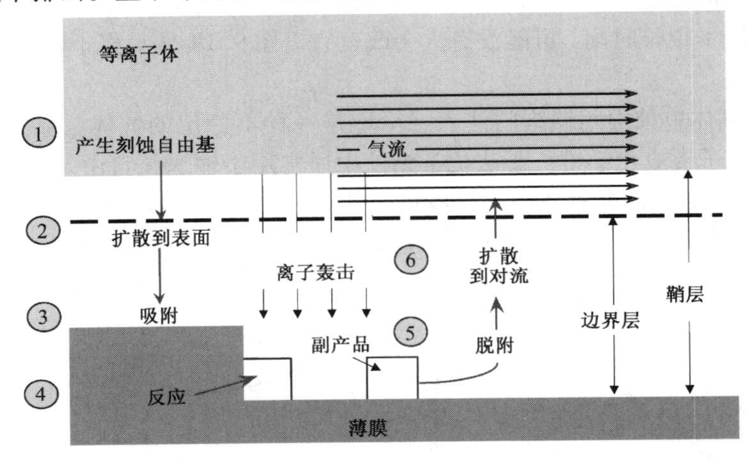

图 9.19　等离子体刻蚀工艺流程

等离子体刻蚀由于具有等离子体的离子轰击，所以能达到非等向性的刻蚀轮廓，非等向性原理有两种：损伤机制和阻绝机制，这两者都和离子轰击有关。

对于损伤机制，有力的离子轰击将打断晶圆表面上原子之间的化学键，带有悬浮键的原子就会受到刻蚀自由基的作用。这些原子容易和刻蚀剂的自由基产生化学键而形成挥发性的副产品，并从表面移除掉。由于离子轰击的方向垂直于晶圆表面，因此垂直方向的刻蚀速率远高于水平方向，所以等离子体刻蚀能形成非等向性的刻蚀轮廓。采用损伤机理刻蚀是一种接近于物理刻蚀的 RIE 工艺。图 9.20 显示了非等向性刻蚀的损伤机理。

电介质刻蚀包括二氧化硅、氮化硅和低 k 介质层刻蚀，是倾向于物理刻蚀的 RIE 技术。使用损伤机制的刻蚀如果要增强非等向性轮廓就必须增加离子轰击。低压和高射频采用重离子轰击，能够得到接近理想的垂直刻蚀轮廓。然而此举会使等离子体造成器件的损坏，尤其对于多晶硅栅刻蚀，因此一般常选择另一种离子轰击较少的非等向性刻蚀机制。

当发展单晶硅刻蚀时，在进行硅刻蚀之前，没有将二氧化硅硬遮蔽层图形化的光刻胶去除(一般要求硅刻蚀之前先去光刻胶以避免污染)，接着刻蚀的结果导致了另一种非等向性刻蚀机制，这就是阻挡机制。在等离子体刻蚀工艺中，离子轰击会溅镀一些光刻胶进入空洞中。当光刻胶沉积在侧壁时就阻挡侧壁方向的刻蚀，沉积在底层的光刻胶会逐渐被等离子体的离子轰击移除，所以使底部的晶圆表面暴露在刻蚀剂中，因此这种刻蚀过程以垂直方向为主(见图9.21)。

这种刻蚀很长时间被用来发展各种非等向性刻蚀技术，如非等向性刻蚀中所产生的化学沉积物将会保护侧壁，并且阻挡水平方向的刻蚀。使用阻挡机制的刻蚀所需的离子轰击比使用损伤机制少，从而可以达到非等向刻蚀的目的。单晶硅刻蚀、多晶硅刻蚀和金属刻蚀一般都采用这种机制，它们属于接近化学刻蚀的 RIE 过程。对于侧壁的沉积物则需要通过干法/湿法清洗，或者二者并用的清洗方式来处理。

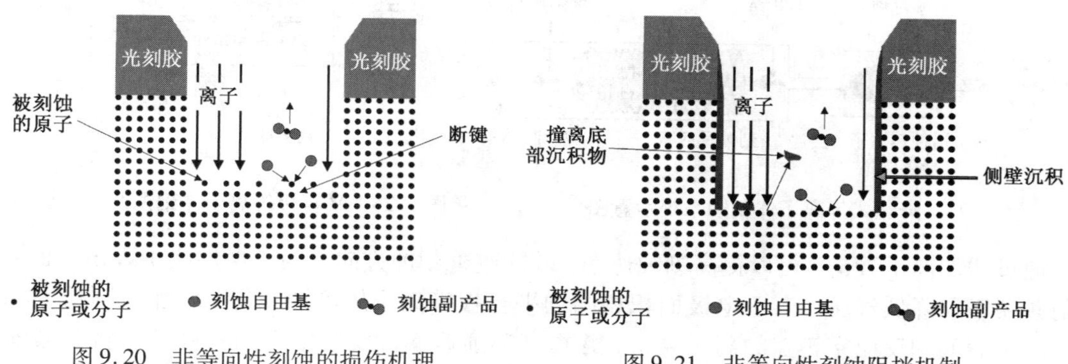

图9.20　非等向性刻蚀的损伤机理　　图9.21　非等向性刻蚀阻挡机制

表9.3为这两种非等向性刻蚀机制，以及在集成电路中的简单应用。

表9.3　非等向性刻蚀机制及其在集成电路中的应用

纯化学刻蚀	反应离子刻蚀(RIE)		纯物理刻蚀
	阻挡机理	损伤机理	
无离子轰击	轻微离子轰击	重离子轰击	只有离子轰击
去光刻胶	单晶硅刻蚀	氧化层刻蚀	—
去硅化物	多晶硅刻蚀	氮化物刻蚀	溅射刻蚀
去氮化物	金属刻蚀	低 k 介质层刻蚀	—

9.4.5　等离子体刻蚀反应室

等离子体最初用来刻蚀含碳物质，例如用氧等离子体剥除光刻胶，这就是所谓的等离子体剥除或等离子体灰化。等离子体中因高速电子分解碰撞产生的氧原子自由基会很快与含碳物质中的碳和氢反应，形成易挥发的 CO、CO_2 和 H_2O，并且将含碳物质有效地从表面移除。这个过程是在带有刻蚀隧道的桶状系统中进行的(见图9.22)。

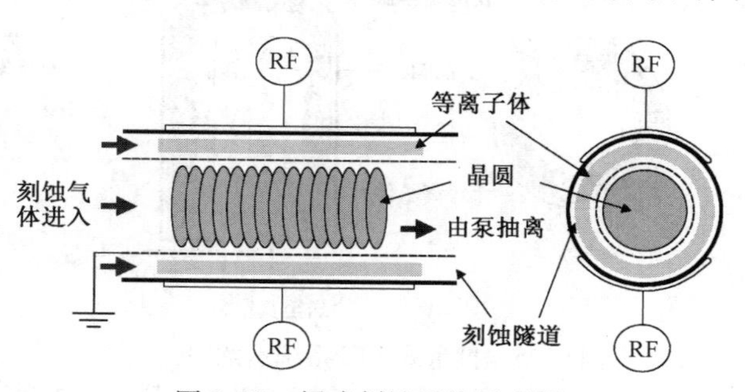

图9.22　桶式刻蚀系统示意图

这个应用在20世纪60年代后期被扩大到硅的刻蚀工艺中，含氟气体如 CF_4 的化合物是刻蚀剂，而气态的刻蚀副产品就是 SiF_4。

另一种干法刻蚀系统是在远端反应室中制造等离子体的降流式或遥控等离子体系统。刻蚀气体被注入等离子体反应室后会在等离子体中分解，接着自由基就会注入反应室，与晶圆上的材料产生化学反应和刻蚀作用。图 9.23 显示了降流式刻蚀系统示意图。

桶式刻蚀系统和降流式刻蚀系统都是等向性刻蚀。为了获得一个有方向性的刻蚀，就发展出了不同的系统，平行板等离子体刻蚀系统是其中之一。这种方法必须在 0.1 ~ 10 Torr 的压力下进行，并且将晶圆放在接地电极上(见图 9.24)。由于 RF 热电极和接地电极具有相同的面积，因此不会造成自偏压问题。因为射频等离子体的直流偏压，两个电极受到的离子轰击基本相同。

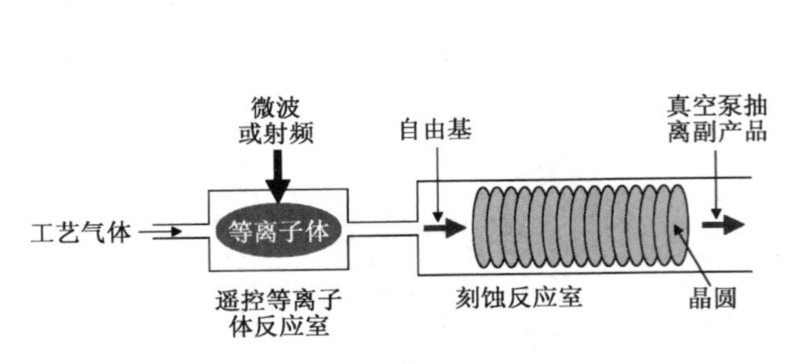

图 9.23 降流式等离子体刻蚀系统示意图

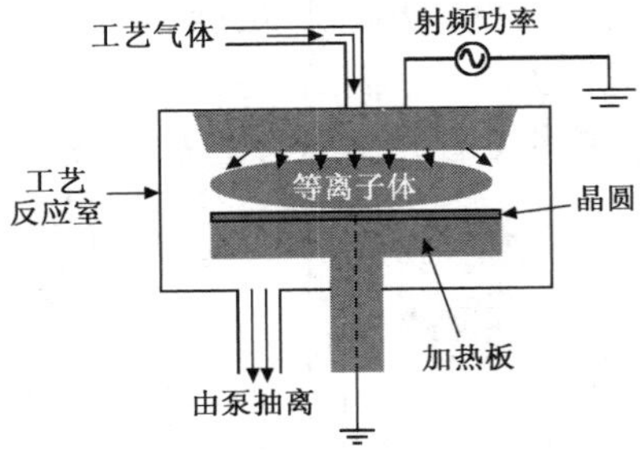

图 9.24 平行板等离子体刻蚀系统示意图

通过增加离子轰击，可以提高刻蚀速率，并能改善刻蚀方向。为了增加离子轰击，必须增强射频功率并降低气压。对于电极面积相同的平行板等离子体刻蚀系统，增加射频功率将会增加晶圆表面和反应室箱盖的离子轰击，并提高刻蚀速率。反应室内的零件寿命将会被缩短并增加了粒子污染。

将晶圆放在刻蚀系统较小的射频“热”电极上，就能使晶圆利用自偏压获得高能量的离子轰击，同时减少接地反应室箱盖所受的离子轰击。晶圆受到的离子轰击是等离子体直流偏压和自偏压的总和，而轰击反应室箱盖的能量来自于直流偏压。当晶圆的电极面积比反应室箱盖面积的一半还要小时，直流偏压将比自偏压低许多。这种工艺称为反应离子刻蚀，从 20 世纪 80 年代以来，已成为最常用的刻蚀系统。图 9.25 所示为一个批量式 RIE 系统示意图。

随着器件特征尺寸的缩小，刻蚀均匀性的标准也越来越高，尤其是晶圆对晶圆(WTW)的均匀性。晶圆对晶圆控制能力较好的单晶圆制造工具逐渐成为刻蚀的主流。图 9.26 是单晶圆、磁场增强式(Magnetically Enhanced RIE，MERIE)系统示意图。

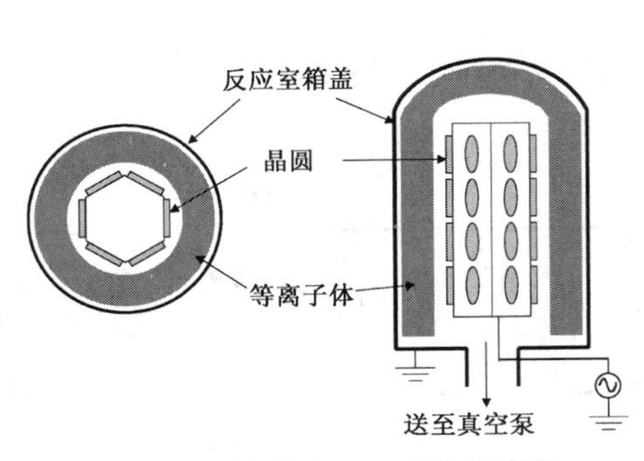

图 9.25 批量式 RIE 系统示意图

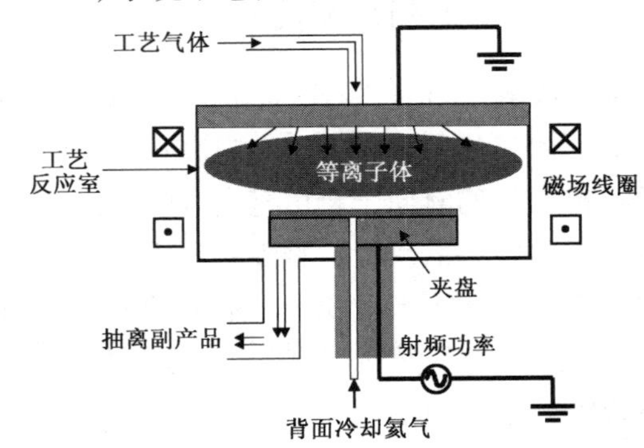

图 9.26 单片式 MERIE 系统示意图

降低刻蚀时的压力可以增加 MFP，从而能够提高离子轰击的能量，并且减少离子碰撞产生的散射，这两种结果都有利于非等向性刻蚀。但是低压下因为电子的平均自由程太长，使电子与气体分子间的游离碰撞次数太少以至不足以产生并维持等离子体。磁场可以强迫电子进行螺旋运动，可使电子运动较长的距离而增加游离碰撞的概率。低压时，增加磁场就可以增加等离子体的密度。然而这也会增加晶圆表面附近的电子密度，进而降低等离子体鞘层电位或降低直流偏压及离子轰击的能量。没有磁场时，鞘层区域的电子就存在于大量等离子体中。这是因为当等离子体开始产生时，晶圆就因快速移动的电子而带负电。当磁场存在时，电子会因为旋转运动不容易离开，从而提高了电子的密度并降低了直流偏压(见图9.27)。

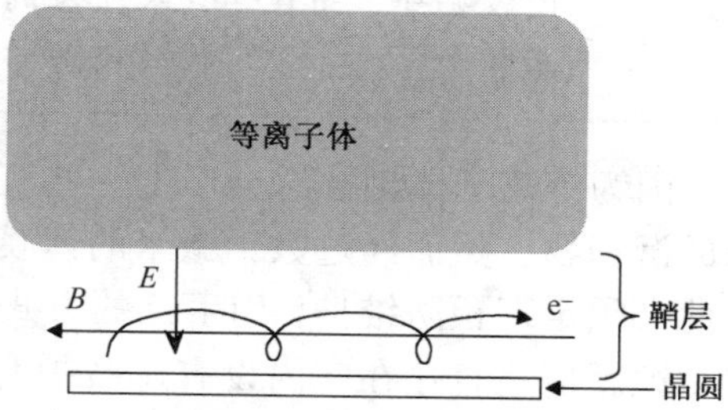

图9.27　电子的螺旋运动示意图

严重的离子轰击将产生大量的热量，所以如果没有适当的冷却系统，晶圆温度就会提高。对于图形化刻蚀，晶圆上涂有一层光刻胶薄膜作为图形屏蔽层，如果晶圆温度超过150℃，屏蔽层就会被烧焦，而且化学刻蚀速率对晶圆温度很敏感，所以图形化刻蚀反应室中必须配备冷却系统，避免光刻胶形成网状结构，并且控制晶圆温度和刻蚀速率。由于刻蚀必须在低压下进行，但低压环境不利于热传导，所以通常在晶圆背面使用加压过的氦气把热量从晶圆移走。为了避免晶圆被来自背面的气流吹走，必须使用能将晶圆固定的夹具，或利用静电作用固定晶圆的静电夹盘。图9.28是夹具和静电夹盘的示意图。

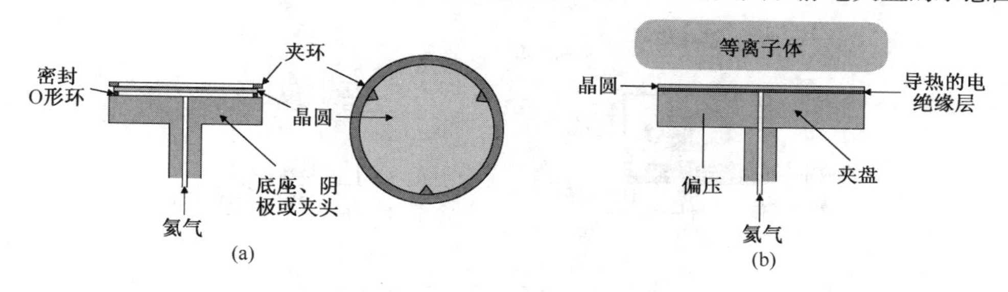

图9.28　(a) 机械夹环；(b) 静电夹盘

因为静电夹盘在晶圆上提供更好的温度均匀性和刻蚀均匀性，且有较少的微粒污染，所以20世纪90年代变得更加普遍。由于晶圆边缘没有夹具的阴影效应，所以具有很好的刻蚀均匀性。而且因为晶圆被均匀冷却，且不会因夹盘应力造成中心弯曲效应，所以晶圆具有很好的温度均匀性。静电夹盘并不像夹具那样有机械接触，所以能够减少刻蚀过程中的微粒数量。热传导率良好的氦，能将热量从晶圆转移到冷却平台。表9.4列出了氦元素的参数。

表9.4　氦元素参数表

名　称	氦	名　称	氦
原子符号	He	摩尔体积	21.0 cm^3
原子序数	2	音速	970 m/s
原子量	4.002 602	折射率	1.000 035
发现者	Sir William Ramsay、N. A. Langley 和 P. T. Cleve	熔点	0.95 K 或 -272.05℃
发现地	英国的伦敦和瑞典的乌普萨拉	沸点	4.22 K 或 -268.78℃
发现时间	1895年	热导率	0.1513 W/(m^{-1}·K^{-1})
名称来源	源自希腊字“helios”，代表“sun”	应用	CVD 和刻蚀工艺中用于冷却和载气

资料来源：http://www.webelements.com/webelements/elements/text/heat/He.html

自问自答

问：氢的热导率比氦高，为什么刻蚀工艺中晶圆冷却不使用氢？

答：不能使用，这是基于安全的考虑。由于氢具有爆炸性和易燃性，而氦是惰性气体，比较安全，并且是仅次于氢的高热导率气体，所以在等离子刻蚀工艺中用于冷却晶圆。

因为等离子体刻蚀总会产生一些沉积物，所以必须使用等离子体干法清洗去除反应室内的沉积物。然而经过数千微米的薄膜刻蚀后，沉积薄膜将逐渐变厚并造成微粒剥落污染，因此必须定期预防维护，用手工的方式移除零件表面、反应室内以及腔壁上的沉积物。有些刻蚀反应室直接在室内设有遮蔽护套。预防维护期间，技术人员只要更换遮蔽护套，将脏护套送到专门清洗店处理后再使用。这种方法能显著减少湿法清洗所引起的系统停机时间而增加生产量。

随着图形尺寸的继续缩小，为了得到更好的刻蚀轮廓和精密的关键尺寸控制，图形化刻蚀必须在低压力下进行以减少离子间的散射碰撞。电容耦合型等离子体源无法在数毫托的低压下产生和维持等离子体，这是因为电子的平均自由程太长，所以无法产生足够的离子化碰撞。半导体工业中通常使用感应耦合型等离子体(ICP)与电子回旋共振(ECR)在低压下产生高密度等离子体进行深亚微米图形化的刻蚀，图 9.29 是这两种系统的示意图。

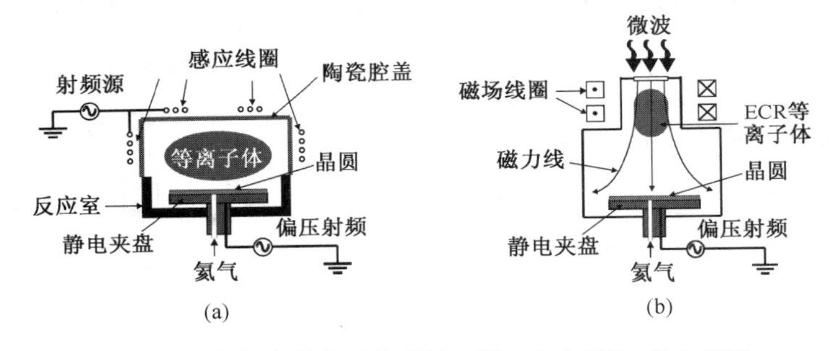

图 9.29 高密度等离子体刻蚀系统。(a) ICP；(b) ECR

高密度等离子体系统最重要的优点在于能够通过等离子体源射频和偏压射频独立控制离子轰击流量和能量。在电容双耦型等离子体中，离子流量和能量都受射频功率的影响。

9.4.6 刻蚀终点

对于湿法刻蚀，大部分刻蚀的终点都取决于时间，而时间又取决于预先设定的刻蚀速率和所需的刻蚀厚度。由于缺少自动监测终点的方法，所以通常由操作员目测终点。湿法刻蚀速率很容易受刻蚀剂温度与浓度的影响，这种影响对不同工作站和不同批量均有差异，因此单独用时间决定刻蚀终点很困难，一般采用操作员目测的方式。

等离子体刻蚀的优点在于运用光学系统自动设定终点。刻蚀的最后阶段，等离子体的化学成分将产生变化，从而引起了等离子体发光的颜色和强度改变。利用光谱仪监测光的特定波长并检测信号的改变，光学系统就传送一个电信号到电脑内以控制刻蚀系统终止刻蚀工艺。表 9.5 列出了部分可供刻蚀终点监测化学产物的波长。

表9.5　刻蚀工艺使用的化学药品及终点检测的特征光波长

薄　膜	刻　蚀　剂	波长(Å)	发　射　物
Al	Cl_2，BCl_3	2614	AlCl
		3962	Al
多晶硅	Cl_2	2882	Si
		6156	O
Si_3N_4	CF_4/O_2	3370	N_2
		3862	CN
		7037	F
		6740	N
SiO_2	CF_4，CHF_3	7037	F
		4835	CO
		6156	O
PSG，BPSG	CF_4，CHF_3	2535	P
W	SF_6	7037	F

比如，在铝刻蚀的最后阶段，由于大多数铝已被刻蚀，因此 AlCl 的光谱强度会因缺乏 $AlCl_3$ 而减少。光谱强度的变化提供了检测信号并终止刻蚀。

另外还有许多方法监测刻蚀终点，例如压力的改变、偏压的改变和质谱仪测定法等。然而从半导体工艺的观点考虑，工艺进行时任何压力和偏压的改变都是不允许的，因为这种改变会影响制造的重复性。质谱仪测定法可以测量反应腔中不同化学产物在刻蚀结束时的浓度变化，所以可以用来监测刻蚀终点。但由于质谱仪测定法需要真空反应室系统，所以与光学终点系统相比不符合经济效益。RIE 终点监测系统不常使用这种技术。降流式或遥控等离子体刻蚀系统的反应室内没有等离子体，所以反应室内不会产生辉光发光。当无法使用光学系统监测刻蚀终点时，只能选择质谱仪测定系统。

9.5　等离子体刻蚀工艺

9.5.1　电介质刻蚀

从20世纪60年代早期集成电路工业发展后，以硅化物为主的电介质，如二氧化硅、氮化硅和硅的氮氧化物等，被广泛应用在芯片制造中。电介质刻蚀主要用于形成接触窗及连接不同导体层之间的接触窗孔。通常情况下，形成第一层金属与硅源/漏极以及多晶硅栅极间的接触窗刻蚀称为接触刻蚀。这种刻蚀工艺必须刻蚀金属沉积前的电介质，即 PMD 层。PMD 层通常是掺杂硅玻璃，如 PSG 或 BPSG。金属层间接触窗孔刻蚀和接触刻蚀类似，将全部刻蚀金属层间电介质 IMD 或介质层间电介质 ILD，它们主要是未掺杂的硅玻璃(USG)、氟化硅酸盐玻璃(FSG)，如 SiCOH 的低 k 绝缘层，或多孔 SiCOH(这与半导体工艺的技术节点有关)。金属层间接触窗孔刻蚀停止于铝表面，而接触刻蚀则停止于硅或氧化硅表面。

其他的电介质刻蚀有硬式遮蔽层刻蚀和焊接垫刻蚀。LOCOS 和浅沟槽隔离这两个过程都必须刻蚀氮化物和衬垫氧化层形成硬式遮蔽层。对于 LOCOS 工艺，氮化硅层作为氧化遮蔽层；而在浅沟槽隔离中，氮化硅用来形成硅刻蚀遮蔽层和未掺杂的硅玻璃的化学机械研磨停止层。另外，铜、金以及白金刻蚀还用氮化硅作为刻蚀的硬式遮蔽层。焊接垫刻蚀通过刻蚀氮化物和氧化物的钝化保护层形成金属垫区，用来形成连线焊接或接触凸状物。

大多数电介质刻蚀都使用重离子轰击的氟元素，利用破坏原理形成非等向性刻蚀轮廓。电介质刻蚀最常用的气体是氟碳气体，如 CF_4、CHF_3、C_2F_6 和 C_3F_8。部分氧化物刻蚀系统也使用 SF_6 作为氟元素气体的来源。正常情况下，碳氟化合物相当稳定，不会与二氧化硅或硅氮化物发生反应。等离子体中，碳氟化合物分解并产生增强反应的氟元素自由基。这些自由基和二氧化硅或氮化硅产生化学反应，并在表面形成具有挥发性的四氟化硅，最后通过真空泵从表面抽走。表 9.6 中列出了氟元素的基本参数。

表 9.6　氟元素的基本参数

名　称	氟
原子符号	F
原子序数	9
原子量	18.998 403 2
发现者	Henri Moissan
发现地	法国
发现时间	1886 年
名称来源	源自拉丁字母“fluere”，代表“to flow”
摩尔体积	11.20 cm^3
音速	不详
折射率	1.000 195
熔点	53.53 K 或 −219.47 ℃
沸点	85.03 K 或 −187.97 ℃
热导率	0.0277 $W/(m^{-1}\cdot K^{-1})$
应用	在SiO_2 和 SiN_4 刻蚀工艺中，氟自由基作为主要的刻蚀气体

资料来源：http://www.webelements.com/webelements/elements/text/hist/F.html

等离子体刻蚀中的二氧化硅和氮化硅化学反应式可以表示为

$$CF_4 \xrightarrow{\text{等离子体}} CF_3 + F$$

$$F + SiO_2 \xrightarrow{\text{等离子体}} SiF_4 + O$$

$$F + Si_3N_4 \xrightarrow{\text{等离子体}} SiF_4 + N$$

电介质刻蚀中常用氩气增加离子轰击。通过破坏 Si-O 和 Si-N 化学键增加刻蚀速率并形成非等向性的刻蚀轮廓。加入氧气并与碳反应释放出更多氟自由基就可以提高刻蚀速率，但加入氧气也会影响电介质刻蚀对硅和光刻胶的选择性。添加氢气可以改善电介质刻蚀对硅的选择性。

BPSG 接触刻蚀时，当接触窗达到多晶金属硅化物栅极和局部连线位置时，源/漏极的接触刻蚀大约只完成了一半。当 BPSG 刻蚀持续进行并达到硅化物的源/漏极接触窗时，就必须同时减少栅极/局部连线的过刻蚀。因此，接触刻蚀需要非常高的氧化物对硅化物的选择性来防止金属硅化物接触窗被过刻蚀。选择性必须达到 $S \geq t/\Delta t$（见图 9.30）。

对于电介质刻蚀，F/C 比例在刻蚀选择性上具有重要作用。当 F/C 小于 2 时会发生聚合反应，形成一层如铁弗龙的聚合物沉积在反应室内。对于 CF_4 等离子体，F/C 开始的比例为 4∶1。等离子体中 CF_4 分解成 CF_3 和 F。刻蚀过程逐渐消耗 F 的同时，CF_3 会继续分解成 CF_2。这个过程会降低反应室中的 F/C 比例。当许多 CF_2 分子互相连结成一个长链时就形成聚合物，可以通过直流偏压控制离子轰击的强弱将这些聚合物在形成薄膜前物理移除。图 9.31 显示了 F/C 比例、直流偏压和聚合作用之间的关系。

对于氧化物刻蚀，特别是接触刻蚀，F/C 比接近聚合反应边界的刻蚀范围。当氟元素刻蚀氧化物时，氟元素将取代氧而和硅产生化学键，氧将脱离出来。这时氧和氟碳化物中的碳产生反应形成 CO 和 CO_2，并释放部分氟自由基来保持 F/C 在刻蚀过程中的比例。当刻蚀达到硅或金属硅化物表面时，氟元素被消耗，由于被刻蚀的薄膜中无氧分子，因此碳不会被额外的氧消耗。当刻蚀达到硅或金属硅化物表面时，F/C 比就会减少，快速进入聚合作用区并沉积聚合物就可以降低硅或硅化物上的刻蚀作用，并提供高的氧化物对硅/硅化物刻蚀选择性。当硅化物栅/局部连线的接触窗完成后，氧化物刻蚀继续进行数千埃达到源/漏极位置(见图9.30)。沉积在硅或硅化物表面的聚合物能通过氧等离子体的移除过程或湿法清洗过程被移除。

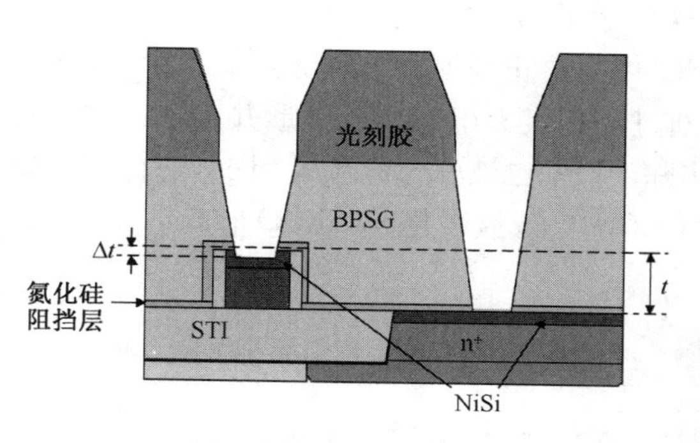

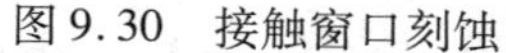
图9.30 接触窗口刻蚀

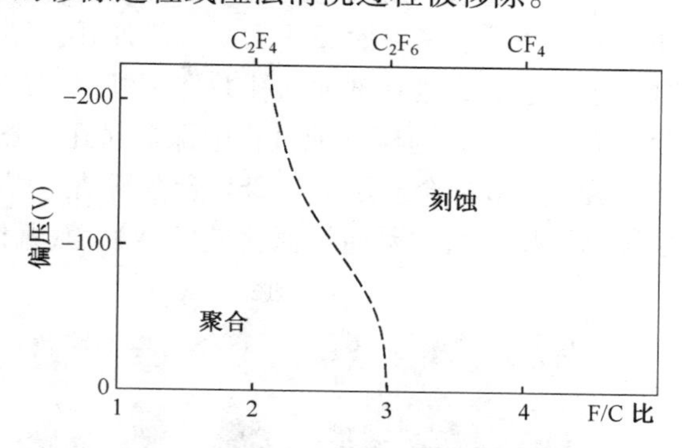

图9.31 F/C比、直流偏压及聚合作用关系

由于电介质刻蚀使用损伤机制，所以这个过程是物理过程，并在晶圆表面形成强的离子轰击。晶圆必须在靠近聚合物边界的刻蚀区进行刻蚀才能达到对硅或硅化物的高选择性。同时，较大的接地电极，也就是反应室箱盖，是处于聚合化的范围内。与晶圆表面比较，反应室箱盖只需要能量较低的离子轰击。所以进行接触刻蚀和金属层间接触窗孔刻蚀时，聚合作用总是发生在电介质刻蚀反应室中。沉积在等离子体刻蚀反应室中的聚合物必须用O_2/CF_4等离子体清洁，以防止聚合物薄膜破裂产生微粒污染物。为了维护刻蚀反应室的清洁，必须将挡片晶圆放置在夹盘上以避免夹盘受离子轰击而损害，清洁之后一般要进行适应过程，在反应室内沉积一层薄聚合物，以防止残余物从反应室墙壁上松动脱落，这种过程不但可以保持反应室内的状态，还可以防止"首片晶圆"效应。

字线(WL)和接触孔的密度与SRAM逻辑器件十分不同。DRAM单元阵列、NAND快闪存储器单元阵列如图9.32所示。一般NAND存储器的线宽比约为1∶1，DRAM WL是1∶2，SRAM栅极关键尺寸和空隙约为1∶3。从图9.32中可以看出，NAND存储器并不需要WL之间的接触孔。事实上，只需要一个接触孔连接32位或64位字线的位线或源代码行。然而，DRAM和SRAM需要每个WL之间连接。

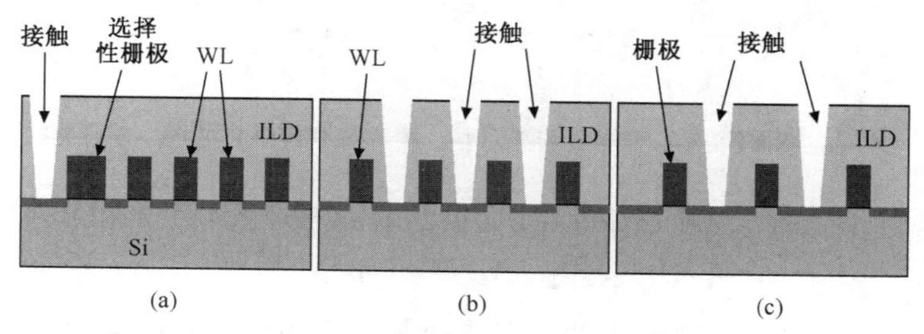

图9.32 不同存储器的字线和接触孔密度。(a) NAND存储器；(b) DRAM；(c) SRAM

对于DRAM应用，因为晶体管阵列的栅极或WL之间的间距明显比相同技术节点的逻辑器件小，所以WL之间的接触孔很小。为了避免在如此高密集WL的位线接触之间短接，发展了自对准接触(SAC)工艺。如图9.33所示，SAC工艺通过对氮化硅高的选择性刻蚀BPSG，从而形成了WL堆积和完全覆盖WL的侧壁空间层硬掩膜。SAC工艺允许DRAM应用中高密度的接触孔。多晶硅沉积和化学机械研磨后，SAC提供了位线接触(BLC)和存储节点接触(SNC)的焊盘，因

此，它也被称为刻蚀后的焊盘接触(PLC)和多晶硅化学机械研磨后的多晶硅焊盘(LPP)。

对于铜金属，集成电路芯片有更多的介质刻蚀工艺过程。除了通孔刻蚀，还有沟槽刻蚀。使用两种方法：第一次通孔和第二次通孔。图9.34显示了第一道通孔工序。首先通过通孔光刻版定义通孔，然后刻蚀通孔并在刻蚀停止层(ESL)中间停止刻蚀，光刻胶去除后，再用光刻胶填充通孔并在沟槽刻蚀过程中保护通孔。然后通过光刻定义出光刻胶图形并刻蚀沟槽转移图形到低 k ILD 介质层上。ESL 会在清洁过程中去除。ESL 也被称为覆盖层，因为它位于金属层顶部。ESL 通常是通过氮化硅(SiN)，氮氧化硅(SiON)，或氮碳化硅(SiCN)形成。

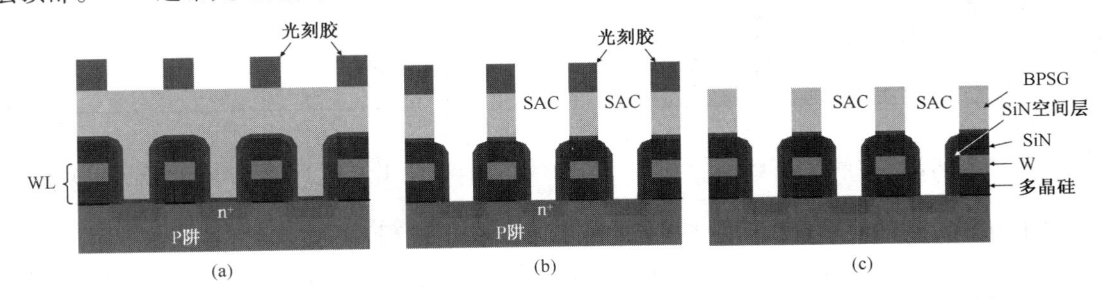

图9.33 DRAM 自对准接触 SAC 工艺。(a)SAC 光刻版；(b)SAC 刻蚀；(c)去光刻胶

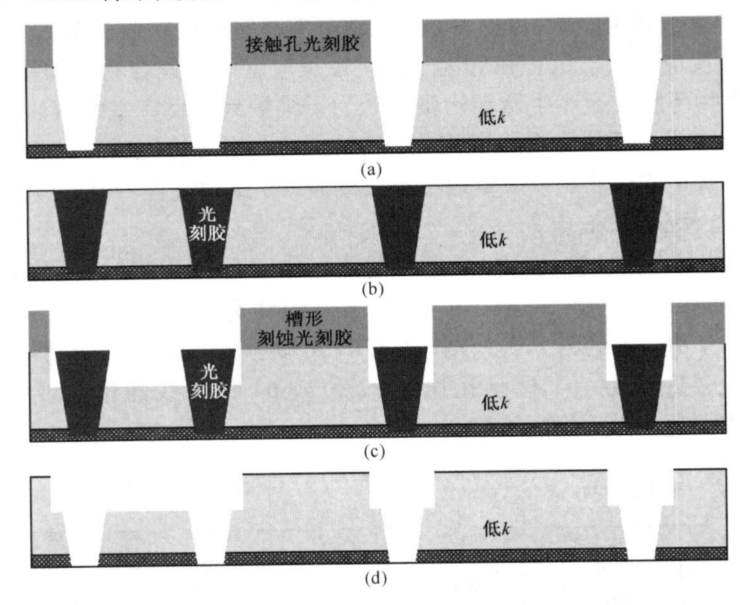

图9.34 先通孔双镶嵌工艺过程。(a) 通孔刻蚀；(b) 光刻胶填充并回刻蚀；(c) 沟槽刻蚀；(d) 刻蚀停止层去除

图9.35显示了先沟槽双镶嵌工艺。沟槽掩膜光刻后，沟槽被刻蚀形成 ILD 薄膜，如图9.35(a)所示。对于先进的纳米技术节点器件，ILD 薄膜通常是低 k 介电薄膜。通过图9.35(b)所示的通孔掩膜光刻后，通孔被刻蚀，并在光刻胶清洗后去除 ESL。

由于许多低 k 和超低 k(ULK)介电薄膜是有机硅玻璃(OSG)，或有很多碳和氢的多孔 OSG 薄膜，它们可能通过氧气自由基去除。为了防止去光刻胶工艺过程中破坏低 k 和超低 k 介电薄膜，如氮化钛(TiN)金属硬掩膜常用于 ILD 刻蚀。ILD 沉积后，沉积金属硬掩膜层。

图9.36说明了具有 TiN 金属与 TEOS 氧化硬掩膜的铜金属化工艺。从图中可以看出，

BARC代表底部防反射涂层，它通常是在光刻胶旋涂前覆盖在晶圆表面的自旋材料。TEOS代表四乙基氧基硅烷，广泛用于氧化硅CVD工艺中的原材料。等离子体增强型化学气相沉积（PECVD）用TEOS作为原材料。PECVD TEOS工艺过程将在第10章薄膜电介质中详细讨论。沟槽掩膜首先用于光刻胶图形化，然后BARC和具有光刻胶的硬掩膜被刻蚀，如图9.36(a)所示。TiN和TEOS硬掩膜可以防止去光刻胶工艺中氧自由基破坏低k和超低k介电薄膜。光刻胶被后烘后，通孔掩膜被图形化并且被刻蚀超过一半，如图9.36(b)所示。使用金属硬掩膜刻蚀低k电介质，这个过程对ESL有高的选择性，因此通孔停止在ESL处，如图9.36(c)所示。铜沉积后氮化钛硬掩膜停留在硅片表面，如图9.36(d)所示，并通过铜互连金属化学机械研磨工艺永久去除，如图9.36(e)所示。

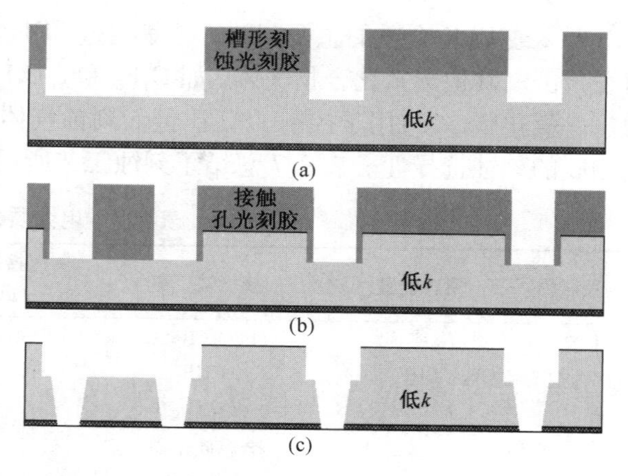

图9.35 第一次沟槽和双镶嵌工艺过程。(a) 沟槽刻蚀；(b) 通孔光刻；(c) 通孔刻蚀并去除刻蚀停止层

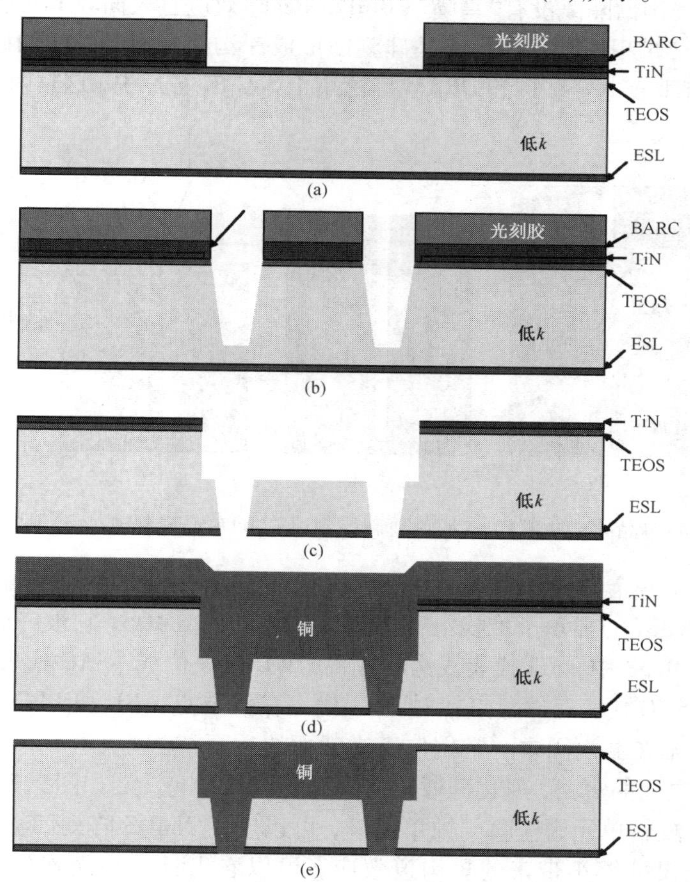

图9.36 具有金属硬掩膜的铜金属化工艺。(c) 刻蚀具有金属硬掩膜的沟槽和通孔并去除ESL；(d) 铜沉积；(e) 金属CMP移除金属硬掩膜

低 k 或 ULK 介质的主要刻蚀工艺是通过 CF4、CHF_3 或 C_4F_8 的化学反应过程，并且氩作为离子轰击。其他碳氟化合物气体，如 C_4F_6 和 c-C_5F_8，使用氧气也可以用于低 k 和 ULK 介质刻蚀。一氧化碳(CO)用于控制 F/C 比值。刻蚀气体中减小 F/C 值可以帮助改善低 k 电介质对光刻胶的刻蚀选择性。表 9.7 总结了刻蚀工艺所用的电介质。

表 9.7 电介质刻蚀工艺

刻蚀名称	硬遮蔽层	接 触 窗	接触孔(Al-Cu)	接触孔/槽形(Cu/低 k)	连接垫片
材料	Si_3N_4 或 SiO_2	PSG 或 BPSG	USG 或 FSG	低 k 或 ULK	氮化物或氧化物
刻蚀剂	CF_4, CHF_3, …	CF_4, CHF_3, …	CF_4, CHF_3, …	CF_4, CHF_3, CO, …	CF_4, CHF_3, …
底层	Si, Cu, Au,	多晶硅或金属硅化物	TiN/Al-Cu	ESL/Cu	金属
终点监测	CN, N 或 O	P, O 和 F	O, Al 和 F	CN, O 和 F	O, Al 和 F

9.5.2 单晶硅刻蚀

从 20 世纪 90 年代开始，亚微米集成电路芯片中的浅沟槽隔离(STI)需要用单晶硅刻蚀完成。浅沟槽隔离逐渐取代了硅局部氧化(LOCOS)中的场区氧化层隔离集成电路芯片中的相邻元器件，这是因为浅沟槽隔离没有“鸟嘴”(Bird’s Beak)效应且表面较 LOCOS 平坦的缘故。

DRAM 芯片生产过程中必须使用单晶硅刻蚀形成深沟槽电容器，增加硅衬底的电容密度(见图 9.37)。具有垂直电容结构的 DRAM 广泛用于 SoC IC 芯片中，这是因为这种结构能与标准 CMOS 工艺兼容。

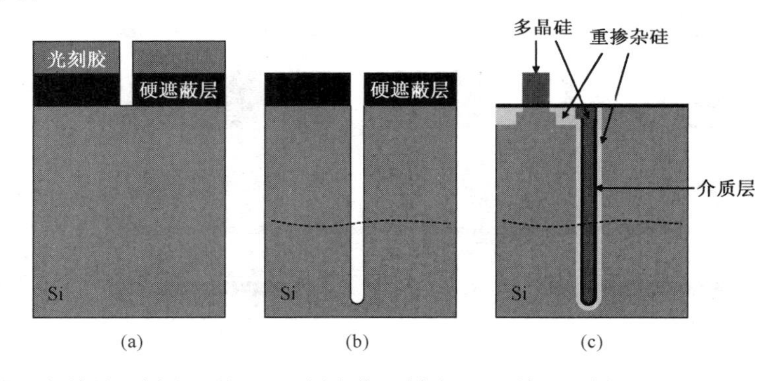

图 9.37 深槽电容单晶硅刻蚀工艺。(a)硬遮蔽层刻蚀；(b)单晶硅刻蚀；(c)形成深槽 DRAM 电容

图 9.38(a)显示一个具有平面阵列 NMOS 的堆叠电容，这通常用于大于 100 nm 技术节点的 DRAM 中。图 9.38(b)显示了堆栈电容 DRAM 凹栅阵列 NMOS，它被广泛用于亚 100 nm 技术的 DRAM。在图 9.38 中，STI 代表浅沟槽隔离，WL 代表位线，SAC 代表自对准接触，BLC 代表字符线接触，SNC 代表存储节点接触，SN 代表存储节点。BL 和 BLC 在单元阵列中用断线表示，因为它们不在截面图中。它们位于横截面的后面，之间夹着 SNC。为了避免 SNC 多晶硅栓塞和钨 BL 之间的短路，氮化硅通常被沉积在 SNC 侧壁上，如图 9.38(b)所示。

通过使用一个反转单元栅掩膜刻蚀单晶硅，可以产生 NMOS 阵列凹栅电极，这可能有助于减少由于栅特征尺寸缩小带来的短沟道效应。可以看出具有平面阵列晶体管的堆栈电容 DRAM 只需要一个单晶硅刻蚀形式的浅沟槽隔离，而凹栅门阵列晶体管 DRAM 需要两个单晶硅刻蚀，一个形成浅沟槽隔离，另一个形成凹栅。

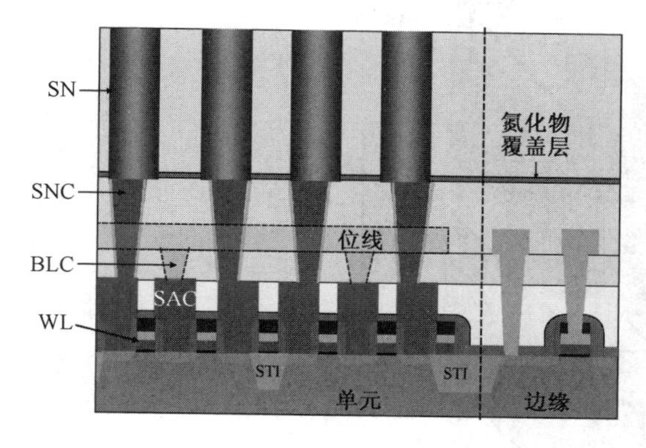

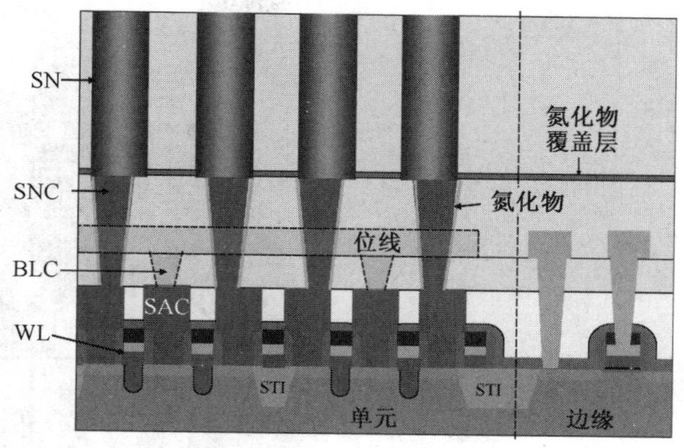

图9.38 (a)具有平面阵列NMOS的堆叠电容DRAM截面图；(b)凹栅阵列NMOS

掩埋字线(bWL)DRAM技术已经被开发，这是基于深沟槽DRAM和凹栅晶体管的技术。对于凹栅阵列晶体管，栅电极埋在晶圆表面以下。多晶硅/金属/氮化硅堆栈导线位于晶圆表面以上作为DRAM单元的字线。通过确定单元阵列NMOS和晶圆表面以下的字线，埋字线DRAM减少了一步光刻，因为这种设计再不需用字线图形化。而且通过消除由于密集的字线图形化引起的表面问题，这种技术也减少了另外一个掩膜工艺，这是因为不再需要自对准接触层的缘故。当然这种技术面临WL沟槽刻蚀的挑战，需要更好地控制关键尺寸(CD)、深度和轮廓，也需要实现对单晶硅和STI氧化硅几乎相同的刻蚀率。TiN、W金属层沉积和回刻蚀也必须得到很好控制。其他的挑战是bWL DRAM阵列晶体管使用金属栅通常为氮化钛(TiN)，而不是平面和凹栅阵列NMOS常用的多晶硅栅。对于bWL DRAM，多晶硅和金属叠层(通常为多晶硅/WN/W叠层)被用来作为边缘MOSFET的栅极，这也可以用于位线叠层。因此，非常具有挑战性的是，形成位线接触用于连接位线和阵列NMOS并同时保持边缘MOSFET栅氧化层的完整性。

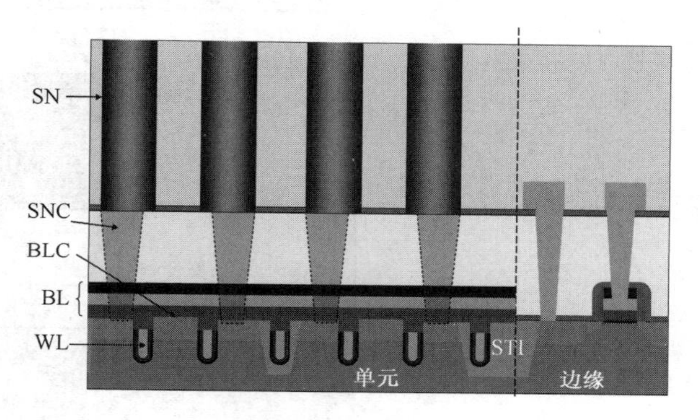

图9.39 掩埋字线DRAM示意图

单晶硅刻蚀也需要形成如FinFET的三维器件，FinFET被认为是当平面MOSFET技术不能再尺寸缩小时下一代器件的首选。图9.40(a)显示了制作在绝缘体上硅(SOI)衬底上具有共同栅的三个FinFET器件。图9.40(b)显示了沿表面虚线的FinFET器件横截面，从图中可以看出，这种结构如同制作在SOI衬底上的平面MOSFET。从图9.40(a)也可以看出，硅鳍形可以通过单晶硅刻蚀实现。在SOI衬底上实现硅鳍形比在体硅结构上容易，这是因为埋氧可以用做刻蚀终点，而且鳍的高度比较容易控制，这个高度就是埋氧层上硅的厚度。

FinFET三维器件也可以用体硅衬底制作，这需要更好地控制单晶硅刻蚀工艺，如CD、深度和轮廓。硅鳍的高度通过STI氧化层控制(见图9.41)。CD和硅鳍的高度可以通过原子力显微镜(AFM)和散射技术测量。

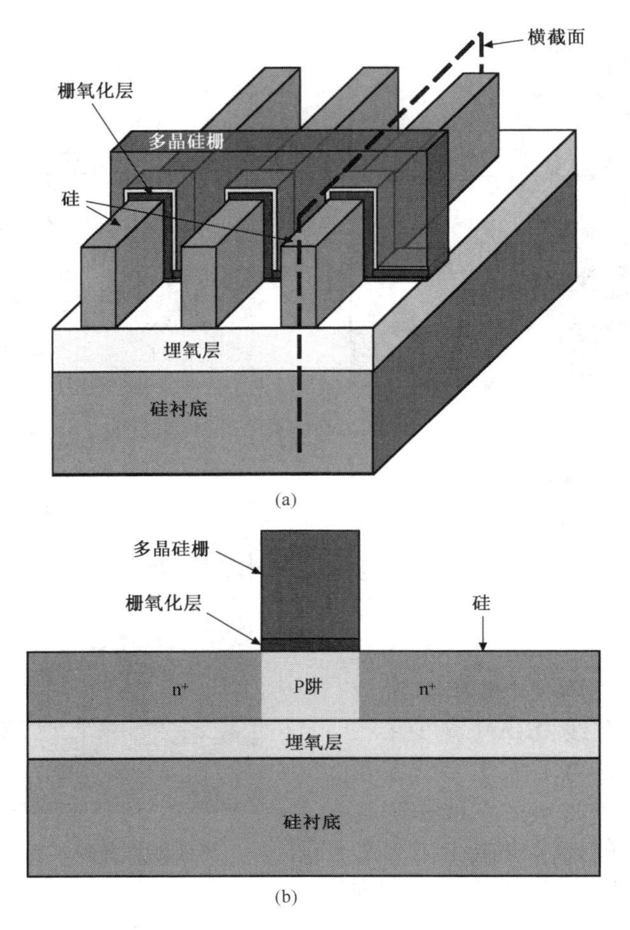

图 9.40 三维 FinFET 结构。(a) 截面图；(b) 一个单元

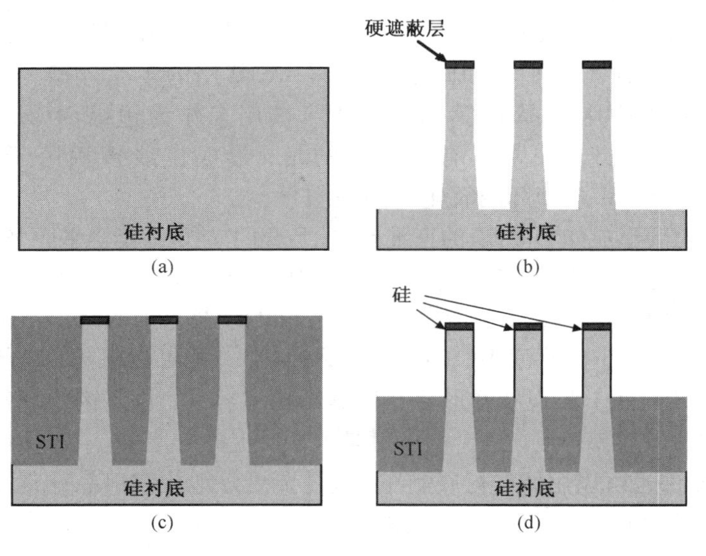

图 9.41 体硅衬底形成硅鳍示意图。(a) 体硅衬底；(b) 沟槽刻蚀；(c) STI 氧化物填充和 CMP；(d) STI 氧化物去除

单晶硅刻蚀一般采用二氧化硅或使用二氧化硅和氮化硅的硬式遮蔽层代替光刻胶避免污染，如图9.41(b)所示。这个过程以HBr为主要刻蚀剂，O_2作为侧壁钝化作用的媒介。HBr在等离子体中分解释放溴元素自由基，这些自由基和硅反应形成具有挥发性的四溴化硅(Tetrabromide，$SiBr_4$)。氧会氧化侧壁的硅而形成二氧化硅以保护硅不受溴元素自由基的影响。在沟槽底部，离子轰击使氧化物无法生长，因此刻蚀只在垂直方向进行。表9.8列出了溴元素的相关参数。

表9.8 溴元素参数表

名称	溴	名称	溴
原子符号	Br	音速	不详
原子序数	35	点阻率	大于 10^{18} μΩ·cm
原子量	79.904	折射率	1.001 132
发现者	Antoine-J. Balard	熔点	-7.2 ℃
发现地	法国	沸点	59 ℃
发现时间	1826年	热导率	0.12 W/(m^{-1}·K^{-1})
名称来源	源自希腊字母“bromos”,代表“stench”	应用	溴自由基用于单晶硅刻蚀的刻蚀剂
摩尔体积	19.78 cm^3	来源	HBr

资料来源：http://www.webelements.com/webelements/elements/text/phys/Br.html

单晶硅等离子体刻蚀的主要化学反应如下：

$$HBr \xrightarrow{\text{等离子体}} H + Br$$

$$4Br + Si \xrightarrow{\text{等离子体}} SiBr_4$$

氧气一般用来改善氧化物硬式遮蔽层的选择性，同时也可以作为与刻蚀副产品SiBr反应形成沟槽侧壁上的$SiBr_xO_y$沉积。由于沟槽底部的$SiBr_xO_y$沉积会不断地被离子轰击移除，所以$SiBr_xO_y$沉积物就可以保护侧壁并将刻蚀限制在垂直方向。氟元素的来源气体如SiF_4和NF_3也能改善沟槽侧壁和底部刻蚀轮廓，氟也可以实现bWL DRAM所需的单晶硅和二氧化硅刻蚀率。

单晶硅刻蚀包括两个工艺过程：突破过程和主刻蚀过程。简单的突破过程通过强的离子轰击和氟元素化学作用移除硅表面的薄膜原生氧化层。主刻蚀则通过HBr和O_2(一般He稀释为30%)进行刻蚀。当刻蚀完成后，必须用湿法清洗除去晶圆侧壁上的沉积。单晶硅刻蚀和其他等离子体刻蚀最大的差异在于没有底层，因此无法利用光学信号方法决定终点，一般利用计时决定。

单晶硅刻蚀反应室的墙壁上会有硅、溴、氢和氟元素形成复杂的化合物沉积。为了控制粒子污染，这些沉积必须定期使用氟等离子体清洁。与其他清洁过程一样，清洁之后的适应工艺过程是必需的。

9.5.3 多晶硅刻蚀

多晶硅刻蚀是最重要的刻蚀过程，因为它决定了晶体管的栅极(见图9.32)。一般栅的多晶硅刻蚀关键尺寸是所有刻蚀中最小的。一般所谓的多少微米节点技术，就是指关键尺寸是多少微米。

当特征尺寸缩小到纳米技术时，栅极的关键尺寸和技术节点不再一致。技术节点主要是由栅极图形化间距决定的。技术节点的定义对不同的器件也不同。NAND快闪存储器技术节点是半间距：20 nm的NAND闪存储器有40 nm的WL间距，而通常20 nm的栅极关键尺寸有20 nm的关键尺寸间隙。DRAM技术节点通常是WL间距的1/3，33 nm DRAM有99 nm WL间距和约30 nm的栅极关键尺寸。CMOS逻辑器件的技术节点通常被定义为SRAM栅间距的1/4，因为栅极之间有一个接触。例如，在2008年国际电子器件会议(IEDM)上由IBM公司B. S.

Haran 等人发表的 22 nm SRAM 器件有 90 nm 栅间距和 25 nm 的栅极关键尺寸。图 9.42 显示了 NAND 快闪存储器，以及 DRAM 和 SRAM 阵列晶体管的截面图。

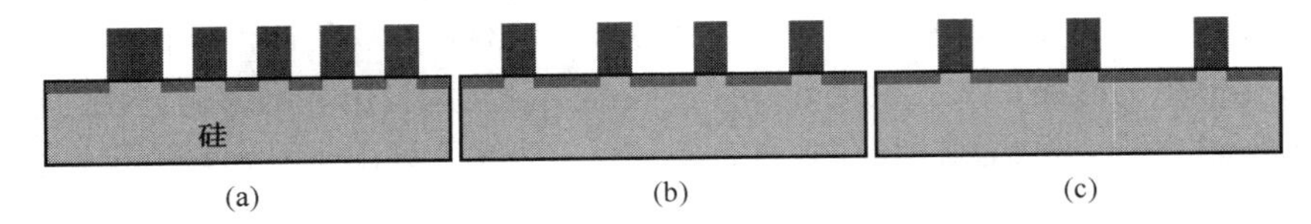

图 9.42 具有相同技术节点的不同存储器件截面示意图。(a) NAND 快闪存储器；(b) DRAM；(c) SRAM

图 9.43 显示了 Intel 的第 6 代晶体管(6T)SRAM 尺寸缩小时间表，以及多晶硅栅刻蚀技术后从 90 nm 到 22 nm 技术节点 6T SRAM 单元的 SEM 图像俯视视图。可以看出，SRAM 的布局从 65 nm 节点已发生了革命性的变化，这种布局完全不同于 90 nm 节点。从 45 nm 节点后，双重图形化技术已经应用在栅图形化工艺中。随着技术节点的继续缩小，MOSFET 栅极关键尺寸继续缩小遇到了困难，集成电路设计人员开始减少栅极之间的间距。

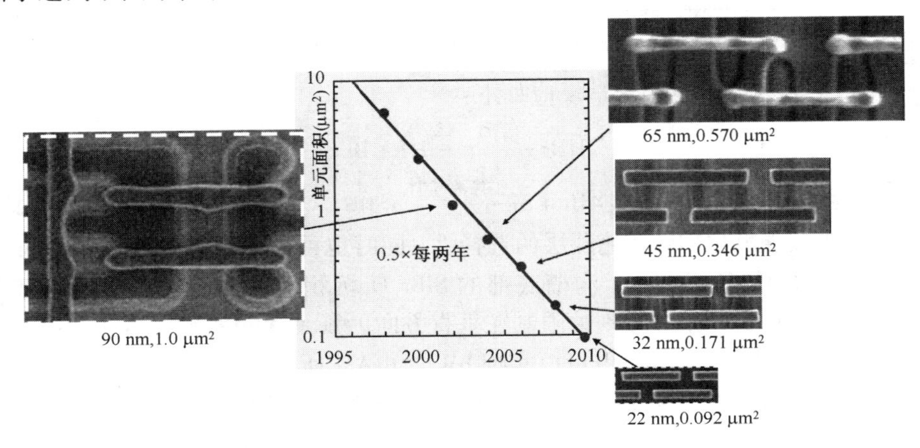

图 9.43 Intel SRAM 尺寸缩小时间表

资料来源：http://download.intel.com/technology/silicon/Neikei_Presentation_2009_Tahir_Ghani.pdf

多晶硅栅 MOSFET 需要多晶硅刻蚀形成栅极图形。具有高 k 和金属栅极(HKMG)MOSFET 需要刻蚀多晶硅。事实上，采用 45 nm、32 nm 和 22 nm 技术节点的 Intel SRAM 多晶硅栅在 ILD0 化学机械研磨后被刻蚀(见图 9.43)，并且被金属层取代形成金属栅极。因为栅极之间的间距对 32 nm 和 22 nm SRAM 很小，具有刻蚀工艺的沟槽式接触与 DRAM 的自对准接触(SAC)类似，并且已经被开发应用于形成接触栓塞。

图 9.44 显示了一个多晶硅刻蚀工艺用于形成 CMOS 栅和局部互连。可以看出，它使用栅氧化层和浅沟槽隔离氧化物上的光刻胶作为刻蚀掩膜和刻蚀停止层。

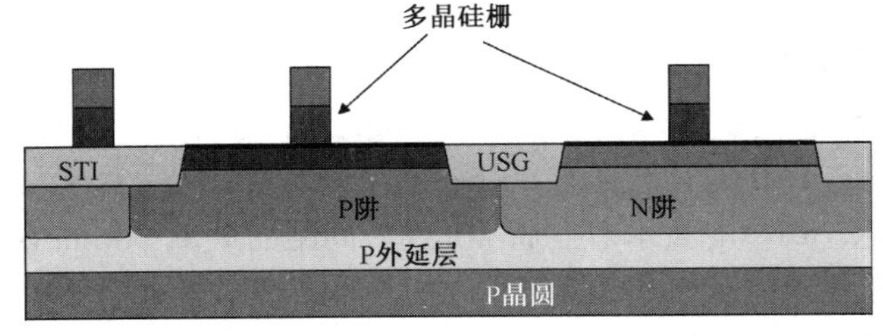

图 9.44 多晶硅栅和局部互连刻蚀示意图

Cl_2是多晶硅刻蚀的主要刻蚀剂。等离子体中，Cl_2分子分解产生容易反应的氯元素自由基，氯自由基能与硅形成气态四氯化硅。表9.9列出了部分氯元素的相关参数。

表9.9 氯元素相关参数表

名　称	氯	名　称	氯
原子符号	Cl	电阻系数	大于 10^{10} μΩ·cm
原子序数	17	折射率	1.000 773
原子量	35.4527	熔点	-101.4℃或171.6 K
发现者	Carl William Scheele	沸点	-33.89℃或239.11 K
发现地	瑞典	热导率	0.0089 W/($m^{-1}\cdot K^{-1}$)
发现时间	1774年	应用	用于多晶硅与金属刻蚀工艺中的刻蚀剂和多晶硅生长反应室的清洁
名称来源	源自希腊字“chloros”,代表“淡绿”	来源	Cl_2, HCl
摩尔体积	17.39 cm^3		
音速	206 m/s		

资料来源:http://www.webelements.com/webelements/elements/text/phys/Cl.html

Cl_2很容易和光刻胶材料结合并在侧壁上沉积一层聚合物薄膜，从而有助于形成非等向性的刻蚀轮廓和较小的关键尺寸损失(或增加)。HBr也可作为第二种刻蚀剂及侧壁钝化作用的催化剂。O_2能用来改善对氧化物的选择性。

多晶硅栅刻蚀最大的挑战之一是对二氧化硅的高选择性，因为多晶硅下方是一个超薄的栅氧化层。对于45 nm器件，栅氧化层的厚度大约只有12 Å，相当于两层二氧化硅分子的厚度。由于刻蚀速率和多晶硅薄膜厚度不均匀，所以部分的多晶硅可能已被刻蚀而其他部分仍在进行刻蚀(见图9.45)。由于不能刻蚀掉薄的栅氧化层薄膜，况且刻蚀多晶硅的刻蚀剂也将刻蚀掉栅氧化层下的单晶硅而形成缺陷，所以在多晶硅过刻蚀中，对氧化物的选择性一定要足够高。

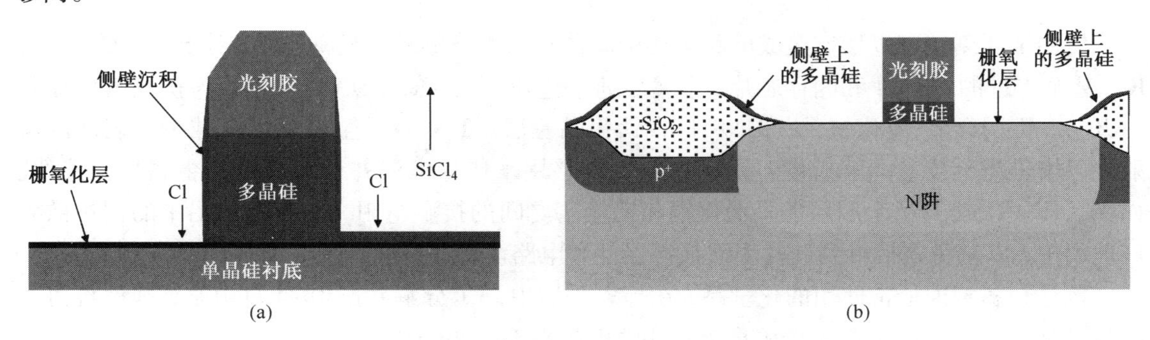

图9.45 多晶硅过刻蚀的要求示意图

图9.45显示了多晶硅过刻蚀的要求。如果刻蚀工艺在高的刻蚀率下进行，晶圆的一部分就已经被刻蚀到了栅氧化层，见图9.45(a)的左部。然而在低刻蚀速率部分，仍有薄的多晶硅残留需要刻蚀掉，见图9.45(a)的右部。假设高低刻蚀速率有3%的差异，对于均匀厚度为50 nm的多晶硅薄膜，残留的多晶硅厚度大约为1.5 nm。如果工艺仅仅允许约0.5 Å的栅氧化层损失，过刻蚀的选择性必须高于30∶1。对于图9.45(b)所示的LOCOS情况，当器件工作区的多晶硅被刻蚀的同时，场氧化层侧壁上残留的多晶硅仍然需要刻蚀。这个选择性取决于侧壁残留物的厚度与可容许的栅氧化层损失比例。如果侧壁残留物厚度为1500 Å，而最大栅氧化层损失为30 Å，则在过刻蚀中多晶硅对二氧化硅的选择性至少为1500∶30 =50∶1。

多晶硅刻蚀通常包括三个过程：突破过程、主刻蚀过程和过刻蚀过程。突破过程利用高离子轰击移除 10 ~ 20 Å 原生氧化层薄膜，通常使用氟元素。主刻蚀过程移除指定区域内的多晶硅形成栅和局部连线。过刻蚀中通过改变刻蚀条件来移除残留多晶硅，以减少栅氧化层的损失。主刻蚀以极高的速率进行多晶硅刻蚀。这时不考虑二氧化硅的选择性，因为此时的刻蚀还没有接触到氧化物。一旦刻蚀剂开始刻蚀栅氧化层时，氧气就会从薄膜中被释放并进入等离子体中。当氧光谱光学分光镜感应器监测到氧光谱强度增加时，就执行刻蚀终点，停止主刻蚀并启动过刻蚀。过刻蚀中，系统通过注入氧气，降低射频功率并减少 Cl_2气流，以改善多晶硅对氧化物的选择性。

对于先进技术节点的集成电路芯片，仅使用 193 nm 的 ArF 光学光刻和光刻胶很难满足刻蚀的需要。通常需要多晶硅上的介质硬掩膜。这个介质层有时也可作为防反光涂层(ARC)。介质硬掩膜上面，在光刻胶涂敷前覆盖有自旋 ARC 层或底部 ARC(BARC)层。这通常被称为三层材料。通过光刻工艺图形化光刻胶后，BARC 利用氧等离子体刻蚀，介质硬掩膜通过氟化与氩离子轰击刻蚀，这类似于突破过程。多晶硅主刻蚀可以使用氟化和光学系统检测多晶硅厚度的变化。化学过刻蚀使用含氧的 HBr，这对栅氧化层有非常高的选择性。

氟元素也可以刻蚀多晶硅。有些多晶硅刻蚀会使用 SF_6和 O_2。由于氟元素刻蚀二氧化硅的速率比氯快，因此对多晶硅与二氧化硅的选择性较低，所以在主刻蚀中大多使用氯元素。

DRAM 栅工艺中，在多晶硅上使用钨金属硅化物以减少局部连线的电阻。这种金属硅化物和多晶硅的堆叠薄膜刻蚀需要增加一道工艺刻蚀 W 或 WSi_2，一般先使用氟元素刻蚀钨金属硅化合物层，然后再使用氯元素刻蚀多晶硅。

9.5.4 金属刻蚀

使用金属刻蚀可以形成集成电路中连结晶体管和电路单元的金属连线，对于成熟的 CMOS IC，甚至先进的 DRAM 和闪存芯片，金属层通常包含三层：氮化钛(TiN)层，即抗反射层镀膜(ARC)；铝铜合金;氮化钛/钛(TiN/Ti)或钛钨黏着层。TiN ARC 金属层可以减少铝表面的反射光以增进光刻技术的解析度。铝铜合金金属层用来传导电流并形成长距离金属导体连线。而 Ti、TiN/Ti 或 TiW 金属层能降低铝铜和钨栓塞之间的接触电阻，也能防止铝中的铜扩散到硅玻璃中，以避免铜接触到硅衬底而损害器件和电路。

氯是金属刻蚀最常使用的化学品，在等离子体中，Cl_2分解并产生 Cl 自由基，这种自由基能与 TiN、Al 及 Ti 产生反应形成具挥发性的副产品 $TiCl_4$和 $AlCl_3$。

$$Cl_2 \xrightarrow{\text{等离子体}} Cl + Cl$$

$$3Cl + Al \xrightarrow{\text{等离子体}} AlCl_3$$

$$4Cl + TiN \xrightarrow{\text{等离子体}} TiCl_4 + N$$

$$4Cl + Ti \xrightarrow{\text{等离子体}} TiCl_4$$

金属刻蚀通常使用 Cl_2为主要刻蚀剂，而 BCl_3一般用在侧壁钝化作用中。BCl_3同时也可作为 Cl 的第二来源并提供较重的 BCl_3^+离子进行离子轰击，某些情况下也使用 Ar 增加离子轰击。也可利用 N_2 和 CF_4改善侧壁的钝化作用。

自问自答

问：为什么不使用氟刻蚀 TiN/Al-Cu/Ti 金属堆积层？

答：铝氟反应生成 AlF_3，AlF_3 的挥发性很低。正常的刻蚀状态，即在大约 100 mTorr 和低于 60℃条件下，AlF_3 为固体。因此氟元素不能用于刻蚀工艺图形化 TiN/Al-Cu/Ti 金属堆积层。

金属刻蚀具有良好的轮廓控制、残余物控制，防止金属腐蚀很重要。金属刻蚀时铝中如果有少量铜就会引起残余物问题，因为 $CuCl_2$ 的挥发性极低且会停留在晶圆表面。可以通过物理的离子轰击将 $CuCl_2$ 从表面移除掉，或通过化学性刻蚀在 $CuCl_2$ 的下方形成底切将 $CuCl_2$ 从表面移除。由于 $CuCl_2$ 微粒和晶圆表面都因为等离子体带负电，所以必须通过静电力将 $CuCl_2$ 从表面移除。晶圆暴露于大气之前必须先剥除光刻胶，否则沉积在 PR 和侧壁上的残留氯元素会和 H_2O 发生反应形成 HCl，进而造成金属腐蚀问题。

对于 HKMG 工艺的先栅法，需要刻蚀介质硬掩膜栅堆积薄膜、多晶硅和 TiN 薄膜（见图 9.46）。刻蚀工艺与一般多晶硅栅刻蚀工艺类似，第一步为利用突破刻蚀过程图形化介质硬掩膜；然后为主要刻蚀工艺，使用氟等离子体去除多晶硅；金属刻蚀过程使用 Cl 或 HBr 具有对覆盖层有较高选择性的 TiN 和高 k 电介质层。对于多晶硅栅刻蚀，可以加入氧气以提高对二氧化硅的刻蚀选择性。然而，对于金属栅刻蚀，在等离子体中增加氧气可能会导致 TiN 的氧化，形成二氧化钛并导致栅金属损失。

TiN 的刻蚀也需要图形化铜低 k 互连 ULK 介电质的硬掩膜，如图 9.36（a）所示。

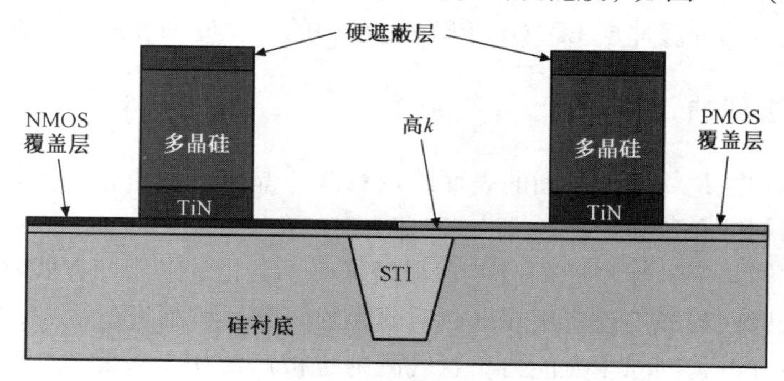

图 9.46　HKMG 器件栅刻蚀工艺示意图

9.5.5　去光刻胶

刻蚀结束之后，光刻胶必须被去除。去光刻胶使用湿法或干法过程。干法去除光刻胶通常使用氧气。水蒸气（H_2O）通常附加在等离子体中以提供额外的氧化剂（HO）去除光刻胶和氢自由基，从而能够除去侧壁和光刻胶中的氯元素。对于金属刻蚀，当晶圆暴露在潮湿空气中之前，刻蚀之后的去光刻胶非常重要。这是因为大气中的水汽会和侧壁沉积物中的氯反应生成盐酸，进而刻蚀铝造成金属腐蚀。在去光刻胶过程中使用的基本化学反应为：

$$O_2 \xrightarrow{\text{等离子体}} O + O$$

$$H_2O \xrightarrow{\text{等离子体}} 2H + O$$

$$H + Cl \xrightarrow{\text{等离子体}} HCl$$

$$O + PR \xrightarrow{\text{等离子体}} H_2O + CO + CO_2 + \cdots$$

图9.47显示了具有遥控等离子体源的去除光刻胶反应室示意图。这个反应室可以和刻蚀室放在同一工作线上以便在相同的主机内进行光刻胶去除。

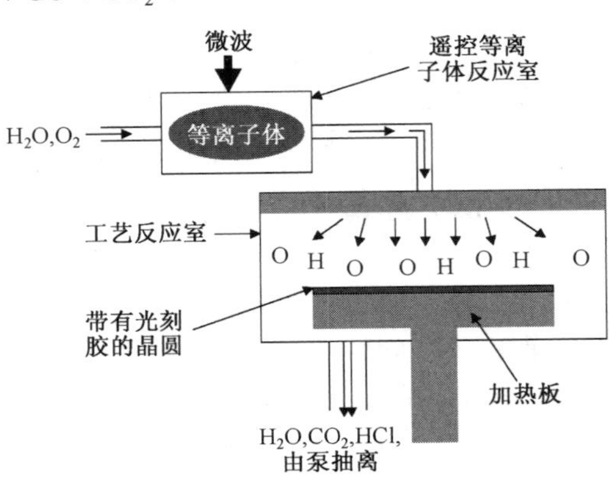

图9.47 遥控等离子体源的去光刻胶系统示意图

9.5.6 干法化学刻蚀

干法化学刻蚀可以使用加热后不稳定的化学气体，如 XeF_2 和 O_3，或利用遥控等离子体(Remote Plasma, RP)源在远端等离子体室中产生自由基，再将自由基注入反应室中。由于这些不稳定气体非常昂贵并难以存储，所以集成电路生产较常使用遥控等离子体过程。

通过遥控等离子体源并利用离子轰击产生的等离子体可以在晶圆表面上形成化学性强的自由基，所以干法化学刻蚀能应用在薄膜剥除刻蚀中。干法化学刻蚀优于湿法化学刻蚀之处在于它能和另一座RIE反应室设在同一台机器的生产线上，从而能够用临场方式处理晶圆并提高产量。所谓酒杯状接触窗就是其中的一个例子(见图9.14)。等离子体刻蚀室能和RIE反应室放置于同一个大型主机上。首先，晶圆在遥控等离子体刻蚀室中进行等向性刻蚀，然后再转移到RIE反应室中进行非等向性刻蚀。遥控等离子体刻蚀的其他应用包括在LOCOS过程中的氮化硅层剥除及多晶硅缓冲层LOCOS(PBL)过程中的氮化硅和多晶硅层剥除。

9.5.7 整面干法刻蚀

整面等离子体刻蚀是将整个晶圆的表面物质移除。晶圆表面上没有光刻胶图形。整面刻蚀的主要应用是回刻蚀和薄膜剥除。

氩气溅射回刻蚀是一种纯物理刻蚀。它利用强离子轰击，以物理方式将表面的微小物质缓慢移除。氩气溅射回刻蚀广泛应用在电介质薄膜的间隙开口削肩过程中，它会增加CVD原材料分子的渗透性并改善间隙填充能力。氩气溅射也被广泛用于去除晶圆表面金属沉积前的原生氧化层。

RIE回刻蚀结合了物理刻蚀和化学刻蚀，能和电介质CVD工具配合形成侧壁空间层。因此，CVD反应室可以在图形上沉积电介质薄膜，如图9.48(a)所示。RIE刻蚀反应室可以回刻蚀电介质膜形成侧壁空间层，如图9.48(b)所示。RIE也可以用于刻蚀CVD钨形成钨栓塞。在这种情况下，能和钨CVD工具一起使用形成钨栓塞。RIE也可用于光刻胶或旋涂硅玻璃(SOG)的回刻蚀，以达到电介质平坦化。

9.5.8 等离子体刻蚀的安全性

等离子体刻蚀涉及一些安全问题。使用具有腐蚀性和毒性的化学品，如 Cl_2、BCl_3、SiF_4 和HBr。高浓度状态下(大于1000 ppm)吸入这些气体都可能致命。一氧化碳(CO)是一种无色无味的气体，易燃并可能导致火灾。CO有毒，如果吸入对人体有害，因为它能结合血液中的血红蛋白，减少传递到身体组织中的氧，从而导致血液损伤、呼吸困难，甚至死亡。

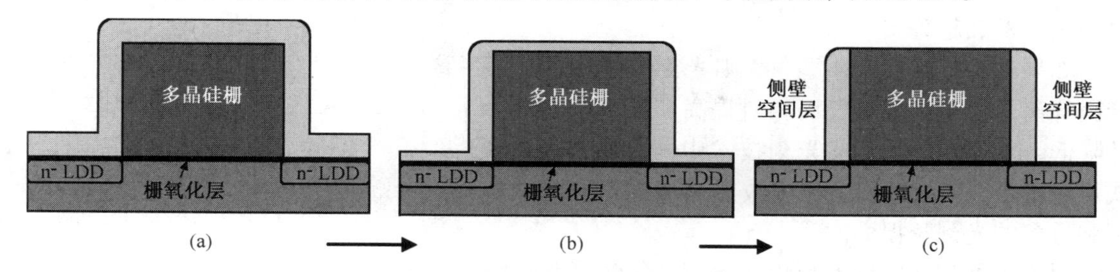

图9.48 形成侧壁空间层的RIE回刻蚀。(a) CVD沉积电介质薄膜；(b) 电介质薄膜回刻蚀；(c) 形成侧壁空间层

射频功率会引起电击，高功率下甚至会致命。所有的可移动零件，包括机械手臂和真空阀均具有机械危险性，会对没有保持适当距离的工作人员造成伤害。为了避免当有人在“灰区”处理系统时，而其他人却在无尘室中将系统启动，必须封锁系统并附上警告标志。

9.6 刻蚀工艺发展趋势

湿法刻蚀的速率主要取决于温度和刻蚀剂的浓度。提高温度能够加速化学反应，并提高刻蚀剂和刻蚀副产品的扩散速率，使刻蚀速率增加。增加刻蚀剂浓度也会提高刻蚀速率。选择性主要由刻蚀中的刻蚀剂和刻蚀材料之间的化学作用决定。湿法刻蚀通常具有非常好的刻蚀选择性。湿法刻蚀的轮廓都是等向性的，且无法控制。而刻蚀速率的均匀性取决于刻蚀溶剂的温度和浓度的均匀性，搅拌溶剂和晶圆有助于改善刻蚀的均匀性。湿法刻蚀的终点一般由时间和操作员目测决定。

对于等离子体刻蚀，特别是使用一般的平行板电极射频等离子体，刻蚀速率对射频功率最为敏感。增加射频功率会增加离子轰击的流量和能量，从而会显著改善物理刻蚀速率及损伤效应。增加射频功率也会提高自由基的浓度，进而增进化学刻蚀效果。因此如果等离子体刻蚀系统的刻蚀速率和设定值不符，首先应检查射频系统。射频系统包含射频源、电缆、连接端及射频匹配电路。增加射频功率会使反应离子刻蚀成为物理性刻蚀。由于物理性溅射的关系，通常会降低刻蚀的选择性，特别是对光刻胶的选择性。图9.49说明了射频功率与刻蚀速率以及选择性之间的关系。

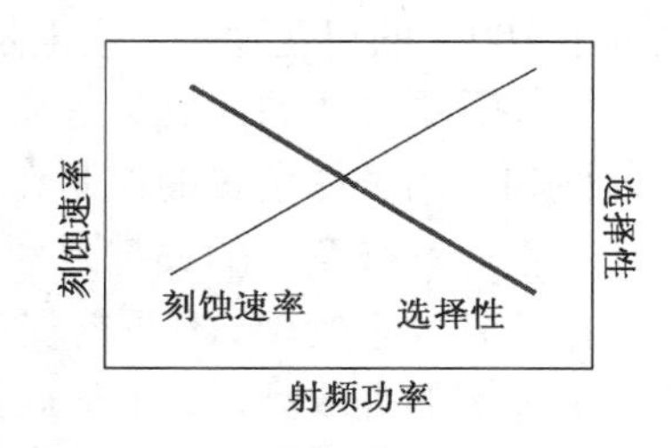

图9.49 射频功率与刻蚀工艺以及选择性之间的关系

压力主要控制刻蚀均匀性和刻蚀轮廓，同时也能影响刻蚀速率和选择性。改变压力会改变电子和离子的平均自由程，进而影响等离子体和刻蚀速率的均匀性。通过增加压力缩短MFP，此举也表示增加了离子间的碰撞。随着离子能量的降低，离子的碰撞散射就会增加，从而可以提高RIE中的化学刻蚀成分。如果刻蚀主要以化学方式为主，增加压力就会提高刻蚀速率；但如果刻蚀以物理方式为主，则增加压力将会降低刻蚀速率。

增加磁场有助于提高等离子体密度，进而增强离子轰击流量及物理刻蚀成分，也会造成鞘层偏压降低使得离子能量减少，增加自由基的浓度可使刻蚀更具化学性。低压状态下当磁场微弱时，改善物理刻蚀比化学刻蚀更重要。当磁场强度增加时，刻蚀将变得更具物理性。而当磁场强度达到某个特定数值时，由于离子能量随着直流偏压减少，所以刻蚀将变得更具化学性。图9.50显示了当射频功率、压力和磁场强度增加时的刻蚀发展趋势图。

如果刻蚀反应室产生漏气，则光刻胶的刻蚀速率会因等离子体中出现氧气而相对提高。光刻胶的选择性降低，微粒数会增加。光刻技术中，如果光刻胶硬式烘烤不足，刻蚀过程中将导致过高的光刻胶刻蚀速率和过多的光刻胶损失。

因为每种刻蚀所需的反应室设计、化学品和操作环境不同，所以发展趋势也可能各不相同。一般来说，工具供应商提供工具时也会附上包括工艺参数条件和工具检修指南等信息。

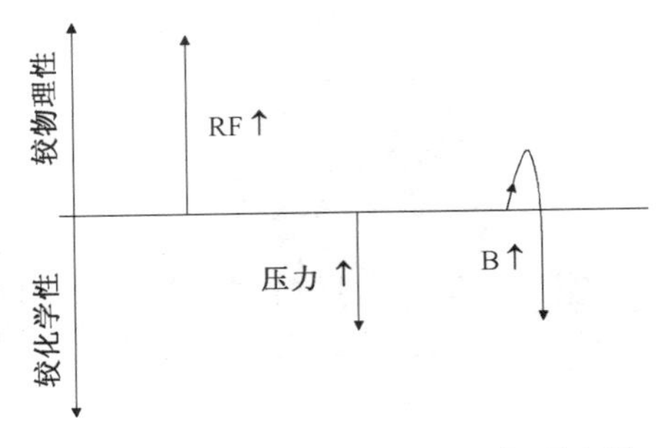

图9.50　射频功率、压力和磁场强度增加时的刻蚀发展趋势示意图

9.7　刻蚀工艺未来发展趋势

为了获得更好的非等向性刻蚀轮廓并减少关键尺寸损失，需要在较低压力下进行刻蚀过程，因为低压环境能够增加平均自由程并减少离子散射。增加等离子体密度能增加离子的轰击流量。为了达到一定的离子轰击，增加离子轰击流量可减少所需的离子能量，这也是通常用来减少器件损伤的方法。低压、高密度的等离子体反应室是未来刻蚀反应室的设计方向，ICP和ECR刻蚀反应室就能满足这种情况。这两种刻蚀反应室都能在低压状态下产生高密度等离子体，并能独立控制等离子体密度和离子轰击能量，而这些对刻蚀的控制很重要。对于ICP和ECR等离子体源，离子化速率不高，为1%～5%。螺旋波等离子体源可在数毫托的低压下达到近乎100%的离化速率，这也是未来刻蚀反应室设计的方向之一(见图9.51)。

另外需要关注的问题是等离子体的均匀性控制，特别是对于较大的晶圆尺寸。等离子体均匀性和等离子体位置的控制在未来更加重要。对于成熟的技术节点，高的产量、低的成本是与现有生产系统竞争的关键因素。如果可以制造低成本的可靠的刻蚀系统，从长远来看，可以为客户节省大量费用，有可能促使集成电路制造商不再使用现有系统，而是开发低成本的新系统。最关键的是成品率，正常运行时间应相同或高于现在的系统，而且产量更高，耗材更低，使生产商可以相信通过一年的系统更新，节省的运作成本可以还清设备成本。

最近，新材料已被添加到集成电路芯片制造工艺中，如HKMG和ULK介质。这些新材料的刻蚀是刻蚀工艺面临的挑战之一。新器件结构，如三维FinFET器件、三维栅器件、垂直结构器件等也被应用于先进的集成电路芯片制造。对于三维FinFET器件，单晶硅刻蚀工艺变得越来越具有挑战性，特别是制作在体硅衬底上的FinFET。对于先进的埋字线DRAM，刻蚀工艺需要约1∶1的单晶硅和氧化硅刻蚀选择性。进一步提高NAND快闪存储密度的方法之一是采用三维堆叠结构(见图9.52)。图9.52显示了4层NAND快闪单元用于形成一个4位快闪存储器。实际应用中可能需要16位字符。存储器字符孔刻蚀工艺已经非常具有挑战性了，而且字线接触孔刻蚀不同深度将更加困难。如硅通孔(TSV)三维封装工艺也对刻蚀工艺提出了更多的挑战和机遇。不同于亚微米和纳米级图形刻蚀工艺，硅通孔的刻蚀工艺有较大的关键尺寸，从50 μm到5 μm，而且还需要高的刻蚀速率达到所需的产量。

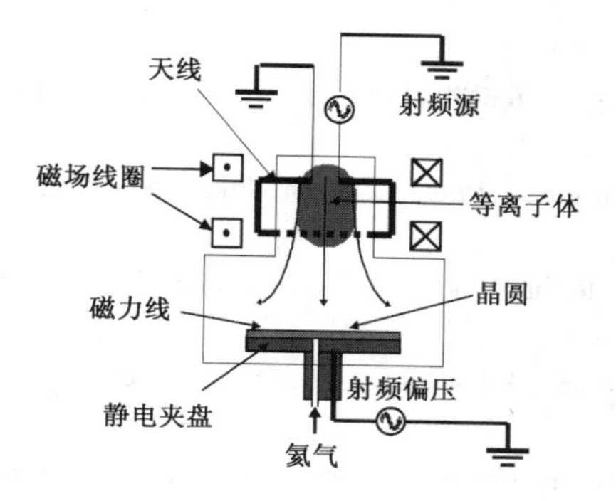

图9.51 螺旋波等离子体反应室示意图

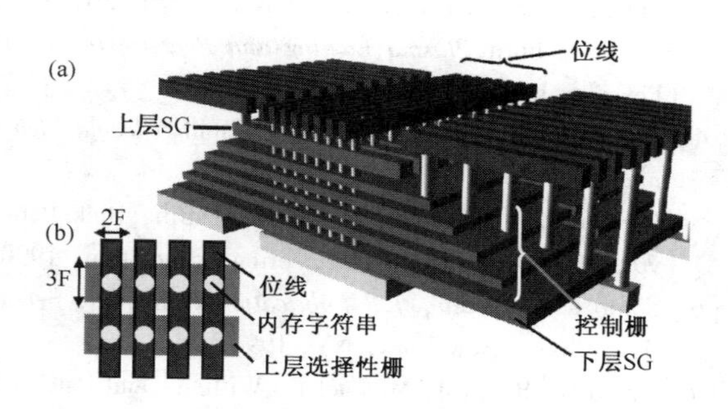

图9.52 三维存储器阵列。(a) 鸟瞰图;(b) 俯视图(来源:Y. Fukuzumi, et al., IEDM Technical Digest, pp. 449-452, 2007)

9.8 小结

1. IC 芯片封装时，需要刻蚀的 4 种材料是单晶硅、多晶硅、电介质(二氧化硅与氮化硅)和金属(TiN、Al-Cu、Ti、W 和 WSi_2)。
2. 4 种主要的刻蚀工艺是硅刻蚀、多晶硅刻蚀、电介质刻蚀和金属刻蚀。
3. 湿法刻蚀利用化学溶液溶解需要刻蚀的材料。
4. 干法刻蚀利用化学气体，经过物理刻蚀、化学刻蚀或两种刻蚀技术的组合方式刻蚀掉衬底表面的材料。
5. 湿法刻蚀具有高的选择性、高的刻蚀速率和低成本。受等向性刻蚀轮廓的限制，湿法刻蚀不能用于图形尺寸小于 3 μm 图形化刻蚀工艺。
6. 湿法刻蚀普遍用于先进的半导体工艺中去除薄膜并监测电介质薄膜的质量。
7. 等离子体刻蚀工艺中，刻蚀剂注入反应室并在等离子体中分解。自由基将扩散到界面层并被表面吸收。在等离子体轰击下，将和表面的原子或分子产生反应，产生的挥发性生成物从表面释放出来，扩散穿过边界层后，经由反应室对流作用被抽出。
8. 有两种非等向性刻蚀机制：损伤机制和阻绝机制。电介质刻蚀使用损伤机制，硅、多晶硅和金属刻蚀使用阻绝刻蚀机制。
9. 电介质刻蚀使用氟元素化学品，经常使用 CF_4、CHF_3和 Ar。CF_4是主要的刻蚀剂，而 CHF_3是聚合物，可以用于改善 PR 和硅的刻蚀选择性。Ar 用于增强离子轰击。O_2能增加刻蚀速率。而 H_2可以用于改善对 PR 和硅刻蚀选择性。
10. 对于低 k 和 ULK 电介质刻蚀，CO 可以改善刻蚀工艺的控制。
11. 硅刻蚀使用 HBr 作为刻蚀剂，O_2和氟用于侧壁刻蚀。
12. 多晶硅可以利用 Cl_2或 SF_6刻蚀，O_2被用于改善氧化物的选择性，而 HBr 有利于侧壁沉积。
13. 金属刻蚀使用 Cl_2、BCl_3和 N_2提高侧壁层的钝化作用。
14. 铜金属化不需要金属刻蚀工艺，而是需要电介质槽形刻蚀。
15. ULK 电介质刻蚀后的光刻胶去除技术越来越复杂，一般使用硬遮蔽层 TiN。

9.9 参考文献

[1] J. W. Coburn and H. F. Winters, Journal of Applied Physics, Vol. 50, P. 3189 (1979).
[2] J. W. Coburn, H. F. Winters, "*Ion-and Electron-assisted Gas-surface Chemistry: An Important Effect in Plasma*

Etching," Journal of Applied Physics, Vol. 50, p. 3189, 1979.

[3] J. W. Coburn, *Plasma Etching and Reactive Ion Etching*, AVS Monograph Series, M-4, American Institute of Physics, Inc., New York, NY, 1982.

[4] Dennis M. Manos and Daniel L. Flamm, *Plasma Etching, An Introduction*, Academic Press, San Diego, California, 1989.

[5] Ron Bowman, George Fry, James Griffin, Dick Potter and Richard Skinner, *Practical VLSI Fabrication for the 90s*, Integrated Circuit Engineering Corporation, 1990.

[6] Sorab K. Ghandhi, *VLSI Fabrication Principles*, Second edition, Wiley-Interscience Publication, John Wiley & Sons, Inc., New York, NY, 1994.

[7] David G. Baldwin, Michael E. Williams and Patrick L. Murphy, *Chemical Safety Handbook for the Semiconductor/Electronics Industry*, second edition, OME Press, Beverly, Massachusetts, 1996.

[8] Ian Morey, Ashish Asthana, *Etch Challenges of Low-k Dielectric*, Solid State Technology, Vol. 42, No. 6, pp. 71, 1999.

[9] B. S. Haran, A. Kumara, L. Adam, J. Changa, V. Basker, S. Kanakasabapathy, D. Horak, S. Fan, J. Chen, J. Faltermeier, S. Seo, M. Burkhardt, S. Burns, S. Halle, S. Holmes, R. Johnson, E. McLellan, T. M. Levin, Y. Zhu, J. Kuss, A. Ebert, J. Cummings, D. Canaperi, S. Paparao, J. Arnold, T. Sparks, C. S. Koay, T. Kanarsky, S. Schmitz, K. Petrillo, R. H. Kim, J. Demarest, L. F. Edge, H. Jagannathan, M. Smalley, N. Berliner, K. Cheng, D. LaTulipe, C. Koburger, S. Mehta, M. Raymond, M. Colburn, T. Spooner, V. Paruchuri, W. Haenscha, D. McHerron, and B. Doris, *22nm Technology Compatible Fully Functional 0.1 μm^2 6T-SRAM Cell*, IEDM Technical Digest, pp 625, 2008.

[10] T. Schloesser, F. Jakubowski, J. v. Kluge, A. Graham, S. Slesazeck, M. Popp, P. Baars, K. Muemmler, P. Moll, K. Wilson, A. Buerke, D. Koehler, J. Radecker, E. Erben, U. Zimmermann, T. Vorrath, B. Fischer, G. Aichmayr, R. Agaiby, W. Pamler, T. Schuster, W. Bergner, W. Mueller, *A 6F2 Buried Wordline DRAM Cell for 40nm and Beyond*, IEDM Technical Digest, pp. 809-812, 2008.

[11] Y. Fukuzumi, R. Katsumata, M. Kito, M. Kido, M. Sato, H. Tanaka, Y. Nagata, Y. Matsuoka, Y. Iwata, H. Aochi and A. Nitayama, *Optimal Integration and Characteristics of Vertical Array Devices for Ultra-High Density, Bit-Cost Scalable Flash Memory*, IEDM Technical Digest, pp. 449-452, 2007.

9.10 习题

1. 说明图形化刻蚀工艺流程。
2. 什么是刻蚀选择性?
3. 湿法刻蚀和反应离子刻蚀工艺之间的区别是什么?
4. 最常用于湿法刻蚀二氧化硅的化学药品是什么?这种化学药品的使用有什么安全问题?
5. 为什么薄膜去除工艺较常使用湿法刻蚀?
6. 解释两种非等向性刻蚀机理。
7. 说明哪种刻蚀具有最小的关键尺寸。
8. 为什么多晶硅栅刻蚀工艺中多晶硅对二氧化硅的选择性要高?
9. 多晶硅刻蚀中为什么使用氯而不使用氟作为主要的刻蚀剂?
10. F/C 比如何影响氧化物刻蚀工艺?
11. 对于 Al-Cu 金属刻蚀,为什么不使用氟作为主要的刻蚀剂?
12. 说明低压、高密度等离子体源在图形化刻蚀工艺中的优点。
13. 什么金属化材料已经用于低 k 和 ULK 电介质材料的硬遮蔽层?
14. 低 k 和 ULK 电介质刻蚀后,需要金属刻蚀工艺去除硬遮蔽层吗?

第10章　化学气相沉积与电介质薄膜

本章要求

1. 列举出两种用于集成电路芯片的电介质薄膜材料
2. 根据CMOS芯片截面图说明至少4种电介质薄膜应用
3. 说明化学气相沉积工艺流程
4. 列举出两种沉积过程，并说明与温度的关系
5. 列举出电介质化学气相沉积工艺中最常使用的硅源材料

半导体工业生产中，电绝缘材料称为电介质。电介质薄膜工艺是一种添加工艺，也就是在晶圆表面沉积一层电介质薄膜。虽然大多数电介质薄膜通过化学气相沉积(CVD)过程产生，但是旋涂敷电介质层(Spin on Dielectric, SOD)也广泛应用于集成电路芯片制造。电介质薄膜工艺主要考虑无空洞的间隙填充能力和最后的表面平坦化。

10.1　简介

有两种电介质薄膜广泛用于半导体工艺制造中：加热生长薄膜和沉积薄膜。加热生长电介质薄膜曾在第5章讨论过，本章将讨论沉积电介质薄膜。加热生长薄膜与沉积薄膜最基本的区别在于生长的薄膜与消耗的硅衬底，沉积的薄膜不消耗硅衬底。图10.1显示了加热生长二氧化硅与沉积二氧化硅的差异。加热生长二氧化硅的氧来自气相氧，硅来自衬底。当薄膜生长进入衬底时，这个过程会消耗衬底的硅。对于化学气相沉积氧化物，硅与氧都来自气相状态，所以并没有消耗硅衬底。

沉积氧化物薄膜的质量并不如加热生长的质量好，因此栅氧化层通常使用加热生长二氧化硅或氮氧化硅。集成电路芯片制造中有许多种电介质薄膜沉积技术，包括电介质隔离、离子注入阻挡层、掺杂源、抗反射镀膜层(Anti-reflective Coating, ARC)、硬光刻版、覆盖层、刻蚀停止层(Etch Stop Layer, ESL)以及电路钝化保护层。

图10.1　加热生长薄膜与沉积薄膜的对比

电介质薄膜主要应用于多层金属互连中的电介质隔离，其中包括化学气相沉积电介质，以及自旋涂敷与化学气相沉积电介质的组合，也应用于作为相邻晶体管电介质隔离的浅沟槽隔离(STI)方面。电介质薄膜会在多晶硅或多晶金属硅化物(多晶硅金属硅化物堆积)栅极的侧壁上形成侧壁间隔层，这是形成低掺杂漏极(Lightly Doped Drain, LDD)或源/漏扩散层(Source Drain Extension, SDE)与扩散缓冲层所必需的。钝化保护电介层(Passivation Dielectric, PD)用于封装集成电路芯片，以防止电路受湿气与移动离子影响而造成化学损伤。可作为双镶嵌铜金属刻蚀停止层，也可作为低 k 或ULK电介质阻挡层的覆盖层，还可以作为保护层使芯片在封装和测试过程中免受机械损坏。化学气相沉积或自旋涂敷电介质抗反射镀膜层用来降低晶圆表面的反射，以满足光刻技术的解析度。当图形尺寸小于0.25 μm时，通常所用

的金属抗反射镀膜层不符合解析度的要求。

图 10.2 说明了电介质薄膜应用于 CMOS 集成电路中的铝铜(Al-Cu)互连，其中 USG 代表未掺杂硅玻璃，而 BPSG 代表硼磷硅玻璃。不同的公司用不同缩写代表在互连应用中使用的电介质层。很多公司用 ILD 代表金属层间电介质层，大部分设计者将介于多晶硅与第一个金属层间的电介质称为金属沉积前的电介质层(Premetal Dielectric, PMD)，有的设计者称其为 ILD0；有些设计者将金属层之间的电介质称为金属层间电介质(Inter-Metal Dielectric, IMD)，有些设计者将其称为 ILD-X(X 的范围为从 1 至总金属层数减 1)。

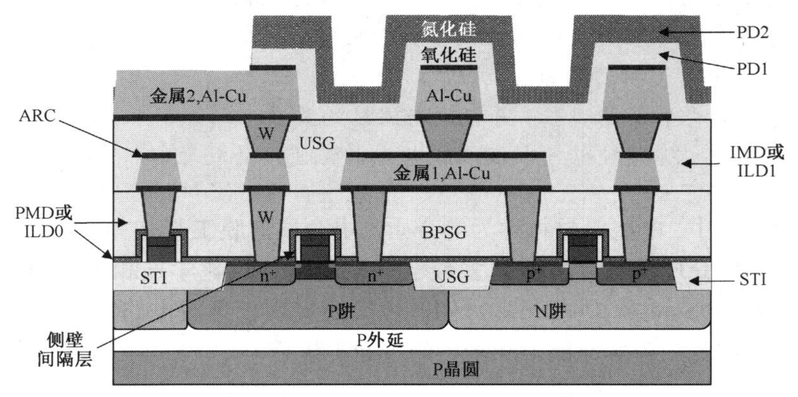

图 10.2　电介质薄膜在铝铜互连 CMOS 集成电路中的应用

本书第一版中使用 PMD 和 IMD 缩写是因为当时半导体工艺中的大多数集成电路芯片的互连为铝铜合金互连。对于铝铜合金互连的集成电路芯片，PMD 和 IMD 的沉积条件非常不同。IMD 层由于铝铜合金化温度的限制，所以沉积采用温度为 400℃ 的未掺杂硅玻璃；而 PMD 层沉积采用掺氧掺磷硅玻璃或硼磷硅玻璃。热积存限制了 PMD 沉积的温度。热积存是指掺杂物在器件设计定义区域内的扩散容限值。然而，器件的结构在此期间已经发生了改变。例如，对于现在具有金属栅的集成电路芯片，不再将栅和第一金属层的介质称为“沉积前的电介质层(PMD)”。对于 DRAM，金属(TiN 和 W)用于阵列晶体管的栅电极，因而“沉积前的电介质层”不再是一个正确的介质层命名。因此，在此版中，ILD 缩写词用来描述互连介质层，无论是铜还是铝铜合金。

图 10.3 显示了一个具有五层铜/低 k 互连的 CMOS 芯片截面图。有些更先进的集成电路芯片多达 11 层金属，所以需要 12 个 ILD 层。对于先进集成电路工艺，许多介质层化学气相沉积的工具是专门用来进行 ILD 沉积

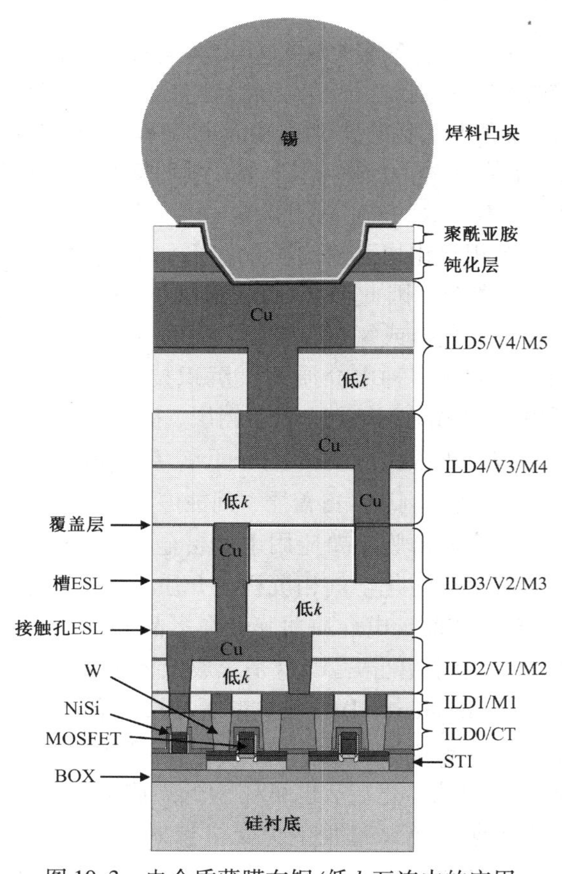

图 10.3　电介质薄膜在铜/低 k 互连中的应用

的。对一个使用浅沟槽隔离的 N 层金属互连集成电路芯片，最小的电介质层数为

$$\text{电介质层} = \underset{\text{STI}}{1} + \underset{\text{侧壁层}}{1} + \underset{\text{ILD}}{N+1} + \underset{\text{PD}}{1} = N+4 \tag{10.1}$$

因为很多电介质层需要一个以上的沉积过程，所以电介质沉积过程会远远超过 $N+4$。比如，有些器件使用双侧壁间隔层或三个侧壁间隔层，一些片上系统需要形成嵌入式 DRAM 深沟槽电容器的介质沉积。

10.2　化学气相沉积

化学气相沉积(CVD)是一个利用气态化学源材料在晶圆表面产生化学反应的过程，在表面沉积一种固态物作为薄膜层，其他气态副产物则从晶圆表面移除。

化学气相沉积过程广泛应用在半导体工业中进行各种薄膜沉积，如外延硅沉积、多晶硅沉积、电介质薄膜沉积和金属薄膜沉积。

外延硅与多晶硅沉积是高温化学气相沉积过程，在第 5 章中讨论过；金属薄膜化学气相沉积过程将在第 11 章中讨论。本章将详细电介质化学气相沉积工艺。表 10.1 列出了一些在集成电路制造中使用的重要的化学气相沉积薄膜与源材料。

表 10.1　用于集成电路工艺的化学气相沉积薄膜与源材料

	薄　膜	源　材　料
半导体	Si(多晶)	SiH_4(硅烷)
	Si(外延硅)	$SiCl_2H_2$(DCS，二氯硅烷)
		$SiCl_3H$(TCS，三氯硅烷)
		$SiCl_4$(四氯化硅)
电介质	氧化物	SiH_4，O_2
		SiH_4，N_2O
		$Si(OC_2H_5)_4$(TEOS)，O_2
		TEOS
		TEOS，O_3(臭氧)
	氮氧化物	SiH_4，N_2O，N_2，NH_3
		SiH_4，N_2，NH_3
	Si_3N_4	SiH_4，N_2，NH_3
		$C_8H_{22}N_2Si$(BTBAS)
	低 k	3MS(三甲基硅烷)、4MS(四甲基硅烷)等和 O_2
	ULK	DEMS(diethoxymethylsilane)和 $C_6H_{10}O$(氧化环已烯)
导体	W(钨)	WF_6(六氟化物钨)，SiH_4，H_2
	WSi_2	WF_6(六氟化物钨)，SiH_4，H_2
	TiN	$Ti[N(CH_3)_2]_4$(TDMAT)
	Ti	$TiCl_4$
	Cu	(hfac)Cu(tmvs)

10.2.1　化学气相沉积技术说明

化学气相沉积是一个包含以下工艺过程的技术：

- 气体或气相源材料进入反应器
- 源材料扩散穿过边界层并接触衬底表面

- 源材料吸附在衬底表面
- 吸附的源材料在衬底表面上移动
- 源材料在衬底表面上开始化学反应
- 固体产物在衬底表面上形成晶核
- 晶核生长成岛状物
- 岛状物结合成连续的薄膜
- 从衬底表面上放出的其他气体副产品
- 气体副产品扩散过边界层
- 气体副产品流出反应器

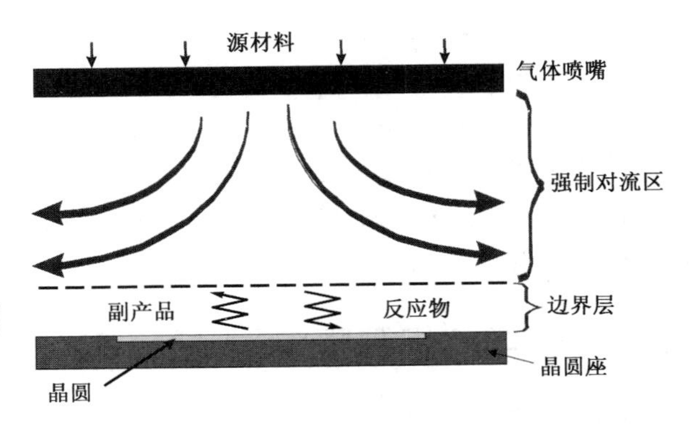

图 10.4　化学气相沉积工艺流程示意图

图 10.4 说明了这个工艺过程，显示了源材料气体进入，扩散穿过边界层，气体副产品扩散穿过边界层，以及气体副产品流出反应器。工艺的其他部分详述于图 10.5。

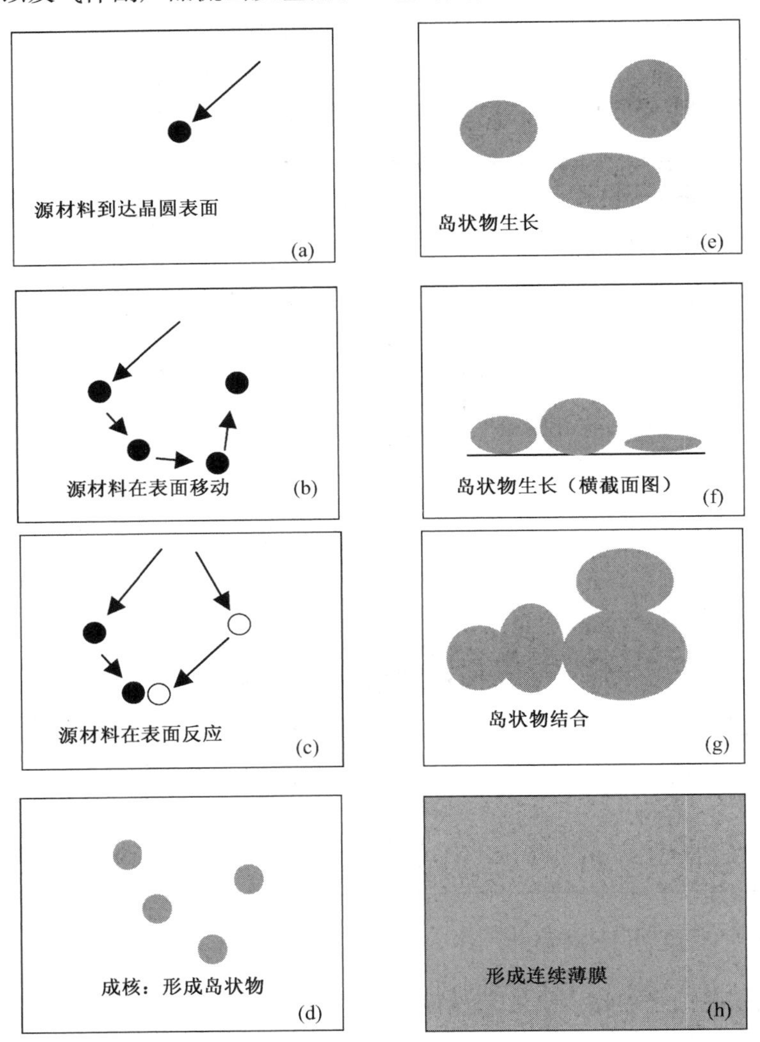

图 10.5　薄膜沉积工艺过程

从图 10.5 可以看出，源材料扩散到边界层并接触到衬底表面，在衬底表面上吸附并移动。源材料在衬底表面，移动的能力称为表面迁移率，表面迁移率对薄膜阶梯覆盖与间隙填充非常重要，相关内容将在本章介绍。当源材料在晶圆表面上产生化学反应时，会形成固态材料并释放出气态副产品。少数先进的固态材料分子将在表面形成晶核，而进一步的化学反应则会使晶核形成岛状物。岛状物成长、结合，最后在晶圆表面形成一层连续的薄膜。

图 10.5 也说明了物理气相沉积过程。化学气相沉积与物理气相沉积的主要差异是成核过程，化学气相沉积在衬底表面上将进行化学反应，而物理气相沉积过程却没有。

10.2.2　化学气相沉积反应器的类型

半导体工业中常用的 3 种化学气相沉积反应器类型是常压化学气相沉积、低压化学气相沉积和等离子体增强型化学气相沉积。

常压化学气相沉积

常压化学气相沉积(Atmospheric Pressure CVD)简称 APCVD。常压在海平面摄氏零度时为 760 托(Torr)。图 10.6 说明了常压化学气相沉积系统，包括 3 个区域：两个氮气缓冲区以及缓冲区之间的工艺区。两个缓冲区的氮气可将工艺过程的气体隔离避免泄漏到空气中。加热器单元加热晶圆。传送带会不断地将晶圆运送到工艺区域。源材料化学气体将在加热的硅晶圆表面反应，并沉积一层薄膜。沉积后的晶圆将被传送带移走。当传送带通过工艺区时，本身也会被一层沉积薄膜涂敷，所以需要经常性地清理以保持稳定的工艺状况。常压化学气相沉积工艺由温度、工艺气体流量以及传送带速度等因素控制。

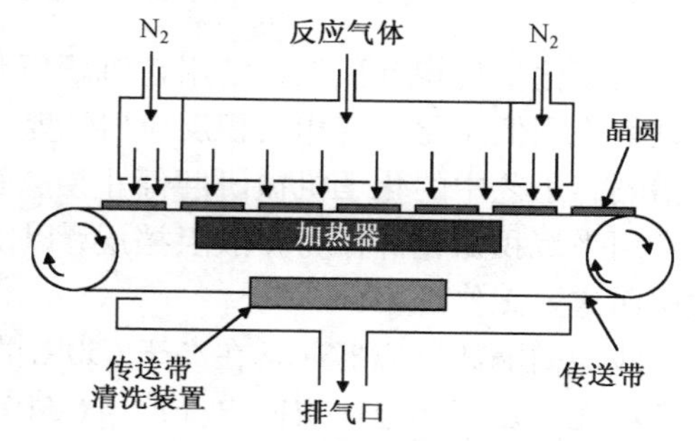

图 10.6　常压化学气相沉积系统示意图

常压化学气相沉积过程一直用来沉积二氧化硅与氮化硅。常压化学气相沉积的臭氧-四乙氧基硅烷(O_3-TEOS)的氧化物工艺广泛用于在半导体工业中，尤其在浅沟槽隔离与 ILD0 方面。

自问自答

问：半导体制造商在海边有自己的研发实验室，而制造生产线处在一个高海拔平面上。研发实验室开发的常压化学气相沉积工艺无法直接应用于生产线，为什么？

答：大气压与海拔有关。在高海拔平面上，大气压比在海平面低得多。早期的常压化学气相沉积设备没有压力控制系统，所以研发实验室与生产线的环境有很大差别。在研发实验室中很好的工艺并不一定能在制造厂运行良好。

低压化学气相沉积

低压化学气相沉积(Low Pressure CVD)简称 LPCVD，在 0.1 ~ 1 Torr 的压力下操作。低压化学气相沉积反应器与氧化炉类似，有 3 个加热区且晶圆放在中央或平坦区操作。低压化学气相沉积系统需要真空环境控制反应器内的压力。低压化学气相沉积反应器通常在表面反应控制区操作，本章后面将给出介绍。沉积过程主要由晶圆的温度控制，与气体的流量无关。因此，晶圆可以在非常小的间距下垂直装载。与常压化学气相沉积工艺相比，低压化学气相沉积的大量晶圆装载可改进生产率并减小晶圆的成本。图 10.7 为低压化学气相沉积系统示意图。

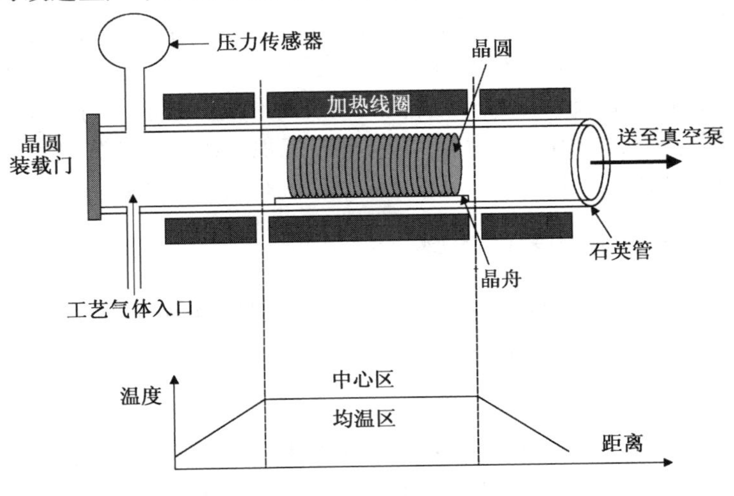

图 10.7　低压化学气相沉积系统示意图

低压化学气相沉积工艺已用在沉积氧化硅、氮化硅以及多晶硅方面。大部分多晶硅与非晶硅都采用低压化学气相沉积反应器。氮化硅主要作为局部氧化工艺中的抗氧化遮蔽层和浅沟槽隔离工艺中的化学机械研磨停止层，而氮化硅主要采用浅沟槽隔离过程生长。浅沟槽隔离常用来沉积氮化硅作为扩散阻挡层，以阻挡掺杂氧化物内的掺杂物原子扩散穿过薄的栅氧化层而进入工作区。

浅沟槽隔离反应器通常在高于650℃的高温下操作。所以在第一次金属层沉积后，浅沟槽隔离不能用于沉积金属层间电介质层(IMD)。

等离子体增强型化学气相沉积

等离子体增强型化学气相沉积(Plasma-enhanced CVD)简称 PECVD，操作压力在 1 ~ 10 Torr 之间。由于等离子产生的自由基会增加化学反应速度，所以等离子体增强型化学气相沉积可以利用相对低的温度达到高的沉积速率，这对 ILD 层沉积非常重要。图 10.8 显示了一个等离子体增强型化学气相沉积反应器。

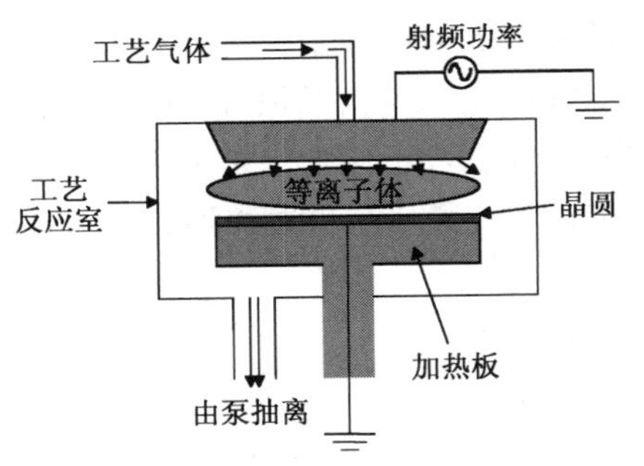

图 10.8　等离子体增强型化学气相沉积反应器示意图

等离子体增强型化学气相沉积工艺的另一个优点是沉积薄膜应力可以由射频功率控制，对沉积速率不会造成大的影响。该工艺广泛用于氧化硅、氮化硅、低 k、ESL 和其他电介质薄膜沉积。

10.2.3　化学气相沉积基本原理

阶梯覆盖

阶梯覆盖是当沉积薄膜在衬底表面产生阶梯斜率时所做的一种测量，是化学气相沉积工艺最重要的参数。图 10.9 给出了深宽比、侧壁阶梯覆盖、底部阶梯覆盖、似型性以及悬突的定义。

阶梯覆盖取决于到达角度与源材料的表面迁移率。到达角度如图 10.10 所示。可以看出，角 A 有最大的到达角 270°，而角 C 的角度最小。因此，当源材料原子与分子扩散穿过边界层时，角 A 将会有较多的源材料到达。假如源材料吸附在晶圆表面后就立即产生反应而没有迁移，则角 A 将比角 C 有较多的沉积而且会形成悬突(见图 10.10)。

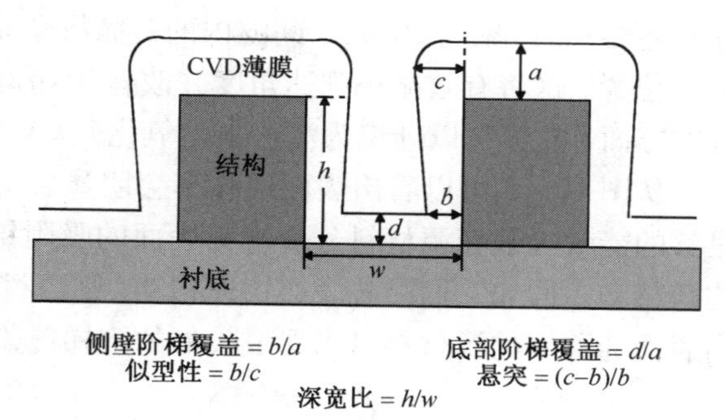

图 10.9　阶梯覆盖与似型性

可以通过控制刻蚀工艺调整达到角，比如，大多情况下刻蚀孔为阶梯型而不是垂直型(见图 10.11)。阶梯型刻蚀是为了形成大的达到角以便化学气相沉积工艺填充接触孔。

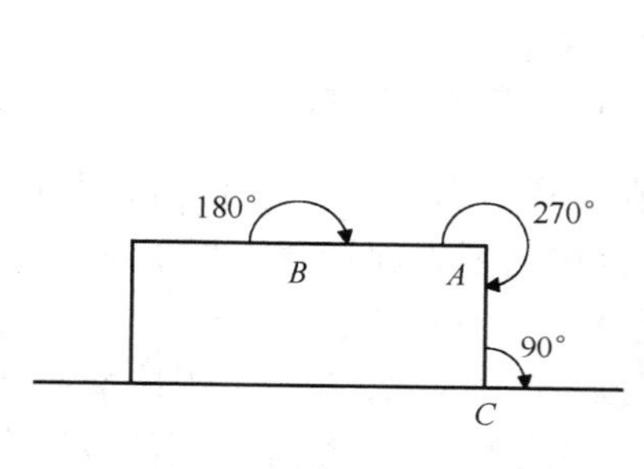

图 10.10　到达角度

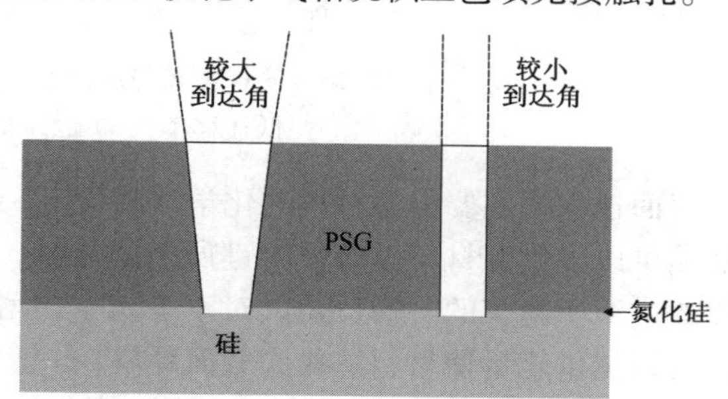

图 10.11　阶梯型与垂直型接触孔的到达角度

悬突是非常不利的。假如形成悬突的沉积薄膜由到达角度效应与低迁移率造成，随着薄膜厚度的增加，悬突会由于较大的到达角而生长更快。凸出物将会很快地封合间隙并在对晶硅图形化之间形成空洞，这就是所谓的“锁眼”(见图 10.12)。

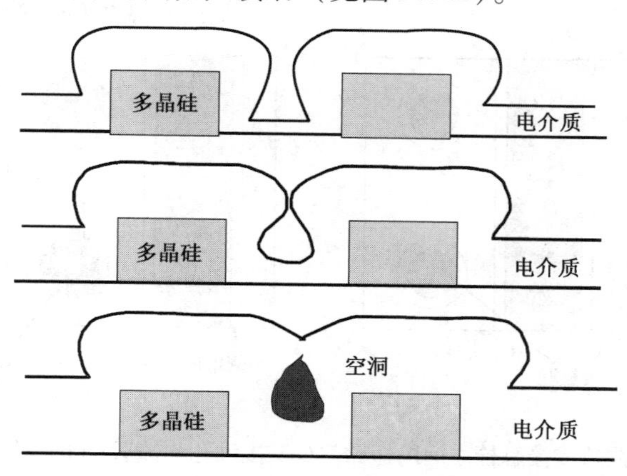

图 10.12　空洞形成过程

这些空洞将被气体密封住，气体在集成电路芯片内部的扩散通过后续工艺影响成品率，或在芯片操作期间引起电子系统可靠性问题。对于大多数化学气相沉积工艺技术，空洞是不允许出现的，需要用无空洞的间隙填充确保集成电路芯片的成品率和可靠性。

通过减少工艺过程的压力，源材料的平均自由程(MFP)将增加。当平均自由程比间隙深

度 h 还要长时(见图 10.9),间隙内的碰撞将会非常少。因此源材料几乎不能从间隙内部回到角 A 位置,这将有效减小到达角度并改善阶梯覆盖。这是 LPCVD 过程另一个优于 APCVD 过程的方面,尤其对以硅烷为源材料的氧化硅 CVD 工艺,因为硅烷有非常低的表面迁移率。

从图 10.13 可以看出表面迁移率会明显影响阶梯覆盖。当源材料吸附在表面后,如果有足够的能量去破坏源材料分子与其表面的吸附键,则源材料分子就可以离开表面并沿着表面跳跃移动。假如它们沿着表面快速移动,则源材料的迁移就可以克服到达角度效应。因此,有高表面迁移率的源材料可以形成较好的阶梯覆盖和良好的似型性。

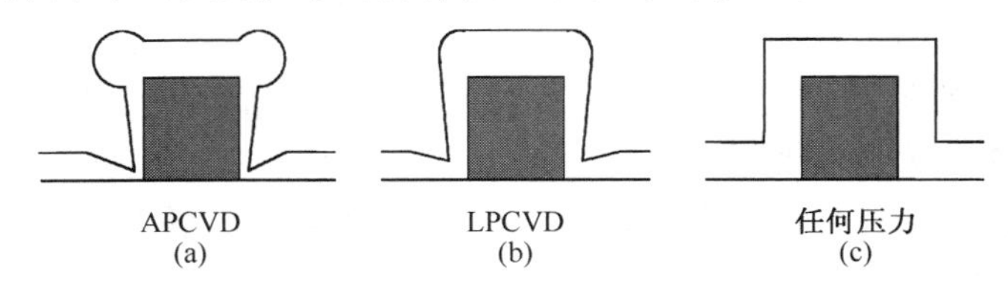

图 10.13 阶梯覆盖与压力及表面迁移率的关系。(a) 高压低迁移率;(b) 低压低迁移率;(c) 低压高迁移率

表面迁移率主要由源材料的化学性质决定,这个将在本章后面讨论。与晶圆温度有关,因为热能可以提供源材料破坏吸附键所需的能量,使源材料在晶圆表面迁移。增加晶圆的温度可以改进沉积薄膜的阶梯覆盖。对于等离子体增强型化学气相沉积工艺,离子在晶圆表面的轰击可以提供能量使材料从衬底表面释放,并增加表面迁移率。因此,在等离子体增强型化学气相沉积反应器中增加射频功率,就能改进沉积薄膜的阶梯覆盖,这与增加温度的效果类似。

间隙填充

无空洞的间隙填充对化学气相沉积工艺非常重要。例如,在 CMOS 的 DRAM ILD0 沉积过程中,对栅电极要求零空洞。这是因为 ILD0 的空洞能引起接触栓之间的短路(见图 10.14)。

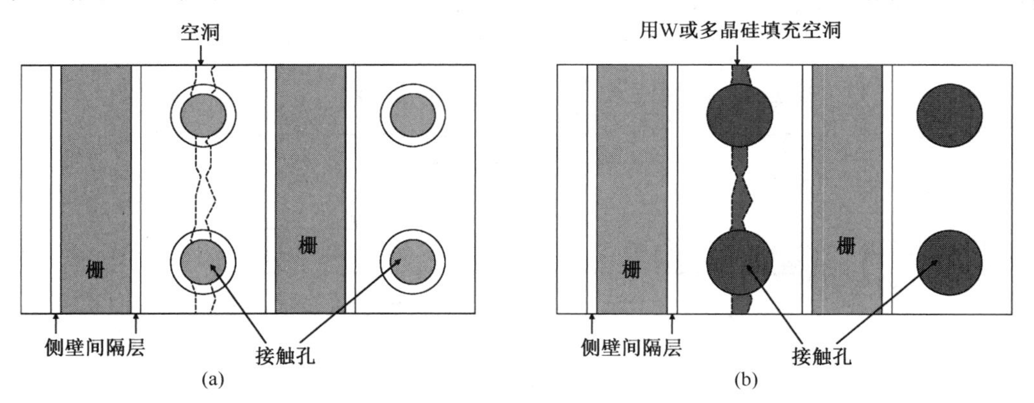

图 10.14 空洞造成接触栓之间的短路。(a) 接触孔刻蚀后;(b) 形成接触栓之后

对于钨化学气相沉积或铜沉积工艺,接触孔或接触栓之间的空洞是不允许的,因为这将引起很高的接触电阻,而且由于空洞的迁移也可能引起芯片可靠性问题。空洞中捕捉的工艺气体和副产品,例如 WF_6、H_2、F 以及 HF,都会扩散出来引起金属腐蚀或器件损坏。

对于 ILD 沉积工艺,金属表面上的空洞是无法接受的。可能会为后续的工艺过程引起很大麻烦,特别是化学机械研磨过程。然而,如果在金属连线之间没有接触栓,空洞存在于间隙内部或金属顶部的表面下时,是可以忍受的。空洞能有效减少金属连线之间的电介质常数,这样会减少寄生电容。因为空洞能封闭工艺气体与副产品，大部分工程师都会在 CVD 工艺中要求无空洞的间隙填充(或窗孔填充)。

自问自答

问：为什么空洞可以降低金属连线之间的介电质常数？

答：空洞的介电质常数(或 k 值)非常接近 1，该值比 4.0 ~ 4.2 的 CVD 氧化硅或低 k 电介质薄膜(ULK)介电质常数低很多，也低于介电常数为 2.5 的超低 k 电介质薄膜。所以有空洞间隙填充的有效介电常数比无空洞间隙填充有效介电常数低，具有最低的 k 值。

当沉积薄膜有悬突时，如果薄膜继续生长就会造成空洞。处理这个问题有不同的方法，一是使用氩离子溅射刻蚀将芯片的悬突削除并将间隙开口变大，以增加到达角度，所以后续的沉积工艺可以做到无空洞的间隙填充。这个方法称为沉积/刻蚀/沉积(Dep/Etch/Dep，Deposition/Etch-back/Deposition 的缩写)，图 10.15 说明了该过程。这种技术广泛应用于 IC 工艺的 IMD 过程。

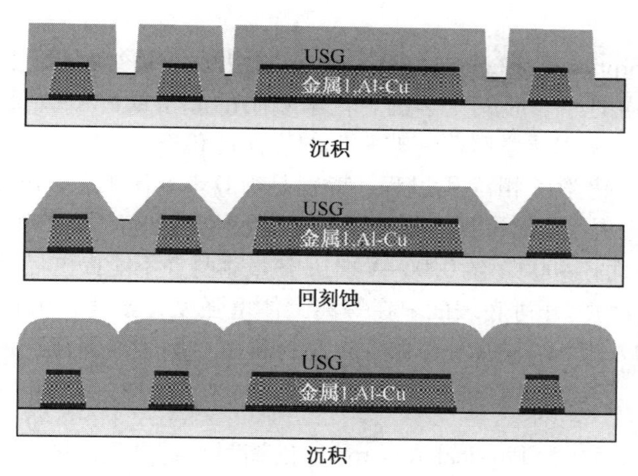

图 10.15　沉积/刻蚀/沉积填充空洞工艺流程

假如 CVD 源材料有很高的表面迁移率，则 CVD 薄膜将有很好的阶梯覆盖与似型性，如图 10.13(c)所示。薄膜也可以生长并能无空洞地填充间隙，如图 10.16 所示。臭氧-四乙氧基硅烷氧化物 CVD 与钨 CVD 过程均属于这种情况。

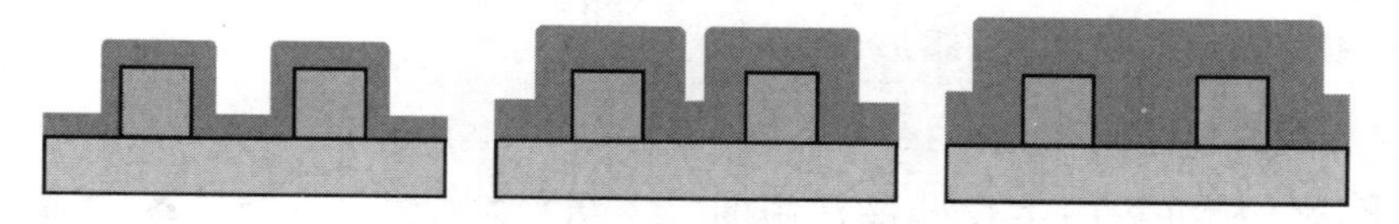

图 10.16　薄膜沉积和间隙填充

高密度等离子体(HDP)CVD 工艺中，沉积与溅射刻蚀同时在反应室中进行。由低压(数毫托)以及高等离子体密度产生的重离子轰击，能不断削除悬突沉积保持间隙倾斜打开，从而可以允许较大的到达角度和由底部生长的沉积方式。图 10.17 显示了高密度等离子体 CVD 工艺的间隙填充。

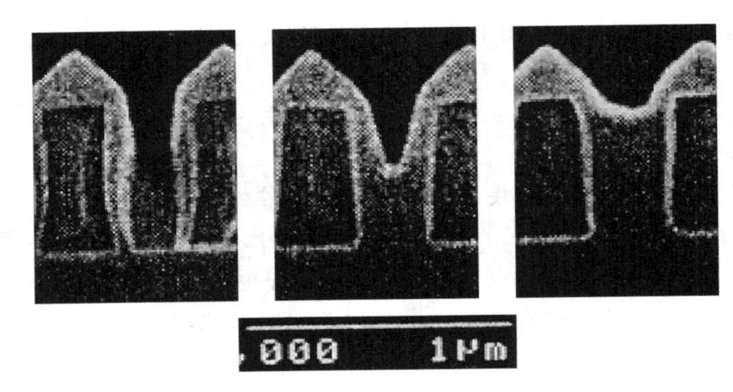

图 10.17 高密度等离子体的化学气相沉积间隙填充工艺(来源：Applied Materials 公司)

10.2.4 表面吸附

当源材料扩散穿过边界层到达衬底表面时，将被表面吸附。吸附有两种：化学吸附和物理吸附。

化学吸附

化学吸附 Chemisorption 是 Chemical Adsorption 的缩写。在这种情况下，衬底表面的原子会与吸附的源材料分子内的原子形成化学键。化学吸附的原子或分子被吸附到表面，键能超过 2 eV。由于化学键很强，所以化学吸附有非常低的表面迁移率。

对于大多数电介质化学气相沉积过程，特别是 ILD 和 PD 工艺，沉积温度不能超过摄氏 450℃，这是因为在这个温度，铝将开始和二氧化硅发生化学反应。即使对于铜互连，ILD 沉积温度也不能高于400℃。而在400℃(约0.06 eV)时，热量本身并不能提供足够的能量使化学吸附的源材料从化学键中释放而离开衬底表面。在等离子体增强型化学气相沉积工艺中，离子轰击可以提供足够的能量(10 ~20 eV)破坏化学键，将源材料由衬底表面释放，并形成表面迁移。

物理吸附

物理吸附 Physisorption 为 Physical Adsorption 的缩写。物理吸附的分子被束缚在衬底表面，但强度比化学吸附弱。物理吸附中每个分子所涉及的能量低于 0.5 eV。物理吸附中的自然力从远程范德瓦尔力到电偶极力，所谓的氢键是一种特殊情况。

400℃的加热和离子轰击都能提供足够的能量，造成大量被物理吸附的源材料从表面释放而离开衬底表面。物理吸附的源材料比化学吸附的分子具有较高的表面迁移率，图 10.18 所示为束缚能与化学吸附和物理吸附的关系。

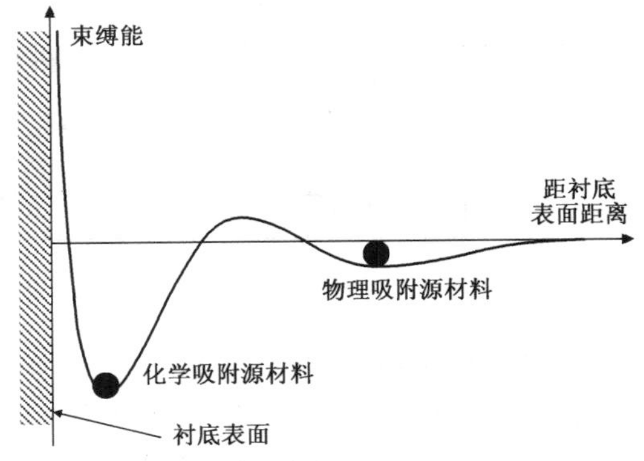

图 10.18 束缚能与化学吸附和物理吸附的关系

化学气相沉积源材料与吸附作用

电介质化学气相沉积中生长硅最常用的气体是硅烷(SiH_4)与 TEOS(四乙氧基硅烷，$Si(OC_2H_5)_4$)。对于低 k 介质层，3MS(三甲基硅烷或$(CH_3)_3SiH$)是最常使用的源材料；对于超低 k 介质材料，常采用 DEMS($C_5H_{14}Si$)和 CHO(氧化环乙烯或 $C_6H_{10}O$)作为源材料。

电介质薄膜沉积中，硅烷是最常用于作为硅的来源气体。硅烷 PECVD 的主要应用是钝化沉积。它也被用来进行 ILD0 阻挡氮化硅层与电介质抗反射层镀膜的沉积。硅烷还用于高密度等离子体 CVD 氧化物工艺。硅烷广泛用于 LP CVD 多晶硅与外延硅沉积技术，以及钨 CVD 工艺中的钨成核，用做钨金属硅化合物沉积的硅来源。

硅烷是易燃、易爆的有毒气体。假如打开了没有彻底吹除净化的硅烷气体管路，氧和水汽将会与气体管路内的残余硅烷产生反应，这将引起火灾或爆炸，并形成微细的二氧化硅粒子使气体管路布满灰尘，从而必须更换布满灰尘的硅烷管路导致增加生产成本。

因为硅烷分子是一个完全对称的四面体（见图 10.19），不会对衬底表面形成化学吸附或物理吸附。然而，因为硅烷的化学活性很高，可以通过加热或等离子体分解。高温分解或等离子体分解形成的分子碎片 SiH_3、SiH_2 或 SiH，都是化学活性很高的自由基，并很容易与衬底表面的原子产生化学吸附并形成化学键。以硅烷为主的源材料具有低的表面迁移率，所以以硅烷为主的电介质 CVD 薄膜通常在阶梯角落产生悬突，而且通常具有很差的阶梯覆盖，尤其在 APCVD 工艺中。

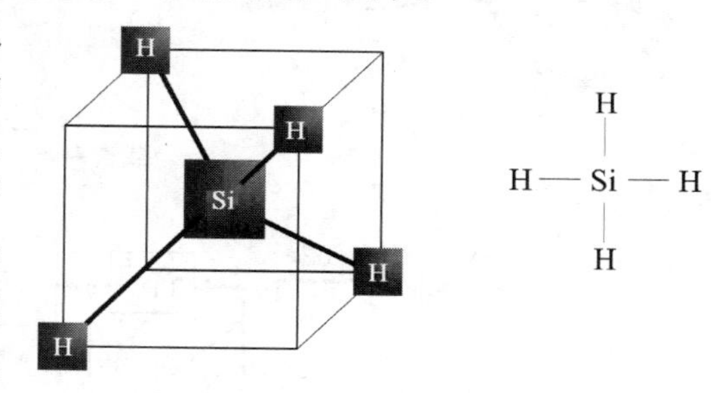

图 10.19　硅烷分子结构

四乙氧基硅烷（TEOS）是一个大的有机分子，四面体的每个角都有一个乙基群（OC_2H_5）键接在硅原子上。不同于硅烷分子，由于乙基群的大尺寸，TEOS 分子不完整对称。TEOS 可以与表面原子形成氢键并物理吸附于衬底表面。因此 TEOS 材料有高的表面迁移率，而且 TEOS CVD 薄膜通常具有好的阶梯覆盖与似型性。TEOS 广泛用于氧化物沉积，应用包括 STI、侧壁间隔层和 ILD。有些工厂甚至使用等离子体增强-四乙氧基硅烷（PE-TEOS）薄膜作为钝化保护氧化层。对于使用 Al-Cu 互连的 IC 生产线，大部分电介质 CVD 都是以 TEOS 为基础的氧化物技术。对于铜低 k 互连技术，PE-TEOS 薄膜通常用于低 k 或多孔低 k 介质层的覆盖层。由于 PE-TEOS 薄膜广泛用于 IC 生产中，所以经常被简称为 TEOS。

TEOS 在室温时是液体，在海平面的沸点为 168℃。若以水作为参考，水（H_2O）在海平面的沸点是 100℃。TEOS 的蒸气压如图 10.20 所示。

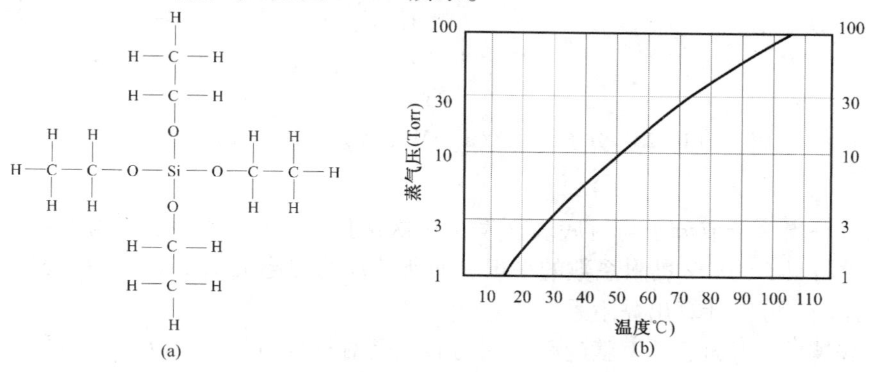

图 10.20　(a) TEOS 分子结构；(b) 蒸气压

当 CVD 工艺中使用 TEOS 或任何液态化学品时，必须用特殊的输送系统将其汽化并将其蒸气输送进反应器中，图 10.21 显示了三种系统：(a)热沸式，(b)气泡式，(c)注入式。

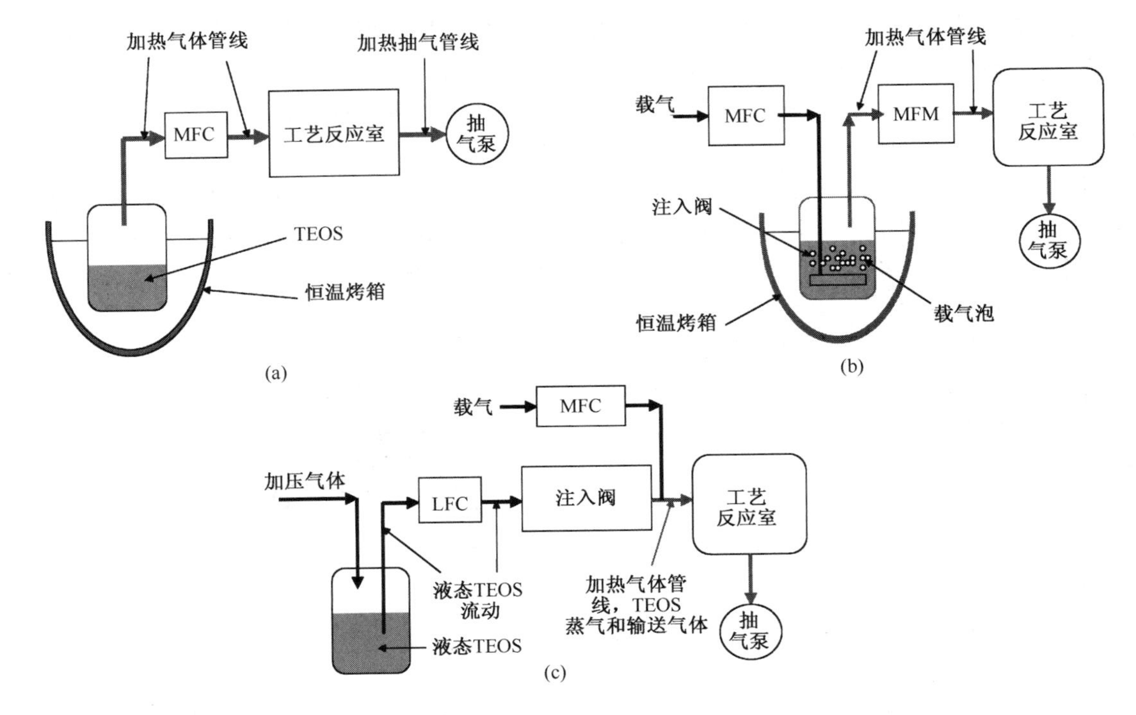

图 10.21　TEOS 的三种输送系统。(a) 热沸式；(b) 气泡式；(c) 注入式

这三种蒸气输送系统都应用在集成电路工艺的液态化学蒸气输送上。对于 TEOS，由于注入系统可以精确且独立控制 TEOS 流量，所以越来越受到关注。

3MS 是低 k 介电薄膜沉积的通常硅原材料。DEMS 和 CHO 用于为 ILD 沉积多孔 ULK 介质层。图 10.22(a)显示了一个 3MS 分子结构，图 10.22(b)为 DEMS 分子结构，图 10.22(c)给出了 CHO 分子结构示意图。

$SiH(C_2H_5)_3$

(a)

$Si(C_2H_5O)_2CH_3H$

(b)

$C_6H_{10}O$

(c)

图 10.22　分子结构。(a) 3MS；(b) DEMS；(c) CHO

黏附系数

黏附系数是当原子或分子与衬底表面发生一次碰撞时，与表面形成化学键并被化学吸附的概率。通过将具有 100% 黏附系数的平坦表面所计算的理论沉积速率，与在表面测量的真实沉积率进行比较，可以计算出黏附系数。

黏附系数越低，表面迁移率就越高。因为硅烷是对称性分子，所以硅烷的黏附系数很低。硅烷的碎片 SiH_3 不稳定，而 SiH_2 与 SiH 的黏附系数非常高。TEOS 与 WF_6 的黏附系数很低，所以不容易被化学吸附在衬底表面，通常必须沿着衬底表面跳跃移动，所以它们的表面迁移率很高。这就是为什么 TEOS 与 WF_6 化学气相沉积薄膜通常都有很好的阶梯覆盖与似型性。

从图 10.23 的 SEM 照片可以看出，TEOS 氧化物薄膜比硅烷氧化物薄膜有更好的阶梯覆盖。这就是为什么在先进的半导体制造中，氧化硅沉积都采用以 TEOS 为基础的工艺过程，因为它有较好的间隙填充。

黏附系数

源　材　料	黏附系数
SiH_4	$3\times10^{-4}\sim3\times10^{-5}$
SiH_3	0.04 ~ 0.08
SiH_2	0.15
SiH	0.94
TEOS	10^{-3}
WF_6	10^{-4}

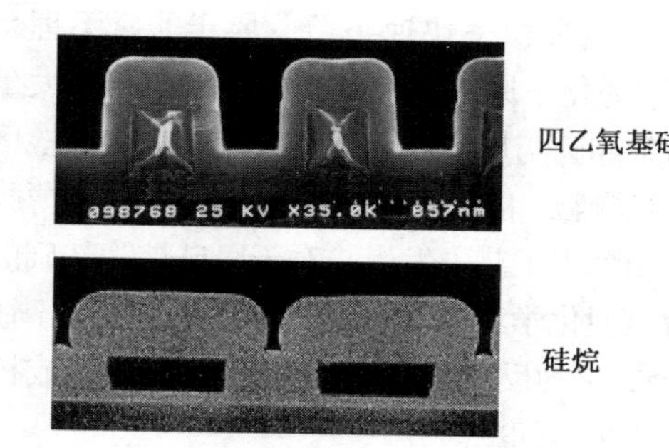

图 10.23　TEOS 与硅烷形成的二氧化硅阶梯覆盖性（来源：Applied Material 公司）

自问自答

问：为什么不使用 TEOS 作为氮化硅沉积的硅来源气体以获得好的阶梯覆盖？

答：TEOS 分子中，硅原子与 4 个氧原子键结合，要将所有的氧原子去除而使得硅只与氮键结合几乎不可能。所以，TEOS 主要用于氧化物沉积，氮化物沉积一般使用硅烷作为硅来源气体。

10.2.5　CVD 动力学

化学反应速率

化学反应速率的方程为

$$\text{C. R.} = A\exp(-E_a/kT) \tag{10.2}$$

其中，A 是常数，E_a是活化能（见图 10.24），k 是玻尔兹曼常数，T 是衬底温度。活化能 E_a越低，化学反应就越容易。

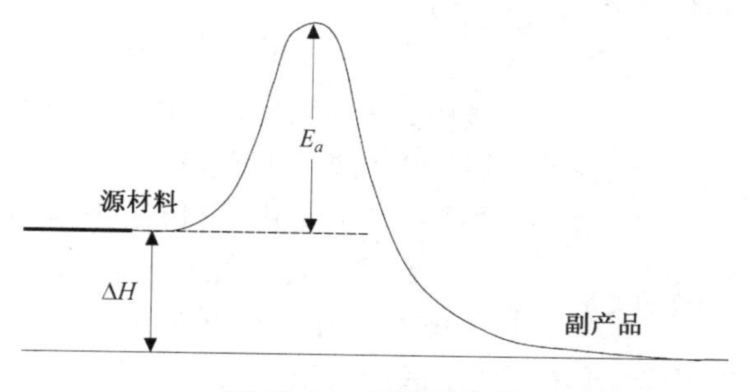

图 10.24　活化能曲线

外部的能量源为热能、RF 功率或紫外线辐射，这些都是源材料用来克服活化能达到化学反应所需的能量。

因为化学反应速率与温度成指数关系，所以对温度改变非常敏感。改变温度可以在很大程度上改变化学反应速率。对于 CVD 工艺，沉速率（D. R.）与化学反应速率（C. R.）、边界层内的源材料扩散速率（D）以及衬底表面的吸附率（A. R.）都有关。

从图 10.25 可以看出，当温度改变时沉积速率分三个区间。较低温度时，化学反应速率低，而且沉积速率对温度非常敏感，称为表面反应控制区。较高温度时，沉积对温度不太敏感，为质量传输控制区。当温度进一步增加时，由于气相成核沉积率快速下降，属于非常不理想的沉积区，因为化学原料将在空中反应，并产生大量的粒子而污染晶圆与反应器。气相成核或均质成核区用于形成纳米颗粒，但必须避免在所有集成电路薄膜沉积化学气相沉积工艺中发生。对于以硅烷为基础的等离子体增强型化学气相沉积过程，如果压力太高（高于 10 Torr），它的反应机制就可能会进入气相成核区并产生粒子污染问题。

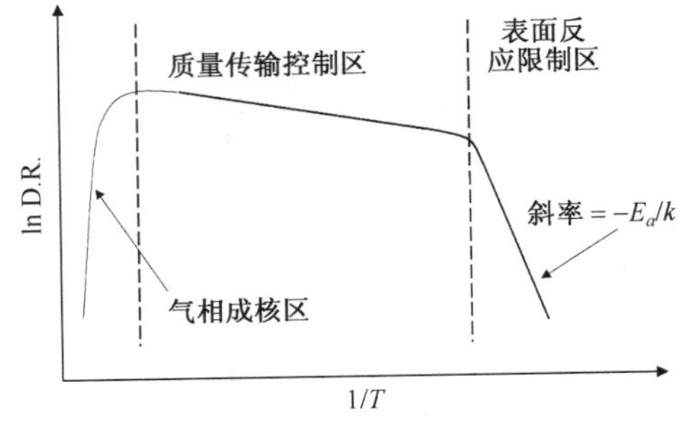

图 10.25 沉积速率区间示意图

表面反应控制区

在表面反应控制区，化学反应速率无法与源材料的扩散以及吸附速率配合，源材料将积累在衬底表面等待反应。这种情形下，沉积速率主要由衬底表面的化学反应速率决定。

$$\text{D. R.} = \text{C. R.}[\text{B}][\text{C}][\ ]\cdots$$

其中，C. R. 是化学反应速率，[B]和[C]等是吸附源材料的浓度。

在表面反应控制区，沉积速率对温度非常敏感，因为它主要取决于化学反应速率。

对于某些低压化学气相沉积工艺，如多晶硅与非晶态硅的沉积过程，由于低温沉积，所以通常在表面反应控制区操作。精确控制工艺温度很重要，因为 1% 的温差就会导致 5% ~10% 的沉积薄膜厚度差，并将造成晶圆对晶圆均匀性问题。

质量传输控制区

当表面化学反应速率很高时，化学源材料吸附于衬底表面就立即产生反应。这种情况下，沉积速率不再取决于表面反应速率，而取决于化学源材料可以扩散穿过边界层以及吸附在表面上的快慢程度。

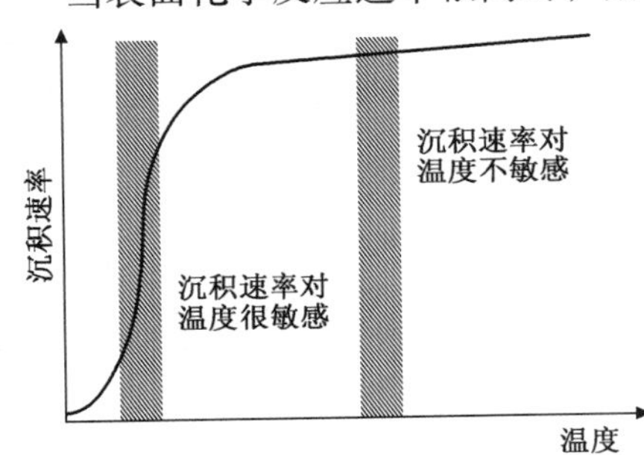

图 10.26 沉积速率与温度的关系

$$\text{沉积速率} = D\mathrm{d}n/\mathrm{d}x[\text{B}][\text{C}][\ ]\cdots$$

其中，D 为源材料在边界层的扩散速率，$\mathrm{d}n/\mathrm{d}x$ 是源材料浓度在边界层的梯度，而[B]、[C]等是衬底表面的源材料浓度，由源材料的吸附速率决定。

在质量传输控制区，沉积速率对温度不敏感，而且沉积主要由气体的流量控制。沉积速率与温度之间的关系如图 10.26所示。图 10.26 显示了两个区间对温度的敏感情况。

CVD 反应器沉积区

在表面反应控制区，源材料在衬底表面上等待反应，而沉积速率取决于化学反应速率，对温度很敏感。在质量传输控制区，表面的化学反应速率较高，变成让表面等待化学源材料扩散穿过边层并吸附在表面上。沉积不是依靠化学反应速率而取决于源材料的扩散速率以及化学吸附速率。

大部分单晶圆反应都设计在质量传输控制区，因为控制气体的流量比控制晶圆温度容易。等离子体工艺通常用于产生化学自由基，这样可以快速增加化学反应速率，并使工艺过程在低温时就达到质量传输控制区。不稳定的化学反应物如臭氧也会在较低温时达到高化学反应速率，并使工艺过程对温度不太敏感。

10.3　电介质薄膜的应用

半导体工业通常使用的电介质薄膜是以硅为基础的化合物，如氧化硅、氮化硅及氮氧硅化合物。

氧化硅与氮化硅都是良好的电介质绝缘材料，有非常高的电介质强度(击穿电压)。CVD 氧化硅与氮化硅的电介质常数高于表 10.2 中的化学计量值。氧化硅比氮化硅的电介质常数低，因此在连线应用中，使用氧化硅会产生较小的寄生电容及较短的 *RC* 时间延迟，这就是 ILD 主要使用氧化硅而非氮化硅的主要原因。因为氮化硅比氧化硅更能阻挡水汽与可移动离子的扩散，所以通常作为最后钝化保护层及 ILD0 应用中的掺杂氧化物阻挡层。有些器件需要紫外线可穿透的保护层，例如 EPROM。氮氧硅化合物具有氧化硅与氮化硅两者之间的特性，所以普遍采用。对于纳米节点技术，低 *k* 介质，如 PECVD 有机玻璃(OSG)或 SiCOH 被用做 ILD 的材料。为了进一步降低 *RC* 延迟，ULK 介质，主要是多孔 SiCOH 被研究应用于 ILD。

表 10.2　氧化硅与氮化硅特性

氧化硅(SiO_2)	氮化硅(Si_3N_4)
高介电强度，大于 1×10^7 V/cm	高介电强度，大于 1×10^7 V/cm
低介电强度，$k=3.9$	高介电强度，$k=7.0$
对水和可移动离子(Na^+)阻挡能力不强	对水和可移动离子(Na^+)阻挡能力强
对紫外线透明	常规 PECVD 氮化硅对紫外线不透明
能掺杂 P 和 B	—

10.3.1　浅沟槽绝缘(STI)

当集成电路的元器件尺寸缩小到亚微米时，浅沟槽隔离(STI)技术逐渐取代 LOCOS 成为相邻晶体管的隔离技术。未掺杂的硅玻璃(USG)使用于 STI 沟槽的填充。PE-TEOS、O_3-TEOS、高密度等离子体 CVD(HDP-CVD)氧化物以及自旋介质层被使用并取决于沟槽尺寸。图 10.27 显示了 CVD 二氧化硅在 STI 工艺中沟槽填充之后的截面图，图 10.28 是 STI 的工艺形成过程。

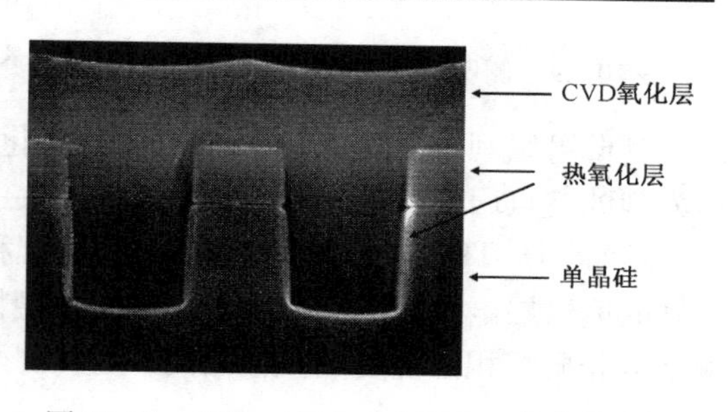

图 10.27　CVD 二氧化硅在 STI 工艺中的沟槽填充(来源：Applied Materials公司)

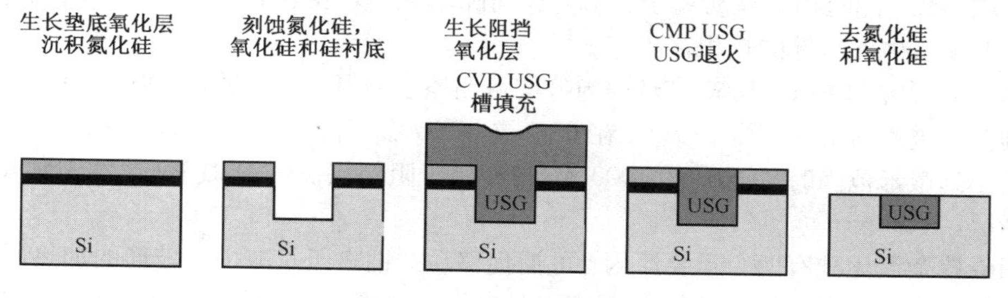

图 10.28　STI 工艺流程

STI 应用中，电介质 CVD 薄膜必须是无空洞的间隙填充和微收缩的致密薄膜。较高沉积温度通常可以达到较好的阶梯覆盖与高的薄膜质量。

10.3.2 侧壁间隔层

当栅极尺寸小于 2 μm 时，大部分以 MOS 晶体管为主的集成电路应用侧壁间隔层。侧壁间隔层主要用于形成低掺杂漏极(LDD)或源/漏扩展(SDE)以抑制热载子效应，也可以为源极/漏极中的掺杂物原子提供扩散缓冲区。在自对准金属硅化物工艺中，侧壁层可以避免源/漏极与栅之间的短路。在 PMOS 源/漏的 SiGe 和 NMOS 源/漏的 SiC 选择性外延(SEG)工艺中，也需要侧壁间隔层。如果侧壁间隔层有空隙，SEG 薄膜将生长在多晶硅栅上。图 10.29 显示了侧壁间隔层的工艺流程。

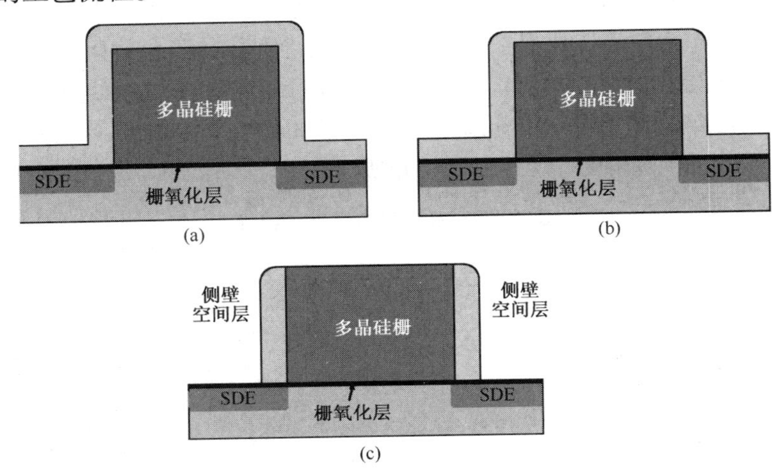

图 10.29 侧壁间隔层的工艺形成过程。(a) 介质薄膜沉积；(b) 刻蚀介质层；(c) 形成侧壁间隔层

侧壁可以利用 CVD 氮化物和热生长氧化物作为刻蚀终点，它也可以使用 CVD 氮化物衬底作为刻蚀终点回刻蚀 TEOS-CVD 氧化膜。在一些器件中，需要三层侧壁间隔层。

通常，O_3-TEOS USG 薄膜用于氧化物沉积，这是因为它有很好的似型性与侧壁阶梯覆盖。良好的侧壁层电介质薄膜取决于良好的似型性薄膜沉积以及回刻蚀期间对多晶硅的高选择性。侧壁电介质沉积温度受热积存限制，主要由元器件的设计决定。

10.3.3 ILD0

当晶体管在晶圆表面形成后，ILD0 是第一个在晶圆表面沉积的电介质层。对 ILD0 的要求是低介电质系数、能阻挡可移动离子、无空洞间隙填充，以及表面平坦化。ILD0 工艺以及加热回流的温度都由元器件的热积存决定。

ILD0 是磷掺杂硅玻璃(磷硅玻璃，PSG)或磷硼掺杂的氧化硅(硼磷硅玻璃，BPSG)。为了避免磷硼扩散进入激活区(源/漏极)，在 PSG 或 BPSG 沉积前，需要先沉积一个阻挡层。当器件尺寸缩小到微米范围时，USG(约 1000 Å)已经用于阻挡层。CVD 氮化硅(约 100 Å)有时也作为阻挡层。

使用磷掺杂氧化硅有两个重要原因：可捕捉移动的钠离子及减少硅玻璃的加热回流温度。

钠位于元素周期表中的 IA 栏，最外壳层只有一个电子，因此钠很容易失去电子变成离子。钠离子非常小而且可移动，如果钠离子在 MOSFET 的栅氧化层中积累，可以改变 MOSFET 的阈值电压而使得器件开启和关断无法控制。图10.30说明了钠离子开启一个关闭的NMOS晶体管过程。微量的钠将严重损害MOSFET并导致电路失效，所以控制可移动离子的污染非常重要。由于钠离子无所不在而且很难完全消除，所以在MOSFET栅正上方形成钠阻挡层很必要。PSG与BPSG被使用是因为它们可以捕捉钠离子，并防止钠离子扩散进入栅从而毁坏器件。有关钠元素的一些资料列于表10.3中。

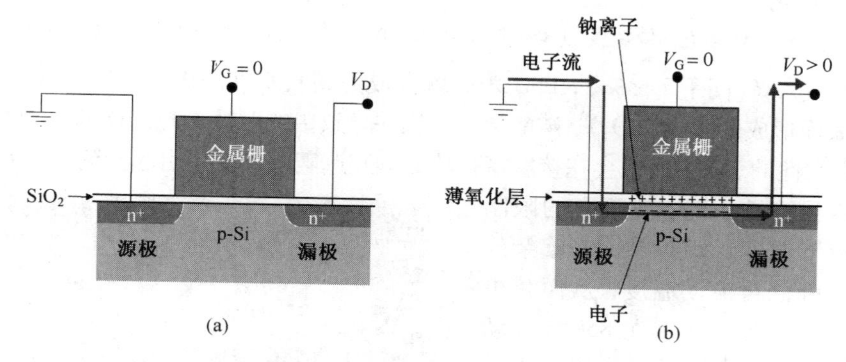

图10.30　钠离子在MOSFET中的影响。(a)正常下关闭的MOSFET；(b)被Na^+离子打开的MOSFET

自问自答

问：氮化硅比氧化硅能更好地作为钠阻挡层，然而为什么不使用氮化硅作为ILD0层呢？

答：因为氮化硅比氧化硅有更高的介电质常数，使用氮化硅作为连线间的介电质会形成大的*RC*时间延迟进而影响电路的速度。薄膜氮化物层(小于100 Å)在ILD0方面的应用是作为扩散阻挡层防止磷和硼从BPSG扩散进入源/漏极。

表10.3　钠元素参数表

名　称	钠	名　称	钠
原子符号	Na	电阻系数	4.7 μΩ · cm
原子序数	11	折射率	—
原子量	22.989 770	熔点	97.72℃
发现者	Sir Humphrey Davy	沸点	882.85℃
发现地	英国	热传导系数	140 $W/(m^{-1} \cdot K^{-1})$
发现时间	1807年	线性热膨胀系数	$71\times10^{-6}K^{-1}$
名称来源	源于英文字“soda”(Na源自拉丁字母“natrium”)	应用	主要的污染物，需要严格控制
固体密度	0.968 g/cm^3	主要去除剂	HCl
摩尔体积	23.78 cm^3	阻挡层	氮化硅和PSG
音速	3200 m/s		

资料来源：http://www.webelements.com/webelements/elements/text/phys/Na.html

当未掺杂的硅玻璃(USG)加热到1500℃以上时，就将软化并开始热流动。硅的熔点为1414℃，所以USG开始加热回流之前晶圆就会熔化。从玻璃工业的经验中可以知道磷掺杂的硅玻璃PSG可以在相当低的温度下流动。刚沉积的硅玻璃表面布满了很多凸起和凹陷而粗糙，这样会在光刻技术中由于景深造成解析度问题，并为下一步金属沉积带来严重的阶梯覆盖。高温时玻璃会变软及黏稠。受表面张力的影响，最后玻璃具有较平滑的表面。

如图10.31所示，在PSG中磷的浓度越高，再流动效果就越好。图10.31中的θ是所谓的再流动角。再流动角越小，表面的平坦化就越好。

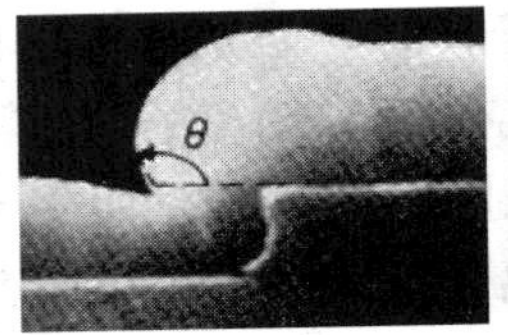

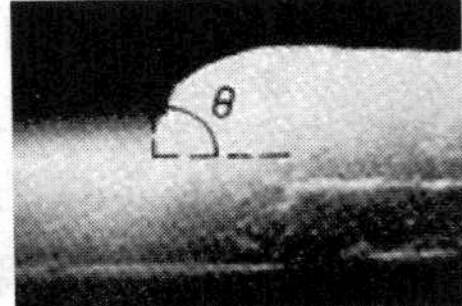

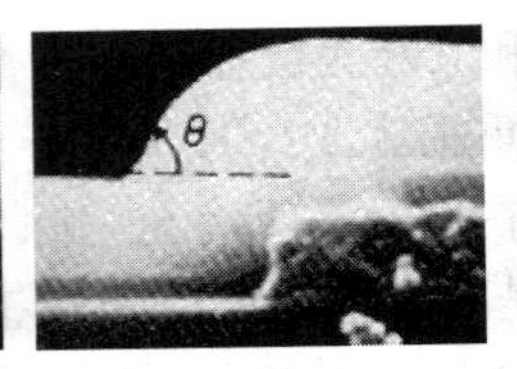

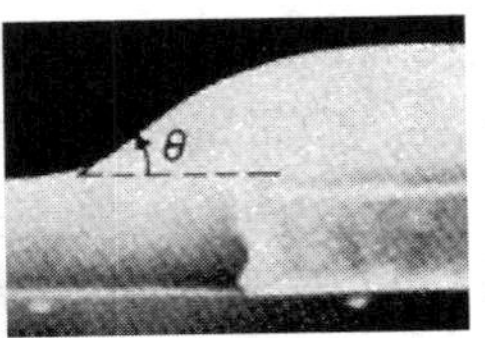

图 10.31 具有不同磷浓度的 PSG 在 1100℃、N_2气体中退火 20 min 的再流动示意图

如果磷浓度太高(高于 7 wt%), PSG 表面就会成为高吸水性的表面。P_2O_5会与湿气(H_2O)反应在 PSG 表面形成磷酸(H_3PO_4),磷酸会刻蚀铝并导致铝的腐蚀。光刻技术中,因为光刻胶无法黏附在高吸水性的表面,所以会在接触窗孔的光刻胶遮蔽层形成中引起光刻胶附着问题。

当元器件尺寸缩小时,热积存的限制需要降低再流动温度。硼与磷用来掺杂硅玻璃可进一步降低再流动温度,从而减少其中的磷掺杂。BPSG 可以在 850℃ 流动(见图 10.32)。4×4指重量百分比为 4 的硼与重量百分比为 4 的磷。BPSG 广泛使用在图形尺寸从 0.25 μm 到 2 μm 的 IC 芯片中。如果 BPSG 中的硼浓度太高,B_2O_3可能会与湿气(H_2O)产生反应并在 BPSG 表面形成硼酸(H_3BO_3)晶体,这会导致粒子污染等器件缺陷。BPSG 掺杂物浓度的上限大约为 5×5。

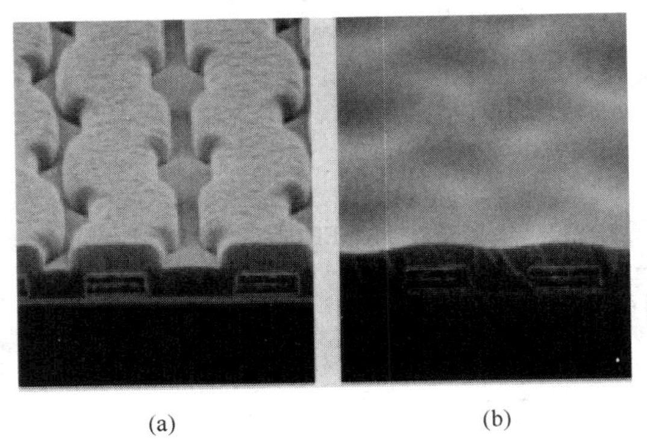

图 10.32 4×4 BPSG 在 850℃ N_2气氛中再流动 30 min 后的示意图。(a) 沉积后;(b) 再流动 30 min 后(来源:Applied Materials 公司)

当图形尺寸继续缩小时,加热再流动无法再满足深纳米光刻技术的平坦化要求,而且也可能不会再有更多的热积存空间供加热再流动使用。化学机械研磨工艺开始以 ILD0 平坦化取代再流动过程。因为再流动不再被需要,薄膜中就不需要硼,所以 PSG 将再次用于 ILD0 中。表 10.4 说明了 ILD0 沉积与平坦化工艺的发展。

表 10.4 工艺 PMD 的发展

尺 寸	PMD	平 坦 化	再流动温度
大于 2 μm	PSG	再流动	1100℃
2～0.35 μm	BPSG	再流动	850～900℃
0.25 μm	BPSG	再流动 + CMP	750℃
小于 180 nm	PSG 或 USG	CMP	—

ILD0 阻挡层通常由 LPCVD 氮化物工艺沉积。因为热积存的限制,PECVD 氮化物已开始使用,这是因为与 LPCVD 氮化物相比,PECVD 氮化物可以在更低的温度沉积。硅烷 CVD 已经很常时间用来沉积 ILD0,以避免 PECVD 过程中等离子体引起带电问题,尤其对大尺寸晶圆。20 世纪 90 年代,ILD0 层广泛利用以 O_3-TEOS 为基础的 CVD 沉积。

10.3.4 ILD1

对于具有多金属层的 IC 芯片,一半或一半以上的电介质薄膜都采用 ILD 工艺。ILD 通常使用 USG、低 *k* 或 ULK 介质层,这与半导体工艺技术节点有关。不同的工艺可以用于作为间隙填充与平坦化，这取决于间隙的尺寸与制造商。ILD 要求低介电常数、无空洞的间隙填充以及表面平坦。ILD 的沉积温度限制大约为 450℃，这是由于使用金属互连的缘故。ILD 沉积的温度通常大约为 400℃。

当金属线的间距大于 0.6 μm 时，沉积/溅射回刻蚀/沉积被广泛应用于间隙填充。大部分情况下，以 TEOS 为基础的氧化物沉积与氩溅射刻蚀都被使用在这个工艺中。

旋涂硅玻璃（SOG）包括 PECVD 的底层沉积、液态氧化硅自旋涂敷、SOG 固化、SOG 回刻蚀以及 PECVD 覆盖层沉积。图 10.33 显示了旋涂硅玻璃工艺在 ILD 间隙填充（SOG 1）和平坦化（SOG 2）中的应用。因为固化温度受金属连线熔点温度限制而不能超过 450℃，所以 SOG 薄膜的质量不好，需要通过刻蚀尽可能从晶圆表面去除，只将 SOG 留在间隙中用于间隙填充与平坦化。关于低介电常数的自旋涂敷电介质层（SOD）开展了很多研究工作。

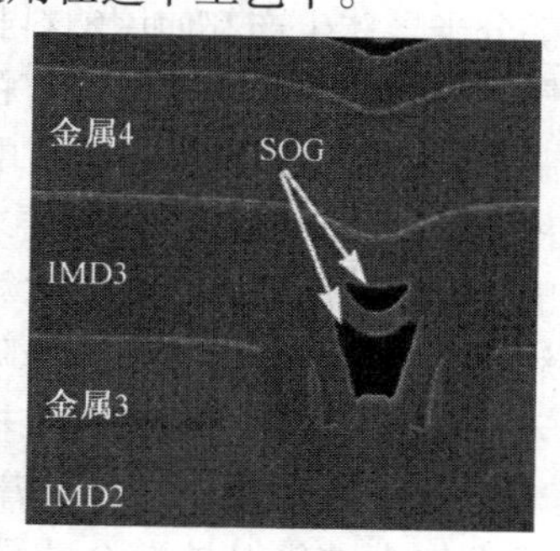

图 10.33　旋涂硅玻璃用于 IMD 间隙填充和平坦化（SOG 2）工艺（来源：Integrated Circuit Engineering公司）

以臭氧-四乙氧基硅烷为基础的工艺可以沉积间隙填充能力很好的似型性氧化物薄膜，可用在填充大于 0.35 μm 与深宽比大于 2∶1 的间隙。因为臭氧-四乙氧基硅烷的氧化物薄膜质量很差而且存在拉应力，所以需要 PECVD 阻挡层和 PECVD 覆盖层，这与旋涂硅玻璃过程类似。这不需要回刻蚀，而且这三层薄膜可以在同一个工艺中采用相同的反应室沉积。

当元器件尺寸继续缩小时，金属的间隙变得非常小。同时金属的厚度无法减少，所以金属连线的电阻将增加。小于 0.25 μm、深宽比大于 3∶1 的狭窄无空洞填充变成电介质薄膜沉积的一大挑战。通过在相同的反应室同时进行沉积/刻蚀/沉积，高密度等离子体 CVD（HDP-CVD）可以填充宽 0.20 μm 及深宽比为 4∶1 的间隙而不产生空洞。图 10.34 显示了 HDP-CVD USG 填充 0.25 μm 宽以及深宽比为 4∶1 间隙的 SEM 照片。在分析 SEM 之前，先用稀释的 HF 轻微刻蚀试片，因为 HDP-CVD USG 与 PECVD USG 的刻蚀速率不同，通过湿法刻蚀可将两层之间的边界从芯片的横截面中显示出来。

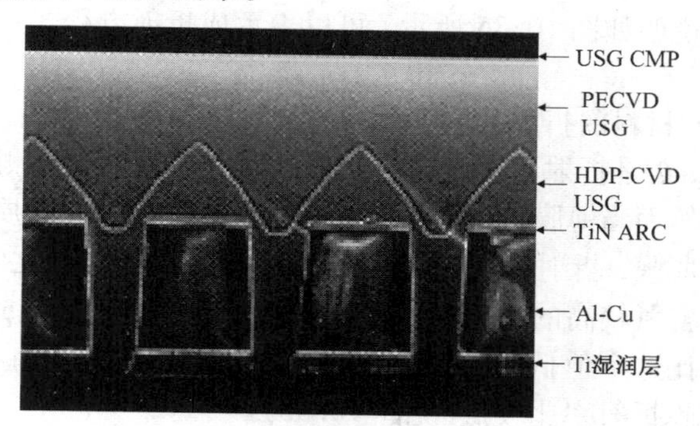

图 10.34　利用 HDP-CVD、PECVD 和 CMP 工艺填充 0.25 μm、深宽比为4∶1 的IMD间隙（来源：Applied Materials公司）

因为 HDP-CVD 同时进行薄膜沉积和溅射刻蚀，所以净沉积速率不高。因此主要用在间隙填充，而一个较高沉积率的 PECVD 薄膜用于覆盖作用。CMP 工艺用来平坦化 PECVD 覆盖层以满足光刻技术的平坦化要求。

对于低 k 介质铜互连，不存在金属间隙填充问题。金属化学机械研磨后，薄膜沉积在平坦的表面上，没有平坦化问题。对介质薄膜的要求变得简单，高的成品率源于薄膜具有高沉积速率，均匀性好，低 k 介电性能稳定，这些性能包括介电常数、导热、绝缘强度和机械强度。

10.3.5 钝化保护电介质层(PD)

大部分半导体生产都使用塑料封装而非陶瓷封装，因此减少了集成电路芯片的后段成本，塑料对湿气及可移动离子并不是很好的阻挡材料。因此对集成电路芯片的最后钝化保护层，必须使用低温生长(约400℃)且具有高电介强度及高机械强度的良好遮蔽层。等离子体增强型化学气相沉积氮化硅能够满足全部的要求并使用在钝化保护层中。由于钝化保护电介质层是芯片的最后一层，所以氮化硅的高介电常数并不会影响器件的工作速度。对于使用陶瓷封装的芯片，一般使用氧化硅作为钝化保护，因为陶瓷(氧化铝)对湿气及可移动离子是一种很好的遮蔽层。

由于应力的不匹配使得氮化硅无法附着在铝线上，因此在氮化物之前首先沉积一层氧化物以缓冲应力并促进氮化硅的附着力。临场等离子体增强型化学气相沉积硅烷氧化硅和硅烷氮化硅通常作为钝化保护电介质层沉积。钝化保护电介质层沉积的温度也受铝连线的限制，所以400℃是最常采用的沉积温度。

10.4 电介质薄膜特性

本节将讨论的薄膜特性包括：折射率、厚度、应力以及对这些特性的测量技术。

10.4.1 折射率

折射率 n 的定义为

$$n=\frac{\text{真空下的光速}}{\text{薄膜中的光速}} \tag{10.3}$$

对于 SiO_2，$n=1.46$；而对于 Si_3N_4，$n=2.01$。折射率与测量所用的光波长有关。本章所提到的折射率是以 He-Ne 激光器发射的红光，波长为 633 nm。He-Ne 激光器常作为指示。棱镜会将白光分为彩色光，这是因为棱镜材料的折射率是光波长的函数。当光进入棱镜并从棱镜发射出来时，不同波长的光有不同的折射角从而形成彩色光谱。

折射率与折射角的说明如图 10.35 所示，可以表示成折射方程式：

$$n_1\sin\theta_1=n_2\sin\theta_2$$

其中，n_1是第一个电介质材料的折射率，通常为空气且折射率接近 1；入射角为 θ_1；n_2是第二个电介质材料的折射率；θ_2是折射角度。通过发射激光到薄膜材料并测量折射角，上式可以用于测量薄膜的折射率。然而当薄膜太薄时，不能用这个方程测量电介质薄膜的折射率。

对于硅化物电介质薄膜，折射率测量可以提供一些有关薄膜的化学组成以及薄膜物理特性的信息。对于含硅或含氮较高的氧化物，折射率会高于按照化学组成的氧化物折射率1.46，但是当含氧较高时将会比这个值低。对于氮化物，含硅较高的薄膜将有高于 2.01 的折射率，而含氧或含氮较高的薄膜折射率比较低(见图 10.36)。

自问自答

问：如果工艺反应器在氮化硅沉积工艺过程中泄漏，请预测氮化物折射率的改变。

答：因为反应室泄漏会将氧从空气中引进反应工艺室，氧将与硅烷材料气体反应结合进入沉积薄膜中，从而形成高氧含量的氮化物或氮氧硅化物，由图 10.36 可以预测折射率将减小。

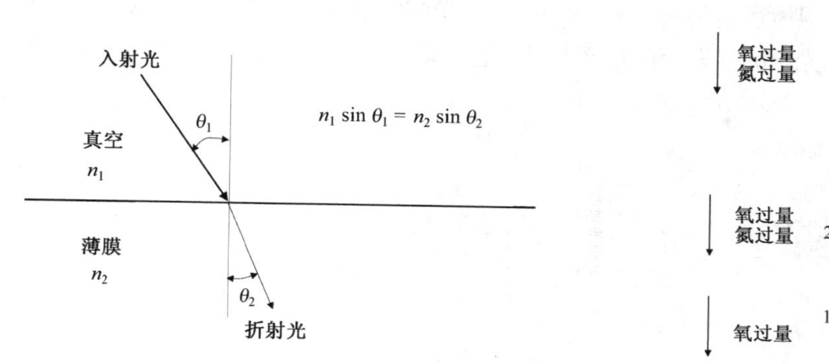

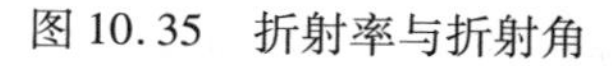
图10.35 折射率与折射角

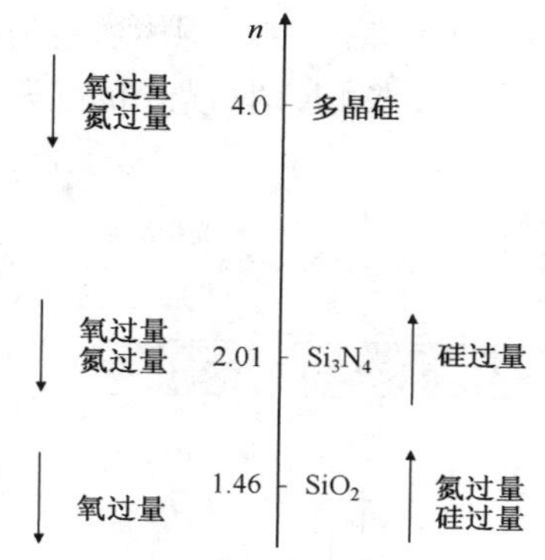

图10.36 电介质薄膜的折射率及特性

测量电介质薄膜厚度时，一般同时考虑折射率与薄膜厚度。因此，在测量厚度之前有必要先知道折射率。

半导制造中，常用椭圆光谱仪与棱镜耦合器测量折射率。

椭圆光谱仪

当光束从薄膜表面反射后，偏极化状态将会改变(见图10.37)。通过监测这个改变，可以获得有关电介质薄膜折射率与厚度的信息。光束的分量 p 和 s 反射时产生的偏极化改变量已确定。椭圆光谱仪的方程为

$$\rho = \frac{r_p}{r_s} = \tan \psi e^{I\Delta}$$

其中，ρ 是复数振幅反射比率，而 r_p 与 r_s 是佛伦斯聂尔反射系数。厚度与折射率可以从参数 ψ 和 Δ 计算出来。必须有一个已知的薄膜厚度近似值，因为椭圆光谱仪测量的是厚度周期性函数。如果它的折射率已知，椭圆光谱仪也可以测量电介质薄膜厚度。

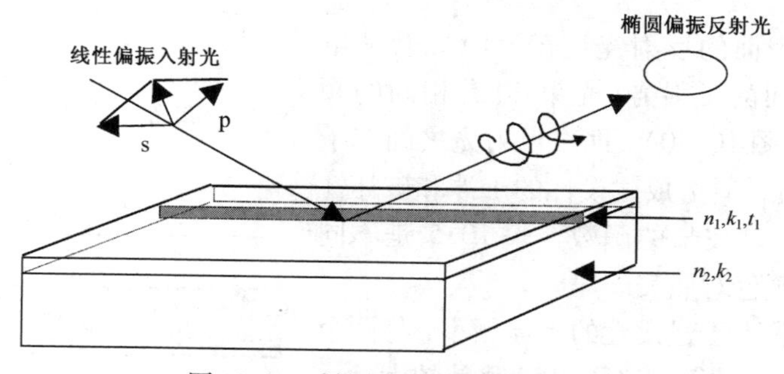

图10.37 椭圆光谱仪系统示意图

自问自答

问：如果测量薄膜的折射率得到的结果是0.98，这表示什么？

答：由式(10.3)的定义可以看出，折射率不能小于1。如果结果是0.98，则一定有问题。

棱镜耦合器

在棱镜耦合器中，覆盖一层电介质薄膜的晶圆通过气动操作的耦合接头与棱镜的底部接触。薄膜与棱镜底部有一个微小的空气间隙。通常情况下，激光穿过棱镜时会在棱镜的底部完全反射并偏折到光感测器上(见图10.38)。

入射角 θ 称为模态角度，某一特定值时，光子可通过微小的空气间隙进入电介质薄膜并进入导引式光学模式。模态角度时，光子的损失会在光感测器上造成突然强度减弱(见图 10.39)。

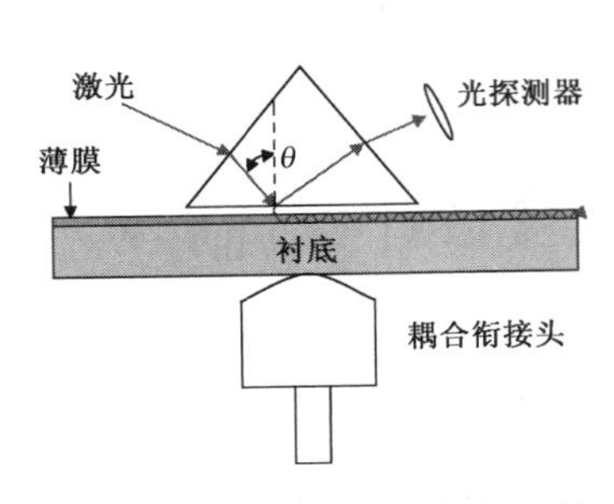

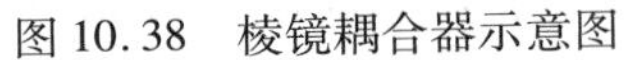
图 10.38 棱镜耦合器示意图

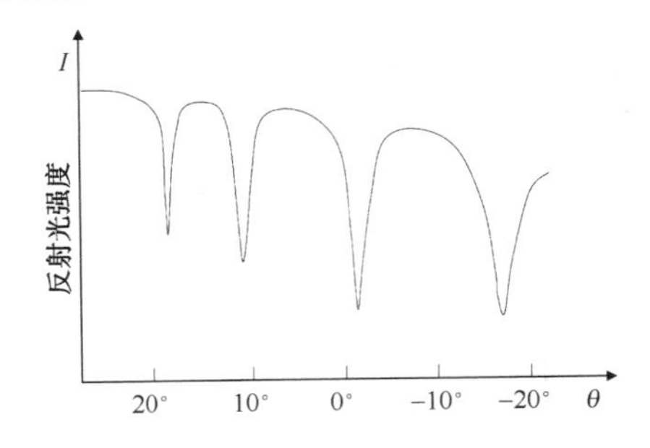

图 10.39 反射光强度与入射角的关系

第一个模态角度可以决定薄膜的折射率，而且模态角度间的差可以决定薄膜的厚度，棱镜耦合器可以独立测量电介质薄膜的折射率和厚度。

棱镜耦合器测量并不需要预先知道薄膜厚度，然而它需要一个最小的薄膜厚度，通常为 3000 ~ 4800 Å，提供至少两个模态才能获得好的测量结果。薄膜越厚就能提供越多的角度模态，也能得到较好的测量结果。棱镜耦合器也可以用来测量多层堆积薄膜的折射率和厚度。

10.4.2 薄膜厚度

厚度测量是电介质薄膜生长中最重要的关键技术之一，薄膜沉积率、湿法刻蚀速率及薄膜收缩都要通过薄膜厚度测量。

色彩对照表

电介质薄膜沉积后，晶圆表面上将有不同的颜色，这种颜色根据薄膜厚度、折射率及光线的角度而改变。

从电介质薄膜表面的反射光(光束 1)以及从电介质薄膜与衬底表面的反射光(光束 2)有相同的频率和不同的相位(见图 10.40)，两个反射光之间有干涉现象，并在不同波长时造成建设性的干涉和破坏性的干涉，因为折射率是波长的函数。表 10.5 是不同二氧化硅层厚度的颜色对照表。

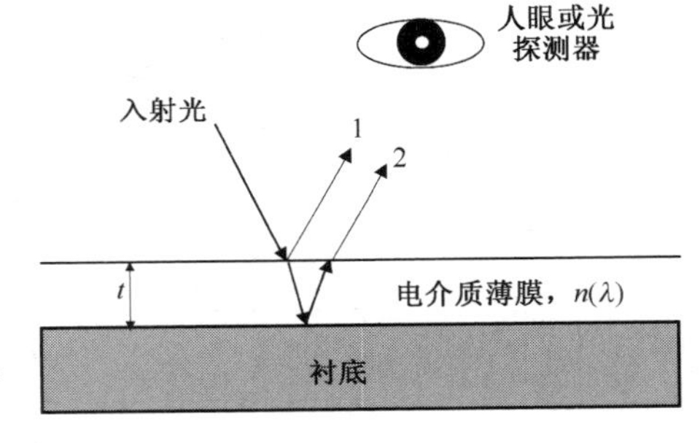

图 10.40 反射光与相位差

晶圆上的颜色取决于建设性的干涉频率，与两个反射光的相位差有关。薄膜越厚，相位移就越大。

$$\Delta\phi = \frac{2tn(\lambda)}{\cos\theta} \tag{10.4}$$

其中，t 是薄膜厚度，$n(\lambda)$ 是薄膜折射率，θ 是入射角。当相位移 $\Delta\phi$ 大于 2π 时，图形的色彩就会自动重复。

表 10.5 二氧化硅层厚度的颜色对照表

厚度(Å)	颜　色	厚度(μm)	颜　色
500	黄褐色	1.0	康乃馨粉红色
700	褐色	1.02	紫红色
1000	深紫色到红紫色	1.05	红紫色
1200	蓝宝石色	1.06	紫色

续表

厚度(Å)	颜　色	厚度(μm)	颜　色
1500	浅蓝色到铁蓝色	1.07	蓝紫色
1700	浅黄绿色	1.10	绿色
2000	淡金色或黄浅铁色	1.11	黄绿色
2200	金色带有浅黄橙色	1.12	绿色
2500	橘色到瓜绿色	1.18	紫色
2700	红紫色	1.19	红紫色
3000	蓝色到浅蓝色	1.21	紫红色
3100	蓝色	1.24	康乃馨粉红到橙红色
3200	蓝色到蓝绿色	1.25	橘色
3400	浅绿色	1.28	微黄色
3500	绿色到黄绿色	1.32	天蓝色到绿蓝色
3600	黄绿色	1.40	橘色
3700	绿黄色	1.45	紫色
3900	黄色	1.46	蓝紫色
4100	浅橘色	1.50	蓝色
4200	康乃馨粉红色	1.54	暗黄绿色
4400	紫红色		
4600	红紫色		
4700	紫色		
4800	蓝紫色		
4900	蓝色		
5000	蓝绿色		
5200	绿色		
5400	黄绿色		
5600	绿黄色		
5700	黄色到微黄色		
5800	浅橘色或黄橘色到粉红色		
6000	康乃馨粉红色		
6300	紫红色		
6800	浅绿色(介于紫红与蓝绿色之间)		
7200	蓝绿色到绿色		
7700	微黄色		
8000	橘色		
8200	橙红色		
8500	暗、浅红紫色		
8600	紫色		
8700	蓝紫色		
8900	蓝色		
9200	蓝绿色		
9500	暗黄绿色		
9700	黄色到微黄色		
9900	橘色		

使用颜色对照表是测量薄膜厚度的一个简单方法。虽然先进的 IC 制造已经不用它来测量厚度，但它仍然是一种检测沉积薄膜非均匀性问题的有效工具。

自问自答

问：如果在一个 CVD 电介质层的晶圆上看到一个漂亮的色环，说明什么？

答：色彩的改变表示介质薄膜厚度的改变，所以可以推知有色环的薄膜必定有厚度均匀性问题，其最有可能是由于非均匀性的薄膜沉积工艺引起的。

问：为什么从不同角度观测晶圆薄膜时色彩会变化？

答：从图 10.29 可知，当从不同角度观测晶圆时，入射角也会变化。式(10.4)说明相位移也发生变化，所以建设性干涉的波长将会不同，这将引起色彩的变化。当使用色彩对照表测量薄膜厚度时，直接观测晶圆很重要。倾斜的晶圆观测会使得薄膜看起来似乎比真实厚度还要厚些。

反射光分光计

反射光分光计可以测量不同波的反射光强度，而且薄膜的厚度可以从反射光的强度与光波长之间的关系计算出来(见图 10.41)。光探测器探测光谱的强度与波长时比人的眼睛更敏感，因此反射光分光计可以得到较高的解析度而获得精确的厚度测量。

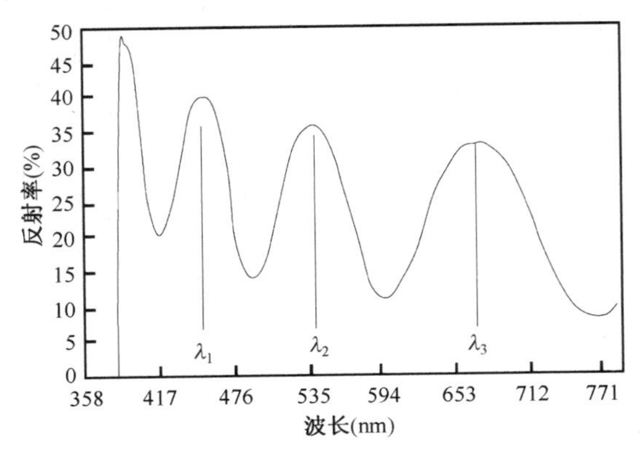

图 10.41 反射率与波长的关系

厚度可以通过以下方程计算出来：

$$\frac{1}{\lambda_m} - \frac{1}{\lambda_{m+1}} = \frac{1}{2nt} \quad (10.5)$$

其中，λ_m与λ_{m+1}分别是第 m 个与第 $m+1$ 个建设性干涉的波长，n 是薄膜的折射率，而 t 是薄膜厚度，从式(10.5)可以看出使用错误的折射率将导致不正确的厚度测量结果。

图 10.42 显示了反射光分光计系统。通常用紫外线测量，因为对于电介质薄膜，折射率在紫外线范围内对波长不敏感。

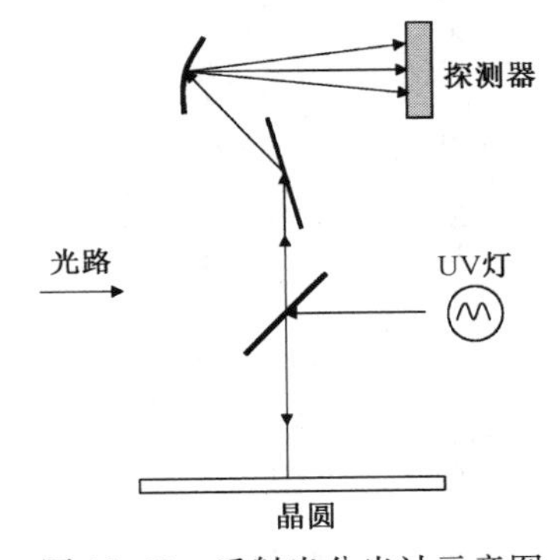

图 10.42 反射光分光计示意图

自问自答

问：很多先进的测量薄膜厚度工具允许使用者选择薄膜的折射率。如果选择 PE-TEOS USG 薄膜的折射率测量 O_3-TEOS USG 薄膜的厚度，测量结果将受到什么影响？

答：因为 nt 一般是结合在一起的参数，如式(10.5)所示。输入错误的折射率 n 将得到不正确的厚度测量结果。因为 O_3-TEOS USG 是一种多孔(孔的折射率为 1)薄膜，而且折射率较低，大约为 1.44，比 PE-TEOS USG 薄膜的 1.46 低一点。所以，所测量的 O_3-TEOS USG 薄膜厚度将比实际厚度薄一些。

沉积速率

沉积速率(Deposition Rate)的定义为

$$\text{D. R.} = \frac{\text{沉积薄膜的厚度}}{\text{沉积时间}}$$

沉积速率是所有沉积工艺中最重要的参数之一，它将影响工艺的生产率和成本。沉积速率越高，产能就越大，而生产成本就越低。比如，假设一个晶圆厂有 50 台化学气相沉积系统，如果能设计一种方法使沉积速率增加一倍，同时保持其他因素不变，可以使产量增大。最常使用的沉积速率单位是 Å/min。

例 10.1　一个 LPCVD 工艺在 50 min 沉积 10 000 Å 氧化物薄膜，计算沉积速率。

解

沉积速率 = 10 000/50 = 200 Å/min

湿法刻蚀速率

湿法刻蚀速率(Wet Etch Rate，WER)和湿法刻蚀速率比(Wet Etch Rate Ratio，WERR)是决定电介质薄膜质量控制的主要参数。刻蚀速率比越低，薄膜的质量就越好。

氢氟酸(HF)可以刻蚀氧化硅与氮化硅。因为 1∶1 的氢氟酸(实际是 49% 的 HF 在 H_2O 中)刻蚀氧化物时太快，所以氢氟酸被稀释成 6∶1，并且使用氟化铵(NH_4F)缓冲以降低刻蚀速率。这个过程称为 6∶1 缓冲的氧化物刻蚀，或 6∶1 BOE，通常用于判定电介质薄膜的质量。另一种氧化物湿法刻蚀使用 100∶1 的氢氟酸溶液。

湿法刻蚀速率的定义为：

$$\text{湿法刻蚀速率} = \frac{\text{湿法刻蚀前厚度} - \text{湿法刻蚀后厚度}}{\text{湿法刻蚀时间}}$$

22℃时，6∶1 BOE 热生长二氧化硅的湿法刻蚀速率约为 1000 Å/min。CVD 氧化物由于致密性较差，所以有较高的湿法刻蚀速率。湿法刻蚀速率对 HF 溶液的厚度与温度非常敏感。为了消除不同温度与厚度引起的测量误差，热生长二氧化硅薄膜的刻蚀速率作为 CVD 薄膜刻蚀速率的参考，该技术称为校对热氧化硅的湿法刻蚀率比(WERR)。校对热氧化硅的湿法刻蚀速率比为：

$$\text{湿法刻蚀速率比} = \frac{\text{CVD 薄膜厚度变化量}}{\text{热生长二氧化硅薄膜厚度变化量}} \tag{10.6}$$

湿法刻蚀速率比(WERR)比湿法刻蚀速率(WER)更常用，因为 WERR 会消除厚度和温度有关的误差。

例 10.2　O_3-TEOS CVD 氧化层从开始时(使用 6∶1 BOE 刻蚀)的厚度 4500 Å 到 2400 Å。然而参考的热氧化物厚度改变从 2000 Å 到 1550 Å，求 WERR 的值是多少？

解

WERR = (4500 − 2400)/(2000 − 1550) = 2100/450 = 4.67

收缩

当晶圆加热并冷却到室温时，称为一个加热周期。加热周期内，薄膜中的部分原子会因热运动停在较低的能量位置，变成较致密的薄膜。所以加热周期后，薄膜的厚度减少。收缩的总量能够表明原来薄膜的质量，薄膜收缩量越小，原始薄膜的质量就越好。

$$\text{收缩} = \frac{\text{加热周期后的薄膜厚度改变量}}{\text{加热周期前的薄膜厚度}} \tag{10.7}$$

浅沟槽隔离应用中，主要关注氧化物薄膜的收缩量，因为沟槽填充的氧化物需要高温退火。太大的氧化物收缩可能引起硅衬底的缺陷，尤其在沟槽的位置。

例 10.3　1100℃退火后，高密度等离子体 CVD USG 薄膜厚度从 3500 Å 改变到 3460 Å，求薄膜收缩量是多少？

解

收缩量 = (3500 - 3460)/3000 = 40/3500 = 1.14%

均匀性

沉积均匀性(更精确的称谓是非均匀性)是薄膜沉积重要的参数之一，因为它影响成品率。如果化学气相沉积存在均匀性问题，沉积薄膜的厚度变化超出了允许控制的范围，将在较厚的地方引起欠刻蚀而在较薄的地方形成过刻蚀。均匀性可以利用多点厚度测量计算出来。理解均匀性的定义很重要，因为不同的定义有不同的结果，甚至对同样一组测量数据也如此。

如果测量结果是 $x_1, x_2, x_3, x_4, \cdots, x_N$，其中 N 为数据的总点数。IC 制造中，$N = 9, 25, 49$ 或 121。对于 200 mm 的晶圆，$N = 49$；然而对于 300 mm 的晶圆，通常用 $N = 121$。测量的平均值为

$$\bar{x} = \frac{x_1 + x_2 + x_3 + \cdots + x_N}{N}$$

测量的标准差为

$$\sigma = \sqrt{\frac{(x_1 - \bar{x})^2 + (x_2 - \bar{x})^2 + (x_3 - \bar{x})^2 + \cdots + (x_N - \bar{x})^2}{N - 1}}$$

标准差非均匀性的(百分比)定义为

$$\mathrm{NU}(\%) = \left(\frac{\sigma}{\bar{x}}\right) \times 100\% \qquad (10.8)$$

最大值减最小值的非均匀性(百分比)定义为

$$\mathrm{NU}_{\mathrm{Max\text{-}Min}} = \left(\frac{x_{\max} - x_{\min}}{2\bar{x}}\right) \times 100 \qquad (10.9)$$

例 10.4　计算五点厚度(单位为 Å)测量的 NU 和 $\mathrm{NU}_{\mathrm{Max\text{-}Min}}$。

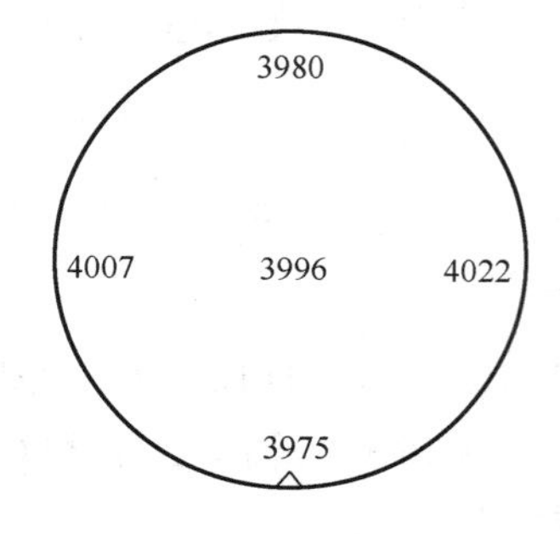

解

平均厚度为：　$\bar{x} = 3996$ Å

标准差：　$\sigma = 18.8$ Å

标准差非均匀性：　NU = 18.8/3966 = 0.47%

最大值减最小值非均匀性：　$\mathrm{NU}_{\mathrm{Max\text{-}Min}}$ = (4022 - 3975)/(2 × 3996) = 0.59%

10.4.3　薄膜应力

本节包括应力的定义、薄膜应力产生的原因和特点。应力是因不同材料例如晶圆衬底与薄膜(电介质、金属等)间的不匹配造成的。有两种不同的应力：本质应力与异质应力。本质应力是薄膜成核与生长时产生的；异质应力是由于薄膜与衬底间的热膨胀系数不同造成的。应力有张力(伸张型应力，通常为正型)和收缩力(收缩式应力，通常为负型)两种(见图 10.43)。电介质薄膜上的高应力(无论是收缩力或张力)都会引起薄膜破裂、金线尖凸或形成空洞。某些情况下，极高的张力会使晶圆断裂。

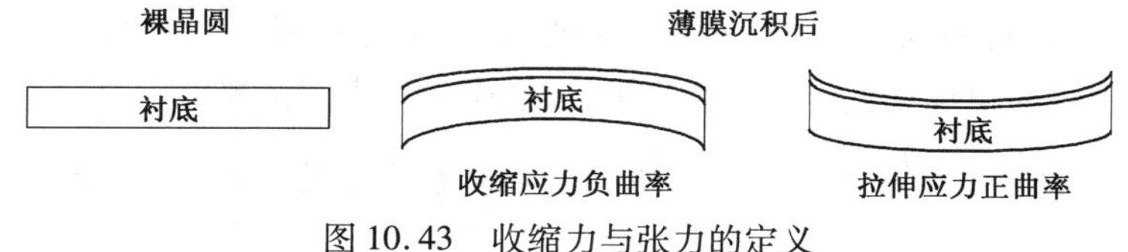

图 10.43　收缩力与张力的定义

对于PECVD电介质薄膜，本质薄膜应力可以通过射频功率控制。薄膜应力通常保持在收缩式应力10^9 dyne/cm^2(达因/平方厘米)，约负100 MPa。等离子体的离子轰击可以使薄膜内的分子更加致密，增加了薄膜的密度和收缩应力。对于电介质CVD工艺，控制电介质薄膜应力很重要，因为它影响电介质与金属的缺陷密度，而且也会影响电介质化学机械研磨工艺。

图10.44显示了由于氧化硅与硅衬底之间不同的热膨胀系数而在氧化硅薄膜上所引起的热应力。材料的热膨胀可表示为：

$$\Delta L = \alpha \Delta T L \tag{10.10}$$

其中，ΔL是尺寸的变化量，ΔT是温度的改变，α是热膨胀系数。表10.6列出了一些集成电路芯片制造中常用材料的热膨胀系数，这些都是在300 K或22.85℃室温下测得。

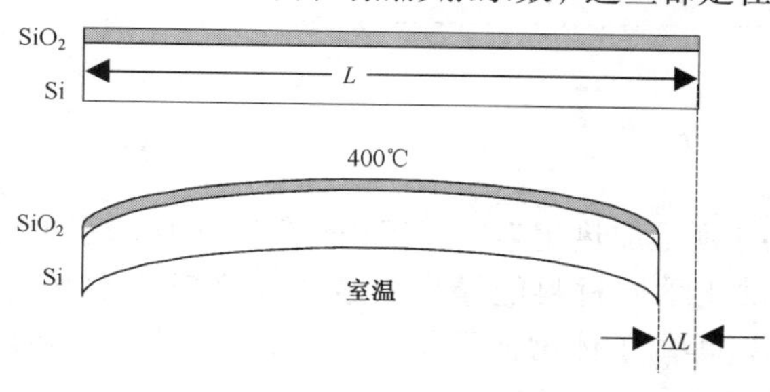

图10.44　热应力示意图

表10.6　热膨胀系数(10^{-6}℃$^{-1}$)

$\alpha(SiO_2)=0.5\times10^{-6}$℃$^{-1}$	$\alpha(W)=4.5\times10^{-6}$℃$^{-1}$
$\alpha(Si)=2.5\times10^{-6}$℃$^{-1}$	$\alpha(Al)=23.2\times10^{-6}$℃$^{-1}$
$\alpha(Si_3N_4)=2.8\times10^{-6}$℃$^{-1}$	$\alpha(Cu)=17\times10^{-6}$℃$^{-1}$

如果氧化硅薄膜在400℃沉积后，氧化硅薄膜与硅之间不存在应力。当晶圆冷却到室温时，硅会比氧化硅收缩得多，所以硅衬底将会压缩薄膜。因为硅有较高的热膨胀系数，所以晶圆变得凹进(见图10.43)。因为硅会比氧化硅收缩得多，所以氧化硅薄膜具有收缩式应力。

自问自答

问：为什么氧化硅薄膜最好应该具有压应力，而金属薄膜中最好具有张应力？

答：如果氧化物薄膜在室温中具有张应力，在下面的工艺中，加热的晶圆会使硅衬底膨胀得多并导致薄膜应力变成具有张力，这样可能使氧化物薄膜断裂。如果氧化物薄膜的应力开始转变成压应力，当晶圆温度增加时，薄膜应力将变成较小的压应力。所以工程师偏向喜欢氧化物薄膜具有压应力。相反，金属薄膜(如钨与铝)在室温时希望其具有张力，因为它们比硅和氧化硅具有较大的热膨胀系数，所以当温度升高时就可以使薄膜张力变小。

应力可以利用测量晶圆曲率在薄膜沉积前后的改变量计算出来。常使用的薄膜应力单位为MPa = 10^6 Pa(1 MPa = 10^7 dynes/cm^2)

$$\sigma = \frac{E}{1-v}\frac{h^2}{6t}\left(\frac{1}{R_2}-\frac{1}{R_1}\right) \tag{10.11}$$

其中，σ是薄膜应力(Pa)，E是衬底(Pa)的杨氏系数，v是衬底的柏松比，h是衬底厚度(μm)，t为薄膜厚度(μm)。R_1是沉积前的晶圆曲率半径(μm)，R_2是沉积后的晶圆曲率半径(μm)。图10.45显示了应力测量系统。

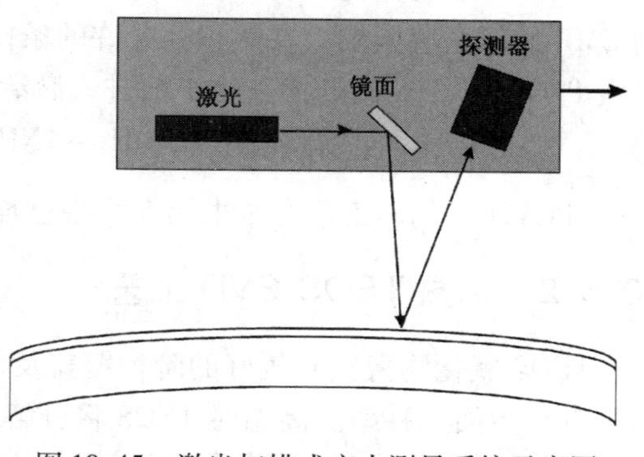

图10.45　激光扫描式应力测量系统示意图

自问自答

问：当使用回收的挡片晶圆测试薄膜沉积工艺时，哪些因素需要特别注意？

答：回收的晶圆一般需要研磨工艺，它们的厚度将会减小到比标准厚度薄(200 mm 的晶圆厚度为 725 μm，300 mm 晶圆为 775 μm)。沉积速率、非均匀性及湿法刻蚀速率比测量，将不会因为回收的晶圆受影响。从式(10.11)可以看出应力测量对晶圆的厚度 h 很敏感，所以必须确定晶圆厚度以获得较正确的应力指数。重要的是将晶圆厚度常数改变到正确的实际值，因为其他人使用相同的应力测量仪器可能无法观测到这种改变。不正确的测量结果可能引起不必要的工艺停工。

10.5 电介质 CVD 工艺

有两种工艺被广泛用于电介质薄膜沉积，分别是加热化学气相沉积和等离子体增强型化学气相沉积。在加热过程中，只有热能可提供化学原材料能量克服激活能完成化学反应。APCVD 及 LPCVD 都是加热化学气相沉积过程。等离子体增强型化学气相沉积工艺中，热能与射频两者同时提供所需的能量以完成化学反应。

最常使用的硅原材料是硅烷、TEOS 和 3MS。硅烷通常用于沉积氮化硅与氧化物，而 TEOS 只能用于氧化物沉积。3MS 用于沉积低 k 介质层 SiCOH 和多孔 SiCOH，3MS 也能用于沉积低 k SiCN 遮蔽层。

10.5.1 硅烷加热 CVD 工艺

电介质 CVD 过程中，硅烷是最常使用的硅原气体。APCVD 与 LPCVD 工艺一直被用于二氧化硅沉积。

$$SiH_4 + 2O_2 \xrightarrow[\text{加热}]{} SiO_2 + 2H_2O$$

APCVD 通常使用稀释的硅烷(在氮中占 3%)，而 LPCVD 使用纯硅烷。与 APCVD 硅烷氧化物比较，LPCVD 硅烷氧化物有较高的生产率，这是因为源材料有较大的平均自由路径，形成大量的晶圆装载能力及较好的阶梯覆盖。APCVD 与 LPCVD 硅烷氧化物工艺已经被 TEOS 氧化物取代，因为 TEOS 的间隙填充能力较好。

LPCVD 硅烷氮化硅在 LOCOS 工艺中作为氧化屏蔽层。浅沟槽隔离工艺中通常作为氧化物 CMP 的研磨遮蔽层。在热积存允许的条件下，通常使用 LPCVD 氮化硅作为 PMD 的遮蔽层，遮蔽 PSG 或 BPSG 内的掺杂物扩散进入激活区。

$$3SiH_4 + 4NH_3 \xrightarrow[\text{加热}]{} Si_3N_4 + 12H_2$$

LPCVD 氮化硅工艺在本书第 5 章中已详细讨论过。

10.5.2 加热 TEOS CVD 工艺

TEOS 氧化物薄膜有较好的阶梯覆盖及似型性，这是由于物理吸附的 TEOS 分子在衬底表面具有高表面迁移率。高温时 TEOS 将分解并形成二氧化硅。

$$Si(OC_2H_5)_4 \xrightarrow[\text{加热}]{} SiO_2 + \text{挥发性化合物}$$

在LPCVD反应器中，加热TEOS氧化物通常在温度高于700℃时沉积，沉积速率非常低，大约为20 Å/min。这种工艺适合侧壁间隔层沉积TEOS。通过使用TEOS、TMB（三甲氧基硼，$B(OCH_3)_3$）与TMP（三甲氧基磷，$P(OCH_3)_3$），可以利用这个反应沉积BPSG作为PMD使用。因为反应温度太高，所以无法用在ILD的USG沉积上。

10.5.3 PECVD硅烷工艺

对于PECVD硅烷氧化物，一般使用氧化亚氮（N_2O）取代O_2作为氧的来源气体，因为在高压时N_2O与硅烷共存。当硅烷与N_2O进入真空反应室（小于10 Torr）后，用射频功率激发等离子体引起气体反应，并将氧化硅沉积在加热的晶圆表面。晶圆表面的热量与射频等离子体内高能电子提供的能量使化学反应进行。PECVD氧化物在沉积的薄膜中通常含有少量的氢，并不是纯的二氧化硅（SiO_2）。

$$SiH_4 + N_2O \xrightarrow[\text{加热}]{\text{等离子体}} SiO_xH_y + H_2O + N_2 + NH_3 + \cdots$$

利用等离子体，电子会通过碰撞分解硅烷和N_2O。

$$e^- + SiH_4 \rightarrow e^- + SiH_2 + H_2$$

$$e^- + N_2O \rightarrow e^- + O + N_2$$

O与SiH_2都有两个不成对的电子自由基，所以化学活性非常强，很容易被化学吸附在晶圆表面引起化学反应。等离子体产生的自由基可以在非常低的温度将沉积过程带入质量传输控制区，这种沉积速率很高且主要取决于气体的流量。通常情况下N_2O会过量，所以沉积速率主要由硅烷的流量控制。PECVD硅烷氧化物过程只有两种源材料气体，硅烷作为硅的来源，N_2O作为氧的来源，所以这个沉积过程很容易理解。

自问自答

问：可以使用过量硅烷并用氧化亚氮流量控制沉积速率吗？

答：理论上可以，但实际上没有人这样做，因为过量的硅烷很危险而且成本很高。过量硅烷可能会引起火灾和爆炸，而且硅烷比氧化亚氮贵。

PECVD硅烷氧化物工艺包括三个主要过程：稳定期（约5 s）、沉积期（取决于薄膜厚度）和反应室内气体被抽离。在稳定期，压力与气体流量都是稳定的，沉积期间不会改变。沉积过程中，射频功率将启动激发等离子体并开始沉积。沉积完成后，射频功率和气体都被关闭并停止沉积。最后反应室内的气体被抽离准备下一个工艺过程。有时还包括启动射频功率的等离子体净化过程，这个过程将N_2O通入反应室，并在气体抽离前把所有残余的硅烷消耗掉。表10.7为PECVD硅烷氧化工艺条件的例子。

表10.7 PECVD硅烷氧化工艺条件

第 二 步	沉 积
压力（Torr）	3.0
温度（℃）	400
RF（W）	250
SiH_4流量（sccm）	120
N_2O流量（sccm）	2400

sccm代表每分钟流过的标准立方公分。预期的沉积速率为1 μm/min（10 000 Å/min），反射率为1.46，薄膜应力为100 MPa（10E9dyne/cm²）。

自问自答

问：单独增加硅烷流量可以增加沉积速率。折射率和薄膜应力在这种情况下怎样变化？

答：通过增加硅烷流量，SiH_4和 N_2O 比例将增加，更多的硅将沉积在薄膜内。从图10.36 可以看出，折射率将增加。当沉积速率增加时，如果射频功率与压力为常数，将导致相同数量的离子轰击在较厚的薄膜上；也就是说，这个薄膜单位厚度所受的离子轰击比较少。这将使得薄膜不是很致密，而且也会导致较小的收缩式薄膜应力。

如果要维持相同的应力与折射率，并同时增加沉积速率，就必须增加 N_2O 的流量和射频功率。

钝化保护作用

氮化硅对湿气与可移动离子是很好的遮蔽层，被广泛用于最后的钝化保护层。PECVD 氮化硅被用在这个工艺中，因为遮蔽沉积需要在相当低的沉积温度下(低于 450℃)通过相当高的沉积率进行。在 PECVD 氮化硅工艺中，硅烷作为硅的来源，氨气作为氮的主要来源，而氮气作为载气与第二个氮来源。

$$SiH_4 + N_2 + NH_3 \xrightarrow[\text{加热}]{\text{等离子体}} SiN_xH_y + H_2 + N_2 + NH_3 + \cdots$$

遮蔽氮化硅需要有好的阶梯覆盖、高沉积率以及好的均匀性与应力控制能力。

PECVD 硅烷的遮蔽沉积工艺包括 7 个过程：稳定期 1、氧化硅沉积、气体抽离、稳定期 2、氮化硅沉积、等离子体清洁和反应室气体抽离。

通常 PECVD 氮化硅中约有 20 个原子百分比(不同于重量百分比)的氢。氢将与氮和硅形成化学键。因为 Si-H 键会吸收紫外线，所以紫外线通常无法穿透传统的氮化硅。

自问自答

问：PECVDPD 氮化硅中的氢来源是什么？

答：硅的源材料 SiH_4与氮的源材料 NH_3都有很多氢原子，所以在低温沉积条件下，自然会有很多氢进入薄膜。

通过使用硅烷与氮气，而不是氨气，可以沉积含氢浓度很低且高紫外线穿透率的氮化硅。然而因为缺少氮的自由基，沉积速率将变低。氮分子非常稳定，等离子体中比氨分子更难分解。

集成电路芯片(如 EPROM)需要紫外线可穿透的钝化保护层，使紫外线可以到达悬浮栅。紫外线可以激发存储在悬浮栅中的电子，并使隧穿通过多晶硅栅间的电介质而进入接地控制栅，达到删除存储器数据的功能。氮氧硅化合物(SiO_xN_y)通常作为 EPROM 钝化保护电介质。通过使用硅烷、氮、氨气以及氧化亚氮，可以沉积氮氧硅化合物

$$SiH_4 + N_2 + NH_3 + N_2O \xrightarrow[\text{加热}]{\text{等离子体}} SiO_xN_y + H_2O + N_2 + \cdots$$

氮氧硅化合物的特性介于氧化物与氮化硅之间，折射率约为 1.7～1.8，具有紫外线可穿透性，而且是相当好的湿气与可移动离子的遮蔽层。与其他电介质 CVD 工艺比较，氮氧硅化

合物工艺需要经常监测折射率的变化，这是因为遮蔽层的特性以及氮氧硅化合物薄膜的紫外穿透性对薄膜内的硅、氮和氧浓度很敏感。折射率测量可以提供这些信息。

ILD0 遮蔽层

对于 ILD0 应用，一般使用以 TEOS 为基础的 PSG 或 BPSG。需要扩散遮蔽层防止掺杂物原子(磷和硼)扩散进入器件区损坏晶体管。USG(厚度 1000 Å)与氮化硅(小于 300 Å)都可以使用。当器件尺寸缩小时，常采用较薄的 LPCVD 氮化硅作为遮蔽层。当元器件尺寸更小时，热积存的限制将排除 LPCVD 在 ILD0 中的应用，所以 PECVD 氮化硅已经开始使用。

PECVD ILD0 氮化硅遮蔽层通常在 550℃左右沉积，沉积温度明显低于 LPCVD 氮化硅工艺所需要的 700℃，因此有较低的热积存。然而这个温度明显高于 PECVD 氮化硅常用的 400℃，较高温度时，PECVD 氮化硅薄膜有较高的沉积速率、较低的氢浓度、较好的阶梯覆盖以及较好的薄膜质量。

ILD0 氮化物也普遍应用于应力衬垫使栅极发生应变，在 MOSFET 沟道形成所需的应变。一般情况下，NMOS 沟道需要拉伸应变而 PMOS 沟道需要压缩应变。两种应变可以在 PECVD 氮化硅沉积过程通过调整工艺中的射频功率实现。双应力衬垫可以通过首先在整个晶圆形成第一层拉伸应变氮化物衬垫，然后通过光刻定义出 PMOS 区以选择性地除去 PMOS 管区的第一层氮化物。光刻胶去除和晶圆清洁后，沉积第二层压应力衬垫。根据器件特性的需要，第二层应力衬垫或者位于 NMOS 区第一层应力衬垫的顶端，或者从 NMOS 区去除大部分压应力衬垫。

电介质抗反射层镀膜

为了在光刻工艺中获得高的解析度，需要一层抗反射膜(ARC)减少来自光面铝与多晶硅表面的高反射。对于具有铝铜合金的集成电路芯片，最常用的抗反射膜层是反射系数约为 30% ~40% 的氮化钛，它可以在配套 PVD 工具内沉积在铝合金上。对于多晶硅表面，抗反射膜通常被用于满足光刻工艺的要求。

图 10.46 显示了一个抗反射膜示意图，当光刻胶(抗反射膜界面)上的反射光(光线 1)与抗反射膜(金属面)上的反射光(光线 2)相位差为波长的一半时，即

$$\Delta\phi = 2nt = \lambda/2$$

这两个反射光线将产生破坏性干涉，并大大减少光刻胶内的反射光强度。其中 n 是 ARC 薄膜的折射率，t 是 ARC 薄膜的厚度，而 λ 是光刻技术的光线波长。控制吸收系数可以保持两个反射光线强度完全相同，这两个反射光线将发生完全破坏性干涉，因此在光刻胶内不会有任何反射光，从而可以明显改善光刻技术的解析度，尤其当图形尺寸小于1/4 μm 时。

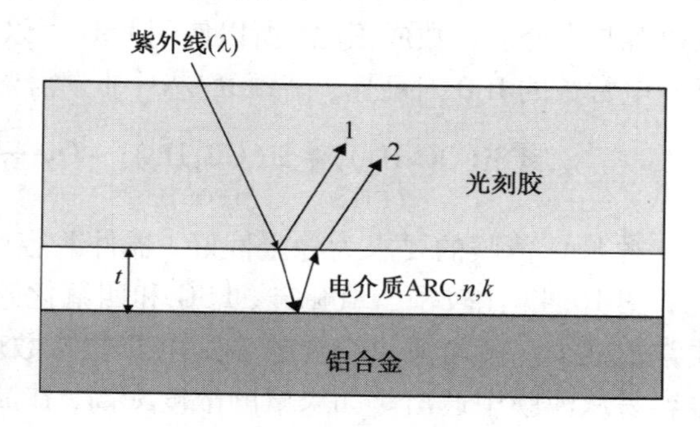

图 10.46　抗反射膜示意图

为了满足这个应用，含硅量高的氮氧化硅薄膜(n 约为 2.2)已经发展起来。

$$SiH_4 + N_2O + He \xrightarrow[\text{加热}]{\text{等离子体}} SiO_xN_y + H_2O + N_2 + NH_3 + He + \cdots$$

SiH_4的流量可以控制沉积速率，SiH_4/N_2O 的比例可以决定折射率 n，压力与射频功率可以控制吸收率 k，而氦气流量可以控制薄膜的均匀性。通常薄膜的厚度约为 300 Å。对于不同的

波长，例如 I 光线(365 nm)与深紫外线(DUV)(248 nm 和 193 nm)，电介质 ARC 薄膜的要求也不同，所以在这些应用中应采用不同工艺。

10.5.4　PECVD TEOS 工艺

加热的 TEOS 氧化硅工艺具有非常好的阶梯覆盖和间隙填充能力，然而过高的沉积温度(高于700℃)限制了它在 ILD0 中的应用。20 世纪 80 年代，多层金属连线要求低温 TEOS 氧化硅应用于 ILD 制造中。PECVD TEOS 氧化物工艺使用等离子体分解氧分子并产生氧自由基，从而可以显著提高 TEOS 的氧化速率，并在低温下(约 400℃)获得高的氧化物沉积速率。大部分 TEOS 源材料都在氧化物表面物理吸附并具有高的表面迁移率，所以 PE-TEOS 氧化物薄膜有非常好的阶梯覆盖与似型性。

$$Si(OC_2H_5)_4 + O_2 \xrightarrow[\text{加热}]{\text{等离子体}} SiO_2 + \text{其他挥发性副产物}$$

PE-TEOS USG 曾在 20 世纪 90 年代 ILD 应用中最常使用。在配套工具中，PE-TEOS 反应室可以和氩溅射刻蚀反应室完成临场 PE-TEOS 沉积/刻蚀/沉积工艺，实现间隙填充与平坦化。PE-TEOS USG 也在 ILD 应用中广泛用于旋涂硅玻璃与 O_3-TEOS USG 工艺的遮蔽层与覆盖层。

对于 ILD0 应用，PE-TEOS 也可以用于沉积 PSG 与 BPSG。通过与磷的来源气体产生反应，如 TMP(三甲氧基磷，$P(OCH_3)_3$)或 TEPO($PO(OCH_3)_3$)，可以沉积 PSG：

$$PO(OCH_3)_3 + Si(OC_2H_5)_4 + O_2 \xrightarrow[\text{加热}]{\text{等离子体}} SiO_2 + \text{其他挥发性副产物}$$

使用磷硼(TMB 或 TEB)源材料，用一个类似的工艺也可以在 PMD 应用中沉积 PE TEOS BPSG。然而在 ILD0 应用中，一般使用非等离子体 CVD，如 O_3-TEOS CVD BPSG 或 PSG，以避免等离子体导致的栅损害。

PE-TEOS 工艺也可以用来沉积掺氟硅玻璃(FSG)。通过使用 TEOS 和氧以及含氟的源材料气体，如 SiF_4或 FTES($FSi(OC_2H_5)_3$，三乙氧基氟硅烷)，可以在射频等离子体反应室的加热晶圆表面上沉积 FSG。与 USG 的 $k=4.0\sim4.2$ 比较，FSG 有较低的介电质常数，$k=3.5\sim3.8$，因为氟会减少 SiO_xF_y的极化并降低电介质常数。通过使用 FSG，可以减少金属连线之间的寄生电容，因为电容与电介质常数成正比，所以使用 FSG 可以减少 *RC* 时间延迟、信号干扰和电能消耗。具有低介电常数的 ILD 对高速、高频 IC 芯片非常需要。FSG CVD 工艺的化学反应式可表示为

$$\underset{(\text{FTES})}{FSi(OC_2H_5)_3} + \underset{(\text{TEOS})}{Si(OC_2H_5)_4} + O_2 \xrightarrow[\text{加热}]{\text{等离子体}} \underset{(\text{FSG})}{SiO_xF_y} + \text{其他挥发性副产物}$$

对 FSG 薄膜的要求为稳定性好、器件兼容性高、成本效益以及工艺兼容性好。

图 10.47 比较了二氧化硅、FSG 和四氟化硅的特性。可以看出当氟与硅玻璃结合时，电介质常数减少。氟与薄膜结合越多则电介质常数就变得越低。然而薄膜变得越不稳定，而且氟很容易从薄膜中逸出。如果氟的浓度太高，在晶圆的后续沉积过程或金属退火加热时，将会有氟气体逸出。此时从薄膜逸出的 HF 与 F_2将导致元器件或电路因腐蚀而损坏。

SiO_2	SiO_xF_y(FSG)		SiF_4
固态	固态		气态
$k=3.9$	$3.8<k<3.2$		$k\sim1$
k 较高 ⟵	F 较少	F 较多，*k* 较低， ⟶	F 逸气

图 10.47　FSG 工艺发展趋势

FSG 薄膜的间隙填充能力比 USG 薄膜好，这是因为等离子体引起的氟自由基与离子轰击刻蚀综合效应，特别在间隙上层角部分。由于在间隙上层角部分的到达角度越大，上层角的离子轰击就越多而且氟自由基也越多，这样就避免了悬突的形成。通过使用 PE-TEOS SiF_4 等化学气体，可以形成一个无空洞的 0.65 μm 间隙填充，而且不需要回刻蚀；如果有回刻蚀工艺，则可以达到0.35 μm的无空洞间隙填充。

10.5.5 电介质回刻蚀工艺

溅射回刻与平坦化回刻蚀工艺以及电介质化学气相沉积结合，形成间隙填充与平坦化。与沉积工艺不同，回刻蚀是一个移除过程。对于很多集成电路芯片工艺，电介质回刻蚀工艺和薄膜区域及电介质化学气相沉积同时进行。因此，回刻蚀工艺没有在讲解刻蚀工艺的章节中介绍，而是放在介质薄膜沉积的章节中详细讨论。

很多情况下，溅射刻蚀反应室与电介质 CVD 反应室放置在同一个主机台上操作，完成临场结合的沉积/刻蚀/沉积过程(见图 10.48)。

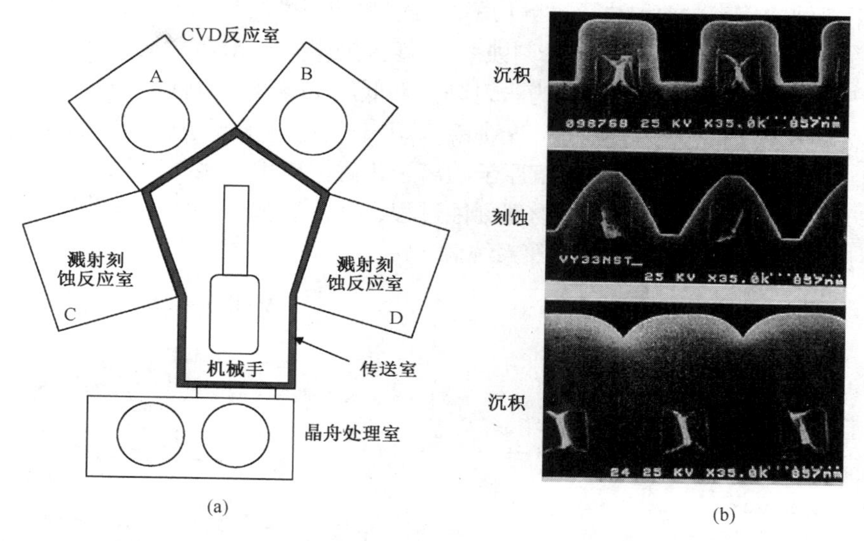

图 10.48 (a) 配套工具示意图；(b) PE-TEOS 沉积/刻蚀/沉积工艺SEM照片(来源：Applied Materials公司)

溅射刻蚀是一个纯粹的物理刻蚀。通常在低压的氩等离子体内(约 30 mTorr)进行。氩离子轰击晶圆的表面并将表面的电介质薄膜移除，是利用离子轰击的能量与动量打断化学键的转移过程。电介质从等离子体中获得电子而带负电，而晶圆也因等离子体电子的转移而带负电。所以带负电的电介质被晶圆表面排斥出来，这些电介质将穿过边界层进入对流层，并由真空泵抽出反应室。

因为溅射刻蚀是一种物理刻蚀，完全依靠氩离子轰击而且不会与电介质薄膜产生化学反应，所以刻蚀速率非常低。削除阶梯角落的薄膜比从表面处移除薄膜更快。阶梯角落的小平面斜率约为 45°，这会使间隙开口倾斜并使后续的沉积过程更容易进行无空洞的填充间隙(见图 10.49)。

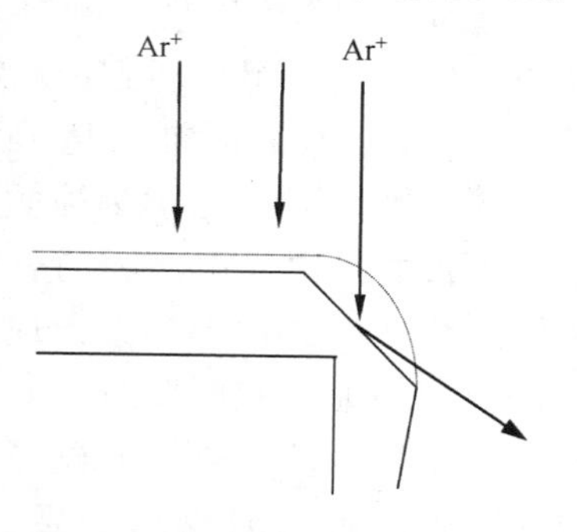

图 10.49 氩离子溅射刻蚀去除间隙角落的薄膜示意图

自问自答

问：为什么溅射刻蚀工艺一般使用氩作为工艺气体？

答：对于溅射刻蚀间隙填充工艺，需要纯粹的物理轰击平滑间隙的阶梯角，所以就需要采用惰性气体。因为氩是一种重且廉价的气体，被选择用于物理溅射工艺。与硅(原子量28)和氦(原子量4)相比，氩原子量为40。重离子适合用于获得好的轰击结果。氩是地球大气成分中含量第三的气体(约1%)，仅次于氮(78%)和氧(20%)。可以从浓缩空气中直接纯化，这样使得氩比其他重的纯气体，如氪、氙和氡更容易获得。氡是一种放射性气体，不能用于半导体工艺。

氩溅射刻蚀的例子列于表10.8中。工艺条件对热氧化二氧化硅的刻蚀速率约为250 Å/min。热氧化二氧化硅常用来判定其他工艺的优劣，这是因为它在晶圆内或晶圆对晶圆的均匀性都很好，对于化学气相沉积氧化硅，溅射刻蚀速率有些高。如同一般等离子体刻蚀过程一样，溅射刻蚀的速率主要取决于射频功率。当射频功率增加时，离子轰击的能量与离子的密度将明显增加。增加射频功率可以增加刻蚀率，而且刻蚀均匀性对压力很敏感。

刻蚀反应室如图10.50所示。因为溅射刻蚀在低压下操作，而且电子的平均自由程很长，因此要产生及维持等离子体比较困难。外加磁场用于强迫电子环绕磁场线做螺旋运动，增加行进的距离，从而会增加电子与中性氩原子的离子化碰撞概率。溅射刻蚀是一个全面性刻蚀，不需要保护光刻胶层，是一个纯粹的物理刻蚀过程，而且溅射刻蚀率对晶圆温度并不敏感，所以溅射刻蚀反应室并不需要晶圆的冷却系统。

表10.8　氩离子溅射刻蚀工艺条件

压力(mTorr)	30
射频功率(W)	300
磁场(G)	50
Ar(sccm)	50

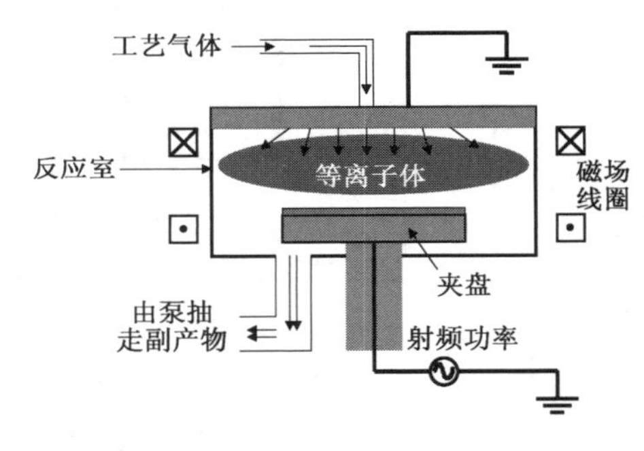

图10.50　溅射刻蚀反应室示意图

通过使用CF_4与O_2，溅射刻蚀反应室也可以用于电介质层的平坦化回刻蚀(见图10.51)。在这种情况下，氧化物同时被氟化学刻蚀和离子轰击溅射的组合刻蚀。因为化学刻蚀倾向于等向性刻蚀，所以回刻蚀之后电介质薄膜的表面将比它在沉积后更平滑。为了增加化学刻蚀效应，平坦化回刻蚀通常比溅射回刻蚀需要更高的压力。增加压力可以减少平均自由程，以及离子的碰撞和散射，并降低离子能量，从而可以减少离子轰击以及物理溅射刻蚀效应。

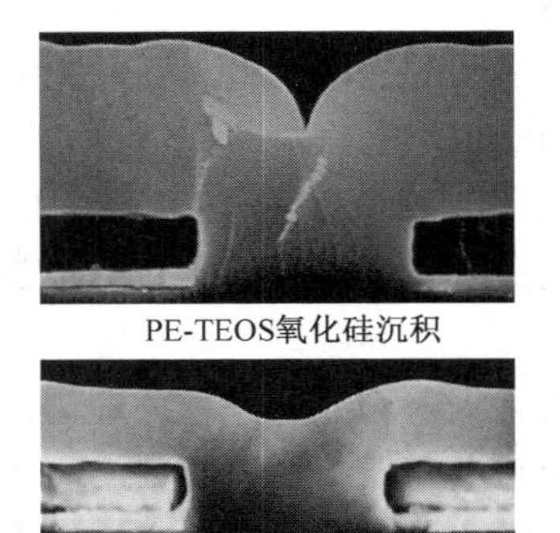

图10.51　平坦化回刻蚀工艺的SEM照片
(来源：Applied Materials公司)

10.5.6 O_3-TEOS 工艺

臭氧是一种非常不稳定的分子，所以任何的加热过程都会使其分解并释放出化学性强的自由氧原子。

$$O_3 \rightarrow O_2 + O$$

当温度为 25℃时，臭氧的半衰期大约为 86 h，也就是说，86 h 之后，有一半的臭氧分子将会分解而损失掉。因为臭氧的化学反应速率随温度呈指数增加，参见式(9.2)，所以温度越高，分解速率也就越快，半衰期也就越短。400℃时，臭氧的半衰期小于 1 ms(10^{-3}秒)。所以即使在反应室内没有等离子体，臭氧也可以在室温作为氧自由基的载体，并且在高温晶圆表面产生游离的氧自由基增强化学反应。使用臭氧与 TEOS 产生反应可以氧化 TEOS 并沉积氧化硅。O_3-TEOS 氧化层有极好的似型性及间隙填充能力，可以填充非常狭小的间隙，而且普遍应用于亚微米集成电路芯片的电介薄膜沉积上。O_3-TEOS 氧化物可以采用常压 CVD(APCVD)和亚常压 CVD(Sub-atmospheric Pressure CVD)(SA-CVD)沉积。

臭氧发生器

臭氧发生器的主要目的是产生稳定、可重复的高浓度臭氧。因为臭氧的生命周期有限，所以必须在原地生产并立即使用。臭氧发生器产生臭氧的方式如同自然界中一场闪电雷雨天气产生臭氧的方式一样。高压放电情况下，氧分子被高能电子分解并释放出自由氧原子。

$$O_2 \xrightarrow{\text{等离子体}} O + O$$

经过一个三粒子碰撞过程，氧原子会与氧分子发生反应形成臭氧：

$$O + O_2 + M \rightarrow O_3 + M$$

(M 为 O_2、N_2、Ar、He 等)

这个反应过程需要第三者的碰撞以满足能量与动量守恒。

图 10.52 显示了产生臭氧的过程。将大约 1% 的氮气混入氧气后，再流入臭氧发生器中，可以改善并稳定臭氧的产量。将几个臭氧发生室串联并重复上述工艺就可将臭氧浓度提高。因为臭氧不稳定且容易分解，降低臭氧室的温度就可以减少分解作用并提高臭氧的质量。

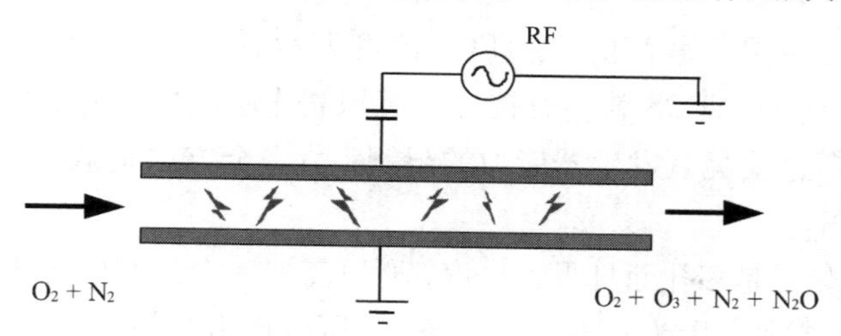

图 10.52　具有一个反应室的臭氧发生器

利用几个臭氧发生器一起工作，臭氧的浓度可以达到 14wt%，这取决于氧的流量、RF 功率以及氮的浓度。一般情况下，在相同的射频功率和氮的浓度下，较高的气体流量会降低臭氧的浓度。在相同的气体流量和氮浓度下，较高的射频功率会导致较高的臭氧产量。

臭氧的浓度可以由吸收紫外线特性的方法监控。由比尔-兰伯特定律(Beer-Lambert's Law)得：

$$I = I_0 \exp(-ACL)$$

其中，I 是通过臭氧层后的紫外线强度，I_0 为通过臭氧层前的紫外线强度，A 是臭氧吸收紫外线的系数，L 是吸收室长度，而 C 是臭氧浓度。图 10.53 显示了一个臭氧的监控系统。

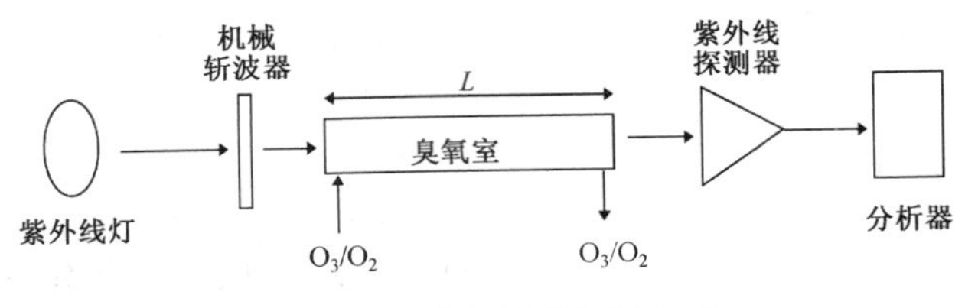

图 10.53 臭氧浓度监控系统

臭氧发生器的主要目的是产生稳定、可重复和高温度的臭氧。

O_3-TEOS USG 过程

O_3-TEOS USG 薄膜主要应用于浅沟槽隔离填充，以及为具有铝铜互连的集成电路芯片形成 ILD 电介质层。将臭氧在大约 400℃ 与 TEOS 反应，可以得到 1500～2000 Å/min 的氧化硅沉积速率，这取决于气体的流量、温度以及压力。

$$\text{TEOS} + O_3 \xrightarrow{\text{加热}} SiO_2 + \text{挥发性化合物}$$

因为有近乎完美的阶梯覆盖和似型性，O_3-TEOS USG 可以无空洞地填充非常小的间隙(见图 10.54)。在多重金属互线层中，这是很常见的 IMD 应用。

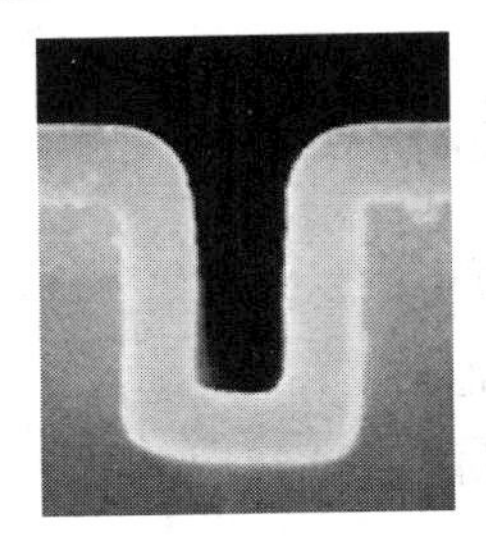

图 10.54 O_3-TEOS USG 阶梯覆盖与间隙填充(来源：Applied Materials 公司)

在 O_3-TEOS 沉积工艺中，较高的 O_3:TEOS 比例表示有较多的自由氧与 TEOS 发生反应并氧化 TEOS，所以较高的 O_3:TEOS 就会有较好的沉积氧化层质量。为了增加 O_3:TEOS，可以增加臭氧浓度及流量，但这受臭氧发生器能力的限制；另一个方法是减少 TEOS 的流量，然而这将导致较低的沉积速率。

因为 O_3-TEOS 氧化层是多孔而且吸收水汽，所以需要一个致密的等离子体增强型化学气相沉积覆盖薄膜，以隔离空气。因为有不适当的张力，所以也需要一个有压缩力的 PECVD 薄膜缓冲张力，以避免在金属表面形成小凸状物。在 ILD 应用中，O_3-TEOS USG 薄膜通常夹在两个 PECVD USG 薄膜之间。

对于亚常压 O_3-TEOS 工艺过程，这三层都可以在同样的反应室中沉积，而且具有同样的工艺流程。首先沉积一个 PE-TEOS USG 薄膜(约为 1000 Å)在反应室中作为张力缓冲层，然后逐渐加压以防止在反应器壁沉积薄膜产生剥落或引起粒子污染。当 TEOS 流量和压力稳定后，通过启动臭氧注入器将臭氧注入反应室便可以沉积 O_3-TEOS USG 薄膜。逐渐降低并稳定反应室的压力、氧流量和 TEOS 流量后，便启动 RF 功率来激发等离子体，并沉积一层厚的 PE-

TEOS USG 覆盖薄膜密封多孔 O_3-TEOS USG。可以使用化学机械研磨或回刻蚀方法，以平坦化 PE-TEOS USG 覆盖层，这取决于集成电路制造工艺的需求。

O_3-TEOS PSG 和 BPSG 过程

O_3-TEOS PSG 和 BPSG 都应用在 ILD0 中。图 10.55 说明了在 ILD0 应用中的 O_3-TEOS BPSG 可以填充具有 4∶1 深宽比的 0.25 μm 间隙。将臭氧与 TEOS、TEB(三乙氧基硼，$B(OC_2H_5)_3$)及 TEPO(三乙氧基磷酸，$PO(OC_2H_5)_3$)反应，将形成 BPSG。反应式可以表示为

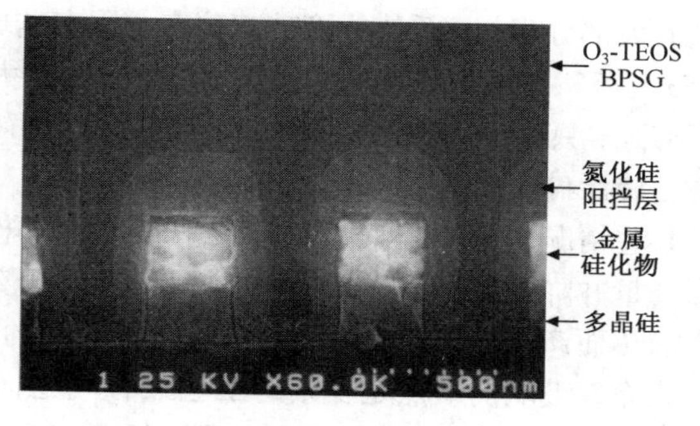

图 10.55　O_3-TEOS BPSG 填充深宽比为 4∶1 的 0.25 μm间隙(来源：Applied Materials公司)

$$O_3 \rightarrow O_2 + O$$

$$O + TEB + TEPO + TEOS \rightarrow BPSG + 挥发性化合物$$

10.6 旋涂硅玻璃

旋涂硅玻璃(Spin-on Glass，SOG)与光刻胶的涂敷和烘烤工艺非常相似。集成电路制造商已经长时间使用旋涂硅玻璃技术为具有铝铜互连的集成电路芯片进行 ILD 间隙填充及平坦化。

半导体工业有两种常用的旋涂硅玻璃：硅酸盐及硅氧烷。两种都有 Si-O 化学键(见图 10.56)。旋涂硅玻璃所用的溶剂是乙醇和酮等。

```
        H
        |
        O                        R
        |                        |
H—O—Si—O—H              H—O—Si—O—H
        |                        |
        O                        R
        |
        H
                          R = CH3, R = R 或 OH
```

图 10.56　两种常用旋涂硅玻璃(不含溶剂)：硅酸盐($Si(OH)_4$)；硅氧烷($R_nSi((OH)_{4-n}$，$n=1, 2$)

旋涂硅玻璃需要几种工艺工具和几道不同的工艺，如 PECVD→SOG 旋涂→SOG 固化→SOG 回刻蚀→PECVD。SOG 通常夹在两个 PECVD 层之间(见图 10.57)。

PECVD 薄膜会首先沉积作为衬底层或遮蔽衬底层，然后液态旋涂硅玻璃会在旋涂机内被均匀涂敷在晶圆表面形成数千埃的薄膜。薄膜的厚度由旋转速率以及液态旋涂硅玻璃的黏滞度决定，如同光刻胶旋涂一样。为了达到所需的均匀性，还需要自旋涂敷两次。液体表面张力迫使旋涂硅玻璃流入狭窄的隙缝，达到无空洞间隙填充。热平板预烤之后，有些溶剂将从旋涂硅玻璃内出来，而 Si-O 键就开始交叉键合。然后晶圆被放入 400 ~ 450℃的炉管内固化烘烤，以排除旋涂硅玻

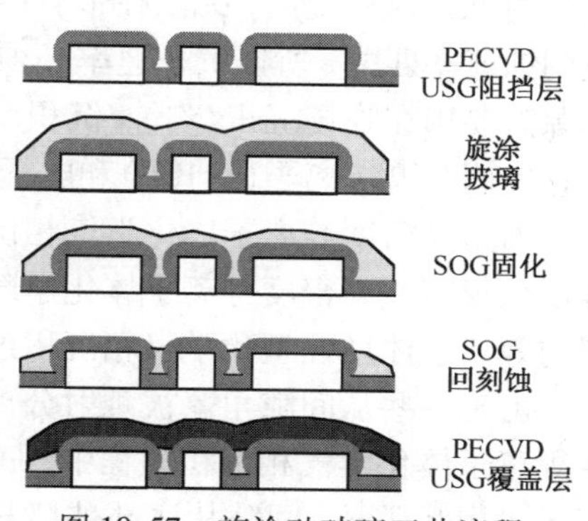

图 10.57　旋涂硅玻璃工艺流程

璃内的大部分溶剂，并使旋涂硅玻璃变成固态硅玻璃。旋涂硅玻璃固化之后，薄膜的厚度会缩减5%～15%。因为玻璃的质量不是很好，所以大部分情况下需要用刻蚀过程将旋涂硅玻璃从表面移除，只留下间隙内的旋涂硅玻璃。最后再沉积一层PECVD覆盖层来覆盖旋涂硅玻璃，以防止旋涂硅玻璃的气体外泄与吸附水汽。

某些情况下，制造商会沉积覆盖PECVD氧化物而不使用回刻蚀，从而可以缩短工艺过程、提高产量并降低生产成本。这种技术称为“无回刻蚀旋涂硅玻璃”。在这种情形下，旋涂硅玻璃因加热而产生气体外泄的可能性比有回刻蚀的旋涂硅玻璃高得多。

旋涂硅玻璃的缺点是复杂的工艺兼容问题，这种缺点容易导致粒子污染、薄膜破裂或剥落，以及加热残余物溶剂逸出等问题，后面三个问题可以通过小心地控制工艺过程解决。

10.7　高密度等离子体化学气相沉积(HDP-CVD)

沉积、回刻蚀、沉积(沉积/刻蚀/沉积)工艺可以填充微小的间隙，但是这种工艺需要两个反应室：化学气相沉积反应室和刻蚀反应室。晶圆需要在两个反应室之间来回转移。当间隙由于图形尺寸缩小而变得狭窄时，可以使用沉积/刻蚀进行无空洞的间隙填充。当缝隙变得更小而且深宽比更大时，需要更多的沉积/刻蚀过程才能进行间隙填充，因为产量太低，所以对大量生产很不实际，所以需要可以同时沉积与溅射刻蚀的设备以满足亚微米间隙填充。

自问自答

问：当图形尺寸缩小时，金属线宽度和金属线之间的间隙会变得较小。然而，金属线的高度却不能相对缩小，这将引起较大的间隙深宽比。为什么不能缩小金属厚度来保持相同的深宽比，以便更容易进行介质间隙填充呢？

答：金属线电阻为$R=\rho l/wh$。当图形尺寸缩小时，金属线的长度l与宽度w会相对缩小。如果金属线高度也减小，金属线的电阻将会相对增加，或者变得无法接受。因此金属连线必须保持相同的高度，通过减小图形尺寸，可以在一个晶圆上放置更多的芯片。然而此举也会对介质沉积工艺造成更大的挑战。

为了获得较高的溅射刻蚀速率，反应室需要在低压下操作(小于30 mTorr，越低越好)，使离子获得较长的平均自由程。低压时，由于低的等离子体密度会使等离子体增强型化学气相沉积的沉积速率变慢，无法在带有两个平行板电极的标准电容耦合型等离子体反应室内与溅射刻蚀速率匹配，所以沉积速率必须大于刻蚀速率才能达到净沉积，因此不同的高密度等离子体源需要用在临场沉积/刻蚀/沉积反应器中。半导体工艺中已应用了两种高密度等离子体源，即感应耦合型等离子体(ICP)和电子回旋共振(ECR)(见图10.58)。

因为高密度等离子体化学气相沉积是一种临场沉积/刻蚀/沉积过程，所以净沉积速率通常不会很高。高密度等离子体化学气相沉积通常只用来间隙填充；覆盖层通过有较高沉积速率的等离子体增强型化学气相沉积过程完成，因为它有高的沉积速率。

由于一些从间隙角落被溅射分离出来的氧化物碎片会重新沉积在间隙的底部，所以高密度等离子体化学气相沉积过程中，底部的薄膜沉积速率通常是侧壁的3倍，其结果造成侧壁薄膜无法相互碰触，间隙从底部被填充上来而没有缝隙(见图10.59)。这对后续的化学机械研磨是有利的，因为在化学机械研磨中的一个缝隙就会提供一个脆弱点，并与其他区域比较有较快的研磨速率，并在表面造成缺陷。

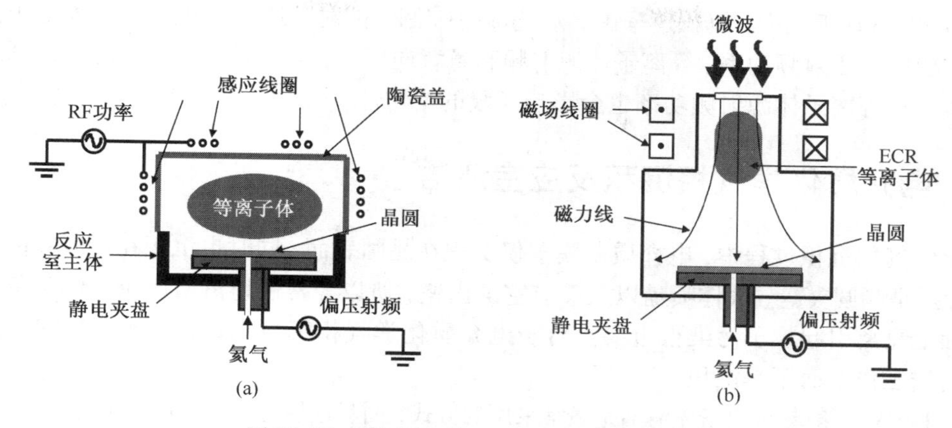

图 10.58 ICP(左)和 ECR(右)反应室示意图

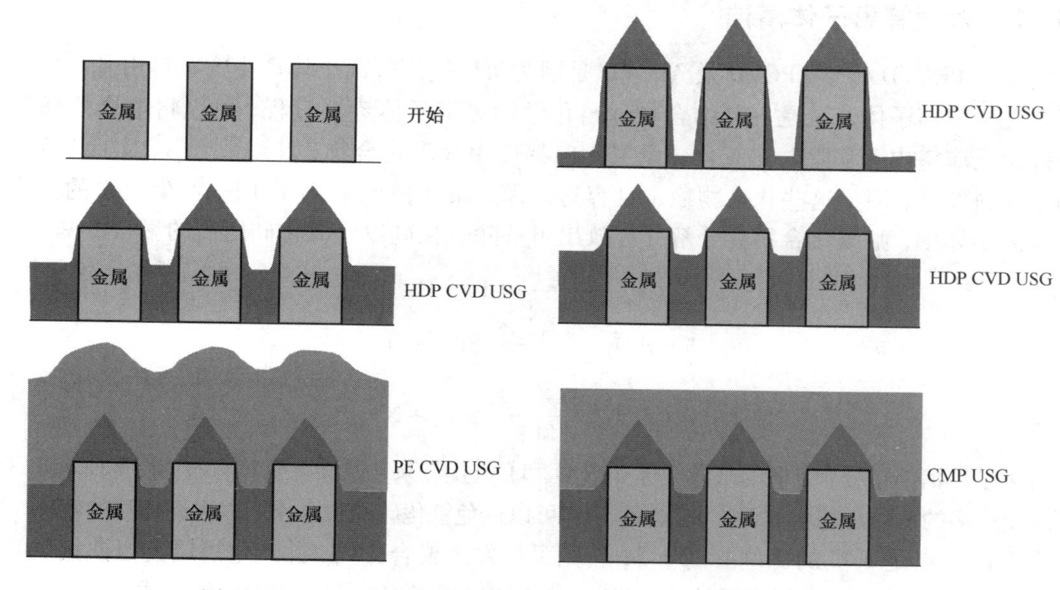

图 10.59 IMD 高密度等离子体 CVD 间隙填充和平坦化工艺流程

高密度等离子体化学气相沉积氧化工艺通常用硅烷作为硅的原材料，用氧气作为氧的原材料。氩加入工艺过程增加溅射刻蚀效应，也可以利用与磷化氢及四氟化硅反应沉积 PSG 和 FSG。

USG $SiH_4 + O_2 + Ar \rightarrow USG + H_2O + Ar + \cdots$

PSG $SiH_4 + PH_3 + O_2 + Ar \rightarrow PSG + $挥发物质

FSG $SiH_4 + SiF_4 + O_2 + Ar \rightarrow FSG + $挥发物质

自问自答

问：在 HDP-CVD 氧化物工艺中，为什么用硅烷而不用 TEOS 作为硅的来源气体？

答：对于 HDP-CVD 工艺，阶梯覆盖不再是间隙填充的重要因素，因为重离子轰击通常保持间隙开口为倾斜，而且沉积由上而下，相对于液态 TEOS 汽化输送系统，硅烷可以节省成本和减小难度。

在 HDP-CVD 工艺中，沉积速率由硅烷的流量控制，折射角通过 SiH_4/O_2 流量比测得。薄膜应力主要由偏压射频功率、等离子体源射频和氦背向压力控制，氦气的背向压力控制晶圆的温度。压力与等离子体源射频功率也会影响薄膜的均匀性。

10.8 电介质化学气相沉积反应室清洁

在化学气相沉积过程中，电介质薄膜不仅沉积在晶圆表面，同时也沉积在反应室内的任何地方，特别是晶圆夹盘、气体喷嘴以及反应室的内壁，所以经常性地清洁反应室以避免薄膜在这些表面上剥离引起粒子污染很重要。对于电介质化学气相沉积工具，大于一半的时间反应室用于清洁工作上而不是沉积。

对于 PECVD，射频等离子体清洁是最常采用的方式，而且遥控等离子体清洁也越来越受关注。

10.8.1 射频等离子体清洁

电介质 PECVD 优于 LPCVD 及 APCVD 是因为可以使用等离子体产生的氟自由基对反应室进行干洗。等离子体清洁是一种结合物理与化学的等离子体刻蚀过程，可以将电介质薄膜从设备以及反应室内壁移除。二氧化硅及氮化硅都使用氟碳化合物(如 CF_4、C_2F_6 及 C_3F_8)作为氟的原材料气体，因为这些化合物稳定且容易处理。某些情况下，NF_3 用来产生更多的氟自由基。等离子体中，氟碳化合物会分解并释放出可移除氧化硅以及氮化硅所需的氟自由基。

$$CF_4 \xrightarrow{\text{等离子体}} CF_3 + F$$

$$F + SiO_2 \xrightarrow[\text{加热}]{\text{等离子体}} SiF_4 + O$$

$$F + Si_3N_4 \xrightarrow[\text{加热}]{\text{等离子体}} SiF_4 + N$$

等离子体清洁过程中，氧的来源气体如 N_2O 和 O_2 与碳(来自氟碳化合物)反应形成 CO 和 CO_2，并释放出更多的氟自由基增加 F/C 的比例，这样可以避免氟化碳的聚合作用以提高清洁的效率。

重要的一点是 F/C 的比例要高于 2，否则可能发生聚合作用，并产生一层类似铁氟龙的聚合物涂敷在反应室中。在等离子体中，CF_4 会分解成 CF_3 和 F，CF_3 将继续分解成 CF_2 和 F。当许多 CF_2 自由基连成一个长链时就形成聚合作用(见图 10.60)。这种情形下，白色的、类似铁氟龙的聚合物将沉积在反应室内部，这时需要打开反应室并使用湿法清洗和利用机械性刮除的方式将聚合物从表面擦掉。这种清洁过程将造成停机并影响生产率。

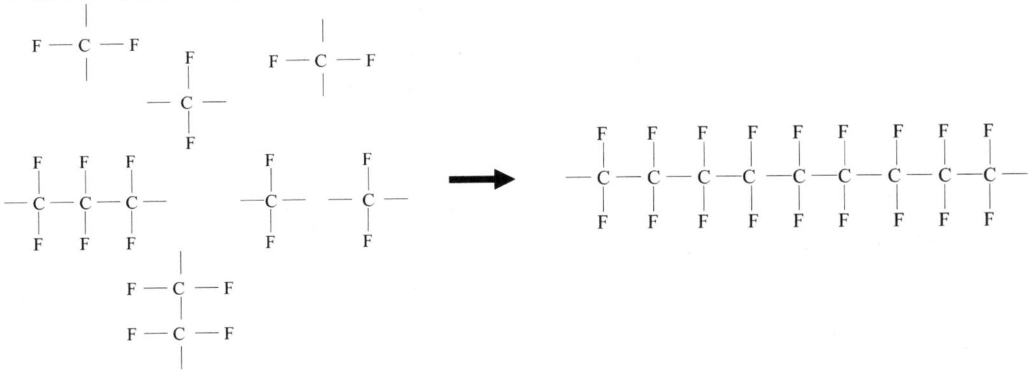

图 10.60 氟碳化合物聚合过程示意图

反应室清洁工艺通常包括六个过程：稳定压力、等离子体清洁、真空泵抽气降压、沉积压力设定、沉积和真空泵抽气降压。在沉积过程中，大约 1000 Å 的氧化层将无意间沉积在晶圆夹盘以及反应室内部的每个地方。这个重要的过程可以保持每一个晶圆有相同的沉积状从而获得好的晶圆对晶圆（WTW）均匀性，并提高生产的可重复性。也可以通过覆盖的方式减少残留的化学污染，并可以密封住残留松散的薄膜碎片来减少粒子污染。

一个 200 mm 晶圆的硅烷 PECVD 反应室清洁如表 10.9所示。

表 10.9　硅烷 PECVD 反应室清洁条件

第　二　步	清　　洗
压力	5 Torr
射频	1000 W
CF_4	1200 sccm
N_2O	400 sccm

当沉积 1 μm USG 薄膜后，需时约 90 s 清洁反应室。在二氧化硅清洁工艺中，刻蚀的化学反应从薄膜释放氧气，并造成额外的碳氧化。由于没有额外的氧气从薄膜释放，氮化硅清洁需要更高的 N_2O（耗时约 600 s）与碳发生反应释放更多的氟，并保持大的 F/C 比以防止聚合。在 1 min 氮化硅薄膜沉积后，大约需要 2 min 清洗氮化物反应室。相比较而言，它需要约 1 min 沉积 1 μm 二氧化硅，约 85 s，沉积1 μm 氮化硅。

自问自答

问：如果将 1200 sccm 的 CF_4 注入工艺反应室，有多少真正用于氧化物清洗？

答：小于 3%。多于 97% 的 CF_4 被送入反应室却没有用于清洗而被抽走。CF_4 是一种稳定的气体而且不会被废弃清洗出去，释放到空气中是安全的。然而碳氟化合物气体是引起全球温室效应的气体之一，因而限制了它们的使用量，并且释放问题变得很关键。

在等离子体中，电子、原子和分子间的激发-松弛碰撞会引起辉光效应。因为不同的气体有不同的原子结构，等离子体中发光的颜色可以提供反应室内部与化学成分有关的信息监控清洁过程。

当清洁工艺开始时，等离子体会产生自由的氟原子，所以氟开始增加。清洁过程中，氟原子会刻蚀氧化硅或氮化硅，所以等离子体中的自由氟原子浓度很低，而且氟发出的光强度（光波长为 704 nm）也很低。当清洁过程完成时，氧化硅将逐渐被移除，等离子体中的自由氟原子浓度将增加，氟发出的光强度也增加。当氧化物完全从工艺工具及反应室内壁移除时，氟自由基的浓度将变成一个常数，这表明清洁已经完成（见图 10.61）。

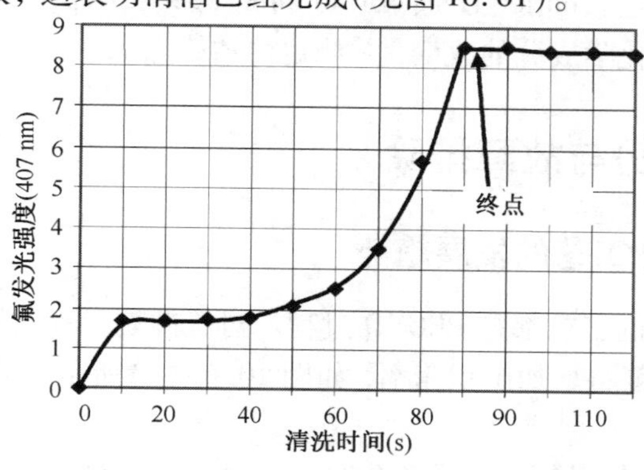

图 10.61　1.8 μm PE-TEOS 薄膜清洁过程与终点检测（来源：Dielectric PE- and SA - CVD Processes，Applied Materials公司培训手册）

10.8.2 遥控等离子体清洁

由于射频等离子体清洁过程使用极高的射频功率在反应室内产生等离子体，所以与等离子体有关的离子轰击将造成工具损坏并增加 IC 制造的成本。射频等离子体清洁中，大部分氟碳化合物气体不会分解并直接排放到空气中。氟碳化合物气体将引起全球温室效应。全球温室效应目前已被观察到，表明地球上的平均温度正逐渐缓慢提升，这主要是由于使用了石化燃料使空气中的二氧化碳增加的缘故。二氧化碳与氟碳化合物气体从太阳光吸收红外线辐射的效率比氦和氧强，增加空气中的二氧化碳和氟碳化合物气体会增加热量的吸收并提高地球的温度。

氟碳化合物气体也对地球大气层中的臭氧层产生破坏。臭氧层可以遮蔽来自太阳的紫外线辐射。臭氧层被破坏的地区有高强度紫外线辐射，这将导致皮肤癌。氟碳化合物气体在空气中的生命周期较长(半衰期大于 10 000 年)，它们会导致长期的环境破坏，因此在半导体工业中，要求减少氟碳化合物的使用量和释放量。遥控等离子体提供了另一种选择。

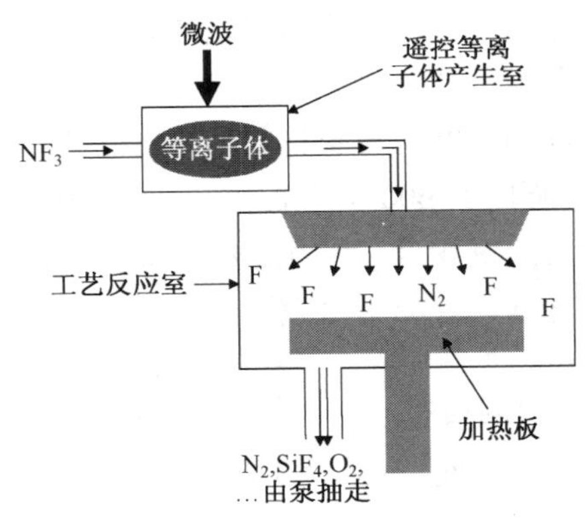

图 10.62　遥控等离子体 CVD 反应室清洁示意图

微波的频率比射频频率高，使用微波可以在高气压时产生稳定的等离子体，通常 NF_3作为氟的来源气体。高密度微波等离子体中，超过99%的 NF_3将被分解并释放出自由的氟原子，然后自由氟原子将流进 CVD 反应室与零件及反应室内壁的薄膜产生反应而形成气态的 SiF_4 和其他副产品，这些副产品最后被真空泵抽出反应室。因为反应室内已经没有等离子体，所以反应室的主体及零件上不会有离子轰击产生，从而可以延长寿命。图 10.62 为遥控等离子体反应室示意图。

微波遥控等离子体清洁的优点是有较长的反应室零部件使用寿命、较低的成本并显著降低了氟化物气体的释放量。缺点是与射频等离子体清洁相比，技术还不成熟，需要较高的设备成本，这些包括微波系统和石英等离子体反应室，并包括使用有危险性且昂贵的 NF_3气体。还有一个缺点是现有射频等离子体清洁光学终点系统无法用于遥控等离子清洁，因为在反应室中没有等离子体形成发射光。所以判定微波遥控等离子体清洁的终点需要另一种测量技术，如傅里叶变换红外线光谱学(Fourier Transform Infrared Spectroscopy，FTIR)系统。FTIR 系统通过测量化学键的浓度监测化学成分的改变，并测定清洁终点。

10.9 工艺发展趋势与故障排除

10.9.1 硅烷 PECVD 工艺的发展趋势

大部分以硅烷为基础的工艺都是 PECVD 过程。对于硅烷，因为源材料在边界层中有较高的扩散速率，所以提高温度将增加沉积速率，如图 10.63(a)所示。增加温度也可以改进沉积薄膜的阶梯覆盖及质量。

对于 PECVD 薄膜，增加射频功率通常会增大收缩式应力，如图 10.63(b)所示。因为离子轰击的密度和能量都会提高。

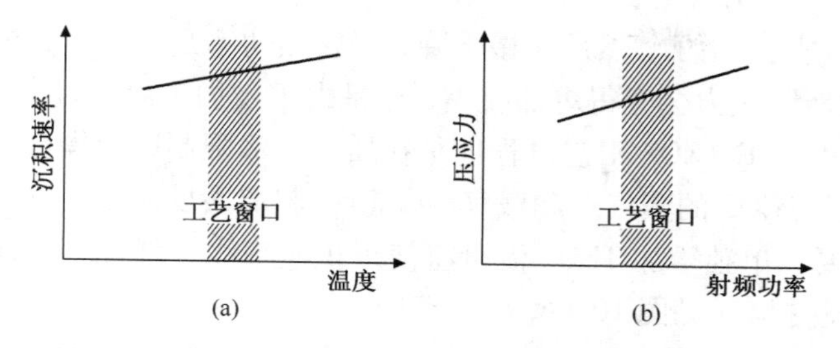

图 10.63　硅烷 PECVD 工艺发展趋势。(a) 温度与沉积速率的关系；(b) 射频功率与薄膜应力的关系

当射频功率较低时，增加射频功率将增加沉积速率，而当射频功率过高时，反而会减少沉积速率。在较低的射频功率及低温下(大约 400℃)，由于没有足够的自由基增强化学反应速率，所以沉积速率非常低。当射频功率再增加时，等离子体产生的自由基会增强表面化学反应，所以沉积速率急剧增加。当射频功率进一步增加时，沉积会进入质量传输限制区，而且沉积速率将不再与表面的化学反应速率有关，此时沉积速率停止增加并开始下降，因为增加射频功率将产生重离子轰击，离子轰击将减少晶圆表面上源材料的吸附速率。

从图 10.64 可以看出，为什么大部分的 PECVD 过程在高曲线射频功率一侧操作，这是因为高射频功率下的沉积速率对射频功率不是很敏感，所以射频功率可以用来控制薄膜的应力及湿法刻蚀速率比，且不会影响沉积速率。当射频功率较低时，沉积速率对射频功率过于敏感。

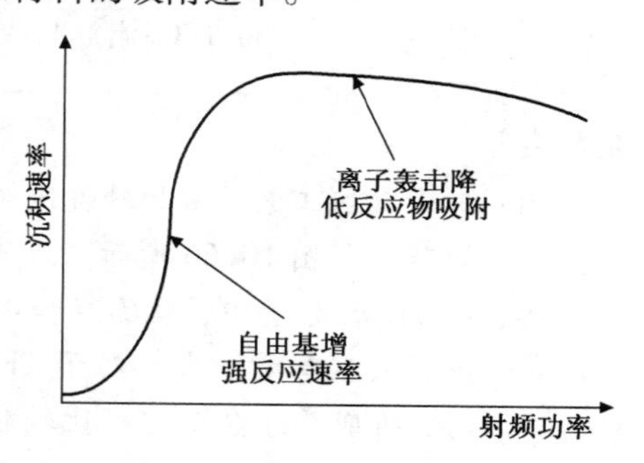

图 10.64　沉积速率与射频功率的关系

对于硅烷工艺，折射率主要由薄膜的化学成分决定。含硅量高的薄膜具有较高的折射率，而含氧量高的薄膜有较低的折射率(见图 10.65)。

因为硅烷 PECVD 过程是在质量传输限制区操作，沉积速率主要由气体流量决定，尤其对于硅烷流量。通过单独增加硅烷流量可以增加沉积速率，然而薄膜的收缩式应力将会减低，这是因为单位薄膜厚度所受的离子轰击较少。折射率增加是由于薄膜的含硅量增加。因为单位薄膜厚度受较少的离子轰击，所以薄膜不很致密，且湿法刻蚀速率的比例也会增加。

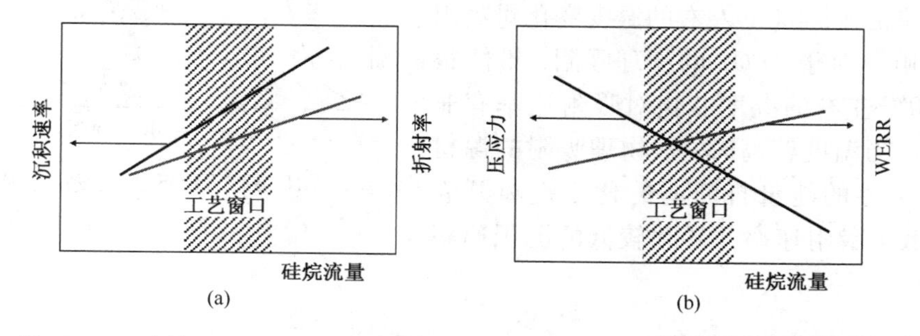

图 10.65　硅烷 PECVD 工艺发展趋势。(a) 硅烷流量对沉积速率和折射率的影响；(b) 硅烷流量对收缩式应力及湿法刻蚀速率比(WERR)的影响

10.9.2　PE-TEOS 发展趋势

PE-TEOS 以及 PE-硅烷工艺在发展方向上有一些相似之处。当射频功率从很低的状态被

提高时，沉积速率首先快速增加，然后缓慢下降；当射频功率足够高时，沉积速率便开始下降(见图10.64)。同时薄膜应力会变得更加收缩，这是由于增加了离子轰击。

如同PE-硅烷过程，PE-TEOS工艺过程也是在质量传输限制区内操作的。沉积速率主要由TEOS流量控制。因为TEOS的蒸气会和载气(如氦)一起流入反应室，所以精确且独立地控制TEOS的净流量很重要。单独增加TEOS流量将使沉积速率线性增加，而且收缩式应力会变得较小，湿法刻蚀速率将提高(见图10.66)。

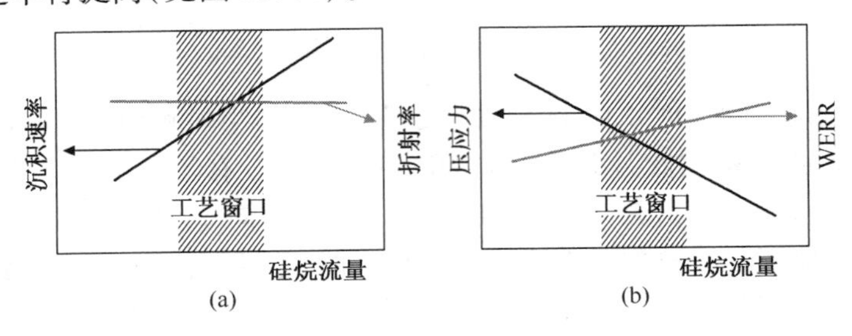

图10.66　PE-TEOS工艺发展趋势。(a) TEOS流量与沉积速率及折射率的关系；(b) TEOS流量与收缩式应力及湿法刻蚀速率比(WERR)的关系

自问自答

问：对于硅烷工艺，增加硅烷流量会明显增加折射率，这是因为沉积薄膜内含有较多的硅。如图10.66所示，为什么当TEOS流量增加时，折射率几乎没有变化呢?

答：在TEOS分子中，硅已经和4个氧原子结合，所以增加TEOS流量并不能使得沉积薄膜的硅含量增大。对于TEOS氧化层，折射率非常稳定，只有在薄膜密度变化时，折射率才会变化。比较致密的薄膜会有较高的折射率。

不同于硅烷工艺，在400℃时继续提高温度会降低沉积速率，无论是PE-TEOS还是O_3-TEOS工艺。这个差异主要源于TEOS与硅烷有不同的吸附：硅烷属于化学吸附，而TEOS是物理吸附。针对硅烷的化学吸附，源材料与晶圆表面原子之间的化学键非常强，400℃左右的温度变化对吸附速率没有影响。对于TEOS的物理吸附，键能很低，所以400℃左右的温度变化对吸附速率有非常强的影响。当温度较高时，被物理吸附的源材料可以获得足够的能量打断弱的化学键离开表面，因而降低了吸附速率并导致较低的沉积速率(见图10.67)。

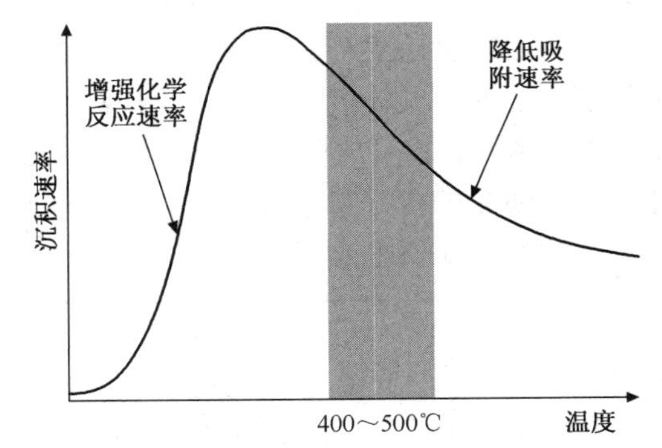

图10.67　TEOS工艺发展趋势：沉积速率与温度的关系

10.9.3　O_3-TEOS发展趋势

O_3-TEOS薄膜具有一定的张力，由于是加热过程，所以无法控制薄膜应力。由于O_3-TEOS薄膜多孔性的原因，所以折射率大约为1.44。

O_3-TEOS沉积过程中，通常需要较高的O_3:TEOS比例，因为这样有更多自由氧与TEOS反应。O_3:TEOS 比例越高，氧化层质量就越好。O_3-TEOS USG 薄膜质量可以通过测量与加热生长的 SiO_2湿法刻蚀速率比(WERR)监控，刻蚀速率通常为 4 ~ 5。薄膜质量也可以通过收缩测量监控。O_3-TEOS 薄膜的收缩量对 450℃的加热周期大约为 4% ~ 5%。对于 1000℃以上的 STI 退火工艺，收缩量高达 7%。增加 O_3:TEOS 的比例可以降低湿法刻蚀速率比(WERR)及薄膜收缩量。一种增加 O_3:TEOS 的方式是增加臭氧浓度及臭氧流量，但这受限于臭氧产生器的臭氧产生速率；另一种方法是降低 TEOS 流量，然而这会导致较低的沉积速率。

当压力较高时，O_3-TEOS 过程有较好的阶梯覆盖及间隙填充能力。这是因为较高的压力会减少平均自由程，使 TEOS 分子在边界层内有较多的碰撞概率，分子更有机会沿着衬底表面跳跃移动以消除到达角度效应。

提高 O_3-TEOS 的沉积温度将增加化学反应速率并提高薄膜质量。提高沉积温度可以增加表面迁移率，因而改进阶梯覆盖及间隙填充能力。因为 TEOS 分子物理吸附于衬底表面，增加温度将降低吸附速率并增加脱附速率，进而降低沉积速率。温度与沉积速率的关系如图 10.63 所示。

自问自答

问：对于 PE-TEOS 和 O_3-TEOS 工艺，可以达到最大沉积速率的温度大约为 250℃。为什么 ILD TEOS 工艺一般在 400℃，而且 ILD0 和 STI 工艺可以在更高的温度下操作(大约为 550℃)？

答：当沉积速率较高时，可以获得较高的薄膜质量、较好的阶梯覆盖和无空洞间隙填充。在这种情况下，产品的成品率比产量更重要。

10.9.4　故障解决方法

不可能只根据课堂与书本知识学到解决困难的技术，故障排除技术来源于亲自动手。将来如果要在半导体制造公司工作，学习已经积累的故障排除指南很有帮助。

工艺过程中有时会突然出错，或逐渐出错，然而也可能恢复正常后又逐渐产生错误。在这些情况下，通常应该总结改正错误是由于改变了什么。比如 PE-TEOS 过程会正常运作一段时间，然后沉积速率似乎突然要下降，因为测量的结果显示薄膜厚度比正常值小。在这种情形下，应该先检查测量工具，确保测量系统所使用的测量常数正确。假如用这个工具先测量氮化硅薄膜厚度，接着测量 PE-TEOS 氧化物厚度，但忘记将折射率调回到 PE-TEOS 氧化物的值，那么所测量的氧化层厚度将明显比实际厚度薄，因为折射率和薄膜厚度有关。如果度量衡工具没有问题，可以接着检查工艺条件是否已经改变。不适当地改变工艺条件，如缩短沉积时间、降低 TEOS 流量或晶圆温度较高，都会影响薄膜厚度的变化。

如果一种工艺过程在每次轮班时都产生问题，则需要在交叉轮班时找出轮班期间有什么变化。有些变化会出现在轮班之初将工艺调回正常状态，但是却在轮班后逐渐出错，这也是问题的来源。

假如一种工艺技术常在每次轮班开始时发生问题，却在几个晶圆沉积后逐渐恢复正常，这需要检查工具的闲置时间是否过长。长时间闲置会引起“第一片晶圆效应”，特别是对于 TEOS 技术。第一片晶圆效应是因为制造工具的温度较低造成的，这会使 TEOS 蒸气具有较高的黏滞性及较低的沉积速率。晶圆装载与传送进入反应室时，先进行一次适应沉积工艺和等离子体清洁过程的加热制造，可以有效缓解 TEOS 技术中的第一片晶圆效应。

因为大部分电介质 CVD 都在质量传输限制区内操作，所以沉积速率主要取决于气体流量，特别是硅源材料气体，如硅烷及 TEOS，因此沉积速率与硅烷及 TEOS 流量有关。

对于 PECVD 薄膜，应力主要由离子轰击决定，所以如果薄膜应力(约 100 MPa = 10^9 dyne/cm^2，压缩力)不符合要求，任何与离子轰击有关的事项都应列在检查表上，特别是 RF 功率系统及晶圆接地电位。气体的流量及压力也可能影响薄膜应力。

折射率对 PE-TEOS 及 O_3-TEOS 非常稳定，分别是1.46 与1.44。对于硅烷，折射率可能变化的范围非常大，这主要根据薄膜化学成分而定。假如折射率不符合规定，气体(如 SiH_4/N_2O 或 SiH_4/NH_3)流量比就应被首先检查。对于氮化硅过程，反应室的漏气可能导致折射率变低。

均匀性主要取决于气流的方式。如果薄膜的非均匀性是中间较薄或中间较厚，改善的方法包括调整晶圆与气体喷嘴之间的距离，或改变载气(如 TEOS 制造中的氦流量或氮化硅过程中的氮流量)。图 10.68 说明了调节间隔距离与轮廓。如果非均匀性是边对边的，则可能是由于晶圆非水平放置或中心点偏离(见图 10.69)。阀门漏气也会引起边对边的不均匀性，而晶圆定位可以确认或消除这类问题。

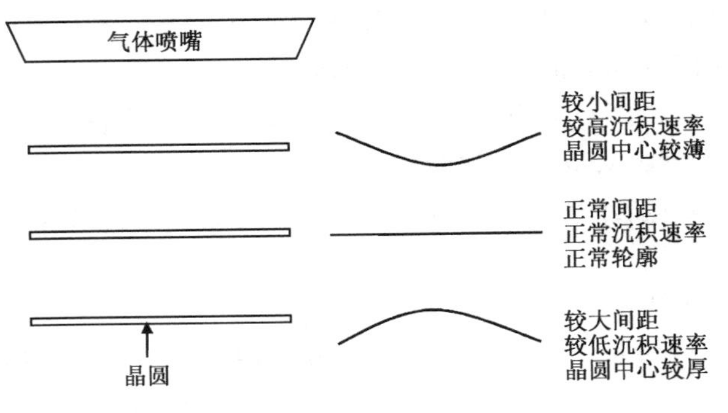

图 10.68 晶圆间距和薄膜厚度轮廓示意图

如果粒子的数量逐渐增加并超出设计的要求，则应检查反应室是否已到达定期湿法清洁的时间。对于粒子污染问题，应该采用一种区域隔离的方式进行检查。首先让晶圆分别通过装载、传送及反应室检查是否为机械性粒子问题，然后再将每种气体分别流入刻蚀反应室以确认粒子是否增加。当消除了所有可能的机械性粒子污染后，进行沉积过程检查是否是工艺过程导致的粒子。不适当的清洁工艺、不正确的压力和 RF 功率改变，以及漏气的反应室等，都会在沉积期间产生粒子。每一种可能的粒子来源都应一一排除。

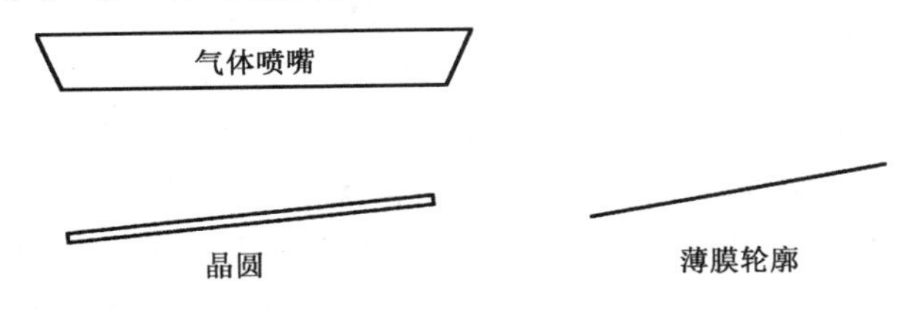

图 10.69 晶圆水平位置与薄膜厚度轮廓示意图

解决问题的过程与使用的设备有关，因为不同的设备完成不同的工艺。每种设备都配有硬件使用方法和工艺问题引导解决手册。

10.10 化学气相沉积工艺发展趋势

21 世纪的第一个十年，集成电路元器件的发展对电介质薄膜提出了更高的要求：隔离沟槽要求更窄，而且深宽比的要求已经到了 8，这已经不再是浅槽；高密度等离子体化学气相沉积二氧化硅、O_3-TEOS 氧化硅和旋涂硅玻璃能用于 STI 沟槽填充；侧壁间隔层仍是氮化硅/O_3-TEOS氧化物。

随着元器件尺寸的缩小，栅氧化层的厚度也要求减小。即使电压只有 1 V，栅氧化层也可能会因为太薄而无法可靠工作(见例3.6)。因此从45 nm 技术节点开始，需要高 *k* 电介质材料形成栅电介质。氧化铪(HfO_x)是最常用于形成高 *k* 电介质的材料。原子层沉积(ALD)已经被发展用于形成高 *k* 薄膜。

与栅电介质不同，ILD0 仍然使用二氧化硅，而其他的 ILD 应用 PECVD 低 *k* 介质层和铜互连减少 *RC* 时间延迟，以满足增加集成电路的速度需求。

双镶嵌铜的工艺和 Al-Cu 合金工艺最重要的区别是双镶嵌工艺不需要刻蚀金属。由于铜干法刻蚀非常困难，双镶嵌铜工艺成为金属化的首选。对于先进 CMOS 集成电路，铜互连已经取代 Al-Cu 互连成为市场的主流(见图 10.70)。甚至在内存芯片，如 DRAM 和 NAND 中，铜互连已经开始应用于高速产品。对于铜互连，ILD 和钝化介质膜沉积相对简单，没有更多的间隙需要填充，也没有平坦化问题。这些薄膜沉积的要求是高沉积速率，良好的均匀性，稳定的低 *k* 值，以及和工艺的兼容整合能力。当然，对于 STI 和 ILD0，为了填充越来越窄的间隙和平坦化介质层表面，仍然存在着巨大挑战。

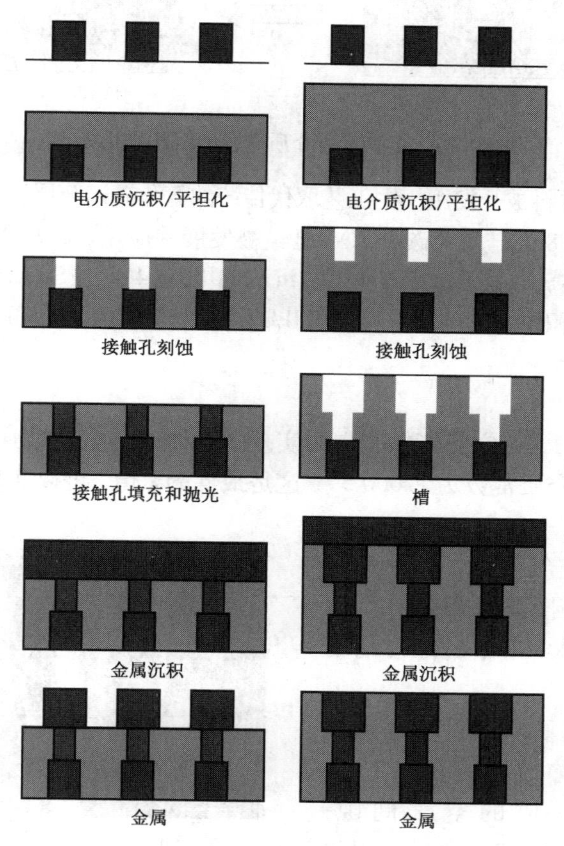

图 10.70　Al-Cu 互连和双镶嵌 Cu 互连工艺流程

10.10.1　低 *k* 电介质

在 PECVD 工艺中，3MS 和其他硅有机化合物沉积低 *k*(2.9 ~ 2.7)SiCOH 薄膜用于 ILD。为了进一步减小 *RC* 时间延迟，提高电路的时钟频率，基于多孔 SiCOH(k = 2.5 ~ 2.2)的超低 *k* 介质层被发展。利用 DEMS(Di-甲基乙氧基硅烷)和 CHO(氧化环已烯或 $C_6H_{10}O$)，可以沉积

具有 C_xH_y 的 OSG 有机复合膜。利用超紫外(UV)和可见光后处理排除有机气体，可以为 ILD 应用形成多孔 ULK 介质薄膜(见图 10.71)。孔径只有几个纳米大小。

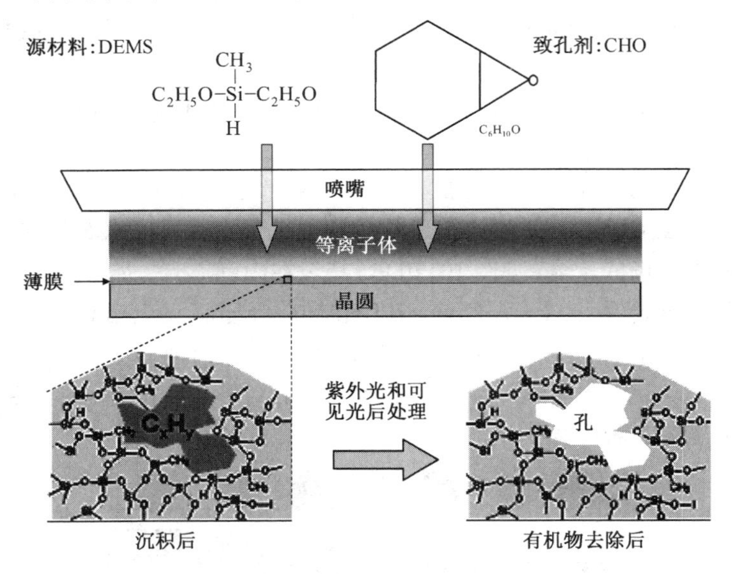

图 10.71　多孔低 k 介质薄膜的沉积和后处理

低 k 电介质遮蔽层材料被开发用于铜工艺取代传统的氮化硅遮蔽层，传统遮蔽层采用介电常数 $k=7$ 的氮化硅。k 约为 4.8 的硅氮化碳(SiCN)已经被发展并应用。k 为 2～3.6 的非晶 SiC(a-SiC : H)也越来越受到关注。a-SiC : H 用 PECVD 工艺沉积四甲基(4MS 或 $Si(CH_3)_4$)和三甲基硅烷(3MS 或 $SiH(CH_3)_3$)作为预沉积层。这可以减少全部 ILD 层的介电常数，提高 IC 芯片的速度。

10.10.2　空气间隙

最低的介电常数是 1.0，它只能在真空中实现。气体的介电常数通常稍微高于 1。在一个大气压力条件下，空气介质常数为 1.000 59，这是最低的 k 值，可以实现在一个 IC 芯片 ILD 间的金属互连。

有两种方法形成空气间隙，一种是利用 PECVD 薄膜形成空洞，另一种是在金属导线之间使用牺牲材料。本章已经讨论了空洞形成的内容。

图 10.72 是一个在真实器件中形成气隙的例子。图 10.72(a)所示为 25 nm NAND 闪存字线内形成的空气间隙，图 10.72(b)为位线空气间隙。通过使用空气间隙，字线和位线之间的寄生电容已分别减少了 25% 和 30%。

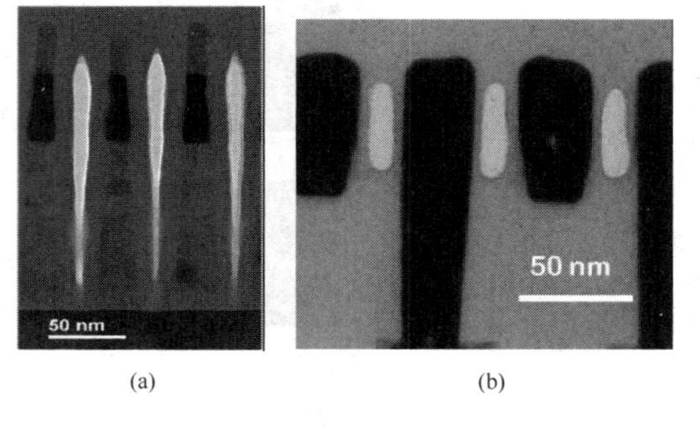

图 10.72　Intel 25 nm 技术节点 NAND 闪存 TEM 截面图。(a) 字线内的空气间隙;(b) 位线内的空气间隙(来源:Kirk Prell and Krishna Parat Proc. of IEDM, page 102-105, 2010)

牺牲材料方法有几种。图 10.73 显示了其中一种方法。开始为 ESL/低 k/ESL/TEOS 的 ILD 的堆栈。铜 CMP 后，TEOS 用 BOE 移除，如图 10.73(a)所示。随后通过有机物覆盖沉积一层保护层，并固化和回刻蚀，如图 10.73(b)所示。然后沉积多孔覆盖层并用紫外线或可见光辐射排出铜线之间的有机气体。

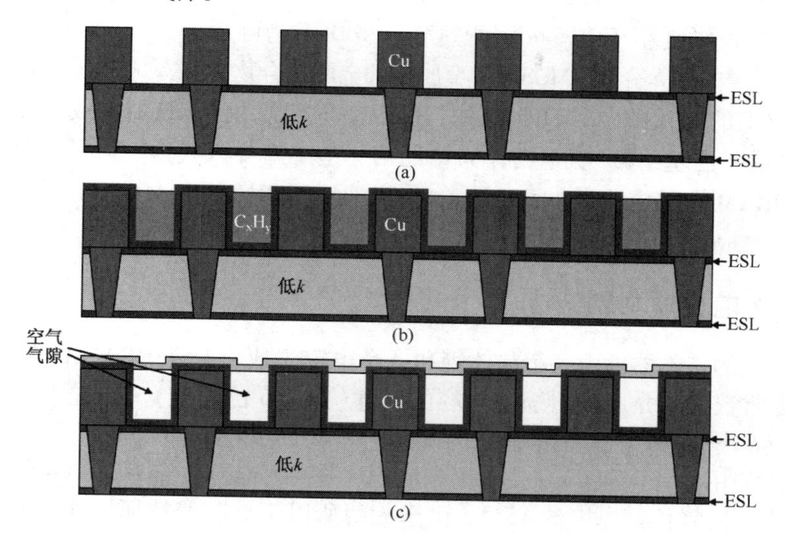

图 10.73　利用牺牲材料形成空气间隙。(a) 氧化物沉积后；(b) 有机物回刻蚀后；(c) 排出有机物气体后

10.10.3　原子层沉积(ALD)

原子层沉积(ALD)是一个沉积过程，可以通过多次沉积循环沉积非常薄的薄膜。ALD 可以用来沉积化合物半导体，如 GaAs，InP，GaP，AlN，GaN，InN 等；也可以用于沉积如Al_2O_3，TiO_2，ZrO_2，HfO_2，Ta_2O_5，La_2O_3等的高 k 电介质。包括应用于 MOSFET 金属栅的金属氮化物，如 TiN，TaN，Ta_3N_5，NbN 和 MoN，也可以用于 ALD 工艺沉积。

ALD 工艺通常在一个密封的反应室进行。第一道工序是气体进入反应室并被吸附在基片表面上。然后清洗反应室，并开始将第一道工序送入的气体抽移，只留下那些吸附在基片表面上的少量气体分子。第二道工序是反应的气体被送入反应室和第一道工序的气体发生反应在基片表面形成化合物分子层。在第一道工序的气体分子反应消耗完后，化学反应自动终止，第二道工序送入的气体被清洗掉并开始重复下一次沉积反应。图 10.74 显示了 ALD 循环(一次导入，清除，二次导入，并清除)工艺过程。通过多层沉积反应过程后，直到达到所需的复合膜厚度。

图 10.74　ALD 循环工艺示意图。(a)第一次气体导入；(b)清洗；(c)第二次气体导入；(d)清洗

HfO_2是 MOSFET 的高 k 栅介质的候选之一。在 ALD 工艺中，$HfCl_4$作为第一次导入气体，H_2O作为清洗，然后通过和 HCl 发生化学反应在基片表面沉积生成 HfO_2。化学反应可以表示为：

$$HfCl_4 + 2H_2O \rightarrow HfO_2 + 4HCl$$

ALD 工艺的优点是能够形成大面积均匀的薄膜，这层薄膜具有 3D 薄膜原貌，且厚度能被精确控制。ALD 工艺可以在低温下沉积。ALD 工艺的缺点是低的产量和低的气体利用率。

由于沉积速率低(一般为 10 nm/min)。与沉积速率为 800 nm/min 的 PECVD 氧化物比较,ALD 工艺主要应用于薄膜厚度小于 10 nm 沉积过程。ALD 工艺可用于沉积 MOSFET 的高 k 栅介质,DRAM 存储电容所需的高 k 介质、MOSFET 金属栅的金属化合物,以及铜/低 k 互连的遮蔽层。

对于 MOSFET 的高 k 栅介质 HfO_2沉积,可以使用四氯化铪($HfCl_4$)或 TEMAHf($Hf(N(C_2H_5)(CH_3))_4$)或四-乙基甲基-氨基铪作为铪的第一道工序导入气体;利用 O_3或 H_2O 作为氧气的导入气体。DRAM 存储电容器的高 k 电介质 Al_2O_3可以用 TMA($Al(CH))_3$或三甲基铝,作为铝的导入气体;水或 O_3作为氧的导入气体。

10.10.4 高 k 电介质材料

DRAM 存储器的基本器件由一个晶体管和一个电容组成。对于 DRAM 的制造工艺,需要使用具有较高介电常数的电介质材料缩小电容的尺寸(例 2.6 已讨论)。在先进的 DRAM 制造中,已经使用 Al_2O_3(k 高达 11.5)。TiO_2(k 约为 85)、Ta_2O_5(k 约为 25)及 $Ba_{0.6}Sr_{0.4}TiO_3$或 BST(k 高达 600)也被开发使用,ALD 和 CVD 技术用来沉积这些高 k 电介质作为 DRAM 的电容绝缘层。

65 μm 器件的栅氧化物厚度约 15 Å,由于太薄所以不会随着特征尺寸的缩小而继续减小,这是由于量子隧道效应显着增加了栅极漏电流。通过使用高于二氧化硅 3.9 介电常数的高 k 栅介质,介质层的厚度可以增加,而在不增加栅极漏电流的情况下,有效氧化层厚度(EOT)可进一步减少。当 Intel 在 2007 年推出高 k 电介质栅氧化层和金属栅电极时,MOSFET 的栅电介质在45 nm 技术节点发生了很大变化。已经不使用约 50 年的热生长二氧化硅作为栅介质,而是采用铪基高 k 栅介质。ALD 工艺已被应用于沉积 HfO_2薄膜。

为了在源极和漏极之间传导电流,需要通过少数载流子反转在栅极下面形成导电沟道。当栅外加电压时,金属-氧化层界面带电并引起少数载流子反转。因此,MOS 栅极的电容要足够大以保持足够的电荷。当特征尺寸减小时,电容的电极面积迅速减少。为了保持足够大的电容值,两个极板之间的距离(即栅氧化层的厚度)必须减小。对于 0.18 μm 的 IC 芯片,栅氧化层约35 Å。而对于 0.13 μm 和 90 nm 技术节点,这个厚度减小到了 25 Å 和 15 Å。主要的问题是当栅氧化层厚度进一步降低时,栅极泄漏电流将显著增加,IC 芯片的可靠性会受到影响。氮基硅氧化物的 k 约为 5,已经在 90 nm、65 nm、45 nm 甚至 32 nm/28 nm 器件中使用。从 45 nm 技术节点开始,高 k 介质,如二氧化铪(HfO_2,k 约为 25)已被开发并应用在 HKMG CMOS 制造中。随着使用氧化铪作为栅极介电层,栅介质的厚度可以显著增加,栅极泄漏电流可以呈指数减少。栅极电容可以通过等效氧化层厚度(EOT)表示为:

$$\mathrm{EOT} = \frac{k_{\mathrm{SiO_2}}}{k_X} t_{\mathrm{ox}}$$

$k_{\mathrm{SiO_2}} = 3.9$ 是二氧化硅的介电常数,这是作为集成电路产业的标准 k 值用于确定高 k 或低 k 电介质材料。X 可以是 HfO_2和其他高 k 电介质,见表 10.10。栅极电容由有效氧化层厚度 EOT 决定,而栅极漏电流由栅极介电层厚度 t_{ox}决定。高 k 栅介质可以使设计者使用较厚的栅极介电层以降低栅极漏电流,同时保持栅极电容足够大以满足器件特性的需要,从而可以满足设计者继续沿着传统的尺寸缩小原则减少有效氧化层厚度 EOT。

许多其他高 k 电介质,如二氧化钛(TiO_2,k 约为 80)、五氧化二钽(钽,k 约为 26)和二氧化锆(ZrO_2,k 约为 25)也被广泛研究,也许在未来的集成电路芯片制造中得以应用。图 10.75 显示了一些元素,这可以用于作为硅 MOSFET 的栅极介质氧化物。表 10.10 列出了一些电介质及其 k 值。

表 10.10　电介质材料及其 k 值

材料	k	材料	k	材料	k	材料	k
SiO_2	3.9	Pr_2O_3	31	HfO_2	25	CeO_2	26
Si_3N_4	7.8	Dy_2O_3	14	ZrO_2	25	Sc_2O_3	大于 10
Y_2O_3	15	Ta_2O_5	26	Gd_2O_3	12 ~ 13	BST	大于 200
La_2O_3	30	TiO_2	80				

资料来源：Karim Cherkaoui, et al., *High dielectric constant (high-k) materials for future CMOS processes*, www. tyndall. ie/ posters/highkposter. pdf, and H. Jörg Osten, et al., *High-K Dielectrics: The Example of Pr_2O_3* http://www. lfi. uni-hannover. de/en/org/semiconductor/fissel/papers/72. pdf.

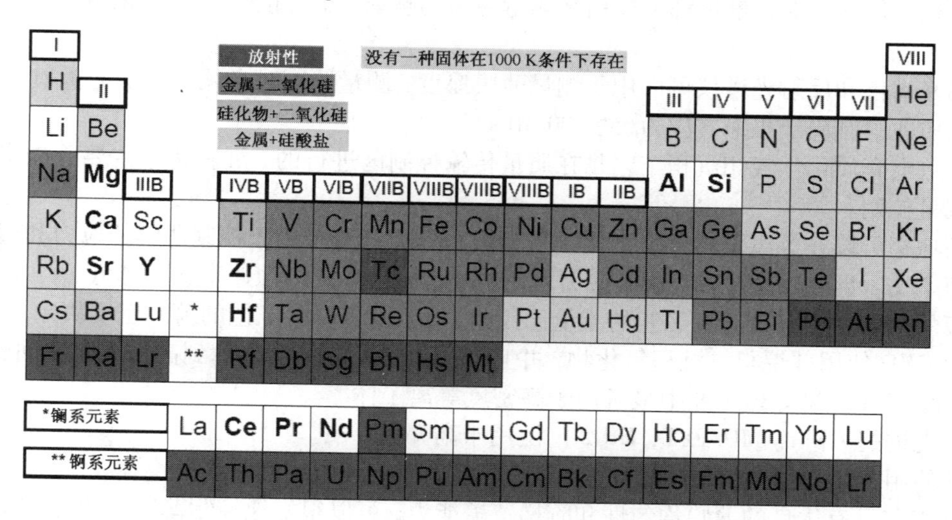

图 10.75　元素周期表。粗体元素表示可以形成氧化物，并适用于硅 MOSFET 栅极电介质的应用。阴影元素由于是放射性物质或不稳定而不适合在硅衬底上形成氧化物（来源：H. JörgOsten, et al., *High-KDielectrics: TheExampleof Pr_2O_3*. http://www. lfi. uni-hannover. de/en/org/semiconductor/fissel/papers/72. pdf）

10.11　小结

1. 电介质薄膜的应用有浅沟槽隔离、高 k 栅介质、侧壁间隔层、ILD 和钝化层，其中 ILD 是主要应用。
2. 氧化硅和氮化硅是两种最常用于 ILD 的电介质材料。
3. 低 k 和多孔 ULK 电介质最常用于先进的铜互连。
4. 基本的化学气相沉积工艺流程是：原材料引入、原材料扩散与吸附、化学反应、气体副产品脱附和扩散。
5. 沉积工艺区有两种，表面反应控制区和质量传输控制（MTL）区。大部分电介质化学气相沉积反应设备都设计在 MTL 区间，因为这个区间对温度变化不敏感。
6. 薄膜的阶梯覆盖和似型性都取决于到达角和源材料表面迁移率。
7. ILD0 使用 PSG 和 BPSG，沉积与再流动温度取决于热积存。
8. 根据半导体工艺技术节点，ILD 主要使用 USG、FSG、SiCOH 和多孔 SiCOH。沉积温度受现在金属互连技术的限制。
9. 钝化介质层主要由二氧化硅/氮化硅堆积层薄膜形成。
10. 硅烷和 TEOS 是两种主要用于电介质化学气相沉积的材料。

11.3MS 广泛用于低 k OSG 沉积工艺。
12. 对于二氧化硅沉积工艺，O_2、N_2O 和 O_3是最常使用的氧源材料气体。
13. 对于氮化物沉积，NH_3和 N_2是最常使用的氮源材料气体。
14. 氟化学反应用于电介质化学气相沉积干法清洗。CF_4、C_2F_6、C_3F_8和 NF_3是最常使用的氟源材料气体。
15. 氩溅射刻蚀工艺与电介质化学气相沉积工艺广泛用于间隙填充。CF_4/O_2回刻蚀工艺用在介质层平坦化方面。
16. 椭圆光谱仪和反射光谱仪都可以用来测量薄膜的折射率，并能提供薄膜化学成分和物理特性的信息。
17. 椭圆光谱仪和反射光谱仪可以用于测量薄膜厚度，测量厚度时必须有正确的折射率。
18. 电介质薄膜倾向于压缩式应力(约 100 MPa)。
19. 大多数电介质化学气相沉积工艺是在质量传输控制区进行的，沉寂速率主要受硅来源气体的流量控制。
20. 射频功率可以在等离子体增强型化学气相沉积介质薄膜中用于控制薄膜的应力和湿法刻蚀的速率比。射频功率越高，薄膜应力就越收缩，而且湿法刻蚀速率比也越低。
21. 薄膜的折射率主要由硅烷工艺的流量比控制，而且由 TEOS 工艺的薄膜密度决定。
22. HDP-CVD 使用硅烷与氧沉积氧化物，并且使用氩进行临场溅射达到高的深宽比间隙填充。
23. ICP 和 ECR 在半导体工业中最常用于高密度等离子体。
24. 对于先进的 HKMG MOSFET，HfO2 广泛用于高 k 栅介质。
25. 通常使用 ALD 工艺沉积 HKMG MOSFET 用高 k 介质和金属栅电极。
26. ALD 工艺具有优良的薄膜均匀性和阶梯覆盖能力，可以很好地控制薄膜的组分和厚度。然而，沉积速率很低，所以只限于超薄薄膜沉积应用。

10.12 参考文献

[1] D. Wang, S. M. Chandrashekar, S. P. Beaudoin and T. S. Cale, *Nonuniformity in CMP Processes Due to Stress*, Second International Conference on Chemical-Mechanical Polish Planarization for ULSI Multilevel Interconnection, 1997, Santa Clara, CA.

[2] D. L. W. Yen and G. K. Rao, *SOG without etchback*, Proceeding of VMIC Conference, pp. 85, 1988.

[3] John E. J. Schmitz, *Chemical Vapor Deposition of Tungsten and Tungsten Silicides For VLSI/ULSI Applications*, Noyes Publications, Park Ridge, NJ, 1992.

[4] S. Sivaram, *Chemical Vapor Deposition Thermal and Plasma Deposition of Electronic Materials*, Van Nstrand Reinhold, International Thomson Publishing Inc., New York, NY, 1995.

[5] S. M. Sze, *VLSI Technology*, second edition, McGraw-Hill Companies, Inc. New York, 1988.

[6] A. C. Adams and C. D. Capio, *Planarization of Phosphorus-Doped Silicon Dioxide*, J. Electronchem. Soc., Vol. 128, pp. 423 (1981).

[7] Training manual of Applied Materials, *Dielectric PE- and SA-CVD Processes*, 1997.

[8] Ed Korczynski, *Low-k Dielectric costs for Dual-damascene Integration*, Solid State Technology, Vol. 42, No. 5, pp. 43, 1999.

[9] Christopher Bencher, Chris Ngai, Bernie Roman, Sean Lian, and Tam Vuong, Dielectric Antireflective Coatings for DUV lithography, Solid State Technology, Vol. 40, No. 3, pp. 109, 1997.

[10] L. Favennec, V. Jousseaume, V. Rouessac, J. Durand and G. Passemard, *Ultra low κ PECVD porogen approach: matrix precursors comparison and porogen removal treatment study*, Mater. Res. Soc. Symp. Proc. Vol.

863, B3.2.1

[11] C.-C. Chiang, M.-C. Chen, C.-C. Ko, Z.-C. Wu, S.-M. Jang, and M.-S. Liang: Japanese Journal of Applied Physics, Vol. 42, pp. 4273, 2003.

[12] H. D. B. Gottlob, T. Echtermeyer, M. Schmidt, T. Mollenhauer, J. K. Efavi, T. Wahlbrink, M. C. Lemme, M. Czernohorsky, E. Bugiel, A. Fissel, H. J. Osten, and H. Kurz, *0.86 nm CET Gate Stacks with Epitaxial Gd_2O_3 High-K Dielectrics and FUSI NiSi Metal Electrodes*, IEEE Electron Device Letters, Vol. 27, No. 10, pp. 814-816, October 2006.

[13] H. J. Osten, J. P. Liu, P. Gaworzewski, E. Bugiel, P. Zaumseil, "High-k Gate Dielectrics with Ultra-low Leakage Current Based on Praseodymium Oxide", IEDM Technical Digest, pp. 653 - 656, 2000.

10.13 习题

1. 说明 CVD 工艺流程，CVD 与 PVD 工艺的区别是什么？
2. 列举出至少三种 IC 芯片制造过程中的电介质薄膜。
3. 热生长氧化物和 CVD 氧化物的本质区别是什么？
4. 对于 APCVD、LPCVD、PECVD 和 HDP-CVD 工艺，哪种使用的压力最高？哪种使用的压力最低？
5. 说明不同温度的三种沉积区，并讨论每种沉积区沉积速率与温度的关系。
6. 列出电介质 CVD 工艺中最常使用的硅来源气体。
7. 列出最常使用的氧来源气体。
8. 列出氮化硅沉积中三种源材料气体。
9. 什么化学药品常用于电介质 CVD 反应室的等离子体清洗中？
10. 对于 ILD 薄膜，为什么需要压应力？
11. 对于 PECVD 工艺，当射频功率增加时，电介质薄膜的应力如何变化？
12. 说明 PSG 用于 ILD0 中的两种原因。使用 BPSG 的原因是什么？
13. 列出至少两种 PE-TEOS USG 薄膜的应用。
14. 为什么氧化硅和氮化硅可以用于钝化保护电介质？
15. HDP-CVD 和 PECVD 工艺的区别是什么？
16. 列举出最常用于高密度等离子体工艺中的两种源。
17. 在 PECVD 硅烷氧化物沉积工艺中，如果硅烷的流量增加，沉积速率、折射率和薄膜应力如何变化？
18. 温度增加对 PECVD 硅烷 USG 和 PE-TEOS USG 工艺有不同的沉积速率，为什么？
19. 利用图 10.47 说明的逻辑预测：当 OSG(SiCOH)薄膜增加碳浓度后，如电介质常数 k 与薄膜稳定性等特性如何变化？
20. 多孔低 k 电介质致孔剂的作用是什么？
21. ALD 与 CVD 工艺比较的优缺点是什么？
22. 什么材料用于 HfO_2 的沉积来源气体？
23. 经常讨论的低 k 和高 k 电介质的 k 代表什么？
24. 低 k 电介质主要用于金属互连的 ILD，然而高 k 电介质的主要应用是什么？
25. 怎样控制 ILD0 薄膜的应力？哪种 MOSFET 需要压应力？哪种需要拉应力？

第11章　金属化工艺

本章要求

1. 说明金属化在元器件中的应用
2. 列出5种集成电路芯片连线最常使用的材料
3. 说明铜互连相比铝铜互连的优点
4. 列出3种金属沉积的方法
5. 说明溅射工艺过程
6. 解释说明高真空在金属沉积工艺中的作用
7. 列出用于高 k、金属栅 MOSFET 的金属

集成电路芯片制造过程中使用了不同的导体材料。高导电率的金属广泛用于形成电路连线。金属化是一种添加工艺过程，是将金属层沉积在晶圆表面。

11.1　简介

铜和铝等金属都是良导体，广泛用于形成导线以传输电能和电信号。集成电路芯片上微型的金属线能连接数百万个半导体衬底上的晶体管。

金属化的要求包括低的电能耗损以满足高速集成电路、图形化过程中具有高解析度的平滑表面、高抗电迁移能力以获得芯片的高可靠性，以及低的薄膜应力使金属很好地附着于硅衬底。其他要求包括在后续的工艺过程中有稳定的机械性和电特性、优越的抗腐蚀能力，并且容易沉积、刻蚀或化学机械研磨。

减少连线电阻非常重要，因为集成电路芯片的速度与 RC 延时有关，与形成金属导线的电阻率成反比。电阻率越低，RC 延时就越短，集成电路芯片的速度就越快。

虽然铜比铝电阻率低，但由于附着、扩散及干法刻蚀困难等技术性瓶颈，长期阻碍了铜在集成电路芯片制造上的应用。铝金属连线已经主导金属化工艺很长时间，20 世纪 60 ~ 70 年代，纯铝或铝硅合金曾作为金属连线材料。80 年代之前，当器件尺寸缩小时，一层金属连线已经不能连接所有的晶体管，多重金属连线被广泛采用。而当器件密度增加时，也不再有足够空间提供给大开口的接触窗和金属层间的接触窗孔。倾斜式接触窗孔的金属化对多重金属连线并不是一种好的方法，因为它通常会留下粗糙的表面。在粗糙表面上要获得精确的图形并均匀沉积另一层薄膜很困难。为了增加封装密度，需要几乎垂直的接触窗和金属层间的接触窗孔。对于物理气相沉积铝合金，这些窗孔太窄以至于无法进行无空洞填充。钨(W)金属已经广泛使用在填充接触窗和金属层间的接触窗孔，并充当栓塞以连接不同的金属层。钨金属沉积之前，需要使用钛(Ti)和氮化钛(TiN)遮蔽层/附着层以防止钨的扩散和薄膜脱落。图 11.1 说明了 CMOS 集成电路芯片与铝铜金属连线及钨栓塞的横截面。

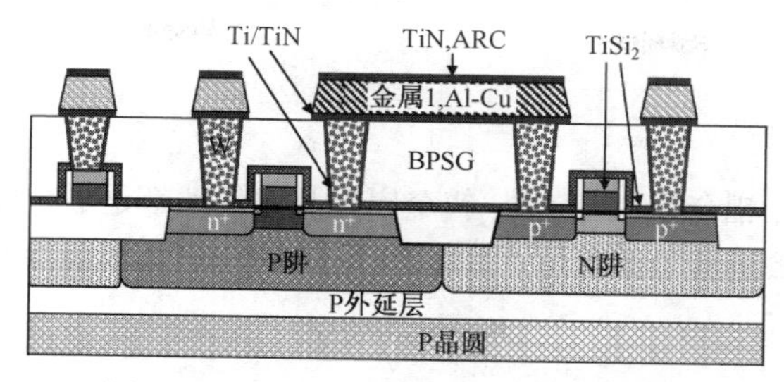

图11.1　铝铜互连集成电路芯片截面图

自问自答

问：能否根据最小图形尺寸的缩小情况而相对减小金属线的所有尺寸，以至于只用一层金属就可以连接所有的晶体管？

答：因为金属线电阻为 $R=\rho l/wh$，当根据器件尺寸缩小原则将金属线的所有尺寸缩小1.4倍时（长度 l，宽度 w，高度 h），线电阻 R 就会增加1.4倍，从而影响器件的性能并导致电路速度降低。性能的降低是由于电能损耗增大引起热量增加。如果只缩小金属线的宽度和长度而保持高度不变，则线电阻将保持不变。然而这将引起金属叠层的深宽比增加并使得刻蚀困难，而且同时形成窄小的间隙，使得介质沉积工艺难以进行无空洞填充。

20世纪90年代后期，化学机械研磨（CMP）工艺的发展为铜在IC连线的应用与金属镶嵌或双重金属镶嵌工艺提供了一种技术。钽（Ta）金属或氮化钽（TaN）可以作为遮蔽层；氮化硅（SiN）或硅碳氮（SiCN）用于遮蔽层和密封层以隔绝金属铜，防止铜扩散通过低 k 介质层后进入硅衬底污染晶体管。氮化硅可以形成双重金属镶嵌的电介质刻蚀工艺刻蚀终止层。图11.2说明了CMOS芯片与铜金属连线的横截面。

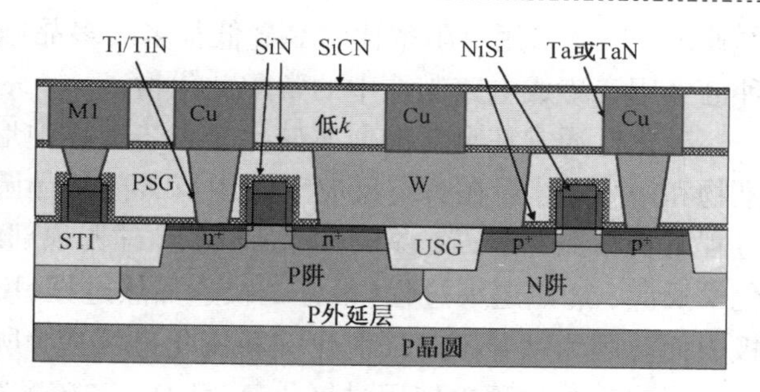

图11.2　铜/低 k 互连集成电路芯片截面图

图11.3说明了集成电路工艺的金属化沉积。本章将介绍集成电路芯片制造中所采用的金属及其应用和沉积过程。

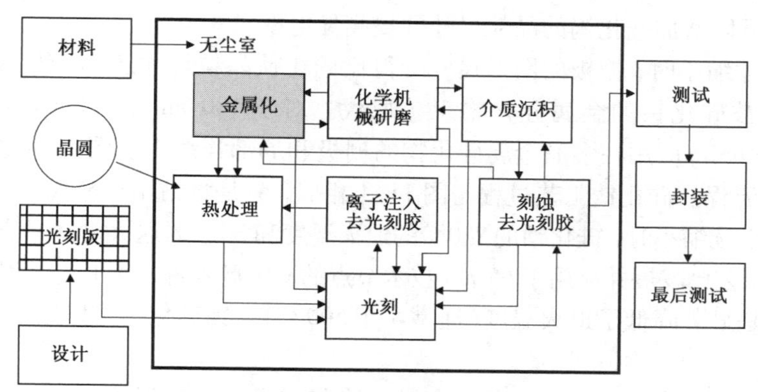

图11.3　IC制造中的金属化工艺

11.2 导电薄膜

多晶硅、金属硅化物、铝合金、钛金属、钨金属以及氮化钛都是最常使用在集成电路芯片中的栅材料、局部连线及长距离连线导体材料。铜在20世纪90年代以后就一直在集成电路生产中作为连线使用。

11.2.1 多晶硅

多晶硅最常用于形成栅与局部连线材料。自20世纪70年中期使用离子注入技术以后，多晶硅就取代了铝成为栅极材料。因为多晶硅具有高温稳定性，这对自对准源/漏极注入与注入后的高温退火很关键。铝栅极无法承受注入退火的高温(超过1000℃)要求。

多晶硅通常使用LPCVD工艺沉积。SiH_4或SiH_2Cl_2可以作为硅的源材料。沉积温度范围为550℃~750℃，而且可以在临场沉积期间通过后续的离子注入过程进行大量掺杂硼、磷或砷。多晶硅的沉积工艺已经在第5章给出了详细介绍。

11.2.2 硅化物

即使是重掺杂的多晶硅也有大约数百$\mu\Omega \cdot cm$的电阻率。当器件尺寸缩小时，多晶硅局部连线的电阻也会增加，这将引起大的电能损耗和较大的RC延时。为了减少电阻并提高芯片的速度，广泛采用电阻率比多晶硅低很多的多晶硅化物。硅化钛($TiSi_2$)和硅化钨(WSi_2)是两种已经用于集成电路制造中的常用硅化物。

硅化钛通常在自对准金属硅化物工艺过程中形成。首先用化学溶液清洗晶圆表面去除污染物和微粒，然后在真空反应室中用氩溅射从晶圆表面移除原生氧化层。钛金属层通过溅射过程沉积在晶圆表面，源极、漏极和多晶硅栅顶部的硅都与钛接触。通过钛和硅在高温时产生化学反应，加热退火过程(最好是快速加热过程(RTP))将硅化钛形成于多晶硅的顶部和源/漏极表面。因为钛并不与二氧化硅和氮化硅反应，所以硅化物只能在硅与钛直接接触的地方形成。湿法刻蚀过程中使用过氧化氢(H_2O_2)和硫酸(H_2SO_4)混合物剥除未反应的钛，通过将晶圆再次退火增加硅化钛的晶粒尺寸，进而增强导电特性并降低接触电阻。

硅化钨的工艺过程则不同。首先用WF_6作为钨原材料并用SiH_4作为硅原材料，硅化钨的薄膜通过加热CVD过程沉积在多晶硅表面。然后多晶金属硅化物堆叠结构在多重工艺过程中被刻蚀，其中用氟化学药品刻蚀硅化钨，用氯化学药品刻蚀多晶硅。去光刻胶后，进行快速加热退火工艺，这可以增加硅化钨的晶粒尺寸并提高导电率。

当器件的尺寸缩小时，栅极的图形尺寸变得比硅化钛晶粒尺寸还小，约为0.2 μm。这时硅化钛过程必须被硅化钴的金属硅化物工艺取代。对于180 nm到90 nm工艺技术节点的CMOS，硅化钴($CoSi_2$)应用在多晶金属硅化物的栅极和局部连线上。图11.4说明了自对准形成硅化钴的工艺流程。硅化钛工艺过程与图11.4相似，只是将钴用钛替代。

当器件尺寸继续缩小时，硅化钴的750℃的退火温度和30 s的退火时间具有太多的热积存。镍硅化物(NiSi)工艺已发展并应用于65 nm技术节点的CMOS器件，其工艺过程与图11.4所示类似，主要优点是显著降低了退火温度(通常小于500℃)。镍硅化物可以用于10 nm技术节点的CMOS器件。

由于镍硅化物具有热不稳定性，所以会进一步与硅发生反应形成$NiSi_2$，从而可能导致镍硅化物与硅衬底生长在一起，称为镍硅化物管道或镍硅化物侵蚀硅衬底，这种情况将诱导界面漏电并使成品率下降。研究者付出了许多努力解决这种致命缺陷，常用的方法是在镍靶材中加入 Pt 并溅射 NiPt 合金到晶圆表面形成 NiPt 硅化物。

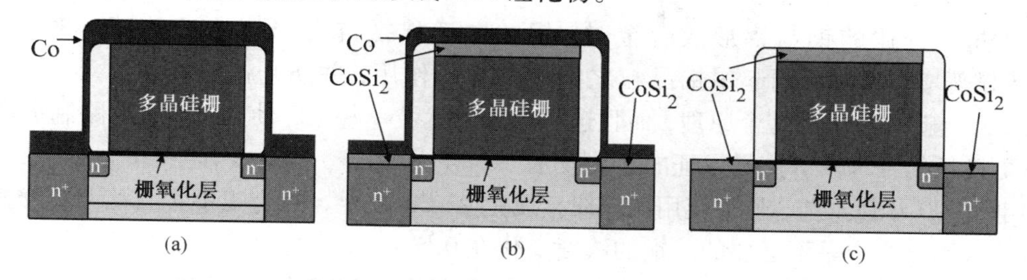

图 11.4 钴金属硅化物自对准工艺示意图。(a) 钴沉积；(b) 硅化物退火；(c) 钴湿法刻蚀和第二次退火

11.2.3 铝

在21世纪前十年铜成为互连技术的主流之前，铝金属在集成电路制造中用于连线连接晶圆表面成千上万的晶体管。铝金属的电导率在金属中排列第四(电阻率为2.65 μΩ·cm)，仅次于银(1.6 μΩ·cm)、铜(1.7 μΩ·cm)和金(2.2 μΩ·cm)。铝是这四种金属中唯一可以容易进行干法刻蚀形成很细的金属连线的材料。20世纪70年代中期离子注入技术引进之前，铝也被作为栅极和连线材料。

硅可以溶解在铝中。在源/漏区，铝金属线可以直接与硅接触，硅会溶入铝中，而铝会扩散进入硅内形成铝尖凸物。铝的尖凸物可以穿透掺杂界面使源/漏极与衬底形成短路，这将增加器件的漏电并引起可靠性问题。该效应称为结面尖凸现象(见图11.5)。

硅在铝中的饱和溶解度约为1%，所以增加大约1%的硅到铝中可以使硅在铝中达到饱和而有效防止硅进一步溶解在铝中以避免形成尖凸现象。400℃时的加热退火会在硅铝界面形成合金，这样也可以抑制铝硅相互扩散形成尖凸现象。

铝金属是一种多晶态材料，包含了很多小单晶态晶粒。当电流通过铝线时，电流会持续不断碰撞晶粒。一些较小的晶粒就开始移动，如在一条溪流底部的小石头一样，它们会在洪水季节被冲刷下来。这个效应称为电迁移，图11.6说明了电迁移过程。

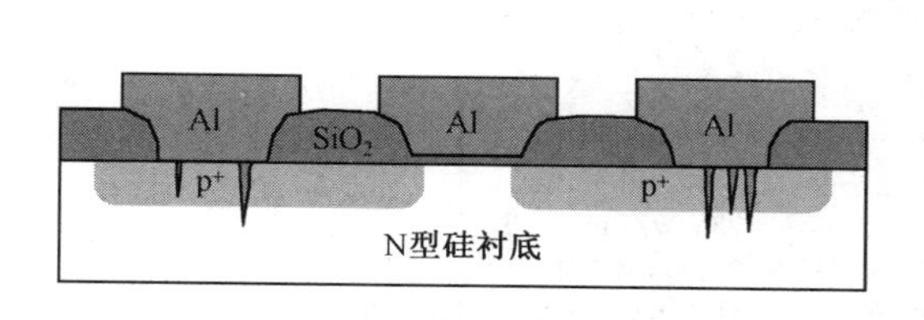

图 11.5 结面尖凸现象示意图

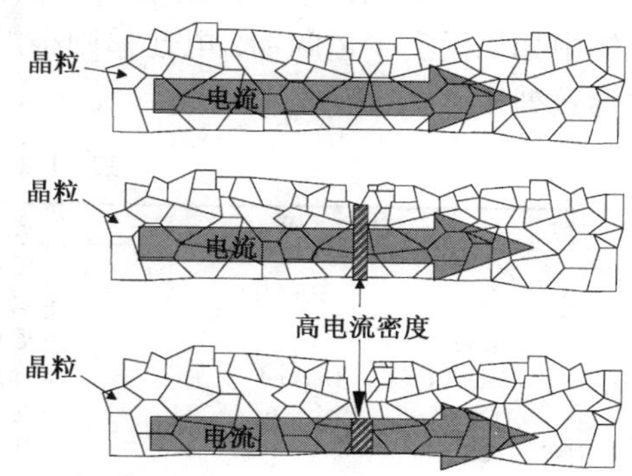

图 11.6 电迁移过程示意图

电迁移将在铝线上引起严重问题。当一些晶粒由于电子轰击开始移动时，将在某些地方损坏金属线，被损坏的金属线将承担很高的电流密度，因此加剧了电子的轰击从而引起更大的铝晶粒迁移。这时的高电流密度和高电阻将产生高热量而造成金属线断裂。电迁移将影响集

成电路芯片的可靠性，因为如果芯片使用在电子系统中，电迁移将在微型电路中导致短路。对于使用铝线路的老房子，电迁移将危害房子的安全，因为在铝线的裂口将产生高温而可能引起火灾，这一般发生在接触点上。

当少量百分比的铜与铝形成合金时，铝的电迁移抵抗力(Electro-Migration Resistance, EMR)将显著增强，因为铜起了铝晶粒之间的黏着剂作用，并防止晶粒因电子轰击而迁移。Al-Si-Cu 合金就是利用了这个原理，而且这种合金仍然被一些工厂使用，集成电路制造商通常不愿意更换任何一种具有产量保证的工艺技术。

20 世纪 90 年代末前，最常使用的连线金属是 Al-Cu 合金。因为铝不再直接与硅接触，所以将硅放入铝合金中是不必要的。铜的浓度变化在 0.5% ~4% 之间，这取决于工艺的要求和制造商的选择。铜的浓度越高，电迁移的抵抗力就越强。然而高的铜浓度会使金属刻蚀过程变得困难。从第 9 章可知，Al-Cu 合金刻蚀的主要刻蚀剂是氯。金属刻蚀过程中铜的刻蚀副产品，即氯化铜挥发性很低且容易停留在晶圆表面形成残余污染物，一般称为浮渣。等离子体刻蚀中离子的重轰击可以辅助移除非挥发性的氯化铜，或利用少量的等向性化学刻蚀将氯化铜从铝中去除并防止浮渣的形成。刻蚀残余物将造成晶圆的缺陷并影响集成电路芯片的成品率，一般需要湿法去浮渣工艺移除这些残余物。

化学气相沉积和物理气相沉积工艺都可以用于沉积铝。因为物理气相沉积铝的质量较高且电阻率低，所以物理气相沉积工艺是集成电路工业中常用的方法。加热蒸镀法、电子束蒸镀法和等离子体溅射法都可以用在铝物理气相沉积工艺上。磁控溅射沉积在半导体生产中作为铝合金物理气相沉积过程。电子束蒸镀法和加热蒸镀器已经不用在先进半导体生产中。电子束蒸镀法和加热蒸镀器主要在大学或学院的实验室用于教学和研究。一般的半导体集成电路芯片制造仍然使用，因为这些芯片并不需要先进的技术。

化学气相沉积铝是一个加热化学气相沉积工艺过程，且通常以铝有机化合物作为原材料，例如乙烷氢化铝(DMAH, $Al(CH_3)_2H$)。与物理气相沉积铝相比，化学气相沉积铝有较好的阶梯覆盖和间隙填充能力，因此对接触窗/金属层间接触窗孔，化学气相沉积铝也可以取代化学气相沉积钨工艺。化学气相沉积铝薄膜的质量较差且电阻率比物理气相沉积铝薄膜的高。化学气相沉积工艺中沉积铝并不困难，困难的是铝铜合金的沉积，这限制了化学气相沉积铝的应用。铝中如果没有少量的铜，电迁移则很严重而且将引起器件一系列可靠性问题。铝元素的一些参数列于表 11.1 中。

表 11.1 铝元素相关参数

名 称	铝	名 称	铝
原子符号	Al	电阻系数	2.65 μΩ · cm
原子序数	13	反射率	71%
原子量	26.981 538	熔点	660℃
发现者	Hans Christian Oersted	沸点	2519℃
发现地	丹麦	热导系数	235 $W/(m^{-1} \cdot K^{-1})$
发现时间	1825 年	线性热膨胀系数	$23.1 \times 10^{-6} K^{-1}$
名称来源	来源于拉丁字“alumen”,代表“明矾”	刻蚀物(湿法)	H_3PO_4, HNO_4, CH_3COOH
固体密度	2.70 g/cm^3	刻蚀物(干法)	Cl_2, BCl_3
摩尔体积	10.00 cm^3	CVD 源材料	$Al(CH_3)_2H$
音速	5100 m/s	IC 工业中的主要应用	金属互连中形成 Al-Cu 合金，作为 HKMG MOSFET 的栅金属
硬度	2.75		

资料来源:http://www.webelements.com/

11.2.4　钛

钛有以下几种应用：形成金属硅化物、钛的氮化作用、润湿层、焊接层、金属栅和金属硬掩膜层。

硅化钛是重要的金属硅化物之一，有低的电阻率而且可以在多晶硅栅以及源/漏自对准金属硅化物过程中形成硅化钛。金属硅化物工艺过程中，通常利用溅射沉积将钛沉积在晶圆表面，然后加热退火形成硅化钛（$TiSi_2$）。钛也可以经过化学气相沉积过程沉积，使用 $TiCl_4$ 和 H_2 产生反应并在 650℃ 以临场方式沉积形成硅化钛，Ti 可以直接与 Si 接触。

钛也广泛作为钨和铝合金的焊接层以降低接触孔电阻，这是因为钛可以清除氧原子，以防止氧原子与钨、铝成键形成高电阻率的 WO_4 和 Al_2O_3。钛也可以与氮化钛一起作为钨栓塞和局部连线遮蔽层，防止钨扩散进入硅衬底。图 11.7 显示了钛和氮化钛在具有 Al-Cu 连线的集成电路芯片中作为连线的应用。

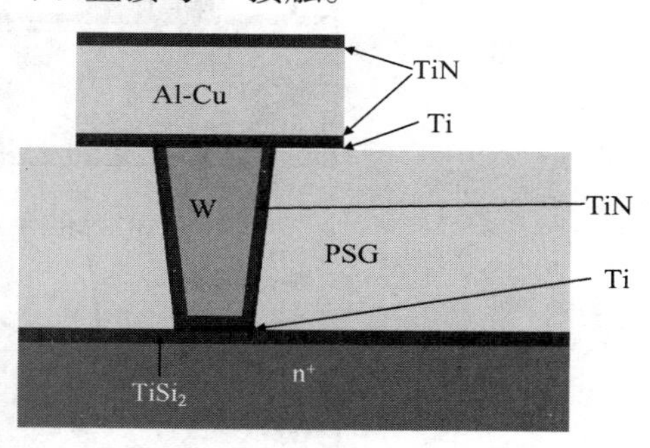

图 11.7　铝铜互连集成电路芯片钛和氮化钛应用示意图

钛也可以用于形成氮化钛。通过沉积钛并在高温氮/氨环境下将其退火，可以通过表面的化学反应形成 TiN。物理气相沉积氮化钛的优点是简单的工艺过程和低的温度要求。

一般利用磁控等离子体溅射工艺沉积钛，也可以利用以 $TiCl_4$ 为源材料的化学气相沉积工艺与氢在高温发生反应进行沉积。钛元素的参数列于表 11.2 中。

表 11.2　钛元素相关参数

名　称	钛	名　称	钛
原子符号	Ti	硬度	6.0
原子序数	22	电阻系数	40 μΩ · cm
原子量	47.867	熔点	1668℃
发现者	William Gregor	沸点	3287℃
发现地	英国	热导系数	22 W/(m^{-1} · K^{-1})
发现时间	1791 年	线性热膨胀系数	$8.6 \times 10^{-6} K^{-1}$
名称来源	以希腊神话中地球女神的儿子命名“Titans”	刻蚀物(湿法)	H_2O_2，H_2SO_4
		刻蚀物(干法)	Cl_2，NF_3
固体密度	4.507 g/cm^3	CVD 源材料	$TiCl_4$
摩尔体积	10.64 cm^3	IC 工业中的主要应用	Al-Cu 金属化湿法刻蚀接触层；W 遮蔽层；与氮反应形成 TiN
音速	4140 m/s		

资料来源：http://www.webelements.com/

11.2.5　氮化钛

集成电路工艺中氮化钛广泛用于遮蔽层、附着层以及抗反射层膜（ARC）。钨也需要厚度为 50 ~ 200 Å 的 TiN 薄膜作为遮蔽层和附着层，以防止钨扩散进入氧化层和硅中，并使钨附着在氧化硅表面。因为氮化钛抗反射层膜比铝铜合金的反射系数低得多，所以通常用其改进金属图形化过程中的光刻技术解析度。铝合金顶部的氮化钛层也可以防止小丘凸状物的产生并帮助抑制电迁移。

对于先进的 HKMG MOSFET，氮化钛用于作为金属栅电极。HKMG MOSFET 先栅法使用氮化钛作为 NMOS 和 PMOS 的栅电极，如图 11.8(a)所示。HKMG MOSFET 后栅法使用 TiN 与 TiAl 反应形成 TiAlN 作为 NMOS 栅电极，如图 11.8(b)所示。TiN 也可用于作为埋字线 DRAM 晶体管阵列的栅电极。

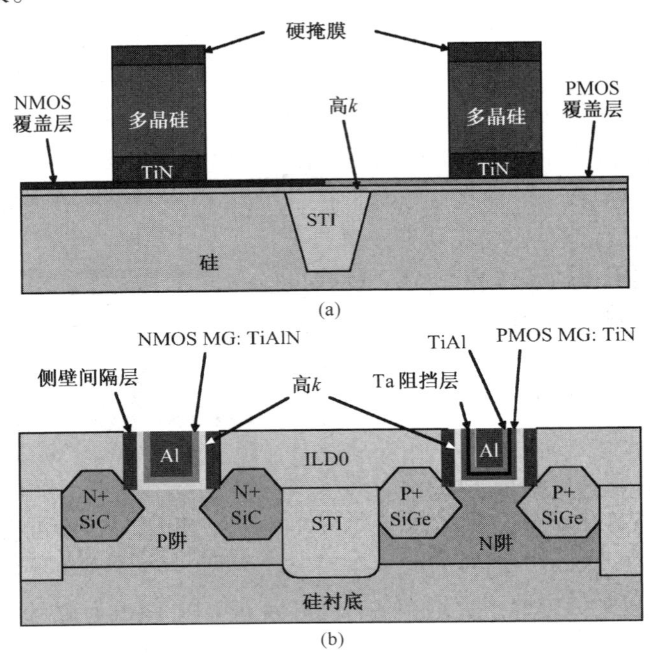

图 11.8 HKMG CMOS 不同金属层的应用。(a) 先栅法；(b) 后栅法

对于铜/低 k 和铜/ULK 互连，特别是对于多孔 ULK 电介质，TiN 用于低 k 电介质双镶嵌刻蚀工艺，金属硬掩膜保护 OSG 薄膜在光刻胶灰化工艺中附着在氧自由基上。否则，氧自由基将与甲基或乙基反应增加低 k 薄膜的介电常数。

TiN 也可以作为 DRAM 芯片电容的电极，这种电极需要很好的薄膜形貌，而且为了形成高深宽比 SN 孔，需要很好的侧壁和底部阶梯覆盖。

氮化钛可以利用物理气相沉积、化学气相沉积和 ALD 工艺沉积。氮化钛物理气相沉积通常以钛为靶材，在溅镀反应室沉积，氮化钛物理气相沉积能够通过临场方式沉积钛和氮化钛。氮化钛沉积前，需要一层 50～100 Å 的钛薄膜吸附氧气以降低接触电阻，临场 Ti/TiN 沉积可以改进工艺的生产率。

物理气相沉积过程中，反应式溅射是最常用的沉积氮化钛的方法，这种技术利用氩气(Ar)与氮气(N_2)作为气体。在等离子体中，这两种气体的一部分被离化，而且有一些氮分子被分解产生化学反应氮自由基。钛被氩离子轰击离开靶材表面。当通过氩、氮等离子体时，钛原子与氮反应形成氮化钛并沉积在晶圆表面。有一些钛原子甚至会通过等离子体沉积在晶圆表面。这些钛原子与氮自由基发生反应并在晶圆的表面形成氮化钛。氮自由基也可以与钛靶材反应在靶材表面形成氮化钛层。Ar^+ 会将氮化钛分子轰击离开靶材并将它们沉积在晶圆表面。

化学气相沉积工艺被发展应用于沉积集成电路制造中的氮化钛薄膜。利用 $TiCl_4$ 和 NH_3 在约 700℃ 的高温过程，或 TDMAT 和 $Ti(N(CH_3)_2)_4$ 的低温金属有机化学气相沉积工艺(约

350℃的 MOCVD），氮化钛也可以利用化学气相沉积工艺沉积。高温下沉积的氮化钛薄膜具有很好的质量、低的电阻率和良好的阶梯覆盖。然而，因为工艺过程的温度将高到足以熔化铝线，所以无法用在金属层间的接触窗孔上。与 PVD TiN 比较，MOCVD TiN 具有更好的薄膜形貌和阶梯覆盖特性，并应用于先进 CMOS 逻辑 IC 的接触遮蔽层/附着层沉积。在沉积过程中，MOCVD TiN 有很多有机成分在薄膜中。为了使薄膜致密，通常需要等离子体处理。N_2-H_2等离子体通过撞击 TiN 薄膜，可以使薄膜完全氮化，并能移除残留的甲基残留物。MOCVD TiN 需要多次沉积和等离子体处理过程。

对于 HKMG 的应用，特别是栅工艺，是用原子层沉积（ALD）工艺沉积 TiN，这是由于这种工艺具有良好的阶梯覆盖。ALD 工艺也被用于 DRAM 存储器的 TiN 沉积。

在一些等级较低的半导体工厂，仍然发现氮化钛是利用氨在热退火工艺中通过钛的氮化过程形成的。

11.2.6　钨

钨最常用于填充接触窗或金属层间的接触窗孔，以形成所谓的栓塞连接金属层与硅表面。也用于为铝铜互连填充不同金属层间的通孔，这种技术用于存储芯片和 CMOS 逻辑芯片（0.25 μm或更早的技术节点）。随着集成电路元器件尺寸的缩小，连线层间的接触窗孔变得更小、更窄。因为 PVD 铝不可能用于填充这些狭窄的接触窗而不产生空洞，所以就发展了钨 CVD（WCVD）工艺。化学气相沉积钨薄膜具有非常好的阶梯覆盖和间隙填充能力，所以成为填充大深宽比接触窗或金属层间接触窗孔的选择（见图 11.9）。钨 CVD 的电阻率为 8.0 ~ 12 μΩ · cm，比 PVD 铝铜合金的电阻率（2.9 ~ 3.3 μΩ · cm）高，所以钨 CVD 只能作为连接不同层间的栓塞和局部连线。

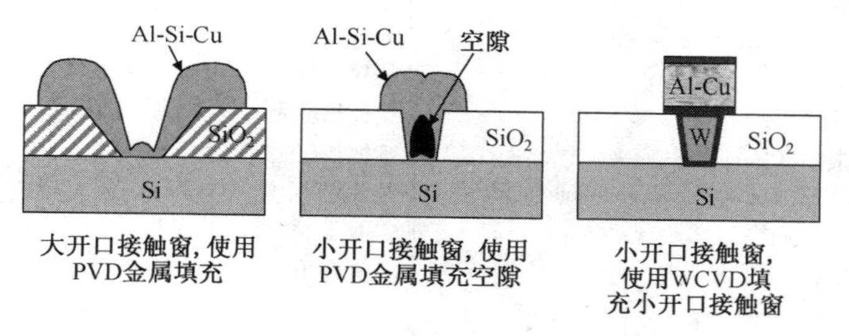

图 11.9　接触窗口金属化工艺示意图

自问自答

问：为什么不允许形成有空洞的接触窗？

答：因为有空洞接触窗的金属横截面较小，引起接触窗电阻升高、电流密度增加，这将导致过多热量的产生而加快集成电路器件的性能退化。

钨广泛应用于 DRAM 芯片形成位线和位线接触栓塞。钨或钨硅化物可以和多晶硅形成 DRAM 的字线。多晶硅栓塞早已用于 DRAM 前端线（FEoL）接触，如自对准接触（SAC）和存储节点接触（SNC）。当特征尺寸不断缩小时，钨用于形成 DRAM FEoL 接触栓塞。因为大多数 DRAM 芯片不需要如 CMOS 逻辑电路一样高的时钟速度（2 GHz 或更高），所以甚至一些先进的 DRAM 芯片仍然使用铝铜互连，而不是铜互连，从而降低制造成本。钨栓塞广泛用于形成 DRAM 中的金属层和外围区域器件的接触栓塞，以及金属层之间的通孔栓塞，大多数情况下只有两层或三层。对于埋字线 DRAM，钨结合氮化钛用于形成字线和阵列晶体管的栅电极，与多晶硅结合形成位线和外围 MOSFET 的栅电极。

钨也可以用于形成 NAND 快闪存储器的位线和源代码行，还可以和多晶硅形成字线。

钨通常以 WF_6为源材料并采用化学气相沉积工艺，WF_6可以在400℃时与 SiH_4发生反应以沉积钨，这个反应通常用于沉积成核层。WF_6和 H_2在大约400℃时反应用于大量钨的沉积，因为该反应能填充狭窄的接触窗/金属层间接触窗孔。因为钨不能很好附着在二氧化硅表面，所以通常需要一层氮化钛辅助黏附，帮助钨附着在氧化层表面。钨会引起重金属污染，而 TiN 和 Ti 叠层可以防止钨扩散进入二氧化硅层。TiN 可以避免钨接触硅，并防止钨与硅反应形成硅化钨，然而形成硅化钨会引起结的损失。图 11.10显示了钨栓塞和 TiN/Ti 遮蔽/附着层的图像。有关钨元素的参数列于表 11.3 中。

图 11.10 钨栓塞和 TiN/Ti 遮蔽/附着层(来源:Applied Materials公司)

表 11.3 钨元素相关参数

名　称	钨	名　称	钨
原子符号	W	反射率	62%
原子序数	74	电阻系数	5 μΩ · cm
原子量	183.84	熔点	3422℃
发现者	Fausto and Juan Jose de Elhuyar	沸点	5555℃
发现地	西班牙	热导系数	170 $W/(m^{-1} \cdot K^{-1})$
发现时间	1783 年	线性热膨胀系数	$4.5 \times 10^{-6} K^{-1}$
名称来源	由瑞典字母"tung sten"而来，代表"重石头"；W 来源于"wolfram"，是 wolframite 的简写	刻蚀物(湿法)	KH_2PO_4, KOH, $K_3Fe(CN)_6$;沸腾的 H_2O
		刻蚀物(干法)	SF_6, NF_3, CF_4,等等
固态密度	19.25 g/cm^3	CVD 源材料	WF_6
摩尔体积	9.47 cm^3	主要应用	CMOS 逻辑器件的栓塞，DRAM 和闪存芯片字线、位线和接触孔接触
音速	5174 m/s		
硬度	7.5		

资料来源:http://www.webelements.com/

11.2.7 铜

铜的电阻率(1.7 μΩ · cm)比铝铜合金的电阻率(2.9 ~ 3.3 μΩ · cm)低，铜也有较高的电迁移抵抗力和高的可靠性。IC 芯片利用铜作为金属连线可以减少电能的损耗并提高 IC 速度。然而铜和二氧化硅的附着能力很差。铜在硅和二氧化硅中的扩散速率很高，铜的扩散将引起严重的金属污染使元器件失效。铜卤素化合物挥发性很低，所以铜很难进行干法刻蚀。当图形尺寸小于 3 μm 时，所有的图形化刻蚀都是干法刻蚀(反应式离子刻蚀)。在 0.18 μm 技术节点前，由于各向异性铜刻蚀有效方法的缺乏，使得铜没有铝常用。关于铜元素的参数见表 11.4。

表 11.4　铜元素相关参数

名　称	铜	名　称	铜
原子符号	Cu	反射率	90%
原子序数	29	电阻系数	1.7 μΩ · cm
原子量	63.546	熔点	1084.77℃
发现者	有文字记载前，铜已被人类使用	沸点	5555℃
发现地		热导系数	400 W/(m^{-1} · K^{-1})
发现时间名称来源	来源于拉丁字母“cuprum”，代表一个岛——“Cyprus”	线性热膨胀系数	16.5×10^{-6} K^{-1}
		刻蚀物(湿法)	HNO_4，HCl，H_2SO_4
固态密度	8.92 g/cm^3	刻蚀物(干法)	Cl_2，需要低压高温环境
摩尔体积	7.11 cm^3	CVD 源材料	(hfac)Cu(tmvs)
音速	3570 m/s	IC 工业中的主要应用	主要用于金属连线
硬度	3.0		

资料来源：http://www.webelements.com/

包括高深宽比电介质接触窗/金属层间接触孔、沟槽刻蚀、遮蔽层沉积、铜沉积，以及铜化学机械研磨(CMP)等在内的关键技术，都促使双重金属镶嵌金属化技术日趋成熟。由于双重金属镶嵌工艺不需要金属刻蚀，所以该技术促使铜在 20 世纪 90 年代后期的集成电路生产中得以应用。

铜沉积通常分两个过程，第一个过程为籽晶层溅镀沉积，接着利用化学气相沉积或化学电镀沉积法(Electrochemical Plating Deposition，EPD)大量沉积。大量铜沉积后进行退火工艺增加晶粒尺寸并在铜化学机械研磨之前改善电导率。

11.2.8　钽

钽作为铜沉积前的遮蔽层，可以防止铜扩散穿过氧化硅进入硅衬底损坏元器件。钽与如钛、氮化钛遮蔽层材料相比，是一种很好的遮蔽层材料，一般利用溅镀工艺沉积。有关钽元素的参数列于表 11.5 中。

表 11.5　钽元素相关参数

名　称	钽	名　称	钽
原子符号	Ta	反射率	90%
原子序数	73	电阻系数	12.45 μΩ · cm
原子量	180.9479	熔点	2996℃
发现者	Anders Ekeberg	沸点	5425℃
发现地	瑞典	热导系数	57.5 W/(m^{-1} · K^{-1})
发现时间	1802 年	线性热膨胀系数	$6.3\times10^{-6}K^{-1}$
名称来源	由希腊字母“Tantalos”而来，代表“尼奥比的父亲”，因为它在元素周期表中接近铌	刻蚀物(湿法)	2:2:5HNO_3，HF 和 H_2O 混合溶液
		刻蚀物(干法)	Cl_2
		主要应用	用于铜遮蔽层；也可以用于 PMOS 栅遮蔽层，以遮蔽 TiAl 和 TiN 反应。TaN 还用于铜遮蔽层；TaBN 用于 EUV 掩膜吸收层
固态密度	16.654 g/cm^3		
摩尔体积	7.11 cm^3		
音速	3400 m/s		
硬度	3.0		

资料来源：http://www.webelements.com/

11.2.9　钴

钴主要用于为 180 nm 到 90 nm 的 CMOS 逻辑器件形成硅化钴($CoSi_2$)，$CoSi_2$ 仍用于先进的存储器件，它可以利用溅镀工艺沉积。有关钴元素的基本资料列于表 11.6 中。

表 11.6 钴元素相关参数

名　称	钴	名　称	钴
原子符号	Co	硬度	6.5
原子序数	27	反射率	67%
原子量	180.9479	电阻系数	13 μΩ · cm
发现者	Georg Brandt	熔点	1768 K 或 1495℃
发现地	瑞典	沸点	3200 K 或 2927℃
发现时间	1735 年	热导率	100 W/(m^{-1} · K^{-1})
名称来源	来自于德文“kobald”，代表“goblin”(邪恶)	线性热膨胀系数	13.0×10^{-6}K^{-1}
固态密度	8.900 g/cm^3	刻蚀物(湿法)	H_2O_2和H_2SO_4
摩尔体积	6.67 cm^3	刻蚀物(干法)	
音速	4720 m/s	主要应用	形成硅化钴

资料来源:http://www.webelements.com/

11.2.10 镍

镍主要用于为65 nm 和更高技术节点的 CMOS 逻辑器件形成镍硅化物(镍硅)，因为 NiSi 比其他硅化物的形成温度低，因此适合于更小的特征尺寸和较低的热积存器件。镍一般通过溅射工艺沉积。

镍是一种磁性材料。镍铁合金可以用于为磁随机存储器(MRAM)形成磁记忆单元。有关镍元素的相关参数列于表 11.7 中。

表 11.7 镍元素相关参数

名　称	镍	名　称	镍
原子符号	Ni	硬度	4.0
原子序数	28	反射率	72%
原子量	58.693	电阻系数	7.2 μΩ · cm
发现者	Axel Fredrik Cronstedt	熔点	1728 K 或 1455℃
发现地	瑞典	沸点	3186 K 或 2913℃
发现时间	1751 年	热导系数	91 W/(m^{-1} · K^{-1})
名称来源	来源于德文“kupfernickel”，意思是魔鬼的铜或圣尼古拉斯(旧尼克)铜	线性热膨胀系数	13.4×10^{-6}K^{-1}
		刻蚀物(湿法)	Mixture of H_2O_2和H_2SO_4
		刻蚀物(干法)	Cl_2
固态密度	8.908 g/cm^3	IC 工业中的主要应用	和硅反应形成 NiSi 以减小源/漏接触电阻，栅局部连线
摩尔体积	6.59 cm^3		
音速	4970 m/s		

资料来源:http://www.webelements.com/

11.3 金属薄膜特性

金属薄膜厚度的测量与电介质薄膜的测量不同。直接精确测量不透明薄膜(如金属薄膜)的厚度相当困难，声学测量法引进之前，金属薄膜厚度的测量通常需要用破坏性测量方法在测试晶圆上进行。近年来，一些非破坏性测量，如激光-声学测量和 X 射线反射测量被发展应用于金属薄膜测量和工艺控制。

导电薄膜一般是多晶态结构。金属导电率和反射系数与晶粒尺寸有关，通常较大的晶粒有高的导电和低的反射系数，而这些都和沉积条件有关。比如，较高的温度使衬底表面上原子有较高的迁移率，在沉积薄膜中形成较大的晶粒。反射系数与薄片电阻的测量可以监控 IC 工业中的金属沉积过程。

11.3.1　金属薄膜厚度

如铝、钛、氮化钛及铜金属薄膜都是不透明薄膜。使用光学技术，如电介质薄膜测量中最常使用的反射系数光谱仪无法测量金属薄膜厚度。要精确测量实际金属薄膜的厚度，通常需要使用破坏性测量法。利用扫描式电子显微镜（SEM）扫描横截面，或在移除一部分沉积薄膜之后，利用轮廓测量器测量金属薄膜的阶梯高度。

对于 SEM 测量，需要金属薄膜沉积后切割测试晶圆，并将切割后的样品放在平台上。具有一定能量的电子束用于扫描整个样品，轰击作用会在样品中引发二次电子发射。因为不同的材料有不同的二次电子发射产生率，因此通过测量二次电子发射强度，SEM 可以精确地从产生的图像中测量获得金属薄膜的厚度。比如，利用 SEM 技术测量 TiN 薄膜在接触孔顶端和侧壁厚度的方法显示在图 11.10 中。SEM 也可以检测栓塞的空洞或 W 栓塞是否与衬底良好接触。然而 SEM 昂贵、具有破坏性且过程耗时，同时也难以测量整个晶圆的薄膜均匀性。

自问自答

问：为什么 SEM 相片一般是黑白的？

答：SEM 相片是根据二次电子发射时的强度拍摄的，这种强度提供强的和弱的信号，并转换成相片上的明亮点和暗点。一些有美丽色彩的 SEM 相片，是在相片拍摄之后经过影像分析和人工着色形成的。

轮廓测量器的测量可以为大于 1000 Å 的薄膜提供相关的厚度与均匀性信息，但是测量之前需要先进行图形化刻蚀。首先需要一层金属薄膜预先沉积在晶圆表面，然后用光刻技术在特定区域将光刻胶图形化。湿法刻蚀后，晶圆上大部分的金属薄膜被移除，然后去光刻胶，这样将在晶圆的特定部分留下金属阶梯。最后晶圆被放到史泰勒斯轮廓测量器中，通过探针检测并记录细微的表面轮廓（见图 11.11）。

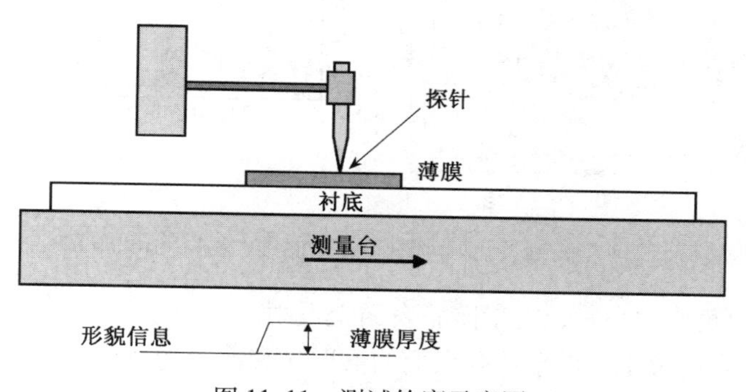

图 11.11　测试轮廓示意图

沉积速率由测量的薄膜厚度及沉积时间决定。CVD 工艺中，沉积速率受气体流动速率和温度影响。磁控溅镀沉积过程中，沉积速率主要受偏压控制。对于蒸镀过程，沉积速率主要取决于热灯丝的电流。

超薄(50 ~ 100 Å)的氮化钛薄膜几乎是透明的，因此反射系数光谱仪可以用于测量这种薄膜的厚度。

假设金属薄膜的电阻率对于整个晶圆表面为常数，四点探针法通常用于非直接监测金属薄膜的厚度。

声学法是半导体工业引进的一种新技术，它可以测量不透明薄膜的厚度而不需要直接与薄膜接触。因为声学法是一种非破坏性方法，所以能够测量产品晶圆的金属薄膜厚度和均匀性，这对控制金属沉积工艺有很大帮助。

图 11.12 说明了声学测量法的基本原理。通过激光光束照射在薄膜表面上，光感测器测量反射强度。非常短的激光频率(约 0.1 ps，或 10^{-13} s)将从激光器中发射出来并聚焦在同一点，大约为 10 × 10 μm^2 的面积，激光脉冲在短时间内将薄膜表面加热到 5 ~ 10℃。该点上的材料遇热膨胀引起声波，在薄膜内以材料的音速传导。当声波传递到不同材料的界面时，一部分声波将从界面反射回来，而其他声波将继续传入底部的材料中。反射波(或回声)到达薄膜表面时将引起反射系数改变。声波在薄膜内来回产生回音直到消散为止。两个反射系数高峰之间的时间改变量(Δt)即表示声波在薄膜内来回移动的时间。当材料音速(V_s)已知时，薄膜的厚度就可以通过下式获得:

$$d = V_s \Delta t / 2$$

反射波(或回声)的衰减率与薄膜密度有关，通过这个原理也可以测量多层结构中每一种薄膜的厚度。

图 11.12(a)显示了厚 TEOS 氧化层中的 TiN 薄膜测量技术，此时的氧化层作为衬底。从图 11.12(b)可以计算两个反射系数高峰之间的时间改变为 $\Delta t \approx 25.8$ ps。TiN 薄膜中的音速为 $V_s = 9500$ m/s = 95 Å/ps，因此 TiN 薄膜的厚度 $d = 1225$ Å。

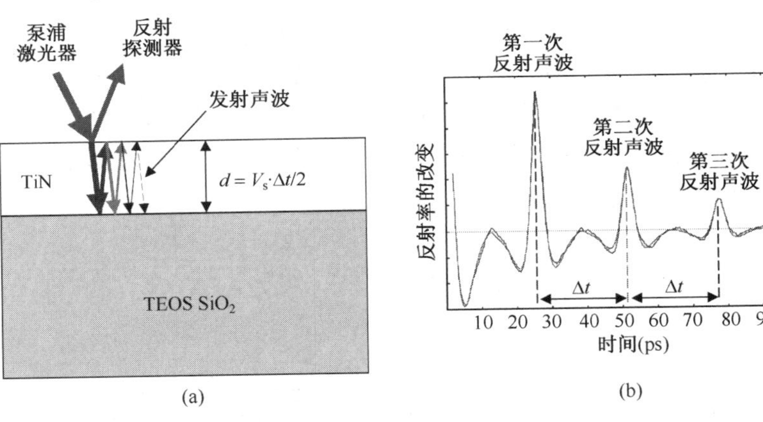

图 11.12 金属薄膜厚度声波测量法示意图和关系曲线(来源: Rudolph Technologies 公司)

当 X 射线的入射角非常小时，能在样品表面上反射。X 射线的反射率由入射角、表面粗糙度、薄膜厚度和薄膜密度决定。由于薄膜表面的反射光和薄膜与衬底界面的反射光之间的干涉，X 射线的反射率随入射角的改变而改变。通过改变入射角并测量反射 X 射线的强度，就可以获得 X 射线强度随入射角变化的频谱图。通过与理论模型拟合，X 射线反射测量仪(XRR)就可以用于测量薄膜的厚度和薄膜密度，从而可以提供薄膜组分的信息。图 11.13(a)显示了 XRR 测量的原理，图 11.13(b)给出了硅衬底上 TaN/Ta 薄膜的 XRR 测量结果，这里的 $q_z = 4\pi\sin\theta\lambda$。

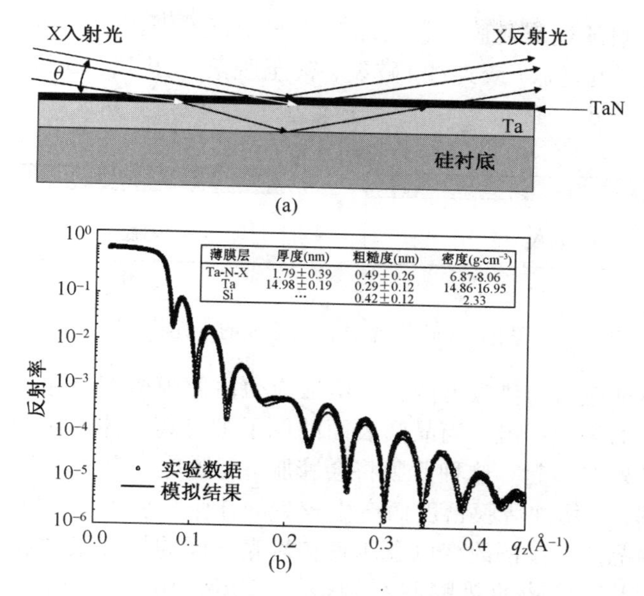

图 11.13　(a) XRR 测量原理示意图；(b) 测量结果实例(来源：R. J. Matyi, et al., Thin Solid Films, Vol. 516, pp. 7962, 2008)

11.3.2　薄膜厚度的均匀性

薄膜厚度的均匀性(指非均匀性)、薄片电阻和反射系数在制造工艺的发展和维护中十分受关注。可以通过测量晶圆上多个位置的薄片电阻和反射系数计算出均匀性(见图 11.14)。

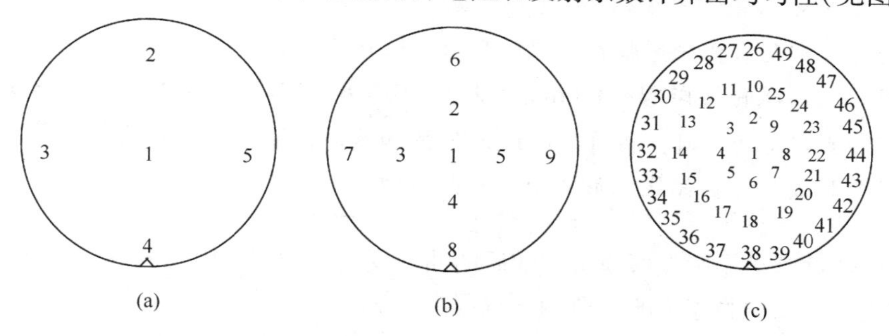

图 11.14　薄膜均匀性测量的取点分布。(a) 5 点；(b) 9 点；(c) 49 点

测量点越多，准确性就越高。然而测量点越多，所需的测量时间也就越长，这将造成生产率较低，生产成本较高。对于一条工艺线，时间就是金钱。

标准差 3σ 的 49 点测量非均匀性，是半导体工业中对 200 mm 晶圆工艺评鉴的一般定义。300 mm 晶圆需要 121 点测量方法。精确定义非均匀性很重要，因为对于一组相同的测量数据，不同的定义将引起不同的非均匀性结果。对于产品晶圆，消耗较少时间的 5 点和 9 点测量最常使用在工艺过程监视和工艺控制上。

11.3.3　应力

应力由薄膜与衬底之间的材料不匹配引起。有两种类型的应力：收缩式应力(简称压力)和伸张式应力(简称张力)。如果应力太高，无论是收缩式或伸张式应力都会引起严重问题。特别是对于一般的金属薄膜，高收缩应力将引起小丘状凸出物，使不同金属层间短路；高伸张式应力会引起薄膜(或连线)破裂，甚至脱落。图 11.15 说明了由薄膜高应力引起的薄膜缺陷。

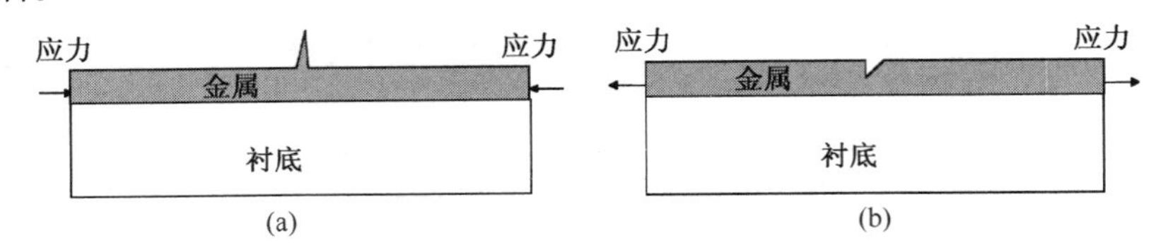

图 11.15 薄膜应力产生的不同缺陷。(a) 收缩式应力形成的小丘状凸出；(b) 伸张式应力形成的破裂

应力的类型有本征应力和热应力两种。本征应力由薄膜密度引起，薄膜密度主要取决于等离子体溅射沉积中的离子轰击。当晶圆表面的原子被等离子体的高能量离子轰击时，形成薄膜的原子将密集排列在一起。这种薄膜将会膨胀，薄膜应力是收缩式应力。较高的沉积温度会增加原子迁移率，并增加薄膜密度而产生较少的伸张式应力。本征应力也与沉积温度及压力有关。热应力由晶圆温度的改变以及薄膜和衬底不同的热膨胀系数引起。铝的热膨胀系数 $\alpha_{Al}=23.6\times10^{-6}K^{-1}$ 与硅的热膨胀系数 $\alpha_{Si}=2.6\times10^{-6}K^{-1}$ 相比较高。高温下(例如 250℃)，沉积铝薄膜时，晶圆冷却到室温后，因为铝的热膨胀系数较高，所以铝薄膜比硅收缩更多。这种情况下，晶圆将拉伸铝薄膜并形成伸张式应力。事实上室温时微小的张力对铝薄膜比较适合，因为在后续的金属退火(约为 450℃)和电介质沉积(约为 400℃)过程中，当晶圆加热时，张力将减少。

自问自答

问：为什么需要氧化硅薄膜在室温时形成收缩式应力？

答：因为氧化硅的热膨胀系数($\alpha_{SiO_2}=0.5\times10^{-6}K^{-1}$)比硅衬底低，如果在室温时具有拉伸式张应力，则当晶圆在后续工艺被加热时，张力将变得更大，最后导致氧化层薄膜破裂并在铝线上形成小丘状凸出物。

应力可以通过测量晶圆在薄膜沉积前后的曲率变化来确定，相关内容已经在第 10 章中进行了详细讨论。金属薄膜应力的一般测量过程为：晶圆曲率测量，已知厚度的薄膜沉积，晶圆曲率第二次测量。

11.3.4 反射系数

反射系数是金属薄膜的一个重要特性。对于稳定的金属化工艺过程，沉积薄膜的反射系数应该保持在接近常数范围之内。反射系数在工艺过程中的改变能表明工艺制造状况的一种趋势。反射系数是薄膜晶粒尺寸与表面平滑度的函数，而且需要控制。一般而言，晶粒尺寸较大则反射系数较低。越平滑的金属表面反射系数越高。反射系数的测量是一种简单、快速且非破坏性过程，而且经常在半导体生产中的金属化区域进行。

反射系数对光刻工艺非常重要，因为它会引起驻波效应，这由入射光与反射光之间的相互干涉造成。周期性的过度曝光与曝光不足将在光刻胶侧壁上造成起伏的波纹，从而影响光刻技术的解析度。抗反射层镀膜(ARC)在金属图形化工艺中非常必要，特别是铝的图形化过程，因为铝有非常高的反射系数(相对于硅的 180% ~220%)。

反射系数可以通过测量聚焦在薄膜表面上的反射光强度获得。反射系数的测量结果通常采用以硅为基准的相对值。

11.3.5　薄片电阻

薄片电阻是导电性材料最重要的特性之一，尤其是导电薄膜。薄片电阻被用来监测导电薄膜沉积与沉积反应室的状况。对于已知导电率的导电薄膜，薄片电阻的测量一般用来确定薄膜厚度，因为薄片电阻的测量比 SEM 和轮廓厚度的测量更快。电阻率是材料最基本的特性。对于导电薄膜，电阻可以通过薄膜的薄片电阻与薄膜厚度的乘积获得。

薄片电阻(R_s)是一个定义的参数。四点探针是最常使用的测量工具之一，它可以测量电压与电流而计算出薄片电阻。通过测量薄片电阻，可以计算出已知薄膜厚度的薄膜电阻率(ρ)，或计算出已知电阻率的薄膜厚度。

对于图 11.16(a)所示的导线电阻，有：

$$R = \rho \frac{L}{A}$$

其中，R 是电阻，ρ 是导体的电阻率，L 是导线长度，A 是横截面的面积。假如导线是长方形，如图 11.16(b)所示，则横截面的面积只需简单改变为宽度与厚度($w \times t$)的乘积。导线电阻就可以表示成：

$$R = \rho \frac{L}{wt}$$

对于方形薄片，长度等于宽度($L = w$)，因此相互抵消。所以方形导电薄片的电阻定义为薄片电阻，可以表示成：

$$R_s = \rho / t$$

薄片电阻的单位为每平方欧姆(Ω/□)，平方的记号□表示方块电阻，与方块的尺寸没有关系。如果金属薄膜的厚度完全均匀，则每边长度为 1 μm 的方形薄片的薄片电阻，将会与每边长度为 1 ft 的方形薄片一样(见图 11.17)。

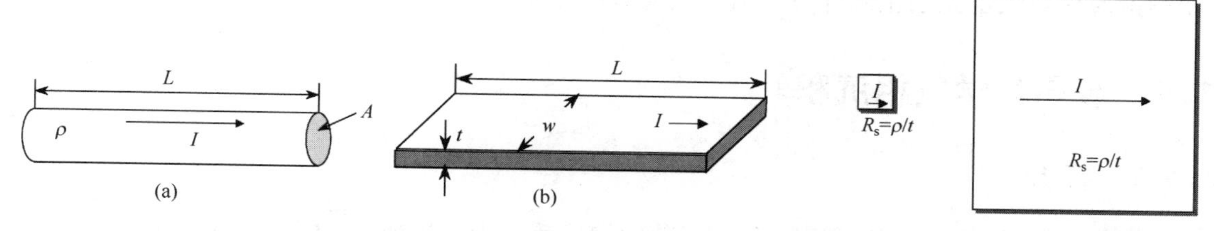

图 11.16　圆柱形和长方形导线剖面图

图 11.17　对于两个不同大小的正方形薄膜，薄片电阻相同

自问自答

问：如果两条导线具有相同的金属薄膜，相同的长宽比(见图 11.18)，它们的线电阻是否一样？

答：一样。因为这两条导线都包含相同数量的串联式方形薄片，每个方形薄片都有相同的薄片电阻，所以它们的电阻是一样的。

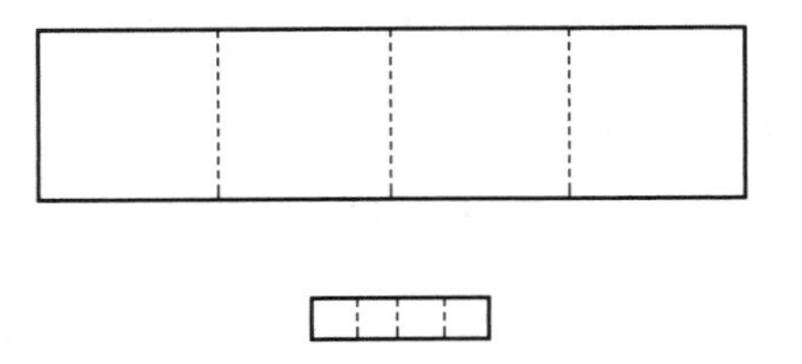
图 11.18 两条导线的线电阻

电阻率与薄膜材料的晶粒尺寸及结构有关。对于特定的金属薄膜，大的晶粒尺寸有较低的电阻率。

四点探针(见图 11.19)是最常用的测量薄片电阻的方法。通过将电流施加在两个探针之间，电压通过另外两个探针测量，薄片电阻等于电压与电流的比再乘以常数项，常数项取决于使用的探针。一般情况下，两个探针之间的距离为 $S_1 = S_2 = S_3 = 1$ mm。如果电流 I 施加在 P_1 与 P_4 之间，则 $R_s = 4.53V/I$，V 是 P_2 与 P_3 之间的电压；如果电流加在 P_1 与 P_3 之间，则 $R_s = 5.75V/I$，V 是 P_2 与 P_4 之间的电压。这两个方程是在假设薄膜区域无限大的条件下推导出来的，因此对晶圆上的薄膜测量不准确。

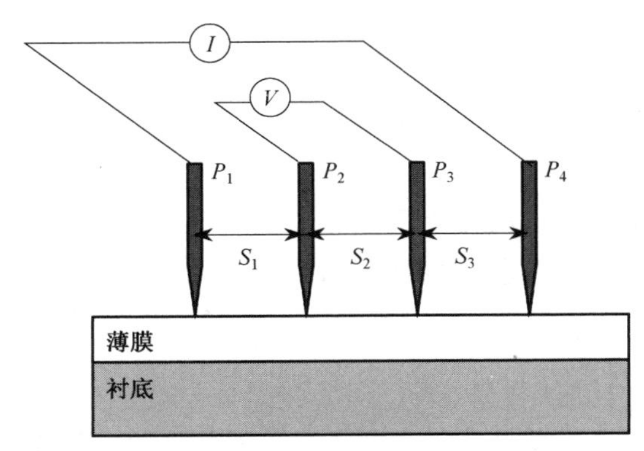

图 11.19 四点探针示意图

先进的四点探针通常在一系列工艺中自动执行四次测量程序，通过所有的测量组及在每一组中施加逆向电流测量 R_s，就能减少边缘效应并获得优化的结果。因为四点探针直接与薄膜接触，所以它们不能用于产品晶圆的测试，只能用于测试晶圆并作为改进工艺、鉴定与工艺控制。

薄片电阻测量可以提供重要的薄膜电阻信息，这些信息受薄膜厚度、晶粒尺寸、合金浓度以及氧气杂质的影响。因为工艺过程中通常会建立薄片电阻与芯片成品率之间的关系，因此在 IC 制造过程中，将详细监测薄片电阻。

对于铝铜合金和铜金属薄膜，电阻率众所周知，而且在特定的沉积状况下相当稳定。因此，薄片电阻的测量可以提供快速且方便的方法监控薄膜厚度与均匀性。然而这种方法对氮化钛并不适用，因为氮化钛的电阻率对工艺参数很敏感(如氮/氩的流量比和工艺温度)，所以即使测量薄片电阻也无法正确计算出氮化钛薄膜的厚度。

11.4 金属化学气相沉积

11.4.1 简介

金属化学气相沉积(CVD)在集成电路工艺中被广泛用于沉积金属。CVD 金属薄膜有非常好的阶梯覆盖和间隙填充能力，而且可以填充微小的接触窗孔以使金属层连接在一起。CVD 金属薄膜有较差的质量且电阻率比物理气相沉积金属薄膜的高，因此主要用于栓塞与局部连线，不用于长距离连线。

最常使用的金属化学气相沉积工艺用于沉积钨、硅化钨以及氮化钛。11.4 节将对这些金属的 CVD 工艺进行详细介绍。大部分金属沉积都是加热过程，外在的热量将提供化学反应所需的自由能。某些情况下，遥控等离子体源产生自由基从而增加了化学反应速率。图 11.20所示为金属化学气相沉积系统的示意图。系统内的射频单元主要用于反应室的等离子体清洁过程。

一般的金属化学气相沉积过程如下:

- 晶圆送入反应室
- 关闭活动阀门
- 设置第二制造气体的压力与温度
- 制造气体注入并开始沉积
- 主要制造气体停止注入，第二制造气体继续
- 制造气体终止
- 用氮气吹除净化反应室
- 活动阀打开，机械手臂将晶圆取出

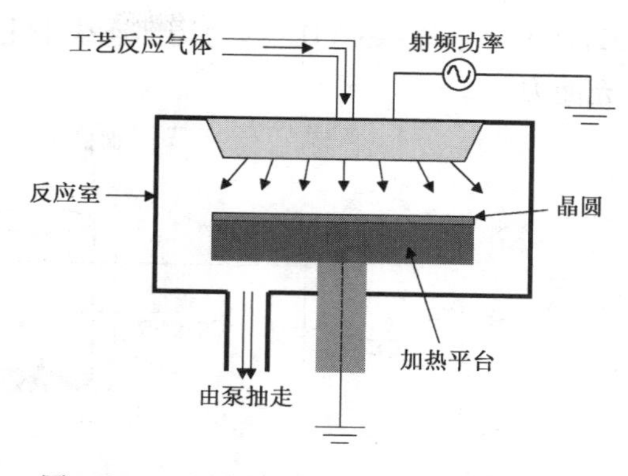

图 11.20　金属化学气相沉积系统示意图

金属沉积过程中，金属薄膜不仅沉积在晶圆表面，也沉积在反应室内，所以需要周期性的清洁工艺，防止反应室内部的薄膜破裂与剥落造成微粒污染。通常等离子体辅助化学气体用于干法清洗。对于金属化学气相沉积反应室，反应室的等离子体清洁将采用以氟、氯为基础的化学品，并利用干法刻蚀移除沉积在反应室内部的薄膜。

等离子体清除过程如下:

- 反应室开始抽气
- 净化(刻蚀剂)气体的压力与温度设置
- 射频开启，开始等离子体清洁过程
- 射频关闭，开始净化反应室
- 第二制造气体的压力和温度设置
- 主要制造气体注入，开始沉积适应层
- 主要制造气体终止，第二制造气体继续
- 终止残余的工艺气体
- 用氮气净化反应室
- 反应室准备下一次的沉积

适应过程(seasoning step)非常重要。沉积一层金属薄膜在反应室的内部可以有效隔离松散的残余物并防止微粒产生。也可以密封住残余的刻蚀剂气体，防止干扰沉积过程，并且帮助消除所谓的第一晶圆效应。

11.4.2　钨 CVD

20 世纪 80 年代以来，钨金属一直广泛应用在半导体工业的金属化过程中。随着图形尺寸的缩小，将不再有空间使接触窗/金属层间接触窗孔形成倾斜开口，狭窄和接近垂直的接触窗/金属层间接触窗孔必须在金属化过程中采用。因为 PVD 金属的阶梯覆盖很差，所以无法填满垂直的窗孔而不留空洞。钨 CVD 技术一直被发展，CVD 钨薄膜有几乎完美的阶梯覆盖和均匀性，可以通过 CVD 填充微小的窗孔而不产生空洞。半导体生产中，钨一直广泛用做连接导体层之间的栓塞。图 11.21 说明了垂直式和倾斜式接触窗孔，清晰显示了使用垂直接触窗孔可以增加 IC 连线的封装密度。

因为钨的电阻率比金属硅化物及多晶硅都低，所以可以作为局部连线使用。局部连线钨

CVD 不同于栓塞 CVD，因为局部连线中主要的要求是较低的电阻率，而栓塞要求强的间隙填充能力。

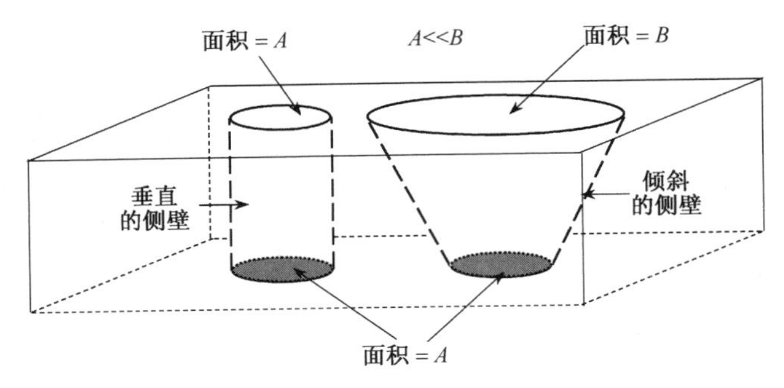

图 11.21 垂直式与倾斜式接触窗孔

六氟化钨 WF_6在钨 CVD 中通常作为钨的源材料。SiH_4和 H_2用来与 WF_6产生反应降低氟含量并沉积钨。WF_6具有腐蚀性，与水反应形成氢氟酸。氢氟酸直接与皮肤接触时不会有感觉，但当接触到骨头并与钙起反应时就会引起严重疼痛及伤害，这是氢氟酸特殊的危害性。所以在钨 CVD 反应室进行湿法清洁时，需要穿戴双层乳胶手套来保护双手。SiH_4 自燃、易爆且有毒性。H_2分子很小，所以很容易泄漏，并且也是易燃和易爆的。

对于金属和硅之间的接触窗，通过硅衬底的还原反应可以沉积钨：

$$2WF_6 + 3Si \rightarrow 2W + 3SiF_4$$

硅衬底可以作为成核层形成所谓的选择性钨，这种情况下，钨只沉积在成核层上，即沉积在硅的表面，而不像 H_2/WF_6化学试剂会在二氧化硅表面上沉积钨。选择性钨的优点之一是与硅有很好的接触，因而可以降低接触窗电阻。钨可以选择性地沉积在接触窗孔中，所以并不需要对晶圆表面的钨层进行回刻蚀或回研磨。然而这个过程将消耗衬底上的硅并造成结损失，同时也会将氟引入衬底中。随后的工艺过程中，钨会与硅产生反应形成硅化钨，这会进一步消耗硅衬底引起结损失。选择性钨 CVD 的另一个问题是很难获得完美的选择性，因为总有不可预测的成核点出现在氧化硅表面，所以选择性钨工艺并不常用在 IC 制造中。

大部分生产都使用钛/氮化钛作为遮蔽层/附着层的整面全区钨 CVD 工艺，从而可以降低接触窗电阻并防止钨与硅产生反应，而且能帮助钨附着在硅玻璃上。整面全区钨 CVD 通常包括两个过程：成核过程与主要沉积过程。首先用 SiH_4/WF_6沉积一层薄钨籽晶层在附着层上：

$$2WF_6 + 3SiH_4 \rightarrow 2W + 3SiF_4 + 6H_2$$

成核过程将严重影响后续的薄膜均匀性。成核步骤后，使用 H_2/WF_6化学试剂沉积大量的钨以填充接触窗/金属层间接触窗孔。

$$WF_6 + 3H_2 \rightarrow W + 6HF$$

钨 CVD 过程中，氩气通常用来吹除净化晶圆背面，以防止钨沉积在晶圆边缘和背面形成微粒污染物。N_2用来改善薄膜的反射系数和导电率。图 11.22 显示了 CVD 钨籽晶层。

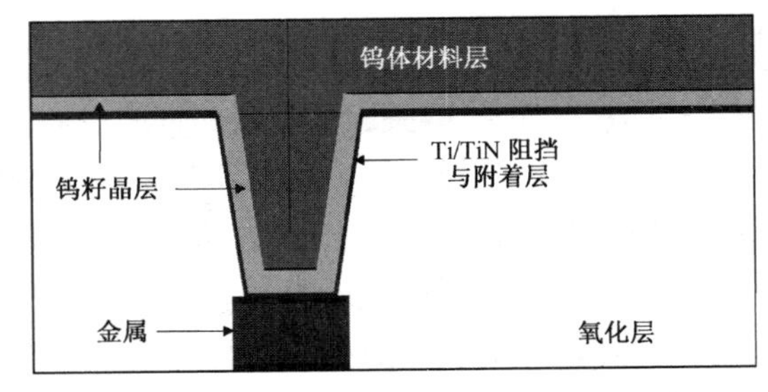

图 11.22 CVD 沉积钨籽晶层和体材料

自问自答

问：等离子体可以产生自由基并提高 CVD 工艺的沉积速率，然而大部分的钨 CVD 工艺都是加热工艺过程，而不是 PECVD，为什么？

答：在等离子体中，WF_6将离化并产生氟自由基。通过离子轰击作用，氟自由基一直存在于等离子体中，氟自由基会在钨 CVD 期间刻蚀硅玻璃并产生很多缺陷。

每一次沉积后，CVD 反应室需要用氟化学试剂清洁。通常在等离子体工艺中利用 NF_3提供氟自由基，而氩离子用于进行轰击。离子轰击可以破坏钨原子的化学键并显著改善刻蚀效果。

$$6F + W \rightarrow WF_6$$

清洁过程完成后，钨的薄层将通过适应工艺过程沉积在反应室内减少粒子污染并消除第一晶圆效应。

钨 CVD 过程可以填充接触窗/金属层间接触窗孔，并且在晶圆表面涂敷一层钨。晶圆表面上的大量钨必须被移除，只留下接触窗/金属层间接触窗孔中的钨。留下来的钨作为栓塞连接各层之间的导线。工业界中广泛利用氟化学试剂钨回刻蚀工艺，一直到 20 世纪 90 年代后期钨化学机械研磨才被集成电路生产应用。

自问自答

问：通过图形化和刻蚀大量的钨薄膜，可以利用钨形成金属连线而减少很多标准金属化工艺所需的工艺流程。这些减少的工艺过程包括：钨 CMP、金属叠层（Ti/Al-Cu/TiN）PVD、金属图形化和金属刻蚀。那么为什么不用钨形成所有金属连线而节约工艺成本呢？

答：因为 CVD 钨的电阻率（8 ~ 11 $\mu\Omega \cdot cm$）比 PVD 铝铜合金的电阻率（2.9 ~3.3 $\mu\Omega \cdot cm$）高很多。钨可以形成局部连线，但对于长距离连线而言，高的电阻率将变得不能接受，因为高电阻会降低芯片的速度并增加损耗，这对于大多数 CMOS 逻辑芯片是不可接受的。然而，DRAM 芯片对价格非常敏感，许多 DRAM 芯片使用钨填充位线接触孔，然后图形化和刻蚀钨薄膜直接形成位线。DRAM 时钟频率并不是很高，因此钨可以作为位线使用，通过使用钨位线，设计者可以将位线放置在存储电容的下面，这样可以进行高温过程，如多晶硅和氮化硅 LPCVD。

图 11.23 显示了导电层在具有凹栅叠层电容 DRAM 中的分布。图 11.23 中的 WL 代表字线，SAC 代表自对准接触，BLC 代表位线接触，SNC 代表存储节点接触，SN 表示存储节点。从图中可以看出，WL 由多晶硅钨叠层形成。一般情况下，在多晶硅和钨之间沉积一层薄氮化钨（WN）。SAC 由多晶硅形成。阵列区和外围区中的 BLC 通过具有 Ti/TiN 遮蔽层/附着层的 W 形成。SNC 由多晶硅形成。通过 TiN/高 k/TiN 叠层形成 SN 电容。高 k 材料由两边是氧化硅的氧化铝薄膜组成。金属接触由 W 填充，并使用 Ti/TiN 作为遮蔽层/附着层。

一些 DRAM 制造商使用埋字线（bWL）技术制造先进的 DRAM 芯片。bWL 使用钨作为字线，钨/多晶硅叠层作为位线，而且也开始使用 W/TiN/Ti 形成 SNC 栓塞。

钨回刻蚀的优点在于可以和钨化学气相沉积放在同一台主机上利用临场方式操作。然而钨化学机械研磨有较好的工艺质量控制，并且可以显著改善芯片成品率。当化学机械研磨技术成熟并广泛应用后，钨化学机械研磨就快速取代了回刻蚀工艺。

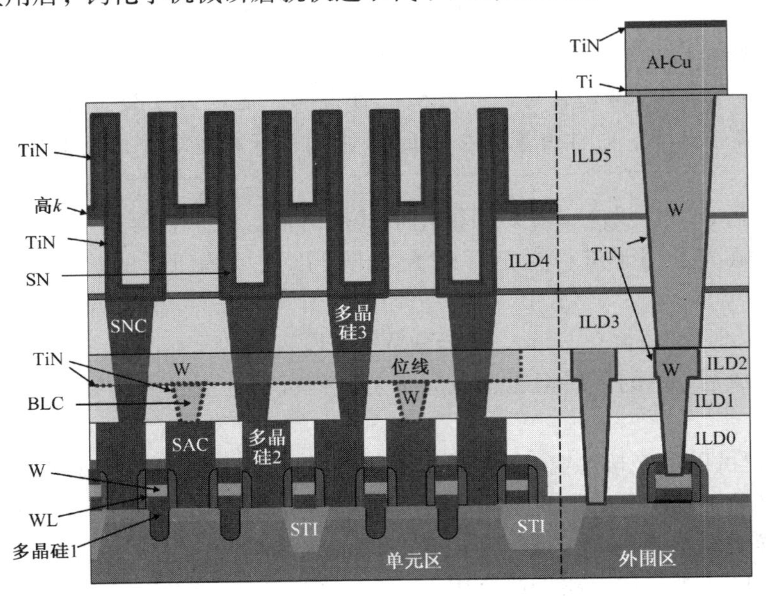

图 11.23 具有凹栅叠层电容 DRAM 的钨层结构示意图

11.4.3 硅化钨化学气相沉积

硅化钨沉积通常应用于栅和 DRAM 芯片的字线连接。SiH_4与 SiH_2Cl_2(DCS)都是硅的来源气体材料，而 WF_6是钨的源材料。SiH_4/WF_6化学试剂需要较低的温度(通常为 400℃)，然而 DCS/WF_6化学试剂需要 550 ~ 575℃的高温。

SiH_4/WF_6化学反应式可表示为

$$WF_6 + 2SiH_4 \rightarrow WSi_2 + 6HF + H_2$$

这个工艺与钨化学气相沉积工艺的成核过程类似，主要的不同在于 SiH_4/WF_6的流动速率比。当这个比例低于 3 时，化学反应将沉积出大量含硅的钨，而非硅化钨。为了确保硅化钨(WSi_x，其中 x 界于 2.2 与 2.6 之间)的沉积，SiH_4/WF_6的流量比必须大于 10。

DCS/WF_6的化学反应可以表示为

$$2WF_6 + 7SiH_2Cl_2 \rightarrow 2WSi_2 + 3SiF_4 + 14HCl$$

以 DCS/WF_6为基础的工艺需要较高的沉积温度。与 SiH_4/WF_6工艺过程相比，DCS/WF_6具有较高的硅化钨沉积速率和较佳的薄膜阶梯覆盖。在薄膜中也有低的氟浓度和较少的薄膜脱落，以及因张力较低导致的破裂问题。DCS/WF_6金属硅化物工艺过程正逐渐取代以硅烷为基础的工艺技术。

WSi_x优于 $TiSi_2$之处在于 WSi_x只需较少的工艺过程，并且容易与多晶硅沉积整合在同一个工艺工具中。然而比硅化钛的电阻率高，而且硅化钨只能在栅上形成金属硅化物，自对准金属硅化物工艺可以在栅和源/漏极上同时形成硅化钛。

11.4.4 钛 CVD

钛在 IC 芯片制造中有两个主要应用。氮化钛遮蔽层/附着层沉积之前，必须降低接触窗电阻，因为 TiN 与 Si 的直接接触将引起较高的接触电阻，所以钛被用于与硅发生反应生成硅化钛。对于遮蔽层的应用，一般选择 PVD 钛而不是 CVD 钛，因为 PVD 薄膜有较好的质量和较低的电阻率。

对于硅化钛工艺，CVD 具有一些优点。与 PVD 钛比较，CVD 钛有较好的阶梯覆盖，这一点很关键，因为钛在栅刻蚀之后沉积，此时晶圆表面未经平坦化处理。高温（约为 600℃）CVD 钛可以在钛沉积时同时与硅反应形成 $TiSi_2$。这个工艺过程可以表示为

$$TiCl_4 + 2H_2 \rightarrow Ti + 4HCl$$

$$Ti + 2Si \rightarrow TiSi_2$$

11.4.5　氮化钛 CVD

氮化钛（TiN）广泛作为钨栓塞的遮蔽层/附着层。CVD TiN 薄膜的质量没有 PVD TiN 薄膜好，因为它比 PVD TiN 具有更高的电阻率。然而 CVD TiN 薄膜却具有比 PVD TiN 薄膜（70% 比 15%）还要优越的侧壁阶梯覆盖。PVD Ti 和 TiN 薄层沉积后，75～200 Å 的 CVD TiN 薄层加在接触窗/金属层间接触窗孔作为钨栓塞遮蔽层和附着层。图 11.24 显示了 IC 制造中的 PVD 和 CVD 氮化钛层。

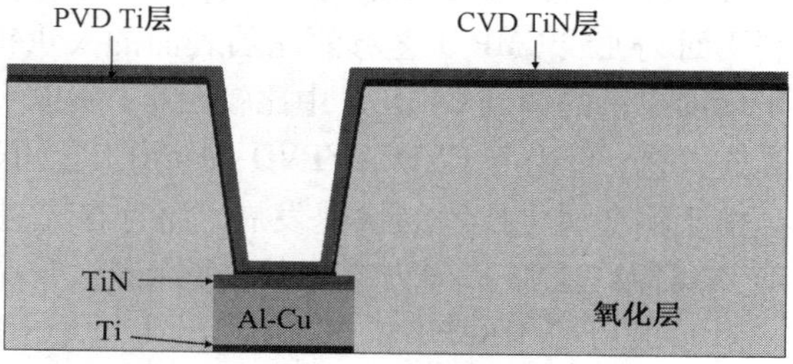

图 11.24　PVD 和 CVD 氮化钛沉积层示意图

TiN 可以利用如 $TiCl_4$ 及 NH_3 的无机化学试剂在 400～700℃温度下沉积：

$$6TiCl_4 + 8NH_3 \rightarrow 6TiN + 24HCl + N_2$$

沉积的温度越高，TiN 薄膜质量就越好，而且薄膜中的氯浓度也越低。对于 400℃的低温工艺，氯在薄膜中的浓度高达 5%，高温过程也至少有 0.5% 的氯在薄膜中。氯将引起铝的腐蚀进而影响 IC 芯片的可靠性。其中一种可能的副产品是氯化铵，氯化铵（NH_4Cl）是一种固体，将引起微粒污染。

金属有机 CVD（MOCVD）通常用于 TiN 沉积。金属有机化合物如四二甲胺基钛（Tetrakis Dimethylamido Titanium）（$Ti[N(CH_3)_2]_4$，TDMAT）与四个一二乙胺基钛（Tetrakis Diethylamido Titanium）（$Ti[N(C_2H_5)_2]_4$，TDEAT），可以作为氮化钛的源材料，低温时（低于 450℃）将分解，并且以很好的阶梯覆盖沉积 TiN。TDMAT 是常用的源材料，沉积温度大约为 350℃，而沉积压力大约为 300 mTorr。反应式可以表示为：

$$Ti[N(CH_3)_2]_4 \rightarrow TiN + \text{有机物}$$

沉积过程中，约 100 Å 的 CVDTiN 薄膜并不如高温沉积薄膜致密，而且具有较高的电阻率。薄膜也有较高的碳、氢浓度。结合 N 和 H 自由基化学反应的 N_2-H_2 等离子体后续处理和离子轰击，可以帮助移除薄膜中的 C 和 H，并且降低 C 和 H 的浓度，让薄膜更致密并降低薄膜的电阻率。大约 450℃的 N_2 环境下的 RTP 退火也可以增加薄膜的密度并降低电阻率。

TDMAT 是一种有毒的液体（误食可能会致命）。$TiCl_4$ 会造成皮肤、眼睛及黏膜严重发炎。直接暴露也会导致皮肤灼伤及黏膜明显充血，造成眼角膜受伤。氨气具有腐蚀性，而且具有一种强烈的、渗透性气味。直接与液态氨接触会引起皮肤与眼睛的严重化学灼伤。接触或吸入

低浓度(约 25 ppm)的氨蒸气会引起皮肤、眼睛、鼻子、喉咙以及肺部发炎。约 5000 ppm 的高浓度时，会引起严重的眼睛发炎、胸痛和肺积水。

11.4.6　铝 CVD

铝 CVD 工艺已经取代钨栓塞并且降低连线电阻。铝的有机化合物如二甲烷氢化铝($Al(CH_3)_2H$，DMAH)以及三异丁烯铝($Al(C_4H_7)_3$，TIBA)可以在相当低的温度沉积铝薄膜。铝的有机化合物可以在真空反应室加热过程中分解并沉积铝。DMAH 化学剂具有发展潜力。大约在 350℃时，DMAH 会分解并沉积铝膜，化学反应可以表示为：

$$Al(CH_3)_2H \rightarrow Al + \text{挥发性有机物}$$

DMAH 自燃(与空气接触会燃烧)、易爆，且通常具有高黏稠性，因此比较难处理。CVD 铝薄膜有很好的窗孔填充能力，而且与 CVD 钨薄膜比较，CVD 铝薄膜电阻率较低。然而钨薄膜需要利用回刻蚀或 CMP 工艺移除晶圆表面的大量钨沉积，CVD 铝薄膜并不需要从晶圆表面移除。由于增加少量的铜到 CVD Al 中比较困难，所以 CVD Al 顶层需要一层 PVD Al-Cu 层。对于 Al 金属互连工艺，理论上 CVD Al/PVD Al-Cu 工艺可以节省一道工序，进而提高产量并减小工艺成本。由于铜金属化技术的快速发展，而且在先进的 CMOS 逻辑 IC 中取代了铝铜互连，所以 Al CVD 不可能广泛用于 IC 工艺中的金属互连。

对于最后栅 HKMG 工艺，CVD Al 可以用于填充功函数调节层沉积后的栅沟槽，如图 11.8(b)所示。因为通过栅电极的电流比较小，所以不需要在栅沟槽 Al 薄膜填充工艺中增加少量的铜。

对于图 11.25 所示的配套工具，最后栅 HKMG 的整面 ALD/CVD 金属化工艺可以利用多反应室在线形成。配套的工艺过程为：晶圆装载、预清洗、HfO_2 ALD、TiN ALD、Ta ALD、TiAl ALD、TiN ALD、Al CVD、冷却和晶圆卸载。

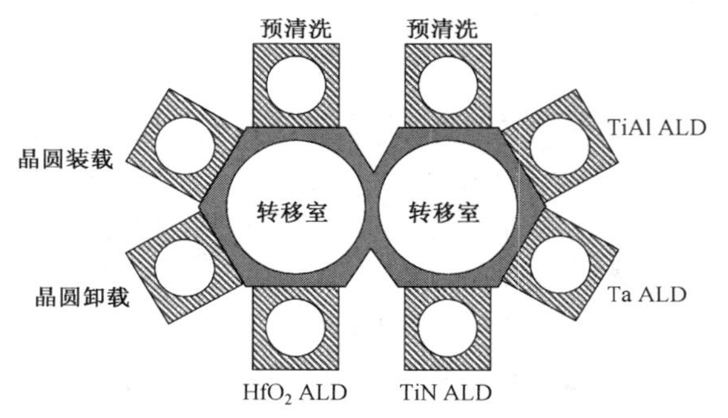

图 11.25　最后栅 HKMG 金属化配套工艺示意图

11.5　物理气相沉积

11.5.1　简介

物理气相沉积(PVD)通过加热或溅射过程将固态材料气态化，然后使蒸气在衬底表面凝结形成固态薄膜。物理气相沉积在半导体金属化工艺中扮演了非常重要的角色。

化学气相沉积工艺使用气体或气态源材料，然而物理气相沉积过程使用固态源材料。化学气相沉积根据衬底表面的化学反应，物理气相沉积则不然。化学气相沉积薄膜通常有较好的阶梯覆盖，而物理气相沉积薄膜普遍具有较好的质量、较低的杂质浓度和较低的电阻率。图 11.26 比较了化学气相沉积和物理气相沉积工艺。

对于集成电路工艺的金属化过程，物理气相沉积应用于沉积钛薄膜并形成金属硅化物、Ta 遮蔽层、TiN 附着层、Ta 和 TaN 遮蔽层、铜籽晶层、铝铜合金以及氮化钛抗反射层膜(ARC)。化学气相沉积通常用于沉积氮化钛层作为遮蔽/附着层和钨栓塞。

金属物理气相沉积工艺使用两种方法：蒸发和溅射。半导体制造中的物理气相沉积主要采用溅射技术，因为溅射可以沉积高纯度和低电阻率的金属薄膜，并且具有很好的均匀性和可靠性。

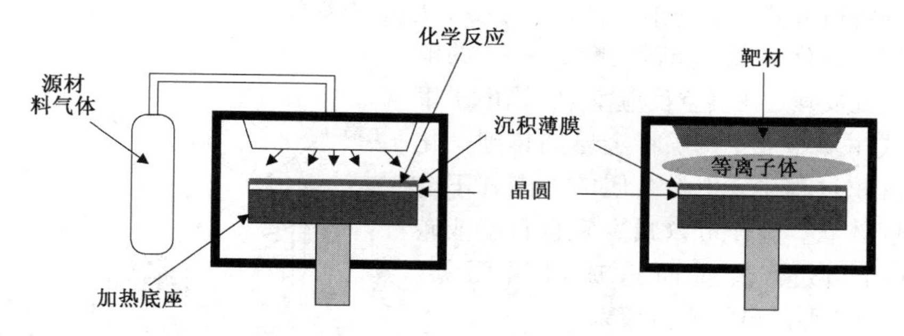

图 11.26　化学气相沉积和物理气相沉积工艺的比较

11.5.2　蒸发工艺

早期的 IC 工艺中，金属化过程中只采用铝，而加热蒸发法曾经广泛用于沉积铝。加热蒸发沉积铝薄膜具有高浓度可移动离子，这将影响晶体管和电路。电子束蒸发器的开发是为了沉积高纯度铝和铝合金。

热蒸发过程

铝的熔点(660℃)与沸点(2519℃)相当低，所以在低压下很容易将铝气态化。早期的 IC 工艺中，热蒸发机广泛用于沉积铝薄膜并形成栅和互连线。图 11.27 显示了热蒸发系统，这个系统需要大约 10^{-6} Torr 的高真空，以降低残余水汽与氧含量。水汽、氧气会与铝产生反应形成高电阻氧化铝，从而明显增加薄膜的薄片电阻。

流过钨灯丝的电流可以通过电阻加热方式($P = I^2R$)将铝加热。铝在真空反应室中熔化并最后汽化。当铝蒸气接触到晶圆表面时，将凝结在晶圆表面形成一个铝薄膜层。

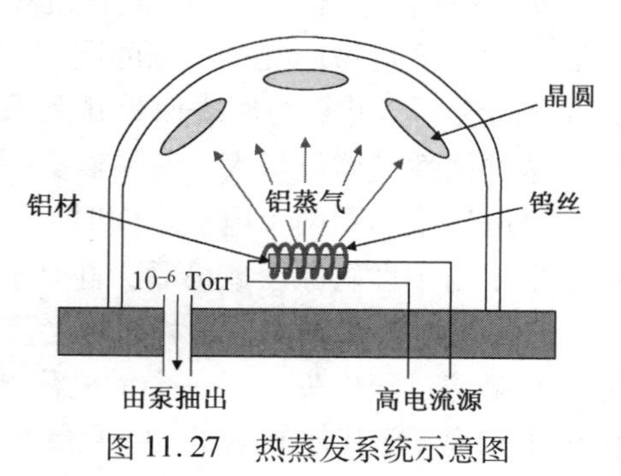

图 11.27　热蒸发系统示意图

在灯丝蒸发系统中，灯丝与晶圆之间有机械遮板。沉积开始时，灯丝被加热到金属熔点以上熔化所有的蒸发金属材料，此时遮板是关闭的。当温度稳定并通过热能将易挥发的杂质从铝材表面驱除后，电流将快速升温并汽化金属。当遮板打开时，金属蒸气就会蒸发到晶圆表面，在表面上凝结而沉积金属薄膜。

对于加热蒸发沉积过程，铝的沉积速率主要与加热电能有关，而电能受电流控制。强的电流会有较高的沉积速率。热蒸镀机的安全问题是电击问题。如果直接接触蒸镀机的高电流(10 A)，将引起致命电击。实际上只要 1 mA 的电流流过心脏就可能致命。

加热蒸发器沉积的铝薄膜含有微量的钠，微量的钠足以改变 MOS 晶体管的阈值电压，并影响集成电路器件的可靠性。这种铝薄膜的沉积速率很低且阶梯覆盖性差。精确控制合金薄膜的比例(如 Al-Si、Al-Cu 及 Al-Cu-Si)很困难，所以热蒸镀机在 VLSI 与 ULSI 芯片过程的金属化中已不再使用。不过仍被使用在晶圆背部的金涂敷工艺中。一些大学里的学术研究和教学实验仍采用加热蒸发系统，因为它是一种简单的工具，容易操作而且维护费用相当低。

电子束蒸镀过程

灯丝加热将造成薄膜内的钠污染，并有较差的阶梯覆盖，为了取代灯丝加热，发展了电子束加热技术用于汽化金属。能量约为 10 keV 的电子束电流高达几安培，在真空反应室中，当电子束入射到水冷式坩埚金属上时，将金属加热到汽化温度。蒸镀沉积过程中，靶材金属的外围并不会熔化而保持固体状，这样可以减少来自石墨或碳化硅坩埚内的微量杂质而造成薄膜污染。图 11.28说明了典型的电子束蒸镀系统。

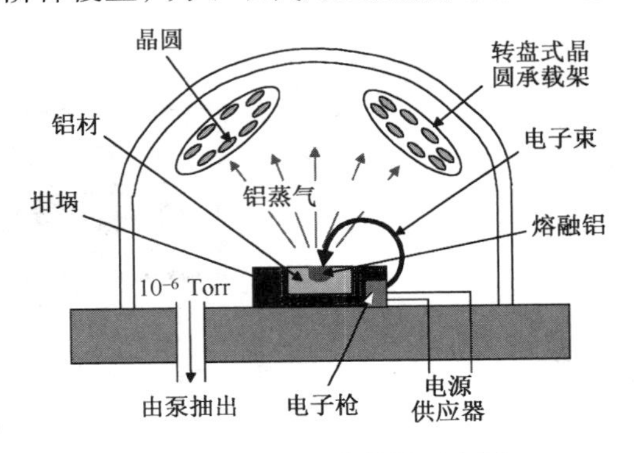

图 11.28 电子束蒸镀示意图

为了改进沉积的均匀性和阶梯覆盖，转盘式晶圆装载系统被采用。通过使用多重电子枪和坩埚，系统可以同时蒸镀不同金属并沉积金属合金，如Al-Si、Al-Cu 和 Al-Si-Cu 等。红外线灯管可以提高晶圆温度，这样可以增加所吸附的原子数、提高附着原子的表面迁移率、改善薄膜的阶梯覆盖、形成较大的晶粒并降低电阻率。

虽然电子束蒸镀过程与加热蒸镀可获得较好的结果，但却无法达到溅镀沉积金属化工艺的要求，所以在先进的半导体生产中很少使用电子束蒸镀机。高能量的电子撞击金属靶材产生的 X 光辐射也将造成器件损伤。然而落后的半导体生产仍在金属化工艺中使用这种工具，因为它的生产率高、设备成本低。

11.5.3 溅镀

集成电路金属化工艺中，溅镀沉积是最常使用的物理气相沉积过程。先进半导体生产中，溅镀沉积几乎是物理气相沉积的同义词。溅镀涉及的离子轰击是物理性从固态金属表面撞击出原子或分子，并在衬底表面重新沉积形成一层薄金属薄膜。氩气是溅镀工艺中常用的气体，因为这种惰性气体质量大，来源丰富(占空气成分的 1%)，所以成本较低。

将电压施加到两个电极之间时，自由电子将被电场加速，并持续不断地从电场获得能量。经过电子与中性氩原子碰撞后，氩原子的轨道电子会从电子核的束缚中脱离出来变成自由电子，这称为离子化碰撞。这种碰撞会产生一个自由电子和一个带正电的氩离子(因为中性的氩原子在碰撞过程中失去了一个负电荷电子)。自由电子会重复离化碰撞过程，以产生更多的自由电子和离子，其他的电子、离子会不断通过与栅和反应室壁的碰撞使电子离子再结合而损失掉，当产生速率等于损耗速率时，达到稳定状态并产生稳定的等离子体。

当负电子被加速到阳极的正偏压电极时，正电荷的氩离子同时被加速到负偏压的阴极板，阴极板通常称为靶材。靶材的金属与 IC 生产过程中沉积在晶圆表面的金属相同。当这些带能量的氩离子撞击靶材表面时，靶材的原子会通过离子的动量转移而物理性地从表面弹出，并以金属蒸气的形式引入真空反应室。图 11.29 说明了溅镀过程。

当原子或分子离开靶材表面后，会以金属蒸气方式在真空反应室内流动。最后有些金属蒸气会到达晶圆表面并吸附在表面上形成附着原子。附着原子在晶圆表面迁移直到遇到成核点或可以黏附的位置。其他的附着原子会再凝聚于成核点附近形成单晶结构晶粒。当晶粒与其他晶粒相遇时，就会在晶圆表面形成连续性的多晶态金属薄膜。晶粒之间的边缘称为晶粒边界，它将散射电子流引起高电阻率。晶粒尺寸主要取决于表面迁移率，而表面迁移率和很多因素有关，如晶圆温度、衬底表面状态、基线压力(污染程度)，以及最后的退火温度。一般情况下，高温将引起高的表面迁移率与较大的晶粒，晶粒尺寸对薄膜的反射系数和薄片电阻有很大影响。大晶粒尺寸的金属薄膜具有较少的晶粒边界，不易散射电子流，所以电阻率低。

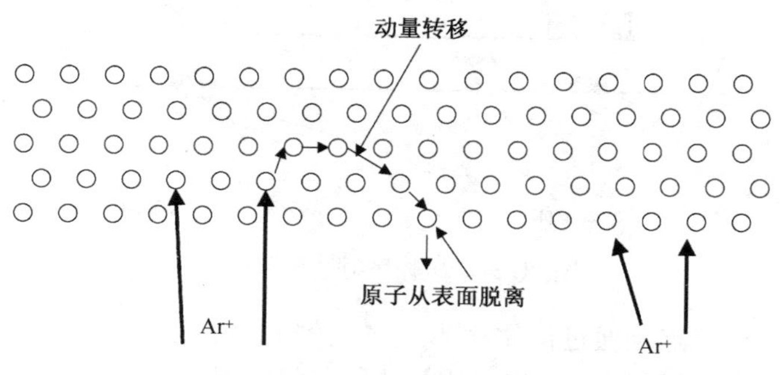

图11.29 溅镀工艺示意图

自问自答

问：高的晶圆温度可以增加晶粒的尺寸并提高电阻率、电迁移抵抗力以及薄膜的阶梯覆盖。但是为什么半导体工艺线上的PVD工艺不使用高的晶圆温度呢？

答：具有较大晶粒尺寸的金属薄膜很难刻蚀出平滑的侧壁，所以一般情况是在较低的温度沉积出较小晶粒尺寸的金属薄膜，然后在金属刻蚀和去光刻胶工艺后，利用较高温度进行金属退火。退火工艺将形成较大的晶粒尺寸并降低电阻率。对于铝铜互连工艺，第一次铝铜合金薄膜沉积之后，工艺温度通常限制在400℃左右。

最简单的溅镀系统是直流二极管(DC Diode)溅镀系统(见图11.30)。在这个系统中，晶圆被放在接地电极上，而靶材是负偏压电极，即阴极。低压环境下，将数百伏的高直流电压施加在系统上，氩原子被电场离子化后加速并轰击靶材，这样便可以将靶材从表面轰击出来。

其他溅镀系统的基本类型包括直流三极式(DC Triode)、射频二极管式(RF Diode)、直流磁控式(DC Magnetron)、射频三极式(RF Triode)和射频磁控式(RF Magnetron)。直流磁控式溅镀是PVD金属化工艺中最常使用的方法，因为这种方法可以获得较高的沉积速率、良好的薄膜均匀性、优异的阶梯覆盖、高质量薄膜和简单的工艺过程控制。高的沉积速率适合单晶圆式溅镀沉积工艺，与带有轨道式晶圆载具的批量系统比较，单晶圆系统具有很多优点，如较好的晶圆对晶圆均匀性、较高的系统可靠性及较低的粒子污染等。

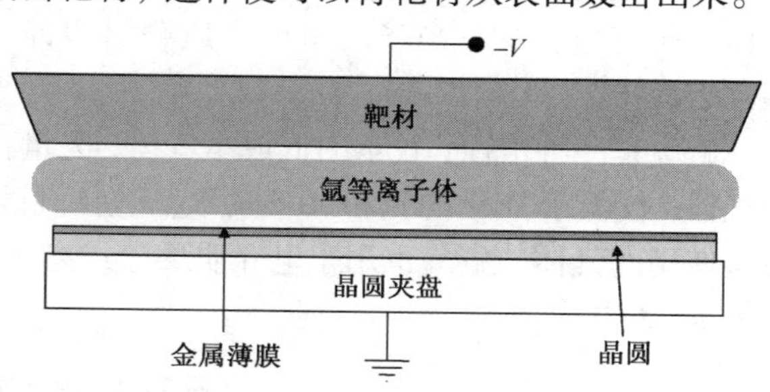

图11.30 直流二极管溅镀系统示意图

在磁场中，磁场使带电粒子螺旋式运动。因为电子重量小，所以有非常小的螺旋转动半径(回旋半径)，被束缚在磁力线附近。电子在磁场附近回旋，所以将行进更长的距离，这使电子有更多机会进行离子化碰撞。所以，磁场尤其在低压时有助于增加等离子体密度。对于直流磁控式溅镀系统，金属靶材的顶部放置旋转磁铁，这个磁场将产生高密度等离子体，因为磁铁附近的磁场较强，所以在磁铁附近形成更多的离子轰击。通过调整磁铁位置，沉积薄膜的均匀性可以达到最佳，多次溅镀工艺后，靶材上会产生腐蚀沟槽(见图 11.31)。

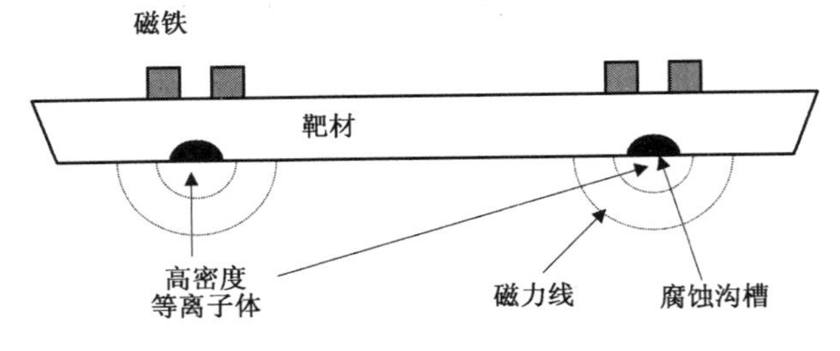

图 11.31 磁控溅射系统示意图

溅镀工艺的另一个优点是通过使用适当金属比例的合金靶材，比较容易地沉积金属合金薄膜。在反应式溅镀工艺过程中，可以使用氧或氮与氩的混合气体沉积金属氧化物或氮化物，如氮化钛和氮化钽。

通常在 PVD 反应室内安装护罩或衬垫，保护反应室内壁和其他零件免受金属薄膜沉积的影响(见图 11.32)，当晶圆放置在浮动夹盘上时，护罩或衬垫可以作为直流放电系统的阳极。当沉积完成后，一般的维护工作会将布满沉积金属的护罩替换成干净护罩，脏的护罩被送去清洁并准备重新使用。

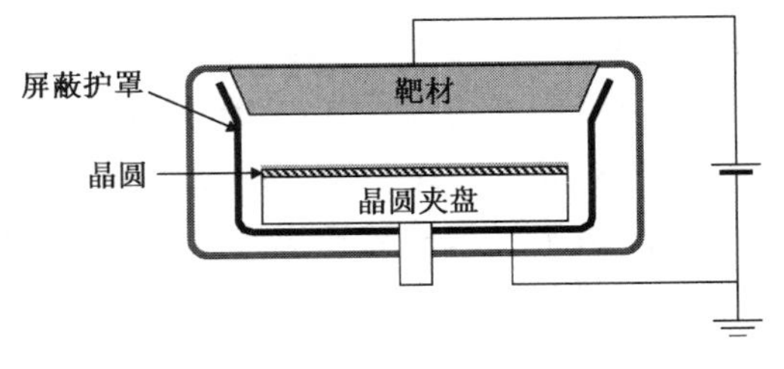

图 11.32 具有屏蔽护罩的溅射工艺系统示意图

附加射频功率供应装置时，溅镀系统可以通过溅射非导电性靶材沉积电介质薄膜。射频可以施加到绝缘靶材的背面并电容性地与等离子体耦合。因为在射频等离子体中，电子比离子更容易移动，因此绝缘靶材的表面会积累净的负电荷，直流电压会增加到几千伏。负电荷将排斥电子而吸引正离子，从而使等离子体中带正电荷的氩离子轰击电介质靶材表面，并将电介质分子溅射离开靶材重新凝聚在晶圆表面上。

氩气是一种惰性、较重的低成本气体，大量存在于大气中(约为 1%)，是空气中含量第三的气体，仅低于 78% 的氮和 20% 的氧。包括溅镀沉积和溅射刻蚀在内的溅镀工艺中，氩气是最常使用的气体。氩气也用于电介质反应式离子刻蚀和非晶离子注入。有关氩元素的参数列于表 11.8 中。

表 11.8 氩元素相关参数

名　称	氩	名　称	氩
原子符号	Ar	音速	319 m/s
原子序数	18	折射率	1.000 281
原子量	39.948	电阻系数	N/A
发现者	Sir William Ramsay, Lord Rayleigh	熔点	-189.2℃
发现地	苏格兰	沸点	-185.7℃
发现时间	1894 年	热导系数	0.017 72 W/($m^{-1}\cdot K^{-1}$)
名称来源	源于希腊字母“argos”，代表“钝的”	主要应用	PVD，溅射刻蚀，介质刻蚀，离子注入
摩尔体积	22.56 cm^3		

资料来源：http://www.webelements.com/webelements/elements/text/key/Ar.html

11.5.4　金属化工艺过程

在先进晶圆生产的工艺整合过程中，金属化过程通常在带有多重反应室的配套系统中进行。图 11.33 显示了先进金属化工艺中常用的配套系统。

金属 PVD 反应室需要达到高的真空状态将污染降到最低，尤其是进行铝沉积时，必须达到超高真空（UHV，低于 10^{-9} Torr）以减少污染并改善导电率。结合使用干式泵、涡轮泵和冷凝泵设备，可以达到 PVD 系统所要求的真空水平。

图 11.33　金属化整合工艺使用的配套反应室

因为当金属靶材暴露于空气中时，会生长一层薄的原生氧化层，在对新靶材进行产品晶圆处理之前或打开反应室进行维护之后，通常需要经过老化测试过程使靶材处于良好状态。通过氩离子溅射靶材可以移除靶材的原生氧化层与靶材制造过程所产生的缺陷。老化测试期间需要使用数个挡片晶圆保护晶圆夹盘。

铝铜金属化 PVD 连线过程包括：除气、预沉积溅射清洗、遮蔽层沉积、铝合金层沉积和抗反射层镀膜沉积。对于铜金属化工艺，PVD 用于沉积 Ta 遮蔽层和铜籽晶层。对于接触窗及金属层间接触窗孔工艺过程，通常采用 PVD 和 CVD 的组合。这个工艺过程从除气和预沉积溅射清洗过程开始，然后进行 PVD Ti/TiN 遮蔽层/附着层，以及 CVD 沉积 TiN，最后进行钨 CVD 过程填充窗孔。

除气工艺

开始 PVD 工艺之前，必须将晶圆加热到足够高的温度驱除吸附在晶圆表面的气体与湿气，否则沉积过程所吸附的气体与湿气会逐渐逸出，并引起严重污染进而导致沉积的金属薄膜具有高电阻率。

预清洗工艺

金属沉积前需要用预清洗移除金属表面上的原生氧化层以降低接触窗电阻。移除原生氧化层很重要，因为氧化铝和氧化钨的金属氧化物有非常高的电阻率。如果没有预清洗移除原生氧化层，接触窗电阻会很高，这将影响 IC 芯片的性能和可靠性。

氩溅射是射频刻蚀过程的标准工艺。在氩等离子体中，氩离子受射频加速后轰击晶圆表面并将超薄的原生氧化层从金属表面轰离。这个过程会使金属暴露在高真空下，同时使晶圆进行金属沉积。预清洗过程也可以将接触窗/金属层间接触窗孔底部和侧壁的聚合残余物移除。硅玻璃刻蚀中使用氟碳化合物的刻蚀气体，氟化碳聚合残余物是常见的副产品。预清洗过程中的离子轰击通常从接触窗/金属层间接触窗孔上层的角落剥除一部分氧化物，以便在金属沉积前将洞口倾斜以扩大改善阶梯覆盖和栓塞填充，图 11.34说明了使用氩溅射移除原生氧化层的预清洗过程。

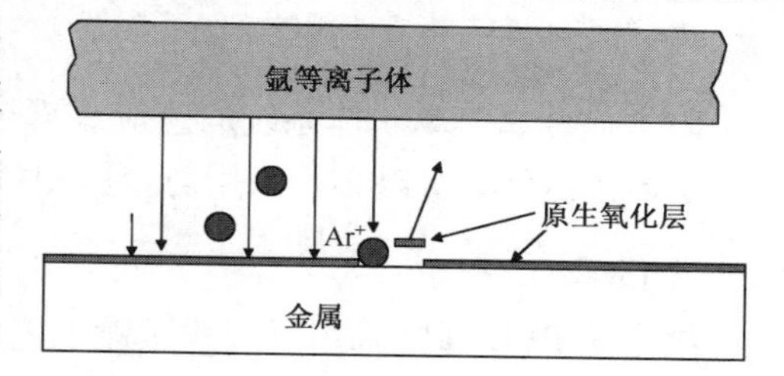

图 11.34　氩溅射清洗工艺示意图

电容耦合型等离子体源与感应式耦合等离子体源(ICP)都被预清洗过程采用。ICP等离子体源的优点是在较低压力下进行、有较高的等离子体密度并能独立控制离子能量及离子束流。

钛PVD工艺

钨CVD及铝合金PVD工艺前，一般需要沉积一层钛薄膜以降低接触电阻，因为钛能够俘获氧，并且防止氧与钨或铝产生化学反应生成高阻氧化钨或氧化铝。对于钛沉积过程，需要较低电阻率的大尺寸晶粒。因此晶圆在沉积期间通常会加热到大约350℃以增强钛附着原子的表面迁移率，这样能改善阶梯覆盖。

对于互连线金属应用，标准磁控反应室进行的钛PVD可达到工艺要求。然而对于亚微米接触窗/金属层间接触窗孔应用，整个晶圆上的钛薄膜需要良好的底层阶梯覆盖以降低接触电阻。因为从晶圆中心到边缘会引起不平坦的阶梯覆盖，所以标准的磁控系统不再能满足这种要求，因此准直装置和金属离子化技术已经在接触窗/金属层间接触窗孔的Ti/TiN溅镀工艺中开发出来。

准直式系统使金属原子或分子以垂直方向移动，从而可以填充到深且狭窄的接触窗/金属层间的接触窗孔底部。因为准直装置将阻挡过多的金属原子和分子接触晶圆表面，沉积速率减缓，但却能改善整片晶圆的底层阶梯覆盖。为了弥补沉积速率的减缓，在电极上使用较高的直流电加强溅射效果。工艺过程中，中心位置的准直装置窗孔通常比边缘窗孔获得更多的沉积，而且也比边缘附近的窗孔阻塞得快。所以工艺开始时，磁控系统就被设计成中心较厚的沉积轮廓。准直式溅镀系统如图11.35所示。

通过感应式耦合，耦合线圈中的射频电流可以离子化金属原子。带正电的金属离子会以几乎垂直的方向与带负电荷的晶圆表面产生碰撞，进而改善底层的阶梯覆盖并降低接触电阻。铜金属化过程中，也可以利用离子化金属等离子体系统沉积钽或氮化钽遮蔽层，而且可以使铜籽晶层进入高深宽比的沟槽和金属层间接触窗孔内。离子化金属等离子体系统如图11.36所示。

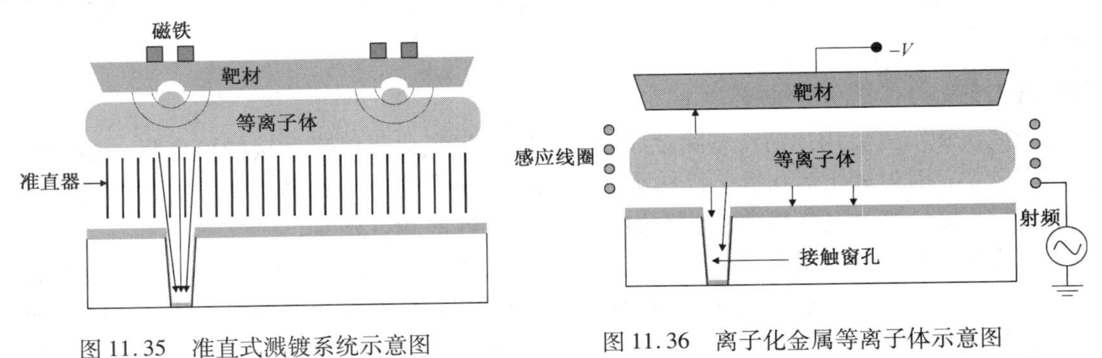

图11.35　准直式溅镀系统示意图　　　　图11.36　离子化金属等离子体示意图

离子化金属等离子体系统的感应式耦合线圈位于真空反应室的内部，而且因为线圈也将受离子轰击溅镀，所以必须采用与金属靶材相同的材料制成。

氮化钛PVD工艺

氮化钛PVD通常采用反应式溅镀工艺。当氮气与氩气注入反应室时，氮分子会受等离子体内电子撞击而分解。已经分解的氮自由基有3个不成对电子，因而具有强的化学活性。氮自由基可以与溅射出的Ti原子反应生成TiN并沉积在晶圆表面。氮自由基与钛靶材也可以产生反应从而在靶材表面生成 TiN 薄层。氩离子轰击靶材表面溅射出氮化钛后能重新将其沉积在晶圆表面。

氮化钛有三种应用，这些都需要不同的沉积工艺。用来作为钨遮蔽层及附着层的 TiN 需要有低的电阻率和良好的阶梯覆盖，特别是良好的底层阶梯覆盖，这时所用的溅镀工具为准直系统或离子化金属等离子体系统。对于 Al-Cu 层下的 TiN 层，主要要求低的电阻率，磁控系统可满足这个要求。对于抗反射层镀膜（ARC）应用，低反射系数是关键，所以 TiN 层通常沉积在磁控反应室中。氮化钛的 3 种应用如图 11.37 所示。

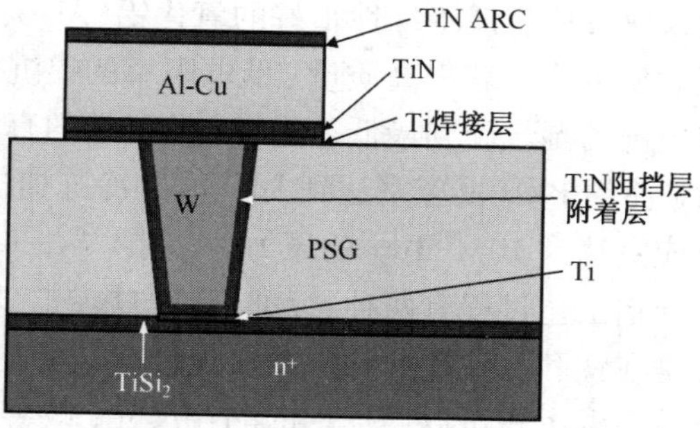

图 11.37　TiN 的三种应用

TiN 也可以形成 HKMG 工艺的金属栅电极。对于先栅法 HKMG，使用 PVD TiN。但是对于后栅法 HKMG，使用 PVD TiN 并不太好，因为 PVD 氮化物并不能很好地沉积薄膜以填充窄栅沟槽。CVD TiN 或 ALD TiN 可用于后栅法 HKMG。

氮化钛可以利用钛在相同的 PVD 反应室中临场沉积。首先用氩气从靶材溅射出钛并沉积在晶圆表面，然后氩与氮气注入反应室进行反应式溅镀沉积氮化钛。对于整合的 Ti 和 TiN 临场沉积过程，当产品晶圆沉积后，靶材需要进行清洗。使用氩气将氮化钛层从靶材表面溅射移除准备进行下一个钛沉积过程。清洗中需要用钛膜挡片晶圆保护晶圆夹盘，使其不被薄膜沉积覆盖。硅的挡片晶圆不如钛膜挡片晶圆，因为钛和氮化钛都能很好地黏附在钛膜晶圆上，因此可以减少由于薄膜破裂和从挡片晶圆表面剥落产生粒子污染。

对于 TiN 沉积的 PVD 反应室，需要进行周期性的钛沉积涂敷，防止 TiN 层从反应室腔壁剥落而产生粒子污染。

半导体生产中，氮气是最常使用的气体，它可以形成氮化物，如氮化硅和氮化钛。氮是地球上含量最丰富的气体（78%）。因为氮分子非常稳定，所以通常被用于吹除净化气体，并可以成为低温（低于 700℃）工艺过程的惰性气体。氮也可以用在制造工具的充气系统中。有关氮元素的参数列于表 11.9 中。

表 11.9　氮元素相关参数

名　称	氮	名　称	氮
原子符号	N	音速	333.6 m/s
原子序数	7	折射率	1.000 298
原子量	14.007	电阻系数	无资料
发现者	Daniel Rutherford	熔点	−209.95℃
发现地	苏格兰	沸点	−195.64℃
发现时间	1772 年	热导系数	0.025 83 $W/(m^{-1} \cdot K^{-1})$
名称来源	源于希腊字母“nitron genes”，代表“nitre”和“forming”	IC 工业中的主要应用	几乎所有的工艺都用氮作为净化气体，作为 CVD 源材料气体和载气，PVD 反应气体
摩尔体积	13.54 cm^3		

资料来源：http://www.webelements.com/

铝铜 PVD 工艺

铝合金沉积需要超高真空以获得低的薄膜电阻。当反应室的真空泵开始运作时，空气会从真空反应室中抽出。反应室内的气体残余物如 N_2 和 O_2 主要来自于大气。当反应室的压力减小到毫托范围时，大部分气体残余物将不再来自空气，而是来自反应室壁的吸附气体。湿气是这些气体残余物的一种，也最难消除。如果湿气在铝溅射沉积过程中存在，铝原子将会与 H_2O 残余物反应生成绝缘性很好的氧化铝(Al_2O_3)。微量的氧与铝合金薄膜结合将显著增加薄膜电阻。所以为了获得高质量、低电阻率的铝沉积薄膜，反应室需要达到非常高的真空状态将反应室内部的湿气降到最低。通常，阶段性的真空将使用配套泵组合，包括干式泵、涡轮泵、冷凝泵，使铝 PVD 反应室达到 UHV。在冷冻捕捉器中，利用冷凝气体残余物，冷凝泵可以使 PVD 反应室达到 10^{-10} Torr 的压力。

铝工艺过程有两种:标准工艺与热铝工艺。标准工艺是将铝合金沉积覆盖在钨栓塞上，通常是在钛和氮化钛的湿层之后进行。这种工艺要求沉积薄膜的均匀性和靶材在试用期内一致。虽然高温沉积可以增加铝的晶粒尺寸，改善电迁移抵抗力(EMR)，降低薄膜电阻率，但标准铝工艺通常大约在200℃操作，并沉积晶粒尺寸较小的金属薄膜，这样比较容易获得良好的连线图形化刻蚀。尺寸较大的晶粒具有较高的电迁移抵抗力与较低的电阻率，可以在去光刻胶后的金属退火过程中完成。

有些集成电路的生产尝试用铝栓塞取代钨栓塞填充接触窗和金属层间的接触窗孔。热铝工艺就是为这个应用开发的，热铝可以填充接触窗和金属层间的接触窗孔，这样可以减少传导层之间的电阻，因为 PVD 铝(2.9 ~ 3.3 μΩ · cm)比 CVD 钨(8 ~ 11 μΩ · cm)有更好的导电性。热铝通常包含几个工艺过程，首先，沉积钛或钛与氮化钛以降低接触窗电阻，对于硅接触窗，这种沉积是为了防止出现结尖凸现象。低温时(低于 200℃)沉积一层薄的铝薄膜作为铝沉积籽晶层。然后，较厚的铝层会在 450 ~ 500℃高温下沉积。热铝能够扩散进入接触窗/金属层间接触窗孔，这是由于铝附着原子的表面迁移率很高。热铝可以形成无空洞的窗孔填充，由于热流动的原因，也可以同时保持铝表面的高度平坦化，铝栓塞也可以用来形成导体层之间的连线。

高压铝再回流工艺用来填充微小的接触窗/金属层间接触窗孔。另一项铝金属化研究是铝 CVD 和铝 PVD 工艺的结合。

11.6 铜金属化工艺

铜比铝合金的电阻率低。因为铜原子比铝原子重，所以电迁移抵抗力较强。在 IC 芯片中，铜一直是金属连线材料中最具吸引力的金属材料。使用铜取代铝合金可以显著降低互连线电阻，因为铜的电阻为 1.8 ~ 1.9 μΩ · cm，而铝-铜合金的电阻则为 2.9 ~ 3.3 μΩ · cm。铜有较高的电迁移抵抗力，所以铜连线允许较高的电流密度，这两个特性可以提高 IC 芯片的速度。然而，铜在硅玻璃和硅中的扩散速率很高，元器件可能会因为硅衬底的铜污染而降低可靠性，因此阻碍了铜在 20 世纪 60 ~ 70 年代的应用。20 世纪 80 年代之后，等离子体刻蚀取代了湿法刻蚀成为图形化的刻蚀技术，由于没有易挥发性的无机铜化合物产生，所以造成铜在 IC 金属互连线应用上更加困难。

20 世纪 90 年代，CMP 技术的发展为铜连线的应用开辟了一条道路，因为在使用双重金属镶嵌工艺时并不需要金属刻蚀过程。双重金属镶嵌铜连线技术有几方面的挑战。首先，高深宽比的金属层间接触窗孔需要沉积一层铜阻挡层以防止铜扩散。这个遮蔽层需要良好的侧壁和底层阶梯覆盖、优良的电介质附着和低的接触电阻。另一个挑战是高质量的铜薄膜沉积、低电阻率及无空洞高深宽比沟槽和金属层间接触窗孔填充。最后的挑战是无缺陷的铜研磨和后 CMP 清洗技术。铜连线工艺的程序如图 11.38 所示。

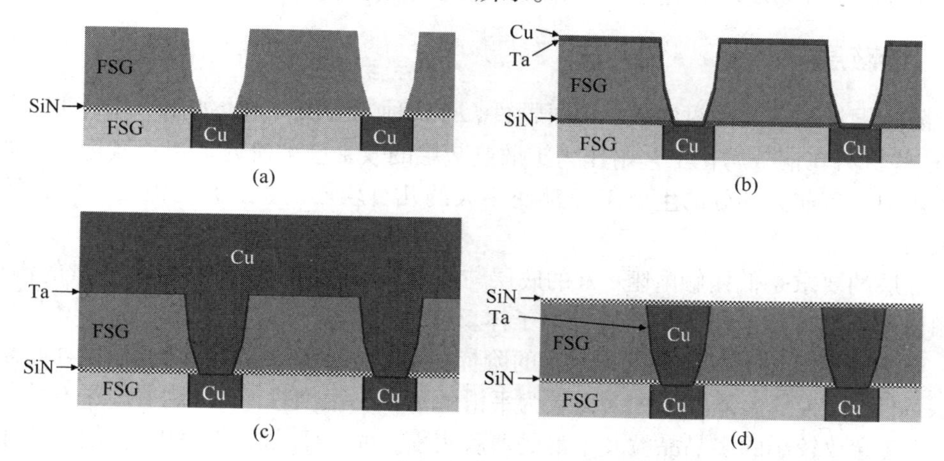

图 11.38 双镶嵌铜互连工艺示意图。(a) 预沉积，清洗；(b) PVD Ta 遮蔽层，铜籽晶层；(c) ECD或CVD铜，铜热退火；(d) Cu和Ta CMP，密封氧化物CVD

11.6.1 预清洗

所有的金属化都需要预清洗过程移除很薄的原生氧化层和可能的聚合物，这些聚合物是在电介质刻蚀过程中沉积在金属层接触窗孔底部金属上的残余物。这是一个很重要的工艺过程，因为不完全的清洗将形成高接触窗电阻，高电阻由金属层之间的原生氧化层或金属层间接触窗孔中的空洞引起。

如同其他的金属化工艺过程，氩溅射刻蚀通常用于预沉积的清洗过程，通过物理性的离子轰击移除原生氧化层和其他金属表面上的残余物。射频(通常是感应式耦合型)用来产生氩等离子体，另一种为电容耦合型，称为偏压射频。射频源主要控制离子束，而偏压射频则控制离子的轰击能量。溅射清洗后，金属层间接触窗孔底层的金属表面将暴露出来，然后晶圆被转移到 PVD 反应室的超高真空环境下以避免金属表面再被氧化。因为遮蔽层和籽晶层沉积都需要低的晶圆温度，所以静电夹盘系统是溅射刻蚀反应室所必需的，因为在溅射刻蚀期间，它可以有效冷却晶圆。在 PVD 工艺所要求的超高真空环境中，进行有效的热量转换很困难。

铜金属化工艺之前，氩溅射预清洗用于去除遮蔽层和籽晶层沉积前的氧化铜。随着图形化尺寸的缩小，低 k 和多孔低 k 电介质用于和铜形成互连。工艺师开始担心氩溅射预清洗的污染问题。因为可能有部分的铜会从金属层接触窗孔的底部溅射到侧壁上引起铜污染，从而可能会引起铜互连的断路。铜在硅玻璃中的扩散速率非常高，因此也将扩散到硅衬底中引起 IC 芯片可靠性问题，重金属污染会使元器件产生故障，所以就发展了反应式预清洗技术。利用氢与氦的等离子体，能够在低压时产生氢自由基，氢自由基可以扩散进入金属层间接触窗孔与氧化铜反应，并取代铜原子与氧形成化学键。这个过程会形成水汽，不过会被加热的晶圆表面去除，并且可以有效地在金属层接触窗孔的底层将铜表面的原生氧化层移除。铜的预清洗过程中，氢还原化学反应可以表达为：

$$4H + CuO_2 \rightarrow Cu + 2H_2O$$

反应式预清洗虽然具有一些优点，但它也会将易燃易爆的氢引入系统。在这个过程中晶圆会被加热，所以晶圆在预清洗工艺后需要额外的时间冷却，这将会影响产量。铜金属化工艺中，工程师可能会继续使用具有量产保证的溅射刻蚀作为预清洗过程。

11.6.2 遮蔽层

为了防止铜扩散进入硅衬底损坏电子器件，有几种遮蔽层材料，如 Ti、TiN、Ta、TaN、W、WN 等，这些材料在铜金属化工艺中作为扩散遮蔽层的效果已被研究。钽和氮化钽都被用在铜金属化工艺中。目前大部分的生产工厂都使用大约几百埃厚的钽、氮化钽层或两者的组合作为铜遮蔽层。

钽遮蔽层的要求是低接触电阻、好的底层与侧壁阶梯覆盖，以及具有高质量的沟槽/金属层间接触窗孔侧壁薄膜。离子化金属等离子体反应室可以获得良好的底层阶梯覆盖并降低接触电阻。虽然高温沉积可以改善沉积薄膜的阶梯覆盖、质量和导电率，然而低温才是阻挡层需要的沉积条件，因为低温能够沉积表面较为平滑的薄膜。温度较低时，附着原子有较低的表面迁移率，这会导致较小的多晶晶粒及平滑的薄膜表面，对铜籽晶层的沉积很重要。为了有效消除晶圆表面在沉积期间因离子轰击产生的热量，阻挡层沉积反应室需要使用静电夹盘系统。在铜籽晶及大量层沉积之后，金属薄膜的导电率可以经过加热退火工艺改善。

11.6.3 铜籽晶层

采用化学电镀法(ECP)或 CVD 沉积大量铜之前，需要利用铜的溅镀沉积工艺沉积一层厚度为 500 ~ 2000 Å 的薄籽晶层，提供成核点以形成大量铜的晶粒和薄膜。如果没有这个传导表面，铜原子移动到表面时将不会很好地黏附在晶圆上。如果这个籽晶层不存在，那么或是沉积的均匀性很差或是根本不会有沉积产生。

离子化金属等离子体系统常应用于沉积籽晶层，因为它有较好的底层阶梯覆盖。为了获得平滑的薄膜表面，沉积过程在低温下进行，这对化学电镀法(ECP)的大量铜沉积很重要。在 ECP 大量铜沉积过程中，如果沟槽和金属层间接触窗孔侧壁的籽晶层表面很粗糙，将引起空洞。如同沉积阻挡层一样，在生长铜籽晶的 PVD 反应室中也需要静电夹盘系统。

因为铜的离化能较低，铜蒸气很容易被离化。氩等离子体轰击开始后，氩气流就可以关掉而形成几乎只有铜蒸气的等离子体。低压时，铜离子的平均自由路径比金属层间接触窗孔的深度(只有几千埃)长很多，因此铜离子可以被送入金属层间接触窗孔和沟槽内以获得良好的底层覆盖和平滑薄膜表面。当图形尺寸继续缩小时，由于阶梯覆盖变得较差，金属层间接触窗孔将变得很小而使 PVD 铜不能达到籽晶层的要求，此时 CVD 或 ALD 铜工艺可能被应用。这部分内容将在本章后面讨论。

11.6.4 铜化学电镀法

化学电镀法(ECP)是一种仍然在金属电镀工艺中使用的老技术，被用在很多领域，包括五金、玻璃、汽车及电子业，也广泛用于将铜电镀在纤维塑料板的两侧来制造电路板。20 世纪 90 年代之前，化学电镀在 IC 连线工艺中得以发展并作为铜沉积，而且已成为 2000 年早期选用的工艺。化学电镀的优点之一是低温过程，所以电镀铜与低介电常数材料可以兼容在未来的连线工艺中。化学电镀法的其他名称有电化学沉积(ECD)和电镀沉积(EPD)。

铜电镀过程为：将晶圆放在塑料制的晶圆夹具上。阴极通过导电环夹住晶圆后将其浸入含有硫酸(H_2SO_4)、硫酸铜($Cu(SO_4)$)和其他添加物的电镀溶液中。电流将从铜制的阳极流到阴极。在溶液中，$Cu(SO_4)$分解成铜离子(Cu^{2+})及硫酸盐离子(SO_4^{2-})。溶液中的铜离子随所加电场流向晶圆表面形成电流。当铜离子到达晶圆表面时，将吸附在晶圆表面而成核，并在晶圆表面的铜籽晶层上沉积铜薄膜。同时在阳极表面的铜原子将被离子化而离开电极板表面，并分解于电化学电镀溶液中。图 11.39 说明了铜的 ECP 过程。

ECP 工艺过程中，硫酸铜溶液将注入高深宽比的沟槽和金属层间接触窗孔中，这是由于液体与固体接口的表面张力之故。溶液中的硫酸会溶解铜籽晶层表面的原生氧化层而暴露出底层的铜，这与 PVD 前的溅射刻蚀类似。

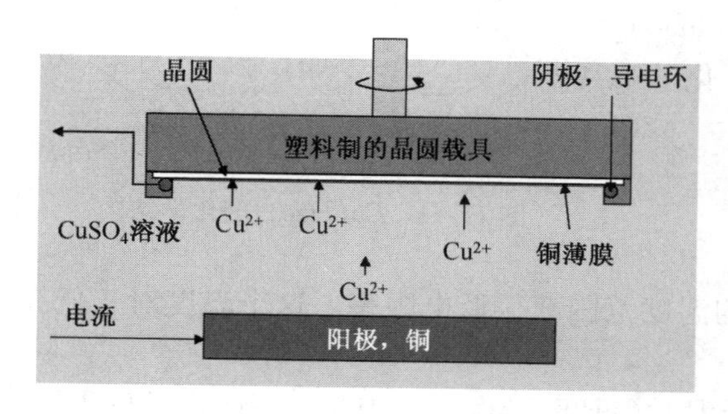

图 11.39　铜 ECP 工艺过程示意图

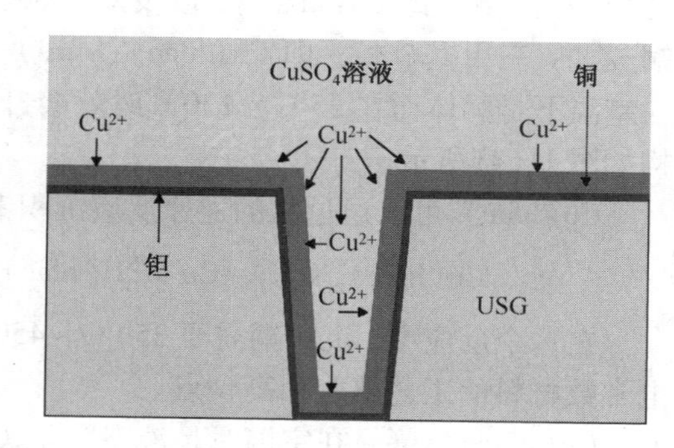

图 11.40　电镀法金属层接触窗孔填充

施加的电流将驱使铜离子往侧壁和金属层间接触窗孔底层移动。通过铜籽晶层，ECP 将在侧壁和金属层间接触窗孔底层沉积均匀的薄膜。在沟槽和金属层间接触窗孔内部，硫酸盐溶液中消耗的铜离子会不断通过铜离子扩散重新补充。因此均匀生长的铜薄膜最后会填充沟槽和金属层间接触窗孔而不产生任何空洞(见图 11.40)。

一般情况下，增加两个电极之间的驱动电流可以增加铜的沉积速率。然而，沟槽和金属层间接触窗孔内部的高沉积速率，将很快消耗掉所有铜离子。当沟槽和金属层间接触窗孔外部的铜离子因为浓度梯度而扩散进入沟槽和金属层间接触窗孔内部时，很可能会因为洞的入口端有较大的张角而使铜离子在此大量沉积而形成悬凸物，从而造成金属层间接触窗孔的填充而形成空洞。为了获得好的间隙填充，大的正向脉冲电流及小的反向脉冲电流交替使用。反向电流脉冲期间，铜会从晶圆表面移除以减少洞口的悬凸物。因此，交替脉冲电流的化学电镀效果类似于第10 章描述的沉积/刻蚀/沉积工艺。某些添加物，如抑制剂可以减少沟槽和金属层间接触窗孔角落上的沉积；其他添加物，如加速剂用于增加沉积速率。化学电镀工艺可以从底部到顶部沉积铜薄膜以进一步改善空洞填充能力。

有人曾试图在铜填充通孔和沟槽后使用电化学工艺，它可以反转电极，使铜镀晶圆作为阳极，铜板作为阴极。晶圆表面的大部分铜膜都可以被刻蚀掉，理想情况下可以通过电化学刻蚀工艺去除铜膜，这与化学电镀工艺相反。

铜化学电镀工艺之后，用去离子(D.I.)水清洗晶圆以移除表面上的化学溶液，避免金属腐蚀。接着晶圆被甩干，机械手将其从化学电镀工具中取出。晶圆被送到化学机械研磨之前，镀好的铜需要在加热炉管中退火，以形成薄膜并降低电阻。经过大约 30 分钟 250℃ 的加热过程后，铜的晶粒尺寸、薄膜密度及导电率会增加。对于铜双重金属镶嵌工艺在深亚微米集成电路金属化中的应用，化学电镀法能提供可接受的金属薄膜，有很好的沟槽与金属层间接触窗孔填充能力。

化学电镀工艺面临的挑战包括：确定和控制硫酸铜溶液中的铜离子浓度；添加物效应；当器件尺寸持续缩小时，沟槽与金属层间接触窗孔填充的可重复性。对于微小的沟槽与金属层间接触窗孔，液体的表面张力很容易使气泡停留在金属层间接触窗孔内部，导致无法顺利沉积并造成空洞。

11.6.5 铜 CVD 工艺

另一种填充沟槽和金属层间接触窗孔的方法是铜 CVD 工艺。常用的铜源材料是双-六氟乙酸-丙酮-铜，即 Cu(hfac)$_2$，以及双-六氟乙酸-丙酮-铜-乙烯-三甲基硅烷，即 Cu(hfac)(vtms)。Cu(hfac)$_2$ 在室温下是固体而在 35℃ ~130℃时就会升华。化学结构如图 11.41所示。

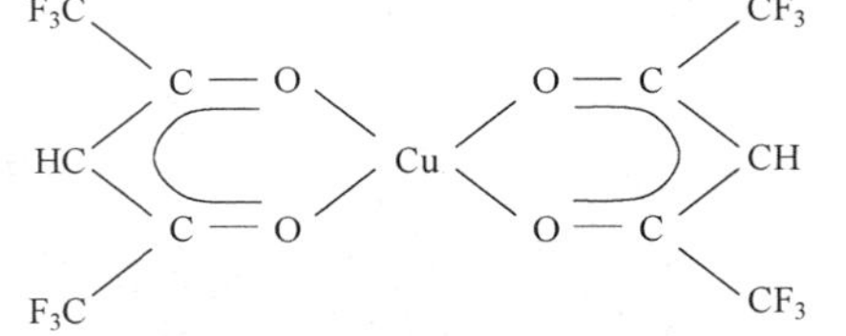

图 11.41 Cu(hfac)$_2$的化学结构

Cu(hfac)$_2$可以通过氢的还原反应沉积铜：

$$Cu(hfac)_2 + H_2 \rightarrow Cu + 2H(hfac)$$

在这个反应中，沉积铜需要 350℃ ~450℃的温度范围获得低电阻率。这个温度对于低介电常数材料的工艺整合稍高一点。

Cu(hfac)(vtms)在室温时是液态，可以在低温时(低于 200℃)沉积铜，并且获得高质量、低电阻率及良好的金属层接触窗孔填冲空洞能力。其化学反应可以表示为

$$2Cu(hfac)(vtms) \rightarrow Cu + Cu(hfac)_2 + 2(vtms)$$

这个反应是可逆的，因此 vtms 可以用来干洗沉积反应室。通过移除反应室壁和部分反应室内部沉积的铜，可以防止由于薄膜破裂与剥落而引起的微粒污染。因为这个工艺的副产品稳定性高，可以轻易剥除并再回收以供将来使用。Cu(hfac)(vtms)是最有前景的铜 CVD 工艺，然而也必须面对具有产量保证的铜化学电镀工艺的竞争。

铜 CVD 一个最有可能的应用是在狭窄的沟槽和金属层间接触窗孔沉积铜电镀籽晶层。当图形尺寸更小时，要通过物理气相沉积工艺达到这样的结果很困难。然而，物理气相沉积工程师将努力克服困难发展铜籽晶物理气相沉积工艺，这可以满足下一代铜/ULK 互连的需要。

铜 CVD 工艺也有可能不会成为集成电路工艺的主流。

11.7 安全性

金属溅镀物理气相沉积不需要使用危险化学药品。工艺气体为氩气与氮气，这两者都是相当安全的气体。然而，金属化学气相沉积却使用各种具有危害性的化学药品。

WF_6、SiH_4和 H_2广泛用于钨和硅化钨沉积。WF_6具有腐蚀性，SiH_4气体自燃、易爆且有毒，氢气易燃且易爆。TDMAT 常被用于沉积氮化钛，有剧毒。DMAH 自燃且易爆，是沉积铝所使用的源材料。

其他安全问题包括电学方面，如直流或射频功率源电击；机械方面，如移动零件和热表面所导致的伤害等。所以必须咨询工艺设备供应商，获得使用不同工艺和工具安全方面的相关资料和细节。

11.8　小结

1. 金属化工艺主要应用于形成金属互连线。
2. 对于集成电路芯片成熟的铝铜互连技术，最常使用的金属是 Al、W、Ti 和 TiN。
3. 对于铜互连的先进 IC 芯片，最常使用的金属是 Cu、Ta 和/或 TaN。
4. 金属可以通过 CVD、PVD、ALD 和 EPD 工艺沉积。
5. 高的沉积温度可以增加金属晶粒的尺寸，从而可以降低薄膜的电阻率。
6. 金属硅化物可以用于减小局部连线电阻和接触窗电阻。
7. CVD 钨可填充高深宽比的接触窗/金属层间的接触孔，且经常作为连线工艺的金属栓塞。
8. 钛常用于降低接触电阻。
9. 氮化钛通常用于作为钨扩散的阻挡层和附着层，也可以作为抗反射层镀膜以改善金属图形化工艺的解析度。TiN 用于 ULK 介质刻蚀工艺的硬掩膜层，也可以作为 HKMG MOSFET 的金属栅。
10. 在溅射工艺中，氩离子会轰击金属靶材，并从表面撞击出金属原子或分子而形成蒸气。这些原子或分子会移动到衬底表面被吸附，然后沉积为薄膜。
11. 金属物理气相沉积工艺通常采用直流磁控溅射系统。
12. 金属物理气相沉积工艺需要高真空状态以减小薄膜的污染物和电阻。对于铝物理气相沉积，为了减小物理气相沉积反应室内的湿气浓度，UHV 所需的基本压力为 10^{-9} Torr。
13. 氮化钛可以在反应式溅镀工艺中通过氮与氩的混合等离子体沉积。
14. 由于化学气相沉积氮化钛具有良好的侧壁阶梯覆盖，所以通常被用于亚微米集成电路连线工艺。
15. 对于接触窗/金属层间接触孔的应用，Ti 和 TiN PVD 通常使用准直式系统或离子化金属等离子体系统，以改善底层阶梯覆盖而降低接触电阻。
16. 由于铜对二氧化硅的附着性很差，在硅与二氧化硅中有高的扩散速率，铜污染物形成的深能级可以造成元器件性能恶化，而且因为缺乏单纯的挥发性化合物而难以采用干法刻蚀，所以阻碍了铜在 20 世纪 90 年代之前应用于集成电路芯片的金属化工艺。
17. 铜阻挡层与铜沉积工艺的改进，而且更重要的是铜化学机械研磨工艺的发展，已经为铜金属化工艺的应用创造了条件，铜金属化也是集成电路金属连线未来的发展方向。

11.9　参考文献

[1] X. W. Lin, and Dipu Pramanik, *Future interconnection technologies and copper metallization*, Solid State Technology, Vol. 41, No. 10, pp. 63, 1998.

[2] A. V. Gelatos; C. J. Mogab, R. Marsh; E. T. T. Kodas, Jain, A, and M. J. Hampden-Smith, *Selective chemical vapor deposition of copper using (hfac) copper(I) vinyltrimethylsilane in the absence and presence of water*, Thin Solid Films, Vol. 262, Issue: 1-2, June 15, pp. 52-59, 1995.

[3] C. Y. Chang and S. M. Sze, *ULSI Technologies*, McGraw-Hill companies, New York, 1996.

[4] Lita Shon-Roy, Allan Wiesnoski, and Robert Zorich, *Advanced Semiconductor Fabrication Handbook*, ISBN: 1-877750-70-0, Integrated Circuit Engineering Corporation, 17350 N. Hartford Dr., Scottsdale, AZ 85255.

[5] Jorge A. Kittl, Wei-Tsun Shiau, Donald Miles, Katherine E. Violette, Jerry C. Hu, and Qi-Zhong Hong, *Salicides and alternative technologies for future ICs: Part 1*, Solid State Technology Vol. 42, No. 6, pp. 81, 1999.

[6] Jorge A. Kittl, Wei-Tsun Shiau, Donald Miles, Katherine E. Violette, Jerry C. Hu, and Qi-Zhong Hong, *Salicides and alternative technologies for future ICs: Part 2*, Solid State Technology Vol. 42, No. 8, pp. 55, 1999.

[7] John Baliga, *Depositing Diffusion Barriers*, Semiconductor International, Vol. 20, No. 3, pp. 76, 1997.

[8] Changsup Ryu, Haebum Lee, Kee-Won Kwon, Alvin L. S. Loke, and S. Simon Wong, *Barriers For Copper Interconnections*, Solid State Technology, Vol. 42, No. 4, pp. 53, 1999.

[9] Alexander E. Braun, *Copper Electroplating Enter Mainstream Processing*, Semiconductor International, Vol. 22, No. 4, pp. 58, 1999.

[10] David G. Baldwin, Michael E. Williams and Patrick L. Murphy, *Chemical Safety Handbook for the Semiconductor/Electronics Industry*, second edition, OME Press, Beverly, Massachusetts, 1996.

[11] R. J. Matyi, et al., Thin Solid Films, Vol. 516, pp. 7962, 2008.

[12] K. Mistry et al., "A 45nm Logic Technology with High-k + Metal Gate Transistors, Strained Silicon, 9 Cu Interconnect Layers, 193nm Dry Patterning, and 100% Pb-free Packaging," Proc IEDM, 2007, pp. 247-250.

[13] Dick James, "Intel pushes lithography limits, co-optimizes design/layout/process at 45nm" Solid State Technology, March 2007, p. 30-33.

[14] Major source of the facts about chemical elements: http://www.webelements.com/

11.10 习题

1. 集成电路芯片制造过程中，经常使用哪 4 种金属？
2. 为什么铝通常与铜形成合金？为什么有时铝与硅形成合金？
3. 为什么电子束蒸镀机比热灯丝蒸镀机具有优势？
4. 为什么使用钨作为金属栓塞连接各层导线？
5. 列出氮化钛的 4 种应用。
6. 通常使用哪种测量工具测量方块电阻？
7. 描述溅射沉积工艺流程。
8. 解释为什么直流溅射系统无法沉积介质材料。
9. 哪种工艺过程中 Ti 和 TiN PVD 需要准直式溅射系统？
10. 为什么铝合金溅射反应室需要超高真空？
11. 如果输送氩气的管道有小裂缝，对沉积薄膜会有什么影响？
12. 如果直流磁控溅射系统增加直流电压，沉积速率如何变化？
13. 如果直流磁控溅射系统提高沉积温度，金属薄膜的方块电阻如何变化？
14. 列出 20 世纪 90 年代前，哪些因素影响铜应用于集成电路工艺。
15. 比较铜金属化工艺和标准的铝合金-钨金属化工艺，两者之间有什么区别？
16. 列出铜沉积的 3 种方法。
17. 对于 HKMG 工艺，哪种方法使用铝 CVD、先栅法和后栅法工艺？
18. 对于 PMOS 和 NMOS，需要的金属功函数是多少？
19. 为什么在 HKMG MOSFET 最后栅中使用 Ta？
20. 为什么 DRAM 可以使用钨金属，而 CMOS 逻辑集成电路中不能使用？

第12章　化学机械研磨工艺

本章要求

1. 列出化学机械研磨工艺的应用
2. 说明电介质平坦化的必要性
3. 说明化学机械研磨系统的基本结构
4. 说明氧化物化学机械研磨的研磨浆与金属化学机械研磨的研磨浆的区别
6. 说明氧化物化学机械研磨工艺流程
7. 说明金属抛光工艺
8. 说明化学机械研磨工艺后清洗的重要性
9. 说明化学机械研磨在铜金属化中的应用
10. 列出应用于栅高 k 介质工艺和金属栅 MOSFET 制造工艺中需要的两种化学机械研磨工艺

化学机械研磨(CMP)是一种移除工艺技术，这种技术结合化学反应和机械研磨去除沉积的薄膜，使表面更平滑和平坦。化学机械研磨技术也被用于移除表面上大量的电介质薄膜，并在硅衬底上形成浅沟槽隔离(STI)，还可以从晶圆表面移除大量金属薄膜而在电介质薄膜中形成金属连线栓塞或金属线。本章还将讨论化学机械研磨工艺流程。

12.1　简介

当晶圆从单晶硅棒切割下来后，需要很多工艺过程获得平坦、光滑和无缺陷的晶圆表面以满足集成电路的需要。除了晶圆边缘磨圆、粗磨以及刻蚀外，在晶圆生产的最后一步还需要使用化学机械研磨(CMP)工艺，这样可以使晶圆平坦，并且可以从表面完全消除因晶圆切割形成的表面缺陷。然而，对已经形成有数百万个微电子器件的晶圆，需要采用 CMP 工艺在晶圆上进行金属层间电介质(ILD)平坦化。

一般情况下，严格禁止在半导体工艺线上直接与晶圆表面接触。原因很简单，任何直接接触都会产生缺陷与粒子，这样不但降低集成电路芯片的成品率，同时也会使集成电路生产的效益降低。CMP 工艺过程中，晶圆表面不仅被向下托住而且也被强压力压在旋转的研磨衬垫上，同时整个过程是在碱性或酸性的研磨浆中完成的。这些研磨浆包含了大量的二氧化硅或氧化铝颗粒。CMP 技术能够根据设计把晶圆表面平坦化，同时也能减少缺陷的密度并提高集成电路芯片成品率。

随着 CMP 技术的成熟，大部分集成电路公司已经采用化学机械研磨技术，现在 CMP 已经是半导体生产中标准的工艺。本章将阐述 CMP 的发展历史、优点以及这种技术的应用。

12.1.1　CMP 技术的发展

从20世纪80年代开始，已经需要使用两种以上的金属层连接集成电路芯片上数量急增的晶体管，而最大的挑战之一就是金属层间电介质的平坦化。在粗糙的表面用光刻技术使微小图形达到高的解析度很困难，这是因为光学系统受景深条件限制。粗糙的电介质表面也会引起金属化问题，因为这时的金属 PVD 工艺有较差的侧壁阶梯覆盖。侧壁上的金属线越薄，电流密度也就越高，从而更容易造成电迁移问题。

图 12.1 显示了 IC 制造流程示意图，可以看出 CMP 工艺是一个非常重要的部分。一般情况下晶圆的 CMP 工艺开始于薄膜工艺，无论是电介质薄膜沉积或金属薄膜沉积。大多数情况下，晶圆从 CMP 反应室传输到光刻工艺室或薄膜工艺室。半导体工艺要求 CMP 工艺后或者是光刻工艺，或者是金属薄膜沉积工艺，金属 CMP 工艺后仅仅进行介电薄膜沉积。

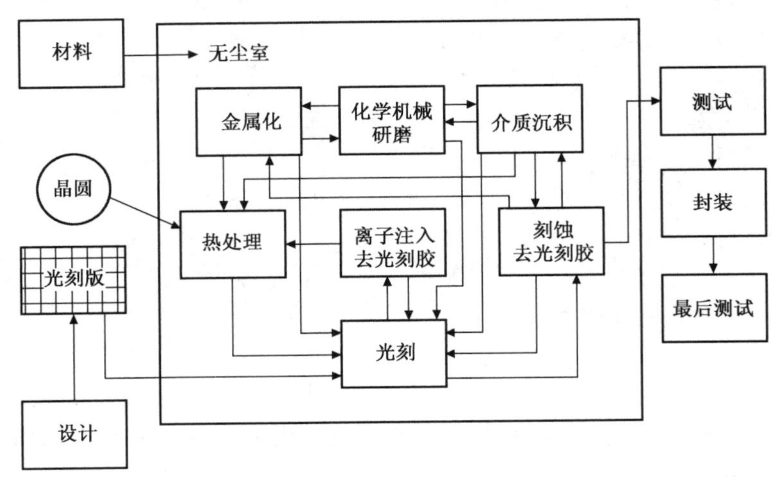

图 12.1 化学机械研磨在集成电路工艺中的应用

有几种电介质平坦化的方法已被采用，如加热流动技术、溅射回刻蚀技术、光刻胶回刻蚀技术以及旋涂硅玻璃(SOG)回刻蚀技术。电介质化学机械研磨工艺是在 20 世纪 80 年代中期由 IBM 公司发展并作为电介质平坦化的一种技术。事实上，在半导体工业中有许多人仍然使用 CMP 这个缩写代表化学机械平坦化技术。

钨材料一直用于形成金属栓塞连接不同的导电层。CVD 钨可以填充非常小的接触窗和金属层间连接孔，而且也能覆盖整个晶圆表面。为了从表面移除大量钨薄膜形成钨栓塞，氟等离子体回刻蚀工艺已经被发展起来并且广泛应用在集成电路制造上。钨化学机械研磨(WCMP)工艺也被发展用于进行大量钨移除，而且 WCMP 正快速取代栓塞形成工艺中的钨回刻蚀技术，因为这种技术可以提高成品率。

图 12.2 显示了由 CMOS 芯片横截面说明的 CMP 应用。从图 12.2 可以看出，需要多次用到 CMP 工艺制造具有铝铜互连的 CMOS 芯片。包含 STI 电介质 CMP 和 ILD0 CMP 两个 CMP 过程。每一个金属层都需要两个 CMP 工艺，一个是介质 CMP，另一个是 WCMP。对于图 12.2所示的 4 层金属集成电路芯片至少需要 8 道 CMP 工艺过程，包括 5 个电介质 CMP 和 3 个钨 CMP 工艺。

图 12.3 显示了一种先进的 CMOS 芯片横截面，其中包括高 k 介质、金属栅(MG)、选择性外延源/漏极、底部硅化物接触，以及铜/ULK 互连。从图中可以看到，金属 CMP 工艺的需要比介质 CMP 工艺多。对于具有 9 层金属的芯片，需要 2 次介质 CMP 过程，分别是 STI CMP 和 ILD0 CMP。需要 11 次抛光金属层，每层金属互连需要 MG CMP、WCMP 和一次铜 CMP。

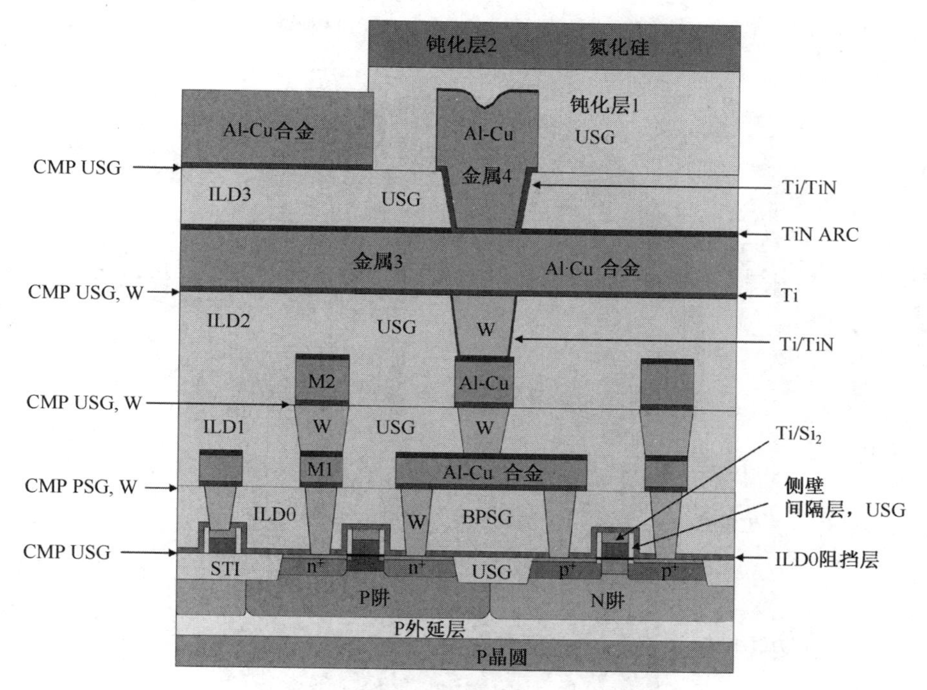

图 12.2　CMP 在 CMOS 集成电路芯片上的应用

12.1.2　平坦化定义

平坦化是一个工艺过程，可以改变表面形貌并使表面光滑和平坦。平坦化的程度表示晶圆表面的平坦度与平滑度，特别是将电介质薄膜沉积到图形化晶圆表面之后，平坦化的定义说明于图 12.4 中。

平坦化的程度如表 12.1 与图 12.5 所示。平滑度与局部的平坦化可以通过加热流动及回刻蚀工艺实现。对于图形尺寸小于 0.35 μm 微米的情况，需要整面平坦化，这只能通过化学机械研磨实现。

表 12.1　平坦化的程度

平　坦　化	R(μm)	θ
表面	0.1 ~ 2.0	大于 30°
区域性平坦	2.0 ~ 100	30° ~ 0.5°
全区性平坦	大于 100	小于 0.5°

12.1.3　其他平坦化技术

加热流动已经用于 ILD0 平坦化。当晶圆被从 800℃ 加热到高温 1000℃ 时，掺杂的硅玻璃、PSG 或 BPSG 将变软并按照表面张力流动(见图 12.6)。

加热再流动平坦化有几方面限制。平坦化主要由再流动温度和掺杂浓度决定，较高的温度有较好的平坦化结果。然而也会因为过度的掺杂扩散导致晶体管性能下降。降低再流动温度需要掺杂浓度高。但如果磷浓度太高(高于 7wt%)就可能导致金属腐蚀，因为五氧化二磷(P_2O_5)与水汽(H_2O)反应形成磷酸。而三氧化二硼(B_2O_3)与水汽反应可能会形成硼酸晶体化并导致表面缺陷。

因为再流动温度比铝的熔化温度高很多，所以形成第一次铝合金层后不能使用再流动技术平坦化电介质。金属层间电介质(ILD)需要另一种平坦化技术处理。

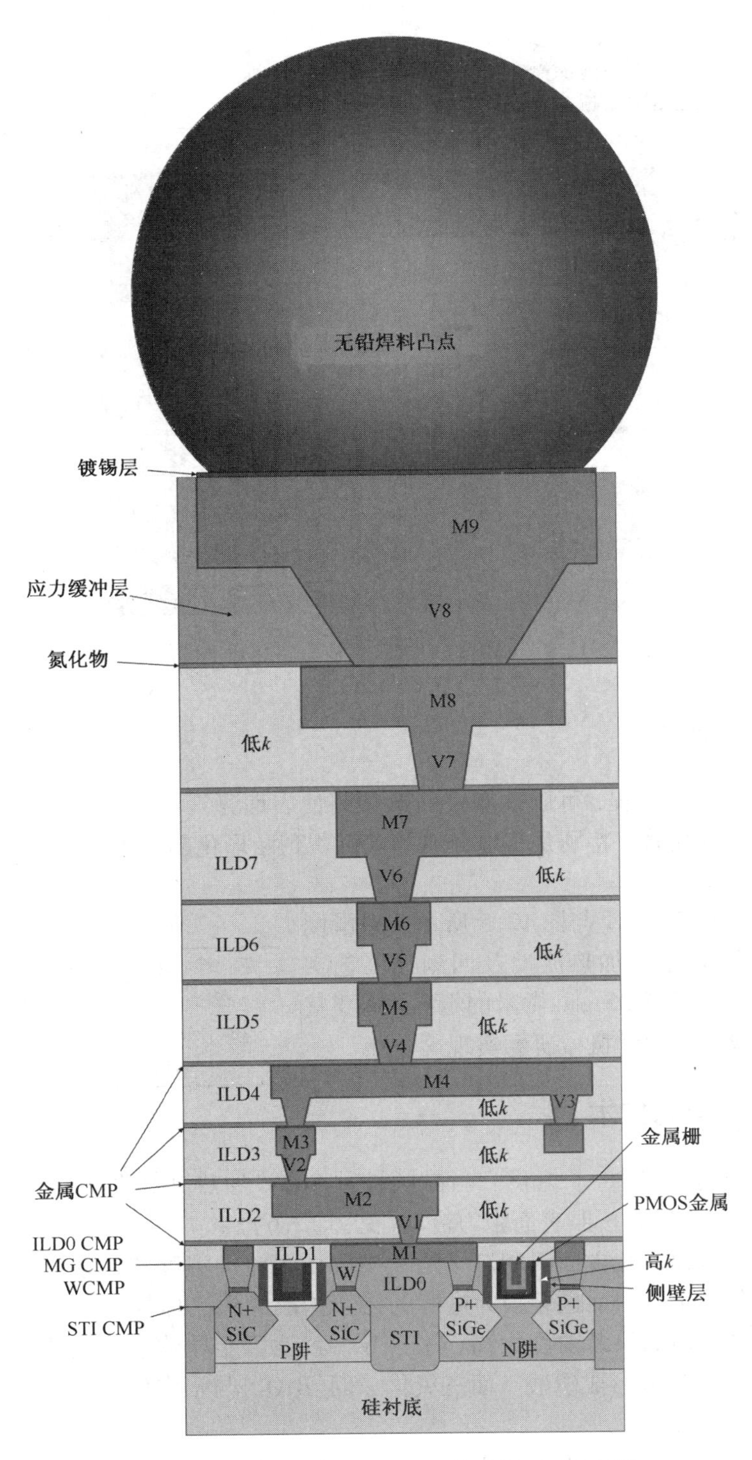

图 12.3 具有铜互连 HKMG CMOS CMP 应用示意图

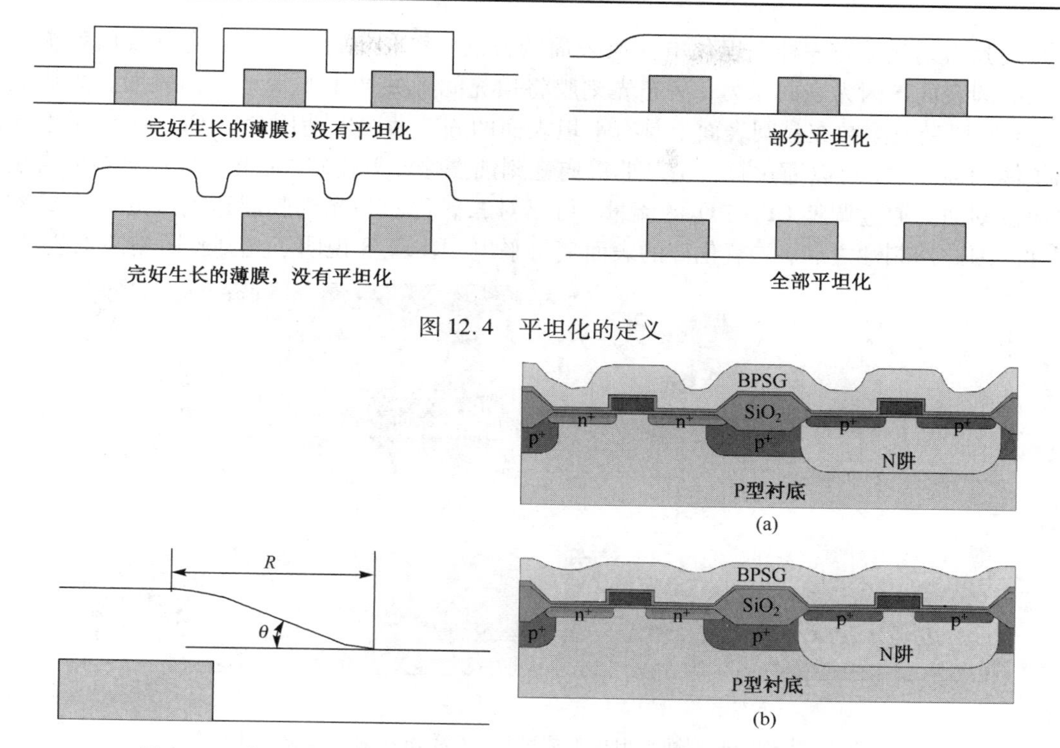

图 12.4　平坦化的定义

图 12.5　薄膜的表面形貌

图 12.6　CMOS IC 芯片工艺中的再流动。（a）BPSG沉积后；（b）再流动后

氩溅射回刻蚀（离子研磨）已经发展起来并应用于 ILD 平坦化。溅射刻蚀工艺中，高能氩离子将轰击晶圆表面，并将间隙的边角击碎使间隙开口变得平缓，这可以使后续的 CVD 工艺易于填充间隙形成合理的平坦化表面。使用 CF_4/O_2 化学品的反应离子刻蚀工艺（RIE）可以进一步平坦化电介质表面，图 12.7 说明了回刻蚀和平坦化过程。详细的沉积/刻蚀/沉积/刻蚀平坦化方法在第 10 章讨论。

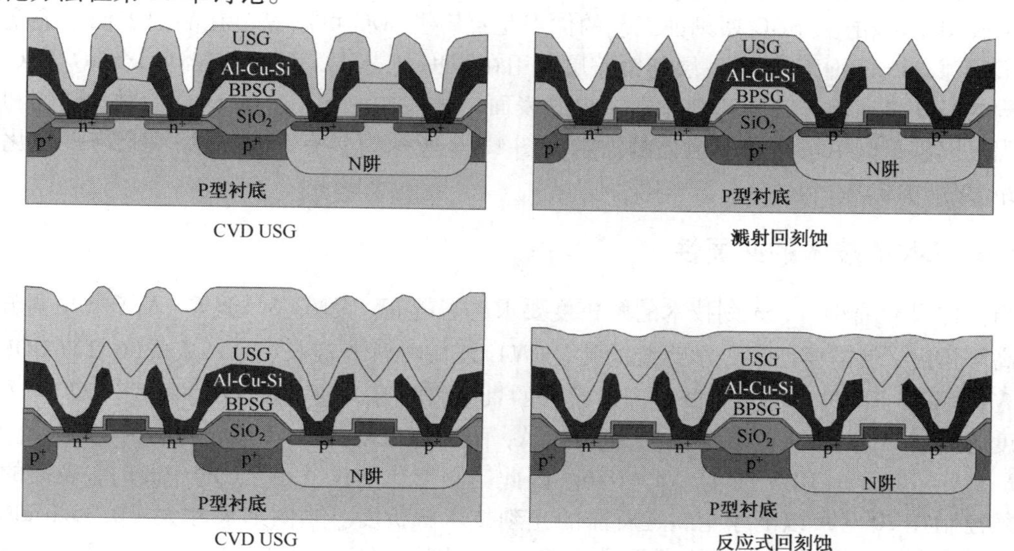

图 12.7　沉积/刻蚀/沉积/刻蚀间隙填充和平坦化技术

光刻胶回刻蚀是另一种平坦化电介质表面的方法。沉积电介质层后，光刻胶层就被自旋涂敷在晶圆表面。因为表面张力，液态光刻胶将填充间隙并产生非常平坦的表面。烘烤完成后，光刻胶层变成涂敷在晶圆表面上具有平坦表面的固态薄膜。使用含有 CF_4/O_2 化学性质的等离子体刻蚀技术，可以通过氟自由基非等向性刻蚀去除二氧化硅，而光刻胶层则被氧自由基非等向性刻蚀。通过调整 CF_4 与 O_2 的流量，可以对二氧化硅和光刻胶层达到接近 1:1 的刻蚀选择性。因此回刻蚀之后，二氧化硅的表面变得平坦，图 12.8 说明了光刻胶回刻蚀工艺过程。

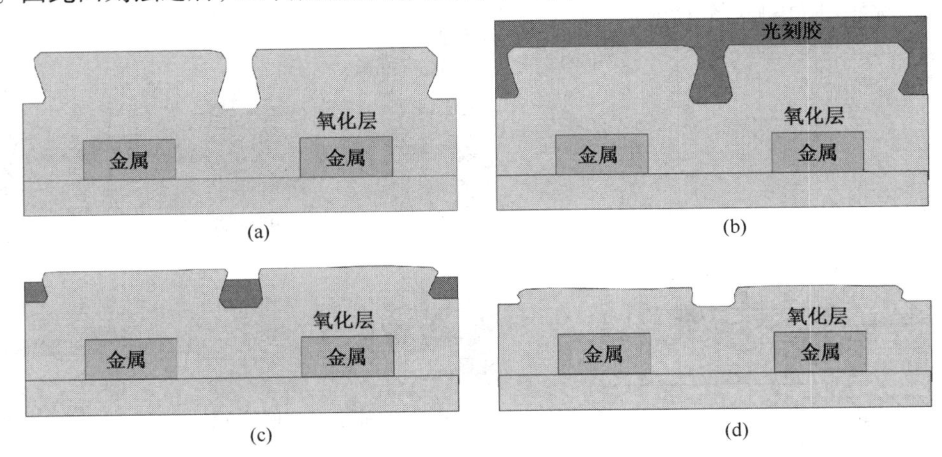

图 12.8 光刻胶回刻蚀平坦化工艺过程。(a) 沉积氧化薄膜；(b) 涂敷光刻胶；(c) 刻蚀光刻胶和氧化层；(d) 回刻蚀工艺后示意图

当氟自由基开始刻蚀二氧化硅时，被氟取代的氧会从刻蚀的氧化物薄膜中释放出来。这些额外的氧自由基也辅助刻蚀光刻胶层获得较高的光刻胶刻蚀速率。这就是为什么光刻胶回刻蚀无法达到设计所要求的高平坦化的原因。然而光刻胶回刻蚀后，电介质薄膜的表面将变得更平坦。某些情况下，通过重复光刻胶回刻蚀技术一次或多次，可以获得要求的平坦化效果。

SOG 回刻蚀工艺用旋涂硅玻璃(SOG)取代光刻胶层，可以帮助 ILD 间隙填充与平坦化。与光刻胶回刻蚀相比，SOG 回刻蚀工艺的优点是：某些 SOG 可以停留在晶圆表面填充金属堆叠狭窄间隙。PECVD USG 衬底层与覆盖层使用在 SOG 工艺中，而且具有 USG/SOG/USG 三明治结构的 ILD 可以填充间隙达到非常平坦的表面。某些情况下，二次 SOG 涂敷、硬化和回刻蚀过程可以满足间隙填充和平坦化的需求。图 12.9 所示为具有 SOG 间隙填充与平坦化的集成电路芯片 SEM。

12.1.4 CMP 技术的必要性

当器件尺寸缩小时，光刻技术的解析度要求越来越高。从式(6.1)($R=K_1\lambda/NA$)得知，为了提高解析度，就需要增大光学系统的孔径(NA)或减小曝光波长(λ)。从式(6.2)($\mathrm{DOF}=K_2\lambda/2(NA)^2$得知，两种方法都会降低光学系统的景深(DOF)。通过式(6.1)和式(6.2)可知，当解析度为0.25 μm时，它的景深大约为 2083 Å，而当解析度为 0.18 μm 时则为 1500 Å。假设 $K_1=K_2$，$\lambda=248$ nm(DUV)，且 $NA=0.6$。因此当图形化的尺寸小于 1/4 μm 时，表面的粗糙度必须控制在 2000 Å 以下才能满足所需的光刻技术解析度。当图形尺寸大于0.35 μm时，其他的平坦化方法可以满足光刻技术的景深需求。当图形尺寸小于 0.25 μm，所需的平坦化只能通过使用 CMP 工艺达到。

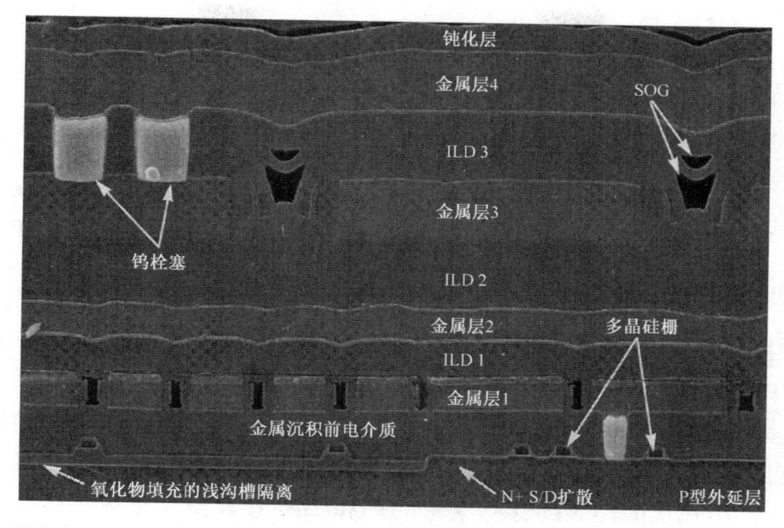

图 12.9　ILD 层的 SOG 间隙填充和平坦化示意图(资料来源：Integrated Circuit Engineering Corporation)

12.1.5　CMP 技术优点

CMP 可以将晶圆表面平坦化，可以允许高解析度的光刻技术。被平坦化的表面也可以消除侧壁变薄引起的金属导线高电阻和电迁移问题，这种侧壁变薄与金属 PVD 工艺的阶梯覆盖有关(见图 12.10)。

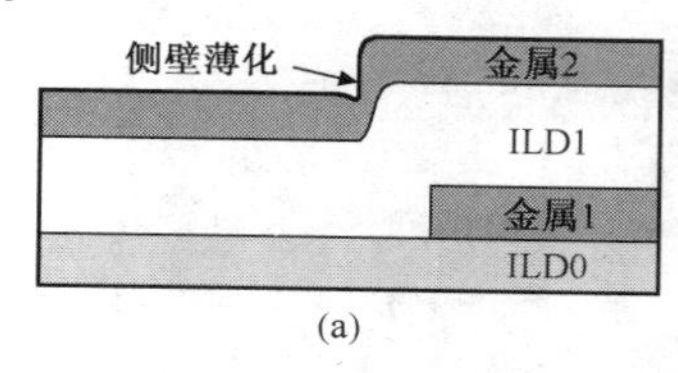

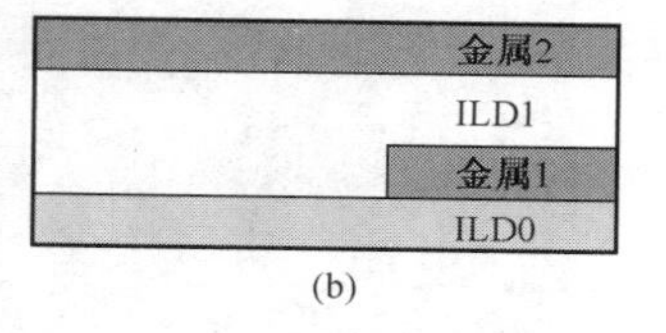

图 12.10　(a) 由非平坦化表面形成的侧壁金属导线薄化现象；(b) CMP 平坦 ILD1 而不存在金属导线薄化问题

被平坦化的表面也可以减小过度曝光和显影的需求，这都是为了消除由于电介质阶梯形成的厚光刻胶问题。CMP 可以改善金属层接触窗和金属线图形化工艺的解析度(见图 12.11)。

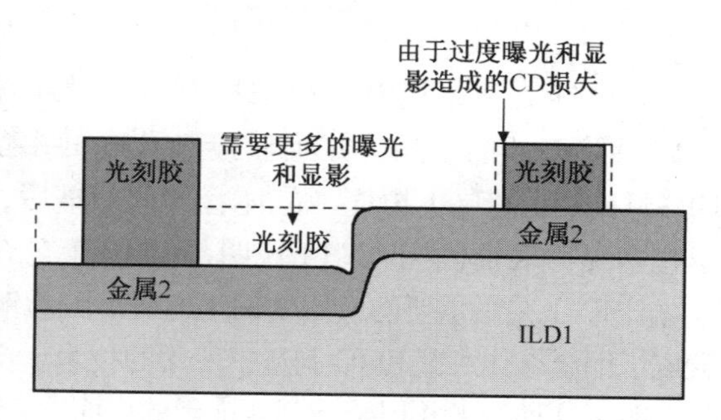

图 12.11　由非平坦化表面形成的过度曝光和过度显影

被平坦化的表面允许更均匀的薄膜沉积，从而将减少过刻蚀所需的时间，并可以减少刻蚀技术中与长时间过刻蚀有关的底切形成或衬底损失(见图 12.12)。

CMP 平坦化是通过减少薄膜沉积、光刻技术以及刻蚀过程所发生的技术问题，CMP 平坦化能将缺陷减到最少并提高成品率。CMP 的应用也扩大了集成电路芯片的设计参数。

CMP 工艺可以有效降低缺陷密度。CMP 技术本质上可以移除晶圆表面的表面粗糙物及污染粒子。然而 CMP 过程本身也会引起缺陷，如划痕、残留物、分层、凹陷和侵蚀等。大的污染粒子可能会造成划痕，较高的向下压力可能会形成分层。只有与适当的 CMP 后清洗技术一同使用，才能使表面基本上没有缺陷和杂质污染。

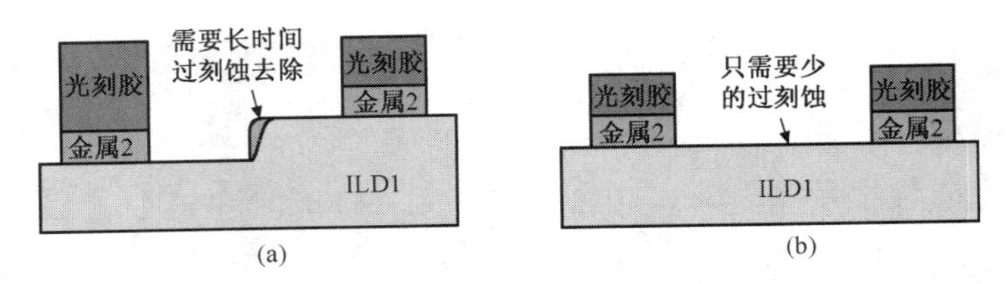

图 12.12 过刻蚀的需求和表面平坦化。(a) 没有 CMP 工艺; (b) 有 CMP 工艺

12.1.6 CMP 技术应用

CMP 普遍使用在先进集成电路芯片生产制造中, 用于移除 STI 形成过程中的大量 USG 薄膜, 第 13 章将详细介绍 STI 工艺过程。在铝铜互连工艺中, CMP 用于平坦化 ILD 电介质层。因为 CMP 过程能消除电介质的阶梯, 所以可以在接触点和金属图形化过程中有较高的光刻技术解析度, 并使金属沉积更容易。从 20 世纪 90 年代中期, CMP 工艺就快速取代了 RIE 回刻蚀工艺, 并广泛使用在从晶圆表面移除大量的钨和 TiN/Ti 遮蔽层形成钨栓塞。图 12.13 中, 通过带有传统铝合金连线的 CMOS 芯片横截面, 说明了化学机械研磨技术的应用。

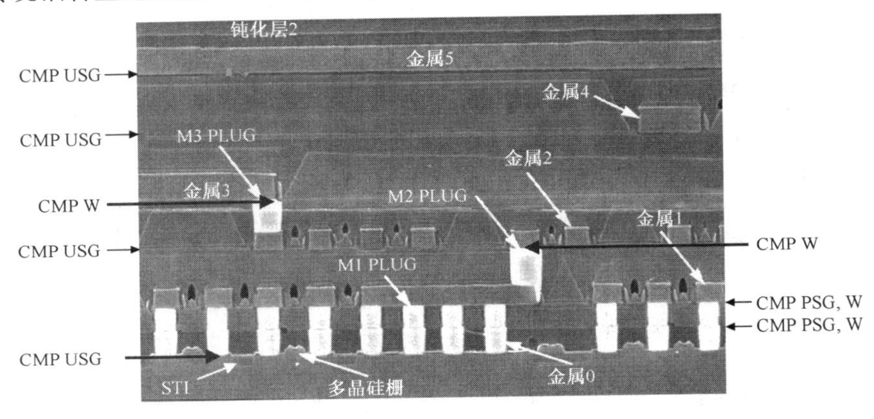

图 12.13 CMP 工艺在 IC 芯片上的应用(来源: Integrated Circuit Engineering 公司)

DRAM 工艺过程中, 多晶硅用于形成接触栓塞。当多晶硅沉积填充接触孔后, 通过多晶硅 CMP 移除表面的多晶硅并确保接触孔中的多晶硅能作为 DRAM 阵列的导电栓塞。对于凹栅 DRAM, 多晶硅层 1 填充了晶体管阵列凹槽后, 在字线金属化沉积前, 需要多晶硅 CMP 工艺平坦化多晶硅表面。图 12.14 说明了 CMP 工艺在凹栅 DRAM 中的应用。

CMP 工艺最重要的应用是铜互连线。因为铜金属非常难以进行干法刻蚀, 所以双重金属镶嵌就成了铜金属化工艺和 IC 制造中使用的技术。金属镶嵌这个名词来自于叙利亚首都大马士革, 他们发明了这种技术并用金铭刻装饰剑的表面, 他们用钻石在钢剑表面切割出沟槽, 再将金研磨填入沟槽中, 然后刷洗掉表面上的金并将金留在沟槽内。经过这个工艺后, 金铭刻将会装饰在表面上。这项技术一直在珠宝工业将金铭刻于宝石表面并称为“镶嵌”技术。实际上钨栓塞的形成是一个镶嵌过程。

铜的应用中采用双重金属镶嵌过程。这个技术采用两种电介质刻蚀技术, 一种是金属层间接触窗刻蚀, 另一种是沟槽刻蚀。电介质刻蚀之后, 金属层(PVD Ta/PVD Cu/ECP Cu)就沉积于金属层间的接触窗孔以及沟槽中。金属 CMP 过程从晶圆表面移除铜与钽遮蔽层, 并将铜线与栓塞嵌入电介质层中。图 12.15 说明了双重金属镶嵌铜金属化过程。

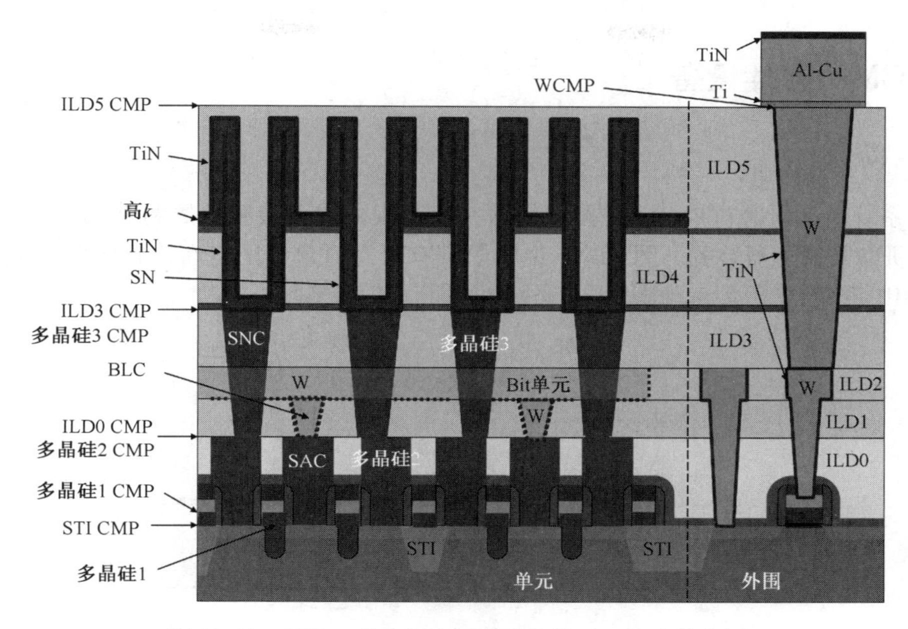

图 12.14　CMP 工艺在具有凹栅结构的 DRAM 中的应用

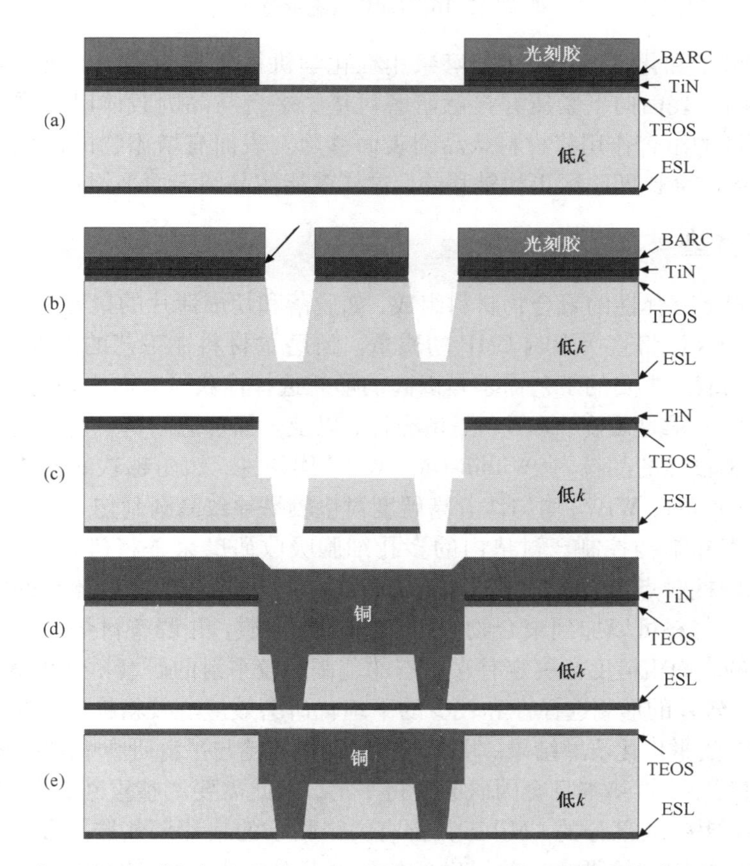

图 12.15　具有金属硬掩膜的铜金属化。(a) 刻蚀 BARC 及槽形金属硬掩膜；(b) 利用接触孔掩膜刻蚀接触孔；(c) 用金属和ESL刻蚀槽和接触孔；(d) 金属沉积；(e) 金属CMP

12.2 CMP 硬件设备

12.2.1 简介

CMP 系统包括研磨衬垫、可以握住晶圆并使其表面向下接触研磨衬垫的自旋晶圆载具,以及一个研磨浆输配器装置。图 12.16 说明了带有研磨衬垫且固定在旋转研磨台上或平台上的常用 CMP 系统。

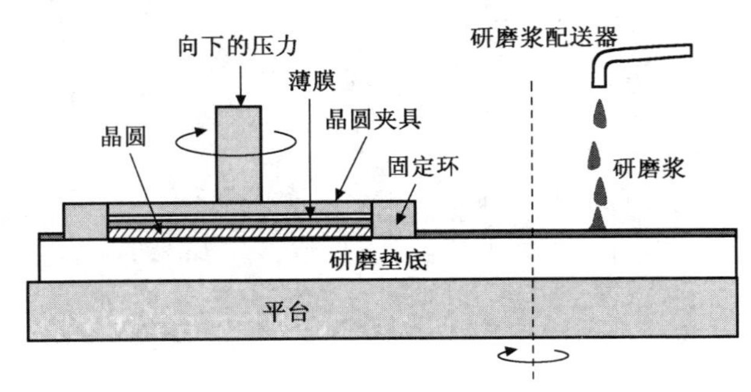

图 12.16 CMP 系统示意图

将具有研磨粒子和化学添加物的研磨浆用在化学机械研磨工艺中。研磨浆被输送到研磨衬垫表面,晶圆的前表面向下紧压并接触研磨衬垫。平台与晶圆载体以相同的方向旋转。机械研磨与化学刻蚀的组合作用将材料从晶圆表面移除。表面有增添物的区域将承受较多的机械摩擦,而且该区域会比凹陷区更快被移除,这样就能使晶圆表面平坦化。

12.2.2 研磨衬垫

研磨垫由多孔、有弹性的聚合物材料组成,如脱落和切成薄片的聚氨酯或氨基钾酸酯涂敷聚酯制品。衬垫的性质将直接影响 CMP 的质量。研磨垫材料在工艺的温度过程中必须耐用、可再生,以及可压缩。主要的工艺需求是以高的形貌选择性获得表面平坦化。

研磨垫主要的要求是硬度、多孔性、填充性,以及表面形态结构。越硬的研磨垫就能允许越高的移除速率和较佳的晶粒内(Within-Die, WID)均匀性,然而越软的衬垫却能允许有较好的晶圆内(Within-Wafer, WIW)均匀性。高硬度衬垫较易导致晶圆刮伤。衬垫的硬度可以通过改变化学成分或多孔结构控制。衬垫内的多孔细胞吸收研磨浆并将研磨浆转送到晶圆表面,尤其在衬垫与晶圆接触点上,这就如同沐浴海绵的细孔可以帮助将液体状的肥皂传送到皮肤表面上一样。填充材料可以加到聚合物中以改进机械性质,并调整衬垫性质来符合特殊工艺需求。研磨衬垫的表面粗糙度会决定有序状态的范围。较平滑的研磨衬垫表面会有较短的有序态范围,这表示有较差的形貌选择性和较少的平坦化研磨效应。较粗糙的衬垫表面会有较长的有序态范围和较好的平坦化研磨结果。图 12.17 说明了粗糙与平滑研磨垫的图形移除效应。

CMP 加工过程中,衬垫本身会因研磨变得平滑,因此需要调整重新建立粗糙的衬垫表面。对于每一个研磨衬垫,大部分的 CMP 工具都有一个临场的垫片调整器。调整器重新处理研磨衬垫的表面、移除使用过的研磨浆并提供新的研磨浆到表面。图 12.18 显示了垫片调整器在研磨衬垫上的位置与运动。

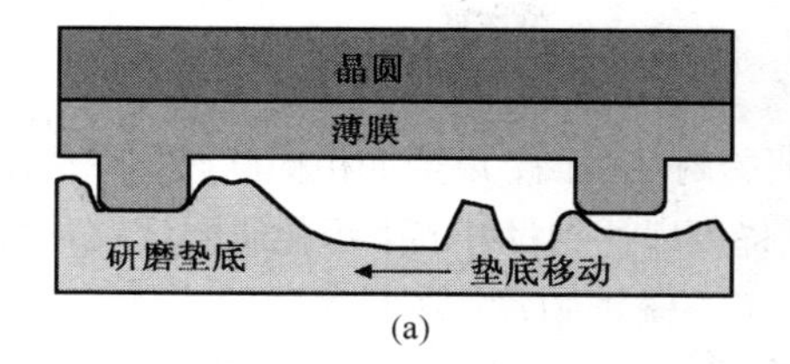

(a)

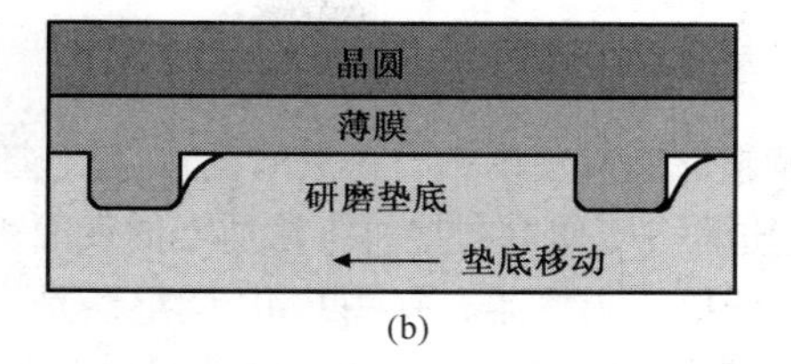

(b)

图 12.17　(a) 粗糙垫底示意图；(b) 平滑垫底示意图

无研磨浆的研磨衬垫通常由四层材料组成，包括：微化研磨料、坚硬层、弹力层和自动附着支撑层。因为研磨粒子来自衬垫表面，所以在 CMP 工艺过程中，只需要将超纯水或碱性溶液加到衬垫表面。无研磨浆衬垫的优点是可以显著简化研磨浆的存储、配送和混合工艺，只需简单的调整就可以用在现存的 CMP 系统中。某些 CMP 系统设计成具有无研磨浆的研磨衬垫，衬垫在 CMP 过程中卷成一个卷筒形，所以并不需要表面调整系统。

图 12.18　研磨垫底及研磨调整器

12.2.3　研磨头

研磨头又称晶圆装载具，它包括研磨头主体、固定环、装载薄膜及向下推进系统(见图 12.19)。装载具膜(或称载具薄膜)由带有管状结构的聚氨酯或类似橡胶的材料制成。装载具膜主要的目的是支撑晶圆并将其安置在载具内，否则金属研磨头的向下压力会造成晶圆损伤。有弹性的装载具膜会对晶圆背面进行调适，所以压力会均匀地施加在晶圆上。它可以抵消晶圆的变形，比如由于薄膜或热应力引起的弯曲或变形，并且可以改善 CMP 工艺的均匀性。装载具膜的重要参数是多孔性及压缩性。均衡压缩的薄膜对完成均匀 CMP 工艺很重要。薄膜必须保持干净，因为研磨浆粒子可以驻留在薄膜内引起晶圆损伤。

可塑性固定环的作用是防止晶圆滑出晶圆装载具。固定环可以足够维持几千次晶圆研磨。晶圆通过真空吸盘夹在载具上；加压的载具反应室会把向下的压力传送到晶圆并将晶圆推送到研磨垫上。充气系统可以调整固定环的位置以便独立控制靠近晶圆边缘的研磨速率，并能帮助减少阴影效应。图 12.20 显示了研磨头的示意图。

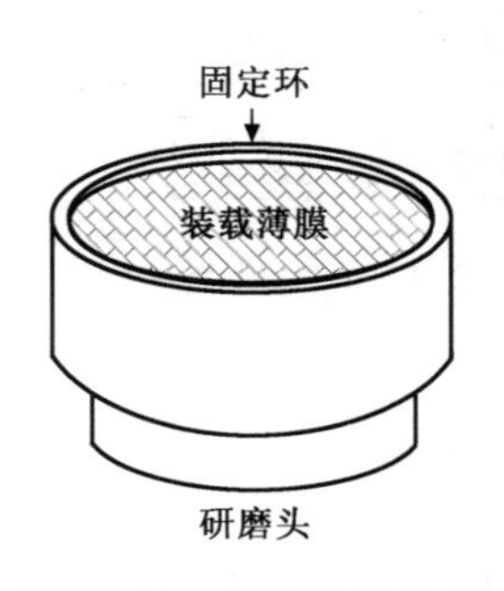

图 12.19　研磨头示意图

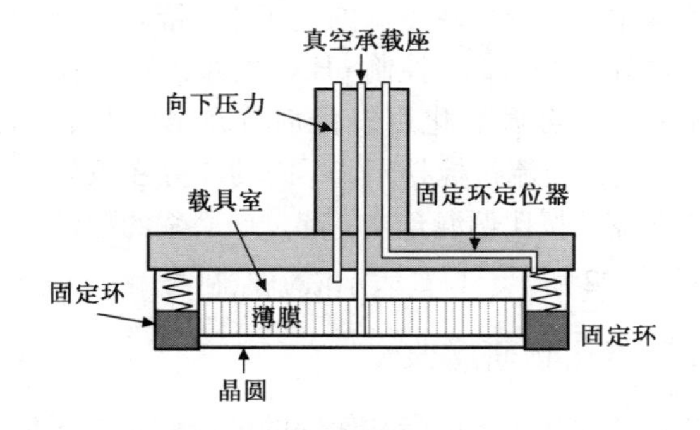

图 12.20　研磨头示意图

12.2.4 垫片调整器

垫片调整器通常使用钻石涂敷的旋转盘扫过研磨衬垫表面，以增加粗糙度并移除使用过的研磨浆。在制造过程中，研磨衬垫将维持适当的表面粗糙度以达到良好的平坦化研磨效果。大部分 CMP 工具都有临场垫片调整器。有些 CMP 调整器是一个不锈钢圆盘，在其表面涂有镀镍的钻石碎粒。钻石 CMP 调整器现在已经变得越来越常见，它由涂敷了一层 CVD 硅的不锈钢圆盘制成，CVD 钻石薄膜覆盖住的钻石碎粒均匀分布在硅的表面。图 12.21 显示了上述钻石调整器的表面。

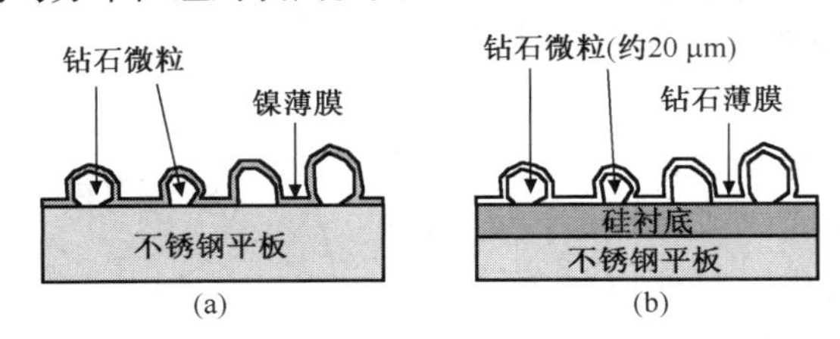

图 12.21 (a) 镀镍调整器表面；(b) 钻石调整器表面

当衬垫研磨晶圆时，垫片调整器会同时将研磨衬垫表面变成粗糙表面，从而能确保衬垫粗糙度在研磨过程中不会改变，并且保持始终如一的晶圆对晶圆均匀性。

12.3 CMP 研磨浆

研磨浆在 CMP 技术中扮演非常重要的角色。研磨浆中的粒子会机械性摩擦晶圆表面并移除表面的材料。研磨浆溶液中的化学物质会与表面材料或粒子发生反应并将材料溶解或形成化合物，这些化合物会被研磨粒子移除。CMP 研磨浆添加物可以帮助获得所需的研磨结果。事实上，CMP 研磨浆就如同牙膏一样：刷牙时粒子就从牙齿表面磨去不要的涂敷层，添加物的化学反应会杀死细菌、移除牙垢，并且在牙齿上形成保护层。

使用在 CMP 工艺中的研磨浆，一般由带有研磨作用的粒子和化学添加物组成的水性化学药品。不同的研磨工艺需要不同的研磨浆，研磨浆会影响化学机械研磨工艺的移除速率、选择性、平坦性以及均匀性，因此研磨浆通常针对某种特殊应用并进行精确处理和配置。化学机械研磨工艺中有两种主要的研磨浆：一种是氧化物移除用研磨浆，另一种是金属移除用研磨浆。氧化物研磨浆通常是一种具有悬浮二氧化硅的碱性溶液，而金属研磨浆是一种带有氧化铝颗粒的酸性溶液。研磨浆内的添加物可以控制 pH 值，它会影响化学机械研磨工艺中的化学反应并帮助达到最佳的制造结果。

研磨浆的成分存储在不同的瓶子中，带有粒子的超纯水放在一个瓶内，控制 pH 值的添加物放在另一个瓶中，而金属氧化用氧化剂放在第三个瓶中。通常，它们会流过搅拌器，不同的成分在该处会根据工艺需求按比例混合在一起。研磨浆的配送系统如图 12.22 所示。LFC 表示液流控制器。

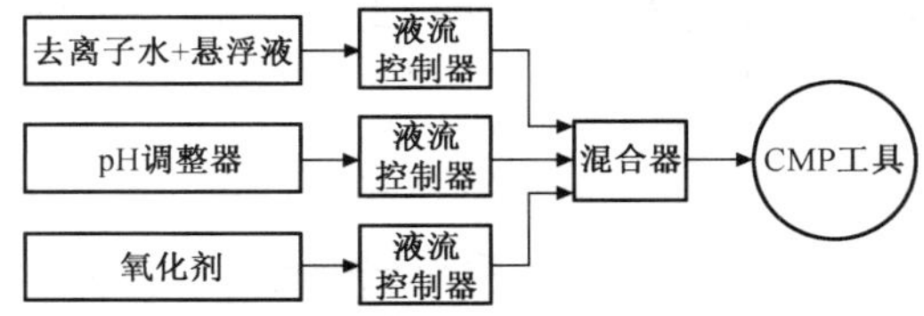

图 12.22 研磨浆配送系统

12.3.1 氧化物研磨浆

集成电路制造工艺中最常使用的电介质是二氧化硅。STI 工艺需要氧化物 CMP，ILD0 需要光刻工艺前利用 CMP 平坦化表面。氧化物化学机械研磨技术的研磨浆是从光学工业的经验中发展出来的，这种研磨浆通过精细抛光硅酸盐玻璃制造光学设备用透镜和反射镜。氧化物研磨浆通常由二氧化硅(SiO_2)粒子的胶状悬浮液和碱性添加物组成。通常 KOH 用来调整 pH 值，有时也使用 NH_4OH，碱性溶液 KOH(通常低于 1%)常用于将研磨浆的 pH 值控制在 10 ~ 12 之间。

pH 值代表水溶液的酸碱度，它的范围为 0 ~ 14。pH 值为 7 代表中性；水溶液的 pH 值低于 7 是酸性(越低的 pH 值，酸度越强)。碱性水溶液 pH 值高于 7(越高的 pH 值，碱性越大)，如图 12.23所示。

悬浮在溶液中的细微二氧化硅颗粒是化学机械研磨中的研磨料。氧化物研磨浆通常含有大约 10% 的固体。采用适当的温度控制可以使这些研磨浆有长达一年的保质期。

二氧化硅颗粒通过四氯化硅在氢氧火焰的气相水解反应过程中形成。化学反应可以表示为：

$$2H_2 + O_2 \rightarrow 2H_2O$$

$$SiCl_4 + 2H_2O \rightarrow SiO_2 + 4HCl$$

完整的反应方程式可以表示为：

$$SiCl_4 + 2H_2 + O_2 \rightarrow SiO_2 + 4HCl$$

这个反应大约在 1800℃时形成二氧化硅粒子。粒子的大小从 5 nm 到 20 nm，这与工艺参数有关。粒子将碰撞并聚合形成分叉链结构。图 12.24 说明了气相二氧化硅的形成过程。

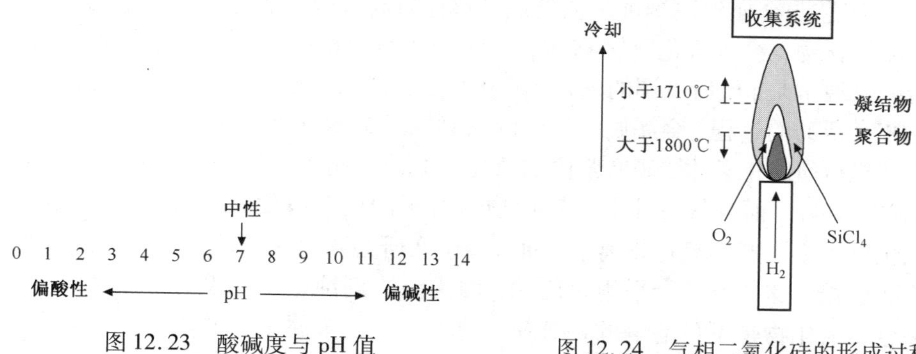

图 12.23　酸碱度与 pH 值

图 12.24　气相二氧化硅的形成过程

研磨浆的 pH 值将严重影响二氧化硅颗粒。这些粒子会获得表面电荷，而电荷的极性和带电量则取决于溶液的 pH 值。当 pH 值达到 7.5 时，液态媒介物中的二氧化硅研磨浆黏滞度会高到足以防止二氧化硅颗粒扩散。当 pH 值高于 7.5 时，二氧化硅颗粒就会获得足够的电荷而产生静电排斥作用，排斥作用将有效分散研磨浆中的二氧化硅颗粒。当 pH 值高于 10.7 时，粒子就会分解并形成硅酸盐。

另一种用于氧化物 CMP 工艺中的二氧化硅研磨料是硅胶，也被称为沉积白炭黑。硅胶可以由碱硅酸盐溶液获得。在近似中性的条件下，硅胶成核形成直径 1 ~ 5 nm 的胶体二氧化硅粒子。如果 pH 值保持为弱碱性，胶体二氧化硅粒子将不会融合在一起，它们逐渐成长为 100 ~ 300 nm的更大尺寸。一些较大的颗粒可以继续生长，大颗粒(LPC)是决定浆料的一个重要因素。大颗粒(大于 1 μm)需要被过滤，因为它们会在 CMP 制程中产生划伤缺陷。图 12.25 显示了气相二氧化硅和胶体二氧化硅微粒的区别。

对于 STI 氧化物 CMP 工艺，需要对氮化物有高选择性，这样可以使研磨停止于氮化硅停止层，这种停止层在 STI 刻蚀工艺中称为硬掩膜层。具有氧化铈(CeO_2)研磨料的浆料在 IC 工业中已经研制成功。这种浆料在弱碱性水介质中含有约 5% 的氧化铈。通过使用树脂型氧化铈研磨磨料，这种浆料可以实现高的形貌选择性，并可以在大的场氧区避免蝶化效应(见图 12.26)。与硅研磨颗粒浆料相比，具有氧化铈的研磨浆料可以达到对氮化物更好的选择性，也可以减小 STI 氧化物 CMP 工艺中的蝶化效应。

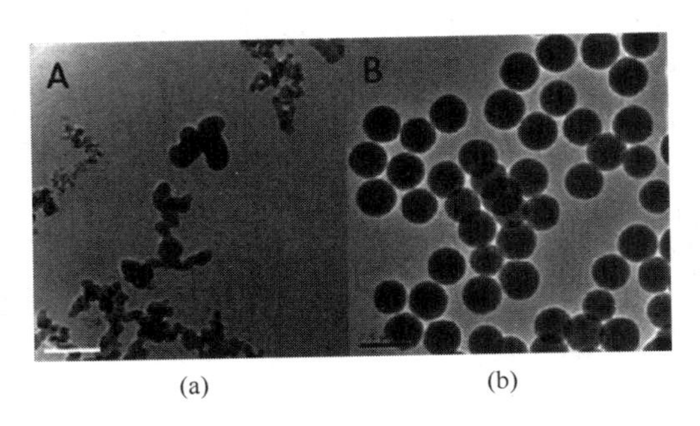

图 12.25 二氧化硅研磨浆料颗粒 SEM 示意图。(a) 气相二氧化硅；(b) 硅胶(来源：Fujimi公司)

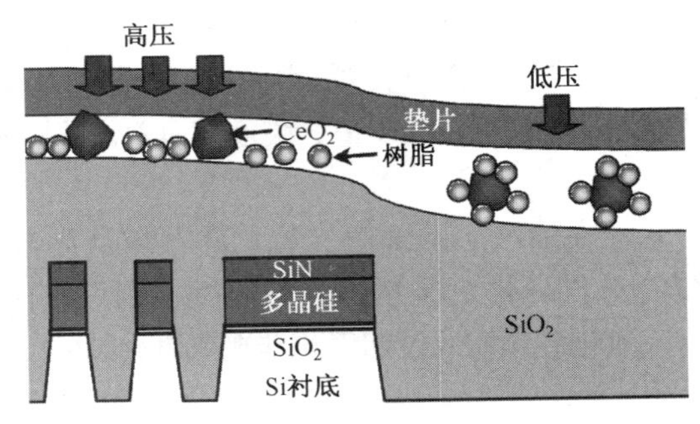

图 12.26 具有 CeO_2 研磨浆料和树脂添加剂的 STI CMP示意图(来源：Y. Matsui, et al., ECS Transactions, Vol. 11, pp. 277, 2007)

12.3.2 金属研磨用研磨浆

金属 CMP 工艺与金属湿法刻蚀工艺类似。首先研磨浆内的氧化剂会与金属产生反应并在金属表面形成氧化物，然后氧化物被移除，又将金属表面暴露而氧化，然后氧化物再次被移除。金属研磨浆通常是 pH 值可调的氧化铝(Al_2O_3)悬浮物。研磨浆的 pH 值可以控制两个对金属移除工艺有帮助的过程：金属腐蚀性的湿法刻蚀和金属氧化的钝化作用。

金属化学机械研磨工艺中，研磨浆内的氧化剂会使金属表面氧化。在不同的条件下，不同的金属氧化物被移除，而且每一种金属氧化物都有不同的溶解度，从而导致两种竞争移除过程。假如氧化过程主要产生氧化物离子，而该离子在研磨浆溶液中是可溶的，湿法刻蚀将控制整个金属移除过程。这并不适合平坦化应用，因为湿法刻蚀是一种没有形貌选择性的等向性技术。如果金属氧化物是不可溶解的，则氧化物将涂敷在金属表面并阻止进一步氧化。研磨浆中的细微氧化颗粒就会机械性地磨损钝化的氧化层，并暴露金属表面，允许金属氧化作用并使氧化物磨损过程反复进行。这个化学机械移除工艺有很高的表面形貌选择性，从而比较适合表面平坦化。添加物通常用在化学机械研磨的研磨浆中控制 pH 值，并使刻蚀、钝化作用和氧化物移除之间达到平衡，获得最佳的金属 CMP 结果。

12.3.3 钨研磨浆

钨可以在钨 CMP 工艺过程中利用 pH 值低于4 的酸性溶液通过化学反应形成 WO_3 钝化表面。对于较高的 pH 值，可溶解的 $W_{12}O_{41}{}^{10-}$、$WO_4{}^{2-}$ 以及 $W_{12}O_{39}{}^{6-}$ 离子就会在溶液内形成，钨以高的湿法刻蚀速率被刻蚀。图 12.27 说明了钨的电位(pH 值图表)，称为钨的 Pourbaix 图。它表明了不同 pH 值和电位时的钝化作用区和湿法刻蚀区。可以看出，当 pH 值小于 2 时，钨在钝化作用区域。

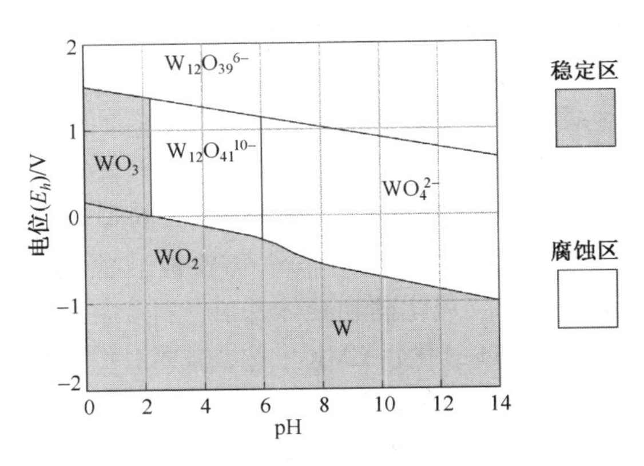

图 12.27 钨的 Pourbaix 图

然而当氧化剂存在时，如铁氰化钾（$K_3Fe(CN)_6$）、硝酸铁（$Fe(NO_3)_3$）或过氧化氢（H_2O_2），钨被钝化的 pH 值范围可以扩展到6.5。通过调整研磨浆的 pH 值，可以同时获得低的湿法刻蚀速率及钨薄膜的化学机械移除。

钨的研磨浆通常显酸性，pH 值的范围为4 ~2。与氧化物研磨浆相比，钨研磨浆的固体含量较低而且保质期较短。在这个 pH 值下，氧化铝颗粒在研磨浆内并不是胶状悬浮物，所以钨研磨浆配送去 CMP 工艺时需要机械搅拌。

12.3.4　铝与铜研磨浆

铝研磨浆通常是以水为基础的酸性溶液，它以 H_2O_2或胺（Amines）和 H_2O_2的混合物作为氧化剂，并用氧化铝作为研磨料。它们的保质期都很有限，因为 H_2O_2分子不稳定且易于分解变成 H_2O，同时释放出氧自由基。从 45 nm 技术节点，铝 CMP 已经用于代替栅或高 k 金属栅 HKMG 最后工艺而形成先进 MOSFET 金属栅电极。

图 12.28 说明了铜的电位。当5 < pH < 13 时，铜在钝化作用区。为了获得一致的研磨效果，需要胶状稳定的研磨浆。当 pH 值小于 7 时，胶状稳定的氧化铝悬浮物刚好可以形成，所以铜研磨浆只有很小的工艺窗口可以达到电化学钝化作用使水性氧化铝粒子变成胶状稳定悬浮物。

铜研磨浆通常是以氧化铝为研磨料的酸性溶液。不同的氧化剂都可以使用，如过氧化氢（H_2O_2）、带有硝酸（HNO_4）的乙醇（HOC_2H_5）、带有铁化钾或铁氰化合物的氢氧化铵（NH_4OH）或硝酸。

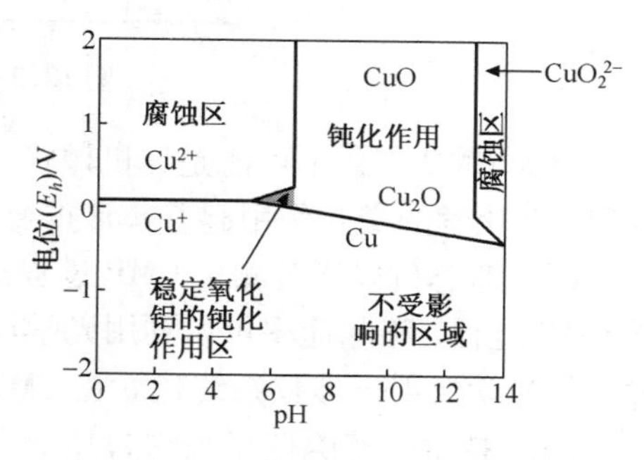

图 12.28　铜电位与 pH 值的关系图

自问自答

问：氧化物研磨浆使用二氧化硅作为研磨料，而金属研磨浆使用氧化铝。请问可以调换或一起使用吗？

答：二氧化硅颗粒可以与硅玻璃表面的原子形成化学键，并通过二氧化硅颗粒将玻璃表面的原子或分子去除以辅助氧化硅去除过程，同时在高 pH 值溶液中将离子溶解；氧化铝无法与氧化物薄膜形成化学键，而且在高 pH 值水溶液中不可溶解，因此氧化铝只能使得氧化物的去除过程形成机械磨损，这将导致研磨速率变低。二氧化硅与氧化铝都可以用于金属研磨浆中作为研磨料，然而使用二氧化硅将导致高的氧化物去除速率，这会使得金属对氧化物研磨的选择性变差。

通过将 $Al(OH)_4^-$ 加入研磨浆料，可显著改善胶体的稳定性。铝改善胶体二氧化硅磨料的铜 CMP 工艺可以实现高的移除速率、良好的平坦化和蝶化效应。

12.4　CMP 基本理论

12.4.1　移除速率

机械移除速率 R 是普莱斯顿（Preston）研究有关玻璃研磨技术时发现的。普莱斯顿方程式可以表示成：

$$R = K_p \cdot p \cdot \Delta v$$

其中，p 是研磨压力，由向下的力除以接触面积获得；K_p是普莱斯顿系数，它与特殊的工艺条件有关而且由经验决定；Δv 是晶圆与研磨衬垫之间的相对速度。普莱斯顿方程对大块薄膜的研磨工艺有很好效果。因为在粗糙表面的突出部分要比其他表面有高的研磨压力，从普莱斯顿方程可以看出，突出部分的移除速率比其他表面的高，这可以帮助移除表面粗糙形貌而将表面平坦化。图 12.29表明，晶圆的突出部分有较高的研磨压力。

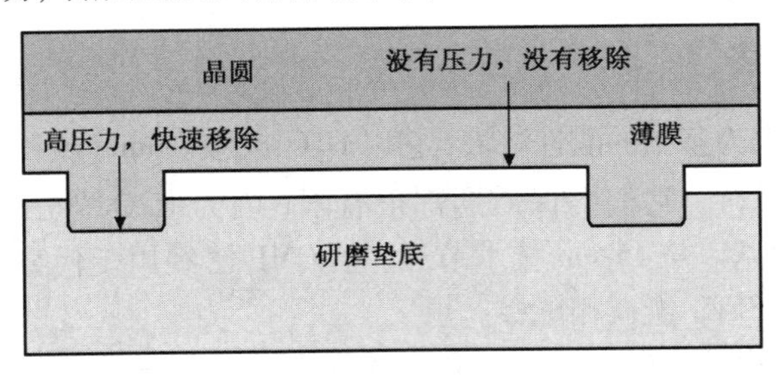

图 12.29　机械研磨的形貌选择性

因为 CMP 工艺不可能是纯机械式，普莱斯顿方程通常无法将工艺描述得非常精确。移除过程中，化学的交互作用起着非常重要的作用，尤其对于金属 CMP 技术。

研磨速率可以通过测量 CMP 过程前后的薄膜厚度变化除以 CMP 的时间确定。对于电介质 CMP 过程，移除速率可以利用光学反射干涉仪进行临场监测，这部分内容在第 10 章中讨论过了。光学反射干涉仪系统建立在 CMP 系统内用于监测研磨工艺终点。

CMP 技术的移除速率大约为几千埃/分钟，主要由向下的压力、研磨衬垫的硬度及所使用的研磨浆量决定。不同的薄膜有不同的研磨速率。例如，硅玻璃有不同的研磨速率，SOG 薄膜、PECVD 氧化物薄膜以及 O_3-TEOS 氧化物都有不同的研磨速率。掺杂氧化物薄膜的研磨速率不同于未掺杂氧化物薄膜的研磨速率。

如果移除速率在一般的工艺中逐渐下降，最有可能的问题就是衬垫表面的退化。如果衬垫需要适当调整，则表示衬垫需要更换了。

12.4.2　均匀性

对于 200 mm 晶圆，需要 49 点，3σ 标准差测量技术定义 CMP 工艺薄膜的均匀性和 CMP 工艺前后均匀性的改变。对于 300 mm 晶圆，需要 121 点测量技术。对于产品晶圆，只有 CMP 工艺后的均匀性才能被监测到。

晶圆内(WIW)和晶圆对晶圆(WTW)均匀性都受研磨衬垫状况、向下的压力分布、晶圆对研磨衬垫的相对速度、固定环的位置以及晶圆形状的影响。通过采用较硬的衬垫和较低的压力(低于 2 psi)，可以获得小于 3% 的非均匀性(或大于 97% 的均匀性)。

12.4.3　选择性

移除选择性是不同材料移除速率的比值。对于需要移除的薄膜和不被移除的材料，较大的移除速率比是 CMP 工艺所要求的。在 CMP 工艺中，移除选择性是一个非常重要的因素，它将明显影响 CMP 形成缺陷，如腐蚀或蝶化，而且对终点监测也很重要。研磨浆化学品是影响 CMP 工艺移除选择性的主要因素。对于 STI 技术中的氧化物 CMP 工艺，氧化硅对氮化硅的高选择性确保研磨工艺停止在氮化硅表面。氧化硅对氮化硅的选择性在 3 ~ 100 之间，其因研磨浆的类型、衬垫的硬度、向下的压力以及衬垫的旋转速度不同而变。对于氧化平坦工艺在 PMD 与 ILD 中的应用，因为只有氧化物被研磨掉，所以选择性问题并不重要。对于钨的 CMP 工艺过程，选择性对氧化物和氮化钛非常重要。通常，钨对 TEOS 氧化物的选择性都很高，在 50 ~ 200 范围之间。

对于特定金属 CMP 研磨浆，化学氧化剂的活性对移除速率和选择性控制非常关键，这使得氧化剂的选择成为金属研磨浆工艺中最关键的因素。选择性也与图形密度有关，例如钨 CMP 技术中，对于没有图形的整片薄膜研磨，钨对氧化物的移除速率比可以高达 150∶1。实际上，这个比率比该值小很多，要根据每一种材料的图形密度而定。图形密度越高，移除的选择性就越低，选择性的损失将导致钨与氧化物薄膜的腐蚀效果(见图 12.30)。

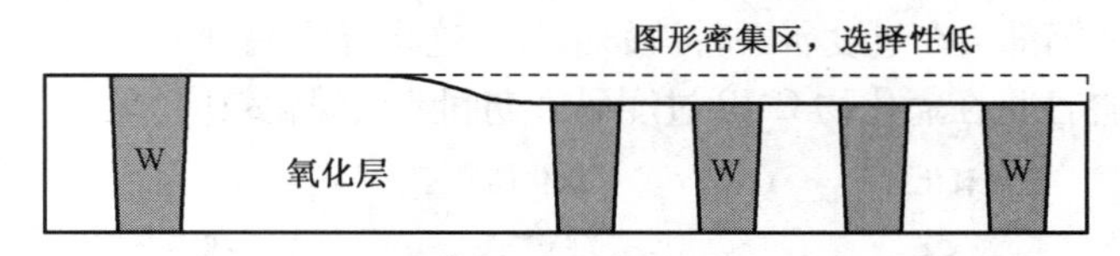

图 12.30　高图形密度的腐蚀效果

集成电路的版图将直接影响腐蚀问题。当芯片表面的开放空间小于 30% 时，可以解决腐蚀问题。很多情况下，没有作用的陪衬结构用来避免图形密度的变化以及 CMP 腐蚀作用。

12.4.4　缺陷

CMP 技术可以从晶圆表面移除许多缺陷，从而可以帮助改善产品的成品率，然而也将会引入一些工艺方面的缺陷，如刮痕、残余的研磨浆、粒子、腐蚀及蝶化。

尺寸较大的外来粒子以及坚硬的研磨衬垫将导致晶圆表面上形成刮痕。氧化物 CMP 工艺将造成刮痕，钨会填入这些氧化物表面刮痕内，并在钨 CMP 之后，只能通过显微镜才能观察到钨金属丝，这会导致短路或交互影响而降低集成电路的成品率。

不适当的向下压力、磨坏的研磨材料、不适当的衬垫调整、粒子的表面吸附以及研磨浆变干，都会导致研磨浆的残渣滞留在晶圆表面，从而造成污染缺陷并降低集成电路的成品率。CMP 后清洗对移除研磨浆残渣以及改善工艺成品率很重要。

腐蚀问题主要由图形密度所造成的选择性恶化引起(见图 12.30)。它会在金属连线的后续层中导致不完全的连线，因为它会增加金属层间接触窗孔的深度，进而导致不完整的金属层接触窗孔刻蚀，并在下一个双重金属层镶嵌连线之间形成断路(见图 12.31)。

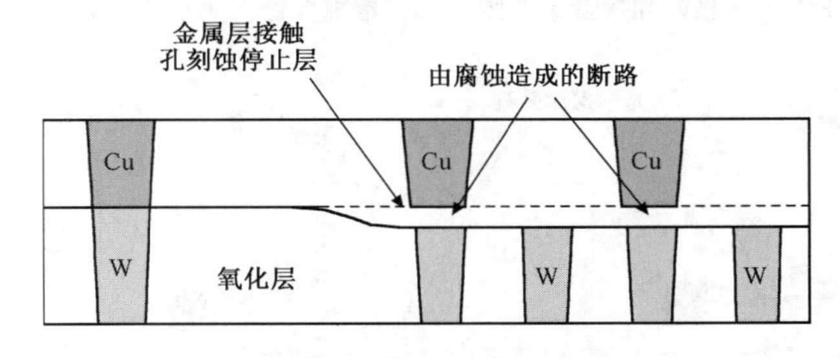

图 12.31　腐蚀造成的断路问题

蝶化效应通常发生在较大的开放区，如氧化中的大型金属衬垫或沟槽内的 STI 氧化物。因为有较多的材料从区域的中心部分移除，而横截面看起来如同一个碟子(见图 12.32)，所以就称为蝶化效应。

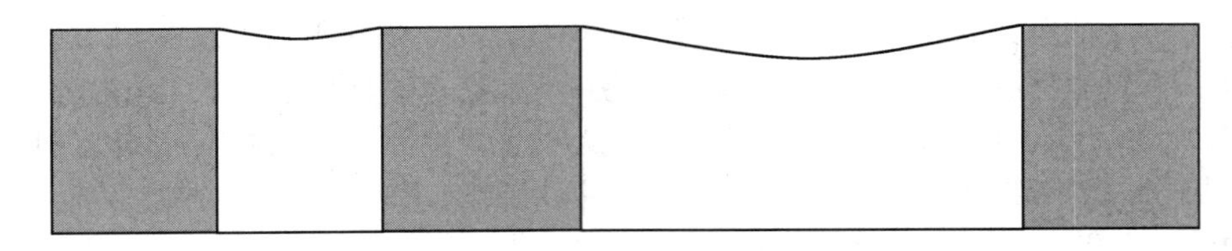

图 12.32　蝶化效应示意图

蝶化与腐蚀效应都与移除的选择性有关。例如，钨 CMP 工艺中，假如钨对氧化物的选择性太高，当主体层被移除后，过度研磨过程中蝶化和凹陷现象就有可能发生在钨栓塞和衬垫层上。假如选择性不高，氧化物和钨都会在过度研磨时被研磨掉，这将导致腐蚀效应。在 STI 形成过程中，氧化物对氮化硅的高选择性将在氧化物 CMP 过度研磨期间造成蝶化效应(见图 12.33)。

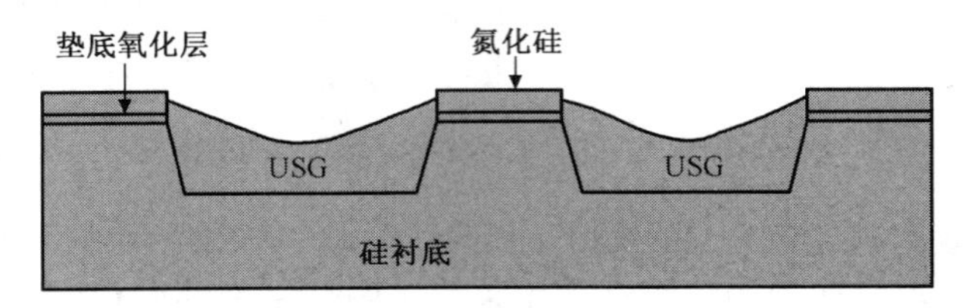

图 12.33　STI USG 蝶化和凹陷效应

蝶化和凹陷可以通过原子力显微镜(AFM)测量。原子力显微镜的顶端有一个微小的硅或氮化硅悬臂探针。探头尖端的半径为纳米量级，这种探针可以扫描探测样品的表面而不直接接触样品，这是因为探针原子和样品表面原子之间具有斥力。这种相互作用沿着样品表面缺陷的悬臂。通过记录由样品表面变化引起的反射变化，AFM 可以测量纳米级的表面粗糙度。可以在探针顶端生长硅纳米管晶须或碳纳米管晶须帮助改善纳米级测量的分辨率。图 12.34 所示为有和没有纳米管晶须的 AFM 系统悬臂和探针，图 12.35 显示了 AFM 测量过程。

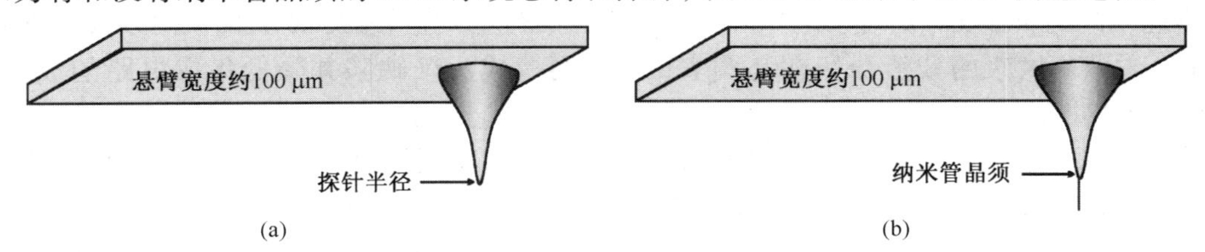

图 12.34　AFM 系统悬臂和探针示意图。(a) 常规探针；(b) 具有纳米管晶须的探针

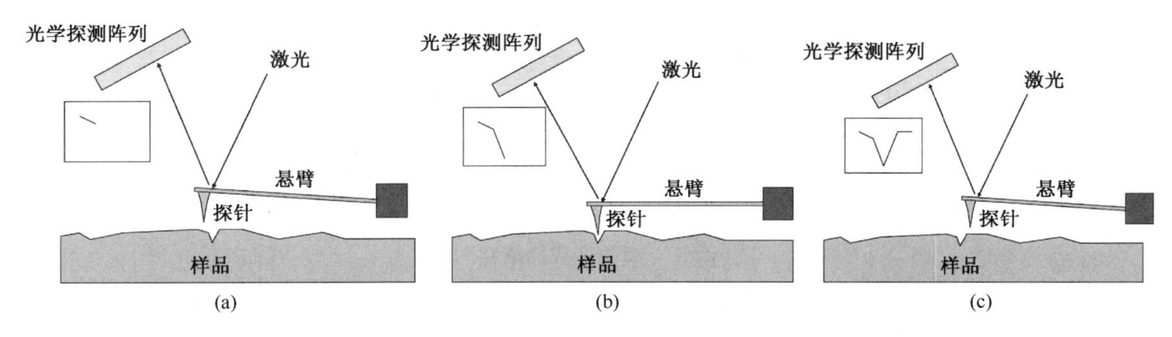

图 12.35　AFM 测量过程

通过扫描密集扫描线的较小区域，可以形成原子力显微镜图像，这可以显示微观图像的三维轮廓。原子力显微镜也可以测量图形的关键尺寸、光刻胶的高度和轮廓，以及刻蚀图形的轮廓。因为 AFM 测量非常缓慢，所以主要用于研究和开发(R&D)，以及故障排除。AFM 也可以作为关键工具校准测量系统的关键尺寸，如散射系统。

粒子与缺陷可以通过光散射法测量。因为粒子与缺陷是不规则的表面形貌，将散射入射光线，然而平滑的表面只反射入射光，通过监测散射光，可以监测晶圆表面上的粒子和缺陷，图 12.36显示了光散射粒子测量装置示意图。

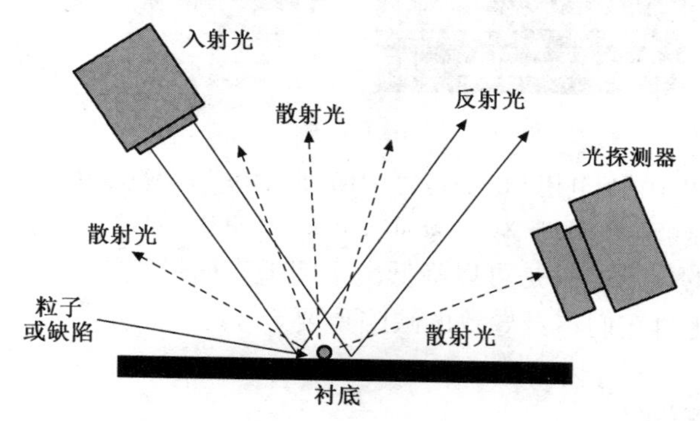

图 12.36　光散射粒子测量装置

因为散射光的强度很弱，通常采用椭圆镜面收集光线。椭圆镜面可以收集从焦点散射出的所有光，并将光线反射到另一个焦点上。通常粒子监测系统以如下的方式设计：激光束从椭圆镜面的一个焦点上垂直扫描晶圆表面，而光探测器放置在另一个焦点上。这个设计可以让使用者通过移动晶圆收集大部分的散射光以监测粒子和缺陷，并能绘制它们在晶圆表面上的位置。图 12.37所示为粒子监测器原理。

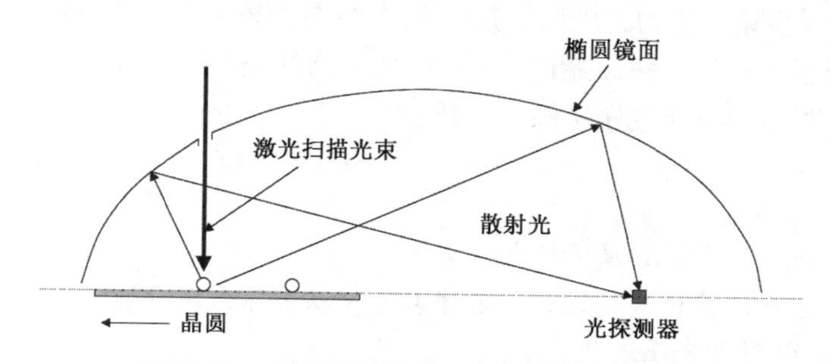

图 12.37　具有椭圆镜面的光散射粒子监测器

扫描式电子显微镜(SEM)被广泛使用在缺陷监测上。SEM 使用高能电子射束扫描晶圆表面，并收集二次电子发射信号探测晶圆表面上只能通过显微镜观察到的图形。SEM 可以用一种靠近观察缺陷斑点的方式测定不同种类的缺陷。

由于电子束可以使表面带电而影响二次电子发射，接地金属接触栓塞的 SEM 信号与没有接地的信号有较大差别，这就是所谓的电压对比。只有电子束检测(EBI)才有电压对比信号，电压对比可以用于捕获电缺陷，如接触栓塞和通孔栓塞的开路(见图 12.31)和结穿透引起的结漏电(见图 11.15)。90 nm 技术节点之后，WCMP 工艺后广泛应用 EBI，因为它可以捕获光学检测无法捕捉到的电缺陷或电压对比缺陷，图 12.38(a)显示了通过 EBI 捕获的电压对比缺陷，图 12.38(b)为这种缺陷的截面 TEM 图像，它表明亮的钨栓塞与漏电的 N +/P 结接触，漏电原因是由于镍硅化物沿位错线扩散并使 NMOS 源/漏极与衬底短路。

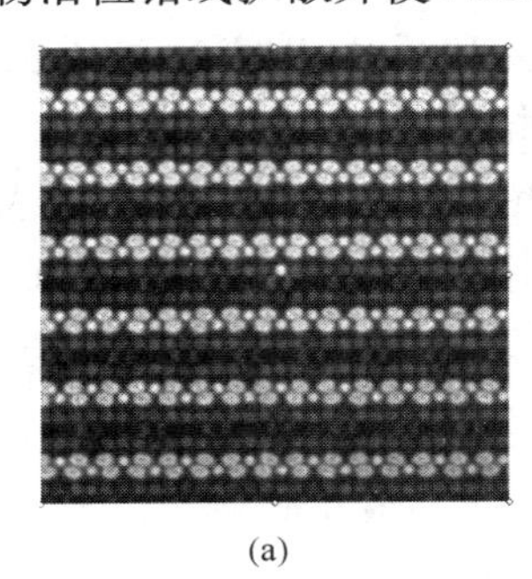
(a)

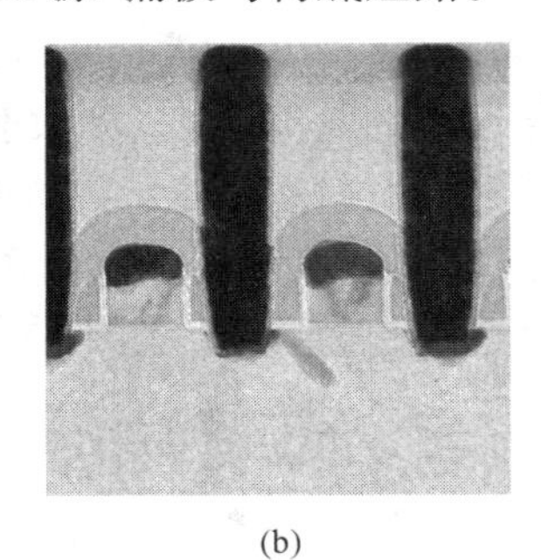
(b)

图 12.38 (a) WCMP 工艺后利用 EBI 获得的 NMOS 漏电作为明线显示的电压比；(b) 缺陷的截面 TEM 图像(来源：Hong Xiao, et al., Proc. of SPIE Vol. 7272, pp. 72721E-1, 2009)

CMP 技术最重要的优点之一是可以降低由于粗糙表面形貌引起的缺陷密度。CMP 工艺造成缺陷减少的好处远比由它们本身导致的缺陷重要。

12.5 CMP 工艺过程

化学机械研磨工艺有两种。一种是平坦化工艺，它可以移除部分薄膜(约 1 μm)并平坦化薄膜表面。另一种是研磨移除过程，在这个过程中，表面上大量的薄膜会被研磨工艺移除，只留下填充沟槽或窗孔的部分。

对于铝铜互连线工艺，最常见的化学机械研磨工艺是氧化物 CMP 和钨 CMP。大部分的氧化物化学机械研磨工艺都是平坦化过程，如 ILD CMP 工艺。只有 STI 氧化物 CMP 是一种移除工艺，从晶圆的表面移除氧化物，并且只把氧化物留在沟槽内作为相邻电子元器件之间的隔离。钨化学机械研磨工艺是一种移除过程，可以从晶圆的表面移除大量的钨，并在接触孔内留下少量的钨形成栓塞作为不同金属层间的连线。

自问自答

问：双重金属镶嵌铜 CMP 属于哪种工艺?

答：铜 CMP 是一种移除工艺过程，这种工艺可以去除大量的铜而只将铜留在沟槽和金属接触孔内形成金属连线。

12.5.1 氧化物 CMP 过程

在光学工业中，氧化硅 CMP 工艺长期用于细磨及研磨玻璃表面制造透镜和镜面。早期的氧化物 CMP 工艺由 IBM 公司在 20 世纪 80 年代中期结合玻璃研磨和晶圆裸片研磨技术发展起来。

氧化硅 CMP 工艺制造过程中，研磨浆内的二氧化硅粒子与氧化物薄膜表面之间的化学反应过程如下。首先，当氧化物薄膜与以水为基础的研磨浆料接触后，氧化物薄膜的表面和二氧化硅粒子的表面都会同时形成氢氧根(Hydroxyls)，如图 12.39(a)所示。然后氧化物表面的氢氧根和研磨浆内的二氧化硅颗粒形成氢键，如图 12.39(b)所示。由机械研磨产生的热量在两者表面之间形成分子键，如图 12.39(c)所示。与晶圆表面成键的粒子在机械移除过程中就会把原子或分子从晶圆表面撤离，如图 12.39(d)所示，这对移除过程有显著帮助。图 12.39 说明了氧化物研磨的工作原理。

在非水溶液内无法观察到氧化物的研磨效应，这说明表面氢氧根的作用在硅玻璃研磨过程中很重要。没有粒子的情况下氧化物研磨无法进行，这说明粒子是主要的研磨机制。当二氧化硅溶解进入溶液变成硅酸盐阴离子时，二氧化硅研磨浆就具有较低的氧化物研磨能力(除非在高于 10 的 pH 值情况下)。因此在研磨浆中，较高浓度的氢氧根离子会明显增加硅玻璃的移除速率。

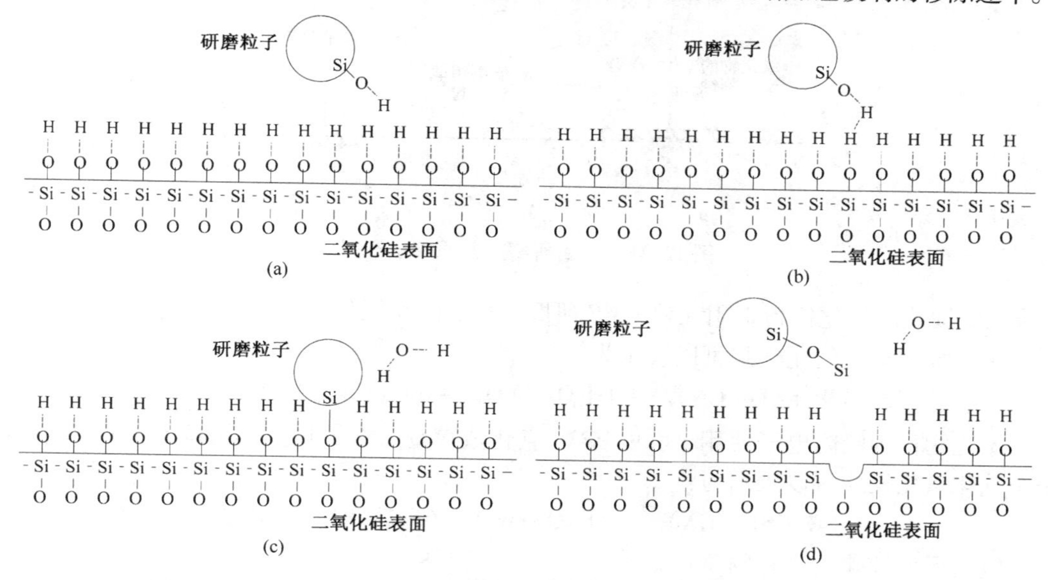

图 12.39　二氧化硅粒子研磨氧化层工艺原理。(a) 形成氢氧基；(b) 形成氢键；(c) 形成化学键；(d) 粒子和表面原子的移除

12.5.2　钨 CMP 过程

钨广泛用于形成栓塞以连接不同金属层。由于 CVD 钨薄膜有很好的间隙填充能力，通过将大量的钨移除并只保留接触孔中的钨，这样就形成了钨栓塞。对于仍然使用铝铜互连的 IC 工艺，半导体生产中最常见的金属化学机械研磨是钨化学机械研磨。包含钨 CMP 工艺技术的有非常先进的 DRAM 纳米存储器，以及从 0.25 μm 到 0.8 μm 技术节点的 CMOS 逻辑器件。钨 CMP 工艺被集成电路制造广泛采用之前，以氟为基础的 RIE 回刻蚀技术通常在钨 CVD 工艺后用于移除晶圆表面上的大量钨。

钨回刻蚀技术的优点是能够与钨 CVD 技术在同一个配套工具中以临场形式进行。然而，钨回刻蚀工艺通常导致 Ti/TiN 遮蔽层/附着层因受强的氟化学刻蚀变得凹陷，并影响芯片的成品率(见图 12.40)。非临场钨 CMP 工艺能明显改善成品率，所以快速取代了钨回刻蚀技术。

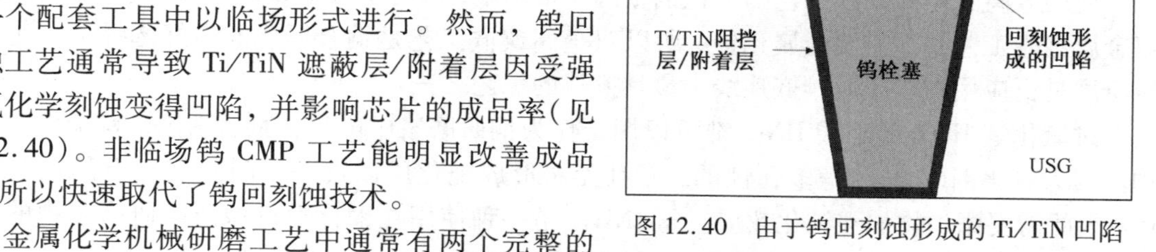

图 12.40　由于钨回刻蚀形成的 Ti/TiN 凹陷

金属化学机械研磨工艺中通常有两个完整的移除过程。一个是湿法刻蚀，在这个过程中，氧化剂与金属产生反应，形成可溶解在研磨浆溶液中的金属氧化物，这是纯机械刻蚀。另一个移除技术结合了化学和机械过程。在这种技术

中，氧化剂将在金属表面形成一层坚固的金属氧化物，用来保护金属表面并阻止进一步的氧化反应。研磨浆内粒子的机械磨损将移除被钝化的金属氧化物，并将金属表面暴露出来重复氧化过程和氧化物移除过程。图 12.41 说明了金属 CMP 技术中的两种移除过程。

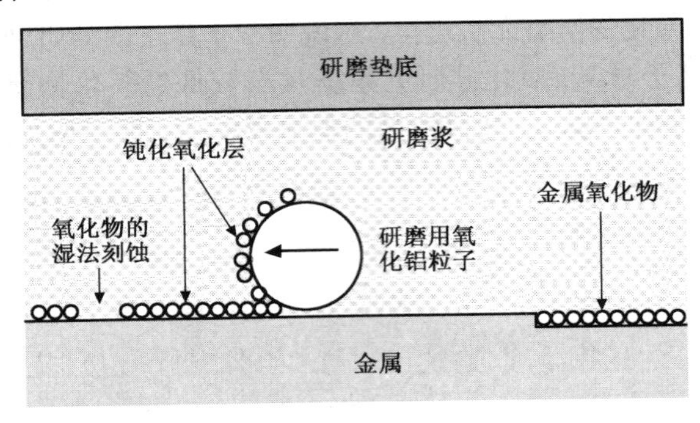

图 12.41　金属研磨工艺原理示意图

通常，细致的氧化铝粉末用在钨 CMP 研磨浆中，而铁氰化钾 $K_3Fe(CN)_6$作为刻蚀剂与氧化剂使用。湿法刻蚀的化学式可以表示为：

$$W + 6Fe(CN)_6^{-3} + 4H_2O \rightarrow WO_4^{-2} + 6Fe(CN)_6^{-4} + 8H^+$$

铁氰化物作为吸附电子使用，可以将 W 氧化成 WO_4^{-2}离子并使其溶解在研磨浆溶液中。另一个钝化氧化反应可以表示为：

$$W + 6Fe(CN)_6^{-3} + 3H_2O \rightarrow WO_3 + 6Fe(CN)_6^{-3} + 6H^+$$

这个反应会形成钝化的氧化物 WO_3。

钨 CMP 技术中，这两个竞争过程可以通过钨与研磨浆界面的局部 pH 值控制。这种状态可以通过添加物完成，如磷酸氢化钾(KH_2PO_4)可以将 pH 值调整为 5 ~ 6。为了改善研磨的平坦化，弱的有机碱，如二氨乙烯，可以进一步调整 pH 值使其接近中性值 7，从而可以增加钝化作用并减少湿法刻蚀。

因为铁氰化钾有剧毒，并且处理用过的研磨浆也会导致严重的环保问题，所以硝酸铁 $Fe(NO_3)_3$比较适合作为氧化剂。通常，钨 CMP 将采用两阶段研磨过程。第一个阶段是用 pH 值小于 4 的研磨浆移除大量的钨，第二个阶段是用 pH 值大于 9 的研磨浆移除氮化钛/钛堆叠的遮蔽层/附着层。

12.5.3　铜化学机械研磨过程

使用等离子体回刻蚀工艺图形化铜金属非常困难，因为不会形成易挥发的无机铜化合物。双金属镶嵌工艺并不需要金属刻蚀，所以双金属镶嵌工艺是铜金属化的最好选择。铜化学机械研磨是铜应用在双金属镶嵌连线中最具挑战的工艺之一。

过氧化氢 H_2O_2或硝酸 HNO_3都可以用于作为铜研磨浆中的氧化剂，氧化铝粒子作为移除物。因为氧化铜(CuO_2)是多孔性的，而且无法形成钝化层以进一步阻止表面上的铜氧化作用，因此需要添加物加强钝化效应。氨(NH_3)是一种使用在铜化学机械研磨研磨浆中的添加物。其他添加物如氢氧化铵、NH_4OH 或乙醇，都可以作为混合剂减少湿法刻蚀效应。

双金属镶嵌的铜金属化工艺中，大量的铜和钽遮蔽层都需要化学机械研磨工艺移除。因为铜研磨浆无法有效移除钽，所以过度的钽移除研磨将导致铜的凹陷及蝶化效应(见图 12.42)。

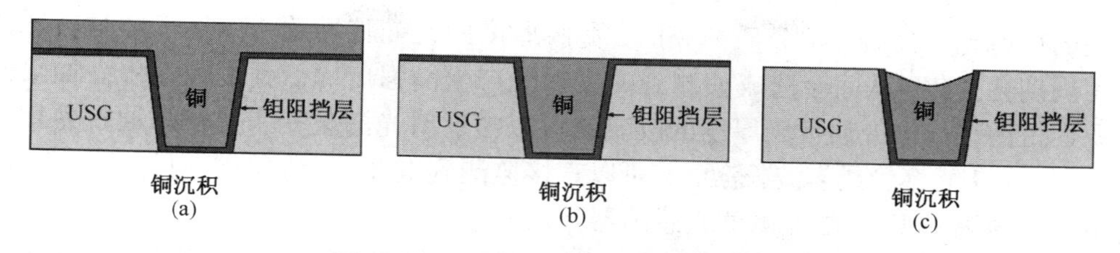

图 12.42　过度研磨形成的蝶化和凹陷

为了解决这个问题，一般采用具有两种研磨浆的研磨方法。第一种研磨浆主要移除大量的铜层，第二种研磨浆移除钽遮蔽层。使用第二种研磨浆之前，必须将所有的铜和第一种研磨浆从表面上完全去除，因为第二种研磨浆有很低的铜移除速率，这一点很重要。与单一种研磨浆的研磨方法比较，两种研磨浆过度研磨的铜损失范围明显减少，将铜研磨与遮蔽层研磨分开的两种研磨 CMP 可以降低铜蝶化及氧化物腐蚀效应。使用多重研磨平台能够大大简化多重研磨浆的 CMP 过程。

12.5.4　CMP 终端监测

CMP 工艺可以通过监视电机的电流或光学测量获得终端信息。当 CMP 接近终点时，研磨衬垫将开始接触并研磨底层，而且摩擦力会改变。为了保持固定的衬垫旋转速率，研磨头旋转电机的电流将会改变。通过监视电机电流的改变，可以找到 CMP 的终端信息，图 12.43 显示了铜 CMP 工艺过程中的电流改变。

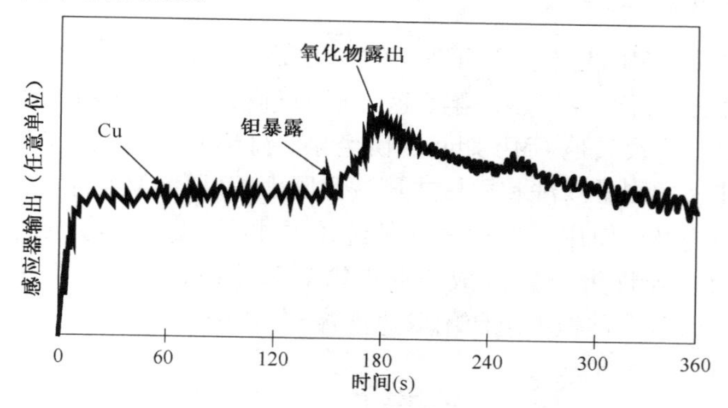

图 12.43　铜 CMP 工艺过程中电机的电流变化(来源:Aplex 公司)

CMP 工艺过程中，研磨铜时旋转电机电流接近常数。信号的干扰来自于电机的旋转频率。当铜被移除而钽遮蔽层暴露出来时，研磨的摩擦力就会增加。因此为了保持固定的旋转速率，旋转电机的电流就会增加。当钽遮蔽层被移除时，衬垫就开始研磨氧化物。当钽逐渐从表面被移除时，电流就开始下降，监测电流的改变决定铜 CMP 终端点的这种能力可以进行临场监测两种研磨浆研磨过程。在两种研磨浆工艺中，当终端监视器检测到电机的电流开始增加时，铜 CMP 便马上停止，然后晶圆将转移到另一个衬垫上并使用不同的研磨浆移除钽。

另一种使用在 CMP 中的终端技术是光学终端。对于电介质 CMP，薄膜厚度或薄膜厚度的改变都可以用光谱反射测量仪在临场情况下监测到。终端不是取决于厚度的改变就是取决于薄膜厚度本身。电介质表面以及电介质与衬底界面的反射光会相互干涉。干涉的情况可以是破坏性干涉，由薄膜的折射率、薄膜厚度以及光线的入射角决定。一般性干涉比破坏性干涉产生更明亮的反射光。当研磨电介质薄膜时，薄膜厚度的改变将导致一般性干涉与破坏性干涉之间产生周期性变化，从而会造成侦测到的反射光产生高强度和低强度的重复。如果使用单波长光源(如激光)，电介质薄膜厚度的改变就可以由反射光的改变来监测。通过使用具有宽光谱的光源，如 UV 灯管或多波长激光，可以直接监测到电介质薄膜的类型与厚度。图 12.44 说明了电介质薄膜 CMP 终端监测的光感测器。

对于金属 CMP 工艺，反射系数的改变可以作为工艺的终端监测。金属表面有较高的反射系数，当金属薄膜移除时，反射系数就明显降低，从而就提供了终端信息。图 12.45 显示了金属 CMP 终端监测工艺。

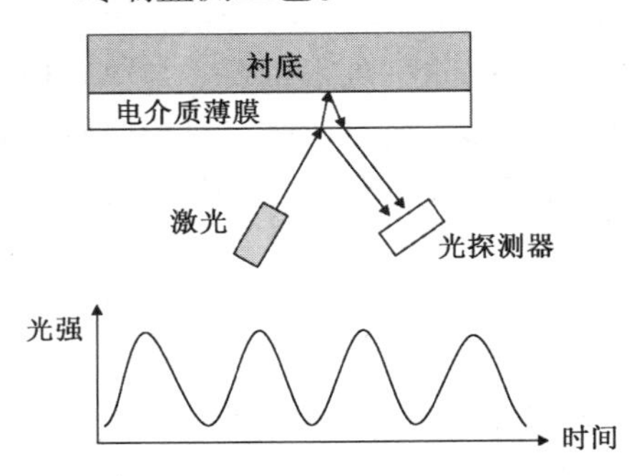

图 12.44 电介质薄膜 CMP 终端监测

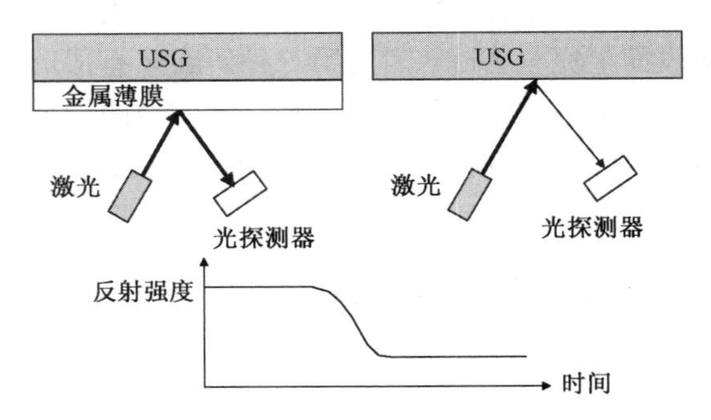

图 12.45 金属 CMP 终端监测

12.5.5 CMP 后清洗工艺

CMP 后晶圆清洗是 CMP 工艺中不可缺少的一道工艺。CMP 工艺之后，晶圆必须立刻被彻底清洗，否则晶圆表面上将产生很多缺陷，这与研磨过程和研磨浆有关。CMP 后晶圆清洗必须移除残余的研磨浆粒子及其他 CMP 期间因研磨浆、衬垫和调整工具形成的化学污染。CMP 后清洗包括使用超纯水的刷子清洗和机械式刷洗移除 CMP 研磨浆粒子。一般的刷子清洗过程涉及超纯水并通过冲洗喷嘴使用。通过增加超纯水的水量、刷洗压力或超声波可以达到较高的清洗效率。刷子由多孔性聚合物制成，能使化学药品通过并将其传送到晶圆表面，如图 12.46(a)所示。CMP 后清洗过程中也使用双边洗涤器，如图 12.46(b)所示。

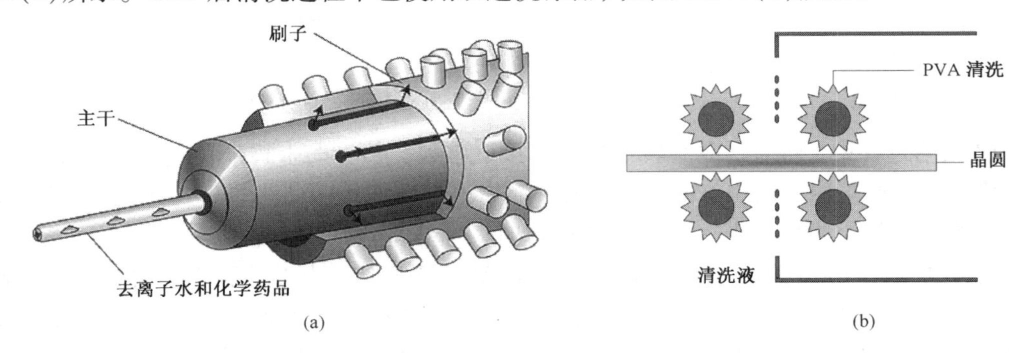

图 12.46 (a) 刷洗系统的核心结构(Lam 研究公司提供)；(b) 双边洗涤器示意图

当研磨浆在晶圆表面凝固时，有些研磨浆粒子会与晶圆表面的原子发生化学反应。化学添加物，如氯化铵(NH_4OH)、氢氟酸(HF)或介面活性剂，都可以减弱或破坏粒子表面的化学键而去除这些已成键的粒子。添加物可以帮助粒子从表面扩散并防止新的粒子在晶圆附近形成。避免晶圆表面的残余研磨浆凝固非常重要，因为研磨浆粒子会形成很强的化学键。带有化学添加物的超纯水可以减少粒子与晶圆之间的附着力。化学品也可以调整晶圆与粒子表面的电荷，这种静电排斥作用能防止粒子重新沉积在表面。酸性溶液可以氧化及溶解有机或金属粒子。图 12.47说明了酸性与碱性化学物质粒子去除过程。

氧化物 CMP 工艺后，来自研磨浆的二氧化硅颗粒不是附着在氧化物的表面就是被嵌入其中。当晶圆被转移到清洗工艺室时，保持晶圆潮湿非常重要。碱性化学品 NH_4OH 将用在氧化物 CMP 后的清洗过程中。碱性溶液会使二氧化硅颗粒和氧化物表面带负电，因此静电会将粒子从表面排斥掉。对于通过很强的分子键结合在晶圆表面的粒子，HF 可以破坏化学键或溶解二氧化硅颗粒以及部分的氧化物表面而移除粒子。频率在兆赫兹范围的超声波用在化学溶液中形成微小气泡，以内爆方式释放声波帮助移动粒子。

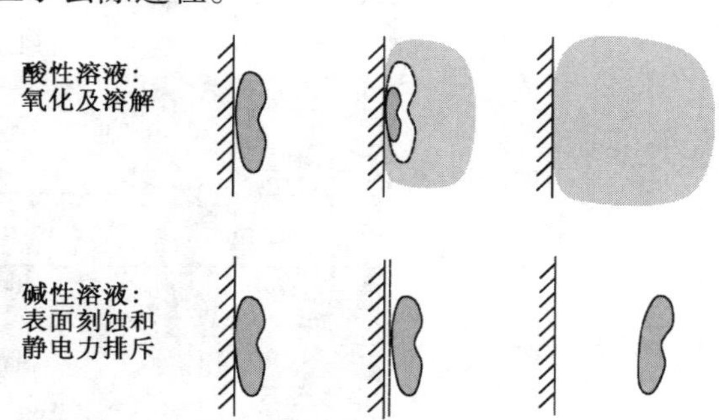

图 12.47　酸性与碱性化学溶液的粒子去除原理示意图

钨研磨浆比氧化物研磨浆难以去除。具有 NH_4OH 添加物的超纯水使用在钨 CMP 后清洗技术中。使用硝酸铁($Fe(NO_3)_3$)的氧化剂会在溶液中形成高浓度的 Fe^{3+} 离子。使用含有 NH_4OH的超纯水清洗时，Fe^{3+} 离子会与 OH^- 作用形成 $Fe(OH)_3$粒子，这些粒子长达1 μm。$Fe(OH)_3$粒子会导致极高的表面缺陷密度并污染刷子，称为刷洗负载。由 $Fe(OH)_3$粒子引起的缺陷可以通过使用 100∶1HF 清洗减小。

清洗完成后，接着是超纯水洗涤过程。洗涤水必须从晶圆表面被完全移除而不留任何残渣。晶圆干燥必须是一个不使用水蒸气的物理移除过程，因为溶解在超纯水内的化学物质在蒸发过程中可能会成为污染物。

在单晶圆及批量晶圆自旋干燥器中，自旋干燥是最常采用的技术。自旋形成的离心力会使水流向晶圆边缘并离开晶圆，清洁的干燥空气或氮气都可以从中心驱除残留的水分，因为中心处的离心力较低。

另一种干燥方法是蒸气干燥，通常使用异丙基醇(Isopropyl Alcohol，IPA，C_3H_8O)超纯溶剂的高蒸气压排除晶圆表面的水膜。

某些 CMP 工具与湿法清洗工具配套在一起。这种配套系统允许所谓的“干进、干出”CMP 技术，并使用 CMP 后清洗和干燥技术改善工艺的成品率。

12.5.6　CMP 工艺问题

CMP 主要关注的是研磨速率、平坦化能力、晶粒内均匀性、晶圆内均匀性、晶圆对晶圆均匀性、移除选择性、缺陷以及污染物控制。

研磨速率主要取决于向下的压力、衬垫的硬度、衬垫的状况以及所用的研磨浆。不同的薄膜有不同的研磨速率。平坦化的能力主要取决于研磨衬垫的硬度以及表面状况。均匀性受研磨衬垫状况、向下压力、晶圆与研磨衬垫的相对速度以及晶圆曲率影响，而这个曲率与薄膜的应力有关。向下压力的分布是控制 CMP 均匀性最重要的因素。移除选择性主要由研磨浆的化学性质和图形密度控制，这些图形密度由电路设计决定。不同种类的缺陷与工艺参数有关。例如，铜 CMP 工艺过程中，与 PMOS 连接的铜接触被腐蚀，而与 NMOS 连接的铜接触形成毛刺。这是因为在酸性溶液中，铜离子趋向于从 PMOS 接触金属表面移向 NMOS 接触金属表面，特别是如果光照使得在晶圆表面的 PN 结形成 0.6 ~ 0.7 V 的光伏电压差时，这种情况更容易发生。图 12.48 显示了光电化学效应形成的毛刺和腐蚀缺陷。

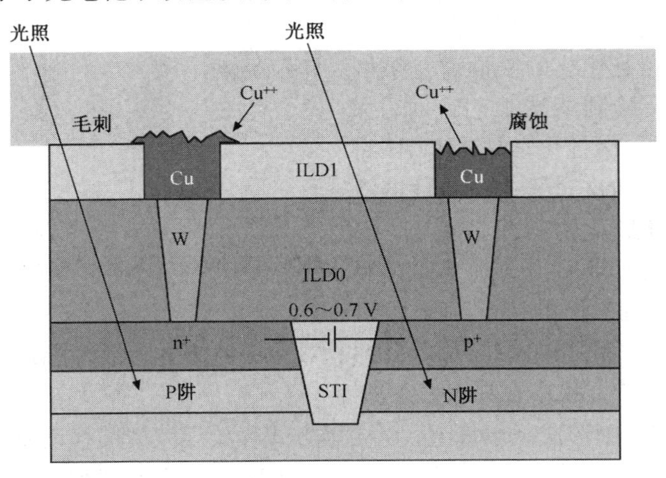

图 12.48 N +/P 阱的金属毛刺和 P +/N 阱金属的腐蚀

解决这种缺陷的方法之一是铜 CMP 并在黑暗或封闭的系统中进行 CMP 层清洗工艺，因为黑暗和封闭的系统避免了光照引起的 PN 结光伏电压，一旦技术人员更换了 CMP 系统中具有高功率的坏灯泡，这将花费工程师大量的时间排除引起毛刺和腐蚀缺陷的故障。

污染物控制是 CMP 中最重要的技术问题之一。因为研磨浆含有大量的粒子和碱性离子，所以在集成电路生产中，CMP 区域比其他工艺区域具有较高的可移动离子与粒子污染率。因此，一些工厂将 CMP 区间与其他的工艺区间相隔离以避免交叉污染。当产品晶圆被移进和移出时，晶圆盒需要更换。如果没有更换衣服，有些工厂会严禁操作员在 CMP 区间与其他区域之间移动。一个经验规范是属于 CMP 工艺间的员工要待在 CMP 工艺室，而不属于 CMP 工艺间的人员不能进入。

铜 CMP 工具只能用在铜研磨过程中避免硅晶圆受铜污染。铜污染将导致 MOSFET 功能不稳定并损坏集成电路芯片。

如果研磨浆溅出，必须在凝固之前就立刻将其彻底清洁干净。凝固的研磨浆会留下大量的微小粒子，容易随气流传播，这是一种粒子污染源，所以必须有好的后勤管理以避免研磨浆溅出和残余物积累。当置换研磨衬垫和载具薄膜时，严格的步骤和训练过程是非常重要的，而且在研磨抛光晶圆之前，新的衬垫一般需要经过 3 ~ 5 次测试晶圆研磨过程才能使用。

12.6 CMP 工艺发展趋势

如同刻蚀和 CVD 工艺技术一样，CMP 技术是 IC 芯片制造过程中基本的工艺过程。多层铝铜互连用氧化物和钨 CMP 平坦化 ILD 形成 STI 和钨栓塞。130 nm 技术节点后，铜互连已经成为 CMOS 逻辑电路设计的主流工艺。铜 CMP 已经在 IC 制造中更广泛用于双镶嵌技术形成铜互连。

铜金属化和低 k 介质的结合已经对 CMP 工艺提出了新的挑战。由于低 k 介质材料比二氧化硅有低的机械强度，所以低 k 介质材料很容易在铜互连过程中裂开或分层。低的向下压力

CMP 工艺已经越来越受关注，它可以避免低 k 介质材料在铜 CMP 过程中断裂。

对于 DRAM 应用，多晶硅和氧化物-氮化物-氧化物(ONO)介质材料被用于形成存储电容。为了缩小电容尺寸，如 Al_2O_3类的高 k 介质材料已经被使用。DRAM 制造商也正在试着用铜互连作为降低互连成本的解决方案，包括低 k 介质材料的铜 CMP 工艺也应用于先进的 DRAM 制造。

CMOS 芯片最重要的发展是 MOSFET 中的高 k 金属栅，这是 MOSFET 栅介质约 50 年发展过程中的革命性变化。高 k 介质金属栅需要两次 CMP 工艺，一次是多晶硅开口 CMP，用于抛光 ILD0 暴露出多晶硅虚栅。多晶硅虚栅去除和清洗后，沉积高 k 介质和多层金属填充栅沟槽形成高 k 金属栅。虚栅的去除可以帮助增加沟道中的硅应力，提高器件的速度。金属 CMP 工艺用于去除硅表面的金属层，只保留栅沟槽中的部分金属层，通过这个过程完成了金属栅工艺。图 12.49 显示了 CMP 技术在高 k 金属栅 CMOS 中的应用。

为了避免铜 CMP 工艺过程中大的向下压力引起铜分层，低的向下压力 CMP 工艺被发展。电子化学机械抛光(ECMP)被应用以从晶圆表面移除铜，工艺应用正偏压作为阳极。有些半导体公司引进无下压力电子化学机械抛光技术满足铜/ULK 对铜 CMP 技术的要求。

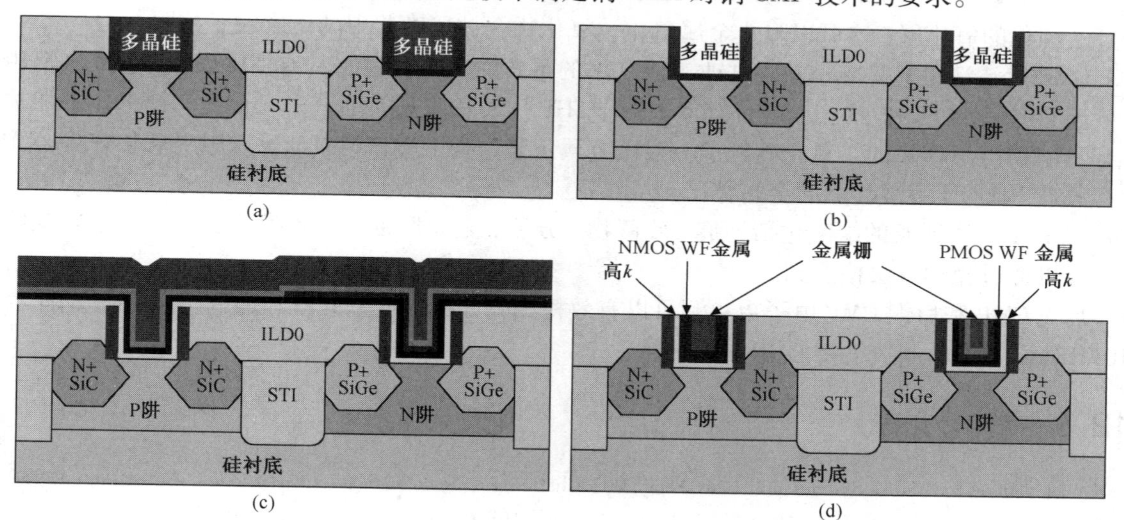

图 12.49　高 k 金属栅工艺流程示意图。(a) ILD0 CMP 或多晶硅开口 CMP；(b) 多晶硅虚栅移除；(c) 高k介质和金属层沉积；(d) 金属CMP形成HKMG MOSFET

12.7　小结

1. CMP 工艺主要的应用包括电介质平坦化以及在 STI、钨栓塞和双重金属镶嵌铜互连线中的大量薄膜移除。
2. 为了从金属层接触孔和金属线图形化工艺中获得高解析度，并且要求易于进行金属沉积，多层金属需要平坦化电介质表面。
3. 对于 0.25 μm 及更小的图形化，CMP 工艺需要高解析度的光刻技术以提供平坦化表面，因为这种光刻工艺的景深比较小。
4. CMP 工艺的优点是可以提供高解析度的光刻图形，这是因为 CMP 可以形成平坦化表面、具有高成品率、低缺陷密度以及为集成电路设计提供很多选择。

5. 基本的 CMP 系统包括一个旋转晶圆载具、一个放置在旋转平台上的研磨垫、一个垫片调整器和一个研磨浆输送系统。
6. 氧化物 CMP 研磨浆是以胶状二氧化硅悬浮物为研磨料的碱性溶液，pH 值在 10 ~ 12 之间；金属 CMP 研磨浆是以氧化铝为研磨料的酸性溶液，pH 值在 4 ~7 之间。
7. CMP 工艺的重要参数包括研磨速率、平坦化能力、选择性、均匀性、缺陷和污染物控制。
8. 与研磨速率主要相关的方面包括向下压力、垫底硬度、垫底表面形貌、垫底与晶圆间的速度和研磨浆类型。
9. CMP 均匀性主要由向下压力分布、垫底硬度和垫底表面形貌决定。
10. CMP 移除选择性主要由研磨浆的化学性决定。
11. 氧化物 CMP 工艺中，硅化物粒子与表面原子形成化学键将材料从表面去除。高 pH 值的研磨浆将溶解二氧化硅并从晶圆表面移除。
12. 金属 CMP 工艺中有两种金属移除机制：湿法刻蚀和钝化作用。湿法刻蚀过程中，氧化剂形成金属氧化物离子，这些离子在研磨浆中可溶，而在钝化作用中，氧化剂氧化金属形成一个钝化的氧化层，这可以阻止金属氧化。氧化物会被研磨浆中的研磨粒子移除。
13. CMP 后清洗工艺是减小缺陷并改善成品率的重要的工艺流程。具有 NH_4OH 的超纯水常用于 CMP 后清洗中。对于氧化物 CMP 工艺，HF 用于移除与表面分子形成化学键但却不能被 NH_4OH溶液移除的二氧化硅粒子。对于金属工艺，氧化剂和硝酸都可以用于氧化并溶解无法被 NH_4OH 溶液移除的金属粒子。
14. CMP 工艺中涉及的缺陷包括划痕、残留物、分层、金属腐蚀、介质膜的裂缝等。这些缺陷可以通过光学方法检测到。
15. 后 WCMP 和后铜 CMP 电子束检测可以有效检测到如接触栓塞开口和漏电类电性能缺陷。
16. HKMG CMOS 制造需要 CMP 工艺技术。

12.8 参考文献

[1] Alexander E. Braun, Slurries and Pads Face 2001 Challenges, *Semiconductor International*, November, 1998.

[2] C. Y. Chang and S. M. Sze, *ULSI Technologies*, McGraw-Hill Companies, New York, 1996.

[3] Michael A, Fury, CMP Processing with Low-*k* Dielectric, *Solid State Technology*, Vol. 42, No. 7, 1999, p. 87.

[4] Carlyn Sainio and David J. Duquette, Electrochemical Characterization of Copperin Ammonia-Containing Slurries for Chemical Mechanical Planarization of Interconnects, Proceedings of the Second International Symposium on Chemical Mechanical Planarization in Integrated Circuit Device Manufacturing, The Electrochemical Society, Inc., Proceedings Vol. 98-7, 1998, pp. 126.

[5] Susan Reabke Selinidis, David K. Watts, Jaime Saravia, Jason Gomez, Chelsea Dang, Rabiul Islam, Jeff Klain, and Janos Farkas, Development of a Copper CMP Process for Multilevel, Dual Inlaid Metallization in Semiconductor Devices, Proceedings of the Second International Symposium on Chemical Mechanical Planarization in Integrated Circuit Device Manufacturing, The Electrochemical Society, Inc., Proceedings Vol. 98-7, 1998, pp. 9.

[6] Joseph M. Steigerwald, Shyam P. Murarka, and Ronald J. Gutmann, *Chemical Mechanical Planarization of Microelectronic Materials*, John Wiley & Sons, Inc., New York, 1997.

[7] W. Scott Rader, Tim Holt, Kazusei Tamai, *Characterization of Large Particles in Fumed Silica Based CMP Slurry*, Mater. Res. Soc. Symp. Proc. Vol. 1249, 2010.

[8] T. Ashizawa, *Novel Cerium Oxide Slurry with High Planarization Performance for STI*, Proceeding of CMP Sym-

posium, CAMP, 1999.

[9] Raymond R. Jin, Sen-Hou Ko, Benjamin A. Bonner, Shijian Li, Thomas H. Osterheld, Kathleen A. Perry, *Advanced Front-end CMP and Integration Solutions*, Proceedings of CMP-MIC, pp. 119, 2000.

[10] Y. Matsui, Y. Tateyama, K. Iwade, T. Mishioka and H. Yano, *High-performance CMP slurry with CeO_2/resin abrasive for STI formation*, ECS Transactions, Vol. 11, pp. 277, 2007.

[11] Paul Feeney, *CMP for metal-gate integration in advanced CMOS transistors*, Solid State Technology, pp. 14, November, 2010.

[12] Irina Belov, Joo-Yun Kim, Paula Watkins, Martin Perry and Keith Pierce Polishing Slurries with Aluminate-modified Colloidal Silica Abrasive, Mater. Res. Soc. Symp. Proc. Vol. 867, W6. 9. 1, 2005.

[13] K. Mistry et al., "A 45 nm Logic Technology with High-k + Metal Gate Transistors, Strained Silicon, 9 Cu Interconnect Layers, 193 nm Dry Patterning, and 100% Pb-free Packaging, IEDM Tech. Dig., pp. 247, 2007.

[14] Hong Xiao, Long (Eric) Ma, Yan Zhao, and Jack Jau, *Study of Devices Leakage of 45nm node with Different SRAM Layouts Using an Advanced ebeam Inspection Systems*, Proc. of SPIE, Vol. 7272, pp. 72721E-1, 2009.

[15] R. K. Singh, D. W. Stockbower, C. R. Wargo, V. Khosla, M. Vinogradov and N. V. Gitis, *Post-CMP Cleaning Applications: Challenges and Opportunities*, Proceedings of 13th International CMP-MIC, pp. 355, 2008.

12.9　习题

1. CMP 工艺在半导体工业中最早期的应用是什么?
2. 对于铝铜互连，CMP 工艺在 IC 芯片制造中主要的两个应用是什么?
3. CMP 工艺广泛应用于 IC 工业之前，使用哪些平坦化方法?
4. 为什么图形尺寸小于 0.25 μm 的 IC 芯片必须使用 CMP 技术?
5. 与其他平坦化方法比较，CMP 工艺有哪些优点?
6. 为什么 CMP 工艺中，研磨垫底需要重新调整?
7. 什么粒子常用于氧化物研磨浆?
8. 什么粒子常用于金属研磨浆?
9. 为什么氧化物研磨浆需要高的 pH 值?
10. 说明金属 CMP 工艺中的二重竞争移除原理。
11. 什么是腐蚀和蝶化效应?
12. 什么测量工具可以用于测量腐蚀和蝶化?
13. 如何测量晶圆表面上的粒子和缺陷?
14. WCMP 工艺后，什么监测系统用于检测如接触孔和漏电等电性能缺陷? 可以用光学方法检测这些缺陷吗? 为什么?
15. 说明 CMP 工艺后清洗的重要性。
16. 说明湿法化学清洗过程中两种粒子移除原理。
17. 如果研磨浆在工艺间中溅射出来并变干，会导致什么问题?
18. 为什么铜 CMP 工艺工具只能用于铜抛光过程?
19. 当硅化物粒子与氧化物表面形成分子键时，将无法通过 NH_4OH 移除。哪种化学药品可以用于移除这些硅化物颗粒? 说明移除工艺过程。
20. 哪两种 CMP 工艺需要用先进的 HKMG CMOS 器件制造。

第13章　半导体工艺整合

本章要求

1. 列出形成隔离的三种工艺技术
2. 说明三种形成阱区的工艺技术
3. 解释说明阈值电压调整注入的目的
4. 说明侧壁间隔层工艺及其应用
5. 说明高 *k* 介质栅与 SiON 介质栅相比的优点
6. 说明金属栅形成中的“先栅”工艺和“后栅”工艺
7. 说明至少三种用于栅和局部互连的金属硅化物
8. 说明用于传统铝互连工艺中的三种金属
9. 列出铜金属化工艺的基本流程
10. 辨别在 IC 芯片制造中最常用于作为最后钝化层的材料
11. 说明 CMOS、DRAM 和 NAND 工艺的主要区别

前几章讨论了半导体单步工艺技术，集成电路芯片制造涉及很多工艺流程。为了制造一个具有一定功能的芯片，每一道工艺都必须和其他工艺整合在一起。本章将讨论 CMOS IC 芯片制造的工艺整合技术。

13.1　简介

一个先进的 CMOS 集成电路芯片制造需要 30 多个光刻版和数百道工艺过程。每一个工艺步骤都是相关的。对于 CMOS 工艺过程，可以分为前端(FEoL)、中端(MEoL)和后端(BEoL)。FEoL 包括有源区(AA)形成、阱区注入、栅图形化和形成晶体管源/漏电极。MEoL 包括自对准金属硅化物、接触孔图形化和刻蚀、用于形成器件和金属导线之间接触的钨沉积和 CMP。BEoL 形成互连和钝化。对于传统的铝互连，主要包括金属叠层(Ti/TiN/Al-Cu/TiN)PVD 和刻蚀，电介质平坦化，以及通孔图形化和刻蚀。对于铜互连，BEoL 主要包括通孔图形化和刻蚀、沟槽图形化和刻蚀、阻隔层(Ta 或 TaN)和铜籽晶 PVD、铜电镀和退火，以及金属(Cu/Ta)CMP。

对于 Flash 工艺，FEoL 包括形成有源区(AA)、字线(WL)、接触位线/源线(CB1)、源线、接触位线(CB2)，以及位线(BL)。BEoL 包括通孔和金属层。

对于 DRAM 工艺过程，有两种主要工艺技术，一种是叠层电容技术，另一种是深沟槽电容技术。叠层电容 DRAM 占据 DRAM 市场主要份额，深沟槽电容 DRAM 广泛用于嵌入式 DRAM 系统芯片，这是因为它与 CMOS 工艺兼容。更先进的 DRAM 工艺也得到了发展，其中之一是大规模生产中的埋字线(bWL)技术。

13.2 晶圆准备

<100>方向单晶硅晶圆常用于 CMOS 集成电路芯片制造。Bipolar 和 BiCMOS 芯片一般使用<111>晶向的晶圆。用于 IC 芯片中的晶圆通常是 N 型掺杂或 P 型掺杂，典型的衬底掺杂浓度为 1×10^{15}原子/cm^3。20 世纪 70 年代之前，PMOS 集成电路芯片使用 N 型晶圆制造。但是，自从离子注入工艺在 70 年代中期使用后，NMOS 集成电路芯片就使用 P 型晶圆制造。虽然 N 型和 P 型晶圆可以用于 CMOS 集成电路制造，但大部分集成电路生产线都使用 P 型晶圆。由于低功率损耗，高抗干扰能力和高热稳定性数字逻辑电路的需求，以 NMOS 器件为基础的 CMOS 工艺在 70 年代后期发展起来。用于制造 NMOS 集成电路的 P 型晶圆，就是早期 CMOS 集成电路的衬底。

最简单的 NMOS 集成电路工艺包括 5 道光刻工艺过程：形成有源区、栅极、接触孔、金属以及互连。早期的 CMOS 集成电路工艺则需要 8 道光刻过程：N 型阱区（对于 P 型衬底）、有源区、栅极、N 型源/漏极、P 型源/漏极、接触孔、金属和互连。图 13.1(a)显示了 NMOS 芯片截面示意图，图 13.1(b)显示了早期 CMOS 芯片截面示意图。

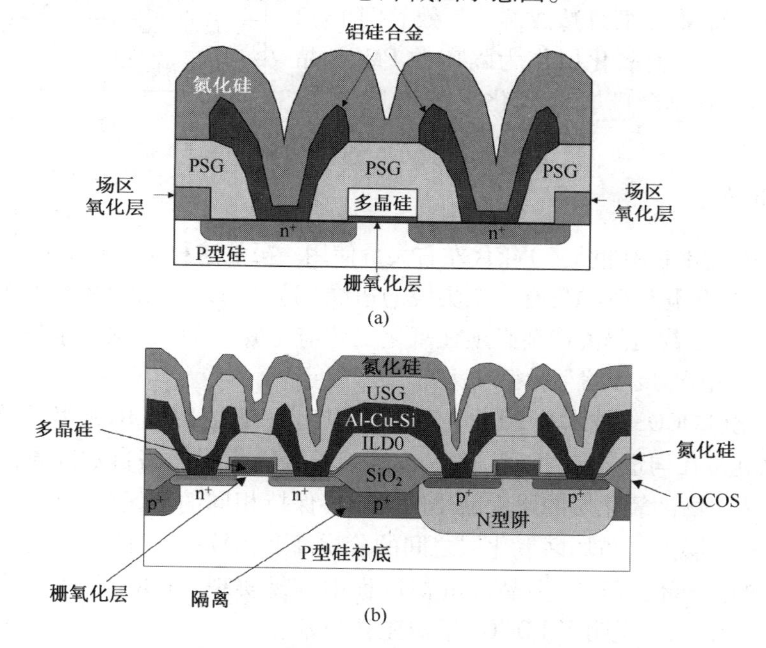

图 13.1　(a) NMOS 示意图；(b) 早期 CMOS 芯片截面示意图

Bipolar 和 BiCMOS 芯片需要具有硅外延层晶圆形成一个重掺杂深埋层。有些功率器件需要高纯度和高电阻率晶圆，而这种晶圆衬底只有利用悬浮区熔法(FZ)生长才能达到要求。当 CMOS 集成电路芯片时钟脉冲不高时，IC 芯片则不需要外延层。然而对于高速 CMOS 芯片必须在外延硅层上获得。使用提拉单晶(CZ)法制造的硅晶圆一般都会含有一些氧，而这样氧会减小载流子寿命并降低器件速度。通过外延硅可以获得无氧污染的衬底而得到高的器件速度。

外延硅生长之前的 RCA 清洗工艺常用于去除硅晶圆表面上的污染。无水 HCl 干法清洗可以帮助去除可移动离子和原生氧化层。硅外延层的生长是以硅烷(SiH_4)、二氯硅烷(DCS，SiH_2Cl_2)或三氯硅烷(TCS，$SiHCl_3$)为主要气体的高温(大于 1000℃)CVD 工艺过程。外延硅生长过程中，氢气通常用于第二工艺气体或输送气体和净化气体。三氢化砷(AsH_3)或三氢化磷(PH_3)是常用的N型掺杂气体，而氢化硼(B_2H_6)则作为P型掺杂气体。

先进的CMOS集成电路芯片通常使用具有P型外延层的P型<100>单晶硅晶圆。

13.3 隔离技术

整面全区覆盖氧化层、硅局部氧化(LOCOS)和浅槽隔离(STI)是使用在集成电路制造中的三种隔离技术。P型掺杂结也可以用于形成相邻晶体管的电气隔离。

13.3.1 整面全区覆盖氧化层

整面全区覆盖氧化层用于早期的集成电路工业，是一种简单而直接的工艺技术。整面全区覆盖氧化层可以在平坦的硅表面上生长适当厚度的氧化层形成，然后在氧化层上进行图形化和刻蚀形成窗口。场氧化层生长的厚度由场区临界电压决定，表示为V_{FT}，需要足够高的电压($V_{FT} \gg V$)防止邻近晶体管直接相互影响。虽然外加电压可以开启或关闭芯片上的MOS晶体管($V > V_T$)，但却不能开启寄生的MOS器件造成芯片失效。图13.2显示了一个全区整面覆盖氧化层作为隔离的PMOS晶体管芯片示意图。整面全区覆盖氧化层的厚度为10 000~20 000 Å。

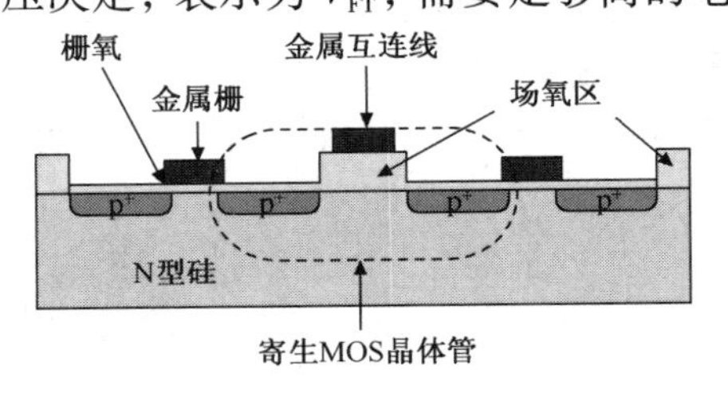

图13.2 整面全区覆盖氧化隔离PMOS芯片示意图

13.3.2 LOCOS

整面全区场氧化层在20世纪70年代左右大量使用。虽然这种工艺很简单，但有一些缺点。第一是器件区窗口的氧化层阶梯具有一个尖锐的边缘，这种边缘在后续的金属沉积工艺中很难覆盖掉。另一个缺点是沟道隔离掺杂必须在氧化工艺前完成，从而必须要求场氧化层对准隔离掺杂区，这种需求在图形尺寸缩小时很难达到。

硅的局部氧化(LOCOS)技术从20世纪70年代起就一直应用于IC芯片生产中，其中的一个优点是二氧化硅是在沟道隔离注入后才生长的。场区氧化层能够自对准隔离掺杂区。通过使用沟道隔离注入，场区氧化层的厚度减小时，能够保持相同的场区临界电压V_{FT}，与整面全区覆盖氧化层比较，器件区与场区氧化层之间的阶梯高度比较低，而且侧壁是倾斜的，这使得侧壁覆盖在后续的金属化沉积或多晶硅沉积过程中容易实现。LOCOS氧化层的厚度范围为5000~10 000 Å。图13.3说明了LOCOS隔离工艺技术。

LPCVD氮化硅用于遮蔽氧化层，这种工艺只能实现厚的二氧化硅，称为LOCOS。晶体管制作在有源区，这个区域被氮化硅覆盖而不能生长氧化物，LOCOS技术需要利用垫底氧化层缓冲LPCVD氮化硅的张应力。含有氟的等离子体刻蚀常用于进行氮化硅图形化刻蚀，热磷酸通常用于去除氮化硅层。

LOCOS工艺主要的缺点之一就是所谓的“鸟嘴”(Bird's Beak)效应。因为二氧化硅是等向性生长，从而使得在氮化硅层下形成侧面侵蚀(见图13.3)。加热氧化期间，“鸟嘴”由二氧化硅内部的等向性扩散形成。LOCOS侵蚀的尺寸大约与两侧的氧化层厚度相当；对于厚度为5000 Å的氧化层，两侧的“鸟嘴”大约为0.5 μm。“鸟嘴”占据了许多硅的表面区域，使晶体管密度增加变得非常困难(见图13.4)。

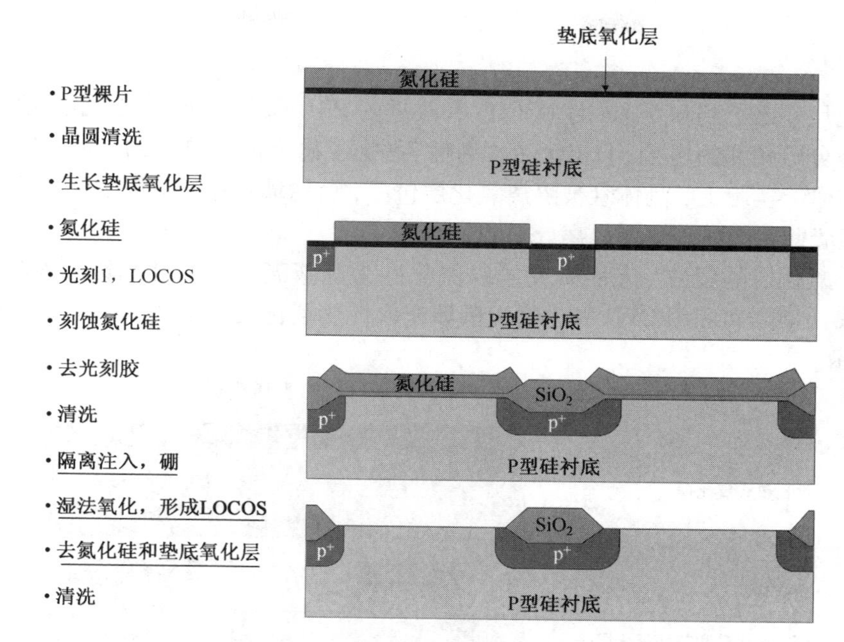

图 13.3　局部氧化(LOCOS)隔离技术

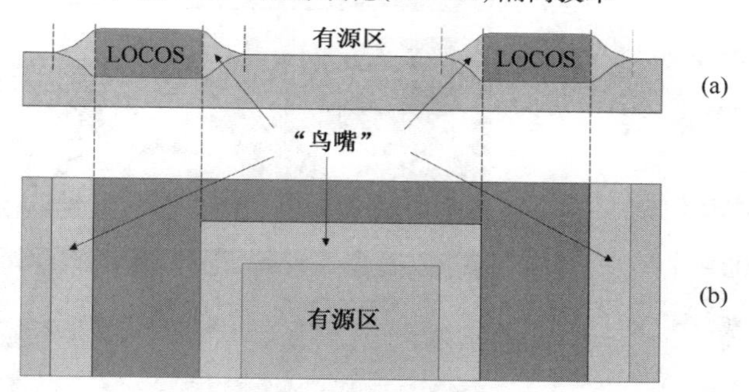

图 13.4　(a)LOCOS"鸟嘴"示意图；(b)截面俯视图

为了降低 LOCOS 的"鸟嘴"效应，人们已经进行了多项改进工作。多晶硅缓冲层 LOCOS (PBL)工艺技术是最常使用的方法。PBL 可以减小鸟嘴的尺寸，这是因为横向扩散的氧会被多晶硅消耗掉。通过在 LPCVD 氮化硅工艺前先沉积一层多晶硅缓冲层，可以把"鸟嘴"的区域减小到 0.1 ~ 0.2 μm。图 13.5 显示了这种工艺的流程。

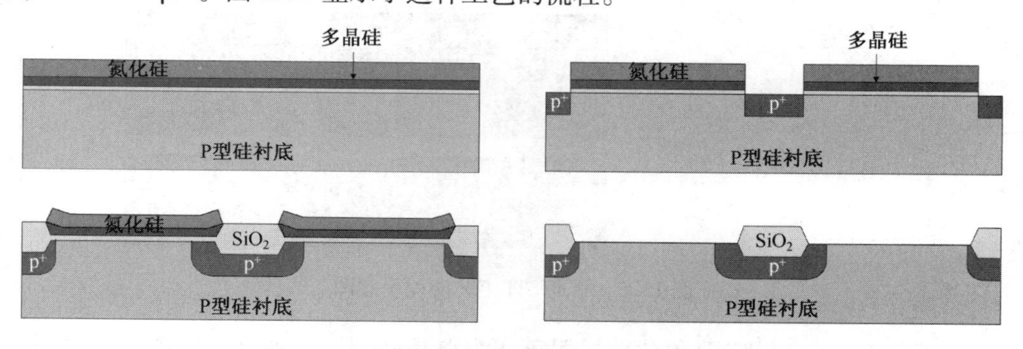

图 13.5　多晶硅缓冲层 LOCOS 工艺流程示意图

13.3.3 STI

当图形化尺寸缩小到0.5 μm 时 LOCOS 和改进的 PBL 都可以使用，这如同用一道厚墙占据太多的土地分隔相邻的房子，LOCOS 的“鸟嘴”占据了硅表面比较大的空间，这些空间本来可以制作晶体管。实际上，晶体管被隔离氧化层包围，就像墙壁用于分隔邻居的房子。在集成电路制造中，墙壁就等同于浅槽隔离(STI)。

为了减小氧化层的侵蚀，人们研究了以氮化硅为遮蔽氧化层的硅刻蚀和沟槽氧化反应。接着研究了浅沟槽隔离和用 CVD 氧化物沟槽填充取代热氧化反应工艺。一个简单的 STI 工艺如图 13.6所示。

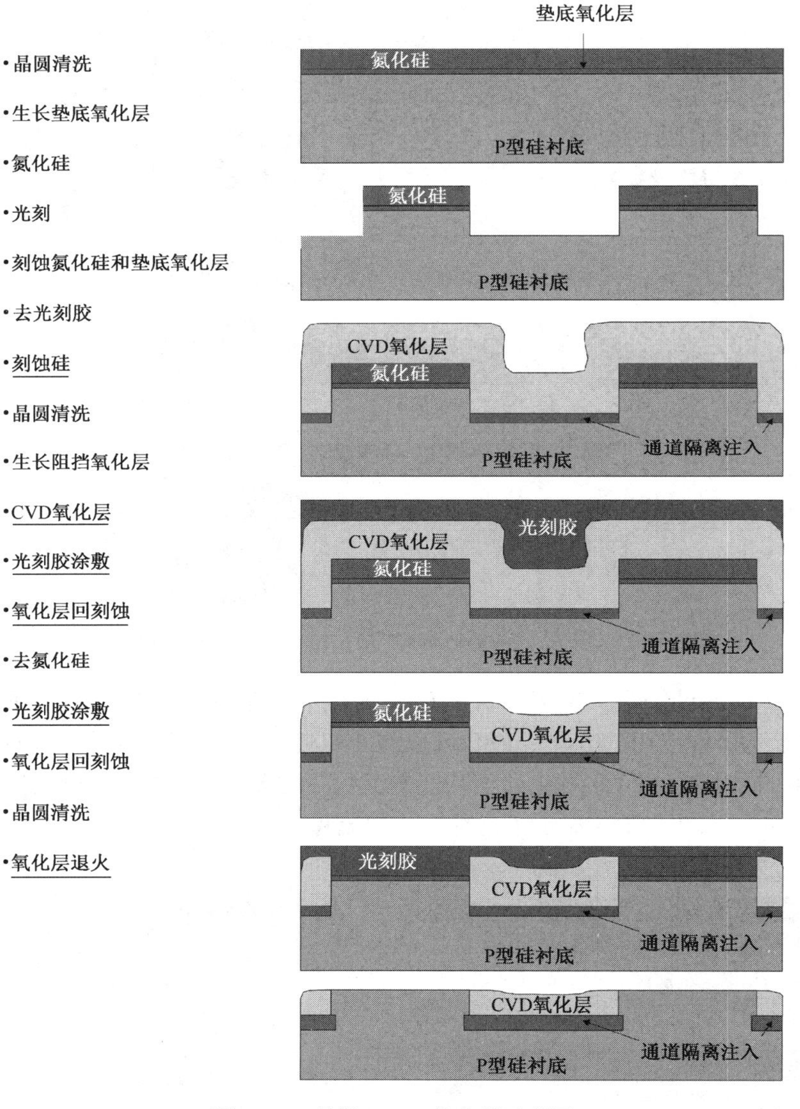

图 13.6 早期 STI 工艺流程示意图

早期的 STI 工艺中，LPCVD 氮化硅层用于作为单晶硅刻蚀的硬遮蔽层和氧化物刻蚀停止层。CVD 氧化物填充硅表面刻蚀的沟槽前，需要先生长一层薄的氧化遮蔽层，而且将硼离子注入到沟槽的底部形成通道隔离结。通道隔离注入可以降低所需的隔离氧化层厚度，这样就可以减小沟槽的深度。光刻胶回刻蚀平坦化用于去除晶圆表面的 CVD 氧化物。通过适当选择 CF_4/O_2 比，可以使光刻胶和氧化物刻蚀比达到 1:1。回刻蚀工艺将停止于氮化硅层上，通过借助 C-N 光谱线信号的改变获得刻蚀终点。用热磷酸将氮化硅去除后，留在沟槽内的氧化物作为隔离相邻元器件的隔离层。

虽然 STI 和 LOCOS 工艺相比有很多优点，但却没有很快取代 LOCOS。LOCOS 工艺流程有较少的工序，这样可以保证产量。LOCOS 在集成电路工业中持续使用到 20 世纪 90 年代中期，当图形尺寸小于 0.35 μm 时，LOCOS 技术的“鸟嘴”效应就成为不能容忍的问题。因为景深的要求，微小的几何尺寸需要一个高度平坦化的表面以确保微影像技术的解析度。LOCOS 在元件区和氧化物表面之间有一个 2500 Å 或更高的阶梯，这对于 0.25 μm 的图形太大。因此，STI 工艺与氧化物 CMP 就被研究发展而应用于集成电路制造。先进的 STI 工艺流程如图 13.7 所示。

- 去屏蔽氧化层
- 晶圆清洗
- 生长垫底氧化层
- 沉积氮化硅
- 晶圆清洗
- 预处理/光刻胶自旋涂敷/软烘烤
- STI光刻版对准及曝光
- 曝光后烘烤/显影/硬烘烤
- 图形检测
- 刻蚀氮化硅/垫底氧化层
- 去光刻胶
- 清洗
- 刻蚀硅
- 晶圆清洗
- 生长阻挡氧化层
- HDP-CVD USG
- CMP USG
- USG退火
- 湿法去除氧化硅和垫底氧化层

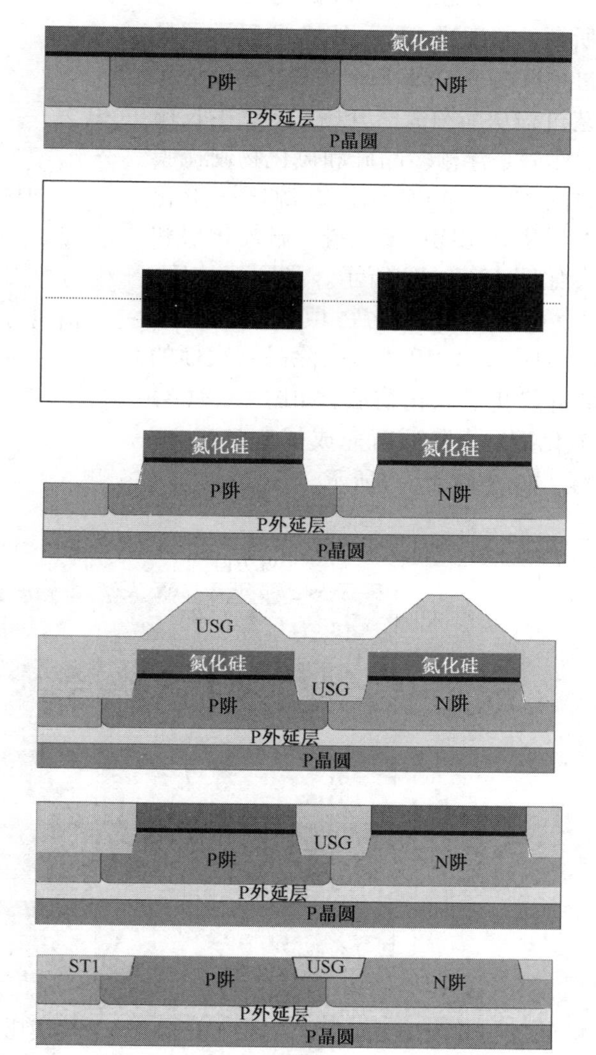

图 13.7 先进 STI 工艺流程示意图

因为集成电路元器件的外加电源电压已经降到了 1.8 V 或更低，不再需要通道隔离注入提高场区的临界电压。沟槽填充工艺可以通过加热的 O_3-TEOS CVD 在常压和低于常压条件下进行。高密度等离子体沉积氧化物一般不需要加热退火过程，因为沉积过程中被重离子轰击过的氧化物会变得很致密，然而用 O_3-TEOS 沉积的氧化物必须在高于 1000℃ 的氧环境下退火以使得薄膜致密。

STI 工艺包括许多流程：氧化、氮化硅沉积、氮化硅/氧化物刻蚀、硅刻蚀、氧化物 CVD、氧化物 CMP、氧化物退火和去除氮化硅与二氧化硅垫底层。当元器件尺寸继续缩小时，STI 工艺主要的挑战是单晶硅刻蚀、氧化物 CVD 和氧化物 CMP。STI 氧化硅也可以通过在有源区产生应力提高器件的速度。

13.3.4 自对准 STI

对于 Flash 存储芯片，最常使用的隔离技术是所谓的自对准 STI。图 13.8 显示了具有自对准 STI 的 NAND Flash 存储芯片示意图。工艺过程从晶圆清洁开始，接着生长栅氧化层，然后是浮栅多晶硅和氮化物硬掩膜沉积，如图 13.9(a)所示。有源区图形化后，接着刻蚀氮化物、多晶硅、栅氧化层和硅衬底，如图 13.9(b)所示。晶圆清洁后，利用化学气相淀积氧化物填充孔隙，如图 13.9(c)所示，CMP 工艺去除晶圆表面的氧化物，并终止于氮化物层，如图 13.9(d)所示。氮化物层去除后就完成了自对准 STI 工艺过程，如图 13.9(e)所示。

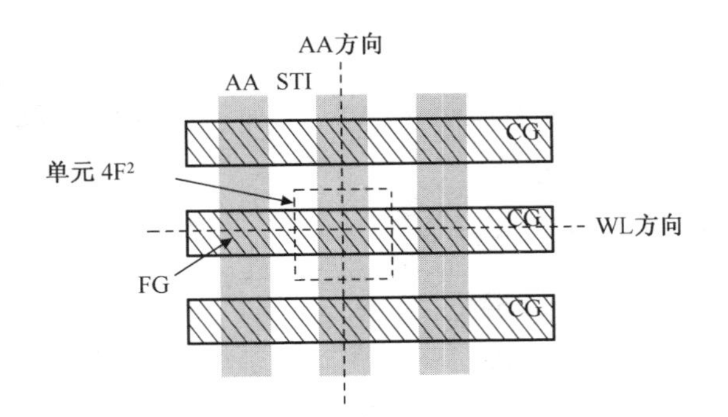

图 13.8 具有自对准 STI NAND Flash 存储芯片示意图。AA代表有源区，FG代表浮栅，CG代表控制栅，WL代表位线

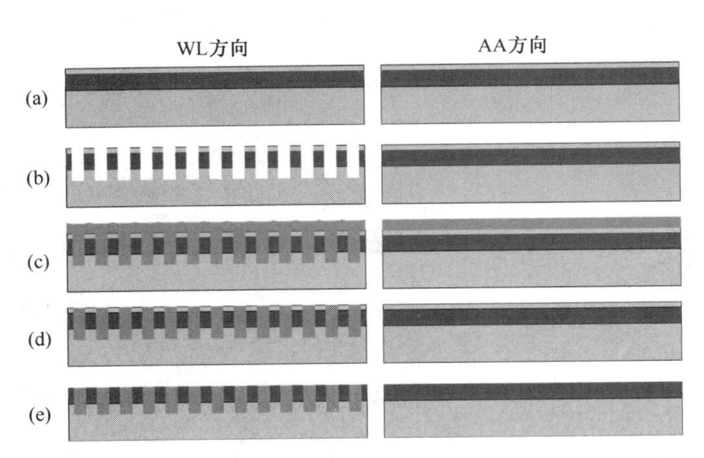

图 13.9 自对准 STI NAND Flash 工艺过程。(a) 栅氧化，多晶硅和氮化物硬掩蔽层沉积；(b) 图形化刻蚀氮化物硬掩蔽层、多晶硅、栅氧化层和硅衬底；(c) CVD氧化物沉积；(d) 氧化物CMP；(e) 去除氮化物硬掩蔽层

13.4　阱区形成

13.4.1　单阱

早期的 CMOS 集成电路只需要一个单阱，不是 N 阱就是 P 阱，具体取决于晶圆的导电类型。阱区形成一般使用高能量、低电流的离子注入和加热退火/扩散工艺过程实现。图 13.10 显示了 N 阱工艺流程。

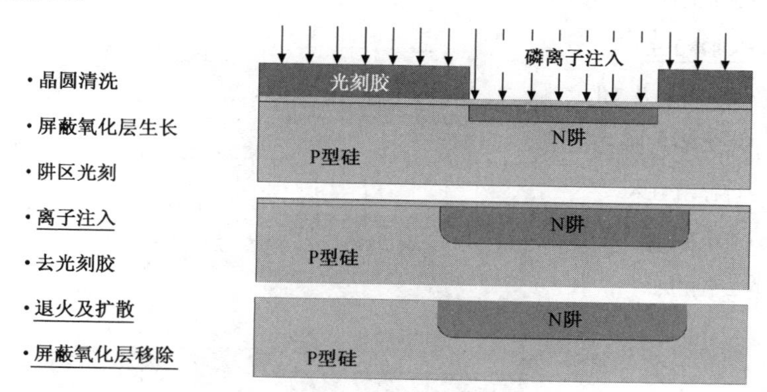

图 13.10　N 阱工艺流程示意图

光刻工艺表示微影像图形化技术，主要包括光刻胶涂敷、对准与曝光、光刻胶显影和图形化检测。N 型晶圆上 P 阱形成工艺过程与 P 型晶圆上 N 阱的形成过程基本相同。图 13.11 显示了一个具有 N 阱和 P 阱的 CMOS 示意图。

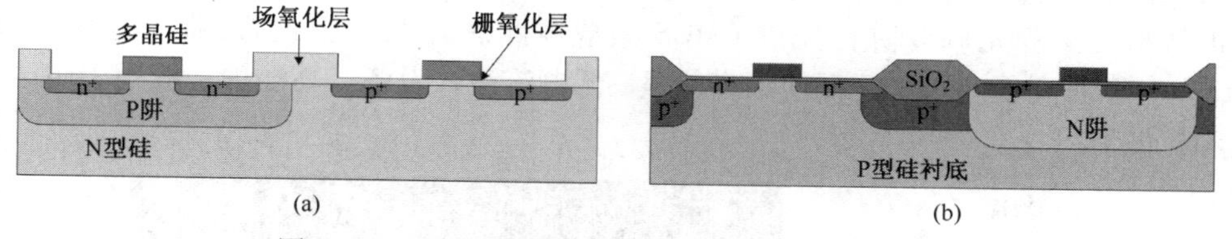

图 13.11　具有 P 阱(a)和 N 阱(b)的 CMOS 示意图

13.4.2　自对准双阱

双阱工艺可以使集成电路设计者有更多的选择来设计 CMOS 集成电路。自对准双阱可以节省一道光刻工艺，这是通过使用 LPCVD 氮化硅达到的。氮化硅是一种非常致密的薄膜，可以利用阻挡氧的扩散而防止 P 阱产生氧化反应，而且也可以避免 N 型离子在离子注入过程中穿透而进入 P 阱，N 阱上的厚氧化层可以阻挡形成 P 阱的硼离子注入。LPCVD 需要垫底氧化层缓冲强的张力，否则太大的应力将会使晶圆破损。氮化硅可以通过热磷酸对氧化层的高选择性而去除。自对准双阱工艺流程显示在图 13.12 中。

自对准双阱的优点是可以节省一道光刻工艺，从而可以降低生产成本并增加集成电路芯片的成品率。但是自对准双阱的缺点是单晶硅表面不平坦。当二氧化硅在 N 阱区域生长时，氧化层将生长进入硅衬底。所以对于自对准双阱工艺，N 阱通常比 P 阱低。

双阱结构有较好的衬底控制，并可以使 CMOS 集成电路设计者有更多的设计自由度。在一个双阱形成工艺中，N 阱一般要在 P 阱之前注入形成，这是因为磷在单晶硅中的扩散速率比硼低。如果先进行离子注入形成 P 阱，则在 N 阱退火及掺杂物扩散过程中，硼的扩散就可能失去控制。

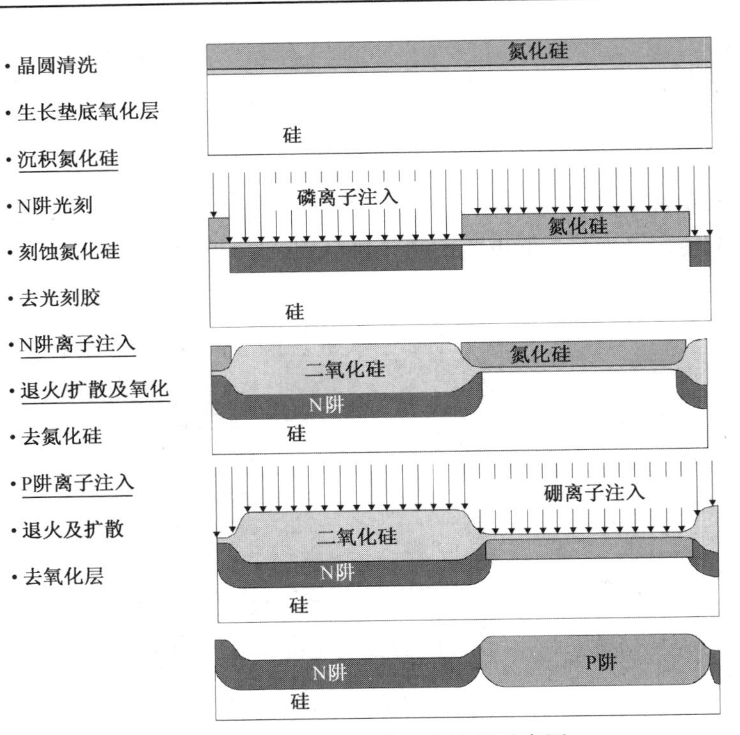

图 13.12 自对准双阱工艺流程示意图

13.4.3 双阱

自对准双阱工艺形成的 P 阱和 N 阱并不在同一个水平面，这可能会因为景深问题影响光刻工艺的解析度。双光刻双阱在先进 CMOS 集成电路芯片制造中很普遍，工艺流程显示在图 13.13中。双阱离子注入工艺都使用高能量、低电流注入设备。高温炉一般用于阱区离子注入退火和扩散。

• 晶圆清洗
• 生长屏蔽氧化层
• 晶圆清洗
• N阱光刻
• N阱离子注入磷
• 去光刻胶

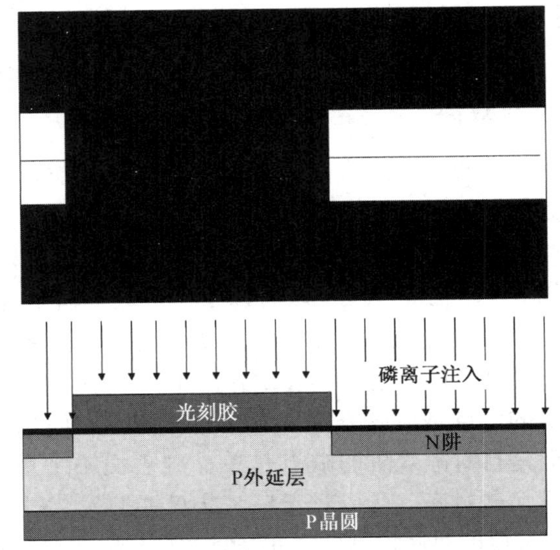

图 13.13 双光刻双阱工艺流程示意图

- 退火及扩散
- 晶圆清洗
- P阱光刻
- P阱离子注入硼
- 去光刻胶
- 退火及扩散
- 去屏蔽氧化层

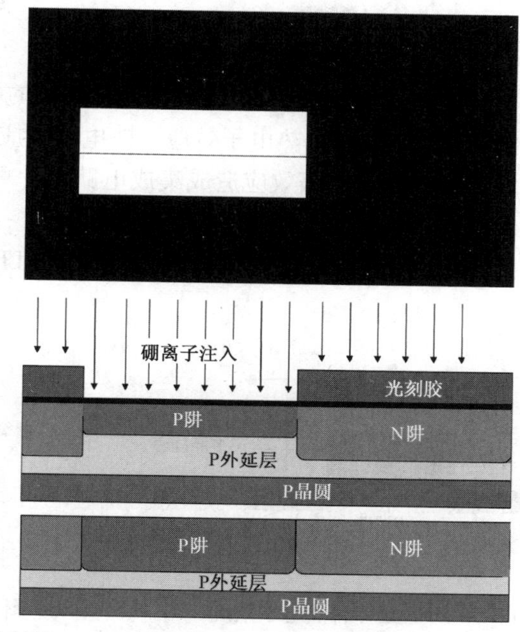

图 13.13(续) 双光刻双阱工艺流程示意图

13.5 晶体管制造

13.5.1 金属栅工艺

20 世纪 70 年代中期之前，MOS 晶体管形成时，源/漏以及栅极不是自对准的。首先用一个加热生长的二氧化硅层作为扩散遮蔽层，然后再利用扩散工艺形成源/漏极，接着刻蚀出栅极区并生长薄的栅氧化层。第三道光刻定义出接触孔，第四道光刻形成栅极连线，最后的光刻定义出连接垫区域。连接垫区刻蚀和去光刻胶后，晶圆就准备测试和封装。第 3 章中的表 3.1 列出了用非自对准工艺设计出的 PMOS 晶体管工艺流程，图 3.30 和图 3.31 说明了工艺过程。栅极一般要设计得比源极和漏极之间的距离宽些，确保源/漏极能够被栅极完全覆盖。但是这将使得缩小元器件尺寸变得非常困难，目前只有教育机构的实验室使用这种工艺制造 MOS 晶体管。

13.5.2 自对准栅工艺

随着离子注入技术的研究和发展，MOS 晶体管制造工艺已经普遍使用了自对准栅极工艺过程，多晶硅已经取代铝成为栅极材料，因为铝合金无法承受离子注入后退火所需的高温。这种工艺开始是用一个有源区光刻在场氧化层上开出刻蚀窗口定义晶体管区域。晶圆清洗、栅极氧化层生长和多晶硅沉积后，栅极光刻定义出栅极和连线。离子注入和加热退火后，晶体管就制造完成了。图 13.14 说明了一个 NMOS 晶体管自对准栅器件示意图。

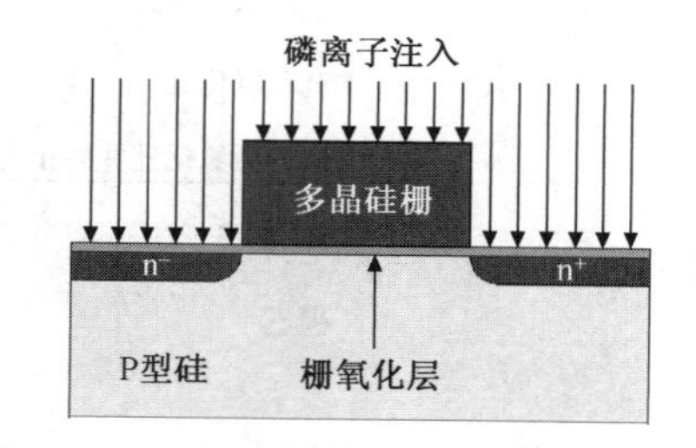

图 13.14 NMOS 晶体管自对准栅示意图

自对准栅工艺是集成电路制造中的一个基本晶体管工艺过程，几乎所有先进的 CMOS 集成电路芯片晶体管都是在这种工艺基础上发展起来的。

13.5.3 低掺杂漏极(LDD)

当栅极宽度小于 2 μm 时，源极和漏极之间偏压导致的电场垂直分量将高到足以加速电子使其隧道穿通薄的氧化层，这就是热电子效应。热电子效应引起的漏电流将影响晶体管性能，而且会因为栅极氧化层的电子俘获效应造成集成电路芯片可靠性问题。图 13.15 显示了 MOS 晶体管热电子效应。

最广泛用于抑制热电子效应的方法就是低掺杂漏极(LDD)，或源/漏扩展(SDE)技术，如图 13.16 所示。

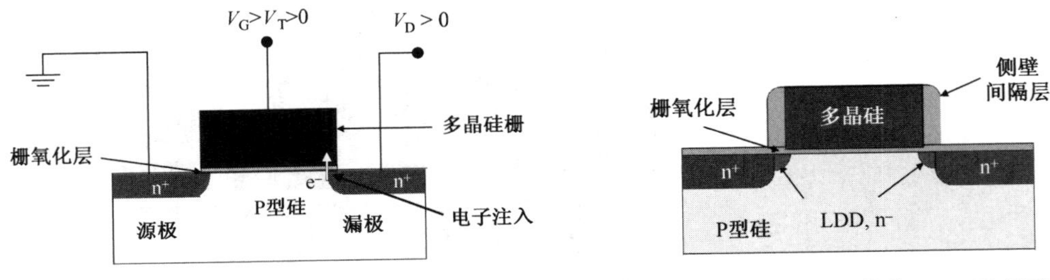

图 13.15 MOS 晶体管热电子效应

图 13.16 MOS 晶体管 LDD 示意图

LDD 结可以通过使用低能量、低电流的离子注入工艺实现。这是一个掺杂浓度很低的浅结，而且刚好延伸到栅极下面。沉积和回刻蚀电介质之后，侧壁间隔层会在多晶硅栅极两侧形成。高电流、低能量的离子注入形成重掺杂源/漏极，利用侧壁间隔层与栅极分开，从而可以降低源/漏极偏压引起的电场垂直分量，并减小可穿通的电子数量而抑制了热电子效应。使用 LDD 的晶体管可以通过图 13.17 所示的工艺流程制造。

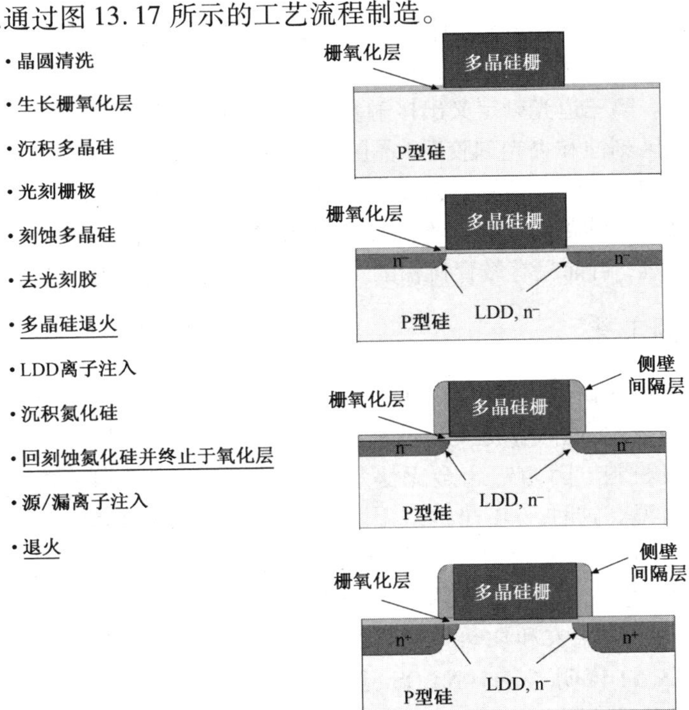

图 13.17 具有 LDD 的 MOS 晶体管工艺流程

当图形化尺寸小于 0.18 μm 时，LDD 离子注入的剂量就不再属于轻注入，这时就称为源/漏扩展离子注入。

13.5.4　阈值电压调整工艺

阈值电压调整工艺可以控制 MOS 晶体管的阈值电压大小。这种离子注入工艺可以确保电子系统的电源电压能够开启或关闭集成电路芯片上的 MOS 晶体管。阈值电压调整注入是一种低能量、低电流的注入过程，一般在栅氧化层生长之前进行。图 13.18 显示了阈值电压调整注入工艺流程。

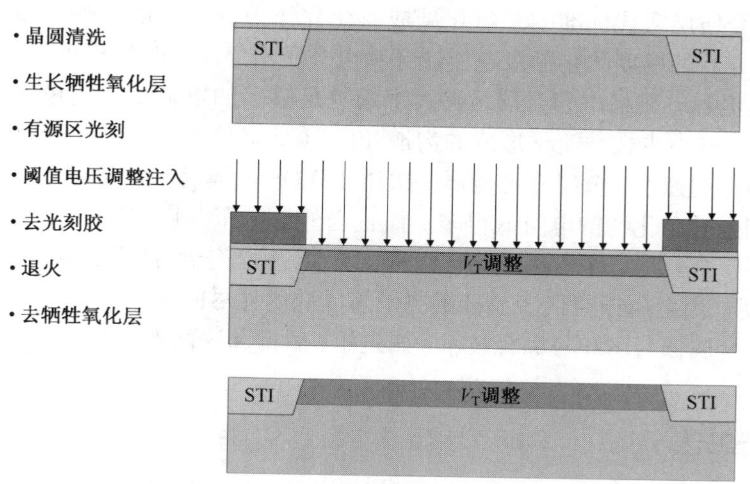

图 13.18　阈值电压调整工艺流程

对于 CMOS 集成电路芯片，需要两个阈值电压调整注入过程，一个是对 P 型晶体管而另一个对 N 型晶体管。随着 IC 芯片图形化尺寸的缩小，阱区注入的深度能通过高能离子注入实现，而不需要注入后扩散过程。这样阈值电压调整工艺可以结合阱区注入同时实现。

13.5.5　抗穿通工艺

当源极和漏极的耗尽区在栅与衬底偏压下相互连接时，发生穿通效应。抗穿通的离子注入工艺过程是一种中等能量、低电流的注入过程，从而可以保护晶体管抵抗这种效应。抗穿通离子注入一般和阱区注入一起进行。图 13.19 显示了抗穿通离子注入工艺。

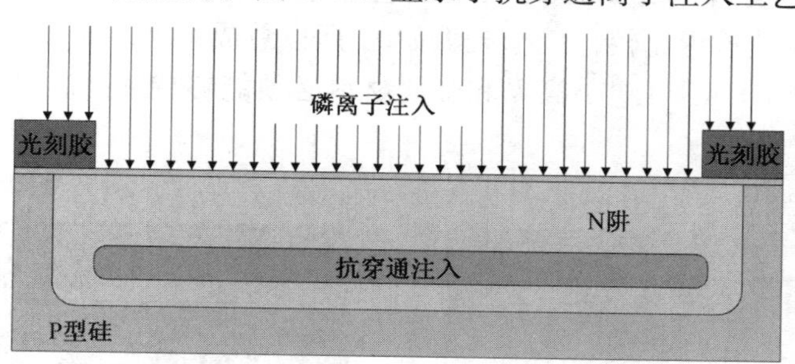

图 13.19　抗穿通离子注入工艺

另一种常用于抗穿通效应的工艺是大倾角注入，它是通过 45°入射角进行的一种低能量、低电流的注入过程。这种工艺中形成的大倾角结面可以帮助抑制穿通效应。图 13.20 显示了大倾角注入工艺。

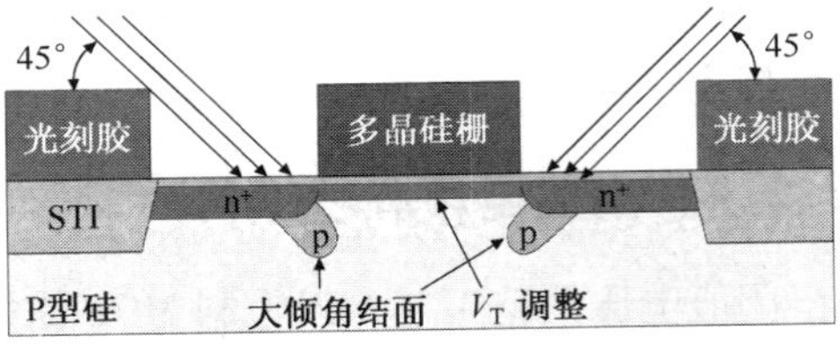

图 13.20 阈值电压调整工艺示意图

13.6 金属高 k 栅 MOS

当器件尺寸持续缩小时，对于 MOS 晶体管，栅氧化层的厚度将变得很薄而无法在 1 V 电压下可靠工作。当器件的尺寸接近 45 nm 或更小时，必须用高 k 介质层取代标准的二氧化硅或氮化硅作为栅极介质材料。通过使用高 k 介质层，可以增加栅介质的厚度防止栅极电流隧穿和电介质击穿。同时当栅极缩小时，可以帮助维持足够大的栅极电容。栅极电容必须足够大来维持足够多的电荷形成栅极电介质下的载流子反转，这样才能形成由少数载流子形成的沟道开启 MOS 晶体管。

为了提高器件的速度，金属有可能再一次用于 MOS 晶体管中的栅电极，因为如钨这样的金属比多晶硅和金属硅化物的电阻低很多。而且当外加电压开启 MOS 时，多晶硅栅将在多晶硅与氧化层之间形成耗尽，这个耗尽层与介质层类似，相当于增加了栅介质层的厚度而降低了 MOS 的开关速度。用金属栅替代多晶硅解决了多晶硅的耗尽问题。

有许多高 k 金属栅(HKMG)综合技术，如先栅、后栅和这两者的结合(NMOS 先栅和 PMOS 最后栅结合)。

13.6.1 先栅工艺

图 13.21 显示了 SOI 衬底上 NMOS 的先栅极工艺，包括薄层二氧化硅的生长(约4 Å)，高 k 电介质沉积，覆盖电介质层沉积，如图 13.21(a)所示。NMOS 的覆盖层不同于 PMOS 的覆盖层，它们都能控制功函数并实现所需的阈值电压。然后，沉积一层薄金属层，通常为氮化钛(TiN)，接着沉积多晶硅和硬掩膜，如图 13.21(b)所示。经过图形化和刻蚀硬掩膜后，去除光刻胶并用硬掩膜刻蚀形成图形化栅极，如图 13.21(c)所示。其余的工艺流程与常规 SiON 多晶硅栅工艺类似，如 SDE 注入，形成侧壁间隔层，SD 注入，如图 13.21(d)所示；RTP，硅化物形成，如图 13.21(e)所示；ILD0 CVD 和 CMP，接触刻蚀和清洁，如图 13.21(f)所示，附着层和钨沉积，WCMP 形成接触栓塞，如图 13.21(g)所示。对于 32 nm 技术，高 k 电介质是二氧化铪(HfO_2)基材料，金属栅极通常使用氮化钛(TiN)。

先栅 HKMG 工艺与常规的 SiON 多晶硅工艺非常相似。因此，许多工艺工具可以共同使用。与后栅 HKMG 工艺过程比较，工艺步骤减少，所以总成本可以降低，这对于半导体工艺线非常重要。对于先栅 HKMG 工艺，高 k 和金属材料必须能够持续高温退火过程，所以选择非常有限。

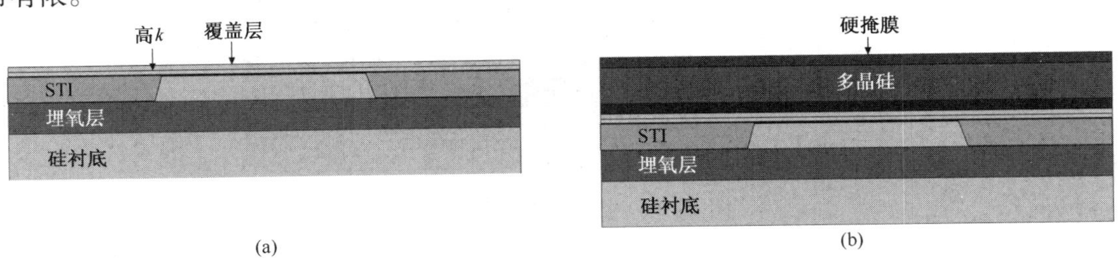

图 13.21 先栅 HKMG 工艺流程

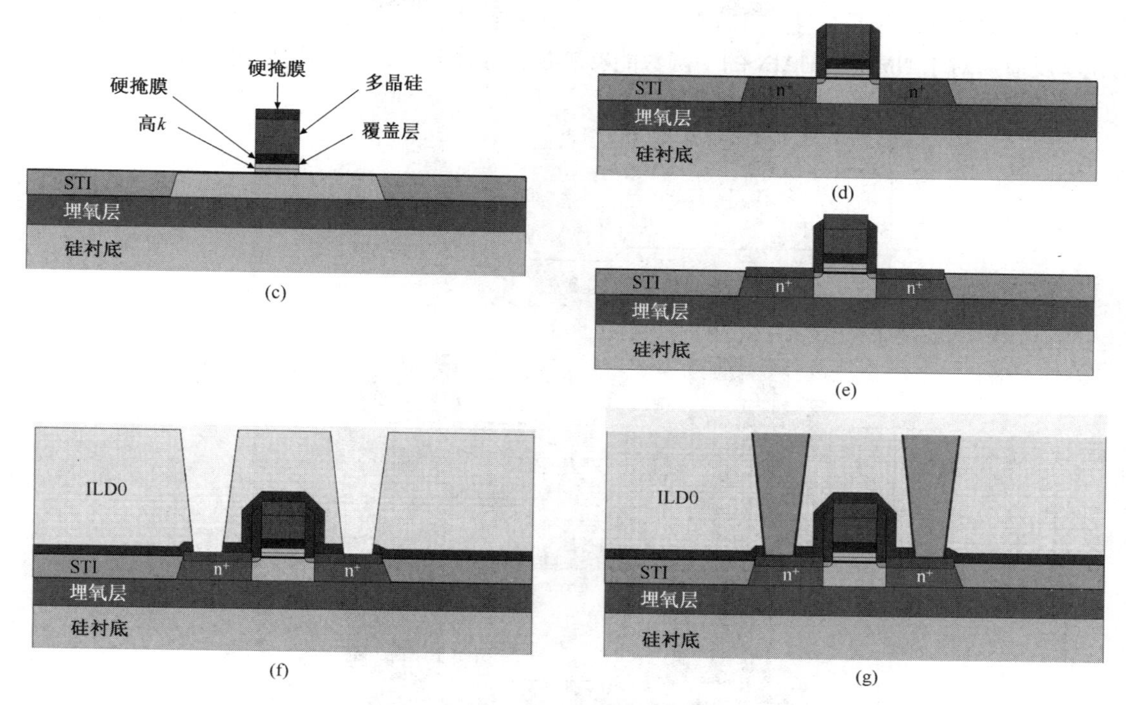

图 13.21(续)　先栅 HKMG 工艺流程

先栅工艺的主要挑战包括：多晶硅和氧化层剥离、高 k 电介质沉积和金属栅形成。多晶硅和氧化层剥离需要将硅表面的所有氧化物去除，并避免由于过刻蚀形成的切底效应。基于氧化铪的介质是研究最广和发展最快的高 k 电介质材料。为了防止高的界面电荷，高 k 电介质沉积之前，首先在硅表面生长一层薄的(小于 10 Å)氧化硅或氮氧化硅。高 k 栅介质主要通过原子层沉积形成。对高 k 电介质薄膜沉积的要求是具有高的底层覆盖和整面晶圆均匀沉积。

13.6.2　后栅工艺

后栅工艺是第一个用于 45 nm 技术节点 IC 生产的 HKMG 工艺。虽然比先栅工艺有更多的工艺步骤，但是也有许多优点，比如对高 k 和金属栅材料的选择范围更广泛，这是因为 HKMG 是在源/漏极和硅化物退火后形成的。对于先栅 HKMG 工艺，HKMG 材料必须能够承受高温退火过程。图 13.22 显示了后栅 HKMG 工艺步骤。

可以看出，前一半的工艺过程类似于常规的 CMOS 工艺，包括①栅氧化、多晶硅沉积和栅图形化，如图 13.22(a)所示；②侧壁层形成，选择性外延形成 NMOS 的源/漏极，如图 13.22(b)所示；③PMOS 的源/漏极，如图 13.22(c)所示。先进的 CMOS 器件使用选择性外延生长形成源/漏极，以获得更强的沟道应变和更好的结面控制。金属硅化物的形成和内介质(ILD)沉积，如图 13.22(d))所示，构成了 HKMG 工艺一半的工艺过程。通过介质 CMP 开多晶硅孔，如图 13.22(e)所示，并利用湿法刻蚀选择性地去除多晶硅虚栅和栅氧化层，如图 13.22(f)所示。高 k 栅介质原子层沉积(ALD)和金属 ALD 形成 HKMG，如图 13.22(g)所示。最后，通过金属沉积和 CMP 完成后栅 HKMG 工艺，如图 13.22(h)所示。

需要不同的金属调整 NMOS 和 PMOS 的功函数和阈值电压。对于 PMOS 沉积 TiN，并沉积 Ta 保护层。利用光刻胶掩膜保护 PMOS 并去除 NMOS 上的 Ta 薄膜，然后沉积 TiAl 合金层，这层合金将在热退火后与 TiN 反应生成 TiAlN。由于 Ta 蔽遮层的作用，在 PMOS 中不会发生 TiN 和 TiAl 的化学反应。对于 NMOS，TiAlN 的功函数能够满足，而对于 PMOS，TiN 是比较合适的。

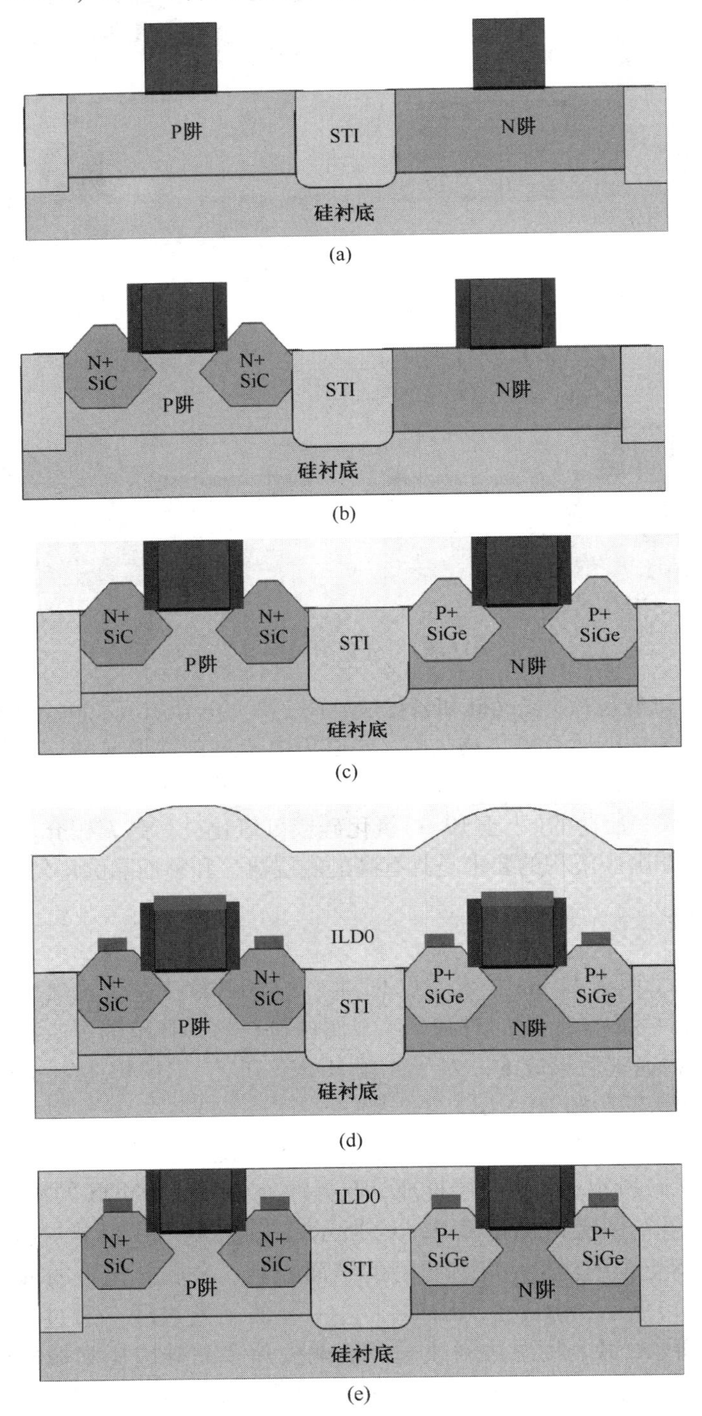

图 13.22 后栅 HKMG 工艺流程示意图

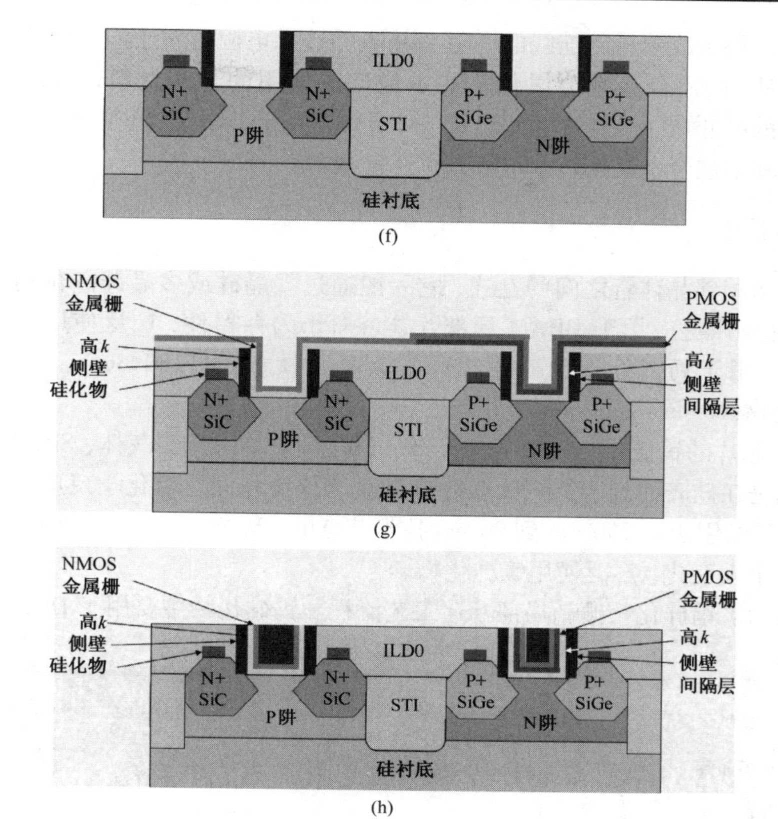

图 13.22（续）　后栅 HKMG 工艺流程示意图

13.6.3　混合型 HKMG

后栅 HKMG 工艺最大的优点就是通过去除虚栅增加了沟道应变，通过选择性外延 SiGe 形成 PMOS 的源/漏极，这对 PMOS 非常重要。因此，混合了先栅和后栅的综合工艺被开发。图 13.23 显示了一个混合型 HKMG 工艺结构示意图。可以看出，NMOS 利用先栅工艺，而 PMOS 采用后栅工艺技术。

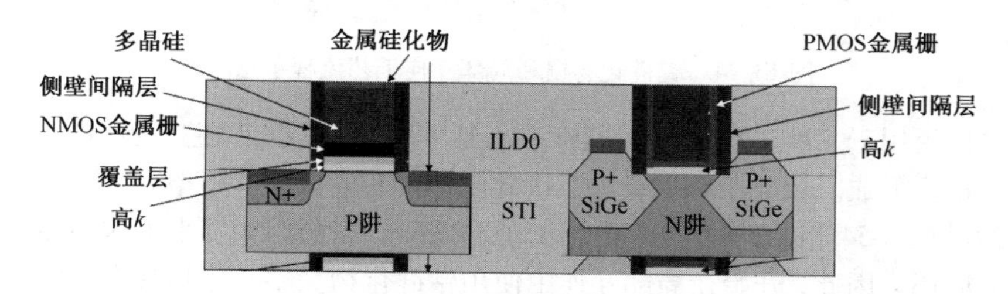

图 13.23　具有 NMOS 先栅和 PMOS 后栅的混合型 CMOS 示意图

13.7　互连技术

当晶体管在晶圆表面形成后，晶圆工艺就完成了大约一半。前段工艺基本完成，后段工艺才开始。对于先进的晶体管芯片，夹有电介质材料的多层金属必须用于连接数以百万的晶体管。金属硅化物常用于改善局部连线的电阻率并降低接触电阻。对于时钟频率不高于吉赫兹的器件，如 DRAM，钨铝合金是金属化工艺中最广泛使用的合金材料，而且未掺杂硅玻璃(USG)是最常用的电介质。在这个世纪之交，对于频率高于1 GHz 的 CMOS 逻辑器件，互连技术正从传统的钨和铝铜合金互连技术过渡到铜互连技术。

13.7.1 局部互连

局部互连是指相邻晶体管之间的互连，它一般通过多晶硅或多晶硅硅化物叠层形成。硅化钨和钨/钨氮化物广泛应用于 DRAM 局部互连。对于闪存器件，广泛使用钴硅化物。对于 CMOS 逻辑器件，用于局部互连的硅化物通常为硅化钛(大于 180 nm)、钴硅化物(250 ~ 90 nm)和镍硅化物(65 nm 及更小)。

用于 DRAM 芯片的钨硅化物一般通过 CVD 沉积，WF_6作为钨源气体，SiH_4作为硅源气体。钛硅化物的形成是在硅表面溅射沉积钛然后热退火诱导钛和硅发生化学反应。钴硅化物常用于闪存器件，并已经用于从 250 nm 到 90 nm 技术节点的 CMOS 器件。从 65 nm 技术节点，硅化物材料发生了重大变化，广泛使用镍硅化物。

图 13.24 显示了钨硅化物栅和局部互连工艺流程。钨硅化物主要用于 DRAM 芯片。

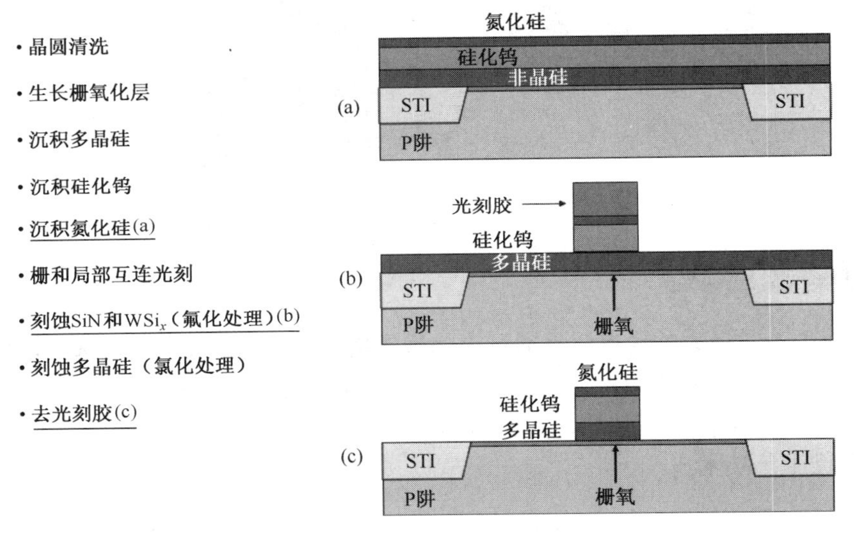

图 13.24 钨硅化物栅和局部互连工艺流程示意图

钛硅化物广泛用于一些一般的闪存器件和一般 CMOS 集成电路芯片互连工艺，通过自对准硅化物工艺过程形成。相比于钨硅化物，钛硅化物具有较低的电阻率。

低电阻的晶粒 C-54 相钛硅化物的尺寸约为0.2 μm。当栅的宽度小于这种晶粒尺寸时，钛硅化物就不能应用。因此，开始在局部互连中使用钴硅化物。钴硅化物具有低的电阻率，而且也可以通过自对准硅化物工艺形成。$TiSi_2$和 $CoSi_2$的形成需要约 750℃的退火，这个温度对于特征尺寸为65 nm 或更小的器件来说太高了，因此，开始发展镍硅化物工艺并应用于 CMOS 集成电路制造中。NiSi 的退火温度约为 450℃，大大低于 $CoSi_2$所需的 750℃。

图 13.25 列出并说明了镍硅化物工艺流程。

已经用于形成局部互连的钨，可以显著减小导通电阻并提高器件的速度。钨局部互连使用镶嵌工艺，这与钨栓塞过程类似。第一次沟槽刻蚀在硅酸盐玻璃层上，然后沉积钛、氮化钛、扩散遮蔽层和钨黏附层。利用钨 CVD 填充沟槽，CMP 工艺从硅表面去除大量的钨，只将钨留在沟槽内部形成局部互连。图 13.26 显示了钨局部互连工艺过程。

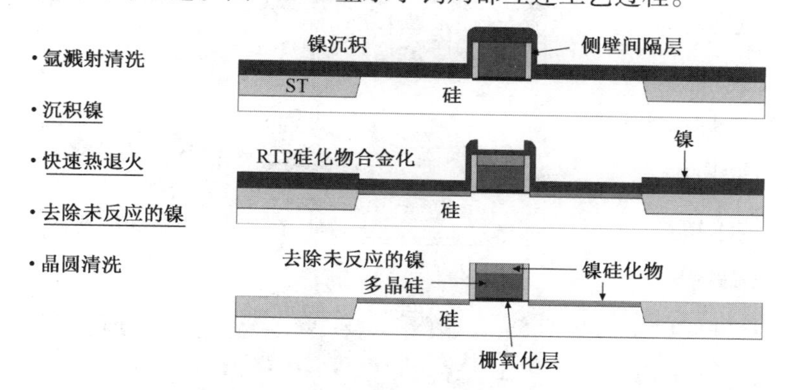

图 13.25　镍硅化物工艺流程示意图

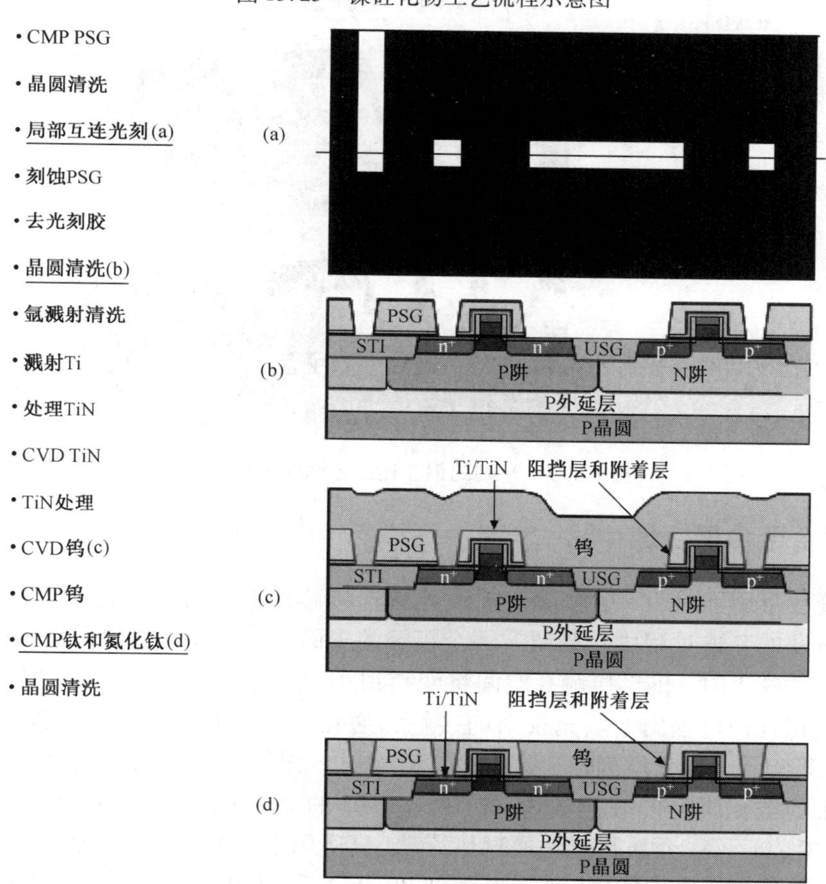

图 13.26　钨局部互连工艺流程示意图

13.7.2　早期的互连技术

早期的整面互连工艺包括：氧化物 CVD、氧化物刻蚀、金属 PVD 和金属刻蚀。通过氧化物刻蚀形成接触或通孔，金属刻蚀形成互连。图 13.27 显示了早期的铝互连工艺流程。

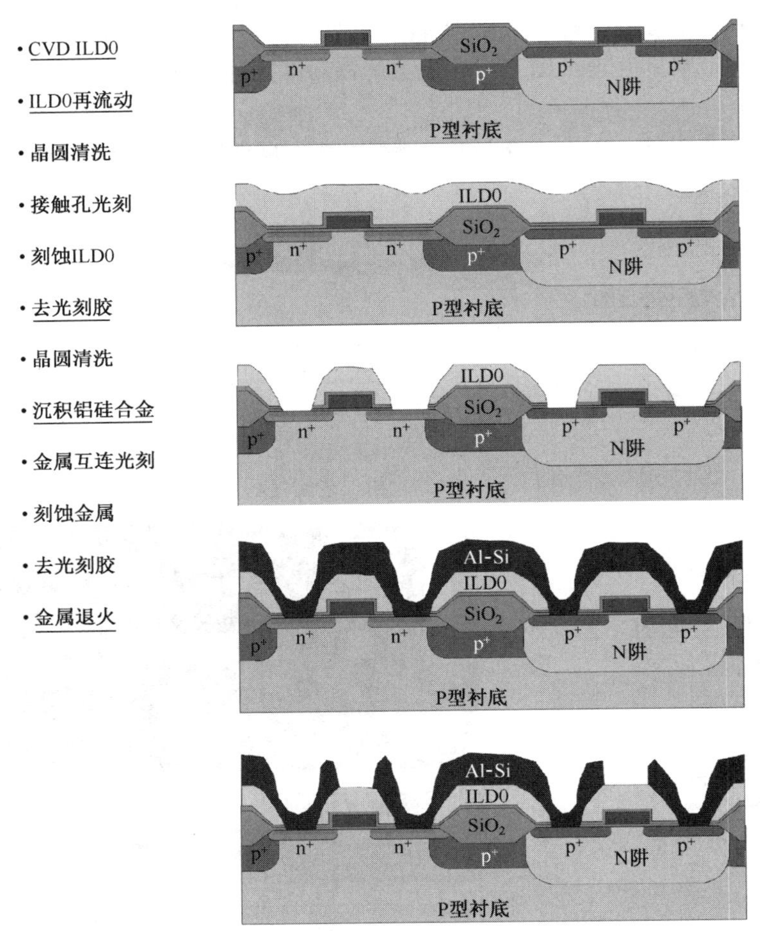

图 13.27 早期的铝互连工艺流程示意图

13.7.3 铝合金多层互连

当晶体管数量增加时，一层金属互连线无法连接芯片上所有的晶体管。开始使用多层金属互连。早期的互连过程中总是留有一个粗糙的表面，这将对光刻和金属沉积造成问题。当器件特征尺寸减小时，锥形接触孔空间将变得很小，这种接触孔通过 PVD 铝覆盖孔的底部。钨化学气相沉积过程用于填充狭窄的接触和通孔。基本的互连工艺步骤包括：电介质 CVD、电介质平坦化、电介质刻蚀、钨化学气相沉积、去除大量钨、金属叠层 PVD，以及金属刻蚀。常用的电介质是硅酸盐玻璃，如用于 PMD 的 PSG 或 BPSG，应用于 IMD 或 ILD-x 的 ILD0 和未掺杂 USG。介质平坦化通过热流动(只适用于 PMD)、回刻蚀和 CMP 实现。大量钨的去除通过回刻蚀和 CMP 达到。20 世纪 90 年代后，CMP 广泛用于介质平坦化和大量钨去除工艺。通过电介质刻蚀形成接触和通孔。常用的金属叠层是钛焊接层、铝铜合金层，以及主要导电层和防反光涂层(ARC)。通过金属刻蚀形成互连线。图 13.28 显示了应用于多层 IC 芯片的互连工艺流程。图 13.28 描述了金属 1 和金属 2 之间的互连过程，以及金属 3 和金属 4 的互连工艺步骤，特征尺寸或图形的 CD 随金属层数增加而增加。

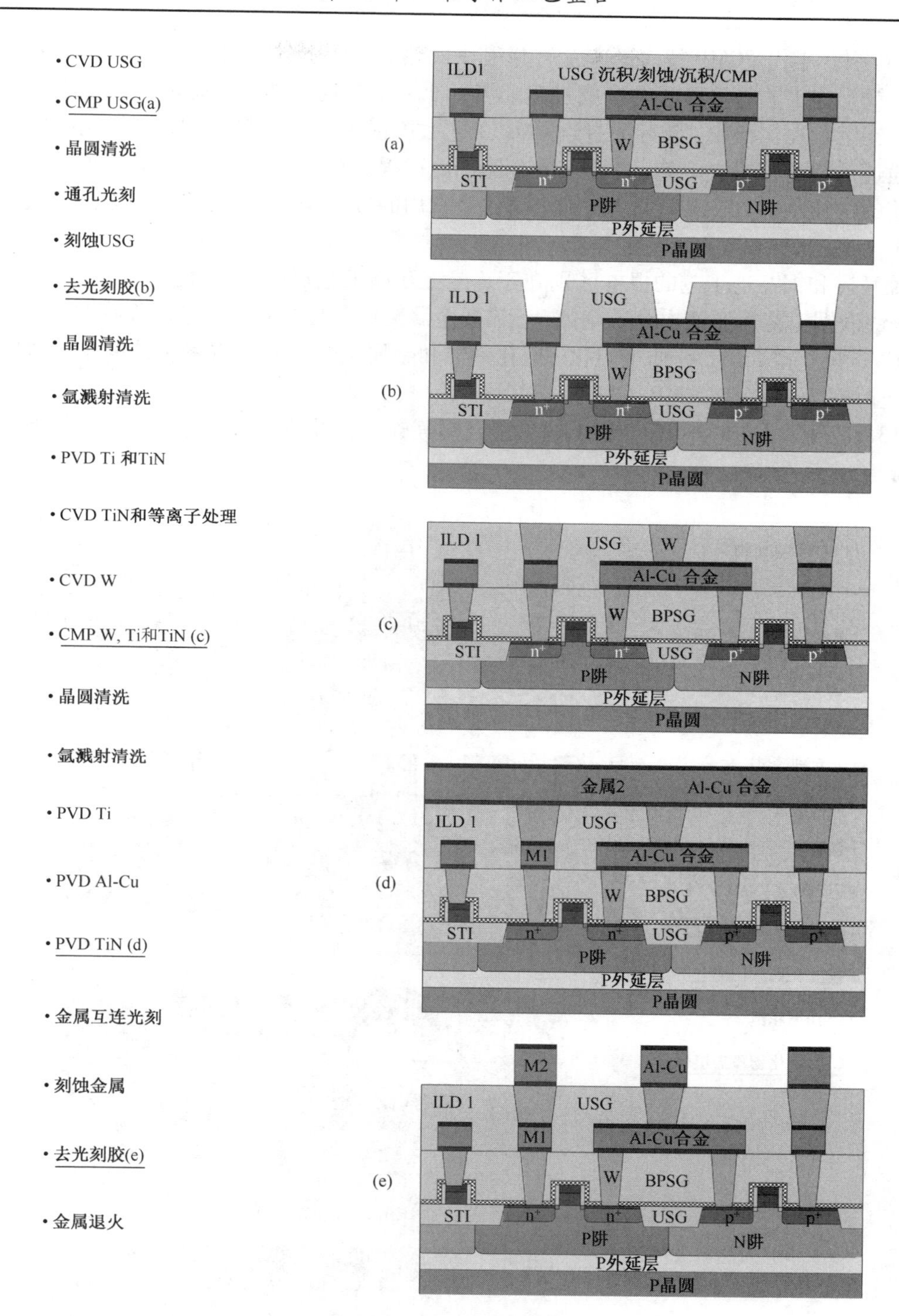

图 13.28　铝合金互连工艺流程示意图

13.7.4　铜互连

铜比铝合金具有低的电阻率和高的电迁移抵抗力。由于没有简单的铜气态化合物，所以铜很难采用干法刻蚀，这使得铜在 IC 互连中的应用推迟，传统的互连工艺都需要金属刻蚀过程。

20 世纪 90 年代，CMP 技术迅速发展并很快成熟。CMP 技术广泛用于去除大量的钨形成钨栓塞。铜互连工艺与钨栓塞的形成过程非常相似：不是通过通孔，而是在介质表面刻蚀沟槽。然后铜沉积在沟槽中，随后通过铜 CMP 工艺去除晶圆表面大量的铜，只将铜线埋在介质层内。通过采用这种镶嵌工艺，并不需要金属刻蚀过程。双镶嵌过程中，结合了通孔刻蚀和金属沉积前的沟槽刻蚀，双镶嵌工艺是铜金属化最常用的方法。与单镶嵌工艺比较，双镶嵌工艺可以减少金属沉积和 CMP 工艺过程。

传统互连和铜互连工艺的根本区别在于，传统互连工艺需要一次介质刻蚀和一次金属刻蚀，而双镶嵌铜工艺需要两次介质刻蚀，不需要金属刻蚀。传统互连工艺所面临的主要挑战是无空隙 CVD 沉积电介质、介质平坦化、通孔刻蚀和金属刻蚀。双镶嵌铜工艺的主要挑战是介质刻蚀、金属沉积和金属 CMP。

图 13.29 显示了 CMOS IC 金属 1 的单镶嵌铜互连工艺流程，图 13.30 显示了先通孔双镶嵌铜低 k 互连工艺流程。

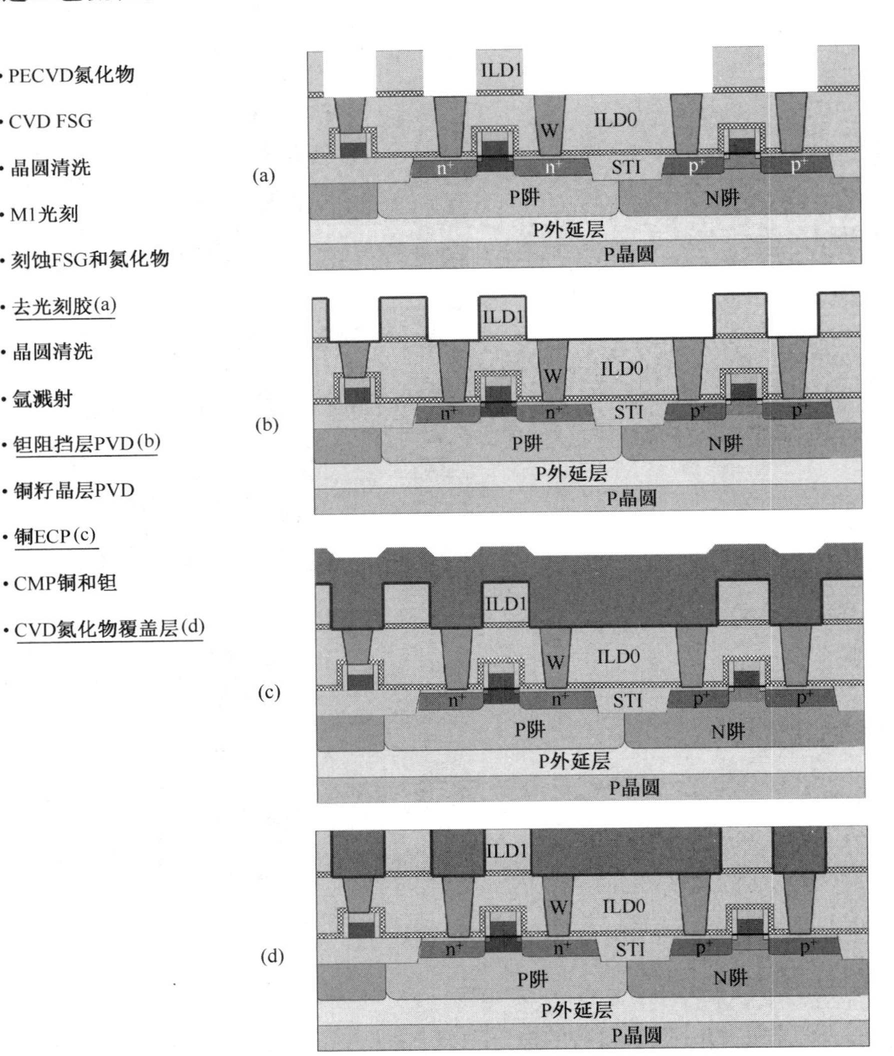

图 13.29 CMOS 金属 1 铜互连工艺流程

薄的氮化物覆盖层(100 ~ 500 Å，取决于技术节点)可以利用硅烷(SiH_4)、氨气(NH_3)和氮(N_2)通过 PECVD 工艺沉积，这个覆盖层非常重要，可以防止铜扩散经过氧化层到达硅衬底导致晶体管性能不稳定。覆盖的氮化层还可以防止氧化沉积过程中的铜氧化。与氧化铝不同，氧化铜比较松散，它可以一直使得铜与氧发生反应。富有氮化物或氮氧化物的硅(SiON)可以作为遮蔽层，也可以作为抗反射覆盖层。ILD0 可以是未掺杂的硅酸盐玻璃(USG)、氟化硅酸盐玻璃(FSG)，或低 *k* 电介质 SiCOH，如多孔 SiCOH 的 ULK(取决于技术节点)。氮化物也可以作为金属沟槽刻蚀的刻蚀停止氮化层，通过提供氮化物发光表明刻蚀终点。

13.7.5　铜和低 *k* 电介质

铜和低 *k* 电介质的结合可以进一步提高 IC 芯片的速度。许多硅基的低 *k* 电介质材料已经被研究。这些材料可以通过氟化学刻蚀，与硅酸盐玻璃刻蚀类似。IC 工艺中最常使用的低 *k* 电介质材料是 SiCOH，或掺碳氧化物和多孔 SiCOH。由于材料中的空隙，所以多孔 SiCOH 有更低的 *k* 值。图 13.30 列出并显示了先通孔铜和低 *k* 连线工艺示意图。

- PECVD沉积氮化硅封闭层
- PECVD沉积低*k*介质层
- TiN硬遮蔽层沉积(a)
- 通孔图形化
- 通孔刻蚀
- 去光刻胶(b)
- 光刻胶填充
- 光刻胶回刻蚀
- 金属2槽形图形化
- 金属2槽形刻蚀
- 去光刻胶(c)
- 去除覆盖层

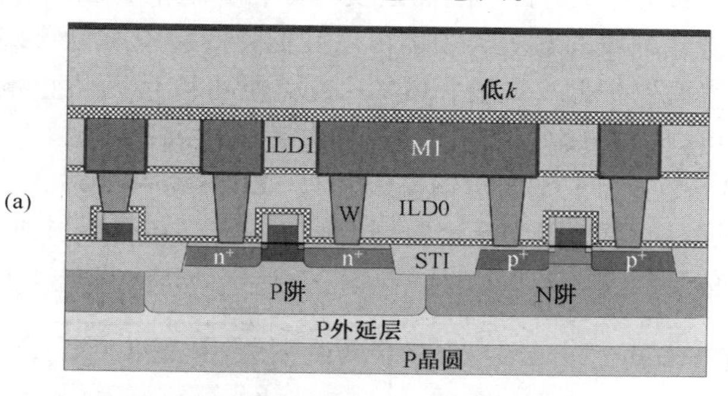

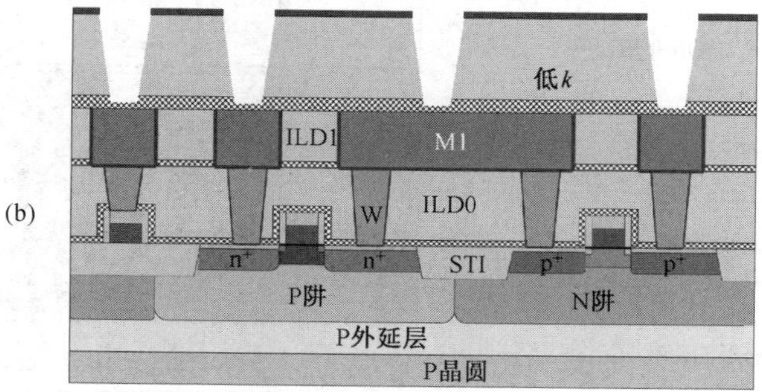

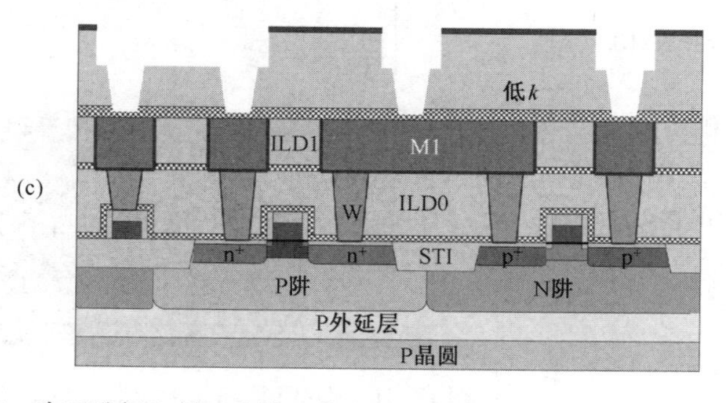

图 13.30　先通孔铜和低 *k* 连线工艺流程示意图

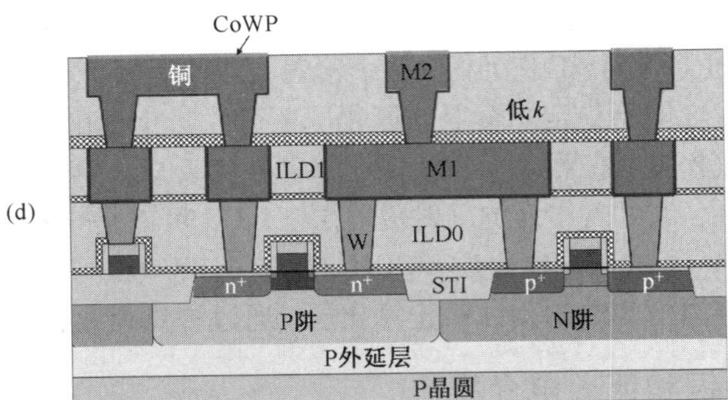

图 13.30(续) 先通孔铜和低 k 连线工艺流程示意图

对于先通孔双镶嵌工艺，每个通孔需要停止在覆盖层，将使用高选择性刻蚀工艺在沟槽形成后刻蚀。通孔停止在薄覆盖层上非常重要。由于刻蚀对覆盖层而不是对低 k 薄膜有高选择性，所以刻蚀将造成开路，然而过度刻蚀将导致铜腐蚀，并使接触电阻增加。

因为去光刻胶的氧等离子体可以在低 k 薄膜中氧化碳，并增加电介质的 k 值，TiN 硬掩膜用于覆盖表面保护低 k 薄膜。CoWP 覆盖层可以帮助防止铜扩散并降低电迁移提高器件的可靠性。这可以通过只沉积在铜表面的电镀工艺沉积实现。

图 13.31 显示了先沟槽铜连线和与 SEG SiGe PMOS 晶体管的互连工艺，以及后栅 HKMG 和沟槽金属硅化物。因为是金属栅，所以不需要在栅顶形成金属硅化物。硅化物只在槽型接触的底端形成。

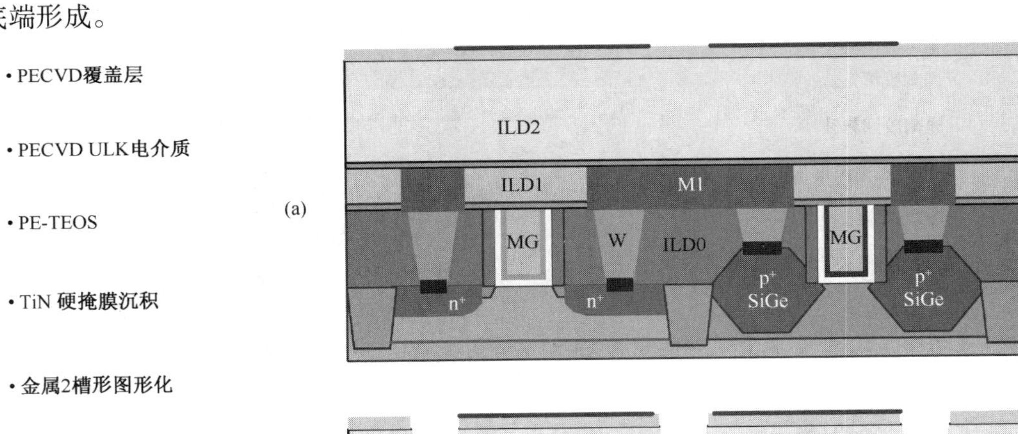

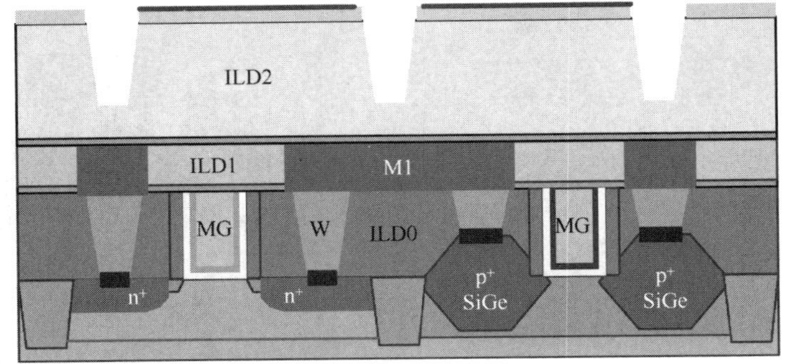

图 13.31 铜/ULK 和先沟槽形连线工艺示意图

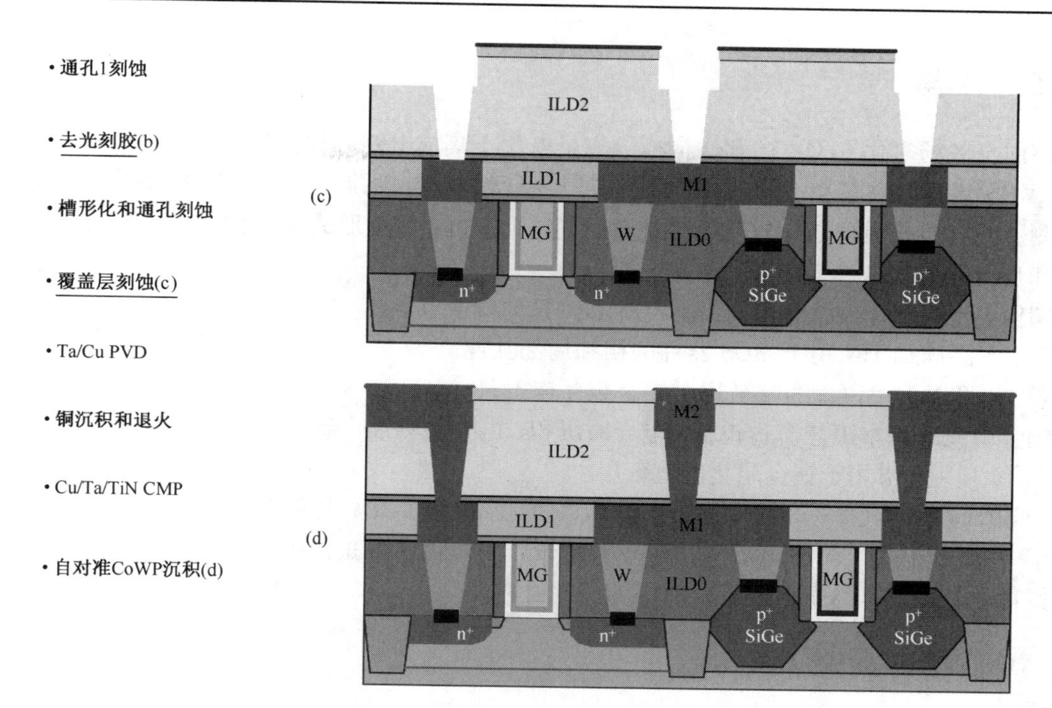

图 13.31(续)　铜/ULK 和先沟槽形连线工艺示意图

13.8　钝化

金属层形成后，需要沉积钝化层保护集成电路芯片以避免直接与湿气和其他污染物接触，如钠离子。在集成电路工业中，氮化硅是最后使用的钝化材料。一般在氮化硅沉积之前将沉积一层氧化层作为应力缓冲层。以硅烷为基础的 PECVD 反应室可以通过临场方式沉积氧化物和氮化硅。氮化硅沉积后，光刻技术可以定义出连接区或连接凸块开口。经过以氟为基础的氮化硅/氧化物刻蚀和光刻胶去除工艺之后，就完成了整个硅晶圆的工艺流程。图 13.32 显示了连接垫区封装钝化工艺流程示意图。

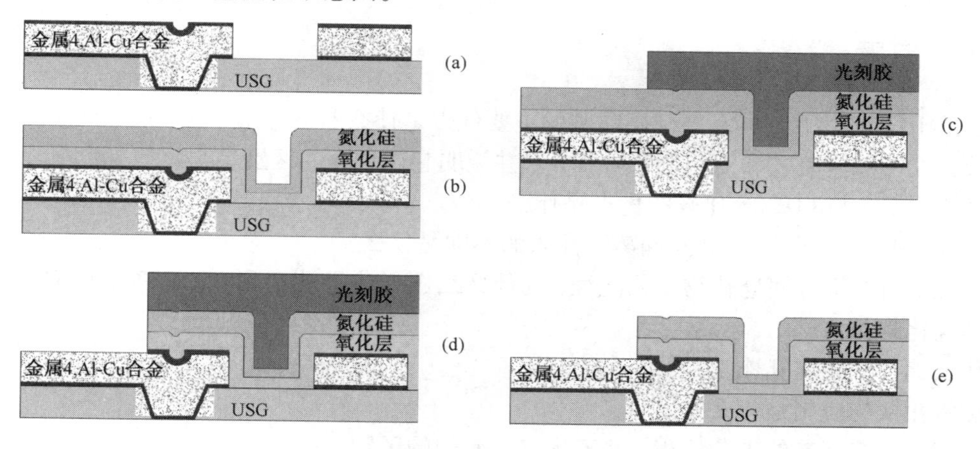

图 13.32　钝化工艺流程示意图。(a) 金属退火；(b) PECVD 氧化和氮化；(c) 连接垫光刻和显影；(d) 氧化、氮化和TiN刻蚀；(e) 去光刻胶

13.9 小结

1. 整面全区场氧化、LOCOS 和浅沟槽隔离是应用于集成电路芯片中的 3 种隔离技术。
2. CMOS 集成电路芯片中的三种阱区形成工艺是单阱、自对准双阱和双光刻双阱。
3. 侧壁间隔层是通过电介质薄膜沉积和回刻蚀形成的，用于形成源/漏扩展、选择性外延生长和自对准硅化物。
4. 阈值电压调整 V_T 注入可以控制 MOS 晶体管的阈值电压。
5. 铝、多晶硅和 TiN 用于 MOS 器件的栅和局部互连。
6. W、T、TiN 和 Al-Cu 通常被用于铝合金互连工艺。
7. 铜金属化的基本工艺流程包括：电介质沉积、电介质刻蚀、金属沉积和金属 CMP。
8. Ta 和 TaN 通常用于铜金属化的遮蔽层。
9. SiCOH(k 约为 2.5 ~ 2.8)和多孔 SiCOH(k 为 2)常用于低 k 电介质。
10. CVD SiON、CVD SiCN 和自对准 CoWP 用于作为覆盖层阻止铜扩散。
11. 氮化硅是集成电路工艺中最常使用的钝化材料。

13.10 参考文献

[1] Al F. Tasch, *MOS Integrated Circuit Process Integration*, Class Notes of EE 396K, The University of Texas at Austin, 1996.

[2] Lita Shon-Roy, Allan Wiesnoski, and Robert Zorich, *Advanced Semiconductor Fabrication Handbook*, ISBN:1-877750-70-0, Integrated Circuit Engineering Corporation, 17350 N. Hartford Dr., Scottsdale, AZ 85255.

[3] Stanley Wolf, *Silicon Processing for the VLSI Era*, *Vol. 2*, *Process Integration*, Lattice Press, Sunset Beach, California, 1990.

[4] Fukasawa, M. Lane, et al, *BEOL process integration with Cu/SiCOH (k = 2.8) low-k interconnects at 65 nm groundrules*, Proceedings of the IEEE 2005 International Interconnect Technology Conference, 2005.

[5] Alfred Grill, *Plasma enhanced chemical vapor deposited SiCOH dielectrics: from low-k to extreme low-k interconnect materials*, Journal of Applied Physics, Vol. 93, pp. 1785(2003)

13.11 习题

1. 对于 CMOS IC 芯片，具有外延层晶圆的主要优点是什么？
2. 比较自对准双阱工艺和双光刻双阱工艺，并说明它们之间的区别。
3. 解释说明 STI 与 LOCOS 比较的优点是什么？
4. LDD(或 SDE)离子注入与源/漏离子注入的不同是什么？
5. 解释说明自对准金属硅化物工艺流程，为什么当图形化尺寸小到 65 nm 时，用镍硅化物取代钴硅化物？
6. 为什么钨用于金属互连工艺？
7. 钛和氮化钛的应用是什么？
8. 列出铜和传统互连的工艺流程，并解释它们之间的区别。
9. 说明高 k 电介质的应用。
10. 说明低 k 电介质的应用，当用 SiCOH 代替 FSG 时，对工艺的主要影响是什么？

第14章　IC工艺技术

本章要求

1. 列出从20世纪80年代到2010年半导体主要工艺技术的变化
2. 解释说明DRAM和NAND存储器的区别

14.1　简介

基于CMOS的芯片是电子工业中最常见的IC芯片。个人电脑、互联网络和数字革命，强烈推动了对CMOS集成电路芯片的需求。本章将主要讨论4种完整的CMOS工艺流程。首先是20世纪80年代初的CMOS工艺，它只有一层铝合金互连线。接着讨论20世纪90年代四层铝合金互连CMOS技术。然后讨论21世纪第一个十年发展起来的具有铜和低k互连的先进CMOS工艺流程。最后讨论具有高k金属栅、应力工程和铜/低k互连的最先进的CMOS技术。

存储芯片是IC产品最重要的部分之一，也是IC技术发展的重要驱动力。DRAM内存和NAND闪存芯片阵列的制造工艺与CMOS工艺完全不同。因此，本章用两节的篇幅专门讨论DRAM和NAND存储芯片的工艺过程。DRAM和NAND存储芯片的外围部分和普通CMOS工艺非常相似。

14.2　20世纪80年代CMOS工艺流程

20世纪70年代中期，IC工艺技术引入离子注入取代了半导体掺杂扩散。自对准形成源/漏电极已经成为MOS晶体管制造工艺的一个标准过程。因为离子注入后的高温退火要求，所以用多晶硅取代了金属栅。由于电子的迁移率比空穴高，在相同的尺寸和掺杂浓度下，NMOS的速度远远比PMOS高。引入离子注入技术后，NMOS管很快就代替了PMOS管，离子注入技术与扩散不同，可以很容易形成N型掺杂。

20世纪80年代，在数字逻辑电路制造的电子产品(如手表、计算器、个人电脑和专用计算机等)的驱动下，CMOS集成电路加工技术迅速发展。液晶显示器(LCD)技术的应用也加快了从NMOS集成电路过渡到低功耗CMOS集成电路。最小特征尺寸已经从3 μm缩小到0.8 μm，而晶圆尺寸已经从100 mm(4 in)增加到150 mm(6 in)。

20世纪80年代初期，使用LOCOS技术隔离CMOS集成电路中相邻的晶体管。PSG用于作为PMD，再流动温度约1100℃。使用加热或电子束蒸发沉积铝硅合金薄层用于锥形接触孔形成金属互连。卧式氧化炉的应用包括：氧化、低压化学气相沉积、离子注入后退火和杂质扩散，以及PSG再流动。等离子刻蚀机用于进行图形化，如栅刻蚀，而较大的图形仍然采用湿法刻蚀。投影对准和曝光系统用于光刻工艺。为了满足光刻分辨率的要求，人们采用正光刻胶取代了负光刻胶。大多数的加工工具是批量处理系统。图14.1～图14.3显示了20世纪80年代初的CMOS工艺流程，最小特征尺寸约3 μm。

图 14.4 显示了 20 世纪 80 年代 CMOS 器件的横截面，结构中使用了 LOCOS 隔离，PSG 再流动作为 ILD0，锥形接触和 Al-Si 合金作为互连。

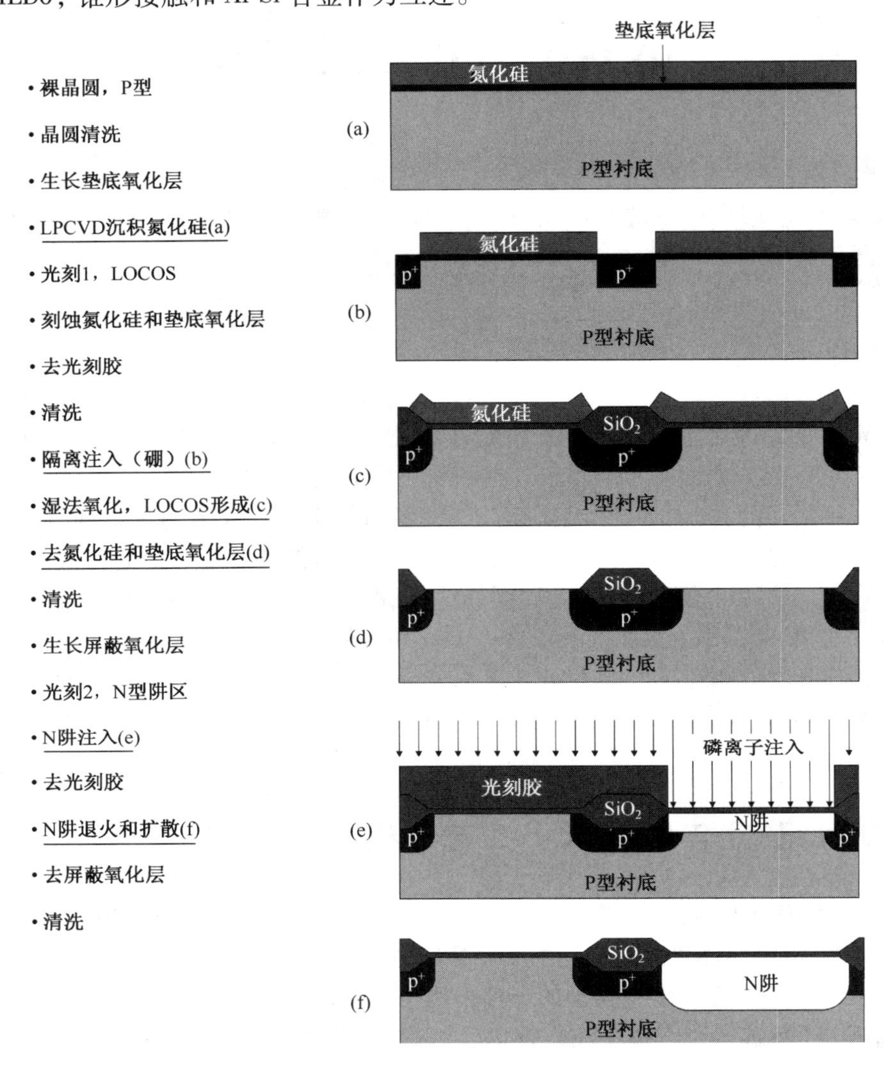

图 14.1　20 世纪 80 年代早期 CMOS 工艺流程——隔离和阱区形成工艺

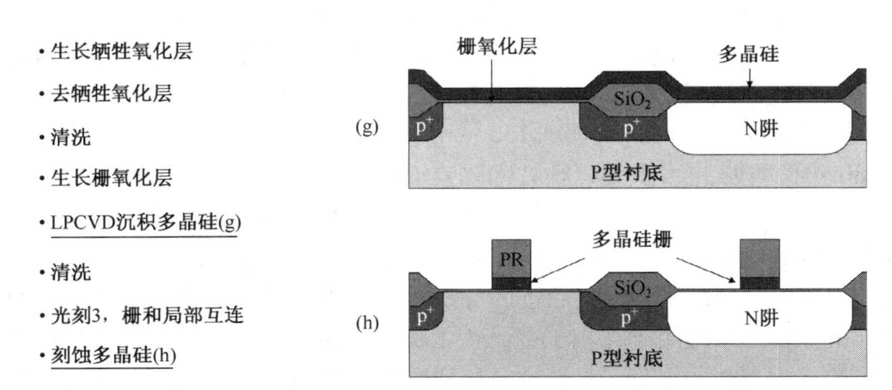

图 14.2　20 世纪 80 年代早期 CMOS 工艺流程——晶体管形成工艺

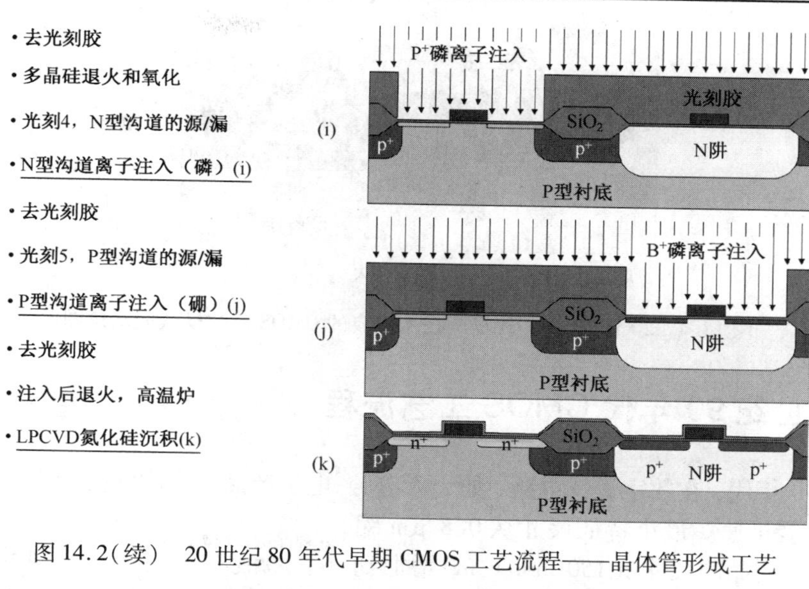

图 14.2(续) 20 世纪 80 年代早期 CMOS 工艺流程——晶体管形成工艺

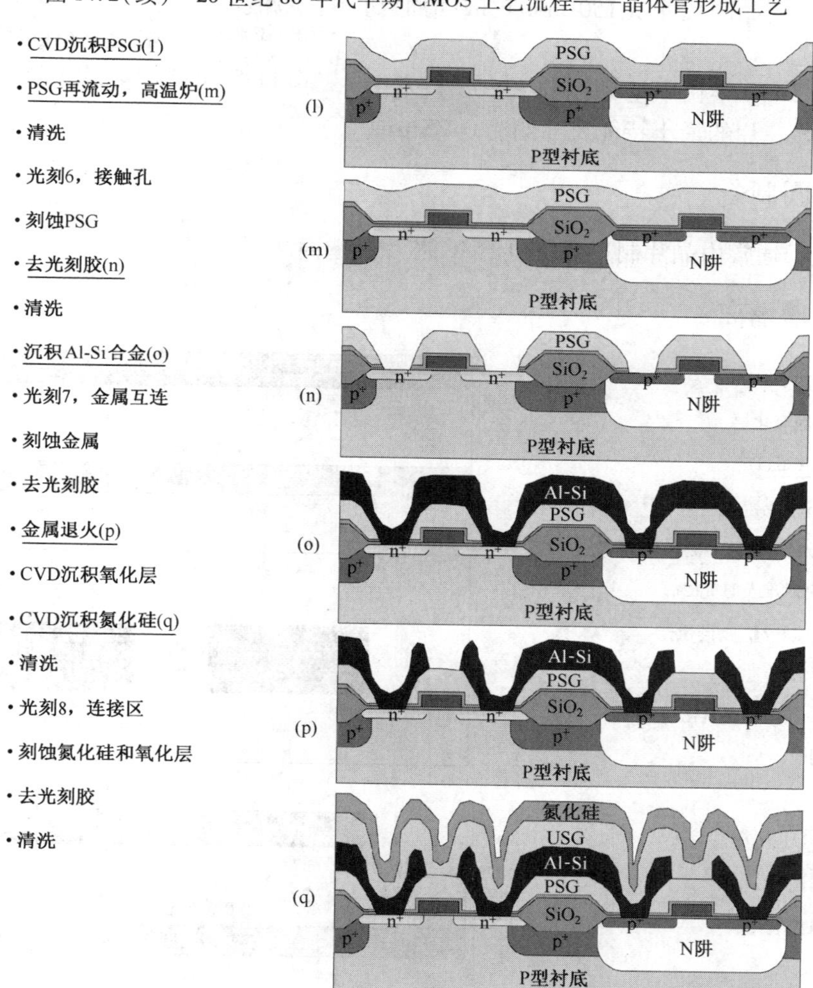

图 14.3 20 世纪 80 年代早期 CMOS 工艺流程——互连工艺

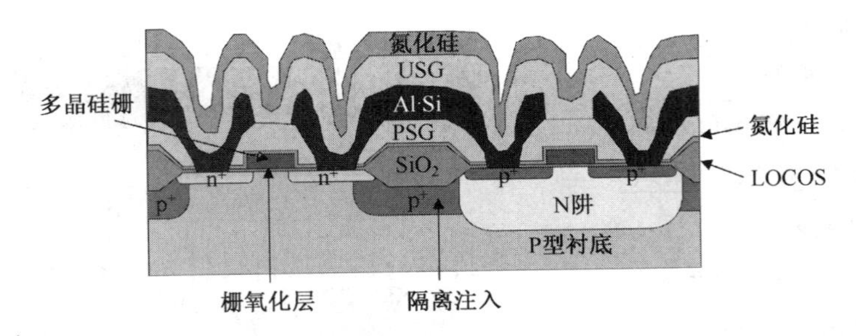

图 14.4　20 世纪 80 年代早期技术形成的 CMOS 芯片横截面示意图

14.3　20 世纪 90 年代 CMOS 工艺流程

20 世纪 90 年代，在数字逻辑电路，如个人电脑、电子产品和互联网推动下，CMOS 集成电路加工技术发展迅速。最小特征尺寸从 0.8 μm 缩小到 0.18 μm，而晶圆尺寸从 150 mm(6 in)增加到 300 mm(12 in)。

本节给出了 90 年代中期完整的 CMOS 技术工艺流程。CMOS 芯片的最小特征尺寸约为 0.25 μm。

- 裸晶圆，P型
- 晶圆清洗
- 沉积P型外延硅

P型外延层
P型晶圆

图 14.5　P 型晶圆上外延层生长示意图

14.3.1　晶圆制备

外延层生长通常由晶片制造商提供给 IC 芯片制造商。

14.3.2　浅槽隔离

- 晶圆清洗
- 生长垫底氧化层
- 沉积氮化硅(1)
- 晶圆清洗
- 预处理/自旋涂敷光刻胶/软烘烤
- STI光刻对准及曝光(2)
- 曝光后烘烤/显影/硬烘烤
- 图形检测
- 刻蚀氮化硅/垫底氧化层
- 去光刻胶
- 清洗
- 刻蚀硅(3)
- 晶圆清洗
- 生长阻挡氧化层

(1)

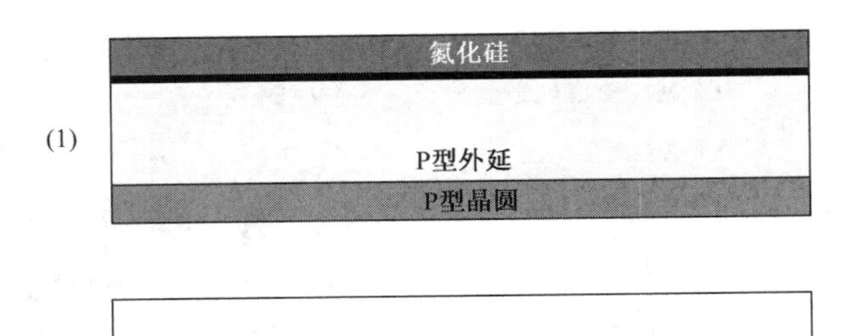

(2)

(3)

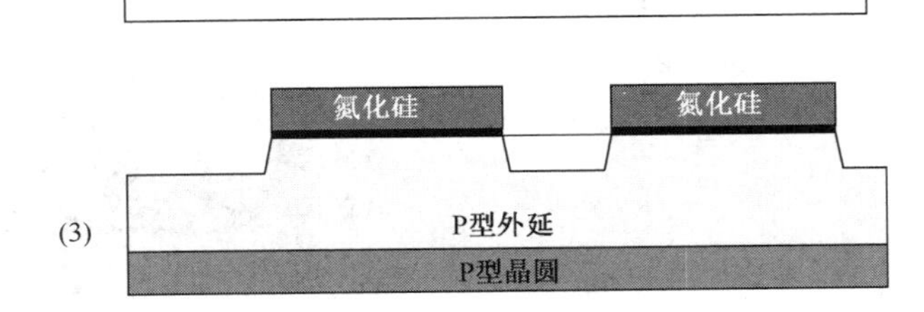

图 14.6　多层铝合金互连 CMOS 工艺

- HDP-CVD沉积USG(4)
- CMP USG(5)
- USG退火
- 湿法去氮化硅和垫底氧化层(6)

(4)

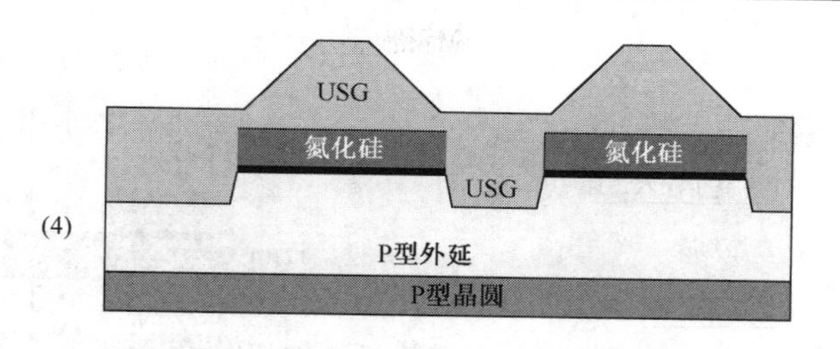

(5)

(6)

图 14.6(续)　多层铝合金互连 CMOS 工艺

14.3.3　阱区形成

- 晶圆清洗
- 生长牺牲氧化层
- 晶圆清洗
- 预处理/自旋涂敷光刻胶/软烘烤
- N阱自对准和曝光(7)
- 曝光后烘烤/显影/硬烘烤
- 图形检测
- N阱离子注入，磷(8)
- 去光刻胶
- 晶圆清洗
- 退火和扩散
- 晶圆清洗
- 预处理/自旋涂敷光刻胶/软烘烤
- P阱自对准和曝光(9)
- 曝光后烘烤/显影/硬烘烤
- 图形检测

(7)

(8)

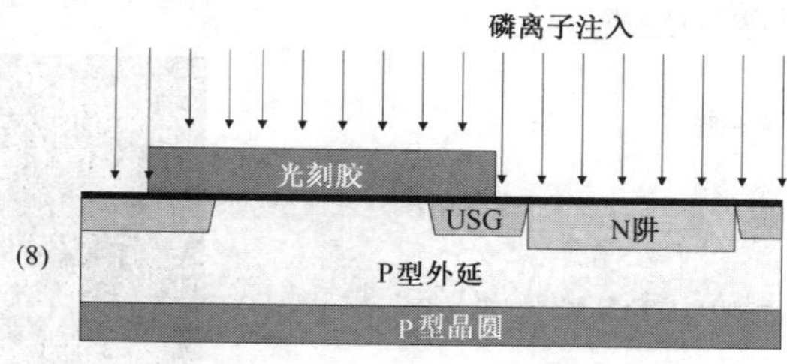

(9)

图 14.6(续)　多层铝合金互连 CMOS 工艺

- P阱离子注入，硼(10)
- 去光刻胶
- 退火和扩散(11)

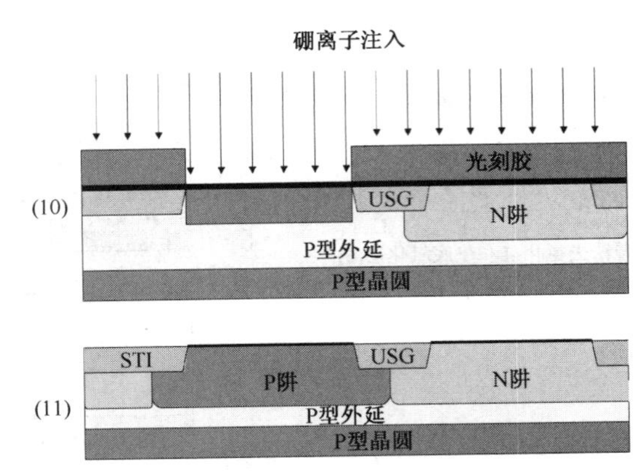

图 14.6(续) 多层铝合金互连 CMOS 工艺

14.3.4 晶体管形成

- 晶圆清洗
- 生长牺牲氧化层
- 晶圆清洗
- 预处理/自旋涂敷光刻胶/软烘烤
- N沟道阈值电压 V_T 光刻对准和曝光(12)
- 曝光后烘烤/显影/硬烘烤
- 图形检测
- N沟道 V_T 调整离子注入(13)
- 去光刻胶
- 清洗
- 预处理/自旋涂敷光刻胶/软烘烤
- P沟道阈值电压 V_T 光刻对准和曝光(14)
- 曝光后烘烤/显影/硬烘烤
- 图形检测
- P沟道 V_T 调整离子注入(15)
- 去光刻胶/清洗

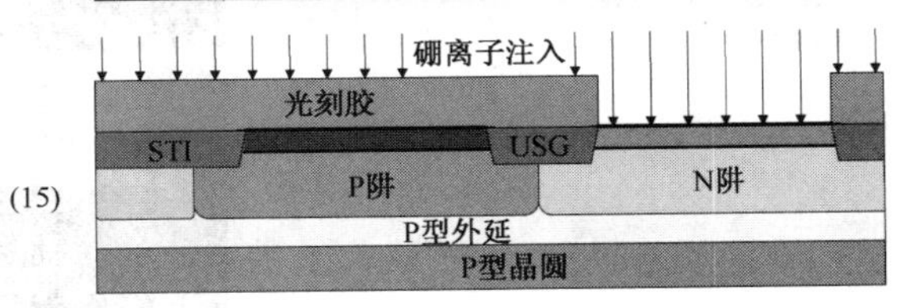

图 14.6(续) 多层铝合金互连 CMOS 工艺

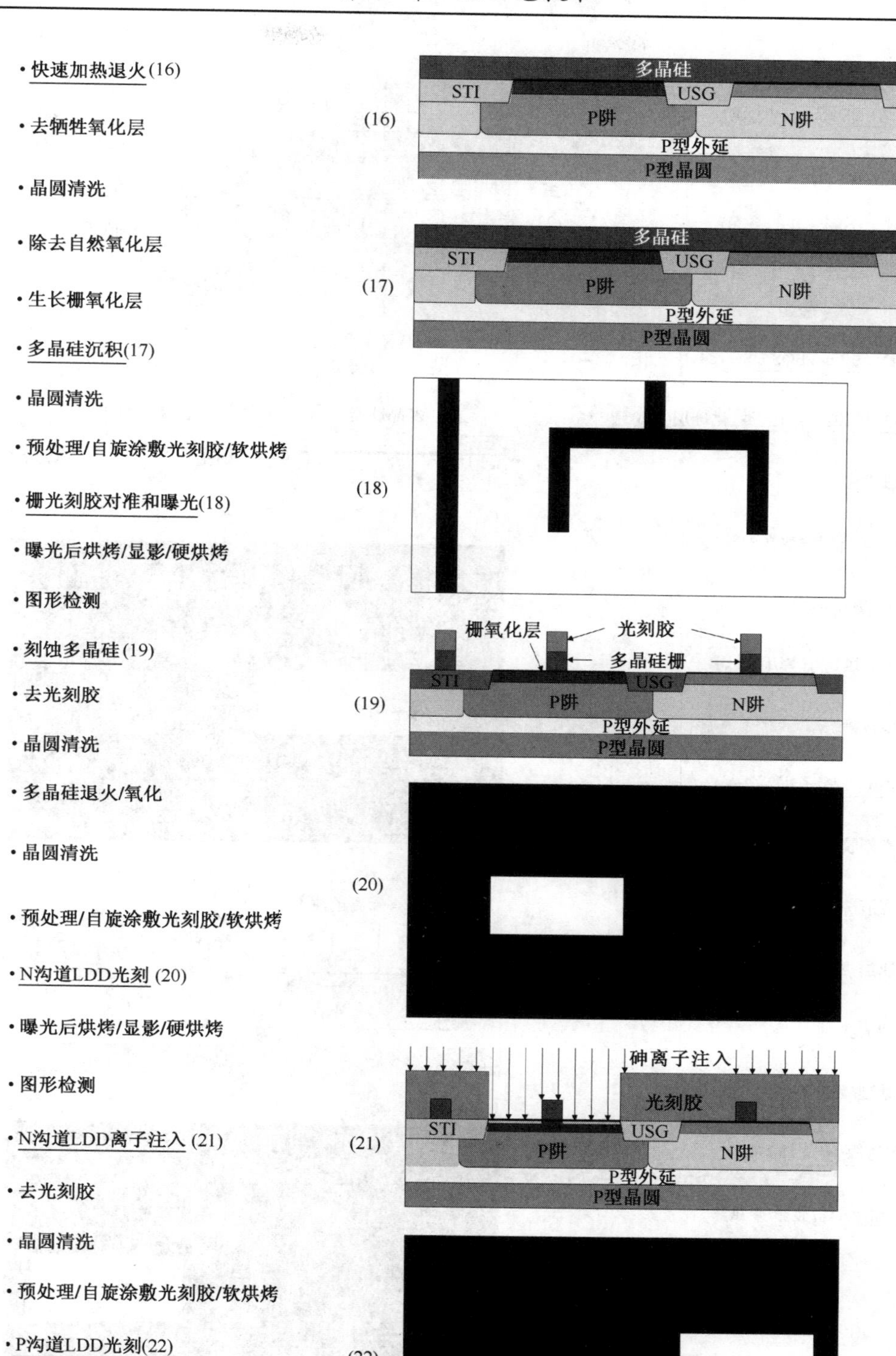

图 14.6(续)　多层铝合金互连 CMOS 工艺

- P沟道LDD离子注入(23)
- 去光刻胶
- 晶圆清洗
- LPCVD沉积氮化硅
- CVD沉积O_3-TEOS USG (24a)
- USG回刻蚀，停止于氮化硅层(24b)
- 晶圆清洗
- 预处理/自旋涂敷光刻胶/软烘烤
- N沟道源/漏(25)
- 曝光后烘烤/显影/硬烘烤
- 图形检测
- N沟道S/D离子注入(26)
- 去光刻胶
- 晶圆清洗
- 快速加热退火
- 晶圆清洗
- 预处理/自旋涂敷光刻胶/软烘烤
- P沟道源/漏光刻(27)
- 曝光后烘烤/显影/硬烘烤

(23)

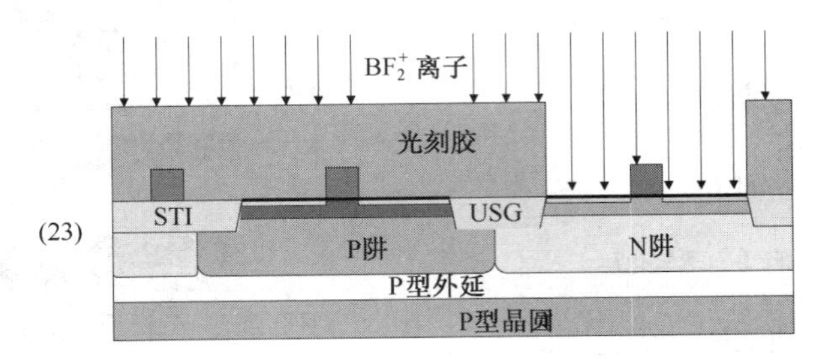

(24)

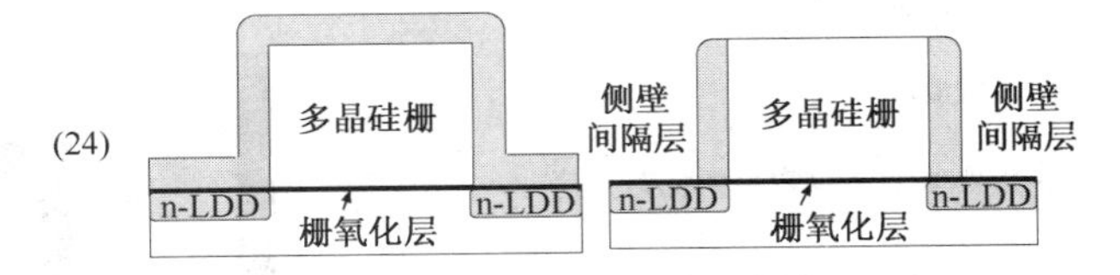

(25)

(26)

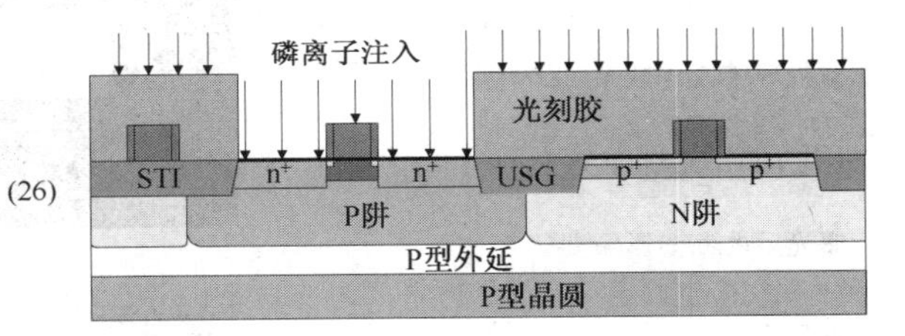

(27)

图 14.6(续) 多层铝合金互连 CMOS 工艺

- 图形检测
- P沟道S/D离子注入(28)
- 去光刻胶
- 晶圆清洗
- 快速加热退火

(28)

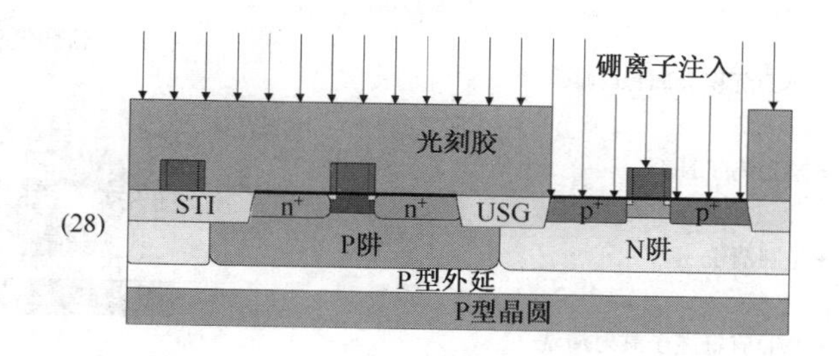

14.3.5　局部互连

- 除气
- 氩离子溅射清洗
- 溅射沉积钛金属(29a)
- 快速加热退火(29b)
- 湿法去除钛金属(29c)
- 二次金属硅化物退火
- 沉积氮化硅
- O_3-TEOS CVD法沉积BPSG(30)
- BPSG再流动(31)
- BPSG CMP
- 晶圆清洗
- 预处理/自旋涂敷光刻胶/软烘烤
- 接触孔光刻(32)
- 曝光后烘烤/显影/硬烘烤
- 图形检测
- 刻蚀BPSG，停止于金属硅化物表面
- 去光刻胶(33)
- 晶圆清洗
- 除气
- PVD前氩离子溅射清洗
- 利用PVD和CVD沉积Ti/TiN

(29)

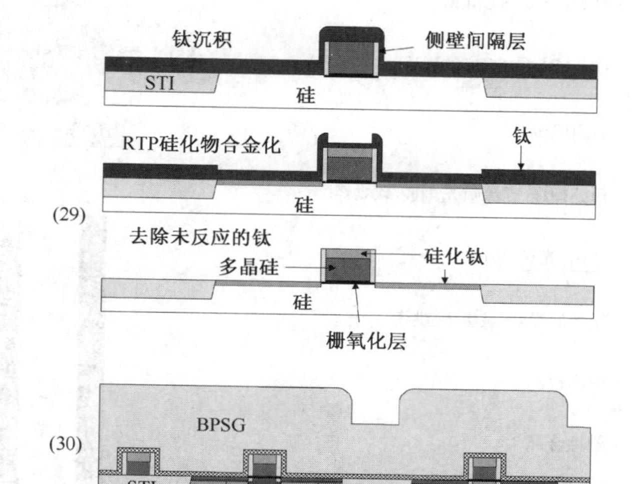

(30)

(31)

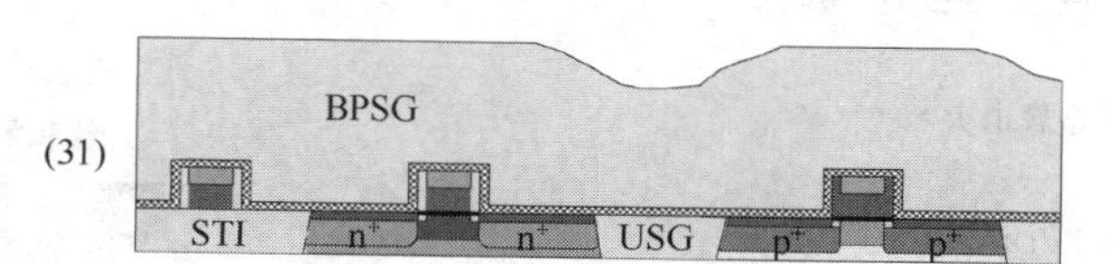

(32)

(33)

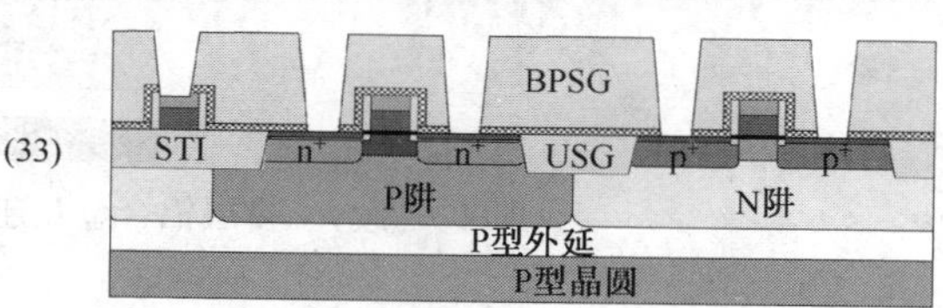

图 14.6(续)　多层铝合金互连 CMOS 工艺

- CVD沉积金属钨(34)
- 抛光钨/TiN/Ti
- 晶圆清洗
- PVD前氩离子溅射清洗
- PVD沉积Ti
- Al-Cu合金PVD沉积
- TiN ARC层PVD沉积(35)
- 晶圆清洗
- 预处理/自旋涂敷光刻胶/软烘烤
- 金属1光刻(36)
- 曝光后烘烤/显影/硬烘烤
- 图形检测
- 刻蚀金属
- 去光刻胶(37)
- 金属退火
- CVD沉积USG
- 溅射回刻蚀USG
- CVD沉积USG
- CMP USG(38)
- 晶圆清洗
- 预处理/自旋涂敷光刻胶/软烘烤

(34)

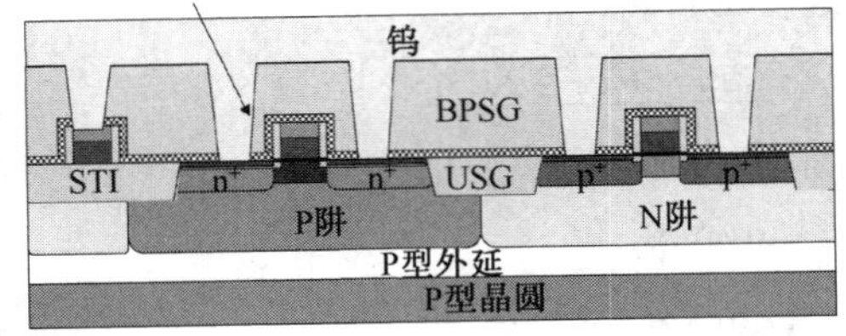

(35)

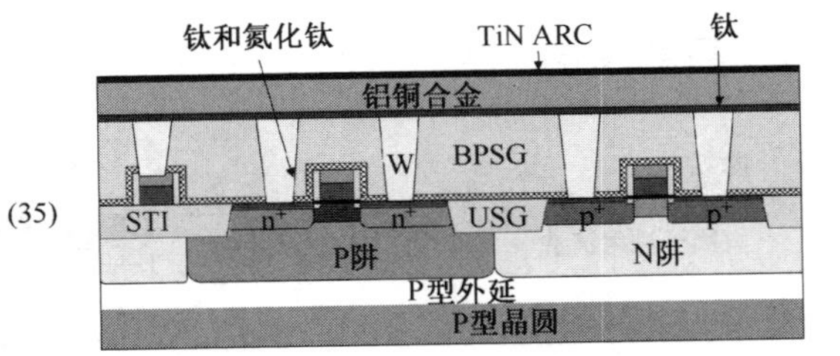

(36)

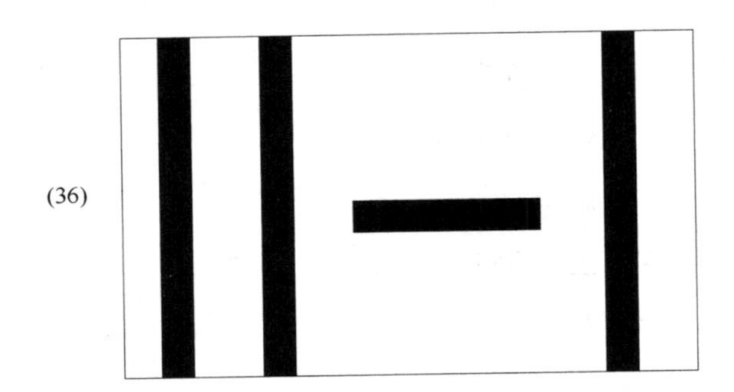

(37)

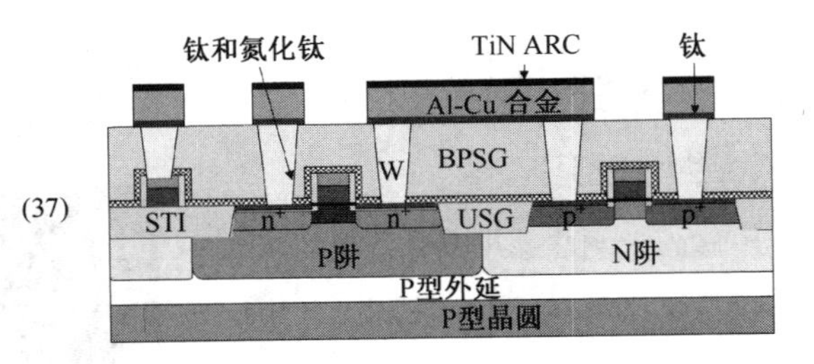

(38)

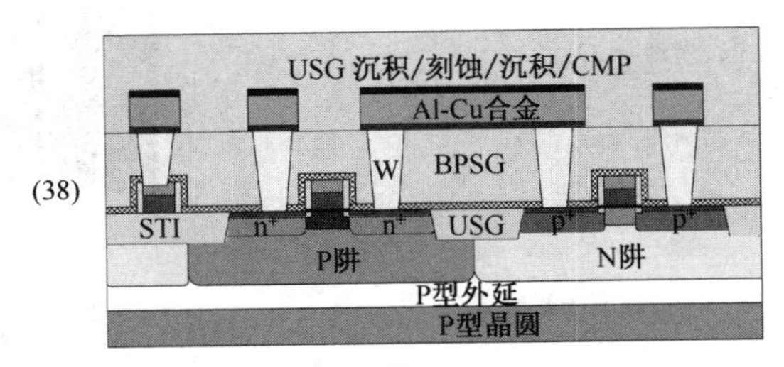

图 14.6(续) 多层铝合金互连 CMOS 工艺

- 接触孔1光刻(39)
- 曝光后烘烤/显影/硬烘烤
- 图形检测
- 刻蚀USG
- 去光刻胶(40)
- 除气
- Ar^+离子溅射清洗
- 沉积Ti/TiN
- 沉积钨
- 抛光钨/ TiN/Ti
- Ar^+离子溅射清洗
- 沉积Ti
- 沉积Al–Cu
- 沉积TiN(41)
- 清洗
- 预处理/自旋涂敷光刻胶/软烘烤
- 金属2光刻(42)
- 曝光后烘烤/显影/硬烘烤
- 图形检测
- 刻蚀金属2
- 去光刻胶/清洗(43)
- 金属退火
- 沉积USG，PE-TEOS
- USG溅射回刻蚀，Ar^+
- CVD沉积USG，PE-TEOS

(39)

(40)

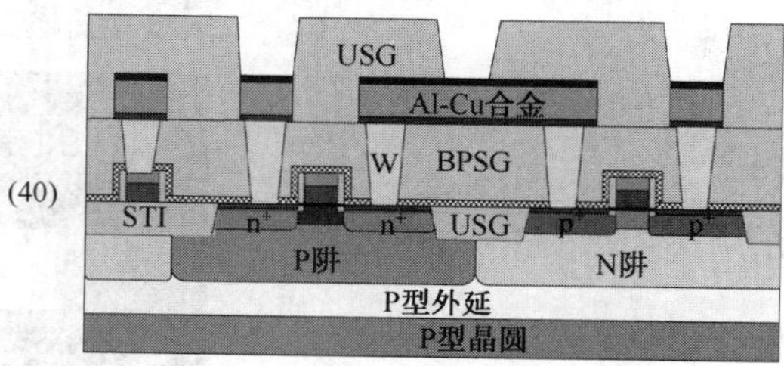

(41)

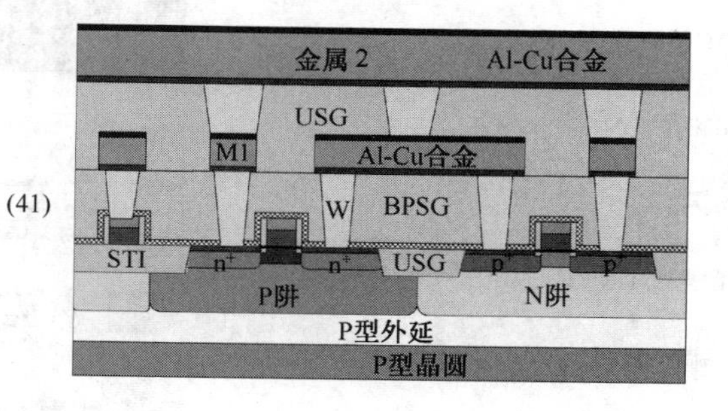

(42)

(43)

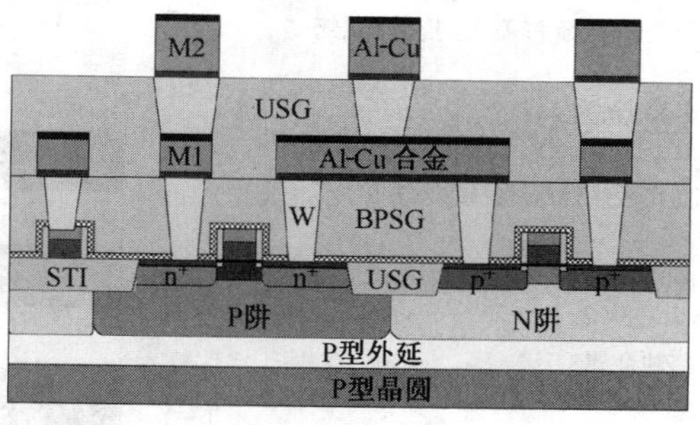

图 14.6(续)　多层铝合金互连 CMOS 工艺

- CMP USG(44)
- 预处理/自旋涂敷光刻胶/软烘烤
- 通孔2光刻(45)
- 曝光后烘烤/显影/硬烘烤
- 图形检测
- 刻蚀USG
- 去光刻胶(46)
- 清洗
- 除气
- Ar^+溅射清洗
- 沉积Ti/TiN
- 沉积钨
- 抛光W/TiN/Ti
- 晶圆清洗
- 除气
- Ar^+溅射清洗
- 沉积Ti
- 沉积Al-Cu
- 沉积氮化钛(47)
- 晶圆清洗
- 预处理/自旋覆盖光刻胶/软烘烤
- 金属3光刻(48)
- 曝光后烘烤/显影/硬烘烤
- 图形检测
- 刻蚀金属3

(44)

(45)

(46)

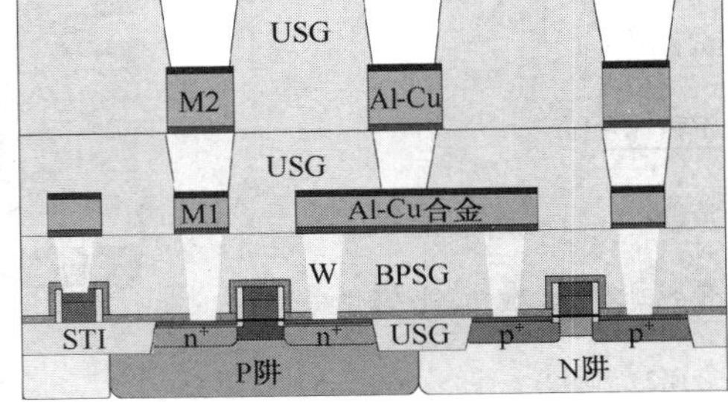

(47)

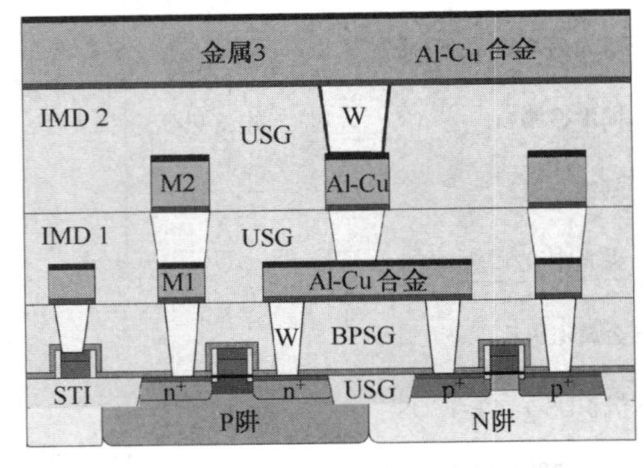

(48)

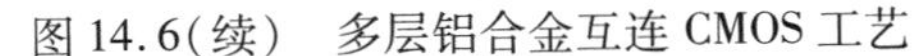

图 14.6(续) 多层铝合金互连 CMOS 工艺

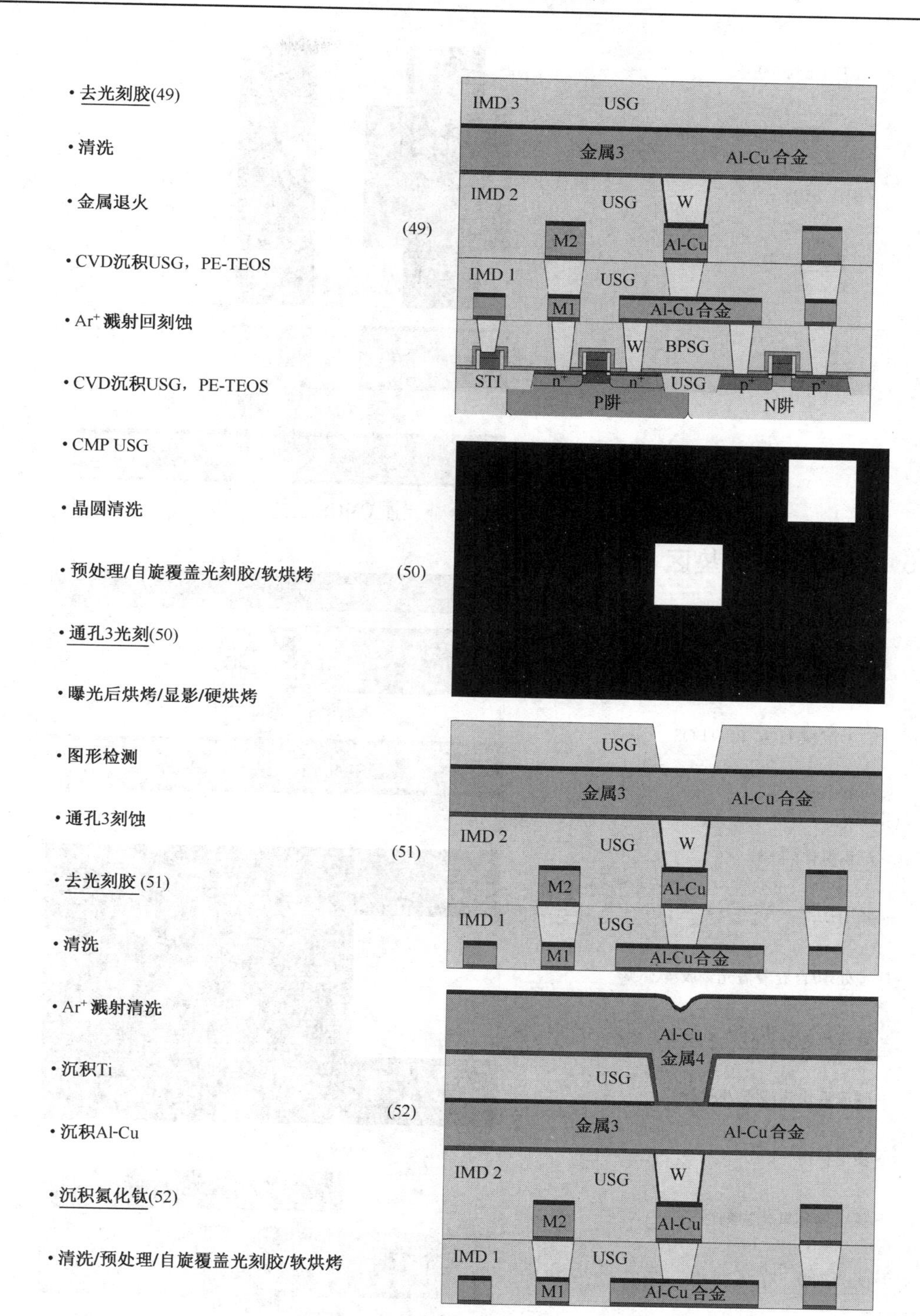

图 14.6(续)　多层铝合金互连 CMOS 工艺

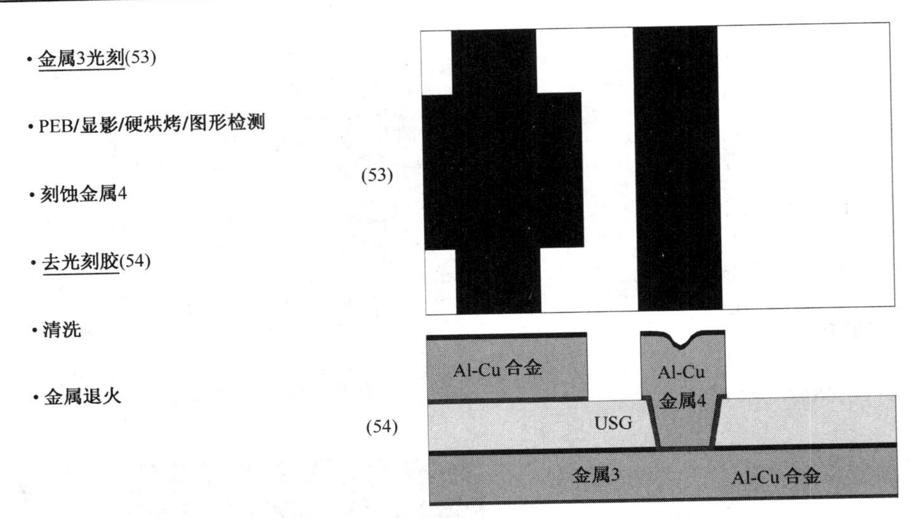

图 14.6(续)　多层铝合金互连 CMOS 工艺

14.3.6　钝化和连接垫区

- CVD沉积USG，PE-TEOS
- Ar^+溅射回刻蚀
- CVD沉积USG，PE-TEOS
- CMP USG
- 沉积氮化硅(55)
- 晶圆清洗
- 预处理/自旋覆盖光刻胶/软烘烤
- 连接垫光刻自对准和曝光 (56)
- 曝光后烘烤/显影/硬烘烤
- 图形检测
- 氮化物和氧化物刻蚀
- 去光刻胶(57)
- 清洗

(55)

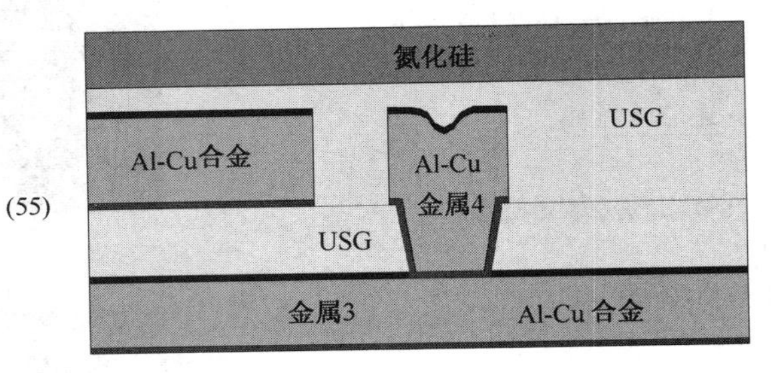

(56)

(57)

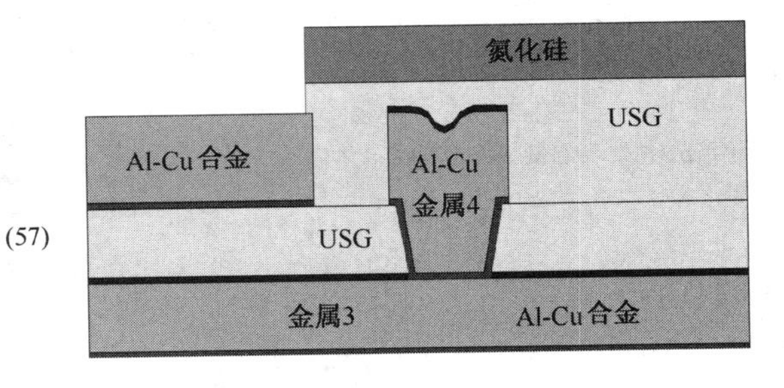

图 14.6(续)　多层铝合金互连 CMOS 工艺

晶圆完成半导体工艺流程后，准备测试、划片、分拣、封装和最终测试。

14.3.7　评论

CMOS 集成电路芯片加工技术的几个主要发展发生在 20 世纪 90 年代。从 CZ 法单晶硅晶棒上切割下来的硅晶圆都含有微量的氧和碳，这些元素来自于坩埚材料。为了消除这些杂质并提高芯片的性能，先进的 CMOS 集成电路芯片使用了硅外延(见图 14.5)。浅沟槽隔离(见图 14.6)取代了 LOCOS 隔离以防止相邻晶体管之间的干扰。侧壁间隔层用于形成抑制亚微米器件热电子效应的轻掺杂漏(LDD)技术，并形成自对准硅化物以减少栅极和局部连线的电阻。由于硅化物具有比多晶硅低的电阻率，所以可以提高器件的速度并降低功耗。20 世纪 90 年代最常用的硅化物是硅化钨和钛硅化物。在此期间，IC 芯片的电源电压逐渐从 12 V 降低到 3.3 V，因此，就需要使用阈值电压(V_T)调整注入过程，以确保正常关闭的 NMOS 可以打开，以及正常开启的 PMOS 可以关闭。以上的工艺流程显示了一个自对准硅化物工艺过程，钛硅化物在多晶硅栅顶端和源/漏同时形成。源/漏硅化物降低了接触电阻。

20 世纪 90 年代以前，大多数 IC 制造商制造自己的加工工具并开发自己的 IC 工艺。半导体设备公司在 20 世纪 90 年代迅速发展，他们不仅提供制造工具，而且还给 IC 制造厂提供整合的工艺流程。能够在同一主机下运行不同工艺的配套工具在 IC 产业界非常受欢迎。因为单晶圆处理系统有更好的晶圆对晶圆均匀性控制，所以被广泛使用。而批处理系统具有较高的产量，所以现在仍然用在许多非关键性工艺中。

20 世纪 90 年代，光刻技术的曝光波长从紫外光(UV)降低到 248 nm 的深紫外光(DUV)范围。因为负光刻胶无法将小于 3 μm 的线条图形化，所以光刻中使用了正光刻胶。步进机取代了其他的对准和曝光系统，而整合的晶圆轨道机—步进机系统可以在一个工艺流程中执行光刻胶涂敷、烘烤、对准曝光以及显影。所有的图形刻蚀都是等离子体刻蚀过程，而湿法刻蚀仍然广泛应用于整面全区薄膜去除、测试晶圆的刻蚀和清洗，以及 CVD 薄膜的质量控制工艺中。立式高温炉因为占据更小的面积和更好的污染控制而成为主导。快速热处理(RTP)系统因为有更好的热积存控制而应用于离子注入后退火和金属硅化物的形成工艺中。溅射取代了蒸发成为金属沉积工艺的一种选择，直流磁控溅射系统是现在最常见的金属物理气相沉积(BVD)系统。

由于晶体管的数量显著增加，单层金属已不再足以连接硅表面上的微电子元器件，因此使用了多层金属互连。常用 CVD 钨沉积填充狭窄的接触窗和金属层间接触孔，并以栓塞的形式连接不同的导电层。钛和氮化钛被广泛用于阻挡层和钨的附着层。钛也同时用于铝铜合金的焊接层以减少接触电阻，而且氮化钛也成为抗反光薄膜(ARC)的一种选择。

BPSG 普遍用于金属沉积前的电介质(PMD)。通过添加硼的硅酸盐玻璃，玻璃化再流动温度可以从约 1100℃降低到 800℃。这有助于减小热积存，因为当特征尺寸缩小时，热积存也必须减小。PE-TEOS 和 O_3-TEOS 工艺广泛用于 STI 电介质 CVD、侧壁间隔层和互连。钨栓塞工艺中，CMP 工艺通常用于从晶圆表面移除大量的 CVD 钨金属层。CMP 也广泛用于硅玻璃表面的平坦化，以达到更好的光刻分辨率使后续的金属沉积过程更容易。图 14.7 显示了 20 世纪 90 年代中期工艺技术制造的 CMOS IC 芯片横截面示意图。

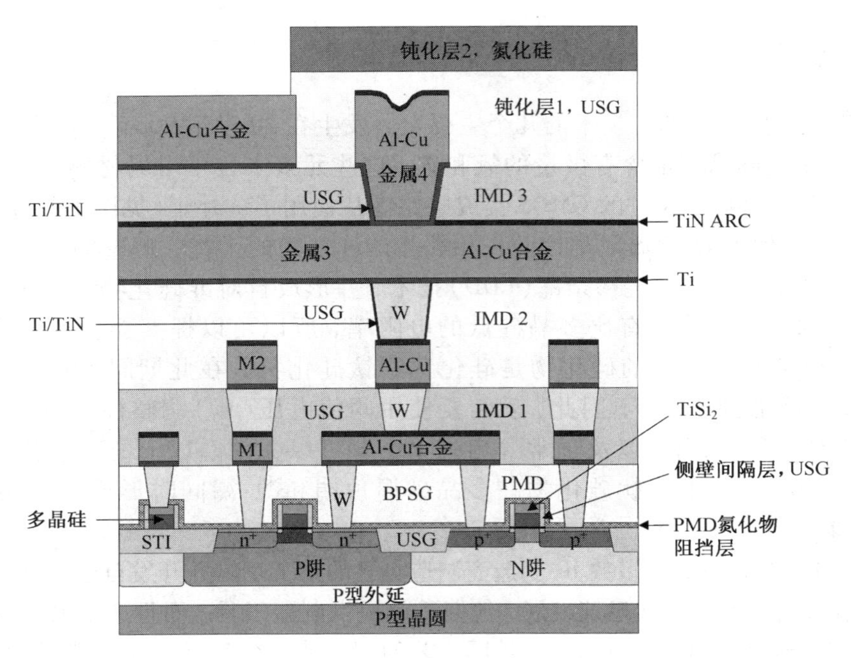

图 14.7　20 世纪 90 年代中期的 CMOS 芯片横截面图

14.4　2000 ~2010 年 CMOS 工艺流程

有两个因素影响 CMOS 集成电路的速度，即栅延迟和互连延迟。栅延迟是指 MOSFET 开关的时间;互连延迟由芯片设计、工艺技术，以及互连的导体和电介质材料决定。

栅延迟由两个因素决定:积累足够的电荷开启 MOS 晶体管的时间，以及载流子(NMOS 的电子和 PMOS 的空穴)通过栅极下面源/漏之间的沟道所需的时间。金属-氧化物-半导体(MOS)MOSFET 也形成了一个电容，其中栅极作为一个电极，半导体衬底作为另一个电极，栅氧化层位于中间作为绝缘层。MOS 电容应足够大，以至于当栅极电压超过阈值电压(V_T)时，在栅极下源/漏之间获得足够的载流子形成沟道，这就是 MOSFET 的开启。降低栅极电容可以减少形成沟道的时间并提高开关速度。但是，如果电容过低，MOSFET 将变得不稳定，因为诸如背景辐射等小的噪声就可以打开或关闭晶体管，并导致第 8 章所描述的软误差。MOSFET 源/漏电极之间的距离称为沟道长度，载流子需要通过沟道传导电流。减小栅极宽度可以降低载流子通过沟道的时间并提高器件的速度。然而，这样也降低了栅极电容并可能导致器件的可靠性问题，因为 MOS 电容已经尽可能设计成最低的水平。为了进一步提高 IC 芯片的速度，具有高阻抗的衬底继续缩小特征尺寸。绝缘体上硅(SOI)是一种候选，这种材料将硅表面的有源区和硅衬底隔开，因此几乎完全消除了辐射诱发的沟道软误差。

同时使用 SOI 和 STI 技术可以完全地隔离邻近的微电子器件，防止它们之间产生相互干扰，从而可以使芯片设计者增加 IC 芯片上晶体管的数量以提高封装密度。SOI 衬底上制成的集成电路芯片可以用于高辐射环境，如航天飞机、火箭和科研。另一种方法是使用体硅晶圆的应变硅沟道技术。

互连导线的电阻和它们之间的寄生电容决定了互连延迟或 *RC* 延迟。为了减少 *RC* 延迟，使用低电阻率的金属和低介电常数(低 *k*)的电介质作为互连材料。铜的电阻率比铝铜合金低，因此使用铜代替铝铜合金可降低功耗并提高芯片速度。传统的铝铜合金互连需要一次介质刻蚀和一次金属刻蚀，然而铜互连通常采用所谓的双镶嵌工艺过程，需要两次介质刻蚀，但不需要金属刻蚀。这种工艺使用金属 CMP 代替金属刻蚀形成互连线，这是铜互连和铝铜合金互连之间的主要区别。铜互连的主要挑战是电介质刻蚀、金属沉积和金属 CMP。

一些低 k 电介质材料的开发使用两种方法：CVD 和自旋电介质（SOD）。基于 CVD 低 k 电介质 SiCOH 的优点是技术成熟。SOD 一个重要的优点是对如多孔二氧化硅低介电常数（$k<2$）的材料具有延展性。SOD 在芯片封装过程中的可靠性问题最终决定了 CVD SiCOH 成为先进集成电路芯片大规模生产中的低 k 电介质材料。

所谓的键合 SOI 是使用两片晶圆，一片晶圆通过高电流氢离子注入在硅表面以下形成富氢层，另一片晶圆在硅表面生长二氧化硅层（见图 14.8）。然后，两片晶圆面对面在高温下挤压并键合在一起，键合区域通过二氧化硅隔开。高温条件下，晶圆 A 中的氢原子与硅原子反应形成气态副产品（$4H + Si \rightarrow SiH_4$），从而在晶圆 A 中形成空洞，形成的空洞使得富氢层具有非常高的湿法刻蚀率，因此，晶圆 A 可以很容易地在晶圆湿法刻蚀过程中和键合的晶圆分开。然后应用 CMP 过程消除缺陷并改善硅表面的粗糙度，使其非常平整和光滑（见图 14.9）。埋二氧化硅层上面的硅层厚度由氢注入能量和 CMP 时间控制。它的范围从几百纳米到 10 纳米左右，具体由器件的要求决定。

形成 SOI 晶圆的另一种方法是使用流量非常高的氧离子注入硅表面以下形成富氧层。通过高温（大于 1200℃）退火形成薄单晶硅层下方的埋氧层。使用外延技术在晶圆表面生长外延硅，可以防止影响器件速度的氧污染。

由于有源区被沟槽包围，沟槽刻蚀了埋层二氧化硅，如图 14.10（d）所示。这样器件就被沟槽 CVD 填充，而且被二氧化硅 CMP 后的二氧化硅介质完全隔离。这种完全隔离彻底消除了邻近晶体管之间的干扰，并且可以实现很高的封装密度，从而解决了随着器件尺寸进一步缩小而形成的辐射诱发软误差问题。

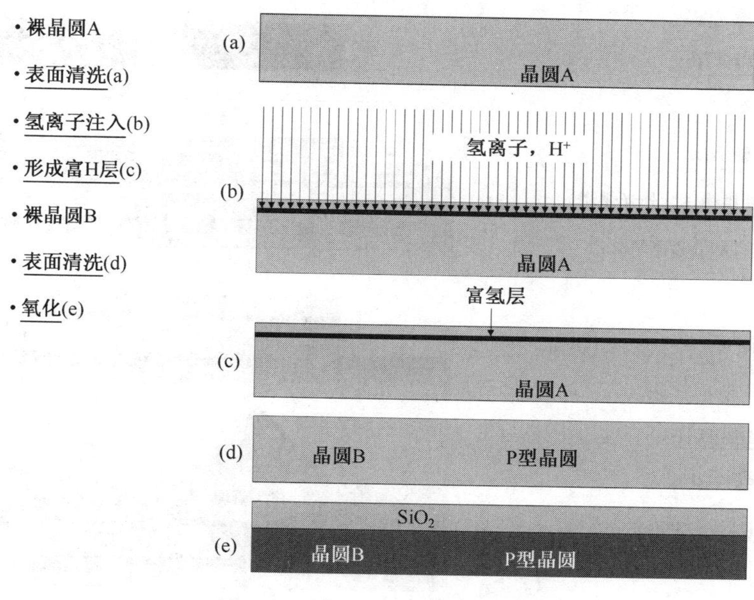

图 14.8　键合 SOI 1：晶圆制备

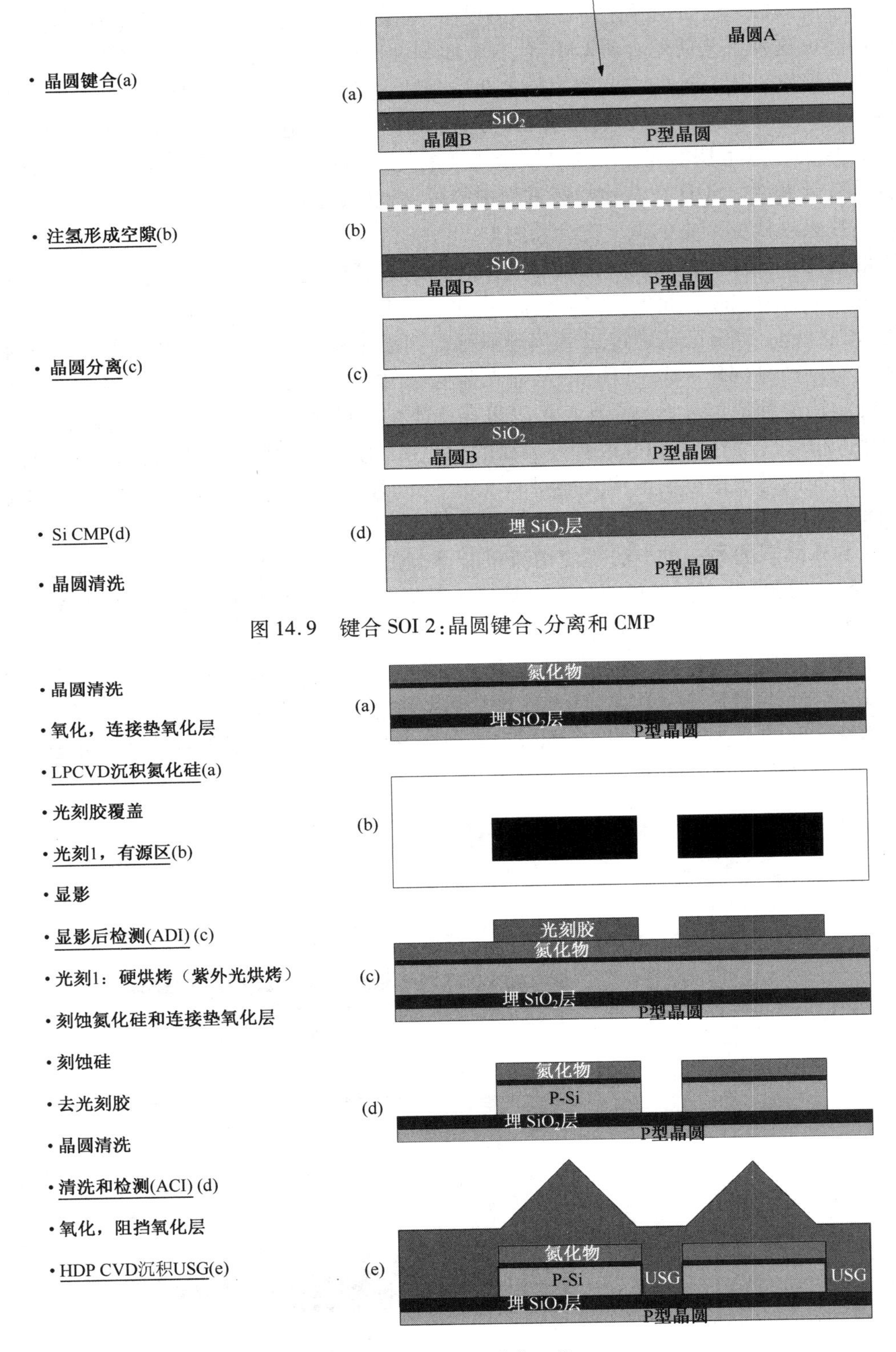

图 14.9 键合 SOI 2:晶圆键合、分离和 CMP

图 14.10 STI 形成工艺

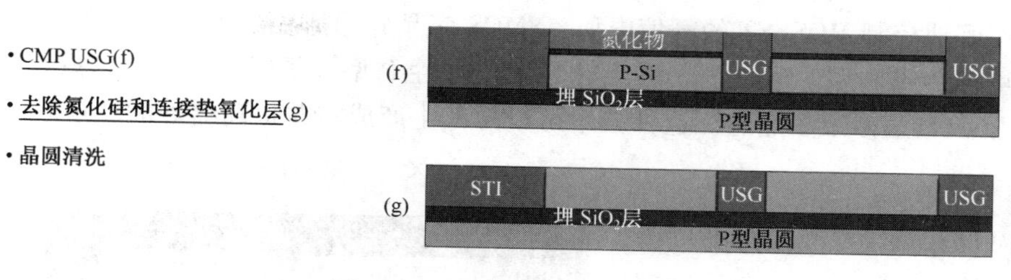

图 14.10(续)　STI 形成工艺

由于特征尺寸的缩小，N 阱和 P 阱的结深都必须减小。因此，现有的高能量离子注入可以直接注入掺杂物而不再需要阱区形成中的扩散过程。通常需要不同能量水平的多次注入过程形成阱区。

缺少了阱区形成的扩散过程(在这个过程中，高温下离子热扩散进入衬底)，工程师可以使用相同的光刻版进行阱区和 V_T 调整离子注入(见图 14.11)。由于离子注入可以利用磁质谱仪精确地选择所需的离子种类，所有注入过程都可以利用高能量、低电流的注入机在一道工序下完成。

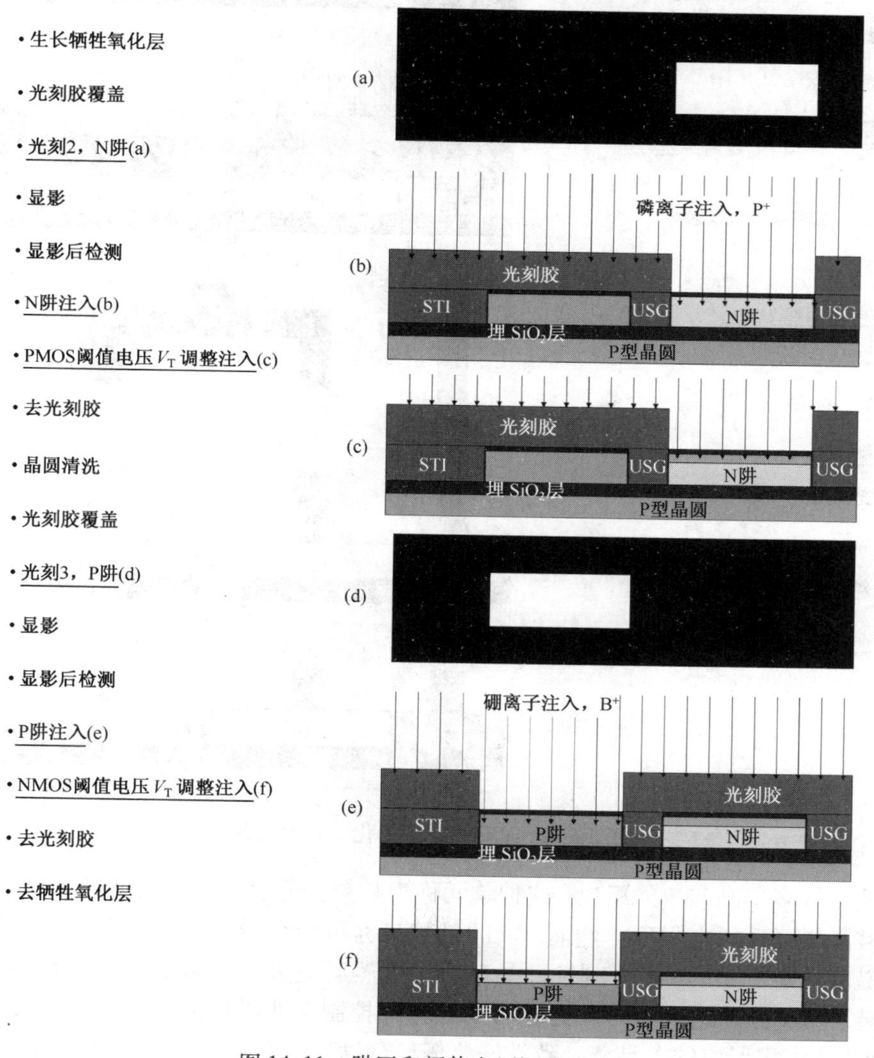

图 14.11　阱区和阈值电压调整注入

为了更好地控制 MOSFET 的阈值电压，NMOS 多晶硅栅需要重掺杂成 N 型，而 PMOS 多晶硅栅需要重掺杂成 P 型。通过全区 N 型注入和选择性 P 型离子注入后，可以只利用一个光刻版实现 N 型和 P 型掺杂多晶硅。这种技术可以降低生产成本并提高器件的产量。

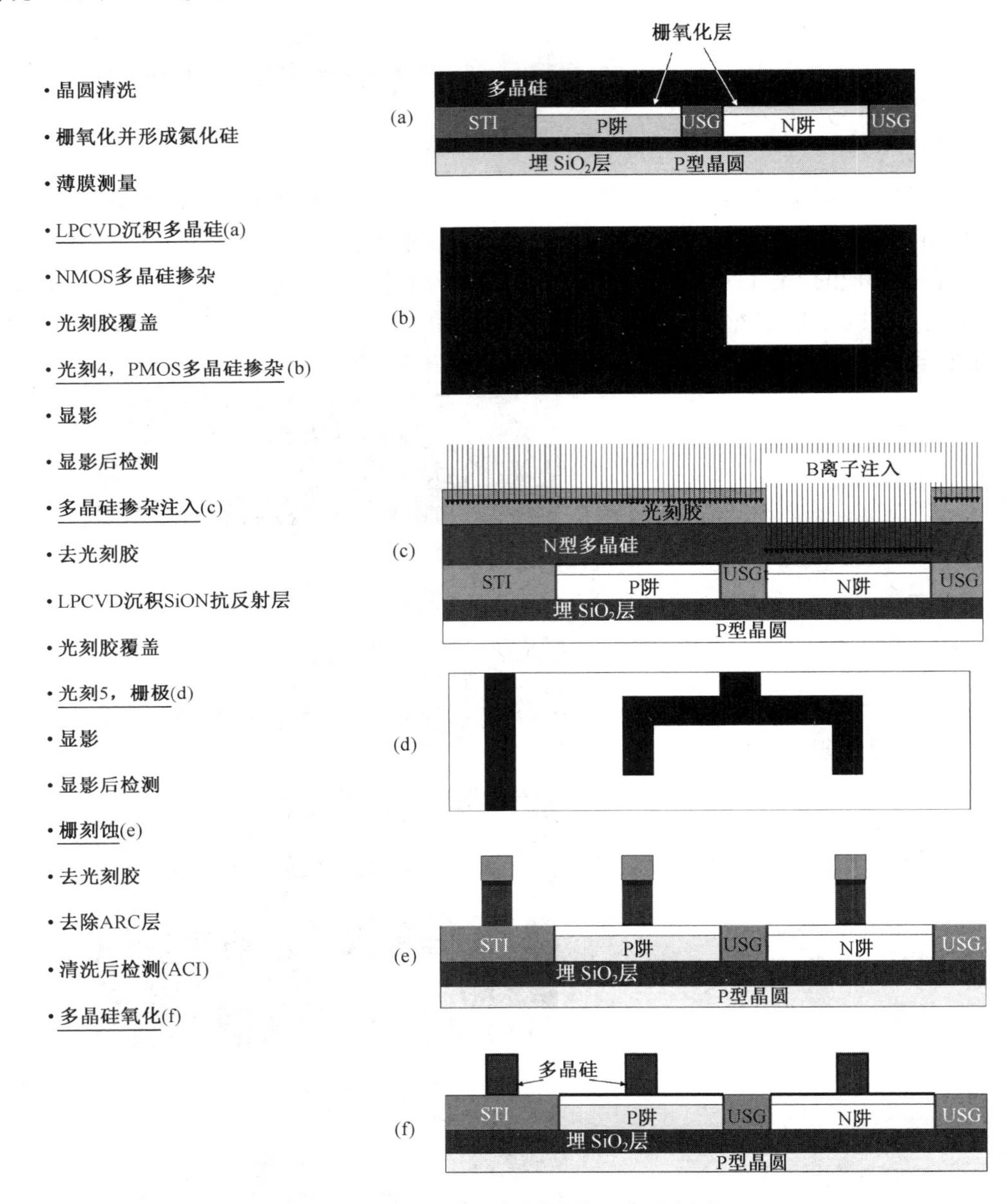

图 14.12 CMOS 栅图形化工艺示意图

多晶硅由许多单晶硅单元组成，这种单元称为晶粒。晶粒尺寸越大越好，因为大的晶粒形成小的晶粒晶界降低了电阻率。然而，大的晶粒尺寸可能会导致多晶硅刻蚀后侧壁间隔层高的表面粗糙度。对于小的栅极，刻蚀非晶硅(α-Si)然后退火形成多晶硅。重掺杂多晶硅可以形成非晶硅，而非晶硅比多晶硅有更好的刻蚀轮廓控制。非晶硅退火后形成的多晶硅晶粒尺寸也较 LPCVD 沉积形成的多晶硅一致性好。栅极刻蚀后，等离子体注入引起的栅氧化层损坏可以通过退火过程中多晶硅氧化修复。

使用重离子可以形成源/漏扩展(SDE)浅结(见图 14.13)，通常 PMOS SDE 使用 BF_2^+，而 NMOS SDE 管使用 Sb^+ 重离子或 As^+。

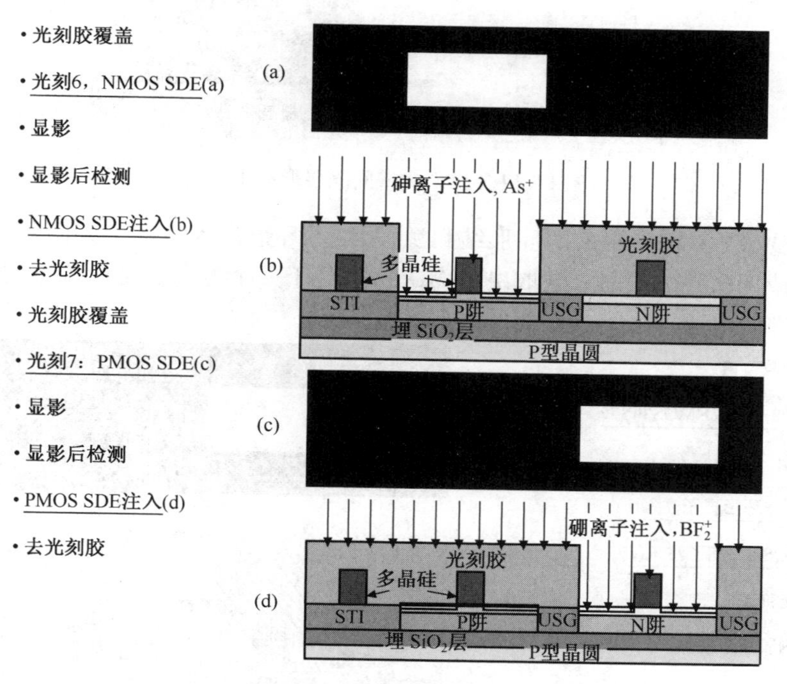

图 14.13　源/漏扩展形成工艺

对于侧壁间隔层的形成，经常使用氮化物和氧化物。如图 14.14 所示，CVD 沉积的氧化物作为刻蚀停止层，LPCVD 氮化物形成侧壁间隔层的主要部分。

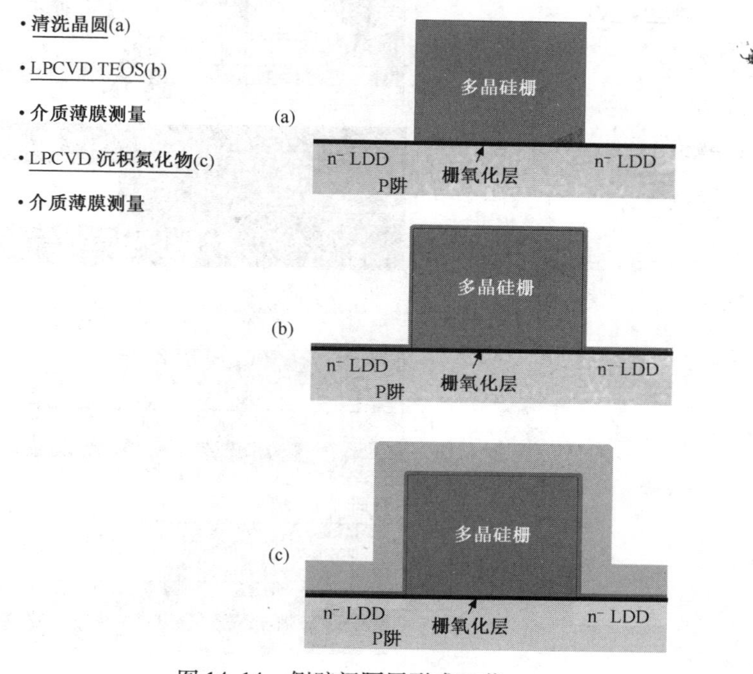

图 14.14　侧壁间隔层形成工艺

• 氮化物回刻蚀(d)

图 14.14(续) 侧壁间隔层形成工艺

图 14.15 显示了 CMOS 形成的环形结和源/漏结。环形注入是一个大倾角离子注入过程，通常需要两次或四次注入过程，这取决于 MOSFET 处于一个方向还是两个方向。环形注入技术用于防止器件的串通。

• 光刻胶覆盖
• 光刻8，形成NMOS和S/D(a)
• 显影
• NMOS环形离子注入(b)
• NMOS S/D离子注入(c)
• 去光刻胶
• 光刻胶覆盖
• 光刻9，形成PMOS和S/D(d)
• 显影
• PMOS环形离子注入(e)
• PMOS S/D离子注入(f)
• 去光刻胶
• 晶圆清洗
• 快速加热退火

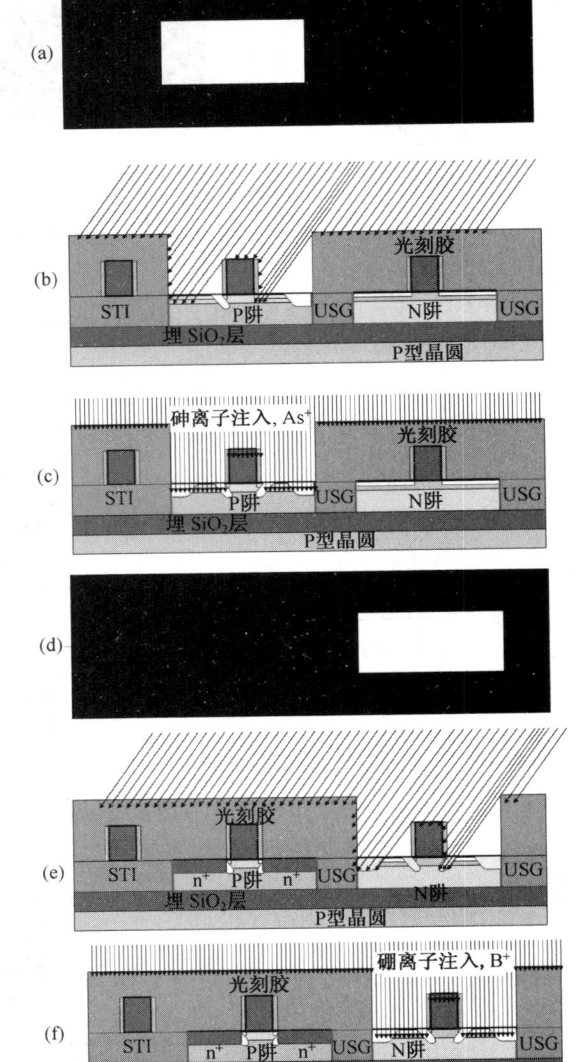

图 14.15 源/漏注入工艺

为了获得低的电阻，钛硅化物的晶粒尺寸必须大于 0.2 μm。当栅的宽度小于0.2 μm时，钛硅化物的应用将受到挑战。0.18 μm 技术节点后，钴硅化物开始取代钛硅化物应用于栅极。由于钴与空气或湿气接触时，钴很容易被氧化形成氧化钴，所以使用氮化钛覆盖钴防止其与湿气接触。利用集成配套工具，钴和氮化钛采用不同的 PVD 反应室沉积。

当器件尺寸进一步缩小到纳米技术节点时，$CoSi_2$ 的退火温度（约 750℃）对于 MOSFET 微小的热积存已经太高。镍硅化合物（NiSi）可在温度低于 500℃ 下形成，所以被广泛用于65 nm 及更小的技术节点。

镍沉积前，需要氩溅射刻蚀去除硅表面原生氧化层，否则，由于接触电阻过高而导致 IC 芯片发生故障。

由于 NiSi 热稳定性不高，镍容易与硅反应并穿通结面而引起漏电。在 PVD 靶材中，铂（Pt）合金化并在晶圆表面形成 NiPtSi 以获得更好的硅化物稳定性。可以使用电子束检查（EBI）系统监测镍扩散对成品率的影响。图 14.16 显示了硅化物形成工艺流程。

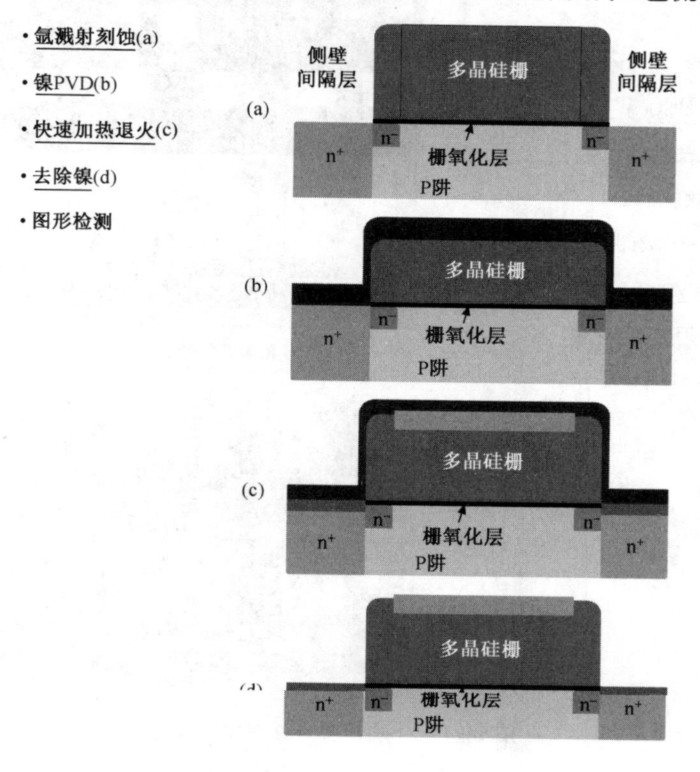

图 14.16　自对准金属硅化物形成工艺流程

需要氮化物层防止磷从 PSG 中扩散到有源区。由于热积存的限制，利用 PECVD 氮化硅在较低温度（小于 580℃）下沉积取代 LPCVD 氮化物沉积（沉积温度为 750℃）。对于小尺寸器件（小于 0.18 μm），PMD 热再流动的热积存很小，因此硅酸盐玻璃中不再需要硼，PSG 取代 BPSG 材料形成 PMD。PSG 利用 CMP 平坦化而不是热再流动。钨仅用于局部互连，以及源/漏、金属与硅化物之间的栓塞。钛和氮化钛作为阻挡层和钨附着层。

对于一些先进技术节点的 CMOS 工艺，USG 用于 ILD0，氮化物层用于应力缓冲层应变沟道，从而提高载流子的迁移率和 MOSFET 的性能。

接触非常关键，因为它将晶圆表面上的器件和各层的金属线互连。如果接触孔刻蚀不完全，金属导线将无法和器件相连，这将导致成品率下降。

PVD 钛广泛用于减少接触电阻，氮化钛(TiN)作为钨附着层。如果没有 TiN，钨薄膜将不会与硅晶圆表面很好地附着，这将导致裂纹并使钨薄膜从晶圆表面脱落，最后在晶圆上产生大量颗粒污染。TiN 可以利用 PVD 和 CVD 沉积。当器件特征尺寸不断缩小时，接触孔的深宽比将变得很大，PVD 工艺将不再提供足够的台阶覆盖，因此 CVD TiN 工艺更受欢迎。图 14.17 显示了 CMOS 器件接触示意图。

- CVD沉积氮化物
- HDP CVD沉积PSG
- CMP PSG (a)
- 光刻胶覆盖
- 光刻10，接触(b)
- 显影
- 刻蚀PSG(c)
- 去光刻胶
- 氩溅射刻蚀
- Ti 和TiN沉积
- 钨CVD(d)
- W/ TiN/Ti CMP (e)
- WCMP后检测

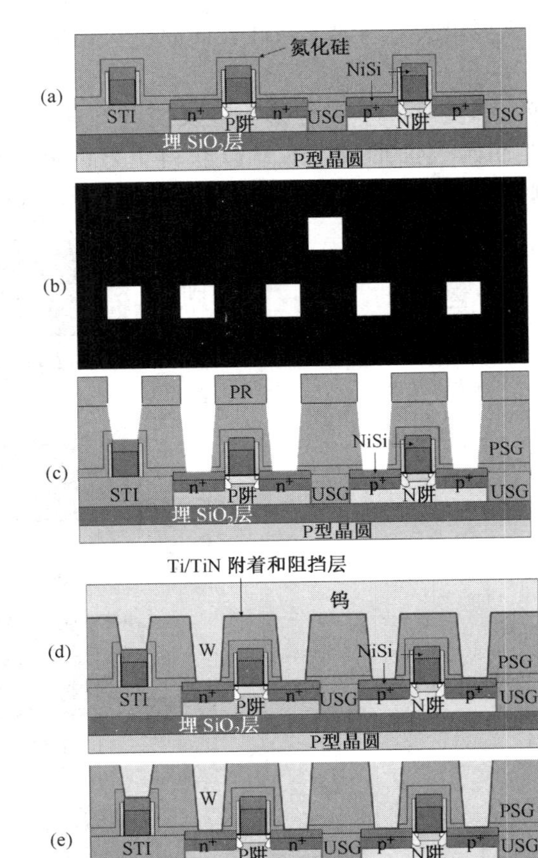

图 14.17 CMOS 器件接触示意图

WCMP 是电子束检测应用最重要的一层，可以使工程师遇到器件的漏电和接触不良问题。EBI 的应用可以帮助提升成品率，减少技术开发的周期，并缩短提高成品率所需的时间。

图 14.18 显示了金属 1 单镶嵌工艺铜互连技术。硅氮化碳(SiCN)是一种致密材料，用于代替氮化硅作为阻隔层防止铜扩散，在铜互连工艺中也可以作为刻蚀停止层(ESL)。与硅氮化物($k=7\sim8$)相比，SiCN 具有较低的电介质常数($k=4\sim5$)，因此，使用 SiCN 可以降低 ILD 层的整体介质常数。最常用的低 k 电介质材料是 PECVD SiCOH，它被广泛用于互连工艺。钽阻挡层和铜籽晶层使用 PVD 工艺沉积，通常使用离化金属的等离子体提高底部的覆盖。由于低 k 电介质的机械强度比硅酸盐玻璃小，因此具有低 k 电介质的铜 CMP 过程向下的研磨力要低于使用 USG 或 FSG 材料。金属 1 CMP 后，测试结构中首先进行电特性测量。微小的探针接

触测试结构的探针接触区，并利用电压或电流测试器件的电性能。为了避免铜氧化降低成品率，铜 CMP 和覆盖层沉积之间有一个时间限制，所以利用光学检测和电子束检测系统进行缺陷的检测通常在覆盖层沉积后进行。

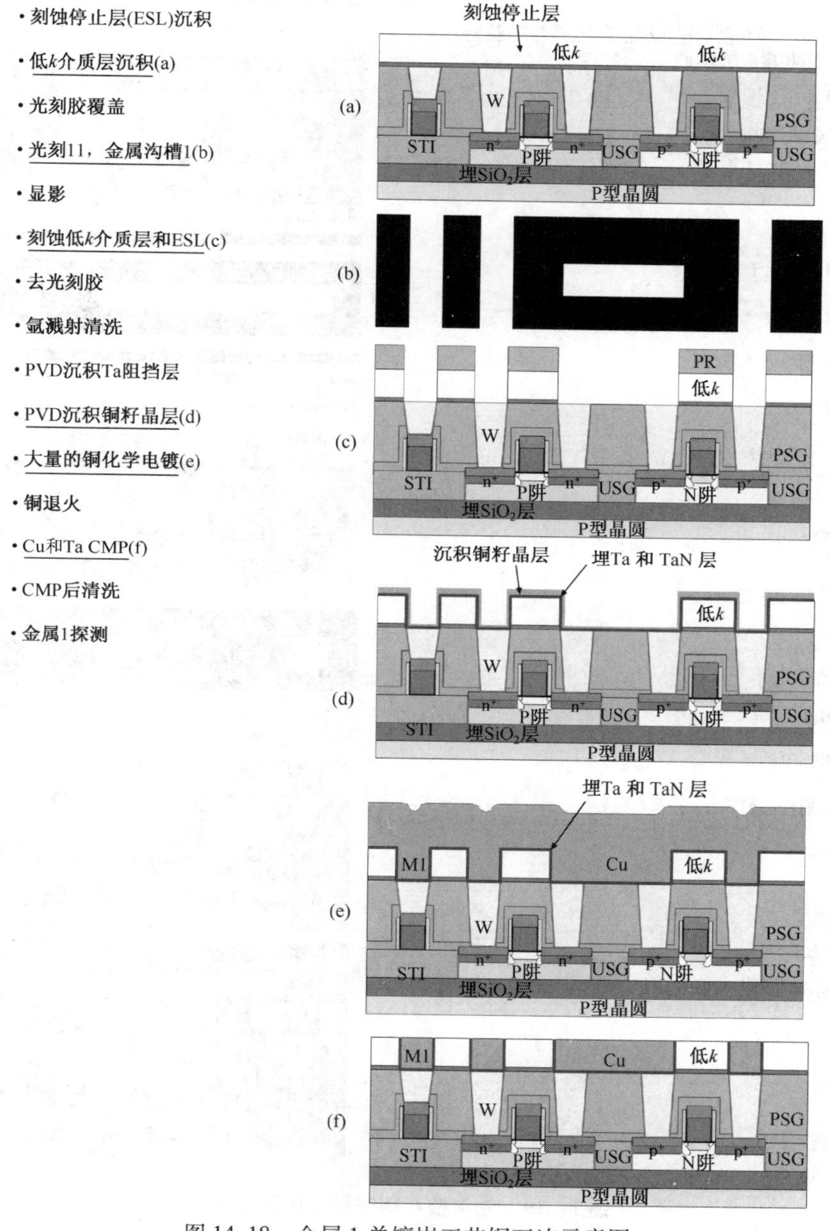

图 14.18 金属 1 单镶嵌工艺铜互连示意图

双镶嵌工艺通常用于铜金属化，需要两次介质刻蚀过程。至少有三种不同的方法形成双镶嵌铜金属化工艺需要的带孔槽。一种方法是首先刻蚀沟槽，然后刻蚀通孔(见图 14.19)。另一种方法是埋硬掩膜，首先通过刻蚀通孔并停止于刻蚀停止层，然后用沟槽掩膜同时形成通孔和沟槽(见图 14.20)。图 14.21 显示了先沟槽形成方法。先通孔和先沟槽这两种工艺都被用于 IC 制造中的铜金属化制程。

低 k 电介质刻蚀工艺中，刻蚀停止层通过等离子体中刻蚀副产品发射的光信号定义通孔和沟槽的深度。使用 F/O 可以刻蚀 PE-TEOS USG 和 SiCN。对于埋硬掩膜双镶嵌刻蚀(见图 14.20)，需要低 k 电介质对 SiCN 的高选择性。

- ILD叠层沉积（通孔刻蚀停止层，低k，沟槽刻蚀停止层，低k和覆盖层）(a)
- 光刻胶覆盖
- 光刻12，金属沟槽2(b)
- 显影
- 显影后检测
- 刻蚀沟槽，停止于TESL
- 去光刻胶
- 刻蚀后检测(c)
- 光刻胶覆盖
- 光刻13，通孔1(d)
- 显影
- 显影后检测
- 通孔1刻蚀
- 去光刻胶
- 刻蚀后检测(e)
- 氩溅射清洗
- PVD沉积Ta阻挡层
- PVD沉积铜籽晶层
- 体铜ECP
- 铜退火
- Cu 和 Ta CMP (f)
- CMP后清洗
- 金属2探测

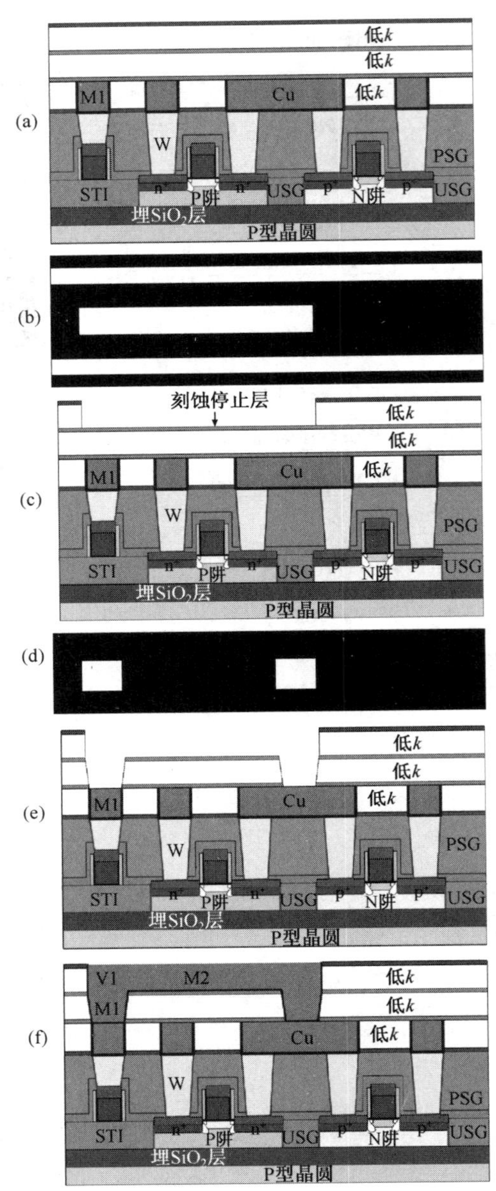

图 14.19　先沟槽双镶嵌铜金属化工艺

钽(Ta)、氮化钽(TaN)以及二者的结合，可以用于铜阻挡层以防止铜通过介电层扩散到硅衬底中，这种扩散可能会毁坏晶体管。利用铜籽晶层进行化学电镀(ECP)大量的铜去 填充狭窄的沟槽和通孔。铜籽晶层沉积后马上电镀大量的铜非常重要，因为即使在室温条件下，铜也可以迅速自退火。退火后的铜籽晶层有较大的晶粒尺寸和粗糙表面，从而在 ECP 过程中导致沟槽和通孔内产生空洞，并使成品率下降。

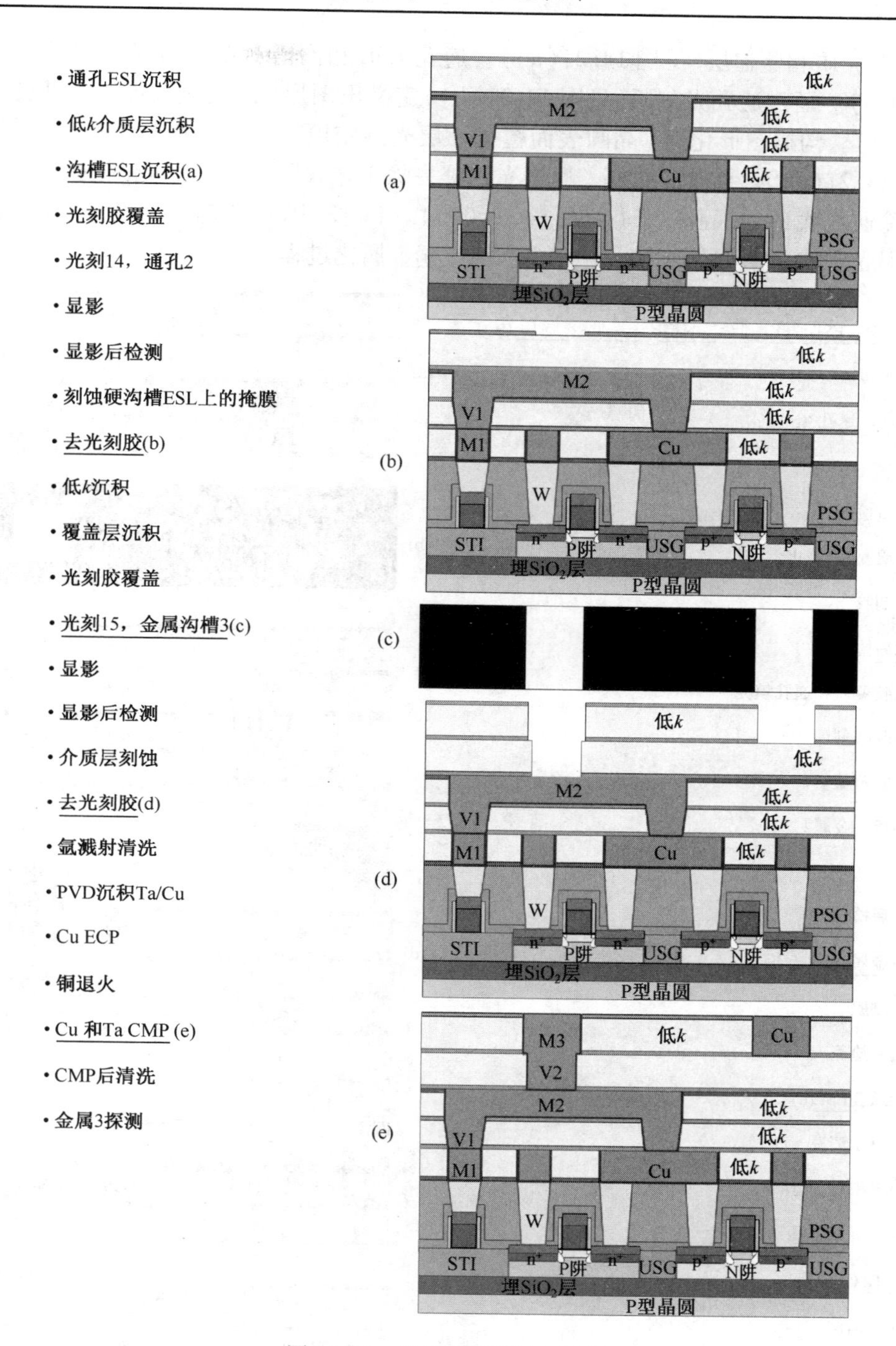

图 14.20　埋型硬掩膜铜金属化

电镀铜后，在约 250℃的炉中退火以增加晶粒尺寸并降低电阻率。当 Cu 和 Ta 通过 CMP 工艺从晶圆表面去除后，仅仅在沟槽和通孔中留下金属形成互连线。通常利用晶圆表面的反射率判断金属 CMP 工艺的终点，因为大多数金属都有非常高的反射率，当金属被研磨完到达电介质表面后，反射率会大大降低，这表明刻蚀到了终点。

对于先通孔过程，首先沉积通孔刻蚀停止层（ESL）的层间介质（ILD）、低 k 电介质、沟槽

ESL、低 k 电介质和覆盖层(见图 14.21(a))。通孔 ESL 和沟槽 ESL 可以是氮化硅(SiN)或硅氮化碳(SiCN)。通过通孔光刻版(见图 14.21(b))定义出图形，通孔刻蚀停止于通孔 ESL(见图 14.21(c))。沟槽图形化前，晶圆表面覆盖一层光刻胶填充通孔并在刻蚀过程中保护通孔 ESL(见图 14.21(d))。沟槽刻蚀后，通过光刻胶去除工艺移除通孔中的光刻胶。利用湿法清洗过程去除通孔底部的通孔 ESL(见图 14.21(e))。Ta/Cu PVD 和铜 ECP 工艺后，利用金属 CMP 工艺从晶圆表面去除铜和钽，并完成双镶嵌铜金属化过程。

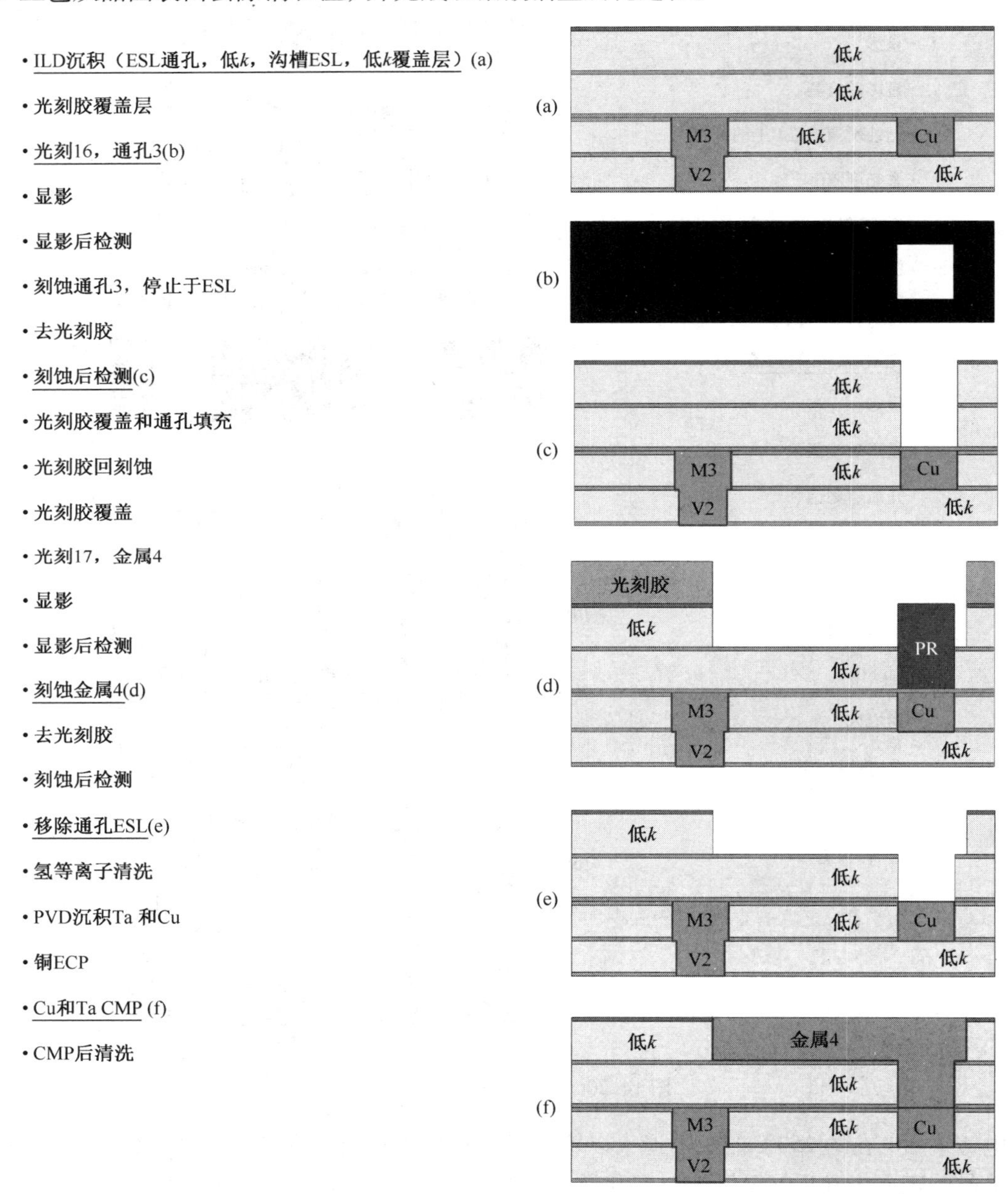

图 14.21 先通孔铜互连工艺流程

氩溅射刻蚀过程中的重离子轰击有时可以从通孔底部溅射出少量的铜并沉积在通孔侧壁上。对于大多数电介质，如硅酸盐玻璃和多孔二氧化硅，铜原子扩散非常快。如果铜原子扩散到硅衬底，将可能导致微电子器件性能不稳定。因此，金属 PVD 前的氩溅射刻蚀可能会导致 IC 芯片长期的可靠性问题。氢等离子体清洁工艺使用等离子体产生氢自由基，自由基和氧化铜发生反应生成铜和水蒸气，从而可以在没有离子轰击的情况下，有效地去除通孔底部的原生氧化铜。如图 14.22 所示为先通孔铜互连工艺流程。

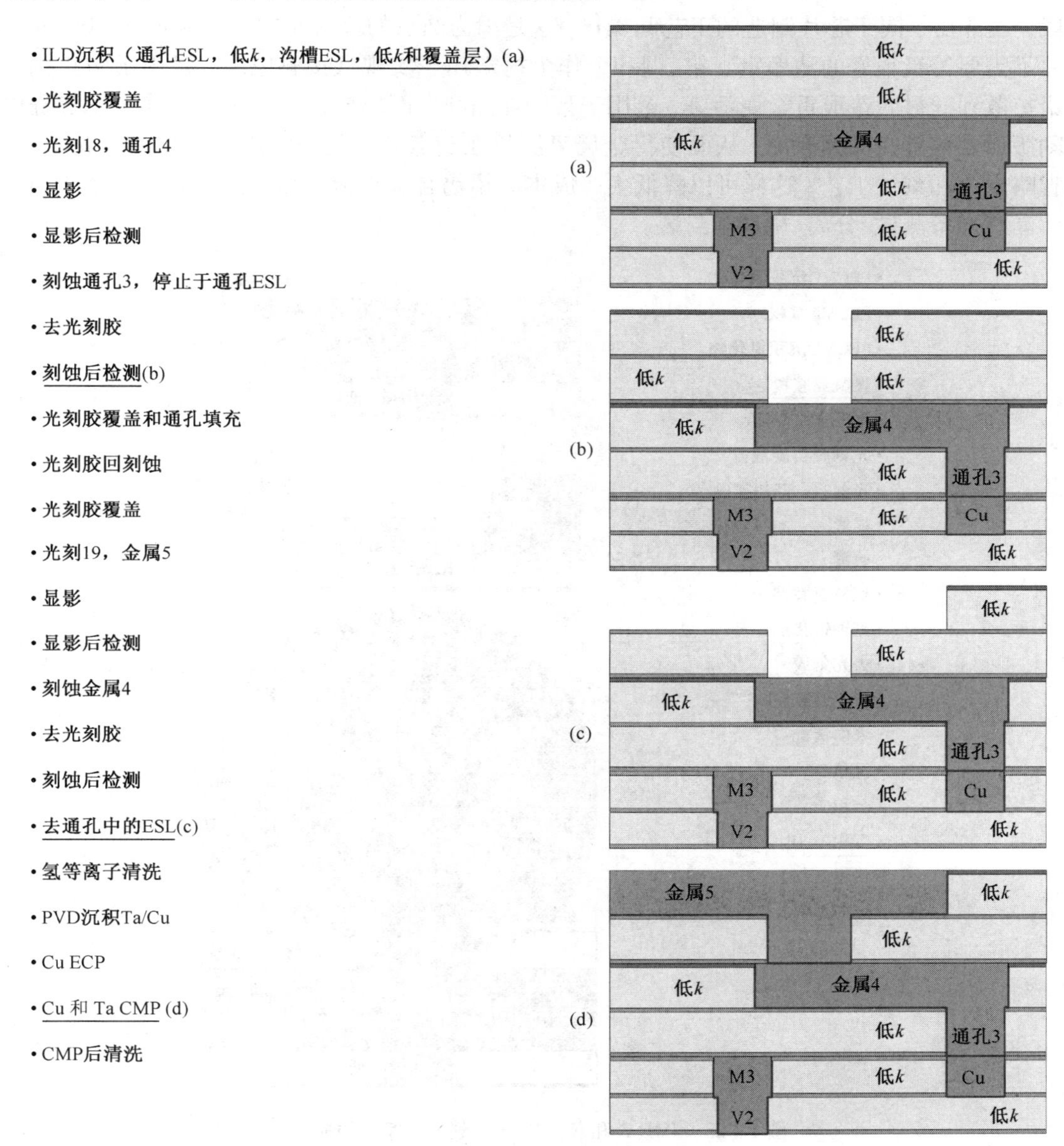

图 14.22　先通孔铜互连工艺流程

图 14.23 显示了最后的金属层和钝化过程。氮化硅是一种非常致密的材料，可以防止水和钠等杂质扩散进入芯片导致器件损坏。通常使用塑料封装芯片作为钝化介质保护芯片免受化学污染，以及晶粒测试、分离和封装过程中的机械损伤。厚的钝化氮化物沉积之前，沉积一层 PSG 氧化层以提供应力缓冲。对于采用陶瓷封装的芯片，效果比塑料封装更好但价格昂贵，CVD 二氧化硅或氮氧化硅层是常用的钝化电介质。钝化层沉积后，覆盖一层聚酰亚胺，随后

涂敷光刻胶，然后烘烤并显影。聚酰亚胺在光刻胶显影过程中被刻蚀。聚酰亚胺涂层可以保护晶圆在传送过程中免受机械划伤，而且还可以保护微电子器件免受背景辐射，如 α 辐射。光刻胶去除后，晶圆加工过程基本完成。

图 14.23(c)显示了倒装芯片封装的凸点形成工艺。凸点形成工艺是晶圆加工工艺的最后阶段，通常在不同于芯片制造的工艺间操作，这是因为凸点的尺寸非常大，约 50 ~ 100 μm，所以并不需要等级很好的洁净室。铬、铜和金作为衬垫用于实现低接触电阻，铬用于防止铜、金和铅扩散到硅衬底造成重金属污染，金用于帮助在晶圆表面形成铅锡合金。金属沉积过程中，光刻版通常放置在晶圆表面，从而使得金属只沉积在凸点开口处。使用图形化的金属沉积可以省略光刻和刻蚀工艺，这样可以降低生产成本。铅锡合金再流动后，在晶圆表面形成凸点，然后晶圆准备测试、分离、挑选和封装。

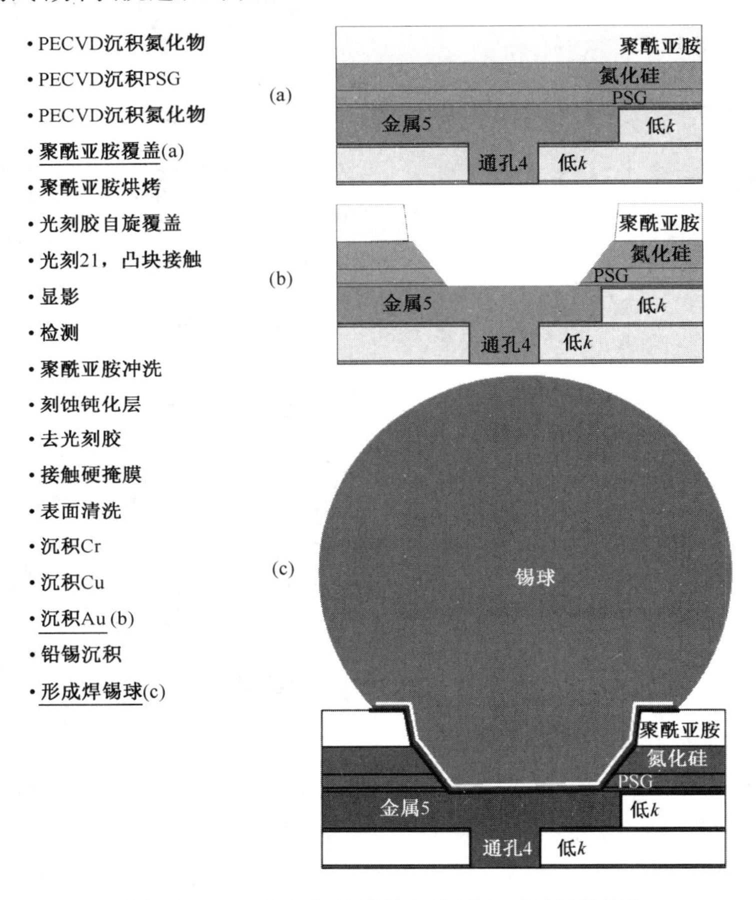

图 14.23　IMD 3 和双镶嵌介质刻蚀，埋层硬掩膜

铜互连是一种比较新的技术。经过深入的研究和开发后，具有铜互连的 IC 芯片产品第一次在 1999 年出现。铜互连已经应用于最小特征尺寸小于 0.18 μm 的 IC 芯片，也可以用于尺寸小于 0.13 μm 技术节点的芯片，并已用于逻辑 IC 芯片制造。由于双镶嵌工艺通过减少工艺流程而简化了铜互连工艺，所以铜互连的成本低于传统的钨/铝铜合金互连。铜互连已经成为先进 IC 芯片制造的主流互连技术。

使用 SOI 衬底和铜/低 k 互连技术，设计者可以制造具有较高抗干扰和低功耗的快速、强大功能和可靠性高的 IC 芯片。图 14.24 显示了一个具有 SOI 衬底、铜和低 k 电介质互连的 CMOS 集成电路横截面示意图。

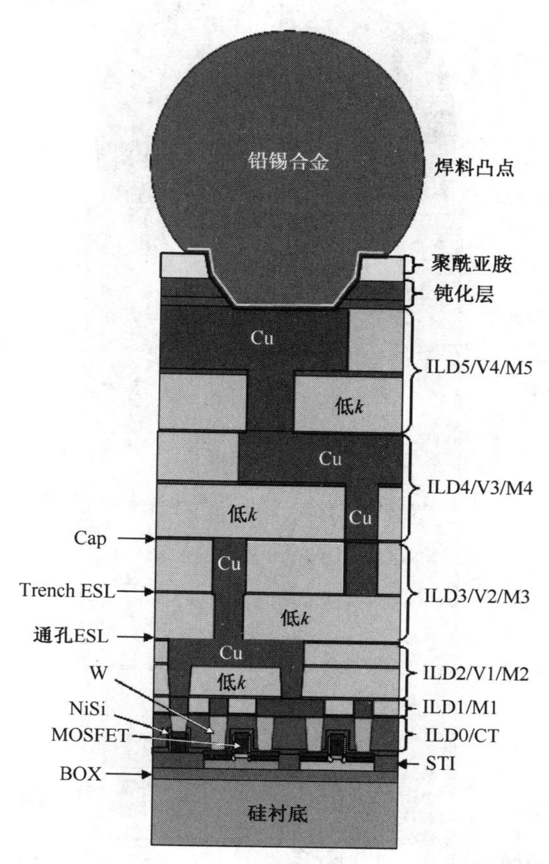

图 14.24　具有 SOI 衬底和铜/低 k 互连 CMOS IC 芯片示意图

14.5　21 世纪 10 年代 CMOS 工艺流程

当器件的尺寸不断缩小到 45 nm 及更小，如 40 nm、32 nm/28 nm 和 22 nm/20 nm 后，栅氧化层的厚度已经达到极限，即由于严重的漏电问题而不能再减小。高 k 栅介质已经被开发并取代了常用的二氧化硅(SiO_2)和氮化氧化物(SiON)。为了进一步提高器件的性能，金属栅取代了常用的多晶硅栅。应变工程广泛用于增强电子和空穴的迁移率提高器件的速度。硅锗(SiGe)和碳化硅(SiC)选择性外延生长用于 CMOS 制造获得理想的沟道应变。自对准 CoWP 化学电镀技术被发展用于铜 CMP 后覆盖铜表面以防止铜扩散导致降低电迁移，从而可以提高铜互连的可靠性。金属(TiN)硬掩膜用于低 k 电介质刻蚀。

193 nm 浸入式光刻技术和双重图形化工艺用于图形化线间距，源光刻版优化(SMO)技术用于图形化接触窗和通孔。设计者必须与光刻技术人员和工艺团队紧密合作进行优化设计以实现高的成品率，这称为制造性设计。

图 14.25 显示了一个 32 nm/28 nm 的 CMOS 横截面图，这种结构具有后栅 HKMG、SEG SiGe、应力记忆技术(SMT)、铜超低 k 互连，以及无铅焊料凸点。

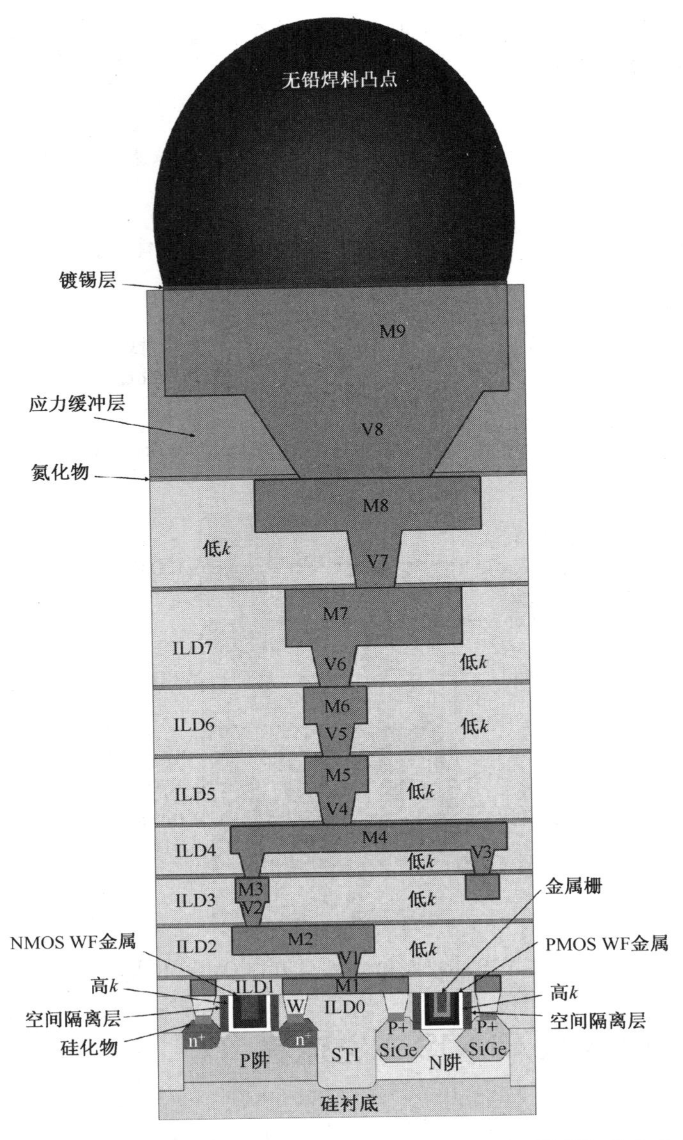

图 14.25　具有高 k 金属栅、SMT、SEG SiGe 源/漏、铜和超低 k 互连，以及无铅焊料凸点的 CMOS 横截面示意图

图 14.26 显示了 STI 的工艺过程，这与图 14.10 所示的 STI 过程看起来几乎相同，然而，由于器件尺寸的缩小，很多细节是不同的。例如，图 14.10 所示的器件需要无应力 STI 填充，而图 14.26 所示的器件需要从 STI 氧化层获得额外应力帮助进一步提高沟道的应变。

图 14.27 显示了阱区注入和 V_T 调整注入形成双阱 CMOS。由于器件尺寸的缩小，结的深度比图 14.11 所示的阱区注入的浅。

图 14.28 显示了栅极、NMOS 源/漏极扩展(SDE)和侧壁间隔层的形成过程。由于 PMOS 的源/漏极利用选择性外延生长(SEG)SiGe 形成，这种工艺通过 SEG 过程中重掺杂 P 型而形成，所以 PMOS 并不需要 SDE 或 SD 注入。不同于之前的工艺，这种多晶硅栅只是一种过渡栅，将用高 k 和金属栅在后续的工艺中取代。这种工艺不需要多晶硅注入，栅的功函数由 PMOS 和 NMOS 的不同金属栅材料控制。

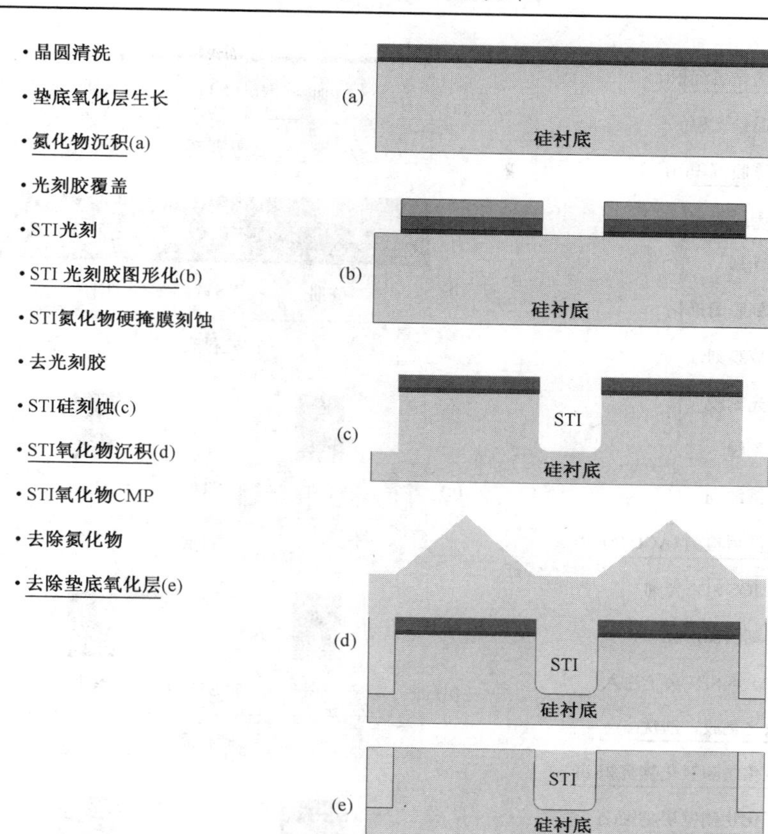

图 14.26　STI 工艺流程

- 晶圆清洗
- 牺牲氧化层生长
- 光刻胶覆盖
- N阱光刻
- N阱离子注入(a)
- 去光刻胶
- 光刻胶覆盖
- P阱光刻
- P阱离子注入(b)
- 去光刻胶
- 去光刻胶，晶圆清洗(c)

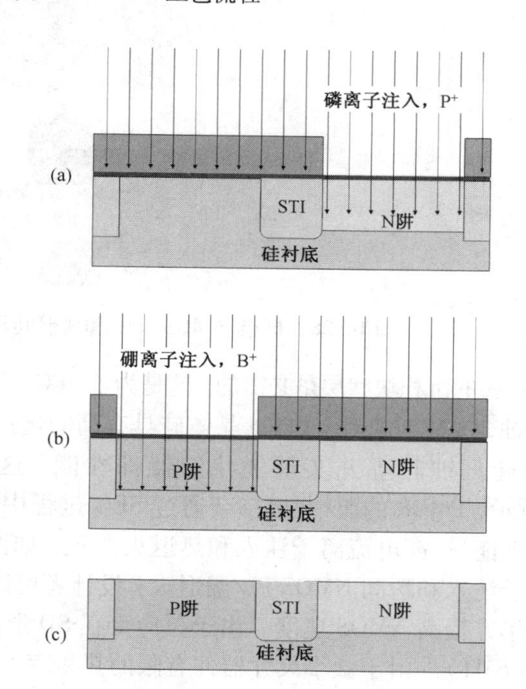

图 14.27　双阱(CMOS)形成工艺

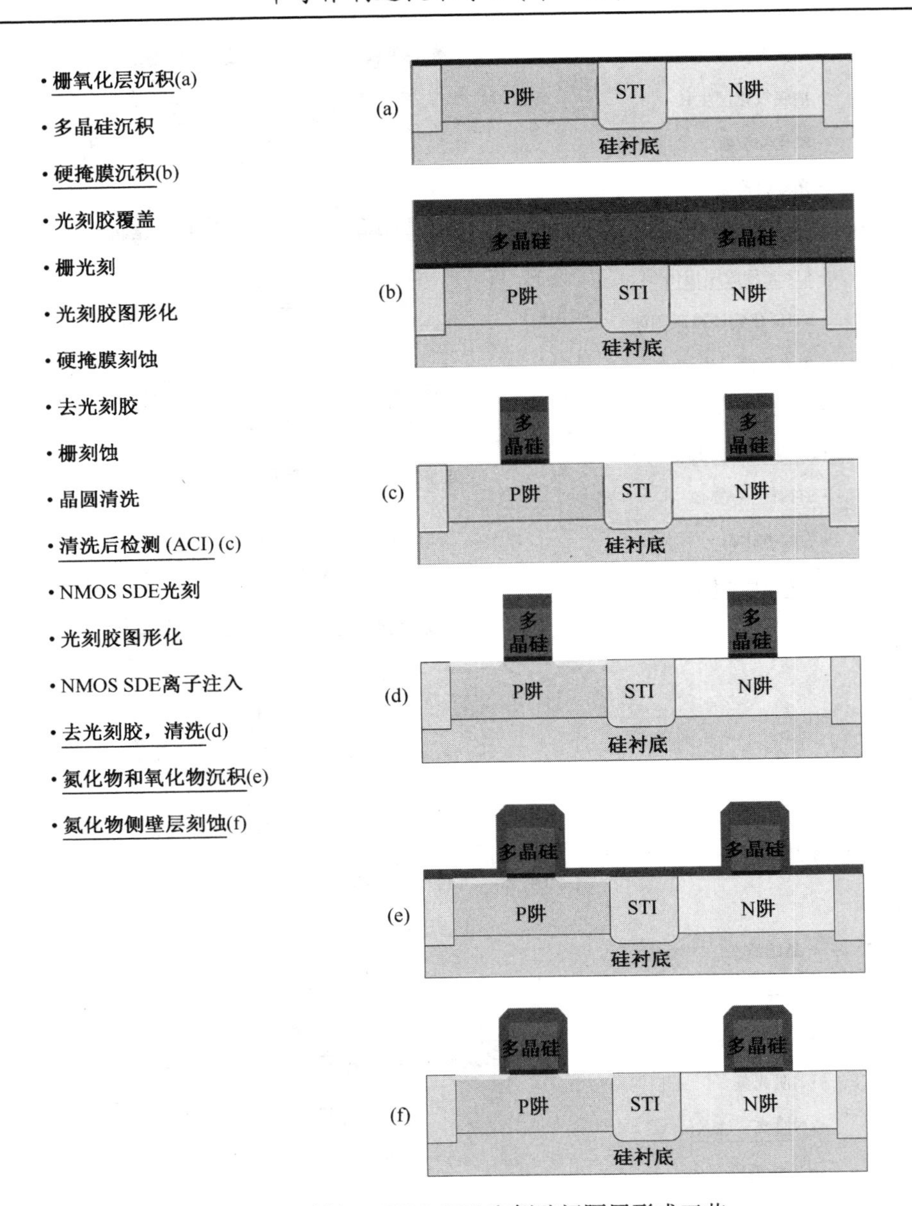

图 14.28 栅极、NMOS SDE 和侧壁间隔层形成工艺

图 14.29(a)中的沉积块状层是必需的，这是为了 SEG 可以生长在设计的区域。图 14.29(c)显示了 KOH 硅刻蚀，这种刻蚀对 <111> 晶体硅具有高的选择性。通过使用 KOH 刻蚀，设计者可以精确地控制硅刻蚀轮廓并实现优化的器件性能，这是由于优化的沟道应变所致。如图 14.29(d)所示，PMOS 的源/漏极掺杂通过 SEG 过程中的临场掺杂实现。NMOS 源/漏掺杂仍然是传统的低能量、高电流离子注入和热退火过程，如图 14.29(e)和图 14.29(f)所示。进行非晶硅深离子注入和瞬间 NMOS 源/漏退火，设计者可以增强 NMOS 沟道的拉伸应变，进而增加电子迁移率并提高 NMOS 速度。由于拉应变在 SD 形成后会一直保持，所以这种技术称为应力记忆技术(SMT)。由于微小尺寸器件有限的热积存，退火必须使用瞬间退火、激光退火或两者的结合。

图 14.30 显示了高 k 金属栅(HKMG)工艺过程。

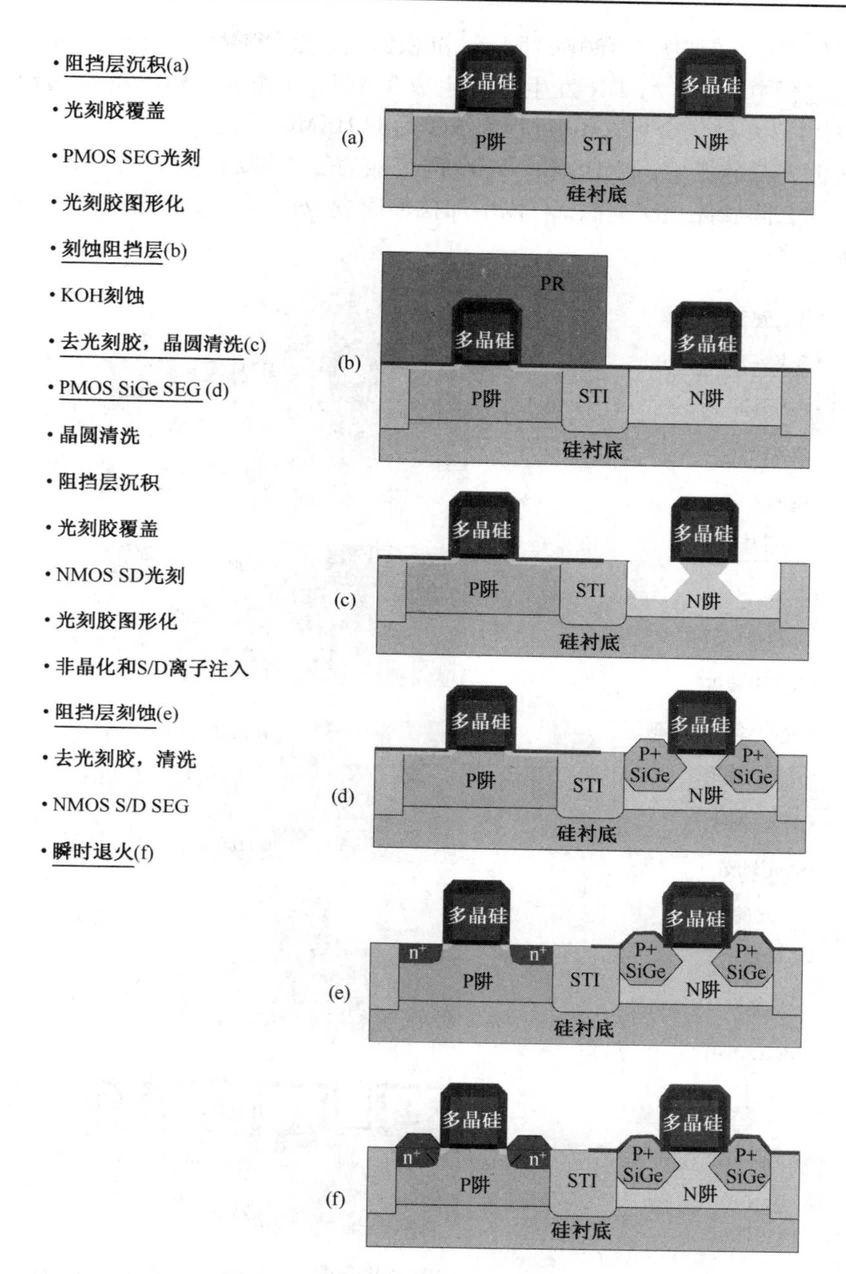

图 14.29　形成源/漏的 SEG 工艺流程

图 14.30(a)显示了 ILD0 沉积工艺，其中至少有氮化物衬垫/ESL 和氧化层两层材料。图 14.30(b)显示了 CMP 多晶硅开孔工艺，这种工艺是 ILD0 过抛光并暴露出多晶硅栅。图 14.30(c)显示了过渡栅去除过程，这种工艺采用高选择性刻蚀去除多晶硅，然而对 ILD0 和侧壁间隔层有非常小的影响。使用 HF 去除沟道上的氧化层后，形成一层薄氧化硅，如图 14.30(d)所示，接着沉积铪基高 k 介质。HfO_2 通常使用原子层沉积(ALD)工艺实现。ALD 工艺也可以沉积氮化钛(TiN)和钽(Ta)层。TiN 常用于 PMOS 金属，而 NMOS 需要不同的功函数金属，而且将在后续的工艺中形成。Ta 作为 PMOS 中的阻挡层可以保护 TiN。利用图形化

从 NMOS 中去除 Ta 后，如图 14.30(e)所示，沉积钛铝合金(TiAl)，并利用大量铝(Al)填充间隙。退火工艺过程中，TiAl 与 TiN 发生反应生成 TiAlN，并作为 NMOS 的金属栅功函数调节层。显示于图 14.30(g)的金属 CMP 过程完成了后栅 HKMG 工艺。

当去除过渡多晶硅栅后，PMOS 和 NMOS 沟道应力显著增加，这使得载流子迁移率增加，速度提高。这与去除硬停止层类似，可以增加拉伸应变或压缩应变。这是后栅 HKMG 比先栅方法优越的地方之一。

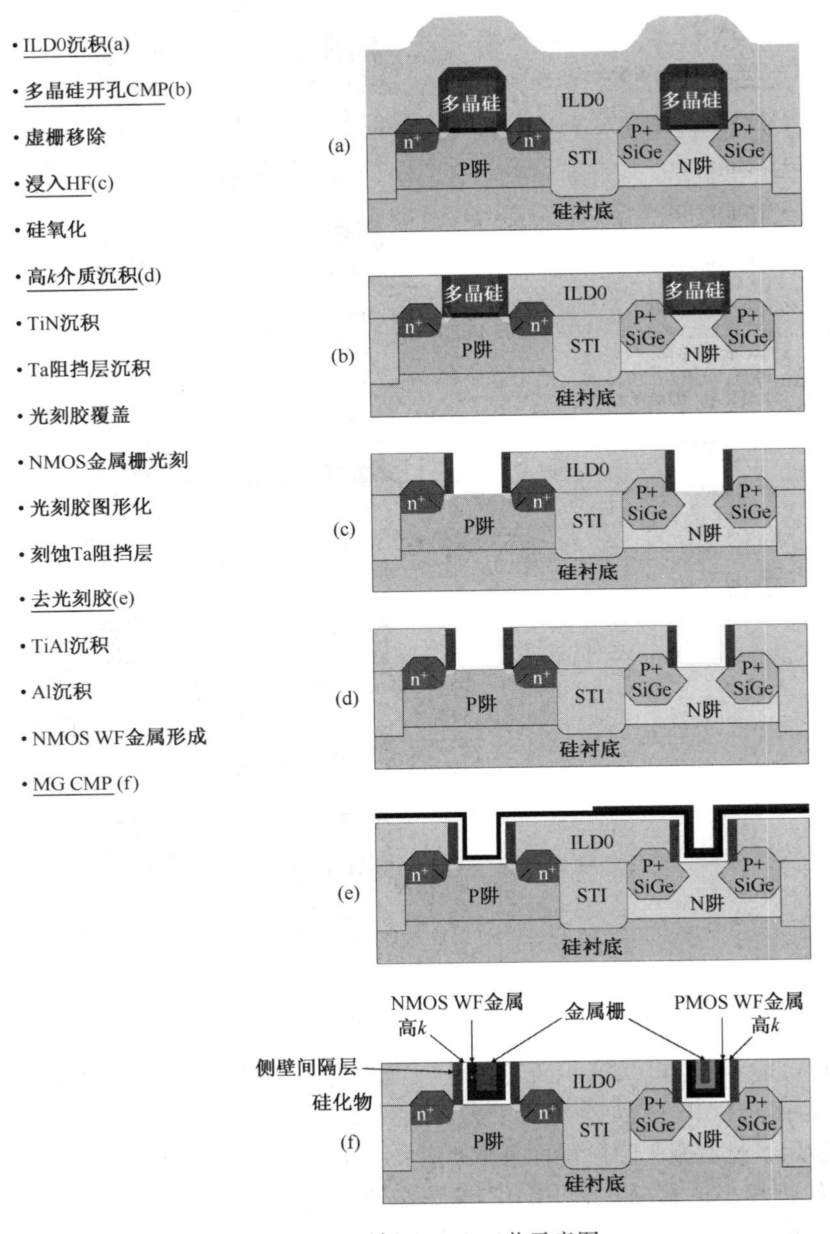

图 14.30　后栅 HKMG 工艺示意图

图 14.31 显示了 MEoL 工艺。与之前的接触工艺有许多不同，首先是沟槽金属硅化物。沟槽金属硅化物在沟槽刻蚀后形成，而自对准金属硅化物在源/漏极形成后、ILD0 沉积前形成。

沟槽金属硅化物仅仅在接触沟槽的底部，如图 14.31(c)所示。因为栅极由金属组成，所以栅极并不需要形成金属硅化物。掺杂少量铂的镍硅化物，NiPtSi，比 NiSi 要稳定。填充了接触沟槽的钨被研磨到金属栅极的同一平面，如图 14.31(e)所示。由于接触沟槽只与凸起的源/漏极接触，所以接触沟槽深度很潜，这样使得过刻蚀的控制简单。从版图的角度考虑，代替了圆形和椭圆形接触孔的沟槽式接触，简化了光刻胶图形化过程。但这会在接触刻蚀中，过刻蚀到 STI 氧化层而导致 W 尖刺问题。由于钨栓塞的长度显著缩短，所以栓塞的电阻大大降低。

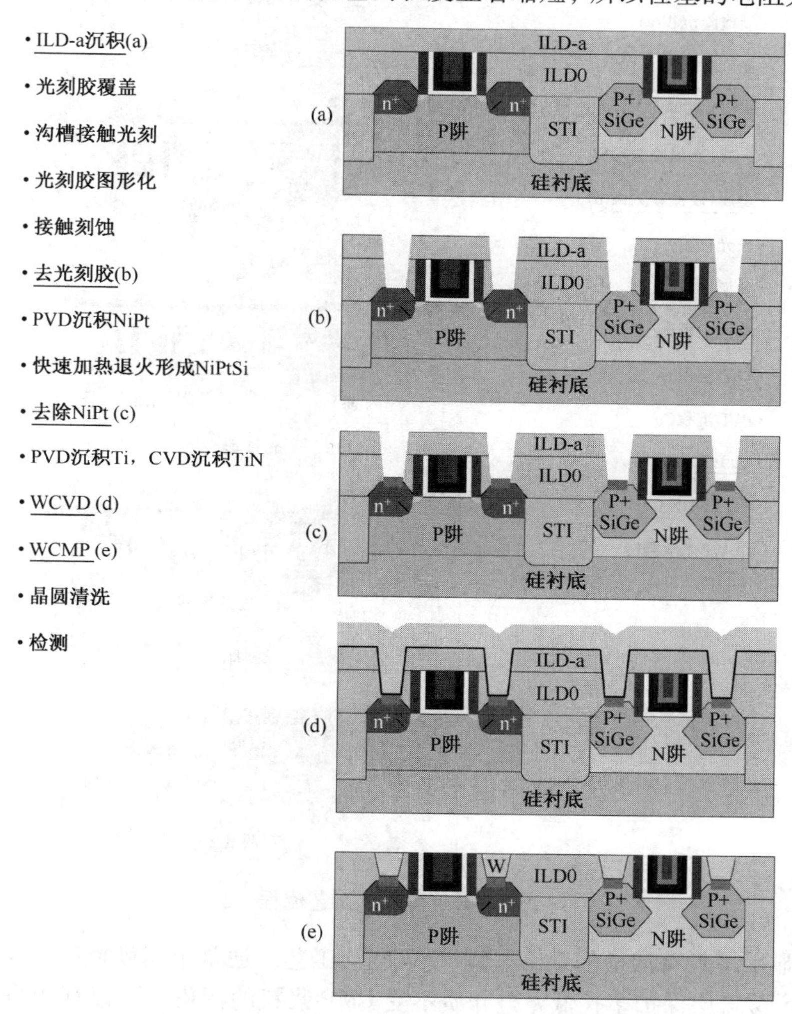

图 14.31 MEoL(接触模式)工艺示意图。(a) ILD0 沉积；(b) 沟槽接触刻蚀；(c) 沟槽硅化物填充；(d) WCVD；(e) WCMP

图 14.32 显示了金属 1(M1)的形成工艺过程。使用覆盖在 TEOS 上的硬掩膜 TiN 保护了多孔低 k 介质不受光刻胶去除工艺过程的损伤。多孔低 k 电介质的 k 值(2.2 ~ 2.5)通常比碳硅酸盐玻璃的 k 值(CSG，k 为 2.7 ~ 2.9)低。多孔低 k 电介质可以通过 PECVD 掺碳氧化硅电介质形成，其中含有小于 2 nm 的孔和高达 40% 的孔隙度。这些是在 CVD 时通过在气流中加入致孔剂实现的。CVD 预沉积，可以是三甲基硅烷或四甲基硅烷，致孔剂可以是冰片烯或 α-松油烯。

钽阻挡层和铜籽晶层通过具有金属离化等离子体 PVD 工艺获得。大量的铜沉积利用化学电镀(ECP)工艺。铜退火后，利用金属 CMP 去除不需要的铜、钽阻挡层和 TiN 硬掩膜。CMP 研磨停止于 TEOS 覆盖层，这样可以保护多孔低 k 电介质不受 CMP 浆料的污染。

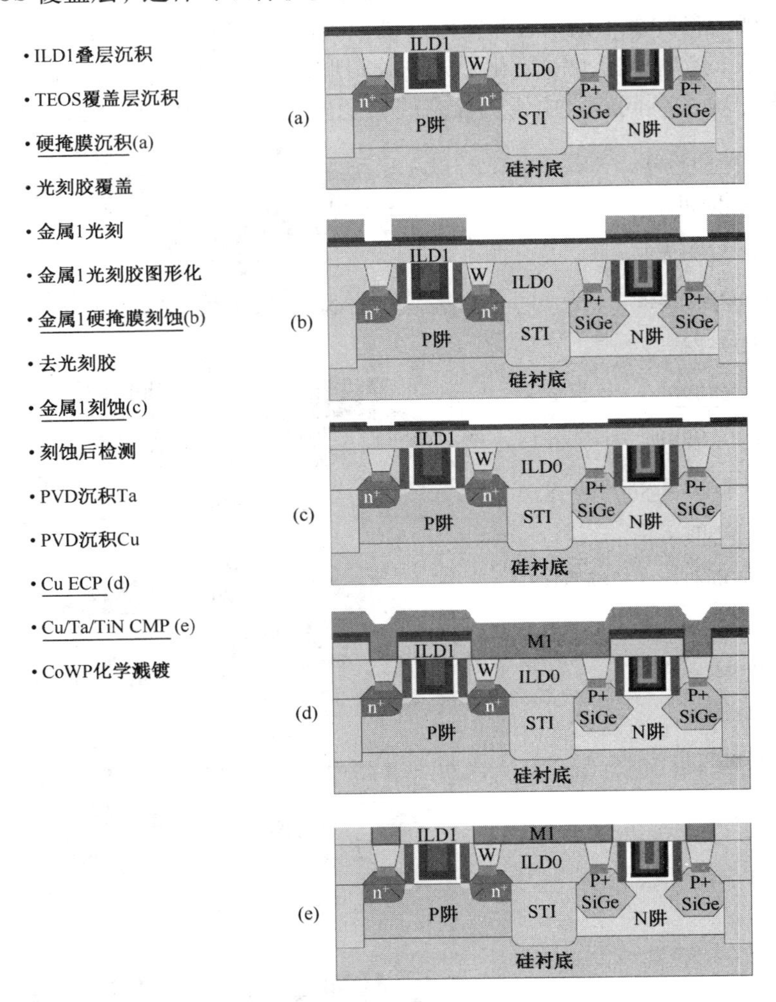

图 14.32　金属 1 工艺流程

图 14.33 显示了具有沟槽的双镶嵌铜/低 k 互连工艺。通常金属硬掩膜 TiN、TEOS PECVD 氧化物或 TEOS 覆盖层保护多孔低 k 电介质不受 CMP 浆料的污染。可以利用自对准 CoWP 化学电镀防止铜的扩散并提高电迁移抵抗能力，从而提高 IC 芯片的可靠性。

• ILD2沉积
• TEOS覆盖和硬掩膜沉积
• 光刻胶覆盖
• M2光刻
• M2光刻胶图形化
• 硬掩膜刻蚀(a)

(a)

图 14.33　通孔 1，金属 2 铜/低 k 互连工艺流程

- 去光刻胶
- 光刻胶覆盖
- 通孔1光刻
- 光刻胶图形化
- 通孔1刻蚀
- 去光刻胶和晶圆清洗(b)
- M2沟槽刻蚀
- 晶圆清洗(c)
- PVD沉积Ta/Cu
- Cu ECP (d)
- Cu/Ta/TiN/ CMP
- CoWP化学电镀(e)

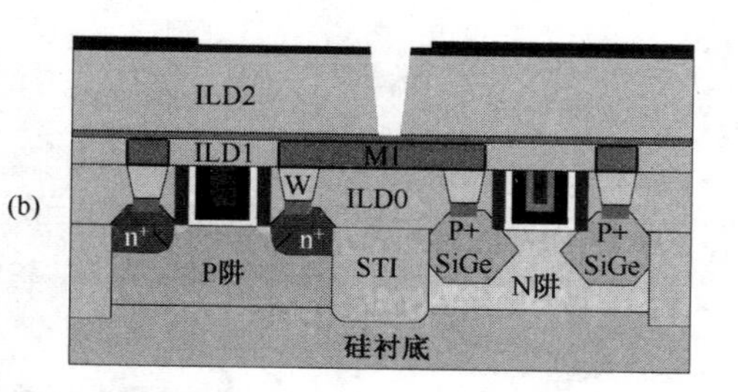

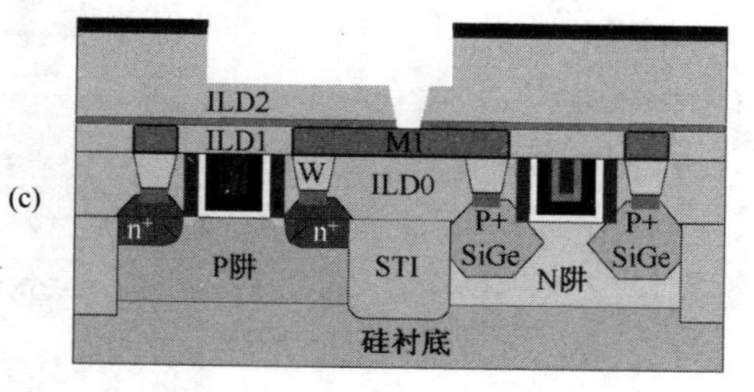

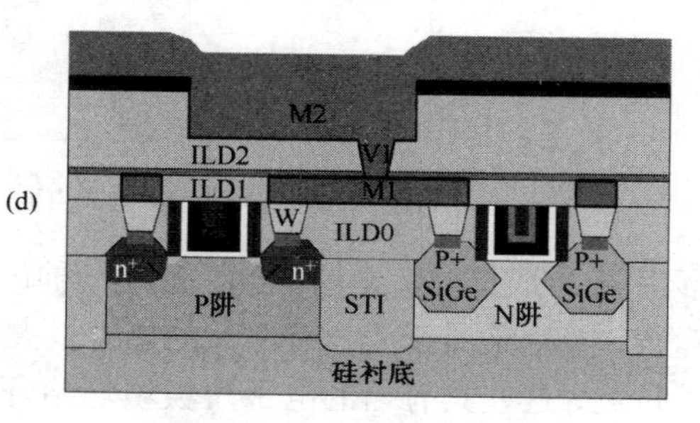

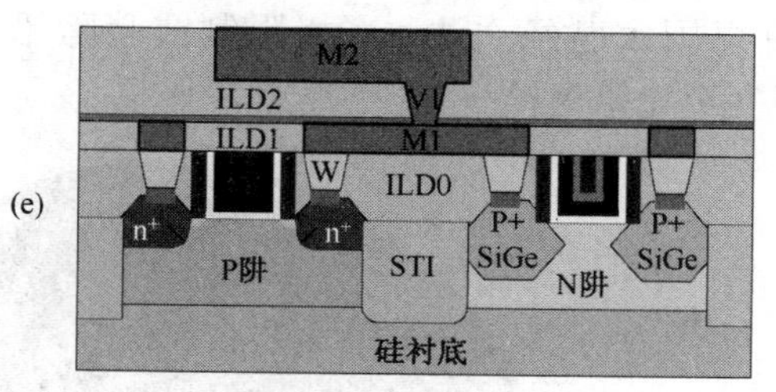

图 14.33(续)　通孔 1，金属 2 铜/低 k 互连工艺流程

图 14.34 显示了从 M3 金属层(见图 14.34(a))到 M9 金属层(见图 14.34(c))的铜/低 k 互连工艺过程。该过程基本上是图 14.33 所示的通孔工艺过程的重复。

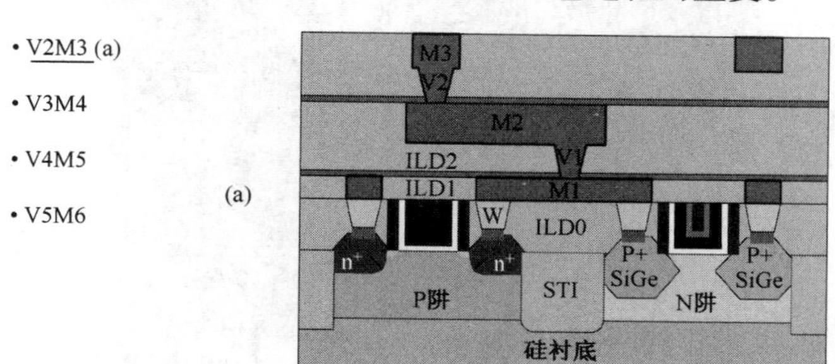

图 14.34　铜/低 k 互连工艺流程

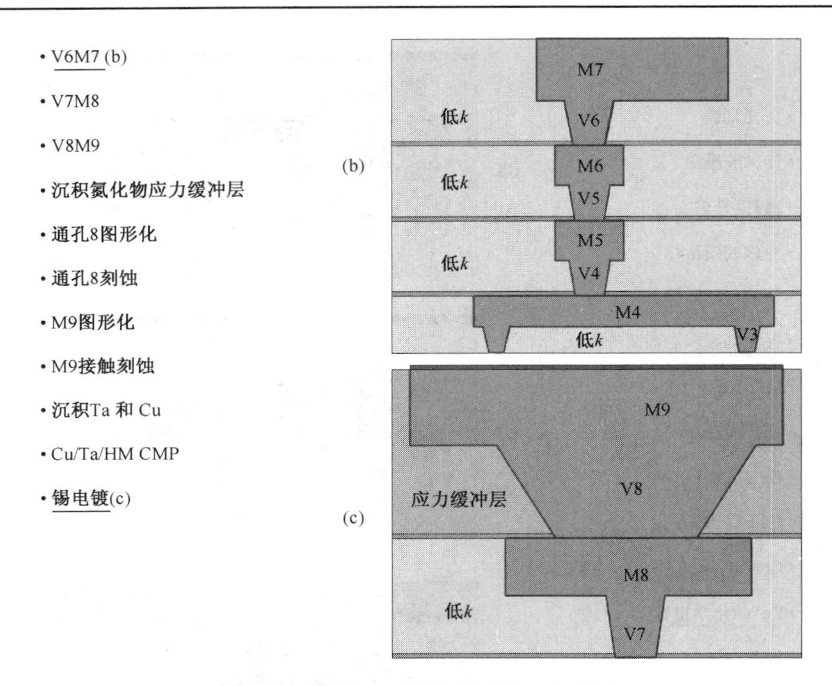

图 14.34(续) 铜/低 k 互连工艺流程

铅(Pb)广泛用于形成焊球。众所周知，铅是一种污染物，可以影响心脏、骨骼、肠、肾和神经系统的正常运行，特别是对于儿童有很大的伤害。大量使用 IC 芯片的过时电子仪器形成每年万吨级的电子垃圾，这些具有铅的电子垃圾填埋给环境污染带来潜在风险，因此，像日本、欧洲和中国等许多国家已经立法，严格限制或消除铅在半导体和所有电子行业中的使用。图 14.35显示了一个无铅焊料凸点。

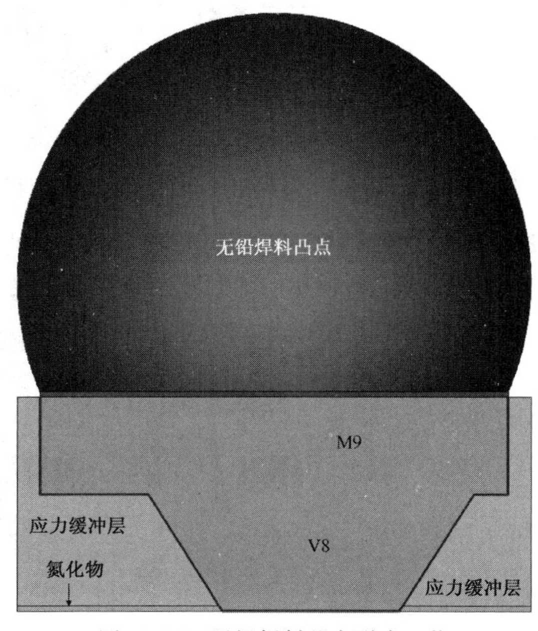

图 14.35 无铅焊料凸点形成工艺

14.6 内存芯片制造工艺

内存芯片在驱动 IC 市场和 IC 技术发展方面发挥了重要作用。市场上两个主要的内存产品分别是 DRAM 和 NAND。对于一台电脑，无论是台式个人电脑还是笔记本电脑，产生的数据被写入非挥发性存储器件，如磁性硬盘存储器(HDD)或固态硬盘存储器(SSD)之前，总是首先存储在 DRAM 中。台式个人电脑或笔记本电脑的内存容量短短几年间成倍增长。1993 年的个人电脑台式机 486 仅有 8 兆字节(MB)的 DRAM，这是从成本为 100 美元的 4 MB 升级而成的。而在 2009 年，只需花费 30 美元左右就可以购买 4 千兆字节(GB)的 DRAM。随着对图形化特性的需求，特别是三维图形需求不断增加，一台电脑的 DRAM 量需求将进一步增加，并继续推动 DRAM 制造技术的发展。

与保存数据一直需要电源供应的 DRAM 不同，NAND 是一种非挥发性存储器，可以在无电源供应下保存数据许多年。NAND 闪存被广泛应用于移动数字电子产品，如 MP3 播放器、数码相机、手机、高端笔记本电脑数据存储。随着移动电子设备应用更多的图形处理和视频，对 NAND 的需求将进一步增加。NAND 也采用混合形式，将固态硬盘存储器(SSD)的数据快速存储和磁性硬盘存储器(HDD)的低成本结合起来。

14.6.1 DRAM 工艺流程

DRAM 扮演着驱动 IC 市场和 IC 技术发展的重要作用。DRAM 单元由一个 NMOS 和一个存储电容组成(见图 14.36)。

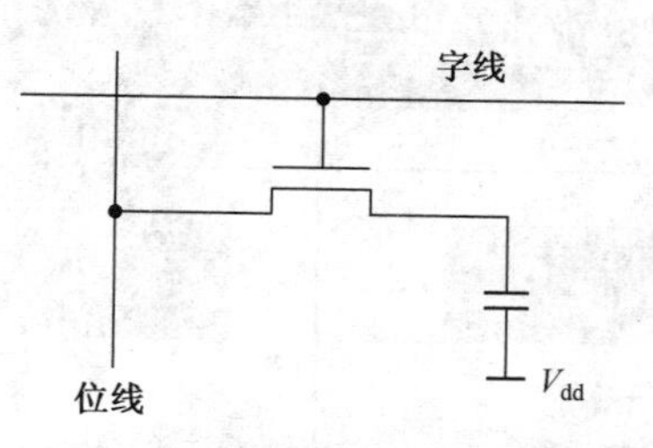

图 14.36 DRAM 单元等效电路

有两种 DRAM 形成工艺:一种是堆叠 DRAM，是将存储电容堆叠在晶体管(NMOS)上;另一种是深沟槽 DRAM，这种结构是在 NMOS 旁边的硅表面上形成深沟槽式存储电容。

图 14.37(a)显示了堆叠式 DRAM。SAC 代表自对准接触，BLC 表示位线接触，WL 代表字线，BL 代表位线，SNC 表示存储节点接触，SN 表示存储节点，就是存储电容。图 14.37(b)所示为一个深沟槽 DRAM。由于沟槽电容的长宽比超过 50，所以图示只是一部分。从图中可以看到，深沟槽 DRAM 的硅表面金属互连面积比较小，使得这种结构更容易和普通的 CMOS 后端工艺兼容，并成为片上系统(SoC)应用嵌入式 DRAM 的选择。然而，由于这种结构需要在有限的硅表面形成存储电容，沟槽式 DRAM 的堆积密度与堆叠 DRAM 不同，因为这种结构并不需要很大的硅表面构建存储电容。通用 DRAM 芯片对价格非常敏感。由于堆叠式 DRAM 比深沟槽 DRAM 成本低，所以它主导着 DRAM 市场。本章只讨论堆叠式 DRAM 工艺流程。

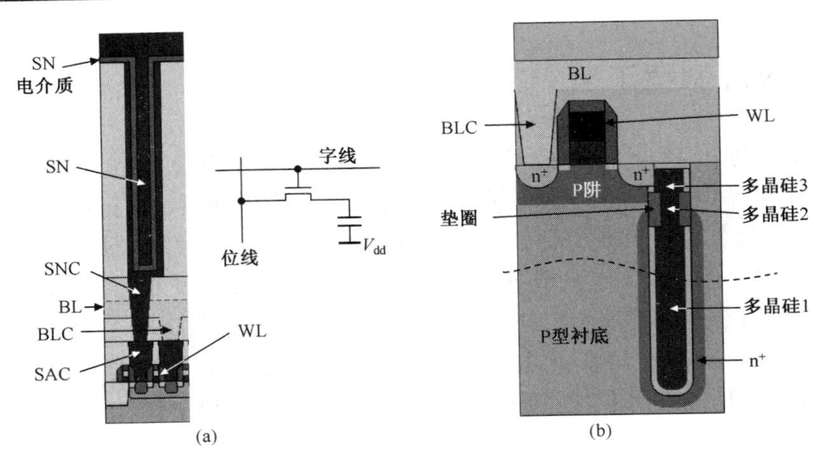

图 14.37 (a)堆叠 DRAM 和(b)深沟槽 DRAM 示意图

14.6.2 堆叠式 DRAM 工艺流程

大多数电脑和其他数码电子产品使用的 DRAM 芯片是堆叠式 DRAM。图 14.38 显示了堆叠式 DRAM 芯片横截面。图 14.38 左侧显示了具有 4 个存储单元的截面。30 nm 工艺技术的 2GB DRAM 芯片具有 20 亿个这样的单元。外围逻辑电路用于控制写入、读出和 DRAM 芯片的输入/输出操作。外围器件面积通常比阵列单元面积大，而且制作工艺与之前描述的 CMOS 工艺技术非常类似。本章将主要说明单元阵列的工艺流程。

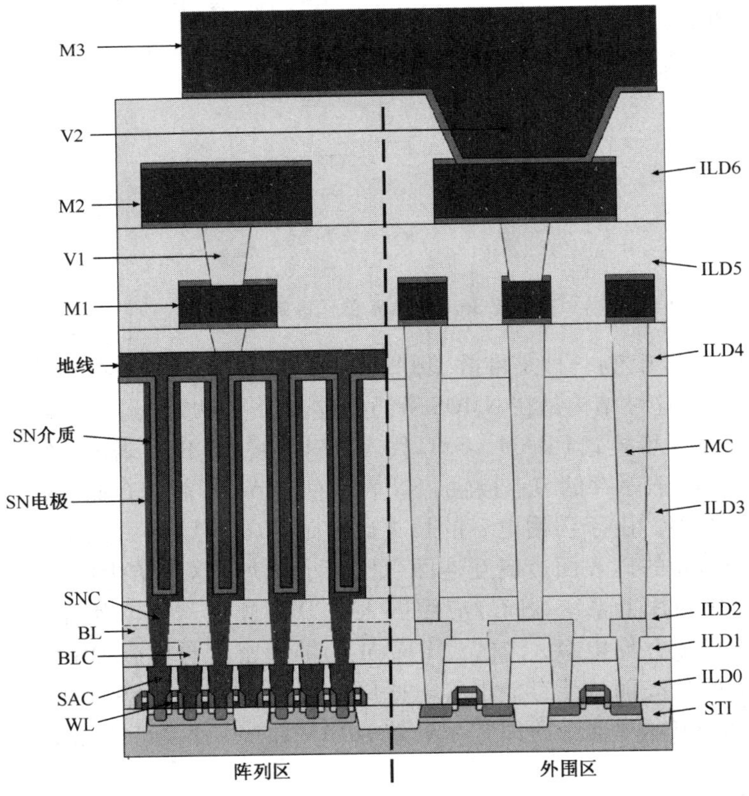

图 14.38 堆叠 DRAM 芯片横截面示意图

图14.39显示了堆叠式DRAM单元STI和阱区形成工艺。图14.39(a)为AA层版图，虚线表示横截面位置。图14.39(b)为AA刻蚀后的横截面；图14.39(c)为形成STI后的横截面；图14.39(d)显示了P阱形成后的横截面。STI和P阱形成过程同时在外围区域进行。此处P阱形成通过一个P阱光刻版。外围区域有更精细的图形，单元区域为空白。N阱只在外围区域，而不在单元区域，这是因为DRAM单元只有NMOS。

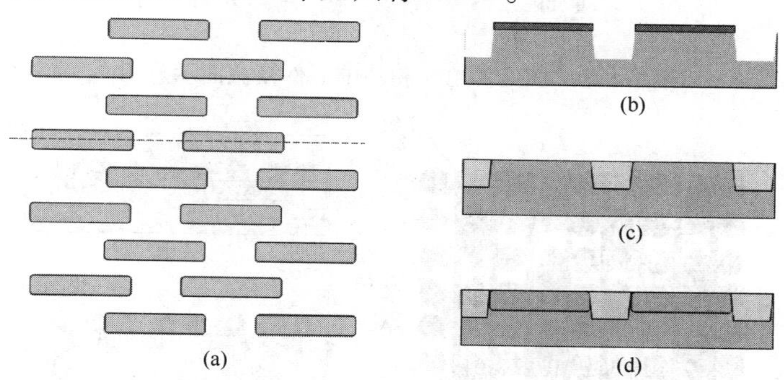

图14.39　(a)堆叠DRAM AA层版图；(b)AA层刻蚀后沿虚线横截面图；(c)形成STI后的示意图；(d)形成P阱后的示意图

图14.40显示了堆叠式DRAM STI和阱区形成过程。图14.40(a)所示为与AA层重叠的WL层布局图，虚线表示横截面的位置。图14.40(b)显示了DRAM单元NMOS栅的横截面，这就是字线(WL)。图14.40(c)所示为轻掺杂漏(LDD)形成工艺；图14.40(d)为侧壁间隔层形成工艺；图14.40(e)为源/漏极形成工艺。两个版图没有显示在图14.40中，分别为外围区域的PMOS LDD和PMOS SD(见图14.41的右侧)。钴硅化物用于外围区域以减小接触电阻。

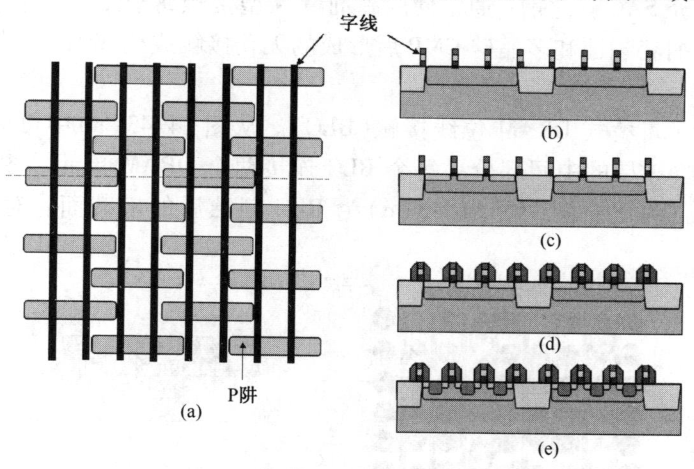

图14.40　(a)堆叠式DRAM WL和AA版图；(b)WL刻蚀后截面图示意图；(c)形成LDD后示意图；(d)形成间隔侧壁层后示意图；(e)形成源/漏极后示意图

图14.42(a)显示了第一层接触，即所谓的堆叠式DRAM自对准接触(SAC)。有些人也称这种模式为刻蚀后焊盘接触(LPC)，或多晶硅CMP后的多晶硅焊盘(LPP)。因为内部接触孔和短的WL是致命缺陷，通过ILD0刻蚀接触孔非常具有挑战性，通常在密集的字线之间使用硅酸盐玻璃(BPSG)达到NMOS的源/漏极。因此，需要发展自对准接触工艺。通过在字线的顶部保留氮化物硬掩膜并在两边形成侧壁氮化物，WL被氮化物包围。当SAC刻蚀工艺在

BPSG 和氮化物之间具有足够高的刻蚀选择性时，刻蚀过程成为自对准过程，这样可以使得接触孔通过密集的 WL 达到硅表面而无短路。

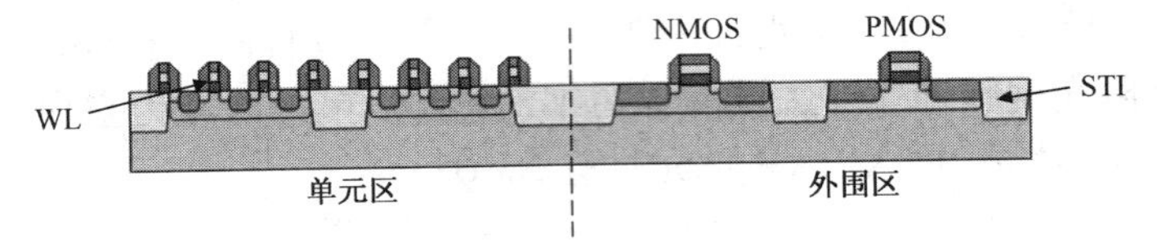

图 14.41　DRAM 单元和外围器件横截面示意图

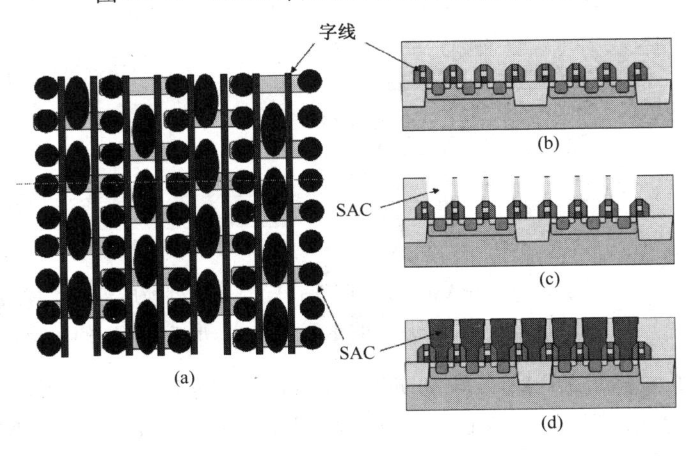

图 14.42　(a) 具有 WL 和 AA 覆盖层的堆叠式 DRAM SAC 示意图；(b) ILD0 CMP后横截面图；(c) 刻蚀SAC后示意图；(d) SAC CMP后示意图

多晶硅沉积填充 SAC 孔之前，通常使用高剂量 N 型接触离子注入用于减小接触电阻。电子束检查通常用于捕获刻蚀和多晶硅 CMP 后形成的无孔接触或栓塞 WL 接触缺陷。SAC 工艺在阵列区域。

图 14.43 显示了堆叠式 DRAM 位线接触(BLC)。从图 14.43(a)中可以看出位线接触在 SAC 栓塞上连接到 AA 层的中间部分。每个 BLC 连接两个 DRAM 单元。图 14.43(b)显示了 ILD1 沉积和 CMP 后的截面图，图 14.43(c)为 BLC 刻蚀后的横截面。对于堆叠式 DRAM，ILD1 通常是 BPSG。

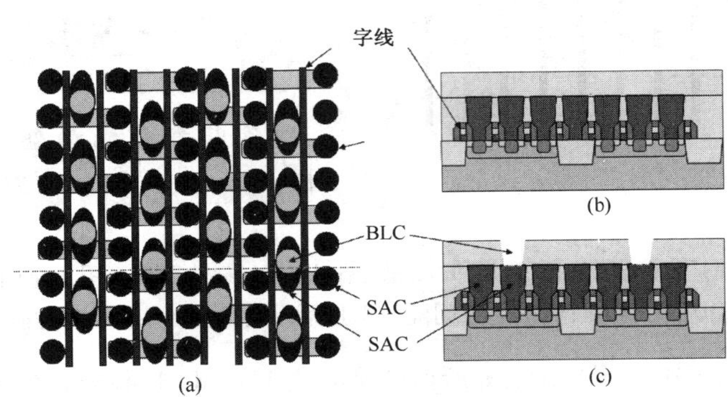

图 14.43　(a) 具有 SAC、WL 和 AA 覆盖层的 BLC 版图；(b) ILD1 沉积后的横截面图；(c) 刻蚀BLC后的示意图

外围区域的位线接触可以通过阵列区域的 BLC 图形化，由于阵列和外围区域的 BLC 在尺寸和深度方面差别很大，因此工艺工程师一般将这两种接触工艺过程分开。

图 14.44(a)显示了堆叠式 DRAM 的位线(BL)结构。可以看出，位线通过和位于 SAC 栓塞上的 BLC 与 AA 层中间部分连接。钨(W)是最常用于形成 BL 的金属。Ti/TiN 阻挡层/黏合层沉积后，W 使用 CVD 工艺沉积填充 BLC 孔并在晶圆表面形成薄膜。BL 光刻版定义出阵列和外围区域的 BL 金属线，并通过金属刻蚀过程形成 BL 图形。图 14.45 显示了 BL 和 BLC 形成后阵列和外围区域的横截面。为了防止 BL 短路接触，通常在 BL 侧壁上形成空间层。

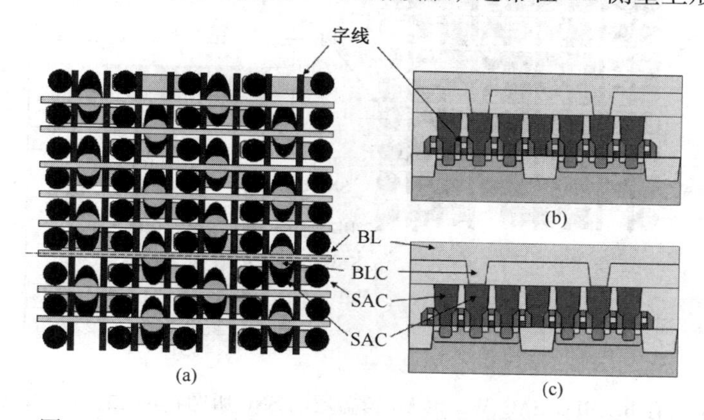

图 14.44 (a) 具有 BLC、SAC、WL 和 AA 覆盖层的 BL 版图；(b) BL金属沉积后的横截面；(c) 刻蚀BL后的示意图

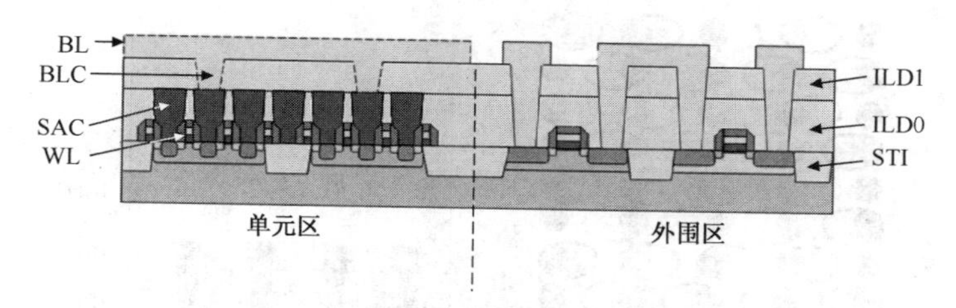

图 14.45 BL 形成后的 DRAM 横截面示意图

图 14.46(a)显示了堆叠式 DRAM 存储节点接触(SNC)结构。可以看出，SNC 孔通过 SAC 栓塞与 AA 阵列的侧面连接。导电的栓塞可以通过多晶硅或钨形成，这与技术节点有关。通常导电层沉积前，沉积一层氮化硅并回刻蚀在 SNC 孔的侧壁上形成衬垫，从而可以防止位线到导电栓塞的短路。

图 14.47(a)显示了存储节点的版图，图 14.47(b)为沿图 14.47(a)所示虚线的 SN 孔横截面图。可以看出，SN 孔与 SNC 栓塞连接，其中 SNC 栓塞在 SAC 之上与 AA 阵列的两个侧面连接。

为了形成存储器电容，需要两个导电层形成两个电极，绝缘层夹在两者之间。图 14.48 显示了 SN 电容形成过程。SN 孔刻蚀和清洗后，沉积如多晶硅或氮化钛(TiN)的导体层，如图 14.48(a)所示。由于 SN 孔的长宽比非常大，导电层需要有很好的侧壁和底部阶梯覆盖性。通常在 SN 电极层沉积后用光刻胶填充保护孔中的导电薄膜，利用回刻蚀过程去除表面导电膜，如图 14.48(b)所示。可以看出 SN 电极与 SNC 栓塞连接，而 SNC 栓塞通过 SAC 栓塞与 AA 层的两个侧面连接。当光刻胶从 SN 孔去除后，电介层被沉积在表面并进入 SN 孔，如图 14.48(c)所示。为了形成这种电容的电介质，需要侧壁和底部的阶梯覆盖具有统一性。图 14.48(d)为导体沉积形成 SN 电容的接地电极。该导电层将在下一次光刻过程中从外围区域去除，从而就完成了 DRAM 器件的一部分工艺，并开始 BEoL 互连后端工艺。

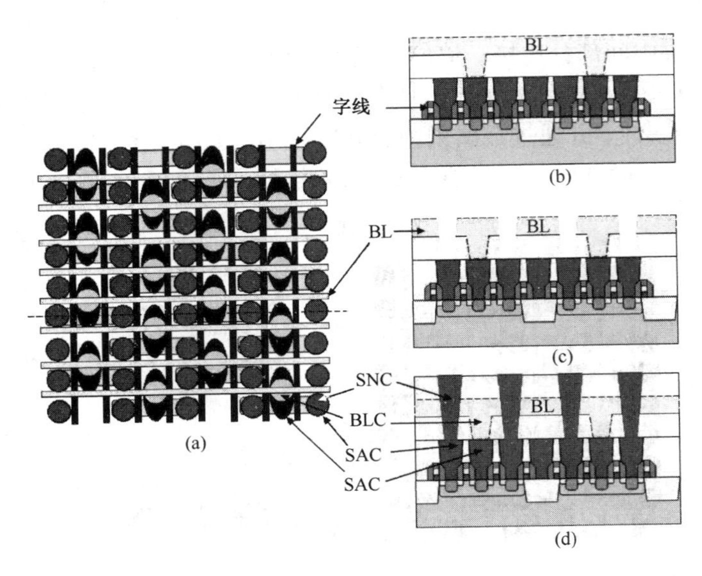

图 14.46 (a) 具有 BL、BLC、SAC、WL 和 AA 覆盖层的 SNC 版图;(b) 沿图(a)中虚线的截面图和 ILD 2CMP之后;(c) SNC刻蚀后;(d) SNC多晶硅CMP后。虚线BL代表它在横截面后

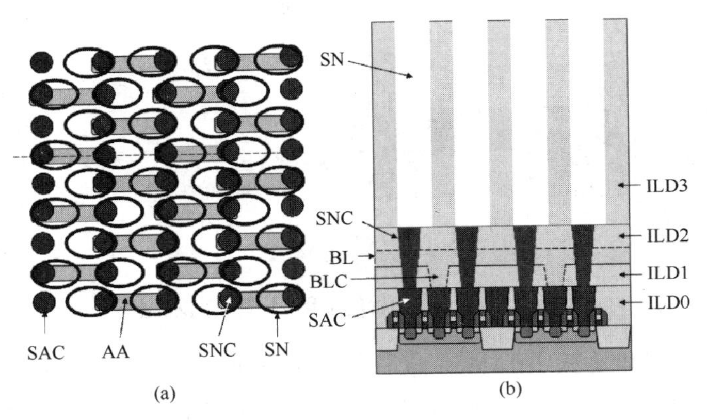

图 14.47 (a) 具有 SNC 和 AA 覆盖层的 SN 版图;(b) SN 刻蚀后沿虚线的截面图

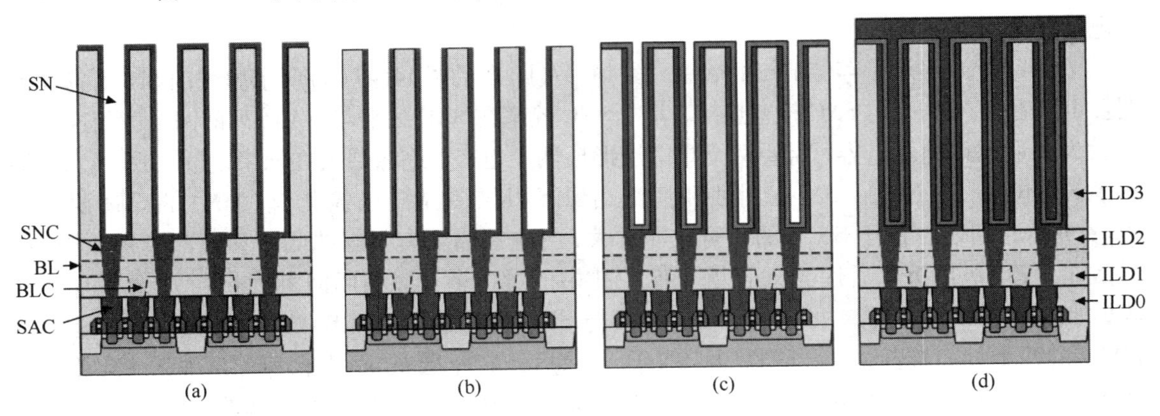

图 14.48 SN 电容形成工艺示意图。(a) SN 电极沉积;(b) 从表面移除SN电极薄膜;(c) SN电介质沉积;(d) 地线沉积

随着技术节点的缩小，SN 孔的尺寸变得更小。为了获得 30 pF SN 电容以保存足够的电荷存储数据，当电容结构和介质材料不变的情况下，必须增加 SN 孔的深宽比。为了减小 SN 孔的深宽比，人们已经开发了许多技术。使用高 k 电介质可以减少 SN 孔的高度和深宽比。之前使用二氧化硅、氮化硅和氧化硅叠层。如氧化铝（Al_2O_3）、二氧化铪（HfO_2）和二氧化锆（ZrO_2）等高 k 材料已经用于 SN 电容。其他减小 SN 孔高度的方法是减少 SN 电极形成后的 ILD3，这样可以在 SN 电极的两边形成接地电极。之前多晶硅作为电极材料被广泛使用，而先进的 DRAM 芯片开始使用 TiN 作为 SN 电极。图 14.49 显示了新型堆叠式 DRAM 结构，其中晶体管阵列具有凹栅（RG）结构，使用 TiN 作为 SN 电极，凹型 ILD3，高 k 介质层，三层金属互连接地电极。凹栅（RG）结构用于降低 NMOS 晶体管阵列的短通道效应（SCE），因为当特征尺寸缩小时这种效应变得严重。

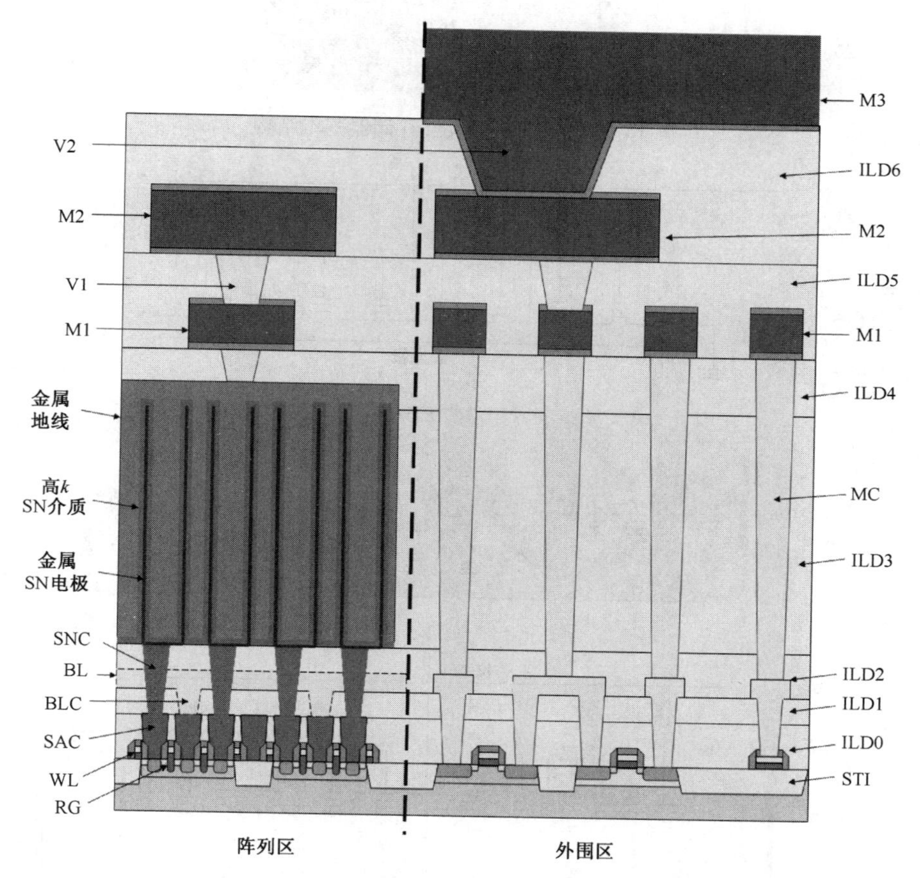

图 14.49　具有 RG 阵列晶体管的叠层 DRAM 截面图，TiN SN 电极、凹形 ILD3、高 k 电容介质和金属接地电极

14.6.3　NAND 闪存工艺

闪存芯片是非挥发存储芯片，广泛用于电子产品，特别是如数码相机、MP3 播放器、手机、全球定位系统（GPS）、高端笔记本电脑和平板电脑等移动电子产品的存储应用。与磁性硬盘存储器相比，闪存的数据存取时间短，消耗的功率较少，而且因为没有任何移动部件，所以可靠性更高。

所有市场上的闪存芯片都是基于浮栅结构的电荷俘获器件，这种结构已经在本书第 3 章中讨论过。图 14.50 显示了浮栅器件结构，这种结构与 NMOS 类似。根据不同的电路结构，有两种类型的闪存器件——NAND 和 NOR(见图 14.51)。

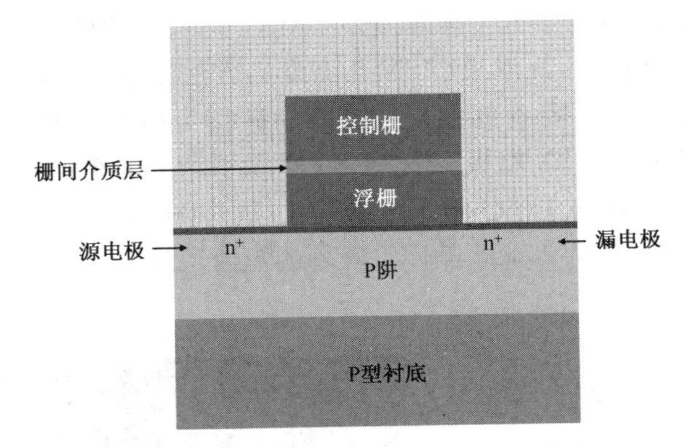

图 14.50　浮栅非挥发性存储器基本结构

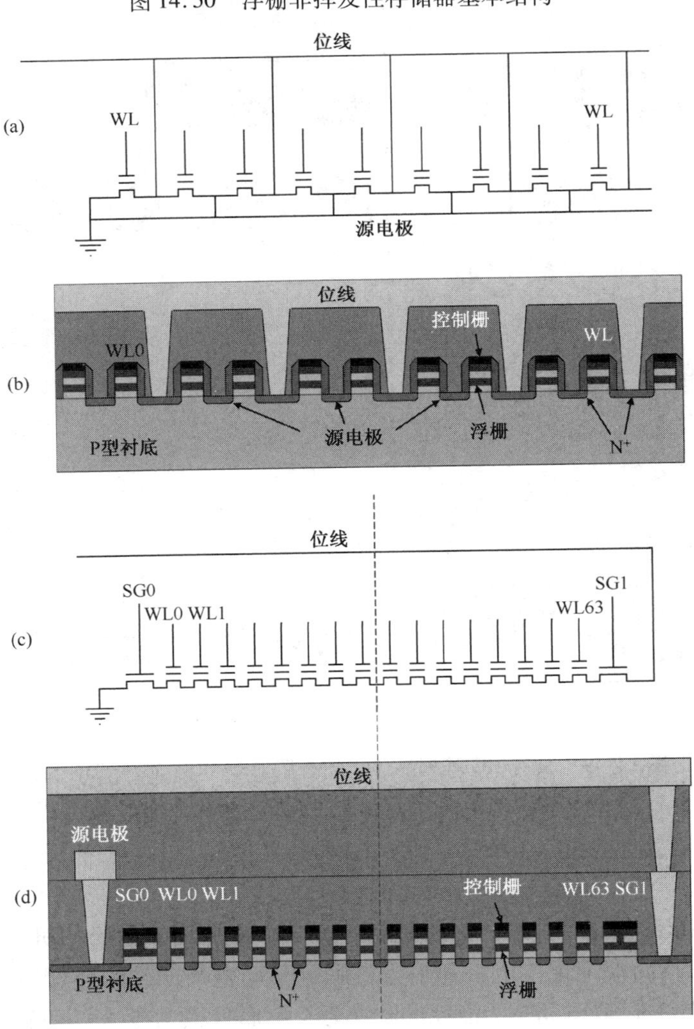

图 14.51　(a) NOR 闪存电路示意图;(b) NOR 闪存横截面图;(c) NAND 闪存电路;(d) NAND 闪存横截面图

图 14.51(a)和(b)分别显示了 NOR 闪存电路和横截面示意图。图 14.51(c)和(d)为 64 位 NAND 快闪存储电路和相应的截面图。可以看出，一个 NOR 闪存等效于 1 位字符 NAND 快闪存储器，这种结构不需要选择栅。虽然 NOR 闪存比 NAND 快闪存储器的读取时间短，然而它具有更长的写入时间和擦除时间。由于低的封装密度，NOR 闪存比 NAND 快闪存储器价格高。大多数快闪存储器芯片是 NAND 芯片，本节只讨论 NAND 快闪存储器的工艺流程。

图 14.52 显示了自对准浅沟槽隔离(SA-STI)工艺流程。P 阱离子注入后，生长栅氧化层并利用硬掩膜层沉积浮栅，使用 AA 版图图形化硬掩膜，然后刻蚀浮栅、栅氧化层和硅衬底形成 AA 图形化。氮化硅或氮氧化硅是最常使用的硬掩膜材料，多晶硅是最常使用的浮栅材料。硅沟槽刻蚀后，使用高密度等离子体 CVD 沉积氧化层填充沟槽，利用 CMP 工艺去除氧化物并停止于硬掩膜层。最后通过剥离工艺去除硬掩膜后完成 SA-STI 过程。

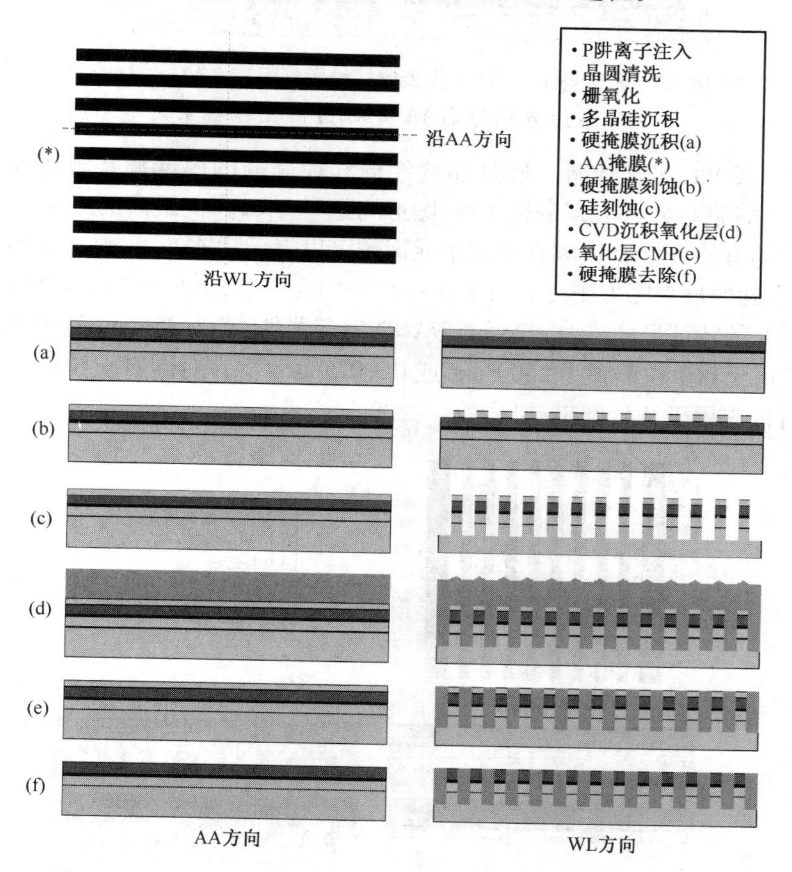

图 14.52　NAND 闪存示意图(* 代表 AA 光刻版)，(a)~(f)的左右两边是 SA-STI 工艺流程，分别沿 AA 和 WL 方向

图 14.53 显示了内部栅接触的工艺过程。这是浮栅 NVM 器件特有的工艺，因为选择栅 MOSFET 及外围区域的控制电路没有浮栅器件，需要内部栅将浮栅层和控制栅层连接起来。一般情况下浮栅利用多晶硅制成，内部栅介质是氧化物-氮化物-氧化物(ONO)叠层结构，控制栅的第一层也是多晶硅，第二层通常是金属，如硅化钨或钨等。图 14.53(a)所示的 STI 氧化物可以使得控制栅和浮栅同步增加，当特征尺寸不断缩小时，这种情况是不可避免的。

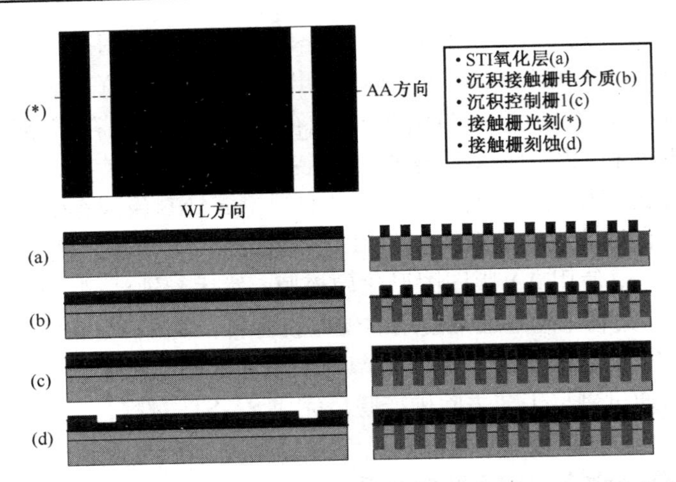

图 14.53　栅接触示意图(＊代表栅接触光刻版)。(a)～(d)的左右两边分别是沿AA和WL方向栅接触工艺示意图

图 14.54 显示了 WL 工艺流程。通过连接浮栅和控制栅的内部栅接触沉积金属，所有的MOSFET栅极位于外围区域。WL 层的密集线/图形间距具有 IC 产品最高的集成度。图 14.54(＊)所示 AA 版图中的方块 NAND 快闪存储器单元区域可以表示为 $4F^2$，F 表示结构的最小特征尺寸，$4F^2$是可以达到的最高图形密度。对于 NAND 快闪存储器，AA 和 WL 线/间距比为 1∶1，因此 F 是 AA 和 WL 的特征尺寸。对于25 nm NAND 闪存器件，F 为25 nm，其中 AA 和 WL 的 CD 为 25 nm，存储单元和单位面积为 2500 nm^2或 0.0025 μm^2。自对准双重图形技术适用于图形化 WL 层，也可以应用于 AA 和 BL 层。

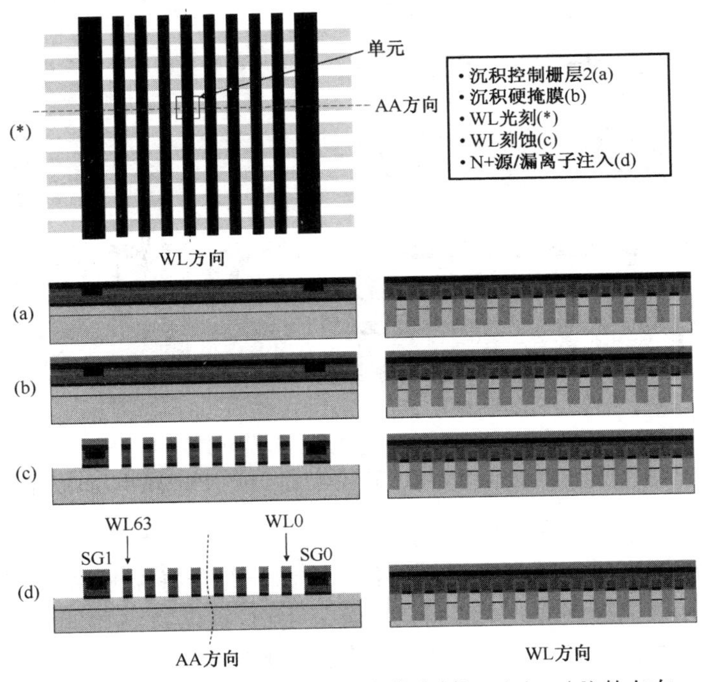

图 14.54　字线示意图(＊代表字线光刻)。(a)～(d)的左右两边分别是沿AA和WL方向字线工艺横截面图

图 14.55 显示了 BL(CB1)第一次接触的工艺过程。在阵列区域，WL 方向的接触孔非常密集，但在 AA 方向非常稀疏，这是因为对于 32 位或 64 位的字符串两者之间没有联系，如图 14.55(＊)所示。虽然 BL(CB)接触和(CS)接触从图 14.55 中可以看出相似，但是其要求有很大不同。对于 CB 接触孔，两个孔之间的接触和封闭具有致命缺陷，对于 CS 只有封闭具有缺陷。所有的 CS 与源代码行连接，因此 CS 之间的短接并没有致命缺陷。

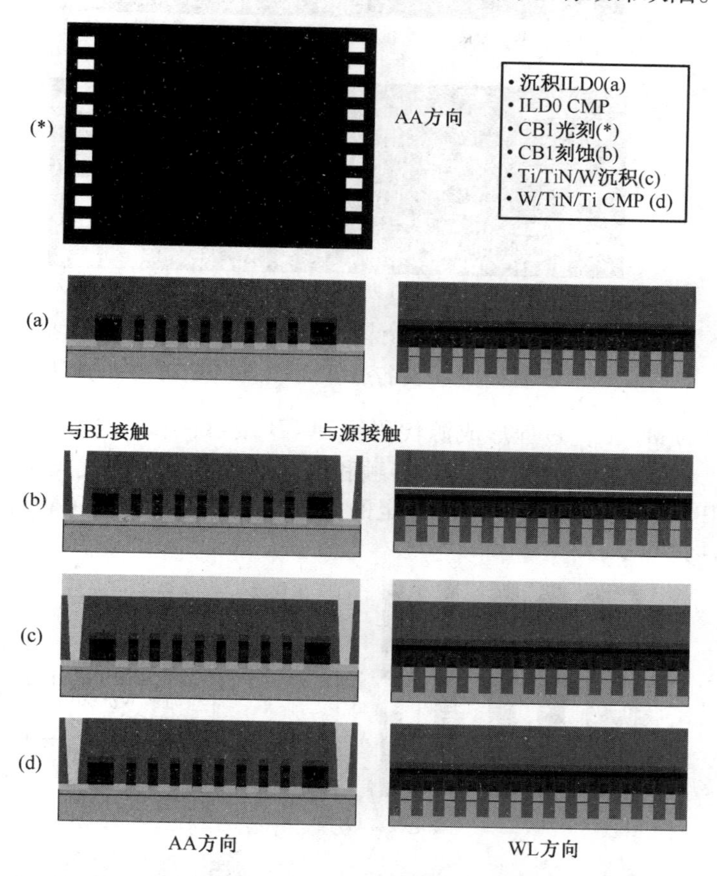

图 14.55　第一次接触到 BL(CB1)工艺流程示意图(＊代表 CB1 光刻)。(a)～(d)的左右两边分别是沿AA和WL方向CB1工艺示意图

因为 CB 和 CS 孔要求不同，设计者为 CB 和 CS 设计了不同的孔模型(见图 14.56)。图 14.56的弧形虚线表示 CB 和 CS 孔之间的实际距离远比如图所示的大。

对于 90 nm 技术节点，CB 孔的 CD 为 90 nm，CB 孔之间的间距也为 90 nm。193 nm 的光学光刻技术可以图形化 90 nm 的孔(见图 14.55)。193 nm 高 NA 浸入式光刻技术可以解决 $5x$ nm 孔的图形化。当特征尺寸进一步缩小时，可以将 CB 孔分裂成两行，使得 CB 孔有更宽的空间并使得浸入式光学光刻技术图形化 CB 孔。图 14.56(a)显示了广泛用于 $3x$～$2x$ nm节点 CB 孔的两行分开结构。对于低的 $2x$ nm(如 20 nm)和高的 $1x$ nm(18 nm)技术节点，利用浸入式光学光刻技术的两行分割已经不能满足要求，因此使用了 CB 孔的三行分裂，如图 14.56(b)所示。理论上可以将 CB 孔进一步分裂成四行甚至更多，使光学光刻图形化小于 $1x$ nm的接触孔。然而，这将浪费更多的硅表面。13.5 nm 更短波长的 EUV 光刻技术可以解决无行分裂 CB 孔的图形化，这将有助于进一步显著提高器件密度。

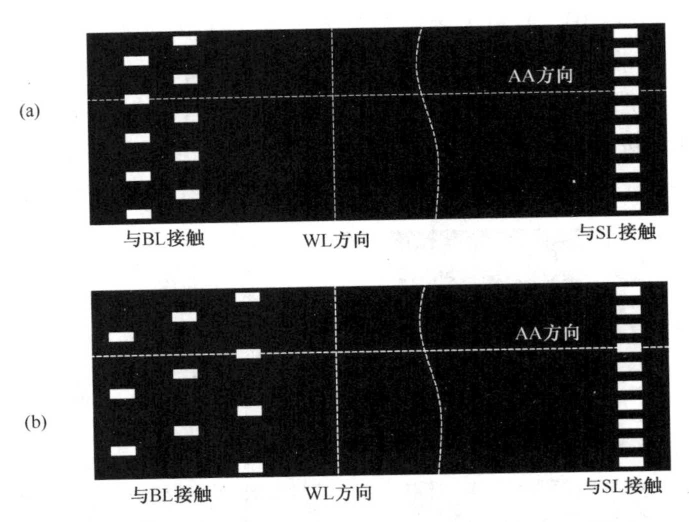

图 14.56　具有不同 CB 和 CS 孔的先进 NAND 闪存 CB1 版图示意图。(a)两行分开的CB;(b)三行分开的CB

图 14.57 描述的 M0 工艺过程形成源代码行和 CB 接触，第二次位线(CB2)接触位于 CB 接触之上。这个工艺过程类似于 CMOS 的接触和局部互连。由于源代码行非常宽，设计氧化物以避免金属 CMP 凹陷效果。为了维持一定的图形密度并避免金属 CMP 的侵蚀作用，应在 M0 层中设计虚图形。

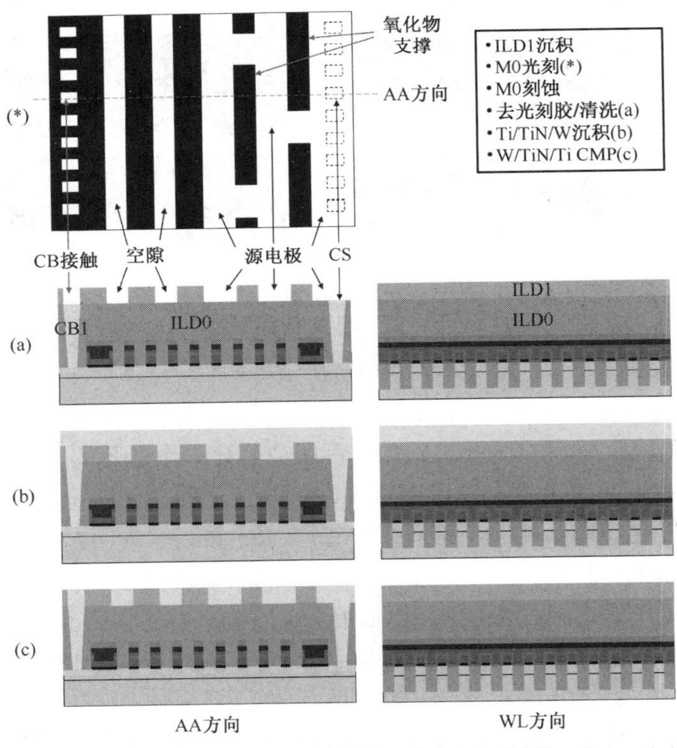

图 14.57　金属 0(M0)工艺流程示意图(＊代表 M0 光刻)。(a)～(c)的左右两边分别是沿AA和WL方向M0工艺流程横截面示意图

图 14.58 显示了 CB2 工艺过程。ILD2 通常包括刻蚀停止层(ESL)和大量电介质层。ESL 一般为硅氮化物、氮氧化硅或硅氮碳(SiNC)化合物，电介质层为掺碳和未掺碳二氧化硅。ILD2 沉积后，CB2 版图用于图形化晶圆，介质刻蚀形成位于 CB 接触之上的 CB2 孔，其与 CB1 栓塞连接。

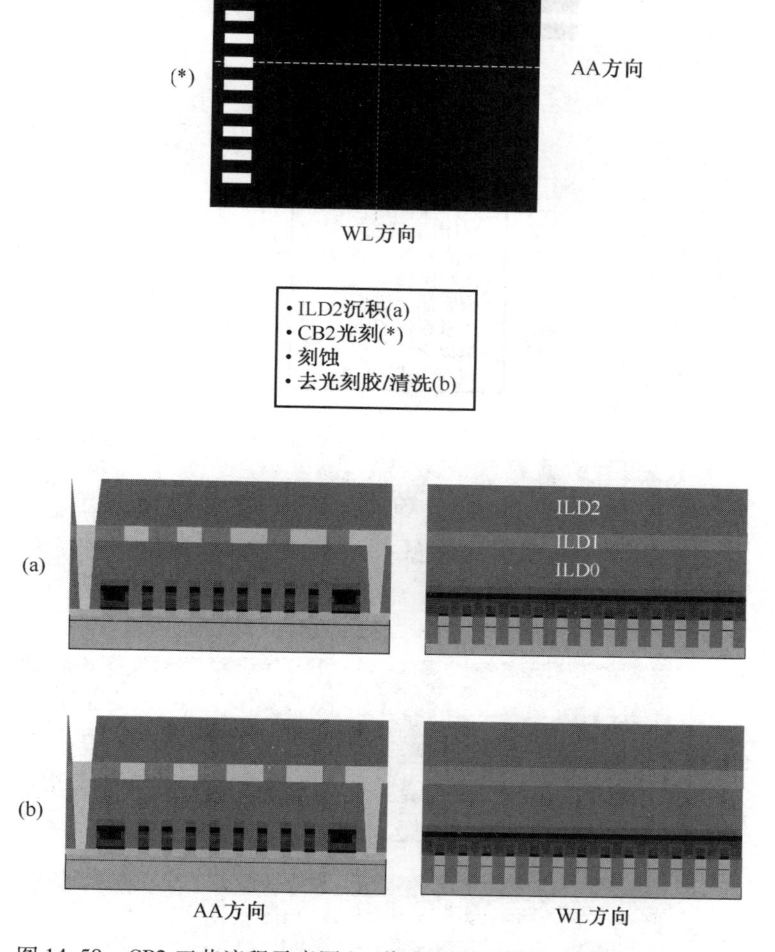

图 14.58　CB2 工艺流程示意图(* 代表 CB2 光刻)。(a)和(b)的左右两边分别是沿 AA 和 WL 方向 CB2 工艺流程横截面示意图

图 14.59 显示了金属 1(M1)工艺形成过程。在阵列中，M1 是位于外围区域的位线(BL)，属于局部互连线。W 是 M1 常用的金属。通常情况下，掺碳和未掺碳二氧化硅用于形成 ILD2。钽(Ta)或氮化钽(TaN)并广泛用于铜(Cu)阻挡层，金属等离子体工艺通常用于沉积阻挡层和铜籽晶层，化学电镀(ECP)用于沉积大量铜。

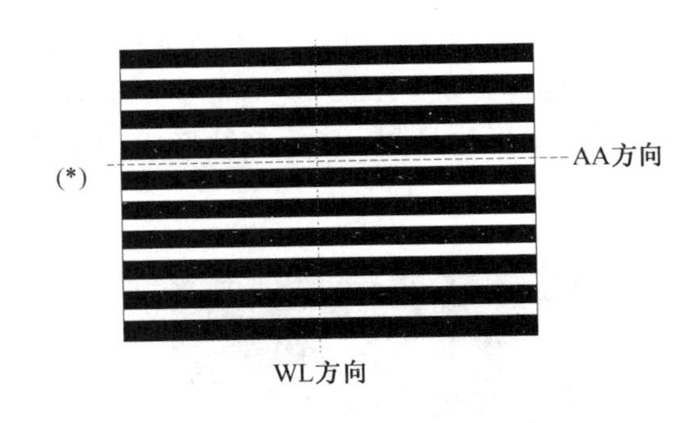

- 光刻胶填充
- 光刻胶回刻蚀
- M1刻蚀(*)
- M1沟槽刻蚀
- 去光刻胶/清洗(a)
- 沉积阻挡层
- 铜籽晶层沉积
- 大量铜沉积(b)
- 铜退火
- 铜/阻挡层CMP(c)

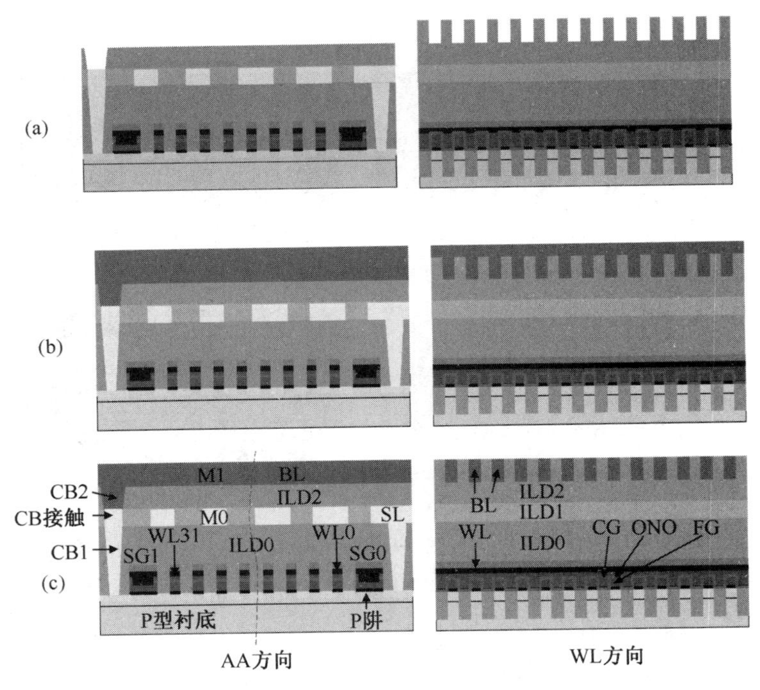

图 14.59 金属 1(M1)工艺流程示意图(* 代表 M1 光刻)。(a)~(c)的左右两边分别是沿AA和WL方向M1工艺流程横截面示意图

图 14.60 显示了一个具有 64 位字符串 NAND 闪存阵列和外围区域的横截面。从图中可以看出外围区域的 NMOS 和 PMOS 有内部栅接触，这些器件比阵列中的器件有较大的特征尺寸。阵列区域的 CB1 与外围区域接触。M0 形成 CB 接触、源阵列和外围区域的局部互连。阵列区域中的 CB2 是 V1，M1 形成阵列中的位线和外围区域中的第一层金属互连。

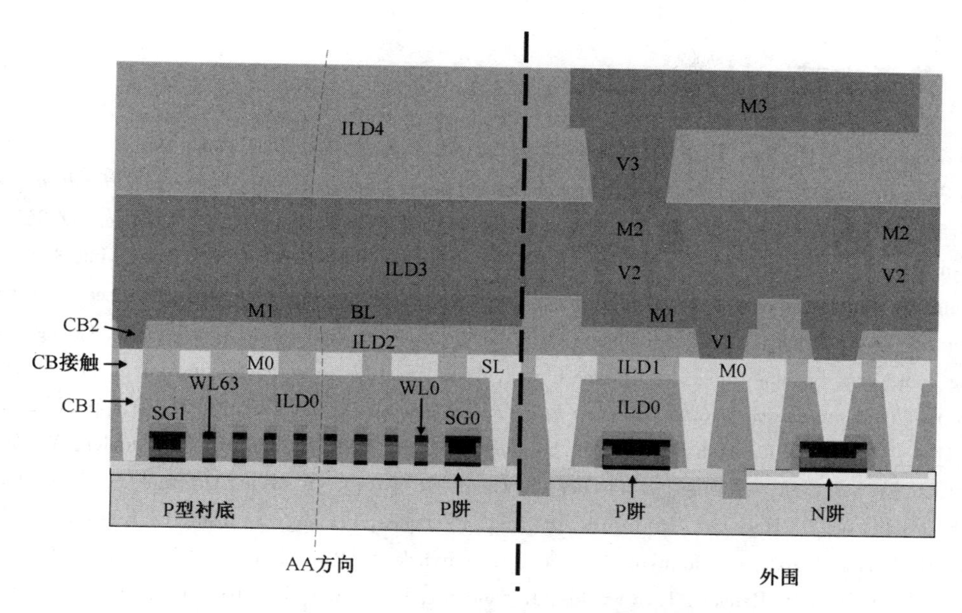

图 14.60　64 位 NAND 闪存阵列和外围区域横截面示意图

14.7　小结

1. 自 20 世纪 80 年代以来，在数码电子产品日益增长的需求下，如电子手表、计算器、个人电脑等，CMOS 集成电路芯片已经成为半导体产业的主流。
2. 20 世纪 80 年代，最小特征尺寸从 3 μm 缩小到亚微米量级。钨化学气相沉积和电介质 PECVD 工艺被引入用于多层金属化沉积。侧壁间隔层用于形成轻掺杂漏(LDD)以抑制热载流子效应。在所有的图形刻蚀工艺中等离子刻蚀逐渐取代湿法刻蚀。步进式广泛用于对准和曝光系统，而且投影系统被广泛使用。
3. 20 世纪 90 年代，最小特征尺寸从 0.8 μm 缩小到 0.18 μm。光刻波长减少到248 nm。硅化物广泛用于栅和局部连线。CMP 技术迅速成熟，并广泛用于多层金属互连工艺中的钨抛光和电介质平坦。许多工艺过程，如刻蚀、CVD、溅射清洁和溅射沉积中，使用了高密度等离子体源 ECR 和 ICP 系统。基于介质 CVD 工艺的 O_3-TEOS 常用于 STI、PMD 和 IMD 沉积。化学电镀工艺开始应用于铜金属化过程，为这个传统技术开辟了新的应用领域。
4. 21 世纪的第一个十年，IC 技术节点已经进一步缩小到 NAND 闪存器的 25 nm 和 CMOS 逻辑芯片的 28 nm。镍硅化物已经广泛用于硅化物形成过程。193 nm 浸入式光刻技术已用于图形化微小的尺寸，该尺寸远小于光刻波长。选择性外延生长的硅锗(SEG)广泛用于 PMOS 的源/漏形成 PMOS 沟道压缩式应力;SEG 碳化硅用于 NMOS 源/漏提供对 NMOS 沟道的拉伸应变。高 k 和金属栅开始用于高端微处理器和逻辑 IC 芯片，具有多孔的低 k 介质和铜互连已经用于大规模生产。
5. DRAM 内存和 NAND 闪存是 IC 产品中最重要的两种集成电路存储芯片。在推动半导体制造技术的发展中起到了重要的作用。随着 3D 图形和其他应用领域的发展，将会对存储芯片有更高的要求，我们将看到更多存储芯片制造技术的发展。

14.8 参考文献

[1] C. Y. Chang and S. M. Sze, *ULSI Technologies*, McGraw-Hill companies, New York, 1996.

[2] Lita Shon-Roy, Allan Wiesnoski, and Robert Zorich, *Advanced Semiconductor Fabrication Handbook*, ISBN:1-877750-70-0, Integrated Circuit Engineering Corporation, 17350 N. Hartford Dr., Scottsdale, AZ 85255.

[3] Kwan-Yong Lim, Hyunjung Lee, Choongryul Ryu, Kang-Ill Seo, Uihui Kwon, Seokhoon Kim, Jongwan Choi, Kyungseok Oh, Hee-Kyung Jeon, Chulgi Song, Tae-Ouk Kwon, Jinyeong Cho, Seunghun Lee, Yangsoo Sohn, Hong Sik Yoon, Junghyun Park, Kwanheum Lee, Wookje Kim, Eunha Lee *, Sang-Pil Sim, Chung Geun Koh, Sang Bom Kang, Siyoung Choi, and Chilhee Chung, *Novel Stress-Memorization-Technology (SMT) for High Electron Mobility Enhancement of Gate Last High-k/Metal Gate Devices*, IEDM Technical Digest, pp. 229-232, 2010.

[4] K. Mistry, C. Allen, C. Auth, B. Beattie, D. Bergstrom, M. Bost, M. Brazier, M. Buehler, A. Cappellani, R. Chau, C.-H. Choi, G. Ding, K. Fischer, T. Ghani, R. Grover, W. Han, D. Hanken, M. Hattendorf, J. He#, J. Hicks#, R. Huessner, D. Ingerly, P. Jain, R. James, L. Jong, S. Joshi, C. Kenyon, K. Kuhn, K. Lee, H. Liu, J. Maiz#, B. McIntyre, P. Moon, J. Neirynck, S. Pae, C. Parker, D. Parsons, C. Prasad, L. Pipes, M. Prince, P. Ranade, T. Reynolds, J. Sandford, L. Shifren, J. Sebastian, J. Seiple, D. Simon, S. Sivakumar, P. Smith, C. Thomas, T. Troeger, P. Vandervoorn, S. Williams, K. Zawadzki, *A 45 nm Logic Technology with High-k + Metal Gate Transistors, Strained Silicon, 9 Cu Interconnect Layers, 193 nm Dry Patterning, and 100% Pb-free Packaging*, IEDM Technical Digest, pp. 247-250, 2007.

[5] S. Natarajan, M. Armstrong, M. Bost, R. Brain, M. Brazier, C-H Chang, V. Chikarmane, M. Childs, H. Deshpande, K. Dev, G. Ding, T. Ghani, O. Golonzka, W. Han, J. He, R. Heussner, R. James, I. Jin, C. Kenyon, S. Klopcic, S-H. Lee, M. Liu, S. Lodha, B. McFadden, A. Murthy, L. Neiberg, J. Neirynck, P. Packan, S. Pae, C. Parker, C. Pelto, L. Pipes, J. Sebastian, J. Seiple, B. Sell, S. Sivakumar, B. Song, K. Tone, T. Troeger, C. Weber, M. Yang, A. Yeoh, K. Zhang, *32 nm Logic Technology Featuring 2nd-Generation High-k + Metal-Gate Transistors, Enhanced Channel Strain and 0.171 μm^2 SRAM Cell Size in a 291 Mb Array*, IEDM Technical Digest, pp. 941-943, 2008.

[6] Kinam Kim, *Technology for sub-50 nm DRAM and NAND flash manufacturing*, IEDM Technical Digest, pp. 323-326, 2005.

[7] Hong Xiao, *Method for Forming Memory Cell Transistor*, US Patent Application 12553067-Filed on Sep2, 2009.

[8] Kirk Prall, Krishna Parat, 25 nm 64 Gb MLC NAND Technology and Scaling Challenges, IEDM Technical Digest, pp. 102-105, 2010.

14.9 习题

1. 20 世纪 80 年代 CMOS IC 芯片使用哪种绝缘材料？90 年代末期又使用哪种绝缘材料？
2. 20 世纪 80 年代早期和 90 年代中期，CMOS IC 芯片使用哪种金属材料？本世纪 10 年代最有可能使用哪种金属材料？
3. CMOS 芯片的最后钝化工艺使用哪种材料？
4. 列出铜金属化工艺中使用的各种氮化硅层，并说明它们的作用。
5. 氮化硅可以用于作为铜扩散的阻挡层，但是铜金属化工艺中无人使用氮化硅作为主要电介质层，为什么？
6. 钛硅化合物和钴硅化合物的主要区别是什么？

7. 为什么 65 nm 技术节点后，使用镍硅化合物代替钴硅化合物？
8. USG 和 FSG 之间的主要区别是什么？
9. 比较 14.2 节和 14.3 节所讨论的金属沉积前电介质(PMD)或 ILD0 工艺流程，并说明它们之间的差异。
10. 讨论并说明氢等离子体金属前清洗工艺的优缺点。
11. 与铝合金互连工艺相比，双重金属镶嵌工艺有什么优点？
12. 高 k 电介质的优点是什么？
13. 为什么后栅 HKMG 工艺形成的 PMOS 比先栅 HKMG 工艺形成的 PMOS 速度快？
14. 为什么 IC 制造商需要制造无铅焊料凸点？
15. 列出两种 DRAM 电容结构，哪种在 DRAM 制造中比较常用？
16. 列出叠层 DRAM 阵列中至少使用的三种接触层，哪种有最高的接触孔密度？哪种有最低的接触孔密度？
17. 绘制一张基本的闪存器结构图，它与 NMOS 之间主要的不同是什么？
18. NOR 和 NAND 之间主要的区别是什么？

第 15 章　半导体工艺发展趋势和总结

21 世纪的第一个十年，集成电路工艺技术将在 20 世纪传统工艺技术基础上发生一些基本的变化。

对于先进的 CMOS 逻辑 IC 芯片，铜取代铝铜合金和钨形成金属互连线，因为铜有较低的电阻率。通过使用铜互连，可以提高器件的速度并降低功耗，并可以提高可靠性。低 k 和 ULK 电介质已经取代了未掺杂的硅酸盐玻璃和氟化硅酸盐玻璃而用于互连。人们已经开发了 PECVD 有机硅化玻璃或 SiCOH，以及多孔 OSG 与铜集成形成互连。减少 RC 延迟有较少的选择。为了降低金属的电阻 R，唯一的选择是使用银（Ag），Ag 的电阻率为 1.6 μΩ·cm，比 1.7 μΩ·cm 的铜稍低。从材料和工艺的成本考虑，不大可能用银替代铜。在纳米技术节点，具有更低电阻率的新材料，如碳纳米管（CNT），可能用于集成电路互连。为了降低电容 C，空隙是降低 k 值的方法之一。在未来工艺中，CNT 和空隙的互连可能会得到一定重视，然而成本将决定其是否可以在大规模生产中实施。

20 世纪 70 年代中期后，金属材料替代多晶硅栅作为 MOSFET 栅电极材料。对于 CMOS 逻辑器件，TiN 用于先栅的栅电极。后栅工艺正成为 HKMG CMOS 的主流。因为金属电阻率低于多晶硅/硅化物叠层，金属栅和局部互连可以帮助降低功耗并提高器件速度。TiN 和 W 已经作为埋字线 DRAM 芯片晶体管阵列的栅电极，其中 TiN 作为调整功函数的金属，W 作为字线接触金属。

为了传导源漏之间的电流，可以通过使栅极下的载流子反型形成沟道。少数载流子的反型可以利用施加在栅极上的电压达到，因此 MOS 晶体管的电容必须足够大以维持足够的电荷。随着图形尺寸的缩小，MOS 电容的电极面积也随着缩小，栅极电容也同样缩小。为了保持足够大的电容，两个电极之间的距离（即栅极二氧化硅的厚度）必须减小。对于 0.18 μm 的集成电路芯片，栅氧化层的厚度大约为 35 Å；而对于最小图形尺寸为 0.13 μm 的集成电路芯片，厚度大约为 25 Å；当最小图形尺寸缩小到 90 nm 时，这个厚度只有 15 Å。主要的问题是，当栅氧化层厚度缩小时，栅的泄漏电流将显著增加，集成电路的可靠性也受到影响。k 值约为 5 的氮化二氧化硅已经用于 90 nm、65 nm、45 nm，甚至 32 nm/28 nm 技术节点的器件。从 45 nm 技术节点开始，如氧化铪（HfO_2，k 约为 25）的高 k 介质材料已经被发展并用于 HKMG CMOS 制造。

其他高 k 电介质，如二氧化钛（TiO_2，k 约为 80），五氧化二钽（Ta_2O_5，k 约为 26）和二氧化锆（ZrO_2，k 约为 25）也在研究中，也许可以应用于未来的集成电路芯片制造中。

沉积和刻蚀高 k 值电介质材料的研究工作已经开展了很长时间，如 BST（$Ba_{1/2}Sr_{1/2}TiO_3$，k 高达 600）。这种材料在 DRAM 芯片制造中可用于作为存储电容的介质材料。

平面型 MOSFET 构建 IC 基本模块已经超过半个世纪。由于传统的尺寸缩小正在迅速接近物理极限，而且深纳米技术节点的传统尺寸缩小使成本暴涨，设计人员都在积极寻找其他方法。一种很有发展前景的技术是三维多栅场效应晶体管或 MuGFET。图 15.1 显示了 SOI 衬底上的 MuGFET 结构。通过将平面 MOSFET 的有源区（AA）折叠成如鳍形结构的薄带状，可以在不减小器件最小尺寸的情况下显著减少器件的维度，如图 15.1(b)所示，这种结构将沟道宽度为 z 的有源区折叠成如图 15.1(a)所示的鳍形(Fin)，并满足 $2h + w = z$。因为图 15.1(b)所示的 MuGFET 栅电极在鳍形的三个侧面，所以称为“巨”型栅，简称 trigate。图 15.1(b)所示的“巨”形栅结构特性与图 15.1(a)所示的平面 MOSFET 类似。通过使用“巨”形栅，可以使用相同的光刻技术减少晶体管的尺寸，同时保持器件性能不变，或提高器件性能。随着“巨”形栅的发展，IC 制造商可以通过提高鳍形的高度，进一步提升器件性能。当然，该技术也面临工艺方面的挑战，包括:刻蚀、多晶硅沉积、多晶硅虚栅刻蚀、选择性外延生长、虚栅移除、槽形清洗和 HKMG 沉积等。

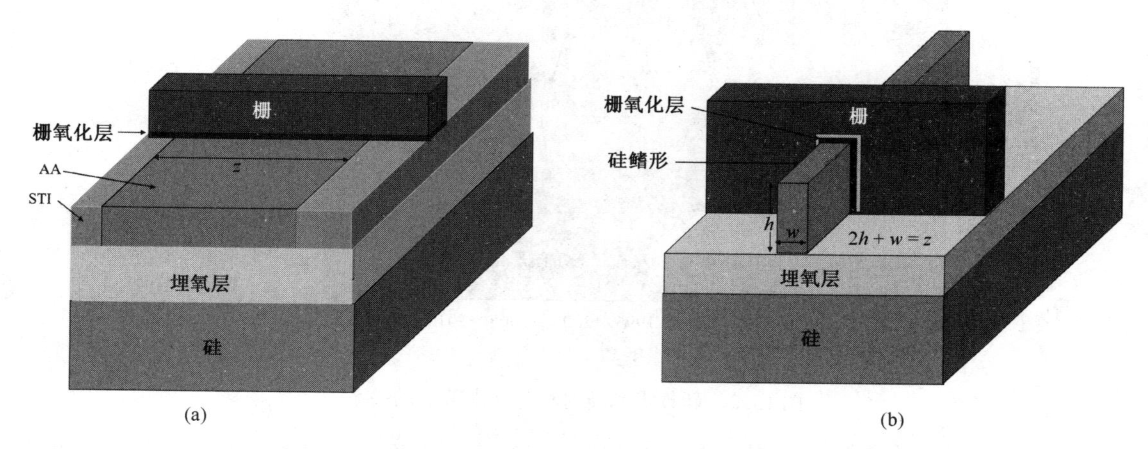

图 15.1　(a) SOI 衬底平面 MOSFET 3D 示意图;(b) SOI 衬底“巨”形栅场效应晶体管

硅鳍形腐蚀通常使用具有垫底氧化层的氮化物硬掩膜。通过硬掩膜形成 MuGFET，栅电极仅仅在两个鳍形的侧面，而不在顶部和底部。通常将这种双栅 FET 称为 FinFET 器件。对于 FinFET 器件，沟道长度仅与鳍形的高度($2h$)有关，而与鳍形的关键尺寸(w)无关，这是关键尺寸最小的器件。对于工艺实现，FinFET 器件比“巨”形栅容易。Intel 的 22 nm 集成电路芯片是“巨”形栅结构。

使用比硅半导体更高的载流子迁移率材料，是另一种提高器件性能的方法。例如，锗(Ge)的空穴迁移率比硅高很多，锗空穴迁移率为 1900 $cm^2V^{-1}s^{-1}$，比硅的 430 $cm^2V^{-1}s^{-1}$高，III-V 族化合物半导体，如砷化镓(GaAs)具有较高的电子迁移率(8000 $cm^2V^{-1}s^{-1}$)，而硅的电子迁移率为 1630 $cm^2V^{-1}s^{-1}$。如果使用锗 PMOS 和 GaAs NMOS，P 沟道的空穴迁移率和 N 沟道的电子迁移率都可以显著改善。由于 MOSFET 驱动电流正比于载流子迁移率，所以具有外延锗 PMOS 和 GaAs NMOS 的 CMOS 器件，可用在未来的集成电路制造中以提高器件的性能而不用缩小关键尺寸。为了实现将来的纳米电子器件，研究者对碳纳米管(CNT)和石墨等新型材料已经进行了深入研究。

图 15.2 显示了 IC 制造中技术节点和引进新技术和新材料的时间表。随着双重图形化和光源光刻版优化(SMO)技术的发展，可以将光学光刻延伸到 14 nm 技术节点。如果使用四重图像成形光刻技术甚至可以延伸到 10 nm 技术节点。最有前途的下一代光刻技术，即 EUV 光刻技术，仍处于发展和生产调试阶段。这种技术有可能会在 10 nm 技术节点上与 193 nm 浸入式光学光刻四重图像化形成竞争。

虽然半导体产业已经发展了 60 多年，但仍然不像汽车行业那样成熟。该行业经常推出新技术，对于每一个纳米技术节点都需要新的器件结构和不同的材料。如果生厂商要保持技术发展，那么价值许多百万美元的全新制造工具在短短几年就会过时而需要更换。先进 IC 晶圆厂暴涨的成本使许多 IC 制造商不敢涉足最先进的技术。例如，月产 5 万片利用 65 nm 技术节点的 300 mm 晶圆厂要耗资约 30 亿美元，建造具有 32 nm/28 nm 技术的 300 mm 晶圆厂可能需要花费约 45 亿美元，而对于 20 nm 节点和 14 nm 节点的晶圆厂其成本就更高了。

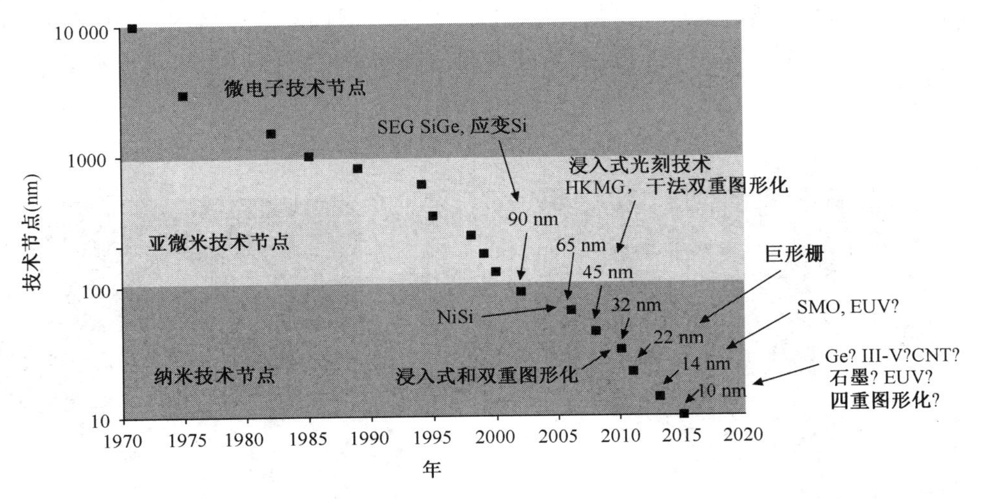

图 15.2　新技术和新材料与技术节点的关系

随着半导体工艺技术的持续发展，半导体工厂的成本也将急剧增加。集成电路芯片的价格也持续下降，从而促使制造商生产大尺寸晶圆来补偿价格下降减小的利润。300 mm 晶圆已经成为晶圆制造工厂的主流，第一个 450 mm 晶圆制造厂将在 21 世纪第二个十年的末期出现。450 mm晶圆厂的成本超过 10 亿美元，只有少量高利润的半导体生产商能负担起这样的成本。

10 nm 技术节点后，将没有足够的硅原子来形成一个可靠的 MOSFET。当沟道长度小于 10 nm 时，源极和漏极之间的量子隧道效应显著增加，除非漏电压(V_D)大幅下降到 0.3 V 左右。隧穿引起的源漏泄漏电流 I_{off}将对沟道长度非常敏感。这意味着 IC 制造商不得不控制栅的关键尺寸，并缩小 SDE 结的长度和深度，然而更小的 SDE 可能加工不出来。

由于平面技术的发展已经接近物理和经济方面的极限，三维(3D)集成变得更有吸引力。对于内存芯片，如果两个芯片可以堆叠在一起，存储量在相同芯片面积下将增加一倍，相当于缩小了一代特征尺寸。如果可以将 4 个芯片堆叠在一起，存储量将翻两番。随着引线键合技术的发展，已经可以在大规模生产中堆叠 8 个芯片，而且正在发展堆叠 16 个芯片的技术。最近硅通孔(TSV)技术得到了很多关注。大量的资料显示了 TSV 技术的发展，并有助于实现"摩尔定律"或"超摩尔定律"的目标，即使硅平面技术达到极限，也可以继续将更多的器件设计到同一个芯片上。

DRAM 已经是 IC 技术的重要驱动力，在 IC 产业中仍然扮演重要角色。经过堆叠和槽形两种电容技术长时间竞争后，DRAM 制造商已经研发出埋字线(BWL)技术，这种技术相对于传统的堆叠 DRAM 可以缓解接触层的问题，并可以实现 $6F^2$阵列的晶体管密度。F 是晶体管最小特征尺寸。在垂直方向制作的晶体管栅极和埋字线位线(BWBB)技术显示在图 15.3 中，晶体管的阵列密度可以进一步降低到 $4F^2$。

NAND 闪存芯片在移动数字设备，如手机、数码相机、数码摄像机、MP3、USB 驱动器、平板电脑的推动下迅速增长。基于固态硬盘(SSD)的 NAND 闪存已经用于高端笔记本电脑。另外与传统的磁性硬盘驱动器(HDD)形成混合驱动系统，这种系统结合了 SSD 硬盘的快速读取和 HDD 的低成本。在市场需求和过去几年厂商之间的激烈竞争下 NAND 闪存技术迅速发展。领先的制造商之一，东芝/SanDisk 公司，已经用 19 nm 技术制造出了 64 千兆(64 GB)和 8 千兆(8 GB)NAND 快闪存储器。

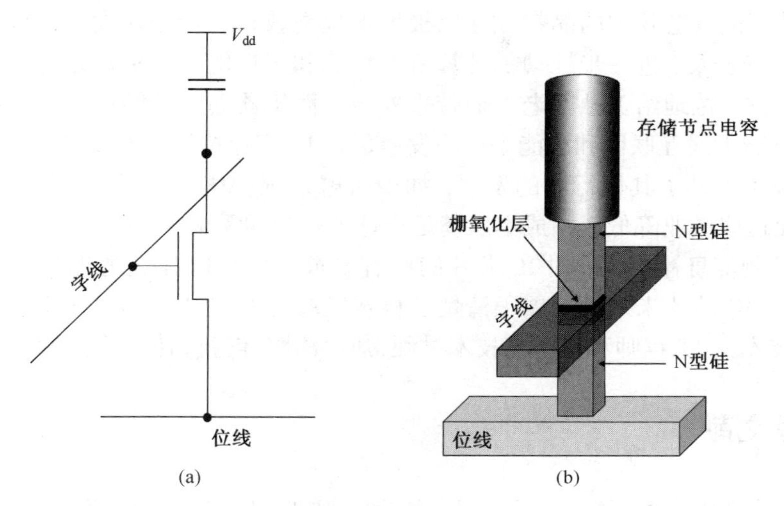

图 15.3　(a)DRAM 单元电路示意图；(b)$4F^2$ DRAM 三维示意图

传统 NAND 快闪存储器是由 32 位或 64 位闪存器件阵列在硅表面上形成的。通过在垂直方向上设置存储器，可以显著提高封装密度。图 15.4 显示了三维 NAND 鸟瞰和俯视图。从图中可以看出，仅有 4 个闪存器件连接于选择栅的顶端和低端。在大规模生产中，16 个闪存器件堆积形成阵列，并和低端的另外一个阵列连接，形成 32 位阵列，两个选择栅位于顶层。

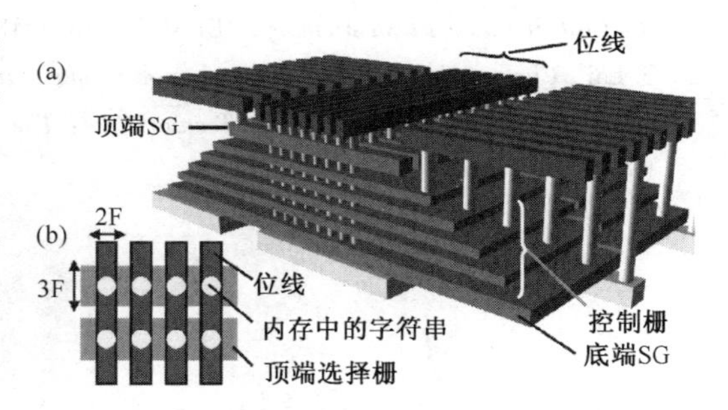

图 15.4　三维闪存存储器阵列。(a)鸟瞰图；(b)俯视图(来源：Y. Fukuzumi, et al., IEDM Technical Digest, pp. 449-452, 2007)

DRAM 快速而且可以擦除，NAND 是速度慢的非擦除性存储器。很长一段时间，研究人员都在研究发明快速非擦除性存储系统，而且已经提出并研究了许多类型的新型存储器件，相变存储器(PCM)是最有前途的候选者之一，而且已经用于生产。

可以看到，三维器件的设计已经开发并应用于 CMOS 逻辑 IC、DRAM 和 NAND 存储芯片。3D 将在先进技术节点取代平面型结构器件。3D 封装已经用于 CMOS 图像传感器芯片的制造，而且也将用于其他集成电路的设计。

IC 芯片价格的降低促使消费电子产品价格下降，如平板电视、蓝光播放机、MP3 播放器、智能手机，以及个人电脑(包括台式电脑、笔记本电脑和平板电脑)。消费类电子产品价格的降低和发展中国家经济的稳定发展，特别是超过世界人口 1/3 的中国和印度，极大地增加了购买力和消费类电子产品的需求。

除了电子行业外，其他行业，如汽车业和医疗保健行业的 IC 芯片需求也迅速增加。更多的芯片将用于汽车行业，以促使汽车更安全，更舒适，更高的燃油效率，以及更容易驾驶。像全球定位系统(GPS)、智能路由和交通管理、碰撞预警雷达、语音激活的互联网接入、音频点播服务等可能成为未来汽车的标准功能。通过小型化测试探针和电路分析，医疗IC芯片已经开发用于DNA测试，并快速、准确地执行DNA的疾病诊断。医疗和健康应用方面的IC芯片，如“片上实验室”或LoC系统将在未来迅速增长。微型光纤和光电子器件可以与硅集成电路芯片集成，并使封装于同一芯片中的晶粒互连以极大地提高数据的传输速度。三维视频在游戏和娱乐行业的发展和普及，进一步推动了计算机的计算和记忆能力。机器宠物已经用于老年中心，它们可以孜孜不倦地给孤独的老人们带来安慰。而机器佣人可能在不久的将来就会服务于普通家庭。全球无线互联网和智能手机的发展仍是IC产业持续快速发展的重要推动力。

半导体产业也推动了其他行业的发展，如微机电系统(MEMS)、发光二极管(LED)、太阳能产业，并促使这些产业降低产品成本以满足全球消费者的需求。

很难准确预测信息社会发展对IC芯片的所有要求，因为IC工艺遵循周期性的“繁荣-萧条”过程。然而，IC芯片未来的发展很清楚。科技发展对IC芯片的需求将稳步增长，因此半导体工业要求技术员、工程师和科学家技术过硬、知识渊博、创新和创意能力强。

15.1 参考文献

[1] Y. Fukuzumi, R. Katsumata, M. Kito, M. Kido, M. Sato, H. Tanaka, Y. Nagata, Y. Matsuoka, Y. Iwata, H. Aochi and A. Nitayama, *Optimal Integration and Characteristics of Vertical Array Devices for Ultra-High Density, Bit-Cost Scalable Flash Memory*, IEDM Technical Digest, pp. 449-452, 2007.

[2] S. Lai, *Current status of the phase change memory and its future*, IEDM Technical Digest, pp. 255-258, 2003.

[3] Stefan Lai, *Non-Volatile Memory Technologies: The Quest for Ever Lower Cost*, IEDM Technical Digest, pp. 11-16, 2008.